U0599358

THE VEGETATION OF GUANGXI

广西植被

（第一卷）

苏宗明　李先琨　丁　涛
宁世江　陈伟烈　莫新礼　◎编著

中国林业出版社

图书在版编目（CIP）数据

广西植被 / 苏宗明等编著. -- 北京 : 中国林业出版社, 2014.9
ISBN 978-7-5038-7625-7

Ⅰ. ①广… Ⅱ. ①苏… Ⅲ. ①植被－介绍－广西
Ⅳ. ①Q948.526.7

中国版本图书馆CIP数据核字(2014)第196095号

THE VEGETATION OF GUANGXI

广西植被

（第一卷）

出版　中国林业出版社（北京西城区刘海胡同7号 100009）
http://lycb.forestry.gov.cn 电话：83143542

发行　中国林业出版社

印刷　北京中科印刷有限公司

版次　2014年10月第1版

印次　2014年10月第1次

开本　889mm×1194mm　1/16

印张　48.5

字数　1610千字

定价　228.00元

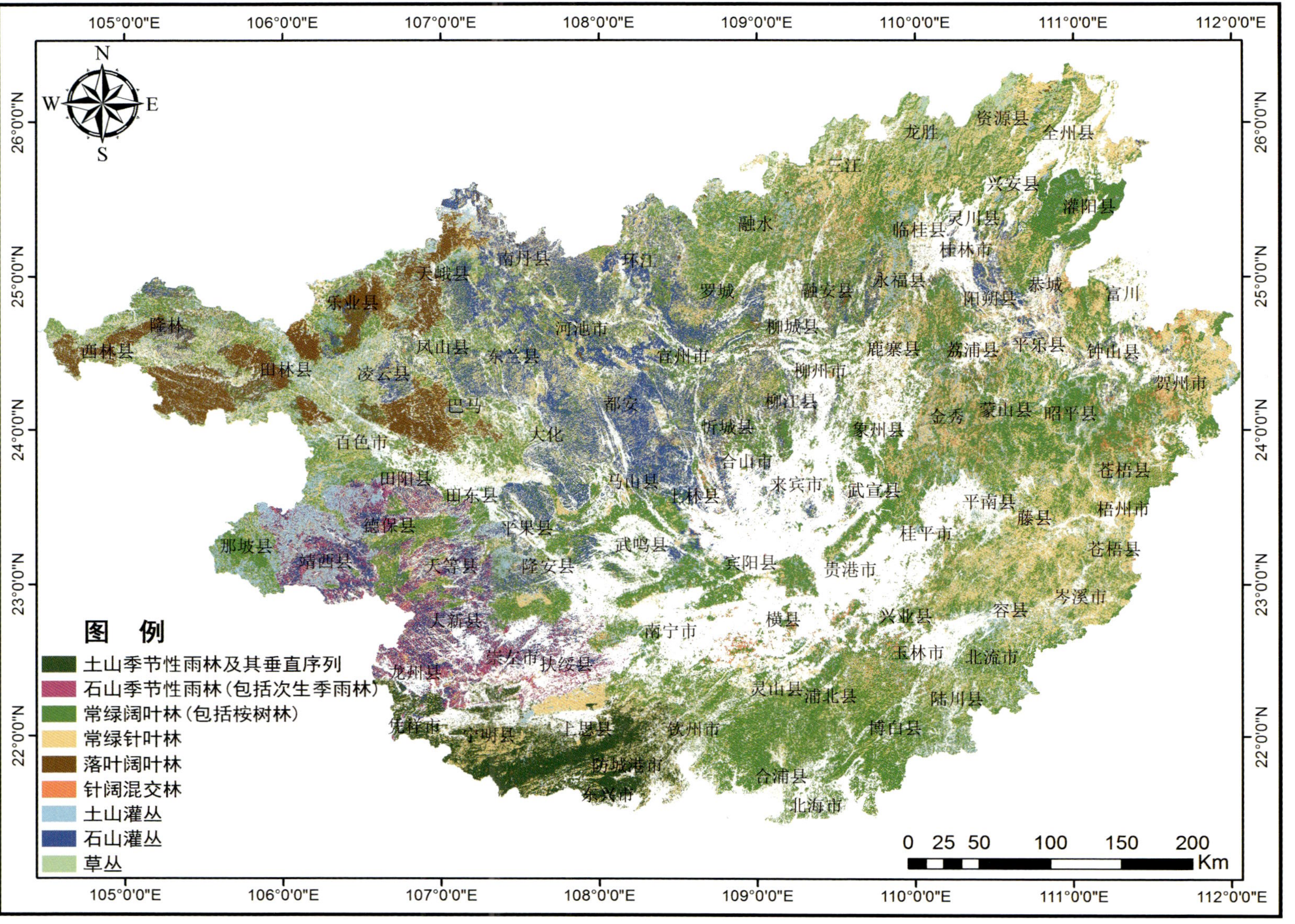

注：此图以美国陆地卫星2010年遥感影像分类数据为底图（分类精度大于80%），结合植被实地调查资料。

石山泛指裸露的或半裸露的岩溶山区，土山指基岩多为砂岩、页岩、花岗岩及其他碎屑岩的山区

制图：周爱萍

广西植被类型图

一、北热带植被

• 广西南部为热带植被，地带性植被为季节性雨林

以广西青梅为优势季节性雨林外貌（那坡县） 许为斌/摄

以狭叶坡垒为优势的季节性雨林外貌（十万大山国家森林公园） 唐文秀/摄

望天树林外貌（龙州县） 许为斌/摄

以壳菜果为优势的季节性雨林林下结构（十万大山国家森林公园） 向悟生/摄

- 北热带非地带性植被：石灰岩季节性雨林和红树林

石灰岩季节性雨林外貌（弄岗国家级自然保护区） 刘晟源/摄

以蚬木为优势的石灰岩季节性雨林外貌（弄岗国家级自然保护区） 李先琨/摄

以蚬木为优势的石灰岩季节性雨林内部结构（弄岗国家级自然保护区） 李先琨/摄

以肥牛树为优势的石灰岩季节性雨林内部结构（弄岗国家级自然保护区） 许为斌/摄

石灰岩季节性雨林肥牛树+桄榔群落内部结构（弄岗国家级自然保护区） 李先琨/摄

红树林海岸带外貌（山口红树林国家级自然保护区） 刘镜法/摄

红树林海岸带外貌（防城港北仑河口） 刘镜法/摄

红树林群落及潮间带（山口英罗港） 刘镜法/摄

以秋茄为优势的红树林群落外貌（防城港北仑河口） 刘镜法/摄

● 北热带山地垂直带植被：山地季风常绿阔叶林、山地常绿阔叶林、山顶矮林或矮竹林

季风常绿阔叶林外貌（十万大山国家森林公园） 向悟生/摄

山顶竹林与常绿阔叶林交错景观（十万大山国家森林公园） 向悟生/摄

二、南亚热带植被

● 广西中部地区为南亚热带，地带性植被为季风常绿阔叶林

季风常绿阔叶林外貌（滑水冲自然保护区） 刘演/摄

季风常绿阔叶林群落结构（滑水冲自然保护区） 刘演/摄

以红锥为优势的季风常绿阔叶林（十万大山国家森林公园） 向悟生/摄

垂直带上的山地季风常绿阔叶林，又是南亚热带地带性季风常绿阔叶林代表类型

● 南亚热带次生植被：暖性落叶阔叶林、暖性针叶林

栓皮栎群落外貌（金钟山国家级自然保护区） 黄元河/摄

马尾松林外貌（滑水冲自然保护区） 刘演/摄

细叶云南松群落（金钟山国家级自然保护区） 程志营/摄

● 南亚热带山地垂直带植被类型：中山针阔叶混交林和山顶山脊杜鹃矮林

以福建柏为特征种的针阔叶混交林外貌（大瑶山国家级自然保护区） 刘演/摄

以小叶罗汉松为特征种的针阔叶混交林内部结构（大瑶山国家级自然保护区） 刘演/摄

小叶罗汉松林群落结构（大瑶山国家级自然保护区） 刘演/摄

马樱杜鹃林外貌（金钟山国家级自然保护区） 程志营/摄

三、中亚热带植被

- 广西北部为中亚热带，地带性植被为典型常绿阔叶林

中亚热带常绿阔叶林外貌（花坪国家级自然保护区） 刘演/摄

常绿阔叶林外貌（九万山国家级自然保护区） 刘演/摄

常绿阔叶林内部结构（九万山国家级自然保护区） 刘演/摄

以栲为优势的常绿阔叶林内部结构（九万山国家级自然保护区） 宁世江/摄

以米槠为优势的常绿阔叶林内部结构（九万山国家级自然保护区） 宁世江/摄

冻灾后的常绿阔叶林外貌（猫儿山国家级自然保护区） 向悟生/摄

● 中亚热带次生植被：暖性针叶林

马尾松林外貌（融水县元宝山） 刘演/摄

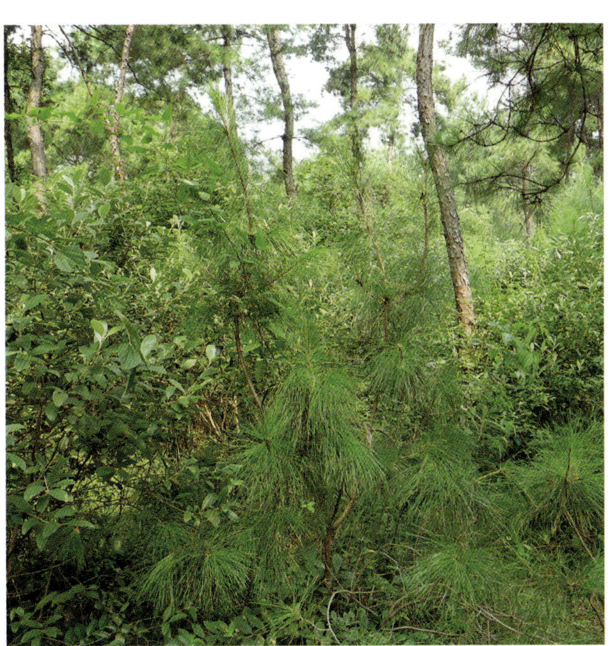

马尾松林群落内部结构（临桂县六塘） 向悟生/摄

中亚热带山地植被垂直带谱：Ⅰ：元宝山

中亚热带山地植被垂直带谱（元宝山自然保护区） 丁涛/摄

中山常绿落叶阔叶混交林外貌（秋季）（元宝山自然保护区） 刘演/摄

中山常绿落叶阔叶混交林外貌（元宝山自然保护区） 丁涛/摄

以碟斗青冈和大八角为优势的常绿落叶阔叶混交林外貌（元宝山自然保护区） 丁涛/摄

以光叶水青冈为优势的常绿落叶阔叶混交林内部结构（元宝山自然保护区） 向悟生/摄

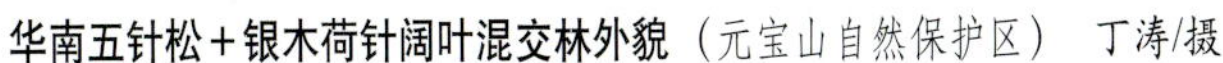

华南五针松+银木荷针阔叶混交林外貌（元宝山自然保护区） 丁涛/摄

华南五针松+五列木针阔叶混交林群落结构（元宝山自然保护区） 丁涛/摄

以长苞铁杉、栲为优势种的针阔叶混交林外貌（元宝山自然保护区） 丁涛/摄

长苞铁杉（元宝山自然保护区） 刘演/摄

针阔叶混交林外貌（元宝山自然保护区） 丁涛/摄

以铁杉、元宝山冷杉为优势的针阔混交林内部结构（元宝山自然保护区） 丁涛/摄

以元宝山冷杉为优势的中山针阔叶混交林内部结构（元宝山自然保护区） 丁涛/摄

元宝山冷杉结果植株（元宝山自然保护区） 丁涛/摄

以铁杉为优势的针阔叶混交林外貌（元宝山自然保护区） 丁涛/摄

以铁杉为优势的针阔混交林内部结构（元宝山自然保护区） 刘演/摄

山顶矮林外貌（元宝山自然保护区） 刘演/摄

山顶矮林外貌（元宝山自然保护区） 刘演/摄

山顶山脊杜鹃矮林--以光枝杜鹃为优势（元宝山自然保护区） 丁涛/摄

● 中亚热带植被垂直带谱：Ⅱ：桂北其他山体

九万山植被全貌（九万山国家级自然保护区） 刘演/摄

猫儿山植被全景（猫儿山国家级自然保护区） 丁涛/摄

山顶山脊矮林外貌（猫儿山国家级自然保护区） 丁涛/摄

中山常绿落叶阔叶混交林外貌（银竹老山自然保护区） 丁涛/摄

资源冷杉林群落外貌（银竹老山自然保护区） 丁涛/摄

银杉群落结构（花坪国家级自然保护区） 刘演/摄

银杉群落外貌（花坪国家级自然保护区） 丁涛/摄

● 中亚热带非地带性植被：石灰岩山地常绿落叶阔叶混交林

中亚热带石灰岩植被景观（木论国家级自然保护区） 刘静/摄

石灰岩常绿落叶阔叶混交林外貌（木论国家级自然保护区） 许为斌/摄

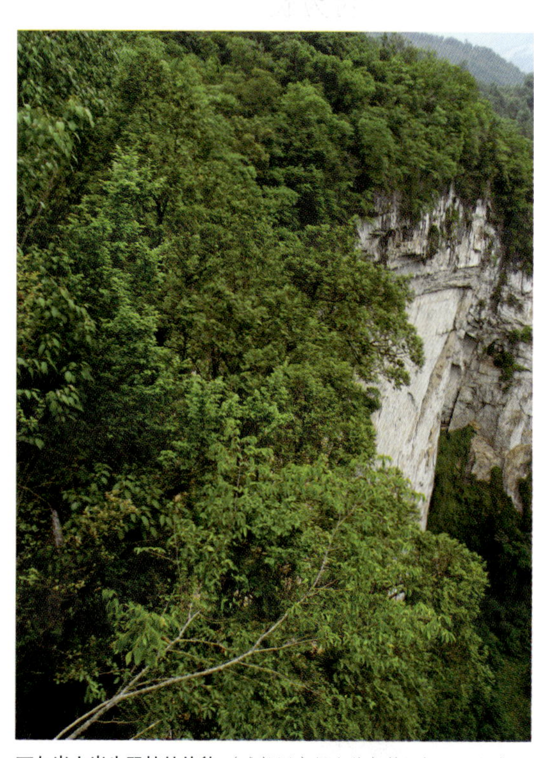

石灰岩山岩生翠柏林外貌（雅长国家级自然保护区） 许为斌/摄

序言

FOREWORD

广西地处我国热带亚热带地区，自然条件优越。境内有海也有高耸的山地，岩溶石山几乎占全区一半的面积，自然条件十分复杂。因而广西植被类型复杂多样，是全国少数几个植被类型最丰富的省(区)之一，包含有海岸带和陆地、水平热带亚热带和垂直寒温带、砂页岩花岗岩山地和岩溶山地的植被类型。广西有海岸带红树林，有以龙脑香科植物狭叶坡垒、广西青梅、望天树为优势或标志的季节性雨林和以蚬木、肥牛树、金丝李、蓝子木、假肥牛树为优势的岩溶山地季节性雨林，有以第三纪残遗植物活化石银杉为主的针阔叶混交林和以元宝山冷杉、资源冷杉为优势或标志的寒温性中山针阔叶混交林，有以岩生翠柏为优势的岩溶山地针阔叶混交林，有以乌冈栎为优势的岩溶山地第三纪残遗的硬叶常绿阔叶林等。常绿阔叶林是我国亚热带地区具有代表性的森林植被类型，我国常绿阔叶林地带划分为东部(湿润)和西部(半湿润)两个亚区域，广西亚热带位于东部亚区域向西部亚区域过渡的位置上，常绿阔叶林除兼有东、西部特点外，而且还具有区域自身的特色，例如以金缕梅科、杜英科、安息香科种类为优势的常绿阔叶林，是东、西部地区都少有或没有的。因此可以说，广西植被在中国和世界植被中占有重要的地位，其主要植被类型基本齐全，特殊植被与世界植被的联系较广泛。

《广西植被》一书在内容和写法上有一定创新。它根据植物群落的定义，以广西全境所有调查收集到的各种植物群落，统计其科、属、种组成，来分析研究广西植被植物区系组成特征，而不是用《广西植物名录》收集到的种类。在区系组成特征研究分析上，增加了与植物群落相关的内容，乔木层优势科除以种属的多少来决定外，主要的是根据乔木层植物重要值指数来确定的，用重要值指数确定了广西季节性雨林、常绿阔叶林、常绿落叶阔叶混交林、中山针阔叶混交林等乔木层的优势科和优势种组成；划分不同立地条件类型植被的区系组成，分为酸性土植被专有的区系成分，岩溶石灰土植被专有的区系成分，红树林潮滩盐土专有的区系成分，两种立地条件类型植被共有的区系成分等，并统计了各种立地条件类型的科、属、种组成和优势种组成。植被型或植被亚型一级的群落学特点区系组成分析研究都是量化，有的甚至是统计记数样方得到的数据来分析研究，不仅数据翔实，而且反映了立地生物种群和生态系统的全面和完整。

《广西植被》一书是系统研究和开发利用广西生物多样性和丰富多彩植物资源的第一手资料，它的出版，为推动广西当地经济社会发展提供了强有力的科技支撑，也为建立广西地区生态安全的绿色屏障奠定了基础，对广西地区合理利用资源、保护生态环境，促进生态文明建设有重要意义。同时《广西植被》一书必将极大地丰富中国植被的内容，为广大同行了解和研究广西植被资源提供一部有价值的学术著作。

中国工程院　院士
国际欧亚科学院　院士　金鉴明

2014年8月

前言 PREFACE

植被的保护与修复成为生态文明建设的重要内容。天然植被在水土保持、气候调节、控制污染、防止生物灾难、生物多样性利用和再生能源等方面具有巨大价值。植被既是生物现象、也是地理现象，具有极强的地域性。广西植被具有明显的热带和亚热带以及山地南温带和北温带性质、东部湿润亚区域向西部半湿润亚区域的过渡性、特殊的地域性植被(岩溶植被、海岸滩涂红树林)等特点。广西植被在中国和世界植被中占有一定的地位，是中国东部半壁江山植被带的缩影，也是开展植被科学研究一个不可替代和缺少的地区。经过五十多年的努力，广西几乎全部的重要天然林区都进行了植被学科的调查研究，为《广西植被》一书的编写提供了较为完整的资料。对广西植被的了解和认识，就等于认识和了解广西的自然环境情况、生物资源情况和生态环境情况。编写广西的植被专著，对广西的国民经济发展、造福于子孙后代有着十分重要的意义。

广西植被分布规律明显、植被生态系统完整、物种组成和生物多样性丰富、植被生态系统的生物资源丰富而多样等特征，研究广西植被对区域植被生态学学科发展具有极大的推动作用，在学科理论与方法上会有一些创新与突破；同时，定量又定性地对广西植被进行研究，对于保护广西的植物多样性具有重要的科学意义，对于促进植物资源的保护、发展和合理利用，促进生态环境的改善和建设与资源利用相结合、实现资源生态经济社会协调发展具有深远的影响和极大的推动作用。

广西正式的植被科学研究工作始于新中国成立后，由于新中国成立初期广西还保存着大面积的天然林，所以广西成为国内研究植被科学的热点。1963 年，中国科学院植物研究所、广西农学院林学系、广西植物研究所组织广西植被调查队，由广西植物研究所钟济新教授任队长，广西农学院林学系李治基教授和中国科学院植物研究所王献溥研究员任副队长，着手全面开展广西的植被调查研究工作，1973 年起，广西林业勘测设计院也参加了这项工作，一段时期内广西的植被调查研究工作在国内具有重要的影响。《广西植被》的编写工作始于 1986 年，但由于种种原因，后来未能完成。20 世纪 90 年代后，有关单位陆续出版了一些林区的植被调查报告和著作，这些著作虽丰富了广西植被的资料，但因为都是区域性的，互不关联，所以不能提供对广西植被整体的了解和认识。因此，编写广西植被专著，对于广西的经济社会的发展和生态文明建设有着十分重要的意义。基于这种认识，编者从 2000 年开始，着手把过去调查的资料进行整理，收集已经出版的文章和著作和有关单位植被调查研究的内部资料，进行《广西植被》的编写，历经十余年，《广西植被》(第一卷)终于得以付梓。当它相对完整地呈现在我们面前，编写者如释重负。

《广西植被》一书编写所依据的主要 20 世纪 50 年代至 21 世纪初各时期的植被调查和研究资料，时间跨越半个多世纪，因此，有些地方现存的植被已大不相同，尤其是那些未设立自然保护区的区域。所幸广西全境早已建立了不少自然保护区，主要的植被类型均得以保存；本书对于那些已经变化或消失的植被类型的记录和报导，可以使人了解广西植被过去的状况，同样也是十分珍贵的历史资料，藉此提高公众对保护生态环境重要性的认识，仍然有着极其重要的意义。

本书涉及内容较为广泛，但由于客观条件的限制，当然主要的困难还是编著者的学识有限、笔力浅拙，虽百般努力、不敢懈怠，对于植被生态学的理论问题仍不敢妄加深入，敬祈学界同仁和广大读者不吝赐教。

编著者

2014 年 6 月

目录
CONTENTS

第三章 广西植被的历史概况

第四章 广西植被植物区系特征

第五章 广西植被地理分布的规律性

第六章 广西植被的分类原则、依据和系统

第七章 暖性针叶林

第一章 广西植被调查研究历史的回顾

第一节　新中国成立之前的调查研究历史

植被，指地区植物群落的总体，它和植物区系不同，后者指一地区植物分类单位的总体。植物群落学，也称为地植物学，是19世纪末期从植物地理学中分出的一门分支科学。对于这门学科，国际上曾采用不同的术语，欧洲学者称之为“地植物学”“植被科学”“植物社会学”和“植物群落学”。英美学派则称为“群体生态学”和“群落生态学”。新中国成立前植物群落学在我国是一个很薄弱的学科，而在广西可以说还没有正式开展这门学科的调查研究，新中国成立前广西植被的调查研究，只不过是少数科学家在采集植物过程或研究中涉及植物的分布时，顺便描述了该地的植被情况。这方面的文献记载主要有如下几篇：

(1)Ford C. 1882 年发表的 *The West River*，*China* 一文，记述了该区域植被情形。

(2)黄季庄、吴印禅 1933 年发表的《大明山采集致辛树帜先生械》一文，报告大明山植被等情况。

(3)苏宏汉 1935 发表的《龙州植物采集记》一文，记述了龙州植被等概况。

(4)钟济新、陈立卿 1940 年发表的《桂北采集植物琐记》，记述了桂北之罗城、融县、三江 3 个县的植被概况等。

第二节　新中国成立之后的调查研究历史

广西正式的植被科学调查研究工作始于新中国成立后。由于广西地处热带和亚热带，植被类型复杂、丰富，新中国成立初期广西还保存着较大面积的天然林，所以广西成为国内研究植被科学的热点，中国科学院植物研究所生态地植物研究室与广西农学院林学系、广西植物研究所长期开展了广西的植被调查研究工作，广西的植被调查研究工作在国内是有影响的。1993 年以前的工作，广西植物研究所苏宗明先生已经作了初步整理，主要有下列工作成果：

1953～1955 年，中国科学院植物研究所广西植物调查队在兴安、桂林、南宁、龙津、百色等县典型的地区进行调查。

1957～1958 年，中国科学院红水河综合考察队先后对桂西隆林等 5 个县进行调查，撰写有《广西红水河南岸右江上游的植被》报告。

1958 年，中国科学院华南热带生物资源综合考察队在广西十万大山和西南部 19 个县开展了大规模的、包括植被学科在内的综合考察。

1960 年开展的桂东南以橡胶为中心的热作宜林地选择考察，广西植物研究所负责对植被进行了初步的定性调查。

1962 年，广西植物研究所主持有 13 个专业参加的花坪林区综合考察，这是广西开展最早的一次大规模综合考察，对植被进行了较为详细的调查。

1963 年，由中国科学院植物研究所生态地植物研究室、广西农学院林学系、广西植物研究所组成的广西植被调查队对广西全境的植被进行了路线调查，并重点调查了阳朔、田阳、容县 3 个县的植被。

70 年代初，广西植被调查队对十万大山、防城县、龙州县进行植被补点调查。

1973 ~ 1974 年，广西植物研究所和广西林业勘测设计院对桂北和桂东北 10 个县进行植被补点调查，发现了广西冷杉属植物分布的新记录、资源冷杉新种和新类型，专题研究了广西中山针阔叶混交林。

1976 年，由广西植物研究所、广西农学院林学分院、中国科学院植物研究所生态地植物研究室、广西林业勘测设计院成立广西协作组，负责向《中国植被》编委会提供广西植被资料，并派员参加《中国植被》的编写，代表广西参加编写的为广西农学院林学分院李治基和广西植物研究所苏宗明。

1977 年，由广西植物研究所、广西农学院林学分院、广西林业勘测设计院合作，对广西新发现的典型热带科龙脑香科植物擎天树进行专题调查，详细调查了广西擎天树的群落类型和地理分布。

1979 ~ 1981 年，广西植物研究所开展桂西北草地类型和资源调查，连同以前其他地区调查，广西草地类型已基本摸清。

1979 年，广西植物研究所主持有 12 个专业参加的弄岗石灰岩山自然保护区综合考察，这是广西最早在石灰岩山林区进行多学科的综合考察，较为详细地调查研究了我国北热带石灰岩山季节性雨林。

1981 年，广西植物研究所主持有 14 个专业参加的大瑶山自然保护区综合考察，这是广西多学科综合考察中面积最大的林区，较为详细地调查研究了大瑶山常绿阔叶林和针阔混交林。

1981 年，中国林业科学研究院对大青山进行包括植被学科在内的综合考察。

80 年代初，中国科学院植物研究所生态地植物研究室、广西农学院林学分院对兴安猫儿山和田林岑王老山的植被进行了调查。

1982 年，广西农学院林学分院主持了贺县滑水冲林区包括植被学科在内的生物资源考察。

1982 年，桂平县大平山综合考察队，对桂平县大平山保护区进行综合考察，植被研究是主要研究内容。

1982 年，广西海岸带和海涂资源综合调查领导小组主持了有 16 个专业参加的广西海岸带和海涂资源综合考察，较为详细地调查研究了广西的季节性雨林和红树林。

1984 年，广西植物研究所、广西林业勘测设计院、广西环境保护科学研究所联合进行了广西金花茶种质资源考察，这是广西开展最全面的一次金花茶种质资源调查研究，详细地调查研究了金花茶种质资源、地理分布和群落类型。

1984 年，广西农学院林学分院生态进修班，对桂北灵川县和桂南浦北县进行了植被调查。

1986 年，云南省环境科学研究所、云南大学生态研究室、云南大学生物系对天生桥水电站水库淹没区及周围地区进行了包括植被学科在内的考察，涉及广西的隆林和西林两县。

1986 年，大瑶山发现广西银杉的新分布，广西林业勘测设计院对其群落类型进行了详细调查研究。

1986 年，广西植物研究所对龙滩水电站库区的植被进行了抽样调查，涉及广西的天峨、乐业、田林 3 个县。

1988 年，广西植物研究所承担广西海岛资源综合调查中的植被、林业、土壤部分，红树林是植被和林业调查的重点。

1988～1989年，中国科学院植物研究所对桂北九万山进行了植物资源考察，植被是主要研究内容之一。

1993年广西植物研究所、广西林业勘测设计院等8个单位对环江县木论喀斯特林区进行了包括植被学科在内的多学科综合考察，发现了广西面积最大的单性木兰群落和岩生翠柏群落新类型。

1993年以后，广西植被调查研究工作一直都在开展着，遍及广西主要林区，主要有下面几个单位所做的工作。

广西植物研究所组织和主持的有：1997～2000年对融水县元宝山的常绿落叶阔叶混交林和针阔叶混交林进行了详细的调查研究；2001年，对融水县的九万大山、元宝山进行多学科综合考察，并专题对该地区的常绿阔叶林垂直带谱进行了详细的调查；2001～2004年对资源冷杉种群数量和退化机制和广西岩溶植被演替的特殊性及其动力机制进行了专题研究；2005年，对崇左白头叶猴自然保护区进行了综合科学考察；2007年，在桂北木论喀斯特保护区进行了大样地（面积1hm^2）设置和调查研究工作；2008年，对花坪自然保护区进行了第二次综合科学考察；2008年，在桂南弄岗石灰岩山保护区进行大样地（面积15hm^2）设置和调查研究工作。

广西林业勘测设计院组织和主持的有：2001年，对十万大山进行了多学科综合考察；2002年，对岑王老山进行多学科综合考察；2002年，对天峨县的穿洞河保护区、布柳河保护区进行综合考察；2003年，对上林县的龙山保护区、昭平县的七冲保护区、武鸣县三十六弄—陇均林区、那坡县老虎跳自然保护区、百色大王岭保护区、德保县黄连山保护区、西林王子山保护区进行了资源考察；2004年，对大桂山林区、隆林大哄豹保护区、广西雅长兰科植物自然保护区进行资源考察；2006年，对西岭保护区、蒙山古修保护区进行了资源考察。

国家林业局中南林业调查规划设计院组织和主持的有：2000年，对猫儿山保护区进行了综合考察；2003年，对青狮潭保护区、海洋山保护区、千家洞保护区进行科学考察；2006年，对金钟山保护区进行了综合科学考察。

从上面介绍可知，经历了三代人50多年的共同努力，广西重要的天然林区几乎都进行了植被学科的调查研究，为《广西植被》一书的编写提供了较为完整的资料。

第二章 影响广西植被的自然环境条件

广西位于我国的南部，北纬20°54′~26°24′，东经104°28′~112°04′，北回归线横跨中部，从纬度看，是我国最南的省份之一；从经度看，邻接我国西部地区。广西北、东北靠贵州和湖南，西邻云南，东接广东，南濒北部湾，西南和越南民主共和国交界。广西全境东西长约760km，南北宽约670km，总面积236 275km^2，占全国总面积的2.46%。

第一节 地　　质

一、基本情况

广西自中生代三叠纪末期印支运动后，即地球处于裸子植物和爬行动物时代时就上升为陆地，海水再没侵入。在此之前，虽然广西主要为海浸，但自元古代起，已有几处始终出露于水面的陆地，这些陆地的生物经历着由真核藻类和无脊椎动物时代(震旦纪和寒武纪)向裸蕨植物和鱼类时代(奥陶纪和志留纪)再向蕨类和两栖动物时代(石炭纪和二叠纪)的进化过程，有着更为古老的起源历史。因此，广西起源古老，有着不少古老的和特有的生物种类和生物群落。

广西地层发育较全，自元古界至新生界各时期均有出露，其中以沉积岩占绝对优势，岩浆岩仅占全区总面积的8.6%。沉积岩可以分成碳酸盐岩和非碳酸盐岩两大类，出露面积大致相等。碳酸盐岩主要为灰岩，有少部分的白云岩。广西是我国碳酸盐岩主要的分布区之一，碳酸盐岩总面积为89 544km^2，占我国碳酸盐岩137万km^{2}的6.5%，占全区总面积的37.78%，主要分布在桂西北、桂西南、桂中、桂东北地区。广西碳酸盐岩有裸露型和覆盖型两种，裸露型的碳酸盐岩为79934km^2，占碳酸盐岩面积的89.27%，占全区总面积33.73%；覆盖型的9610km^2，占碳酸盐岩面积10.73%，占全区总面积4.05%。非碳酸盐岩有砾岩、砂岩、页岩、泥岩等，大瑶山、越城岭、天坪山、大明山、九万大山、十万大山、云开大山等山地，是由这类岩石发育成的。广西的岩浆岩有侵入岩和喷出岩两大类，以侵入岩占的面积最大，而主要为花岗岩；喷出岩有流纹岩、细碧岩、角斑岩等。各类侵入岩和喷出岩又有超基性岩体、基性岩体、中性岩体和酸性岩体之别，以酸性岩体分布的面积最大，主要就是花岗岩。越城岭、元宝山、猫儿山、海洋山、九万大山等，是广西花岗岩主要出露的山地。因而无论从地层组成，岩石组成还是岩性等方面，广西的地质组成是复杂的，这就为广西丰富而复杂的生物种类和生物群落打下了物质基础。

二、地区差异

广西沉积岩有海相沉积和内陆盆地堆积两大类。三叠纪末期的印支运动以前，主要为海相沉积，印支运动后转入内陆盆地堆积。到寒武纪时，广西除桂北受四堡运动的影响，褶皱上升有少许陆地外，其余全为海浸。到古生代志留纪末期的广西(加里东)运动，全区初次上升为陆地。这个时期沉积了冰水带来的物质，形成广西地层的基础。当时桂北、大瑶山、大明山、西大明山、云开大山等地隆起，桂东北和桂中、桂西、桂南等地坳陷。以后，陆地又慢慢下沉，大部分地区又为海浸，露出水面的陆地比前有所扩大，除桂北外，还有大瑶山、大明山、西大明山、云开大山和桂东北的一些地区。以后海水时进时退，到三叠纪末期的印支运动，又一次上升为陆地，这个时期在前期的基础上，又沉积了海水带来的各种物质，其中泥盆纪至早三叠纪以海相碳酸盐岩为主，中三叠纪以海相碎屑岩为主。印支运动后，海水不再进入广西境内，广西由海相沉积而转为晚三叠纪以后的内陆盆地的堆积，即所谓“红色岩系”沉积。中生代侏罗纪末至白垩纪期间的燕山运动，是广西成陆后一次强烈的褶皱运动，以断裂活动为主要特色。经过燕山运动，广西地貌轮廓的基础基本上奠定了，形成了几个地质组成上有明显差异的地区。

（一）桂北地区

桂北地区(罗城、融安、桂林、兴安一线以北)是广西成陆最早、起源最古老的地区，因而桂北是广西古老生物和群落最丰富的地区。桂北地区在四堡期末的四堡运动褶皱上升，到寒武纪时已有稍小的出露于水面的陆地，到古生代志留纪末期的广西运动后褶皱隆起长期成为陆地。因此桂北地区缺乏泥盆系之后的各期地层，出露地层以泥盆系之前和加里东期侵入岩为主，广西最古老的四堡群、板溪群和元古界震旦系地层主要出露在这里，岩石组成为砂岩、页岩及变质岩和花岗岩，是广西加里东期花岗岩分布面积最大的地区。

（二）桂东北和桂中地区

包括罗城、融安、桂林、兴安一线以南，大瑶山、大明山以北，河池、都安一线以东的地区。这里，古生代志留纪末期的广西运动时成为坳陷地带，晚古生代长期为海浸，沉积了巨厚的泥盆系、石炭系、二迭系海相碳酸盐岩，印支运动后长期成为陆地。因此，桂东北和桂中大面积分布的为碳酸盐岩，是广西碳酸盐岩主要分布的地区之一。所以，桂东北和桂中的岩溶植被十分发育。但东部自泥盆纪起处于上升阶段，而且东部在晚生代的海洋中已有稍少出露于水面的陆地，因此除碳酸盐岩外，泥盆系出露较多，广泛分布着由砂岩、页岩、砾岩组成的地层和下古生界(寒武、奥陶、志留)砂页岩的地层。此外，加里东期、印支期、燕山期花岗岩和第四系红土分布比较普遍。

（三）大瑶山、镇龙山、大明山、西大明山一带地区

广西运动后褶皱隆起，以后又复下降为海浸，沉积了泥盆系，在泥盆系海浸中，大瑶山、镇龙山、大明山、西大明山等地已成为孤立在海面的陆地。因此，本区主要出露寒武系和泥盆系的砂、页岩、砾岩地层。

（四）桂西北地区

河池、都安一线以西和西大明山以北的地区。从中泥盆系到二叠纪连续沉积了巨厚的碳酸盐岩系。中生代初期仍为强烈的沉降带，沉积了巨厚的三迭系砂、页岩，而以中三迭系为主。三叠纪末期由于印支运动上升为陆地，故本区广泛出露三迭系砂、页岩。但其中西大明山以北、右江以南的地区，即靖西、德保、那坡一带，是沉降区的相对隆起带，三迭系的地层较薄，上古生界泥盆系、石炭系和二迭系的碳酸盐岩地层出露范围较大，并与桂南地区的凭祥、崇左、扶绥、龙州、大新等泥盆系、石炭

系和二迭系的碳酸盐岩地层连成一片，成为广西又一碳酸盐岩地层出露最大的地区，岩溶植被十分发育。桂西北地区除右江谷地具有沉积环境，有白垩系至第三系红色碎屑岩系出露外，其余地区直到第三纪中期发生的喜马拉雅运动皆缺乏沉积环境，缺乏侏罗系以后各期的地层。

(五)桂南地区

桂南地区指大瑶山、大明山、西大明山一线以南的地区(云开大山除外)。本区出露地层较复杂，且晚生代和中生代火山岩特别发育。广西运动本区强烈下陷，成为泥盆系至石炭系碳酸盐岩沉积区，在海退的过程中，又沉积了二迭系至三迭系海退型质地不纯的碳酸盐岩和三迭系砂、页岩。印支运动时上升为陆地。因此，应为泥盆系至石炭系和二迭系碳酸盐岩地层广泛出露的地区，但这时十万大山至横县、桂平一带却成为窿陷区，沉积了巨厚的中生界上三迭系和下白垩系红色岩系。燕山运动使之上升，北段(横县、桂平一带)上升较缓慢，成为现今广阔的以下白垩系红色岩系为主的河谷平原；南段上升较剧较快，成为现今以侏罗系和三迭系红色岩系为主的十万大山及其山前丘陵。钦州、浦北一带又有不同，南段在广西运动时未受影响，保存残留海槽，晚古生界志留系的砂、页岩及砾岩地层发育，是广西志留系地层主要出露的地区；北段(六万大山和大容山一带)，广西运动使下古生界(寒武、奥陶、志留)地层褶皱隆起，印支期岩浆活动强烈，花岗岩山地广泛分布。因此，桂南地区的泥盆系、石炭系和二迭系碳酸盐岩主要出露在凭祥、崇左、扶绥、龙州、大新一带，和桂西北地区的靖西、那坡、德保一带的泥盆系、石炭系和二迭系的碳酸盐岩地层连成一片，成为广西又一碳酸盐岩地层出露最大的地区。印支运动后桂南地区具备沉积环境，第三系红色岩系和第四系红土堆积比较普遍。

(六)桂东南的云开大山地区

云开大山地区(梧州、容县、博白、北海一线以东)自广西运动褶皱上升成为陆地后，海水再没侵入，也是广西起源最古老的地区之一。主要出露下古生界(寒武、奥陶、志留)的砂、页岩地层，由于广西运动的强烈影响，不少地方变质成为混合岩。到中生代时出现局部内陆断陷，故有红色岩系沉积。岩浆岩出露也较普遍，为加里东期至燕山期的花岗岩。

上面6个经长期地质过程形成的、在地质组成上有明显差异的地区，区内有着不同的生物种类和生物群落或生物群落的不同组合，是广西进行植被区划的重要依据，也是广西进行农业区划和综合自然地理区划的重要依据。

第二节　地　　貌

一、广西地貌的基本轮廓

广西地势西北高东南低，四周围绕着山地，海拔高耸，内部海拔较低，形状似一盆地，习称广西盆地。广西南部为面向海洋的海岸带，海拔低平，形似盆地的缺口。因此，广西地貌的基本轮廓主要由3个部分组成：盆地边缘山地；盆地内部的地形；盆地南缘的海岸带。

(一) 盆地边缘山地

广西盆地边缘山地由5个部分组成。

1. 北部山地

北部山地自西向东，包括与贵州南部相连的九万大山、元宝山和与湖南西南部相连的天平山、八十里大南山、越城岭。地势北高南低，山脉走向从东往西依次为北东、南北和北西向。以中山为主，超过海拔1000m的山峰相当普遍，超过海拔1500m的山峰不少。广西海拔超过2000m以上的山峰有5

座，桂北山地占了 4 座，它们是：猫儿山（2142m）、真宝鼎（2123m）、元宝山（2081m）、宝鼎（2021m）。其中猫儿山是广西第一高峰，也是南岭山地的最高峰。北部山地是广西起源最古老的山地，受流水切割相当强烈，山高谷深，相对高差南部一般 600m 左右，北面 1000m 以上，地形十分复杂。当地的生物自很早的时候起就在这种复杂的、“避难所”众多的地形中生存和进化，不少种类虽经环境的反复变迁，但在这种地形中始终能找到适合的生境生存下来，成为现今的残余种和活化石。所以桂北山地是广西古老孑遗物种最丰富、特有种类最多的地区，是我国生物多样性的关键地区之一。

2. 西北部山地

西北部山地包括天峨、凌云、乐业、西林、隆林、田林、百色一带山地，属于云贵高原的南缘部分，由于新构造运动的强烈影响，地理位置又处在高原的边缘，受流水切割强烈，天长日久，高原面貌受到破坏，变成现今的山原面貌。西北部山地地层比较单纯，大面积出露的为三迭系砂、页岩，尤其中三迭系。地势西北高东南低，山脉走向一般为西北向。以中山为主，山峰海拔一般为 1300 ~ 1500m，最高峰岑王老山，海拔 2062m，河谷谷地海拔 300 ~ 700m，高差十分悬殊。西部山地中西林、田林、隆林一带属于我国西部（半湿润）常绿阔叶林亚区域，其余地区处于我国东部（湿润）常绿阔叶林亚区域向西部（半湿润）常绿阔叶林亚区域过渡地区，因此，西部山地既有东、西部地理替代植物种和植物群落，又有过渡的植物种和植物群落。

3. 西南部山地

西南部山地由 3 部分组成，北段为与云南接壤的德保黄连山和那坡六韶山，属于云贵高原的南缘部分，最高峰德保黄连山和那坡规弄山，海拔 1616m 和 1670. 2m，主要出露地层与西北部山地相同，为三迭系砂、页岩。中段为靖西、天等、大新一带的喀斯特山地，因类似高原，故称喀斯特高原，与越南民主共和国北部高原连成一片。岩石组成主要为泥盆系、石炭系、二迭系碳酸盐岩，与高原基面龙州、崇左、扶绥等的泥盆系、石炭系、二迭系碳酸盐岩一起，是广西喀斯特山地主要分布的地区之一。零星分布的有泥盆系紫红色砂岩和砾岩、寒武系浅变质砂页岩、加里东期花岗岩和印支期基性岩浆岩（辉绿岩、辉长辉绿岩、橄榄辉绿岩）山地，因此，岩性组成复杂，相应的地貌类型也繁多。平地海拔一般在 700m 以上，顶峰面海拔在 1100 ~ 1200m，最高峰 1525m。南段为一弧形山脉，东翼为宁明、上思、防城、东兴交界的十万大山，西翼为与越南民主共和国相连的宁明公母山和凭祥大青山。十万大山和公母山由三迭系、侏罗系“红色岩系”构成；大青山由三迭系砂页岩构成，火山岩很发育，酸性和基性岩均有分布。山脉走向十万大山为北东向，大青山、公母山为北西向，一般海拔 500 ~ 1000m，海拔 1000m 以上的山地也可见到，公母山最高峰海拔 1385m，十万大山最高峰海拔 1462m。桂西南山地处于我国东部（偏湿性）季雨林、雨林亚区域向西部（偏干性）季雨林、雨林亚区域过渡的位置上，境内岩溶十分发达，生态环境多样和特殊，物种多样化程度高，与滇东南共同形成我国特有现象中心，这个中心带有古特有性质，并与越南北部一起构成了一个植物区系上极为古老的、以热带和亚热带区系为主体的汇集中心。因此，桂西南岩溶地区被列为我国具有国际意义的陆地生物多样性关键地区之一。

4. 东南部山地

东南部山地从西往东，依次为六万大山、大容山、天堂山、云开大山，与广东西部山地相连。花岗岩地层特别发育，混合岩带（基岩为下古生界砂、页岩）山地不少，尤其天堂山、云开大山。山脉走向一般为北东向，低山为主，一般海拔 1000m 以下，超过海拔 1000m 的山峰较少，最高峰大容山海拔 1275m。

5. 东北部山地

东北部山地包括海洋山、都庞岭、花山、萌渚岭，与湖南南部的山地相连，多是由寒武系、奥陶系砂页岩及泥盆系砂岩构成，加里东期和印支期花岗岩山地不少。山脉走向一般为北东向，中山为主，一般海拔 1000m 以上，尤其海洋山、都庞岭山势更高大，海拔 1500m 以上的山峰不少，海拔近 2000m 的山峰有 4 座，山体高大仅次于桂北山地。

（二）盆地内部的地形

1. 盆地中部的弧形山脉

广西盆地内部最特殊的地形，就是位于盆地中部的弧形山脉，其东翼由2列山系组成，上段为起自永福和阳朔间的驾桥岭，中段为大瑶山，下段为贵县的莲花山（亦属大瑶山系），均呈北东向。总长约200km，宽约50～60km，海拔700～1500m，最高峰圣堂顶，海拔1979m。西翼亦由2列山系组成，上段为起自天峨、乐业、凤山之南的都阳山，北西向；下段为武鸣、上林间的大明山，也呈北西向，总长约230km，宽约10～35km，一般海拔1000m左右，最高峰大明山，海拔1760m。东西两翼在黎塘南面镇龙山相接，称为弧顶，顶峰海拔1176m。东翼主要为寒武系浅变质的砂、页岩和泥盆系砂岩、砾岩构成的山地，以流水侵蚀地貌为特色，辅以碳酸盐岩发育的喀斯特地貌；西翼则相反，以石炭系、二迭系的碳酸盐岩发育的喀斯特地貌为特色，辅以三迭系砂、页岩的山地，但大明山、镇龙山无论从岩性还是从地貌特色，均和东翼山地相似。广西盆地中部的弧形山脉与周围山地相比，同外界联系相对较少，因此广西特有的物种相对较多，东翼的大瑶山，是广西3个特有中心之一。

2. 盆地内部的谷地、盆地、平原和台地、丘陵

主要谷地有右江谷地、左江谷地、红水河谷地、明江谷地；主要盆地有玉林盆地、宾阳盆地、武鸣盆地、南宁盆地、宁明盆地；主要平原为郁江平原、浔江平原、鹿寨至来宾的溶蚀平原、钦州至北海一带的滨海平原。这些谷地、盆地、平原主要由侏罗系、白垩系和第三系“红色岩系”组成，滨海平原还多志留系砂、页岩。

3. 盆地内部的河流水系

广西山多，故河流众多，据统计，集雨面积50km^{2}以上的河流有937条。第三纪末的新构造运动后，广西内陆水系破坏，许多河流从西北流向东南而出口，因此，广西河流主要属于西江水系。流入西江河流有735条（集雨面积在50km^{2}以上，下同），年平均总水量为1499亿m^3。此外，广西还有3个水系，一是桂东北的长江水系，有河流30条，年平均总水量约83亿m^3；二是桂南独流入海的河流，共123条，年平均总水量约258亿m^3；三是西部那坡县西南部的六韶山红河水系，由于河流以及流域面积极少，所以过去都没有把它列为广西的一个水系。但从植物区系和植物群落方面来考虑，那里是一个十分重要和十分特殊的地区，所以有必要把它划出。

（三）盆地南缘的海岸带

广西海岸带东起英罗港，西至北仑河口，全长1083.04km。沿岸0～20m浅海面积为6488.31km^2。滩涂总面积为1005.31km^2，主要以沙滩为主，占55.29%，其次为沙泥滩和淤泥滩，分别占18.6%和17.0%，再次为红树林滩涂，占7.2%。从岸线向陆地深入10km左右的地带内，地貌类型依次为平原、台地和丘陵，海拔一般10～50～200m，地势向南迎海倾斜。广西海岸带有着特殊的植被类型——红树林，是我国红树林重要的分布区。

二、广西地貌的主要特征

（一）山多平地少，山体庞大，联系广泛

广西海拔500m以上的山地占全区总面积的63.9%，海拔500m以下的丘陵占10.9%，两者合计占全区总面积的74.8%。若以海拔1000m以上为中山，海拔500～1000m为低山，则广西以中山为主，但广西没有超过海拔2200m以上的更高山地。多山地区的环境条件无疑是十分复杂的，在这样的环境条件下生物的种类也是复杂的。不仅如此，广西边缘山地都是周围大地貌的组成部分，和外界有着广泛的联系，这就使得本来在复杂环境中已经很复杂的广西生物种类更为复杂化。

（二）特殊的弧形山脉

广西盆地内缘为一著名的山字型构造，在地貌上表现为显著的弧形山脉。广西弧形山脉除以其高大雄伟、构造特殊、地貌特征各异而著名外，还在于它的形成对广西的气候产生巨大的影响。它的两翼，尤其西翼对寒潮有明显的阻挡作用，两翼背后地区的温度比同纬度的其他地区为高，因此，许多热带的生物种类可以北迁到这里。还有，两翼，尤其东翼与东南季风垂直，雨量特多，成为广西几个多雨地区。弧形山脉位于广西的中部，与外围山地联系不大，位置比较孤立，因而它的生物区系成分地方色彩较浓，特有的种类较多。

（三）面积广大的、奇特的岩溶石山

前面已经指出，广西是我国碳酸盐岩主要分布区之一，碳酸盐岩发育成的地貌与砂、页岩发育成的流水侵蚀地貌在特征上完全不同，它有峰丛洼地、峰林谷地、孤峰平原、洞穴、地下河等一系列地貌类型。峰丛洼地主要分布在桂中与桂西；峰林谷地主要分布在桂北、桂东、桂中、桂西，桂西南部分地区也有分布；孤峰平原主要分布在贵港市及柳州至来宾之间的地区。喀斯特地貌还有着不同于流水侵蚀地貌的生态环境。喀斯特岩性透水性强，保水性差，故比较干旱；喀斯特地区土壤与红壤不同，是一类含钙量高的石灰(岩)土。因此，喀斯特地区的生物种类组成与红壤地区很不相同，是一类耐干旱、喜钙或耐钙的种类成分。

（四）濒临海洋

广西南面为北部湾，是我国少数几个濒临海洋的省(区)之一。广西海岸带从岸线向陆地深入10km左右的范围内，地貌类型不是高耸的大山，而依次为平原、台地和丘陵，十分有利于东南海洋风北上，遍及全区，对我区的气候影响极大，使得广西成为我国雨量较为丰富的(省)区之一。广西海岸带发育有红树林滩涂，广西不但具有陆地植被，而且还有“海底森林”——红树林植被，在国内是少有的。

第三节　气　　候

一、广西气候的基本情况和特点

（一）气候形成因素的基本情况和特点

1. 太阳辐射

广西地处低纬度，太阳辐射强烈，从北往南，总辐射量为389 ~ 494kJ/(cm^2 · 年)，总辐射量是不算高的。但由于广西有效辐射量小，故辐射差额可达188 ~ 251kJ/(cm^2 · 年)，与广东、云南等省同为我国热量资源最丰富的地区。

2. 大气环流

我国是一个典型的受季风控制的国家。但广西位于我国的南部，属于濒临海洋的地区，虽然季风决定了各地气候的差异，然而海洋性气候比较明显，使广西成为全国雨量最丰富的地区之一。夏季，广西为东南季风控制，雨量充沛；7 ~ 9 月，是台风盛行的季节，由于地形和地理位置的关系，台风对广西的影响主要是降雨，所以7 ~ 9 月降雨最多。

3. 地形

地形对广西气候的影响是巨大的，因而也是广西气候形成因素之一。东北部边缘山地的湘桂走廊、萌渚山地缺口，是冷空气入侵的主要途径，通道上的温度比同纬度的邻近地区低，无论是年平均温度还是1月平均温度的等温线在通道上均呈弓形向南凸出。广西东半部，其南面多为平原、台地、丘陵和低山，北面山地又多缺口，如上述的湘桂走廊、萌渚山地缺口，冷空气经缺口自北而南直达东部平原，影响甚大；西半部多为山地，其北面山地缺口少，成为冷空气入侵的天然屏障。所以同一纬度地区的气温，东部比西部低，自东而西，虽然西部纬度比东部高，但气温大致相同。因而广西植被地带的分界线，东低西高，相差1°30′。同样，广西中部弧形山脉也是冷空气南下的天然屏障，弧形山脉西翼的外围地区，比同纬度的东部地区，年平均温度高1~2℃。春夏之交，冷空气在南岭山地停滞，形成锋面雨，给东北地区带来丰富的雨量。北东向山脉的东南面和东南季风方向垂直，容易形成地形雨，增加降雨量，广西几个多雨中心都出现在山地东南面上，例如十万大山东南面的防城，大瑶山东南面的罗香和东侧的昭平，年降雨量在2000mm以上，防城和罗香超过2500mm。相反，西北面是背风区域，又成为少雨地区，例如十万大山西北面的宁明，大瑶山西面的象州，年降雨量只有1000~1300mm，一山之隔，相差如此悬殊，可见地形影响之大。海拔高度的差异，对气温和热量的影响同样很大，桂西高原上的靖西、那坡，海拔740~790m，年平均温度≤20℃，≥10℃积温6000~6200℃；但其北面的右江谷地，海拔110~170m，年平均温度22℃，≥10℃的积温7800℃。

（二）主要气候要素的基本情况及特点

1. 气温

广西低平地区从北到南年平均温度18~23℃，最冷月为1月，平均温度6.4~15.2℃；最热月为7月，平均温度28~29℃；≥10℃的积温5644~8300℃。从气温和热量看，虽然南北有较大的差异，但在全国范围内，属于气温最高和热量最丰富的少数几个省(区)之一。

2. 降水

广西年降雨量在1100~2823mm，一般在1300~1800mm之间，雨量是丰富的，但各地差异也明显。约85%以上的降雨量集中于3~10月之间，除桂东北外，都有雨季和旱季之分。雨季和旱季开始和终止及长短各地是不同的，一般3~8月、4~9月和5~8月为雨季，少数地区2~8月，4~10月；旱季都始于冬季，一般从12月至翌年1月或2月和11月至翌年1月，部分地区从12月至翌年3月，11月至翌年2月，最长的为桂西和桂西北，从11月至翌年3月。

3. 水热系数

所谓水热系数就是≥10℃日数的降雨量与积温之比，以此来表示各地的湿润情况。凡水热系数>3.0的为潮湿气候，2.0~3.0的为湿润气候，1.5~2.0为半湿润气候，1~1.5为半干燥气候，<1.0的为干燥气候。广西水热系数一般在2.0左右，属于湿润和半湿润气候，部分地区可越过3.0，相反，有的地区不足1.5，可见差异是明显的。

二、广西气候的变化规律

（一）气温和热量由南往北由低往高递减

广西南北约跨5个纬度，随着纬度的增加，辐射逐渐减少，因此，广西气温和热量由南往北(即由低纬度往高纬度)递减。南部，年平均温度22~23℃，部分地区近于22℃(主要是寒潮通道地区)，最低月(1月)平均气温13~15℃以上，极端最低气温多年平均值2~4℃，≥10℃的积温7500~8300℃；中部，年平均气温20~22℃，最低月(1月)平均温度10~12.5℃，极端最低气温多年平均值0~2℃，≥10℃的积温6500~7400℃；北部，年平均温度18~20℃，最低月(1月)平均温度6.4~10℃，极端最低气温多年平均值低于0℃，≥10℃的积温5600~6400℃，气温和热量由南往北有规律地递减。受气温和热量变化规律的影响，广西植被地理水平变化也反映出同样的规律，南部为热带季节性雨林，中部为亚热带季风常绿阔叶林，北部为亚热带典型常绿阔叶林。太阳辐射量除随纬度的增加而减少外，还随海拔高度的增加而减少，相应的气温和热量也随着海拔高度的增加而递减。东北部的全州和资源，中部的昭平和金秀，南部的贵县和靖西，纬度大致相近，但由于海拔高度不同而有相同的变化规律(表2-1)。

(二) 雨量由东往西递减

东南季风雨影响广西全区。7～9月的台风雨主要影响南部，东南部和西南部也受一定影响，西北部和东北部受影响较弱；春夏之交的南岭山地锋面雨，主要影响东北部。可以看出广西东半部受降水来源影响比西半部强，因而大体上雨量由东往西递减。东半部年降水量除柳州至来宾溶蚀平原在1200～1500mm外，一般在1500mm以上。西半部除海拔较高地区的迎风面雨量达到1500mm外，一般只有1300mm左右，部分河谷地区还不足1200mm。

表2-1　广西不同海拔高度温度差异

县　名	海拔高度(m)	年平均温度(℃)	1月平均温度(℃)	极端最低气温多年平均值(℃)	积温(℃)
全　州	195	18.0	6.6	-3.9	5652
资　源	408	16.4	5.6	-5.6	5043
昭　平	105	19.9	10.3	-0.7	6439
金　秀	760	17.0	8.3	-3.4	5260
贵　县	50	21.5	12.3	0.7	7401
靖　西	739	19.1	10.9	0.3	6269

(三) 水热系数由东往西减少

水热系数由东往西减少，东半部水热系数一般在2.0左右或2以下，其中东北部在2.0以上，部分地区大于3.0。西半部一般在1.5～2.0之间，河谷地区还不足1.5。

(四) 雨季由东往西缩短，出现时间推迟

东北部地区春夏之间已有锋面雨，雨季出现最早，3月雨季就来临了，有的地区还早到2月。东部和南部在东南季风控制下雨季才来临，故出现在4月。西北部虽然也属于在东南季风控制下才出现雨季，但离海较远，只有当风力达到一定强度后才受影响，因而雨季迟到5月才开始，是全区雨季开始最迟的地区。立秋后我区受东南季风的影响渐弱，东北和西北部雨季一般在每年8月结束，只有受台风影响的南部、东部和西南部可延至9月。冬季，广西为东北风控制，干燥少雨，因此广西旱季都开始在冬季。东北部由于春夏之交有锋面雨，多数地区没有旱季或旱季短促，只有1～2个月(12～次年1月)；西部和西北部离海较远，旱季最长，由11月至翌年3月，其他地区由12月至翌年2月和3月，或11月至翌年1月或2月。

第四节　土　　壤

一、广西土壤成土风化壳类型

风化壳是土壤发育的物质基础，风化壳类型不同，所发育的土壤类型也不相同。广西土壤成土风化壳类型由于气候和地质的影响，主要有两种类型。

（一）富铝风化壳

广西热量和雨量丰富，风化作用强烈，形成富铝风化壳类型。此种风化壳的特点是风化壳一般较深厚，盐基高度不饱和，硅铝率比值较低，一般在 2 左右。富铝风化壳由于氧化铁的含量及其水化程度不同而呈红、橙、黄等色。富铝风化壳是广西地带性土壤发育的物质基础。

（二）碳酸盐风化壳

广西约有占全区总面积 37.78% 的碳酸盐岩，故碳酸盐风化壳也是广西主要的风化壳类型。此类风化壳以难溶性碳酸钙为主，土壤、地下水和有机体富含钙。碳酸盐风化壳是广西石灰（岩）土发育的物质基础，也是广西非地带性植被形成的原因。

二、广西土壤成土母质

论述广西的地质情况时，广西土壤的成土母质有下列几类。

（一）古生代、中生代和第四纪沉积岩（物）

这类沉积岩可分为非碳酸盐岩和碳酸盐岩两大类。

1. 非碳酸盐岩

非碳酸盐岩有页岩、砂岩、砾岩、泥岩等，除一部分含石灰砾岩风化物外，都呈酸性和强酸性反应，盐基含量一般不高。大部分页岩（包括半变质岩）风化物主要是粉砂和黏粒，属黏质土，一般肥力较好，土层较深厚。砂岩、砾岩风化物含砂粒多，黏粒少，机械组成以沙质土壤为主，土层较浅薄，特别是泥盆系莲花山组红色砂砾岩，因层厚而且坚硬，所形成的土壤层更瘠薄。三迭系砂、页岩，包括红色岩系，岩性弱，风化容易，虽土层厚，但易引起水土流失。第四纪沉积物（红土），其层次很厚，水流速度小，沉积的主要是细沙壤土，粉沙黏壤土；水流速度大，所沉积的多是砾石砂层。沿海地区属于滨海沉积，机械组成主要是沙土。上述这些母质，是广西红壤各土类主要成土母质，并在很大程度上决定土壤的理化性质。

2. 碳酸盐岩

碳酸盐类岩有石灰岩、白云岩和钙质紫色砂页岩等。石灰岩及其风化物在石灰（岩）土的形成中具有十分重要的作用。广西石灰岩为泥盆系至三迭系地层，含有大量的碳酸盐类和比例不同的混合物（如黏土、二氧化硅），在高温多雨下极易溶蚀风化，一般富含碳酸盐和黏土物质，所形成的土壤具有相当大的胶结性。石灰岩风化壳虽然形成于热带和亚热带温暖湿润环境，但因石灰岩富含碳酸钙，使土壤盐基的淋失过程大为减缓，所以很少发生脱硅富铝化作用。钙质紫色砂页岩是形成石灰性紫色土的母岩。

（二）各地质时代的岩浆岩

广西岩浆岩种类很多，大面积分布的为酸性岩体的花岗岩，机械组成为含石英砂及石英细砾的壤质黏土。花岗岩风化黏粒在水中分散性很强，易受侵蚀。当黏粒被侵蚀后，留下大部分石英细砾，因此极易引起土壤“沙化”，造成水土流失和崩山。花岗岩发育形成的土壤，土层很厚，富含钾素。

三、广西土壤的分布规律

风化壳形成的首要条件是太阳辐射能，太阳辐射能从低纬度到高纬度，从低海拔到高海拔呈有规律变化，因而风化壳形成的速度和强度也呈有规律的变化。这样，土壤的水平分布和垂直分布也是有规律的，这就是土壤地带性的分布规律。在同一气候条件下，不同的成土母质，不但在同一土壤类型内机械组成、矿物成分不同，而且由于不同母质风化速度和成土过程的地球化学特征也有各自的特征，最终形成不同的土类系列。因此，形成土壤的地域分布，这就是非地带性土壤。下面分述之。

（一）广西土壤的水平分布

广西的北部属于中亚热带地区，中部属于南亚热带地区，南部属于北热带地区，热量由北向南而递增。土壤带随着热量带作有规律的变化，自北而南由红壤变化为赤红壤再变化为砖红壤。

（二）广西土壤的垂直分布

不同的基带有不同的垂直带谱，北部地区，由红壤→山地红壤→山地黄壤→山地黄棕壤→山地矮林草甸土；南部地区，由赤红壤（或砖红壤）→山地赤红壤→山地黄壤→山顶矮林草甸土，但山体不够高大的，没有山地矮林草甸土分布（表 2-2）。广西的西北部由于属于向我国西部半湿润地区过渡的地区，气候比较干旱，干湿季明显，土壤的垂直分布与东部稍有不同。西部地区因干热条件的影响，基带为褐红壤，山地黄壤的分布下限比东部明显上升，达海拔 1000m，在南盘江一带可高至 1300m，而东部为海拔 700～800m。广西西部山地海拔不够高，一般不出现山地黄棕壤。

表 2-2　广西土壤垂直带谱

地带	山地	土壤垂直带谱
中亚热带	苗儿山	（<400m）红壤（400m）→山地红壤（700m）→山地黄壤（1200m）→山地黄棕壤（2000m）→山地矮林草甸土（2142m）
南亚热带	大明山	（<300m）赤红壤（300m）→山地赤红壤（650～800m）→山地黄壤（1400m）→山顶草甸土（1768m）
北热带	十万大山	（<300m）赤红壤（或砖红壤）（300m）→山地赤红壤（600～700m）→山地黄壤（1315m）

（三）广西土壤的地域分布

广西由于大面积石灰岩以及小面积紫色砂页岩的存在，因而在红壤、赤红壤、砖红壤地带内出现与之性质不同的石灰（岩）土和紫色土。同时由于热带海岸生境的特殊性，也出现一类与地带性土壤不同的滨海盐土。石灰（岩）土、紫色土和滨海盐土是广西一种地域性土壤，即非地带性的土壤。

四、广西土壤的主要类型

由于长期对森林不合理利用的结果，广西大部分的天然林已破坏，沦为灌丛、草丛和次生林，故土壤性质亦发生相应的变化，如肥力下降，土层变薄，湿度减少，水土流失严重，这些普遍的特性，在下面论述各类土壤时，就不再加以提及了。

（一）地带性土壤

1. 砖红壤

广西砖红壤面积不大，仅分布于北纬 22°以南的低丘陵和台地，原生植被为季节性雨林。广西由于地处北热带北缘，砖红壤特性没有赤道热带明显，富铝化程度不及赤道热带。广西砖红壤黏粒的硅铝率为 1.5～1.7，土层深厚，全剖面赤红—红棕色，土体中有大小不等的铁锰结核，底土网状发达，pH 值 4.0～5.5，代换量有的仅 2～3m・e/100 克土。盐基高度不饱和，黏土矿物为高岭石—水铝矿—赤铁矿类。

2. 赤红壤

分布于北回归线以南至北纬 22°之间的低山丘陵区，是广西最大面积土类之一。原生植被以季风常绿阔叶林为主。赤红壤兼有红壤的特点，其富铝化作用比红壤强，但比砖红壤弱；土壤的淋溶强度介于红壤和砖红壤之间。因此，它的成土过程是处在砖红壤与红壤的过渡阶段。黏粒的硅铝率 1.7～2.0，土层中也有铁锰结核和网状斑纹，pH 值 4.5～5.0，有机质含量仅 1%～3%；全氮 0.05%～

0.1%，代换性酸5～10m·e/100克土，以活性铝为主，代换量6～7m·e/100克土，黏土矿物为高岭石、埃洛石类。

3. 红壤

分布于北回归线以北的低山丘陵区，并作为垂直带谱上的土类出现在北回归线以南的山地，是广西面积最大的土类。原生植被为中亚热带常绿阔叶林。广西红壤黏粒硅铝率2.0，铁锰结核较少，土壤有机质1%～5%，全氮0.01%～0.03%，也有0.05%～0.25%，pH值4.5～5.5，代换性酸2～4m·e/100克土，以活性铝为主，盐基代换量2～10m·e/100克土，盐基饱和度5%～20%，黏土矿物为高岭石、石英、蒙脱石类。

4. 黄壤

广西黄壤为一种垂直带谱上的土类，分布在山地上，原生植被为山地常绿阔叶林，在红壤地带和赤红壤地带均有分布，而以红壤地带分布的面积大，也是广西面积最大的土类之一。黄壤富铝化作用较弱，且具独特的成土过程，主要表现在黄化过程上，即由于环境相对湿度大，土层经常保持潮湿，致使土壤中的氧化铁水化引起黄化。黄壤黏粒硅铝率较高，约在2.5，有机质含量高，可达5%～10%，但淋溶作用强，交换性盐基很低，表土层一般不超过10m·e/100克土，盐基饱和度10%～30%，pH值4.5～5.0，潜在酸很强，代换性酸为4～10m·e/100克土。

5. 黄棕壤

广西黄棕壤也是一种垂直带谱的土类，主要分布在北回归线以北的中山地带，原生植被为中山常绿落叶阔叶混交林和针阔混交林。全剖面土色以棕色为主，黏粒及细粉沙粒在剖面中的迁移不明显，在剖面中部有稍微减少的趋势，比黄壤高。表层有机质含量均在10%左右，全剖面呈酸性反应，pH值4.5～5.0之间，随剖面的加深而增大，代换性酸含量每百克土10～15毫克当量，盐基饱和度一般为5%～15%，黏粒在机械组成中约占10%或更少。

（二）地域性土壤

1. 石灰(岩)土

广西石灰(岩)土原生植被西南部为季节性雨林，桂中北和桂东北为常绿落叶阔叶混交林。石灰(岩)土碳酸盐含量高达80%，石灰(岩)土有机质比较丰富，有较好的团粒结构。由于受岩性的影响，石灰(岩)土比较胶结。石灰(岩)土虽为地域性土壤，但成土过程也受地带性气候条件的影响，因而有黑色石灰(岩)土、棕色石灰(岩)土、红色石灰(岩)土和黄色石灰(岩)土之分。

棕色石灰(岩)土：全区都有分布，是石灰(岩)土最常见的类型。棕色石灰(岩)土剖面少有石灰反应，盐基饱和度40%～60%，黏粒硅铝率1.8，pH值6.5～7.5，有机质4.45%左右。

黄色石灰(岩)土：主要分布在广西西部海拔较高的石灰岩山地，那里大气的湿度大，气候温凉，故土体呈黄色。由于淋溶不强，剖面具石灰反应，pH值7.0～8.0。

红色石灰(岩)土：分布在石山平缓的麓地和溶谷间的剥蚀阶地或石芽平地。由于形成时间较棕色石灰(岩)土长，化学风化强烈，故剖面无石灰反应，黏粒硅铝率低，pH值6.0～6.5。

黑色石灰(岩)土：零星分布于石灰岩山地的岩缝和坡麓低洼地。有石灰反应，pH值6.5～8.0，有机质6%～7%，结构团粒状，是石灰(岩)土肥力最高的类型。

2. 紫色土

广西紫色土面积不大，零星分布于宁明、全州、兴安、荔浦、武鸣、东兴、钦州等县。紫色土成土时间短，岩性松散，成土母质不断更新，其上植物不茂盛，生物因素作用不明显。因而紫色土土层分化不明显，土层浅薄，质地疏松，没有明显的腐殖质层，有机质含量低，氮0.03%～0.1%，有机质0.2%～2%，磷0.01%～0.03%，钾稍高，为1.02%～2.13%。紫色土虽处在热带或亚热带气候，但尚不具脱硅富铝化特征，pH值6.5～7.0，盐基饱和度高，最低在56%以上，属盐基饱和度高的土壤。不含钙的紫色土，盐基饱和度稍低，属盐基饱和度中等的土壤，pH值5.0～6.0。

3. 滨海盐土

广西有滨海盐土866.93km^2。滨海盐土是一类年轻的土壤，一般缺乏发生层次，土壤含盐量0.6%～1.5%，以氯化物盐为主，硫酸盐很少；有机质含量一般是中下层高于表层；同时，有机质、盐分、养分含量和代换量均取决于土壤的质地，与质地的沙、壤、黏比例成正相关。沙质盐土的有机质小于1.0%，全氮0.01%～0.06%，全磷小于0.05%，全钾小于1.0%，代换量小于5.0毫克当量，总盐量小于1.0%；壤质盐土和黏质壤土分别依次为1.0%～2.0%和大于2.0%，0.06%～0.10%和0.10%～0.20%，0.05%～0.10%和大于0.10%，1%～1.5%和大于1.5%，5.0%～10.0%和10.0%～20.0%，±1.0%和1.0%～1.5%。依生境的不同，可分为红树林潮滩盐土、潮滩盐土、草甸滨海盐土、滨海盐土4种。以潮滩盐土占的面积最大，占78.48%；其次为红树林潮滩盐土，占10.57%；草甸滨海盐土，占8.89%；滨海盐土占的面积最小，仅为0.42%。

第三章 广西植被的历史概况

第一节　地史时期新生代广西的植被和植物群

对于广西境内古植物的研究，特别与现代植物区系和植被有密切联系的新生代植物群落的研究做得很少，目前仅有北部湾涠洲岛晚第三纪和百色盆地、南宁盆地、宁明盆地、钦州稔子坪盆地、合浦盆地、南流江盆地等有新第三纪(亦称晚第三纪)较为系统的孢粉研究以及桂林甑皮岩洞穴遗址第四纪古植物初步研究。广西地史时期植被和植物群是在分析和综合这些研究成果的基础上，参考《中国植被》在论述中国新生代植被时涉及华南(包括广西)有关内容作出的。一方面研究的地点少，另一方面研究的地点分布不均匀，大都分布于南部，属于广西北热带季节性雨林地带，中部和北部，也就是亚热带常绿阔叶林地带只有一个研究点，因此，研究结果肯定是不全面的，仅供参考。但这几个分布于北热带季节性雨林地带的研究点，却是比较均匀地排列在北热带季节性雨林地带内，从东到西依次为南流江盆地、合浦盆地、涠洲岛、稔子坪盆地、南宁盆地、宁明盆地、百色盆地，因此，所得到的研究结果，大体上能反映新第三纪时广西南部的植物群植物组成情况。

一、老第三纪

在老第三纪，我国从北到南大致可以分为 5 个林区，广西属于华南南亚热带常绿—落叶阔叶混交林—热带红树林区，植被中以常绿和落叶阔叶混交林为主。与广西东南部邻接的广东南部雷琼、茂名一带，早期(古新世—早始新世)的植被，属于常绿—落叶阔叶混交林。常绿树种类众多，属于桑科、金缕梅科、楝科、大戟科、山龙眼科、桃金娘科、棕榈科和柯属(*Lithocarpus*)、杨梅属(*Myrica*)、昆栏树属、云实属(*Caesalpinia*)等科属的植物。落叶阔叶树以桦木科、胡桃科[山核桃属(*Carya*)、胡桃属(*Juglans*)、化香树(*Platycarya*)等]和榆科[榆(*Ulmus*)]的植物为主。山地分布有松属(*Pinus*)、杉属(*Cunninghamia*)。中期(始新世晚期—渐新世早期)的植被，在常绿树中青冈属(*Cyclobalanopsis*)占有较大的比重，还有金缕梅科的蜡瓣花属(*Corylopsis*)、蕈树属(*Altingia*)、东方枫香树(*Liquidambar orientalis*)、枫香树(*Liquidambar formosana*)等，其中后 2 种为落叶阔叶树。其他常绿树有冬青属(*Ilex*)、黄杞属(*Engelhardia*)以及广布于热带—亚热带的樟科、棕榈科、桑科、山龙眼科、壳斗科的锥(*Castanopsis*)、青冈、柯等属的植物。落叶阔叶树有桤木属(*Alnus*)、蓝果树属(*Nyssa*)、山核桃属等。海滩上有海桑科(Sonneratiaceae)的植物。晚期(渐新世中晚期)的植被仍以常绿落叶阔叶混交林为主，常绿阔叶树中有桑科、壳斗科的植物；落叶阔叶树中桤木占优势。其他乔木树种以桦木科、胡桃科、榆科为常见。山上以松林为主，其中混生有云杉属(*Picea*)和铁杉属(*Tusuga*)。海边分布有海桑(*Sonneratia caseolaris*)、木榄(*Bruguiera gymnorrhiza*)和红树(*Rhizophora apiculata*)组成的红树林。

二、新第三纪

(一)华南地区新第三纪的植被

在新第三纪期间，欧亚大陆，特别是在中国及其邻近地区，发生了一系列巨大而影响深远的地史事件，如许多巨大的山系和高原的隆升，海水消退而使得广阔的陆地得以出现，等等。此时，大气环流因之也发生根本性的变化，气候变得更加复杂化了。在这个过程中我国新第三纪时期的植被经受着严酷而漫长的自然条件的锻炼，而变得比老第三纪复杂得多。古老类型的蕨类和裸子植物及原始类型的被子植物，比前期相对地减少，松柏类的森林有所增加。

新第三纪，我国植被的区域性分异比较清楚，在东部地区出现5个林区，华南属于南亚热带常绿阔叶林和热带稀树草原及红树林区。在中新世早期，这里的气候仍然干燥，植被继承渐新世的类型，仍属常绿阔叶和落叶阔叶树的混交林。但是，在中新世晚期，气候略转为湿润，落叶的种类逐渐减少，发展成为常绿阔叶林，遍及平原和丘陵地区。群落种类组成中有锥、青冈、柯、栗(*Castanea*)、核桃、山核桃和棕榈科、金缕梅科的植物。海边有海桑和红树林。到了上新世，海洋性气候对本区的影响增强，暖热而湿润。常绿阔叶树以青冈、锥、冬青为主，落叶阔叶树有栗、水青冈(*Fagus*)等。后期转干，森林中的栗、青冈、锥的种类减少，但杨梅有所增加。同时，石灰岩山地的以榆科树木为主的落叶阔叶林亦有所发展。

(二)广西新第三纪的植物群

由于广西有新第三纪(亦称晚第三纪)孢粉研究资料，所以把它单独分出报道。

在新第三纪，广西同样发生了巨大而影响深远的地史事件，在侏罗纪末至白垩纪期间的燕山运动后，广西地貌轮廓的基础就基本奠定了，到新生代第三纪中新世晚期发生的喜马拉雅造山运动以及第三纪末期发生的新构造运动，使广西地盘持续上升，西部和西北部上升量较大，而东部和东南部则较小，由西北向东南倾斜的地面形成，内陆水系破坏，许多河流相应从西北流向东南，现代广西地形地貌就基本上形成了。一方面广西新第三纪时期的植被经过锻炼变得比老第三纪复杂多了，另一方面广西地形地貌由于比以前变得复杂多了，所以避难所多了，不少古老类型的蕨类和裸子植物及原始类型的被子植物虽然比前期相对地减少，但亦有不少种类得以保存至新生代第四纪。

新第三纪时，广西属于华南南亚热带常绿阔叶林和热带稀树草原及红树林区的范围，从吴作基同志的北部湾涠洲岛晚第三纪地层的孢粉研究资料和百色盆地、南宁盆地、宁明盆地、钦州稔子坪盆地、广平盆地、合浦盆地新第三纪地层的孢粉研究得知，当时涠洲岛和各盆地新第三纪植物群的植物组成大体如下。

1. 北部湾涠洲岛

(1)蕨类植物：主要有蚌壳蕨科蚌壳蕨属(*Dicksoria*)、金毛狗属(*Cibotium*)、铁线蕨科铁线蕨属(*Adiantum*)、水蕨科水蕨属(*Ceratopteris*)以及水龙骨科、紫萁科、里白科等种类。

(2)裸子植物：主要有南洋杉科南洋杉属(*Araucaria*)、松科油杉属(*Keteleeria*)、冷杉属(*Abies*)、铁杉属、雪松属(*Cedrus*)、松属、杉科水松属(*Glyptostrobus*)、罗汉松科罗汉松属(*Podocarpus*)、陆均松属(*Dacrydium*)、麻黄科麻黄属(*Ephedra*)、买麻藤科买麻藤属(*Gnetum*)等种类。

(3)被子植物：主要有大戟科油桐属(*Vernicia*)、血桐属(*Macaranga*)、野桐属(*Mallotus*)、叶下珠属(*Phyllanthus*)、苏木科云实属、木麻黄科木麻黄属(*Casuarina*)、桑科、楝科鹧鸪花属(*Heynea*)、山榄科、夹竹桃科、天料木科天料木属(*Homalium*)、桃金娘科岗松属(*Baeckea*)、蒲桃属(*Syzygium*)、木棉科以及棕榈科省藤属（*Calamus*）等热带种类。此外，还有木兰科鹅掌楸属（*Liriodendron*）、长喙木兰属（*Lirianthe*）、昆栏树科昆栏树属（*Trochodendron*）、樟科，悬铃木科悬铃木属（*Platanus*）、杨柳科柳属（*Salix*）、杨梅科杨梅属、桦木科桦木属（*Betula*）、桤木属、鹅耳枥属（*Carpinus*）、铁木属（*Ostrya*）、壳斗科水青冈属、假山毛榉属（*Nothofagus*）、栎属（*Quercus*）、栗属、榆科榆属、榉树属（*Zelkova*）、朴属（*Celtis*），冬青科冬青属，卫矛科，云香科，槭树科槭属（*Acer*）、胡桃科山核桃属（*Carya*）、黄杞属、化香树属、枫杨属（*Pterocarya*），山茱萸科山茱萸属（*Cornus*），八角枫科八角枫属（*Alangium*），蓝果树科，五加科，山矾科山矾属（*Symplocos*），蓼科蓼属（*Polygonum*）等植物。

2. 百色盆地

（1）蕨类植物：以水龙骨科的种类为多。

（2）裸子植物：主要由银杏科银杏属（*Ginkgo*），松科油杉属、冷杉属、铁杉属、云杉属、落叶松属（*Larix*）、雪松属、松属，杉科水松属、落羽松属（*Taxodium*），柏科等的种类和喜暖的罗汉松科罗汉松属、陆均松属，南洋杉科南洋杉属，苏铁科苏铁属（*Cycas*）等热带种类组成。此外，还有耐旱的麻黄科麻黄属植物。

（3）被子植物：主要有木兰科木兰属，桃金娘科，椴树科椴树属（*Tilia*），梧桐科，大戟科，桑科，无患子科，棕榈科等热带植物。还有豆科，蔷薇科，金缕梅科枫香属，杨柳科柳属，杨梅科杨梅属，桦木科桤木属，榛木科榛属（*Corylus*），铁木属，壳斗科栗属、栎属、小享氏栎属（*Quercoidites*），榆科榆属，冬青科，槭树科槭属，漆树科漆属（*Toxicodendron*）、黄连木属（*Pistacia*），胡桃科胡桃属、山核桃属、化香属、枫杨属、黄杞属等种类。在上述植物群中以小享氏栎（*Quercoidites microhnriei*）占绝对优势，次为桤木等。

3. 南宁盆地

南宁盆地以被子植物占优势，其中桤木属、栎属、胡桃科、桃金娘科、杨柳科等较发达。裸子植物以松、雪松、罗汉松、油杉等属较多。蕨类以水龙骨科和凤尾蕨科凤尾蕨属（*Pteris*）为普遍。各类主要有下列种类：

（1）裸子植物：有银杏科银杏属，松科油杉属、冷杉属、云杉属、雪松属、松属，杉科落羽松属、水松属，罗汉松科罗汉松属等。

（2）被子植物：有大戟科、梧桐科、桃金娘科、山龙眼科、瑞香科、木麻黄科、桑科和无患子科等热带树种。此外，还有蔷薇科、豆科、金缕梅科枫香属、杨柳科柳属、杨梅科杨梅属、榛木科榛属、桦木科桤木属、壳斗科栎属和栗属、冬青科冬青属、鼠李科、槭树科、胡桃科枫杨属和核桃属、珙桐科蓝果树属、五加科等种类。总的来看，南宁盆地新第三纪的孢粉组合属亚热带—热带性质，与百色盆地基本相同。

4. 宁明盆地

（1）裸子植物：主要有松科云杉属、油杉属、雪松属、松属，杉科落羽松属种类，柏科的种类也有分布。

（2）被子植物：主要有瑞香科、桃金娘科、大戟科、蔷薇科、金缕梅科枫香属、桦木科桤木属和桦木属、壳斗科栗属和栎属、榆科榆属、桑科、鼠李科、胡桃科核桃属和山核桃属、八角枫科、五加科和木犀科等的种类。

5. 稔子坪盆地

（1）裸子植物：主要有苏铁科、松科松属、杉科和柏科等的种类。

（2）被子植物：主要有昆兰树科昆兰树属、樟科、安石榴科石榴属（*Punica*）、桃金娘科、蔷薇科、杨柳科柳属、杨梅科杨梅属、桦木科桤木属、榛木科榛属、壳斗科栎属、榆科榆属、木麻黄科、檀香科、蓝果树科蓝果树属、马鞭草科等的种类。此外，还有棕榈科的植物。

6. 广平盆地

（1）裸子植物：主要有松科铁杉属和松属、杉科、柏科、罗汉松科罗汉松属、麻黄科麻黄属等的种类。

(2)被子植物：主要有柽柳科、桃金娘科、梧桐科、蔷薇科、豆科、杨柳科柳属、杨梅科杨梅属、桦木科桦木属、榛木科鹅耳枥属、壳斗科栗属和栎属、桑科、云香科、槭树科、胡桃科化香树属和黄杞属、山茱萸科、木犀科梣属(*Fraxinus*)、棕榈科等的种类。

7. 合浦盆地

(1)裸子植物：主要有苏铁科苏铁属，松科松属、云杉属、雪松属、落叶松属，杉科，罗汉松科罗汉松属等的种类。

(2)被子植物：主要有桃金娘科，椴树科椴树属，梧桐科，蔷薇科，豆科，金缕梅科枫香属，杨柳科柳属，杨梅科杨梅属，壳斗科栎属、栗属、锥属，榆科榆属，冬青科冬青属，漆树科漆树属，胡桃科核桃属、山核桃属、枫杨属、黄杞属，山茱萸科山茱萸属，珙桐科蓝果树属，杜鹃花科杜鹃花属(*Rhododendron*)，忍冬科荚蒾属(*Viburnum*)等的种类。

(三)广西新第三纪的孢粉组合

根据上述的孢粉资料，按其组合的性质和变化，可划分3个孢粉组合，其中新第三纪早中新世有2个组合，新第三纪中晚期有1个组合。

1. 早中新世

(1)水蕨属—松属—蓼科组合：该组合特征为：①孢粉种类繁多，被子植物花粉和蕨类孢子在组合中大致相等；②水蕨属孢子占整个组合的24% ~53%，松属占6% ~19%；③水生植物的孢子和花粉占有相当大的比重；④在被子植物花粉中，胡桃科、壳斗科、榆科、金缕梅科和木兰科占有一定数量。

(2)血桐—野桐—*Thelline*—铁线蕨属组合：该组合的特征为：①以被子植物花粉为优势，占73% ~97%，蕨类孢子尤其裸子植物花粉不发达；②水生植物孢子已属罕见；③以血桐属和野桐属多种为代表的大戟科植物花粉及属于冬青科的*Phelline*属十分繁多，其中不少占据组合的优势，如*Macaranga*属占9.4% ~82%，*Thelline*属占28.4% ~46.9%；④豆科植物花粉和水龙骨科的孢子也占一定的数量。值得注意的是，与*Macaranga* - *Mallotus* - *Phelline*的花粉一样，水龙骨科、铁线蕨属、石松属(*Lycopodium*)孢子在这一组里首次出现，而且仅限于这一组。

2. 新第三纪中晚期

蒲桃属—木麻黄属—杨梅属组合。该组合的特征为：①孢粉种类十分贫乏，在已找到的孢粉中，被子植物占优势；②以*Syzygium* - *Casuarina* - *Myrica*等半旱生和典型滨海植物为其特征，并出现里白属(*Diplopterygium*)、紫萁属(*Osmunda*)等旱生蕨类；③在上一组合中出现的水龙骨科植物在这里边一组合显著增多，血桐属的不同种也有出现。

三、第四纪

第四纪，在地史上是一个大的转折，全球气温普遍下降，年平均气温与第三纪比较，相差7 ~10℃之多。在我国整个版图范围的气温也相应下降，北部地区下降多些，南部少一些。由于喜马拉雅和青藏高原大幅度隆起而改变了原来大气环流的格局，西北部气候变得愈加干旱，而东部比较湿润。在这个时期，冰期与间冰期的年均温，如在华北、华中、西南、华东地区相差7 ~8℃。我国第四纪的植被虽然是在新第三纪的基础上发展起来的，它的区域性轮廓已与今日近似，但与前期新第三纪相比，由于冰期和间冰期的反复更迭所引起的气候波动，更新世时植被产生了一些特点和变化。冰期时，气温下降，高山植物向低山甚至平原迁移；间冰期气温回升时，部分植物再作回流。

在广西，第四纪冰川的遗迹亦到达境内的都庞岭、越城岭、驾桥岭、海洋山、融安、罗城、大瑶山、梧州、富川、钟山等地区，大明山、都阳山、百色、德保、靖西、驮芦、大容山、兴业等地区虽然受到冰川余波所及，但由于位置偏南，影响很微。并且山多地形复杂，避难所众多。所以广西仍残存着诸如鹅掌楸(*Liriodendron chinense*)、白豆杉(*Pseudotaxus chienii*)、马尾树(*Rhoiptelea chiliantha*)、铁杉(*Tsuga chinensis*)等古老孑遗植物，以及50~70年代末先后在桂北林区发现的银杉(*Cathaya argyrophylla*)、资源冷杉(*Abies beshanzuensis* var. *ziyuanensis*)、元宝山冷杉(*Abies yuanbaoshanensis*)等古老的松柏类植物新分类群。

在第四纪冰期以后，全新世时我国自然植被的水平分布已奠定了和现在水平分布大致相似的面貌，从这时起，我国的自然植被区域就可以分为和现在基本相同的8个区域了，在最近六七千年甚至近万年间，我国境内并未发生过植被区域或地带大规模自然更替的事实，而只发生过诸如同类型植被中树种比例的消长或同一植被带南北界限的推移等等这样一些波动。但是另一方面，我国人类活动的历史是相当悠久的，随着社会的进化，农业的进一步发展，大规模垦殖和消耗大量燃料的陶瓷、冶炼、煮盐等手工业的兴起，却使原有的森林植被被大量破坏。

四、广西桂林第四纪全新世初期

桂林第四纪全新世初期古植物研究，是在桂林甑皮岩古人类洞穴遗址进行的，遗址位于桂林市南郊，距桂林市中心约9km，地处北纬25°17′，东经110°17′。介绍桂林甑皮岩洞穴遗址第四纪全新世初期古植物研究的目的，是让我们了解桂林第四纪全新世初期人类大规模垦殖前古植物的组成、植物种类的丰富程度和变化情况。

(一)古植物组成

孢粉分析是在洞穴内厚度为2.5m的第三文化层堆积物中和洞穴内钙华板中自下而上取样，范围约400m^2。

深度0.9~2.5m的土层中，孢粉数以蕨类植物占优势，为总量的56%~67.1%，其中凤尾蕨科、中国蕨科粉背蕨属(*Aleuritopteris*)、里白科里白属、水龙骨科数量最多。木本植物花粉数占19.6%~31.3%，以阔叶树花粉占优势，主要树种以胡桃科山核桃属、大戟科乌桕属和山麻杆属、榆科、壳斗科为主；针叶树花粉不多。草本植物花粉数占10%~14%，以禾亚科为主，其次为菊科蒿属、毛茛科等。

深度为0~0.9m的土层中，仍以蕨类植物孢子占优势，为45.9%~66.8%，木本植物占22.3%~37.4%，草本占10.9%~16.7%，其孢粉类型基本与下层相似，只在数量上有所增减，例如山核桃属减少，蔷薇科、木兰科、杨梅科等则有增加(但数量不大)。针叶树(以松属为主)由原来的7.9%~35.4%增加到27.3%~40%。另外还出现少量罗汉松和油杉花粉。

钙华板层的孢粉数仍然是蕨类孢子占优势，为64.1%~67.5%，木本占17.7%~23.3%，草本占9.2%~18.2%。这一沉积层仍是以热带和亚热带植物为主，并有温带成分的针阔叶混交林，但林中阔叶成分减少了，针叶树的数量增加了。

(二)古植物种类的丰富度和植被类型

从地形上推测，当时洞穴先民活动的范围约在以洞穴为中心的1km^{2}内，洞穴内土壤中的孢粉化石是从这1km^{2}范围内的植物来的。根据洞穴内400m^{2}小范围内取样进行孢粉分析得到，共有89科，89科中能鉴定出的属有82属，82属中能鉴定出的种有10种，其中蕨类植物15科、10属、2种；裸子植物6科5属1种；木本双子叶植物38科、48属、7种，草本双子叶植物20科、15属、0种；木本单子叶植物1科，草本单子叶植物9科、4属。在1km^{2}活动范围内、400m^{2}面积的取样中，有古植物89科，如此之多的野生植物，这在目前洞穴遗址中是十分罕见的，洞穴植物的丰富度是非常高的。

根据孢粉化石分析，这里曾是一片常绿落叶阔叶混交林，常绿阔叶树有壳斗科青冈属，落叶阔叶树有榆科(朴属、榆属)、大戟科(乌桕属)的种类，但不是老第三纪时的常绿落叶阔叶混交林。老第三纪中新世晚期，气候略转为湿润，落叶的种类逐渐减少，常绿落叶阔叶混交林已经发展成为常绿阔叶林，遍及当时华南的平原和丘陵地区。桂林甑皮岩这片第四纪全新世初期的常绿阔叶林缺乏当时水平地带性植被常绿阔叶林重要的组成成分山茶科和樟科的种类，而落叶阔叶树为当地石灰岩山地常见的种类，所以这片常绿、落叶阔叶混交林应是当地地域性植被石灰岩常绿、落叶阔叶混交林。甑皮岩洞穴遗址是分布在泥盆系石灰岩地层中，也说明这片森林为石灰岩常绿、落叶阔叶混交林。其他的常绿阔叶树还有壳斗科锥属，杨梅科杨梅属，茶茱萸科肖榄属(*Platea*)，山矾科，金缕梅科蜡瓣花属；落叶阔叶树还有杨柳科柳属，胡桃科胡桃属、枫杨属、山核桃属，桦木科桦木属、桤木属、榛属、鹅耳枥属，金缕梅科枫香属、水丝梨属(*Sycopsis*)、金缕梅属(*Hamamelis*)，大戟科山麻杆属(*Alchornea*)、血桐属，梧桐科翅子树属(*Pterospermum*)，山茱萸科山茱萸属等的种类，似乎落叶的种类比常绿多。此外，阔叶木本植物还有木兰科、壳斗科(栗属)、苦木科鸦胆子属(*Brucea*)、楝科、槭树科槭属、无患子科、椴树科、桃金娘科、木犀科木犀属(*Osmanthus*)和梣属(*Fraxinus*)、茜草科茜草属(*Rubia*)、水锦树属(*Wendlandia*)、茜树属(*Aidia*)等的种类。裸子植物有苏铁科苏铁属，银杏科银杏属，松科松属、油杉属，柏科，罗汉松科，粗榧科三尖杉属(*Cephalotaxus*)等的种类。林下蕨类植物丰富，有石松科石松属、卷柏科、观音座莲科、里白科、膜蕨科、碗蕨科鳞盖蕨属(*Microlepia*)、蚌壳蕨科金毛狗属、中国蕨科金粉蕨属(*Onychium*)、裸子蕨科金毛裸蕨属(*Gymnopteris*)、凤丫蕨属(*Coniogramme*)、金星蕨科、桫椤科等的种类。目前甑皮岩周围现状植被为石山藤刺灌丛，仅有20多种灌木和草本。

第二节　人类历史时期广西植被的基本情况

第四纪全新世时广西属于八大区域中台湾、闽南、华南和滇南的热带林区域，根据有关古籍记载，广西古代森林植被地带分异大体和现在相似，只不过出现了部分热带物种的消失或南移。18世纪中叶以前，广西大部分地区仍保存着完好的森林植被。唐代时，“湘江永洲路，水碧山萃兀”，南岭山地，到处山清水秀，森林茂密。到宋代，两广山地丘陵的中部和南部“少见霜雪”，“地气常燠，草木柔脆”[(宋)周去非，《岭外代答》卷四：风土门]，属于热带性气候。由于开发较晚，大部分地区到宋初仍然“人稀土旷”和“事力微薄”[(宋)周去非，《岭外代答》卷一：地理门]，“山林翳密”(《宋史志》地理六)。直到清朝乾隆时期(18世纪中叶)，广西南部地区的天然森林植被仍然保存较多，尤其桂西南地区有“树海”之称[(清)《曝杂记》卷三：树海]。在“与安南接壤处，皆崇山密箐，斧斤不到，老藤古树，洪荒所生，”描述了当地茂密的热带原始森林的面貌。18世纪中叶以后，由于农业大规模垦殖、消耗大量燃料的手工业兴起、统治阶级修建宫殿和战争，森林受到了大量消灭和破坏，森林面积急剧减少。为了对广西古代的森林植被分布概况和各地的植物资源有所了解，现根据有关古籍资料的不完全记载，按照广西20世纪80年代的行政区域所辖范围归纳，从北到南，简介如下。

一、森林植被和植物资源

(一)桂林地区

唐、宋时，南岭山地到处山清水秀，森林茂密。桂林隐山“先是榛莽翳，古莫知者”[(宋)《太平寰宇记》卷162：岭南道·桂林·临桂县]。明朝徐霞客游记中记载他于崇祯丁丑年闰四月(公元1637年)，从湖南入桂林，到全州时见到“古松连云接嶂”的森林繁茂的景观；他游到阳朔白沙，随江东北行时，那里“林木悠然”[(明)《徐霞客游记》卷三上(一)，粤西日记一]。直到清朝以后，桂北山区的龙胜仍然“丛篁深箐”[(清)《龙胜县志》：序]。全州城西湘山“峰密郁郁”，圭山“古木荷蔚”(《全州县志》，1942年)。

植物资源方面，主要材用树种有杉木(*Cunninghamia lanceloata*)、松、柏、楠属(*Phoebe*)、润楠

(*Machilus*)、樟属(*Cinnamomum*)、枫、栎(包括青冈属、锥属和柯属)以及竹子等。常见果树有桃属(*Amygdalus*)、梅(*Armeniaca mume*)、梨属(*Pyrus*)、柿属(*Diospyros*)、枇杷属(*Eriobotrya*)等。

(二)柳州地区

直到清朝以后，象州县的甘视山仍"林木阴遂"[(清)《象州志》上·纪地]，武宣县的金龙山"苍松蓊蔚"。其他如大瑶山、大苗山等地更是"森林连绵，遮天蔽日"。

植物资源方面，主要树种有：松、杉、樟、楠、枫木、椿属(*Toona*)、苦楝属(*Melia*)、黄杨木属(*Buxus*)以及檀属(*Dalbergia*)、胭脂木属(*Ormosia*)、黑木属(*Ormosia* or *Albizia*)等。其他还有榕属(*Ficus*)、木棉(*Bombax ceiba*)和桄榔①等热带树种。栽培果树主要有柚(*Citrus maxima*)、柑属(*Citrus*)、橘属(*Fortunella*)、黄皮(*Clausena lansium*)、李、梨等。此外，柳州还有龙眼(*Dimocarpus longan*)、芭蕉属(*Musa*)；象州有人面子(*Dracontomelon duperreanum*)等热带果树栽培[(清)《柳州县志》·物产]。

(三)南宁地区

本地区由于地气"恒燠少寒，无霜雪"[(清)《武缘县志》卷一：天文志·气候]，十分有利于热带、亚热带森林树木的生长和繁衍。18世纪以前，这里不但"山深岚翳，草木不枯"，而且还有大象和孔雀等大型的热带鸟兽。清代时，宣化县城(今南宁市境)十里的盘龙山"乔木参天"，离县较远的逃军山"林木蓊翳，良材野味多出焉"，城南一百八十里，通钦廉达海岛广博无际的敖王山"林木蔽天"，"产铁力木、毛茶"；城南一百七十里，接钦州灵山界的茶山"丛枝蝉联，所产林木不可胜用"[(清)宣统元年玺刻《南宁府志》卷五：舆地志·山川·宣化县]。明时横州(今横县)西南十里的秀林山"林木郁秀"[(明)《南宁府志》]，到清代，横州城南二十里宝华山(又名南山)，尚"树木葱郁"，县城较远的三墨山也是"树木丛密"[(清)《横州志》卷二：统辖志·山川]，永淳县(今横县境)北三十里的司中山"山深林茂"，"产铁力、樟、楠诸大木"；县北五十里的滕塘山"山多林木"。崇左县城太平府养利州养的山"苍翠蓊郁，绵延甚远"[(清)《广西通志》卷150：山川略12·南宁府；卷160：山川略13·太平府]。"下石西，山峰叠秀，林木郁葱"。清光绪时，天等县上映州"山深林密"，奉议州北三里的莲花山"层峦叠嶂，树木阴翳，行人不辨东西半步"[《镇安府志》卷10：舆地志3]。清乾隆时，武缘县"北八十里与上林县接界，又名镆铘山的鸣山"，"古木连云，层峦际日"(《武缘县志》)。直到20世纪初，1937年编纂的《邕州县志》仍记载县东北百里的鹿鸣山"林木蓊翳，中多良材，有百年老干，未齿斧斤者；唐宋以来老林，惟此仅存"[(民国)《邕宁县志》：地理二]。明朝武缘知县，对当时与邕宁接界的"高峰岭"一带林木茂密景象，曾作"高峰歌"予以赞美："郁缪万木自葱芊，交藤络石相纠缠。"明时，南宁地区大型林栖动物也很兴盛，"洪武十八年(即公元1385年)，十万山象出害稼"；"神宗万历十五年(即公元1587年)秋，横州北乡象出害稼"[(清·宣统)《南宁府志》卷39：6杂类志3祥7；(清·光绪)《横州县志》卷二：气运志·祥]。孔雀分布普遍，不少有关古籍都有"孔雀各州县出"、"生高山乔木之上"[《广西通志》卷31：物产·南宁府·太平府·思恩府，卷90：舆地11·物产2·思恩府]的记载。同样反映出该区古代森林繁茂的影像。

植物资源方面，主要树木有：楠、铁力木(*Erythrophleum fordii* et *Excentrodendron tonkinense*)②、樟(*Cinnamomum camphora*)、椿、栗木、赤梨属(*Castanopsis*)、栎木属(*Cyclobalanopsis*)、银木属(*Wrightia*)、思儡木③、木棉、桄榔(*Arenga westerhoutii* et *Caryota ochlandra*)以及松、杉等。果树有荔枝(*Litchi*

① 据考究其所指似是 *Caryota* 而非 *Arenga* 植物。

② 本地区群众所称的铁力木有二物同名现象，如《广西通志》所载：南宁府，"各州县俱出，而永淳司中山者佳"的铁力木则为格木；而左右江石山地区的铁力木系指蚬木。

③ 据《岭外代答》卷六记载"思儡木，生两州峒，坚入水中，百年不腐，峒人及交趾以为弓弩、标枪之树，为天下最"，以及《归顺直隶州志》卷三记载"思儡木，坚实喷盐水中，百年不腐，顺属极多"的思儡木似为蚬木。

chinensis)、龙眼、橄榄(*Canarium album*)、乌榄(*Canarium. pimela*)、人面子、木波罗(*Artocarpus heterophyllus*)、扁桃(*Mangifera persiciformis*)、杧果(*Mangifera indica*)、黄皮、杨桃(*Averrhoa carambola*)、柿、栗等。此外还有银杏(*Ginkgo biloba*)、胡桃(*Juglans regia*)以及波斯橄榄、山韶子①和毛韶(俗曰毛荔枝)、山荔枝②的记载。

(四)百色地区

本区(包括河池地区)地域旷远，西部各县属古之"夜朗地"，山高林密，交通闭塞，自然条件复杂，"气候多垂"；北部"冬寒但夏不甚热"；南部"四时瘴燠"，"罕见霜雪"，"草木不枯"。德保、靖西、那坡一带，直到18世纪初仍然保存着大片完好的原始森林。据《镇安府志》记载：天保县(今德保县境)附郭"山深箐密"，城南五里的狮子山"林木森茂，望之蔚然"，城西三十里上甲的鉴山"林木幽深"，城南六十里的云山"古树参差"，城南九十里的伦山"树木深密，人迹罕到"，城北的莲花山"树木阴翳，行人不辨东西半步"，城南百里的开榜山"古树青翠"。归顺州(今靖西县境)城西二里许的凤凰山"竹木森密"，城南三十里的排山"林木幽深"；都康土州西二十里的隆满山"苍翠如屏，树木阴翳"。小镇安土司(今那坡县城)北一里的甘岩"古树阴翳"[(清乾隆)《镇安府志》卷二：山川，天保县，归顺州，都康土州，小镇安土司]。清光绪年间，靖西县的归顺州北二里的凤凰山仍然是"竹木森茂"，宾山"林木耸翠"[(清·光绪)《归顺直隶州志》卷三]。至于处在与云南及安南(今越南)接壤的边远之地，更是到处"皆崇山密箐，斧斤不到"[(宋)《檐曝杂记》卷三]。与云南交界的西林县，南部的潺巴山"茂林幽蔚"，东部的样山"深林叠嶂"[(清康熙)《西林县志》·山川]。现属河池地区东兰、南丹等地，古时皆"深箐密布，草木蓊翳"[(清)《镇安府志》卷四："赋役志"物产，属]。

植物资源方面，主要树种有铁力木、楠木、樟木、椿、樗、木棉、枫木、榕、思儡木、松木、桄榔(包括鱼尾葵)等；果树主要有柚、柑、橙、梨、栗、核桃、杨桃、橄榄、黄皮、扁桃、木波罗、荔枝、龙眼等；经济林木有八角(*Illicium verum*)。

(五)梧州地区

"梧州僻在边南，古称瘴地，大率土广民稀，草木蔚荟"。在其南部诸县尤其"多燠少寒，冬不见雪"[《广西通志》卷84：舆地五]。大部分地方"山高林茂"。清代，苍梧县城北五十里的文殊山"林木蓊郁"，城南一百里的铜锅山(又称铜锣山)"林树参天"，在多贤堡界连昭平的天雄山"林木蓊郁"[(清·雍正)《广西通志》卷130："山川略"10. 梧州府《苍梧县志》卷18："外传纪事下"，卷5：风土志]；岑溪县东北界苍梧、藤县之间的上下七山更是丛林修树环数百里无日色，城南十五里的大雍山"林木森秀"，城东三十里的通天岭"森郁高峻"，城西四十里的绿袍山"树木丛茂"[(清·乾隆)《岑溪县志》·山]。

植物资源方面，主要有：樟、楠木、椿、枫、赤梨、榕、铁力木(格木)、紫荆木属(*Madhuca*)、木荷属(*Schima*)、松、杉、柏等。同时梧州还产多种其叶可制渔父之蓑的省藤(*Calamus* spp.)，而藤州(今藤县)就是因其"州治之外，尝有古藤甚大"而得名(《岭外代答》卷八，花木门)。主要果树有：荔枝、龙眼、橄榄、乌榄、杨桃、黄皮、柚、柑、栗等。当时在稍偏北的昭平也"出荔枝"，"贺州长林山多橄榄树"[《广西通志》卷91："舆地略12，物产3，"]。

(六)玉林地区

本地区"地气常燠"，"少见霜雪"，"草木不枯"，到清代时，到处仍是"山林密茂"。陆川县城东

---

① 据《广西通志》卷九十·舆地略十一·物产二·记载："山韶子，其色红，肉如荔枝，叶如栗，赤色子大如栗，有棘刺，破其皮，肉如猪肪。"据此特征，该物似龙荔(*Dimocarpus confinis*)。

② 为原注手号。

三里的东山“乔木蓊郁”；平南县南四十里的思岩山“树木森蔚”，县东南六十里与藤县交界的大水山更是“绵延百余里，密林深箐”；博白县东南五十里的绿秀岭“林木青葱，广三百余里”[（清·雍正）《广西通志》卷140、160、180]；桂平县南绵亘数百里至玉林、北流、容县、平南、岑溪、博白、陆川等县的大容山“树木丛茂”，紫荆山“草木莽荟”；贵县城南十里的南山“苍翠郁映”[（清）《浔州府志》卷二：“纪地，山川，桂平”]。清乾隆57年（1792年）郁林州城西七十里的勾蓊山“树木丛蒙”[（清）《郁林州志》卷二：山川]。容县东北四十里的桂殿山和西南四十里的陆便山均“林木丛杂”，县东南百余里的天堂山“树木轮囷离奇，蔚然深秀，多千百年古物”[（清）《容县志》卷三：“舆地志三，山川”]。直到1924年（民国12年）《陆川县志》还记载县北四十多里与北流接壤的云岭仍“林箐深密，鸟兽群集，人迹罕至”。同时，在县东南五十多里吹塘堡新村堡一带的大岭棟“绵亘数里，林木蓊郁，人迹罕至”[（民国）《陆川县志》卷二：“舆地类一，山川上”]。

植物资源方面，主要树种有樟、桂、紫荆、青椽、赤蘗、木荷、枫木、铁力木（格木）、楠木、水松（*Glyptostrobus pensilis*）、松、杉、桄榔、苏木（*Caesalpinia sappan*）等；果树主要有荔枝、龙眼、橄榄、乌榄、杧果、人面子、木波罗、杨桃、黄皮、柚、柑、橙、木蒲桃属（*Syzygium*）、毛荔枝等。据记载还有槟榔（*Areca catechu*）和椰子（*Cocos nucifera*），如明朝《永乐大典》就记载了“槟榔子在南流县旧所废党牢州境内”，“椰子在南流县有，土人多种，今广西诸群皆有，惟州为最”[（明）《永乐大典》卷2339：“土产，郁林州，物产”]。《广西通志》等记载“槟榔，一名洗瘴丹，郁林、博白、陆川出”，“椰子出郁林”。经济林有八角、肉桂（*Cinnamomum cassia*）。

（七）钦州地区

本区“僻在边南”，“其地近海，地入热带”，直到18世纪以前，大部分地区仍保存有较完好的原始森林。宋代，合浦县东130里的百良山“林木深广，工匠求良材百不失一”[（宋）《舆地纪胜》卷119：“广南西路，廉州、合浦县，景物下”]，直到清代百良山仍“多产大木良材”。当时，与博白相连的大廉山“林木葱郁，泊数十里”，县东六十里大廉港中的大鸦州“林木繁阴”，那怀村附近的那怀山“林箐茂密”；灵山县东三十里的罗阳山“山树繁郁”，县东二十里的凤凰山“多产树，县西南五十里的林冶山“林木森秀”、“多产红豆”，县西一百里的石六峰“花木深茂”[（清）《古今图书集成》：“职方典1361卷：廉州府山川考一，合浦县、灵山县”]。清光绪初中年间，“钦属林业，以松为多，而杉少”，“各乡小林业恒多长成松林，到处青葱可爱”（《钦县志》：“民生志，卷八，林业”）。

植物资源方面，主要树种有铁力木（格木）、紫荆木、椎木属（*Castanopsis*）、木荷、黄桐（*Endospermum chinense*）、石斑木（春花木）（*Rhaphiolepis indica*）、车辕木属（*Syzygium*）、樟木、楠木、木棉、黄凿木属（*Adina*）、枫木、榕木、松木、杉木、桄榔等，其他还有白藤。主要果树有荔枝、龙眼、人面子、橄榄、乌榄、木波罗、胭脂子属（*Artocarpus*）、杧果、杨桃、黄皮、柚、柑、柿等。

二、基本特点和变化

根据上述，可以看出广西古时森林有两个显著的特点。

第一是表现出浓厚的热带和亚热带性质，规律性明显。从气候看，“桂林尚有雪，稍南则无之”。梧州其南部诸县尤“多燠少寒，冬不见雪”。玉林地区“地气常燠”，“少见霜雪”，“草木不枯”。南宁地区“恒燠少寒，无霜雪”，“暮冬气候暖若三春，树叶不落，桃李乱开，蝮蛇不蛰”。百色地区“气候多垂”，北部“冬寒但夏不甚热”，南部“四时瘴燠，罕见霜雪”，“草木不枯”。钦州地区“其地近海”，“地入热带”。从上描述明显看出广西古时气候水平纬向分布的差异性，气温北低南高，从北到南有规律的变化，与现今广西的气温条件和变化大体相近。从植物资源组成看，北部的桂林地区主要植物资源为杉、松、柏、楠木、樟、枫、桃、梅、柿、枇杷，为典型的亚热带性质。柳州地区除此外，还有榕、木棉、桄榔、黄皮、龙眼、芭蕉、人面子等热带种类。南宁地区、钦州地区等地“僻在边南”，植物资源普遍出现有格木、木棉、蚬木、荔枝、杧果、人面子、木波罗和榄类以及槟榔、椰子等众多的热带树种；钦、廉等地和十万大山一带还有野象和孔雀等典型的热带鸟兽出现。上述植物从北到南分布的变化，与现今桂北属于中亚热带典型常绿阔叶林带、桂中属于南亚热带季风常绿阔叶林带、桂南属于北热带季节性雨林带的性质也大体相似。

但是与现代植被带相比，也出现了部分热带物种的消失或南移，意味着广西与全国一样同样也发生过同一植被带南北界限的推移。荔枝在广西栽培的北界，12 世纪末，曾到达桂林[（宋）范大成《桂海虞衡志》："志果"]，直到 17 世纪初，仍见到"桂林荔枝"（《徐霞客游记》卷三上：粤西游记一），但到了 18 世纪末，"今桂林实无荔枝"[（嘉庆）《广西通志》卷八十九：舆地略，物产一，桂林府]了。现在广西荔枝大片栽培的北界已向南推移到浔江以南一带了。又如典型热带果树槟榔和椰子，自 12 世纪末到 13 世纪中从晚唐到南宋至元初，在玉林州北流县一带栽培的较多，并成为当地主要土产之一。然而现在玉林地区已无槟榔、椰子栽培，其栽培的北界已推移到玉林以南的合浦—东兴一带的滨海地区了。桂林甑皮岩洞穴遗址内出土的动物化石有大型热带林栖动物亚洲象；宋文帝元嘉元年（公元 424 年）时，桂北全州县境（零陵、洮阳）仍有亚洲象出现（《宋书》卷 28："志 18 符瑞中"），19 世纪初不但桂林，而且广西全境，野象就已经绝迹了。广西野象的绝迹，与森林消失和气候变冷都有关系，但野象在桂北的桂林绝迹的主要原因应该是气候变冷。

第二是森林茂密，物产丰富。直到 18 世纪中叶以前（清乾隆年间），广西从北到南，很多地方仍是"峰密郁郁"，"森林连绵，遮天蔽日"，"环数百里无日色"，"行人不辨东西半步"，"多千百年古物"，"所产林木不可胜用"。各地所产的优良材用树种、果树和动物均在数十种以上。

广西地属"百越"，由于自然地理条件等客观原因，故开发较晚。从汉代以后，特别是三国、晋、南北朝时期，因中原汉族不断南迁，南北民族的大融洽，才促进了南北社会经济文化的发展。地"僻在边南"的钦州地区，据《合浦县志》记载，该地区 18 世纪中叶以前，还是有相当面积的森林。只是到了"光绪二十年（公元 1894 年）后，日施斧斤，有砍无种"，才"逐渐零落稀疏，甚至童山濯濯"。开发较早地区，森林受破坏的历史也较长。例如光绪三十三年（1907 年），广西巡抚部院谕：自省城至平乐一带沿河两岸荒山荒地颇属不少，亟应举办植树造林，以开风气而辟利源（《广西清代档案》）。又如位于桂中的来宾县，据 1937 年修的县志记载，当时来宾县已是"瘠山硗确，弥望皆是，农、蚕、垦、牧、森林、渔、猎等自然之利无多"的地方。在民国期间，特别是新桂系统治时，对林业建设尚较重视，先后开办一批林场、苗圃，并奖励造林，颁布过一些有关政策法令，但收效不大；相反，对乱砍滥伐，毁林开荒、山火的防治等无所作为，以至森林资源继续大幅度消减。根据 1950 年资料分析，当时广西森林面积只有 37.87 万 hm^2，覆盖率 16.04%（《广西林业大事记》）。

从与森林息息相关的大型林栖动物的消失过程来看，也在一定程度上反映出广西古代森林面积的减少。在桂南，至 19 世纪中叶（至清光绪年间），南宁、钦州地区仍有野象群和孔雀，直到 19 世纪中叶以后才逐渐绝迹。有野象和孔雀出没的地方，毫无疑问地反映了当时具有茂盛的原始森林植被，才能为这些大型的热带鸟兽的生活、栖息与繁殖提供有利的条件和良好的处所。当然，野象和孔雀绝迹的原因，寒冷低温的影响是其中因素之一，但桂南地区主要的还在于森林植被被不断遭受严重破坏和被毁灭，使这些大型的动物失去其生活、栖息和繁殖的处所，无法继续生存下去。当然与人们大肆捕猎和杀戮也有关。

第四章 广西植被植物区系特征

第一节　广西植被植物区系组成

本章的植物区系研究，不是研究广西全境的植物种类，而是以广西植被各种植物群落的种类组成为研究对象。植物群落是有其严格的含义，并不是所有的植物集合体都可以称为植物群落。既然是研究由各种植物群落组成的植被的植物区系，那么应该最好直接研究各种植物群落的种类组成，不要用一个地区的植物种类来代替。况且研究植被的植物区系，除与研究地区的植物区系有相同的要求外，还有着植物群落学学科本身的要求，例如植被的优势科和优势种组成、不同层次的植物区系成分组成等，这些是不能用一个地区植物种类来代替的。

本研究将新中国成立后广西历次植被调查的样方资料，以科属种为单位进行种类组成统计，由于新中国成立以来广西所作的植被调查比较全面和详细，因而以植物群落的种类组成研究广西植被植物区系，更可以反映广西植被植物区系的特征。

一、科、属、种组成

统计广西新中国成立以来历次植被调查的样方资料，得出组成广西植被各种植物群落的种类成分有 228 科 1120 属 2983 种，分别占广西目前已知科、属、种的 80.0%、68.8% 和 38.9%（表 4-1）。广西植被被子植物 175 科 994 属 2686 种中，有双子叶植物 151 科 803 属 2296 种，单子叶植物 24 科 191 属 390 种。

表 4-1　广西植被植物区系科、属、种统计

类别	科数	占广西科数（%）	属数	占广西属数（%）	种数	占广西种数（%）
蕨类植物	44	78.6	107	69.0	254	30.5
裸子植物	9	100.0	19	86.4	43	65.1
被子植物	175	75.1	994	60.4	2684	35.0
合　计	228	80.0	1120	68.8	2983	38.9

注：1. 裸子植物广西总数增加栽培植物银杏科、银杏属、银杏（*Ginkgo biloba*）；柏木属、冲天柏、垂柏；侧柏属、侧柏。不包括南洋杉科、南洋杉属、南洋杉。

2. 被子植物广西总数不包括栽培植物。

二、各科所含属统计

在广西植被植物区系组成中，含属最多的为禾亚科，达64属，从而说明广西以禾亚科种类组成的草丛是广泛的；含31～40属的有菊科(40属)、大戟科(37属)、茜草科(36属)、蝶形花科(33属)；含21～30属的有兰科(24属)、蔷薇科(21属)。裸子植物含属最多的为松科，有6属；蕨类植物含属最多的为水龙骨科，有15属。分组统计，含21属以上的7科，占广西植被总科数的3.1%；含11～20属的24科，占10.5%；含5～10属的39科，占17.1%；含4属以下的158科，占69.3%，以含属不多的科为主。

三、各科所含种统计

在广西植被植物区系组成中，含种最多的为樟科，达113种；次为大戟科，105种；含81～100种的有禾亚科(93种)、茜草科(88种)、蔷薇科(86种)、壳斗科(85种)、蝶形花科(83种)、山茶科(82种)；含41～80种的有菊科(67种)、桑科(63种)、芸香科(48种)、百合科(48种)、马鞭草科(47种)、莎草科(46种)、荨麻科(45种)、杜鹃花科(44种)、紫金牛科(42种)、兰科(42种)。上述18科，只占广西植被区系组成科的7.9%，但共有种类1227种，占广西植被种的组成的41.2%。含10种以下的149科，占广西植被区系组成科的65.4%，但只有种类558种，占广西植被种的组成18.5%，以含种不多的科为主。裸子植物含种最多的为松科，有18种；蕨类植物含种最多的为鳞毛蕨科，有38种；次为水龙骨科，有37种。

四、按性状统计

广西植被植物区系组成的2981种植物，按植物性状统计，有乔木1026种，占种数的34.4%；灌木624种，占21.0%；草本893种，占30.0%；藤本427种，占14.3%；寄生8种，占0.3%——以乔木性状的植物占多数，次为草本植物。

第二节　广西植被不同立地条件类型区系组成

以植物群落土壤类型不同将广西植被立地条件类型划分为三种类型，一是由砂岩、页岩、花岗岩和第四纪红土为母质发育成的酸性土(包括红壤系列各土类和棕壤系列的黄棕壤)；二是由石灰岩为母质发育成的石灰(岩)土；三是由海潮沉积物发育成的红树林(包括半红树林，下同)潮滩盐土。相应的将广西植被植物区系组成划分为酸性土专有、石灰(岩)土专有、红树林潮滩盐土专有、酸性土与石灰(岩)土共有、石灰(岩)土与红树林潮滩盐土共有、酸性土与石灰(岩)土与红树林潮滩盐土共有等6种区系成分。这6种区系成分是怎样统计出来的？将酸性土、石灰(岩)土和红树林潮滩盐土上的各种植物群落的组成种类进行统计和对比，凡只在某一种立地条件类型上出现的成分就作为这一立地条件类型专有的成分，在2或3种立地条件类型上出现的成分，就是这2种或3种立地条件类型共有的成分。由于专有成分不是作专性定量调查得出的，因此划分出来的专有成分可能有错误，随着调查样方的增多，某些专有成分可能是共有成分。不过，从目前划分出来的区系成分分折，还是具有一定的可靠性。表4-2-1和表4-2-2是具体划分的结果。

表 4-2-1 广西植被不同立地条件类型区系组成(1)

类群	科	属	种	科	属	种	科	属	种	科	属	种
	酸性土专有			石灰岩(土)专有			红树林潮滩盐土专有			酸性土与石灰(岩)土共有		
蕨类植物	22	66	163	1	10	55	1	1	1	20	30	35
裸子植物	4	11	28		3	10				5	5	5
双子叶植物	23	283	1017	4	118	706		12	18	114	387	553
单子叶植物	4	91	182		27	122				20	73	86
合　计	53	451	1390	5	158	893	1	13	19	159	495	679

表 4-2-2 广西植被不同立地条件类型区系组成(2)

类群	属	科	属	种
	石灰(岩)土与红树林潮滩盐土共有	酸性土与石灰(岩)土与红树林潮滩盐土共有		
蕨类植物				
裸子植物				
双子叶植物	1	10	2	
单子叶植物				
合　计	1	10	2	

从表 4-2-1 和表 4-2-2 可以看出，广西植被主要由酸性土专有、石灰(岩)土专有和酸性土与石灰(岩)土共有的 3 种区系成分组成，它们分别占广西植被科、属、种组成的 92.5%、98.6% 和 99.4%，其他 3 种立地条件类型的区系成分占的比例很少。

一、广西植被酸性土专有区系成分

广西植被酸性土专有区系成分共有 53 科 451 属 1390 种，分别占广西植被科、属、种组成的 23.2%、40.3% 和 48.1%，均高于石灰(岩)土和红树林潮滩盐土专有的区系成分。酸性土专有区系成分在亚热带常绿阔叶林及其垂直带谱上的类型(山地常绿阔叶林、中山常绿落叶阔叶混交林、中山针阔叶混交林及特殊的群落变型山顶苔藓矮林)很突出，亚热带常绿阔叶林及其垂直带谱上的类型主要由壳斗科、樟科、茶科、木兰科、杜英科、金缕梅科、冬青科、槭树科、杜鹃花科、安息香科、山矾科、松科、红豆杉科、野牡丹科、兰科、鳞毛蕨科等的种类组成，酸性土专有区系成分在这些科中所占的比例见表 4-3。

表 4-3 酸性土专有区系成分在常绿阔叶林及其垂直带谱上的类型所占的比例

科	属数	种数	属	种	属	种
			酸性土专有		酸性土与石灰岩土共有	
壳斗科	6	85	2	62	4	8
山茶科	13	82	9	67	4	3
木兰科	8	25	5	22	2	1
杜英科	2	14		9	2	4
金缕梅科	12	19	6	11	5	5
冬青科	1	37		29	1	6
槭树科	1	19		12	1	3
杜鹃花科	6	44	4	42	2	
安息香科	7	24	6	18	1	4
山矾科	1	33		30	1	2
松　科	6	18	3	10	2	3
红豆杉科	3	4	3	4		
樟　科	13	113	3	51	9	30

（续）

科	属数	种数	属	种	属	种
			酸性土专有		酸性土与石灰岩土共有	
野牡丹科	13	22	9	16	4	5
兰 科	24	42	14	26	8	7
鳞毛蕨科	9	38	6	34	3	1

从表4-3看出，亚热带常绿阔叶林及其垂直带谱上类型的组成种类是酸性土专有区系成分的代表，而北热带地带性季节性雨林的组成种类，酸性土专有区系成分并不占有优势，因为北热带地带性季节性雨林的组成种类不少在石灰岩季节性雨林都有分布。

二、广西植被石灰(岩)土专有区系成分

广西植被石灰(岩)土专有区系成分共有5科158属893种，分别占广西植被科、属、种组成的2.2%、14.1%和30.0%。石灰(岩)土专有区系成分没有在哪一类植被类型很突出，但是与番荔枝科、椴树科、大戟科、苏木科、榆科、翅子藤科、鼠李科、楝科、无患子科、漆树科、蝶形花科的鱼藤属(*Derris*)、鸡血藤属(*Mellettia*)和木犀科素馨属(*Jasminum*)等关系较密切，详见表4-4。

表4-4　与石灰(岩)土专有区系成分关系密切的科

科	属数	种数	属	种	属	种
			石灰(岩)土专有		石灰(岩)土与酸性土共有	
番荔枝科	12	27	4	11	7	13
椴树科	7	13	2	6	3	4
大戟科	37	105	12	50	19	36
苏木科	11	38	1	21	8	12
蝶形花科	34	83	6	32	13	20
榆　科	7	16	3	10	3	4
桑　科	8	63	1	27	7	29
翅子藤科	3	6	1	4	2	2
鼠李科	10	31	5	19	5	8
芸香科	13	48	1	23	8	11
无患子科	17	19	7	9	5	5
漆树科	9	15	2	7	6	6
楝　科	11	19	2	7	9	10
木犀科	7	33		16	6	9

与石灰(岩)土专有区系成分关系比较密切的科大致分3种情况：第一，这些科多数种类是落叶的，例如榆科、漆树科、苏木科和椴树科；第二，这些科多数种类是藤本植物，例如翅子藤科、鼠李科、苏木科、蝶形花科鱼藤属、鸡血藤属和木犀科素馨属；第三，如果这些科的多数种类既不是落叶，又不是藤本植物，那么这些科或种类则是广西热带主要科或种类，例如番荔枝科、大戟科、无患子科、楝科和椴树科的蚬木、漆树科的人面子。

三、广西植被酸性土与石灰(岩)土共有区系成分

广西植被酸性土与石灰(岩)土共有区系成分有159科495属679种，分别占广西植被科、属、种组成的69.7%、44.2%和22.8%，科、属组成占的比例是6种区系成分最高的，但种的组成占的比例低于酸性土专有和石灰(岩)土专有区系成分，说明酸性土与石灰(岩)土共有区系成分主要在科的组成上。由于这样，酸性土与石灰(岩)土共有区系成分没有在哪一种植被类型突出，也没有与哪一个科关系很密切。

四、红树林潮滩盐土专有区系成分

由于红树林潮滩盐土生境特殊，能在其上生长的植物种类必须具有特殊的生理功能，所以广西红树林潮滩盐土专有区系成分不多，只有1科13属19种。红树林潮滩盐土专有的科为卤蕨科，属、种最多的为红树科，有4属5种，广西植被区系组成具有红树林潮滩盐土专有成分的科还有使君子科(1种)、梧桐科(1种)、锦葵科(1种)、大戟科(1种)、蝶形花科(1种)、紫金牛科(1种)、夹竹桃科(1种)、爵床科(2种)、马鞭草科(3种)。

广西植被其他两种区系成分很少，石灰(岩)土与红树林潮滩盐土共有区系成分只有1属，大戟科(*Excoeoaria*)，科和种没有；酸性土与石灰(岩)土与红树林潮滩盐土共有区系成有10科2属，种没有。

第三节　广西植被乔木层优势科和优势种组成

一、广西植被乔木层优势科组成

在第一节科的组成中，虽然知道了哪些科含属、种最多，但因为植被乔木层优势科的确定主要不是以属、种的多少来决定，而主要是根据乔木层植物重要值指数的大小确定的。将不同地带的地带性和非地带性的代表性森林群落，以乔木层植物重要值指数大于15(含15)作为优势科的指标，统计各种群落乔木层的优势科。广西划分为3个植被地带，南部为北热带季节性雨林地带，代表性植被有地带性季节性雨林，非地带性石灰(岩)土季节性雨林以及海岸红树林；中部为季风常绿阔叶林地带，代表性植被有地带性季风常绿阔叶林及其垂直带谱上的类型(包括山地常绿阔叶林、中山常绿落叶阔叶混交林、中山针阔叶混交林)和非地带性石灰(岩)土常绿落叶阔叶混交林；北部为典型常绿阔叶林地带，代表性植被有地带性典型常绿阔叶林及其垂直带谱上的类型(包括中山常绿落叶阔叶混交林和中山针阔叶混交林)和非地带性石灰(岩)土常绿落叶阔叶混交林。将3个地带的两类代表性植被乔木层植物优势科统计，就是广西植被乔木层的优势科组成。统计乔木层优势科的类型以群系为单位，样方面积一般为600m^2，少数为400m^2和900m^2或1000m^2，同一群系有2个以上的样方，则取其平均值。虽然每个群系林木层重要值指数之和都为300，但每个植被地带代表性植被的群系数目以及每个群系的样方数目不同，所以各个植被地带之间群系乔木层优势科的重要值指数横向比较只能作为参考，纵向比较才有意义。此外，由于广西天然森林植被大多受到不同程度的破坏，所以，虽然我们调查的样方大多为原生性森林，但是有的类型破坏后入侵的阳性先锋树种以及竹类也成为群落的优势种。

(一)南部地区

广西南部属于北热带，代表性植被为低山丘陵地带性季节性雨林和地域性石灰(岩)土季节性雨林，前者在十万大山和大青山尚有小面积的残存；后者在弄岗自然保护区尚有较大面积的、保存较好的天然林，此外，田阳县右江南岸岩溶山地也残存小部分原生性林，三地优势科组成详见表4-5。在表中可以看出，酸性土季节性雨林优势科有19科，樟科重要值指数最大，依次为山榄科、无患子科、橄榄科、龙脑香科和大戟科，由于某些类型受到破坏，竹亚科和八角枫科也成为优势科。弄岗石灰(岩)土季节性雨林优势科较多，达25科，以大戟科重要值指数最大，依次为苏木科、桑科、樟科、椴树科、橄榄科和肉豆蔻科。田阳石灰(岩)土季节性雨林优势科组成最少，只有13科，原因是它的群系少，最重要的是椴树科，依次为樟科、榆科、大戟科、茜草科、桑科和番荔枝科。田阳石灰(岩)土季节性雨林优势科组成和弄岗有所不同，原因是田阳县已处于北热带的北缘，带有向南亚热带过渡的性质。广西南部地区还有一类代表性植被，即红树林，它是一种地域性植被，优势科最重要的就是红树科，此外还有紫金牛科、马鞭草科、夹竹桃科、使君子科、梧桐科、大戟科、蝶形花科等。

表 4-5　酸性土季节性雨林与石灰(岩)土季节性雨林优势科

酸性土季节性雨林（十万大山、大青山）		石灰(岩)土季节性雨林（弄岗石灰岩山保护区）		石灰(岩)土季节性雨林（田阳石灰岩山地）	
科	重要值指数	科	重要值指数	科	重要值指数
樟　科	167.7	大戟科	975.5	椴树科	379.14
山榄科	148.7	苏木科	245.6	樟　科	155.15
无患子科	100	桑　科	185.5	榆　科	107.17
橄榄科	91.1	樟　科	177.5	大戟科	99.77
龙脑香科	77.3	椴树科	134.4	茜草科	99.06
大戟科	76.2	橄榄科	77.1	桑　科	93.06
山矾科	55.5	肉豆蔻科	72.2	番荔枝科	69.58
茜草科	47.7	爵床科	69	柿　科	42.25
桑　科	44.7	梧桐科	66.5	壳斗科	41.79
槭树科	42.8	楝　科	58.1	山竹子科	25.09
金缕梅科	41.7	堇菜科	55.4	蝶形花科	20.36
紫金牛科	36.5	紫金牛科	49	芸香科	16.59
山茶科	35.5	番荔枝科	45.2	梧桐科	15.51
壳斗科	35.3	龙脑香科	39.7		
肉豆蔻科	27.8	马鞭草科	38.1		
竹亚科	24.5	漆树科	28.8		
桃金娘科	17.5	含羞草科	26.3		
八角枫科	16.3	蝶形花科	26		
红树科	16	大风子科	24.1		
		棕榈科	23.9		
		山柑科	23.2		
		荨麻科	21.1		
		榆　科	20.1		
		山橄科	16.5		
		茜草科	16.3		

（二）中部地区

广西中部属于南亚热带，代表性植被是地带性季风常绿阔叶林及其垂直带谱上的类型，桂中的大瑶山自然保护区，是广西南亚热带保存这种性质的森林最好、面积最大的地区，现以大瑶山森林来说明南亚热带酸性土季风常绿阔叶林及其垂直带谱类型的优势科组成(表 4-6)。从表 4-6 看出，中部南亚热带酸性土森林的优势科重要的有壳斗科、樟科、山茶科、木兰科、清风藤科、杜英科、金缕梅科和松科，其优势科组成和南部北热带石灰(岩)土森林优势科组成多数是不同的。基带季风常绿阔叶林与其带谱上的类型优势科组成多数是相同的，最大的不同是带谱上的类型松科和杜鹃花科成为重要的优势科。由于中部岩溶地区植被受到严重破坏，中部地区另一类代表性植被岩溶山地常绿落叶阔叶混交林无法用重要值指数定量统计其优势科组成，根据定性统计，有壳斗科、樟科、桑科、苏木科、榆科、漆树科、大戟科等科。

表 4-6　大瑶山季风常绿阔叶林及其垂直带谱类型优势科组成

科	季风常绿阔叶林重要值指数	山地常绿阔叶林重要值指数	中山针阔叶混交林重要值指数
壳斗科	215.8	397.3	50.97
樟科	274.1	254.2	29.6
山茶科	55.6	151.6	133.2

（续）

科	季风常绿阔叶林 重要值指数	山地常绿阔叶林 重要值指数	中山针阔叶混交林 重要值指数
木兰科	67.8	135.4	60.4
清风藤科	24.3	129.8	27
杜英科	84.7	50.1	21.2
金缕梅科	64.7	17.7	50.1
茜草科	31.5	46.3	
竹亚科		73.1	
安息香科	31.6	37.7	
槭树科		66	
五加科	23.5	39.6	37
冬青科	16.2	36.5	79.1
山龙眼科	30.7	21.5	
胡桃科	18.1	33	
柿科	24	16.4	
蓝果树科		36.6	
山矾科	29.4		36.2
远志科	23.5		
楝科	22.7		
桃金娘科		18.2	
马鞭草科	17.8		
虎皮楠科		16.6	
松科			70.8
蔷薇科			16.1
杜鹃花科			38.7
木犀科			21.3
罗汉松科			26.3
紫金牛科			15.1

（三）北部地区

广西北部属于中亚热带，代表性植被有地带性典型常绿阔叶林及其垂直带谱上的类型和地域性石灰（岩）土常绿落叶阔叶混交林，前者在花坪保护区、元宝山保护区、九万山保护区有较大面积的保存；后者在环江县的木论保护区和阳朔县尚有部分分布，根据两地的调查，其优势科组成见表4-7。从表4-7看出，北部地区的常绿阔叶林优势科组成大体与南部地区的常绿阔叶林是相同的，不同是北部的常绿阔叶林杜鹃花科是重要的优势科；基带常绿阔叶林与其带谱上的类型优势科的区别在于带谱上的类型出现针叶树和落叶阔叶树为优势的科，前者如松科和红豆杉科，后者如槭树科、桦木科、珙桐科等。北部石灰（岩）土常绿落叶阔叶混交林优势科组成与南部石灰（岩）土季节性雨林优势科组成明显不同。

表4-7　北部常绿阔叶林及其垂直带谱类型和石灰（岩）土常绿落叶阔叶混交林优势科组成

科	常绿阔叶林		中山常绿落叶阔叶混交林		中山针阔叶混交林		石灰（岩）土常绿落叶阔叶混交林	
	九万山林区	花坪林区	元宝山林区	花坪林区	元宝山林区	银竹老山林区	木论林区	阳朔石灰岩山
	重要值指数		重要值指数		重要值指数		重要值指数	
壳斗科	843.5	156.3	283.5	126.4	81.3	61.6	219.3	446.7
樟科	510.5	25.8	58.4	88.8	112.5		475.2	36.2
山茶科	351.1	54.6	189.9	128.4	87	46.7		

（续）

科	常绿阔叶林		中山常绿落叶阔叶混交林		中山针阔叶混交林		石灰(岩)土常绿落叶阔叶混交林	
	九万山林区	花坪林区	元宝山林区	花坪林区	元宝山林区	银竹老山林区	木论林区	阳朔石灰岩山
	重要值指数		重要值指数		重要值指数		重要值指数	
安息香科	212.2	37.1	23.4	18.8			45.3	
金缕梅科	207.8			42.5			123.3	93.6
木兰科	114				24.4		243.2	
杜鹃花科	63.5	103.1	87.3	47.5	194.8			
八角科					15.5	49.8	56.5	
杜英科	50.5				18.9			
柿科	45.8							
五加科	44.3				21.9		132.5	100.4
省沽油科	38.1							
山茱萸科	28.4						95.5	53.8
山矾科	27.6	26.4	26.8	60.2	22.7			
冬青科	18.1			70.9				
桤叶树科			16.5	21.5				
桑科	17.8						72.7	18.3
山龙眼科	17.7							
虎皮楠科	17.4			43.8				
大戟科	15.4						458.8	414.6
鼠刺科	15							
松科					224.4	21.2	69.7	
茜草科								495.6
榆科							424.7	311.2
漆树科							45.8	204
无患子科							216.5	164.7
忍冬科							45.4	113
蔷薇科				17.3		18.1	61.8	105.8
槭树科				24.9	38.8	28.8	55.4	81
桦木科				22.2		17.4		
海桐花科								79.1
胡桃科							152.9	78.6
含羞草科								64.5
紫金牛科							42.4	63.6
夹竹桃科								55.1
山榄科								40.2
大风子科							134.8	39.8
蝶形花科								32.7
桃金娘科								31.9
青皮木科								26.9
木犀科							80.9	19.2
紫葳科								15.8
珙桐科			24.3					
红豆杉科					80.9			
榛木科							147.7	
楝科							99.3	
荨麻科							76.5	
柏科							55.1	
马鞭草科							45.6	

二、广西植被乔木层优势科出现的频度

上述广西植被乔木层优势科是从代表广西全境植被 7 个植被亚型的群系统计出来的，共有 67 科，组成广西植被乔木层的科有 118 科，优势科占 56.8%。以 67 科在 7 个植被亚型出现的次数表示乔木层优势科出现的频度（表 4-8）。这 7 个植被亚型是：①地带性季节性雨林；②石灰（岩）土季节性雨林（包括弄岗和田阳两地）；③季风常绿阔叶林；④典型常绿阔叶林（包括九万山、花坪的常绿阔叶林和大瑶山山地常绿阔叶林）；⑤中亚热带石灰（岩）土常绿落叶阔叶混交林（包括木论和阳朔）；⑥酸性土中山常绿落叶阔叶混交林（包括元宝山和花坪）；⑦酸性土中山针阔叶混交林（包括元宝山、银竹老山和大瑶山）。

表 4-8　广西植被乔木层优势科出现的频度

科名	出现次数	科名	出现次数	科名	出现次数	科名	出现次数
壳斗科	7	楝科	3	松科	2	山竹子科	1
樟科	7	桃金娘科	3	桦木科	2	芸香科	1
金缕梅科	6	马鞭草科	3	无患子科	2	榛木科	1
槭树科	6	榆科	3	珙桐科	2	红树科	1
山茶科	5	山榄科	3	八角科	2	柏科	1
冬青科	5	蔷薇科	3	山龙眼科	2	忍冬科	1
木兰科	4	杜鹃花科	3	山茱萸科	2	海桐花科	1
安息香科	4	虎皮楠科	2	省沽油科	1	夹竹桃科	1
五加科	4	竹亚科	2	椴树科	1	青皮木科	1
山矾科	4	橄榄科	2	远志科	1	紫葳科	1
大戟科	4	肉豆蔻科	2	苏木科	1	红豆杉科	1
茜草科	4	龙脑香科	2	爵床科	1	桤叶树科	1
紫金牛科	4	漆树科	2	梧桐科	1	山柑科	1
桑科	4	含羞草科	2	堇菜科	1	罗汉松科	1
杜英科	3	蝶形花科	2	番荔枝科	1		
柿科	3	大风子科	2	棕榈科	1		
清风藤科	3	荨麻科	2	鼠刺科	1		
胡桃科	3	木犀科	2	八角枫科	1		

从表 4-8 可以看出，出现 1 次（即只在一个植被亚型出现）的 25 科占 37.3%，出现 2 次的 18 科占 26.9%，出现 3 次的 11 科占 16.4%，出现 4 次的 8 科占 11.9%，出现 5～7 次的各为 2 科，各占 3.0%，以出现次数多的科最少，出现次数少的科最多，而且由少到多很有规律地上升。出现频度最高的是壳斗科和樟科，在 7 个植被亚型都有出现。

三、广西植被乔木层优势种组成

以乔木层植物重要值指数≥30 作为优势种的标准，以此来统计广西植被植物区系乔木层优势种组成，结果有 429 种，占乔木 1026 种的 41.8%，分属 73 科、225 属（表 4-9）。

表 4-9　广西植被乔木层优势种组成

科名	属数	种数	科名	属数	种数	科名	属数	种数
松科	6	13	茶茱萸科	2	2	虎皮楠科	1	3
柏科	2	2	山柑科	1	1	蔷薇科	6	8
杉科	1	1	鼠李科	1	1	含羞草科	3	5
罗汉松科	1	2	芸香科	3	3	漆树科	6	7
棕榈科	2	3	苦木科	1	1	胡桃科	4	7
竹亚科	10	13	橄榄科	2	4	马尾树科	1	1
木兰科	5	13	楝科	7	10	山茱萸科	3	3
八角科	1	2	无患子科	9	9	八角枫科	1	1

（续）

科名	属数	种数	科名	属数	种数	科名	属数	种数
番荔枝科	4	6	槭树科	1	7	珙桐科	1	1
樟科	8	36	清风藤科	1	4	五加科	4	5
肉豆蔻科	2	3	省沽油科	1	1	桤叶树科	1	2
远志科	1	1	大风子科	3	3	杜鹃花科	3	7
山龙眼科	2	4	山茶科	9	20	柿科	1	4
五桠果科	1	1	五列木科	1	1	山榄科	4	4
苏木科	6	7	龙脑香科	3	3	肉实树科	1	1
蝶形花科	3	5	桃金娘科	2	4	紫金牛科	3	4
金缕梅科	8	10	使君子科	1	1	安息香科	6	9
杨柳科	1	1	红树科	4	4	山矾科	1	8
桦木科	2	4	山竹子科	1	3	木犀科	3	3
榛木科	1	5	椴树科	2	3	夹竹桃科	1	1
壳斗科	6	52	杜英科	2	8	茜草科	4	4
榆科	6	12	梧桐科	4	5	紫威科	3	4
桑科	5	10	木棉科	1	1	马鞭草科	2	3
冬青科	1	8	锦葵科	1	1	卫矛科	1	1
大戟科	13	19						

从表4-9看出，含优势种最多的是壳斗科，有52种，次为樟科36种，山茶科20种，大戟科19种，它们共占了总种数的29.5%。含8种以上的有木兰科、松科、竹亚科、金缕梅科、榆科、桑科、楝科、无患子科、安息香科、杜英科、蔷薇科、冬青科、山矾科，它们占总数的30.5%。按不同的立地条件类型统计，酸性土专有的224种，占52.1%；石灰(岩)土专有的69种，占16.1%；红树林潮滩盐土专有的11种，占2.6%；酸性土与石灰(岩)土共有的125种，占29.1%。酸性土专有优势种集中的科仍是酸性土专有区系成分占优势的科，即常绿阔叶林及其垂直带谱上类型的科，石灰(岩)土专有优势种集中的科为大戟科、椴树科、榆科、无患子科，红树林潮滩盐土专有优势种主要集中在红树科。广西植被乔木层优势种可分为热带分布、南亚热带分布和中亚热带分布三种地理分布类型，其中热带地理分布类型150种，占35.0%；南亚热带地理分布类型124种，占28.9%；中亚热带地理分布类型155种，占36.1%。

第四节　广西植被植物区系的地理成分

一、属的分布区类型

广西植被植物区系有种子植物属1013属，按照吴征镒教授《中国种子植物属的分布区类型》的划分，可分为14个类型和19个变型(表4-10～表4-12)，从大类看主要为热带分布，次为温带分布(表4-12)。热带分布主要与热带亚洲关系最为密切，次为泛热带和旧世界热带；温带分布主要与北温带和东亚关系密切(表4-11)。与变型关系最密切的是热带亚洲分布的越南(或中南半岛)至华南(或西南)变型，次为温带分布的中国—日本变型。用广西植被植物区系成分统计得到的中国特有属为36属，占全广西植物区系成分统计得到的59.0%。与苏志尧等对广西全体种子植物区系的1450属分布区类型划分相比，大体上是相同的。可能是资料上的关系，苏志尧等认为广西植物区系不存在中国(西南)亚热带和新西兰间断分布变型和地中海区、西亚至中亚分布及其变型，但实际上是存在的。前者为楝科的樫木属(*Dysoxylum*)，后者为漆树科的黄连木属(地中海区至温带、热带亚洲、大洋洲、南美洲间断分布区类型)和木犀科的木犀榄属(*Olea*)(地中海区至温带、热带亚洲、大洋洲、南美洲间断分布区类型)。

表 4-10　广西植被种子植物属的分布区类型

分布区类型和变型	属数							占总属数（%）
	合计	A	B	C	D	E	F	
1. 世界分布	39	17	1	21				
2. 泛热带分布	178	56	25	93	1	3		18.3
2－1. 热带亚洲、大洋洲和南美洲（墨西哥）间断	6	3	1	2				0.6
2－2. 热带亚洲、非洲和南美洲间断	8	3	1	4				0.8
3. 热带亚洲和热带美洲间断	29	10	4	15				3.0
4. 旧世界热带分布	91	22	11	53		5		9.3
4－1. 热带亚洲、非洲和大洋洲间断	8	3	1	4				0.8
5. 热带亚洲至热带大洋洲分布	73	22	13	36		2		7.5
5－1. 中国（西南）亚热带和新西兰间断	1			1				0.1
6. 热带亚洲至热带非洲分布	50	14	9	24	1	1	1	5.1
6－1. 华南、西南到印度和热带非洲间断	1	1						0.1
6－2. 热带亚洲和东非间断	5	3		2				0.5
7. 热带亚洲分布	180	65	30	84		1		18.5
7－1. 爪哇、喜马拉雅和华南西南星散	13	7	1	5				1.3
7－2. 热带印度至华南	10	6		4				1.0
7－3. 缅甸、泰国至华西南	7	3	3	1				0.7
7－4. 越南（或中南半岛）至华南（或西南）	36	17	9	10				3.7
8. 北温带分布	68	29	3	36				7.0
8－4. 北温带和南温带（全温带）间断	12	7	1	4				1.2
8－6. 地中海区、东亚、新西兰和墨西哥到智利间断	1		1					0.1
9. 东亚和北美洲间断分布	43	19	4	20				4.4
9－1. 东亚和墨西哥间断分布	1	1						0.1
10. 旧世界温带分布	13	5	1	7				1.3
10－1. 地中海区、西亚和东亚间断	6	1	4	1				0.6
10－2. 地中海区和喜马拉雅间断	2	2						0.2
10－3. 欧亚和南美洲（有时也在大洋洲）间断	3	2	1					0.3
11. 温带亚洲分布	3	1	2					0.3
12. 地中海区、西亚至中亚分布	2	2						0.2
12－3. 地中海区至温带、热带亚洲、大洋洲和南美洲间断	2	1	1					0.2
14. 东亚分布（东喜马拉雅—日本）	41	19	2	20				4.2
14－1. 中国—喜马拉雅（SH）	18	11	2	5				1.8
14－2. 中国—日本（SJ）	27	14	5	8				2.8
15. 中国特有	36	19	12	5				3.7
合计	1013	385	148	465	2	12	1	100.0

表 4-11　广西植被种子植物属的分布区类型

分布区类型	属数							占总属数（%）
	合计	A	B	C	D	E	F	
1. 世界分布	39	17	1	21				
2. 泛热带分布	192	62	27	99	1	3		19.7
3. 热带亚洲和热带美洲间断	29	10	4	15				3.0
4. 旧世界热带分布	99	25	12	57		5		10.2
5. 热带亚洲至热带大洋洲分布	74	22	13	37		2		7.6
6. 热带亚洲至热带非洲分布	56	18	9	26	1	1	1	5.7
7. 热带亚洲分布	246	98	43	104		1		25.3
8. 北温带分布	81	36	5	40				8.3
9. 东亚和北美洲间断分布	44	20	4	20				4.5

（续）

分布区类型	属数							占总属数（%）
	合计	A	B	C	D	E	F	
10. 旧世界温带分布	24	10	6	8				2.5
11. 温带亚洲分布	3	1	2					0.3
12. 地中海区、西亚至中亚分布	4	3	1					0.4
14. 东亚分布（东喜马拉雅—日本）	86	44	9	33				8.8
15. 中国特有	36	19	12	5				3.7
合计	1013	385	148	465	2	12	1	100.0

表 4-12　广西植被种子植物属的分布区类型（大类）

分布区类型	属数							占总属数（%）
	合计	A	B	C	D	E	F	
1. 世界分布	39	17	1	21				
2. 热带分布	696	235	108	338	2	12	1	71.5
3. 温带分布	238	111	26	101				24.4
4. 地中海区、西亚至中亚分布	4	3	1					0.4
5. 中国特有	36	19	12	5				3.7
合计	1013	385	148	465	2	12	1	100.0

注：上述表 4-10、表 4-11、表 4-12 中占总属数（%）均不包括世界属。

属数：A. 酸性土专有；B. 石灰（岩）土专有；C. 酸性土与石灰（岩）土共有；D. 酸性土与石（灰）岩土与红树林潮滩盐土共有；E. 红树林潮滩盐土专有；F. 石灰（岩）土与红树林潮滩盐土共有。

二、不同立地条件类型属的分布区类型

从表 4-10 ~ 表 4-11 可以看出，不同立地条件类型的属，其分布区类型和变型是有所差异的，但差异不大。酸性土专有区系成分、石灰（岩）土专区系成分、酸性土与石灰（岩）土共有区系成分，属的分布区类型与综合划分是相同的，都有 14 个类型，热带分布为主，次为温带分布，热带成分与热带亚洲和泛热带关系密切，温带成分与北温带和东亚关系密切。但是变型有所不同，有的区系成分缺少某一类分布区变型。值得一提的是，红树林潮滩盐土不论是专有还是共有的，全是热带分布。

三、不同分布区类型与植物群落的关系

广西种子植物属 14 个分布区类型，与广西植被关系密切，在广西植被中有重要地位的有如下分布区类型属的种类。

（一）世界分布

世界分布的有 39 属，其种类多是一些杂草，在植物群落一般为偶见种，重要性不大，关系不密切。在群落中比较常见的是悬钩子属（*Rubus*）、薹草属（*Carex*）、莎草属（*Cyperus*）3 属的种类。

（二）泛热带分布

泛热带分布的有 192 属，是分布区类型中属数第二多的一个类型，也是广西植被中很重要的一个类型，不少属的种类与植物群落的关系十分密切。厚壳桂属（*Cryptocarya*）和琼楠属（*Beilschmiedia*）的种类，是南亚热带季风常绿阔叶林乔木层优势和常见的成分，在北热带季节性雨中也经常出现，厚壳桂属的不少种类，是群落的建群种或优势种。三角车属（*Rinorea*）、核果木属（*Drypetes*）、蓝子木属（*Margaritaria*）的种类，是石灰岩山地季节性雨林的优势种，棒柄花属（*Cleidion*）的种类是下层林木的优势种。杜英属（*Elaeocarpus*）、厚皮香属（*Ternstroemia*）、冬青属、山矾属的种类，是常绿阔叶林乔木层优

势或常见成分。红树属（*Rhizophora*）、木槿属（*Hibiscus*）、海榄雌属（*Avicennia*）的种类，是红树林或半红树林的优势成分。朴属（*Celtis*）的种类，是石灰岩季节性雨林和常绿落叶阔叶混交林乔木层的优势成分或常见成分。榕属的种类，不论在热带或亚热带，不论是石灰（岩）土或酸性土上的群落，它都是乔木层或灌木层常见的成分，有的为优势成分。红厚壳属（*Calophyllum*）的种类，是海岛陆地季节性雨林的优势种。鹧鸪花属、鹅掌柴属（*Schefflera*）的种类，是季节性雨林或季风常绿阔叶林的优势种或常见种。乌桕属（*Sapium*），其中1种——圆叶乌桕（*Sapium rotundifolium*）是石灰岩山地常绿落叶阔叶混交林的优势种。山麻杆属和巴豆属（*Croton*）的种类，酸性土和石灰（岩）土都有分布，但主要分布于石灰（岩）土，为森林群落下层或灌木层常见的成分和灌丛的优势成分。羊蹄甲属（*Bauhinia*）有的种类，在石灰（岩）土上是一个优势的、并很常见的藤刺灌丛类型的成分。紫金牛属（*Ardisia*）和九节属（*Psychotria*）的种类，是季节性雨林和常绿阔叶林下层林木和灌木层常见种，有的为优势种。牡荆属（*Vitex*）有的种类是石灰（岩）土季节性雨林的优势成分，有的种类是石灰（岩）土灌丛的优势成分。禾亚科的黄茅属（*Heteropogon*）、白茅属（*Imperata*）、鸭嘴草属（*Ischaemum*）、甘蔗属（*Saccharum*）、裂稃草属（*Schizachyrium*）等属的种类，是禾草草丛的优势成分。买麻藤属是森林群落常见的藤本植物。罗汉松属有的种类是中山针阔叶混交林建群种。簕竹属（*Bambusa*）的种类中，有1种为竹林的一个主要类型。

（三）热带亚洲和热带美洲间断分布

这一类型有29属，与植物群落关系密切的有下列属的种类。楠木属、猴欢喜属（*Sloanea*）、泡花树属（*Meliosma*）的种类为常绿阔叶林乔木层常见的组成成分，有的为优势种。柃木属（*Eurya*）的种类，是常绿阔叶林下层林木和灌木层优势种或常见种。山柳属（*Clethra*）的种类，是落叶阔叶林和中山常绿落叶阔叶混交林的优势成分。雀梅藤属（*Sageretia*）的种类为灌丛，尤其是石灰岩山地藤刺灌丛的优势成分。

（四）旧世界热带分布

这一类型有99属，与群落关系密切的有如下属的种类。榄李属（*Lumnitzera*）、木榄属（*Bruguiera*）、角果木属（*Ceriops*）、银叶树属（*Heritiera*）的种类，为红树林或半红树林的建群种或优势种。蒲桃属有的种类为季节性雨林的优势种，不少种类为森林群落下层林木和灌木层优势种或常见种。木棉属（*Bombax*）的种类，是次生季雨林一个重要的类型。闭花木属（*Cleistanthus*）的种类，是石灰岩山地季节性雨林常见的和重要的类型。见血封喉属（*Antiaris*）、橄榄属（*Canarium*）、格木属（*Erythrophleum*）的种类，为地带性季节性雨林的优势成分。鱼骨木属（*Canthium*）的植物，是石灰岩山地森林常见的种类，尤其是亚热带石灰岩石山常绿落叶阔叶混交林常绿阔叶树常见的优势种。龙血树属（*Dracaena*）的剑叶龙血树（*Dracaena cochinchinensis*）是石灰岩山地灌丛的优势类型。省藤属的种类，为季节性雨林和季风常绿阔叶林灌木层的优势成分。苏铁属的种类中，有不少种类为灌木层优势种。瓜馥木属（*Fissistigma*）的不少种类是季节性雨林和季风常绿阔叶林常见的藤本植物。血桐属、野桐属的种类，是森林破坏后入侵的最常见的阳性先锋树种。老虎刺属（*Pterolobium*）的种类，是常见的藤刺灌丛优势种，尤其是石灰岩山地。楼梯草属（*Elatostema*）、山姜属（*Alpinia*）、豆蔻属（*Amomum*）的种类，为林下普遍出现的草本成分。酸藤子属（*Embelia*）、玉叶金花属（*Mussaenda*）的种类，是常见的层间植物。杜茎山属（*Maesa*）的种类，是常绿阔叶林下很普遍出现的灌木成分。毛颖草属（*Alloteropsis*）、细柄草属（*Capillipedium*）、黄金茅属（*Eulalia*）的种类，为禾草草丛优势的成分。

（五）热带亚洲至热带大洋洲分布

这一类型有74属，在植物群落中具有重要地位的有如下属的种类。樟属、山龙眼属（*Helicia*）的种类，是常绿阔叶林的优势种或常见种。风吹楠属（*Horsfieldia*）、嘉榄属（*Garuga*）、桄榔属（*Arenga*）的种类，为石灰岩季节性雨林优势成分，其中嘉榄为落叶种类。樫木属、五桠果属（*Dillenia*）、柄果木属

(*Mischocarpus*)、紫荆木属、鱼尾葵属(*Caryota*)、黄叶树属（*Xanthophyllum*)的种类，是地带性季节性雨林的优势成分或常见成分，其中樫木属、鱼尾葵属的种类在石灰岩山地也常见。海杧果属（*Cerbera*)和水黄皮属（*Pongamia*)的种类，为红树林或半红树林的优势种。岗松属、桃金娘属（*Rhodomyrtus*)、野牡丹属（*Melastoma*)、黑面神属（*Breynia*)、假木豆属（*Dendrolobium*)的种类，是北热带和南亚热带灌丛的优势成分。竹节草属(*Chrysopogon*)、蜈蚣草属（*Eremochloa*)、鹧鸪草属（*Eriachne*)的种类，为禾草草丛的优势成分，淡竹叶属（*Lophatherum*)为林下禾亚科草本的优势成分。

(六)热带亚洲至热带非洲分布

有56属，与植物群落关系密切的有如下属的种类。藤黄属（*Garcinia*)的种类，为季节性雨林和季风常绿阔叶林常见的成分，其中金丝李（*Garcinia paucinervis*)为石灰岩季节性雨林优势种和特征种。杨桐属（*Adinandra*)的种类是亚热带常绿阔叶林乔木层常见的成分。浆果楝属（*Cipadessa*)种类，为石灰岩山地藤刺灌丛的优势成分。羽叶楸属（*Stereospermum*)的种类，是西部干热河谷次生林的优势成分。海漆属、老鼠簕属（*Acanthus*)种类，为红树林或半红树林的优势成分和常见成分。芒属（*Miscanthus*)、香茅属（*Cymbopogon*)、类芦属(*Neyraudia*)、菅草属（*Themeda*)的种类，是禾草草丛的优势成分，荩草属（*Arthraxon*)、莠竹属（*Microstegium*)的种类，是林木下草本层植物的优势成分。

(七)热带亚洲分布

有246属，是含属数最多的1个类型，与广西植被关系十分密切，为广西天然林植被的主体，重要的有如下属的种类。木莲属（*Manglietia*)、含笑属(*Michelia*)、山胡椒属（*Lindera*)、润楠属、新木姜子属（*Neolitsea*)、山茶属(*Camellia*)、五列木属（*Pentaphylax*)、蚊母树属（*Distylium*)、水丝梨属、青冈属、石栎属、黄杞属、木荷属、蕈树属、红花荷属（*Rhodoleia*)、马蹄荷属（*Exbucklandia*)、焕镛木属（*Woonyoungia*)、观光木属（*Tsoongiodendron*)、折柄茶属（*Hartia*)、虎皮楠属（*Daphniphyllum*)、山茉莉属（*Huodendron*)、马蹄参属（*Diplopanax*)的种类，为广西常绿阔叶林乔木层重要的组成成分，不少种类为群落的优势种；山茶属金花茶组植物是季节性雨林小乔木层和灌木层的优势种，许多种类为广西特有。藤春属（*Alphonsea*)、野独活属（*Miliusa*)、澄广花属（*Orophea*)、木奶果属（*Baccaurea*)、肥牛树属(*Cephalomappa*)、无忧花属（*Saraca*)、台湾山柚属（*Champereia*)、割舌树属（*Walsura*)、人面子属（*Dracontomelon*)、铁榄属（*Sinosideroxylon*）、蚬木属(*Excentrodendron*)、柄翅果属（*Burretiodendron*)、东京桐属（*Deutzianthus*)、龙眼参属（*Lysidice*)、细子龙属(*Amesiodendron*)为石灰岩季节性雨林乔木层重要的组成成分，不少种类是群落的优势种，组成的整个植被成为桂西南地区特征，虽然有的种类，如藤春、无忧花、人面子、龙眼参等，酸性土地区也产，但成为群落优势的主要在石灰岩山地。坡垒属（*Hopea*)、柳桉属（*Parashorea*)、青梅属（*Vatica*)、红光木属（*Knema*)、梭子果属(*Eberhardtia*)、八宝树属(*Duabanga*)、假山龙眼属(*Heliciopsis*)、黄桐属（*Endospermum*)、白颜树属(*Gironniera*)、菠萝密属、膝柄木属(*Bhesa*)、肖榄属、米仔兰属(*Aglaia*)、山楝属(*Aphanamixis*)、麻楝属(*Chukrasia*)、干果木属（*Xerospermum*)、肉实树属(*Sarcosperma*)、重阳木属（*Bischofia*)、壳菜果属(*Mytilaria*)是广西地带性季节性雨林乔木层重要的组成成分，不少种类是群落的优势种，最突出的是龙脑香科3属、3种植物。龙脑香科柳安属种类一般分布于石灰(岩)土，但三叠纪百蓬组砂页岩夹有泥灰岩形成的土壤也有分布。秋茄树属(*Kandelia*)、蜡烛果属(*Aegiceras*)的植物，是红树林优势种。翅子树属、翅荚木属（*Zenia*)、龙眼属（*Dimocarpus*)的成分，是次生季雨林优势种。赤杨叶属(*Alniphyllum*)植物，是暖性落叶阔叶林优势种。陀螺果属（*Melliodendron*)的种类，是中山常绿落叶阔叶混交林落叶树的优势成分。山桂花属（*Bennettiodendron*)、子楝树属（*Decaspermum*)、叶轮木属（*Ostodes*)、守宫木属(*Sauropus*)、三宝木属(*Trigonostemon*)、黄藤属（*Daemonorops*)、棕竹属（*Rhapis*)的成分，是石灰岩季节性雨林灌木层常见的组成种类，山桂花属和子楝树属的种类，在亚热带石灰岩常绿落叶阔叶混交林灌木层也常见，子楝树属的种类还是石灰岩灌丛的优势成分。黄梨木属(*Boniodendron*

dron）、菜豆树属（*Radermachera*）、伊桐属（*Itoa*）、青篱柴属（*Tirpitzia*）的成分，是亚热带石灰岩常绿落叶阔叶混交林落叶树和落叶阔叶林的优势种，石灰岩季节性雨林常见的落叶种类。石山棕属（*Guihaia*）的石山棕（*Guihaia argyrata*）是亚热带石灰岩石山最常见的藤刺灌丛类型，是该地区特征性灌丛。三角瓣花属（*Prismatomeris*）的种类，是亚热带常绿阔叶林灌木层植物常见的成分。翠柏属（*Calocedrus*）的种类，是石灰岩低山丘陵暖性针叶林优势种，常分布于山顶山脊处。油杉属植物，是广西低山丘陵暖性针叶林多种类型的优势种，石灰岩山地和酸性土山地都有分布。建柏属（*Fokienia*）的福建柏（*Fokienia hodginsii*）是广西中山针阔叶混交林一个重要的类型。

（八）北温带分布

这一类型有 81 属，是广西温带成分重要的类型之一，为广西暖性落叶阔叶林、中山常绿落叶阔叶混交林、山地常绿阔叶林、针叶林乔木层重要的组成成分。花楸属（*Sorbus*）、杨属（*Populus*）、桤木属、桦木属、鹅耳枥属、栎属、椤属的种类是广西暖性落叶阔叶林优势种成分。榆属是广西亚热带石灰岩石山落叶阔叶林和常绿落叶阔叶混交林落叶树的优势成分。椴属、水青冈属、槭属的种类，是中山常绿落叶阔叶混交林落叶树优势种成分。杜鹃花属植物，是山地常绿阔叶林、中山常绿落叶阔叶混交林常绿树优势种成分，有的种类是山顶（山脊）苔藓矮林优势种成分。山茱萸属的种类，是山地常绿阔叶林、中山常绿落叶阔叶混交林常绿树常见种。冷杉属、红豆杉属（*Taxus*）的种类，是广西中山针阔叶混交林针叶树优势种和重要的类型。松属的种类，是广西多种松林的优势种成分，其中马尾松林是广西面积最大的针叶林。越桔属（*Vaccinium*）植物，不少种类是马尾松林灌木层植物最常见的优势种，也是灌丛优势种之一。野古草属（*Arundinella*）、狐茅属（*Festuca*）的种类是广西禾草草丛的优势种。

（九）东亚和北美洲间断分布

这一类型有 44 属，有的属的种类与广西南亚热带季风常绿阔叶林和中亚热带典型常绿阔叶林、中山常绿落叶阔叶混交林、中山针阔叶混交林关系密切，为乔木层重要的组成成分。锥属的种类，与广西常绿阔叶林关系十分密切，是季风常绿阔叶林、山地常绿阔叶林、典型常绿阔叶林的建群种或优势种，此外，还是中山常绿落叶阔叶混交林常绿树的优势种。大头茶属（*Polyspora*）种类，是典型常绿阔叶林的优势种成分。八角属（*Illicium*）的种类，为中山常绿落叶阔叶混交林常绿树和中山针阔叶混交林常绿阔叶树的常见成分。紫茎属（*Stewartia*）、枫香属、漆属、蓝果树属、银钟花属（*Halesia*）的种类，是中山常绿落叶阔叶混交林落叶树和山地常绿阔叶林落叶阔叶树常见的成分，枫香属有的种类是暖性落叶阔叶林和中山常绿落叶阔叶混交林落叶阔叶树优势种。铁杉属的种类，是广西中山针阔叶混交林针叶树优势种和重要的类型。

（十）旧世界温带分布

这一类型有 24 属，在广西植被中，尤其森林植被中重要性不大，几乎所有属的种类，在植物群落各层种类组成中都不常见。

（十一）温带亚洲分布

这一类型有 3 属，在广西植被中重要性不大。

（十二）地中海区、西亚至中亚分布

这一类型有 4 属，只有黄连木属与广西亚热带石灰岩石山常绿落叶阔叶混交林关系密切，是落叶阔叶树优势种组成成分。

（十三）东亚分布

这一类型有 86 属，是广西温带成分中属数最多的类型，但在广西植被中有重要地位的属不多。刚竹属（*Phyllostachys*）种类，广西重要竹林类型，广西是我国毛竹林分布的南缘。三尖杉属种类，是中山针阔叶混交林针叶树优势种或常见种。辛果漆属（*Drimycarpus*），辛果漆属的区系类型，是中国—喜马拉雅变型，辛果漆（*Drimycarpus racemosus*）是地带性季节性雨林的优势种。化香树属的种类是广西亚热带石灰岩石山常绿落叶阔叶混交林落叶树优势种。白辛树属（*Pterostyrax*）的种类，中山常绿落叶阔叶混交林落叶树优势种。枫杨属的枫杨（*Pterocarya stenoptera*）是河岸暖性落叶阔叶林优势种。猕猴桃属（*Actinidia*）的种类，是森林群落中常见的藤本植物。檵木属（*Loropetalum*）的檵木（*Loropetalum chinense*），是广西亚热带马尾松林灌木层最常见的优势种；石灰岩石山藤刺灌丛和常绿落叶阔叶混交林灌木层优势种。沿阶草属（*Ophiopogon*）的种类是常绿阔叶林及其垂直带谱上类型草本层植物优势种和常见种。

（十四）中国特有

有 36 属，在广西植被中有较重要地位的有如下属的种类。拟单性木兰属（*Parakmeria*）种类，是广西常绿阔叶林优势种成分。石笔木属（*Tutcheria*），广西常绿阔叶林常见种的成分。海南椴属（*Diplodiscus*）的海南椴（*Diplodiscus trichosperma*），是广西北热带石灰岩石山季节性雨林优势的落叶成分。棱果花属（*Barthea*）的种类，广西中山针阔叶混交林灌木层常见的优势种，特征植物。青檀属（*Pteroceltis*）的种类是广西亚热带石灰岩石山常绿落叶阔叶混交林落叶树和落叶阔叶林的优势种。伞花木属（*Eurycorymbus*）、掌叶木属（*Handeliodendron*）的种类是亚热带石灰岩石山常绿落叶阔叶混交林落叶树优势种。茶条木属（*Delavaya*）的种类是北热带石灰岩石山季节性雨林常见种或优势种。伯乐树属（*Bretschneidera*）的种类，是中山常绿落叶阔叶混交林落叶树成分。喜树属（*Camptotheca*）暖性落叶阔叶林常见成分。杉属的杉木是广西最重要的人工针叶用材林。银杉属（*Cathaya*）的银杉是广西重要的中山针阔叶混交林针叶树优势种和重要的类型。

第五节　广西植被植物区系的特点

一、种类组成丰富，地理成分复杂

广西植被植物区系组成共有 228 科 1120 属 2981 种，分别占广西全区植物区系科、属、种的 80.0%、68.8%和 38.9%，区系组成是相当丰富的，由于国内没有哪一个省用植物群落样方统计植被植物区系组成，所以无法进行比较。组成广西植被乔木层的有 118 科，其中优势科有 68 科，占 57.6%，用代表广西全境植被七个植被亚型统计这 68 个优势科出现的频度，只在一个植被亚型出现的 27 科占 39.1%，在二个植被亚型出现的 17 科占 24.6%，在三个植被亚型出现的 11 科占 15.9%，上述出现频度低的共有 55 科，占 80.9%，这就说明代表广西全境植被的七个植被亚型是由多数科的种类组成的。在七个植被亚型都有出现的壳斗科和樟科，它们是个大科，属数和种数都很多，即使每个亚型都有它们的种类出现，但每个植被亚型出现的种类都有所不同。组成广西植被植物区系的科，大多含属数不多，含 4 属以下的 158 科，占 69.3%，说明广西植被种类组成是很复杂的，这是形成广西植被植物区系地理成分复杂的基础。

吴征镒先生将中国种子植物属的分布区划分为 15 个类型和 31 个变型，从表 4-10 看出，广西植被种子植物属的分布区类型有 14 类型和 19 个变型，只差中亚类型和 12 个变型没有分布，可见广西植被植物区系地理成分是很复杂的。

二、以亚热带和热带成分为主

从表4-11、4-12看出，以种子植物属的分布区类型统计，广西植被植物区系热带成分占71.5%，温带成分占24.4%，以热带成分为主，热带成分主要为热带亚洲分布，次为泛热带分布。以乔木层优势种的地理分布类型统计，亚热带成分（包括南亚热带和中亚热带地理分布类型）占65.1%，热带成分占34.9%，没有温带地理分布类型，以亚热带成分为主。因此，确切的说，广西植被植物区系是以亚热带、热带成分为主。

三、起源古老、孑遗的区系成分和植被类型丰富

广西植被植物区系组成中，裸子植物有9科19属43种之多，不少为广西天然针叶林的建群种，其中相当多的种类还是广西特有或首先在广西发现并主产广西的。为广西特有或首先在广西发现并主产广西的建群种类有银杉、元宝山冷杉、资源冷杉、黄枝油杉（*Keteleeria davidiana* var. *calcarea*）、细叶云南松（*Pinus yunnanensis* var. *tenuifolia*）、岩生翠柏（*Calocedrus rupestris*）、短叶黄杉（*Pseudotsuga brevifolia*）等；其他天然针叶林建群种类有长苞铁杉（*Tsuga longibracteata*）、铁杉、南方红豆杉（*Taxus wallichiana* var. *mairei*）、华南五针松（*Pinus kwangtungensis*）、油杉（*Keteleeria fortunei*）、柔毛油杉（*Keteleeria pubescens*）等。广西植被植物区系组成中，蕨类植物也不少，有44科107属254种，它们多数是植物群落草本层的优势种或常见种，芒萁（*Dicranopteris pedata*）是广西草本群落一个重要的类型，桫椤（*Alsophila spinulosa*）和金毛狗脊（*Cibotium barometz*）有成片的分布。被子植物比较古老的科，例如木兰科、金缕梅科、壳斗科、榆科、桑科、鹅耳枥属、石笔木属的种类，几乎都是广西森林乔木层的建群种或优势种；五味子属（*Schisandra*）、猕猴桃属、南蛇藤属（*Celastrus*）、大血藤属（*Sargentodoxa*）等藤本为广西植被层间植物的常见成分。

四、具有多种立地条件类型和气候类型植被的区系成分

根据在不同的立地条件类型上所调查的样方统计，广西植被植物区系组成中有的种类只是专门在某一种立地条件类型上分布，有的种类可以在两种或三种立地条件类型上分布，因此，广西植被植物种类组成可分为酸性土专有、石灰（岩）土专有、红树林潮滩盐土专有、酸性土与石灰（岩）土共有、酸性土与石灰（岩）土与红树林潮滩盐土共有、石灰（岩）土与红树林潮滩盐土共有等6种区系成分（见表4），虽然目前统计的六种区系成分的科、属、种数可能会有出入，但这六种不同立地条件类型的区系成分肯定是存在的。这六种区系成分以酸性土专有的最多，酸性土与石灰（岩）土共有的次之（但科、属为共有的最多），最次为石灰（岩）土专有。在一个省（区）内，同时具有六种不同植被植物区系成分，在国内是少见的。

广西不但有多种立地条件类型植被区系成分，而且还有多种气候条件类型的植被区系成分，例如，既有典型热带科龙脑香科、肉豆蔻科种类为优势（或标志）的雨林类型，又有喜冷凉山地气候的以冷杉属种类为优势的亚热带中山针阔叶混交林；从纬度分布看，有北热带季节性雨林、南亚热带季风常绿阔叶林和中亚热带典型常绿阔叶林的区系成分；从经度看，有东部（湿润和偏湿性）植被类型，又有西部（半湿润和偏干性）植被类型的区系成分。

第六节　广西植被植物区系的分区

广西全境植物区系分区目前尚没有公开报道，从吴征镒先生中国植物区系分区方案可知，广西除东部部分区域属于泛北极植物区中国—日本森林植物亚区的华南地区外，其余地区，大体上北半部属于泛北极植物区中国—日本森林植物亚区的滇、黔、桂地区；南半部属于古热带植物区马来亚植物亚

区的北部湾地区。广西的四邻，北部与泛北极植物区中国—日本森林植物亚区的华东地区和华中地区相邻接，西部与中国—喜马拉雅森林植物亚区的云南高原地区相邻接，东南部与古热带植物区马来亚植物亚区的南海地区相连，西南部与古热带植物区马来亚植物亚区的滇、缅、泰地区相近。参考吴征镒先生的分区方案，结合广西植被植物区系组成的地理分布的差异性，将广西植被植物区系分成桂东北地区、桂北地区、桂中东地区、桂中西地区、桂西地区、桂东南地区、桂西南地区 7 个地区(图 4-1)。

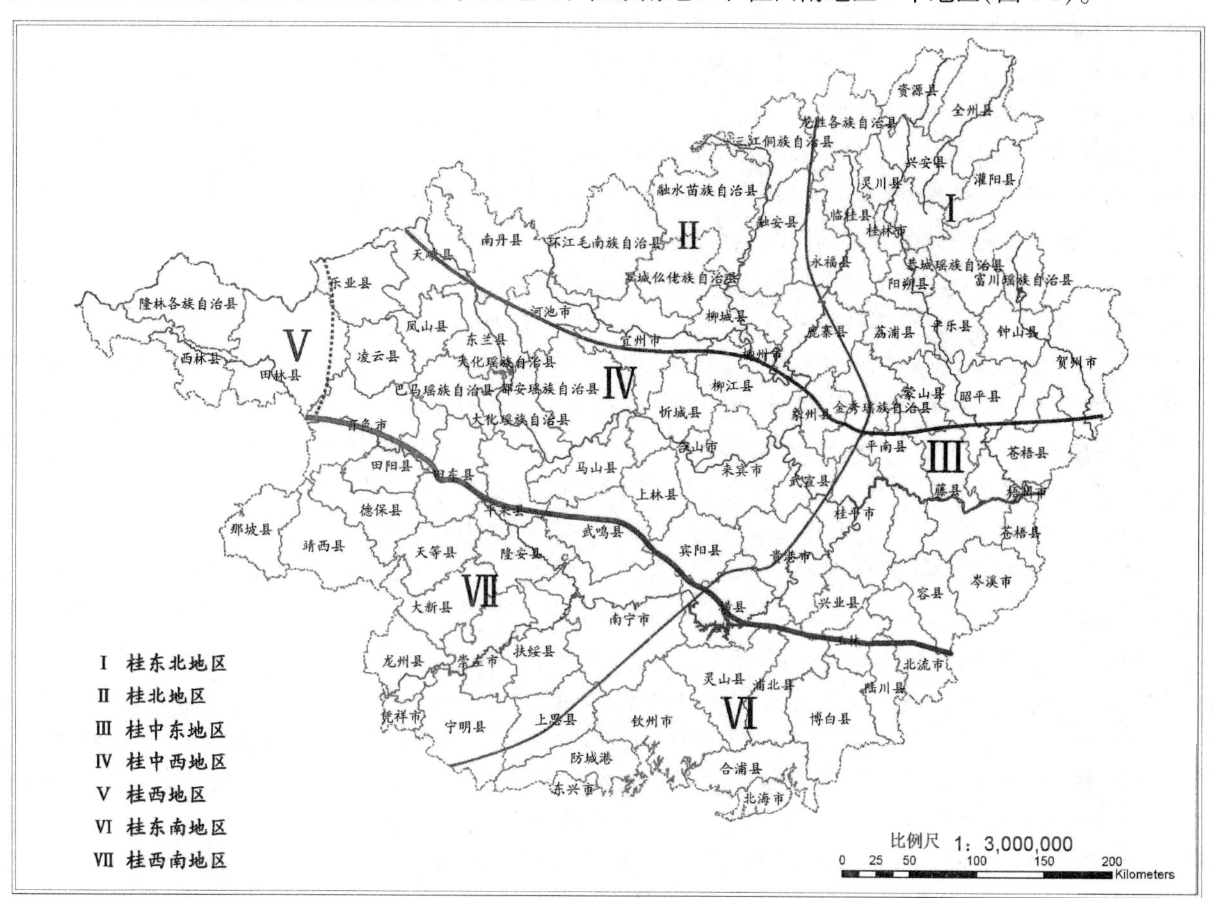

图 4-1　广西植被植物区系分区图

下面分别介绍每个地区的植被植物区系特点。

一、桂东北地区

本区属于中亚热带，北部自西向东包括天平山、大南山、驾桥岭、真宝鼎、猫儿山、宝鼎岭、海洋山、都庞岭、萌渚岭等山地，南部自西向东包括驾桥岭、大瑶山北部、大桂山北部等山地，北部山地是广西海拔最高的山地，海拔超过 1000m 的山峰相当普遍，广西海拔 2000m 以上的山峰有 5 座，桂东北山地占 3 座，其中猫儿山海拔 2142m，是广西最高峰，也是南岭山地最高峰。岩石组成主要为前震旦系至奥陶系、寒武系、泥盆系砂岩和页岩，并多黑云母花岗岩花岗闪长岩；漓江谷地泥盆系石灰岩山地广泛分布。桂东北地区植被植物区系组成有如下特点：

(1)具有明显的华东和华中两个地区植物区系的特征。马尾松(*Pinus massoniana*)和杉木在桂东北地区生长很好，是我国马尾松林和杉木林最南的主产区。地带性植被典型常绿阔叶林的建群种大面积分布的是栲(*Castanopsis fargesii*)、米槠(*Castanopsis carlesii*)、甜槠(*Castanopsis eyrei*) 和钩锥(*Castanopsis tibetana*)；中山常绿落叶阔叶混交林和针阔叶混交林的优势种，常绿阔叶树常见的为苦槠(*Castanopsis sclerphylla*)、曼青冈(*Cyclobalanopsis oxyodon*))、红楠(*Machilus thunbergii*)，落叶阔叶树常见的为水青冈、槭，针叶树为资源冷杉、铁杉、南方红豆杉、粗榧等；地域性植被石灰岩山地常绿落叶阔叶混交林的优势种，常绿阔叶树为青冈（*Cyclobalanopsis glauca*），落叶阔叶树为榔榆（*Ulmus parvifolia*）、朴树（*Celtis sinensis*）、青檀（*Pteroceltis tatarinowii*）、大果榉（*Zelkova sinica*）、鹅耳枥等；地域性植被硬叶常绿阔叶林的优势种为乌冈栎（*Quercus phillyraeoides*）。

（2）优势植被植物区系地理成分以温带分布区类型为主，其中重要的是东亚和北美洲间断分布区类型、北温带分布区类型。东亚和北美洲间断分布的壳斗科锥属，不少种类是典型常绿阔叶林的建群种或优势种，例如，栲、米槠、甜槠、罗浮锥、钩锥、苦槠等；有的种类，如鹿角锥（*Castanopsis lamontii*）和前述的甜槠、米槠、钩锥等是中山常绿落叶阔叶混交林常绿树的优势种。东亚和北美洲间断分布的山茶科大头茶属，是典型常绿阔叶林的优势种成分。东亚和北美洲间断分布的八角科八角属，为中山常绿落叶阔叶混交林常绿阔叶树和中山针阔叶混交林常绿阔叶树的常见成分。北温带分布的榆科榆属以及东亚和北美洲间断分布的蝶形花科香槐属（*Cladrastis*）的种类，是石灰岩石山常绿落叶阔叶混交林落叶树的优势种；北温带分布的椴树科椴属、壳斗科水青冈属、槭树科槭属和东亚和北美洲间断分布的金缕梅科枫香属、漆树科漆树属、珙桐科蓝果树属的种类是中山常绿落叶阔叶混交林落叶树优势种成分；北温带分布的杜鹃花科杜鹃花属的种类，有的是常绿阔叶林、中山常绿落叶阔叶混交林常绿树优势种成分，有的是山顶（山脊）苔藓矮林优势种成分。北温带分布的松科冷杉属、红豆杉科红豆杉属和北美洲间断分布的松科铁杉属种类，是中山针阔叶混交林针叶树优势种；松属的种类，多种是广西松林的优势种成分，其中马尾松林是广西面积最大的针叶林。

（3）但本区亦有不少热带分布区类型的地理成分，在群落各层中成为优势种或常见种的有泛热带分布的杜英科杜英属、山矾科山矾属、山茶科厚皮香属、冬青科冬青属、五加科树参属（*Dendropanax*）、大戟科巴豆属、乌桕属、苏木科羊蹄甲属、榆科朴属、桑科榕属、卫矛科卫矛属（*Euonymus*）、芸香科花椒属（*Zanthoxylum*）、紫金牛科紫金牛属、马鞭草科牡荆属；热带亚洲和热带美洲间断分布的樟科木姜子属、山茶科柃木属、桤叶树科山柳属；旧世界热带分布的海桐花科海桐花属（*Pittosporum*）；含羞草科合欢属、荨麻科楼梯草属、紫金牛科杜茎山属、茜草科鱼骨木属；热带亚洲至热带大洋洲分布的山龙眼科山龙眼属、野牡丹科野牡丹属；热带亚洲到热带非洲分布的山茶科杨桐属、大戟科土蜜树属（*Bridelia*）；热带亚洲（印度—马来亚区）分布的胡桃科黄杞属、金缕梅科马蹄荷属、蕈树属、蚊母树属、虎皮楠科虎皮楠属、安息香科山茉莉属、赤杨叶属、陀螺果属、木瓜红属（*Rehderodendron*）、壳斗科柯属、青冈属、木兰科木莲属、含笑属、樟科润楠属、新木姜子属、山茶科山茶属、木荷属、野牡丹科柏拉木属（*Blastus*）、锦香草属（*Phyllagathis*）、无患子科黄梨木属、紫威科菜豆树属、棕榈科石山棕属等。热带分布的地理成分的特点，以泛热带分布和热带亚洲分布为多，缺乏严格的热带科属，如龙脑香科和肉豆蔻科，广西常见的季节性雨林的代表种也缺乏或很少见到，如格木、榄类、阔叶肖榄（*Platea latifolia*）、紫荆木（*Madhuca pasquieri*）、海南樫木（*Dysoxylum mollissimum*）、单室茱萸属（*Mastixia*）、柄果木属、白颜树属、米仔兰属、红山梅（*Artocarpus styracifolius*）等。在南缘或避开冷空气通途的环境优越的沟谷地带，季风常绿阔叶林的代表种时有出现，有时还成为优势种，如黄果厚壳桂（*Cryptocarya concinna*）、硬壳桂（*Cryptocarya chingii*）、罴蒴锥（*Castanopsis fissa*）等。

（4）本区的石灰岩石山分布有旧世界温带分布变型的地中海区、西亚和东亚间断的蔷薇科火棘属（*Pyracantha*）和榆科榉属以及地中海区、西亚至中亚分布变型的地中海区、至温带、热带亚洲、大洋洲和南美洲间断的漆树科黄连木属的种类，并成为优势种。同时，本区是广西石灰岩石山唯一出现第三纪残遗的、与地中海地区硬叶常绿阔叶林相似的、以乌冈栎为优势的湿润硬叶常绿阔叶林类型。此外，本区石灰岩山地华南五针松成为群落的优势种。

（5）本区越城岭山地（大南山、天平山、猫儿山、真宝鼎、宝鼎岭等山地）是我国南岭山地具有国际意义的陆地生物多样性关键地区的组成部分。根据国家林业局野生动植物保护司下发的《2003 年度全国林业系统国家级自然保护区申报指南（附件二）》关于我国生物多样性保护热点地区及国家自然保护区的空缺指出，我国 16 处生物多样性热点地区之一的南岭山地，保存着第三纪就已基本形成的植被类型和大批古老的植物种类，如银杉、冷杉、福建柏、篦子三尖杉(*Cephalotaxus oliveri*)、鹅掌楸等都是古老孑遗植物，因此南岭山地是我国古老孑遗物种的中心发源地之一。本区资源县银竹老山是我国南部少数几个省(区)分布有第三纪残遗植物冷杉的地方，也是我国冷杉属植物分布纬度最南的地方。

二、桂北地区

大体上就是与贵州南部相连的苗岭山地，从西往东依次有凤凰山北部、九万山、泗涧山、摩天岭、元宝山，海拔高度仅次于桂东北山地，最高峰元宝山，海拔2081m。本区北部山地是广西起源最古老的地区，地层以前震旦系变质岩(板岩、千枚岩、变质砂岩)为主，其次是下古生代砂页岩，并有多种火成岩出露，大片分布的有加里东期黑云母花岗岩；南部为广西弧内岩溶山地北延部分。本区属于中亚热带，地处华中、华东和滇、黔、桂植物区系的交汇点，植被植物区系复杂，主要特点是：

(1)本区与桂东北地区一样，植被植物区系组成同样具有明显的华中、华东两个植物地区的特点；优势植被植物区系地理成分以温带分布区类型的东亚和北美洲间断分布区类型、北温带分布区类型为主，泛热带分布和热带亚洲分布等的热带分布区类型也不少，但缺乏严格的热带科属，如龙脑香科和肉豆蔻科，常见的季节性雨林的代表种也缺乏或很少出现。

(2)本区是广西成陆最早的地区，古老孑遗物种比桂东北地区更为丰富。广西植被植物区系有裸子植物8科18属39种，本区植被有7科13属28种，是广西裸子植物最丰富的地区，其中元宝山冷杉、铁杉、长苞铁杉、南方红豆杉、福建柏、小叶罗汉松(*Podocarpus wangii*)、马尾松、华南五针松、黄山松(*Pinus taiwanensis*)、海南五针松(*Pinus fenzeliana*)、黄杉(*Pseudotsuga sinensis*)、短叶黄杉、岩生翠柏、粗榧、杉木是群落的建群种或优势种。木兰科全区植被有7属24种，本区植被有7属14种，其中鹅掌楸、桂南木莲(*Manglietia conifera*)、木莲(*Manglietia fordiana*)、红花木莲(*Manglietia insignis*)、深山含笑(*Michelia maudiae*)、阔瓣含笑(*Michelia cavaleriei* var. *platypetala*)、乐东拟单性木兰(*Parakmeria lotungensis*)、光叶拟单性木兰(*Parakmeria nitida*)、焕镛木(*Woonyoungia septentrionalis*)是群落的建群种或优势种。壳斗科广西植被有6属72种，本地区植被有6属35种，多数种类，如栲、甜槠、米槠、罗浮锥(*Castanopsis fabri*)、黧蒴锥、红锥(*Castanopsis hystrix*)、钩锥、鹿角锥、贵州锥(*Castanopsis kweichowensis*)、红背甜槠(*Castanopsis neocavaleriei*)、青冈、小叶青冈(*Cyclobalanopsis myrsinifolia*)、褐叶青冈(*Cyclobalanopsis stewardiana*)、大叶青冈(*Cyclobalanopsis jenseniana*)、竹叶青冈(*Cyclobalanopsis neglecta*)、巴东栎(*Quercus engleriana*)、乌冈栎、包槲柯(*Lithocarpus cleistocarpus*)、硬壳柯(*Lithocarpus hancei*)、金毛柯(*Lithocarpus chrysocomus*)、厚斗柯(*Lithocarpus elizabethae*)、木姜叶柯(*Lithocarpus litseifolius*)、水仙柯(*Lithocarpus naiadarum*)、绵柯(*Lithocarpus henryi*)、泥椎柯(*Lithocarpus fenestratus*)、耳柯(*Lithocarpus haipinii*)、榄叶柯(*Lithocarpus oleifolius*)、光叶水青冈(*Fagus lucida*)、水青冈(*Fagus longipetiolata*)等是群落的建群种或优势种。因此，本区同样是我国古老孑遗物种的中心发源地之一，种类比桂东北地区还丰富。

(3)本区特有种丰富，是广西三个特有中心之一个，虽然没有自身的特有属，但有中国特有属52属，广西特有属12属，广西新记录属2属，根据九万山保护区、木论保护区和元宝山保护区统计，共有特有种114种。植物群落的区系成分中特有种有元宝山冷杉、石山松(*Pinus calcarea*)、狭叶含笑(*Michelia angustioblonga*)、黔桂润楠(*Machilus chienkweiensis*)、苗山桂(*Cinnamomum miaoshanense*)、小果厚壳桂(*Crytocarya austrokweichouensis*)、桂楠(*Phoebe kwangsiensis*)、四川大头茶(*Polyspora speciosa*)、半齿柃(*Eurya semiserrulata*)、大叶蚊母树(*Distylium macrophllum*)、尖尾蚊母树(*Distylium cuspidatum*)、锈毛蚊母树(*Distylium ferruginea*)、罗城鹅耳枥(*Carpinus luochengensis*)、大苗山柯(*Lithocarpus damiaoshanicus*)、大叶青冈、广西冷水花(*Pilea microcardia*)、苗山冬青(*Ilex chingiana*)、苗山槭(*Acea miaoshanicum*)、角叶槭(*Acer sycopseoides*)、光叶槭(*Acer laevigatum*)、红滩杜鹃(*Rhododendron chihsinianum*)、小花杜鹃(*Rhododendron minutiflorum*)、广西乌口树(*Tarenna lanceolata*)、子农鼠刺(*Itea kwangsiensis*)、环江越桔(*Vaccinium huanjiangense*)、粤西绣球(*Hydrangea kwangdsiensis*)、三脉叶荚蒾(*Vibur-*

num triplinerve）、广西绣线菊（*Spiraea kwangsiensis*）、角裂悬钩子（*Rubus lobophyllus*）、广西醉魂藤（*Heterostemma tsoongii*）、柱果猕猴桃（*Actinidia cylindrica*）、广西吊石苣苔（*Lysionotus kwangsiensis*）、髯丝蛛毛苣苔（*Paraboea martinii*）、大苞半蒴苣苔（*Hemiboea magnibracteata*）、长茎沿阶草（*Ophiopogon chingii*）、山葛薯（*Dioscorea chingii*）、马肠薯蓣（*Dioscorea simulans*）、广西棕竹（丝状棕竹）（*Rhapis filiformis*）、广西薹草（*Carex kwangsiensis*）、贵州悬竹（*Ampelocalamus calcareus*）、棚竹（*Indosasa longispicata*）等41种。有的种类虽然不是本区特有，但在广西主要或仅分布于本区，如马尾树、焕镛木、掌叶木（*Handeliodendron bodinieri*）、岩生翠柏等，它们都是群落乔木层的优势种。

（4）本区山顶由岩生翠柏、华南五针松、短叶黄杉和罗城鹅耳枥等组成的针阔叶混交矮林，在广西其他地区罕见或没有发现。硬叶常绿阔叶树乌冈栎，在木论保护区石灰岩石山山顶和元宝山保护区花岗岩石山，有以它为优势的群落出现，在广西，除桂东北地区阳朔、灵川石灰岩石山山顶有分布外，其他地区没有发现。

（5）如同桂东北地区一样，本区元宝山保护区是我国南部少数几个分布有第三纪残遗植物冷杉的山地，也是我国冷杉属植物分布纬度最南的地区。

（6）本区是广西兰科植物种类最多的地区之一，主要分布于木论保护区内。初步调查有37属107种，种类最多的是热带亚洲分布的石斛属（*Dendrobium*）（15种），次为热带亚洲至热带大洋洲分布的兰属（*Cymbidium*）（13种）和世界分布的羊耳兰属（*Liparis*）（12种）。属于热带分布区类型的属有26属78种，其中热带亚洲分布的13属33种；热带亚洲至热带大洋洲分布的5属23种；泛热带分布的4属14种。温带分布区类型的7属12种，北温带分布的最多，有3属7种。

三、桂中东地区

大体上包括广西弧形山脉东翼（大瑶山、莲花山）以东，大瑶山反射弧以南，六万大山、大容山、天堂山、云开大山以北的地区。本区属于广西南亚热带，中部为开阔的郁江—浔江河谷冲积平原，北部山地主要属于广西弧东翼及其反射弧，地层以寒武系和泥盆系砂岩和页岩为主，南部山地属于云开大山和大容山，基岩为寒武系和奥陶系变质岩，并大面积出露花岗岩、花岗片麻岩和片麻岩。本区属于泛北极植物区中国—日本森林植物亚区的华南地区的一部分，与华中和华东植物地区一样，这里也是中国—日本植物区系的核心部分，但呈亚热带向热带过渡的特色，并有印度—马来亚区的深刻影响。本区植被植物区系有如下特点：

（1）海拔800m以上的山地，植被植物区系组成和地理成分与桂东北地区有所相似，喜温凉的常绿阔叶树种类、落叶阔叶树种类、常绿针叶树种类在群落中成为优势种或常见种。常绿阔叶树如壳斗科的米槠、栲、甜槠、钩锥、鹿角锥等，樟科的红楠、紫楠（*Phoebe sheareri*）等，杜鹃花科的种类虽然比不上桂北地区，但在海拔1300m以上的山地也不少，成为群落优势种的有变色杜鹃（*Rhododendron simiarum* var. *versicolor*）、光枝杜鹃（*Rhododendron haofui*）、大橙杜鹃（*Rhododendron dachengense*）等。落叶阔叶树如金缕梅科枫香树、槭树科槭、壳斗科水青冈、安息香科赤杨叶（*Alniphyllum fortunei*）、陀螺果、银钟花（*Halesia macgregorii*）、珙桐科蓝果树（*Nyssa sinensis*）等，虽然落叶阔叶树成为常见种，但和桂北地区不同，不形成常绿落叶阔叶混交林。针叶树的重要性不如桂北地区，马尾松和杉树只有在海拔700m以上、1200m以下的山地才能生长最好；海拔1300m以上的中山针阔叶混交林仅见于大瑶山，但在广西，也是针叶树种类最多的一个山地，有7科12属21种，仅次于元宝山自然保护区的7科15属22种，排列第二位。成为群落优势种的有银杉、长苞铁杉、华南五针松、福建柏、小叶罗汉松、油杉等。

（2）海拔800m以下，为地带性植被季风常绿阔叶林的分布范围，虽然植被植物区系优势或常见成分属的分布区类型与海拔800m以上的常绿阔叶林有所相同，但种类组成明显不同，表现为喜暖喜湿润的樟科种类大为增多，与壳斗科喜暖的种类，共同构成季风常绿阔叶林的主体；热带成分增加，尤其广西季节性雨林常见的种类，有时成为中下层的优势种甚至群落的共优种。泛热带分布的厚壳桂属黄果厚壳桂、厚壳桂、硬壳桂，热带亚洲分布的润楠属华润楠(*Machilus chinensis*)、黄枝润楠(*Machilus versicolora*)，热带美洲至热带大洋洲分布的樟属野黄桂(*Cinnamomum jensenianum*)等为优势的季风常绿阔叶林常见于各地，刨花润楠(*Machilus pauhoi*)、广东润楠(*Machilus kwangtungensis*)、黄樟(*Cinnamomum parthenoxylon*)、阴香(*Cinnamomum burmannii*)、丛花厚壳桂(*Cryptocarya densiflora*)以及泛热带分布的琼楠属厚叶琼楠(*Beilschmiedia percoriacea*)等在群落中很常见。以壳斗科种类为优势的季风常绿阔叶林，虽然仍是东亚和北美洲间断分布的壳斗科锥的种类为建群种或优势种，如红锥、公孙锥(*Castanopsis tonkinensis*)、吊皮锥(*Castanopsis kawakamii*)、黧蒴锥、锥(*Castanopsis chinensis*)等，但它们是喜暖的种类，主要分布于南亚热带地区，种类不如桂北地区的典型常绿阔叶林丰富，但分布还是广泛，尤其红锥林、黧蒴锥林，几乎遍及全区。此外，热带亚洲分布的含笑属醉香含笑(*Michelia macclurei*)、白花含笑(*Michelia mediocris*)，红花荷属小花红花荷(*Rhodoleia parvipetala*)，泛热带分布的杜英属山杜英(*Elaeocarpus sylvestris*)等为优势的季风常绿阔叶林与樟科、壳斗科种类为优势的常绿阔叶林共同出现于低山丘陵地带。

(3)作为向古热带印度—马来亚植物区系过渡的特征是区内有较广泛分布的热带科属(特别是木本)，如无患子科、楝科、漆树科、芸香科、豆科、番荔枝科、桑科、大戟科、藤黄科、天料木科等等，但还缺乏严格的热带科属，如龙脑香科和肉豆蔻科等。根据季风常绿阔叶林所作的调查样方统计，区系成分绝大多数是热带分布区类型的属，个别非热带分布区类型的属有东亚和北美洲间断分布的锥属和木兰属，但锥属的种类多是在南亚热带分布的喜暖种类。热带分布区类型中，泛热带分布的主要有厚壳桂属、琼楠属、鹧鸪花属、鹅掌柴属、树参属、紫金牛属、九节属、罗汉松属、柿属、冬青属、榕属、杜英属、山矾属、天料木属、脚骨脆属(*Casearia*)、厚皮香属；热带亚洲至热带美洲间断分布的主要有泡花树属、木姜子属、猴欢喜属、猴耳环属（*Abarema*)、桤叶树属、柃木属；旧世界热带分布的主要有橄榄属、暗罗属（*Polyalthia*)、竹节树属（*Carallia*)、露兜树属（*Pandanus*)、省藤属、蒲桃属、瓜馥木属、格木属；热带亚洲至热带大洋洲分布的主要有山龙眼属、柄果木属、樟属、鱼尾葵属、黄叶树属、紫荆木属、樫木属；热带亚洲至热带非洲分布的主要有藤黄属、乌檀属（*Nauclea*)、土蜜树属；热带亚洲分布的主要有润楠属、山胡椒属、新木姜子属、波罗蜜属、单室茱萸属、含笑属、木莲属、黄杞属、青冈属、石栎属、木荷属、山茶属、山茉莉属、蕈树属、水丝梨属、红花荷属、马蹄荷属、黄棉木属(*Metadina*)、麒麟叶属(*Epipremnum*)、山槟榔属（*Pinanga*)、金叶子属（*Craibiodendron*)、虎皮楠属、黄桐属、米仔兰属、白颜树属、细子龙属、肖榄属、藤春属、韶子属（*Nephelium*)、牛蹄豆属(*Archidendron*)等的种类。可以看出，热带区系成分中，广西季节性雨林常见的种类增多，如鹧鸪花(*Heynea trijuga*)、鸡毛松（*Dacrycarpus imbricatus* var. *patulus*)、红山梅、单室茱萸(*Mastixia pentandra* subsp. *cambodiana*)、斜脉暗罗(*Polyalthia plagioneura*)、橄榄、枇杷叶山龙眼(*Helicia obovatifolia* var. *mixta*)、褐叶柄果木(*Mischocarpus pentapetalus*)、黄叶树(*Xanthophyllum hainanensis*)、格木、紫荆木、香港樫木(*Dysoxylum hongkongense*)、阔叶肖榄、乌檀(*Nauclea officinalis*)、黄桐、锯叶竹节树(*Carallia diplopetala*)、鱼尾葵、杖藤(*Calamus rhabdocladus*)、大叶合欢(*Archidendron turgidum*)、白颜树(*Gironniera subaequalis*)、藤春(*Alphonsea monogyna*)等，在南向的沟谷地带，热量条件优越的小环境，格木、阔叶肖榄、橄榄、褐叶柄果木等还可成为群落的优势种，出现超地带性的季节性雨林。

(4)中国特有的单种属猪血木属(*Euryodendron*)、圆籽荷属(*Apterosperma*)，前者只在本区常绿阔叶林有分布；后者在广西只在本区常绿阔叶林有分布；另一中国特有属石笔木属，是常绿阔叶林常见的种类。海拔800m以下，喜暖喜湿润的鸡毛松成为季风常绿阔叶林和季节性雨林的常见种或优势种，是本区植被植物区系的特色。

(5)本区大瑶山保护区是广西3个特有中心之一个，有瑶山苣苔属(*Dayaoshania*)特有属1个，特有种40个，主要种类有：瑶山凤尾蕨(*Pteris yaoshanensis*)、假江南短肠蕨(*Allantodia yaoshanensis*)、瑶山瓦韦(*Lepisorus kuchenensis*)、圆叶舌蕨(*Elaphoglossum sinii*)、瑶山轴脉蕨(*Ctenitopsis sinii*)、毛叶琼楠(*Beilschmiedia mollifolia*)、瑶山润楠(*Machilus yaoshanensis*)、瑶山野木瓜(*Stauntonia yaoshanensis*)、猪

血木（*Euryodendron excelsum*）、大果厚皮香（*Ternstroemis insignis*）、短叶岗松（*Baeckea frutescens* var. *brachyphylla*）、瑶山云实（*Caesalpinia yaoshanensis*）、瑶山山黑豆（*Dumasia nitida*）、拟钝齿冬青（*Ilex subcrenata*）、秀丽葱木（*Aralia debilis*）、瑶山杜鹃（*Rhododendron yaoshanicum*）、金秀杜鹃（*Rhododendron jinxiuense*）、瑶山越桔（*Vaccinium yaoshanicum*）、广西山茉莉（*Huodeendron tomentosum var. guangxiensis*）、瑶山丁公藤（*Erycibe sinii*）、齿萼唇柱苣苔（*Chirita verecunda*）、瑶山苣苔（*Dayaoshania cotinifolia*）、大齿马铃苣苔（*Oreocharis magnidens*）、瑶山毛药花（*Bostrychanthera yaoshanensis*）、瑶山省藤（*Calamus melanochrous*）、燕尾山槟榔（*Pinanga sinii*）等。据统计，过去仅以"瑶山"这个地理名称来命名的新种就有30余个之多，而还有不少种类，虽然模式标本也采于瑶山，但却不以"瑶山"来命名的。可见大瑶山区系的特有种是相当丰富的。最近发现的大橙杜鹃，也仅产于瑶山。其他如银杉、半枫荷（*Semiliquidambar cathayensis*）、伯乐树（*Bretscheidera sinensis*）、马蹄参（*Diplopanax stachyanthus*）、合柱金莲木（*Sauvagesia rhodoleuca*）、青钱柳（*Cyclocarya paliurus*）、圆籽荷（*Apterosperma oblata*）等我国特有种，亦见于大瑶山区系中。

四、桂中西地区

本区位于岑王老山分水岭和八桂河以东、弧形山脉东翼以西之间，包括右江北岸丘陵以北、弧形山脉西翼、红水河流域中下游两岸丘陵山地，东半部主要为泥盆系、石炭系、二迭系海相碳酸盐岩山地，西半部主要为三迭系砂、页岩山地。本区地处南亚热带，属于泛北极植物区中国—日本森林植物亚区的滇、黔、桂地区，由于处于南面为北部湾地区，北面为华中和华东地区，东面为华南地区，西面为云南高原地区交错的地理位置，植被植物区系组成比较复杂，综合有如下特点：

（1）本区一方面有马尾松林、杉木林和华南地区常见或占优势的代表，如地带性植被是以红锥为优势的季风常绿阔叶林，另一方面本区是华南、华中主要区系成分马尾松、杉木、华南五针松、江南油杉等向西分布的最远点。桂北和桂东北地区中山山地以华南五针松、长苞铁杉、铁杉、福建柏、小叶罗汉松为优势的中山针阔叶混交林在本区岑王老山（最高峰海拔2062.5m）植被垂直带谱上没有出现，这是广西唯一没有出现中山山地针阔叶混交林的高大山体；桂中东地区季风常绿阔叶林的优势成分黄果厚壳桂、厚壳桂、华润楠等在本区植被区系组成中有分布，却很少成为优势种。另一方面本区也是云南高原地区区系的代表种云南松及其地理变种细叶云南松和尼泊尔桤木向东分布的最远点，云南松有个体零星出现，细叶云南松林在雅长保护区红水河谷地是它在广西分布中心之一；尼泊尔桤木在本区有以它为优势的林分。

（2）本地区海拔1000m以上的中山山地，季风常绿阔叶林垂直带谱上的类型，优势和常见的群落区系成分有不少与华东和华中地区相同。天峨县北部大山林区，海拔1200～1300m的中山山地，有以米槠为优势的山地常绿阔叶林，区系成分占优势的和常见的有毛棉杜鹃（*Rhododendron moulmainense*）、香粉叶、海南树参（*Dendropanax hainanensis*）、大八角、日本杜英（*Elaeocarpus japonicus*）、甜槠等；海拔1000～1100m的中山山地，还有以南方红豆杉为优势的针阔叶混交林，区系成分占优势和常见的有青钱柳、南酸枣（*Choerospondias axillaris*）、檵木、少叶黄杞（*Engelhardia fenzelii*）、川杨桐（*Adinandra bockiana*）、厚皮香（*Ternstroemia gymnanthera*）、喜树（*Camptotheca acuminata*）、桂南木莲、杨梅（*Myrica rubra*）、青荚叶（*Helwingia japonica*）、西域青荚叶（*Helwingia himalaica*）、赤杨叶、枫香树、光叶水青冈等。该地的中山山地常绿落叶阔叶混交林，优势和常见的区系成分有钩锥、瓦山锥（*Castanopsis ceratacantha*）、竹叶青冈、刨花润楠、枫香树、桃叶石楠（*Photinia prunifolia*）、南酸枣等。岑王老山海拔1400～1900m的中山山地常绿落叶阔叶混交林，优势和常见的区系成分有云山青冈、银木荷、硬壳柯、鹿角锥、桂南木莲、木莲、甜槠、滇琼楠（*Beilschmiedia yunnanensis*）、褐叶青冈、多花杜鹃（*Rhododendron cavaleriei*）、黄丹木姜子（*Litsea elongata*）、日本杜英、榕叶冬青（*Ilex ficoidea*）、显脉冬青（*Ilex editicostata*）、腺叶山矾（*Symplocos adenophylla*）、阴香、红花木莲、虎皮楠、米槠、小花红花荷、樟叶泡花树（*Meliosma squamulata*）、山杜英、深山含笑、罗浮槭（*Acer fabri*）、栲、树参（*Dendropanax dentigerus*)、川杨桐和光叶水青冈、缺萼枫香树（*Liquidambar acalycina*）、野漆(*Toxicodendron succedaneum*)、双齿山茉莉(*Huodendron biaristatum*)、八角枫（*Alangium chinense*）、陀螺果、马银花(*Rhododendron ovatum*)、青榨槭（*Acer davidii*）、亮叶桦（*Betula luminifera*）、晚花吊钟花(*Enkianthus serotinus*)、马尾树、水青冈、华南桤叶树（*Clethra fabri*）、贵州桤叶树(*Clethra kaipoensis*)等。位于红水河谷地的雅长兰科植物自然保护区，海拔1400m以上的山地，出现的中山常绿落叶阔叶混交林，优势成分和常见成分有硬壳柯、大叶青冈、青冈(*Cyclobalanopsis* spp.)、银木荷、桂南木莲和水青冈、缺萼枫香树、紫脉鹅耳枥(*Carpinus purpurinervis*)、青钱柳、圆果化香（*Platycarya longipes*）、粗皮桦（*Betula utilis*）、野漆、野樱(*Cerasus* spp.)等。

(3)本区植被区系组成虽然也有一定数量的古老孑遗成分和特有成分，但不如桂北地区丰富。组成群落的裸子植物有5科7属11种，成为优势种的有马尾松、江南油杉、短叶黄杉、南方红豆杉。木兰科仅有鹅掌楸、木莲(3种)、含笑(2种)、木兰，很少成为群落优势种。金缕梅科在群落中出现的属还较多，计有枫香树、蚊母树、檵木、蜡瓣花、马蹄荷、红花荷、蕈树等属。据岑王老山保护区和龙滩保护区植被调查，本区没有地区特有种，但中国特有、广西特有或与几个省区域共特有的尚不少，分别有130种和125种，比较重要的有马尾树、喙核桃(*Annamocarya sinensis*)、青钱柳、掌叶木、伯乐树、细子龙、蒜头果(*Malania oleifera*)，十齿花(*Dipentodon sinicus*)，地枫皮(*Illicium difengpi*)、桂楠、黄枝油杉、油杉、细叶云南松等。

(4)本区石灰岩山地植被大面积已沦为次生的藤刺灌丛，森林植被仅是零星片断的残存，种类大为减少。代表性植被常绿落叶阔叶混交林，一方面有桂北和桂东北地区石灰岩山地常绿落叶阔叶混交林优势或常见成分，如青冈、榆、朴、青檀、化香、鹅耳枥、圆叶乌桕、黄梨木、黄连木等，另一方面又有不少的热带成分，如热带亚洲分布的仪花（*Lysidice rhodostegia*）、泛热带分布的多种榕属种类，表现出向热带过渡的特色。此外，还出现一些广西西部常见的成分，如掌叶木、细子龙等，甚至我国西部种类为优势的类型，如以滇青冈和圆果化香为优势成分的类型，表现出向我国西部过渡的特色。

(5)本区北面山地海拔高，缺口少，能有效地阻挡北来冷空气的入侵，同时，河谷地区受西南季风的影响，焚风效应明显，而东南季风带来的暖湿气流又可沿河谷深入，故热量条件较同纬度的中东部地区为高，具有热带植被发育的良好条件，植被区系组成中热带成分较高，湿度条件优越的部分河谷并有超地带性植被季节性雨林出现。根据本区雅长兰科植物自然保护区、岑王老山保护区、龙滩自然保护区的植被调查以及细叶云南松专题调查、望天树专题调查、石灰岩山地路线调查的资料统计，本区植物群落种类组成，大约有种子植物属412属，其中世界分布14属，热带分布287属，温带分布102属，中国特有9属，热带分布占72.1%，温带分布占25.6%。热带分布中以热带亚洲和泛热带分布为主，前者有92属，后者有81属；次为旧世界热带分布40属，热带亚洲至热带大洋洲分布31属，热带亚洲至热带非洲分布24属。温带分布以北温带、中国(喜马拉雅—日本)、东亚和北美洲间断分布为主，分别有33属、25属、33属。在岑王老山南面河谷地区出现有季节性雨林，优势成分有热带亚洲分布的大肉实树(*Sarcosperma arboreum*)、野独活(*Miliusa chunii*)、海芋(*Alocasia macrorrhiza*)、爬树龙(*Rhaphidophora decursiva*)、麒麟尾(*Epipremnum pinnatum*)、石柑子(*Pothos chinensis*)、广东万年青(*Aglaonema modestum*)，热带亚洲至热带大洋洲分布的海南樫木、红果樫木(*Dysoxylum gotadhora*)、褐叶柄果木、鱼尾葵，泛热带分布的厚壳桂、假苹婆、多种榕属种类，旧世界热带分布的山蕉(*Mitrephora maingayi*)等。少数热带成分的落叶阔叶种类有热带亚洲分布的任豆(*Zenia insignis*)、顶果树(*Acrocarpus fraxinifolius*)、梔子皮(*Itoa orientalis*)等。在田阳右江北岸坤平含灰岩的三迭系砂页岩丘陵、红水河西岸巴马西山和北岸大化都阳石灰岩山地的沟谷地带出现有季节性雨林，区系成分以热带亚洲分布的典型热带科龙脑香科的望天树（*Parashorea chinensis*)为优势或标志，除望天树外，其他重要的或常见的成分，巴马和大化石灰岩山地的望天树林还有热带亚洲分布的蚬木、四瓣米仔兰(*Aglaia lawii*)、顶果木、野独活、海芋、麒麟尾，旧世界热带分布的小黄皮(*Clausena emarginata*)，热带亚洲至热带大洋洲分布的假鹰爪(*Desmos chinensis*)、毛球兰(*Hoya villosa*)，热带亚洲至热带非洲分布的金丝李、土蜜树(*Bridelia tomentosa*)、小盘木(*Microdesmis caseariifolia*)，泛热带分布的假苹婆（*Sterculia lanceolata*）、圆叶乌桕、朴、广西密花树(*Myrsine kwangsiensis*)、九节（*Psychotria rubra*)、华南云实(*Caesalpinia crista*)、红麻风草(*Laportea violacea*)等；田阳含灰岩的三迭系砂页岩丘陵谷地的望天树林还有泛热带分布的朴(2 种)、披针叶杜英(*Elaeocarpus lanceaefolius*)、假苹婆、九节(2 种)、余甘子（*Phyllanthus emblica*)、滇刺枣(*Ziziphus mauritiana*)、龙须藤(*Bauhinia championii*)、菝葜（*Smilax china*)，热带亚洲分布的红木荷（*Schima wallichii*)、毛叶黄杞（*Engelhardia spicata* var. *colebrookeana*)、华润楠、锈毛梭子果(*Eberhardtia aurata*)、细子龙、木蝴蝶(*Oroxylum indicum*)，热带亚洲至热带大洋洲分布的水锦树(*Wendlandia uvariifolia*)，热带亚洲至热带非洲分布的禾串树(*Bridelia balansae*)，热带亚洲和热带美洲间断分布的水东哥（*Saurauia tristyla*)，旧世界热带分布的乌榄、厚壳树(*Ehretia acuminata*)、中平树(*Macaranga denticulata*)、瓜馥木(3 种)等。在红水河支流布柳河和穿洞河谷地出现的季节性雨林和次生季雨林重要的热带成分有热带亚洲至热带非洲分布的金丝李、大叶土蜜树(*Bridelia retusa*)、灰毛浆果楝(*Cipadessa baccifera*)、魔芋(*Amorphophallus konjac*)，泛热带分布的灰毛牡荆(*Vitex canescens*)、鹅掌柴、密花树(2 种)、棒柄花(*Cleidion brevipetiolatum*)、网脉核果木(*Drypetes perreticulata*)、糙叶树(*Aphananthe aspera*)、光叶山黄麻(*Trema cannabina*)、龙须藤、白花羊蹄甲(*Bauhinia acuminata*)、鸡血藤(*Millettia*)3 种、榕(多种)、假苹婆，热带亚洲分布的柄翅果(*Burretiodendron esquirolii*)、龙荔(*Dimocarpus confinis*)、肥牛树(*Cephalomappa sinensis*)、藤春、野独活、幌伞枫(*Heteropanax fragrans*)、栀子皮、棕竹(*Rhapis excelsa*)、刺通草(*Trevesia palmata*)、海芋、麒麟尾，热带亚洲至热带大洋洲分布的火麻树(*Dendrocnide urentissima*)、海红豆(*Adenanthera pavonina*)、红椿(*Toona ciliata*)、扁担藤(*Tetrastigma planicaule*)、假鹰爪，旧世界热带分布的野桐(*Mallotus tenuifolius*)、八角枫、乌墨(*Syzygium cumini*)、野蕉（*Musa balbisiana*)等。有趣的是，红水河支流布柳河和穿洞河谷地出现的季节性雨林和次生季雨林，草本层植物中兰科种类不少。

(6)本区已邻接我国西部半湿润地区，干湿季较明显，河谷地区受西南季风影响，产生焚风效应，虽然热量条件比同纬度的中东部地区为高，但湿度条件又较中东部地区为低，故气候比较干旱，反映干旱的旱生区系成分较桂中东部地区为多，现状植被大面积分布的是旱生的类型，区系组成旱生成分明显，分布于西部或主要分布于西部的区系成分在群落种类组成中比重增加，重要性增大。乐业县红水河谷地耐干旱气候的细叶云南松林和热带亚洲分布的柄翅果落叶季雨林以及右江北岸丘陵以江南油杉(*Keteleeria fortunei* var. *cyclolepis*)为优势的林分广泛分布；落叶栎类的成分增多，初步统计有 10 种，占广西落叶栎种类 58.8%，是广西落叶栎种类最多的地区，不少种类是群落的优势成分，如栓皮栎(*Quercus variabilis*)、麻栎(*Quercus acutissima*)、槲栎(*Quercus aliena*)、白栎(*Quercus fabri*)、云南波罗栎(*Quercus yunnanensis*)等，它们常与细叶云南松组成针阔叶混交林，有的也成为单优势的落叶栎类林，如大面积分布于本区西部三迭系砂页岩山地的栓皮栎林，是广西面积最大的落叶栎类林。热带亚洲分布的红木荷、毛叶黄杞、假木荷(*Craibiodendron stellatum*)、木蝴蝶、水柳(*Homonoia riparia*)，热带亚洲至热带大洋洲分布的羽叶白头树(*Garuga pinnata*)、水锦树(4 种)、苞叶木（*Rhamnella rubrinervis*)、假木豆(*Dendrolobium triangulare*)，热带亚洲至热带非洲分布的山石榴(*Catunaregam spinosa*)、羽叶楸(*Stereospermum colais*)，泛热带分布的余甘子、椭圆叶木蓝（*Indigofera cassoides*)，旧世界热带分布的木棉，热带亚洲至热带非洲分布的虾子花(*Woodfordia fruticosa*)，北温带分布的尼泊尔桤木(*Alnus nepalensis*)，东亚和北美洲间断分布的滇鼠刺(*Itea yunnanensis*)等旱生成分，广泛分布，常是细叶云南松林、江南油杉林、落叶栎类林常见的区系成分，不少种类也是次生林和灌丛的优势种。即使是分布于沟谷地带的季节性雨林，水湿条件较好，原生性较强，区系成分旱生性质同样突出。有趣的是，温带分布区类型中，广西全区植被植物区系与地中海区有关的区系成分，几乎集中于本区，例如，北温带分布的地中海区、东亚、新西兰和墨西哥到智利间断广西只有 1 属马桑属（*Coriaria*)，本区有分布；旧世界温带分布的地中海区、西亚和东亚间断广西有 6 属，火棘属、榉树属（*Zelkova*)、马甲子属（*Paliurus*)、女贞属(*Ligustrum*)、夹竹桃属（*Nerium*)、牛至属（*Origanum*)，本区除牛至属外，都有分布；

旧世界温带分布的地中海区和喜马拉雅间断广西有2属，鹅绒藤属（*Cynanchum*）、苇谷草属（*Pentanema*），本区有分布；地中海区、西亚至中亚分布的地中海区至温带、热带亚洲、大洋洲和南美洲间断广西有黄连木属、木犀榄属2属，本区有分布。

（7）本区是广西兰科植物种类最多的地区之一，主要分布于乐业县红水河边雅长兰科植物自然保护区。初步调查有35属75种，其中热带分布区类型的有31属71种，温带分布区类型的4属4种；热带分布区类型中热带亚洲分布的有14属27种，热带亚洲至热带大洋洲分布的有7属22种；种类最多的是热带亚洲至热带大洋洲分布的兰属，有12种，其次是泛热带分布的石豆兰属（*Bulbophyllum*）、虾脊兰属（*Calanthe*）和热带亚洲分布的石槲属，各有6种。

五、桂西地区

本区包括岑王老山分水岭和八桂河以西的隆林、西林两县全部和田林大部，乐业县小部，面积较小。岩层主要为三迭系砂岩和页岩，原为云贵高原南缘，因强烈的流水切割作用，成为现今的山原地貌，分别有海拔1000m、1200～1300m、1300～1400m和1500～1600m四级古夷平面，最高峰金钟山顶峰海拔1836m。本区西部有南盘江，中部有驮娘江，东部有西洋江，河谷深切，海拔可低至700～400（300）m以下。本区属于南亚热带，植被分区已属于西部（半湿润）季风常绿阔叶林亚区域，区系分区属于中国—喜马拉雅森林植物亚区的云南高原地区最东的部分，但还带有浓厚的中国—日本森林植物亚区华东、华中地区向中国—喜马拉雅森林植物亚区云南高原地区过渡的色彩。植被植物区系有如下特点：

（1）与华东、华中地区相比，群落的优势种或常见种出现了一系列同属不同种的更替现象，例如，细叶云南松代替了马尾松，云南油杉（*Keteleeria evelyniana*）代替了油杉，高山锥（*Castanopsis delavayi*）代替了苦槠，毛叶青冈（*Cyclobalanopsis kerrii*）代替了乌冈栎，尼泊尔桤木代替了江南桤木（*Alnus trabeculosa*）、滇琼楠、滇润楠（*Machilus yunnanensis*）分别代替了广东琼楠（*Beilschmiedia fordii*）、红楠。但有个别种，例如西部的滇青冈（*Cyclobalanopsis glaucoides*）和东部的青冈，亦可以共存，并都成为群落的优势种，表现出浓厚的过渡色彩。

（2）本区气候比桂中西部地区更为干旱，现状植被普遍是反映旱生植被的针叶林、落叶栎类林以及其他落叶阔叶林和灌丛、草丛，群落种类组成大多是旱生的区系成分，主要分布于西部的成分不少，其中热带成分占多数，但由于为山原地貌，海拔较高，气候温凉，故温带成分也占有一定的比重。本区是广西细叶云南松林分布中心之一，以细叶云南松为优势的类型全区都有分布。落叶栎群落组成种类有10种，优势的区系成分有栓皮栎、白栎、麻栎、云南波罗栎、大叶栎（*Quercus griffithii*）等，主要分布于西部的有槲树（*Quercus dentata*）、灰背栎（*Quercus senescens*）、槲栎、大叶栎、云南波罗栎，它们除形成各种落叶栎类林外，还是细叶云南松林常见的区系成分。各种落叶阔叶林的区系成分除落叶的成分外，还包含少数耐旱的常绿阔叶树和个别的裸子植物成分。落叶阔叶林优势和重要的区系成分有泛热带分布的余甘子、山乌桕（*Sapium discolor*）、圆果算盘子（*Glochidion sphaerogynum*）、糙叶树、穗序鹅掌柴（*Schefflera delavayi*）、粗叶榕（*Ficus hirta*）、大果榕（*Ficus auriculata*）、竹叶榕（*Ficus stenophylla*），旧世界热带分布的山槐（*Albizia kalkora*）、楹树（*Albizia chinensis*）、八角枫、木棉、黄麻叶扁担杆（*Grewia henryi*）、粗糠柴（*Mallotus philippinensis*）、毛桐（*Mallotus barbatus*）、杜茎山（*Maesa japonica*）、叉孢苏铁（*Cycas segmentifida*），热带亚洲至热带大洋洲分布的水锦树，热带亚洲至热带非洲分布的灰毛浆果楝、大叶土蜜树，热带亚洲至热带美洲间断分布的华南桤叶树、黄丹木姜子，热带亚洲分布的柄翅果、红木荷、毛枝青冈（*Cyclobalanopsis helferiana*）、文山润楠（*Machilus wenshanensis*）、火绳树（*Eriolaena spectabilis*）、秋枫（*Bischofia javanica*）、木姜叶柯、假木荷、毛叶黄杞、赤杨叶，北温带分布的亮叶桦、西桦（*Betula alnoides*）、尼泊尔桤木、多花梣（*Fraxinus floribunda*）、白蜡树（*Fraxinus chinensis*）、短尾鹅耳枥（*Carpinus londoniana*）、灯台树（*Cornus controversa*）、山樱花（*Cerasus serrulata*）、短序荚蒾（*Viburnum brachybotryum*）、盐肤木（*Rhus chinensis*）、毛杨梅（*Myrica esculenta*），东亚和北美洲间断分布的枫香树（*Liquidambar formosana*）、高山锥、山核桃（*Carya cathayensis*）、山漆树（*Toxicodendron sylvestre*）、珍珠花（*Lyonia ovalifolia*），东亚（东喜马拉雅—日本）分布的化香树（*Platycarya strobilacea*）、南酸枣。落叶阔叶林的区系成分，不少种类也是细叶云南松林和落叶栎类林的区系成分。

(3)本区植被破坏相当严重，不但原生植被几乎不存在，而且次生常绿阔叶林也很少，见到的都是残存的片断林或小片林。根据对隆林金钟山保护区和西林王子山保护区调查，本区的常绿阔叶林区系组成中华南、华中和华东的区系成分还较多，主要分布于西部的成分也不少，此外，还含有落叶阔叶林的一些成分。群落的区系组成以温带成分为优势，同时也含有较多热带成分，但缺乏严格的热带科属。优势的和重要的成分有东亚和北美洲间断分布的高山锥、瓦山锥、罗浮锥、栲、米槠、鬣蒴锥、鼠刺，热带亚洲分布的硬壳柯、桂南木莲、红木荷、虎皮楠、青冈、文山润楠、黄杞、四川新木姜子（*Neolitsea sutchuanensis*）、柏拉木（*Blastus cochinchinensis*），泛热带分布的南岭山矾（*Symplocos pendula* var. *hirtistylis*）、光叶山矾（*Symplocos lancifolia*）、榕叶冬青、厚皮香、穗序鹅掌柴、苹婆（*Sterculia monosperma*），旧世界热带分布的赤楠（*Syzygium buxifolium*）、大叶竹节树（*Carallia garciniaefolia*），热带亚洲和热带美洲间断分布的笔罗子（*Meliosma fordii*）、细枝柃（*Eurya loquaiana*），热带亚洲至热带大洋洲分布的网脉山龙眼（*Helicia reticulata*），热带亚洲至热带非洲分布的灰毛浆果楝。从现状植被看，代表性植被是以高山锥为优势的类型，高山锥不但为群落的优势成分，而且在不少落叶阔叶林和常绿阔叶林类型中也是常见的区系成分。

(4)根据隆林县大哄豹石灰岩自然保护区植被调查可知，非地带性石灰岩代表植被是以西部的滇青冈、黄连木（*Pistacia chihensis*）为优势的常绿落叶阔叶混交林和以东部的青冈、圆果化香为优势的常绿落叶阔叶混交林共存，但前者比后者分布较广，是保护区较重要的类型，此外，落叶阔叶林常见有以千金榆（*Carpinus cordata*）、黄连木、光皮梾木（*Cornus wilsoniana*）、紫弹树（*Celtis biondii*）、榔榆、枫杨、榅树等为优势种的类型。不管是常绿落叶阔叶混交林还是落叶阔叶林，优势的和常见的区系成分大致是相同的，都以热带分布为多，温带分布较少。根据对 68 个种子植物属统计，热带分布的 52 属，温带分布的 16 属，热带分布以泛热带分布和热带亚洲为多，各有 16 属，但都缺乏严格的热带科属。温带分布的属虽然少，但在群落中的重要性与热带分布的属相同，例如，北温带分布的千金榆、榔榆和光皮梾木，前者所构成的落叶阔叶林，是当地分布面积最大的森林群落，同时，它也是常绿落叶阔叶混交林的共优种；后两种，是常绿落叶阔叶混交林和落叶阔叶林的优势成分。旧世界温带分布的大果榉，地中海区、西亚至中亚分布的清香木（*Pistacia weinmannifolia*），东亚（东喜马拉雅—日本）分布的南酸枣、圆果化香、枫杨，也是群落的优势成分。热带分布类型中，常绿成分最重要的是热带亚洲分布的滇青冈和青冈，它们是群落的建群种或优势种；落叶成分重要的有热带亚洲分布的黄梨木，泛热带分布的朴(2 种)、粗叶树，旧世界热带分布的榅树和山槐，热带亚洲至热带大洋洲分布的海红豆，它们都是群落的常见种。值得注意的是，根据《中国植物志》介绍，千金榆分布于东北、华北、河南、甘肃，见于海拔 500～2500m 山坡，广西未报道有分布。2004 年，广西林业勘测设计院在隆林县大哄豹石灰岩山自然保护区资源考察中，发现该区石灰岩山地有分布，并形成较大面积的、以它为主的石灰岩山地落叶阔叶林。

六、桂东南地区

本区面临北部湾，包括十万大山及其以东直至与广东省交界范围内的东兴、防城、钦州、合浦、北海、浦北、博白、陆川等县以及玉林、北流、容县的部分地区，除玉林、北流和容县的部分地区属北流江源头山地外，其他大部分都是广西独立入海流域的滨海平原、台地、丘陵和低山地区。本区河流多是由北向南独自入海，地势比较低平，中山山地面积很少。自南向北从海岸线向陆地深入 10km 左右的海岸带内的滨海平原、台地和丘陵，海拔高约 10～50～200m，地层特点是晚古生界志留系的砂、页岩及砾岩地层发育，是广西志留系地层主要出露的地区；东和中北部的天堂山和六万大山，海拔多在 500～700m，最高峰只有 1115m，地层以寒武、奥陶和志留系为主，印支期花岗岩广泛分布；

西南缘的十万大山，主峰不过1462m，一般海拔1000m左右，地层以侏罗系和三迭系红色岩系为主，山前丘陵还广泛出露印支期花岗岩类。

在我国植被分区上，本区属于东部（偏湿性）季雨林、雨林亚区域北热带半常绿季雨林、湿润雨林地带；根据吴征镒先生的《中国植物区系的分区问题》，本区介于古热带植物区马来亚植物亚区北部湾地区东缘与南海地区陆地西部之间。本区植被植物区系组成主要特点如下。

（1）本区具有广西其他地区所没有的海岸带（指从海岸线向陆地深入10km的范围）和海岛植被，根据海岸带和海岛植被调查，主要有海岸带和海岛红树林和半红树林，海岸带和海岛滨海沙生、沼生植被，海岸带和海岛陆地季节性雨林以及热带松林。海岸带和海岛植被植物区系成分，虽然有与广西热带植被的区系成分相同或相似的地方，但其建群和优势成分以及一些重要的成分，是其他地区所没有或少有。红树林（包括半红树林，下同）常见的和重要的种子植物有30属，其中世界分布的1属，热带分布的27属，温带分布（主要就是地中海区、西亚至东亚间断分布）的2属，以热带分布占绝对优势。但广西红树林系东方红树林类群分布的北缘，热量偏低，种类不如南海地区的海南红树林丰富，热带性不如海南红树林种类强，况且受干扰破坏相当严重，次生植被的区系成分很多。热带分布中泛热带分布7属，旧世界热带分布7属，热带亚洲至热带大洋洲分布5属，热带亚洲至热带非洲分布5属，热带亚洲（印度—马来西亚）分布2属。群落的建群成分或优势成分有泛热带分布的海榄雌（*Avicennia marina*）、红海榄（*Rhizophora stylosa*）、黄槿（*Hibiscus tiliaceus*），旧世界热带分布的木榄、银叶树（*Heritiera littoralis*），热带亚洲至热带大洋洲分布的海杧果（*Cerbera manghas*）、水黄皮（*Pongamia pinnata*）、中华结缕草（*Zoysia sinica*），热带亚洲至热带非洲分布的老鼠簕（*Acanthus ilicifolius*）和海漆（*Excoecaria agallocha*），热带亚洲分布的蜡烛果（*Aegiceras corniculatum*）和秋茄树（*Kandelia obovata*）等，此外，世界分布的短叶茳芏（*Cyperus malaccensis* subsp. *monophyllus*），泛热带分布的苦郎树（*Clerodendrum inerme*）、槌果藤（*Capparis* sp.）、小草海桐（*Scaevola hainanensis*），旧世界热带分布的变叶裸实（*Gymnosporia diversifolia*）、广东箣柊（*Scolopia saeva*）、露兜树（*Pandanus tectorius*）、榄李（*Lumnitzera racemosa*），热带亚洲至热带大洋洲分布的苦槛蓝（*Myoporum bontioides*）、假鹰爪，热带亚洲至热带非洲分布的伞序臭黄荆（*Premna serratifolia*）、厚皮树（*Lannea coromandelica*）、刺葵（*Phoenix loureiroi*）、桐棉（*Thespesia populnea*），地中海区、西亚至东亚间断分布的凹叶女贞（*Ligustrum retusum*）、马甲子（*Paliurus ramosissimus*）等是广西红树林的常见成分。海岸带和海岛滨海沙生、沼生植被区系成分比较贫乏，一般多是一些耐干旱、耐水淹的种类，但有个别成分是广西植物区系的新发现，在研究广西植物区系分区上有着重要的意义。主要植被类型有滨海草本沙生植被、灌木沙生植被和沼生植被。滨海草本沙生植被的优势成分有泛热带分布的单叶蔓荆（*Vitex rotundifollia*）、厚藤（*Ipomoea pes-caprae*）、卤地菊（*Wedelia prostrata*）、绢毛飘拂草（*Fimbristylis sericea*）、锈鳞飘拂草（*Fimbristylis ferrugineae*）、双穗飘拂草（*Fimbristylis subbispicata*），旧世界热带分布的麦穗茅根（*Perotis hordeiformis*），热带亚洲至热带大洋洲分布的老鼠艻（*Spinifex littoreus*）、中华结缕草，北温带分布的鼠妇草（*Eragrostis atrovirens*）等，以热带成分占优势，但多为泛热带的种类。灌木沙生植被优势成分主要有泛热带分布的苦椰树、单叶蔓荆、厚藤，热带亚洲和热带美洲间断分布的仙人掌（*Opuntia stricta* var. *dillenii*），旧世界热带分布的露兜树、白子菜（*Gynura divaricata*），热带亚洲至热带大洋洲分布的中华结缕草、野牡丹（*Melastoma malabathricum*）、桃金娘（*Rhodomyrtus tomentosa*）等，以热带成分占绝对优势。沼生植被是指退潮后仍然积水的低洼地或雨季积水的低洼地的植被，在海岛，沼生植被的优势成分以泛热带分布的热带亚洲、大洋洲和南美洲（墨西哥）间断变型的薄果草（*Dapsilanthus disjunctus*）和热带亚洲至热带大洋洲分布的岗松（*Baeckea frutescens*）为绝对优势，帚灯草科薄果草是广西新记录的科和种，此种植物是典型的以南半球为分布中心的科，南海地区海南有分布，说明本区植被植物区系和南海地区的区系有着密切的联系。在海岸带，沼生植被的优势成分为世界分布的茳芏（*Cyperus malaccensis*）及其变种短叶茳芏。海岸带和海岛陆地季节性雨林的区系成分比较丰富和复杂，各种植物群落是广西地带性植被季节性雨林的组成部分，与本区低山丘陵季节性雨林以及广西其他地区的砂页岩和花岗岩山地的季节性雨林的区系成分有着密切的联系。

海岸带和海岛季节性雨林受干扰破坏亦相当严重，原生植被几乎不存在，都是一些分布在村边的小片林或片断林，面积很小，次生性十分明显，次生区系成分占的比重很大。根据海岸带和海岛植被调查统计，常见的和重要的植物群落组成种类（只统计种子植物）244 属（不包括主要分布在红树林和半红树林的属），其中世界分布的 7 属，热带分布的 209 属，温带分布的 27 属，中国特有的 1 属（石笔木属），热带分布的属占 88.2%（不包括世界属），温带分布占 11.4%。热带分布中泛热带分布的 81 属，热带亚洲和热带美洲间断分布的 5 属，旧世界热带分布的 36 属，热带亚洲至热带大洋洲分布的 26 属，热带亚洲至热带非洲分布的 12 属，热带亚洲分布的 46 属，中国特有的 1 属，以泛热带分布占有较大的比重，占 38.8%；次为热带亚洲分布，占 22.0%。海岛的季节性雨林的类型不如海岸带丰富，面积没有海岸带大，群落高度不如海岸带高，但有的区系成分，在广西以至在我国植物区系分区研究上有着重要的意义。根据海岛季节性雨林各个类型组成种类统计，主要有种子植物属 81 属，其中世界分布 2 属，热带分布 73 属，温带分布 6 属，热带分布占 92.4%（不包括世界属），温带分布占 7.6%。热带分布的属中，泛热带分布 21 属，热带亚洲和热带美洲间断分布的 1 属，旧世界热带分布的 12 属，热带亚洲至热带大洋洲分布的 16 属，热带亚洲至热带非洲分布的 8 属，热带亚洲分布的 15 属，以泛热带分布为多，占 28.8%；次为热带亚洲至热带大洋洲分布，占 21.9%；最次为热带亚洲分布，占 20.5%。海岛季节性雨林的建群和优势区系成分或重要区系成分有泛热带分布的高山榕（*Ficus altissima*）、菲律宾朴（*Celtis philippensis*）、锈毛红厚壳（*Calophyllum retusum*）、小叶厚皮香（*Ternstroemia microphylla*），旧世界热带分布的红鳞蒲桃（*Syzygium hancei*）、狭叶蒲桃（*Syzygium tsoongii*）、水翁蒲桃（*Syzygium nervosum*）、须叶藤（*Flagellaria indica*），热带亚洲至热带大洋洲分布的紫荆木，热带亚洲分布的膝柄木（*Bhesa robusta*）、肉实树（*Sarcosperma laurinum*）、喙果皂帽花（*Dasymaschalon rostratum*）、下龙新木姜子（*Neolitsea alongensis*）、绒毛润楠（*Machilus velutina*）。常见成分有泛热带分布的石山柿（*Diospyros saxatilis*）、鹅掌柴、藤黄檀（*Dalbergia hancei*）、假苹婆、锡叶藤（*Tetracera sarmentosa*）、九节，热带亚洲至热带大洋洲分布的假鹰爪、滨木患（*Arytera litoralis*）、山油柑（*Acronychia pedunculata*）、酒饼簕（*Atalantia buxifolia*），热带亚洲至热带非洲分布的龙船花（*Ixora chinensis*）、打铁树（*Myrsine linearis*）、平叶密花树（*Myrsine faberi*），热带亚洲分布的银柴（*Aporusa dioica*）、巫山新木姜（*Neolitsea wushanica*）、红楠、细棕竹（*Rhapis gracilis*），地中海区至温带、热带亚洲、大洋洲和南美洲间断分布的异株木犀榄（*Olea dioica*）等。在广西海岛季节性雨林区系中，藤黄科锈毛红厚壳为中国新记录植物，它是典型热带雨林树种，国外分布于老挝、柬埔寨、越南及马来半岛等热带地区，在广西海岸带最西端的巫头岛上首次发现有此种植物分布，它是红鳞蒲桃为优势的季节性雨林的共优种和优势种。此外，卫矛科膝柄木属，世界约 6 种，主要分布在南热带地区热带雨林中，其中的膝柄木，国外分布在印度、越南和马来西亚，1992 年我国报道广西合浦也有此属植物，是我国新记录属植物，在广西海岛植被调查中，发现东兴江平镇巫头岛和交通村有分布，在巫头岛，它是红鳞蒲桃、紫荆木、锈毛红厚壳季节性雨林的共优种。锈毛红厚壳和膝柄木的发现，无疑说明广西海岛植被植物区系与南热带地区的植被植物区系有着密切的联系。根据海岸带季节性雨林各种群落组成种类统计，主要种子植物属有 244 属，其中世界分布 6 属，热带分布 209 属，温带分布 27 属，中国特有 1 属，热带分布占 88.7%（中国特有属也是热带分布），温带分布占 11.3%。热带分布的属中，泛热带分布 81 属，热带亚洲和热带美洲间断分布 5 属，旧世界热带分布 39 属，热带亚洲至热带大洋洲分布 26 属，热带亚洲至热带非洲分布 18 属，热带亚洲分布 41 属，以泛热带分布成分为多，占 38.8%，次为热带亚洲分布，占 19.6%，最次为旧世界热带分布，占 18.7%。海岸带季节性雨林的建群或优势区系成分有泛热带分布的菲律宾朴、山杜英，泛热带分布的变型热带亚洲、大洋洲和南美洲（墨西哥）间断的罗汉松（*Podocarpus macrophllus*），旧世界热带（?）（热带亚洲至热带非洲?）分布的见血封喉（*Antiaris toxicaria*），旧世界热带分布的变型热带亚洲、非洲和大洋洲间断的格木，旧世界热带分布的红鳞蒲桃、乌榄，热带亚洲至热带大洋洲分布的紫荆木，热带亚洲至热带非洲分布的岭南山竹子（*Garcinia oblongifolia*），热带亚洲分布的铁线子（*Manilkara hexandra*）、银柴，东亚和北美洲间断分布的米槠，地中海区至温带、热带亚洲、大洋洲和南美洲间断分布的异株木犀榄等。常见的区系成分有泛热带分布的笔管榕（*Ficus subpisocarpa*）、朴树、假苹婆、广西牡荆（*Vitex kwangsiensis*）、鹅掌柴、栓叶安息香（*Styrax suberifolius*）、九节、海南罗伞树（*Ardisia quinquegona*）、小叶红叶藤（*Rourea microphylla*）、锡叶藤，热带亚洲和热带美洲间断分布的黄椿木姜子（*Litsea variabilis*）、豺皮樟（*Litsea rotundifolia*）、潺槁木姜子（*Litsea glutinosa*）、竹叶木姜子（*Litsea pseudoelongata*），旧世界热带分布的长叶野桐（*Mallotus esquirolii*）、土坛树（*Alangium salviifolium*）、竹节树、香合欢（*Albizia odoratissima*）、水翁蒲桃、黑嘴蒲桃（*Syzygium bullockii*）、细叶谷木（*Memecylon scutellatum*）、紫玉盘（*Uvaria macrophylla*），热带亚洲至热带大洋洲分布的假鹰爪、酒饼勒、小果山龙眼（*Helicia cochinchinensis*）、滨木患、山油柑，热带亚洲至热带非洲分布的打铁树、金莲木（*Ochna integerrima*）、龙船花，热带亚洲分布的雀肾树（*Streblus asper*）、广东润楠、破布叶（*Microcos paniculata*）、喙果皂帽花、细棕竹，北温带分布的南亚松（*Pinus latteri*），地中海区至温带、热带亚洲、大洋洲和南美洲间断分布的异株木犀榄等。典型热带科龙脑香科的区系成分，热带亚洲分布的狭叶坡垒，个别出现在防城港渔万岛台地林中，该岛实际已和陆地相连，也可以说是海岸带。海岸带和海岛的季节性雨林的区系成分有着密切的联系，但也有不同，两地建群种或优势种相同的区系成分有红鳞蒲桃、高山榕、紫荆木、菲律宾朴等；不同的是，海岛季节性雨林的优势区系成分锈毛红厚壳和藤柄木，在海岸带季节性雨林中没有分布，而海岸带季节性雨林的建群或优势成分见血封喉、格木、铁线子、乌榄等，在海岛季节性雨林没有分布。海岸带季节性雨林的建群或优势成分，箭毒木、铁线子、乌榄、紫荆木等都见于我国南海地区的海南和南热带地区，说明海岸带季节性雨林的建群或优势成分和这些地区也有着密切的联系。海岸带和海岛陆地热带松林，即南亚松林，只分布在本区海岸带和海岛的陆地，海岸带之外的丘陵和低山都没有分布。北温带分布的南亚松林，其他优势或常见的区系成分有泛热带分布的鹅掌柴、九节、越南叶下珠（*Phyllanthus cochinchinensis*），旧世界热带分布的红鳞蒲桃，热带亚洲至热带大洋洲分布桃金娘、黑面神（*Breynia fruticosa*）、了哥王（*Wikstroemia indica*），热带亚洲至热带非洲分布的平叶密花树，热带亚洲分布的银柴等。南亚松除广西海岸带和海岛有分布外，南海地区的海南有分布；国外分布于马来半岛、中南半岛及菲律宾，同样说明广西海岸带和海岛的植被植物区系与南海地区和南热带地区有着密切的联系。

（2）近海低山丘陵的植被植物区系。本区西南部的十万大山，濒临海洋，自然条件与海岸带和海岛有所不同，因而植被植物区系与海岸带和海岛的植被植物区系有相似也有不同，有着自己特色的区系组成。与海岸带和海岛一样，十万大山的地带性植被为季节性雨林，是广西地带性植被季节性雨林很有代表性的类型。可惜的是，十万大山的季节性雨林，受到十分严重的破坏，原生植被已经不存在，目前保存的仅是一些零星分布的林片或片断林，面积很小，次生性很强，但是从这些残存的林片和片断林的区系组成来看，还是能看出十万大山季节性雨林的优势成分和常见成分。根据 70 年代十万大山植被补点调查和 80 年代金花茶种质资源考察以及 21 世纪 10 年代十万大山综合考察的植被调查材料统计，重要的和常见的种子植物属有 218 属，其中世界分布 4 属，热带分布 188 属，温带分布 26 属，热带分布占 87.9%，温带分布占 12.1%。热带分布中，泛热带分布 56 属，热带亚洲和热带美洲间断分布 9 属，旧世界热带分布 21 属，热带亚洲至热带大洋洲分布 19 属，热带亚洲至热带非洲分布 13 属，热带亚洲分布 70 属，以热带亚洲分布最多，占 37.2%，次为泛热带分布，占 29.8%，最次为热带亚洲至热带大洋洲分布，占 10.1%。与海岸带和海岛季节性雨林区系成分热带分布区类型比较，海岸带季节性雨林区系成分泛热带分布占 38.8%，热带亚洲分布占 19.6%，旧世界热带分布占 18.7%；海岛季节性雨林区系成分泛热带分布占 28.8%，热带亚洲至热带大洋洲分布占 21.9，热带亚洲分布占 20.5%，十万大山与海岸带和海岛有所不同。十万大山季节性雨林建群和优势或重要的区系成分，有泛热带分布的茸荚红豆（*Ormosia pachycarpa*）、南岭山矾、黄果厚壳桂、银珠（*Peltophorum tonkinensis*），热带亚洲和热带美洲间断分布的黄椿木姜子，旧世界热带分布的橄榄、乌榄，热带亚洲至热带大洋洲分布的紫荆木、大叶风吹楠（*Horsfieldia kingii*）、阴香、倒卵叶山龙眼（*Helicia obovatifolia*）、黄樟，热带亚洲分布的狭叶坡垒（*Hopea chinensis*）、胭脂（*Artocarpus tonkinensis*）、金花茶（*Camellia petelotii*）、东兴金花茶(*Camellia indochinensis* var. *tunghinensis*)、显脉金花茶(*Camellia euphlebia*)、竹叶木荷(*Schima bambusifolia*)、毛果柯(*Lithocarpus pseudovestitus*)、大叶合欢、水仙柯、团花(*Neolamarckia cadamba*)、人面子、安达曼血桐(*Macaranga andamanica*)、麒麟尾、石柑子、白藤(*Calamus tetradactylus*)，热带亚洲分布的变型爪哇、喜马拉雅和华南、西南星散分布的秋枫、蕈树(*Altingia chinensis*)、小花红花荷，热带亚洲分布的变型越南(中南半岛)至华南(或西南)分布的梭子果(*Eberhardtia tonkinensis*)、壳菜果(*Mytilaria laosensis*)，北温带分布的香港四照花(*Cornus hongkongensis*)，地中海区至温带、热带亚洲分布的广西木犀榄(*Olea guangxiensis*)，中国—喜马拉雅分布的辛果漆等。常见的成分有泛热带分布的山蒲桃(*Syzygium levinei*)、乌材(*Diospyros eriantha*)、鹅掌柴、九节、朴(3种)、圆果罗伞(*Ardisia depressa*)、海南罗伞树、山杜英、棱枝冬青(*Ilex angulata*)、假苹婆、买麻藤(*Gnetum montanum*)，热带亚洲和热带美洲间断分布的翅柃(*Eurya alata*)、细齿叶柃(*Eurya nitida*)、华南桤叶树、黄椿木姜子、假柿叶木姜子(*Litsea monopetala*)、腋毛泡花树(*Meliosma rhoifolia* var. *barbulata*)，旧世界热带分布的锯叶竹节树、露兜树、红鳞蒲桃、两广野桐(*Mallotus barbatus* var. *croizatianus*)、黄毛五月茶(*Antidesma fordii*)，热带亚洲、非洲和大洋洲间断分布的多种瓜馥木，热带亚洲至热带大洋洲分布的黄叶树、扁担藤、海南山龙眼(*Helicia hainanensis*)、长柄山龙眼(*Helicia longipetiolata*)、单穗鱼尾葵(*Caryota monostachya*)，热带亚洲至热带非洲分布的打铁树、平叶密花树、密花树(*Myrsine seguinii*)、禾串树，热带亚洲分布的肉实树、翻白叶树(*Pterospermum heterophyllum*)、木奶果(*Baccaurea ramiflora*)、山桂花(*Bennettiodendron leprosipes*)、红山梅、假山龙眼(*Heliciopsis henryi*)、调羹树(*Heliciopsis lobata*)、香子含笑(*Michelia gioi*)、山焦、簇叶新木姜子(*Neolitsea confertifolia*)、白颜树、假雀肾树(*Streblus indicus*)、海南菜豆树(*Radermachera hainanensis*)、赤苍藤(*Erythropalum scandens*)、澜沧梨藤竹(*Melocalamus arrectus*)、银柴，爪哇、喜马拉雅和华南、西南星散分布的上思梭罗树(*Reevesia shangszeensis*)，东亚和北美洲间断分布的枫香树、黧蒴锥，东亚(东喜马拉雅—日本)分布的石斑木等。十万大山季节性雨林区系的一些成分仅在十万大山有分布，例如，它是广西以狭叶坡垒为优势的季节性雨林唯一分布地；属于中国—喜马拉雅分布类型成分的辛果漆，在广西目前只有十万大山东南坡有分布，它是季节性雨林上层乔木次优势成分；金花茶组植物主要分布在广西，如果以个体(数量)最多的地方(发生地点)作为分布区的中心(几何中心)，有两个中心，一个在石山区(石灰岩山地)，另一个在土山区(砂页岩和花岗岩山地)，前者在龙州县境内，后者就在十万大山东南坡。十万大山东南坡有金花茶、显脉金花茶、东兴金花茶3种，分布范围相当广泛，其中东兴金花茶和显脉金花茶只产于防城港市防城区十万大山东南坡，它们都是季节性雨林下层林木和灌木层的优势成分。此外，广西一些特有种，如南宁锥(*Castanopsis amabilis*)、鱼篮柯(*Lithocarpus cyrtocarpus*)、上思梭罗树等也见有大树耸立于林中，其中上思梭罗树只产十万大山的上思，是群落的常见种。十万大山虽然海拔不太高，最高峰海拔只有1462m，但季节性雨林亦表现出垂直变化的特点，由于破坏严重，海拔400m，就开始出现有山地常绿阔叶林，虽然季节性雨林的区系成分还不少，但已经不占优势，占优势的为华南地区、华东地区和华中地区的区系成分。成为群落的优势和常见成分的有泛热带分布的黄果厚壳桂、南岭山矾、光叶山矾，热带亚洲和热带美洲间断分布的猴欢喜(*Sloanea sinensis*)，热带亚洲至热带非洲分布的川杨桐、海南杨桐(*Adinandra hainanensis*)，热带亚洲分布的蕈树、黄杞、银木荷(*Schima argentea*)、五列木(*Pentaphylax euryoides*)、马蹄荷、栎子青冈(*Cyclobalanopsis blakei*)、十万大山润楠(*Machilus shiwandashanica*)，东亚和北美洲间断分布的红锥、黧蒴锥、米槠、栲，东亚(东喜马拉雅—日本)分布的石斑木等。

(3)离海较远的低山丘陵地区(南流江源头六万山和北流江源头云开大山)植被植物区系。由于离海较远，自然条件与海岸带和海岛以及十万大山有所不同，优势植被植物区系也存在着差异。这个地区的植被植物区系以浦北县(包括六万大山)以及容县范围内云开大山的部分地区为代表。这个地区的植被受到的干扰和破坏更为严重，原生植被已不存在，仅在村旁和山沟保存着面积不大的具有季节性雨林特征的林片或片断，次生性极强。根据浦北县植被调查和容县、博白植被补点调查材料统计，重要的和常见的种子植物有155属，其中世界分布2属，热带分布132属，温带分布21属，热带分布占

86.3%，温带分布占13.7%。热带分布中，泛热带分布40属，热带亚洲和热带美洲间断分布4属，旧世界热带分布32属，热带亚洲至热带大洋洲分布18属，热带亚洲至热带非洲分布10属，热带亚洲分布28属，以泛热带分布为多，占30.3%，次为旧世界热带分布，占24.2%，最次为热带亚洲分布，占19.7%，泛热带分布明显占多，这与植被受到严重的干扰和破坏有着密切的关系。离海较远的低山丘陵季节性雨林建群成分有旧世界热带分布的橄榄、乌榄，热带亚洲至热带大洋洲分布的紫荆木，热带亚洲、非洲和大洋洲间断分布的格木，优势成分有泛热带分布的中华杜英(*Elaeocarpus chinensis*)、山杜英，热带亚洲和热带美洲间断分布的笔罗子，热带亚洲至热带大洋洲分布的鱼尾葵，热带亚洲至热带非洲分布的岭南山竹子，热带亚洲分布的醉香含笑，东亚和北美洲间断分布的红锥，重要的成分有热带亚洲至热带大洋洲分布的风吹楠(*Horsfieldia amygdalina*)，旧世界热带(或热带亚洲至热带非洲)分布的见血封喉，常见成分有泛热带分布的鹅掌柴、棱枝冬青、越南山矾(*Symplocos cochinchinensis*)、围涎树(*Abarema clypearia*)、海南罗伞树、九节、锡叶藤、买麻藤、小叶红叶藤，旧世界热带分布的黄毛五月茶、中平树、红鳞蒲桃，热带亚洲至热带大洋洲分布的樟、广西水锦树(*Wendlandia aberrans*)，热带亚洲至热带非洲分布的木竹子(*Garcinia multiflora*)，热带亚洲分布的肉实树、白颜树、仪花、木荷、黄杞、木奶果、银柴，东亚和北美洲间断分布的枫香树等。离海较远的低山丘陵季节性雨林区系成分与海岸带的季节性雨林区系成分比较相似，但海岸带最常见的建群成分为旧世界热带(或热带亚洲至热带非洲)分布的见血封喉，而离海较远的低山丘陵季节性雨林最常见的建群成分为橄榄和乌榄。根据报道，在六万大山以紫荆木、格木、橄榄、乌榄、醉香含笑等组成的季节性雨林的环境中，有野生荔枝(*Litchi chinensis* var. *euspontanea*)的分布。与十万大山的季节性雨林区系成分不同的是，离海较远的低山丘陵季节性雨林没有狭叶坡垒和梭子果建群成分，相同的两地都有紫荆木和橄榄等建群成分。值得注意的是，离海较远的低山丘陵，尤其是六万大山，以东亚和北美洲间断分布的红锥为建群的季风常绿阔叶林十分发育，成片分布。离海较远的低山丘陵常绿阔叶林其他的建群成分还有东亚和北美洲间断分布的米槠，热带亚洲分布的木荷、红楠等。

(4)桂东南地区虽然为北热带地区，地带性植被为季节性雨林，但以北温带分布的马尾松为建群的次生林十分广泛，甚至连海岛都有分布，但桂东南地区已是它地理分布的南缘，除部分海拔较高的山地外，长势已不及其他亚热带地区。

七、桂西南地区

从十万大山(不包括十万大山)以西至省界、右江北岸以南至国界都是本区的范围，境内广泛分布着由泥盆系、石炭系和二迭系的碳酸盐岩发育成的山地(石山)，是广西岩溶主要分布区之一，其间穿插有三迭系砂页岩、寒武系砂页岩和小片花岗岩发育成的山地(土山)。本区东部有左江和明江谷地，海拔80~120m，北部边缘有右江谷地，海拔70~170m；左江谷地两侧为峰林石山，海拔250~500m；左江谷地以西、右江谷地以南，为石山山原，山原南面海拔500~900m，北面平地海拔700~800m，顶峰面海拔1100~1200m；东部和西南部边缘为四方岭和与越南交界的公母山和大青山，海拔500~1000m。

在我国植被分区上，本区属于东部(偏湿性)季雨林、雨林亚区域北热带半常绿季雨林、湿润雨林地带；根据吴征镒先生的《中国植物区系的分区问题》，本区属于古热带植物区马来亚植物亚区北部湾地区，但与滇缅泰地区植物区系和广西西部地区植被植物区系的关系亦比较密切。本区邻近我国西部地区，同时处于十万大山的背风面，雨量偏少，气候比较干旱。本区植被植物区系有如下特点：

(1)本区与滇东南和越南北部一起构成了一个植物区系上极为古老的、以热带和亚热带区系为主体的汇集中心，而本区主要以热带石灰岩区系为特征。

(2)本区是广西主要石灰岩山地分布区，代表性植被是石山季节性雨林，是一种地域性植被，区系组成不同于土山区，不少种类只分布或主要分布于石山区。根据龙州、宁明弄岗保护区、那坡老虎跳保护区、靖西邦亮黑冠长臂猿保护区、崇左白头叶猴保护区、田阳南部、靖西石灰岩山地植被补点调查等全境主要石灰岩山地植被调查资料统计，常见的和重要的种子植物属有411属，其中世界分布8

属，热带分布344属，温带分布53属，中国特有6属，热带分布占85.3%，温带分布占13.1%。热带分布中泛热带分布95属，占热带分布属的27.6%；热带亚洲和热带美洲间断分布13属，占3.7%；旧世界热带分布59属，占17.2%；热带亚洲至热带大洋洲分布36属，占10.5%；热带亚洲至热带非洲分布28属，占8.1%；热带亚洲（印度—马来西亚）分布113属，占32.8%，以热带亚洲（印度—马来西亚）分布较多，次为泛热带和旧世界热带。作为东南亚热带雨林的特征植物龙脑香科，本石山区有热带亚洲分布的望天树1种，是群落的优势成分。典型热带科植物还有热带亚洲至热带大洋洲分布的肉豆蔻科海南风吹楠，它是群落的优势成分。由热带亚洲分布的变型缅甸、泰国至华西南的蚬木，热带亚洲至热带非洲分布的金丝李，热带亚洲分布的肥牛树，热带亚洲分布的变型越南（或中南半岛）至华南（或西南）的东京桐，热带亚洲和热带美洲间断分布的五桠果叶木姜子（*Litsea dilleniifolia*），旧世界热带分布的假肥牛树（*Cleistanthus petelotii*）、闭花木（*Cleistanthus sumatranus*），热带亚洲分布的中国无忧花，热带亚洲至热带大洋洲分布的广西樗树（*Ailanthus guangxiensis*）、桄榔、董棕（*Caryota obtusa*）、多花白头树（*Garuga floribunda* var. *gamblei*）、岩樟，泛热带分布的蓝子木（*Margaritaria indica*）等为优势的石山季节性雨林组成的整个植被成为地区特征。石山季节性雨林其他常见的区系成分还有泛热带分布的网脉核果木、密花核果木（*Drypetes congestiflora*）、棒柄花、灰岩棒柄花（*Cleidion bracteosum*）、苏木、三角车（*Rinorea bengalensis*）、劲直刺桐（*Erythrina strica*）、粗叶树、光叶榕（*Ficus laevis*）、大叶水榕（*Ficus glaberrima*）、大青树（*Ficus hookeriana*）、滇刺枣、九节（多种）、广西牡荆、菲律宾朴、铁冬青（*Ilex rotunda*）、山榄叶柿（*Diospyros siderophylla*）、圆果紫金牛、丛花厚壳桂、苹婆、粉苹婆（*Sterculia euosma*）、龙须藤、红麻风草，热带亚洲和热带美洲间断分布的黄椿木姜子、槟榔青（*Spondias pinnata*）、尼泊尔水东哥（*Saurauia napaulensis*）、番石榴（*Psidium guajava*），旧世界热带分布的印度血桐（*Macaranga indica*）、乌墨、齿叶黄皮（*Clausena dunniana*）、瓜馥木（多种）、方榄（*Canarium bengalense*）、鱼骨木（*Canthium dicoccum*）、香港大沙叶（*Pavetta hongkongensis*）、木棉、扁担杆（3种）、剑叶龙血树、叉叶苏铁（*Cycas bifida*）、六籽苏铁（*Cycas sexseminifera*）、德保苏铁（*Cycas debaoensis*），热带亚洲至热带大洋洲分布的海红豆、鱼尾葵、单穗鱼尾葵、崖爬藤（多种）、火麻树、网脉紫薇（*Lagerstroemia suprareticulata*），热带亚洲至热带非洲分布的大苞藤黄（*Garcinia bracteata*）、灰毛浆果楝、广西密花树、禾串树、大叶土蜜树、土连翘（*Hymenodictyon flaccidum*），热带亚洲（印度—马来西亚）分布的秋枫、仪花、顶果树、任豆、越南桂木、构树（*Broussonetia papyrifera*）、米扬噎（*Streblus tonkinensis*）、人面子、冬杧（*Mangifera hiemalis*）、山椤（*Aglaia elaeagnoidea*）、四瓣米仔兰、米仔兰（*Aglaia odorata*）、山楝（*Aphanamixis polystachya*）、麻楝（*Chukrasia tabularis*）、海南椪木、割舌树（*Walsura robusta*）、细子龙、龙荔、黄梨木、石密（*Alphonsea mollis*）、藤春、野独活、中华野独活（*Miliusa sinensis*）、山蕉、广西澄广花（*Orophea anceps*）、滇粤山胡椒（*Lindera metcalfiana*）、革叶铁榄（*Sinosideroxylon wightianum*）、毛叶铁榄（*Sinosideroxylon pedumculatumm* var. *pubifolium*）、铁榄（*Sinosideroxylon pedunculatum*）、喙核桃、海南大风子（*Hydnocarpus hainanensis*）、翻白叶树、窄叶半枫荷（*Pterospermum lanceifolium*）、桂火绳（*Eriolaena kwangsiensis*）、茎花山柚（*Champereia manillana* var. *longisaminea*）、海南菜豆树、木蝴蝶、秀柱花（*Eustigma oblongifolium*）、石山棕、海芋、大野芋（*Colocasia gigantea*）、毛过山龙（*Rhaphidophora hookeri*）、麒麟尾、单枝竹（*Bonia amplexicaulis*）、米念芭（*Tirpitzia ovoidea*）等。在季节性雨林的优势区系成分中，也出现一些温带的区系成分，例如，北温带分布的常绿榆（*Ulmus lanceifolia*）、粗柄槭（*Acer tonkinense*）、角叶槭、岩生鹅耳枥（*Carpinus rupestris*），东亚和北美洲间断分布的小果绒毛漆（*Toxicodendron wallichii* var. *microcarpum*），地中海区、西亚和东亚间断分布的大果榉，地中海区至温带、热带亚洲、大洋洲和南美洲间断分布的清香木，东亚（东喜马拉雅—日本）分布的圆果化香、鸡仔木（*Sinoadina racemosa*）等，这些温带成分，有的种类，如常绿榆、粗柄槭、角叶槭、小果绒毛漆主要见于广西的北热带地区；有的种类，如大果榉、清香木、圆果化香是随着海拔的升高，季节性雨林向常绿落叶阔叶混交林过渡中成为优势；有的种类，如鸡仔木是广布性分布。本区石山区针叶树种属不多，但在山顶和山脊，可见到北温带分布的短叶黄杉为优势的针叶林。有的种类，如热带亚洲分布的小叶青冈、厚缘青冈(*Cyclobalanopsis thorelii*)、滇青冈、青冈，是广西亚热带地区石灰岩山地常绿落叶阔叶混交林的优势种或常见种，在本区石山区较高的山地，它们亦在季节性雨林的区系组成中成为共优种。在石灰岩山地季节性雨林区系组成中，有中国特有属6属，广西特有种15种，我国新记录1种，广西新记录1属、1种。6个特有属是：大血藤属，海南椴属，茶条木属，瘿椒树属(*Tapiscia*)，四门药花属(*Tetrathyrium*)和青檀属，其中海南椴、茶条木、银鹊树是群落的优势成分。15个特有种是：泛热带分布的窄叶天料木(*Homalium sabiifolium*)、蝴蝶藤(*Passiflora papilio*)、绸缎藤(*Bauhinia hypochrysa*)、密花美登木(*Maytenus confertiflorus*)、广西牡荆，旧世界热带分布的桂野桐(*Mallotus conspurcatus*)、茎花赤才(*Lepisanthes cauliflora*)，热带亚洲至热带大洋洲分布的广西崖爬藤(*Tetrastigma kwangsiense*)、广西同心结(*Parsonsia goniostemon*)、广西水锦树，热带亚洲至热带非洲分布的鸡尾木(*Excoecaria venenata*)，热带亚洲(印度—马来西亚)分布的矮裸柱草(*Gymnostachyum subrosulatum*)、粗棕竹(*Rhapis robusta*)、单枝竹，越南(或中南半岛)至华南(或西南)分布的毛叶铁榄，其中广西牡荆、密花美登木、鸡尾木、毛叶铁榄、单枝竹是群落的优势成分。我国新记录种是假肥牛树，广西新记录属和种是蓝子木属和蓝子木。在石灰岩山地季节性雨林区系组成中，下层有一类中国特有或主要分布于中国的金花茶组植物，龙州县和扶绥县石山区是广西金花茶种类最多的地区，龙州县石山区还是广西金花茶数量最多的地区。

(3)本区土山区面积很小，代表性植被是广西地带性植被季节性雨林，根据凭祥市大青山植被调查、广西西南部综合考察、大王岭保护区综合考察、黄连山保护区综合考察等资料统计，重要的和常见的种子植物属有217属，其中世界分布1属，热带分布189属，温带分布27属，热带分布占87.5%，温带分布占12.5%。热带分布中，泛热带分布49属，占热带分布属的25.9%；热带亚洲和热带美洲间断分布11属，占5.8%；旧世界热带分布28属，占14.8%；热带亚洲至热带大洋洲分布25属，占13.2%；热带亚洲至热带非洲分布15属，占7.9%；热带亚洲(印度—马来西亚)分布61属，占32.3%，以热带亚洲(印度—马来西亚)分布较多，次为泛热带。本区土山区有木兰科植物3属6种，其中热带亚洲分布的苦梓含笑(*Michelia balansae*)、香木莲(*Manglietia aromatica*)、桂南木莲、大果木莲(*Manglietia grandis*)、观光木为群落的优势和常见成分。作为东南亚热带雨林的特征植物龙脑香科，本区土山区有热带亚洲分布的广西青梅(*Vatica guangxiensis*)1种，是群落的优势成分。典型热带植物肉豆蔻科，有热带亚洲分布的小叶红光树(*Knema globularia*)和热带亚洲至热带大洋洲分布的风吹楠和大叶风吹楠，前者为群落的优势成分，后2种为重要成分。本区土山区季节性雨林优势和重要的区系成分还有旧世界热带分布的乌榄、橄榄、见血封喉(或热带亚洲至热带非洲分布)，热带亚洲至热带大洋洲分布的紫荆木，中国(西南)热带和新西兰间断分布的海南椤木、红果椤木，热带亚洲分布的人面子、扁桃、八宝树(*Duabanga grandiflora*)、木奶果、中国无忧花、胭脂、红山梅、干果木(*Xerospermum bonii*)、白颜树，越南(或中南半岛)至华南(或西南)分布的锈毛梭子果、壳菜果，热带亚洲至热带大洋洲分布的钝叶桂(*Cinnamomum bejolghota*)，热带亚洲至热带非洲分布的小盘木，泛热带分布的光叶榕、九丁榕(*Ficus nervosa*)、黄葛树(*Ficus virens*)、杜英等。此外，本区土山区季节性雨林区系成分常见的还有泛热带分布的榕树(*Ficus microcarpa*)、山榕(*Ficus heterophylla*)、金毛榕(*Ficus fulva*)、海南柿(*Diospyros hainanensis*)、黄果厚壳桂、厚叶琼楠、圆果紫金牛、山杜英、亮叶猴耳环(*Abarema lucida*)、九节、粗糠柴、鹅掌柴、假苹婆、苹婆、山乌桕、买麻藤、榼藤子(*Entada phaseoloides*)，热带亚洲和热带美洲间断分布的笔罗子、桤叶树、黄丹木姜子、水东哥，旧世界热带分布的五月茶(*Antidesma bunius*)、露兜树、八角枫、省藤(3种)、野蕉，热带亚洲、非洲和大洋洲间断分布的瓜馥木，热带亚洲至热带大洋洲分布的毛花轴榈(*Licuala dasyantha*)、山柚柑、樟、阴香、大花五桠果(*Dillenia turbinata*)、滨木患、山龙眼(*Helicia formosana*)、桄榔、鱼尾葵、假鹰爪、崖爬藤、水锦树，热带亚洲至热带非洲分布的密花树、藤槐(*Bowringia callicarpa*)、单叶豆(*Ellipanthus glabrifolius*)、灰毛浆果楝、柊叶(*Phrynium rheedei*)，热带亚洲(印度—马来西亚)分布的柯(*Lithocarpus glaber*)、宜昌润楠(*Machilus ichangensis*)、多脉润楠(*Machilus multinervia*)、短序润楠(*Machilus breviflora*)、破布叶、臀果木(*Pygeum toprengii*)、变色山槟榔(*Pinanga discolor*)、矮棕竹、龙荔、麻楝、山楝、黄杞、肉实树、石密、海芋、麒麟尾、狮子尾(*Rhaphidophora hongkongensis*)、直序五膜草(*Pentaphragma spicatum*)，爪哇、喜马拉雅和华南、西南星散分布的秋枫，越南(或中南半岛)至华南(或西南)分布的大节竹(*Indosasa crassiflora*)、裂果薯(*Schizocapsa plantatinea*)等。季节性雨林优势和重要的区系组成中也有一些温带成分，例如北温带分布的扇叶槭(*Acer flabellatum*)、飞蛾槭(*Acer oblongum*)，东亚和北美洲间断分布的吊皮锥、米槠、枫香树，地中海区至温带、热带亚洲、大洋洲和南美洲间断分布的木犀榄，中国—日本分布的野鸦椿(*Euscaphis japonica*)等。在海拔700m以上的山地，季节性雨林向山地常绿阔叶林过渡的地带，热带亚洲(印度—马来西亚)分布的饭甑青冈（*Cyclobalanopsis fleuryi*)，东亚和北美洲间断分布的栲、罗浮锥、黧蒴锥都会成为群落的优势成分。本区季节性雨林优势和重要的区系组成中，耐干旱的、常见于西部的成分不少，例如旧世界热带分布的乌墨、印度血桐、木棉、楹树、山槐、扁担杆，热带亚洲至热带大洋洲分布的羽叶白头树、红皮水锦树、假木豆，热带亚洲至热带非洲分布的羽叶楸，热带亚洲(印度—马来西亚)分布的毛叶黄杞，爪哇、喜马拉雅和华南、西南星散分布的红木荷，越南(或中南半岛)至华南(或西南)分布的假木荷等。在十万大山东南面分布的梭子果，分布到本区(十万大山西北面)为锈毛梭子果代替。此外，分布于西部或主要分布于西部的耐干旱的北温带分布的细叶云南松、蒙自桤木、西桦、栓皮栎、麻栎、白栎等也都是次生林的优势成分。北温带分布的马尾松全区土山区都有分布。本区土山区季节性雨林区系组成中，有广西新记录科1科，新记录属2属，新记录种2种，即钩枝藤科，钩枝藤属（*Ancistrocladus*)和单叶豆属（*Ellipanthus*)，钩枝藤(*Ancistrocladus tectorius*)和单叶豆。

(4)本区是广西3个特有中心之一个，前面已经论述，石山地区植被类型有中国特有属6属，广西特有种15种，我国新记录1种，广西新记录1属1种；土山区植被类型有广西新记录科1科，新记录属2属，新记录种2种。对桂西南地区植物区系调查研究得知，本区有异片苣苔属(*Allostigma*)、长檐苣苔属(*Dolicholoma*)、裂檐苣苔属(*Schistolobos*)和圆果苣苔属(*Gyrogyne*)等4个地区特有属及210个地区特有种。

(5)从一些热带性的种类如千果木、蚬木、肥牛树、望天树、广西青梅、金丝李、东京桐、中国无忧花、顶果木、小叶红光树、剑叶龙血树、石山苏铁、董棕等类群的分布表明，本区与云南热带有相当密切的关系；一些与海南共同特有的类群如海南椴、海南风吹楠、海南柿、蓝子木、钩枝藤等，也表明本区植物区系与海南岛区系热带亲缘。

第七节　广西植被植物区系组成与植被类型关系的规律性

从上述对广西植被植物区系组成、地理成分及其特点的分析中，可以归纳出如下几点广西植被植物区组成与植被类型关系的规律性。

(1)樟科、山茶科、木兰科、壳斗科、金缕梅科、杜英科、清风藤科、安息香科、山矾科、冬青科的热带分布区类型的多数成分，组成广西南亚热带和中亚热带地带性的各种常绿阔叶林。例如樟科琼楠属、樟属、厚壳桂属、山胡椒属、木姜子椒属、润楠属、新木姜子属、楠木属，山茶科黄瑞木属、茶梨属、山茶属、红淡属、柃木属、析柄茶属、木荷属、厚皮香属，木兰科的焕镛木属、含笑属、木莲属、观光木属，壳斗科青冈属、石栎属，金缕梅科蕈树属、蚊母树属、秀柱花属、小花红花荷属、水丝梨属、马蹄荷属，杜英科杜英属、猴欢喜属，安息香科山茉莉属，山矾科山矾属，冬青科冬青属的种类。

(2)龙脑香科、肉豆蔻科、橄榄科、大戟科、桑科、番荔枝科、楝科、赤铁科、无患子科、梧桐科、漆树科、山竹子科、椴树科、苏木科的热带分布区类型的成分，组成广西北热带的的各种季节性雨林。例如龙脑香科坡垒属、柳桉属、青梅属，肉豆蔻科风吹楠属、红光木属，橄榄科橄榄属、嘉榄属，大戟科五月茶属、银柴属、木奶果属、秋枫属、土蜜树属、棒柄花属、闭花木属、核果木属、东京桐属、黄桐属、蓝子木属、小盘木属、肥牛树属、守宫木属、腺萼木属、三宝木属，桑科见血封喉属、菠萝蜜属、榕属、鹊肾树属，番荔枝科藤春属、鹰爪花属、皂帽花属、假鹰爪属、瓜馥木属、野独活属、银沟花属、澄广花属、暗罗属、紫玉盘属，楝科米仔兰属、山楝属、麻楝属、樫木属、鹧鸪花属、割舌树属，赤铁科梭子果属、紫荆木属、铁榄属、铁线子属，无患子科细子龙属、滨木患属、黄梨木属、茶条木属、龙眼属、柄果木属、韶子属、干果木属，梧桐科翅子树属、梭罗属、苹婆属，漆树科槟榔青属、人面子属、杧果属，山竹子科藤黄属、红厚壳属，椴树科蚬木属、破布叶属，苏木科格木属、龙眼参属、无忧花属、翅荚木属的种类。

(3)北温带分布区类型的落叶阔叶树，一般组成广西次生的暖性落叶阔叶林，有的也是中山常绿落叶阔叶混交林落叶成分的组成者；常绿阔叶树一般组成垂直带谱的山地常绿阔叶林；针叶树为广西针叶林的主要组成者。例如杨柳科杨属，桦木科赤杨属、桦木属，榛木科鹅耳枥属，壳斗科栎属，榆科榆属，槭树科槭属，山茱萸科山茱萸属，木犀科白蜡树属的落叶阔叶树；杜鹃花科杜鹃花属的常绿阔叶树；松科冷杉属、松属，柏科柏属，红豆杉科红豆杉属的针叶树。

(4)东亚和北美洲间断分布区类型的常绿阔叶树，不少是广西南亚热带季风常绿阔叶林和中亚热带常绿阔叶林的重要组成者；落叶阔叶树一般组成广西中山常绿落叶阔叶混交林的落叶成分；针叶树为广西中山针阔叶混交林的主要组成者。例如壳斗科锥属、八角科八角属、山茶科大头茶属、蔷薇科石楠属的常绿阔叶树；木兰科鹅掌楸属、山茶科紫茎属、金缕梅科枫香属、珙桐科蓝果树属、安息香科银钟花属的落叶阔叶树；松科黄杉属、铁杉属的针叶树。

(5)酸性土专有植被区系成分与常绿阔叶林及其垂直带谱上的类型关系密切，常绿阔叶林及其垂直带谱类型的常见组成种类主要是酸性土专有区系成分，尤其建群种和优势种几乎是酸性土专有区系成分的种类。顾名思义，红树林潮滩盐土专有区系成分是各种红树林的组成种类。

第五章 广西植被地理分布的规律性

广西是我国植被类型最丰富的省(区)之一，不但类型多种多样，而且不少类型结构和种类组成十分复杂；有的类型根据种类组成和群落结构是属于相似的植物群落，但却分布在纬度或海拔高度相差较大的地方；有的地区原生的植被本应属于相同的类型，但却镶嵌分布着群落特点很不相同的类型，这种种现象使人很难了解和掌握植被这种自然现象。但是，植被是自然条件的综合反映者，不同的自然条件有着不同的植被类型，因此，只要了解和掌握自然条件及其变化的规律性，就能了解植被并掌握植被地理分布变化的规律。自然条件中对植被影响最深刻的是气候条件，尤其是热量和水分。太阳辐射是大气温度和热量的主要来源，太阳辐射随着纬度和海拔高度的增加而降低，相应的气温和热量也随着纬度和海拔高度的增加而有规律地递减。所以，广西南、中、北的气温和热量是有差别的，南部高，北部低，由南向北作有规律的变化，这种变化称为气候的纬度变化，是气候水平变化的一种；低海拔和高海拔的气温和热量也是有差别的，由低往高作有规律的递减，这种变化称为气候的垂直变化。受气温的影响，广西低纬度和高纬度的植被、低海拔和高海拔的植被是不同的，它的分布由低纬度向高纬度、低海拔向高海拔作有规律的变化。广西降水主要受东南季风和台风雨的影响，东部濒临海洋，西部离海较远，受东南季风和台风雨的影响由东往西逐渐减弱，所以广西的降水量东、西部是有差别的，大体上由东往西减少，这种变化称为气候的经度变化，也是气候水平变化的一种。受降水的影响，广西东部和西部的植被也是不同的，由东往西呈有规律的变化。由此可见，气候决定植被的纬度和经度水平变化以及垂直变化，这 3 种变化称为植被的三向地带性，即纬度地带性、经度地带性和垂直地带性。然而，由于植被是自然条件的综合反映，除气候条件外，其他自然条件的影响同样体现在植被的种类组成和分布上。因此，虽然根据气候条件基本上能帮助了解植被和掌握植被地理分布变化的规律，但在某些地域出现的某种植被类型只用气候条件分析就不能得出很圆满的答案。出现这种现象，必须对当地的自然条件作综合分析。例如，一地区的原生植被类型根据气候条件应该属于同一的类型，但却镶嵌分布着群落特点与当地地带性植被很不相同的类型。出现这种现象有几种原因，一是地质条件不同，土壤类型、性质完全不同，这样就会出现与当地气候很不相同的植被类型；二是大地形条件不同，深切的河谷地区与平原台地丘陵，背风区与寒潮通道气候条件差异很大，同样会出现与当地性质很不相同的植被类型。第一种情况出现的植被类型是隐域性植被类型，亦称为非地带性植被类型，第二种情况出现的植被类型是超地带分布的植被类型，亦是非地带性植被的一种。综合上述，可以看出植被的地理分布有三向地带性和非地带性以及超地带性等变化规律。用三向地带性和非地带性以及超地带性分析植被，就能看出植被的分布是井然有序的，其规律性是客观上存在着的。

一个地区的植被，有原生性植被和次生植被(包括次生天然林、灌丛、草丛和人工植被)两大类，各种类型的次生植被是原生植被破坏后产生的次生演替系列。原生性植被有三向地带性和非地带性以及超地带性的变化，次生性植被同样有三向地带性和非地带性以及超地带性的变化。所以，用三向地带性和非地带性以及超地带性研究分析植被的变化规律，除包括原生性植被外，也包括次生演替系列的各种次生植被在内。但本章所研究的次生植被中的人工植被，只包括人工林，不包括农作物。

第一节　广西植被纬向水平分布的规律性

我们首先用三向地带性中的纬度地带性来研究广西植被纬向水平分布的规律性。由于广西岩溶面积几乎占全区面积的一半，从南到北、从东到西都有分布，岩溶地区的植被虽然为隐域性，但亦表现出一定的地理变化。为了不使人产生误解，有必要事先加以说明清楚。研究广西植被地带性分布规律是以分布在红壤系列土壤类型上的植被类型为代表。广西南部为低纬度地区，气温高，热量丰富，地带性植被为热带植被；向北到广西的中部，随着纬度的升高，热量降低，变化为南亚热带植被；再向北到广西的北部变化为中亚热带植被。南亚热带植被和中亚热带植被都属于亚热带植被，也就是说，广西植被纬向水平分布的规律性由南部的热带植被向北变化为亚热带植被。

一、热带植被

广西南部为热带植被，地带性植被为季节性雨林，其演替系列有次生季雨林、热性针叶林、热性灌丛和草丛、热性竹林、热性人工林等，其他热带植被还有河岸季节性雨林。

季节性雨林在东部一般分布在北纬23°以南，往西，分布的纬度呈斜线上升，到达西部，纬度可达24°30′以南，这个范围属于广西的南部。季节性雨林分布的海拔高度，东部700m以下，往西，海拔高度的上限也升高，到达西部可达850m。广西已是热带的北缘，热带雨林发育并不十分典型，雨林特征比起赤道热带雨林就逊色得多了。虽然受季风的影响，但植物种类组成以常绿为主，多雨季节，植物生长繁茂，雨林特征比较明显，少雨季节，群落外貌仍然常绿，与季雨林明显不同，故将广西北热带这种有雨林特征的森林命名为季节性雨林。广西的季节性雨林有的类型主要分布在沟谷两旁，有的类型主要分布在坡面，分布于沟谷的类型从外貌看雨林特征比分布于坡面的类型明显些。过去，曾将分布于沟谷的类型作为超地带分布，称为沟谷雨林，与分布于坡面的季节性雨林相区别。考虑到这两种类型的外貌雨林特征虽有区别，但区别仍不大，有的沟谷雨林也有分布于坡面的，且除优势种外其他组成的种类相似性较大，所以，我们把两种类型合并起来统称为季节性雨林。长期以来广西的季节性雨林受到比较严重的破坏，不但保存面积很小，分布零星，而且有的类型林相不整齐，已不能成为一个完整的群落，实际上只是一种群落片断。根据优势种或特征种划分，广西地带性季节性雨林约有20多个群系。组成乔木层植物的优势科(重要值指数≥15)有20多个科，比较重要的有11个科，即龙脑香科、樟科、山榄科、大戟科、无患子科、橄榄科、苏木科、茜草科、桑科、肉豆寇科、桃金娘科。以十万大山为界，山(包括十万大山)以东的地区为广西的东南部，山以西的地区为广西的西南部，广西的季节性雨林在东南部和西南部的类型组合有所不同。东南部(包括十万大山)的季节性雨林主要分布于十万大山、天堂山、六万山、大容山、海岛和海岸带陆地的一些村屯旁，其类型组合有橄榄林、乌榄林、紫荆木林、格木林、红鳞蒲桃林、见血封喉林、高山榕林、狭叶坡垒林、梭子果林。后两个类型仅分布在十万大山；红鳞蒲桃林、见血封喉林和高山榕林一般见于沿海地区的一些村屯旁；紫荆木林和格木林最北分布到浔江流域的南岸；分布最北的是橄榄林，可到达大瑶山东南坡定军山。西南部的季节性雨林主要分布于大青山、六韶山和一些村屯旁，其类型组合有广西青梅林、望天树林、小叶红光树林、锈毛梭子果林、见血封喉林、乌榄林。广西青梅林仅见于六韶山；见血封喉林和乌榄林一般分布于村屯旁；分布最北和最西的是望天树林，北可到达都安、巴马、田阳(北部)，西可到达与云南省交界的六韶山。桂西，是广西季节性雨林纬度分布最北的地区，凌云、田林、隆林等地分布的

海南椤木 + 鱼尾葵季节性雨林，已经是北纬 24°30′的地区了。两个地区类型组合最重要的差别在于典型热带科龙脑香科的类型主要分布于桂西南地区，有 2 种类型，而在桂东南地区只有狭叶坡垒林 1 种，且仅局限分布于十万大山。

河岸季节性雨林顾名思义只分布于南部的河流两岸，目前仅见有水翁蒲桃林一种类型，而且只是在一些河流有残存的零星片断。水翁蒲桃林最北可分布至浔江流域北岸、大瑶山东南坡的河流两岸。

广西南部有一类雨季常绿、生机勃勃，旱季(秋末至春初)落叶，颇具季雨林特色的森林，这类类似于季雨林特色的森林是次生的性质，所以把它称为次生季雨林。广西的次生季雨林是季节性雨林破坏后形成的一种次生林的类型，主要有木棉疏林、红木荷 + 枫香树林、鹅掌柴林 3 个类型。木棉虽然广泛分布在桂东南和桂西南，北可到浔江流域，但成为疏林的主要见于桂西南的明江谷地、左江谷地、右江谷地、驮娘江谷地和红水河谷地。红木荷 + 枫香树林的分布区大体上与木棉疏林相同，但它主要分布于台地丘陵上。鹅掌柴林分布于谷地，桂东南和桂西南都有分布。

热性针叶林是季节性雨林次生演替的另 1 种类型，只有南亚松林一种，现孑遗于广东、广西和海南岛热带海岸低海拔地区。南亚松林曾经广泛分布于广西海岸带的低丘台地，海拔不超过 100m，向北，很少见于从岸线边缘向陆地深入 10km 以北的地区。经长期不合理利用，面积不断缩小，目前仅分布在防城港市防城港、企沙、光坡等地，近于濒危状态。

热性竹林有天然的也有人工栽培的，以人工栽培为主，天然竹林无疑是季节性雨林演替系列的一个阶段，人工竹林由于是季节性雨林破坏后土地资源利用的一种方式，所以也把它作为季节性雨林演替系列的一个阶段。热性竹林主要为丛生竹林，并出现藤本状竹林，例如澜沧梨藤竹林，丛生竹林有泡竹(*Pseudostachyum polymorphum*)林、思簩竹(*Schizostachyum pseudolima*)林、大节竹林等。常见的人工栽培的热性竹林有粉单竹(*Bambusa chungii*)林、簕竹(*Bambusa blumeana*)林、青皮竹(*Bambusa textilis*)林、油簕竹(*Bambusa lapidea*)林等。栽培的热性竹林不少类型北上可到达桂中地区，天然的热性竹林有的亦引种至桂中地区。

热性人工林包括用材林和经济林两类，是季节性雨林破坏后土地资源利用的一种方式，所以把它作为季节性雨林演替系列的一个阶段。热性人工用材林除桉树(*Eucalyptus* spp.)林有大面积栽培外，其他小面积栽培的有木麻黄(*Casuarina equisetifolia*)林、壳菜果林、醉香含笑林，桉类林往北到桂中尚有较大面积栽培，到桂北还有零星栽培，但易受寒害。热性经济林主要有八角林、肉桂林、荔枝园、龙眼园、榄类(*Canarium* spp.)林、杧果林等，其中八角林、荔枝园、龙眼园往北可栽培至北回归线附近的地区。桂南栽培的油茶林是越南油茶(*Camellia drupifera*)，往北到桂中和桂北为油茶(*Camellia oleifera*)取代。桂中和桂北广为栽培的栗 (*Castanea mollissima*)林在桂南的隆安也有大面积栽培。南部栽培的油桐林多为木油桐(*Vernicia montana*)，往北逐渐为油桐(*Vernicia fordii*)取代。

热性灌丛，为季节性雨林破坏后产生的灌丛类型，常见的有岗松灌丛、桃金娘灌丛、银柴灌丛、黄牛木(*Cratoxylon cochinchinense*)灌丛，其中桃金娘灌丛往北可分布至桂北对冷空气有屏障的局部地区，岗松作为马尾松林下灌木优势种偶见于中亚热带的融水县和睦乡。

二、亚热带植被

广西南部的热带植被向北分布到中部和北部后，乔木层优势科组成发生了质的变化，主要由壳斗科、樟科、山茶科、木兰科、金缕梅科、安息科、杜英科、山矾科、冬青科、山龙眼科、五加科等组成，与南部热带植被季节性雨林优势科组成性质不同，植被分类上把由这些科组成乔木层优势的植被，称为亚热带常绿阔叶林。也就是说，广西的热带植被向北分布到中部和北部后，地带性植被由季节性雨林变化为亚热带常绿阔叶林。广西的中部和北部地带性植被虽然都是亚热带常绿阔叶林，但是中部和北部的气温和热量还是有较大的差异，反映在植被类型的种类组成上中部和北部也有区别。首先是相同的优势科种类组成不同，其次是优势科多数是相同也有少数是不同的，最次是中部的常绿阔叶林种类组成还含有一定的南部季节性雨林种类成分。因此，把亚热带植被分为中部的亚热带植被和北部的亚热带植被两类，中部的亚热带是热带向亚热带过渡的过渡带。

南部到北部地带性植被的纬度变化，同样发生在次生植被的演替系列上，次生演替系列由南部的次生季雨林、热性针叶林、热性灌丛和草丛、热性竹林、热性人工林等变化为暖性落叶阔叶林、暖性针叶林、暖性灌丛和草丛、暖性竹林、暖性人工林。亚热带常绿阔叶林虽然分为两个亚型，但其次生演替系列是相同的，属于同一的植被分类单位植被亚型，其中有的还属于同一的植被分类单位群系，只不过种类组成有所不同罢了。下面分别加以论述。

（一）南亚热带植被

广西中部的亚热带，称为南亚热带，地带性植被由季节性雨林变化为季风常绿阔叶林，其次生演替系列有暖性落叶阔叶林、暖性针叶林、暖性灌丛和草丛、暖性竹林、暖性人工林。

季风常绿阔叶林的分布，大体上东部在北纬23°以北至北纬24°以南，西部在北纬24°30′以北至北纬25°以南的范围，海拔高度的上限东部海拔700～800m，西部海拔900～1000m。根据优势种划分，广西的季风常绿阔叶林约有13个群系，乔木层植物重要值指数≥15的优势科约有18个科，主要有壳斗科、樟科、山茶科、木兰科、金缕梅科、杜英科、安息香科、茜草科、山龙眼科、五加科、楝科。虽然优势科与北部的常绿阔叶林大致相同，但优势种不相同，季风常绿阔叶林由喜暖的种类组成，中下层还常见季节性雨林的代表种类。以樟科种类为优势种的季风常绿阔叶林，例如黄果厚壳桂林、厚壳桂林、华润楠林、野黄桂林、纳槁润楠（*Machilus nakao*）林等，性喜暖和湿润的气候，一般分布于中东部，以壳斗科种类为优势的季风常绿阔叶林，例如红锥林、吊皮锥林、公孙锥林、罽蒴锥林、罗浮锥林等，对湿度适应性较广，东、西部都有分布。分布在中东部大容山北坡和桂平金田林场（大瑶山南坡）的黄果厚壳桂林和红锥林，中下层红山梅、乌榄等季节性雨林的代表成分成为群落的优势种；分布在大明山的吊皮锥林，格木成为上层的共优种。其他如杜英科、木兰科、金缕梅科等也有以它们的种类为优势的季风常绿阔叶林，例如山杜英林、金叶含笑林、白花含笑林、小花红花荷林等。季风常绿阔叶林是中部南亚热带地带性植被，一般分布于中部，但亦有超地带性分布，例如，黄果厚壳桂林往北可延伸至北纬24°24′的昭平县七冲林区，厚壳桂林往北分布至大桂山南坡；红锥林往北可分布至北纬25°45′的三江县的富录；吊皮锥林往北可分布至北纬25°10′的天峨县大山，海拔高度达1030m；公孙锥林往北可见于大桂山的南坡，此处的季风常绿阔叶林还含有季节性雨林成分橄榄，且成为群落的优势种之一。

广西中部低山丘陵暖性针叶林是季风常绿阔叶林破坏后形成的一个次生演替系列，重要类型有马尾松林、细叶云南松林和江南油杉林，其中的马尾松林广西大部都有分布，属于同一的群系，但南、中、北以及东和西种类组成有差异。中部大面积分布的暖性针叶林为马尾松—桃金娘林，其他小面积分布的还有以岗松、黄牛木等为灌木层优势种的马尾松林。中部马尾松暖性针叶林往南可分布至桂南的丘陵台地；往北至大桂山和驾桥岭南缘、云贵高原向广西盆地过渡的过渡带，但灌木层植物优势种组成已经发生变化，桂南马尾松林灌木层优势种岗松和桂北马尾松林灌木层优势种白栎、杜鹃（*Rhododendron simsii*）、珍珠花、檵木等也成为灌木层优势成分。向西分布至桂西北山原的东部，再往西被同属不同种的、以滇黔水锦树（*Wendlandia uvariifolia* subsp. *dunniana*）、余甘子或桃金娘为灌木层优势种的细叶云南松林取代。细叶云南松林现代分布中心在南盘江下游两侧山地，广西境内金钟山、雅长林区是它的主产区，向东于布柳河谷地有零星分布，向南零星分布于驮娘江、西洋江、乐里河、澄碧河等河谷一些山地，最南分布到百色永乐。20世纪60年代，江南油杉林在都阳山脉的外围地区田阳县北部丘陵广泛分布，那里是东部向西部的过渡区。

暖性落叶阔叶林中东和中西部明显不同，中东部的类型和面积均比中西部少。枫香树林是东、西部都常见的类型，但面积不大，呈小片状。枫香树林可分布至桂南，但由于伴生种和灌木层优势种不同，桂南的枫香树林是一种次生季雨林，属于热带植被类型。中西部面积最大的暖性落叶阔叶林是分布于都阳山脉的栓皮栎林和麻栎林，也是广西面积最大的暖性落叶阔叶林，连片分布，但很少延伸至中东部。中西部常见的暖性落叶阔叶林还有尼泊尔桤木林、西桦林、楹树＋山槐林、响叶杨（*Populus adenopoda*）林。

由于南亚热带是热带向亚热带过渡的过渡带，南部和北部的人工林都可在中部栽培，所以中部的暖性人工林没有自己特色的类型。南部的热性人工林，如八角林、荔枝园、龙眼园，在中部条件优越的背风区生长得也很好。北部的暖性人工林，如马尾松林、杉木林、柑橘（*Citrus reticulata*）园、甜橙（*Citrus sinensis*）园、柚（*Citrus maxima*）和沙田柚（*Citrus maxima* var. *shatian*）园在中部仍有较大面积的分布，生长还可以，但仍没有北部长得好。中部的暖性人工林最有代表的应是黄皮园和栗林。

暖性竹林，桂中的暖性竹林常见有车筒竹（*Bambusa sinospinosa*）林、中华大节竹（*Indosasa sinica*）林、青皮竹林、撑篙竹（*Bambusa pervariabilis*）林、麻竹（*Dendrocalamus latiflorus*）林等，其中青皮竹林、撑篙竹林、中华大节竹林桂南亦有分布。分布在桂南的热性粉单竹林可分布到桂中。

中部暖性灌丛的分布有地区特点，一方面热性桃金娘灌丛北上可分布至这里，成为桂中最常见的灌丛；另一方面，桂北的暖性灌丛，有的类型南下到达桂中的北缘，例如珍珠花＋南烛灌丛和杜鹃灌丛，或桃金娘与桂北暖性灌丛的代表种共同组成灌丛的优势种；最后，中西部的毛叶黄杞灌丛、椭圆叶木蓝灌丛、水锦树灌丛，在中东部不见分布。

（二）中亚热带植被

广西北部的亚热带，称为中亚热带，地带性植被为典型常绿阔叶林，其演替系列有暖性针叶林、暖性落叶阔叶林、暖性灌丛和草丛、暖性人工林、暖性竹林。

广西典型常绿阔叶林东部在北纬24°以北至省界，西部在北纬25°以北至省界的范围，海拔在1300m以下。根据优势种划分，广西的典型常绿阔叶林有60个群系，乔木层植物重要值指数≥15的优势科约有20个科，重要的有壳斗科、樟科、山茶科、木兰科、金缕梅科、安息香科、杜鹃花科、山矾科、冬青科、杜英科、五加科、山龙眼科、柿科。与季风常绿阔叶林乔木层植物优势科相同的科，其种类不同，典型常绿阔叶林是由耐寒的种类组成，中下层林木季节性雨林成分已不存在。海拔较低的地区，常见的是栲林、米槠林、钩锥林、毛锥林、贵州锥林、扁刺锥林、金毛柯林、木荷林、小花红花荷林、蕈树林、黄杞林等，海拔较高的地区，是更为耐寒的类型，常见有甜槠林、鹿角锥林、红背甜槠林、巴东栎林、厚斗柯林、硬壳柯林、绵柯林、银木荷林、桂南木莲林、阔瓣含笑林等，其中贵州锥林、扁刺锥林、红背甜槠林、巴东栎林多见于中西部九万山、三匹虎、大山等地；栲林、米槠林、木荷林可南下分布至桂中的丘陵台地。在第四纪红土覆盖的灰岩上分布有消失半个世纪的焕镛木＋栓叶安息香林和焕镛木＋栲林，前者见于木论保护区，后者见于罗城县桥头乡。

北部低山丘陵暖性针叶林大面积的有马尾松林，小面积的有海南五针松林、油杉林。马尾松林桂北地区都有分布，常见有马尾松－杜鹃林、马尾松－檵木林、马尾松－白栎林、马尾松－珍珠花林等类型，往南，与桂中北缘交界的地区，可见到马尾松－桃金娘＋檵木林、马尾松－桃金娘＋珍珠花林。海南五针松林只在融水县滚贝老山林区有连片分布，零星分布的见于三江县独洞乡巴团屯和九万山自然保护区。油杉林在金秀县大瑶山三角乡有连片分布，隆林、田林、田阳、恭城等地有零星分布。

桂北的暖性落叶阔叶林类型较多，但面积不大，零星分布，主要类型有亮叶桦林、华南桦（*Betula austrosinesis*）林、响叶杨林、赤杨叶林、枫香树林、东南野桐（*Mallotus lianus*）林、白楸（*Mallotus paniculatus*）林。光皮桦林主要分布于我国中亚热带，桂北是它分布的南缘，向西到桂西北山原仅在海拔1400m以上的山地才有分布，向下即为西桦林取代。华南桦林的分布比光皮桦林要南，南可达大瑶山和大明山等地。赤杨叶林除在桂西北山原有分布外，桂北是它主要的分布地和南缘。响叶杨林主要分布于桂西北山原，桂北仅限于凤凰岭有分布，凤凰岭位于桂西北山原的东缘。

桂北的暖性人工林是广西典型暖性人工林的分布区，有的种类是我国典型暖性人工林分布的南界，在广西很具地方特色。桂北是广西杉木林和毛竹（*Phyllostachys edulis*）林的主产区；也是我国杉木林和毛竹林主要产区的南界，是我国银杏园主要分布区的南界，是广西板栗又一重要产区，是广西柑橙园、柚子园、金橘(*Fortunella margarita*)园、柿子园主要分布区，是广西油茶主产区和我国油茶主要产区的南界。

暖性竹林有天然的也有人工栽培的，典型的人工暖性竹林为毛竹林，也是广西重要的人工竹林，在桂北有大面积连片分布。桂北是我国毛竹林主产区的南界，虽然毛竹林往南可分布至桂中的低山丘陵，但生长不如桂北。其他暖性人工竹林有假毛竹(*Phyllostachys kwangsiensis*)林、桂竹(*Phyllostachys reticulata*)林、茶竿竹(*Pseudosasa amabilis*)林、黔竹(*Dendrocalamus tsiangii*)林、大绿竹(*Bambusa grandis*)林等。天然暖性竹林重要的有方竹(*Chimonobambusa quadrangularis*)林、棚竹林、桂单竹(*Bambusa guangxiensis*)林、广竹(*Pseudosasa longiligula*)林等。

桂北的暖性灌丛是典型的暖性灌丛，其代表类型有茅栗(*Castanea seguinii*)灌丛、杜鹃＋珍珠花＋南烛灌丛、檵木灌丛和山鸡椒(*Litsea cubeba*)＋盐肤木灌丛，其中前一种仅局限分布于桂北，后三种向南可分布至桂中北缘的低山丘陵。

桂北的草丛除少数类型外，多数草丛是广生态幅度的类型，从南到北，从东到西都可分布，季节性雨林和季风常绿阔叶林破坏后的地方，都能演替成桂北的草丛类型，因此，它们也是季节性雨林和季风常绿阔叶林演替系列的一个阶段。这样看来，似乎草丛的地理分布没有什么规律性可言。但是把范围扩大到我国亚热带其他地区，随着纬度的北移，有的类型逐渐消失，草丛的地理分布还是有规律性可寻的。广西的草丛除少数类型外，多数类型分布在我国中亚热带地区，所以都称为暖性草丛。广西的暖性草丛多数类型为禾草草丛，约有20～30个群系，其他的还有蕨类草丛，只有两个群系。属于禾草草丛的鹧鸪草(*Eriachne pallescens*)草丛，主要分布在桂南的丘陵台地，往北延伸至桂中东部的丘陵台地。

第二节　广西植被经向水平分布的规律性

第一节已经指出广西植被纬向水平分布的规律性，南部为热带季节性雨林，中部为南亚热带季风常绿阔叶林，北部为中亚热带典型常绿阔叶林，广西植被经向水平分布的规律性只表现在中部季风常绿阔叶林上，而南部和北部的植被，虽然东、西部也有差异，但还是属于相同的区域。广西中部南亚热带，最西端属于我国西部(半湿润)常绿阔叶林亚区域南亚热带季风常绿阔叶林地带，植被经向水平分布的变化十分明显，由湿润类型向半湿润类型变化。广西南亚热带东部和西部亚区域的分界线大体上以桂西北山原为界，山原以东的地区属于我国东部湿润亚区域，山原以西的地区属于我国半湿润亚区域，大约在东经106°20′左右。广西南亚热带的地带性植被是季风常绿阔叶林，由于西部亚区域长期不合理的刀耕火种，原生植被已被破坏殆尽，现状植被多为草丛、落叶栎林和灌丛、针叶林，低海拔地区基带的季风常绿阔叶林的原生类型是什么已无从考究，因此，无法与东部亚区域对比。但是残存的、由阳性常阔叶树组成的次生季风常绿阔叶林和其他次生林以及海拔800～1000m以上零星分布的山地常绿阔叶林和中山常绿落叶阔叶混交林仍可与东部亚区域进行对比。东、西部亚区域植被的变化明显表现在同属不同优势种的地理替代现象，其次是耐火耐干旱的落叶阔叶林和灌丛成为西部亚区域的优势类型。东部亚区域有代表性的、喜湿润的、以樟科种类为优势的季风常绿阔叶林的类型在西部亚区域少有分布，那些广域性、能耐干旱、以壳斗科种类为优势的季风常绿阔叶林的类型，如红锥林、罗浮锥林在西部亚区域有分布。西部亚区域以毛叶青冈、红木荷、毛叶黄杞为优势的次生季风常绿阔叶林，在东部亚区域不见分布。西部亚区域耐火耐干旱的暖性落叶阔叶林和灌丛以栎类为代表，如栓皮栎林、麻栎林、白栎林及其灌丛等，遍布山原，在东部亚区域十分少见。在西部低山丘陵原为季风常绿阔叶林基带的地区，栎类林下灌木以滇黔水锦树、余甘子占优势，而缺乏东部的桃金娘、岗松；有时混生有细叶云南松、蒙自合欢(*Albizia bracteata*)、红木荷等，使落叶栎类林打上西部南亚热带的烙印。西部亚区域其他有代表性的耐火耐干旱的落叶阔叶林还有西桦林、尼泊尔桤木林、滇黔黄檀(*Dal-*

bergia yunnanensis）林、响叶杨林等，在东部亚区域没有或很少有分布。西部亚区域海拔800～1000m以上的山原残存零星小片的高山锥林、黄毛青冈（*Cyclobalanopsis delavayi*）林等常绿阔叶林类型，为东部亚区域山地常绿阔叶林所没有。暖性针叶林，西部亚区域没有东部亚区域的马尾松林，而为细叶云南松林，它沿着南盘江复向斜呈密集大片分布，与东部亚区域的马尾松林相对应。此外，常见于西部亚区域河谷丘陵的矩鳞油杉（*Keteleeria fortunei* var. *oblonga*）林和小片分布于较高中山山地的云南油杉林，东部亚区域只在都阳山脉有零星分布，那里已经邻接西部亚区域。广西西部亚区域植被类型与东部亚区域相比，出现的同属不同优势种地理替代现象有：细叶云南松代替了马尾松，云南油杉代替了油杉，高山锥代替了甜槠，滇青冈代替了青冈，黄毛青冈代替了多脉青冈（*Cyclobalanopsis multinervis*），毛叶青冈代替了饭甑青冈，尼泊尔桤木代替了江南桤木，红木荷代替了木荷，毛叶黄杞代替了少叶黄杞等等。当然这种地理替代现象并不是一刀切那样截然分开，在东、西部亚区域相邻接的地区，必然会有一些东西部种类相互渗透。

广西南部热带植被都属于东部偏湿性亚区域，经向水平分布没有出现西部偏干性亚区域，东、西部植被的变化不如桂中明显，但东、西部植被类型及其组成仍表现出某些差异。以十万大山为界，把广西南部分为东南部（十万大山属于东南部）和西南部，广西季节性雨林以龙脑香科植物为优势或标志的类型有三个群系，狭叶坡垒林仅分布于十万大山；而广西青梅林、望天树林只分布于桂西南，向西一直分布到属于我国热带西部半湿润亚区域的云南西双版纳，桂东南没有分布。桂东南以梭子果为优势的季节性雨林，到桂西南为以锈毛梭子果为优势的季节性雨林代替。作为桂西南常见的次生季雨林的木棉疏林、红木荷＋枫香树林，向西分布到我国热带西部半湿润亚区域，桂东南没有或很少有分布。在桂西南沟谷或河谷常见的中国无忧花林和仪花林，桂东南也没有或很少有分布。相反，桂东南有代表性的格木林、紫荆木林、红鳞蒲桃林，在桂西南没有或很少有分布。热性人工经济林东、西部同样表现出一定的差异，桂东南多为荔枝园、橄榄林、肉桂林等，桂西南多为龙眼林、八角林、扁桃林、杧果林等。综合上述，可以看出桂西南的热带植被表现为偏干性类型，桂东南的热带植被表现为偏湿性类型，同样反映湿度变化的规律。

广西北部中亚热带植被都属于东部湿润亚区域，经向水平分布没有出现西部半湿润亚区域，且北部经度跨幅不大，东、西部植被虽然有差异，但范围小，植被类型不多。差异最明显的是最西端的、位于桂西北山原东缘的凤凰岭，桂西北山原连片分布的栓皮栎林可以东延到这里，使这里暖性落叶阔叶林明显与桂北其他地区不同。此外，凤凰岭分布的贵州锥林、扁刺锥林和九万山分布的红背甜槠林、巴东栎林，桂北其他地区虽有个体，但很少成为优势种。

第三节　广西植被垂直分布的规律性

植被垂直地带性是纬度地带性的缩影，如果基带是热带植被，由低海拔到高海拔，植被变化是：季节性雨林带→季风常绿阔叶林带→山地常绿阔叶林带；基带是南亚热带植被，植被变化是：季风常绿阔叶林带→山地常绿阔叶林带→常绿落叶阔叶混交林和针阔叶混交林带；基带是中亚热带植被，植被变化是：典型常绿阔叶林带→常绿落叶阔叶混交林和针阔叶混交林带。广西只有海拔不超过2142m的中山，没有高山，植被垂直变化没有出现针叶林带。

一、季节性雨林

广西南部山体不很高大，海拔最高的十万大山，最高峰为1462m，由低往高，十万大山植被带的垂直变化是：季节性雨林带（海拔700m以下，类型有：狭叶坡垒林、秋枫＋海南风吹楠林、梭子果林、紫荆木林、壳菜果林、橄榄林等）→山地季风常绿阔叶林带（海拔700～900m，类型有：竹叶木荷林、黄果厚壳桂＋红锥林、黧蒴锥林、蕈树林等）→山地常绿阔叶林带（海拔900m以上，类型有：米槠林、马蹄荷＋五列木林等）→山顶矮林（海拔800m以上的山顶或山脊，类型有石斑木林、矮竹林等）。必须加以说明的是，山顶矮林不是一个垂直带，它只不过是山地常绿阔叶林分布于山顶或山脊时由于常风较大而产生的一种变型。

二、季风常绿阔叶林

广西南亚热带划分为东部湿润和西部半湿润两个亚区域，不同亚区域季风常绿阔叶林垂直带谱的变化是不同的。即使是东部湿润亚区域，季风常绿阔叶林垂直带的变化，东和西也有所不同，东面由于纬度比较偏南，海拔下限较西部低，所以不出现常绿落叶阔叶混交林带；西面纬度比较偏北，海拔下限较高，垂直带谱中出现常绿落叶阔叶混交林带。现以东面的大瑶山和西面的岑王老山来说明东部湿润亚区域季风常绿阔叶林垂直带谱的变化；以西林的王子山来说明西部半湿润亚区域季风常绿阔叶林垂直带谱的变化。

大瑶山最高峰圣堂顶海拔1979m，其南坡属于南亚热带，其植被带的垂直变化是：季风常绿阔叶林带（海拔800m以下），类型有：红锥林、公孙锥林、吊皮锥林、厚壳桂林、白花含笑林、鳖蒴锥林、罗浮锥林等，其中在海拔420m以下的南向开口的沟谷，出现的橄榄林和阔叶肖榄林等季节性雨林，是一种超地带分布的类型。山地常绿阔叶林带（海拔800～1300m），类型有：甜槠林、鹿角锥林、大叶青冈林、光叶拟单性木兰林、樟叶泡花树林、米槠林、木荷林、银木荷林、栲林、钩锥林等。中山常绿阔叶林和针阔叶混交林带（海拔1300m以上），类型有：华南五针松或长苞铁杉＋金毛柯林、小叶罗汉松＋阔瓣含笑林、小叶罗汉松＋光枝杜鹃林、鹿角锥林、甜槠林、大叶青冈林、银木荷林、水丝梨（*Sycopsis sinensis*）林等。山顶（山脊）苔藓矮林（海拔1500m以上的山顶或山脊），类型有：光枝杜鹃林、变色杜鹃林等。季节性雨林是一种超地带分布的类型，山顶（山脊）苔藓矮林是中山常绿阔叶林和针阔叶混交林的一种变型，所以它们不是垂直变化的带谱。

岑王老山最高峰海拔2062.5m，最低点河口谷地海拔300m，相对高差1700m。岑王老山植被的基带——季风常绿阔叶林带，由于长期受到严重破坏，已基本上消失，因此本带分布的海拔高度只是根据个别次生季风常绿阔叶林类型而定。山地常绿阔叶林的原生类型基本上亦受到破坏，现存的类型大多是恢复起来的次生林。只有中山常绿落叶阔叶混交林才保存得比较完整。季风常绿阔叶林带（海拔900m以下），类型有：毛叶青冈＋红木荷林，在环境条件比较优越的谷地，有超地带分布的海南椤木＋任豆季节性雨林。山地常绿阔叶林带（海拔900～1500m），类型有：甜槠林、米槠林、钩锥林、瓦山锥林、硬壳柯＋滇琼楠林、银木荷林等。中山常绿落叶阔叶混交林带（海拔1500m以上），类型有：大叶青冈＋光叶水青冈林、大叶青冈＋弹斗锥（*Castanopsis traninhensis*）＋缺萼枫香树林、银木荷＋光叶水青冈林、银木荷＋硬壳柯＋缺萼枫香树林、鹿角锥＋桂南木莲＋光叶水青冈林、米槠＋硬壳柯＋水青冈林、甜槠＋滇琼楠＋缺萼枫香树林、水青冈＋短刺米槠（*Castanopsis carlesii* var. *spinulosa*）＋缺萼枫香树林等。山顶（山脊）矮林（海拔1900m以上的山顶或山脊），类型有：大云锦杜鹃（*Rhododendron faithiae*）林、马缨杜鹃（*Rhododendron delavayi*）林、杜鹃林、珍珠花林、窄基红褐柃（*Eurya rubiginosa* var. *attenuata*）＋红果树（*Stranvaesia davidiana*）林等。

广西南亚热带西部半湿润亚区域季风常绿阔叶林，一方面由于长期受到严重破坏，原生类型已基本上消失，次生的类型亦很少，另一方面详细的植被调查没有做过，所以其垂直带谱的变化了解不多，下面的带谱变化规律，是根据西林王子山自然保护区几个林区综合起来做出来的。王子山最高峰海拔1883m，季风常绿阔叶林带（海拔900m以下），类型有：以余甘子、毛叶黄杞、山槐、水锦树为林下优势的细叶云南松林、栎类林、西桦＋红木荷林，含麻楝、柄翅果的榲树＋山槐林，这些类型虽然不是季风常绿阔叶林，但它们的特点可以反映出基带是属于季风常绿阔叶林的性质。山地常绿阔叶林带（海拔900～1500m），类型有：瓦山锥＋罗浮锥＋栲＋米槠林，高山锥＋鳖蒴锥＋硬壳柯林，林木层含罗浮柿（*Diospyros morrisiana*）、硬壳柯、罗浮槭、润楠（*Machilus* sp.）、甜槠等常绿阔叶树成分的枫香树林，林木层含高山锥、润楠、红木荷、笔罗子、黄樟、薄叶润楠（*Machilus leptophylla*）、猴欢喜等常绿阔叶成分的赤杨叶林。常绿落叶阔叶混交林带（海拔1500m以上），类型为：米槠＋鹿角锥＋罗浮锥＋缺萼枫香树＋马尾树＋光叶水青冈林。

三、典型常绿阔叶林

桂北的天然杂木林是广西保存得比较完好、面积比较连片分布的地区，但基带同样受到不同程度的破坏，有的还相当严重。现以猫儿山和元宝山来说明典型常绿阔叶林植被带的垂直变化。

猫儿山最高峰海拔2141.5m，为广西第一高峰，也是华南第一高峰，其植被带的垂直变化是：典型常绿阔叶林带（海拔1300m以下），类型有：米槠林、栲林、罗浮锥林、钩锥林、木荷林、银木荷林、甜槠林等。常绿落叶阔叶混交林和针阔叶混交林带（海拔1300m以上），类型有：鹿角锥＋碟斗青冈（*Cyclobalanopsis disciformis*）＋水青冈＋白辛树（*Pterostyrax psilophyllus*）林、多脉青冈＋缺萼枫香树林、铁杉＋碟斗青冈林、长苞铁杉＋甜槠林等。山顶或山脊矮林（海拔1800m以上的山顶或山脊），类型有：褐叶青冈＋大八角＋毛序花楸（*Sorbus keissleri*）＋红皮木姜子（*Litsea pedunculata*）林等。

元宝山蓝坪峰海拔2081m，元宝山蓝坪峰保存了广西最好、最原始的中山常绿落叶阔叶林带和广西唯一类似于针阔叶混交林带的林带。广西没有高山，植被的垂直变化不出现针阔叶混交林带和针叶林带，针阔叶混交林只是相嵌分布在常绿落叶阔叶混交林带中，而元宝山蓝坪峰自海拔1850m起，至山顶，针阔叶混交林很发育，可以把它作为一条针阔叶混交林带看待，这是广西其他山地所没有的。但是，元宝山蓝坪峰自海拔1200m以下，基带常绿阔叶林却受到严重的破坏，基本上已经消失，只有零星片断存在。元宝山植被带的垂直变化是：典型常绿阔叶林带（海拔1200m以下），类型有：米槠林、栲林、黧蒴锥林、木荷林、红楠林等。中山常绿落叶阔叶和针叶混交林带（海拔1200m以上），类型有：华南五针松＋银木荷林、华南五针松＋五列木林、长苞铁杉＋栲林、福建柏＋银木荷林（海拔1200～1300m）、银木荷＋蓝果树林、银木荷＋雷公鹅耳枥（*Carpinus viminea*）林、厚斗柯＋白辛树林、鹿角锥＋白辛树林、白辛树＋五尖槭（*Acer maximowiczii*）＋红花木莲林、厚斗柯＋光叶水青冈＋缺萼枫香树林、碟斗青冈＋硬壳柯＋光叶水青冈林、曼青冈＋光叶水青冈林、碟斗青冈＋光叶水青冈林、硬壳柯＋光叶水青冈＋五尖槭林、褐叶青冈＋光叶水青冈林、光叶水青冈＋五尖槭＋碟斗青冈林、硬壳柯＋银木荷＋光叶水青冈林（海拔1300～1850m）、铁杉＋元宝山冷杉＋五尖槭林、铁杉＋光枝杜鹃林、南方红豆杉＋五尖槭林、南方红豆杉＋碟斗青冈林、小叶罗汉松＋光枝杜鹃林、元宝山冷杉＋铁杉＋红皮木姜子林、元宝山冷杉＋铁杉＋杜鹃林、元宝山冷杉＋南方红豆杉＋红皮木姜子林、元宝山冷杉＋铁杉＋光枝杜鹃林、元宝山冷杉＋铁杉＋光叶水青冈林等（海拔1850～2081m）。山顶（山脊）苔藓矮林（海拔1500m以上的山顶或山脊），类型有：碟斗青冈＋红皮木姜子林、碟斗青冈＋大八角（*Illicium majus*）林、光枝杜鹃林＋红花木莲林、稀果杜鹃（*Rhododendron oligocarpum*）林、猫儿山杜鹃（*Rhododendron maoerense*）＋粗榧（*Cephalotaxus sinensis*）林、尖叶黄杨（*Buxus microphylla* subsp. *sinica* var. *aemulans*）林等。

第四节　广西植被非地带性和超地带性分布的规律性

一、非地带性分布的规律性

在同一地带内，出现了与地带性不同的植被类型，谓之非地带性分布的植被，非地带性植被亦称为隐域性植被，是由于在地带内出现了与地带性土壤不同的基质，形成了与地带性不同的土壤，由此产生非地带性的植被。因此，只要地带内有不同于地带的基质，就一定会出现与地带性不同的植被，这就是非地带性植被分布的规律性。但是，不同地带的非地带性植被其种类组成是不同的，仍然受着气候条件的控制，因此，非地带性植被还是带有地带性的烙印。广西非地带性植被有石灰岩植被和海岸红树林两类，它们的分布规律如下。

(一)石灰岩植被

广西石灰岩分布面积很广，出露面积约占全区面积40%，从南至北，从东至西都有分布，南和北，东和西的石灰岩植被类型种类组成是不同的，因此，石灰岩植被同样有纬度分布和经度分布的水平变化。另外，广西南部石灰岩地区也有海拔1300m以上的山地，低海拔和高海拔的石灰岩植被类型种类组成也是不同的，因此，石灰岩植被也有垂直分布的变化。

1. 广西南部的石灰岩植被

广西南部为热带石灰岩植被，原生性植被为石灰岩季节性雨林，其演替系列有次生季雨林、热性藤刺灌丛。

石灰岩季节性雨林分布于海拔700m以下的石灰岩山地，它有着与地带性季节性雨林相同的结构与外貌，只是由于基质不同故种类组成不同，所以把它称为石灰岩季节性雨林。长期以来石灰岩季节性雨林同样受到严重的破坏，保存面积很少，目前保存面积较大、较好的地区有龙州县弄岗自然保护区、大新县下雷自然保护区、那坡县老虎跳自然保护区、武鸣县三十六弄—陇均自然保护区等。乔木层植物重要值指数≥15的优势科约有25个科，重要的有大戟科、苏木科、桑科、樟科、椴树科、橄榄科、肉豆寇科、梧桐科、楝科、番荔枝科、龙脑香科、山竹子科、马鞭草科、漆树科、棕榈科等，根据优势种和特征种划分，石灰岩季节性雨林约有15个群系，重要的群系有蚬木林、肥牛树林、蚬木+肥牛树+金丝李林、东京桐林、海南风吹楠林、望天树林、中国无忧花林、五桠果叶木姜子、蓝子木林、闭花木林、铁榄+清香木林等。最具代表性的群系是分布于山坡中下部的蚬木林、肥牛树林和蚬木+肥牛树+金丝李林，尤其是蚬木，一提到它，很自然地把它和桂西南的石山联系起来。蚬木林现代地理分布中心在右江南岸的桂西南南部低峰丛石山，右江北岸的南亚热带南部是它向北延伸的部分，在局部优越的地形上还有较密集的分布，例如平果县的海城—旧城的南部，蚬木天然分布的最北界在巴马县的西山附近，那里已是北纬24°16′。肥牛树林经常与蚬木林分布在一起，但它分布的纬度没有蚬木林那么高，一般右江以北的地区很少有分布，例如右江北岸武鸣县三十六弄—陇均自然保护区，那里蚬木林是主要的类型，但肥牛树没有分布。东京桐林、海南风吹楠林、望天树林、中国无忧花林、五桠果叶木姜子林等群系主要分布于圆洼地，雨林特征比较明显，但面积都很小，分布范围狭窄，主要分布在右江以南的桂西南南部低峰丛石山的圆洼地。这几种类型以东京桐林较常见；五桠果叶木姜子林最稀少，只在弄岗保护区少数圆洼地有分布；望天树林、海南风吹楠林、中国无忧花林土山和石山都有分布。在石山区，海南风吹楠林和中国无忧花林最北一般不越过右江；但望天树林最北可分布至大化县的七百弄，那里已是北纬24°10′，属于南亚热带的北部。闭花木林一般出现在山坡的中上部，主要分布于右江以南的石山区。铁榄+清香木林分布于山顶或山脊，是一种山顶矮林，广西北部中亚热带石灰岩山地亦有分布，但南部的组成种类多数是季节性雨林的成分，与北部的类型还是不同的。

石灰岩次生季雨林常见的类型有乌墨林、木棉疏林、任豆林、顶果树林、翻白叶树林、桂火绳林、簕档花椒(*Zanthoxylum avicennae*)林、槟榔青+劲直刺桐林等类型。木棉疏林除在左江、右江、红水河、驮娘江等谷地有分布外，在南部峰丛或峰林谷地也很常见，如崇左、大新、龙州县逐卜等峰丛或峰林谷地。任豆林是最常见的次生季雨林，各地都有零星小片的分布。作为土山季节性雨林的共优种，任豆+海南椤木林往北可分布至隆林、田林、凌乐等县的低山以至中山的沟谷中。其他的石灰岩次生季雨林不很常见，零星分布。

热性藤刺灌丛，顾名思义是藤本的种类和有刺的种类都很发达的灌丛，这是石灰岩山地特有的植被类型。藤刺灌丛是北热带石灰岩山地面积最大的植被类型，类型很多，南部各地都有分布，有的类型可以分布至南亚热带地区。常见的类型有余甘子灌丛、番石榴灌丛、假鹰爪+白藤灌丛、香港鹰爪花(*Artabotrys hongkongensis*)+茶条木(*Delavaya toxocarpa*)灌丛、毛果翼核果(*Ventilago calyculata*)+嘴签（*Gouania leptostachya*）灌丛、矮棕竹（*Rhapis humilis*）灌丛、剑叶龙血树灌丛、山石榴灌丛、苏木灌丛、构棘（*Maclura cochinchinensis*）+火筒树（*Leea indica*）灌丛、广西紫麻（*Oreocnide kwangsiensis*）灌丛、老虎刺（*Pterolobium punctatum*）灌丛等。

从广西的纬度范围来说，热性石灰岩草丛多数是广生态分布的类型，从南至北都有分布。常见的石灰岩草丛有黄茅（*Heteropogon contotus*）草丛、细毛鸭嘴草（*Ischaemum ciliare*）草丛、拟金茅（*Eulaliopsis binata*）草丛、类芦（*Neyraudia reynaudiana*）草丛、斑茅（*Saccharum arundinaceum*）草丛、臭根子草（*Bothriochloa bladhii*）草丛、飞机草（*Chromolaena odoratum*）草丛等，其中只有飞机草草丛主要分布于右江以南的石灰岩山地，北岸的石灰岩山地已少有分布。

2. 广西中部的石灰岩植被

广西中部为南亚热带的石灰岩植被，原生性植被为含热带成分的常绿落叶阔叶混交林，其演替系列有暖性落叶阔叶林、暖性针叶林、暖性藤刺灌丛、暖性草丛。

广西亚热带地区（中部和南部）的石灰岩植被的顶极群落为常绿落叶阔叶混交林，但中部的常绿落叶阔叶混交林还含有一定数量的季节性雨林成分（热带成分）而与北部不同，故把它们两者区分开来论述。广西中部含热带成分的常绿落叶阔叶混交林分布于海拔700m以下的石灰岩山地，由于长期受到严重破坏，是广西石灰岩地区原生性植被基本上没有保存的地区，完整的群落极少，目前看到的多数是一些群落片断。乔木层植物优势种由壳斗科、樟科、榆科、胡桃科、大戟科、无患子科、苏木科、桑科的种类组成。根据优势种或特征种划分，有仪花+青冈林、仪花+岩樟（*Cinnamomum saxatile*）林、榕树+青冈+华南皂角（*Gleditsia fera*）林、榕树+黄梨木（*Boniodendron minus*）林四个群系。仪花+青冈林向北可分布至中亚热带南缘的荔浦，以榕树为优势的类型在中亚热带的环江也有分布。

石灰岩暖性落叶阔叶林除个别类型外，中部和北部的类型是一样的。石灰岩暖性落叶阔叶林主要类型有扇叶槭林、榔榆林、朴树林、黄连木林、黄梨木林、圆叶乌桕林、翅荚香槐（*Cladrastis platycarpa*）林、紫弹树林、柄翅果+青檀林，除柄翅果+青檀林分布于天峨和乐业外，其他类型桂中各地石灰岩山地都有分布。

暖性针叶林类型不多，目前只发现岩生翠柏林和短叶黄杉林，这两种类型究竟是原生的还是次生的目前还无法确定，它们一般仅局限分布于个别的石山山顶或山脊。岩生翠柏林过去曾在都安、巴马等地有零星分布，但现在仅见个体，不见群落，它向北可以分布至中亚热带的环江木论保护区，那里是广西目前保存有岩生翠柏林的唯一地区。短叶黄杉林在偏西的乐业县有较多的分布，而在东兰、凤山、巴马以西的石山区少见分布。

暖性藤刺灌丛虽然中部和北部的类型是一样的，但是，中部的暖性藤刺灌丛是含热带成分的常绿落叶阔叶混交林破坏后演变来的，北部的暖性藤刺灌丛是典型常绿落叶阔叶混交林破坏后演变来的。常见的类型有檵木灌丛、红背山麻杆（*Alchornea trewioides*）灌丛、牡荆（*Vitex negundo* var. *cannabifolia*）灌丛、龙须藤灌丛、华南云实灌丛、灰毛浆果楝灌丛、小果蔷薇（*Rosa cymosa*）灌丛、广东蛇葡萄（*Ampelopsis cantoniensis*）+铁包金（*Berchemia lineata*）灌丛、云实（*Caesalpinia decapetala*）+清香木灌丛、石山棕灌丛、广西绣线菊灌丛、火棘（*Pyracantha fortuneana*）灌丛、雀梅藤（*Sageretia thea*）灌丛、箬叶竹（*Indocalamus longiauritus*）灌丛、亮叶中南鱼藤（*Derris fordii* var. *lucida*）灌丛等，其中有的类型，例如红背山麻杆灌丛、牡荆灌丛、华南云实灌丛、灰毛浆果楝灌丛，也可分布至南部石山，但没有中部和北部石山那么普遍。

3. 广西北部的石灰岩植被

广西北部的石灰岩原生性植被为典型常绿落叶阔叶混交林，其演替系列有暖性针叶林、暖性落叶阔叶林、暖性藤刺灌丛。

典型常绿落叶阔叶混交林在环江木论保护区和阳朔县尚有较好的保存，乔木层植物重要值指数≥15的优势科约有32个科，重要的有壳斗科、茜草科、樟科、大戟科、榆科、无患子科、胡桃科、漆树科、大风子科、五加科、金缕梅科、桑科、槭树科、蔷薇科、紫金牛科、木犀科、忍冬科、山榄科、蝶形花科、山茱萸科、榛木科等，根据优势种划分，重要的群系有青冈 + 圆叶乌桕林、青冈 + 南酸枣林、青冈 + 黄连木林、青冈 + 化香树林、青冈 + 禾串树林、青冈 + 黄梨木林、鱼骨木 + 黄梨木林、刨花润楠 + 伞花木(*Eurycorymbus cavaleriei*)林、圆果化香 + 光叶槭林、栀子皮 + 刨花润楠林、广东润楠 + 小花梾木(*Cornus parviflora*)林、灰岩棒柄花 + 掌叶木林、青檀 + 广西密花树林、杨梅蚊母树(*Distylium myricoides*) + 雷公鹅耳枥林等。从对阳朔和环江木论保护区的植被调查可知，两地虽然同为广西的北部，都属于中亚热带地区，但植被类型还是有所区别。刨花润楠 + 伞花木林、广东润楠 + 小花梾木林、灰岩棒柄花 + 掌叶木林、圆果化香 + 亮叶槭林、伊桐 + 刨花润楠林主要分布于偏西的木论保护区。

北部的石灰岩山地暖性落叶阔叶林的类型常见的有扇叶槭林、榔榆林、朴树林、黄连木林、黄梨木林、圆叶乌桕林、翅荚香槐林、紫弹树林等，绝大部分与中部相同，只不过很少有柄翅果 + 青檀林的分布。

北部的石灰岩山地暖性针叶林类型不多，与中部的石灰岩山地暖性针叶林有所不同，北部常见的类型有黄枝油杉林和华南五针松林，其中华南五针松林除在石山有分布外，在土山区也有分布。

北部的石灰岩山地暖性藤刺灌丛常见的类型与中部相同。

4. 广西西部的石灰岩植被

广西中部南亚热带的最西端属于我国西部(半湿润)常绿阔叶林亚区域南亚热带季风常绿阔叶林地带，那里的石灰岩植被与东部(湿润)常绿阔叶林亚区域南亚热带季风常绿阔叶林地带不同，出现了同属不同优势种的地理替代现象。据位于西部(半湿润)亚区域的隆林县大哄豹自然保护区和德峨附近的石灰岩山地调查，那里代表性的石灰岩常绿落叶阔叶混交林为滇青冈 + 黄连木林、滇青冈 + 圆果化香林，滇青冈代替了青冈，由于与东部(湿润)亚区域相邻接，带有过渡的性质，所以亦有东部的青冈 + 圆果化香树林出现。不但代表性的常绿落叶阔叶混交林不同，而且次生的暖性落叶阔叶林和暖性藤刺灌丛也有差别，大哄豹自然保护区出现的大面积千金榆林为东部亚区域所少见；西部亚区域分布的滇新樟(*Neocinnamomum caudatum*) + 滇鼠刺 + 滇青冈灌丛，东部亚区域未见有出现。

5. 广西南部石灰岩植被垂直地带性

在研究广西南部石灰岩植被垂直地带性之前，首先认识广西南部石灰岩地形地貌的特点。广西南部石灰岩地区大体上位于右江以南，地势自西北向东南倾斜，西北部和中部属于桂西南喀斯特高原区，东南部属于左江峰林石山、台地区。高原的西北部，地面大部海拔高度 800m 以上，那坡附近的山峰可高达海拔 1500m；高原中部的德保南部和天等一带，峰丛石山海拔 800m 左右，有些石峰可超过海拔 1000m；高原东南部已降为低峰丛、峰林石山，龙州至扶绥等县的北部，一般石灰岩山地海拔 400 ~ 600m。根据这种地形地貌的特点，研究分析由高原东南部低峰丛、峰林石山经由高原中部石山到高原的西北部石山植被的垂直变化；研究分析高原西北部那坡县妖皇山(海拔 1603m)植被的垂直变化；研究分析高原中部北缘田阳县洞靖巴别石山植被的垂直变化来说明广西南部石灰岩植被垂直地带性。

龙州县属于高原东南部低峰丛、峰林石山区，石山海拔最高不超过 700m，石山顶部虽为矮林，但仍属于季节性雨林的性质，所以龙州县低峰丛、峰林石山都是季节性雨林带。德保县海拔 730m，有榕树、青冈、青檀为优势的含热带成分的常绿落叶阔叶混交林；海拔 850m，有青冈 + 榕树 + 青檀为优势的含热带成分的常绿落叶阔叶混交林。靖西县，海拔 520m，有蚬木—茎花山柚林，海拔 610 ~ 720m 有蚬木 + 岩樟林；海拔 750m，出现蚬木与榕树、黄连木、倒吊笔（*Wrightia pubescens*）共为优势的混交林；海拔 880m，有海南锥(*Castanopsis hainanensis*)林；海拔 920m，为蚬木与榕树、黄连木、青冈共为优势的混交林；海拔 980m，有青檀 + 斜叶榕 + 清香木 + 黄梨木林。综合上述，龙州县低峰丛、峰林石山至靖西高原石山植被垂直变化大体上为：海拔 < 800m 为季节性雨林带，海拔 800 ~ 1000m 变化为含热带成分的常绿落叶阔叶混交林带。

高原西北部那坡县老虎跳自然保护区，植被保存较好，妖皇山最高海拔 1603m，其植被垂直变化是：季节性雨林带(海拔 800m 以下，类型有：蚬木 + 闭花木林和蚬木 + 山榄叶柿林)→含热带成分的常绿落叶阔叶混交林带(海拔 800 ~ 1200m，主要类型有：岩樟林)→典型常绿落叶阔叶混交林带(海拔

1200m 以上，主要类型有：润楠(*Machilus* sp.) + 糙叶树林、滇青冈 + 圆果化香树林、青冈 + 圆果化香树林)→山顶针叶林(海拔 1000m 以上的山顶和山脊，类型有：短叶黄杉林)。

高原中部北缘田阳县洞靖巴别石山海拔 560m 有蚬木 + 乌墨林，海拔 600m 有蚬木 + 黄梨木林，海拔 685m 有蚬木 + 大果榉林和蚬木 + 鸡仔木林，海拔 690m 有含蚬木的假玉桂（*Celtis timorensis*）+ 青冈林，海拔 700m 有蚬木 + 青冈林，海拔 720m 有蚬木 + 岩樟林，海拔 1057m 有黄杞 + 青冈 + 南酸枣 + 假玉桂林，海拔 1150m 的不纯的岩溶山地，有黄杞、青冈、长柄润楠(*Machilus longipedicellata*)为优势的典型常绿阔叶林；海拔 1300m 的岩溶山地，有杨梅蚊母树 + 雷公鹅耳枥为优势的常绿落叶阔叶混交林。综合上述，高原中部石山植被垂直变化是：海拔 < 700m 为季节性雨林带，海拔 700 ~ 1000m 变化为含热带成分的常绿落叶阔叶混交林带，海拔 1000 ~ 1300m 变化为典型常绿落叶阔叶混交林带。

6. 广西中部石灰岩植被垂直地带性

根据都安县、东兰县部分岩溶山地的调查，都安海拔 560m 的石山，有含热带成分的榕类 + 黄梨木常绿落叶阔叶混交林，海拔 650m 的石山，有含热带成分的仪花 + 青冈常绿落叶阔叶混交林；东兰县海拔 630m 的岩溶山地，有海南锥为优势的含热带成分的常绿落叶阔叶混交林，海拔 910m 的岩溶山地，有青冈、黄梨木、圆叶乌桕为优势的典型常绿落叶阔叶混交林；砂页岩山地，海拔 630 ~ 680m 的地方有红锥林，海拔 690m 的地方有罗浮锥林，广西中部石灰岩植被垂直变化是：海拔 < 700m 为含热带成分的常绿落叶阔叶混交林带，海拔 > 700m 变化为典型常绿落叶阔叶混交林。

(二)海岸红树林

红树林是分布于热带海岸潮滩盐土上一类非地带性植被，无论是种类成分还是组成种类的生理生物学特性均与地带性植被不同。红树林是由红树科和其他科属而具适应海岸潮汐盐渍土生境的植物组成。广西东南部临海，具热带海岸，热带海岸具有红树林发育形成的环境条件，广西东南部热带海岸有红树林的分布。广西已处于热带北缘，热量条件不如赤道热带，红树林种类组成较赤道地区贫乏，计有 14 科 21 属 22 种，其中红树科有 4 属各 1 种，在国内不如海南岛，与广东种数相当，种类相同，多于福建和台湾。由于热量条件不如赤道热带，加以破坏严重，广西红树林大部分类型呈 1 ~ 3m 高的灌丛林，只有少数类型发育成小乔林。广西红树林有海榄雌林、秋茄林、蜡烛果林、红海榄林、木榄林、老鼠簕林、海漆林、银叶树林、黄槿林等 9 个群系，其中蜡烛果林面积最大，红海榄林、木榄林只限分布于东、西岸段，中岸段没有分布，银叶树林只限分布于西岸段，东岸段和中岸段没有分布。

二、超地带性分布的规律性

所谓超地带性的分布，就是南亚热带出现北热带的植被类型，中亚热带出现南亚热带的植被类型，例如南亚热带的都安县和田阳县的北部，出现以望天树为优势的季节性雨林；南亚热带的隆林县、田林县，出现以海南椤木 + 任豆为优势的季节性雨林；南亚热带的金秀县罗香，出现以橄榄和阔叶肖榄为优势的季节性雨林；南亚热带的平果县海城—旧城的南部石山和武鸣县陇均石山，出现以蚬木为优势的季节性雨林；中亚热带的荔浦县的石山出现以仪花 + 岩樟为优势的含热带成分的常绿落叶阔叶混交林；中亚热带的三江县出现以红锥为优势的季风常绿阔叶林等等。当南亚热带的南缘存在局部环境比较暖和的地形时，北热带的植被类型就有可能北上到此；同样，中亚热带的南缘出现局部环境比较暖和的地形时，南亚热带的植被类型就有可能北上到此，成为超地带性的植被。

第六章 广西植被的分类原则、依据和系统

广西植物研究所生态室几十年来对于广西植被的研究着重于基本情况的调查，摸清广西全境植被的家底、类型和地理分布，而对于植被的分类研究很少涉及过。过去撰写植被报告时，所用的植被分类单位，多数相当于目前《中国植被》一书上的群系，少数相当于群丛。因此，在论及《广西植被》一书的植被分类原则、依据和系统时，我们采用了《中国植被》一书的植被分类原则、依据和系统。在本书的撰写中，编著者根据多年工作的实践和体会，根据对植被分类原则、依据和分类系统的理解，同时结合实际情况作了一些变通。

第一节　植被分类的原则和依据

在自然情况下，植被由于自身特征的不同，例如外貌不同、组成种类不同，而自然地区分为不同的植物群落。《中国植被》按照这种自然分类的原则，根据不同的依据，建立起中国植被的自然分类系统。其依据有下面几点。

一、植物种类组成

植物群落是由植物种类组成的，植物种类组成不同，就有不同的植物群落；植物群落外貌是由组成种类决定的，植物种类组成不同，植物群落外貌也不相同，就可以区分为不同的植物群落。所以，一定的种类组成是一个群落最主要的特征，所有其他特征几乎全由这一特征所决定。因此，划分植物群落最基本的依据就是植物种类组成，尤其是最重要的中级分类单位（群系）和基本单位（群丛）一定要用植物种类组成作为分类的依据。但是，组成植物群落的种类不是单一的，而是多种多样的。选择哪些种类作为划分群落的标准就成为各学派一个争论的问题。北欧、前苏联和英美多采用优势种，而法瑞学派则采用特征种、区别种和生态种组。《中国植被》一书基本采用优势种。

优势种就是植物群落各层中重要值（或盖度或多度盖度级）最大和比较大的种，其中主要层片（建群层片）的优势种称为建群种。当优势不明显时，就采用共优种或共建种作为划分群落类型的标准。

《中国植被》一书亦提出在优势种相当多，很难分出哪一个是主要的，采用优势种的依据有困难时，这时也可采用特征种作为划分群落类型的标准。《广西植被》一书基本上是采用优势种和共优种来划分群落类型，只有个别类型采用特征种的原则。但并不是因为采用优势种的依据有困难，而是因为采用特征种的依据更能反映群落的性质，例如北热带季节性雨林划分的小叶红光树林、亚热带中山针阔混交林划分的冷杉林。

二、结构和外貌

具有相似地理环境条件的地区，即使地理区域分隔，大的如不同的大陆，小的如不同的省(区)或省(区)内不同的地域，常常形成结构和外貌相似的植物群落，这种分隔地区内植被结构和外貌的趋同性，是建立外貌分类的主要依据。但是，不应把外貌的趋同性看成是绝对的，由于植物区系发生历史的不同，在非常相似的生态条件下可能存在外貌很不相同的群落，例如，亚热带石灰岩山地顶部，生境条件异常恶劣，一般都是由阔叶树组成的山顶矮林，但少数山顶却是由针叶树组成的针叶林，如岩生翠柏林、黄枝油杉林、华南五针松林等。即使如此，生态外貌是进行大类型划分的重要依据。广西植被在利用为外貌和结构原则所制定的生活型系统时，对某些类群的标准作了修改，某些类群没有采用。根据广西的实际情况，大乔木的标准改为＞15m，中乔木改为7～15m，小乔木改为＜7m；灌木不分大、中、小，≤3m的为灌木。半灌木植物和腐生草本植物没有分出。

三、生态地理特征

生态地理特征与结构和外貌特征有密切的关联，既然具有相似地理环境条件的地区，即使地理位置分隔，常常形成结构和外貌相似的植物群落，这就是说明，任何植被类型都与一定的环境特征联系在一起，它们除具有特定的种类成分和特定的外貌、结构外，还具有特定的生态幅度和分布范围。有的植被类型生活型和外貌特征相似，但生境条件绝然不同，把它们划为同一的植被型，显然是矛盾的。例如南亚松林和马尾松林，生活型和外貌相似，但前者分布在热带，后者分布在亚热带，不属于同一的植被型。在这种情况下，生态地理特征原则将起着重要的作用。

在应用《中国植被》一书划分的植物生态类型时，我们根据广西的实际情况对某些标准作了修改，例如高温植物，≥10℃积温改为≥7500℃，最冷月平均气温改为≥12℃，极端最低气温改为≥0℃。

四、动态特征

在广西，次生植被类型多种多样，虽然有的次生植被类型，例如暖性落叶阔叶林、次生季雨林、灌丛、草丛，它们是天然林破坏后演替系列的一个组成系列，我们把它们划分出来作为一个植被型，与天然林平衡。但不少次生植被类型，例如广西的灌丛，除开那些性状属于灌木，我们把它分出单独划为一类植被类型外，其余那些性状属于乔木、目前阶段处于灌木(丛)状态，由于它们都是森林破坏后的产物，我们都没有把它们分出，而是放入有关的森林类型中叙述。因此，广西植被分类系统实际上也是贯穿了动态原则的。

第二节　广西植被分类单位和系统

根据《中国植被》一书，广西植被主要分类单位有三级：植被型(高级单位)、群系(中级单位)和群丛(低级单位)。在植被型和群系之上，各设一个辅助单位，即植被型组、群系组。在植被型之下设一亚级，即植被亚型。因此，广西植被分类系统是：

植被型组
　植被型(植被亚型)
　　群系组
　　　群系
　　　　群丛

各级分类单位划分的标准如下。

植被型组：由生活型和外貌相似的植被型联合成植被型组，例如针叶林、阔叶林、竹林、灌丛和草丛。

植被型：为本分类系统中最重要的高级分类单位。由生活型和外貌相同或相近，且生态地理特征亦相同或相近的植物群落联合成植被型，例如暖性针叶林、热性针叶林、暖性落叶阔叶林、常绿落叶阔叶混交林和常绿阔叶林等。

植被亚型：为植被型的的辅助单位。在植被型内根据优势层片的差异进一步划分亚型。这种差异一般是由气候亚带的差异或一定的地貌、基质条件的差异引起。例如暖性针叶林，由于垂直高度的变化引起气候垂直带的差异而分为低山丘陵针叶林和中山针阔叶混交林两个亚型；常绿落叶阔叶混交林由于地质的差异分为中山常绿落叶阔叶混交林和石灰岩山常绿落叶阔叶混交林两个亚型等等。

群系组：在植被型或亚型范围内，可以根据建群种亲缘关系近似(同属或相近属)、生活型(三或四级)近似或生境相近而划分群系组，但划入同一群系组的各群系，其生态特点一定是相似的。例如暖性低山丘陵针叶林分为酸性土和石灰岩土两个群系组。

群系：为本分类系统中一个最重要的中级分单位。凡建群种或共建种(在热带或亚热带有时是标志种)相同的植物群落联合为群系，如马尾松林、银杉林、元宝山冷杉林、木荷林、栲林、红锥林、厚壳桂林、蚬木林、望天树林等。一般情况下，地带性群系的分布局限在气候亚带范围内；隐域性群系的分布，则局限在某一特定生态因子的一定梯度范围内。在类型等级上，群系通常局限在某一群系组或植被亚型的范围内。但对少数广生态幅的建群种，常常会遇到一些矛盾。如马尾松林，从北亚热带一直分布到北热带，同时在几个气候带内出现。对这些群系，我们仍遵守上述分类原则，作一个广生态幅的群系处理，并按其最适生境归入相应的亚型内。马尾松林我们把它归入低山丘陵暖性针叶林亚型中。另外，广西的中山常绿落叶阔叶混交林和石灰岩山常绿落叶阔叶混交林的群系，我们认为必须常绿和落叶两种优势种或共建种相同才能联合为同一的群系，如果只有其中一种优势种或共建种相同是不能联合为同一的群系的。因而虽然有不少群系其中有一个优势种或共建种是相同的，但我们不把这些群落联合为同一的群系，而是把它们作为若干的群系。

广西由于山多，地形地貌复杂，所以生境异质性大。广西的天然林主要分布在大山里，在复杂的地形地貌和生境异质性大的影响下，种类组成丰富、复杂，建群种和优势种变化大。加之过去广西的天然林受到的破坏也比较频繁，因而广西的群系连片面积很小。连片面积超过1000m^2的很少见到。尤其是石灰岩山地的森林和季节性雨林以及中山针叶林或针阔叶混交林，能找到连片600m^2的群系是很不容易的。而且同一坡面，同一群系重复出现的很少，能够找到5~6个600m^2的样地就很难得了。

群丛：是植被分类的基本单位。凡是层片结构相同，各层片的优势种或共优种(南方某些类型中则为标志种)相同的植物群落联合为群丛。换言之，属于同一群丛的群落应具有共同的正常种类，相同的结构，相同的生态特征，相同的动态特点(包括相同的季节变化，处于相同的演替阶段等)，和相似的生境。例如马尾松—桃金娘—芒萁群丛。本书并不是每一群系下都划分出群丛，同时由于资料还不够充分，划分出的群丛有的不一定很准确，所以本书一律把群丛统称为群落。

上面已经讲述，广西天然林主要分在大山区，地形地貌复杂，生境异质性大，建群种和优势种变化大，所以对于划分群丛难度是比较大的，尤其是共建种和共优种组成的群落。例如，某一群落的各层片由2个共优种或共建种组成，另一群落与它很相似，但只有1个建群种或优势种与前一群落相同，前一群落的另一建群种或优势种虽然在此群落存在，但不是建群种或优势种，个体数量很少，按照群丛划分的定义，这两个群落是不能联合为一个群丛的。但我们考虑到广西是处于热带和亚热带的多山地区，生境异质性大，出现这种情况，我们也把它们联合为一个群丛。

第三节　广西天然植被类型分类系统

根据上述的分类原则和依据以及分类单位和系统，我们把广西天然植被类型划分为 5 个植被型组、14 个植被型、26 个植被亚型、2 个群系组、301 个群系，分类系统表只列到群系一级，群丛一级在各类型分开叙述时再列出。植被类型的描述，划分到群丛的，以群丛为单位描述，不划分到群丛的，以群系为单位描述。

本分类系统不包括人工植被，天然植被中不包括水生植被和湿地植被。

广西天然植被类型分类系统表*

一、针叶林

（一）暖性针叶林

Ⅰ. 低山丘陵暖性针叶林

（Ⅰ）酸性土低山丘陵暖性针叶林

1. 马尾松林（Form. *Pinus massoniana*）
2. 细叶云南松林（Form. *Pinus yunnanensis* var. *tenuifolia*）
3. 海南五针松林（Form. *Pinus fenzeliana*）
4. 油杉林（Form. *Keteleeria fortunei*）
5. 江南油杉林（Form. *Keteleeria fortunei* var. *cyclolepis*）

（Ⅱ）石灰（岩）土低山丘陵暖性针叶林

1. 黄枝油杉林（*Keteleeria davidiana* var. *calcarea*）
2. 岩生翠柏林（Form. *Calocedrus rupestris*）
3. 短叶黄杉林（Form. *Pseudotsuga brevifolia*）

Ⅱ. 中山针阔叶混交林

1. 银杉林（Form. *Cathaya argyrophylla*）
2. 华南五针松林（Form. *Pinus kwangtungensis*）
3. 铁杉林（Form. *Tsuga chinensis*）
4. 长苞铁杉林（Form. *Tsuga longibracteata*）
5. 小叶罗汉松林（Form. *Podocarpus wangii*）
6. 百日青林（Form. *Podocarpus. neriifolius*）
7. 福建柏林（Form. *Fokienia hodginsii*）
8. 南方红豆杉林（Form. *Taxus wallichiana* var. *mairei*）
9. 资源冷杉林（Form. *Abies beshanzuensis* var. *ziyuanensis*）
10. 元宝山冷杉林（Form. *Abies yuanbaoshanensis*）

（二）热性针叶林

1. 南亚松林（Form. *Pinus latteri*）

二、阔叶林

（三）暖性落叶阔叶林

Ⅰ. 砂岩、页岩、花岗岩山地暖性落叶阔叶林

（Ⅰ）低山丘陵暖性落叶阔叶林

1. 华南桦林（Form. *Betula austrosinensis*）
2. 亮叶桦林（Form. *Betula luminifera*）
3. 西桦林（Form. *Betula alnoides*）
4. 糙皮桦林（Form. *Betula utilis*）
5. 尼泊尔桤木林（Form. *Alnus nepalensis*）
6. 响叶杨林（Form. *Populus adenopoda*）
7. 栓皮栎林（Form. *Quercus variabilis*）
8. 麻栎林（Form. *Quercus. acutissima*）
9. 白栎林（Form. *Quercus fabri*）
10. 大叶栎林（Form. *Quercus griffithii*）
11. 槲栎林（Form. *Quercus aliena*）
12. 赤杨叶林（Form. *Alniphyllum fortunei*）
13. 枫香树林（Form. *Liquidambar formosana*）
14. 东南野桐林（Form. *Mallotus lianus*）
15. 中平树林（Form. *Macaranga denticulata*）
16. 雷公鹅耳枥林（Form. *Carpinus viminea*）
17. 石灰花楸林（Form. *Sorbus folgneri*）
18. 越南安息香林（Form. *Styrax tonkinensis*）
19. 青钱柳林（Form. *Cyclocarya paliurus*）
20. 山乌桕林（Form. *Sapium discolor*）
21. 山鸡椒林（Form. *Litsea cubeba*）
22. 山槐林（Form. *Albizia kalkora*）
23. 化香树林（Form. *Platycarya strobilacea*）

（Ⅱ）中山山地暖性落叶阔叶林

1. 光叶水青冈林（Form. *Fagus lucida*）
2. 水青冈林（Form. *Fagus longipetiolata*）
3. 马尾树林（Form. *Rhoiptelea chiliantha*）
4. 缺萼枫香树林（Form. *Liquidambar acalycina*）
5. 贵州桤叶树林（Form. *Clethra kaipoensis*）
6. 白辛树林（Form. *Pterostyrax psilophyllus*）
7. 鹅掌楸林（Form. *Liriodendron chinense*）
8. 广东木瓜红林（Form. *Rehderodendron kwangtungense*）

Ⅱ. 河岸暖性落叶阔叶林

1. 枫杨林（Form. *Pterocarya stenoptera*）

Ⅲ. 石灰岩山暖性落叶阔叶林

1. 扇叶槭林（Form. *Acer flabellatum*）
2. 灯台树 + 榔榆林（Form. *Cornus controversa* + *Ulmus parvifolia*）

3. 青檀林(Form. *Pteroceltis tatarinowii*)
4. 朴树林(Form. *Celtis sinensis*)
5. 紫弹树林(Form. *Celtis biondii*)
6. 千金榆林(Form. *Carpinus cordata*)
7. 黄连木林(Form. *Pistacia chinensis*)
8. 黄梨木林(Form. *Boniodendron minus*)
9. 圆叶乌桕林(Form. *Sapium rotundifolium*)
10. 化香树丛林(Form. *Platycarya strobilacea*)
11. 岭南酸枣林(Form. *Spondias lakonensis*)
12. 翅荚香槐林(Form. *Cladrastis platycarpa*)

（四）常绿落叶阔叶混交林

Ⅰ. 中山常绿落叶阔叶混交林

1. 云山青冈、光叶水青冈林(Form. *Cyclobalanopsis sessilifolia*, *Fagus lucida*)
2. 多脉青冈、光叶水青冈林(Form. *Cyclobalanopsis multinervis*, *Fagus lucida*)
3. 银木荷、光叶水青冈林(Form. *Schima argentea*, *Fagus lucida*)
4. 银木荷、野漆林(Form. *Schima argentea*, *Toxicodendron succedaneum*)
5. 银木荷、白辛树林(Form. *Schima argentea*, *Pterostyrax Psilophyllus*)
6. 鹿角锥、水青冈林 (Form. *Castanopsis lamontii*, *Fagus longipetiolata*)
7. 鹿角锥、光叶水青冈林(Form. *Castanopsis lamontii*, *Fagus lucida*)
8. 鹿角锥、桂南木莲、白辛树林(Form. *Castanopsis lamontii*, *Manglietia conifera*, *Pterostyrax Psilophyllus*)
9. 鹿角锥、中华槭、甜槠林(Form. *Castanopsis lamontii*, *Acea sinense*, *Castanopsis eyrei*)
10. 野漆、石灰花楸、甜槠林(Form. *Toxicodendron succedaneum*, *Sorbus folgneri*, *Castanopsis eyrei*)
11. 银钟花、甜槠林(Form. *Halesia macgregorii*, *Castanopsis eyrei*)
12. 紫茎、甜槠林 (Form. *Stewartia sinensis*, *Castanopsis eyrei*)
13. 碟斗青冈、多脉青冈、华南桦林 (Form. *Cyclobalanopsis disciformis*, *Cyclobalanopsis multinervis*, *Betula austrosinensis*)
14. 碟斗青冈、光枝杜鹃、水青冈林(Form. *Cyclobalanopsis disciformis*, *Rhododendron haofui*, *Fagus longipetiolata*)
15. 水青冈、短刺米槠、缺萼枫香树林(Form. *Fagus longipetiolata*, *Castanopsis carlesii* var. *spinulosa*, *Liquidambar acalycina*)
16. 泥椎柯、缺萼枫香树林(Form. *Lithocarpus fenestratus*, *Liquidambar acalycina*)
17. 贵州桤叶树、交让木林(Form. *Clethra kaipoensis*, *Daphniphyllum macropodum*)
18. 贵州桤叶树、桂南木莲林(Form. *Clethra kaipoensis*, *Manglietia conifera*)
19. 滑叶润楠、毛桐林(Form. *Machilus ichangensis* var. *leiophylla*, *Mallotus barbatus*)
20. 滑叶润楠、贵州桤叶树林(Form. *Machilus ichangensis* var. *leiophylla*, *Clethra kaipoensis*)
21. 青榨槭、凯里杜鹃林(Form. *Acer davidii*, *Rhododrndron westlandii*)
22. 青榨槭、薄叶山矾林(Form. *Acer davidii*, *Symplocos anomala*)
23. 钩锥、陀螺果林(Form. *Castanopsis tibetana*, *Melliodendron xylocarpum*)
24. 曼青冈、腺毛泡花树林(Form. *Cyclobalanopsis oxyodon*, *Meliosma glandulosa*)
25. 异色泡花树、白辛树、硬壳柯林(Form. *Meliosma myriantha* var. *discolor*, *Pterostyrax psilophyllus*, *Lithocarpus hancei*)

Ⅱ. 石灰岩山常绿落叶阔叶混交林

1. 青冈、圆叶乌桕林(Form. *Cyclobalanopsis glauca*, *Sapium rotundifolium*)
2. 青冈、南酸枣林(Form. *Cyclobalanopsis glauca*, *Choerospondias axillaris*)
3. 青冈、黄连木林(Form. *Cyclobalanopsis glauca*, *Pistacia chinensis*)
4. 青冈、化香树林(Form. *Cyclobalanopsis glauca*, *Platycarya strobilacea*)
5. 青冈、禾串树林(Form. *Cyclobalanopsis glauca*, *Bridelia balansae*)
6. 青冈、黄梨木林(Form. *Cyclobalanopsis glauca*, *Boniodendron minus*)
7. 鱼骨木、黄梨木林(Form. *Canthium dicoccum*, *Boniodendron minus*)
8. 仪花、青冈林(Form. *Lysidice rhodostegia*, *Cyclobalanopsis glauca*)
9. 仪花、岩樟林(Form. *Lysidice rhodostegia*, *Cinnamomum saxatile*)
10. 榕树、黄梨木林(Form. *Ficus micrcarpa*, *Boniodendron minus*)
11. 榕树、青冈、华南皂角林(Form. *Ficus micrcarpa*, *Cyclobalanopsis glauca*, *Gleditsia fera*)
12. 滇青冈、圆果香树林(Form. *Cyclobalanopsis glaucoides*, *Platycarya longipes*)
13. 刨花润楠、伞花木林(Form. *Machilus pauhoi*, *Eurycoymbus cavaleriei*)
14. 圆果化香、光叶槭林(Form. *Platycarya longipes*, *Acea laevigatum*)
15. 栀子皮、刨花润楠林(Form. *Itoa orientalis*, *Machilus pauhoi*)
16. 广东润楠、小梾木林(Form. *Machilus kwangtungensis*, *Cornus quinquenervis*)
17. 灰岩棒柄花、掌叶木林(Form. *Cleidion bracteosum*, *Handeliodendron bodinieri*)
18. 青檀、广西密花树林(Form. *Pteroceltis tatarinowii*, *Myrsine kwangsiensis*)
19. 杨梅蚊母树、雷公鹅耳枥林(Form. *Distylium myricoides*, *Capinus viminea*)

(五) 常绿阔叶林

Ⅰ. 典型常绿阔叶林

1. 米槠林(Form. *Castanopsis carlesii*)
2. 甜槠林(Form. *Castanopsis eyrei*)
3. 栲林(Form. *Castanopsis fargesii*)
4. 罗浮锥林(Form. *Castanopsis fabri*)
5. 鹿角锥林(Form. *Castanopsis lamontii*)
6. 红背甜槠林(Form. *Castanopsis neocavaleriei*)
7. 钩锥林(Form. *Castanopsis tibetana*)
8. 锥林(Form. *Castanopsis chinensis*)
9. 贵州锥林(Form. *Castanopsis kweichowensis*)
10. 扁刺锥林(Form. *Castanopsis platyacantha*)
11. 毛锥林(Form. *Castanopsis fordii*)
12. 瓦山锥林(Form. *Castanopsis ceratacantha*)
13. 高山锥林(Form. *Castanopsis delavayi*)
14. 苦槠林(Form. *Castanopsis sclerophylla*)
15. 硬壳柯、光枝杜鹃林 (Form. *Lithocarpus hancei*, *Rhododendron haofui*)
16. 厚斗柯林(Form. *Lithocarpus elizabethae*)
17. 绵柯、心叶船柄茶林(Form. *Lithcarpus henryi*, *Hartia cordifolia*)
18. 金毛柯林(Form. *Lithocarpus chrysocomus*)
19. 美叶柯林(Form. *Lithocarpus calophllus*)
20. 泥椎柯林(Form. *Lithocarpus fenestratus*)

21. 竹叶青冈、银木荷林(Form. *Cyclobalanopsis neglecta*, *Schima argentea*)
22. 碟斗青冈林(Form. *Cyclobalanopsis disciformis*)
23. 槟榔青冈林(Form. *Cyclobalanopsis bella*)
24. 小叶青冈林(Form. *Cyclobalanopsis mysinifolia*)
25. 大叶青冈林(Form. *Cyclobalanopsis jenseniana*)
26. 黄毛青冈林(Form. *Cyclobalanopsis delavayi*)
27. 青冈林(Form. *Cyclobalanopsis glauca*)
28. 滇青冈林(Form. *Cyclobalanopsis glaucoides*)
29. 巴东栎林(Form. *Quercus engleriana*)
30. 木荷林(Form. *Schima superba*)
31. 银木荷林(Form. *Schima argentea*)
32. 大头茶林(Form. *Polyspora axillaris*)
33. 四川大头茶林(Form. *Polyspora speciosa*)
34. 厚皮香林(Form. *Ternstroemia gymnanthera*)
35. 多齿山茶林(Form. *Camellia polyodonta*)
36. 红楠林(Form. *Machilus thunbergii*)
37. 黄枝润楠林(Form. *Machilus versicolora*)
38. 刨花润楠林(Form. *Machilus pauhoi*)
49. 文山润楠林(Form. *Machilus wenshanensis*)
40. 薄叶润楠林(Form. *Machilus leptophylla*)
41. 桂北木姜子林(Form. *Litsea subcoriacea*)
42. 大果木姜子林(Form. *Litsea lancilimba*)
43. 大叶新木姜子林(Form. *Neolitsea levinei*)
44. 鸭公树林 (Form. *Neolitsea chuii*)
45. 樟林(Form. *Cinnamomum camphora*)
46. 深山含笑林(Form. *Michelia maudiae*)
47. 阔瓣含笑林(Form. *Michelia cavaleriei* var. *platypetala*)
48. 桂南木莲林(Form. *Manglietia conifera*)
49. 乐东拟单性木兰林(Form. *Parakmeria lotungensis*)
50. 焕镛木林(Form. *Woonyoungia septentrionalis*)
51. 黄杞林(Form. *Engelhardia roxburghiana*)
52. 少叶黄杞林(Form. *Engelhardia fenzelii*)
53. 蕈树林(Form. *Altingia chinensis*)
54. 马蹄荷林(Form. *Exbucklandia populnea*)
55. 岭南山茉莉林(Form. *Huodendron biaristatum* var. *parviflorum*)
56. 双齿山茉莉林(Form. *Huodendron biaristatum*)
57. 西藏山茉莉林(Form. *Huodendron tibeticum*)
58. 五列木林(Form. *Pentaphylax euryoides*)
59. 樟叶泡花树林(Form. *Meliosma squamulata*)
60. 马蹄参林(Form. *Diplopanax stachyanthus*)

Ⅱ. 季风常绿阔叶林

1. 红锥林(Form. *Castanopsis hystrix*)
2. 吊皮锥林(Form. *Castanopsis. kawakamii*)

3. 公孙锥林(Form. *Castanopsis. tonkinensis*)

4. 黧蒴锥林(Form. *Castanopsis. fissa*)

5. 饭甑青冈林(Form. *Cyclobalanopsis fleuryi*)

6. 黄果厚壳桂林(Form. *Cryptocarya concinna*)

7. 厚壳桂林(Form. *Cryptocarya. chinensis*)

8. 华润楠林 (Form. *Machilus chinensis*)

9. 纳槁润楠林(Form. *Machilus nakao*)

10. 野黄桂 + 刨花润楠林(Form. *Cinnamomum jensenianum* + *Machilus pauhoi*)

11. 金叶含笑、公孙锥林(Form. *Michelia foveolata*, *Castanopsis tonkinensis*)

12. 白花含笑林(Form. *Michelia mediocris*)

13. 小花红花荷林(Form. *Rhodoleia parvipetala*)

14. 山杜英林(Form. *Elaeocarpus sylvestris*)

Ⅲ. 山顶(山脊)苔藓矮林

1. 变色杜鹃林(Form. *Rhododendron simiarum* var. *versicolor*)

2. 光枝杜鹃林(Form. *Rhododendron haofui*)

3. 猫儿山杜鹃林(Form. *Rhododendron maoerense*)

4. 多花杜鹃林(Form. *Rhododendron cavaleriei*)

5. 猴头杜鹃林(Form. *Rhododendron simiarum*)

6. 凯里杜鹃林(Form. *Rhododendron westlandii*)

7. 稀果杜鹃林(Form. *Rhododendron oligocarpum*)

8. 大云锦杜鹃林(Form. *Rhododendron faithiae*)

9. 马缨杜鹃林(Form. *Rhododendron delavayi*)

10. 西施花林(Form. *Rhododendron latoucheae*)

11. 美丽马醉木林(Form. *Pieris formosa*)

12. 狭叶珍珠花林(Form. *Lyonia ovalifolia* var. *lanceolata*)

13. 包槲柯林(Form. *Lithocarpus cleistocarpus*)

14. 榄叶柯林(Form. *Lithocarpus oleifolius*)

15. 耳柯林(Form. *Lithocarpus haipinii*)

16. 硬壳柯林(Form. *Lithocarpus hancei*)

17. 褐叶青冈林(Form. *Cyclobalanopsis stewardiana*)

18. 曼青冈林(Form. *Cyclobalanopsis oxyodon*)

19. 黄背青冈林(Form. *Cyclobalanopsis poilanei*)

20. 多脉青冈林(Form. *Cyclobalanopsis multinervis*)

21. 罗浮锥林(Form. *Castanopsis fabri*)

22. 红背甜槠林(Form. *Castanopsis neocavaleriei*)

23. 甜槠林(Form. *Castanopsis eyrei*)

24. 厚叶厚皮香林(Form. *Ternstroemia kwangtungensis*)

25. 厚皮香林(Form. *Ternstroemia gymnanthera*)

26. 细齿叶柃林(Form. *Eurya nitida*)

27. 银木荷 + 五列木林(Form. *Schima argentea* + *Pentaphylax euryoides*)

28. 海南树参 + 小花红花荷林(Form. *Dendropanax hainanensis* + *Rhodoleia parvipetala*)

29. 尖叶黄杨林(Form. *Buxus microphylla* subsp. *sinica* var. *aemulans*)

30. 滑叶润楠林(Form. *Machilus ichangensis* var. *leiophylla*)

31. 红皮木姜子林(Form. *Litsea pedunculata*)

Ⅳ. 硬叶常绿阔叶林

1. 乌冈栎林(Form. *Quercus phillyraeoides*)

（六）季节性雨林

Ⅰ. 红壤土地区季节性雨林

1. 橄榄林(Form. *Canarium album*)
2. 乌榄林(Form. *Canarium pimela*)
3. 锈毛梭子果林(Form. *Eberhardtia aurata*)
4. 梭子果林(Form. *Eberhardtia tonkinensis*)
5. 狭叶坡垒林(Form. *Hopea chinensis*)
6. 广西青梅林(Form. *Vatica guangxiensis*)
7. 小叶红光树林(Form. *Knema globularia*)
8. 紫荆木林(Form. *Madhuca pasquieri*)
9. 格木林(Form. *Erythrophleum fordii*)
10. 人面子、乌榄、九丁榕林(Form. *Dracontomelon duperreanum*, *Canarium pimela*, *Ficus nervosa*)
11. 中国无忧花林(Form. *Saraca dives*)
12. 红鳞蒲桃林(Form. *Syzygium hancei*)
13. 红椿、四瓣米仔兰、白颜树林(Form. *Toona ciliata*, *Aglaia lawii*, *Gironniera subaequalis*)
14. 秋枫、印度锥、鱼尾葵林(Form. *Bischofia javanica*, *Castanopsis indica*, *Caryota ochlandra*)
15. 杜英、锈毛梭子果、壳菜果林(Form. *Elaeocarpus decipiens*, *Eberhardtia aurata*, *Mytilaria laosensis*)
16. 海南椤木、鱼尾葵、任豆林(Form. *Dysoxylum mollissimum*, *Caryota ochlandra*, *Zenia insignis*)
17. 仪花林(Form. *Lysidice rhodostegia*)
18. 见血封喉林(Form. *Antiaris toxicaria*)
19. 红山梅、橄榄、水石榕林(Form. *Artocarpus styracifolius*, *Canarium album*, *Elaeocarpus hainanensis*)
20. 大果马蹄荷、鹅掌柴林(Form. *Exbucklandia tonkinensis*, *Schefflera heptaphylla*)
21. 水仙柯、橄榄、锈毛梭子果林(Form. *Lithocarpus naiadarun*, *Canarium album*, *Eberhardtia aurata*)
22. 阔叶肖榄林(Form. *Platea latifolia*)

Ⅱ. 石灰(岩)土地区季节性雨林

1. 蚬木林(Form. *Excentrodendron tonkinensis*)
2. 肥牛树林(Form. *Cephalomappa sinensis*)
3. 东京桐林(Form. *Deutzianthus tonkinensis*)
4. 大叶风吹楠林(Form. *Horsfieldia kingii*)
5. 望天树林(Form. *Parashorea chinensis*)
6. 中国无忧花林(Form. *Saraca dives*)
7. 五桠果叶木姜子林(Form. *Litsea dilleniifolia*)
8. 细子龙林(Form. *Amesiodendron chinense*)
9. 广西牡荆、秋枫、米扬噎林(Form. *Vitex kwangsiensis*, *Bischofia javanica*, *Streblus tonkinensis*)
10. 多花白头树、假肥牛树林(Form. *Garuga floribunda* var. *gamblei*, *Cleistanthus petelotii*)
11. 闭花木林(Form. *Cleistanthus sumatranus*)

12. 广西樗树林(Form. *Ailanthus guangxiensis*)

13. 翅荚香槐、石密、海南厚壳桂林(Form. *Cladrastis platycarpa*, *Alphonsea mollis*, *Cryptocarya hainanensis*)

14. 铁榄、清香木林(Form. *Sinosideroxylon pedunculatum*, *Pistacia weinmannifolia*)

15. 纸叶琼楠、粗壮润楠林(Form. *Beilschmiedia pergamentacea*, *Machilus robusta*)

Ⅲ. 河岸季节性雨林

1. 水翁蒲桃林(Form. *Syzygium nervosum*)

(七)次生季雨林

1. 乌墨林(Form. *Syzyzium cumini*)
2. 木棉疏林(Form. *Bombax ceiba*)
3. 任豆林(Form. *Zenia insignis*)
4. 顶果树林(Form. *Acrocarpus fraxinifolius*)
5. 翻白叶树林(Form. *Pterospermum heterophyllum*)
6. 桂火绳林(Form. *Eriolaena kwangsiensis*)
7. 簕档花椒林(Form. *Zanthoxylum avicennae*)
8. 槟榔青、劲直刺桐林(Form. *Spondias pinnata*, *Erythrina strica*)
9. 龙荔林(Form. *Dimocarpus confinis*)
10. 鹅掌柴林(Form. *Schefflera heptaphylla*)
11. 红木荷 、枫香树林(Form. *Schima wallichii*, *Liquidambar formosana*)

(八)红树林

1. 海榄雌林(Form. *Avicennia marina*)
2. 秋茄树林(Form. *Kandelia obovata*)
3. 蜡烛果林(Form. *Aegiceras corniculatum*)
4. 红海榄林(Form. *Rhizophora styrosa*)
5. 木榄林(Form. *Bruguiera gymnorrhiza*)
6. 海漆林(Form. *Excoecaria agallocha*)
7. 银叶树林(Form. *Heritiera littoralis*)
8. 海杧果林(Form. *Cerbera manghas*)
9. 黄槿林(Form. *Hibiscus tiliaceus*)

三、竹林

(九)暖性竹林

Ⅰ. 中山山地竹林

1. 摆竹林(Form. *Indosasa shibataeoides*)
2. 尖尾箭竹林(Form. *Fargesia cuspidata*)
3. 绒毛赤竹林(Form. *Sasa tomentosa*)

Ⅱ. 低山丘陵竹林

1. 方竹林(Form. *Chimonobambusa quadrangularis*)
2. 毛竹林(Form. *Phyllostachys edulis*)
3. 假毛竹林(Form. *Phyllostachys kwangsiensis*)

4. 桂竹林（Form. *Phyllostachys reticulata*）
5. 棚竹林（Form. *Indosasa longispicata*）
6. 杠竹林（Form. *Sinobambusa henryi*）
7. 茶竿竹林（Form. *Pseudosasa amabillis*）

Ⅲ. 河谷平原竹林

1. 桂单竹林（Form. *Bambusa guangxiensis*）
2. 黔竹林（Form. *Dendrocalamus tsiangii*）
3. 大绿竹林（Form. *Bambusa grandis*）
4. 车筒竹林（Form. *Bambusa sinospinosa*）

（十）热性竹林

Ⅰ. 低山丘陵竹林

1. 澜沧梨藤竹林（Form. *Melocalamus arrectus*）
2. 泡竹林（Form. *Pseudostachyum polymorphum*）
3. 思簩竹林（Form. *Schizostachyum pseudolima*）
4. 大节竹林（Form. *Indosasa crassiflora*）
5. 中华大节竹林（Form. *Indosasa sinica*）

Ⅱ. 河谷平原竹林

1. 粉单竹林（Form. *Bambusa chungii*）
2. 簕竹林（Form. *Bambusa blumeana*）
3. 马蹄竹林（Form. *Bambusa lapidea*）
4. 青皮竹林（Form. *Bambusa textilis*）
5. 撑篙竹林（Form. *Bambusa pervariabilis*）
6. 吊丝竹林（Form. *Dendrocalamus minor*）
7. 麻竹林（Form. *Dendrocalamus latiflorus*）

四、灌丛

（十一）暖性灌丛

Ⅰ. 红壤土地区灌丛

1. 茅栗灌丛（Form. *Castanea seguinii*）
2. 山鸡椒 、盐肤木灌丛（Form. *Litsea cubeba*, *Rhus chinensis*）
3. 毛叶黄杞灌丛（Form. *Engelhardia spicata* var. *colebrookeana*）
4. 椭圆叶木蓝灌丛（Form. *Indigofera cassoides*）
5. 水锦树灌丛（Form. *Wendlandia uvariifolia*）
6. 杜鹃、珍珠花、南烛灌丛（Form. *Rhododendron simsii*, *Lyonia ovalifolia*, *Vaccinium bracteatum*）

Ⅱ. 石灰（岩）土地区灌丛

1. 檵木灌丛（Form. *Loropetalum chinense*）
2. 红背山麻杆灌丛（Form. *Alchornea trewioides* ）
3. 牡荆灌丛（Form. *Vitex negundo* var. *cannabifolia*）
4. 龙须藤、华南云实灌丛（Form. *Bauhinia championi*, *Caesalpinia crista*）
5. 灰毛浆果楝灌丛（Form. *Cipadessa baccifera*）
6. 小果蔷薇灌丛（Form. *Rosa cymosa*）

7. 广东蛇葡萄、铁包金灌丛(Form. *Ampelopsis cantoniensis*, *Berchemia lineata*)
8. 云实、清香木灌丛(Form. *Caesalpinia decapetala*, *Pistacia weinmannifolia*)
9. 石山棕灌丛(Form. *Guihaia argyrata*)
10. 广西绣线菊灌丛(Form. *Spiraea kwangsiensis*)
11. 火棘灌丛(Form. *Pyracantha fortuneana*)
12. 雀梅藤灌丛(Form. *Sageretia thea*)
13. 箬叶竹灌丛(Form. *Indocalamus longiauritus*)
14. 斜叶榕、毛果巴豆灌丛(Form. *Ficus tinctoria* subsp. *gibbosa*, *Croton lachynocarpus*)
15. 亮叶中南鱼藤灌丛(Form. *Derris fordii* var. *lucida*)

(十二) 热性灌丛

Ⅰ. 红壤土地区灌丛

1. 岗松灌丛(Form. *Baeckea frutescens*)
2. 桃金娘灌丛(Form. *Rhodomyrtus tomentosa*)
3. 黑面神灌丛(Form. *Breynia fruticosa*)
4. 银柴灌丛(Form. *Aporusa dioica*)
5. 黄牛木灌丛(Form. *Cratoxylun cochinchinense*)
6. 小叶乌药灌丛(Form. *Lindera aggregata* var. *playfairii*)

Ⅱ. 石灰(岩)土地区灌丛

1. 余甘子灌丛(Form. *Phyllanthus emblica*)
2. 番石榴灌丛(Form. *Psidium guajava*)
3. 假鹰爪、白藤灌丛(Form. *Desmos chinensis*, *Calamus tetradactylus*)
4. 香港鹰爪花、茶条木灌丛(Form. *Artabotrys hongkongensis*, *Delavaya toxocarpa*)
5. 毛果翼核果、咀签灌丛(Form. *Ventilago calyculata*, *Gouania leptostachya*)
6. 矮棕竹灌丛(Form. *Rhapis humilis*)
7. 剑叶龙血树灌丛(Form. *Dracaena cochinchinensis*)
8. 山石榴灌丛(Form. *Catunaregam spinosa*)
9. 构棘、火筒树灌丛(Form. *Maclura cochinchinensis*, *Leea indica*)
10. 广西紫麻灌丛(Form. *Oreocnide kwangsiensis*)
11. 羽叶金合欢、石山柿灌丛(Form. *Acacia pennata*, *Diospyros saxatilis*)

Ⅲ. 河漫滩灌丛

1. 水柳灌丛(Form. *Homonoia riparia*)

五、草丛

(十三) 禾草草丛

Ⅰ. 红壤土地区草丛

1. 五节芒草丛(Form. *Miscanthus floridulus*)
2. 芒草丛(Form. *Miscanthus sinensis*)
3. 毛杆野古草草丛(Form. *Arundinella hirta*)
4. 石芒草丛(Form. *Arundinella nepalensis*)
5. 刺芒野古草草丛(Form. *Arundinella setosa*)
6. 金茅草丛(Form. *Eulalia speciosa*)

7. 四脉金茅草丛(Form. *Eulalia quadrinervis*)
8. 青香茅草丛(*Cymbopogon mekongensis*)
9. 橘草草丛(Form. *Cymbopogon goeringii*)
10. 扭鞘香茅草丛(Form. *Cymbopogon tortilis*)
11. 白茅草丛(Form. *Imperata cylindrica*)
12. 蜈蚣草草丛(Form. *Eremochloa ciliaris*)
13. 苞子草草丛(Form. *Themeda caudata*)
14. 黄背草草丛(Form. *Themeda triandra*)
15. 水蔗草草丛(Form. *Apluda mutica*)
16. 竹节草草丛(Form. *Chrysopogon aciculatus*)
17. 刚莠竹草丛(Form. *Microstegium ciliatum*)
18. 金发草草丛(Form. *Pogonatherum paniceum*)
19. 鹧鸪草草丛(Form. *Eriachne pallescens*)
20. 知风草草丛(Form. *Eragrostis ferruginea*)
21. 臭根子草草丛(Form. *Bothriochloa bladhii*)

Ⅱ. 石灰(岩)土地区草丛

1. 黄茅草丛(Form. *Heteropogon contortus*)
2. 细毛鸭嘴草草丛(Form. *Ischaemum ciliare*)
3. 拟金茅草丛(Form. *Eulaliopsis binata*)
4. 类芦草丛(Form. *Neyraudia reynaudiana*)
5. 斑茅草丛(Form. *Saccharum arundinaceum*)
6. 臭根子草草丛(Form. *Bothriochloa bladhii*)

(十四)杂草草丛

1. 飞机草草丛(Form. *Chromolaena odoratum*)

(十五)蕨类草丛

1. 芒萁草丛(Form. *Dicranopteris pedata*)
2. 蕨草丛(Form. *Pteridium aquilinum* var. *latiusculum*)

＊说明：植被型组：用一、二、三等，数字后加“、”，统一编号。植被型：用(一)(二)(三)等，数字后不加号，统一编号。植被亚型：用Ⅰ、Ⅱ、Ⅲ等，数字后加“.”号，在植被型之下编号。群系组：用(Ⅰ)(Ⅱ)等，数字后不加号，在植被型或植被亚型下编号。群系：用1、2、3等，数字后加“.”号，在植被型或亚型下编号。群丛组：A、B、C、D、E、F等，数字后加“.”号，在群系下编号。群落：用(1)(2)(3)等，数字后不加号，在群系或群丛组下编号。

第七章 暖性针叶林

第一节 概 述

暖性针叶林是指分布在广西中部和北部、由针叶树构成优势的森林，广西的中部和北部属于亚热带地区，通常也把暖性针叶林称为亚热带针叶林。这类森林，无论是建群种，还是群落的组成种类，均与温带地区的针叶林有本质的不同，故把它称之为暖性针叶林，以示与温带地区针叶林的区别。广西的暖性针叶林有原生的和次生的两种类型，次生的暖性针叶林一般分布在海拔 1300m 以下的地区，统称为低山丘陵暖性针叶林，是常绿阔叶林和石灰岩常绿落叶阔叶混交林破坏后形成的一种次生植被类型；原生的暖性针叶林出现在海拔 1300m 以上的地区，称为中山针阔叶混交林，是常绿阔叶林垂直带谱的组成部分。由于广西最高的山地海拔为 2142m，没有高山或亚高山的山地，因此广西植被垂直带谱上不出现针叶林带。海拔 1300m 以上的针叶林只是镶嵌分布在常绿落叶阔叶混交林带中，在组成上很少形成针叶纯林，而是由针叶树和常绿落叶阔叶树组成共优势，所以这类针叶林实质上是一种针阔叶混交林。此外，广西南部海拔 700m 以上的地区为山地常绿阔叶林带，是基带北热带季节性雨林带的一个垂直带谱，植被破坏后同样产生次生的暖性针叶林。基带的热带森林受到严重破坏的地区，有的暖性针叶林同样侵入进去，成为当地次生林的一种类型。所以广西的次生暖性针叶林实际上全区都有分布。但南部低平地区的次生暖性针叶林并不怎么能适应北热带的气候，所以生长不良。

在广西的石灰岩山地，有两种暖性针叶林到目前为止我们尚未弄清楚它究竟是原生的还是次生的。这两种石灰岩暖性针叶林就是岩生翠柏林和短叶黄杉林，它们一般仅限在少数石灰岩山的顶部和山脊上有分布，面积很小。

第二节 暖性针叶林分类系统

广西的暖性针叶林，尤其是次生的暖性针叶林，是广西面积最大、分布最广的次生林，类型很多，共有 2 个植被亚型、2 个群系组、18 个群系、6 个群丛组、87 个群落，其分类系统如下。

Ⅰ. 低山丘陵暖性针叶林

（Ⅰ）酸性土低山丘陵暖性针叶林

1. 马尾松林（Form. *Pinus massoniana*）

A. 马尾松－桃金娘林（*Pinus massoniana* – *Rhodomyrtus tomentosa* Group of association）

（1）马尾松－桃金娘－芒萁群落（*Pinus massoniana* – *Rhodomyrtus tomentosa* – *Dicranopteris pedata* Comm.）

（2）马尾松－桃金娘－鹧鸪草群落（*Pinus massoniana* – *Rhodomyrtus tomentosa* – *Eriachne pallescens* Comm.）

（3）马尾松－桃金娘－细毛鸭嘴草群落（*Pinus massoniana* – *Rhodomyrtus tomentosa* – *Ischaemum ciliare* Comm.）

（4）马尾松－桃金娘－牛筋草群落（*Pinus massoniana* – *Rhodomyrtus tomentosa* – *Eleusine indica* Comm.）

（5）马尾松－桃金娘－弓果黍群落（*Pinus massoniana* – *Rhodomyrtus tomentosa* – *Cyrtococcum patens* Comm.）

（6）马尾松－桃金娘＋黄牛木－芒萁群落（*Pinus massoniana* – *Rhodomyrtus tomentosa* + *Cratoxylum cochinchinense* – *Dicranopteris pedata* Comm.）

（7）马尾松－桃金娘＋岗松－芒萁群落（*Pinus massoniana* – *Rhodomyrtus tomentosa* + *Baeckea frutescens* – *Dicranopteris pedata* Comm.）

（8）马尾松－桃金娘＋岗松－鹧鸪草群落（*Pinus massoniana* – *Rhodomyrtus tomentosa* + *Baeckea frutescens* – *Eriachne pallescens* Comm.）

（9）马尾松－米碎花＋野漆－芒萁＋五节芒群落（*Pinus massiniana* – *Eurya chinensis* + *Toxicodendron succedaneum* – *Dicranopteris pedata* + *Miscanthus floridulus* Comm.）

B. 马尾松－杜鹃（檵木、珍珠花、细齿叶柃、白栎）林（*Pinus massoniana* – *Rhododendron simsii*（*Loropetalum chinense*，*Lyonia ovalifolia*，*Eurya nitida*，*Quercus fabri*）Group of association）

（1）马尾松－杜鹃－芒萁群落（*Pinus massoniana* – *Rhododendron simsii* – *Dicranopteris pedata* Comm.）

（2）马尾松－桃金娘＋白栎－芒萁群落（*Pinus massoniana* – *Rhodomyrtus tomentosa* + *Quercus fabri* – *Dicranopteris pedata* Comm.）

（3）马尾松－檵木－芒群落（*Pinus massoniana* – *Loropetalum chinense* – *Miscanthus sinensis* Comm.）

（4）马尾松－桃金娘＋华南毛柃－芒群落（*Pinus massoniana* – *Rhodomyrtus tomentosa* + *Eurya ciliata* – *Miscanthus sinensis* Comm.）

（5）马尾松－细齿叶柃－狗脊蕨群落（*Pinus massoniana* – *Eurya nitida* – *Woodwardia japonica* Comm.）

（6）马尾松－檵木－檵木－黑莎草群落（*Pinus massoniana* – *Loropetalum chinense* – *Loropetalum chinense* – *Gahnia tristis* Comm.）

C. 马尾松－岗松林（*Pinus massoniana* – *Baeckea frutescens* Group of association）

（1）马尾松－岗松－鹧鸪草群落（*Pinus massoniana* – *Baeckea frutescens* – *Eriachne pallescens* Comm.）

（2）马尾松－岗松－芒萁＋鹧鸪草群落（*Pinus massoniana* – *Baeckea frutescens* – *Dicranopteris pedata* + *Eriachne pallescens* Comm.）

D. 马尾松－黄牛木（鹅掌柴）林（*Pinus massoniana* – *Cratoxylum cochinchinense*（*Schefflera heptaphylla*）Group of association）

（1）马尾松－黄牛木＋野牡丹－五节芒＋细毛鸭嘴草群落（*Pinus massoniana* – *Cratoxylum cochinchinense* + *Melastoma malabathricum* – *Miscanthus floridulus* + *Ischaemum ciliare* Comm.）

(2)马尾松－鹅掌柴＋牛耳枫－芒萁群落(*Pinus massoniana* – *Schefflera heptaphylla* + *Daphniphyllum calycinum* – *Dicranopteris pedata* Comm.)

(3)马尾松－黄牛木＋蜜茱萸－芒萁群落(*Pinus massoniana* – *Cratoxylum cochinchinense* + *Melicope pteleifolia* – *Dicranopteris pedata* Comm.)

(4)马尾松＋木荷－海南罗伞树＋九节＋黄牛木－芒萁群落(*Pinus massoniana* + *Schima superba* – *Ardisia quinquegona* + *Psychotria rubra* + *Cratoxylum cochinchinense* – *Dicranopteris pedata* Comm.)

(5)马尾松－水锦树＋九节－狗脊蕨＋金毛狗脊群落(*Pinus massoniana* – *Wendlandia uvariifolia* + *Psychotria rubra* – *Woodwardia japonica* + *Cibotium barometz* Comm.)

E. 马尾松－牛耳枫林(*Pinus massoniana* – *Daphniphyllum calycinum* Group of association)

(1)马尾松－牛耳枫－芒群落(*Pinus massoniana* – *Daphniphyllum calycinum* – *Miscanthus sinensis* Comm.)

(2)马尾松－马尾松－马尾松＋毛竹－牛耳枫－芒萁群落(*Pinus massoniana* – *Pinus massoniana* – *Pinus massoniana* + *Phyllostachys edulis* – *Daphniphyllum calycinum* – *Dicranopteris pedata* Comm.)

(3)马尾松－马尾松＋枫香树－马尾松－牛耳枫－芒萁群落(*Pinus massoniana* – *Pinus massoniana* + *Liquidambar formosana* – *Pinus massoniana* – *Daphniphyllum calycinum* – *Dicranopteris pedata* Comm.)

(4)马尾松－马尾松＋黄樟＋檫木－油茶＋栲－牛耳枫－芒萁群落(*Pinus massoniana* – *Pinus massoniana* + *Cinnamomum parthenoxylon* + *Sassafras tzumu* – *Camellia oleifera* + *Castanopsis fargesii* – *Daphniphyllum calycinum* – *Dicranopteris pedata* Comm.)

(5)马尾松－马尾松＋变叶榕＋黄樟－油茶＋南烛－牛耳枫－淡竹叶群落(*Pinus massoniana* – *Pinus massoniana* + *Ficus variolosa* + *Cinnamomum parthenoxylon* – *Camellia oleifera* + *Vaccinium bracteatum* – *Daphmiphyllum calycinum* – *Lophatherum gracile* Comm.)

(6)马尾松－马尾松－牛耳枫＋栲－牛耳枫－狗脊蕨＋淡竹叶群落(*Pinus massoniana* – *Pinus massoniana* – *Daphniphyllum calycinum* + *Castanopsis fargesii* – *Daphniphyllum calycinum* – *Woodwardia japonica* + *Lophatherum gracile* Comm.)

(7)马尾松＋栲－甜槠＋栲－石灰花楸＋甜槠－毛冬青－狗脊蕨群落(*Pinus massoniana* + *Castanopsis fargesii* – *Castanopsis eyrei* + *Castanopsis fargesii* – *Sorbus folgneri* + *Castanopsis eyrei* – *Ilex pubescens* – *Woodwardia japonica* Comm.)

F. 马尾松－椭圆叶木蓝＋毛叶黄杞林(*Pinus massoniana* – *Indigofera cassoides* + *Engelhardia spicata* var. *colebrookeana* Group of association)

(1)马尾松－椭圆叶木蓝＋毛叶黄杞－金发草＋黄茅群落(*Pinus massoniana* – *Indigofera cassoides* + *Engelhardia spicata* var. *colebrookeana* – *Pogonatherum paniceum* + *Heteropogon contortus* Comm.)

(2)马尾松－广西水锦树＋毛叶黄杞－白茅群落(*Pinus massoniana* – *Wendlandia aberrans* + *Engelhardia spicata* var. *colebrookeana* – *Imperata cylindrica* Comm.)

2. 细叶云南松林(Form. *Pinus yunnanensis* var. *tenuifolia*)

(1)细叶云南松－茸毛木蓝－拟金茅＋黄茅群落(*Pinus yunnanensis* var. *tenuifolia* – *Indigofera stachyoides* – *Eulaliopsis binata* + *Heteropogon contortus* Comm.)

(2)细叶云南松－珍珠花－石芒草＋青香茅群落(*Pinus yunnanensis* var. *tenuifolia* – *Lyonia ovalifolia* – *Arundinella nepalensis* + *Cymbopogon mekongensis* Comm.)

(3)细叶云南松－云南波罗栎＋栓皮栎＋苞叶木－石芒草＋金茅＋蜈蚣蕨群落(*Pinus yunnanensis* var. *tenuifolia* – *Quercus yunnanensis* + *Quercus variabilis* + *Rhamnella rubrinervis* – *Arundinella nepalensis* + *Eulalia speciosa* + *Pteris vittata* Comm.)

(4)细叶云南松－栓皮栎＋云南波罗栎－滇黔水锦树＋余甘子－刚莠竹＋白茅群落(*Pinus yunnanensis* var. *tenuifolia* – *Quercus variabilis* + *Quercus yunnanensis* – *Wendlandia uvariifolia* subsp. *dunniana* +

Phyllanthus emblica – *Microstegium ciliatum* + *Imperata cylindrica* Comm.）

（5）细叶云南松 – 栓皮栎 + 云南波罗栎 – 珍珠花 – 五节芒 + 石芒草群落（*Pinus yunnanensis* var. *tenuifolia* – *Quercus variabilis* + *Quercus yunnanensis* – *Lyonia ovalifolia* – *Miscanthus floridulus* + *Arundinella nepalensis* Comm.）

（6）细叶云南松 – 尼泊尔桤木 – 栓皮栎 – 青冈 + 栓皮栎 – 刚莠竹群落（*Pinus yunnanensis* var. *tenuifolia* – *Alnus nepalensis* – *Quercus variabilis* – *Cyclobalanopsis glauca* + *Quercus variabilis* – *Microstegium ciliatum* Comm.）

（7）细叶云南松 – 亮叶桦 – 杜鹃 – 五节芒群落（*Pinus yunnanensis* var. *tenuifolia* – *Betula luminifera* – *Rhododendron simsii* – *Miscanthus floridulus* Comm.）

（8）细叶云南松 – 红木荷 – 桃金娘 – 芒萁群落（*Pinus yunnanensis* var. *tenuifolia* – *Schima wallichii* – *Rhodomyrtus tomentosa* – *Dicranopteris pedata* Comm.）

（9）细叶云南松 + 矩鳞油杉 – 毛叶黄杞 + 余甘子 – 四脉金茅 + 拟金茅群落（*Pinus yunnanensis* var. *tenuifolia* + *Keteleeria fortunei* var. *oblonga* – *Engelhardia spicata* var. *colebrookiana* + *Phyllanthus emblica* – *Eulalia quadrinervis* + *Eulaliopsis binata* Comm.）

（10）细叶云南松 + 油杉 + 马尾松 – 水锦树 + 毛叶黄杞 – 细柄草 + 石芒草 + 扭鞘香茅 + 黄茅群落（*Pinus yunnanensis* var. *tenuifolia* + *Keteleeria fortunei* + *Pinus massoniana* – *Wendlandia* sp. + *Engelhardia spicata* var. *colebrookiana* – *Capillipedium parviflorum* + *Arundinella nepalensis* + *Cymbopogon tortilis* + *Heteropogon contortus* Comm.）

（11）油杉 + 细叶云南松 + 马尾松 – 栓皮栎 + 枫香树 – 白栎 + 毛叶黄杞 – 石芒草 + 白茅群落（*Keteleeria fortunei* + *Pinus yunnanensis* var. *tenuifolia* + *Pinus massoniana* – *Quercus variabilis* + *Liquidambar formosana* – *Quercus fabri* + *Engelhardia spicata* var. *colebrookiana* – *Arundinella nepalensis* + *Imperata cylindrica* Comm.）

3. 海南五针松林（Form. *Pinus fenzeliana*）

（1）海南五针松 – 海南五针松 + 马尾松 – 交让木 – 腺萼马银花 – 中华里白群落（*Pinus fenzeliana* – *Pinus fenzeliana* + *Pinus massoniana* – *Daphniphyllum macropodum* – *Rhododendron bachii* – *Diplopterygium chinensis* Comm.）

（2）海南五针松 + 栲 – 贵州杜鹃 – 芒萁群落（*Pinus fenzeliana* + *Castanopsis fargesii* – *Rhododendron guizhouense* – *Dicranopteris pedata* Comm.）

（3）海南五针松 – 四川大头茶 – 贵州杜鹃 – 桂竹 + 棱果花 – 淡竹叶群落（*Pinus fenzeliana* – *Polyspora speciosa* – *Rhododendron guizhouense* – *Phyllostachys reticulata* + *Barthea barthei* – *Lophatherum gracile* Comm.）

（4）海南五针松 – 枫香树 + 黄杞 – 芒萁群落（*Pinus fenzeliana* – *Liquidambar formosana* + *Engelhardia roxburghiana* – *Dicranopteris pedata* Comm.）

4. 油杉林（Form. *Keteleeria fortunei*）

（1）油杉 + 甜槠 – 油杉 – 油杉 – 五节芒群落（*Keteleeria fortunei* + *Castanopsis eyrei* – *Keteleeria fortunei* – *Keteleeria fortunei* – *Miscanthus floridulus* Comm.）

（2）油杉 – 油杉 + 柯 – 柯 – 五节芒群落（*Keteleeria fortunei* – *Keteleeria fortunei* + *Lithocarpus glaber* – *Lithocarpus glaber* – *Miscanthus floridulus* Comm.）

（3）油杉 – 油杉 – 油杉 – 马银花 – 拂子茅 + 五节芒群落（*Keteleeria fortunei* – *Keteleeria fortunei* – *Keteleeria fortunei* – *Rhododendron ovatum* – *Calamagrostis epigeios* + *Miscanthus floridulus* Comm.）

5. 江南油杉林（Form. *Keteleeria fortunei* var. *cyclolepis*）

（1）江南油杉 – 江南油杉 + 银柴 + 余甘子 – 九节 – 扇叶铁线蕨群落（*Keteleeria fortunei* var. *cyclolepis* – *Keteleeria fortunei* var. *cyclolepis* + *Aporusa dioica* + *Phyllanthus emblica* – *Psychotria rubra* – *Adiantum flabellulatum* Comm.）

(2)江南油杉－江南油杉－栓皮栎－银柴－扇叶铁线蕨＋水蔗草群落(*Keteleeria fortunei* var. *cyclolepis* －*Keteleeria fortunei* var. *cyclolepis* －*Quercus variabilis*－*Aporusa dioica*－*Adiantum flabellulatum*＋*Apluda mutica* Comm.)

(Ⅱ)石灰(岩)土低山丘陵暖性针叶林

1. 黄枝油杉林(Form. *Keteleeria davidiana* var. *calcarea*)

(1)黄枝油杉－龙须藤－石油菜群落(*Keteleeria davidiana* var. *calcarea*－*Bauhinia championi*－*Pilea cavaleriei* Comm.)

(2)黄枝油杉－青冈－青冈＋白皮乌口树－广州蛇根草＋沿阶草群落(*Keteleeria davidiana* var. *calcarea*－*Cyclobalanopsis glauca*－*Cyclobalanopsis glauca*＋*Tarenna depauperata*－*Ophiorrhiza cantoniensis* ＋ *Ophiopogon bodinieri* Comm.)

(3)黄枝油杉－朴树－檵木－阔叶山麦冬群落(*Keteleeria davidiana* var. *calcarea*－*Celtis sinensis*－*Loropetalum chinense*－*Liriope muscari* Comm.)

2. 岩生翠柏林(Form. *Calocedrus rupestris*)

(1)岩生翠柏＋华南五针松－岩生翠柏＋罗城鹅耳枥－云南石仙桃群落(*Calocedrus rupestris*＋*Pinus kwangtungensis*－ *Calocedrus rupestris*＋*Carpinus luochengensis*－*Pholidota yunnanensis* Comm.)

(2)岩生翠柏－箬叶竹－中型莎草群落(*Calocedrus rupestris*－*Indocalamus longiauritus*－*Cyperus* sp. Comm.)

3. 短叶黄杉林(Form. *Pseudotsuga brevifolia*)

Ⅱ. 中山针阔叶混交林

1. 银杉林(Form. *Cathaya argyrophylla*)

(1)银杉＋长苞铁杉－金毛柯－赤楠－华西箭竹－瘤足蕨群落(*Cathaya argyrophylla*＋*Tsuga longibracteata*－*Lithocarpus chrysocomus*－*Syzygium buxifolium*－*Fargesia nitida*－*Plagiogyria adnata* Comm.)

(2)银杉＋华南五针松－银杉＋华南五针松－猴头杜鹃－紫背天葵群落(*Cathaya argyrophylla*＋*Pinus kwangtungensis*－*Cathaya argyrophylla*＋*Pinus kwangtungensis*－*Rhododendron simiarum*－*Begonia fimbristipula* Comm.)

2. 华南五针松林(Form. *Pinus kwangtungensis*)

(1)华南五针松－树参－长毛杨桐－华西箭竹－瘤足蕨群落(*Pinus kwangtungensis*－*Dendropanax dentigerus*－*Adinandra glischroloma* var. *jubata*－*Fargesia nitida*－ *Plagiogyria adnata* Comm.)

(2)华南五针松＋银木荷－华南五针松－甜槠－柏拉木＋马银花－狗脊蕨群落(*Pinus kwangtungensis*＋*Schima argentea*－*Pinus kwangtungensis*－*Castanopsis eyrei*－*Blastus cochinchinensis*＋*Rhododendrlon ovatum*－*Woodwardia japonica* Comm.)

(3)华南五针松－五列木－美丽马醉木－贵州杜鹃－光里白群落(*Pinus kwangtungensis* －*Pentaphylax euryoides*－*Pieris formosa*－*Rhododendron guizhouense*－*Diplopterygium laevissimum* Comm.)

(4)华南五针松＋马尾松－华南五针松－贵州杜鹃－光里白群落(*Pinus kwangtungensis*＋*Pinus massoniana*－ *Pinus kwangtungensis* －*Rhododendron guizhouense*－*Diplopterygium laevissimum* Comm.)

3. 铁杉林(Form. *Tsuga chinensis*)

(1)铁杉－华西箭竹－间型沿阶草群落(*Tsuga chinensis*－*Fargesia nitida*－*Ophiopogon intermedius* Comm.)

(2)铁杉－铁杉－美丽马醉木－小柱悬钩子－间型沿阶草群落(*Tsuga chinensis*－*Tsuga chinensis*－*Pieris formosa*－*Rubus columellaris*－ *Ophiopogon intermedius* Comm.)

(3)铁杉－南方红豆杉－红皮木姜子－尖尾箭竹－短药沿阶草群落(*Tsuga chinensis*－*Taxus wallichi-*

ana var. *mairei* – *Litsea pedunculata* – *Fargesia cuspidata* – *Ophiopogon angustifoliatus* Comm.）

（4）铁杉 + 褐叶青冈 – 大八角 – 华西箭竹 – 阴生沿阶草群落（*Tsuga chinensis* + *Cyclobalanopsis stewardiana* – *Illicium majus* – *Fargesia nitida* – *Ophiopogon umbraticola* Comm.）

（5）铁杉 – 光枝杜鹃 – 华西箭竹 – 连药沿阶草群落（*Tsuga chinensis* – *Rhododendron haofui* – *Fargesia nitida* – *Ophiopogon bockianus* Comm.）

4. 长苞铁杉林（Form. *Tsuga longibracteata*）

（1）长苞铁杉 + 马蹄荷 – 樟叶泡花树 – 樟叶泡花树 – 尖尾箭竹 – 狗脊蕨群落（*Tsuga longibracteata* + *Exbucklandia populnea* – *Meliosma squamulata* – *Meliosma squamulata* – *Fargesia cuspidata* – *Woodwardia japonica* Comm.）

（2）长苞铁杉 – 长苞铁杉 – 长苞铁杉 – 马银花 – 光里白群落（*Tsuga longibracteata* – *Tsuga longibractata* – *Tsuga longibracteata* – *Rhododendron ovatum* – *Diplopterygium laevissimum* Comm.）

（3）长苞铁杉 + 甜槠 – 长苞铁杉 + 甜槠 – 尖尾箭竹 – 蕨群落（*Tsuga longibracteata* + *Castanopsis eyrei* – *Tsuga longibracteata* + *Castanopsis eyrei* – *Fargesia cuspidata* – *Pteridium aquilinum* var. *latiusculum* Comm.）

（4）长苞铁杉 – 细叶青冈 – 短梗新木姜子 – 尖尾箭竹 – 十字薹草群落（*Tsuga longibracteata* – *Cyclobalanopsis gracilis* – *Neolitsea brevipes* – *Fargesia cuspidata* – *Carex cruciata* Comm.）

（5）长苞铁杉 – 亮叶杨桐 – 摆竹 – 光里白群落（*Tsuga longibracteata* – *Adinandra nitida* – *Indosasa shibataeoides* – *Diplopterygium laevissimum* Comm.）

5. 小叶罗汉松林（Form. *Podocarpus wangii*）

（1）小叶罗汉松 – 广东杜鹃 + 密花树 – 棱果花 + 华西箭竹 – 间型沿阶草群落（*Podocarpus wangii* – *Rhododendron kwangtungensis* + *Myrsine seguinii* – *Barthea barthei* + *Fargesia nitida* – *Ophiopogon intemedius* Comm.）

（2）光枝杜鹃 – 小叶罗汉松 – 匙萼柏拉木 – 锦香草群落（*Rhododendron haofui* – *Podocarpus wangii* – *Blastus cavaleriei* – *Phyllagathis cavaleriei* Comm.）

（3）小叶罗汉松 – 小叶罗汉松 – 尖尾箭竹 + 柏拉木 – 短药沿阶草群落（*Podocarpus wangii* – *Podocarpus wangii* – *Fargesia cuspidata* + *Blastus cochinchinensis* – *Ophiopogon angustifoliatus* Comm.）

6. 百日青林（Form. *Podocarpus neriifolius*）

（1）百日青 + 西南山茶 – 日本杜英 – 柏拉木 + 日本粗叶木 – 山麦冬群落（*Podocarpus neriifolius* + *Camellia pitardii* – *Elaeocarpus japonicus* – *Blastus cochinchinensis* + *Lasianthus japonicus* – *Liriope spicata* Comm.）

7. 福建柏林（Form. *Fokienia hodginsii*）

（1）福建柏 – 栲 – 四川大头茶 – 柏拉木 – 曲江远志群落（*Fokienia hodginsii* – *Castanopsis fargesii* – *Polyspora speciosa* – *Blastus cochinchinensis* – *Polygala koi* Comm.）

（2）福建柏 + 小叶罗汉松 – 棱果花 – 野雉尾金粉蕨群落（*Fokienia hodginsii* + *Podocarpus wangii* – *Barthea barthei* – *Onychium japonicum* Comm.）

8. 南方红豆杉林（Form. *Taxus wallichiana* var. *mairei*）

（1）南方红豆杉 – 南方红豆杉 – 红皮木姜子 – 尖尾箭竹 – 短药沿阶草群落（*Taxus wallichiana* var. *mairei* – *Taxus wallichiana* var. *mairei* – *Litsea pedunculata* – *Fargesia cuspidata* – *Ophiopogon angustifoliatus* Comm.）

（2）南方红豆杉 – 红皮木姜子 + 南方红豆杉 – 红皮木姜子 + 长尾毛蕊茶 – 尖尾箭竹 – 棒叶沿阶草群落（*Taxus wallichiana* var. *mairei* – *Litsea pedunculata* + *Taxus wallichiana* var. *mairei* – *Litsea pedunculata* + *Camellia caudata* – *Fargesia cuspidatea* – *Ophiopogon clavatus* Comm.）

（3）南方红豆杉 + 包槲柯 – 南方红豆杉 – 长尾毛蕊茶 + 红皮木姜子 – 尖尾箭竹 – 棒叶沿阶草群落（*Taxus wallichiana* var. *mairei* + *Lithocarpus cleistocarpus* – *Taxus wallichiana* var. *mairei* – *Camellia caudata* + *Litsea pedunculata* – *Fargesia cuspidata* – *Ophiopogon clavatus* Comm.）

9. 资源冷杉林(Form. *Abies beshanzuensis* var. *ziyuanensis*)

(1)资源冷杉+华木荷-曼青冈+扇叶槭-大八角-尖尾箭竹-长茎沿阶草群落(*Abies beshanzuensis* var. *ziyuanensis* + *Schima sinensis* - *Cyclobalanopsis oxyodon* + *Acer flabellatum* - *Illicium majus* - *Fargesia cuspidata* - *Ophiopogon chingii* Comm.)

10. 元宝山冷杉林(Form. *Abies yuanbaoshanensis*)

(1)元宝山冷杉-光枝杜鹃-美丽马醉木-尖尾箭竹-短药沿阶草群落(*Abies yuanbaoshanensis* - *Rhododendron haofui* - *Pieris formosa* - *Fargesia cuspidata* - *Ophiopogon angustifoliatus* Comm.)

(2)元宝山冷杉-杜鹃一种-长尾毛蕊茶-尖尾箭竹-短药沿阶草群落(*Abies yuanbaoshanensis* - *Rhododendron* sp. - *Camellia caudata* - *Fargesia cuspidata* - *Ophiopogon angustifoliatus* Comm.)

(3)元宝山冷杉+铁杉-红皮木姜子-长尾毛蕊茶-尖尾箭竹-短药沿阶草群落(*Abies yuanbaoshanensis* + *Tsuga chinensis* - *Litsea pedunculata* - *Camellia caudata* - *Fargesia cuspidata* - *Ophiopogon angustifoliatus* Comm.)

(4)元宝山冷杉-红皮木姜子+南方红豆杉-红皮木姜子-尖尾箭竹-短药沿阶草群落(*Abies yuanbaoshanensis* - *Litsea pedunculata* + *Taxus wallichiana* var. *mairei* - *Litsea pedunculata* - *Fargesia cuspidata* - *Ophiopogon angustifoliatus* Comm.)

第三节　低山丘陵暖性针叶林

低山丘陵暖性针叶林是指分布于海拔1300m以下、由针叶树形成纯林或占优势的森林，按基质不同分为2个群系组。

一、酸性土低山丘陵暖性针叶林

(一)区系组成

酸性土低山丘陵暖性针叶林有5个群系65个群落，把所有群落的样方数据进行统计，便得出酸性土低山丘陵暖性针叶林的区系组成。由于这些样方资料包括了广西从南到北、从东到西、海拔1300m以下的酸性土低山丘陵暖性针叶林及其所有的演替阶段，因此，是能反映广西酸性土低山丘陵暖性针叶林的区系组成的真实情况的。根据统计结果，酸性土低山丘陵暖性针叶林的区系组成共有114科281属452种，其中蕨类植物15科21属28种，裸子植物4科5属7种，双子叶植物86科205属354种，单子叶植物9科50属63种。以种类的多少来确定酸性土低山丘陵暖性针叶林区系组成的优势科有禾亚科(31属38种)，大戟科(12属25种)，蝶形花科(10属21种)，茜草科(14属20种)，蔷薇科(8属18种)，杜鹃花科(5属17种)，壳斗科(4属16种)，樟科(8属16种)，山茶科(5属17种)，菊科(12属13种)。但是单从种类的多少来确定的优势科不能完全反映出植物群落区系组成的特点，还必须通过而且主要通过以乔木层植物重要值指数来确定的优势科才能完全反映出其区系组成的特点。以乔木层植物重要值指数≥15来确定的优势科最重要的是松科，其次有樟科、山茶科、虎皮楠科、金缕梅科、桦木科、壳斗科、胡桃科、安息香科。

酸性土低山丘陵暖性针叶林区系组成277属中，有种子植物属260属，按照吴征镒先生《中国种子植物属的分布区类型》划分，结果见表7-1、7-2、7-3。

表 7-1　广西酸性土低山丘陵暖性针叶林种子植物属的分布区类型和变型

分布区类型和变型	属数	占总属数(%)
1. 世界分布	18	
2. 泛热带	63	26. 0
2－1. 热带亚洲、大洋洲和南美洲(墨西哥)间断	1	0. 4
3. 热带亚洲和热带美洲间断分布	9	3. 7
4. 旧世界热带	36	14. 9
4－1. 热带亚洲、非洲和大洋洲间断	1	0. 4
5. 热带亚洲至热带大洋洲	18	7. 4
6. 热带亚洲至热带非洲	13	5. 4
6－2. 热带亚洲和东非间断	2	0. 8
7. 热带亚洲(印度—马来西亚)	27	11. 2
7－1. 爪哇、喜马拉雅和华南、西南星散	2	0. 8
7－2. 热带印度至华南	1	0. 4
7－4. 越南(或中南半岛)至华南(或西南)	4	1. 7
8. 北温带	23	9. 5
8－4. 北温带和南温带(全温带)间断	2	0. 8
8－6. 地中海区、东亚、新西兰和墨西哥到智利间断	1	0. 4
9. 东亚和北美洲间断	17	7. 0
10. 旧世界温带	3	1. 2
10－1. 地中海区、西亚和东亚间断	1	0. 4
12－3. 地中海区至温带、热带亚洲、大洋洲和南美洲间断	1	0. 4
14. 东亚(东喜马拉雅—日本)	9	3. 7
14－1. 中国—喜马拉雅(SH)	1	0. 4
14－2. 中国—日本(SJ)	3	1. 2
15. 中国特有	4	1. 7
	260	100. 0

表 7-2　广西酸性土低山丘陵暖性针叶林种子植物属的分布区类型

分布区类型	属数	占总属数(%)
1. 世界分布	18	
2. 泛热带	64	26. 4
3. 热带亚洲和热带美洲间断分布	9	3. 7
4. 旧世界热带	37	15. 3
5. 热带亚洲至热带大洋洲	18	7. 4
6. 热带亚洲至热带非洲	15	6. 2
7. 热带亚洲(印度—马来西亚)	34	14. 0
8. 北温带	26	10. 7
9. 东亚和北美洲间断	17	7. 0
10. 旧世界温带	4	1. 7
12. 地中海区、西亚至中亚	1	0. 4
14. 东亚(东喜马拉雅—日本)	13	5. 4
15. 中国特有	4	1. 7

表 7-3　广西酸性土低山丘陵暖性针叶林种子植物属的分布区类型(大类)

分布区类型	属数	占总属数(%)
1. 世界分布	18	
2. 热带分布	177	73. 1
3. 温带分布	60	24. 8
4. 地中海区、西亚至中亚分布	1	0. 4
5. 中国特有	4	1. 7
	260	100. 0

注：上述表 7-1，表 7-2，表 7-3 中所占总属数(%)均不包括世界属。

酸性土低山丘陵暖性针叶林区系组成的特点主要有以下几点。

(1)以松科松属的种类占绝对优势，而松属中又以马尾松占绝对优势。酸性土低山丘陵暖性针叶林有5个群系，松属占了3个，65个群落，马尾松占了45个。

(2)喜光落叶阔叶树种类占的比例很大。酸性土低山丘陵暖性针叶林是一种次生的植被类型，生境条件比较恶劣，能在这种恶劣条件下生存的种类不是喜光常绿针叶种类就是落叶喜光阔叶种类，所以与常绿针叶种类一样，落叶喜光阔叶种类也是酸性土低山丘陵暖性针叶林主要的区系成分。

(3)草本植物的组成中，禾亚科是酸性土低山丘陵暖性针叶林区系组成种属最多的科，共有31属、38种，这一方面说明酸性土低山丘陵暖性针叶林是一种次生的植被类型，另一方面说明酸性土低山丘陵暖性针叶林多数类型是由禾草草丛演变而来的。

(4)区系成分比较复杂但很混杂。根据表7-1和表7-2，与广西植被植物区系成分相比，酸性土低山丘陵暖性针叶林虽然只是1个植被亚型，但区系成分只缺少1个类型和6个变型，区系成分是比较复杂的。酸性土低山丘陵暖性针叶林是次生的、全区都有分布的植被类型，虽然主要由亚热带常绿阔叶林破坏后演替而来的，但热带季节性雨林破坏很严重的地区，酸性土低山丘陵暖性针叶林也能侵入进去。这样酸性土低山丘陵暖性针叶林的区系组成除亚热带地区常见的种类外，还有一些北热带季节性雨林的代表种类；酸性土低山丘陵暖性针叶林既有前期演替的类型，又有后期演替的类型，还有将要进入常绿阔叶林初期阶段的类型，所以区系成分既有次生林的成分，又有原生性森林的成分，因此，它的区系成分不但复杂，而且也很混杂。

(5)酸性土低山丘陵暖性针叶林以热带成分为主。从表7-3看出，有177属，占73.1%；温带成分只有60属占24.8%。热带区系成分中泛热带成分占的比例很大，有64属，占36.2%；旧世界热带成分也不少，有37属，占20.9%，排第二；而反映地区特色的热带亚洲(印度—马来西亚)成分只有34属，占19.2%，排第三。究其原因，是因为酸性土低山丘陵暖性针叶林是次生的植被类型，不少原植物群落的组成成分由于生境的变化而不能生存，代之为那些适应性宽的种类。

(6)中国特有成分不高。中国特有成分只有4属，占1.7%，而广西植被植物区系成分中，中国特有成分有25属，占2.8%。

(二)群落结构

初期酸性土低山丘陵暖性针叶林一般都是单层纯林，有时也出现与少量落叶阔叶树混交的针阔叶混交林，演替发展到中期阶段，出现以常绿阔叶树为中下层的2个层片或3个层片结构的针叶林，演替发展到后期阶段，已有常绿阔叶树进入到上层林片，这时由针叶纯林变为针阔叶混交林。

(三)主要类型分述

酸性土低山丘陵暖性针叶林的类型很多，尤其是马尾松林，下面从代表不同地带选择主要类型进行介绍。

1. 马尾松林(Form. *Pinus massoniana*)

马尾松林是我国东南部湿润亚热带地区分布最广，资源最大的森林群落，也是这一地区典型代表群落之一。马尾松在这一范围内海拔1000m以下的低山丘陵地区都可正常生长，而以长江以南至南岭山地的中亚热带地区生长最好。从生长发育和分布情况看，中亚热带的长江流域可能是马尾松的发源和分布中心。马尾松林也是广西面积最大的次生针叶林和次生林，分布于北部和中部海拔1300m以下的地区，虽然它属于暖性针叶林，然而它可以从北部经中部延伸至广西南部海拔1300m以下的低山丘陵台地，全区除最西端的隆林县、西林县和田林县属于我国西部(半湿润)亚区域没有分布外，其他地区都有连片分布，成为广西热带和亚热带共有的植被类型。但是，它的中心分布区是在北部，也是我国马尾松林生长最好地区的南界，40~60年生马尾松林，平均树高24.3~26m，平均胸径31.8~

38cm，高产林分34年生树高22.6m，胸径29.9cm和22.5年生树高20.9m，胸径22.0cm；中部是广西马尾松林生长最好的南界；南部马尾松林除在山地生长较好外，丘陵台地生长都很差。

自然情况下马尾松林生长在酸性土壤上，是一种酸性土指示植物。在广西，马尾松林立地条件类型为发育在砂岩、页岩和花岗岩上的红壤系列，主要土类有赤红壤、红壤和黄壤，都呈强酸性反应，pH值4.5～5.5。

马尾松林对气候条件的适应范围较广，在年平均气温16～22℃，最低月（1月）平均气温6.4～15℃，极端最低气温多年平均值低于0℃，≥10℃的积温5600～8000℃的热量条件下和年平均降水量<1100mm至>1800mm的条件下都能正常生长，最适宜的气候条件是年平均气温18～20℃，1月平均气温6.4～10℃，极端最低气温多年平均值>0℃，≥10℃的积温5600～6400℃，年降水量1600～1800mm。

在天然情况下，马尾松林的区系组成，南部、中部和北部以及不同的垂直带谱是有差别的，在同一地理区域，马尾松林的结构和区系组成也是不稳定的，随着演替的进程而发生变化，即使到达多层结构的、成熟的马尾松林，垂直结构已经稳定，但种类组成还不稳定，只不过没有初期阶段变化那么快罢了。马尾松林的初期阶段，群落结构只有乔木层、灌木层和草本层3个层次，乔木层一般为马尾松单层纯林，有时混生有少量金缕梅科枫香属（*Liquidambar*）、安息香科赤杨叶属（*Alniphyllum*）、樟科檫木属（*Sassafras*）的喜光落叶阔叶树，灌木层和草本层的组成种类几乎都是原灌丛和草丛的喜光种类，灌木最常见的有桃金娘科桃金娘属（*Rhodomyrtus*）、岗松属（*Baeckea*），大戟科银柴属（*Aporusa*），黑面神属（*Breynia*）、余甘子属（*Phyllanthus*），金丝桃科黄牛木属（*Cratoxylum*），樟科木姜子属（*Litsea*），杜鹃花科杜鹃花属（*Rhododendron*）、珍珠花属（*Lyonia*），乌饭树科越桔属（*Vaccinium*），金缕梅科檵木属（*Loropetalum*），漆树科盐肤木属（*Rhus*），漆属（*Toxicodendron*），胡桃科黄杞属（*Engelhardia*），蝶形花科木蓝属（*Indigofera*），茜草科水锦树属（*Wendlandia*）和壳斗科栎属（*Quercus*）的种类，草本最常见的有里白科芒萁属（*Dicranopteris*）和禾亚科的种类。原常绿阔叶林耐阴的灌木和草本种类很少，乔木的幼树多为落叶阔叶树和常绿阔叶林前期阶段的常绿阔叶树成分，后期阶段的常绿阔叶树成分很少。在形成多层结构的马尾松林之先，首先形成与落叶阔叶树混交的单层马尾松林，常见的落叶阔叶树有安息香科赤杨叶属、安息香属（*Styrax*），金缕梅科枫香属，樟科檫木属，珙桐科蓝果树属（*Nyssa*），大戟科乌桕属（*Sapium*）的种类，此时已有少量的樟科樟属（*Cinnamomum*）、润楠属（*Machilus*），柿科柿属（*Diospyros*），五加科鹅掌柴属（*Schefflera*）的常绿阔叶树出现，灌木层和草本层植物原常绿阔叶林耐阴的种类增多，灌木层中常绿阔叶树幼树也增多。然后形成与常绿阔叶树混交的具两个乔木亚层结构的马尾松林，上层林木以马尾松为主，其中有不少落叶阔叶树，常绿阔叶树虽有出现，但种类和数量均不多，下层林木以常绿阔叶树为主，常见的有壳斗科锥属（*Castanopsis*）、樟科樟属（*Cinnamomum*）、新木姜子属（*Neolitsea*），柿科柿属，山茶科木荷属（*Schima*）、杨桐属（*Adinandra*）、山矾科山矾属（*Symplocos*）、胡桃科黄杞属等的种类，灌木层和草本层植物原常绿阔叶林耐阴的种类很发育，灌木层中常绿阔叶树幼树已常见。进入成熟阶段后的马尾松林，高度结构才达到稳定，在中心分布区，边缘区和南部的山区，在较为深厚和湿润的立地条件下，群落结构一般都可分成5层，其中林木层一般都有3个亚层；但种群结构，尤其乔木层优势种群结构还是很不稳定的。在中心分布区，根据3900m^{2}样地统计，成熟的多层结构的马尾松林乔木层组成种类有33科47属65种，重要的有松科松属，樟科樟属、新木姜子属、檫木属，壳斗科锥属，山茶科木荷属、柃木属，金缕梅科枫香属，虎皮楠科虎皮楠属，胡桃科黄杞属，柿科柿属，蔷薇科石楠属（*Photinia*）、花楸属，珙桐科蓝果树属，安息香科赤杨叶属的种类。灌木层组成种类有49科111属167种，包括真正的灌木、乔木的幼树和藤本3类，真正的灌木（包括藤本）重要的有漆树科盐肤木属、漆属，葡萄科蛇葡萄属（*Ampelopsis*），蔷薇科悬钩子属，乌饭树科越桔属，紫金牛科紫金牛属、酸藤子属、杜茎山属，菝葜科菝葜属（*Smilax*），山茶科柃木属，茜草科粗叶木属（*Lasianthus*），大戟科野桐属、算盘子属（*Glochidion*）、五月茶属（*Antidesma*），鼠刺科鼠刺属（*Itea*），冬青科冬青属，桑科榕属，忍冬科荚蒾属，海桐花科海桐花属，杜鹃花科杜鹃花属的种类；乔木的幼树重要的有虎皮楠科虎皮楠属，樟科樟属，新木姜子属，蔷薇科石楠属，壳斗科锥属，柿科柿属，山茶科木荷属、柃木属，桑科榕属，胡桃科黄杞属，山矾科山矾属，安息香科安息香属，杜英科杜英属，清风藤科泡花树属的种类。草本层组成种类有 23 科 38 属 48 种，其中蕨类植物有 11 科 15 属 17 种，单子叶植物有 4 科 9 属 14 种，双子叶植物有 8 科 14 属 17 种，重要的有里白科里白属，乌毛蕨科狗脊蕨属(*Woodwardia*)、铁线蕨科铁线蕨属，鳞毛蕨科鳞毛蕨属(*Dryopteris*)，凤尾蕨科凤尾蕨属，鳞始蕨科鳞始蕨属(*Lindsaea*)、金星蕨科毛蕨属(*Cyclosorus*)、禾亚科芒属、淡竹叶属，莎草科薹草属、莎草属，姜科山姜属，百合科沿阶草属(*Ophiopogon*)、山菅属(*Dianella*)，菊科旋覆花属(*Inula*)、艾纳香属(*Blumea*)，紫金牛科紫金牛属，野牡丹科野牡丹属，金粟兰科草珊瑚属(*Sarcandra*)的种类。马尾松林乔木层具 3 个亚层结构的初期阶段，第一亚层林木一般都是马尾松，高度 15 ~ 16m，胸径 26cm，1000m^2有 45 株，少数林分有个别金缕梅科枫香属的落叶阔叶树；第二亚层林木马尾松虽然仍为优势种，但金缕梅科枫香属、樟科檫木属的落叶阔叶树和壳斗科锥属、樟科樟属、柿科柿属的常绿阔叶树成分已有一定的数量；第三亚层林木种类组成比第二亚层多，马尾松已不再独占优势，常见的常绿阔叶树有壳斗科锥属、樟科樟属、柿科柿属、山茶科山茶属、虎皮楠科虎皮楠属、桑科榕属、杜英科杜英属、山矾科山矾等的种类，落叶阔叶树有金缕梅科枫香属、漆树科漆属、樟科木姜子属等种类，前者数量比后者多。灌木层植物真正的灌木常见的有漆树科盐肤木属、乌饭树科越桔属、紫金牛科杜茎山属、海桐花科海桐花属、桑科榕属、鼠李科鼠李属(*Rhamnus*)、冬青科冬青属的种类，乔木的幼树常见的有壳斗科锥属的种类。草本层植物常见的有里白科里白属，禾亚科芒属、淡竹叶属，乌毛蕨科狗脊蕨属，铁线蕨科铁线蕨属，莎草科薹草属、莎草属，姜科山姜属的种类。中期阶段，第一亚层林木马尾松仍占绝对优势，高 16.5 ~ 18m，胸径 27cm，900m^2有 42 株，但樟科新木姜子属、山茶科木荷属常绿的和金缕梅科枫香属落叶的阔叶树已进入第一亚层空间；第二亚层林木阔叶树比初期增多了，其中常绿阔叶树常见的有壳斗科锥属、柿科柿属、胡桃科黄杞属、桃金娘科蒲桃属、虎皮楠科虎皮楠属、杜英科杜英属、樟科新木姜子属、山茶科木荷属的种类，落叶阔叶树有金缕梅科枫香属、安息香科安息香属的种类，常绿阔叶树种数多于落叶阔叶树；第三亚层林木种类不少，常绿阔叶树除第二亚层的种类外，新增加的有山茶科柃木属、桑科榕属的种类，落叶阔叶树常见的有蔷薇科花楸属的种类。灌木层植物真正的灌木常见的有虎皮楠科虎皮楠属，紫金牛科紫金牛属、杜茎山属，金粟兰科草珊瑚属，忍冬科荚蒾属，山茶科柃木属、冬青科冬青属的种类；乔木的幼树占绝对优势的是壳斗科锥属的种类，其他常见的还有蔷薇科石楠属、胡桃科黄杞属、山茶科木荷属、杜英科杜英属的种类。草本层植物常见的有乌毛蕨科狗脊蕨属、禾亚科淡竹叶属的种类。后期阶段，第一亚层林木马尾松高 17 ~ 18m，胸径 29cm，600m^2有 13 株，与壳斗科锥属的常绿阔叶树和珙桐科蓝果树属的落叶阔叶树构成林木第一亚层的共优种；第二亚层林木已由常绿阔叶树占优势，优势种为壳斗科锥属、樟科樟属的种类，其他常见的还有柿科柿属、杜英科杜英属、清风藤科泡花树属、杨梅科杨梅属的种类，落叶阔叶树常见的有蔷薇科花楸属种类，马尾松不再是优势种；第三亚层林木种类组成大体上与第二亚层相似，但马尾松已消失，杜鹃花科杜鹃花属的种类很常见，灌木层植物和乔木幼树组成种类除与中期阶段相同外，灌木还常见鼠刺科鼠刺属、幼树还常见五加科鹅掌柴属的种类。草本层植物以乌毛蕨科狗脊蕨属、乌毛蕨属(*Blechnum*)的种类为优势，铁线蕨科铁线蕨属、鳞毛蕨科鳞毛蕨属、凤尾蕨科凤尾蕨属、鳞始蕨科鳞始蕨属、金星蕨科毛蕨属等蕨类植物成为草本层的重要成分。

马尾松林不但是广西面积最大的次生林和次生针叶林，而且又是广西面积最大的用材林和产脂林；马尾松耐干旱瘠薄的土壤，飞籽成林，不论荒山荒地的立地条件如何，它都能适应或首先定居下来，而且只要在立地条件稍好的地方就能生长成材，长期以来，一直是广西不可取代的主要造林树种。今后，广西荒山荒地造林，尤其立地条件恶劣和边远荒山荒地造林，仍应以马尾松作为主要的人工造林和飞播造林树种；同时，采用较高的技术标准，在交通方便、立地条件较好的地区建立马尾松的速生商品用材林基地和产脂基地，对发展广西的国民经济，具有十分重大的意义。

广西的马尾松林，面积虽然很大，但是在天然情况下林木层具有 3 个亚层结构的成熟林并不常见，尤其在交通方便的地区，大面积的为单层纯林，不过其中已有不少具有常绿阔叶树为下层层片的林分。对广大的马尾松林，如何根据它们不同的用途进行改造是十分重要的，如果用作用材林，在演替到混交林的阶段，尤其阔叶树进入到林木上层林片时，林内郁闭度增大，对马尾松的生长和更新都不利，并将为常绿阔叶树取代，演替成常绿阔叶林，这个时候应适当清除阔叶树，但又不能完全除掉。应使马尾松始终处于同阔叶树竞争的状态，以保持马尾松在空间和体积的最大占领能力，也就是用人工的方法，帮助马尾松在同阔叶树的竞争中，始终能保持优势的地位。如果用作生态林，就让其自然发展下去，最终都会变成生态效益很好的常绿阔叶林，但为了促进常绿阔叶林的形成，可在进入到混交林阶段的时候，用人工的方法，增加林内常绿阔叶树种源。

近十多年来，广西马尾松林面积剧减，原因是各地都在砍伐马尾松林来发展人工桉树林，按照目前这样的速度发展下去，桉树林有可能会取代马尾松林，成为广西面积最大的人工林。

下面按地理分布和不同演替阶段选择重要的马尾松群落作介绍。

A. 马尾松－桃金娘林(*Pinus massoniana* – *Rhodomyrtus tomentosa* Group of association)

这是马尾松林分布最广泛的一个群丛组，虽然它主要的分布区是在中部，但南部低山丘陵台地和北部偏离寒潮通道的丘陵台地也有较大面积的分布，因此，它是一种广域性的植被类型。

(1) 马尾松－桃金娘－芒萁群落(*Pinus massoniana* – *Rhodomyrtus tomentosa* – *Dicranopteris pedata* Comm.)

如果说马尾松－桃金娘林是马尾松林分布最广泛的一个群丛组，那么马尾松－桃金娘－芒萁群落则是这个群丛组中面积最大、分布最广泛、最具代表性的一个群落，由于这种群落主要分布在丘陵台地，海拔较低，村屯较多，交通方便，采伐频繁，受干扰和破坏较严重，在天然情况下多为高度并不很高大和郁闭度不太大的纯林，林内环境较干燥，灌木和草本多为喜光先锋种类，喜阴湿的种类还不太多。在广西，虽然它是广域性群落，但与优势种桃金娘伴生的灌木种类(包括乔木幼树)南、中、北，尤其是南、北是不同的。广西中部桂平县境内的大瑶山南坡，海拔400m以下，郁闭度0.6～0.7、高12m左右、胸径15～20cm左右的林分，600m^{2}有林木72株，下层偶有个别高5～6m的罗浮柿和杨梅等常绿阔叶树，灌木层植物除桃金娘占优势外，综合本群落主要分布区各地的调查，真正的灌木常见的有野牡丹、华南毛柃、盐肤木、粗叶榕、大青(*Clerodendrum cyrtophyllum*)、水锦树、酸藤子(*Embelia laeta*)、菝葜、牛耳枫、南方荚蒾(*Viburnum fordiae*)、山鸡椒、了哥王、金樱子(*Rosa laevigata*)、羊耳菊(*Inula cappa*)、黄牛木、广东蛇葡萄、算盘子(*Glochidion puberum*)、黑面神、余甘子、山芝麻(*Helicteres angustifolia*)、白檀(*Syplocos paniculata*)、野漆、粗叶悬钩子(*Rubus alceifolius*)、银柴、梅叶冬青(*Ilex asprella*)、无根藤(*Cassytha filiformis*)、石斑木、毛桐、香港算盘子(*Glochidion zeylanicum*)、毛冬青、铁包金、红紫珠(*Callicarpa rubella*)、葫芦茶(*Tadehagi triquetrum*)、毛排钱草(*Phyllodium elegans*)、羊角拗(*Strophanthus divaricatus*)等；草本层植物除芒萁占优势外，各地常见的种类有五节芒、芒、金茅、野古草、石芒草、细毛鸭嘴草、蜈蚣草、四脉金茅、雀稗(*Paspalum thunbergii*)、竹节草、白茅、淡竹叶、狗尾草(*Setaria viridis*)、菅草、知风草、裂稃草(*Schizachyrium brevifolium*)、黑莎草、刺子莞(*Rhynchospora rubra*)、毛果珍珠茅(*Scleria levis*)、十字薹草、海金沙(*Lygodium japonicum*)、乌毛蕨(*Blechnum orientale*)、团叶鳞始蕨(*Lindsaea orbiculata*)、扇叶铁线蕨、狗脊蕨、石松(*Lycopodium japonicum*)、地菍(*Melastoma dodecandrum*)、伞房花耳草(*Hedyotis corymbosa*)等；乔木幼树常见的有樟、枫香树、乌桕(*Sapium sebiferum*)、山乌桕、潺槁木姜子、珠仔树 (*Symplocos racemosa*)、木荷、红木荷、黄杞、乌墨、红锥、鹅掌柴、锥、罗浮锥、山杜英、球花脚骨脆 (*Casearia glomerata*)、南酸枣等。

在桂北，受冷空气影响不大的丘陵台地本群落也较常见，一般分布于海拔450m以下的地区，但与桃金娘伴生的灌木多是北部常见的代表种类，有时还成为共优种，乔木幼树也多是北部常见的代表种类。大瑶山北部外围丘陵，属于中亚热带向南亚热带的过渡地区，海拔225m处，干扰和破坏较频繁的林分，郁闭度为0.55，马尾松已分化为两个亚层，上层林片高11m左右，胸径13cm左右，下层林片高3～7m，胸径8cm，600m^{2}有林木100株。灌木层高1m，覆盖度50%，组成种类几乎都是喜光先锋种类，桃金娘覆盖度40%，占绝对优势，常见的种类有细齿叶柃、长叶冻绿(*Rhamnus crenata*)、野牡丹，满树星(*Ilex aculeolata*)、大青、珍珠花、白背桐、华南毛柃、蜜茱萸、粗叶榕等。草本层高0.4m，覆盖度50%，与灌木层植物性质一样，组成种类几乎都是喜光先锋种类，芒萁覆盖度40%，占绝对优势，常见的种类有青香茅、细毛鸭嘴草、画眉草(*Eragrostis pilosa*)、金茅、野古草、五节芒、扇叶铁线蕨、山菅(*Dianella ensifolia*)、乌蕨(*Sphenomeris chinensis*)等。层外植物藤本刚刚形成，攀援高度不高，约1m，种类不多，只有网脉酸藤子(*Embelia rudis*)、玉叶金花(*Mussaenda pubescens*)、菝葜、常春藤(*Hedera sinensis*)等少数种类。除马尾松外，其他的乔木的幼苗幼树缺。大瑶山反射弧也是中亚热带向南亚热带的过渡地区，在南向海拔800m以下的低山丘陵，郁闭度0.5~0.6、平均高12~14m、胸径14~16cm的林分，有林木1500~1875株/ hm^2，除马尾松外，有些地段混生有零星的赤杨叶、小果冬青(*Ilex micrococca*)、南酸枣等落叶阔叶树。灌木层植物除桃金娘占优势外，常见的有细齿叶柃、米碎花、了哥王、野漆、柏拉木、野牡丹、滇白珠（*Gaultheria leucocarpa* var. *yunnanensis*）、栀子(*Gardenia jasminoides*)等，乔木的幼树常见的有牛耳枫、枫香树、山乌桕、罗浮柿、尖萼川杨桐(*Adinandra bockiana* var. *acutifolia*)、光叶山矾、越南山矾等。草本层植物除芒萁占优势外，常见的有五节芒、野古草、金茅、扇叶铁线蕨、乌毛蕨、狗脊蕨、乌蕨等。藤本植物不发达，常见的有玉叶金花、鸡矢藤(*Paederia scandens*)、钩藤(*Uncaria rhynchophylla*)等。

桂东北越城岭南缘的丘陵台地，属于中亚热带的典型地区，海拔450m以下、受冷空气影响不大的地段，郁闭度0.5~0.8、平均高7m、胸径12cm的林分，蓄积量50m^3/hm^2；郁闭度0.4~0.8、树高4~10m、胸径4~16cm的马尾松林，每亩有林木100~360株，灌木层植物以桃金娘为优势，或桃金娘与杜鹃共为优势，常见的有细齿叶柃、米碎花、栀子、水团花(*Adina pilulifera*)、檵木、南烛、珍珠花、赤楠、白栎、野牡丹、毛冬青、白檀、柏拉木、野漆、光叶海桐(*Pittosporum glabratum*)、多花杜鹃等，乔木的幼树常见的有枫香树、牛耳枫、白花龙(*Styrax faberi*)等。草本层植物除芒萁占优势外，常见的有五节芒、野古草、拟金茅、淡竹叶、狗脊蕨、地菍等。马尾松天然更新良好，有马尾松幼树1800株/hm^2，幼苗4570株/hm^2。桂林市南郊也属于中亚热带的典型地区，海拔170m的红壤台地，郁闭度0.5、平均高7m左右、胸径7~11cm的林分，600m^2有林木140株，灌木层植物由桃金娘和杜鹃共为优势，常见的有白檀、珍珠花、赤楠、檵木、南烛、细齿叶柃、白栎、了哥王、野漆、长叶冻绿等，草本层植物除芒萁占优势外，芒、细毛鸭嘴草、地菍等常见，除马尾松外，其他阔叶树的幼苗幼树缺，100m^2有高5~90cm的马尾松幼树22株。

在广西南部，海拔800m以下的低山丘陵台地，此种群落也很常见，但只有在低山地区生长发育才较好，丘陵台地长势很差。其灌木层的种类成分(包括乔木的幼树)与中部和北部的类型有较大的差异，尤其是北部，南部的热带成分较多，有的还与桃金娘成为共优势种。东南部海岸带海拔80~200m的丘陵地带，15年生的马尾松－桃金娘－芒萁群落仍为单层纯林，一般高7~10m，胸径8~12cm，覆盖度30%~50%，有林木990~1185株/hm^2。灌木层植物覆盖度45%~70%，高0.4~0.7m，8个样方4000m^2样地有植物种类55种，其中真正的灌木33种，藤本11种，乔木幼树11种，真正灌木桃金娘覆盖度30%~45%，出现频度100%，占绝对优势，常见的种类有岗松、野牡丹、银柴、小叶厚皮香、酒饼簕、九节、越南叶下珠、黄牛木、蜜茱萸、米碎花、栀子、龙船花、华南毛柃、白檀、山芝麻、了哥王、黑面神、石斑木等，藤本植物常见的有鸡眼藤(*Morinda parvifolia*)、菝葜、酸藤子、小叶红叶藤等，乔木幼树以马尾松为主，4000m^2有0.3~3.0m的幼树250株，其他阔叶树的幼树散生于林内，种类有木荷、岭南山竹子、鹅掌柴、紫荆木等。草本层植物覆盖度50%~100%，高0.4m，8个样方4000m^2的样地有植物种类28种，芒萁覆盖度50%~100%，出现频度75%，占绝对优势，常见的有鹧鸪草、五节芒、大芒萁(*Dicranopteris ampla*)、细毛鸭嘴草、地菍、野古草、孟加拉野古草(*Arundinella bengalensis*)等。东南部的浦北县南部，此种群落分布也很广泛，在海拔100m左右的低丘台地，15~20年生的林分，郁闭度0.8，高10m，400m^2样地有马尾松81株，蓄积84m^3/hm^2；郁闭度0.3~0.5的林分，一般高6m左右，胸径8~9cm左右，400m^2样地有植株103株，灌木层植物除桃金娘占优势外，岗松、蜜茱萸、白檀、山乌桕、野漆、酸藤子、野牡丹、黄牛木、菝葜等常见，草本层植物除芒萁占优势外，常见的有鹧鸪草、五节芒、乌毛蕨、扇叶铁线蕨、团叶鳞始蕨、凤尾蕨（*Pteris cretica* var. *intermedia*）、淡竹叶等。浦北县六万山海拔550m的低山地带，8~10年生的林分，郁闭度0.6~0.7，马尾松高14~16m，胸径6~20cm，400m^2有植株72株，灌木层植物除桃金娘占优势外，常见的有大青、粗叶榕、白檀、野牡丹、黄牛木、野漆、酸藤子、白背叶(*Mallotus apelta*)、白栎等，乔木的幼树以红锥最多，常见的有鹅掌柴、黄杞、枫香树等，草本层植物除芒萁占优势外，凤尾蕨、五节芒、扇叶铁线蕨、蕨、乌蕨、半边旗(*Pteris semipinnata*)、细毛鸭嘴草、牛筋草等常见。

从马尾松－桃金娘－芒萁群落的地理分布可以看出，该群落的变化只在灌木层(包括乔木幼树)优势种的变化上，草本层优势种芒萁从南到北都不发生变化。该群落桃金娘作为马尾松林下灌木层优势种，在中部一般不会发生大的变化；在南部有时独占优势，有时与岗松共为优势，有时为岗松取代变为马尾松－岗松－芒萁群落；在北部有时独占优势，有时与杜鹃、檵木、南烛、珍珠花、细齿叶柃中之一种或两种共为优势，有时为它们之中的1种或2种取代变为马尾松－杜鹃或檵木或南烛或珍珠花或细齿叶柃－芒萁群落。

马尾松－桃金娘群丛组还有很多群落，但面积都较小，它们之中有的很常见，有的却很少见，它们都是因为生境差异或地理位置变化而形成的，下面选择重要的作简单的介绍。

(2)马尾松－桃金娘－鹧鸪草群落(*Pinus massoniana* – *Rhodomyrtus tomentosa* – *Eriachne pallescens* Comm.)

主要分布于南部，尤其东南部丘陵台地，一般见于土壤瘠薄、水土流失严重的地段，芒萁对这种立地条件不太适应，便为能耐干旱瘠薄、水土流失严重土壤的鹧鸪草取代。向北也能见于中部的丘陵台地，但北部一般没有分布，因为鹧鸪草对热量条件要求较高。在东南沿海的丘陵台地，此种群落的马尾松生长极差，乔木层为单层稀疏的马尾松，700m^{2}内有47株，平均每100m^{2}不到7株，最多11株，覆盖度30%，平均高5.0m，平均胸径5.8cm。灌木层植物700m^{2}只有12种，与优势种桃金娘伴生的种类大多是东南沿海丘陵台地马尾松－桃金娘－芒萁群落灌木层植物常见的种类，如野牡丹、岗松、山芝麻、了哥王、黑面神等。草本层植物700m^{2}只有10种，以鹧鸪草为优势，伴生的种类有蜈蚣草、有芒鸭嘴草(*Ischaemum aristatum*)、细毛鸭嘴草、刺子莞、野古草等。有的地段可见到鹧鸪草与芒萁共为优势的群落。

(3)马尾松－桃金娘－细毛鸭嘴草群落(*Pinus massoniana* – *Rhodomyrtus tomentosa* – *Ischaemum ciliare* Comm.)

此种群落的土壤也比较干燥瘠薄，经常受放牧的影响，但湿度条件比马尾松－桃金娘－鹧鸪草群落稍好，分布范围比上一群落宽，南北都有分布。东南部沿海丘陵台地，23年生的单层纯林，400m^{2}样地有林木49株，平均高11.2m，平均胸径11.1cm。灌木层植物和草本层植物的种类均少，400m^{2}的样内，灌木层植物有13种，与桃金娘伴生的种类主要有野牡丹、银柴、假鹰爪、鸡骨香(*Croton crassifolius*)、九节、黄牛木、石斑木等；草本层植物有7种，除细毛鸭嘴草外，常见的种类有青香茅、鼠妇草、鹧鸪草等。桂北阳朔漓江北岸的马尾松－桃金娘－细毛鸭嘴草群落，与桃金娘伴生的灌木植物常见有野牡丹、了哥王、牡荆、算盘子、白檀、金樱子等，与细毛鸭嘴草伴生的草本植物主要有扇叶铁线蕨、野香茅、白茅、野古草、芒等。

(4)马尾松－桃金娘－牛筋草群落(*Pinus massoniana* – *Rhodomyrtus tomentosa* – *Eleusine indica* Comm.)

此种群落不很常见，广西东南部浦北县境内的六万山有分布。该群落所在地海拔高度为370m，厚层红壤。群落乔木层已形成3个亚层结构，由于是初始阶段，林木绝大多数都是马尾松，阔叶树很少。据对该地一个600m^{2}的样地调查(表7-4)，群落郁闭度0.6～0.75，第一亚层林木全是马尾松，高15～17m，胸径16～22cm，有植株70株；第二亚层林木虽然仍以马尾松占绝对优势，但已有常绿和落叶的阔叶树出现，马尾松有18株，重要值指数为233.03，高13～14m，居第二亚层的上层林片，阔叶树5株，其中樟3株，重要值指数为34.93，枫香树2株，重要值指数为31.96，高10～11m，居第二亚层的下层林片；第三亚层林木植株很少，只有4种、5株，其中马尾松2株，阔叶树3株，种类是杨梅、楔叶豆梨和鹅掌柴。马尾松虽然在各林木亚层都占优势，但更新不良，缺乏幼树幼苗。灌木层植物覆盖度15%～20%，虽然仍以喜光的种类为主，但已有喜阴的种类出现，如鼠刺、朱砂根(*Ardisia crena-*

ta)、小罗伞(*Ardisia* sp.)、细齿叶柃等，亦有阔叶乔木的幼树出现，常绿的有红锥、樟、鹅掌柴、牛耳枫等，落叶的有枫香树等。草本层植物覆盖度25%左右，种类组成已不再是清一色的原阳性草丛的种类，常绿阔叶林林下常见的禾本科种类、蕨类植物和单子叶植物，例如淡竹叶、团叶鳞始蕨、扇叶铁线蕨、山姜等，已经很常见(表7-5)。综合上述群落特征，明显看出该群落是刚刚开始进入乔木层具3个亚层结构的类型。

表7-4　马尾松－桃金娘－牛筋草群落乔木层种类组成及重要值指数

(样地号：六 Q_5，样地面积：600m^2，地点：浦北县六万山，海拔：370m)

序号	树种	基面积(m^2)	株数	频度	重要值指数
		乔木Ⅰ亚层			
1	马尾松	2.96567	70	100	300
		乔木Ⅱ亚层			
1	马尾松	0.37715	18	100	233
2	樟	0.04438	3	17	34.9
3	枫香树	0.05089	2	17	32
	合计	0.47242	23	134	299.9
		乔木Ⅲ亚层			
1	马尾松	0.03142	2	17	106.5
2	杨梅	0.0227	1	17	75
3	楔叶豆梨	0.01767	1	17	68.4
4	鹅掌柴	0.00385	1	17	50
	合计	0.07564	5	68	299.9
		乔木层			
1	马尾松	3.37424	90	100	242.4
2	樟	0.04438	3	17	13.4
3	枫香树	0.05089	2	17	12.6
4	杨梅	0.0227	1	17	10.8
5	楔叶豆梨	0.01767	1	17	10.6
6	鹅掌柴	0.00385	1	17	10.2
	合计	3.51373	98	185	300

楔叶豆梨 *Pyrus calleryana* var. *koehnei*

表7-5　马尾松－桃金娘－牛筋草群落灌木层和草本层种类组成及分布情况

序号	树种	多度盖度级						频度	更新	
		Ⅰ	Ⅱ	Ⅲ	Ⅳ	Ⅴ	Ⅵ	(%)	幼苗	幼树
					灌木层					
1	桃金娘	4	4	4	3	4	4	100		
2	大青	3	3	2		2	2	83.3		
3	显齿蛇葡萄	3	2	2		2	2	83.3		
4	酸藤子	3	3	3	3	2	2	100		
5	钩吻	2	2		2			50		
6	樟科一种	3	3	2	4	1	3	100		
7	牛耳枫	3		2	3	2	2	83.3		
8	野漆	2	2	2	2	2	2	100		
9	蜜茱萸	1			2		1	50		
10	鼠刺	2		2	2	2	2	83.3		
11	鹅掌柴	2	2	2	2	2	2	100	14	14
12	珍珠花	2			2	1		50		
13	红锥	2		2	2	2		66.7		
14	樟	1				2		33.3	4	

（续）

序号	树种	多度盖度级						频度	更新	
		Ⅰ	Ⅱ	Ⅲ	Ⅳ	Ⅴ	Ⅵ	(%)	幼苗	幼树
15	粗叶悬钩子	2	2			2	4	66.7		
16	岗柃	2	2		2		2	66.7		
17	粗叶榕	2		2	2		1	66.7		
18	广东蛇葡萄	2						16.7		
19	木油桐	2	1	2	1	2	2	100		
20	玉叶金花	2		2	2	2	3	83.3		
21	络石	2	2	2	2	2	2	100		
22	毛黄肉楠	2		2	3		2	66.7		
23	细齿叶柃		3	3			2	50		
24	朱砂根		2			2	2	50		
25	赪桐		1	1				33.3		
26	菝葜			2	2			33.3		
27	杨梅			2				16.7		2
28	枫香树			1	2			33.3		15
29	大叶紫珠				3	2	3	50		
30	三叶胡枝子				1			16.7		
31	小罗伞				2	2		33.3		
32	山石榴	1			2			33.3		
33	雀梅藤				2			16.7		
34	了哥王					2		16.7		
35	白栎					2	2	33.3		
36	毛算盘珠					2	2	33.3		
37	楤木					2		16.7		
38	娃儿藤					1		16.7		
39	白檀					2		16.7		
40	山鸡椒					1		16.7		
41	花椒一种					2		16.7		
42	黄檀						1	16.7		
43	毛排钱树						2	16.7		
44	盐肤木						1	16.7		
45	野牡丹					1	2	33.3		
	草本层									
1	牛筋草	5	4	5	4	4	5	100		
2	淡竹叶	4	3	4		4	4	83.3		
3	团叶鳞始蕨	3	2	3	2	3	2	100		
4	五节芒	2		2	2		2	66.7		
5	地菍	2	4			4	4	66.7		
6	山姜	2		2		2	2	66.7		
7	毛果珍珠茅		2			2		33.3		
8	扇叶铁线蕨		2		2		2	50		
9	芒萁	2		2		3	2	66.7		
10	蜈蚣草			4		4	2	50		
11	海金沙			2				16.7		
12	画眉草					2	2	33.3		
13	草珊瑚					2	2	33.3		

显齿蛇葡萄 *Ampelopsis grossedentata*　钩吻 *Gelsemium elegans*　络石 *Trachelospermum jasminoides*　毛黄肉楠 *Actinodaphne pilosa*　赪桐 *Clerodendron japonicum*　大叶紫珠 *Callicarpa macrophylla*　三叶胡枝子 *Lespedeza* sp.　楤木 *Aralia* sp.　娃儿藤 *Tylophora ovata*　花椒一种 *Zanthoxylum* sp.　山姜 *Alpinia japonica*　草珊瑚 *Sarcandra glabra*

说明：多度盖度级共有11级：+. 只有一个植株，生长不正常，无覆盖度；1. 有一、二个植株，生长正常，无覆盖度；2. 有少数植株，无覆盖度；3. 有许多植株，覆盖度4%以下；4. 覆盖度4%～10%；5. 覆盖度11%～25%；6. 覆盖度26%～33%；7. 覆盖度34%～50%；8. 覆盖度51%～75%；9. 覆盖度76%～90%；10. 覆盖度91%～100%。

(5)马尾松－桃金娘－弓果黍群落(*Pinus massoniana* － *Rhodomyrtus tomentosa* － *Cyrtococcum patens* Comm.)

此种类型的马尾松林，生境条件干燥，土层浅薄，林木生长较差。广西东南部浦北县海拔630m的低山，一片15～20年生的林分，平均高8m左右，胸径14cm，蓄积量$44m^3/hm^2$。与马尾松、桃金娘、弓果黍伴生的种类都是东南部马尾松林常见的耐干热的种类，例如与马尾松混交的林木有木荷、鹅掌柴等，与桃金娘伴生的有黄牛木、白檀、大青、野牡丹、黄毛五月茶、排钱草等，与弓果黍伴生的有五节芒、地胆草(*Elephantopus scaber*)、积雪草(*Centella asiatica*)、细毛鸭嘴草、野古草等。

(6)马尾松－桃金娘＋黄牛木－芒萁群落(*Pinus massoniana* － *Rhodomyrtus tomentosa* ＋ *Cratoxylum cochinchinense* － *Dicranopteris pedata* Comm.)

这是广西南部丘陵台地干热生境较为常见的一种群落，马尾松生长差。浦北县海拔200m的丘陵，15～20年生的林分，高9m左右，胸径10～12cm，$400m^2$的样地有马尾松植株37株，蓄积量$51m^3/hm^2$。与桃金娘、黄牛木伴生的灌木常见的有银柴、细齿叶柃、野漆、野牡丹、余甘子、毛果算盘子(*Glochidion eriocarpum*)等，与芒萁伴生的草本常见有野古草、画眉草、芒、金茅、扇叶铁线蕨等。在广西南部其他地区此种群落常见的灌木还有毛桐、黑面神、盐肤木、余甘子、华南毛柃、地桃花(*Urena lobata*)、酸藤子、羊耳菊、长叶冻绿、菝葜等。在容县丹霞地貌上，檵木还成为共优种，这是否与母岩有关，还有待研究。常见的幼树有枫香树、牛耳枫、楹树、土蜜树等。常见的草本还有野香茅、鹧鸪草、地菍、白茅等。

(7)马尾松－桃金娘＋岗松－芒萁群落(*Pinus massoniana* － *Rhodomyrtus tomentosa* ＋ *Baeckea frutescens* － *Dicranopteris pedata* Comm.)

(8)马尾松－桃金娘＋岗松－鹧鸪草群落(*Pinus massoniana* － *Rhodomyrtus tomentosa* ＋ *Baeckea frutescens* － *Eriachne pallescens* Comm.)

这2种群落在广西南部以及中部的部分地区经常出现，前一种群落一般见于土壤水湿条件稍好的地方，后一种群落一般见于水土流失严重、土壤干旱瘠薄的地方。往北，在受冷空气影响不大的丘陵台地，亦会有这2种群落出现，但并不常见。

(9)马尾松－水东哥＋野漆－芒萁＋五节芒群落(*Pinus massiniana* － *Saurauia tristyla* ＋ *Toxicodendron succedaneum* － *Dicranopteris pedata* ＋ *Miscanthus floridulus* Comm.)

这种群落主要分布在南亚热带，实质上它就是马尾松－桃金娘－芒萁群落在水湿条件较好的沟谷生境的一种变型。由于水湿条件较好，马尾松生长较好，林下灌木、草本种类较多，生长较茂盛。上林县龙山林场分布于海拔800m以下的低山丘陵的此种群落，$400m^2$样地有马尾松植株75～80株，平均高10～12m，平均胸径14～16cm，林分郁闭度0.5～0.6。灌木层植物有42种(包括乔木幼树)，优势种虽然变化为水东哥和野漆，但桃金娘仍为重要的组成种类，其他重要的种类还有野牡丹、岗松、九丁榕、珍珠花。草本层植物有11种，由于水湿条件较好，除芒萁外，五节芒也成为优势种，其他种类多是反映水湿条件较好种类，如狗脊蕨、乌毛蕨、山菅、扇叶铁线蕨、团羽铁线蕨(*Adiantum capillus-junonis*)等。

B. 马尾松－杜鹃(檵木、珍珠花、细齿叶柃、白栎)林(*Pinus massoniana* － *Rhododendron simsii* (*Loropetalum chinense*、*Lyonia ovalifolia*，*Eurya nitida*，*Quercus fabri*) Group of association)

这是广西北部代表性的群丛组，向南可分布至桂中北缘的低山丘陵，即广西中亚热带与南亚热带相邻的地区。这几种灌木都是广西北部灌丛和马尾松林下灌木常见的代表种类，有时它们之中的一种为优势，其他为伴生成分；有时2种或3种共为优势，与南亚热带相邻的地区，或对冷空气有良好屏障的地区，海拔450m以下桃金娘有时成为共优势种。本群丛组主要有下列几种群落。

(1)马尾松－杜鹃－芒萁群落(*Pinus massoniana* － *Rhododendron simsii* － *Dicranopteris pedata* Comm.)

该群落与马尾松－檵木－芒萁群落、马尾松－南烛－芒萁群落、马尾松－珍珠花－芒萁群落、马尾松－白栎－芒萁群落、马尾松－细齿叶柃－芒萁群落、马尾松－马银花－芒萁群落等都是这个群丛组有代表性的、常见的群丛，低山、丘陵、台地都有分布，群落的生境条件差异不大，而且这几种灌木经常都同时出现，有的地段以这种为优势，有的地段又以另一种为优势，有时是单优势种，有时是双优势或三优势种。如同马尾松－桃金娘－芒萁群落一样，该群落受人为的干扰同样很大，马尾松单位面积蓄积量不大。乔木层覆盖度45%～80%、平均树高7m、胸径10cm的林分，蓄积量$60m^3/hm^2$；乔木层覆盖度60%～80%、平均树高12m、胸径14cm的林分，蓄积量$65m^3/hm^2$；郁闭度0.5～0.8、树高6～22m、胸径8～30cm的林分，每亩有林木66株；郁闭度0.55、树高12m、胸径22cm的林分，有林木54株/$600m^2$；郁闭度0.6、树高17m、胸径18～23cm的林分，有林木90株/$600m^2$。灌木层其他常见的植物还有赤楠、栀子、白檀、长叶冻绿、白花灯笼（*Clerodendrun fortunatum*）、毛冬青、了哥王、贵州桤叶树、冬青（*Ilex chinensis*）、算盘子、蜜茱萸、梅叶冬青、华南毛柃、盐肤木、山鸡椒、粗叶榕、野漆、南方荚蒾等，常见的乔木幼树有枫香树、罗浮柿、杨桐（*Adinandra millettii*）、栲、罗浮锥、黄樟、中华杜英、牛耳枫、米槠、日本杜英、黄丹木姜子、薄叶山矾等。草本层植物与优势种芒萁伴生的种类常见为五节芒、野古草、狗脊蕨、芒、地菍、牛白藤（*Hedyotis hedyotidea*）、细毛鸭嘴草、扇叶铁线蕨、乌蕨、团叶鳞始蕨等。

（2）马尾松－桃金娘＋白栎－芒萁群落（*Pinus massoniana* – *Rhodomyrtus tomentosa* + *Quercus fabri* – *Dicranopteris pedata* Comm.）

该群落与马尾松－檵木＋桃金娘－芒萁群落、马尾松－桃金娘＋珍珠花－芒萁群落等都是在对冷空气有良好屏障的地区，或与南亚热带相邻的地区有分布，一般出现在海拔450m以下的范围。由于这些地区气温较高，气候比较暖和，适于喜暖的桃金娘生长，所以桃金娘有时亦能成为共优势种。灌木层植物和草本层植物常见的种类与马尾松－杜鹃或檵木或珍珠花或南烛或细齿叶柃－芒萁群落相似。

（3）马尾松－檵木－芒群落（*Pinus massoniana* – *Loropetalum chinense* – *Miscanthus sinensis* Comm.）

该群落与马尾松－檵木＋杜鹃＋珍珠花－芒群落和马尾松－杜鹃＋赤楠－芒群落一样，都是在土壤水湿条件较好的地方出现，林内地表苔藓植物较多，芒喜生长在水湿条件较好的地方，在这些地方，芒生长繁盛，超过芒萁而成为这种地段的优势种。灌木层植物和草本层植物常见的种类与马尾松－杜鹃或檵木或珍珠花或南烛或细齿叶柃－芒萁群落相似。

（4）马尾松－桃金娘＋华南毛柃－芒群落（*Pinus massoniana* – *Rhodomyrtus tomentosa* + *Eurya ciliata* – *Miscanthus sinensis* Comm.）

该群落一方面出现在热量条件较高、湿度条件较好的地段，另一方面草本层植物生长十分繁盛，致使喜阳的芒萁不能在其中立足。中亚热带南缘的阳朔金宝大水田，位于驾桥岭的东坡，海拔300m的山地，郁闭度为0.5的此种群落，有马尾松植株66株/$600m^2$，一般高9～12m，一般胸径17～18cm，灌木层植物覆盖度不高，只有10%，但种类不少，常见与优势种伴生的种类有野牡丹、南方荚蒾、鼠刺、粗叶榕、野漆、杜茎山、白背桐、粗叶悬钩子、金樱子、广东蛇葡萄、算盘子、玉叶金花等，乔木的幼树有黄樟、牛耳枫等。草本层植物生长十分繁盛，覆盖度达80%，芒占绝对优势，覆盖度为75%，其他种类还有狗脊蕨、地菍、野古草、团叶鳞始蕨、扇叶铁线蕨、细毛鸭嘴草等。

（5）马尾松－细齿叶柃－狗脊蕨群落（*Pinus massoniana* – *Eurya nitida* – *Woodwardia japonica* Comm.）

此种群落一般出现在湿度条件较好的地段，而且演替的时间较长。中亚热带南缘的阳朔县白沙，海拔220m丘陵的此种群落，郁闭度0.7，$600m^2$面积有马尾松植株84株，马尾松林木有两个层片，上层林片一般高15～18m，胸径20～35cm，下层林片一般高10～14m，胸径18～20cm。灌木层植物以细齿叶柃为优势，次为南方荚蒾，常见的有南烛、野牡丹、野漆、杜茎山、白背桐、华南毛柃、毛果算盘子、鼠刺、玉叶金花等，乔木的幼树有鸡仔木、牛耳枫等。草本层植物覆盖度55%，狗脊蕨为优势，覆盖度50%，芒萁覆盖度不大，只有4%，其他常见的种类还有扇叶铁线蕨、淡竹叶、芒、乌蕨等。

（6）马尾松－檵木－檵木－黑莎草群落（*Pinus massoniana* – *Loropetalum chinense* – *Loropetalum chinense* – *Gahnia tristis* Comm.）

这是一个特殊的马尾松群落，马尾松是一种酸性土指示植物，一般都分布在由砂页岩、花岗岩发育成的红壤上，由石灰岩发育成的石灰(岩)土极少有分布。该群落的立地条件是由泥盆系石灰岩发育成的红色石灰(岩)土，植被类型是高约4~6m的密集的檵木丛林，有14株/100m²，覆盖度50%。灌木层植物覆盖度40%，檵木幼树有44株，高1.0m，覆盖度20%，青冈幼树45株，高0.8m，覆盖度10%，其他常见的种类还有光叶海桐、龙须藤、樟叶荚蒾(*Viburnum cinnamomifolium*)、巴豆(*Croton tiglium*)、鸡仔木、化香、圆叶乌桕、黄连木、红背山麻杆、朴树、五瓣子楝树(*Decaspermum parviflorum*)、打铁树等。草本层植物覆盖度15%，黑莎草为10%，其他常见的种类还有宽叶凹脉莎草(*Cyperus* sp.)、割叶莎草(*Cyperus* sp.)、薹草(*Carex* sp.)、淡竹叶等。这完全是一种典型的石灰岩群落。但该群落中却生长有3株高大的马尾松，高分别为22m、22m、23m，胸径相应为50cm、60cm、78cm，覆盖度30%。为什么石灰(岩)土上有马尾松分布呢？这可能是成土母质复杂，混杂有砂页岩碎块，早期马尾松幼苗可以入侵定居下来，或者是这种土壤呈微酸性反应，马尾松幼苗可以入侵定居下来。但除这3株高大的马尾松外，林下没有马尾松的幼树幼苗，可见此种立地条件并不适宜马尾松的生长繁殖。

C. 马尾松－岗松林(*Pinus massoniana*－*Baeckea frutescens* Group of association)

马尾松－岗松林主要分布于广西南部，尤其东南部丘陵台地，向北，桂东的丘陵台地也有分布。由于水湿条件不同，分为两个群丛。

(1)马尾松－岗松－鹧鸪草群落(*Pinus massoniana*－*Baeckea frutescens*－*Eriachne pallescens* Comm.)

一般分布于丘陵台地的顶部和阳坡，土壤比较干燥，或水土流失比较严重的地段，而阴坡及山洼处多为马尾松－桃金娘－芒萁群落。由于立地条件差，马尾松生长不好，树干弯曲，单位面积蓄积量低。浦北县南部丘陵台地，覆盖度为60%的群落，树高4~8m，胸径6~10cm，蓄积量仅15m³/hm²。合浦县丘陵台地，郁闭度为0.45的群落，树高5m左右，胸径5~7cm，有植株144株/400m²，平均有36株/100m²。灌木层植物除岗松占优势外，桃金娘很常见，有的地段还成为共优种，其他常见的种类还有野牡丹、野漆、朱砂根、白花灯笼、山芝麻、酸藤子、九节、黄牛木、银柴、余甘子等。与优势种伴生的草本层植物常见有细毛鸭嘴草、四脉金茅、金茅、蜈蚣草、青香茅、圆果雀稗、野古草、毛果珍珠茅等，有的地段没有芒萁分布，有的地段为常见种，有的地段与鹧鸪草共为优势。

(2)马尾松－岗松－芒萁＋鹧鸪草群落(*Pinus massoniana*－*Baeckea frutescens*－*Dicranopteris pedata*＋*Eriachne pallescens* Comm.)

该群落水湿条件较上一群落稍好，芒萁生长繁茂，成为鹧鸪草的共优种，但马尾松仍然生长发育不好。广西东南沿海台地的此种群落，4个样方800m²样地有马尾松林木71株，平均树高6.5m，平均胸径7.5cm，覆盖度只有30%。灌木层植物覆盖度65%~70%，800m²样地有灌木20种，岗松覆盖度40%，出现频度100%，常见的伴生种有桃金娘、山芝麻、野牡丹、黑面神等。草本层植物覆盖度80%，800m²样地有20种，芒萁覆盖度40%，出现频度100%，鹧鸪草覆盖度15%，出现频度100%，其他常见的种类还有细毛鸭嘴草、黑莎草、野古草等。

D. 马尾松－黄牛木(鹅掌柴)林(*Pinus massoniana*－*Cratoxylum cochinchinense*(*Schefflera heptaphylla*) Group of association)

这种群丛组主要分布于南部，中部也有分布。这是一种演替时间较长的群落，一般乔木层已分化为二个亚层或两个层片，有的林分阔叶树成为下层林片的主要成分。本群丛组有如下几个重要的群落。

(1)马尾松－黄牛木＋野牡丹－五节芒＋细毛鸭嘴草群落(*Pinus massoniana*－*Cratoxylum cochinchinense*＋*Melastoma malabathricum*－*Miscanthus floridulus*＋*Ischaemum ciliare* Comm.)

浦北县小江乡海拔230m的低山，山坡中下部的此种群落为纯林，郁闭度0.4~0.5，乔木层有二个层片，上层林片林木高10~11m，下层林片林木高6~8m，胸径20~23cm和13~16cm为多，400m²样地有林木35株。灌木层植物覆盖度40%~45%，400m²样地约有30种，除黄牛木和野牡丹为优势外，常见的有桃金娘、山芝麻、算盘子、细齿叶柃、白花灯笼、白檀、岗柃、野漆、黑面神、大青、石斑木等，乔木的幼树有樟、木荷、枫香树等。草本层植物生长繁盛，覆盖度95%，400m²样地约有12种，常见与优势种伴生的种类有画眉草、蜈蚣草、扇叶铁线蕨、凤尾蕨、乌蕨等。

（2）马尾松－鹅掌柴＋牛耳枫－芒萁群落（*Pinus massoniana* – *Schefflera heptaphylla* + *Daphniphyllum calycinum* – *Dicranopteris pedata* Comm.）

浦北县六万山乡，立地条件为土层厚、有机质含量较丰富的高丘的林分，马尾松生长良好，树干较通直，但仍不很理想，因为高度不太高。乔木层总盖度80%，有2个层片，上层林片覆盖度60%，一般高度12～15m，胸径20～24cm，以马尾松占优势，混生少量的枫香树，树龄多数已超过25年；下层林片覆盖度50%，一般高度4～7m，胸径4～6cm，种类较多，以楔叶豆梨、鹅掌柴为优势，常见的有山乌桕、黄杞、樟、马尾松、枫香树、华润楠、山鸡椒、榼树等，马尾松已不再占优势。灌木层植物种类丰富，覆盖度60%，鹅掌柴和牛耳枫为优势，桃金娘为次优势，数量较多的有香皮树、华润楠、山杜英、红锥、木荷、黄牛木、樟、水锦树等，多为乔木的幼树。草本层植物生长繁盛，覆盖度80%，以芒萁为优势，五节芒为次优势，常见的有乌毛蕨、柔枝莠竹（*Microstegium vimineum*）、艳山姜（*Alpinia zerumbet*）等。马尾松缺乏幼树幼苗，而阔叶树幼树幼苗较多，群落有向着针阔混交林发展的趋势。

（3）马尾松－黄牛木＋蜜茱萸－芒萁群落（*Pinus massoniana* – *Cratoxylum cochinchinense* + *Melicope pteleifolia* – *Dicranopteris pedata* Comm.）

见于浦北县六万山乡，立地条件类型为厚层赤红壤、有机质含量较丰富的高丘的林分，马尾松树干通直，生长良好，但高度不太高。群落郁闭度0.8，马尾松树龄多数已超过25年，林木层已分化为两个层片。上层林片覆盖度60%，一般高度12～16m，胸径18～26cm，全为马尾松；下层林片覆盖度40%，一般高5～7m，胸径6～10cm，以马尾松占优势，混生少量的木油桐、山乌桕、广西水锦树等。灌木层植物种类丰富，覆盖度60%，以黄牛木、蜜茱萸为优势，其他常见的种类有华润楠、白背叶、鹅掌柴、黄杞、枫香树、牛耳枫、红锥、樟、九节、桃金娘、银柴等，多为乔木的幼树。草本层植物种类也较多，覆盖度60%，常与优势种芒萁伴生的种类有五节芒、金毛狗脊、乌毛蕨、狗脊蕨、艳山姜等。群落内缺乏马尾松的幼树幼苗，而阔叶树幼树幼苗较多，群落有向着针阔混交林发展的趋势。

（4）马尾松＋木荷－海南罗伞树＋九节＋黄牛木－芒萁群落（*Pinus massoniana* + *Schima superba* – *Ardisia quinquegona* + *Psychotria rubra* + *Cratoxylon cochinchinense* – *Dicranopteris pedata* Comm.）

这是见于北热带季节性雨林破坏后马尾松入侵而形成的一种群落，但只限于山坡的上部和山脊部分，山谷马尾松还是不能侵入进去。这里的马尾松虽然成材，一些林木胸径可达30～40cm，但生长仍不很理想，因为高度不很高，一般最高只有10～15m。乔木层郁闭度0.6～0.7，分为两个亚层，第一亚层几乎全为马尾松，只混杂一些常绿阔叶树，如红锥、木荷等，原季节性雨林代表树种还没有出现；第二亚层林木为阔叶乔木，常绿的居多，优势种为木荷，常见的有橄榄、鹅掌柴、岭南山竹子、亮叶猴耳环、锈叶新木姜子（*Neolitsea cambodiana*）、红锥、乌榄等，原季节性雨林代表树种已有出现。灌木层植物喜光和耐阴的种类都有，甚为复杂，优势种为海南罗伞树、九节和黄牛木，常见的有山乌桕、毛菍（*Melastoma sanguineum*）、亮叶猴耳环、笔罗子、中平树、白藤等，藤本植物常见的有锡叶藤、小叶红叶藤、买麻藤、瓜馥木（*Fissistigma oldhamii*）等。草本层植物种类不多，优势种为芒萁，常见的有黑莎草和扇叶铁线蕨等。

（5）马尾松－水锦树＋九节－狗脊蕨＋金毛狗脊群落（*Pinus massoniana* – *Wendlandia uvariifolia* + *Psychotria rubra* – *Woodwardia japonica* + *Ciotium barometz* Comm.）

这是桂中东部容县海拔400～500m的低山见到的一种类型，由于位于山顶海拔较高处，环境温湿，马尾松生长、灌木层和草本层优势种与低海拔（丘陵台地）处的马尾松林截然不同。此地的马尾松林马尾松生长较好，林木一般高12m，胸径20cm，郁闭度0.8。灌木层植物覆盖度70%，以水锦树、九节为优势，丘陵台地占优势的桃金娘和岗松，在这里已经没有分布，其他常见的种类有黄牛木、毛果算盘子、华南毛柃、酸藤子、牛耳枫、红锥、亮叶猴耳环、假鹰爪、草珊瑚、紫玉盘、杜茎山等。草本层植物覆盖度40%，以狗脊蕨、金毛狗脊占优势，常见的有乌毛蕨、阔鳞鳞毛蕨(*Dryopteris championii*)、淡竹叶、扇叶铁线蕨等，芒萁在这里不占优势，只是偶有出现。

E. 马尾松－牛耳枫林(*Pinus massoniana* – *Daphniphyllum calycinum* Group of association)

这是桂东北驾桥岭山地一种由单层的马尾松纯林向多层的马尾松针阔混交林演替的群丛组，从这个群丛组看出，由马尾松单层纯林演变成多层结构的马尾松针阔混交林，大约要经过的几个阶段和出现的群丛。

(1)马尾松－牛耳枫－芒群落(*Pinus massoniana* – *Daphniphyllum calycinum* – *Miscanthus sinensis* Comm.)

马尾松－牛耳枫－芒群落是马尾松单层纯林比较后期的一种类型，乔木层已经开始分化为2个层片。上层林片一般高10～12m，下层林片高5～6m，从表7-6可知，上层林片全是马尾松，200m^2样地有植株34株；下层林片有林木3株，其中2株为马尾松。从整个乔木层看，有林木37株，其中马尾松有36株，占重要值指数300的263.8。从表7-7看出，灌木层植物的种类组成较丰富，200m^2约有40种，其组成已经不完全是原灌丛种类的成分，马尾松林具多层结构的初期阶段的种类成分已占相当的比例。牛耳枫是马尾松林具多层结构的初始阶段灌木层和小乔木层常见的优势种，此时它已经成为桃金娘的共优种，其他初期阶段常见的种类成分还有鼠刺、杜茎山、光叶海桐、光叶石楠(*Photinia glabra*)等。草本层植物200m^2有19种，以芒为优势种，芒萁为次优势种，马尾松林具多层结构的初期阶段的种类，如淡竹叶、扇叶铁线蕨、乌蕨、地菍、狗脊蕨、团叶鳞始蕨等已很常见。上述这些特征都表明了本群丛是马尾松单层纯林的后期阶段。

表7-6　马尾松－牛耳枫－芒群落乔木层种类组成及重要值指数

(样地号：Q_{13}、Q_{14}，样地面积：200m^2，地点：阳朔县大水田大木桥北三叉路口，海拔：250m)

序号	树种	基面积(m^2)	株数	频度(%)	重要值指数
		上层林片			
1	马尾松	1.2723	34	100	300
		下层林片			
1	马尾松	0.0362	2	50	211.52
2	华南毛柃	0.002	1	50	88.48
	合计	0.0382	3	100	300
		乔木层			
1	马尾松	1.3085	36	100	263.81
2	华南毛柃	0.002	1	50	36.19
	合计	1.3105	37	150	300

表7-7　马尾松－牛耳枫－芒群落灌木层和草本层种类组成及分布情况

序号	树种	多度盖度级		频度(%)	更新	
		Ⅰ	Ⅱ		幼苗	幼树
			灌木层			
1	野牡丹	3	+	100		
2	山鸡椒	+		50		
3	牛耳枫	3	3	100		
4	微毛柃	3		50		
5	桃金娘	3	3	100		
6	油茶	3	+	100		
7	山莓	+	+	100		
8	羊耳菊	+		50		

第七章 暖性针叶林

（续）

序号	树种	多度盖度级		频度	更新	
		Ⅰ	Ⅱ	（%）	幼苗	幼树
9	西南荚蒾	+	4	100		
10	长叶冻绿	+	+	100		
11	粗叶榕	+	+	100		
12	毛桐	+	+	100		
13	金樱子	+		50		
14	楔叶豆梨	+	+	100		
15	茅莓	+		50		
16	大果菝葜	+	+	100		
17	菝葜	+	+	100		
18	鸡眼藤	+	+	100		
19	白背叶	+	+	100		
20	鼠刺	+	+	100		
21	栀子	+	+	100		
22	截叶铁扫帚	+		50		
23	白檀		3	50		
24	大青		+	50		
25	华南毛柃		3	50		
26	狭叶珍珠花		+	50		
27	粗叶榕		+	50		
28	玉叶金花		+	50		
29	小果蔷薇		+	50		
30	细齿叶柃		+	50		
31	枫香树		+	50		
32	盐肤木		+	50		
33	杜茎山		+	50		
34	野漆		+	50		
35	广东蛇葡萄		+	50		
36	赪桐		+	50		
37	悬钩子		+	50		
38	山绿豆属		+	50		
39	光叶海桐		+	50		
40	光叶石楠		+	50		
41	马尾松			22		
			草本层			
1	山绿豆属	3		50		
2	细毛鸭嘴草		2	50		
3	画眉草	+		50		
4	淡竹叶	+	3	100		
5	芒	8	8	100		
6	海金沙	+	+	100		
7	乌蕨	+		50		
8	芒萁	4	4	100		
9	莨草	+		50		
10	金星蕨	+		50		
11	广东蛇葡萄	+		50		
12	狗脊蕨	3		50		

（续）

序号	树种	多度盖度级		频度	更新	
		Ⅰ	Ⅱ	(%)	幼苗	幼树
13	扇叶铁线蕨	+		50		
14	地菍	3	4	100		
15	玉叶金花	+		50		
16	圆果雀稗	+		50		
17	野古草		+	50		
18	刺子莞		3	50		
19	团叶鳞始蕨		+	50		

微毛柃 *Eurya hebeclados*　山莓 *Rubus corchorifolius*　大果菝葜 *Smilax megacarpa*　截叶铁扫帚 *Lespedeza cuneata*
悬钩子 *Rubus* sp.　山绿豆属 *Desmodium* sp.　金星蕨 *Parathelypteris glanduligera*

(2)马尾松 - 马尾松 - 马尾松 + 毛竹 - 牛耳枫 - 芒萁群落(*Pinus massoniana* - *Pinus massoniana* - *Pinus massoniana* + *Phyllostachys edulis* - *Daphniphyllum calycinum* - *Dicranopteris pedata* Comm.)

(3)马尾松 - 马尾松 + 枫香树 - 马尾松 - 牛耳枫 - 芒萁群落(*Pinus massoniana* - *Pinus massoniana* + *Liquidambar formosana* - *Pinus massoniana* - *Daphniphyllum calycinum* - *Dicranopteris pedata* Comm.)

这 2 个群落是马尾松林进入乔木层具 3 个亚层结构的初期阶段，从表 7-8 和表 7-10 可知，初期阶段，乔木层组成种类基本上是马尾松，但已有个别的阔叶喜光先锋种类，马尾松集中在第一和第二两个亚层，第三亚层植株很少。前一群落 600m^{2}样地乔木层共有林木 54 株，马尾松占 50 株，其中第一亚层全为马尾松，有 27 株，高 15 ~ 16m，胸径一般为 19 ~ 30cm；第二亚层林木 24 株，马尾松有 22 株，高 11 ~ 14m，胸径与第一亚层相差不大，第三亚层马尾松只有 1 株。从整个乔木层看，马尾松重要指数占 250.5，是群落唯一的优势种和建群种。后一群落 400m^{2}样地乔木层共有林木 52 株，马尾松占 45 株，其中第一亚层 19 株，马尾松占 18 株，高 15 ~ 16m，胸径 19 ~ 30cm，第二亚层林木 30 株，马尾松占 26 株，高 9 ~ 14m，胸径与第一亚层相差不大；第三亚层马尾松只有 1 株。从整个乔木层看，马尾松重要值指数占 224.5，亦是群落唯一的优势种和建群种。从两个群落乔木层马尾松植株分布的特点看出，马尾松林乔木层形成 3 个亚层结构，初期主要是种内竞争的结果。从表 7-8 和表 7-10 还可看出，在初期阶段，乔木第三亚层林木很少，整个乔木层阔叶林木很少，尤其常绿阔叶林木几乎还未见有出现；马尾松的更新幼苗很多，但幼树没有，说明马尾松林乔木层具 3 个亚层结构的初期阶段幼苗已很难长成幼树。灌木层植物种类增多，尤其乔木的幼树种类增多，根据表 7-9 和表 7-11，前一群落 600m^{2}有 67 种，后一群落 400m^{2}有 59 种，其中阔叶乔木的幼树有 20 ~ 25 种，不少原常绿阔叶林的乔木种类和林下灌木种类已经出现，但马尾松林初期阶段的喜光先锋种类仍然不少，所以种类组成比较混杂。例如喜光先锋种类常见的有盐肤木、山莓、地胆草、山鸡椒、野牡丹、西南荚蒾等；原常绿阔叶林的乔木种类常见的有栲、红背甜槠、中华杜英、牛耳枫、黄杞、黄樟、罗浮柿等；原常绿阔叶林林下灌木种类常见的有鼠刺、杜茎山、光叶海桐、朱砂根等。草本层组成种类也有所变化，耐阴的种类增多了，狗脊蕨、地菍、山姜、扇叶铁线蕨、淡竹叶已很常见。

表 7-8　马尾松－马尾松－马尾松＋毛竹－牛耳枫－芒萁群落乔木层种类组成及重要值指数

（样地号：Q_{35}，样地面积：$600m^2$，地点：阳朔县葡萄乡碎江村，海拔 423m）

序号	树种	基面积(m^2)	株数	频度(%)	重要值指数
		乔木Ⅰ亚层			
1	马尾松	2.2526	27	100	300
		乔木Ⅱ亚层			
1	马尾松	1.2392	22	100	261.58
2	檫木	0.0284	1	17	18.84
3	枫香树	0.038	1	17	19.58
	合计	1.3056	24	133	300
		乔木Ⅲ亚层			
1	马尾松	0.0201	1	17	138.22
2	毛竹	0.008	2	33	161.92
	合计	0.0281	3	50	300.14
		乔木层			
1	檫木	0.0284	1	17	12.64
2	枫香树	0.038	1	17	12.91
3	马尾松	3.5119	50	100	250.52
4	毛竹	0.008	2	33	23.93
	合计	3.5863	54	167	300

表 7-9　马尾松－马尾松－马尾松＋毛竹－牛耳枫－芒萁群落灌木层和草本层种类组成及分布情况

序号	种名	多度盖度级						频度	更新	
		Ⅰ	Ⅱ	Ⅲ	Ⅳ	Ⅴ	Ⅵ	(%)	幼苗	幼树
					灌木层					
1	牛耳枫	2	3	2	2	3	3	100		
2	盐肤木	4	+	3	+	3		83.3		
3	广东蛇葡萄	+	+	+		+		66.7		
4	樟	+		+	+			50		
5	楤木	3						16.7		
6	粗叶悬钩子	3					+	33.3		
7	江南越桔	+					+	33.3		
8	麻栎	3	+	3	+	3	+	100		
9	朱砂根	+	+		+	+		66.7		
10	罗浮柿	3		3	+	+	+	83.3		
11	臭茉莉	+	+	3				50		
12	大果菝葜	+						16.7		
13	南酸枣	3	+	+				50		
14	山莓	3	+	+		+	+	83.3		
15	掌叶悬钩子	+						16.7		
16	杜茎山	+						16.7		
17	细齿叶柃	3						16.7		
18	油茶	3	+	3	+	+	3	100		
19	玉叶金花	+		+	+			50		
20	杉木	+						16.7		
21	栲	+	3	3	+	3		83.3		
22	珍珠花	+						16.7		
23	毛桐	3						16.7		
24	鼠刺	+	+			3	+	66.7		
25	枫香树	+		+	+			50	2	1
26	毛竹	+				+		33.3		6
27	了哥王	+						16.7		
28	甜槠	+						16.7		

（续）

序号	种名	多度盖度级						频度	更新	
		Ⅰ	Ⅱ	Ⅲ	Ⅳ	Ⅴ	Ⅵ	（%）	幼苗	幼树
29	马尾松	+		+		+	+	66.7	228	
30	毛冬青	+				+		33.3		
31	红背甜槠	+	+	+	3	+		83.3		
32	菝葜	+	+		+		+	66.7		
33	粗叶榕	+					+	33.3		
34	黄樟	+	3					33.3		
35	西南荚蒾	3	+	+				50		
36	变叶榕	+	+					33.3		
37	地胆草		+	3	+	+	+	83.3		
38	君迁子		+		+			33.3		
39	长穗越桔		+		+			33.3		
40	地桃花		+	3				33.3		
41	夜香牛		+					16.7		
42	通脱木		+					16.7		
43	山鸡椒		+	+	+		+	66.7		
44	钩藤		+					16.7		
45	微毛柃		+	+	+	+	+	83.3		
46	牛白藤	3	+					33.3		
47	光叶海桐		+		+	+	+	66.7		
48	满树星		+	3	+	3	3	83.3		
49	黄杞		+		+	3		50		
50	白檀		+	3				33.3		
51	岭南杜鹃		+	+			+	50		
52	胡枝子		+				+	33.3		
53	鸡眼藤		+					16.7		
54	大果酸藤子			+				16.7		
55	大叶野葡萄			+	+		+	50		
56	越南安息香		+	+				33.3		
57	柯属一种			+		+		33.3		
58	算盘子		+					16.7		
59	山乌桕		+			+		33.3		
60	野牡丹			+	+			33.3		
61	鹅掌柴				+			16.7		
62	鸡矢藤				+			16.7		
63	山胡椒					+		16.7		
64	华南毛柃						+	16.7		
65	南蛇藤						+	16.7		
66	野桐属						+	16.7		
67	网脉酸藤子	3					+	33.3		
	草本层									
1	芒萁	5	6	3	6	4	7	100		
2	淡竹叶	3		+	3	+	+	83.3		
3	地菍	3						16.7		
4	芒	3	3	3	3	3	4	100		
5	铁扫把	+						16.7		
6	海金沙	+			+			33.3		
7	假胡枝子	4		3				33.3		
8	白头婆	+		+		+		50		
9	艳山姜	+						16.7		
10	宽叶莎草	+						16.7		
11	狗脊蕨	3	+			3	3	66.7		

（续）

序号	种名	多度盖度级						频度	更新	
		Ⅰ	Ⅱ	Ⅲ	Ⅳ	Ⅴ	Ⅵ	(%)	幼苗	幼树
12	窄叶莎草		+	+		+		50		
13	山姜		+		+			33.3		
14	毛果珍珠茅			+				16.7		
15	扇叶铁线蕨					+		16.7		

楤木 *Aralia* sp.　江南越桔 *Vaccinium mandarinorum*　臭茉莉 *Clerodendruon chinense* var. *simplex*　掌叶悬钩子 *Rubus* sp.
长穗越桔 *Vaccinium dunnianum*　夜香牛 *Vernonia cinerea*　通脱木 *Tetrapanax papyrifer*　岭南杜鹃 *Rhododendron mariae*
胡枝子 *Lespedeza bicolor*　大果酸藤子 *Embelia* sp.　大叶野葡萄 *Vitis* sp.　越南安息香 *Styrax tonkinensis*
柯属一种 *Lithocarpus* sp.　山胡椒 *Lindera glauca*　南蛇藤 *Celastrus orbiculatus*　野桐属 *Mallotus* sp.
假胡枝子 *Lespedeza* sp.　白头婆 *Eupatorium japonicum*　宽叶莎草 *Cyperus* sp.　窄叶莎草 *Cyperus* sp.

表 7-10　马尾松－马尾松＋枫香树－马尾松－牛耳枫－芒萁群落乔木层种类组成及重要值指数

（样地号：Q_{36}，样地面积：400m^2，地点：阳朔县葡萄乡碎江村，海拔：423m）

序号	树种	基面积(m^2)	株数	频度(%)	重要值指数
		乔木Ⅰ亚层			
1	马尾松	1.253	18	75	267.047
2	枫香树	0.0346	1	25	32.953
	合计	1.2877	19	100	300
		乔木Ⅱ亚层			
1	马尾松	1.2497	26	100	234.2854
2	枫香树	0.1316	4	75	65.7146
	合计	1.3813	30	175	300
		乔木Ⅲ亚层			
1	马尾松	0.0177	1	25	134.0329
2	楔叶豆梨	0.0079	1	25	96.6072
3	杨梅	0.0007	1	25	69.3613
	合计	0.0262	3	75	300.0014
		乔木层			
1	马尾松	2.5204	45	100	224.4991
2	枫香树	0.1662	5	75	49.1149
3	楔叶豆梨	0.0079	1	25	13.3256
4	杨梅	0.0007	1	25	13.0604
	合计	2.6952	52	225	300

表 7-11　马尾松－马尾松＋枫香树－马尾松－牛耳枫－芒萁群落灌木层和草本层种类组成及分布情况

序号	种名	多度盖度级				频度	更新	
		Ⅰ	Ⅱ	Ⅲ	Ⅳ	(%)	幼苗	幼树
				灌木层				
1	牛耳枫	2	3	2	3	100		
2	越南安息香	+	1	+	1	100		
3	长穗越桔	1			2	50		
4	樟	2				25		
5	岗柃	2		1	3	75		
6	山莓	2				25		

（续）

序号	种名	多度盖度级				频度（%）	更新	
		Ⅰ	Ⅱ	Ⅲ	Ⅳ		幼苗	幼树
7	野牡丹	2	2	3		75		
8	南烛	1	3	2		75		
9	胡枝子	+				25		
10	岭南杜鹃	3	3	1		75		
11	网脉酸藤子	2	2	2		75		
12	广东蛇葡萄	2	2	2	2	100		
13	红背甜槠	1		2		50		
14	羊耳菊	2	2	2	3	100		
15	玉叶金花	2	2		2	75		
16	朱砂根	1	2	1		75		
17	毛竹	1				25		
18	油茶	2	3	3		75		
19	菝葜	2		1	2	75		
20	粗叶榕	1	+			50		
21	西南荚蒾	1	1			50		
22	枫香树	1	1	2	1	100	2	
23	麻栎	1	2	1		75		
24	君迁子	1		3	1	75		
25	粗叶悬钩子	2		2		50		
26	柃属一种	1			3	50		
27	小果蔷薇	1	3			50		
28	野漆	1				25		
29	山鸡椒	1	1		1	75		
30	盐肤木	1				25		
31	紫珠一种	+				25		
32	鼠刺		3	2	4	75		
33	蜜茱萸		2	2	2	75		
34	黄杞		1		2	50		
35	黄樟		1		1	50		
36	华南毛柃		3		1	50		
37	栲		1	2	3	75		
38	杜茎山		1			25		
39	南酸枣		2			25		
40	满树星		2			25		
41	罗浮柿		2		1	50		
42	大果菝葜		1		2	50		
43	了哥王		2			25		
44	毛冬青		2			25		
45	鸡眼藤		+			25		
46	木姜子属一种		+			25		
47	马尾松	2	2	2		75	57	
48	算盘子		1			25		
49	金丝桃		1			25		
50	毛果算盘子			2		25		
51	野桐			3		25		
52	臭牡丹			1		25		
53	藤黄檀			1	3	50		
54	石灰花楸			1		25		

（续）

序号	种名	多度盖度级				频度（%）	更新	
		Ⅰ	Ⅱ	Ⅲ	Ⅳ		幼苗	幼树
55	香皮树			1		25		
56	夜香牛				1	25		
57	毛桐				2	25		
58	白檀				2	25		
59	野牡丹				2	25		
草本层								
1	芒萁	4	5	3	8	100		
2	狗脊蕨	3	3	3	3	100		
3	扇叶铁线蕨	3	1	2		75		
4	芒	3	3	3	4	100		
5	海金沙	2			1	50		
6	宽叶莎草	2				25		
7	小飞蓬	+				25		
8	淡竹叶	2	2	3	2	100		
9	蕨	+				25		
10	矮桃	+				25		
11	鳞毛蕨		1			25		
12	窄叶莎草		2	2		50		
13	地菍		3	3		50		
14	白茅			2		25		
15	雀稗			+		25		
16	艳山姜				1	25		
17	乌毛蕨				1	25		
18	渐尖毛蕨				+	25		

柃属一种 *Eurya* sp.　紫珠一种 *Callicarpa* sp.　金丝桃 *Hypericum monogynum*　野桐 *Mallotus* sp.
小飞蓬 *Erigeron canadensis*　矮桃 *Lysimachia clethroides*　渐尖毛蕨 *Cyclosorus acuminatus*

（4）马尾松－马尾松＋黄樟＋檫木－油茶＋栲－牛耳枫－芒萁群落（*Pinus massoniana* – *Pinus massoniana* + *Cinnamomum parthenoxylon* + *Sassafras tzumu* – *Camellia oleifera* + *Castanopsis fargesii* – *Daphniphyllum calycinum* – *Dicranopteris pedata* Comm.）

（5）马尾松－马尾松＋变叶榕＋黄樟－油茶＋珍珠花－牛耳枫－淡竹叶群落（*Pinus massoniana* – *Pinus massoniana* + *Ficus variolosa* + *Cinnamomum parthenoxylon* – *Camellia cleifera* + *Vaccinium bracteatum* – *Daphniphyllum calycinum* – *Lophatherum gracile* Comm.）

这两个群落大约是马尾松林林木层具3个亚层结构的中期阶段，乔木层种类组成比初期阶段复杂，马尾松在乔木第一亚层仍独占优势，在第二亚层马尾松植株比初期阶段剧减，阔叶树整体植株比马尾松多，第三亚层林木更是如此。从表7-12看出，前一群落400m^{2}样地乔木层有林木21种、149株，马尾松占35株，其中第一亚层乔木33株，全为马尾松，高16～19m，胸径以17cm左右、20～23cm、25～27cm 3个径级为多；第二亚层林木6株，马尾松只有1株，其他5株分别为5种阔叶树所占，从重要值指数来看，马尾松最大，次为黄樟和檫木；第三亚层林木110株，马尾松亦只有1株，阔叶树有18种、109株，重要值指数最大的为油茶，达68.2；次是栲，为60.0；马尾松虽然只有1株，但重要值指数排第三，为25.6。从整个乔木层看，马尾松仍为优势种和建群种，重要值指数占1/3以上，达到123.1，但不是唯一的优势种，常绿阔叶的油茶和栲重要值指数已经达到35.9和35.8，成为本群落的次优势种了。根据表7-14，后一群落600m^{2}样地乔木层有林木30种，174株，马尾松占57株，其中第一亚层乔木54株，马尾松有52株，高17～22m，胸径以13～15cm、20～23cm、27～30cm 3个径级为多，第二亚层林木17株，马尾松占5株，阔叶树占12株，马尾松重要值指数仍最大，为92.5；阔叶树重要值指数最大的为常绿的黄樟和变叶榕，分别有37.5和31.9；第三亚层林木105株，全为阔叶树，优势种为油茶，重要值指数83.3；次优势种有珍珠花，重要值指数57.1；常见的有牛耳枫、光叶石楠、光叶灰木。从整个乔木层分析，马尾松仍是群落的优势种和建群种，重要值指数为128.9，虽然阔叶树目前没有哪一个很突出，重要值指数最大的油茶和珍珠花，也只有34.6和21.6，但阔叶树总的重要值指数>170，所以马尾松不是群落唯一的优势种。从两个群落乔木层马尾松和阔叶树植株分布的特点和马尾松胸径径级特点看出，中期马尾松林乔木层形成3个亚层的结构，除马尾松种内竞争结果外，种间竞争也是一个原因。从表7-13和表7-15看出，到了中期阶段，马尾松已经基本上没有更新的幼树幼苗。灌木层植物除种类增多外，原常绿阔叶林的乔木幼树，不少成为灌木层的优势种和常见种，喜光先锋种类进一步消失。根据表7-13和表7-15，前一群落400m^{2}有51种，后一群落600m^{2}有80种，前一群落优势种有栲和油茶，常见的有牛耳枫、光叶海桐、野漆、变叶榕、草珊瑚等；后一群落优势种为栲、油茶、牛耳枫，常见的有红背甜槠、光叶石楠、光叶海桐、鸭公树、毛冬青、杜茎山等。草本层组成种类和丰富度发生了较大的变化，原喜光先锋种类多数已消失，芒萁只在一群落为优势种，而在另一群落已成为偶见种，比较耐阴的淡竹叶成为群落的优势种和常见种，典型常绿阔叶林代表的草本成分狗脊蕨，在草本层已很常见。

表7-12　马尾松－马尾松＋黄樟＋檫木－油茶＋栲－牛耳枫－芒萁群落乔木层种类组成及重要值指数

（样地号：Q_{38}，面积：400m^2，地点：阳朔县葡萄乡碎江村石板山，海拔470m）

序号	树种	基面积(m^2)	株数	频度(%)	重要值指数
		乔木Ⅰ亚层			
1	马尾松	1.9379	33	100	300
		乔木Ⅱ亚层			
1	马尾松	0.0254	1	25	67.54
2	黄樟	0.0154	1	25	54.02
3	檫木	0.0133	1	25	51.17
4	枫香树	0.0095	1	25	46.11
5	栲	0.0064	1	25	41.88
6	君迁子	0.0044	1	25	39.27
	合计	0.0744	6	15	300
		乔木Ⅲ亚层			
1	油茶	0.0617	34	100	68.2
2	栲	0.0415	34	100	59.96
3	南烛	0.0224	11	100	31.26
4	马尾松	0.0531	1	25	25.59
5	牛耳枫	0.0104	5	50	14.87
6	变叶榕	0.0157	2	50	14.29
7	虎皮楠	0.0112	4	50	14.26
8	光叶海桐	0.0021	3	50	9.63
9	君迁子	0.0032	2	50	9.19
10	枫香树	0.0095	1	25	7.82
11	山鸡椒	0.0028	4	25	7.8
12	杨梅	0.0044	1	25	5.74
13	野漆	0.0006	2	25	5.1
14	红背甜槠	0.002	1	25	4.74
15	窄叶灰木	0.002	1	25	4.74
16	中华杜英	0.0013	1	25	4.45
17	小叶石楠	0.0007	1	25	4.23
18	毛桐	0.0003	1	25	4.07
19	细柄五月茶	0.0003	1	25	4.07
	合计	0.2452	110	825	300

（续）

序号	树种	基面积（m^2）	株数	频度（%）	重要值指数
		乔木层			
1	马尾松	2.0165	35	100	123.07
2	栲	0.0479	35	100	35.87
3	油茶	0.0617	34	100	35.81
4	南烛	0.0224	11	100	18.63
5	牛耳枫	0.0104	5	50	8.95
6	虎皮楠	0.0112	4	50	8.31
7	枫香树	0.019	2	50	7.31
8	光叶海桐	0.0021	3	50	7.23
9	变叶榕	0.0157	2	50	7.17
10	黄樟	0.0154	1	50	6.48
11	山鸡椒	0.0028	4	25	5.37
12	君迁子	0.0076	3	25	4.92
13	野漆	0.0006	2	25	3.93
14	檫木	0.0133	1	25	3.82
15	杨梅	0.0044	1	25	3.43
16	红背甜槠	0.002	1	25	3.32
17	窄叶灰木	0.002	1	25	3.32
18	叶华杜英	0.0013	1	25	3.29
19	小叶石楠	0.0007	1	25	3.27
20	毛桐	0.0003	1	25	3.25
21	细柄五月茶	0.0003	1	25	3.25
	合计	2.2575	149	975	300

表 7-13　马尾松－马尾松＋黄樟＋檫木－油茶＋栲－牛耳枫－芒萁群落灌木层和草本层种类组成及分布情况

序号	树种	多度盖度级				频度	更新	
		Ⅰ	Ⅱ	Ⅲ	Ⅳ	（%）	幼苗	幼树
				灌木层				
1	牛耳枫	1	2	2	3	100		12
2	油茶	3	3	4	2	100	3	12
3	中华杜英	3	2			50	3	4
4	野漆	2	2	2	2	100		19
5	光叶海桐	2	2	2	3	100	12	
6	朱砂根	2	2		2	75		
7	栀子	+	+		1	75		
8	野牡丹	1				25		
9	赤杨叶	1	1			50		
10	长叶冻绿	1				25		
11	草珊瑚	2	2	2	2	100		
12	西南荚蒾	1				25		
13	微毛柃	1				25		
14	山鸡椒	1		+	1	75		
15	鸭公树	1	2		2	75		
16	粤赣紫珠	1				25		
17	栲	3	5	5	7	100	84	196
18	马尾松	1		2		50	7	
19	变叶榕	1	2	1	1	100		7
20	柯	2	1		3	75		
21	盐肤木	+				25		
22	君迁子	+	+	1	2	100	1	6

（续）

序号	树种	多度盖度级				频度	更新	
		Ⅰ	Ⅱ	Ⅲ	Ⅳ	（%）	幼苗	幼树
23	越南安息香	2			2	50		
24	楔叶豆梨	+				25		
25	山胡椒	1	2		2	75	7	
26	胡枝子	1				25		
27	山莓	+				25		
28	赪桐	1				25		
29	毛冬青		2	2	1	75		
30	石灰花楸		+			25		
31	枫香树		+			25	1	
32	鼠刺		1			50		
33	桂花		1			25		
34	青冈		1		2	50		
35	红背甜槠			1		25		2
36	虎皮楠			2	1	50	1	2
37	南烛			2		25		
38	木油桐			1		25		
39	楤木			+		25		
40	杨梅				1	25		1
41	香皮树				1	25		
42	小叶石楠				1	25		1
43	木荷				1	25		
44	珍珠花				3	25		
45	菝葜	1		1		50		
46	土茯苓	2	2	2	2	100		
47	广东蛇葡萄	2				25		
48	玉叶金花	2				25		
49	华南忍冬		1	1		50		
50	鸡眼藤			2	2	50		
51	藤黄檀				2	25		
	草本层							
1	芒萁	4	2	4	3	100		
2	芒	2	2	2	2	100		
3	山菅	1				25		
4	淡竹叶	2	2	2	2	100		
5	狗脊蕨				3	25		
6	扇叶铁线蕨				2	25		
7	宽叶莎草				2	25		

粤赣紫珠 *Callicarpa* sp.　　桂花 *Osmanthus fragrans*　　华南忍冬 *Lonicera confusa*

表 7-14　马尾松 – 马尾松 + 变叶榕 + 黄樟 – 油茶 + 珍珠花 – 牛耳枫 – 淡竹叶群落乔木层种类组成及重要值指数

（样地号：Q_8，样地面积：600m^2，地点：阳朔县金宝乡大水田西强盗山，海拔 300m）

序号	树种	基面积(m^2)	株数	频度(%)	重要值指数
		乔木Ⅰ亚层			
1	马尾松	2.6781	52	100	270.5251
2	毛竹	0.0113	1	16.67	14.7709
3	杉木	0.0095	1	16.67	14.704
	合计	2.6989	54	1.3333	300
		乔木Ⅱ亚层			
1	马尾松	0.0948	5	66.67	92.5217
2	黄樟	0.0322	2	33.33	37.4773
3	变叶榕	0.0177	2	33.33	31.8915
4	石灰花楸	0.0232	2	16.67	27.3686
5	栲	0.0314	1	16.67	24.6263
6	苦枥木	0.0314	1	16.67	24.6263
7	牛耳枫	0.0113	1	16.67	16.8969
8	枫香树	0.0079	1	16.67	15.5683
9	华南毛柃	0.0064	1	16.67	14.9947
10	毛竹	0.0038	1	16.67	14.0285
	合计	0.2601	17	250	300.0002
		乔木Ⅲ亚层			
1	油茶	0.0775	41	83.33	83.2752
2	南烛	0.0665	16	100	57.1108
3	牛耳枫	0.0165	11	66.67	26.6231
4	变叶榕	0.0102	5	50	15.9554
5	光叶石楠	0.0088	5	50	15.3831
6	窄叶灰木	0.0076	3	50	12.9557
7	鼠刺	0.0062	4	25	9.8708
8	中华杜英	0.006	2	33.33	9.0325
9	红鳞蒲桃	0.0057	2	33.33	8.8915
10	君迁子	0.0051	2	16.67	6.3604
11	厚皮香	0.0025	2	16.67	5.2654
12	光叶山矾	0.0038	1	16.67	4.8771
13	黄樟	0.0038	1	16.67	4.8771
14	拟黄栀子	0.0028	1	16.67	4.4458
15	红背甜槠	0.0028	1	16.67	4.4458
16	石灰花楸	0.0024	1	16.67	4.255
17	披针叶柃	0.002	1	16.67	4.0808
18	野漆	0.002	1	16.67	4.0808
19	光叶海桐	0.0016	1	16.67	3.9232
20	黄棉木	0.0016	1	16.67	3.9232
21	鸭公树	0.001	1	16.67	3.6577
22	毛冬青	0.0003	1	16.67	3.384
23	鹅掌柴	0.0002	1	16.67	3.3259
	合计	0.2367	105	725	300
		乔木层			
1	马尾松	2.7426	57	100	128.9412
2	油茶	0.0775	41	83.33	34.6088
3	南烛	0.0665	16	100	21.6204
4	牛耳枫	0.0278	12	66.67	14.662
5	变叶榕	0.0278	7	66.67	11.7909
6	光叶石楠	0.0088	5	50	8.3219
7	黄樟	0.036	3	50	8.0248

（续）

序号	树种	基面积(m^2)	株数	频度(%)	重要值指数
8	窄叶灰木	0.0076	3	50	7.1337
9	中华杜英	0.006	2	33.33	4.7851
10	石灰花楸	0.0256	3	16.67	4.2502
11	鼠刺	0.0062	4	16.67	4.2166
12	红鳞蒲桃	0.0057	1	33.33	4.2
13	杉木	0.0415	1	16.67	3.5992
14	毛竹	0.0134	2	16.67	3.2914
15	栲	0.0314	1	16.67	3.2821
16	苦枥木	0.0314	1	16.67	3.2821
17	君迁子	0.0051	2	16.67	3.0333
18	枫香树	0.0079	1	16.67	2.5447
19	华南毛柃	0.0064	1	16.67	2.498
20	光叶山矾	0.0038	1	16.67	2.4193
21	拟黄栀子	0.0028	1	16.67	2.3873
22	红背甜槠	0.0028	1	16.67	2.3873
23	厚皮香	0.0025	1	16.67	2.3775
24	披针叶柃	0.002	1	16.67	2.3603
25	野漆	0.002	1	16.67	2.3603
26	光叶海桐	0.0016	1	16.67	2.3486
27	黄棉木	0.0016	1	16.67	2.3486
28	鸭公树	0.001	1	16.67	2.329
29	毛冬青	0.0003	1	16.67	2.3087
30	鹅掌柴	0.0002	1	16.67	2.3044
	合计	3.1957	174	966.67	300.0176

表 7-15 马尾松－马尾松＋变叶榕＋黄樟－油茶＋珍珠花－牛耳枫－淡竹叶群落灌木层和草本层种类组成及分布情况

序号	种名	多度盖度级						频度(%)	更新	
		Ⅰ	Ⅱ	Ⅲ	Ⅳ	Ⅴ	Ⅵ		幼苗	幼树
					灌木层					
1	牛耳枫	4	3	3	2	2	2	100	7	23
2	大果菝葜	2						16.7		
3	君迁子	2	2	2			+	66.7	8	4
4	山胡椒	3		3	2		3	66.7		
5	腺叶桂樱	1		1				33.3		
6	光叶石楠	3	3	3	3	2	3	100		
7	毛桐	3						16.7		
8	栲	3	3	3	3	3	3	100	35	71
9	红背甜槠	2	3	3	3	2	3	100	6	18
10	凹脉柃	3	2			2		50		
11	盐肤木	2						16.7		
12	毛果算盘子	3	3		2	2	2	83.3		
13	枫香树	+						16.7		
14	毛冬青	3	3	3	3	3	3	100	4	36
15	杜茎山	3	3	3	2	1	1	100		
16	华南毛柃	3	1					33.3		
17	油茶	3	4	3	2	2	3	100		
18	巴豆	1						16.7		
19	朱砂根	2	1	1	1	1	1	100		
20	中华杜英	2	2	2	1	1	+	100	7	7
21	香皮树	2	1	1				50		

（续）

序号	种名	多度盖度级						频度（%）	更新	
		Ⅰ	Ⅱ	Ⅲ	Ⅳ	Ⅴ	Ⅵ		幼苗	幼树
22	木荷	1	+					33.3		
23	栀子	2		2	1	2		66.7		
24	光叶海桐	1	3	3	3	3	3	100		
25	鸭公树	3	1	2	3	2	3	100	5	15
26	毛竹	3						16.7		
27	野漆	2	2	2	+	2	2	100		
28	西南荚蒾	3				+		33.3		
29	红紫珠	1				2		33.3		
30	粗糠柴	2						16.7		
31	细柄五月茶	3						16.7		
32	黧蒴锥	1		2				33.3		
33	鹅掌柴	1	3		1			50		6
34	红鳞蒲桃	1			2	2		50	9	
35	赪桐	1				+		33.3		
36	美脉粗叶木	1			2			33.3		
37	厚皮香	1	3	1	1		3	83.3	2	4
38	海南罗伞树	3	2	3	2	1		83.3		
39	中华卫矛	3			1			33.3		
40	变叶榕	3		+		+		50		9
41	南烛	1						16.7	4	1
42	桂花		3					16.7		
43	鼠刺		3	1	3			50		
44	山鸡椒		3				2	33.3		
45	黄樟		1					16.7		1
46	石灰花楸			2	1			50		5
47	莲座紫金牛		2	2	2	2	2	83.3		
48	网脉酸藤子			3				16.7		
49	山杜英			2			+	33.3		
50	大叶山矾			3	1	3		50		
51	光叶山矾			3	3		3	50		
52	西南香楠			1				16.7		
53	石斑木			1		1		33.3		
54	三花冬青			2				16.7		
55	弓果藤			2				16.7		
56	越南安息香				2	2		33.3		
57	粗叶榕				2		2	33.3		
58	山蚂蝗				+		1	33.3		
59	锐尖山香圆				1			16.7		
60	甜槠				3			16.7		
61	异株木犀榄					3		16.7		
62	川杨桐					2		16.7		
63	海南槽裂木					2		16.7		1
64	樟树						1	16.7		
65	草珊瑚						1	16.7		
66	野樱桃						3	16.7		
67	长穗越桔						2	16.7		
68	广东蛇葡萄	2	1	2	2	2		83.3		
69	藤黄檀	2	2	1	1	3	2	100		
70	流苏子	2	3	3	2	2	3	100		
71	玉叶金花	2				2	1	50		
72	忍冬	2	2			2		50		

（续）

序号	种名	多度盖度级						频度	更新	
		Ⅰ	Ⅱ	Ⅲ	Ⅳ	Ⅴ	Ⅵ	(%)	幼苗	幼树
73	鹿藿	1						16.7		
74	海金沙	2			1	1		50		
75	鸡眼藤	2	2	1	1	2	2	100		
76	土茯苓		2	1	2	2	2	83.3		
77	链珠藤			2		2		33.3		
78	掌叶悬钩子		2		1		2	50		
79	威灵仙				1			16.7		
80	山莓						+	16.7		
	草本层									
1	淡竹叶	4	4	3	2	2	3	100		
2	芒萁	3						16.7		
3	地胆草	3						16.7		
4	斜叶荩草	3				2		33.3		
5	地桃花	2					+	33.3		
6	狗脊蕨	1	3		1		3	66.7		
7	中华艾纳香	1					1	33.3		
8	小叶沿阶草	1	2			2		50		
9	扇叶铁线蕨		3		2		1	50		
10	艳山姜		2	1	2	1	3	83.3		
11	鳞毛蕨		2					16.7		
12	芒		2		2	2	2	66.7		
13	薹草		2	2	2	2	2	83.3		
14	雪下红				2			16.7		
15	山菅		3			1		33.3		

腺叶桂樱 *Laurocerasus phaeosticta*　凹脉柃 *Eurya impressinervis*　细柄五月茶 *Antidesma filipes*　美脉粗叶木 *Lasianthus lancifolius*
中华卫矛 *Euonymus nitidus*　莲座紫金牛 *Ardisia primulifolia*　大叶山矾 *Symplocos* sp.　西南香楠 *Aidia* sp.
三花冬青 *Ilex triflora*　弓果藤 *Toxocarpus wightianus*　山蚂蝗 *Desmodium caudatum*　锐尖山香圆 *Turpinia arguta*
野樱桃 *Prunus* sp.　流苏子 *Coptosapelta diffusa*　忍冬 *Lonicera japonica*　鹿藿 *Rhynchosia volubilis*
土茯苓 *Smilax glabra*　链珠藤 *Alyxia sinensis*　威灵仙 *Clematis chinensis*　斜叶荩草 *Arthraxon* sp.
中华艾纳香 *Blumea* sp.　小叶沿阶草 *Ophiopogon* sp.　薹草 *Carex* sp.　雪下红 *Ardisia villosa*

（6）马尾松－马尾松－牛耳枫＋栲－牛耳枫－狗脊蕨＋淡竹叶群落（*Pinus massoniana* – *Pinus massoniana* – *Daphniphyllum calycinum* + *Castanopsis fargesii* – *Daphniphyllum calycinum* – *Woodwardia japonica* + *Lophatherum gracile* Comm.）

本群落属于马尾松林乔木层具3个亚层结构的中后期阶段，与上两个群落不同的是，本群落乔木第一亚层已是针阔混交，第二亚层常绿阔叶树种类和重要值增多。从表7-16可知，第一亚层林木仍以马尾松占优势，在600m^{2}的样地中，共有植株32株，其中马尾松占26株，常绿阔叶树和落叶阔叶树各3株，马尾松植株多数高16～17m，胸径以15～17cm、20～23cm、27～30cm三个径级为多，重要值指数为224.8，占绝对优势，但已经混生有常绿阔叶树，种类有鸭公树和木荷，重要值指数还不大，只有28.4和12.6。第二亚层林木有14种，其中常绿阔叶树12种，从单种看，马尾松重要值指数为111.4，仍为该层的优势种；但常绿阔叶树重要值指数达166.8，超过了马尾松；重要的有红背甜槠、君迁子、黄杞、芬芳安息香（*Styrax odoratissimus*）等。第三亚层林木种类较复杂，有20种，马尾松已处于很次要的地位，重要值指数只有16.7；常绿阔叶树有15种，重要值指数为228.2，优势不突出；比较重要的有牛耳枫、栲、凹脉柃、杨梅、木荷，重要值指数分别为42.4、37.7、36.2、25.1、23.8。

从整个乔木层看，马尾松仍很突出，重要值指数为122.4，远远高于单种阔叶树的重要值，常绿阔叶树虽然种类和株数都很多，但没有哪一个种重要值指数达到20，最多的牛耳枫也只有17.8，不过常绿阔叶树总的重要值指数>150.0，高于马尾松。灌木层植物种类复杂，从表7-17可知，包括乔木幼树和藤本达76种之多，优势种牛耳枫、栲，为乔木的幼树，常见的种类有黄杞、黧蒴锥、光叶山矾、中华杜英、毛冬青、杜茎山等，多为乔木的幼树。草本层植物以耐阴的淡竹叶和常绿阔叶林林下常见的狗脊蕨为优势，蕨类植物种类不少。

表7-16　马尾松－马尾松－牛耳枫＋栲－牛耳枫－狗脊蕨＋淡竹叶群落乔木层种类组成及重要值指数

（样地号：Q_{16}，样地面积：600m^2，地点：阳朔县金宝乡大水田长好山老仓背，海拔400m）

序号	树种	基面积(m^2)	株数	频度(%)	重要值指数
		乔木Ⅰ亚层			
1	马尾松	1.7994	26	100	224.7456
2	枫香树	0.1361	3	33.33	34.2854
3	鸭公树	0.0796	2	33.33	28.3649
4	木荷	0.0079	1	16.67	12.6042
	合计	2.0229	32	183.33	300
		乔木Ⅱ亚层			
1	马尾松	0.469	15	100	111.3865
2	红背甜槠	0.1218	4	50	35.1986
3	红鳞蒲桃	0.0855	1	16.67	15.5827
4	牛耳枫	0.0616	1	16.67	13.0855
5	枫香树	0.0588	3	33.33	21.9656
6	君迁子	0.047	5	33.33	25.7375
7	黄杞	0.0272	2	33.33	16.1661
8	芬芳安息香	0.0192	3	16.67	13.6726
9	山杜英	0.0154	1	16.67	8.2714
10	杨梅	0.0133	1	16.67	8.0503
11	鸭公树	0.0133	1	16.67	8.0503
12	木荷	0.0113	1	16.67	7.8456
13	罗浮柿	0.0095	1	16.67	7.6573
14	南烛	0.0064	1	16.67	7.3298
	合计	0.9593	40	400	300
		乔木Ⅲ亚层			
1	栲	0.0441	3	33.33	37.7038
2	牛耳枫	0.0291	7	50	42.3672
3	杨梅	0.0211	3	33.33	25.1407
4	凹脉柃	0.021	5	66.67	36.1827
5	石灰花楸	0.0192	2	33.33	21.6691
6	木荷	0.0129	3	50	23.7481
7	鸭公树	0.0095	1	16.67	10.77
8	马尾松	0.0058	3	33.33	16.7186
9	油茶	0.0052	3	33.33	16.4067
10	野漆	0.002	1	16.67	6.6396
11	山杜英	0.002	1	16.67	6.6396
12	黧蒴锥	0.002	1	16.67	6.6396
13	芬芳安息香	0.002	1	16.67	6.6396
14	变叶榕	0.002	1	16.67	6.6396
15	西南荚蒾	0.0013	1	16.67	6.2524
16	白背算盘珠	0.0013	1	16.67	6.2524

（续）

序号	树种	基面积(m^2)	株数	频度(%)	重要值指数
17	罗浮柿	0.0007	1	16.67	5.9512
18	黄杞	0.0007	1	16.67	5.9512
19	华南毛柃	0.0007	1	16.67	5.9512
20	楔叶豆梨	0.0003	1	16.67	5.7361
	合计	0.1825	41	533.33	299.9998
		乔木层			
1	马尾松	2.2609	44	100	122.4419
2	枫香树	0.1949	6	33.33	15.4168
3	红背甜槠	0.1218	4	50	13.2875
4	鸭公树	0.1023	4	50	12.6694
5	牛耳枫	0.0906	8	66.67	17.7987
6	红鳞蒲桃	0.0855	1	16.67	5.5597
7	君迁子	0.047	5	33.33	9.8391
8	栲	0.0441	3	33.33	7.9745
9	杨梅	0.0344	4	33.33	8.5529
10	木荷	0.032	5	50	11.3239
11	黄杞	0.0279	3	50	9.4219
12	芬芳安息香	0.0212	4	16.67	6.1735
13	凹脉柃	0.021	5	66.67	12.9333
14	石灰花楸	0.0192	2	33.33	6.3021
15	山杜英	0.0174	2	16.67	4.2815
16	罗浮柿	0.0102	2	33.33	6.0155
17	南烛	0.0064	1	16.67	3.0476
18	油茶	0.0052	3	33.33	6.7409
19	变叶榕	0.002	1	16.67	2.908
20	黧蒴锥	0.002	1	16.67	2.908
21	野漆	0.002	1	16.67	2.908
22	白背算盘珠	0.0013	1	16.67	2.8856
23	西南荚蒾	0.0013	1	16.67	2.8856
24	华南毛柃	0.0007	1	16.67	2.8682
25	楔叶豆梨	0.0003	1	16.67	2.8557
	合计	3.1515	113	850	299.9999

表 7-17　马尾松－马尾松－牛耳枫＋栲－牛耳枫－狗脊蕨＋淡竹叶群落灌木层和草本层种类组成及分布情况

序号	种名	多度盖度级						频度(%)	更新	
		Ⅰ	Ⅱ	Ⅲ	Ⅳ	Ⅴ	Ⅵ		幼苗	幼树
					灌木层					
1	牛耳枫	4	3	3	4	5	7	100	210	
2	黄杞	3	3	3	3	2	1	100	13	43
3	栲	4	4	4	4	7	4	100	65	352
4	黧蒴锥	5	3	3	3	1	2	100	63	243
5	栀子	2		2	2		2	66.7		
6	油茶	3		1		3	1	66.7		11
7	鸭公树	3	2	1	1			66.7	11	15
8	光叶山矾	2	2	2	3	2	1	100		
9	红鳞蒲桃	2	2	1			1	66.7	3	5
10	罗浮柿	2	2			2		50		10
11	中华杜英	2	3	3	3	2	2	100		
12	朱砂根	2	2	2		2	2	83.3		
13	香皮树	1	1	2	2		3	83.3		

（续）

序号	种名	多度盖度级						频度	更新	
		Ⅰ	Ⅱ	Ⅲ	Ⅳ	Ⅴ	Ⅵ	（%）	幼苗	幼树
14	红背甜槠	3	2		2			50	9	14
15	毛冬青	3	2	3	3	3	3	100		
16	山杜英	2	2	1				50	8	1
17	竹	3	2	3	3	2	2	100		
18	粗叶榕	2	2				1	50		
19	山莓	2				2	2	50		
20	西南荚蒾	1		3	3	2	3	83.3		24
21	粗叶榕	2	1		2	2	1	83.3		
22	杜茎山	2	3	3	3	2	2	100		
23	野漆	2		2	2	2		66.7		14
24	凹脉柃	1	3		3	2	2	83.3		
25	幌伞枫	1				1		33.3		
26	君迁子	1				2	1	50	1	5
27	美脉粗叶木	1			1			33.3		
28	毛果算盘珠	1			1			33.3		
29	五月茶	1	1		1	2	1	83.3		
30	地桃花	2	3	2	2		2	83.3		
31	草珊瑚	3	3	3		2		66.7		
32	越南安息香		1				1	33.3		
33	茶		3					16.7		
34	三花冬青		1					16.7		
35	白背叶		1				3	33.3		
36	毛桐		2	1	1	2	2	83.3		
37	蜜茱萸		1	1				33.3		
38	鹅掌柴		1					16.7		
39	藤黄檀		1			2	1	50		
40	光叶海桐		2		2	2	2	66.7		
41	红紫珠		1		1	2		50		
42	珊瑚树		1					16.7		
43	南烛		1			2		33.3		1
44	楔叶豆梨		1			2		33.3		5
45	木荷			3	3	2	3	66.7		26
46	白背算盘子			2			2	33.3		
47	杨梅			1				16.7		1
48	菝葜			2	1		2	50		
49	莲座紫金牛		3	2		2		50		
50	网脉酸藤子	3	2	3	3	2		83.3		
51	细齿叶柃			3		2	2	50		
52	广东蛇葡萄	2		2	2	2	2	83.3		
53	土茯苓			1	1			33.3		
54	裂叶悬钩子			2				16.7		
55	鼠刺			1				16.7		
56	玉叶金花				2	2	2	50		
57	厚皮香				1			16.7		
58	光叶石楠				1			16.7		
59	鸡矢藤				2			16.7		
60	刺叶冬青				1			16.7		
61	栓叶安息香				1		2	33.3		
62	江南越桔				1			16.7		
63	杉木					2		16.7		

（续）

序号	种名	多度盖度级						频度	更新	
		Ⅰ	Ⅱ	Ⅲ	Ⅳ	Ⅴ	Ⅵ	(%)	幼苗	幼树
64	山乌桕					2		16.7		
65	八角枫					2		16.7		
66	盐肤木					2		16.7		
67	鹿藿					1		16.7		
68	野蚂蝗					2	2	33.3		
69	鸡眼藤						1	16.7		
70	密齿酸藤子						1	16.7		
71	石灰花楸						1	16.7		4
72	华南毛柃						2	16.7		4
73	藤构						2	16.7		
74	海金沙	1						16.7		
75	买麻藤	2	2					33.3		
76	忍冬	1						16.7		
					草本层					
1	淡竹叶	3	4	5	3	4		88.3		
2	艳山姜	1			1			33.3		
3	狗脊蕨	4	3	6	4	5		88.3		
4	大莎草		2					16.7		
5	芒		1		2	3		50		
6	中华艾纳香		1		1		2	50		
7	扇叶铁线蕨			2	2	2		50		
8	渐尖毛蕨			2	2	2		50		
9	半边旗			2				16.7		
10	斜方复叶耳蕨			2	2			33.3		
11	山姜			2				16.7		
12	团叶鳞始蕨			2				33.3		
13	阔鳞鳞毛藤			2	3			33.3		
14	迷人鳞毛蕨					2		16.7		
15	乌蕨			2				16.7		
16	毛果珍珠茅					2		16.7		
17	地菍					2		16.7		

珊瑚树 *Viburnum odoratissimum*　裂叶悬钩子 *Rubus* sp.　野蚂蝗 *Desmodium* sp.　刺叶冬青 *Ilex hylonoma* var. *glabra*
密齿酸藤子 *Embelia vestita*　大莎草 *Cyperus* sp.　斜方复叶耳蕨 *Arachniodes rhomboidea*　迷人鳞毛蕨 *Dryopteris decipiens*

马尾松林乔木层具三个亚层结构的中后期阶段，种群结构的特点是常绿阔叶树已开始出现完整结构的种群，例如，鸭公树属于稳定型种群，黄杞、黧蒴锥、栲、山杜英、牛耳枫属于增长型种群，相反，马尾松是一种衰退型或绝后型种群结构，这就为马尾松林演替到常绿阔叶林创造了条件。

(7)马尾松＋栲－甜槠＋栲－石灰花楸＋甜槠－毛冬青－狗脊蕨群落(*Pinus massoniana* + *Castanopsis fargesii* – *Castanopsis eyrei* + *Castanopsis fargesii* – *Sorbus folgneri* + *Castanopsis eyrei* – *Ilex pubescens* – *Woodwardia japonica* Comm.)

这个群落虽然牛耳枫在灌木层中不占优势，但在乔木第三亚层为常见种，所以还是把它归入本群丛组内。这种群落亦属于马尾松林林木层具3个亚层结构的中后期阶段，比上一群落还要后。根据表7-18，在群落中，马尾松只是在乔木第一亚层占优势，从整个乔木层看，常绿阔叶树的重要性已经和马尾松相近，甚至超过马尾松。在600m^{2}的样地中，乔木第一亚层共有林木17株，其中马尾松有13株，重要值指数205.6。马尾松树高多数在17～18m，胸径最小13～14cm，最大39～41cm，一般29～30cm，分化相当厉害。常绿阔叶树有栲和甜槠2种，重要值指数分别为51.5和21.5，比上演替阶段增大了。乔木第二亚层常绿阔叶树不但在整体上重要值指数已经超过马尾松，而且不少种类单种重要值指数亦已经超过马尾松，马尾松重要值指数只有18.6，已不属于优势种；优势种为甜槠和栲，重要值指数分别为56.8和42.6；其他重要值指数超过马尾松的常绿阔叶树有红背甜槠、杨梅、樟，在常绿阔叶林中经常出现的落叶阔叶树石灰花楸在本群落亦很常见，重要值指数为24.1。乔木第三亚层全为阔叶树组成，马尾松已经被淘汰，优势种为甜槠和石灰花楸，重要值指数为68.9和60.5；常见的有栲和牛耳枫，重要值指数分别为21.6和20.1。从整个乔木层分析，马尾松虽然重要值指数仍然最大，但只有63.2，只是群落的优势种而不再是群落的建群种；常绿阔叶树甜槠和栲重要值指数已经达到38.8和37.7，上升为群落的次优势种。灌木层植物覆盖度不大，但种类还是比较复杂的，从表7-19可知，包括乔木幼树和藤本在内，600m^{2}的范围有50种之多，真正的灌木常见的有毛冬青、朱砂根、莲座紫金牛，乔木幼树常见的有鹅掌柴、栲、甜槠。草本层植物分布不均匀，多数地段覆盖度不大，优势种为常绿阔叶林草本层的代表种狗脊蕨，次优势种为喜阴的淡竹叶和扇叶铁线蕨。

表7-18　马尾松＋栲－甜槠＋栲－石灰花楸＋甜槠－毛冬青－狗脊蕨群落乔木层种类组成和重要值指数

（样地号：Q_2，样地面积：600m^2，地点：阳朔县金宝乡大水田石板冲对面山，海拔270m）

序号	树种	基面积(m^2)	株数	频度(%)	重要值指数
		乔木Ⅰ亚层			
1	马尾松	1.0879	13	66.67	205.6487
2	栲	0.3845	2	16.67	51.5132
3	甜槠	0.0201	1	16.67	21.4994
4	杉木	0.0177	1	16.67	21.3382
	合计	1.5102	17	16.67	299.9995
		乔木Ⅱ亚层			
1	甜槠	0.1603	12	50	56.7998
2	栲	0.1635	4	66.67	42.5673
3	红背甜槠	0.0928	3	50	28.4275
4	杨梅	0.159	1	16.67	24.5095
5	石灰花楸	0.0284	6	33.33	24.1159
6	樟	0.0679	2	33.33	19.6614
7	马尾松	0.0393	3	33.33	18.5698
8	罗浮柿	0.0511	2	33.33	17.6796
9	香皮树	0.0267	2	33.33	14.8222
10	杉木	0.0287	3	16.67	13.7632
11	山杜英	0.0154	1	16.67	7.6508
12	柃木	0.0064	1	16.67	6.5908
13	油茶	0.0038	1	16.67	6.2958
14	罴蒴锥	0.0038	1	16.67	6.2958
15	红鳞蒲桃	0.0028	1	16.67	6.176
16	白蜡树	0.002	1	16.67	6.0746
	合计	0.8521	44	466.67	300
		乔木Ⅲ亚层			
1	甜槠	0.0881	12	83.33	68.8671
2	石灰花楸	0.0567	20	50	60.5135
3	栲	0.0142	5	50	21.5739
4	牛耳枫	0.0108	5	50	20.1121
5	红背甜槠	0.0181	3	16.67	14.7857
6	罗浮柿	0.0116	4	16.67	13.3679
7	变叶榕	0.0032	4	33.33	12.5961
8	油茶	0.0049	3	33.33	11.9316
9	华南毛柃	0.0048	3	33.33	11.8976
10	鼠刺	0.0043	3	33.33	11.6681

（续）

序号	树种	基面积(m^2)	株数	频度(%)	重要值指数
11	红鳞蒲桃	0.0014	2	33.33	9.0659
12	杨梅	0.0028	1	16.67	5.4508
13	杉木	0.0028	1	16.67	5.4508
14	华南青皮木	0.0028	1	16.67	5.4508
15	南烛	0.0013	1	16.67	4.7709
16	鹅掌柴	0.0007	1	16.67	4.533
17	中华杜英	0.0007	1	16.67	4.533
18	五月茶	0.0007	1	16.67	4.533
19	香皮树	0.0007	1	16.67	4.533
20	细叶五月茶	0.0003	1	16.67	4.363
	合计	0.231	73	583.33	299.9981
		乔木层			
1	马尾松	1.1271	16	66.67	63.2469
2	甜槠	0.2685	25	83.33	38.8154
3	栲	0.5623	11	66.67	37.7339
4	石灰花楸	0.0851	26	50	28.5683
5	红背甜槠	0.1109	6	50	14.6364
6	杨梅	0.1619	2	33.33	11.6561
7	罗浮柿	0.0627	6	33.33	10.816
8	牛耳枫	0.0108	5	50	10.0316
9	樟	0.0679	2	33.33	8.0338
10	杉木	0.0492	5	16.67	7.5911
11	油茶	0.0087	4	33.33	7.2428
12	香皮树	0.0274	3	33.33	7.2174
13	变叶榕	0.0032	4	33.33	7.0316
14	华南毛柃	0.0048	3	33.33	6.3451
15	鼠刺	0.0043	3	33.33	6.3247
16	红鳞蒲桃	0.0042	3	33.33	6.3239
17	山杜英	0.0154	1	16.67	3.3007
18	柃木	0.0064	1	16.67	2.9524
19	黧蒴锥	0.0038	1	16.67	2.8555
20	华南青皮木	0.0028	1	16.67	2.8161
21	白蜡树	0.002	1	16.67	2.7828
22	乌饭树	0.0013	1	16.67	2.7555
23	五月茶	0.0007	1	16.67	2.7343
24	中华杜英	0.0007	1	16.67	2.7343
25	鹅掌柴	0.0007	1	16.67	2.7343
26	细叶五月茶	0.0003	1	16.67	2.7192
	合计	2.5933	134	850	300

表 7-19　马尾松 + 栲 - 甜槠 + 栲 - 石灰花楸 + 甜槠 - 毛冬青 - 狗脊蕨群落灌木层和草本层种类组成及分布情况

序号	种名	多度盖度级						频度(%)	更新	
		Ⅰ	Ⅱ	Ⅲ	Ⅳ	Ⅴ	Ⅵ		幼苗	幼树
					灌木层					
1	毛冬青	3	3	1	2	2	3	100		
2	朱砂根	2	2	2	2	2	2	100		
3	草珊瑚	1	3		2	1	2	83.3		
4	油茶	3	3		2	2	3	83.3	19	15
5	杨梅	2						16.7		4
6	栀子	2	3			2	1	66.7		

（续）

序号	种名	多度盖度级						频度	更新	
		Ⅰ	Ⅱ	Ⅲ	Ⅳ	Ⅴ	Ⅵ	（%）	幼苗	幼树
7	八角枫	1						16.7		
8	杜茎山	2		2	1	2	1	83.3		
9	莲座紫金牛	2	1	1	1	2	2	100		
10	楞	3		2	2	2	3	83.3	64	4
11	甜槠	2		3	2		1	66.7	16	1
12	蜜茱萸	3					2	33.3		
13	柃木	3	2					33.3		
14	鹅掌柴	3	3	2	2	2	3	100	4	23
15	红背甜槠	2	2					33.3	7	7
16	华南青皮木	1						16.7	1	
17	细柄五月茶	3	3					33.3		
18	赤楠	1						16.7		
19	樟	1						16.7	1	
20	牛耳枫		3	1		2		50		8
21	鸭公树		1					16.7		
22	杨桐		1					16.7		
23	光叶海桐		1			2		33.3		
24	山杜英		2					16.7		
25	鼠刺		1				4	33.3		
26	粗叶榕		2	1	1	1		66.7		
27	毛叶榕		2		2			33.3		
28	毛果算盘子		2				3	33.3		
29	香皮树			3		1		33.3		1
30	华南毛柃			1		2		33.3	5	
31	野漆			1		1		33.3		
32	罗浮柿			1				16.7		
33	厚叶厚皮香				3		1	33.3		
34	忍冬				1			16.7		
35	尖叶粗叶木				1			16.7		
36	红鳞蒲桃				1			16.7	1	
37	满树星					2		16.7		
38	中华杜英					1		16.7		
39	石灰花楸					1		16.7		1
40	光叶石楠					1	1	33.3		
41	马尾松					1		16.7		
42	黄丹木姜子						1	16.7		
43	南烛						1	16.7		1
44	船梨榕						1	16.7		
45	江南越桔						1	16.7		
46	变叶榕						1	16.7		
47	买麻藤	3		3				33.3		
48	网脉酸藤子	2		2				33.3		
49	广东蛇葡萄			2				16.7		
50	流苏子	2						16.7		
	草本层									
1	狗脊蕨	5	6	4	4	3	3	100		
2	淡竹叶	2	2	2	2	2	2	100		
3	扇叶铁线蕨	2	2	2	2	2	3	100		
4	芒萁	2			2	3	4	66.7		
5	海金沙	1		2			1	50		
6	迷人鳞毛蕨	2		1	2		1	66.7		

（续）

序号	种名	多度盖度级						频度	更新	
		Ⅰ	Ⅱ	Ⅲ	Ⅳ	Ⅴ	Ⅵ	（%）	幼苗	幼树
7	山菅	2			3			33.3		
8	山姜	3			1		1	50		
9	窄叶薹草	2	2		2			50		
10	斜方复叶耳蕨		1					16.7		
11	芒		1	1		2		50		
12	十字薹草			2	1	2	1	66.7		
13	团叶鳞始蕨						2	16.7		

毛叶榕 *Ficus* sp.　　尖叶粗叶木 *Lasianthus* sp.　　船梨榕 *Ficus pyriformis*

本群落中原常绿阔叶林的代表种类栲、甜槠、红背甜槠等，其种群结构完整，为一种稳定型和进展型的种群结构，在群落中能保持和不断壮大其优势的地位。相反，马尾松为一种绝后型或衰退型种群，随着群落演替的向前进行，马尾松必将被淘汰，马尾松林将演替为以甜槠和栲为优势的常绿阔叶林。

F. 马尾松－椭圆叶木蓝＋毛叶黄杞林（*Pinus massoniana* – *Indigofera cassoides* + *Engelhardia spicata* var. *colebrookiana* Group of association）

在广西，本群丛组一般分布在西部，即邻接我国西部亚区域的地区，东部没有或很少有分布，灌木层的优势种已为西部地区的代表种取代或两种共为优势，再往西，到达我国西部亚区域，马尾松也为细叶云南松取代。本群丛组目前只发现 2 个群落。

（1）马尾松－椭圆叶木蓝＋毛叶黄杞－金发草＋黄茅群落（*Pinus massoniana* – *Indigofera cassoides* + *Engelhardia spicata* var. *colebrookiana* – *Pogonatherum paniceum* + *Heteropogon contotus* Comm.）

在田阳县北部以及都阳山脉西部的低山丘陵地带此种群落较为常见，由于气候条件比较干热，马尾松生长不良。一片 10 年生，郁闭度为 0.3，高 6m 左右，胸径 10cm 左右的林分，$100m^2$ 样地有林木 17 株。灌木层植物以椭圆叶木蓝、毛叶黄杞、算盘子共为优势，常见的有地胆草、扁担杆（*Grewia biloba*）、楔叶豆梨等，全为耐干热的种类。草本层植物以金发草为优势，黄茅和野古草为次优势种，常见的有白茅和拟金茅等。

（2）马尾松－广西水锦树＋毛叶黄杞－白茅群落（*Pinus massoniana* – *Wendlandia aberrans* + *Engelhardia spicata* var. *colebrookiana* – *Imperata cylindrica* Comm.）

马尾松－广西水锦树＋毛叶黄杞－白茅群落在南盘江和红水河上游以南的低山丘陵地带有广泛的分布。群落生境比较干热，根据对田林县旧州镇海拔 420m 一个中龄纯林调查，马尾松生长尚好，树干较通直，$200m^2$ 样地有林木 30 株，郁闭度 0.65，树高一般 12～15m，胸径一般 11～15cm。灌木和草本几乎是喜光耐干热的种类，灌木层植物以广西水锦树为优势，次优势种为毛叶黄杞，常见的有山芝麻、牛尾草（*Isodon ternifolius*）、灰毛浆果楝、假木荷、野牡丹、铁线莲（*Clematis* sp.）、地桃花、番石榴等；草本层植物以白茅占优势，次优势种为金发草和地果（*Ficus tikoua*），常见的有荩草（*Arthraxon hispidus*）、硬杆子草（*Capillipedium assimile*）、拟金茅、一点红（*Emilia sonchifolia*）、野香茅、毛果珍珠茅、海金沙、白花蛇舌草（*Hedyotis diffusa*）等。

2. 细叶云南松林（Form. *Pinus yunnanensis* var. *tenuifolia*）

细叶云南松是马尾松西部地理替代种云南松的变种，是云南松从中亚热带的云南高原向东迁移，为适应南亚热带干热河谷气候而分化出来的生态型，是该地区的一个特有种。细叶云南松林分布于滇黔桂接壤地方，约相当于北纬 23°51′～25°40′，东经 104°10′～107°10′，基本上局限于南亚热带季风常绿阔叶林地带西部（半湿润）常绿阔叶林亚区域东段的范围，而云南松林广布于我国西部中亚热带常绿阔叶林地带。广西细叶云南松林分布于云贵高原东南边缘，即桂西北山原，北部为南盘江复向斜，南部为右江复向斜，中间为金钟山—岑王岭高峻的背斜中山。背风面的南盘江河谷深狭，反差强烈的地形引起明显的焚风效应。细叶云南松林的水平分布，大体上自云南浑河以东，沿着南盘江下游两侧山地呈密集分布，广西境内的金钟山、雅长林区都是它的主产地。自此继续向东，止于天峨县顶茂，消失于红水河折向东南流的迎风河谷。红水河支流布柳河处在都阳山地背风面，又出现零星小片的细叶云南松林。在右江复向斜，散生于驮娘江、西洋江、乐里河、澄碧河的个别地段，这些河谷都位于岑王岭以西的背风区。因此，细叶云南松林的水平分布都与出现焚风效应的河谷地形相关联。细叶云南松林的垂直分布，以中心分布区最高，如雅长林区一般见于海拔 1300m 以下，沿着草黄岭（海拔 1987m）西坡可上升到 1600m。从河谷到中山，细叶云南松林的垂直分布跨越了季风常绿阔叶林地带→山地常绿阔叶林地带→中山常绿落叶阔叶混交林地带。在零星分布区，不论南北，分布的高程较低，一般在 800～1000m 以下。

细叶云南松林水平分布的最南界，据李治基先生的研究是在百色县北面的永乐。2003 年 12 月，广西林业勘测设计院对位于广西最西南的那坡县老虎跳自然保护区和位于百色市西南面与云南省交界的大王岭自然保护区考察后发现，老虎跳自然保护区有细叶云南松个体的分布，但不成林；大王岭自然保护区有零星小片的细叶云南松林分布。

细叶云南松林的立地条件类型较为复杂，虽然分布于南亚热带红壤系列，但土壤随地层及地势变化而多样。它主要广布于常态侵蚀地貌，一般由中三叠纪砂页岩地层构成，但从河谷到中山，土壤类型不同：南盘江河谷山丘及低山下部气候干热，主要为红褐土，向上经过褐红壤过渡为山地黄壤，红褐土 pH 值 6.5 左右，褐红壤 pH 值 6.0 左右。当地中三叠纪百蓬组上段夹有泥灰岩，此种岩石出露处所形成的土壤具有钙土性质。在澄碧河下游谷地，由第三纪砾岩构成的丘陵地上为强酸性赤红壤，pH 值 4.0～4.2，其上形成的细叶云南松林群落与上述立地条件类型完全不同。此外，当地亦有碳酸盐岩构成的岩溶地貌，穿插于常态侵蚀地貌间，但比较分散。碳酸盐岩发育的为石灰（岩）土，从河谷到中山，依次出现红色石灰土、棕色石灰土和黄色石灰土，细叶云南松林呈小片散布在土壤较多的小环境中。

细叶云南松林分布区的气候情况，气温垂直变化非常明显，降水量偏低。河谷地区夏热冬暖，如雅长年平均气温 20.9℃，最热 7 月 28.4℃，夏季长达 7 个月，4～5 月份，焚风盛行之时，极值达 42.5℃，最冷 1 月 11.9℃，没有冬季。海拔近 1000m 的乐业，年平均气温 16.2℃，1 月 7.8℃，7 月 23.2℃，夏季 2 个月，冬季 3 个月，每年都出现 0℃以下的低温，极值 -4.4℃。海拔 1560m 的田林老山定位站，5 年记录，年平均气温 13.7℃，7 月 20.6℃，1 月 6.4℃，没有夏季，冬季 3～4 个月，极端最低气温极值 -7.5℃。细叶云南松林即以暖热气候型为基点，向上延伸，基本上止于温凉气候型，细叶云南松耐寒力较弱，冷凉气候成为它向高寒山区分布的限制因子。分布区降水自东向西递减，背风面少于迎风面，以南盘江谷地最少。南盘江谷地年降水量 1000mm 左右，水热系数 1.3～1.4，属于半干燥区，细叶云南松林的数量中心即位于半干燥区内。由南盘江谷地向外，经天峨县城，到乐业县城和凌云县城，湿润度逐渐增加，由半湿润区到湿润区，随着湿润度的增加，细叶云南松林分布频率急转直下，从密集型转为分散型，基本上止于半湿润区，而绝迹于湿润区。

细叶云南松林的垂直结构，随演替阶段不同而变化；细叶云南松林的区系组成，从水平分布来看差异是不大的，但是从不同的演替阶段、垂直分布、立地条件类型（酸性土和石灰（岩）土）看，差异是很明显的。细叶云南松是阳性先锋树种，飞籽成林，在天然情况下能首先侵入更新地，形成单层纯林，群落垂直结构只有乔木层、灌木层、草本层 3 层结构。以后，阔叶树入侵，演替成针阔混交林，乔木层形成 2～3 个亚层，上层一般全为细叶云南松，少数群落混生有个别的阔叶树或针叶树，中下层全为阔叶树，主要为落叶阔叶树层片，常绿阔叶树层片零星分布，群落垂直结构变为乔木 2～3 个亚层、灌木层、草本层 4～5 层的结构。但是由于林内经常放牧和火烧的影响，阻止了阔叶树的入侵，或由于长期反复强度选伐林内阔叶树，使它们不能长成乔木而长期呈灌木状居于林下，成熟的和老熟的细叶云南松林，同样有单层单优林的林分。群落的区系组成简单，纯林，每 $400m^2$ 有 30～36 种；混交林，

$200m^2$39 种，$400m^2$50～65 种，大多数为耐旱耐火烧的喜光种类，草本层以禾本科种类占优势。从河谷到山原中山，出现垂直带谱的变化，区系组成也随之发生变化。丘陵低山相当于南亚热带季风常绿阔叶林基带，中下层落叶阔叶树主要为落叶栎类，以栓皮栎为最重要，其他常见的有云南波罗栎、白栎、西南栎(*Quercus yuii*)、槲栎和麻栎等，此外，还混生有不少的热带成分，常见有乌墨、木棉、楹树等；滇黔水锦树、余甘子或桃金娘成为灌木层的优势种。海拔 800～900m 以上，1400m 以下，进入山地常绿阔叶林地带，中下层落叶阔叶树亦主要为落叶栎类，但混生的热带成分已经消失，代之为能适应温凉气候的南酸枣、尼泊尔桤木、香椿(*Toona sinensis*)、刺楸(*Kalopanax septemlobus*)等；灌木层植物也以亚热带成分为主，如珍珠花、江南越桔等。约海拔 1400m，上升至山地常绿落叶阔叶混交林地带范围，细叶云南松林呈小块状零星分布，混生的阔叶树主要为耐冷凉的亚热带中山成分，如亮叶桦、檫木、甜槠等；灌木层植物以杜鹃为主。立地条件类型[酸性土和石灰(岩)土]不同，细叶云南松林区系组成也表现出差异，在石灰(岩)土上，群落中还多见有青冈、圆叶乌桕、长叶柞木(*Xylosma longifolia*)、化香、鸡仔木、梧桐(*Firmiana simplex*)、柘(*Maclura tricuspidata*)等岩溶植被的成分。

在天然情况下无论是纯林还是混交林，细叶云南松更新不良，林下极少或没有幼树幼苗，这并不是因为种源不足，也不是因为林下荫蔽，不利于细叶云南松林的更新，而是因为林下包括细叶云南松松针在内的枯枝落叶层太厚，种子发了芽，初生根生长缓慢，不能穿插到土壤中去，妨碍幼苗的形成。因此，每当地表火发生后，落叶层以及活地被物被烧除且丰富了土壤养分，细叶云南松在更新层中蓬勃发展。据测定火灾 3 年后，林冠下有 2 年生幼树 62250 株/hm^2，分布频度为 100%，大多数生长异常健壮，更新效果优越。在立地条件相一致的同一片松栎混交林，经地表火后，细叶云南松也得到更新，幼树 5 年生时，在郁闭度 0.4 的地段，有 7125 株/hm^2，郁闭度 0.6 地段为 3150 株，郁闭度 0.8 地段 885 株。

细叶云南松林曾经是广西西北部山原河谷地区大面积连片分布的森林，林木高大，尖削度小，是广西重要的商品用材林。但是经长期的采伐利用，这种比较原始高大的细叶云南松林已不多见，目前见到的细叶云南松林多数是伐后迹地更新形成的幼年林和中年林。广西西北部山原河谷地区，自然条件较为恶劣，气候干热，土壤湿度低，选择造林树种，尤其选择经济用途大的造林树种比较困难，而细叶云南松最可贵之处正是在于它是当地土生土长、能适应这种恶劣自然条件、经济用途大的树种，因此，保护好当地现有的细叶云南松林，并积极扩大这种森林面积，对当地经济的发展、生态环境的改善都是有着十分重要的意义的。下面，按照不同的演替阶段、不同的垂直带谱、不同的立地条件类型[酸性土和石灰(岩)土]选取代表性群落做详细介绍。

(1)细叶云南松－茸毛木蓝－拟金茅＋黄茅群落(*Pinus yunnanensis* var. *tenuifolia* – *Indigofera stachyoides* – *Eulaliopsis binata* + *Heteropogon contortus* Comm.)

这是一种单优林，单层林相。由于林下放牧，地表火频繁，不利于阔叶树入侵，或由于反复强度选伐阔叶树，使它们不能长成乔木而长期呈灌木状居于林下，这种单层单优林类型不但幼龄林有，而且中龄林和老龄林同样有。

该群落分布于河谷丘陵低山地带，土壤为红褐土，气候干热，环境干燥。群落郁闭度大小不一，从 0.5 到 0.8 都有。树龄 40～50 年的林分，郁闭度 0.6～0.8，一般高 20～25m，最高 27m，胸径 30～45cm，最大 83cm，每 $400m^2$有林木 14 株，树干通直，尖削度小。灌木层植物覆盖度不大，高 1～2m，种类组成耐干热的热带成分不少，以茸毛木蓝为优势，常见的有毛叶黄杞、余甘子、灰毛浆果楝、滇黔水锦树、假木豆、木棉、山槐、苘麻叶扁担杆(*Grewia abutilifolia*)、栓皮栎、毛叶青冈、珠仔树等。草本层植物覆盖度较大，一般 50%～70%，高者达 90%，种类成分以耐干热的禾本科种类为主，优势种为拟金茅、黄茅、白茅、野香茅，常见的有四脉金茅、褐毛金茅(*Eulalia phaeothris*)、类芦、光高粱(*Sorghum nitidum*)等，非禾本科的种类，如肾蕨(*Nephrolepis cordifolia*)、地果也常见。

(2)细叶云南松－珍珠花－石芒草＋青香茅群落(*Pinus yunnanensis* var. *tenuifolia* – *Lyonia ovalifolia* – *Arundinella nepalensis* + *Cymbopogon mekongensis* Comm.)

细叶云南松－珍珠花－石芒草＋青香茅群落也是一种单优单层林，主要分布于海拔800～900m以上的山地，立地条件类型为褐红壤。与细叶云南松－茸毛木蓝－拟金茅＋黄茅群落不同的是，本群落由于所在地海拔高度较高，温度较低，灌木层植物热带种类已不见分布，代之是亚热带的成分。群落郁闭度0.5～0.6，灌木层植物稀疏，以珍珠花、江南越桔、庭藤（*Indigofera decora*）、白牛胆为常见。草本层植物生长繁盛，覆盖度90%左右，以石芒草、青香茅为优势，常见的有金发草、五节芒、白茅和蕨。

（3）细叶云南松－云南波罗栎＋栓皮栎＋苞叶木－石芒草＋金茅＋蜈蚣草群落（*Pinus yunnanensis* var. *tenuifolia* – *Quercus yunnanensis* + *Quercus variabilis* + *Rhamnella rubrinervis* – *Arundinella nepalensis* + *Eulalia speciosa* + *Pteris vittata* Comm.）

这是分布于石灰岩地层上的一种单优单层林，海拔高度900m以上，土壤为棕色石灰土。乔木层全为老大的细叶云南松，高达30m以上，密度小，有300多株/hm^2，郁闭度0.4～0.5。灌木层植物发达，覆盖度70%，多为萌生的丛枝，种类以云南波罗栎和栓皮栎占优势，其他还有盐肤木、构树、济新乌桕（*Sapium chihsinianum*）、黄连木、翅荚香槐、鸡仔木等，真正的灌木常见的有苞叶木、石山柿、滇鼠刺等。草本层多为禾本科草类，如石芒草、金茅、白茅、荩草等，此外还有蕨、肾蕨和石灰土指示植物的蜈蚣草等蕨类植物。

（4）细叶云南松－栓皮栎＋云南波罗栎－滇黔水锦树＋余甘子－刚莠竹＋白茅群落（*Pinus yunnanensis* var. *tenuifolia* – *Quercus variabilis* + *Quercus yunnanensis* – *Wendlandia uvariifolia* subsp. *dunniana* + *Phyllanthus emblica* – *Microstegium ciliatum* + *Imperata cylindrica* Comm.）

这是一种混交林，与落叶栎类混交的森林是细叶云南松与阔叶树混交的主要类型，广布于海拔1400m以下的山原中山和河谷区的低山丘陵，高大的细叶云南松林主要就是分布在这种混交林内。

细叶云南松－栓皮栎＋云南波罗栎－滇黔水锦树＋余甘子－刚莠竹群落是细叶云南松与落叶栎类混交的一个最常见的类型，分布于河谷区的低山丘陵。群落郁闭度0.4～0.8，一般0.6～0.7，细叶云南松林的密度因郁闭度不同和立地条件类型的差异而有所变化。有的林分，郁闭度0.7，有林木1325株/hm^2，上层乔木450株，全为高大的细叶云南松，高可达30～35m，胸径40cm左右，覆盖度50%；中下层有林木875株/hm^2，覆盖度30%，高度一般为15m，以落叶栎占优势，主要有栓皮栎、云南波罗栎、白栎，间有麻栎。有的林分400m^2面积有林木38株，上层乔木12株，全为细叶云南松，高16m以上，胸径30cm；中下层有林木26株，高7～10m，胸径14～20cm，主要为落叶的栓皮栎和西南槲栎（*Quercus yui*）。根据表7-20，郁闭度0.6～0.65的林分，有林木17株/200m^2，上层林木8株，全为细叶云南松，高20～25m，胸径21～30cm；中下层有林木9株，高4～12m，主要为落叶的栓皮栎和槲栎。中下层林木除落叶的栎类外，其他的落叶阔叶树还有蒙自合欢、皂合欢（*Albizia saponaria*）、楹树、木棉、圆果化香等，常绿阔叶树不多见，零星偶见分布的有红木荷、黄樟、杨梅、粗糠柴、毛叶青冈、黄毛青冈等，有时灌木型的毛叶黄杞和滇黔水锦树也可进入到中下层林木的空间，并且还成为常见的常绿阔叶树种类。灌木层植物占优势的为耐干旱的热带种类，主要有滇黔水锦树、余甘子，常见的有毛叶黄杞、茸毛木蓝、灰毛浆果楝、山槐、圆果算盘子等。草本层植物以禾本科的种类为主，占优势的为刚莠竹、五节芒、石芒草等，常见的有四脉金茅、金发草、拟金茅等，肾蕨、蕨、地果等非禾本科的种类也常见。从表7-21可知，类芦、硬杆子草、细柄草、黄茅等禾草草本亦是群落常见成分。

表7-20　细叶云南松－栓皮栎－滇黔水锦树－滇黔水锦树－白茅群落乔木层种类组成和重要值指数

（样地号：乐9，样地面积：10m×20m，地点：乐业县果麻林场对面山，海拔590m）

序号	树种	基面积（m^2）	株数	频度（%）	重要值指数
乔木Ⅰ亚层					
1	细叶云南松	0.43115	8	100	300

（续）

序号	树种	基面积（m^2）	株数	频度（%）	重要值指数
		乔木Ⅱ亚层			
1	栓皮栎	0.03534	2	50	147.95
2	黄毛青冈	0.01227	1	50	80.77
3	槲栎	0.00709	1	50	71.29
	合计	0.0547	4	150	300.01
		乔木Ⅲ亚层			
1	滇黔水锦树	0.0023	4	100	184.02
2	槲栎	0.00385	1	50	115.91
	合计	0.00615	5	150	299.93
		乔木层			
1	细叶云南松	0.43115	8	100	163.26
2	滇黔水锦树	0.0023	4	100	52.57
3	栓皮栎	0.03534	2	50	33.23
4	槲栎	0.01094	2	50	28.27
5	黄毛青冈	0.01227	1	50	22.66
	合计	0.49199	17	350	300

表 7-21　细叶云南松－栓皮栎－滇黔水锦树－滇黔水锦树－白茅群落灌木层和草本层种类组成及分布情况

序号	种名	多度盖度级		频度	更新	
		Ⅰ	Ⅱ	（%）	幼苗	幼树
		灌木层				
1	滇黔水锦树	7	5	100		35
2	甜叶算盘珠	3	3	100		
3	羊耳菊	4	4	100		
4	楹树	3		50		
5	余甘子	3	3	100		
6	假木荷	2		50		
7	山槐	3	3	100		
8	木棉	1	1	100		
9	野牡丹	1		50		
10	黄毛青冈	3	4	100		3
11	毛叶黄杞	3	1	100		
12	假木豆	1		50		
13	圆叶舞草	1	3	100		
14	牛尾草	1		50		
15	青果榕		3	50		
16	盐肤木		1	50		
17	褐苞薯蓣		1	50		
		草本层				
1	类芦	3	2	100		
2	四脉金茅	3	1	100		
3	硬秆子草	3	4	100		
4	细柄草	3	3	100		
5	金发草	4	4	100		
6	拟金茅	3	3	100		
7	五节芒	3	3	100		
8	白茅	4	5	100		

（续）

序号	种名	多度盖度级		频度	更新	
		Ⅰ	Ⅱ	（%）	幼苗	幼树
9	毛果珍珠茅	1	3	100		
10	小叶三点金	3	3	100		
11	仙茅	1		50		
12	荩草	1		50		
13	山菅	1		50		
14	一点红	1		50		
15	蕨	1		50		
16	苦荬菜	1	1	100		
17	黄茅	3	3	100		
18	棕叶芦	3		50		
19	臭根子草	3		50		
20	海南海金莎	1	1	100		

青果榕 *Ficus variegata* var. *chlorocarpa*　甜叶算盘珠 *Glochidion philippicum*　圆叶舞草 *Codariocalyx gyroides*
褐苞薯蓣 *Dioscorea persimilis*　小叶三点金 *Codariocalyx microphyllus*　仙茅 *Curculigo orchioides*　苦荬菜 *Ixeris polycephala*
棕叶芦 *Thysanolaena latifolia*　海南海金莎 *Lygodium circinnatum*

（5）细叶云南松－栓皮栎＋云南波罗栎－珍珠花－五节芒＋石芒草群落（*Pinus yunnanensis* var. *tenuifolia* – *Quercus variabilis* + *Quercus yunnanensis* – *Lyonia ovalifolia* – *Miscanthus floridulus* + *Arundinella nepalensis* Comm.）

这种混交林广布于海拔1400m以下的山原中山，与细叶云南松－栓皮栎＋云南波罗栎－滇黔水锦树＋余甘子－刚莠竹群落不同的是，由于本群落分布的海拔高度较高，气温较低，灌木层植物热带种类已基本消失，代之是亚热带的种类。土壤出现红壤向黄壤过渡的现象，乔木中出现了中生性树种，如尼泊尔桤木、高山锥等，草本亦出现了旱生性趋向中生性现象。因此，反映本群落是属于过渡类型，表明了细叶云南林在垂直分布上已是接近边界。群落郁闭度0.6～0.7，植物较茂盛。与细叶云南松混交的阔叶树以落叶种类为主，但常绿阔叶树种类亦占重要地位。上层林木几乎全是细叶云南松，有的地段偶见个别的云南油杉，覆盖度30%～50%，每400m^{2}有细叶云南松5株，一般高16～17m，最高18m，胸径45～50cm，最大60cm，树干通直。中下层林木覆盖度较大，达50%～70%，每400m^{2}有18株，一般高9～10m，最高14m，胸径20～25cm，最大35cm，枝干弯曲，优势种为栓皮栎，次为白栎，个别的栓皮栎可进入到上层空间，其他常见的落叶阔叶树还有尼泊尔桤木、南酸枣、香椿；常绿阔叶树常见的有高山锥、黄毛青冈，偶见有乌材和短序润楠。灌木层植物每25m^{2}有58株，一般高1～2m，均为阳性旱生种类，以珍珠花占优势，常见的有庭藤、江南越桔、水红木（*Viburnum cylindricum*）、毛杨梅、白栎、假木荷、北江十大功劳（*Mahonia fordii*）、南烛等。草本层植物多中生性种类，旱生性种类亦不少，优势种有五节芒、石芒草、金发草、棕茅，常见的有刚莠竹、白茅、金茅、菅草等，拟金茅已基本上绝迹，蕨类多蕨、芒萁，并有狗脊蕨和渐尖毛蕨。

（6）细叶云南松－尼泊尔桤木－栓皮栎－青冈＋栓皮栎－刚莠竹群落（*Pinus yunnanensis* var. *tenuifolia* – *Alnus nepalensis* – *Quercus variabilis* – *Cyclobalanopsis glauca* + *Quercus variabilis* – *Microstegium ciliatum* Comm.）

此种混交林亦分布在山原中山，海拔920m，但立地条件类型为黄色石灰（岩）土，所以种类组成有不少石灰岩区系成分。从立地条件类型为黄色石灰（岩）土可知本群落所在地环境条件是比较湿润和温凉，因此，组成中中生性种类不少。本群落位于石灰山坡脚，土壤虽然是石灰岩土，但土层深厚，肥力较高，故细叶云南松生长发育很好，高大通直。群落郁闭度0.6～0.75，乔木层可分成3个亚层，第一亚层林木全是细叶云南松，从表7-22可知400m^{2}有立木10株，树高33～38m，胸径一般36～47cm和53～57cm，最大66cm，细叶云南松的树干多有葡萄科的藤本攀援，攀援高度达20～30m。第二亚层林木种类和数量均不多，高度和胸径又小，所以显得很空旷，从表7-22可知，$400m^2$只有4种、4株，高8～11m，胸径8～9cm，最大37cm，最小只有3cm，尼泊尔桤木高度和胸径相对较大，所以重要值指数最大，为135.4，其他3种分别为槲栎、南酸枣和刺楸，多是反映温凉中生性的种类。第三亚层林木种类和数量均较多，$400m^2$有19种、44株，覆盖度达70%，一般高4～5m，胸径3～4cm，以栓皮栎为优势，有14株，重要值指数82.5；次为石灰岩山地原生林优势种青冈，有5株，重要值指数35.8；其他石灰岩山地常见的种类有梧桐、化香树、柘、长叶柞木、鸡仔木等。由于第三亚层林木覆盖度大，所以灌木层植物覆盖度只有20%～40%，但种类尚复杂，$400m^2$有35种，以乔木的幼树占优势，从表7-23可知，优势种为青冈，次优势种为栓皮栎，属于石灰岩区系成分的圆叶乌桕、香椿很常见，其他的石灰岩区系成分还有黄毛豆腐柴(*Premna fulva*)、雀梅藤、翅荚香槐、梧桐、长叶柞木、马缨丹（*Lantana camara*）等。草本层植物$400m^2$有21种，生长繁盛，一般覆盖度80%，有的地段达100%，以中生喜湿的刚莠竹占绝对优势，常见的还有白茅、地桃花、金发草、肾蕨。藤本植物以草质藤本乌蔹莓(*Cayratia japonica*)为优势，攀援在细叶云南松的树干上，高度达20～30m。

表7-22　细叶云南松－尼泊尔桤木－栓皮栎－青冈＋栓皮栎－刚莠竹群落乔木层种类组成和重要值指数

（样地号：乐11，面积：20m×20m，地点：乐业县花坪往雅长公路旁，海拔920m）

序号	树种	基面积(m^2)	株数	频度(%)	重要值指数
		乔木Ⅰ亚层			
1	细叶云南松	2.0935	10	100	300
		乔木Ⅱ亚层			
1	尼泊尔桤木	0.1075	1	25	135.4021
2	槲栎	0.0113	1	25	58.9831
3	南酸枣	0.0064	1	25	55.053
4	刺楸	0.0007	1	25	50.5614
	合计	0.1259	4	100	299.9997
		乔木Ⅲ亚层			
1	栓皮栎	0.0246	14	100	82.5319
2	青冈	0.0094	5	75	35.8388
3	水红木	0.0076	2	50	22.8289
4	白栎	0.0029	2	50	15.8186
5	滇漆	0.0023	2	50	14.8935
6	樱桃	0.0044	2	25	14.6312
7	柘	0.0012	2	50	13.2415
8	长叶柞木	0.0008	2	50	12.6515
9	梧桐	0.0038	1	25	11.5029
10	珍珠花	0.001	2	25	9.5277
11	山鸡椒	0.001	2	25	9.4687
12	化香树	0.002	1	25	8.671
13	南酸枣	0.0013	1	25	7.609
14	尼泊尔桤木	0.0013	1	25	7.609
15	槲栎	0.001	1	25	7.1665
16	盐肤木	0.0007	1	25	6.783
17	黄樟	0.0007	1	25	6.783
18	鸡仔木	0.0005	1	25	6.4585
19	八角枫	0.0002	1	25	5.9865
	合计	0.0666	44	725	300.0016
		乔木层			
1	细叶云南松	2.0935	10	100	119.9335
2	栓皮栎	0.0246	14	100	36.324

（续）

序号	树种	基面积(m²)	株数	频度(%)	重要值指数
3	青冈	0.0094	5	75	17.3655
4	尼泊尔桤木	0.1088	2	50	13.7623
5	槲栎	0.0123	2	50	9.5407
6	水红木	0.0076	2	50	9.3354
7	白栎	0.0029	2	50	9.1313
8	滇漆	0.0023	2	50	9.1043
9	柘	0.0012	2	50	9.0562
10	长叶柞木	0.0008	2	50	9.039
11	南酸枣	0.0076	2	25	6.5593
12	樱桃	0.0044	2	25	6.4193
13	珍珠花	0.001	2	25	6.2707
14	山鸡椒	0.001	2	25	6.269
15	梧桐	0.0038	1	25	4.6703
16	化香树	0.002	1	25	4.5878
17	盐肤木	0.0007	1	25	4.5328
18	黄樟	0.0007	1	25	4.5328
19	刺楸	0.0007	1	25	4.5328
20	鸡仔木	0.0005	1	25	4.5234
21	八角枫	0.0002	1	25	4.5096
	合计	2.286	58	900	300.0002

滇漆 *Toxicodendron* sp.

表 7-23　细叶云南松－尼泊尔桤木－栓皮栎－青冈＋栓皮栎－刚莠竹群落灌木层和草本层种类组成及分布情况

序号	种名	多度盖度级				频度(%)	更新	
		Ⅰ	Ⅱ	Ⅲ	Ⅳ		幼苗	幼树
	灌木层							
1	青冈	4	4	4	3	100		
2	栓皮栎	4	3	3	4	100		
3	圆叶乌桕	3	3	3	2	100		
4	香椿	3	3	3	3	100		
5	白栎	3	3	3	3	100		
6	黄毛豆腐柴	1	3	3		75		
7	臭茉莉	1				25		
8	女贞	3			3	50		
9	西南槐树	3				25		
10	假木荷	3				25		
11	盐肤木	3	1	3		75		
12	长叶柞木	3	3			50		
13	樱桃	3	3			50		
14	庭藤	3	3			50		
15	栽秧泡	1				25		
16	润楠一种	3				25		
17	雀梅藤	3		1	3	75		
18	翼梗五味子	1				25		
19	赤楠	3				25		
20	翅荚香槐		1	3		50		
21	珍珠花		3			25		
22	槲栎		4		3	50		
23	水红木		2	3	3	75		
24	八角枫		3	3		50		

（续）

序号	种名	多度盖度级				频度	更新	
		Ⅰ	Ⅱ	Ⅲ	Ⅳ	（%）	幼苗	幼树
25	梧桐		1		3	50		
26	柘		3			25		
27	白簕		3			25		
28	南酸枣		3			25		
29	粗叶悬钩子		3			25		
30	桑		1			25		
31	三花冬青		1			25		
32	红泡刺藤			3	3	50		
33	构树			3		25		
34	菝葜				3	25		
35	马缨丹		1		4	50		
草本层								
1	刚莠竹	10	8	7	7	100		
2	地桃花	4	3	3	4	100		
3	金发草	3	3	3	3	100		
4	荩草	3	1	1	3	100		
5	乌蔹莓	1	4	2	4	100		
6	五节芒	3	4	3		75		
7	细柄草	3	3			50		
8	白茅		1	1	3	75		
9	羊耳菊		3	1		50		
10	地果		3	2		50		
11	毛轮环藤		2			25		
12	龙芽草		1	3		50		
13	玉竹		3			25		
14	肾蕨			6		25		
15	硬杆子草			3	3	50		
16	舞草			1		25		
17	蕨			3		25		
18	毛颖草			1		25		
19	天门冬			1		25		
20	毛葡萄				1	25		
21	菰腺忍冬				1	25		

桑 *Morus* sp.　女贞 *Ligustrum lucidum*　西南槐 *Sophora prazeri* var. *mairei*　樱桃 *Cerasus* sp.　润楠一种 *Machilus* sp.　栽秧泡 *Rubus ellipticus* var. *obcordatus*　翼梗五味子 *Schisandra henryi*　白簕 *Eleutherococcus trifoliatus*　红泡刺藤 *Rubus niveus*　毛轮环藤 *Cyclea* sp.　龙芽草 *Agrimonia pilosa*　玉竹 *Polygonatum odoratum*　舞草 *Codariocalyx motorius*　毛颖草 *Alloteropsis semialata*　天门冬 *Asparagus cochinchinensis*　毛葡萄 *Vitis heyneana*　菰腺忍冬 *Lonicera hypoglauca*

（7）细叶云南松－亮叶桦－杜鹃－五节芒群落（*Pinus yunnanensis* var. *tenuifolia* – *Betula luminifera* – *Rhododendron simsii* – *Miscanthus floridulus* Comm.）

此种群落已是细叶云南松林分布的最上界，呈小块状散布于山原的上部，海拔高 1400～1600m。立地条件类型为山地黄壤。乔木层分 2 个亚层，上层全为细叶云南松，生长较差，一般高 20m 以下，在当风的山脊上不足 10m，大寒年份可受冻害。下层林木亮叶桦占优势，间有花楸（*Sorbus* sp.）、贵州桤叶树、枫香树、檫木、灯台树、青榨槭；常见的常绿阔叶树有甜槠、石楠（*Photinia* sp.）。灌木层植物以杜鹃占优势，常见的有晚花吊钟花（*Enkianthus serotinus*）、滇白珠、粗叶悬钩子。草本层植物以五节芒、蕨较多，此外还有白茅、三脉紫菀（*Aster ageratoides*）、乌蕨、狗脊蕨。

（8）细叶云南松－红木荷－桃金娘－芒萁群落（*Pinus yunnanensis* var. *tenuifolia* – *Schima wallichii* – *Rhodomyrtus tomentosa* – *Dicranopteris pedata* Comm.）

此种混交林分布于桂西北山原南端，即细叶云南松林分布区的南界，百色市北面澄碧河谷地和西面普厅河册外附近河谷有分布，立地条件类型为强酸性赤红壤，土层浅薄。群落郁闭度0.5～0.7，乔木层分2个亚层，上层以细叶云南松占优势，每100m^{2}有8～10株，树高10～15m，胸径12～20cm，有的地段常混生有枫香树和山乌桕等落叶阔叶树；有的地段则混生有马尾松、矩鳞油杉、江南油杉等常绿针叶树。下层林木高4～8m，有的地段以细叶云南松和红木荷为优势，有少量的楹树、山槐等落叶阔叶树；有的地段没有细叶云南松，以红木荷为优势，常见的有毛叶青冈、乌墨、黄杞等常绿阔叶树和白栎、枫香树等落叶阔叶树。灌木层植物覆盖度20%～30%，以桃金娘占优势，常见的有银柴、黄牛木、山石榴、方叶五月茶(*Antidesma ghaesembilla*)、余甘子、滇黔水锦树、野牡丹、野漆、圆果算盘子等。草本层植物覆盖度35%，芒萁占绝对优势，有的地段已形成背景化，其他零星分布的种类还有拟金茅、金茅、刺芒野古草、黄背草、圆果雀稗、白茅和类芦、棕叶芦等高草。本群落的分布区已楔入东部南亚热带西缘或已经属于北热带西部，出现桃金娘、黄杞、马尾松等不少东部亚热带、热带成分。

(9)细叶云南松＋矩鳞油杉－毛叶黄杞＋余甘子－四脉金茅＋拟金茅群落(*Pinus yunnanensis* var. *tenuifolia*＋*Keteleeria fortunei* var. *oblanga*－*Engelhardia spicata* var. *colebrookiana*＋*Phyllanthus emblica*－*Eulalia quadrinervis*＋*Eulaliopsis binata* Comm.)

这种混交林分布在东部南亚热带西缘岑王老山自然保护区海拔600m以下的干热河谷区，这里已处在细叶云南松林分布区的南缘，林分呈小片状，星散分布。根据新建分场的样方调查，300m^{2}内乔木层有林木8种、53株，其中细叶云南松18株，平均高9m，平均胸径17.6cm，矩鳞油杉13株，平均高6.8m，平均胸径9.8cm，其他为散生的阔叶树，其中落叶的有山槐、栓皮栎、白栎，常绿的有红木荷、毛叶黄杞。灌木层植物覆盖度30%～35%，种类组成以耐干热的热带成分为主，有毛叶黄杞、余甘子、栓叶安息香、东方水锦树(*Wendlandia tinctoria* subsp. *orientalis*)、苘麻叶扁担杆、方叶五月茶等种类。草本层植物覆盖度15%～30%，以四脉金茅、拟金茅为主，零星分布的有金茅、类芦、肾蕨等。

(10)细叶云南松＋油杉＋马尾松－水锦树＋毛叶黄杞－细柄草＋石芒草＋扭鞘香茅＋黄茅群落(*Pinus yunnanensis* var. *tenuifolia*＋*Keteleeria fortunei*＋*Pinus massoniana*－*Wendlandia* sp.＋*Engelhardia spicata* var. *colebrookiana*－*Capillipedium parviflorum*＋*Arundinella nepalensis*＋*Cymbopogon tortilis*＋*Heteropogon contortus* Comm.)

本群落是一种针叶树混交林，分布于百色市西北面的汪甸、塘兴、达林等地的河谷低山地带，属于细叶云南松林分布区南面边缘区。根据汪甸黄兰岭海拔380m的样地调查，立地条件类型为强酸性红壤。群落郁闭度0.6～0.7，乔木层只有一层，一般高10～16m，胸径25～40cm，全为细叶云南松、油杉、马尾松等常绿针叶树。灌木层植物覆盖度10%～20%，全为阳性耐旱的种类，以水锦树、毛叶黄杞为优势，常见的还有余甘子、厚叶山矾(*Symplocos crassifolia*)、银柴、黄毛青冈、椭圆叶木蓝等。草本层植物生长茂盛，覆盖度50%～70%，也全是耐旱的种类，细柄草、石芒草、扭鞘香茅、黄茅为优势种，其他如金茅、白茅、类芦等常见。

(11)油杉＋细叶云南松＋马尾松－栓皮栎＋枫香树－白栎＋毛叶黄杞－石芒草＋白茅群落(*Keteleeria fortunei*＋*Pinus yunnanensis* var. *tenuifolia*＋*Pinus massoniana*－*Quercus variabilis*＋*Liquidambar formosana*－*Quercus fabri*＋*Engelhardia spicata* var. *colebrookiana*－*Arundinella nepalensis*＋*Imperata cylindrica* Comm.)

本群落分布于百色市西北面的汪甸和南面的大楞等地，大楞与外都是细叶云南松林分布的最南端。根据对百色到汪甸之间的百启山海拔350m样地调查，立地条件类型为强酸性红壤，土层浅薄，肥力低；空气湿度小，人为活动影响大。群落郁闭度0.6～0.75，乔木层可分为2个亚层，上层全为常绿针叶树，覆盖度10%～25%，一般高10～12m，胸径25～35cm，种类有油杉、细叶云南松、马尾松，中层全为阔叶树，以落叶种类为主，但常绿阔叶树种类亦占重要地位，优势种为落叶的栓皮栎和枫香树，常见的落叶栎类还有麻栎、白栎，常见的落叶阔叶树还有山槐、毛果扁担杆；常绿阔叶树重要的有黄毛青冈、乌墨、毛叶黄杞、红木荷。灌木层植物覆盖度 10% ~20%，均为阳性旱生种类组成，以白栎、毛叶黄杞为优势，常见的有黄毛青冈、木姜子叶水锦树(*Wendlandia litseifolia*)、余甘子、椭圆叶木蓝、银柴等。草本层植物覆盖度 20% ~35%，多为耐干旱的种类，以石芒草、白茅、细柄草、金茅为优势，拟金茅、黄茅等常见。

3. 海南五针松林(Form. *Pinus fenzeliana*)

海南五针松分布于我国海南、广西、贵州、浙江等地，以它为优势的类型在别的省份未见有报道。在广西，海南五针松分布于融水县、环江县、三江县、资源县、全州县、大明山等地，主要在广西的北部地区；以它为优势的类型目前只在融水县、环江县和三江县发现。海南五针松林一般见于低山丘陵地带，有时亦见于中山，立地条件类型为发育在花岗岩和砂页岩母质上的强酸性黄壤和红壤。过去发现的海南五针松林，面积很小，分布点非常分散，2001 年在融水县进行综合考察时，发现由滚贝乡的高培至杆洞之间一段南北向狭长溪谷两侧山坡及岔沟均有海南五针松林分布，面积较大。海南五针松高大通直，削度小，出材率高，是一种重要的材用树种，广西境内的融水县有如此连片大面积分布的海南五针松林是十分宝贵的，应当加以重视和保护。海南五针松林有如下 4 个群落。

(1)海南五针松 - 海南五针松 + 马尾松 - 交让木 - 腺萼马银花 - 中华里白群落(*Pinus fenzeliana* - *Pinus fenzeliana* + *Pinus massoniana* - *Daphniphyllum macropodum* - *Rhododendron bachii* - *Diplopterygium chinensis* Comm.)

这是融水县滚贝乡发现的大面积的海南五针松林的一种群落，这种群落是一种针阔叶混交林，根据汪洞乡海拔 840m 的样地调查，立地条件类型为山地黄壤，成土母质为花岗岩，土层较深厚，一般在 80cm 以上，pH 值 4.6。群落郁闭度 0.85，乔木层可分为 3 个亚层，第一亚层林木覆盖度 50%，高 15 ~18m，最高 22m，胸径 16 ~26cm，最大 35cm，种类组成简单，株数也不多，从表 7-24 可知，400m^{2}样地有林木 3 种、17 株，全为常绿针叶树，海南五针松占 8 株，重要值指数最大，达 158.2；次为马尾松，85.2；另外一种针叶树是杉木，重要值指数 56.6。第二亚层林木覆盖度 60%，高 9 ~14m，胸径8 ~14cm，组成种类有 5 种，株数共 34 株，仍以针叶树为主，但已有阔叶树出现，优势种仍为海南五针松和马尾松，重要值指数分别为 109.7 和 101.3；杉木重要值指数为 39.2；常绿阔叶树以交让木最多，有 4 株，重要值指数 33.2。第三亚层林木高 4 ~8m，胸径 3 ~8cm，覆盖度 40%，种类组成较复杂，株数较多，以常绿阔叶树为主，优势种不明显，较多的为交让木、尖萼川杨桐和海南五针松，重要值指数分别为 55.5、47.3 和 40.2，常见的有光叶石楠和马尾松，针叶树海南五针松和马尾松仍占有一定的比重，落叶阔叶树有野漆、贵州桤叶树、檫木。从整个乔木层分析，海南五针松株数最多，重要值指数最大，为群落的建群种，但常绿阔叶树已有 7 种之多，其中交让木和尖萼川杨桐重要值指数已分别达到 27.2 和 21.1，所以本群落已经进入到针阔叶混交的阶段。灌木层植物覆盖度 30%，种类组成不很复杂，以乔木的幼树为主，从表 7-25 可知，连同真正的灌木共有 12 种，以腺萼马银花为优势，其次是油茶和尖萼川杨桐，其他的种类还有四川大头茶、光叶石楠、贵州桤叶树、长尾毛蕊茶、赤楠、多花杜鹃、单耳柃(*Eurya weissiae*)、栀子。草本层植物发育较差，覆盖度只有 12%，根据表 7-25，只有中华里白、狗脊蕨和淡竹叶 3 种，前者较多。藤本植物也不发育，偶见有少量的菝葜和海金沙等藤茎细小的草质种类。

表 7-24 海南五针松－海南五针松＋马尾松－交让木－腺萼马银花－中华里白群落乔木层种类组成及重要值指数

（样地号：029，样地面积：400m²，地点：融水县杆洞乡高培屯对面山，海拔：840m）

序号	树种	基面积(m²)	株数	频度(%)	重要值指数
		乔木Ⅰ亚层			
1	海南五针松	0.3511	8	100	158.24
2	马尾松	0.1429	6	50	85.192
3	杉木	0.0799	3	50	56.5674
	合计	0.5738	17	200	299.9994
		乔木Ⅱ亚层			
1	海南五针松	0.1548	12	100	109.7019
2	马尾松	0.1436	13	75	101.3249
3	杉木	0.0516	3	50	39.1799
4	交让木	0.0181	4	50	33.2238
5	野漆	0.0089	2	25	16.5702
	合计	0.3769	34	300	300.0008
		乔木Ⅲ亚层			
1	交让木	0.0188	6	75	55.4841
2	马尾松	0.013	3	50	34.7834
3	海南五针松	0.0111	4	75	40.199
4	尖萼川杨桐	0.0099	7	75	47.3299
5	光叶石楠	0.0073	4	25	25.5356
6	硬壳柯	0.005	1	25	14.1075
7	贵州桤叶树	0.0032	2	25	14.7184
8	檫木	0.0028	1	25	11.373
9	杉木	0.0028	1	25	11.373
10	油茶	0.0025	2	25	13.8395
11	柃木	0.0022	2	25	13.4732
12	荚蒾	0.001	1	25	9.0535
13	腺萼马银花	0.0007	1	25	8.7361
	合计	0.0804	35	500	300.0062
		乔木层			
1	海南五针松	0.517	24	100	94.0407
2	马尾松	0.2995	22	75	66.624
3	杉木	0.1343	7	75	33.1642
4	交让木	0.0368	10	75	27.2002
5	尖萼川杨桐	0.0099	7	75	21.1011
6	野漆	0.0089	2	25	7.1863
7	光叶石楠	0.0073	4	25	9.3614
8	硬壳柯	0.005	1	25	5.6503
9	贵州桤叶树	0.0032	2	25	6.6379
10	檫木	0.0028	1	25	5.437
11	油茶	0.0025	2	25	6.5693
12	柃木	0.0022	2	25	6.5408
13	荚蒾	0.001	1	25	5.2561
14	腺萼马银花	0.0007	1	25	5.2313
	合计	1.0312	86	625	300.0005

（2）海南五针松－贵州杜鹃－芒萁群落（*Pinus fenzeliana* – *Rhododendron guizhouense* – *Dicranopteris pedata* Comm.）

这是融水县滚贝乡发现的大面积的海南五针松林的另一种群落，此种群落属幼年林类型，单层混交林。根据汪洞乡海拔850m的样地调查，立地条件类型为发育在花岗岩母质上的山地黄壤，土层较浅薄，一般厚30～40cm。群落覆盖度80%以上，高5～7m，结构只有乔木层、灌木层、草本层3个层次。乔木层树高4~7m，胸径3~8cm，400m²样地有林木种类7~10种，海南五针松为优势，重要值指数120.8；米槠次之，重要值指数为68.4；常见的有银木荷、硬壳柯，重要值指数分别为27.5和24.8；其他散生的种类有常绿针叶树马尾松和阔叶树栓叶安息香、交让木、小果冬青、野柿（*Diospyros kaki* var. *silvestris*）、基脉润楠（*Machilus decursinervis*）等。灌木层植物覆盖度30%，以贵州杜鹃为优势，盖度15%；其次是赤楠，盖度10%；零星分布的有珍珠花、羊舌树（*Symplocos glauca*）等。灌木层中乔木的幼树不少，常见的有米槠、黄杞、野柿、尖萼川杨桐、小果冬青、硬壳柯等，海南五针松的幼树幼苗也有出现。草本层植物覆盖度40%，常见的种类有芒萁、中华里白、狗脊蕨，零星分布的有鳞毛蕨（*Dryopteris* sp.）、中华双扇蕨（*Dipteris chinensis*）。

表7-25 海南五针松－海南五针松＋马尾松－交让木－腺萼马银花－中华里白群落灌木层和草本层种类组成及分布情况

序号	种名	株数或覆盖度
	灌木层	
1	四川大头茶	3株
2	油茶	17株
3	交让木	2株
4	腺萼马银花	68株
5	赤楠	3株
6	贵州桤叶树	3株
7	尖萼川杨桐	6株
8	长尾毛蕊茶	1株
9	光叶石楠	3株
10	单耳柃	4株
11	多花杜鹃	1株
12	栀子	2株
	草本层	
1	中华里白	10%
2	狗脊蕨	<1%
3	淡竹叶	<1%

（3）海南五针松－四川大头茶－贵州杜鹃－桂竹＋棱果花－淡竹叶群落（*Pinus fenzeliana* – *Polyspora speciosa* – *Rhododendron guizhouense* – *Phyllostachys reticulata* + *Barthea barthei* – *Lophatherum gracile* Comm.）

本群落见于九万山环江县久仁，是海南五针松林海拔高度分布最高的类型，调查样方所在地海拔1150m。立地条件类型为花岗岩发育成的土壤，土层浅薄，黑色，地表大块岩石露头占70%，林内湿度大，树干和岩石表面布满苔藓。根据400m²样地调查，乔木层分成3个亚层，第一亚层林木郁闭度0.5，高16~25m，胸径20~35cm，以海南五针松为优势种，重要值指数为63.2；杨梅为次优势种，重要值指数为48.7；其他树种还有小花红花荷、桂南木莲、甜槠等。第二亚层林木郁闭度0.4~0.5，高10~15m，胸径10~20cm，林木稀疏，优势种为四川大头茶，重要值指数84.8；五列木、黄杞、树参为次优势种，重要值指数分别为38.5、24.6、20.5；其他的种类有光叶石楠、海南树参等。第三亚层林木高度2~8m，胸径4~8cm，以贵州杜鹃为优势，其他常见树种还有基脉润楠、白豆杉、小果珍珠花（*Lyonisa ovalifolia* var. *elliptica*）、网脉山龙眼、狭叶珍珠花、翅柃、新木姜子（*Neolitsea aurata*）、铁冬青、窄基红褐柃。灌木层植物覆盖度50%，刚竹和棱果花为优势种，其他树种还有少花吊钟花（*Enkianthus pauciflorus*）、小花杜鹃、赤楠、鼠刺。草本层植物分布稀疏，以淡竹叶为优势，其他种类还有绢毛马铃苣苔（*Oreocharis sericea*）、黑足鳞毛蕨（*Dryopteria fuscipes*）等。

（4）海南五针松－枫香树＋黄杞－芒萁群落（*Pinus fenzeliana* – *Liquidambar formosana* + *Engelhardia roxburghiana* – *Dicranopteris pedata* Comm.）

本群落见于三江县独洞乡巴团屯，是海南五针松林海拔高度分布最低的类型，调查地海拔240m，立地条件类型为发育在砂、页岩上的红壤，酸性反应。该群落为一孤立的林地，分布在一台地上，面积约0.67hm²，1977年调查访问时，这片林已有100多年的历史，1958年被砍过一次，故大树已不多。乔木层只有一层，覆盖度50%，0.67hm²林地内有林木119株，一般高20~30m，最高可达40m，胸径40~50cm和60~70cm（海南五针松为60~70cm），最粗达100cm，其中海南五针松81株，红锥、木荷、枫香树分别为16株、12株、10株，由于第二和第三亚层林木被砍伐而不存在，林内显得很空旷。灌木层植物覆盖度50%~60%，种类繁多，但以乔木的幼树为主，真正的灌木并不占优势，优势种为枫香树和黄杞，次优势种有红锥、木荷，常见的有海南五针松和栲，真正的灌木常见的为栀子、赤楠、毛冬青、檵木等，零星分布的有南烛、盐肤木、杜鹃等。草本层植物生长繁盛，覆盖度70%~80%，以芒萁为优势，常见的为狗脊蕨、五节芒，零星分布的有乌毛蕨、扇叶铁线蕨、乌蕨、淡竹叶、地菍等。

4. 油杉林(Form. *Keteleeria fortunei*)

在我国，油杉林分布于浙江、福建、广东、广西等地的低山地带。广西的油杉林主要见于亚热带的砂、页岩山地，金秀县三角乡海拔1000m以下的低山有较大面积的分布；隆林、田林、恭城等地有小片林分。油杉林的立地条件类型为发育在砂、页岩上的山地红壤和山地黄壤，呈强酸性反应。

油杉为广西群众喜爱使用的材种之一，木材纹理直，加工容易，削面光滑，高大少节，供桥梁、房屋建筑、上等家具、农具、矿柱、桩、枕木及旋制胶合板之用。油杉在干旱瘠薄的立地环境也能生长，是荒山造林的先锋树种，可作为广西重要的造林树种。油杉能飞籽成林，更新能力很强，林内只要有适当的光度，林下幼树幼苗能正常存在。但不少林分，幼树虽然很多，但幼苗缺乏，而其他阔叶树的幼树幼苗则存在，发展下去，油杉有可能被阔叶树、尤其常绿阔叶树取替，演替为常绿阔叶林。有的地方如果有目的地保留油杉，发展油杉林，就必须清除阔叶树，但又不能完全除掉，以保持油杉在空间和体积的最大占领能力，促进油杉的生长速度。1981年调查，广西金秀三角乡的油杉林大多为幼年林，有部分的中年林，成熟林很少，主要有3种群落。

(1)油杉+甜槠-油杉-油杉-五节芒群落(*Keteleeria fortunei* + *Castanopsis eyrei* - *Keteleeria fortunei* - *Keteleeria fortunei* - *Miscanthus floridulus* Comm.)

这是一种针阔混交的幼年林，群落郁闭度0.7，乔木层已分化为二个层片，上层林片一般高8~9m，胸径12~15cm，从表7-26可知，200m^{2}样地有林木6种、16株，油杉为优势种，有7株，重要值指数111.99；甜槠为次优势种，有4株，重要值指数72.67，油杉的树高全处于甜槠之下。下层林片一般高4~7.5m，胸径6~8cm，有林木6种、111株，其中3种在上层林片已经出现过，油杉有98株，重要值指数190，占绝对优势；常见的为杨梅，有9株，重要值指数53.98。灌木层植物覆盖度25%~30%，以乔木的幼树为主，其中油杉最多，多度盖度级达5级，出现频度100%，200m^{2}有高约3m的幼树45株；甜槠和小叶石楠次之，多度盖度级4级，出现频度100%。草本层植物覆盖度30%~35%，除五节芒为优势外，狗脊蕨也很常见(表7-27)。

表7-26 油杉+甜槠-油杉-油杉-五节芒群落乔木层种类组成及重要值指数

(样方号：瑶山97，面积：200m^2，地点：金秀县三角乡六栏坪，海拔920m)

序号	树种	基面积(m^2)	株数	频度(%)	重要值指数
		乔木Ⅱ亚层			
1	油杉	0.1207	7	100	111.9955
2	甜槠	0.1016	4	50	72.6724
3	马尾松	0.0452	1	50	35.4087
4	黄杞	0.0218	2	50	33.9382
5	岭南柿	0.0079	1	50	23.1178
6	化香树	0.0071	1	50	22.8661
	合计	0.3042	16	35	299.9986
		乔木Ⅲ亚层			
1	油杉	0.6547	98	100	189.9967
2	杨梅	0.1781	9	100	53.9778
3	岭南柿	0.0087	1	50	14.4154
4	化香树	0.0064	1	50	14.1462
5	算盘子	0.0028	1	50	13.7322
6	山槐	0.0028	1	50	13.7322
	合计	0.8535	111	400	300.0004
		乔木层			
1	油杉	0.7754	105	100	167.8371
2	杨梅	0.1781	9	100	40.6549
3	甜槠	0.1016	4	50	21.0124
4	马尾松	0.0452	1	50	13.786

（续）

序号	树种	基面积(m^2)	株数	频度(%)	重要值指数
5	黄杞	0.0218	2	50	12.5449
6	岭南柿	0.0165	2	50	12.0921
7	化香树	0.0134	2	50	11.8275
8	算盘子	0.0028	1	50	10.1225
9	山槐	0.0028	1	50	10.1225
	合计	1.1577	127	550	299.9999

岭南柿 *Diospyros tutcheri*

表 7-27　油杉 + 甜槠 - 油杉 - 油杉 - 五节芒群落灌木层和草本层种类组成及分布情况

序号	种名	多度盖度级		频度	更新	
		Ⅰ	Ⅱ	(%)	幼苗	幼树
		灌木层				
1	杨梅	4	2	100	4	8
2	甜槠	4	4	100	10	16
3	油杉	4	5	100		45
4	米碎花	2	2	100		
5	台湾毛楤木	1	2	100		
6	小叶石楠	4	4	100		
7	刺毛杜鹃	2	1	100		
8	南烛	4	2	100		
9	珍珠花	2	2	100		
10	化香树	1	2	100	3	
11	苦枥木	1		50		
12	枫香树		1	50		
13	黄杞		1	50	1	
14	岭南柿		1	50	2	
		草本层				
1	五节芒	5	5	100		
2	狗脊蕨	4	4	100		
3	大叶莎草	3	3	100		
4	芒萁	2	1	100		
5	羊耳菊	1	2	100		
6	美丽胡枝子		1	50		
7	一点红		1	50		
8	淡竹叶		2	50		

台湾毛楤木 *Aralia decaisneana*　　刺毛杜鹃 *Rhododendron championiae*　　大叶莎草 *Cyperus* sp.　　美丽胡枝子 *Lespedeza formosa*

根据表 7-27，更新层植物中，虽然油杉的幼树很多，但幼苗缺乏，甜槠具备幼树和幼苗，群落向前发展，有可能演替为以甜槠为优势的常绿阔叶林。

（2）油杉 - 油杉 + 柯 - 柯 - 五节芒群落（*Keteleeria fortunei* - *Keteleeria fortunei* + *Lithocarpus glaber* - *Lithocarpus glaber* - *Miscanthus floridulus* Comm.）

本群落的乔木层已经初步形成 2 个亚层。群落郁闭度 0.7 ~ 0.75，上亚层林木高 10 ~ 11m，最高 12m，胸径 18 ~ 21cm，最大 28cm，从表 7-28 可知，200m^2样地有林木 16 株，其中油杉有 15 株，重要值指数 257.3，占绝对优势。下亚层林木高 5 ~ 7m，胸径 4 ~ 5cm，200m^2样地有林木 3 种、27 株，其中油杉 10 株，重要值指数 145.51，为优势种；柯 16 株，重要值指数 129.53，为次优势种，虽然柯株数比油杉多，但因为基径不如油杉粗，所以基面积比油杉少。灌木层植物覆盖度 40%，以乔木的幼树为主，从表 7-29 可知，除优势种柯外，油杉、岭南柿、杨梅、枫香树等的幼树也很常见。草本层植物

表 7-28 油杉 - 油杉 + 柯 - 柯 - 五节芒群落乔木层种类组成和重要值指数

（样方号：瑶山 98，面积 200m²，地点：金秀县三角乡三角老甘冲，海拔 710m）

序号	树种	基面积(m^2)	株数	频度(%)	重要值指数
		乔木Ⅱ亚层			
1	油杉	0.6239	15	10	257.2944
2	枫香树	0.0201	1	50	42.7053
	合计	0.644	16	150	299.9997
		乔木Ⅲ亚层			
1	油杉	0.107	10	100	145.507
2	柯	0.0473	16	100	129.5298
3	枫香树	0.002	1	50	24.9603
	合计	0.1563	27	250	299.997
		乔木层			
1	油杉	0.7309	25	100	182.805
2	枫香树	0.0221	2	100	40.7422
3	柯	0.0473	16	100	76.4532
	合计	0.8003	43	300	300.0004

表 7-29 油杉 - 油杉 + 柯 - 柯 - 五节芒群落灌木层和草本层种类组成及分布情况

序号	种名	多度盖度级		频度(%)	更新	
		Ⅰ	Ⅱ		幼苗	幼树
		灌木层				
1	柯	5	5	100	15	42
2	枫香树		4	100		8
3	刺毛杜鹃		4	100		
4	油杉	4	5	100	2	24
5	岭南柿	4	4	100		
6	珍珠花	4	4	100		
7	黄樟	2		50		
8	杨梅	2	4	100		
9	光叶海桐	1		50		
10	南烛		2	50		
		草本层				
1	五节芒	5	5	100		
2	狗脊蕨		5	100		
3	芒萁	5	4	100		
4	山菅	2	2	100		
5	大叶莎草		2	50		
6	九节		2	50		

覆盖度 50% ~60%，除五节芒为优势种外，次优势种还有狗脊蕨和芒萁。

（3）油杉 - 油杉 - 油杉 - 马银花 - 拂子茅 + 五节芒群落（*Keteleeria fortunei* - *Keteleeria fortunei* - *Keteleeria fortunei* - *Rhododendron ovatum* - *Calamagrostis epigeios* + *Miscanthus floridulus* Comm.）

本群落乔木层已初步形成 3 个亚层。群落郁闭度 0.65，第一亚层林木高 15m，最高 17m，胸径 23 ~28cm，最粗 51cm，由于第一亚层林木刚形成，所以株数不多，根据表 7-30，200m²只有 3 株，全是油杉。第二亚层林木高以 9m 和 14m 的为主，胸径以 13 ~15cm 和 30cm 为主，200m²有林木 9 株，其中油杉有 8 株，重要值指数 250.32；另 1 株为常绿阔叶树甜槠。第三亚层林木高 5 ~7m，胸径 4 ~7cm，200m²有林木 20 株，油杉有 11 株，重要值指数 151.13；阔叶树 9 株，其中常绿阔叶树甜槠 3 株，重要值指数 40.6，排第二位。从整个乔木层看，200m²有林木 32 株，其中油杉有 22 株，重要值指数约占 2/3；阔叶树有 10 株，重要值指数约占 1/3。灌木层植物覆盖度 35% ~40%，根据表 7-31，除马银花占优势外，乔木的幼树不少，常见的为甜槠、油杉、岭南柿、小叶青冈等。草本层植物覆盖度30%，除优势种拂子草和五节芒外，其他的种类数量很稀少，常见的喜光种类芒萁已经消失。

表7-30　油杉－油杉－油杉－马银花－拂子草＋五节芒群落乔木层种类组成和重要值指数

（样地号：瑶山101，样地面积：200m²，地点：金秀县三角乡六栏坪，海拔820m）

序号	树种	基面积(m^2)	株数	频度(%)	重要值指数
		乔木Ⅰ亚层			
1	油杉	0.423	3	100	299.9994
		乔木Ⅱ亚层			
1	油杉	0.3639	8	100	2500.3196
2	甜槠	0.0201	1	50	49.681
	合计	0.384	9	150	300.0006
		乔木Ⅲ亚层			
1	油杉	0.0907	11	100	151.128
2	甜槠	0.0152	3	50	40.5939
3	山白蜡	0.0132	2	50	34.131
4	岭南柿	0.0101	2	50	31.7757
5	化香树	0.0038	1	50	22.153
6	福建樱花	0.0013	1	50	20.222
	合计	0.1342	20	350	300.0036
		乔木层			
1	油杉	0.8775	22	100	190.5582
2	甜槠	0.0353	4	50	30.5348
3	山白蜡	0.0132	2	50	21.9398
4	岭南柿	0.0101	2	50	21.6039
5	化香树	0.0038	1	50	17.8196
6	福建樱花	0.0013	1	50	17.5442
	合计	0.9411	32	50	300.0005

表7-31　油杉－油杉－油杉－马银花－拂子茅＋五节芒
群落灌木层和草本层种类组成及分布情况

序号	种名	多度盖度级		频度	更新	
		Ⅰ	Ⅱ	(%)	幼苗	幼树
			灌木层			
1	甜槠	4	4	100	9	14
2	小叶青冈	4	1	100		
3	马银花	5	6	100		
4	油杉	4	4	100	18	15
5	苦枥木	2	1	100	1	3
6	岭南柿	4	4	100	4	14
7	野漆	2		50		
8	姑婆杜鹃	2		50		
9	小叶石楠	2		50		
10	美丽胡枝子	2	2	100		
11	光叶海桐	1		50		
12	东方古柯	2	2	100		
13	珍珠花	2		50		
14	化香树		4	50		6
15	江北荛花		2	50		
16	短尾越桔		4	50		
17	台湾毛楤木		1	50		

（续）

序号	种名	多度盖度级		频度	更新	
		Ⅰ	Ⅱ	（%）	幼苗	幼树
18	钟花樱桃		1	50		
19	南烛		1	50		
草本层						
1	拂子茅	5	5	100		
2	五节芒	4	5	100		
3	匙叶兔儿风	3	3	100		
4	小莎草	4	3	100		
5	一枝黄花	2	3	100		
6	毛果珍珠茅	2	2	100		
7	阔鳞鳞毛蕨	2	2	100		
8	毛叶韩信草	2	2	100		
9	蕨	+		50		
10	狗脊蕨	1		50		
11	草珊瑚	1		50		
12	天门冬	+		50		
13	剑叶耳草	1		50		
14	野古草	1		50		

姑婆杜鹃 *Rhododendron* sp.　东方古柯 *Erythroxylum sinense*　北江荛花 *Wikstroemia monnula*　短尾越桔 *Vaccinium carlesii*　匙叶兔儿风 *Ainsliaea* sp.　小莎草 *Cyperus* sp.　一枝黄花 *Solidago decurrens*　毛叶韩信草 *Scutellaria* sp.

从表7-31可以看出，本群落的更新层植物，现为乔木层组成种类的油杉、甜槠、岭南柿等和现在虽然不是乔木层的组成种类、但属于乔木的小叶青冈幼树和幼苗都较多，群落向前演替，停留在针阔叶混交林阶段的时间比较长。

5. 江南油杉林(Form. *Keteleeria fortunei* var. *cyclolepis*)

江南油杉天然分布于隆林、百色、凌云、乐业、天峨、南丹、风山、田阳等县，以它为优势的天然林，1963年调查，田阳县北部丘陵广泛分布。江南油杉林的分布区邻接我国西部(半湿润)常绿阔叶林亚区域，环境条件比较干热，立地条件类型为发育在中三叠系砂页岩上的红壤，酸性反应。

1963年调查，田阳县北部的江南油杉林，由于人为砍伐和火烧等的干扰，林相残缺不全，树干弯曲，分枝低，生长不良，树干受白蚁危害多空心。种类组成比较简单，尤其乔木层的组成种类更为简单，种类成分大多是次生的、耐干旱的阳性种类，层外植物很不发达。根据对田阳县北部丘陵的江南油杉林调查，1900m^{2}样地，有种类118种，其中木本植物(乔木、灌木和木质藤本)68种，草本植物50种，除松科外，重要的科还有壳斗科、大戟科、茜草科、胡桃科、蝶形花科、山茶科、禾亚科、铁线蕨科等。群落结构也比较简单，除极少数林分外，绝大多数林分乔木层只有2个亚层。江南油杉林更新的好坏与群落覆盖度大小成负相关，林木层覆盖度为50%的林分，400m^{2}样地有幼苗12株，幼树9株；林木层覆盖度为30%的林分，400m^{2}样地有幼苗62株，幼树78株，如果要发展以江南油杉为优势的林分，应该根据这一特点，对江南油杉林进行抚育管理。

江南油杉耐干旱瘠薄的土壤，材质好，可以作为桂西低山丘陵地区重点的造林树种。根据调查，田阳县北部丘陵的江南油杉林有2个群落。

(1)江南油杉－江南油杉＋银柴＋余甘子－九节－扇叶铁线蕨群落(*Keteleeria fortunei* var. *cyclolepis* – *Keteleeria fortunei* var. *cyclolepis* + *Aporusa dioica* + *Phyllanthus emblica* – *Psychotria rubra* – *Adiantum flabellulatum* Comm.)

本群落是田阳县北部丘陵江南油杉林最主要的群落，如前所述，由于人为砍伐和火烧等的干扰，林相残缺不全，树干弯曲，分枝低，生长不良。群落结构简单，乔木层只有2个亚层，郁闭度0.4～0.6；种类组成比较简单，1200m^{2}样地只有植物种类79种，其中木本植物(乔木、灌木、幼树、木质藤本)50 种，草本植物 29 种。上亚层林木高 10 ~ 13m，胸径一般 40 ~ 50cm，最粗的达 70cm，从表 7-32 可知，1200m^2样地有组成种类 4 种、32 株，其中江南油杉有 29 株，重要值指数 267. 72，占绝对优势；下亚层林木高 3 ~ 7m，江南油杉的胸径较粗，为 15 ~ 20cm，其他的种类胸径细小，一般为 3 ~ 5cm，1200m^2样地有 14 种、145 株，有 4 种已经在上亚层出现过，优势种仍为江南油杉，虽然它只有 15 株，但因为它的基径大，所以重要值指数达 77. 66，排第一；次优势种为银柴和余甘子，虽然株数都比江南油杉多，分别为 37 和 31 株，但胸径细小，所以重要值指数分别只有 48. 73 和 45. 22，分排 2、3 位，这两种乔木实质上它们都属于灌木性状。从整个乔木层分析，江南油杉株数虽然是最多的，但它的相对密度和相对频度占的比例并不很大，它的重要值指数能达到 131. 81，主要是它的基面积大，占去整个乔木层基面积 88. 49%。灌木层植物分布很不均匀，有的地段覆盖度只有 10% ~ 15%，而有的地段可达 48% ~ 55%，根据表 7-33，包括真正的灌木和乔木的幼树以及木质藤本植物，1200m^2样地有种类 52 种，种类组成不复杂，优势种为九节，常见的有银柴、山芝麻、黑面神、余甘子等，乔木幼树江南油杉和槲栎也常见。草本层植物分布也不均匀，有的地段覆盖度只有 2% ~ 10%，有的地段可达 35%，从表 7-33 可知，1200m^2样地有 27 种，种类组成不丰富，优势种为扇叶铁线蕨，常见的种类有芒、山菅、毛果珍珠茅。

表 7-32　江南油杉 - 江南油杉 + 银柴 + 余甘子 - 九节 - 扇叶铁线蕨群落乔木层种类组成及重要值指数

（样方号：K_9、K_{10}、K_{16}，面积：400m^2 + 400m^2 + 400m^2，
地点：田阳县坤平乡那虾，海拔 430m、400m）

序号	树种	基面积(m^2)	株数	频度(%)	重要值指数
		乔木Ⅱ亚层			
1	江南油杉	6. 3469	29	91. 67	267. 7189
2	栓皮栎	0. 0573	1	8. 33	11. 1564
3	槲栎	0. 0201	1	8. 33	10. 5798
4	乌墨	0. 0177	1	8. 33	10. 542
	合计	6. 4419	32	116. 67	299. 9971
		乔木Ⅲ亚层			
1	江南油杉	1. 0116	15	66. 67	77. 6688
2	余甘子	0. 228	31	58. 33	45. 2127
3	银柴	0. 1538	37	75	48. 7259
4	栓皮栎	0. 1297	8	41. 67	20. 7755
5	乌墨	0. 1174	7	50	21. 0944
6	槲栎	0. 1152	25	66. 67	36. 721
7	毛叶青冈	0. 0475	3	16. 67	7. 9383
8	红木荷	0. 047	4	25	10. 2695
9	毛叶黄杞	0. 009	3	25	7. 551
10	山石榴	0. 0083	6	33. 33	11. 2489
11	野漆	0. 002	1	8. 33	2. 4611
12	鹅掌柴	0. 0014	2	8. 33	3. 1214
13	山槐	0. 0014	2	16. 67	4. 7881
14	水锦树	0. 0013	1	8. 33	2. 4234
	合计	1. 8737	145	500	300
		乔木层			
1	江南油杉	7. 3585	44	100	131. 8106
2	余甘子	0. 228	31	58. 33	31. 0247
3	栓皮栎	0. 187	9	50	16. 5643
4	银柴	0. 1538	37	75	36. 5996
5	槲栎	0. 1353	26	66. 67	28. 6235
6	乌墨	0. 1351	8	50	15. 375

（续）

序号	树种	基面积(m^2)	株数	频度(%)	重要值指数
7	毛叶青冈	0.0475	3	16.67	5.3432
8	红木荷	0.047	4	25	7.441
9	毛叶黄杞	0.009	3	25	6.4189
10	山石榴	0.0083	6	33.33	9.6438
11	野漆	0.002	1	8.33	2.127
12	鹅掌柴	0.0014	2	8.33	2.6854
13	山槐	0.0014	2	16.67	4.2238
14	水锦树	0.0013	1	8.33	2.1185
	合计	8.3156	177	541.67	299.9994

表 7-33　江南油杉－江南油杉＋银柴＋余甘子－九节－扇叶铁线蕨群落灌木层和草本层种类组成及分布情况

序号	种名	多度盖度级												频度(%)	更新	
		Ⅰ	Ⅱ	Ⅲ	Ⅳ	Ⅴ	Ⅵ	Ⅶ	Ⅷ	Ⅸ	Ⅹ	Ⅺ	Ⅻ		幼苗	幼树
灌木层																
1	九节	5	7	7	7	3	4	4	3	4	3	3	3	100		
2	银柴	5	3	3	4	4	5	4	3	4	3	1	3	100		
3	山芝麻	2	2	1	3	1	1	2	2	2	2	2	2	100		
4	山石榴			3	3			3	3	3	3			50		
5	水锦树			2			1	3	4	1	3	3	1	66.7		
6	黑面神	2	2	3	3	2	2	4	3		2	1		83.3		
7	羊耳菊				2		2	2	3	2	1	2	2	66.7		
8	江南油杉	3	3	2		4	3	3	4	3	3	3	3	91.7	79	181
9	了哥王	1			1			2						25		
10	白鹤藤							2		2				16.7		
11	槲栎	3		3	1	3	3	3	4	3	1	3	3	91.7		
12	栓皮栎	3	2			3	1	3		1				50		15
13	毛果算盘子	3	1	3	3	2		1						50		
14	土蜜树							1						8.3		
15	乌墨							1	1					16.7		
16	桃金娘	1	1	2		2		1						41.7		
17	马莲鞍			2	1			1		2	1	2	2	58.3		
18	土茯苓	2												8.3		
19	葛			2				1	2		3			33.3		
20	野漆	2					1	1	1	1	3	1	3	66.7		
21	艾胶算盘子							1						8.3		
22	红柄乌饭树				1			3	3	1		3	3	50		
23	地桃花							2					2	16.7		
24	小叶扁担杆							1		1			1	25		
25	余甘子	1			1	4	4	3	4	3	4	3	1	83.3		
26	盐肤木							1		1			1	25		
27	葫芦茶							1						8.3		
28	鹅掌柴	3		3	3		1							33.3		
29	柘	1	1				2							25		
30	南烛	2	3			3	4				3			41.7		
31	毛叶黄杞		3						1	3				25		
32	粗叶榕		2											8.3		
33	红木荷			3						1	3	3		33.3		
34	钩藤			3										8.3		
35	杜茎山			3										8.3		
36	葛			2					2		3			25		
37	土茯苓			1	2									16.7		
38	玉叶金花	1		2	2									25		
39	麻栎			2										8.3		
40	君迁子				1									8.3		

（续）

序号	种名	多度盖度级												频度	更新	
		Ⅰ	Ⅱ	Ⅲ	Ⅳ	Ⅴ	Ⅵ	Ⅶ	Ⅷ	Ⅸ	Ⅹ	Ⅺ	Ⅻ	（%）	幼苗	幼树
41	变叶榕				1					1				16.7		
42	海南罗伞树				3									8.3		
43	雀梅藤				3						2			16.7		
44	拟饿蚂蝗					2								8.3		
45	山绿豆					2								8.3		
46	君迁子						1							8.3		
47	扁担杆						2							8.3		
48	印度锥									1		3		16.7		
49	黄杞										3			8.3		
50	假木荷											1		8.3		
51	山槐												1	8.3		
52	算盘子												2	8.3		
	草本层															
1	扇叶铁线蕨	5	4	6	5	4	4	4	4	4	3	3	2	100		
2	芒	3	2	4		2	1	1	1	1	1	3		83.3		
3	山菅	2		3	2	2	2	1	1	1	1		1	83.3		
4	毛果珍珠茅			2		1	2	1	1	1	1	1	1	75		
5	棕叶芦				3					1	1			25		
6	刺芒野古草								2		2	1	1	33.3		
7	羽裂海金沙										2			8.3		
8	线叶莎草			2	1			2	2	2	2	1		58.3		
9	掌叶海金沙	2		2	1			2	2	2	2			58.3		
10	白花柳叶箬		1	1	1		1		1		2	2	2	66.7		
11	铁线蕨	1												8.3		
12	荩草	2												8.3		
13	十字薹草	1												8.3		
14	淡竹叶	1	2	2	2		1	2						50		
15	金发草	1				2	2			2				33.3		
16	春兰		2											8.3		
17	槲蕨		1											8.3		
18	金丝草			2					2			2		25		
19	半边旗			1										8.3		
20	茜草					1								8.3		
21	狭叶莎草						2							8.3		
22	丛生附生兰						1							8.3		
23	类芦						1							8.3		
24	旱生耳草							1		2				16.7		
25	狗尾草							1						8.3		
26	艳山姜											1		8.3		
27	鼠尾粟											2		8.3		

白鹤藤 *Argyreia acuta*　马莲鞍 *Streptocaulon juventas*　葛 *Pueraria montana* var. *lobata*　艾胶算盘子 *Glochidion lanceolarium*
红柄乌饭树 *Vaccinium* sp.　小叶扁担杆 *Grewia* sp.　拟饿蚂蝗 *Desmodium* sp.　山绿豆 *Desmodium* sp.
羽裂海金沙 *Lygodium polystachyum*　线叶莎草 *Cyperus* sp.　掌叶海金沙 *Lygodium* sp.　白花柳叶箬 *Isachne albens*
铁线蕨 *Adiantum* sp.　春兰 *Cymbidium goeringii*　槲蕨 *Drynaria roosii*　金丝草 *Pogonatherum crinitum*
茜草 *Rubia cordifolia*　狭叶莎草 *Cyperus* sp.　丛生附生兰 *Cirrhopetalum* sp.　旱生耳草 *Hedyotis* sp.
鼠尾粟 *Sporobolus fertilis*

（2）江南油杉－江南油杉－栓皮栎－银柴－水蔗草＋刺芒野古草群落（*Keteleeria fortunei* var. *cyclolepis* – *Keteleeria fortunei* var. *cyclolepis* – *Quercus variabilis* – *Aporusa dioica* – *Apluda mutica* + *Arundinella setosa* Comm.）

由于江南油杉林受干扰严重，乔木层具 3 个亚层结构的群落很少见。本群落乔木层具 3 个亚层，郁闭度0.3～0.5，400m²样地有种类55种，其中乔木层10种，灌木层27种，草本层18种。第一亚层林木全为江南油杉，高15～17m，胸径40～50cm，最粗74cm，从表7-34看出，400m²有植株11株。第二亚层林木种类和株数都不多，只有2种、5株，其中江南油杉有4株，高13m，胸径30～35cm，最粗62cm，重要值指数253.26，另1株为栓皮栎，高只有8m。第三亚层林木细小，高3～5m，胸径3～4cm，400m²有植株54株，江南油杉只有3株，重要值指数23.5，不占优势，优势种为栓皮栎，400m²有植株7株，重要值指数76.94，次优势种为山槐，虽然它的株数最多，但因为基径小，重要值指数只有54.17，排第二，毛叶青冈重要值指数为47.1，亦为次优势种，其他常见的种类有余甘子、土蜜树等。从整个乔木层分析，江南油杉虽然在第三亚层不占优势，但它在第一和第二两个亚层都占绝对优势，故重要值指数达130.46，仍为群落的建群种，栓皮栎、山槐、毛叶青冈在第三亚层为优势种和次优势种，但从整个乔木层看只是常见种。灌木层植物覆盖度20%，优势种有银柴，次优势种有余甘子、山芝麻、千斤拔，常见的有黑面神、粗糠柴，乔木幼树江南油杉、毛叶青冈、栓皮栎很常见(表7-35)。草本层植物覆盖度不大，只有10%～15%，水蔗草和刺芒野古草较多，其他的种类还有沿阶草、细柄草、山菅、白花柳叶箬等(表7-35)。

表7-34 江南油杉－江南油杉－栓皮栎－银柴－水蔗草＋刺芒野古草群落乔木层种类组成及重要值指数

（样地号：K_{17}，样地面积：400m²，地点：田阳县慬立乡至朔柳乡途中，海拔400m）

序号	树种	基面积(m²)	株数	频度(%)	重要值指数
		乔木Ⅰ亚层			
1	江南油杉	2.1	11	100	300.0002
		乔木Ⅱ亚层			
1	江南油杉	0.7	4	75	253.2587
2	栓皮栎	0	1	25	46.7412
	合计	0.8	5	100	299.9999
		乔木Ⅲ亚层			
1	栓皮栎	0.2	7	75	76.9397
2	毛叶青冈	0.1	8	100	47.1064
3	山槐	0	14	100	54.1722
4	江南油杉	0	3	50	23.4993
5	余甘子	0	6	75	29.4116
6	土蜜树	0	7	75	27.8388
7	野漆	0	3	50	14.9591
8	银柴	0	1	25	7.0673
9	山石榴	0	3	25	10.7496
10	潺槁木姜子	0	2	25	8.2556
	合计	0.4	54	600	299.9997
		乔木层			
1	江南油杉	2.9	18	100	130.461
2	栓皮栎	0.2	8	75	29.2016
3	毛叶青冈	0.1	8	100	28.5813
4	山槐	0	14	100	36.695
5	余甘子	0	6	75	20.7663
6	土蜜树	0	7	75	21.8073
7	野漆	0	3	50	12.0991
8	银柴	0	1	25	5.3934
9	山石榴	0	3	25	8.2481
10	潺槁木姜子	0	2	25	6.7469
	合计	3.2	70	650	300.0001

表 7-35　江南油杉－江南油杉－栓皮栎－银柴－水蔗草＋刺芒野古草群落灌木层和草本层种类组成及分布情况

序号	种名	多度盖度级				频度（%）	更新	
		Ⅰ	Ⅱ	Ⅲ	Ⅳ		幼苗	幼树
				灌木层				
1	余甘子	4	3	3	3	100		
2	银柴	4	4	2	3	100		
3	盐肤木	3	1		3	75		
4	山芝麻	4	3	3	3	100		
5	千斤拔	4	3	3	3	100		
6	小叶扁担杆	3	1			50		
7	江南油杉	3	4	3	3	100	62	89
8	地桃花	1		1		50		
9	椭圆叶木蓝	1				25		
10	黑面神	1	3	3	1	100		
11	粗糠柴	1	2	2	1	100		
12	毛叶青冈	3	3	3	3	100		
13	乌墨	1	2	1	1	100		
14	栓皮栎	3	3	4	3	100		
15	竹叶榕	1		1		50		
16	野漆	3				25		
17	潺槁木姜子	3				25		
18	大叶络石	1				25		
19	算盘子	1	2	1		75		
20	牛筋藤	1				25		
21	槲栎	1	1		3	75		
22	山石榴	1	1		1	75		
23	阔荚合欢	1			1	50		
24	马莲鞍	1			+	50		
25	土蜜树	1		2		50		
26	红柄乌饭树			3	4	50		
27	九节		3		1	50		
28	水锦树		4	1		50		
29	山槐		3		3	50		
30	冬青		1			25		
31	风车藤			1		25		
32	买麻藤			1		25		
33	羊耳菊			1		25		
34	海南罗伞树				4	25		
35	葛				1	25		
				草木层				
1	刺芒野古草	3	3	1	1	100		
2	水蔗草	4	3	3	3	100		
3	长叶莎草	2	1			50		
4	狗尾草	2				25		
5	拟金茅	3				25		
6	扇叶铁线蕨	2	3	3	4	100		
7	白花柳叶箬	2	2	2		75		
8	沿阶草	2	2	2	2	100		
9	茜草科一种	3	1			50		
10	春兰	1	1			50		
11	细柄草		3	3	3	75		
12	海金沙		2		2	50		
13	荩草		2			25		
14	扇叶铁线蕨		1			25		
15	大莎草		1	1		50		

（续）

序号	种名	多度盖度级				频度（%）	更新	
		Ⅰ	Ⅱ	Ⅲ	Ⅳ		幼苗	幼树
16	四脉金茅			3		25		
17	山菅			3	3	50		
18	毛果珍珠茅			1		25		

千斤拔 *Flemingia prostrata*　大叶络石 *Trachelospermum* sp.　牛筋藤 *Malaisia scandens*　阔荚合欢 *Albizia lebbeck*　冬青 *Ilex* sp.　风车藤 *Combretum* sp.　长叶莎草 *Cyperus* sp.　沿阶草 *Ophiopogon* sp.　大莎草 *Cyperus* sp.

二、石灰(岩)土低山丘陵暖性针叶林

(一) 一般特点

在广西，分布于石灰岩山地的暖性针叶林很少看到，而且面积小，零星分布，目前见到的石灰岩山地暖性针叶林，都是分布于低山丘陵，中山地带尚未发现。石灰岩低山丘陵暖性针叶林的组成种类与酸性土低山丘陵暖性针叶林明显不同，它是由一类分布于石灰岩基质上的植物区系成分组成，有的种类只限于或主要分布于石灰岩基质，有的种类同时见于砂页岩、花岗岩基质。石灰岩低山丘陵暖性针叶林在石灰岩山地分布的部位十分特殊，有的类型只限于山顶或山脊，有的类型除山顶和山脊外，山坡也有分布。出现这种情况可能是在长期的与阔叶林竞争的过程中，被阔叶林排斥到生境条件十分恶劣的山顶和山脊才能得以暂时的、比较长期的立足，但长久下去，是否还能保持目前这种孤立的地位就很难预料。因为目前这种类型种类组成中阔叶树种类不少，而针叶树更新又不良，发展下去，有可能被阔叶树取代而遭淘汰。石灰岩低山丘陵暖性针叶林有的类型的起源很值得研究，例如岩生翠柏林和短叶黄杉林，究竟它们是原生的，还是次生的就很难确定，因为它们在面积较大的、原生性很强的石灰岩山地阔叶林区里，零星分布于山顶或山脊，周围被原生性很强的森林包围，的确使人不能相信它们的起源是次生的。石灰岩低山暖性针叶林有的类型还可以同时分布于酸性土山地，例如华南五针松林，它在酸性土山地海拔 1000m 以上的地区有分布，成为中山针阔叶混交林的一种类型，但与华南五针松混生的树种两种立地条件类型是不同的。

(二) 主要类型分述

1. 黄枝油杉林(Form. *Keteleeria davidiana* var. *calcarea*)

黄枝油杉是国家三级保护植物，分布于桂北和桂东北石灰岩山地海拔 600m 以下的地区，为广西油杉属植物中主要见于石灰岩地层上的种类。目前，以它为优势的林分已不多见，尤其面积较大的林分更是少见。临桂县二塘、四塘，融安县泗顶，恭城县三江等地尚有小片以黄枝油杉为优势的林分，但亦受到不同程度的干扰和破坏。根据 800m^2 样地统计，共有组成种类 82 种，分属 53 科 71 属，其中仅含 1 属的科有 37 科，又其中 1 属 1 种的科占 33 科。种类最多的科为大戟科，次为茜草科、桑科和莎草科；重要值指数最大的科为松科和壳斗科；灌木层和草本层出现多度最大的科为苏木科、大戟科、海桐花科、荨麻科。目前所见到的群落的结构都比较简单，有的为单层纯林；有的乔木层可分 2 个亚层。黄枝油杉林的更新与其覆盖度成负相关，乔木层覆盖度 50% ~70% 的混交林，25m^2 样地内有幼树 2 株；群落覆盖度 90% 的混交林，400m^2 有幼苗 1 株，幼树 1 株；在有植株 537 株的一片林分，其中 4m 以上立木 125 株，1 ~4m 幼树 305 株，1m 以下的幼苗 97 株，种群结构是完整的。在采伐迹地上，黄枝油杉天然更新能力强，如同油杉属的其他树种一样，能飞籽成林。因此，在黄枝油杉林内，只要适当疏伐上层林木，或在采伐迹地上适当留下母树，黄枝油杉均可取得满意的更新效果。

黄枝油杉是上等用材树，耐干旱瘠薄的土壤，而且又分布在石灰岩山地上，在岩石露头多、土层被覆率很少的立地条件下，也能生长成材。因此，可选为桂北石灰岩山地重点的造林树种。根据调查，

桂北石灰岩山地的黄枝油杉林有3个群落。

(1)黄枝油杉－龙须藤－石油菜群落(*Keteleeria davidiana* var. *calcarea* – *Bauhinia championi* – *Pilea cavaleriei* Comm.)

本群落是单层纯林，在分布区内并不多见，一般出现在坡度比较平坦的地段。根据对临桂县二塘镇沉桥村一片林分的调查，群落立地条件类型为棕色石灰土，群落郁闭度0.7，乔木层虽然只有一层，但已初具2个层片，上层层片高7～10m，胸径12～17cm，400m²样地有植株37株，基面积0.63039m²；下层林片一般高4～7m，胸径7～14cm，400m²样地有植株22株，基面积0.20633m²。灌木层植物覆盖度65%，400m²样地有种类33种，以龙须藤为优势种，其他常见的种类有红背山麻杆、黄荆、斜叶榕、白背叶、五瓣子楝树、羽叶金合欢等。草本层植物覆盖度35%，400m²样地有种类11种，石油菜为优势种，凤尾蕨、龙芽草、毛果珍珠茅常见。黄枝油杉更新不良，400m²样地没有发现幼苗幼树。

(2)黄枝油杉－青冈－青冈＋白皮乌口树－广州蛇根草＋沿阶草群落(*Keteleeria davidiana* var. *calcarea* – *Cyclobalanopsis glauca* – *Cyclobalanopsis glauca* + *Tarenna depauperata* – *Ophiorrhiza cantoniensis* + *Ophiopogon bodinieri* Comm.)

本群落是一种混交林，是黄枝油杉林常见的一个类型。根据对临桂县四塘乡山峡里村冲尾屯的一片林分调查，群落立地条件类型为棕色石灰土，土被覆率15%，海拔高度94m，群落总覆盖度90%。乔木层分为2个亚层，上亚层林木高8～15m，其中黄枝油杉高15m，但因为植株只有2株，所以没有把它单独作为一个亚层，胸径大小不一，一般12～17cm，黄枝油杉最粗，为47～51cm，从表7-36看出，400m²样地有植株9株，其中黄枝油杉有3株，重要值指数103.44；青冈有4株，重要值指数54.24。下亚层林木高4～7m，胸径4～7cm，400m²样地有植株28株，黄枝油杉已经消失，青冈植株最多，有19株，重要值指数137.61；其他的种类植株很少，重要值指数很小。从整个乔木层分析，青冈由于植株多，所以重要值指数最大，为77.78，排第一；黄枝油杉植株少，重要值指数不及青冈，只有71.41，排列第二。灌木层植物组成较复杂，从表7-37可知，400m²样地有31种，以乔木的幼树青冈和真正的灌木白皮乌口树为优势种，常见的有红背山麻杆、光叶海桐、五瓣子楝树、龙须藤等。草本层植物覆盖度不大，只有15%左右，最多的为广州蛇根草，其次是沿阶草，其他的种类还有凤尾蕨、石油菜等。黄枝油杉更新不良，400m²样地只有幼苗幼树各1株 。

表7-36 黄枝油杉－青冈－青冈＋白皮乌口树－广州蛇根草＋沿阶草群落乔木层种类组成及重要值指数

(样地号：021，样地面积：400m²，地点：临桂县四塘乡山峡里村冲尾屯，海拔：94m)

重要值指数	树种	基面积(m²)	株数	重要值数值
		乔木Ⅱ亚层		
1	黄枝油杉	0.4268	3	103.4448
2	桂花	0.1201	1	30.8372
3	青冈	0.0597	4	54.2443
4	翅荚香槐	0.0022	1	11.4736
	合计	0.6087	9	199.9999
		乔木Ⅲ亚层		
1	青冈	0.0456	19	137.6081
2	黄梨木	0.0048	2	14.4339
3	柞木	0.0044	1	10.3235
4	五瓣子楝树	0.0031	2	11.9023
5	刺叶冬青	0.003	1	8.1856
6	革叶槭	0.0024	1	7.2025
7	翻白叶树	0.0014	1	5.6889
8	冬青	0.0007	1	4.6518
	合计	0.0654	28	199.9966

（续）

重要值指数	树种	基面积（m^2）	株数	重要值数值
		乔木层		
1	黄枝油杉	0.4268	3	71.4146
2	桂花	0.1201	1	20.5142
3	青冈	0.1053	23	77.7808
4	黄梨木	0.0048	2	6.1131
5	柞木	0.0044	1	3.358
6	五瓣子楝树	0.0031	2	5.8674
7	刺叶冬青	0.003	1	3.1506
8	樟叶槭	0.0024	1	3.0551
9	翅荚香槐	0.0022	1	3.03
10	翻白叶树	0.0014	1	2.9082
11	冬青	0.0007	1	2.8076
	合计	0.6741	37	199.9995

柞木 *Xylosma congesta*　革叶槭 *Acer coriaceifolium*

表 7-37　黄枝油杉－青冈－青冈＋白皮乌口树－广州蛇根草＋沿阶草群落灌木层和草本层种类组成及分布情况

序号	种名	幼苗（株）	幼树（株）	序号	种名	幼苗（株）	幼树（株）
	灌木层			26	刺叶冬青	1	6
1	青冈	3	50	27	皱叶雀梅藤		2
2	亮叶素馨	1	9	28	菟丝子		
3	白皮乌口树	15	34	29	革叶槭		5
4	翻白叶树	2	3	30	光叶合欢		1
5	粗糠柴		7	31	荚蒾		1
6	菜豆树	1	7		草本层	多度或盖度（%）	
7	光叶海桐	3	28	1	石油菜	sol	
8	六月雪	2	3	2	广州蛇根草	5	
9	两面针	1		3	凤尾蕨	2～3	
10	红背山麻杆	9	10	4	沿阶草	3～5	
11	五瓣子楝树	2	19	5	苦苣苔 1 种	sol	
12	络石		2	6	兖州卷柏	sol	
13	铁线莲		1	7	盾叶唐松草	sol	
14	龙须藤	4	12	8	蕨 1 种	sol	
15	光皮梾木		1	9	香附子	sol	
16	黄梨木		5	10	小紫金牛	sol	
17	黄鼠李		5	11	圆盖阴石蕨	sol	
18	柞木		3	12	钗子股	sol	
19	羽叶金合欢		2	13	伏石蕨	sol	
20	菝葜		1	14	槲蕨	sol	
21	西南槐	1	3	15	庐山香料	sol	
22	爬藤榕		1	16	堇菜 1 种	sol	
23	黄枝油杉	1	1	17	褐果薹草	sol	
24	斜叶榕		1	18	花葶薹草	sol	
25	石山棕	1					

亮叶素馨 *Jasminum seguinii*　六月雪 *Serissa japonica*　两面针 *Zanthoxylum nitidum*　络石 *Trachelospermum jasminoides*
铁线莲 *Clematis* sp.　黄鼠李 *Rhamnus fulvotincta*　爬藤榕 *Ficus sarmentosa* var. *impressa*　皱叶雀梅藤 *Sageretia rugosa*
菟丝子 *Cuscuta chinensis*　光叶合欢 *Albizia lucidior*　荚蒾 *Viburnum dilatatum*　兖州卷柏 *Selaginella involvens*
盾叶唐松草 *Thalictrum ichangense*　香附子 *Cyperus rotundus*　小紫金牛 *Ardisia chinensis*　圆盖阴石蕨 *Humata tyermannii*
钗子股 *Luisia morsei*　伏石蕨 *Lemmaphyllum microphyllum*　庐山香料 *Teucrium pernyi*　堇菜 1 种 *Viola* sp.
褐果薹草 *Carex brunnea*　花葶薹草 *Carex scaposa*

(3)黄枝油杉－朴树－檵木－阔叶山麦冬群落(*Keteleeria davidiana* var. *calcarea* – *Celtis sinensis* – *Loropetalum chinense* – *Liriope muscari* Comm.)

此种群落属混交林性质，在分布区比较常见。乔木层只有 2 个亚层，上亚层林木覆盖度 50% ~ 70%，林木高 20m 左右，胸径 30 ~ 50cm，以黄枝油杉为优势，伴生的种类有青冈、圆叶乌桕、樟、菜豆树；下亚层林木覆盖度 90%，植株高 10 ~ 15m，胸径 15 ~ 25cm，优势不明显，常见有朴树、枇杷(*Eriobotrya japonica*)、假黄皮(*Clausena excavata*)。灌木层植物高 2 ~ 4m，覆盖度 40% ~ 50%，种类组成较复杂，乔木的幼树不少，真正的灌木以檵木为优势种，其他的种类还有樟叶荚蒾、光叶海桐、麻叶绣线菊(*Spiraea cantoniensis*)。草本层植物覆盖度 40% ~ 50%，以阔叶麦冬为优势，常见的有石油菜、鞭叶铁线蕨(*Adiantum caudatum*)、猪鬣凤尾蕨(*Pteris actiniopteroides*)等。藤本植物常见的有威灵仙、龙须藤、雀梅藤等。黄枝油杉更新稍好，25m^{2}有幼树 2 株。

2. 岩生翠柏林(Form. *Calocedrus rupestris*)

在广西，岩生翠柏虽然见于乐业县、巴马县、都安县、环江县等地，但以它为优势的林分仅在环江县木论保护区有零星小片分布。岩生翠柏林出现的地段很特殊，都是见于生境条件十分恶劣的山顶或山脊，悬崖峭壁，大块岩石露头，土被覆盖率极少，保水能力差，十分干旱；全日照，温差大，常风大，所以树木生长十分缓慢，60 多年生的岩生翠柏，植株高仅 3.5m，胸径 3cm。

岩生翠柏林目前不但在广西分布少，而且在全国也不多见，它所在的生境条件十分恶劣，破坏后极难恢复，或根本不可能恢复，因此，岩生翠柏林有着十分重要的保护价值。目前见到的岩生翠柏有 2 个群落。

(1)岩生翠柏＋华南五针松－岩生翠柏＋罗城鹅耳枥－云南石仙桃群落(*Calocedrus rupestris* + *Pinus kwangtungensis* – *Calocedrus rupestris* + *Carpinus luochengensis* – *Pholidota yunnanensis* Comm.)

本群落见于环江县木论保护区，零星小片分布于海拔 600m 到海拔 900m 或更高的少数山顶或山脊，面积很小，数十平方米，或 100 ~ 300m^{2}之间，最大也不超过 400m^2。群落结构简单，分为乔木层、灌木层、草本层 3 个层次；草本层植物无论种类还是数量均很少，几乎不成层；由于林木低矮，不少乔木种类在灌木层中出现，而有的灌木种类也伸展到乔木层中去，所以灌木层植物发达，乔木层组成种类较多；藤本植物不发达，多数匍伏在岩石表面。在 600m^{2}样地内组成种类有 76 种，分属 51 科、66 属，含 1 属的科有 40 科，其中 1 属、1 种的科占 37 科；含 1 种的属有 60 属；含属数最多的科为蔷薇科，有 5 属，次为兰科，有 3 属；乔木层重要值指数最大的科为柏科和松科，次为壳斗科；灌木层和草本层多度最大、出现频度最多的科分别为榛木科和兰科。群落郁闭度 0.6 ~ 0.7，乔木层林木覆盖度 65%，勉强可分为 2 个亚层，上亚层树高 8 ~ 10m，个别达 11m，胸径 16 ~ 25cm，华南五针松最大胸径 45cm，岩生翠柏最大胸径 25cm，种类组成简单，株数也不多，根据表 7-38，600m^{2}只有 6 种、17 株，华南五针松 4 株，重要值指数 97.13，排列第一；岩生翠柏株数最多，为 6 株，因为基面积不及华南五针松，重要值指数排第二，为 84.74；其他较重要的种类还有短叶黄杉、圆果化香。下亚层林木覆盖度 70%，高 4 ~ 7m，胸径 5 ~ 15cm，组成种类和株数都较多，600m^{2}有 23 种、192 株，其中有 6 种在上亚层已经出现，岩生翠柏株数最多，重要值指数最大，分别为 43 株和 54.53；次优势种为青冈和华南五针松，株数和重要值指数分别为 22 株、29.07 和 5 株、24.27；其他的种类有的植株虽然株数多，但因为基径小，所以基面积都很小。从整个乔木层分析，岩生翠柏株数最多，重要值指数最大，为 49，排第一；华南五针松基面积虽然大，但因株数少，只有 9 株，所以重要值指数不及岩生翠柏，只有 40.31，排第二；青冈虽然株数有 22 株之多，但因为基面积小，重要值指数不及华南五针松，只有 23.46，排第三。灌木层植物覆盖度 30% ~ 40%，组成种类较复杂，从表 7-39 可知，600m^{2}样地有 59 种，其中 19 种已在乔木层出现过，优势种为乔木幼树岩生翠柏，乔木的幼树较多的种类还有乌冈栎、青冈、圆果化香、清香木、圆叶乌桕等，其中圆叶乌桕在乔木层未出现过；真正的灌木以罗城鹅耳枥和岩生鹅耳枥为优势，常见的有贵州悬竹、两广石山棕(*Guihaia grossefibrosa*)等。草本层植物无论种类还是数量均很少，覆盖度很小，不到 10%，有的地段甚至没有草本植物出现，根据表 7-39，在 600m^2

样地内有种类13种，出现频度最高的为云南石仙桃，达100%，其次是兖州卷柏和台湾旋蒴苣苔(*Boea swinhoii*)，其他的种类出现的频度都很低。藤本植物种类和数量更少，600m² 只有7种，出现频度较高的为菝葜和藤黄檀。

表7-38　岩生翠柏＋华南五针松－岩生翠柏＋罗城鹅耳枥－云南石仙桃群落乔木层种类组成及重要值指数

（样方号：环江木论翠1号，样地面积：600m²，地点：环江县木论自然保护区，海拔：600～900m）

序号	树种	基面积(m²)	株数	频度(%)	重要值指数
		乔木Ⅱ亚层			
1	岩生翠柏	0.1402	6	66.7	84.74
2	华南五针松	0.3793	4	50	97.13
3	石山松	0.038	1	16.7	18.64
4	短叶黄杉	0.0899	3	16.7	37.33
5	圆果化香	0.0804	2	50	45.54
6	铁榄	0.0227	1	16.7	16.6
	合计	0.7505	17	216.8	299.98
		乔木Ⅲ亚层			
1	岩生翠柏	0.2674	43	100	54.53
2	华南五针松	0.1964	5	50	24.27
3	石山松	0.0752	4	16.7	10.17
4	短叶黄杉	0.0443	5	50	10.65
5	圆果化香	0.0368	13	83.3	16.91
6	铁榄	0.0335	6	50	10.24
7	罗城鹅耳枥	0.0229	14	100	17.56
8	乌冈栎	0.0616	16	100	22.06
9	青冈	0.1204	22	83.3	29.07
10	清香木	0.0695	8	83.3	17.23
11	巴东栎	0.0638	6	33.3	11.57
12	岩生鹅耳枥	0.0203	13	66.7	14.06
13	三脉叶荚蒾	0.0097	5	50	7.58
14	革叶铁榄	0.0056	7	66.7	9.63
15	石山吴萸	0.0436	5	66.7	11.98
16	狭叶含笑	0.0183	4	66.7	9.2
17	米念芭	0.0058	2	16.7	2.93
18	红果树	0.017	6	33.3	7.39
19	环江越桔	0.0025	2	33.3	4.01
20	美脉琼楠	0.0014	2	16.7	2.54
21	木姜叶柯	0.0006	2	16.7	2.47
22	桫罗树	0.0007	1	16.7	1.95
23	野茉莉	0.0013	1	16.7	2
	合计	1.1185	192	1216.8	300
		乔木层			
1	岩生翠柏	0.4076	49	100	53.04
2	华南五针松	0.5756	9	66.7	40.31
3	石山松	0.1132	5	33.3	11.03
4	短叶黄杉	0.1342	8	50	14.93
5	圆果化香	0.1172	15	83.3	19.94
6	铁榄	0.0562	7	66.7	12.85
7	罗城鹅耳枥	0.0229	14	100	15.72
8	乌冈栎	0.0616	16	100	18.75
9	青冈	0.1204	22	83.3	23.46
10	清香木	0.0695	8	83.3	14.04
11	巴东栎	0.0638	6	33.3	8.88
12	岩生鹅耳枥	0.0203	13	66.7	12.5
13	三脉叶荚蒾	0.0097	5	50	6.81

（续）

序号	树种	基面积(m²)	株数	频度(%)	重要值指数
14	革叶铁榄	0.0056	7	66.7	8.85
15	石山吴萸	0.0436	5	66.7	9.92
16	狭叶含笑	0.0183	4	66.7	8.09
17	米念芭	0.0058	2	16.7	2.57
18	红果树	0.017	6	33.3	6.37
19	环江越桔	0.0025	2	33.3	3.68
20	美脉琼楠	0.0014	2	16.7	2.33
21	木姜叶柯	0.0006	2	16.7	2.28
22	梭罗树	0.0007	1	16.7	1.82
23	野茉莉	0.0013	1	16.7	1.85
	合计	1.869	209	1266.8	300.02

石山吴萸 *Tetradium calcicola*　红果树 *Stranvaesia davidiana*　美脉琼楠 *Beilschmiedia delicata*　梭罗树 *Reevesia pubescens*

表 7-39　岩生翠柏 + 华南五针松 - 岩生翠柏 + 罗城鹅耳枥 - 云南石仙桃群落灌木层和草本层种类组成及分布情况

序号	种名	株数或多度	频度(%)	序号	种　名	株数或多度	频度(%)
	灌木层			34	小叶石楠	sol	16.7
1	岩生翠柏	74	100	35	千里香	sol	33.3
2	华南五针松	3	50	36	越南槐	sol	33.3
3	短叶黄杉	13	50	37	锈毛纹母树	sol	16.7
4	青冈	18	83.3	38	桂丁香	sol	16.7
5	圆果化香	15	83.3	39	角叶槭	sol	16.7
6	清香木	12	83.3	40	长毛籽远志	sol	16.7
7	狭叶含笑	4	50	41	阔柱黄杨	sol	16.7
8	圆叶乌桕	12	83.3	42	围涎树	sol	16.7
9	木姜叶柯	3	16.7	43	石山柿	sol	16.7
10	梭罗树	3	16.7	44	南岭柞木	sol	16.7
11	美脉琼楠	4	16.7	45	岭罗麦	sol	16.7
12	刺叶桂樱	2	16.7	46	狭叶链珠藤	sol	16.7
13	朴树	2	16.7	47	茶叶雀梅藤	sol	16.7
14	野漆	3	33.3	48	刺叶冬青	sol	16.7
15	毛桂	2	16.7	49	百日青	un	16.7
16	乌冈栎	19	100	50	竹叶榕	un	16.7
17	罗城鹅耳枥	sp	100	51	地耳草	un	16.7
18	岩生鹅耳枥	sp	83.3	52	火棘	un	16.7
19	革叶铁榄	sol	83.3	53	菝葜	sol	83.3
20	石山花椒	sol	66.7	54	藤黄檀	sol	83.3
21	巴东栎	sol	66.7	55	小花青藤	sol	33.3
22	三脉荚蒾	sol	66.7	56	铁包金	sol	16.7
23	皱叶荚蒾	sol	50	57	鸡眼藤	sol	16.7
24	贵州悬竹	sol	100	58	南蛇藤	sol	16.7
25	两广石山棕	sol	83.3	59	日本薯蓣	sol	16.7
26	米念芭	sol	66.7		草本层		
27	星果卫矛	sol	33.3	1	云南石仙桃	sp	100
28	密花树	sol	33.3	2	兖州卷柏	sol - sp	83.3
29	打铁树	sol	33.3	3	台湾旋蒴苣苔	sol	83.3
30	五瓣子楝树	sol	33.3	4	毛果珍珠茅	sol	33.3
31	环江越桔	sol	50	5	蜈蚣草	sol	16.7
32	四子海桐	sol	16.7	6	柔枝莠竹	sol	16.7
33	野茉莉	sol	33.3	7	锯叶合耳菊	sol	16.7

（续）

序号	种名	株数或多度	频度(%)	序号	种名	株数或多度	频度(%)
8	蔸兰	sol	16.7	11	石蕨	sol	16.7
9	硬叶蔸兰	sol	16.7	12	石韦	sol	16.7
10	竹叶兰	sol	16.7	13	石油菜	sol	16.7

刺叶桂樱 *Laurocerasus spinulosa* 毛桂 *Cinnamomum appelianum* 石山花椒 *Zanthoxylum calcicola* 皱叶荚蒾 *Viburnum* sp. 星果卫矛 *Euonymus* sp. 四子海桐 *Pittosporum tonkinense* 千里香 *Murraya paniculata* 越南槐 *Sophora tonkinensis* 桂丁香 *Luculia intermedia* 长毛籽远志 *Polygala wattersii* 阔柱黄杨 *Buxus latistyla* 南岭柞木 *Xylosma controversa* 岭罗麦 *Aidia* sp. 狭叶链珠藤 *Alyxia schlechteri* 茶叶雀梅藤 *Sageretia camelliifolia* 地耳草 *Hypericum japonicum* 小花青藤 *Illigera parviflora* 日本薯蓣 *Dioscorea japonica* 锯叶合耳菊 *Synotis nagensium* 蔸兰 *Paphiopedilum* sp. 硬叶蔸兰 *Paphiopedilum micranthum* 竹叶兰 *Arundina graminifolia* 石蕨 *Pyrrosia angustissima* 石韦 *Pyrrosia lingua*

(2)岩生翠柏－箬叶竹－中型莎草群落(*Calocedrus rupestris* – *Indocalamus longiauritus* – *Cyperus* sp. Comm.)

本群落见于木论保护区，地点是木论乡乐依村红洞屯古洞附近岩溶石山山脊，海拔941m，群落具体所在地为一狭长山脊，两旁坡度陡峻，达70°，故样地沿山脊走，呈带状。土壤为棕色石灰土，覆盖度只有5%，其余都是露岩或碎岩。

群落总覆盖度65%，其中乔木层覆盖度40%，灌木层覆盖度最大，达60%，草本层覆盖度最小，只有15%。种类组成简单，300m^{2}样地只有23种，结构也简单，乔木只有1层。由于生境条件的恶劣，乔木层植物高度低矮，一船高度4m左右，最高不超过9m，胸径3～6cm最多，最粗1株46cm。从表7-40可知，300m^{2}样地有林木11种，由于林木胸径细小，植株有62株之多，无论是株数还是重要值指数，均以岩生翠柏排第一，株数有20株，重要值指数88.9；次为杨梅蚊母树，有15株，重要值指数47.2；华南五针松虽然只有1株，但它是林中胸径最粗林木，重要值指数达到41.1，排第三，常见的还有短叶黄杉。灌木层植物一般高1.5m，从表7-41可知，包括藤本植物、幼树和真正的灌木，300m^{2}样地有23种，以箬叶竹占优势，常见的还有石斑木、石山夹竹桃(*Nerium* sp.)和石山金丝桃(*Hypericum* sp.)。草本层植物种类十分稀少，300m^{2}样地只有3种，中型莎草分布最普遍，其他2种为石槲和刚莠竹。群落更新不良好，几乎所有的林木种类缺乏幼苗，岩生翠柏只有1株幼苗，短叶黄杉只有1株幼树，但圆果化香和杨梅蚊母树幼树尚多。从整体林木生长情况看，阔叶树比针叶树好。

表7-40　岩生翠柏－箬叶竹－中型莎草群落乔木层种类组成及重要值指数

（样地号：木论01号，样地面积：10m×30m，地点：木论乡乐依村红洞屯古洞附近，海拔：941m）

序号	树种	基面积(m^2)	株数	频度(%)	重要值指数
	乔木层				
1	岩生翠柏	0.196	20	100	88.86
2	杨梅蚊母树	0.031	15	100	47.204
3	华南五针松	0.166	1	33.3	41.064
4	短叶黄杉	0.05	7	100	38.097
5	石山茜草	0.006	4	66.7	18.748
6	圆果化香	0.009	5	33.3	15.462
7	青冈	0.011	3	33.3	12.589
8	枯立木	0.011	2	33.3	11.104
9	铁榄	0.008	2	33.3	10.383
10	三脉叶荚蒾	0.002	2	33.3	9.182
11	石斑木	0.001	1	33.3	7.313
	合计	0.49	62	600	300.005

表 7-41 岩生翠柏－箬叶竹－中型莎草群落
灌木层种类组成和分布情况

序号	种名	多度盖度级			频度	更新	
		Ⅰ	Ⅱ	Ⅲ	（%）	幼苗	幼树
	灌木层						
1	箬叶竹	3	4	5	100.0		
2	石斑木	2	3	2	100.0		
3	石山夹竹桃	1	3	4	100.0		
4	石山金丝桃	4	1	1	100.0		
5	单毛桤叶树	1	1	3	100.0		
6	台湾榕	1	1		66.7		
7	玉叶金花		3	3	66.7		
8	千里光	2		1	66.7		
9	悬钩子	1			33.3		
10	黄杨冬青	1			33.3		
11	石山榕	3			33.3		
12	亮叶崖豆藤		2		33.3		
13	素馨藤		1		33.3		
14	石山海桐		1		33.3		
15	南岭小檗		1		33.3		
16	假灯笼花		1		33.3		
17	假少叶黄杞			1	33.3		
18	蚊母树 1 种			1	33.3		
19	圆果化香				100.0		7
20	三脉叶荚蒾				66.7	2	3
21	青冈				33.3		2
22	短叶黄杉				33.3		1
23	岩生翠柏				33.3	1	

台湾榕 *Ficus formosana* 黄杨冬青 *Ilex buxoides* 石山榕 *Ficus* sp. 素馨藤 *Jasminum* sp.
亮叶崖豆藤 *Callerya nitida* 石山海桐 *Pittosporum* sp. 南岭小檗 *Berberis imepedita*

3. 短叶黄杉林（Form. *Pseudotsuga brevifolia*）

短叶黄杉为国家二级保护植物，广西特有物种，分布于龙州、大新、靖西、那坡、乐业、凌云、凤山、巴马、环江等县，在分布区内，多散生于其他植物群落内，极少见到以其为优势的林分。短叶黄杉出现的地段和环境特点与岩生翠柏一样，多见于山顶或山脊，生存条件十分恶劣。在环江县木论保护区，短叶黄杉常和岩生翠柏经常混生在一起，多数情况下是岩生翠柏群落的一个常见的组成种类，但有时亦见到以它为优势的类型，其群落学特点与岩生翠柏林相似。在木论保护区红垌啃弄山山顶的短叶黄杉林，覆盖度 90%，100m^{2}样地有林木 36 株，一般高 3～5.5m，最高 9.5m，胸径 3～7cm，最大 20.5cm，短叶黄杉有 4 株，重要值指数（最高值 200）52.99；岩生翠柏 5 株，重要值指数 48.55，为群落的优势种；常见的种类有罗城鹅耳枥、岩生鹅耳枥、乌冈栎，株数和重要值指数分别为 6 株 19.32、6 株 19.23、3 株 12.55；其他的种类还有青冈、铁榄、石山吴茱萸、圆果化香、清香木、革叶铁榄等。灌木层植物覆盖度 30%，以乔木的幼树为常见，其中短叶黄杉有 0.6～3m 的幼树 7 株，岩生翠柏有 0.4m 的幼苗 1 株，0.5～3m 的幼树 8 株；真正的灌木以贵州悬竹为常见。草本层植物覆盖度 10%，100m^{2}有 6 种，常见的为云南石仙桃、硬叶兜兰和窄叶莎草（*Cyperus* sp.）。

第四节　中山针阔叶混交林

中山针阔叶混交林是常绿阔叶林垂直带谱的一个组成部分，一般分布于海拔 1300m 以上的中山地区，但有时亦可下延至海拔 1000m 的中山。广西亚热带常绿阔叶林有 1 个垂直带谱，基带为常绿阔叶林带，垂直带为中山山地常绿落叶阔叶混交林和针阔叶混交林带或中山山地常绿阔叶林和针阔叶混交林带。广西没有高山和亚高山，纬度偏南的中山，如大瑶山，常绿阔叶林带之上并不出现常绿落叶阔叶混交林，而只是出现山地常绿阔叶林，虽然有落叶阔叶树出现，但还是以常绿阔叶树占优势。广西中山针阔叶混交林由针叶树组成优势，与低山丘陵暖性针叶林不同的是，它不是次生的，而是原生的，它很少形成纯林，大多是与常绿、落叶阔叶树混交，形成混交林。由于广西最高的山峰只有2142m，植被垂直带谱没有形成高山针叶林带，仅在某些海拔较高的中山山地，出现中山针阔叶混交林，面积都很小，零星小片，镶嵌分布在中山常绿落叶阔叶混交林或山地常绿阔叶林中，不形成带谱。但在桂北的元宝山，海拔2064m的蓝坪峰，海拔1850m以上的山地，出现的以元宝山冷杉、南方红豆杉、铁杉等为优势的针阔叶混交林，面积较大，几乎形成带状，为广西中山针阔叶混交林最发育的山地。广西中山针阔叶混交林不少类型生境条件十分恶劣，分布在山顶山脊和悬崖峭壁的地方。由于海拔1300m以上的石灰岩山地，目前尚未发现这种森林，我们所指的中山针阔叶混交林是分布于海拔1300m以上的酸性土山地。广西中山针阔叶混交林保存较好的林区有元宝山林区、大瑶山林区、猫儿山林区、花坪林区、九万山林区。

一、区系组成

根据元宝山林区、大瑶山林区、猫儿山林区、银竹老山林区中山针阔叶混交林8500m^2样地统计结果，共有组成种类373种，分属94科192属，其中双子叶植物67科144属291种，单子叶植物7科18属35种，裸子植物6科9属11种，蕨类植物14科21属36种。种类较多的有山茶科9属24种，蔷薇科9属23种，杜鹃花科5属18种，壳斗科4属17种，山矾科1属17种，樟科4属16种，冬青科1属14种，茜草科9属11种，松科4属6种，百合科7属11种，莎草科3属11种，鳞毛蕨科2属6种，水龙骨科2属6种，瘤足蕨科1属5种。从8个群系统计得知（表7-42），乔木层植物重要值指数≥15的科共有20个科，出现频度最高的为松科和山茶科，次为壳斗科，再次为樟科、木兰科、杜鹃花科；重要值指数最高的科为松科（8个群系合计，下同），次为山茶科、杜鹃花科、壳斗科，再次为木兰科和樟科。灌木层植物以竹亚科最重要，它既是中山针阔叶混交林灌木层的优势植物，也可称为中山针阔叶混交林的特征植物，其他重要的科还有山茶科、蔷薇科、紫金牛科、野牡丹科、杜鹃花科、樟科、忍冬科、冬青科、山矾科、茜草科等。草本层植物以蕨类（鳞毛蕨科、瘤足蕨科、水龙骨科、金星蕨科、书带蕨科、膜蕨科、舌蕨科、卷柏科）和百合科的种类最重要，次为莎草科和菊科的植物。

表7-42　广西中山针阔叶混交林乔木层植物重要值指数≥15的优势科

科名	资源冷杉林	南方红豆杉林	元宝山冷杉林	铁杉林	华南五针松林	小叶罗汉松林	长苞铁杉林	银杉林
	重要值指数							
松科	21.2	16.93	62.77	86.34	58.37		32.35	79.0
杜英科					18.88	21.2		
槭树科	28.8	21.15	17.6					
红豆杉科		56.24	24.61					
桦木科	17.4							
五加科	21.9					16.4		24.2
蔷薇科	18.1						16.07	
壳斗科	61.6		15.07	17.32	48.87		30.27	17.9
山茶科	46.7	28.19	26.4		32.45	39.4	36.15	44.6
清风藤科					15.07		26.95	
八角科	49.8			15.46				
山矾科		22.7				21.1		
樟科		47.24	36.81	28.44			29.6	37.6
木兰科					24.42	19.3	23	

（续）

科名	资源冷杉林	南方红豆杉林	元宝山冷杉林	铁杉林	华南五针松林	小叶罗汉松林	长苞铁杉林	银杉林
	重要值指数							
杜鹃花科			43.97	118.39	32.46	38.7		29.6
木犀科		22.71				21.3		
冬青科						50.7		
金缕梅科							27.35	
罗汉松科						26.3		
紫金牛科						15.1		
合计	8	7	7	5	7	10	8	6

中山针阔叶混交林的区系组成的 192 属中，有种子植物属 171 属，按照吴征镒先生《中国种子植物属的分布区类型》的划分，虽然它只是 1 个植被亚型，样地面积 8500m^2，但可分为 13 个类型和 13 个变型(表 7-43 ~ 表 7-45)，与广西植被植物区系种子植物属的分布区类型相比，只缺少 1 个类型和 6 个变型，可见广西中山针阔叶混交林组成种类属的分布区类型还是比较复杂的。最多的分布区类型是热带亚洲(印度—马来西亚)和泛热带，次为东亚(东喜马拉雅—日本)、东亚和北美洲间断、北温带；最多的分布区变型为中国—喜马拉雅(SH)和中国—日本(SJ)，次为北温带和南温带(全温带)间断，爪哇、喜马拉雅和华南、西南星散，越南(或中南半岛)至华南(或西南)。

表 7-43　广西中山针阔叶混交林种子植物属的分布区类型和变型

分布区类型和变型	属数	占总属数(%)
1. 世界分布	7	
2. 泛热带	25	15.9
2-1. 热带亚洲、大洋洲和南美洲(墨西哥)间断	2	1.2
2-2. 热带亚洲、非洲和南美洲间断	2	1.2
3. 热带亚洲和热带美洲间断分布	7	4.3
4. 旧世界热带	6	3.7
4-1. 热带亚洲、非洲和大洋洲间断	1	0.6
5. 热带亚洲至热带大洋洲	6	3.7
6. 热带亚洲至热带非洲	4	2.4
6-2. 热带亚洲和东非间断	1	0.6
7. 热带亚洲(印度—马来西亚)	19	11.6
7-1. 爪哇、喜马拉雅和华南、西南星散	4	2.4
7-2. 热带印度至华南	1	0.6
7-3. 缅甸、泰国至华西南	1	0.6
7-4. 越南(或中南半岛)至华南(或西南)	5	2.4
8. 北温带	18	11.0
8-4. 北温带和南温带(全温带)间断	4	2.4
9. 东亚和北美洲间断	23	14.0
10. 旧世界温带	2	1.2
10-1. 地中海区、西亚和东亚间断	1	0.6
12-3. 地中海区至温带、热带亚洲，大洋洲和南美洲间断	1	0.6
14. 东亚(东喜马拉雅—日本)	13	7.9
14-1. 中国—喜马拉雅(SH)	6	3.7
14-2. 中国—日本(SJ)	5	3.0
15. 中国特有	7	4.3
	171	100.0

注：占总属数(%)不包括世界属，下同。

表 7-44　广西中山针阔叶混交林种子植物属的分布区类型

分布区类型	属数	占总属数(%)
1. 世界分布	7	
2. 泛热带	29	18.3
3. 热带亚洲和热带美洲间断分布	7	4.3
4. 旧世界热带	7	4.3
5. 热带亚洲至热带大洋洲	6	3.7
6. 热带亚洲至热带非洲	5	3.0
7. 热带亚洲(印度—马来西亚)	30	17.7
8. 北温带	22	13.4
9. 东亚和北美洲间断	23	14.0
10. 旧世界温带	3	1.8
12. 地中海区、西亚至中亚	1	0.6
14. 东亚(东喜马拉雅—日本)	24	14.6
15. 中国特有	7	4.3

表 7-45　广西中山针阔叶混交林种子植物属的分布区类型(大类)

分布区类型	属数	占总属数(%)
1. 世界分布	7	
2. 热带分布	84	51.2
3. 温带分布	72	43.9
4. 地中海区、西亚至中亚分布	1	0.6
5. 中国特有	7	4.3
	171	100.0

综合上述，广西中山针阔叶混交林区系组成有如下几个特点。

(1)从乔木层植物区系组成看，中山针阔叶混交林除针叶树的科外，重要的科与基带常绿阔叶林有相同的也有不同的，但与中山常绿落叶阔叶混交林或中山山地常绿阔叶林基本上是相同的，原因是广西中山针阔叶混交林是常绿阔叶林的垂直带谱——中山常绿落叶阔叶混交林或山地常绿阔叶林带谱的组成部分，广西最高山体海拔只有2142m，没有高山或亚高山，所以常绿阔叶林垂直带谱不出现针叶林带，若干海拔较高的中山山地，只出现针阔叶混交林镶嵌分布在中山常绿落叶阔叶混交林或山地常绿阔叶林中，只有个别山地，出现零星小片、面积很小的针叶纯林。从灌木层植物和草本层植物区系组成看，重要的科与常绿阔叶林不同，而与常绿落叶阔叶混交林或山地常绿阔叶林基本上相同，亦能说明它是中山常绿落叶阔叶混交林或山地常绿阔叶林带谱的组成部分。

(2)中山针阔叶混交林乔木层和草本层重要的科大多是起源古老的科。裸子植物是起源古老的植物，不少是残余种和特有种，广西中山针阔叶混交林有6科、9属，其中的松科(4属)和红豆杉科(1属)是中山针阔叶混交林乔木层植物最重要的科，不少建群种或优势种是我国特有或广西特有，例如银杉、资源冷杉、长苞铁杉、铁杉、华南五针松、南方红豆杉等是我国特有，元宝山冷杉为广西特有。除裸子植物外，被子植物在乔木层植物中重要的科如山茶科、壳斗科、木兰科、樟科、杜鹃花科等都有许多原始的类型，它们中不少种类是中山针阔叶混交林的建群种或优势种。蕨类植物是一类起源古老和孑遗的物种，广西中山针阔叶混交林草本层植物区系组成，喜阴湿和耐阴湿的蕨类植物种类不少，与酸性土低山丘陵暖性针叶林草本层植物以喜阳旱生的禾本科种类占优势形成鲜明的对照。从上述区系组成看出，中山针阔叶混交林是一类原始的古老的森林群落。

(3)从表7-45看出，广西中山针阔叶混交林区系成分热带分布稍大于温带分布，这与它属于亚热带常绿阔叶林垂直带谱的性质相符合。热带成分与热带亚洲和泛热带关系密切，与酸性土低山丘陵暖性针叶林热带成分不同的是，中山针阔叶混交林热带区系成分是热带亚洲分布稍大于泛热带分布，两者几乎相等。从表7-46到表7-51得知，纬度偏南的大瑶山，其中山针阔叶混交林的热带成分比纬度偏北的元宝山、猫儿山、银竹老山的中山针阔叶混交林的热带成分偏高。温带成分与北温带、东亚和北美洲间断、东亚(东喜马拉雅—日本)关系密切，三者的重要性相差不大。纬度偏南的大瑶山北温带分布明显小于东亚和北美洲间断分布，也小于东亚(东喜马拉雅—日本)分布，说明大瑶山中山针阔叶混交林温带成分与东亚和北美洲间断分布的密切关系大于北温带；相反，纬度偏北的元宝山、猫儿山、银竹老山北温带分布明显大于东亚和北美洲间断分布，也大于东亚(东喜马拉雅—日本)分布，说明元宝山、猫儿山、银竹老山中山针阔叶混交林温带成分与北温带分布的密切程度大于东亚和北美洲间断分布。

表 7-46 大瑶山中山针阔叶混交林种子植物属的分布区类型和变型

分布区类型或变型	属数	占总属数 (%)
1. 世界分布	1	
2. 泛热带	19	18.4
2-1. 热带亚洲、大洋洲和南美洲(墨西哥)间断	1	1.0
2-2. 热带亚洲、非洲和南美洲间断	2	1.9
3. 热带亚洲和热带美洲间断分布	7	6.8
4. 旧世界热带	4	3.9
5. 热带亚洲至热带大洋洲	4	3.9
6. 热带亚洲至热带非洲	1	1.0
6-2. 热带亚洲和东非间断	1	1.0
7. 热带亚洲(印度—马来西亚)	16	15.5
7-1. 爪哇、喜马拉雅和华南、西南星散	3	2.9
7-3. 缅甸、泰国至华西南	1	1.0
7-4. 越南(或中南半岛)至华南(西南)	3	2.9
8. 北温带	6	5.8
8-4. 北温带和南温带(全温带)间断	2	1.9
9. 东亚和北美洲间断	16	15.5
12-3. 地中海区至温带、热带亚洲、大洋洲和南美洲间断	1	1.0
14. 东亚(东喜马拉雅—日本)	10	9.7
14-1. 中国—喜马拉雅(SH)	1	1.0
14-2. 中国—日本(SJ)	2	1.9
15. 中国特有	3	2.9
	104	100.0

表 7-47 大瑶山中山针阔叶混交林种子植物属的分布区类型

分布区类型	属数	占总属数(%)
1. 世界分布	1	
2. 泛热带	22	21.4
3. 热带亚洲和热带美洲间断分布	7	6.8
4. 旧世界热带	4	3.9
5. 热带亚洲至热带大洋洲	4	3.9
6. 热带亚洲至热带非洲	2	1.9
7. 热带亚洲(印度—马来西亚)	23	22.3
8. 北温带	8	7.8
9. 东亚和北美洲间断	16	15.5
12. 地中海区、西亚至中亚	1	1.0
14. 东亚(东喜马拉雅—日本)	13	12.6
15. 中国特有	3	2.9
	104	100.0

表 7-48　大瑶山中山针阔叶混交林种子植物属的分布区类型

分布区类型(大类)	属数	占总属数(%)
1. 世界分布	1	
2. 热带分布	62	60.2
3. 温带分布	37	35.9
4. 地中海区、西亚至中亚	1	1.0
5. 中国特有	3	2.9
	104	100.0

表 7-49　元宝山、猫儿山、银竹老山中山针阔叶混交林种子植物属的分布区类型和变型

分布区类型或变型	属数	占总属数(%)
1. 世界分布	7	
2. 泛热带	19	16.0
2-1. 热带亚洲、非洲和南美洲(墨西哥)间断	1	0.8
2-2. 热带亚洲、非洲和南美洲间断	2	1.7
3. 热带亚洲和热带美洲间断分布	5	4.2
4. 旧世界热带	3	2.5
4-1. 热带亚洲、非洲和大洋洲间断	2	1.7
5. 热带亚洲至热带大洋洲	3	2.5
6. 热带亚洲至热带非洲	3	2.5
6-2. 热带亚洲和东非间断	1	0.8
7. 热带亚洲(印度—马来西亚)	14	11.8
7-1. 爪哇、喜马拉雅和华南、西南星散	3	2.5
7-2. 热带印度至华南	1	0.8
7-4. 越南(或中南半岛)至华南(西南)	2	1.7
8. 北温带	18	15.1
8-4. 北温带和南温带(全温带)间断	3	2.5
9. 东亚和北美洲间断	12	10.1
10. 旧世界温带	2	1.7
10-1. 地中海区、西亚和东亚间断	1	0.8
14. 东亚(东喜马拉雅—日本)	8	6.7
14-1. 中国—喜马拉雅(SH)	6	5.0
14-2. 中国—日本(SJ)	5	4.2
15. 中国特有	5	4.2
	126	100.0

表 7-50　元宝山、猫儿山、银竹老山中山针阔叶混交林种子植物属的分布区类型

分布区类型	属数	占总属数(%)
1. 世界分布	7	
2. 泛热带	22	18.5
3. 热带亚洲和热带美洲间断分布	5	4.2
4. 旧世界热带	5	4.2
5. 热带亚洲至热带大洋洲	3	2.5
6. 热带亚洲至热带非洲	4	3.4
7. 热带亚洲(印度—马来西亚)	20	16.8
8. 北温带	21	17.6
9. 东亚和北美洲间断	12	10.1
10. 旧世界温带	3	2.5
14. 东亚(东喜马拉雅—日本)	19	16.0
15. 中国特有	5	4.2
	126	100.0

表 7-51　元宝山、猫儿山、银竹老山中山针阔叶混交林种子植物属的分布区类型

分布区类型(大类)	属数	占总属数(%)
1. 世界分布	7	
2. 热带分布	59	49.6
3. 温带分布	55	46.2
4. 中国特有	5	4.2
	126	100.0

(4)虽然广西中山针阔叶混交林区系成分热带分布稍大于温带分布，但是热带分布类型的属的组成种类并不是热带性质。根据对元宝山南方红豆杉林和元宝山冷杉林乔木层种类的地理分布类型分析得知，它们都是亚热带的地理分布类型。南方红豆杉林乔木层组成主要有25种，其中南亚热带分布的3种，中亚热带分布的21种，北亚热带分布的1种；元宝山冷杉林乔木层优势种有16种，其中南亚热带分布的1种，中亚热带分布的13种，北亚热带分布的2种，因此，乔木层优势区系成分为亚热带性质。所以，广西中山针阔叶混交林属于亚热带性质的一种类型，是亚热带常绿阔叶林垂直带谱的一个组成部分。

(5)广西中山针阔叶混交林特有的区系成分丰富，根据表7-44有中国特有属7属，占整个广西植被植物区系中国特有属36属的19.4%。

二、群落外貌

从南方红豆杉林、元宝山冷杉林、资源冷杉林、华南五针松林和银杉林5个中山针阔叶混交林生活型谱(图7-1至图7-5)看出，它们虽然有差异，但主要点是相似的，它们都以高位芽植物占优势，都有常绿针叶大高位芽植物和落叶阔叶高位芽植物，常绿阔叶高位芽植物占的比例大于落叶阔叶高位芽植物。它们的差异主要表现在资源冷杉林和华南五针松林的阔叶大高位芽植物具常绿和落叶两种，而元宝山冷杉林只有常绿一种；相反，资源冷杉林和华南五针松林其他的阔叶高位芽植物只有常绿一种，而元宝山冷杉林和南方红豆杉林具有常绿的和落叶的两种。从图7-6、图7-7、图7-8、图7-9这4种中山针阔叶混交林的叶级谱看出，小型叶很突出，占有很重要的地位，其中资源冷杉林、元宝山冷杉林、南方红豆杉林小型叶占的比例大于中型叶，尤其是元宝山冷杉林和南方红豆杉林，华南五针松林小型叶占的比例虽然小于中型叶，但小型叶占的比例也有39%，中型叶占的比例只有47.4%，远比常绿阔叶林中型叶占70%低。从分析元宝山冷杉林和南方红豆杉林组成种类叶的性质得出，占优势的为单叶和革质叶，单叶占84%~85.5%，革质叶占54.3%~40.2%。综合上述可以得出，广西中山针阔叶混交林的外貌是由革质、单叶、小型叶和中型叶为主的常绿和落叶阔叶大、中高位芽植物和常绿针叶大、中高位芽植物所决定，常绿针叶大高位芽植物比常绿阔叶大高位芽植物高大，针叶树的树冠高举于林冠之上，极为醒目，远远就能看出。

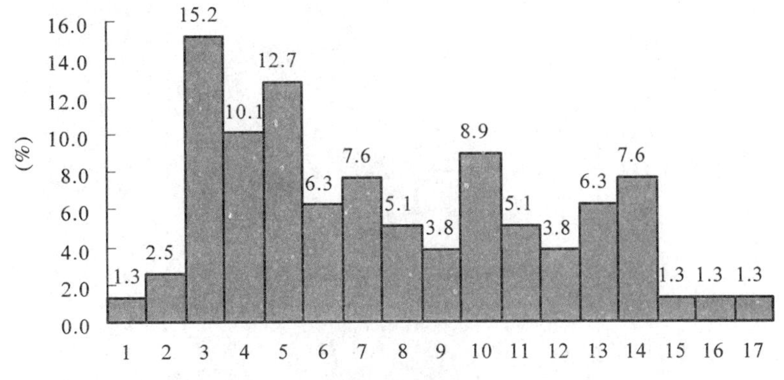

图7-1　南方红豆杉林生活型谱

1. 常绿针叶大高位芽植物；2. 常绿针叶中高位芽植物；3. 常绿阔叶中高位芽植物；4. 落叶阔叶中高位芽植物；5. 常绿阔叶小高位芽植物；6. 落叶阔叶小高位芽植物；7. 常绿阔叶矮高位芽植物；8. 落叶阔叶矮高位芽植物；9. 常绿藤本植物；10. 落叶藤本植物；11. 常绿附生植物；12. 常绿地上芽植物；13. 常绿地面芽植物；14. 落叶地面芽植物；15. 常绿地下芽植物；16. 落叶地下芽植物；17. 一年生植物

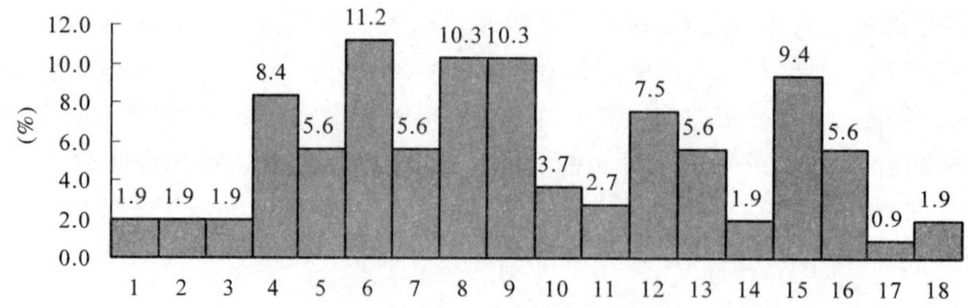

图 7-2　元宝山冷杉林生活型谱

1. 常绿针叶大高位芽植物；2. 常绿阔叶大高位芽植物；3. 常绿针叶中高位芽植物；4. 常绿阔叶中高位芽植物；5. 落叶阔叶中高位芽植物；6. 常绿阔叶小高位芽植物；7. 落叶阔叶小高位芽植物；8. 常绿阔叶矮高位芽植物；9. 落叶阔叶矮高位芽植物；10. 常绿藤本植物；11. 落叶藤本植物；12. 常绿附生植物；13. 常绿地上芽植物；14. 落叶地上芽植物；15. 常绿地面芽植物；16. 落叶地面芽植物；17. 常绿地下芽植物；18. 一年生植物

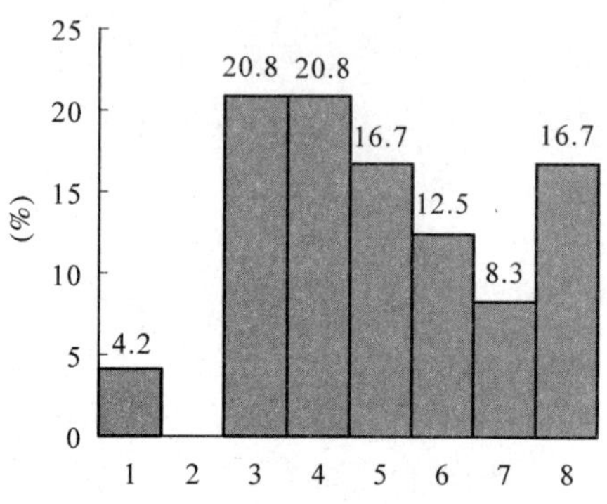

图 7-3　资源冷杉林生活型谱

1. 常绿针叶大高位芽植物；2. 常绿针叶小高位芽植物；3. 常绿阔叶大高位芽植物；4. 落叶阔叶大高位芽植物；5. 常绿阔叶中高位芽植物；6. 常绿阔叶小高位芽植物；7. 常绿阔叶矮高位芽植物；8. 藤本植物

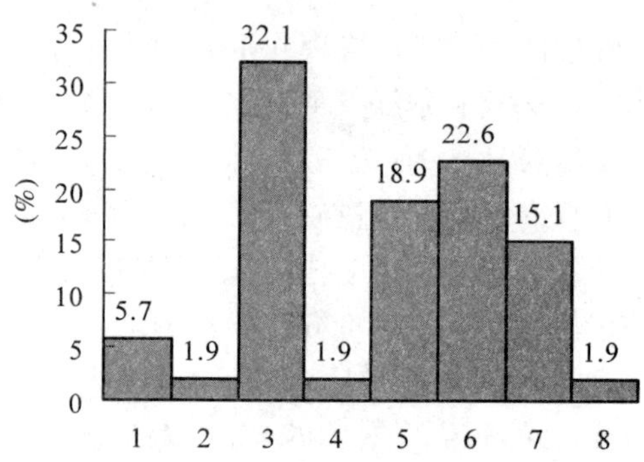

图 7-4　华南五针松林生活型图

1. 常绿针叶大高位芽植物；2. 常绿针叶小高位芽植物；3. 常绿阔叶大高位芽植物；4. 落叶阔叶大高位芽植物；5. 常绿阔叶中高位芽植物；6. 常绿阔叶小高位芽植物；7. 常绿阔叶矮高位芽植物；8. 藤本植物

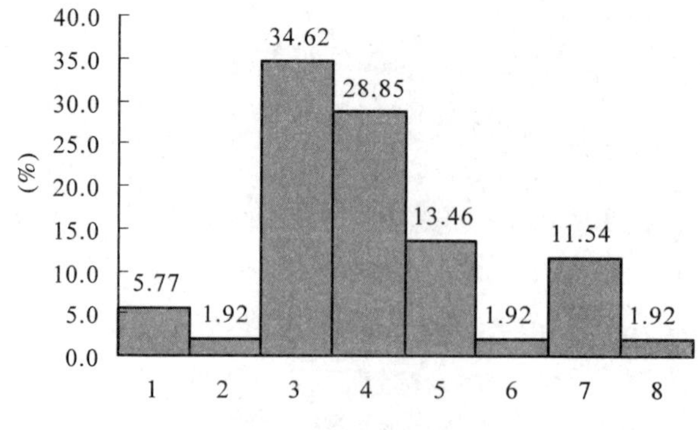

图 7-5　银杉林生活型谱

1. 常绿针叶大高位芽植物；2. 常绿针叶小高位芽植物；3. 常绿阔叶中高位芽植物；4. 常绿阔叶小高位芽植物；5. 常绿阔叶矮高位芽植物；6. 落叶阔叶中高位芽植物；7. 地面芽植物；8. 常绿藤本植物

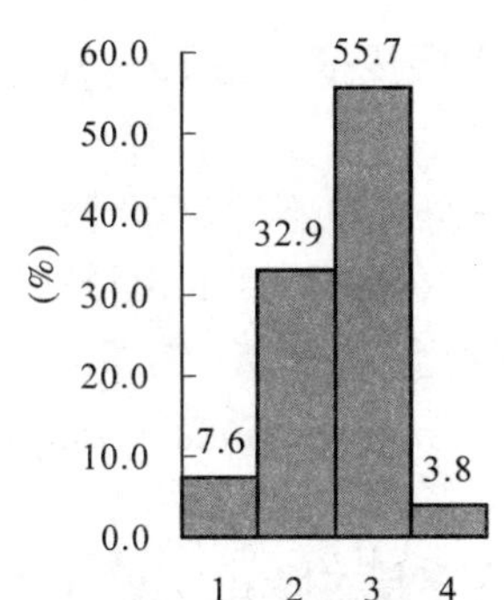

图 7-6　南方红豆杉林叶级谱

1. 大型叶；2. 中型叶；3. 小型叶；4. 细型叶

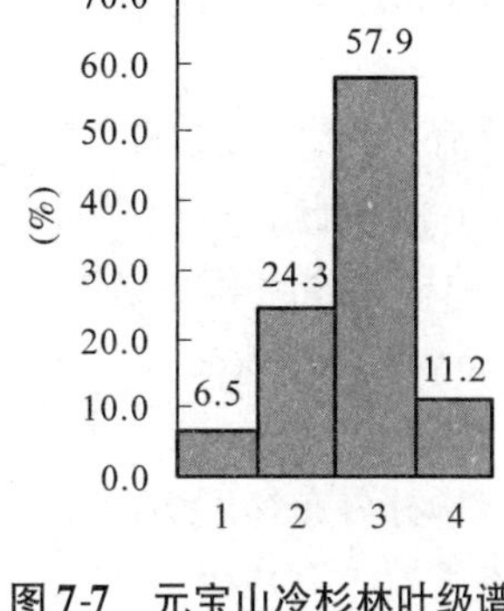

图 7-7　元宝山冷杉林叶级谱

1. 大型叶；2. 中型叶；3. 小型叶；4. 细型叶

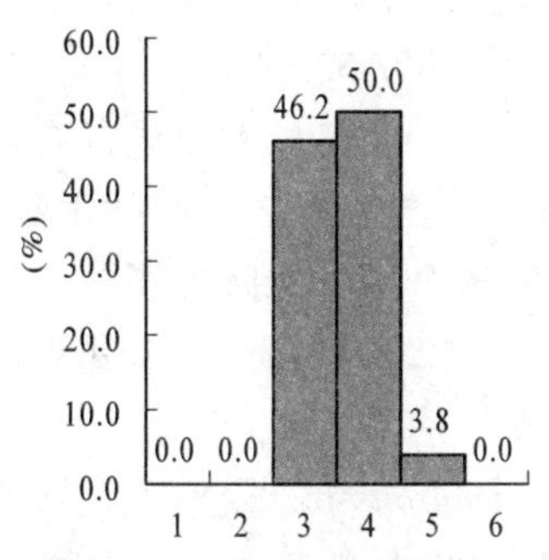

图 7-8　资源冷杉林叶级谱

1. 巨型叶　2. 大型叶　3. 中型叶　4. 小型叶　5. 细型叶　6. 鳞型叶

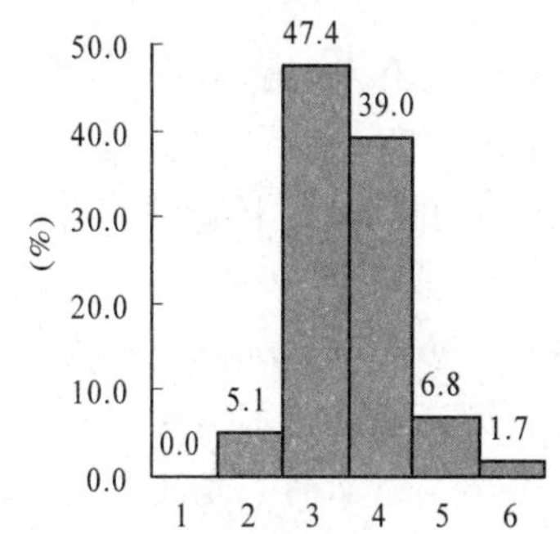

图 7-9　华南五针松林叶级谱

1. 巨型叶　2. 大型叶　3. 中型叶　4. 小型叶　5. 细型叶　6. 鳞型叶

三、群落结构

成熟的、顶极阶段的中山针阔叶混交林，其结构是不相同的，这种不同主要表现在乔木层结构上。广西中山针阔叶混交林垂直结构都可分为乔木层、灌木层、草本层 3 个层次，但乔木层有的群落可分成 3 个亚层，有的群落只有 2 个亚层，但有个别植株可达到第一亚层的空间，有的群落乔木层甚至只有 1 个亚层。乔木层结构出现这种差异，那是因为中山针阔叶混交林分布在海拔 1300m 以上的山地，常风较大，影响较大，尤其是山顶、山脊和迎风面。受常风影响较小的地方，乔木层有 3 个亚层；受常风影响较大的地方，乔木层有 2 个亚层；受常风影响特大的地方，乔木层只有 1 个亚层。应当指出的是，南方红豆杉的性状是中高位芽植物，很少能达到乔木第一亚层的空间，所以，在中山针阔叶混交林中，很少见到高举于林冠之上的南方红豆杉树冠。

四、主要类型分述

1. 银杉林(Form. *Cathaya argyrophylla*)

银杉为我国特有的珍稀植物，国家一级保护物种。20 世纪 50 年代初，在广西花坪林区采得一种新的针叶树种，经我国著名植物学家陈焕镛和匡可任教授研究后确认为一新属新种，这个新种就是在第三纪时广泛分布于欧亚大陆、到第四纪时遭遇冰川的浩劫、曾一度以为在全球全都灭绝的银杉。因此，银杉又有“活化石”之美称。

在我国，银杉林零星分布于中亚热带南部的广西、湖南、贵州、四川等地，约处于北纬 24°8′～29°13′30″、东经 107°10′～113°40′的范围，海拔 950～1840m。广西的银杉林有花坪林区和大瑶山林区两个分布区。它一般分布在山顶、山脊和悬崖峭壁的地方，生境十分恶劣，但在广西大瑶山的银杉林，却多生长在环境条件比较优越的山坡。银杉林的立地条件类型为发育在砂、页岩上的山地黄棕壤和山地黄壤，强酸性反应，pH 值 4.55～4.75，在山顶、山脊，土层浅薄，约 10～30cm，在平缓的山坡，可达 90cm。

银杉科学研究价值很大，目前全国已发现的银杉大小植株总共也不过 3660 株，以银杉为优势的林分面积很小，零星小片。因此，对现有的银杉林必须继续加强保护。广西的银杉林有如下 2 个群落。

（1）银杉 + 长苞铁杉 - 金毛柯 - 赤楠 - 华西箭竹 - 镰叶瘤足蕨群落（*Cathaya argyrophylla* + *Tsuga longibracteata* - *Lithocarpus chrysocomus* - *Syzygium buxifolium* - *Fargesia nitida* - *Plagiogyria distinctissima* Comm.）

本群落是我国银杉林分布纬度最南的一种类型，分布于金秀县大瑶山土县海拔 950～1250m 的中山山地，生境条件较为优越。有 4 个分布点，面积约 28000m^2。从对海拔 1200m 的 600m^2 样地调查得知，共有维管束植物 52 种，其中高位芽植物 46 种，高位芽植物中，常绿针叶树 3 种，常绿阔叶树 42 种，落叶阔叶树 1 种。根据图 7-5，常绿阔叶高位芽植物没有大高位芽植物，以中高位芽植物占优势。群落郁闭度 0.8 以上，乔木层林木有 33 种、140 株，可划分为 3 个亚层（表 7-52）。第一亚层林木高 26～28.6m，胸径 57～79cm，覆盖度约 75%，有 3 种、8 株，全为针叶树。以银杉为优势，有 4 株，重要值指数 150.45，排第一；长苞铁杉有 3 株，重要值指数 111.84，排第二。第二亚层林木高 10～18m，胸径 11～46cm，覆盖度 50% 左右，有 13 种、51 株，除 1 种外，其他全是常绿阔叶树。以金毛柯、海南树参、茶梨（*Anneslea fragrans*）共为优势，重要值指数分别为 46.9、42.9 和 40.5，较重要的还有五列木、野黄桂。第三亚层林木高 4～9m，胸径 6～17cm，覆盖度 60%，有 27 种、81 株，全为常绿阔叶树。优势不突出，以赤楠、光叶石楠、多花杜鹃、牛皮杜鹃（*Rhododendron* sp.）较重要，重要值指数分别为 32.6、30.8、30.4、29.2。从整个乔木层分析，可以看出有两个明显的特点，一是虽然针叶树株数很少，只有 8 株，占总株数 140 株的 5.7%，但因为其植株高大，基面积大，重要值指数占总指数 300 的 26.3%，仍为群落的优势种；二是优势不突出，虽然银杉重要值指数排第一，但亦只有 39.8；长苞铁杉排第二，为 29.2；阔叶树只有海南树参 1 种重要值指数达到 24.2；其他 29 种重要值指数都在 20 以下。灌木层植物高 0.3～3.5m，覆盖度 40% 左右，组成种类多为乔木的幼树，从表 7-53 可知，真正的灌木以华西箭竹为多，常见的有小花杜鹃、赤楠、多花杜鹃、牛皮杜鹃、南烛等。草本植物稀少，不成层，覆盖度只有 5%，种类只有 6 种。藤本植物罕见，只见 1 种。

表 7-52　银杉 + 长苞铁杉 - 金毛柯 - 赤楠 - 华西箭竹 - 镰叶瘤足蕨群落乔木层种类组成及重要值指数

（样地号：金秀县大瑶山银杉，样地面积：600m^2，地点：金秀县大瑶山土县，海拔：1200m）

序号	树种	基面积（m^2）	株数	频度（%）	重要值指数
		乔木Ⅰ亚层			
1	银杉	1.0124	4	66.7	150.45
2	长苞铁杉	0.7393	3	50	111.84
3	华南五针松	0.2552	1	16.7	37.73
	合计	2.0069	8	133.4	300.02
		乔木Ⅱ亚层			
1	金毛柯	0.2564	4	66.7	46.9
2	海南树参	0.1296	8	83.3	42.9
3	茶梨	0.087	8	100	40.5
4	野黄桂	0.0956	7	83.3	37
5	五列木	0.096	5	50	28.2
6	大头茶	0.0961	3	33.3	21.8
7	光叶石楠	0.0301	3	33.3	14.3
8	薄叶山矾	0.0247	4	66.7	20.6
9	多花杜鹃	0.0187	2	33.3	11
10	黄丹木姜子	0.0229	2	33.3	11.5
11	榕叶冬青	0.0054	1	16.7	5.1

（续）

序号	树种	基面积（m^2）	株数	频度（%）	重要值指数
12	深山含笑	0.0165	1	16.7	6.4
13	光叶拟单性木兰	0.0044	3	50	13.9
	合计	0.8834	51	666.6	300.1
			乔木Ⅲ亚层		
1	海南树参	0.0101	11	83.3	27.1
2	茶梨	0.0135	3	33.3	12.6
3	野黄桂	0.0054	2	33.3	8.4
4	五列木	0.101	3	50	13.5
5	大头茶	0.0055	1	16.7	5.2
6	光叶石楠	0.0474	6	50	30.8
7	薄叶山矾	0.0028	1	16.7	4.2
8	多花杜鹃	0.0331	10	50	30.4
9	黄丹木姜子	0.0006	1	16.7	3.4
10	榕叶冬青	0.0017	1	16.7	3.8
11	赤楠	0.0349	8	83.3	32.6
12	牛皮杜鹃	0.024	7	100	29.2
13	南烛	0.0135	7	33.3	17.5
14	日本杜英	0.015	4	33.3	14.3
15	珍珠花	0.0298	3	33.3	18.6
16	银木荷	0.0031	2	16.7	5.6
17	山矾	0.0054	1	16.7	5.2
18	甜槠	0.0018	1	16.7	3.9
19	厚皮香	0.0026	1	16.7	4.2
20	杨梅	0.0018	1	16.7	3.9
21	短柄新木姜子	0.002	1	16.7	3.9
22	茜树	0.0021	1	16.7	4
23	基脉润楠	0.0016	1	16.7	3.8
24	短序润楠	0.0012	1	16.7	3.6
25	马蹄荷	0.0013	1	16.7	3.7
26	南岭山矾	0.0007	1	16.7	3.5
27	柳叶石斑木	0.0004	1	16.7	3.3
	合计	0.3623	81	850.3	300.2
			乔木层		
1	银杉	1.0124	4	66.7	39.8
2	长苞铁杉	0.7393	3	50	29.2
3	华南五针松	0.2552	1	16.7	10
4	金毛柯	0.2564	4	66.7	15.9
5	海南树参	5	19	83.3	24.2
6	茶梨	6	11	100	18.5
7	野黄桂	7	9	83.3	15.8
8	五列木	8	8	50	12.8
9	大头茶	9	4	33.3	8.6
10	光叶石楠	10	9	50	10.6
11	薄叶山矾	11	5	66.7	9.4
12	多花杜鹃	12	12	83.3	16.4
13	黄丹木姜子	13	3	33.3	5.3
14	榕叶冬青	14	2	16.7	2.8
15	深山含笑	0.0165	1	16.7	2.4
16	光叶拟单性木兰	0.0044	3	50	5.9
17	赤楠	0.0349	8	83.3	13
18	牛皮杜鹃	0.024	7	100	13.2
19	南烛	0.0135	7	33.3	7.9

（续）

序号	树种	基面积(m^2)	株数	频度(%)	重要值指数
20	日本杜英	0.015	4	33.3	5.9
21	珍珠花	0.0298	3	33.3	5.5
22	银木荷	0.0031	2	16.7	2.7
23	山矾	0.0054	1	16.7	2.1
24	甜槠	0.0018	1	16.7	1.96
25	厚皮香	0.0026	1	16.7	1.98
26	杨梅	0.0018	1	16.7	1.96
27	短梗新木姜子	0.002	1	16.7	1.97
28	茜树	0.0021	1	16.7	1.97
29	基脉润楠	0.0016	1	16.7	1.95
30	短序润楠	0.0012	1	16.7	1.94
31	马蹄荷	0.0013	1	16.7	1.94
32	南岭山矾	0.0007	1	16.7	1.92
33	柳叶石斑木	0.0004	1	16.7	1.91
	合计	97.4254	140	1350.3	297.4

山矾 *Symplocos sp.*　　茜树 *Aidia cochinchinensis*　　柳叶石斑木 *Rhaphiolepis salicifolia*

表 7-53　银杉 + 长苞铁杉 - 金毛柯 - 赤楠 - 华西箭竹 - 镰叶瘤足蕨群落灌木层和草本层种类组成及分布情况

序号	种名	多度	频度(%)
	灌木层		
1	银杉	幼苗幼树 23 株	66.7
2	长苞铁杉	幼苗幼树 19 株	50
3	白豆杉	幼苗幼树 2 株	33.3
4	甜槠	sp	33.3
5	鹿角锥	un	16.7
6	野黄桂	sp	66.7
7	黄樟	sol	50
8	茵芋	sol	16.7
9	光叶石楠	sp	33.3
10	光叶拟单短木兰	sp	33.3
11	亮叶杨桐	sol	16.7
12	黄丹木姜子	sp	66.7
13	马蹄荷	sp	66.7
14	树参	sol	16.7
15	海南树参	sp	83.3
16	五列木	sol	33.3
17	五裂槭	sp	33.3
18	多花杜鹃	sp	66.7
19	小花杜鹃	sp	83.3
20	牛皮杜鹃	sp	100
21	短序润楠	sol	16.7
22	赤楠	sp	83.3
23	滇白珠	sp	50
24	南烛	sp	33.3
25	荚蒾	sol	33.3
26	华西箭竹	cop	100
27	筋藤	un	16.7

（续）

序号	种名	多度	频度(%)
	草本层		
1	镰叶瘤足蕨	sol	66.7
2	耳形瘤足蕨	sol	33.3
3	狗脊蕨	sol	50
4	圆叶舌蕨	sol	66.7
5	汝蕨	sol	33.3
6	间型沿阶草	sol	33.3

茵芋 *Skimmia reevesiana*　五裂槭 *Acer oliverianum*　荚蒾 *Viburnum* sp.　筋藤 *Alyxia levinei*
耳形瘤足蕨 *Plagiogyria stenoptera*　汝蕨 *Arachniodes* sp.

银杉林是一种古老的残遗群落，从本群落的种群结构看是不完整的，虽然 600m^2 样地有幼苗幼树 23 株，但缺乏中下层植株，因此，本群落是不十分稳定的。从群落的发展趋势看，本群落最终将由常绿阔叶树取代。如何保护大瑶山银杉林不被淘汰，这是一个很值得研究和必须解决的课题。

(2)银杉 + 华南五针松 - 银杉 + 华南五针松 - 猴头杜鹃 - 紫背天葵群落(*Cathaya argyrophylla* + *Pinus kwangtungensis* - *Cathaya argyrophylla* + *Pinus kwangtungensis* - *Rhododendron simiarum* - *Begonia fimbristipula* Comm.)

本群落分布于桂北花坪自然保护区，海拔 1300m 以上的山顶山脊悬崖处，土层浅薄，只有 20cm。群落郁闭度较小，只有 0.5 左右，600m^2 样地有林木 3 种、118 株，全为针叶树。乔木层可划分为 2 个亚层，上层林木高 10～15m，胸径 20～30cm，覆盖度 40%，其中银杉 20 株，占 34%，华南五针松 40 株，占 66%；下层林木高 4～8m，覆盖度 20%，其中银杉 33 株，占 56%，华南五松 20 株，占 34%，福建柏 6 株，占 10%。灌木层植物种类不多，大多为喜光的种类，生长繁茂，覆盖度达 90% 以上。以猴头杜鹃占绝对优势，成片分布，覆盖度 70% 左右，珍珠花较常见，零星分布的有华南桤叶树、流苏萼越桔(*Vaccinium fimbricalyx*)、马银花、赤楠、滇白珠等。草本植物分布极为稀疏，覆盖度不到 1%，不成层，偶见有紫背天葵和长瓣马铃苣苔(*Oreocharis auricula*)等矮小草本。藤本植物也很不发育，偶见有藤黄檀、亮绿地锦(*Parthenocissus* sp.)等种类。

本群落由于乔木层覆盖度较小，故银杉天然更新能力较强，600m^2 样地有幼苗 240 株，但幼树少，仅有 15 株，比乔木各亚层的银杉株数都少，因此，本群落还不是十分稳定的。随着环境条件的逐渐改善，为其他阔叶树的生存创造了有利条件，最终也有被阔叶树更替的可能。

2. 华南五针松林(Form. *Pinus kwangtungensis*)

华南五针松是我国特有树种，国家二级保护植物，分布于湖南、贵州、广东、海南和广西。在广西，华南五针松分布于龙胜、全州、资源、临桂、灵川、恭城、大瑶山、融水、融安、环江、平南、龙州、天等、靖西等县，以华南五针松为优势的中山针阔叶混交林主要见于大瑶山、元宝山。华南五针松林可同时分布于酸性土山地和石灰(岩)土山地，分布于石灰(岩)土山地的华南五针松林属于低山丘陵暖性针叶林的性质；而分布于酸性土山地的华南五针松林则是属于中山针阔叶混交林的性质，两种不同立地条件类型上的华南五针松林，与其伴生的种类是不相同的。但是，分布于酸性土山地的华南五针松林，不少见于山顶山脊和悬崖峭壁，土壤覆盖率低，大块岩石露头达 70% 以上，华南五针松直接扎根岩隙中，与分布在石灰(岩)土山地的华南五针松林有相似之处。

华南五针松林木高大，出材率高，是广西海拔 1000m 以上的山地重要的造林树种。现有的华南五针松林面积不大，又多分布于山顶山脊和悬崖峭壁之处，必须加强保护。

常见的华南五针松林有如下 4 个群落。

(1)华南五针松 - 树参 - 长毛杨桐 - 华西箭竹 - 镰叶瘤足蕨群落(*Pinus kwangtungensis* - *Dendropanax dentigerus* - *Adinandra glischroloma* var. *jubata* - *Fargesia nitida* - *Plagiogyria distinctissima* Comm.)

本群落见于金秀县大瑶山枫桂冲，海拔1500m，由泥盆系莲花山组砂、页岩构成的中山山地。群落郁闭度0.7～0.8，根据表7-54，400m²样地有林木45种、159株。林木层可划分为3个亚层，第一亚层林木尚高大通直，高15m以上，华南五针松最高，达25m，覆盖度70%；有林木14种、33株，以华南五针松为优势，有5株，重要值指数62.7；次优势种为银木荷，虽然株数比华南五针松多，但因为基面积小，故重要值指数只有42.3；其他常见的种类有金毛柯、阔瓣含笑、南岭山矾、五列木。第二亚层林木高8～15m，种类和植株较上层多，林木树干细小，覆盖度45%；有林木24种、53株，其中7种在林木Ⅰ亚层出现过，以树参为优势种，有9株，重要值指数50.3；较重要还有阔瓣含笑、马蹄荷、厚皮香、日本杜英，重要值指数分别为27.3、25.5、24.4、25.4，相差不大。第三亚层林木高3～7m，种类和株数最多，但植株最细小，覆盖度最小，只有25%；有林木28种、73株，其中有14种在第一和第二亚层出现过，优势不突出，长毛杨桐重要值指数最大，也只有38.3；其他较重要的种类还有密花树、三花冬青、瑞木(*Corylopsis multiflora*)、具柄冬青(*Ilex pedunculosa*)，重要值指数分别为25.4、22.2、18.7、16.9。从整个乔木层分析，优势很不突出，重要值指数很分散，华南五针松虽然株数少，只在第一亚层有分布，但因它是高大的乔木，基面积大，故重要值指数仍最大，为31.5；其他较重要的种类，如银木荷、树参、阔瓣含笑、长毛杨桐、南岭山矾、金毛柯，重要值指数分别为19.7、18.1、15.1、14.1、13.2、13.1，都不超过20。由于第二和第三亚层乔木覆盖度不太大，故灌木层植物发达，覆盖度达90%～95%，从表7-55可知，包括乔木幼树在内，400m²样地有33种，优势种突出，以华西箭竹占绝对优势，覆盖度达85%～90%，常见的种类有瑞木、长毛杨桐、厚皮香、尖叶毛柃(*Eurya acuminatissima*)，多为乔木的幼树。在密集的箭竹下，草本层植物很不发达，几乎不成层，只有零星分布的4个种类，以镰叶瘤足蕨稍常见。藤本植物极不发育，只有菝葜1种，数量很少。

表7-54　华南五针松－树参－长毛杨桐－华西箭竹－镰叶瘤足蕨群落乔木层种类组成及重要值指数

（样地号：瑶山74号，样地面积：20m×20m，地点：金秀县大瑶山六巷乡圣堂枫桂冲，海拔：1500m）

序号	树种	基面积(m²)	株数	频度(%)	重要值指数
		乔木Ⅰ亚层			
1	华南五针松	1.103	5	50	62.7
2	银木荷	0.437	6	50	42.3
3	金毛柯	0.3	4	75	35.7
4	阔瓣含笑	0.12	3	75	26.3
5	五列木	0.228	3	50	25
6	南岭山矾	0.081	3	75	25.8
7	日本杜英	0.051	2	25	12.2
8	福建柏	0.166	1	25	8.9
9	硬壳柯	0.113	1	25	11.3
10	小花红花荷	0.062	1	25	9.5
11	凹叶冬青	0.053	1	25	8.4
12	甜槠	0.053	1	25	13.1
13	长苞铁杉	0.045	1	25	9.2
14	海南树参	0.031	1	25	9.2
	合计	2.846	33	575	299.6
		乔木Ⅱ亚层			
1	树参	0.245	9	100	50.3
2	阔瓣含笑	0.107	5	75	27.3
3	马蹄荷	0.108	4	75	25.5
4	日本杜英	0.096	4	75	25.4
5	厚皮香	0.084	6	50	24.4
6	南岭山矾	0.054	2	50	14.1
7	长苞铁杉	0.041	2	50	14.1
8	厚叶红淡比	0.038	2	50	12.6
9	桃叶石楠	0.025	2	50	11.4

（续）

序号	树种	基面积(m^2)	株数	频度(%)	重要值指数
10	木姜润楠	0.043	2	25	10.4
11	光叶拟单性木兰	0.049	1	25	9.1
12	船柄茶	0.025	2	25	8.7
13	银木荷	0.028	1	25	7.1
14	樟叶越桔	0.028	1	25	7.1
15	大头茶	0.015	1	25	5.9
16	具柄冬青	0.015	1	25	5.9
17	三花冬青	0.013	1	25	5.7
18	五裂槭	0.013	1	25	5.7
19	长毛杨桐	0.011	1	25	5.6
20	小花红花荷	0.01	1	25	5.4
21	榕叶冬青	0.008	1	25	5.2
22	显脉冬青	0.008	1	25	5.2
23	福建柏	0.005	1	25	5
24	南国山矾	0.004	1	25	4.9
	合计	1.074	53	950	302
			乔木Ⅲ亚层		
1	长毛杨桐	0.04	12	100	38.3
2	密花树	0.027	9	50	25.4
3	三花冬青	0.022	6	75	22.2
4	瑞木	0.019	6	50	18.7
5	具柄冬青	0.019	3	75	16.9
6	树参	0.029	2	50	16.5
7	马蹄荷	0.016	3	75	16
8	鼠刺	0.014	4	50	14.5
9	南岭山矾	0.011	3	75	14.3
10	厚皮香	0.011	3	50	12
11	厚叶红淡比	0.008	2	50	9.8
12	狭叶木犀	0.011	2	25	8.6
13	赤楠	0.01	2	25	8.2
14	五列木	0.006	2	25	6.8
15	银木荷	0.01	1	25	6.7
16	显脉冬青	0.006	1	25	5.7
17	乔木茵芋	0.006	1	25	5.7
18	大果卫矛	0.006	1	25	5.7
19	大果冬青	0.006	1	25	5.7
20	香花枇杷	0.006	1	25	5.7
21	长苞铁杉	0.004	1	25	4.9
22	樟叶越桔	0.004	1	25	4.9
23	阴香	0.004	1	25	4.9
24	凹叶冬青	0.003	1	25	4.5
25	多花杜鹃	1.003	1	25	4.5
26	打铁树	0.003	1	25	4.5
27	基脉润楠	0.002	1	25	4.2
28	大花枇杷	0.001	1	25	4
	合计	1.307	73	1125	299.8
			乔木层		
1	华南五针松	1.103	5	50	31.5
2	银木荷	0.475	8	75	19.7
3	树参	0.274	11	100	18.1
4	阔瓣含笑	0.227	8	100	15.1
5	长毛杨桐	0.051	13	100	14.1

（续）

序号	树种	基面积(m²)	株数	频度(%)	重要值指数
6	南岭山矾	0.146	8	100	13.2
7	金毛柯	0.3	4	75	13.1
8	五列木	0.234	5	75	12.1
9	马蹄荷	0.124	7	100	12
10	厚皮香	0.094	9	75	11.4
11	日本杜英	0.147	6	75	10.8
12	三花冬青	0.036	7	100	9.9
13	密花树	0.027	9	50	8.6
14	福建柏	0.171	2	50	7.7
15	厚叶红淡比	0.046	4	75	7.1
16	长苞铁杉	0.09	4	50	6.9
17	具柄冬青	0.034	4	75	6.8
18	瑞木	0.019	6	50	6.5
19	鼠刺	0.014	4	50	5.1
20	硬壳柯	0.113	1	25	4.5
21	樟叶越桔	0.032	2	50	4.4
22	小花红花荷	0.071	2	25	4.2
23	桃叶石楠	0.025	2	50	4.2
24	显脉冬青	0.014	2	50	3.9
25	凹叶冬青	0.056	2	25	3.8
26	木姜润楠	0.043	2	25	3.5
27	甜槠	0.053	1	25	3.1
28	船柄茶	0.025	2	25	3.1
29	光叶拟单性木兰	0.049	1	25	3
30	狭叶木犀	0.011	2	25	2.8
31	赤楠	0.01	2	25	2.7
32	海南树参	0.031	1	25	2.5
33	大头茶	0.015	1	25	2.2
34	五裂槭	0.013	1	25	2.1
35	榕叶冬青	0.008	1	25	2
36	乔木茵芋	0.006	1	25	2
37	大果卫矛	0.006	1	25	2
38	大果冬青	0.006	1	25	2
39	香花枇杷	0.006	1	25	2
40	南国山矾	0.004	1	25	1.9
41	多花杜鹃	1.003	1	25	1.9
42	打铁树	0.003	1	25	1.9
43	阴香	0.004	1	25	1.9
44	基脉润楠	0.002	1	25	1.85
45	大花枇杷	0.001	1	25	1.83
	合计	5.227	159	2150	300.98

凹叶冬青 *Ilex championii*　木姜润楠 *Machilus litseifolia*　船柄茶 *Hartia sinensis*　樟叶越桔 *Vaccinium dunnalianum*　南国山矾 *Symplocos austrosinensis*　狭叶木犀 *Osmanthus attennuatus*　大花枇杷 *Eriobotrya cavaleriei*　乔木茵芋 *Skimmia arborescens*　大果卫矛 *Euonymus myrianthus*　大果冬青 *Ilex macrocarpa*　香花枇杷 *Eriobotrya fragrans*

表 7-55 华南五针松－树参－长毛杨桐－华西箭竹－镰叶瘤足蕨群落灌木层和草本层种类组成及分布情况

序号	种名	多度盖度级				频度(%)	更新	
		Ⅰ	Ⅱ	Ⅲ	Ⅳ		幼苗	幼树
				灌木层				
1	华西箭竹	9	9	9	9	100		
2	厚皮香	2	3	2	2	100	1	10
3	大头茶	2		1	3	75	2	10
4	短梗新木姜子	1	1	3		75		
5	赤楠	2	2			50		
6	基脉润楠			1	1	50		
7	珍珠花	1				25		
8	尖叶毛柃	3	3	2	3	100		
9	日本杜英	2			1	50		
10	小叶罗汉松	2		2	2	75		
11	厚叶红淡比	3			3	50		6
12	密花树	1	2	1	2	100		
13	广东杜鹃	+	1	1	75			
14	窄基红褐柃	1				25		
15	瑞木	4	4	2	4	100		
16	长毛杨桐	3	3	2	2	100		12
17	鼠刺		1		3	50		
18	海南树参		2			25		2
19	小花红花荷		1			25		2
20	银木荷		1	1		50		4
21	南岭山矾		1		1	50		4
22	金毛柯		1			25		1
23	阔瓣含笑		1			25		2
24	毛苗山冬青		2			25		
25	桃叶石楠		3		1	50		4
26	南山花			+	25			
27	尖叶木犀			1		25		
28	狭叶木犀				1	25		
29	硬壳柯				1	25		3
30	凹叶冬青				1	25		2
31	阴香				1	25		
32	甜槠				1	25		2
33	菝葜		1	1		50		
				草本层				
1	中华里白	2	2		4	75		
2	镰叶瘤足蕨	2	2	2	2	100		
3	薹草一种	2	2		2	75		
4	狗脊蕨			1		25		

毛苗山冬青 *Ilex chingiana* var. *puberula*　　南山花 *Prismatomeris connata*　　尖叶木犀 *Osmanthus* sp.

从表 7-54 可知，本群落的华南五针松天然更新不良，缺乏幼苗幼树，种群结构很不完整，不但缺乏幼苗幼树，而且也缺乏中下层植株。所以本群落的华南五针松是个衰退型种群，发展下去，华南五针松会被阔叶树取代。但在大瑶山分布的华南五针松林中，也可看到有的地方华南五针松林林窗更新尚好，每公顷有幼树幼苗 500 株，平均高 0.5～1.1m。在天然情况下，林窗总是存在的，林窗更新会长期存在，因此，即使这一地段华南五针松林被阔叶树取代了，但别的地段华南五针松林又形成了，这样，整个地区的华南五针松林是不会被淘汰的。

(2)华南五针松＋银木荷－华南五针松－甜槠－柏拉木＋马银花－狗脊蕨群落(*Pinus kwangtungensis* + *Schima argentea* – *Pinus kwangtungensis* – *Castanopsis eyrei* – *Blastus cochinchinensis* + *Rhododendrlon ovatum* – *Woodwardia japonica* Comm.)

本群落分布于融水县元宝山花岗岩山地，海拔1180m，山脊下方，地形陡峭，大块岩石露头多，立地条件类型为山地黄壤，土层厚30～40cm。本群落处于路旁，受到一定破坏，有4棵胸径30～40cm的华南五针松被砍伐。群落郁闭度0.7～0.8，根据表7-56，400m²样地有林木29种、86株。虽然第一亚层乔木受到一定破坏，但乔木层仍可分为3个亚层，第一亚层乔木高15～16m，种类和株数均少，只有3种、4株，覆盖度不到40%，其中银木荷2株，重要值指数161.89；华南五针松和蓝果树各1株，重要值指数分别为75.43和62.67。第二亚层乔木高8～14m，有13种、26株，覆盖度70%，其中华南五针松在第一亚层已出现过。以华南五针松为优势，株数和重要值指数最多，分别为6株和107.32；其他的种类株数和重要值指数均少，较重要的有深山含笑、日本杜英、木莲、珍珠花、甜槠，重要值指数分别为22.34、21.87、20.78、20.15、20.01。第三亚层乔木高4～7m，有22种、56株，覆盖度50%，其中有8种在第一和第二亚层有分布，以甜槠为优势种，重要值指数为44.87；其他的种类重要值指数比较分散，较重要的有光叶水青冈、日本杜英、白簕、樟叶泡花树、木莲，重要值指数分别为30.04、24.99、23.03、18.76、17.05。从整个乔木层分析，虽然华南五针松在第一亚层被砍伐2株，不占优势，第三亚层没有它的植株，但因为它在第二亚层占绝对优势，所以它仍是群落的优势种，重要值指数达58.37，排第一；其他的种类重要值指数比较分散，没有哪一个种很突出，比较突出的是甜槠和银木荷，重要值指数分别为26.3和24.39；其次是日本杜英、木莲和樟叶泡花树，重要值指数分别为18.86、15.66和15.07。灌木层植物生长茂盛，覆盖度70%～90%，以乔木的幼树为主，真正的灌木以柏拉木和马银花为优势，根据表7-57，常见的有日本粗叶木、尖叶毛柃、伞房荚蒾(*Viburnum corymbiflorum*)。草本层植物不发达，覆盖度只有3%～5%，比较常见的是狗脊蕨，其次是石上莲(*Oreocharis benthamii* var. *reticulata*)、尾叶瘤足蕨、隐穗薹草(*Carex cryptostachys*)。本群落的幼苗幼树不少，从表7-58可知，400m²样地有乔木幼苗幼树41种，幼苗29株，幼树273株，其中有17种幼苗幼树的乔木尚未在乔木层出现。株数最多的是深山含笑和白簕，其次是樟叶泡花树和甜槠，华南五针松幼苗幼树也不少。因此，本群落是一个发展中的群落，在群落向前发展中，由于本群落的华南五针松种群结构是完整的，所以华南五针松尚能保持在群落中的优势地位。

表7-56　华南五针松＋银木荷－华南五针松－甜槠－柏拉木＋马银花－狗脊蕨群落乔木层种类组成及重要值指数

（样地号：元－广东松－1，样地面积：20m×20m，地点：融水县培秀元宝山小白坪至白坪路旁，海拔：1180m）

序号	树种	基面积(m²)	株数	频度(%)	重要值指数
		乔木Ⅰ亚层			
1	银木荷	0.2208	2	50	161.89
2	华南五针松	0.0907	1	25	75.43
3	蓝果树	0.0452	1	25	62.67
	合计	0.3567	4	100	299.99
		乔木Ⅱ亚层			
1	华南五针松	0.4241	6	100	107.32
2	深山含笑	0.0334	2	50	22.34
3	日本杜英	0.019	2	50	21.87
4	木莲	0.0232	2	50	20.78
5	珍珠花	0.0192	2	50	20.15
6	甜槠	0.0182	2	50	20.01
7	樟叶泡花树	0.0192	2	25	15.39

（续）

序号	树种	基面积(m^2)	株数	频度(%)	重要值指数
8	毛棉杜鹃	0.0163	2	25	14.96
9	水青冈	0.0152	2	25	14.78
10	美丽马醉木	0.0314	1	25	13.44
11	白簕	0.0154	1	25	10.98
12	红皮木姜子	0.0028	1	25	9.04
13	水仙柯	0.002	1	25	8.91
	合计	0.6394	26	525	299.97
乔木Ⅲ亚层					
1	甜槠	0.0286	11	100	44.87
2	光叶水青冈	0.0491	1	25	30.04
3	日本杜英	0.0224	5	100	24.99
4	白簕	0.0239	3	50	23.03
5	樟叶泡花树	0.0124	4	50	18.76
6	木莲	0.0076	3	75	17.05
7	珍珠花	0.0048	3	75	15.56
8	水青冈	0.0055	4	50	15.15
9	青皮木	0.0052	3	50	13.2
10	老鼠矢	0.0024	3	50	11.73
11	红淡比	0.0083	2	25	10.49
12	甜冬青	0.0027	2	50	10.1
13	尾叶樱桃	0.002	2	50	9.73
14	美丽马醉木	0.0095	1	25	9.32
15	岭南杜鹃	0.002	2	25	7.16
16	杉木	0.0038	1	25	6.36
17	野漆	0.0028	1	25	5.83
18	长尾毛蕊茶	0.0028	1	25	5.83
19	黄牛奶树	0.002	1	25	5.38
20	樟叶越桔	0.002	1	25	5.38
21	山矾	0.002	1	25	5.38
22	三花冬青	0.0007	1	25	4.72
	合计	0.2025	56	975	300.06
乔木层					
1	华南五针松	0.5148	7	100	58.37
2	甜槠	0.0468	13	100	26.3
3	银木荷	0.2208	2	50	24.39
4	日本杜英	0.0414	7	100	18.86
5	木莲	0.0308	5	100	15.66
6	樟叶泡花树	0.0316	6	75	15.07
7	白簕	0.0393	4	75	13.38
8	珍珠花	0.024	5	75	13.25
9	水青冈	0.0207	6	50	12.34
10	美丽马醉木	0.0409	2	50	9.38
11	深山含笑	0.0334	2	50	8.76
12	青皮木	0.0052	3	50	7.56
13	老鼠矢	0.0024	3	50	7.33
14	光叶水青冈	0.0491	1	25	7.08
15	蓝果树	0.0452	1	25	6.75
16	甜冬青	0.0027	2	50	6.2
17	尾叶樱桃	0.002	2	50	6.14
18	毛棉杜鹃	0.0163	2	25	5.51
19	红淡比	0.0083	2	25	4.85
20	岭南杜鹃	0.002	2	25	4.32
21	杉木	0.0038	1	25	3.3

（续）

序号	树种	基面积(m^2)	株数	频度(%)	重要值指数
22	红皮木姜子	0.0028	1	25	3.21
23	野漆	0.0028	1	25	3.21
24	长尾毛蕊茶	0.0028	1	25	3.21
25	水仙柯	0.002	1	25	3.15
26	黄牛奶树	0.002	1	25	3.15
27	樟叶越桔	0.002	1	25	3.15
28	山矾	0.002	1	25	3.15
29	三花冬青	0.0007	1	25	3.04
	合计	1.1986	86	1375	300.07

青皮木 *Schoepfia jasminodora*　老鼠矢 *Symplocos stellaris*　红淡比 *Cleyera japonica*　甜冬青 *Ilex suaveolens*
尾叶樱桃 *Cerasus dielsiana*　黄牛奶树 *Symplocos cochinchinensis* var. *laurina*　山矾 *Symplocos sumuntia*

表 7-57　华南五针松＋银木荷－华南五针松－甜槠－柏拉木＋马银花－狗脊蕨群落灌木层和草本层种类组成及分布情况

序号	种名	多度盖度级				频度(%)
		Ⅰ	Ⅱ	Ⅲ	Ⅳ	
	灌木层					
1	日本粗叶木	3	2	3	2	100
2	贵州杜鹃	3				25
3	柏拉木	4	6	4	4	100
4	岭南杜鹃	4	1		4	75
5	伞房荚蒾	1	4	2	3	100
6	粤西绣球	2	3		2	75
7	粉绿栒子	3				25
8	丁香杜鹃	2				25
9	尖叶毛柃		4	4	4	75
10	马银花		4	5	6	75
11	南山花		2			25
12	秃柄锦香草	2	3	2	3	100
13	乳源榕		1			25
14	棱果花		2		3	50
15	樟叶越桔			2		25
16	石柑子		2			25
17	菝葜		4		2	50
18	三叶木通		2			25
19	凸脉越桔	3				25
	草本层					
1	狗脊蕨	3	1	2	2	100
2	淡竹叶	1	2		1	75
3	地菍	2				25
4	薄叶卷柏	4	4			50
5	石上莲	1	2	1	2	100
6	尾叶瘤足蕨	2	1	1	2	100
7	多羽复叶耳蕨	2				25
8	隐穗薹草	1	2	1	2	100
9	光里白		2			25
10	青牛胆		1			25
11	球花蕉草		1			25
12	建兰		1	3	2	75

（续）

序号	种名	多度盖度级				频度
		Ⅰ	Ⅱ	Ⅲ	Ⅳ	（%）
13	曲江远志		3			25
14	石松			2		25

粉绿栒子 *Cotoneaster glaucophyllus* 丁香杜鹃 *Rhododendron farrerae* 秃柄锦香草 *Phyllagathis nudipes* 乳源榕 *Ficus ruyuanensis* 三叶木通 *Akebia trifoliata* 凸脉越桔 *Vaccinium supracostatum* 薄叶卷柏 *Selaginella delicatula* 尾叶瘤足蕨 *Plagiogyris* sp. 多羽复叶耳蕨 *Arachniodes amoena* 青牛胆 *Tinospora sagittata* 球花藨草 *Scirpus* sp. 建兰 *Cymbidium ensifolium*

表 7-58 华南五针松 + 银木荷 - 华南五针松 - 甜槠 - 柏拉木 + 马银花 - 狗脊蕨群落乔木幼苗和幼树种类组成和株数

序号	种名	幼苗（H<0.5m）	幼树（H≥0.5m）	序号	种名	幼苗（H<0.5m）	幼树（H≥0.5m）
1	华南五针松	9	6	22	红楠		1
2	深山含笑	3	37	23	树参		1
3	白簕	11	23	24	马蹄荷	1	1
4	红皮木姜子	1	2	25	新木姜子		12
5	短梗新木姜		33	26	罗浮柿		1
6	甜槠		16	27	光叶水青冈		5
7	日本杜英		7	28	黄牛奶树		2
8	长尾毛蕊茶		4	29	黄杨叶冬青		1
9	老鼠矢		13	30	水青冈	1	12
10	光叶海桐		1	31	甜冬青		4
11	三花冬青		6	32	银木荷	1	9
12	尖萼川杨桐		4	33	蓝果树		1
13	穗序鹅掌柴		1	34	岭南杜鹃		5
14	交让木		2	35	尖叶毛柃		1
15	毛锦杜鹃		5	36	薄叶山矾		2
16	水仙柯		8	37	贵州桤叶树		1
17	罗浮槭		1	38	石斑木		1
18	木莲		7	39	细枝柃		6
19	樟叶泡花树		18	40	光叶石楠		1
20	美丽马醉木		2	41	珍珠花		1
21	五尖槭	2	9		合计	29	273

（3）华南五针松 - 五列木 - 美丽马醉木 - 贵州杜鹃 - 光里白群落（*Pinus kwangtungensis* - *Pentaphylax euryoides* - *Pieris formosa* - *Rhododendron guizhouense* - *Diplopterygium laevissimum* Comm.）

本群落分布于融水县元宝山白坪沟山坡，花岗岩山地，海拔 1300m。群落具体所在地为一高谷中隆起的小山丘，山脊狭长，周围坡度陡峭，华南五针松沿山脊作带状分布。土壤为山地黄壤，土层浅薄，厚 30～50cm，土体中屑石块不少。群落覆盖度 90%，乔木层可划分为 3 个亚层，根据表 7-59，600m^2（60m×10m）样地有林木 28 种、114 株。第一亚层林木高 15～16m，胸径 31～45cm，覆盖度 40%，有 2 种、7 株，其中华南五针松有 6 株，重要值指数 264.24。第二亚层林木高 9～14m，胸径 8～27cm，覆盖度 60%，有 10 种、41 株，其中华南五针松在上层出现过，优势种为五列木，有 16 株，重要值指数 82.93；次优势种为华南五针松，有 7 株，重要值指数 71.84；常见的为甜槠，有 7 株，重要值指数 45.28。第三亚层林木高 4～7m，胸径 3～8cm，有 23 种、66 株，其中有 6 种在上 2 个亚层有分布，优势种为美丽马醉木，重要值指数 46.22；次优势种为五列木，重要值指数 36.22，常见的有甜槠、尖萼川杨桐和水青冈，重要值指数分别为 27.42、26.51、22.72。从整个乔木层分析，华南五针松的优势地位是很突出的，它虽然在第三亚层林木没有分布，但它是群落中最高大的乔木，总株数又有13株之多，故重要值指数达81.00；其他的阔叶树种类重要值指数都不是很大，较重要的有五列木和甜槠，重要值指数分别为39.91和25.77。灌木层植物高0.5～3m，覆盖度30%，根据表7-60，包括乔木幼树在内600m²有23种，每种的数量都不太多，真正的灌木以贵州杜鹃稍多，乔木的幼树以华南五针松、五列木、银木荷、尖萼川杨桐等稍多。草本层植物高0.3m，分布稀疏，覆盖度只有7%，种类有光里白等6种。

表7-59 华南五针松－五列木－美丽马醉木－贵州杜鹃－光里白群落乔木层种类组成及重要值指数

（样地号：元记－20，样地面积：60m×10m，地点：元宝山白坪沟山坡，海拔：1300m）

序号	树种	基面积(m^2)	株数	频度(%)	重要值指数
		乔木Ⅰ亚层			
1	华南五针松	0.6861	6	100	264.24
2	蓝果树	0.0531	1	16.67	35.72
	合计	0.7391	7	116.67	299.96
		乔木Ⅱ亚层			
1	五列木	0.1477	16	100	82.93
2	华南五针松	0.2777	7	66.67	71.84
3	甜槠	0.0894	7	66.67	45.28
4	船柄茶	0.0569	2	33.33	20.71
5	银木荷	0.0372	3	33.33	20.38
6	阔瓣含笑	0.0409	1	33.33	18.53
7	日本杜英	0.0308	2	33.33	17.31
8	水青冈	0.0133	1	16.67	8.25
9	美丽马醉木	0.0113	1	16.67	7.98
10	亮叶厚皮香	0.0039	1	16.67	7.03
	合计	0.7091	41	416.67	300.24
		乔木Ⅲ亚层			
1	美丽马醉木	0.0269	9	100	46.22
2	五列木	0.0157	8	100	36.22
3	甜槠	0.0155	5	66.67	27.42
4	尖萼川杨桐	0.0102	7	66.67	26.51
5	水青冈	0.0113	4	66.67	22.72
6	腺萼马银花	0.0057	5	50	18.01
7	樟叶越桔	0.0097	3	50	17.95
8	珍珠花	0.0039	4	50	15.07
9	吊钟花	0.0028	4	50	14.3
10	光叶水青冈	0.005	1	16.67	7.39
11	簇叶新木姜子	0.0019	2	16.67	6.54
12	阔瓣含笑	0.0039	2	16.67	6.46
13	长尾毛蕊茶	0.0014	2	16.67	6.15
14	野漆	0.0028	1	16.67	5.69
15	五尖槭	0.0028	1	16.67	5.69
16	亮叶厚皮香	0.002	1	16.67	5.07
17	甜冬青	0.002	1	16.67	5.03
18	硬壳柯	0.002	1	16.67	5.03
19	亮叶杨桐	0.0019	1	16.67	5
20	毛山矾	0.0016	1	16.67	4.75
21	老鼠矢	0.0013	1	16.67	4.49
22	黑柃	0.001	1	16.67	4.27
23	岭南杜鹃	0.0007	1	16.67	4.08
	合计	0.1318	66	833.39	300.06

（续）

序号	树种	基面积(m^2)	株数	频度(%)	重要值指数
		乔木层			
1	华南五针松	0.9638	13	100	81
2	五列木	0.1634	24	100	39.91
3	甜槠	0.1049	12	100	25.77
4	美丽马醉木	0.0382	10	100	19.82
5	尖萼川杨桐	0.0102	7	66.67	12.54
6	水青冈	0.0246	5	66.67	11.71
7	阔瓣含笑	0.0448	3	50	9.79
8	银木荷	0.0372	3	33.33	9.31
9	腺萼马银花	0.0057	5	50	9.06
10	船柄茶	0.0569	2	33.33	8.24
11	珍珠花	0.0039	4	50	8.07
12	吊钟花	0.0028	4	50	8.01
13	樟叶越桔	0.0097	3	50	7.57
14	日本杜英	0.0308	2	33.33	6.59
15	蓝果树	0.0531	1	16.67	5.68
16	亮叶厚皮香	0.0058	2	33.33	5.01
17	簇叶新木姜子	0.0019	2	16.67	3.31
18	亮叶杨桐	0.0019	1	16.67	3.31
19	长尾毛蕊茶	0.0014	2	16.67	3.28
20	光叶水青冈	0.005	1	16.67	2.64
21	野漆	0.0028	1	16.67	2.5
22	五尖槭	0.0028	1	16.67	2.5
23	甜冬青	0.002	1	16.67	2.44
24	硬壳柯	0.002	1	16.67	2.44
25	毛山矾	0.0016	1	16.67	2.42
26	老鼠矢	0.0013	1	16.67	2.4
27	黑柃	0.001	1	16.67	2.38
28	岭南杜鹃	0.0007	1	16.67	2.36
	合　计	1.58	114	1133.37	300.06

亮叶厚皮香 *Ternstroemia nitida*　　毛山矾 *Symplocos groffii*　　黑柃 *Eurya macartneyi*

表 7-60　华南五针松－五列木－美丽马醉木－贵州杜鹃－光里白群落灌木层和草本层种类组成及分布情况

序号	种名	多度	高度(m)	序号	种名	多度	高度(m)
	灌木层			16	腺萼马银花	sol	1.0～1.5
1	华南五针松	sp	0.05～0.2	17	樟叶泡花树	sol	0.7～1.7
2	五列木	sp	0.5～1.5	18	木姜叶柯	sol	0.8～2.0
3	银木荷	sp	1.0～2.0	19	贵州杜鹃	sp	0.6～2.5
4	尖萼川杨桐	sp	1.0～3.0	20	岗柃	sol	0.5～1.6
5	簇叶新木姜子	sol	1.0～2.0	21	细枝柃	sol	1.0～2.0
6	五尖槭	sp	0.1～1.0	22	拟拍拉木	sp	0.4～1.0
7	光枝杜鹃	sp	1.0～3.0	23	鼠刺	sol	0.3～1.0
8	樟叶越桔	sol	1.0～1.5		草本层		
9	美丽马醉木	sp	1.0～2.0	1	芒	sol	0.4
10	船柄茶	sol	1.0～1.5	2	光里白	sol	0.5
11	甜槠	sol	0.6～1.6	3	大孢狗脊	sol	0.4
12	水青冈	sol	1.0～3.0	4	十字薹草	sol	0.3
13	毛山矾	sol	0.8～2.0	5	阔鳞鳞毛蕨	sol	0.3
14	黑柃	sol	0.5～1.6	6	淡竹叶	sol	0.2
15	陷脉石楠	sol	0.9～2.0				

陷脉石楠 *Photinia* sp.　　大孢狗脊 *Woodwardia* sp.

(4)华南五针松+马尾松-华南五针松-贵州杜鹃-光里白群落(*Pinus kwangtungensis* + *Pinus massoniana* - *Pinus kwangtungensis* - *Rhododendron guizhouense* - *Diplopterygium laevissimum* Comm.)

这是一个刚形成两个亚层结构的华南五针松林，分布于融水县元宝山白坪燕子岩西面鸡公山，花岗岩山地，海拔1360m。群落具体所在地为一坡度>60°的陡坡，土壤为山地黄壤，土壤覆盖率低，地表大多为大块裸露的岩石。群落总覆盖度90%，乔木层有两个亚层，根据表7-61，600m^2(60m×10m)有林木14种、116株。乔木上层覆盖度50%，高8~10m，胸径9~50cm，有4种、32株，其中3种为针叶树，以马尾松为优势，有20株，重要值指数117.62；次优势种为华南五针松，虽然只有3株，但基面积大，重要值指数为72.9；另1种针叶树是长苞铁杉，有3株，重要值指数56.28；常绿阔叶树为甜槠，有6株，胸径细小，重要值指数53.21。下层林木覆盖度70%，高3~7m，胸径2~22cm，有12种、84株，其中有2种在上层有分布；以华南五针松占绝对优势，有17株，重要值指数117.67；其他的种类重要值指数都很小，较为重要的有贵州杜鹃、银木荷、水青冈，重要值指数分别为34.48、32.92、24.65。针叶树马尾松和长苞铁杉在此层已消失。从整个乔木层分析，华南五针松和马尾松株数虽然一样多，但华南五针松胸径大，基面积大，重要值指数比马尾松大得多，为93.18；马尾松只有36.94；阔叶树胸径细小，重要值指数都不太大，较多的有贵州杜鹃和银木荷，分别为25.96和24.32。灌木层植物覆盖度40%，从表7-62可知，包括乔木幼树在内有20种，优势不明显，各种数量都不太多，真正的灌木较多的有贵州杜鹃、岗柃、滇白珠；乔木的幼树较多的有马尾松和银木荷，华南五针松也有幼苗，但很稀少。草本层植物分布稀疏，覆盖度只有15%，仅有光里白等6种。

表7-61 华南五针松+马尾松-华南五针松-贵州杜鹃-光里白群落乔木层种类组成及重要值指数

（样地号：元宝山元-019，样地面积：60m×10m，地点：元宝山白坪燕子岩西面鸡公山，海拔：1360m）

序号	树种	基面积(m^2)	株数	频度(%)	重要值指数
		乔木Ⅱ亚层			
1	华南五针松	0.3377	3	33	72.9
2	马尾松	0.1571	20	67	117.62
3	长苞铁杉	0.1579	3	50	56.28
4	甜槠	0.0682	6	50	53.21
	合计	0.7208	32	200	300
		乔木Ⅲ亚层			
1	华南五针松	0.53	17	100	117.67
2	贵州杜鹃	0.01	15	100	34.48
3	银木荷	0.02	12	100	32.92
4	水青冈	0.03	9	67	24.65
5	甜槠	0.01	1	17	4.47
6	亮叶杨桐	0	7	67	19.1
7	黄山松	0.03	6	33	16.81
8	贵州桤叶树	0.01	4	50	13.04
9	珍珠花	0	4	33	10.2
10	青榨槭	0	3	33	9.02
11	尖萼川杨桐	0	3	33	8.9
12	南烛	0	3	33	8.72
	合计	0.65	84	666	299.96
		乔木层			
1	华南五针松	0.87	20	100	93.1774
2	马尾松	0.16	20	67	36.9387
3	贵州杜鹃	0.01	15	100	25.9613
4	银木荷	0.02	12	100	24.3227
5	长苞铁杉	0.16	3	50	20.2576
6	水青冈	0.03	9	67	17.8302
7	甜槠	0.07	7	50	17.5146
8	亮叶杨桐	0	7	67	14.6071

（续）

序号	树种	基面积(m^2)	株数	频度(%)	重要值指数
9	黄山松	0.03	6	33	11.4219
10	贵州桤叶树	0.01	4	50	9.9433
11	珍珠花	0	4	33	7.6992
12	青榨槭	0	3	33	6.8414
13	尖萼川杨桐	0	3	33	6.7854
14	南烛	0	3	33	6.6992
	合　计	1.37	116	816	299.9999

表 7-62　华南五针松＋马尾松－华南五针松－贵州杜鹃－光里白群落灌木层和草本层种类组成及分布情况

序号	种名	多度	高度(m)	序号	种名	多度	高度(m)
	灌木层			14	青榨槭	sol	0.1～0.2
1	马尾松	sp	0.3～1.0	15	南烛	sol	0.6～1.0
2	银木荷	sp	0.6～2	16	鹅耳枥	sol	1.0～1.5
3	贵州杜鹃	sp	0.8～1.5	17	水青冈	sol	1.0～1.5
4	岗柃	sp	1.0～1.5	18	厚皮香	sol	0.6～1.0
5	滇白珠	sp	0.5～1.0	19	菝葜	sol	1.0～1.5
6	华南五针松	sol	0.05～0.1	20	乌冈栎	un	0.7
7	吊钟花	sol	1.0～2.0		草本层		
8	珍珠花	sol	0.5～1.5	1	光里白	sol	0.7
9	荚蒾	sol	0.5～1.0	2	芒萁	sol	0.3
10	羊舌树	sol	1.0～1.5	3	芒	sol	0.5
11	甜槠	sol	0.6～2.0	4	薹草	sol	0.4
12	五列槭	sol	0.1～0.2	5	鳞毛蕨	sol	0.3
13	贵州桤叶树	sol	1.0～2.0	6	石松	sol	0.2

吊钟花 *Enkianthus quinqueflorus*　　鹅耳枥 *Carpinus* sp.　　鳞毛蕨 *Dryopteris* sp.

3. 铁杉林(Form. *Tsuga chinensis*)

铁杉为我国特有种，国家3级保护植物，分布于安徽和浙江的南部，江西、福建、湖南、广东和广西的北部，云南的东南部，种的分布较广，但以它为优势的针阔叶混交林主要见于中亚热带南部的南岭山地一带海拔1200～2000m的中山山地，在中亚热带北部也偶有分布。在广西境内，铁杉分布于乐业、大瑶山、融水元宝山、环江、资源、猫儿山、灌阳等地，以它为优势的针阔叶混交林主要见于元宝山、猫儿山海拔1300m以上的中山山地。铁杉林一般分布于山顶、山脊和悬崖峭壁之处，生境条件恶劣，立地土壤为发育在砂、页岩、花岗岩基质上的山地黄棕壤。在猫儿山海拔2000m的八角田，有一片约3300m^2的铁杉纯林，分布在表潜黄棕壤沼泽土上，林木高度矮小。

铁杉是古老的残遗物种，林内更新情况不是那么良好，是中山山地针阔叶混交林中更新情况最不良好的一个类型，有的林分幼苗幼树均缺乏；有的林分幼苗虽然较多，分布普遍，即使在沼泽土上也不少，但在林下密集的竹层下，妨碍了幼苗的生长，幼树极为稀少，或完全缺乏。根据黄宪刚等人的研究，铁杉种群在群落中的繁殖能力约在100年前就已经开始衰退，现在个体大小级结构体现了由增长型变化为衰退型的过程，猫儿山铁杉种群自然繁殖能力已不足以维持种群的更新。目前，它只能借助林窗，使年轻一代得以生长起来，种才不致被完全淘汰，但会丧失在群落的优势地位。从发展的观点看，随着阔叶树的发展，必然会进一步侵入到铁杉林的空间，威胁着它们的生存，铁杉林总的趋势是走向衰退的类型。

铁杉是古老的残遗物种，国家重点保护的珍稀植物，科研价值较大，必须给予很好的保护。如何解决它的更新和移地引种问题，是必须马上着手研究的课题。

铁杉有如下 5 个群落。

(1)铁杉－华西箭竹－间型沿阶草群落(*Tsuga chinensis* - *Fargesia nitida* - *Ophiopogon intermedius* Comm.)

这是一个纯林的群落，分布在猫儿山海拔 2000m 的八角田沼泽地内。群落郁闭度 0.7～0.8，400m²的样地有林木 33 株，总基面积 1.29169m²，其中高 10～12m、胸径 15～34cm 的植株 29 株，基面积 1.25106m²；高 4～7.5m、胸径 6～17cm 的植株 4 株，基面积 0.04062m²。灌木层植物高 2m 左右，覆盖度 90%，从表 7-63 可知，400m²有种类 25 种，以乔木的幼树为多，真正的灌木以华西箭竹为优势种，分布均匀，次优势种为矮冬青(*Ilex lohfauensis*)、大八角、灯笼吊钟花(*Enkianthus chinensis*)、红皮木姜子、新木姜子，都为乔木的幼树，常见的还有茵芋、具柄冬青。草本层植物覆盖度 15%，种类只有 3 种，以间型沿阶草为优势，常见的有车前(*Plantago asiatica*)、长穗兔儿风(*Ainsliaea henryi*)。

表 7-63　铁杉－华西箭竹－间型沿阶草群落灌木层和草本层种类组成及分布情况

序号	种名	多度				频度(%)
		Ⅰ	Ⅱ	Ⅲ	Ⅳ	
	灌木层					
1	华西箭竹	cop^2	cop^2	cop^2	cop^2	100
2	具柄冬青	un	sp	sp	sp	100
3	大八角	cop^1	cop^1	cop^1	sp	100
4	矮冬青	cop^1	cop^1	cop^1	cop^2	100
5	茵芋	sp	sp	sp	un	100
6	红皮木姜子	sp	sp	cop^1	sp	100
7	灯笼吊钟花	sp	cop^1	cop^2	cop^1	100
8	扇叶槭	sol				25
9	光叶石楠	sol				25
10	云锦杜鹃	sol				25
11	安徽杜鹃	sol	sol	sol	sol	100
12	树参	sol	sol	sol		75
13	网脉木犀	un		sol	un	75
14	四川冬青	sol				25
15	新木姜子	sol	sol	sol	cop^1	100
16	云南桤叶树		sol	sol	sp	75
17	圆毛杜鹃		sol			25
18	吴茱萸五加			sol	un	50
19	曼青冈			sol	un	50
20	云雾杜鹃			un	sp	50
21	甜槠				sol	25
22	野葡萄	sol				25
23	土茯苓	sol	sol		sol	75
24	扶芳藤	sol	sol			50
25	长叶银花				sol	25
	草本层					
1	间型沿阶草	cop^1	cop^1	cop^1	cop^1	100
2	车前	sp	sp	sp	sp	100
3	长穗兔儿风	sol	sol	sol	sol	100

安徽杜鹃 *Rhododendron* sp.　网脉木犀 *Osmanthus reticulatus*　四川冬青 *Ilex szechwanensis*　云南桤叶树 *Clethra delavayi*
圆毛杜鹃 *Rhododendron* sp.　吴茱萸五加 *Gamblea ciliata* var. *evodiifolia*　云雾杜鹃 *Rhododendron* sp.　野葡萄 *Vitis* sp.
长叶银花 *Lonicera* sp.

铁杉幼苗的更新还是良好的，每 100m²最多有 31 株，最少 9 株，400m²共有幼苗 67 株，但在浓密的竹层下和在富有弹性的苔藓层上，幼苗不能发育长大，故幼树缺乏。

(2)铁杉－铁杉－美丽马醉木－小柱悬钩子－间型沿阶草群落(*Tsuga chinensis* – *Tsuga chinensis* – *Pieris formosa* – *Rubus columellaris* – *Ophiopogon intermedius* Comm.)

此群落分布于融水县元宝山，花岗岩山地。样地具体所在地为一山脊，海拔 1950m，山脊两侧坡度较陡峭，样地沿山脊设置为一样带；立地土壤为发育在花岗岩母质上的山地黄棕壤，土表各种植物根系盘结覆盖 60% 以上，根系表面密布苔藓。群落郁闭度 0.8～0.85，乔木层可划分为 3 个亚层，从表 7-64 可知，400m²样地有林木 12 种、100 株。第一亚层林木稀少，覆盖度不大，高 15～24m，覆盖度 20%，只有 2 株，全为铁杉，基面积 0.43m²。第二亚层林木高 8～14m，覆盖度 60%，有 9 种、32 株，其中铁杉在第一亚层林木已出现过，种类以铁杉为优势，有 10 株，重要值指数 120.24，占据明显的优势地位；常见的种类为光枝杜鹃，有 12 株，重要值指数 79.27。第三亚层林木高 4～7m，覆盖度最大，为 80%，有林木 9 种、66 株，其中只有 3 种在上 2 个亚层没有出现过，铁杉在此层已消失，优势种为美丽马醉木，有 23 株，重要值指数 79.0；次优势种为光枝杜鹃，有 8 株，重要值指数 60.72；常见的种类有红皮木姜子，重要值指数 44.61。从整个乔木层分析，铁杉虽然株数不是最多，但它胸径大，基面积大，所以重要值指数最大，为 86.34；光枝杜鹃株数不少，胸径也较大，重要值指数排第二，为 51.63；美丽马醉木株数最多，但它是小乔木，基面积不大，重要值指数只有 44.85，排列第三。灌木层植物覆盖度不大，分布不均匀，多数地段覆盖度 20%，少数地段只有 10%，种类不多，从表 7-65 可知，400m²只有 10 种(包括藤本 3 种)，以小柱悬钩子稍多，其他还有白瑞香(*Daphne papyracea*)、合轴荚蒾(*Viburnum sympodiale*)、南岭小檗等。草本层植物生长茂盛，虽然种类不多，但覆盖度有的地段高达 90%，最低也有 60%，以间型沿阶草为优势，其次为短药沿阶草。由于空气湿度大，附生植物比较发达，常见的是一些蕨类植物，但也有美脉花楸和凸脉越桔 2 种木本植物，尤其凸脉越桔在元宝山中山针阔叶混交林中是最常见的木本附生植物。

从表 7-66 可知，本群落的更新是良好的，400m²共有幼苗幼树 25 种，幼苗 259 株，幼树 310 株，其中 11 种目前已是乔木层的组成种类。但优势种铁杉和另一种针叶树元宝山冷杉的更新很不良好，前者缺乏幼苗幼树，后者只有 1 株幼苗，随着群落的发展，它们很有可能被淘汰；群落中阔叶树的优势种和常见种，如光枝杜鹃、美丽马醉木、红皮木姜子、大八角幼苗幼树较多，种群结构完整，它们都能保持在群落中目前的这种地位；目前尚不是乔木层组成种类的落叶阔叶树五尖槭的幼苗幼树也较多，将来很可能成为群落上层的优势种或常见种类。

表 7-64　铁杉－铁杉－美丽马醉木－小柱悬钩子－间型沿阶草群落乔木层种类组成及重要值指数

(样地号：元宝山南方铁杉 1，样地面积：40m×10m，地点：元宝山蓝坪峰至老虎坳途中，海拔：1950m)

序号	树种	基面积(m²)	株数	频度(%)	重要值指数
		乔木Ⅰ亚层			
1	铁杉	0.43	2	50	300
		乔木Ⅱ亚层			
1	铁杉	0.8633	10	100	120.24
2	光枝杜鹃	0.2406	12	100	79.27
3	贵州桤叶树	0.0305	2	50	20.32
4	红皮木姜子	0.0219	2	50	19.67
5	美丽马醉木	0.0263	2	25	14.12
6	包槲柯	0.0616	1	25	13.68
7	灯笼吊钟花	0.0346	1	25	11.63
8	山矾	0.0346	1	25	11.63
9	大八角	0.0057	1	25	9.44
	合计	1.3191	32	425	300

（续）

序号	树种	基面积（m^2）	株数	频度（%）	重要值指数
		乔木Ⅲ亚层			
1	美丽马醉木	0.0935	23	100	79
2	光枝杜鹃	0.1328	8	75	60.72
3	红皮木姜子	0.0369	13	75	44.61
4	大八角	0.0226	6	50	25.12
5	灯笼吊钟花	0.0518	4	25	24.12
6	曼青冈	0.05	4	25	23.67
7	贵州桤叶树	0.0103	3	50	17.62
8	长尾毛蕊茶	0.0028	3	50	15.76
9	马银花	0.0041	2	25	9.3
	合计	0.4048	66	475	299.92
		乔木层			
1	铁杉	1.2941	12	100	86.34
2	光枝杜鹃	0.3734	20	100	51.63
3	美丽马醉木	0.1198	25	100	44.85
4	红皮木姜子	0.0588	15	75	28.44
5	贵州桤叶树	0.0408	5	75	17.6
6	灯笼吊钟花	0.0864	5	50	16.15
7	大八角	0.0283	7	50	15.46
8	长尾毛蕊茶	0.0028	3	50	10.27
9	曼青冈	0.05	4	25	9.89
10	包槲柯	0.0616	1	25	7.43
11	山矾	0.0346	1	25	6.18
12	马银花	0.0041	2	25	5.76
	合计	2.1547	100	700	300

表 7-65　铁杉－铁杉＋光枝杜鹃－美丽马醉木－小柱悬钩子－间型沿阶草群落灌木层和草本层种类组成及分布情况

序号	种名	多度盖度级				频度（%）
		Ⅰ	Ⅱ	Ⅲ	Ⅳ	
			灌木层			
1	小柱悬钩子	2			3	50
2	白瑞香			2		25
3	悬钩子			2		25
4	花椒簕			2		25
5	华南忍冬				2	25
6	合轴荚蒾				3	25
7	南岭小檗				1	25
8	菝葜	2		1	2	75
9	长柄地锦		1	2	2	75
10	扶芳藤			2		25
			草本层			
1	间型沿阶草	9	7	8	8	100
2	短药沿阶草	4	5	3	4	100
3	膜蕨科 1 种	2				25
4	针毛蕨			2		25
			附生植物			
1	有柄石韦	sol	sol		sol	75
2	舌蕨		sol	sp		50
3	蕗蕨		sp	cop		50

（续）

序号	种名	多度盖度级				频度
		Ⅰ	Ⅱ	Ⅲ	Ⅳ	（%）
4	石莲姜槲蕨		sol	sp	sol	75
5	美脉花楸			un		25
6	凸脉越桔			sp		25

悬钩子 *Rubus* sp.　花椒簕 *Zanthoxylum scandens*　长柄地锦 *Parthenocissus feddei*　扶芳藤 *Euonymus fortunei*　针毛蕨 *Macrothelypteris oligophlebia*　有柄石韦 *Pyrrosia petiolosa*　舌蕨 *Elaphoglossum conforme*　蕗蕨 *Mecodium badium*　石莲姜槲蕨 *Drynaria propinqua*　美脉花楸 *Sorbus caloneura*

表 7-66　铁杉 - 铁杉 + 光枝杜鹃 - 美丽马醉木 - 小柱悬钩子 - 间型沿阶草群落乔木幼苗幼树组成种类及株数

序号	种名	幼苗（H＜0.5m）	幼树（3m＞H≥0.5m）	序号	种名	幼苗（H＜0.5m）	幼树（3m＞H≥0.5m）
1	大八角	80	89	14	吴茱萸五加	1	
2	美丽马醉木	39	76	15	山矾	2	11
3	新木姜子	5	20	16	三花冬青	2	4
4	木莲	2	2	17	元宝山冷杉	1	
5	红皮木姜子	73	23	18	马银花	1	4
6	贵州桤地树	3	7	19	包槲柯	3	3
7	灯笼吊钟花	7	26	20	硬壳柯	5	1
8	光枝杜鹃	9	15	21	马蹄参	1	
9	长尾毛蕊茶	5	20	22	曼青冈	2	
10	五尖槭	9	6	23	白檀	1	
11	刺叶桂樱	3	2	24	长毛山矾	1	
12	杜鹃一种	3		25	光叶水青冈	1	
13	毛叶木姜子		1		合　计	259	310

长毛山矾 *Symplocos dolichotricha*

（3）铁杉 - 南方红豆杉 - 红皮木姜子 - 尖尾箭竹 - 短药沿阶草群落（*Tsuga chinensis* - *Taxus wallichiana* var. *mairei* - *Litsea pedunculata* - *Fargesia cuspidata* - *Ophiopogon angustifoliatus* Comm.）

此群落分布于融水县元宝山，花岗岩山地。样地所在地海拔 1895 ~ 1940m，坡度较陡，地面凹凸不平，巨块裸露的岩石高出地面 2 ~ 4m；立地土壤为发育在花岗岩母质上的山地黄棕壤，地表枯枝落叶层厚，土壤肥力较高。群落的原始性很浓，周围为原始性很浓的中山常绿落叶阔叶混交林所包围，总覆盖度几乎达 100%。

乔木层可划分为 3 个亚层，根据两个 $600m^2$ 样地（表 7-67 和表 7-68）统计结果，$600m^2$ 样地分别有乔木 26 种、122 株（表 7-67）和 25 种、73 株（表 7-68）。第一亚层林木高 16 ~ 25m，最大胸径 56cm，覆盖度 60% ~ 80%，有 3 种、5 株和 5 种、11 株，其中 2 种为针叶树。铁杉占绝对优势，有 3 株和 5 株，重要值指数 205.2 和 146.65；元宝山冷杉 1 株和 2 株，重要值指数 48.8 和 56.39；五尖槭 2 株，重要值指数 47.75；青榨槭 1 株，重要值指数 46.0。第二亚层林木高 8 ~ 14m，覆盖度 65% ~ 70%，有 12 种、21 株和 6 种、11 株，全是第一亚层林木没有出现过的种类，优势种为南方红豆杉，两个样地都有 4 株，重要值指数分别为 67.02 和 142.48；次优势种为包槲柯和吴茱萸五加，各有 4 株和 3 株，重要值指数 58.33 和 63.66，表 7-67 常见的种类还有红皮木姜子和大八角；而表 7-68 红皮木姜子和大八角只在第三亚层有出现，第二亚层的其他种类都是单株出现。第三亚层林木高 4 ~ 7m，虽然株数很多，但冠幅小，覆盖度只有 50% ~ 60%，有林木种类 18 种、96 株和 18 种、51 株，其中表 7-67 有 7 种在上 2 个亚层出现过，表 7-68 只有 2 种在上 2 个亚层有出现，优势种为红皮木姜子，有 28 株和 14 株，重要值指数 104.15 和 62.34；其他的种类重要值指数都较小，比较重要的有白檀、灯笼吊钟花、长尾毛蕊茶、粗榧、山矾，重要值指数分别为 29.09、27.52、26.45、23.15、21.61。从整个乔木层分析，铁杉为群落中最高大的乔木，相对基面积在群落中是最大的，但它分布不均匀，有的地段株数多，而有的地段株数少，所以它的重要值指数在整个乔木层中并不都是最大的。表7-67铁杉重要值指数只有33.06，排第二；重要值指数排第一的是红皮木姜子，为58.64，因为它的株数最多，相对密度和相对频度都最大，所以重要值指数最大，但它是中小高位芽植物，最多只能到达乔木第二亚层的空间，成为乔木第二或第三亚层的优势种，不能成为乔木第一亚层的优势种。表7-68，铁杉的株数较多，无论是乔木第一亚层还是整个乔木层，它的重要值指数均最大。元宝山冷杉亦是高大的乔木，经常和铁杉混生在一起，它的成年植株是随机分布的，有的地段株数少，重要值指数不大是正常的。南方红豆杉属于中高位芽植物，多数分布于中层，少数可在第一亚层出现，一般它是乔木第二亚层的优势种，在整个乔木层中这样的重要值指数是符合它的特点的。其他的种类重要值指数都较小，说明本群落胸径细小的小乔木是比较多的。从表7-69和表7-70可知，灌木层植物(不包括乔木的幼树在内)600m^{2}样地有19～22种，分布不均匀，凡有尖尾箭竹分布的地方，覆盖度就大，多度盖度级4～9级，出现频度54.2%；没有尖尾箭竹分布的地方覆盖度就小，多度盖度级一般为2级，多数种类出现的频度不太高。藤本植物也不发育，以长柄地锦、扶芳藤、钻地风稍多。草本层植物种类组成比较丰富，生长繁茂，600m^{2}有17～25种，以沿阶草属植物最多，其中短药沿阶草为优势种，多度盖度级5～9级，出现频度几乎达100%；次优势为棒叶沿阶草和间型沿阶草，多度盖度级3～4，出现频度79.16%～87.5%，其他的种类覆盖度都小，出现频度也不太高。附生植物，主要是蕨类附生植物比较发达，有5种之多，木本附生植物有凸脉越桔1种。从表7-71和表7-72可知，群落的更新层植物共有乔木幼苗幼树31～33种，根据表7-67，目前乔木层的组成种类有19种有幼苗幼树，有7种没有幼苗幼树，14种有幼苗幼树的乔木目前在乔木层没有出现。根据表7-68，目前乔木层组成种类只有华西花楸(*Sorbus wilsoniana*)1种没有幼苗幼树，8种有幼苗幼树的乔木目前在乔木层没有出现。乔木层具有幼苗幼树的种类，包括了群落的优势种和常见种，没有幼苗幼树的大多是一些偶见种或随遇种；新增加的幼苗幼树，多是一些不太重要的小乔木种类，数量都不太多；但是作为群落的优势种铁杉，更新很不良好，只有1株幼树，因此，群落阔叶树优势种的稳定性虽然不会受到太大的影响，但铁杉很有可能被元宝山冷杉取代在上层中的优势地位。

表7-67　铁杉－南方红豆杉－红皮木姜子－尖尾箭竹－短药沿阶草群落乔木层种类组成及重要值指数

（样地号：元宝山红豆杉－4，样地面积：30m×20m，地点：元宝山冷杉坪沟，海拔：1940m）

序号	树种	基面积(m^2)	株数	频度(%)	重要值指数
		乔木Ⅰ亚层			
1	铁杉	0.5935	3	12.5	205.2131
2	元宝山冷杉	0.0616	1	4.17	48.8438
3	青榨槭	0.0416	1	4.17	45.9683
	合计	0.6966	5	20.84	300.0252
		乔木Ⅱ亚层			
1	南方红豆杉	0.3059	4	12.5	67.022
2	包槲柯	0.2233	4	12.5	58.3279
3	红皮木姜子	0.0476	3	12.5	35.0787
4	大八角	0.1059	2	8.33	31.1873
5	曼青冈	0.0707	1	4.17	17.4614
6	吴茱萸五加	0.0594	1	4.17	16.2734
7	木莲	0.0573	1	4.17	16.0482
8	毛山矾	0.0255	1	4.17	12.7012
9	粉绿栒子	0.0227	1	4.17	12.4119
10	毛叶木姜子	0.0177	1	4.17	11.883
11	青皮木	0.0095	1	4.17	11.0235

（续）

序号	树种	基面积(m²)	株数	频度(%)	重要值指数
12	美丽马醉木	0.005	1	4.17	10.5524
	合计	0.9504	21	79.19	299.9709
		乔木Ⅲ亚层			
1	红皮木姜子	0.3238	28	41.67	104.1456
2	长尾毛蕊茶	0.0243	11	25	26.4537
3	粗榧	0.0317	10	16.67	23.1497
4	山矾	0.0306	7	20.83	21.6096
5	大八角	0.0167	6	20.83	18.1296
6	细枝柃	0.0089	6	20.83	16.7407
7	南方红豆杉	0.0076	6	16.67	14.7403
8	美丽马醉木	0.028	3	8.33	11.6285
9	山矾1种	0.0174	3	8.33	9.7582
10	吴茱萸五加	0.038	1	4.17	9.5328
11	新木姜子	0.0035	3	12.5	9.1022
12	马银花	0.0182	2	4.17	7.0728
13	青榨槭	0.0051	2	8.33	6.5553
14	贵州桤叶树	0.0039	2	8.33	6.3475
15	雷公鹅耳枥	0.0023	2	4.17	4.2708
16	毛萼红果树	0.0022	2	4.17	4.2605
17	楝叶吴萸	0.0039	1	4.17	3.5063
18	元宝山冷杉	0.001	1	4.17	2.9971
	合计	0.5669	96	233.34	300.0012
		乔木层			
1	红皮木姜子	0.3714	31	54.17	58.6427
2	铁杉	0.5935	3	12.5	33.0628
3	南方红豆杉	0.3136	10	25	29.9549
4	大八角	0.1226	8	29.17	20.956
5	长尾毛蕊茶	0.0243	11	25	17.7075
6	包槲柯	0.2233	4	12.5	17.1622
7	粗榧	0.0317	10	16.67	14.6915
8	山矾	0.0306	7	20.83	12.181
9	细枝柃	0.0089	6	20.83	11.6471
10	吴茱萸五加	0.0974	2	8.33	8.571
11	美丽马醉木	0.033	4	12.5	8.5662
12	青榨槭	0.0467	3	12.5	8.3638
13	元宝山冷杉	0.0625	2	8.33	6.9958
14	新木姜子	0.0035	3	12.5	6.4152
15	山矾1种	0.0174	3	8.33	5.7747
16	曼青冈	0.0707	1	4.17	5.2784
17	木莲	0.0573	1	4.17	4.6718
18	贵州桤叶树	0.0039	2	8.33	4.3483
19	雷公鹅耳枥	0.0023	2	4.17	4.2738
20	马银花	0.0182	2	4.17	3.7256
21	毛山矾	0.0255	1	4.17	3.2349
22	粉绿枸子	0.0227	1	4.17	3.1108
23	毛萼红果树	0.0022	2	4.17	3.0054
24	毛叶木姜子	0.0177	1	4.17	2.8837
25	青皮木	0.0095	1	4.17	2.5148
26	楝叶吴萸	0.0039	1	4.17	2.2593
	合计	2.2139	122	329.19	299.9991

楝叶吴萸 *Tetradium glabrifolium*　　毛萼红果树 *Stranvaesia amphidoxa*　　山矾1种 *Symplocos* sp.

表 7-68 铁杉－南方红豆杉－红皮木姜子－尖尾箭竹－短药沿阶草群落乔木层种类组成及重要值指数

（样地号：元宝山－5，样地面积：20m×30m，地点：元宝山蓝坪峰上水坝旁，海拔：1895m）

序号	树种	基面积(m^2)	株数	频度(%)	重要值指数
		乔木Ⅰ亚层			
1	铁杉	0.5601	5	16.67	146.65
2	元宝山冷杉	0.1668	2	8.33	56.39
3	五尖槭	0.0877	2	8.33	47.75
4	木莲	0.0638	1	4.17	26.07
5	青冈	0.037	1	4.17	23.14
	合计	0.9154	11	41.67	300
		乔木Ⅱ亚层			
1	南方红豆杉	0.2507	4	16.67	142.48
2	吴茱萸五加	0.0622	3	8.33	63.66
3	光枝杜鹃	0.0622	1	4.17	25.45
4	网脉木犀	0.0196	1	4.17	24.27
5	华西花楸	0.0154	1	4.17	23.15
6	毛萼红果树	0.0072	1	4.17	20.99
	合计	0.4173	11	41.68	300
		乔木Ⅲ亚层			
1	红皮木姜子	0.0174	14	33.33	62.34
2	白檀	0.0164	4	12.5	29.09
3	灯笼吊钟花	0.0207	4	4.17	27.52
4	美丽马醉木	0.0057	4	12.5	20.25
5	长尾毛蕊茶	0.0037	4	12.5	18.6
6	网脉木犀	0.0057	3	12.5	18.28
7	三花冬青	0.0143	1	4.17	16.35
8	贵州桤叶树	0.0083	2	8.33	15.9
9	元宝山冷杉	0.0023	3	12.5	15.47
10	包槲柯	0.0046	2	8.33	12.84
11	青冈	0.0036	2	8.33	12.02
12	木姜叶冬青	0.0068	1	4.17	10.15
13	马蹄参	0.0022	1	4.17	6.35
14	南方红豆杉	0.0014	1	4.17	5.69
15	楝叶吴萸	0.0013	1	4.17	5.6
16	大八角	0.001	1	4.17	5.35
17	新木姜子	0.0007	1	4.17	5.11
18	珍珠花	0.0049	2	8.33	3.09
	合计	0.121	51	162.51	298.92
		乔木层			
1	铁杉	0.5601	5	16.67	53.31
2	红皮木姜子	0.0174	14	33.33	34.2
3	南方红豆杉	0.2521	5	20.83	33.28
4	元宝山冷杉	0.1691	5	20.83	27.42
5	网脉木犀	0.0253	4	12.5	12.44
6	五尖槭	0.0877	2	8.33	12.37
7	青冈	0.0406	3	12.5	12.15
8	吴茱萸五加	0.0622	3	8.33	11.93
9	白檀	0.0164	4	12.5	11.81
10	美丽马醉木	0.0057	4	12.5	11.05
11	长尾毛蕊茶	0.0037	4	12.5	10.91
12	灯笼吊钟花	0.0207	4	4.17	8.67
13	木莲	0.0638	1	4.17	7.61
14	贵州桤叶树	0.0083	2	8.33	6.77
15	珍珠花	0.0049	2	8.33	6.53

（续）

序号	树种	基面积(m^2)	株数	频度(%)	重要值指数
16	包槲柯	0.0046	2	8.33	6.5
17	光枝杜鹃	0.0241	1	4.17	4.8
18	华西花楸	0.0154	1	4.17	4.19
19	三花冬青	0.0143	1	4.17	4.11
20	毛萼红果树	0.0072	1	4.17	3.61
21	木姜叶冬青	0.0068	1	4.17	3.58
22	马蹄参	0.0022	1	4.17	3.25
23	楝叶吴萸	0.0013	1	4.17	3.19
24	大八角	0.001	1	4.17	3.17
25	新木姜子	0.0007	1	4.17	3.15
	合计	1.4156	73	241.68	300

表 7-69　铁杉－南方红豆杉－红皮木姜子－尖尾箭竹－短药沿阶草群落灌木层和草本层种类组成及分布情况

序号	种名	多度盖度级	频度(%)
	灌木层		
1	尖尾箭竹	4~9	54.2
2	白瑞香	2	29.2
3	小柱悬钩子	2	20.8
4	大叶鸡爪菜	2	29.2
5	日本女贞	1	4.2
6	三叶悬钩子	3	16.7
7	合轴荚蒾	2	8.3
8	伞房荚蒾	2	25.0
9	南岭小蘖	1	8.3
10	北江十大功劳	1	8.3
11	秃柄锦香草	2	8.3
12	粗叶悬钩子	3	8.3
13	冷饭藤	3	8.3
14	长柄地锦	2~3	79.2
15	扶芳藤	3	66.7
16	菝葜	1	20.8
17	细叶地锦	2	4.2
18	钻地风	2~4	58.3
19	华南忍冬	2	16.7
	草本层		
1	短药沿阶草	5~9	100.0
2	棒叶沿阶草	3~4	87.5
3	薹草一种	3~4	33.3
4	针毛蕨	2	37.5
5	羽叶参	1	4.2
6	间型沿阶草	2~4	45.8
7	独蒜兰	2	4.2
8	毛凤仙花	2	33.3
9	蟹甲菊	3	8.3
10	苦水花	2~3	25.0
11	膜蕨科一种	3	4.2
12	散斑竹根七	3	20.8
13	匙叶草	2	4.2
14	开口剑	2	12.5
15	吉祥草	2	8.3
16	骤尖楼梯草	2~3	20.8
17	小叶楼梯草	2	12.5
	附生植物		
1	舌蕨	3	29.2
2	石莲姜槲蕨	3~4	66.7
3	有柄石韦	3	8.3
4	平肋书带蕨	2	37.5
5	蕗蕨	2~3	41.7
6	凸脉越桔	3	4.2

大叶鸡爪菜 *Rubus sozostylus*　日本女贞 *Ligustrum japonicum*　三叶悬钩子 *Rubus* sp.　冷饭藤 *Kadsura oblongifolia*　细叶地锦 *Parthenocissus* sp.　钻地风 *Schizophragma integrifolium*　羽叶参 *Panax japonica* var. *bipinnatifidus*　独蒜兰 *Pleione bulbocodioides*　毛凤仙花 *Impatiens lasiophyton*　蟹甲菊 *Cacalia subglabra*　苦水花 *Pilea peploides*　散斑竹根七 *Disporopsis aspersa*　匙叶草 *Latouchea fokienensis*　开口剑 *Campylandra chinensis*　吉祥草 *Reineckea carnea*　骤尖楼梯草 *Elatostema cuspidatum*　小叶楼梯草 *Elatostema parvum*　平肋书带蕨 *Haplopteris fudzinoi*

表 7-70 铁杉－南方红豆杉－红皮木姜－尖尾箭竹－短药沿阶草群落灌木层和草本层植物种类组成和分布情况

序号	种名	多度或盖度（%）	频度（%）	序号	种名	多度或盖度（%）	频度（%）
	灌木层			2	间型沿阶草	10.0	79.16
1	尖尾箭竹	3.0～10.0	54.16	3	棒叶沿阶草	1.5	62.5
2	伞房荚蒾	sol	45.83	4	薹草一种	0.8	29.16
3	合轴荚蒾	sol	20.83	5	针毛蕨	sol	45.83
4	白瑞香	sol	25	6	金星蕨	sol	37.5
5	乔木茵芋	sol	33.33	7	万寿竹	sol	8.33
6	阔叶十大功劳	sol	12.5	8	匙叶茱	sol	8.33
7	日本女贞	sol	8.33	9	蟹甲菊	sol	8.33
8	南岭小蘗	sol	8.33	10	骤尖楼梯草	sol	12.5
9	灯笼吊钟花	sp	50	11	毛凤仙	sol	25
10	小柱悬钩子	sol	33.33	12	锦香草	sol	8.33
11	藤山柳	sol	4.17	13	铜锤玉带草	sol	4.17
12	大叶鸡爪茶	sol	41.67	14	荩草	sol	16.67
13	悬钩子	sol	33.33	15	石上莲	sol	16.67
14	粗叶悬钩子	sp（局部 cop^2）	54.16	16	苦水花	sp	16.67
15	扶芳藤	sp（局部 cop^1）	70.83	17	柳叶剑蕨	sol	20.83
16	菝葜	sp	58.33	18	尾叶瘤足蕨	sol	8.33
17	长柄地锦	sp	70.83	19	广西吊石苣苔	sol	12.5
18	钻地枫	sp	37.5	20	吊石苣苔	sol	8.33
19	流苏子	sol	4.17	21	平胁书带蕨	sol	4.17
20	华南忍冬	sol	8.33	22	石莲姜槲蕨	sol	37.5
21	滇边南蛇藤	un	4.17	23	舌蕨	sol	25
22	清风藤	un	4.17	24	蕗蕨	sol	12.5
	草本层			25	凸脉越桔	sol	4.17
1	短药沿阶草	65.0	91.67				

阔叶十大功劳 *Mahonia bealei*　藤山柳 *Clematoclethra scandens*　滇边南蛇藤 *Celastrus hookeri*　清风藤 *Sabia japonica*
万寿竹 *Disporum cantoniense*　铜锤玉带草 *Lobelia angulata*　吊石苣苔 *Lysionotus pauciflorus*

表 7-71 铁杉－南方红豆杉－红皮木姜子－尖尾箭竹－短药沿阶草群落乔木幼苗幼树组成种类及株数

序号	种名	幼苗（株数）（H＜50cm）	幼树（株数）（3m＞H≥50cm）	序号	种名	幼苗（株数）（H＜50cm）	幼树（株数）（3m＞H≥50cm）
1	铁杉		1	14	网脉木犀	2	6
2	元宝山冷杉	10	9	15	白檀	1	3
3	南方红豆杉	2	21	16	马蹄参		1
4	大八角	46	17	17	包槲柯	16	4
5	红皮木姜子	143	44	18	细枝柃	2	4
6	日本女贞		6	19	吴茱萸五加	1	1
7	五尖槭	28	5	20	新木姜子	5	27
8	粗榧	15	32	21	楝叶吴萸	1	4
9	长尾毛蕊茶	5	33	22	美丽马醉木	31	38
10	刺叶桂樱	2	4	23	三花冬青	2	3
11	曼青冈		7	24	杜鹃一种	2	6
12	山矾	10	13	25	甜冬青		1
13	青榨槭	2		26	木莲		2

序号	种名	幼苗(株数)(H<50cm)	幼树(株数)(3m>H≥50cm)	序号	种名	幼苗(株数)(H<50cm)	幼树(株数)(3m>H≥50cm)
27	硬壳柯		1	31	岭南杜鹃		1
28	伞房荚蒾	4	5	32	贵州桤叶树		1
29	合轴荚蒾	1		33	毛山矾	1	2
30	广序假卫矛	1			合　计	333	302

广序假卫矛 *Microtropis petelotii*

表 7-72　铁杉－南方红豆杉－红皮木姜－尖尾箭竹－短药沿阶草群落乔木幼苗幼树种类组成和株数

序号	种名	幼苗(株数)(H<50cm)	细树(株数)(3m>H≥50cm)	序号	种名	幼苗(株数)(H<50cm)	幼树(株数)(3m>H≥50cm)
1	元宝山冷杉	8	5	17	青冈		6
2	南方红豆杉		18	18	刺叶冬青	9	3
3	粗榧	4	14	19	包槲柯	4	7
4	红皮木姜子	102	203	20	山矾	4	11
5	大八角	22	36	21	木姜叶冬青	1	5
6	细枝柃	14	20	22	吴茱萸五加	1	2
7	杜鹃一种	19	43	23	楝叶吴萸	3	10
8	光枝杜鹃	27	29	24	毛叶木姜子	1	10
9	美丽马醉木	61	124	25	木莲	2	3
10	五尖槭	24	8	26	珍珠花	1	5
11	网脉木犀	4	15	27	毛萼红果树		8
12	长尾毛蕊茶	5	21	28	日本女贞	1	1
13	灯笼吊钟花	18	39	29	三花冬青	1	1
14	贵州桤叶树	2	14	30	马蹄参		2
15	新木姜子	12	59	31	黄牛奶树	1	
16	白檀	11	13				

(4)铁杉＋褐叶青冈－大八角－华西箭竹－阴生沿阶草群落(*Tsuga chinensi* + *Cyclobalanopsis stewardiana* – *Illicium majus* – *Fargesia nitida* – *Ophiopogon umbraticola* Comm.)

此群落主要分布在猫儿山八角田附近一带的山间洼地，海拔2000m左右。群落所在地地面凹凸不平，凹处积水地呈泥泞软绵垫状，土壤为泥炭性土壤，土层深1.0～1.2m，表土(0～23cm)为黑色中壤土，底土(23cm以下)为黑棕色中壤土，1.2m以下达到地下水位，全剖面土壤pH值4.0～4.5，强酸性反应。在这种环境条件下，林木生长都比较缓慢而低矮。

林冠郁闭度0.7左右，林木层可划分为2个亚层。第一亚层林木高8～10m，最高不超过12m，平均胸径27.8cm，最大可达50cm，覆盖度60%左右，大约在1500m^2范围内约有铁杉50株，混生其中的阔叶树以褐叶青冈为多，其他还有树参、碟斗青冈等。第二亚层林木高4～7m，覆盖度50%，褐叶青冈和大八角最多，铁杉也占有一定的比重，约有24株。常见的常绿阔叶树种类有红皮木姜子、网脉木犀、齿叶冬青(*Ilex crenata*)、三花冬青、具柄冬青、碟斗青冈、硬壳柯、云锦杜鹃、多花杜鹃、丁香杜鹃、红果树、美山矾(*Symplocos decora*)等；常见的落叶阔叶树有吊钟花、吴茱萸五加等。灌木层植物高2m以下，覆盖度90%，生长密集，其中华西箭竹最多，占去了80%以上，平均1m^2范围内约有30株左右；其他种类以上层林木幼树为多，样地内没有乔木分布的幼树种类有新木姜子、珍珠花、西南山茶、显脉冬青、木姜叶冬青、刺叶桂樱、中华槭、黄丹木姜子、白蜡树等；真正的灌木种类和数量不多，零星见有茵芋、广西越桔(*Vaccinium sinicum*)、毛女贞(*Ligustrum groffiae*)和齿缘吊钟花等。草本层植物种类不多，数量也少，高1m以下，覆盖度30%，优势种不明显，阴生沿阶草稍多，其他常见的种类有粗齿兔儿风(*Ainsliaea grossedentata*)、长穗兔儿风、十字薹草、友水龙骨(*Polypodiodes amoena*)等。层外植物苔藓很发达，林木的树干和枝条都布满了苔藓。但藤本植物不发达，种类和数量均不多，零星分布的有长叶菝葜(*Smilax lanceifolia* var. *lanceolata*)、乌敛莓、茅莓、扶芳藤。

此群落的更新不太良好，铁杉虽然1m^{2}范围内可发现10株幼苗，但幼树极为稀少甚至没有，其他林木幼苗幼树数量也不多。

(5)铁杉－光枝杜鹃－华西箭竹－连药沿阶草群落(*Tsuga chinensis* – *Rhododendron haofui* – *Fargesia nitida* – *Ophiopogon bockianus* Comm.)

此群落见于猫儿山八角田西北海拔1800～2100m的花岗岩山地山脊上，与上个群落的积水洼地生境明显不同。立地土壤为发育在花岗岩母质上的山地黄棕壤，土层比较浅薄，一般50cm左右，pH值5.0～5.5。

林木生长高大，林冠郁闭度0.6～0.7，成层现象比较复杂，乔木层可明显划分为3个亚层。第一亚层林木高22m，最高25m，平均胸径64cm，最粗90cm，覆盖度60%，铁杉占多数，混生有少量红豆杉(*Taxus wallichiana* var. *mairei*)和阔叶树，常绿的有厚叶红淡比(*Cleyera pachyphylla*)、黄丹木姜子，落叶的有吴茱萸五加、青榨槭等。第二亚层林木高8～15m，胸径20cm左右，覆盖度30%～40%，以光枝杜鹃最多，少量分布的有厚叶红淡比、碟斗青冈、榕叶冬青和吴茱萸五加等。第三亚层林木高4～7m，胸径10cm左右，覆盖度30%，优势不明显，常见的种类有大八角、硬壳柯、曼青冈、厚叶红淡比、桂南木莲、拟榕叶冬青(*Ilex subficoidea*)、扇叶槭、青榨槭、红皮木姜子等。灌木层植物高2m以下，生长密集，覆盖度90%以上，其中华西箭竹占绝对优势，覆盖度80%以上，1m^{2}范围内有50～60株。其次以乔木的幼树为多，样地内没有遇到的乔木的幼树有树参、美山矾、珍珠花、贵州桤叶树，铁杉幼树在林窗和林缘也有零星分布。草本层植物高1m以下，分布稀少，覆盖度5%左右，连药沿阶草稍多一些，其他还有阴生沿阶草、劲枝异药花(*Fordiophyton strictum*)、兔儿风、锦香草、镰叶瘤足蕨、华南鳞毛蕨(*Dryopteris tenuicula*)，铁杉和其他林木幼苗极少见到。藤本植物极少，偶而见到扶芳藤的分布。

4. 长苞铁杉林(Form. *Tsuga longibracteata*)

长苞铁杉是我国特有树种，分布于贵州、湖南、广东、福建、广西等地。在广西，长苞铁杉分布在灵川、龙胜、资源、兴安、全州、灌阳、融水、大瑶山、大明山、九万山等地，以它为优势的中山针阔叶混交林，主要见于北回归线以北的中山山地，海拔1200m以上，是广西亚热带常绿阔叶林垂直带谱的一个代表性类型，是这类森林在我国分布的南缘。

长苞铁杉林的立地条件类型为发育在砂岩、页岩和花岗岩母质上的山地黄棕壤或山地黄壤，呈强酸性反应。长苞铁杉林分布的地段一般都在山顶、山脊和悬崖峭壁的地方，但也有分布于山坡地，周围被常绿落叶阔叶混交林或中山山地常绿阔叶林所包围。

长苞铁杉为喜光性树种，在多层结构的林下，更新不良，例如在大瑶山，林冠郁闭度为0.85的长苞铁杉针阔叶混交林，1500m^{2}的样地林下有各种阔叶树幼苗201株，幼树559株，但长苞铁杉幼苗缺乏，而幼树只有3株。在单层林冠、林下光照度稍好的条件下，长苞铁杉的更新较好，例如在猫儿山，林冠覆盖度为70%的山脊，长苞铁杉针阔叶混交林，400m^{2}样地有长苞铁杉幼苗幼树23株，3～7m的植株14株，7.5～9.5m的植株6株，种群结构是完整的。

长苞铁杉木材纹理直，结构细而均匀，重量轻，质软，加工容易，削面光滑，材用价值大，是广西海拔1200m以上的山地重要的造林树种。目前保存的长苞铁杉针阔叶混交林面积很小，分布零星，应当注意保护。

长苞铁杉针阔叶混交林有如下3个群落。

(1)长苞铁杉＋马蹄荷－樟叶泡花树－樟叶泡花树－华西箭竹－狗脊蕨群落(*Tsuga longibracteata* + *Exbucklandia populnea* – *Meliosma squamulata* – *Meliosma squamulata* – *Fargesia nitida* – *Woodwardia japonica* Comm.)

此群落分布于大瑶山土燕四方冲，紫红色砂岩山地，海拔1280～1295m。样地具体所在地为山坡的中上部，坡度27°~35°；立地土壤为森林水化黄壤，土层浅薄，地表岩石裸露占70%~80%以上。乔木层郁闭度0.85，可明显划分为3个亚层，从表7-73可知，1500m^2样地有林木55种、268株。第一亚层林木覆盖度80%，高15~30m，基径20~100cm，其中30m高的大树只有长苞铁杉，基径100cm粗的大树有长苞铁杉和蓝果树2种，该层有林木23种、60株，长苞铁杉和马蹄荷共为优势，长苞铁杉有植株9株，重要值指数58.01；马蹄荷有植株14株，重要值指数54.43；较重要的种类还有金毛柯和云山青冈，重要值指数29.51和28.67；其他的种类植株和重要值指数均很少。第二亚层林木覆盖度40%~50%，高8~14m，基径12~38cm，有林木38种、124株，是种类和株数最多的一个亚层，其中有14种在上个亚层有分布，长苞铁杉在此层虽有分布，但已不占优势，占优势的是樟叶泡花树，有植株26株，重要值指数53.57；其他的种类重要值指数很分散，达到20的只有多花杜鹃和大头茶2种；达到10的有深山含笑、石楠、光叶拟单性木兰、黄丹木姜子、马蹄荷5种。第三亚层林木覆盖度20%~35%，高3~7m，基径4~15cm，有林木30种、84株，其中有22种在上2个亚层有分布，本层植株细小，冠幅稀疏，优势种仍为2亚层的优势种樟叶泡花树，重要值指数51.66；次优势种为黄丹木姜子，重要值指数39.96；较重要的种类还有毛狗骨柴(*Diplospora fruticosa*)、深山含笑、马蹄荷。从整个乔木层分析，重要值指数很分散，没有哪一个种重要值指数很突出，长苞铁杉虽然排列第一，但重要值指数亦只有31.16；马蹄荷和樟叶泡花树分排第二和第三位，重要值指数分别为27.28和27.04；其他52种乔木，没有哪一个种重要值指数达到20，只有7个种的重要值指数达到10以上，其他都在10以下。灌木层植物生长较茂盛，覆盖度50%~75%，种类很多，从表7-74可知，1500m^2有71种，但以乔木的幼树为主，真正的灌木种类并不多，不过覆盖度最大、分布最多的是真正的灌木华西箭竹，多度盖度级为5~6级，出现频度93.33%。草本层植物种类和数量均少，1500m^2样地只有18种，几乎不成层，出现频度最高的为狗脊蕨，其次为卷柏(*Selaginella tamariscina*)和薹草(*Carex* sp.)。从表7-75可知，乔木的幼苗幼树有50种，大多数种类为群落目前的乔木层组成种类，目前群落的优势种长苞铁杉幼苗缺乏，幼树只有3株；马蹄荷和樟叶泡花树幼苗和幼树都有，比例合理，但数量不太多；幼苗和幼树数量多、比例合理的有黄丹木姜子、日本杜英、猴欢喜、少叶黄杞、深山含笑、红楠和多花杜鹃，其中多花杜鹃为小高位芽植物，黄丹木姜子为小到中高位芽植物，红楠为中高位芽植物，猴欢喜和少叶黄杞为中到大高位芽植物，深山含笑和日本杜英为大高位芽植物，这几种乔木的幼苗幼树中，猴欢喜是在目前群落的乔木层组成种类中没有出现。因此，根据群落乔木幼苗幼树组成和数量特点分析，长苞铁杉可能会丧失在群落中的优势地位，除新增加猴欢喜为群落的重要组成种类外，目前群落中重要的组成种类不会有太大的变化。

表7-73　长苞铁杉+马蹄荷-樟叶泡花树-樟叶泡花树-华西箭竹-狗脊蕨群落乔木层种类组成及重要值指数

（样地号：大瑶山12号，大瑶山20号，样地面积：30m×30m+20m×30m，地点：金秀县土燕四方冲，海拔：1280m）

序号	树种	基面积(m^2)	株数	频度(%)	重要值指数
		乔木Ⅰ亚层			
1	长苞铁杉	3.8299	9	46.67	58.0096
2	马蹄荷	2.1886	14	46.67	54.4324
3	金毛柯	1.4206	5	33.33	29.5118
4	云山青冈	1.904	5	20	28.672
5	大头茶	0.6204	3	13.33	13.8497
6	蓝果树	0.9161	1	6.67	10.4883
7	银木荷	0.2777	2	13.33	9.6964
8	石楠	0.2278	2	13.33	9.3339
9	木荷	0.4771	2	6.67	8.969
10	少叶黄杞	0.164	2	13.33	8.8711
11	总状灰木	0.0628	2	13.33	8.1371
12	美叶柯	0.3739	1	6.67	6.554
13	茴山冬青	0.1151	2	6.67	6.3422

（续）

序号	树种	基面积(m²)	株数	频度(%)	重要值指数
14	红楠	0.2734	1	6.67	5.8245
15	雷公鹅耳枥	0.2206	1	6.67	5.4415
16	厚叶红淡比	0.1735	1	6.67	5.0995
17	双齿山茉莉	0.1662	1	6.67	5.0465
18	树参	0.1075	1	6.67	4.6208
19	毛桂	0.1075	1	6.67	4.6208
20	深山含笑	0.0804	1	6.67	4.4242
21	银钟花	0.0452	1	6.67	4.1688
22	茶梨	0.0415	1	6.67	4.1421
23	厚叶山矾	0.0314	1	6.67	4.0685
	合计	13.8254	60	306.67	300.3249
			乔木Ⅱ亚层		
1	樟叶泡花树	0.7622	26	60	53.57
2	多花杜鹃	0.1901	10	53.33	22.97
3	大头茶	0.4838	6	20	22.34
4	深山含笑	0.1587	9	40	18.9
5	石楠	0.2736	6	33.33	18.62
6	光叶拟单性木兰	0.102	7	26.67	13.3
7	黄丹木姜子	0.1026	5	33.33	12.88
8	马蹄荷	0.1462	5	20	11.79
9	长苞铁杉	0.0926	3	20	8.62
10	银木荷	0.1964	2	6.67	8.46
11	茶梨	0.0763	3	20	8.15
12	厚叶山矾	0.0511	3	20	7.42
13	尖萼川杨桐	0.0887	2	13.33	6.53
14	树参	0.0654	4	6.67	6.29
15	毛杜英	0.0514	3	13.33	6.26
16	五列木	0.0398	3	13.33	5.92
17	少叶黄杞	0.1134	1	6.67	5.26
18	毛桂	0.0381	2	13.33	5.07
19	阴香	0.0322	2	13.33	4.9
20	显脉冬青	0.024	2	13.33	4.66
21	日本杜英	0.0393	2	6.67	3.92
22	南国山矾	0.0265	2	6.67	3.55
23	红楠	0.0531	1	6.67	3.52
24	海南树参	0.0452	1	6.67	3.29
25	木荷	0.0314	1	6.67	2.89
26	双齿山茉莉	0.0254	1	6.67	2.72
27	虎皮楠	0.0227	1	6.67	2.64
28	竹叶木姜子	2.27	1	6.67	2.64
29	甜槠	0.0201	1	6.67	2.56
30	桂南木莲	0.0133	1	6.67	2.37
31	榕叶冬青	0.0113	1	6.67	2.31
32	赤楠	0.0113	1	6.67	2.31
33	岭南柿	0.0113	1	6.67	2.31
34	樟叶越桔	0.0113	1	6.67	2.31
35	双花假卫矛	0.0095	1	6.67	2.26
36	毛狗骨柴	0.0079	1	6.67	2.21
37	新木姜子	0.0064	1	6.67	2.17
38	广东新木姜子	0.005	1	6.67	2.13
	合计	3.4624	124	566.68	300

（续）

序号	树种	基面积(m^2)	株数	频度(%)	重要值指数
		乔木Ⅲ亚层			
1	樟叶泡花树	0.1225	13	60	51.66
2	黄丹木姜子	0.074	12	53.33	39.96
3	毛狗骨柴	0.0371	5	26.67	18.8
4	深山含笑	0.0282	5	33.33	18.65
5	马蹄荷	0.0356	6	20	16.73
6	光叶拟单性木兰	0.0159	4	26.67	13.68
7	香花枇杷	0.0159	5	20	13.39
8	石楠	0.0222	3	20	12.18
9	网脉木犀	0.0147	4	20	11.97
10	多花杜鹃	0.0305	2	13.33	11.02
11	海南树参	0.0227	2	13.33	9.58
12	树参	0.0211	2	13.33	9.29
13	榕叶冬青	0.0078	3	13.33	8
14	新木姜子	0.0089	2	13.33	7.01
15	桂南木莲	0.0095	1	6.67	4.45
16	南宁虎皮楠	0.0095	1	6.67	4.45
17	尼泊尔冬青山矾	0.0095	1	6.67	4.45
18	厚叶红淡比	0.0064	1	6.67	3.86
19	黄棉木	0.0064	1	6.67	3.86
20	水团花	0.0064	1	6.67	3.86
21	茶梨	0.005	1	6.67	3.62
22	毛杜英	0.005	1	6.67	3.62
23	广东新木姜子	0.005	1	6.67	3.62
24	红楠	0.0028	1	6.67	3.21
25	阴香	0.0028	1	6.67	3.21
26	甜槠	0.0028	1	6.67	3.21
27	赤楠	0.0028	1	6.67	3.21
28	短尾越桔	0.0028	1	6.67	3.21
29	大花枇杷	0.0028	1	6.67	3.21
30	银木荷	0.002	1	6.67	3.05
	合计	0.5386	84	453.37	300
		乔木层			
1	长苞铁杉	3.9225	12	53.33	31.1615
2	马蹄荷	2.3704	25	53.33	27.2835
3	樟叶泡花树	0.8848	39	86.67	27.0424
4	云山青冈	1.904	5	20	14.3078
5	黄丹木姜子	0.1766	17	73.33	13.6946
6	深山含笑	0.2674	15	66.67	12.8809
7	金毛柯	1.4206	5	33.33	12.7453
8	大头茶	1.1042	9	26.67	11.8802
9	石楠	0.5235	11	53.33	11.6731
10	多花杜鹃	0.2206	12	60	10.9207
11	光叶拟单性木兰	0.1179	11	40	8.2357
12	银木荷	0.476	5	26.67	6.8549
13	蓝果树	0.9161	1	6.67	6.1031
14	树参	0.1941	7	26.67	6.0155
15	茶梨	0.1229	5	33.33	5.4471
16	毛狗骨柴	0.0449	6	33.33	5.3816
17	木荷	0.5085	3	13.33	5.135
18	红楠	0.3293	3	20	4.7055
19	少叶黄杞	0.2774	3	20	4.4136

（续）

序号	树种	基面积(m²)	株数	频度(%)	重要值指数
20	厚叶山矾	0.0825	4	26.67	4.2685
21	香花枇杷	0.0159	5	20	3.6894
22	榕叶冬青	0.0191	4	20	3.334
23	网脉木犀	0.0147	4	20	3.3092
24	海南树参	0.0679	3	20	3.2356
25	毛桂	0.1456	3	13.33	3.0944
26	美叶柯	0.3739	1	6.67	3.0541
27	双齿山茉莉	0.1916	2	13.33	2.9801
28	毛杜英	0.0564	4	13.33	2.9657
29	新木姜子	0.0152	3	20	2.9392
30	厚叶红淡比	0.1799	2	13.33	2.9138
31	五列木	0.0398	3	13.33	2.4994
32	阴香	0.035	3	13.33	2.4725
33	尖萼川杨桐	0.0887	2	13.33	2.401
34	总状灰木	0.0628	2	1333	2.2557
35	雷公鹅耳枥	0.2206	1	6.67	2.1919
36	显脉冬青	0.024	2	13.33	2.0375
37	甜槠	0.0229	2	13.33	2.0313
38	桂南木莲	0.0228	2	13.33	2.0304
39	苗山冬青	0.1151	2	6.67	1.9714
40	广东新木姜子	0.0101	2	13.33	1.9589
41	日本杜英	0.0393	2	6.67	1.5452
42	南国山矾	0.0265	2	6.67	1.4732
43	赤楠	0.0141	2	6.67	1.4038
44	虎皮楠	0.0227	1	6.67	1.0788
45	竹叶木姜子	0.0227	1	6.67	1.0788
46	岭南柿	0.0113	1	6.67	1.0148
47	樟叶越桔	0.0113	1	6.67	1.0148
48	南宁虎皮楠	0.0095	1	6.67	1.0046
49	尼泊尔冬青山矾	0.0095	1	6.67	1.0046
50	双花假卫矛	0.0095	1	6.67	1.0046
51	黄棉木	0.0064	1	6.67	0.9869
52	水团花	0.0064	1	6.67	0.9869
53	短尾越桔	0.0028	1	6.67	0.9671
54	大花枇杷	0.0028	1	6.67	0.9671
55	银钟花	0.0452	1	6.67	0.9529
	合计	17.8264	268	1153.36	300.0003

石楠 *Photinia serratifolia*　总状灰木 *Symplocos botryantha*　毛杜英 *Elaeocarpus* sp.　双花假卫矛 *Microtropis biflora*
广东新木姜子 *Neolitsea kwangtungensis*　黄棉木 *Metadina trichotoma*　水团花 *Adina* sp.　尼泊尔冬青山矾 *Symplocos* sp.

表 7-74　长苞铁杉＋马蹄荷－樟叶泡花树－樟叶泡花树－华西箭竹－狗脊蕨群落灌木层和草本层种类组成及分布情况

序号	种名	多度盖度级	频度(%)	序号	种名	多度盖度级	频度(%)
灌木层植物				6	东方古柯	1	53.33
1	华西箭竹	5～6	93.33	7	鹿角锥	1	66.67
2	日本杜英	1～4	93.33	8	红楠	2～4	100
3	广东新木姜子	1	13.33	9	柏拉木	1～3	66.67
4	疏花卫矛	1	26.67	10	四川冬青	1	6.67
5	狭叶木犀	1	26.67	11	三峡槭	1	20

（续）

序号	种名	多度盖度级	频度(%)	序号	种名	多度盖度级	频度(%)
12	日本粗叶木	1～2	33.33	52	朱砂根	2	20
13	大果木姜子	1	6.67	53	光叶海桐	1	6.67
14	大头茶	1～2	13.33	54	青皮香	1	6.67
15	大果卫矛	1～2	53.33	55	石斑木	1	6.67
16	饭甑青冈	1	13.33	56	船柄茶	1	6.67
17	岗柃	1	6.67	57	假卫矛	1	6.67
18	南国山矾	1	6.67	58	新木姜子	1	6.67
19	白花苦灯笼	1	6.67	59	棱枝冬青	1	6.67
20	吴茱萸五加	1	26.67	60	香楠	2	26.67
21	细齿叶柃	1	6.67	61	锐尖山香圆	1	6.67
22	黄枝润楠	1	6.67	62	钝齿尖叶桂樱	3	6.67
23	广东杜鹃	1	6.67	63	基脉润楠	2	6.67
24	枫香树	1	6.67	64	窄基红褐柃	2	13.33
25	褐毛四照花	1	6.67	65	竹叶青冈	1	6.67
26	大花枇杷	1～3	46.67	66	栀子	1	6.67
27	刺叶灰木	1	20	67	黄棉木	1	6.67
28	米槠	1	6.67	68	铁山矾	1	6.67
29	单毛桤叶树	1～4	33.33	69	紫金牛	2	6.67
30	茶	1	6.67	70	马银花	1	6.67
31	榕叶冬青	1～2	33.3	71	云山青冈	2	13.33
32	尖叶三角瓣花	1	6.67		**草本层**		
33	银木荷	2	20	1	狗脊蕨	2	100
34	赤楠	2	20	2	薹草	3	46.67
35	多花杜鹃	3	33.33	3	卷柏	1～2	46.67
36	长苞铁杉	2	6.67	4	中华复叶耳蕨	3	26.67
37	甜槠	2	33.33	5	镰羽瘤足蕨	1～2	20
38	光叶拟单性木兰	2	33.33	6	中华里白	2	20
39	树参	2	33.33	7	华中瘤足蕨	2	20
40	网脉木犀	2	33.33	8	隐穗薹草	1～2	26.67
41	虎皮楠	2	26.67	9	华南舌蕨	1	6.67
42	黄丹木姜子	4	33.33	10	倒挂铁角蕨	2	20
43	南国山矾	3	13.33	11	山姜	1～3	20
44	海南树参	2	26.67	12	兔儿风	3	20
45	樟叶泡花树	2	20	13	球子复叶耳蕨	3	40
46	厚叶红淡比	3	6.67	14	叶底红	2	33.33
47	深山含笑	2	26.67	15	淡竹叶	1	6.67
48	阴香	3	33.33	16	狭叶沿阶草	2	26.67
49	尖萼川杨桐	4	20	17	玉竹	1	6.67
50	短尾越桔	1	26.67	18	毛果珍珠茅	2	13.33
51	滇白珠	1	6.67				

三峡槭 *Acer wilsonii*　白花苦灯笼 *Tarenna mollissima*　褐毛四照花 *Cornus hongkongensis* subsp. *ferruginea*
刺叶灰木 *Symplocos* sp.　单毛桤叶树 *Clethra bodinieri*　茶 *Camellia sinensis*　尖叶三角瓣花 *Prismatomeris* sp.
假卫矛 *Microtropis* sp.　香楠 *Aidia canthioides*　钝齿尖叶桂樱 *Laurocerasus undulata* f. *microbotrys*
铁山矾 *Symplocos pseudobarberina*　紫金牛 *Ardisia japonica*　中华复叶耳蕨 *Arachniodes chinensis*
镰羽瘤足蕨 *Plagiogyria falcata*　华中瘤足蕨 *Plagiogyria euphlebia*　华南舌蕨 *Elaphoglossum yoshinagae*
倒挂铁角蕨 *Asplenium normale*　兔儿风 *Ainsliaea* sp.　球子复叶耳蕨 *Arachniodes* sp.
叶底红 *Bredia fordii*　狭叶沿阶草 *Ophiopogon stenophyllus*

表 7-75　长苞铁杉 + 马蹄荷 - 樟泡花树 - 樟叶泡花树 - 华西箭竹 - 狗脊蕨群落乔木幼苗幼树种类组成和数量

序号	种名	幼苗(株)(H<0.5m)	幼树(株)(3m>H≥0.5m)	序号	种名	幼苗(株)(H<0.5m)	幼树(株)(3m>H≥0.5m)
1	猴欢喜	16	35	27	毛狗骨柴		1
2	黄丹木姜子	47	58	28	黄棉木	1	2
3	银木荷	2	12	29	美叶柯	1	4
4	樟叶泡花树	6	9	30	海南树参		5
5	阴香	4	20	31	马蹄荷	5	8
6	深山含笑	10	35	32	腺叶桂樱		1
7	虎皮楠	8	16	33	厚叶红淡比	1	8
8	大果卫矛	7	29	34	长苞铁杉		3
9	新木姜子		9	35	广东新木姜子	1	4
10	少叶黄杞	14	28	36	南国山矾	3	22
11	云山青冈		8	37	榕叶冬青		3
12	苗山冬青		1	38	五裂槭	3	1
13	罗浮锥	1	6	39	甜槠	2	22
14	鹿角锥	1	11	40	网脉木犀	2	3
15	茶梨		3	41	石斑木	2	
16	石楠	4	6	42	桂南木莲	1	
17	多花杜鹃	8	26	43	樟叶越桔		2
18	香楠	2	19	44	显脉冬青	1	
19	树参		8	45	单毛桤叶树	3	13
20	大头茶	1	4	46	厚叶山矾		4
21	红楠	9	34	47	刺叶山矾		1
22	吴茱萸五加	1	3	48	尖萼川杨桐	2	4
23	桃叶石楠		1	49	基脉楠		1
24	日本杜英	28	39	50	锐尖山香圆	1	1
25	光叶拟单性木兰	2	9		合计	201	559
26	大花枇杷	1	17				

(2)长苞铁杉 - 长苞铁杉 - 长苞铁杉 - 马银花 - 光里白群落(*Tsuga longibracteata* - *Tsuga longibracteata* - *Tsuga longibracteeata* - *Rhododendron ovatum* - *Diplopterygium laevissimum* Comm.)

此群落分布于融水县元宝山，花岗岩山地。样地具体所在地海拔 1021m，为山脊，长苞铁杉沿山脊作带状分布，四周为陡峭的山坡，坡度 >70°，立地土壤为山地黄壤，土层浅薄，厚度 <30cm，岩石裸露 90% 以上，长苞铁杉扎根岩隙中。乔木层总盖度 90%，可分成 3 个亚层，根据表 7-76，600m^2(60m×10m)样地有林木 12 种、54 株。第一亚层林木覆盖度 60%，高 15～30m，胸径 23～110cm，有林木 2 种、8 株，以长苞铁杉占绝对优势，有 7 株，重要值指数 260.93。第二亚层林木覆盖度 60%，高 7～14m，胸径 9～38cm，有林木 8 种、27 株，其中 2 种在上层出现过，仍以长苞铁杉占绝对优势，有 10 株，重要值指数 126.68；其他较重要的种类有米槠和马尾松，重要值指数分别为 41.54 和 35.47。第三亚层林木覆盖度 40%，高 3～7m，胸径细小，约 4～6cm，个别长苞铁杉可达 13cm，有林木 7 种、19 株，其中 3 种在上 2 个亚层有分布，优势种仍为长苞铁杉，重要值指数 85.87，次优势种为米槠，重要值指数 54.05；其他较重要的种类还有珍珠花、福建柏和马银花。从整个乔木层分析，长苞铁杉株数多，植株高大，重要值指数 152.97，占绝对优势，不但是群落的优势种，而且也是群落的建群种；其他的种类重要值指数都不太大，较重要的有米槠和马尾松，重要值指数分别为 30.06 和 23.77。灌木层植物和数量都不太多，根据表 7-77，600m^{2}样地有 13 种，覆盖度 10%，以马银花稍多，覆盖度占 5%，其他的种类数量很少，几乎没有盖度。草本层植物种类更为稀少，600m^{2}样地只有 3 种，覆盖度 10%，几乎全为光里白所占。长苞铁杉更新不良，虽然乔木层大树很多，但 600m^{2}样地只有幼苗 3 株。

表 7-76 长苞铁杉 – 长苞铁杉 – 长苞铁杉 – 马银花 – 光里白群落乔木层种类组成及重要值指数

（样地号：融水县元宝山长苞铁杉林 –01，样地面积：10m ×60m，地点：元宝山培秀村远大，海拔：1021m）

序号	树种	基面积(m^2)	株数	频度(%)	重要值指数
		乔木Ⅰ亚层			
1	长苞铁杉	2.6099	7	50	260.9327
2	马尾松	0.0415	1	16.67	39.07
	合计	2.8514	8	66.67	300.0027
		乔木Ⅱ亚层			
1	长苞铁杉	0.3877	10	83.33	126.68
2	米槠	0.0628	5	33.33	41.5445
3	马尾松	0.0724	3	33.33	35.47
4	福建柏	0.1134	1	16.67	26.6227
5	五列木	0.0224	3	16.67	21.3677
6	海南树参	0.0409	2	16.67	20.2424
7	赤楠	0.0114	2	16.67	16.1344
8	赤杨叶	0.0079	1	16.67	11.94
	合计	0.7189	27	233.33	300.0009
		乔木Ⅲ亚层			
1	长苞铁杉	0.0238	4	50	85.87
2	米槠	0.0127	3	33.33	54.05
3	珍珠花	0.0079	2	33.33	41.1
4	福建柏	0.0086	3	16.67	38.51
5	马银花	0.005	4	16.67	38.07
6	红豆属 1 种	0.0041	2	16.67	26.06
7	船柄茶	0.0013	1	16.67	16.34
	合计	0.0634	19	183.33	300
		乔木层			
1	长苞铁杉	3.0214	21	100	152.9674
2	米槠	0.0756	8	50	30.0587
3	马尾松	0.114	4	50	23.7698
4	福建柏	0.1221	4	33.33	19.6576
5	珍珠花	0.0079	2	33.33	12.6281
6	马银花	0.005	4	16.67	11.9016
7	五列木	0.0224	3	16.67	10.5553
8	海南树参	0.0409	2	16.67	9.2432
9	赤楠	0.0114	2	16.67	8.3832
10	红豆属 1 种	0.0041	2	16.67	8.1705
11	赤杨叶	0.0079	1	16.67	6.4284
12	船柄茶	0.0013	1	16.67	6.2363
	合计	3.4337	54	383.33	300.0001

表 7-77 长苞铁杉 – 长苞铁杉 – 长苞铁杉 – 马银花 – 光里白群落灌木层和草本层种类组成及分布情况

序号	种名	株数或多度	覆盖度(%)
	灌木层		
1	贵州杜鹃	1	
2	贵州桤叶树	1	
3	银木荷	1	
4	米槠	1	
5	五列木	1	
6	扭肚藤	sp	
7	菝葜	sol	
8	鼠刺	1	
9	马银花		5
10	厚皮香	sol	
11	长苞铁杉	幼苗 3 株	
12	网脉山龙眼	1	
13	赤楠	sp	
	草本层		
1	光里白		10
2	狗脊蕨	sp	
3	淡竹叶	sol	

扭肚藤 *Jasminum elongatum*

（3）长苞铁杉＋甜槠－长苞铁杉＋甜槠－华西箭竹－蕨群落（*Tsuga longibracteata* + *Castanopsis eyrei* – *Tsuga longibracteata* + *Castanopsis eyrei* – *Fargesia nitida* – *Pteridium aquilinum* var. *latiusculum* Comm.）

分布于猫儿山，砂岩夹花岗岩山地。样地具体所在地为山脊侧边，海拔1570m，立地土壤为山地黄壤，土层浅薄，土体中屑碎石块不少。乔木层总盖度70%，可分为2个层片，从表7-78可知，400m^{2}样地有林木20种、96株。上层林片高7.5～9.5m，胸径13～33cm，有林木8种、17株，优势明显，以长苞铁杉和甜槠共为优势，前者有6株，重要值指数99.76；后者5株，重要值指数87.66，其他的种类均为单株，重要值指数小且分散。下层林片高3～7m，胸径一般3～6cm，但有少数植株可达22～33cm，有18种、79株，其中有6种在上层有分布，仍以长苞铁杉和甜槠共为优势，重要值指数分别为56.55和56.98；常见的种类有灯笼吊钟花、多花杜鹃、云南桤叶树、银木荷，重要值指数分别为34.21、31.06、28.66、28.96。从整个乔木层分析，由于上下层林片组成种类差不多相同，下层林片优势种是上层林片的优势种，所以整个乔木层的优势种同样为长苞铁杉和甜槠，常见种同样为灯笼吊钟花、多花杜鹃、云南桤叶树、银木荷。灌木层植物生长较茂盛，覆盖度80%，种类较多，从表7-79可知，包括乔木幼树在内400m^{2}样地有29种，以华西箭竹占优势，次优势有南烛、多花杜鹃、灯笼吊钟花；长苞铁杉的幼苗幼树有23株，更新尚较好。草本层植物种类和数量均少，覆盖度只有5%，种类9种，以蕨稍多，其他种零星分布。

表7-78 长苞铁杉＋甜槠－长苞铁杉＋甜槠－华西箭竹－蕨群落乔木层种类组成及重要值指数

（样地号：苗儿山第三号，样地面积：20m×20m，地点：资源县两水乡社水村吊洞，海拔：1570m）

序号	树种	基面积(m^2)	株数	频度(%)	重要值指数
		乔木Ⅱ亚层			
1	长苞铁杉	0.1411	6	75	99.76
2	甜槠	0.152	5	50	87.66
3	米槠	0.0254	1	25	21.68
4	小叶青冈	0.0254	1	25	21.68
5	锥	0.0154	1	25	19.03
6	白栎	0.0133	1	25	18.47
7	云南桤叶树	0.0038	1	25	15.99
8	银木荷	0.0028	1	25	15.72
	合计	0.3793	17	275	300
		乔木Ⅲ亚层			
1	甜槠	0.1426	8	100	56.98
2	长苞铁杉	0.1111	14	100	56.55
3	灯笼吊钟花	0.0284	13	100	34.21
4	多花杜鹃	0.016	13	100	31.06
5	银木荷	0.0426	6	100	28.96
6	云南桤叶树	0.0265	9	100	28.66
7	南烛	0.0062	5	75	15.8
8	柃木	0.0038	1	25	4.88
9	缺萼枫香树	0.0028	1	25	4.62
10	米槠	0.0028	1	25	4.62
11	白栎	0.0028	1	25	4.62
12	石楠	0.0013	1	25	4.22
13	光叶石楠	0.0013	1	25	4.22
14	杜鹃	0.0013	1	25	4.22
15	薄叶山矾	0.0013	1	25	4.22
16	南岭杜鹃	0.0007	1	25	4.08
17	短尾越桔	0.0007	1	25	4.08
18	石灰花楸	0.0005	1	25	4.02
	合计	0.3927	79	950	300

（续）

序号	树种	基面积(m^2)	株数	频度(%)	重要值指数
		乔木层			
1	长苞铁杉	0.2522	20	100	63.5
2	甜槠	0.2946	13	100	61.71
3	灯笼吊钟花	0.0284	13	100	27.22
4	多花杜鹃	0.016	13	100	25.62
5	云南桤叶树	0.0303	10	100	24.34
6	银木荷	0.0454	7	100	23.17
7	南烛	0.0062	5	75	13.51
8	米槠	0.0283	2	25	8.25
9	小叶青冈	0.0254	1	25	6.84
10	白栎	0.0161	2	25	6.67
11	锥	0.0154	1	25	5.54
12	柃木	0.0038	1	25	4.04
13	缺萼枫香树	0.0028	1	25	3.91
14	薄叶山矾	0.0013	1	25	3.7
15	杜鹃	0.0013	1	25	3.7
16	光叶石楠	0.0013	1	25	3.7
17	石楠	0.0013	1	25	3.7
18	短尾越桔	0.0007	1	25	3.63
19	南岭杜鹃	0.0007	1	25	3.63
20	石灰花楸	0.0005	1	25	3.61
	合计	0.7719	96	10000.01	300

南岭杜鹃 *Rhododendron levinei*

表 7-79　长苞铁杉＋甜槠－长苞铁杉＋甜槠－华西箭竹－蕨群落灌木层和草本层种类组成及分布情况

序号	种名	多度	高度(m)	序号	种名	多度	高度(m)
	灌木层　覆盖度 80%			20	黔桂槭	sol	0.2
1	华西箭竹	cop^2	1.5~2	21	杜鹃	sol	0.8
2	南烛	cop^1	1.2	22	石灰花楸	sol	1.2
3	多花杜鹃	cop^1	1.5	23	云山青冈	sol	0.4
4	灯笼吊钟花	cop^1	1.3	24	小叶青冈	sol	1.5
5	长苞铁杉	幼苗幼树 23 株		25	柏拉木	sol	0.9
6	具柄冬青	sp	1.2	26	薄叶山矾	sol	1.8
7	云南桤叶树	sp	1.5	27	假卫矛	sol	1.5
8	珍珠花	sp	0.6	28	厚皮香	un	0.6
9	甜槠	sp	1.2	29	菝葜	un	0.5
10	满山红	sp	1.6		草本层　覆盖度 5%		
11	马尾松	sol	0.5	1	狗脊蕨	un	0.2
12	银木荷	sp	1.1	2	车前	sol	0.1
13	水青冈	sp	1	3	芒萁	sol	0.3
14	短序润楠	sol	0.4	4	蕨一种	sol	0.5
15	白栎	sol	0.5	5	五节芒	sol	0.8
16	细齿叶柃	sp	1.5	6	黍一种	sol	0.4
17	雷公鹅耳枥	sol	1.3	7	石松	sol	0.1
18	鼠刺	sp	1.6	8	蕨	sp	0.5
19	凹脉红淡比	sol	0.7	9	地菍	sol	0.03

满山红 *Rhododendron mariesii*　凹脉红淡比 *Cleyera incornuta*　黔桂槭 *Acer chingii*　假卫矛 *Microtropis* sp.

(4)长苞铁杉－细叶青冈－短梗新木姜子－华西箭竹－十字薹草群落(*Tsuga longibracteata* – *Cyclobalanopsis gracilis* – *Neolitsea brevipes* – *Fargesia nitida* – *Carex cruciata* Comm.)

本群落分布于猫儿山八角田北边的山地，海拔1650m的山脊上，立地土壤为山地黄壤。群落林冠郁闭度0.7左右，乔木层可划分为3个亚层。第一亚层林木高20m，平均胸径64cm，最粗可达77cm，主要为长苞铁杉所占，零星分布的有铁杉和银木荷。第二亚层林木高8～15m，胸径20cm左右，覆盖度50%，种类较多，以细叶青冈占优势，短梗新木姜子、拟榕叶冬青次之，常见的有硬壳柯、光枝杜鹃、红淡比、阔瓣含笑、亮叶杨桐、大八角和毒八角(*Illicium taxicum*)等。第三亚层林木高4～7m，胸径10cm左右，覆盖度50%，以短梗新木姜子和细叶青冈最多，硬壳柯、光枝杜鹃、红淡比也较多，常见的有褐叶青冈、甜槠、树参、日本杜英、茶条灰木(*Symplocos ernestii*)、毒八角、银木荷、拟榕叶冬青、厚叶厚皮香、阔瓣含笑、亮叶杨桐、贵州桤叶树、中华槭等。灌木层植物密集分布，高2m以下，覆盖度95%，以华西箭竹占绝对优势，覆盖度占80%以上，1m^2范围多达30多株；其次以乔木的幼树为多，很多是样地内没有的乔木种类，例如木姜叶润楠、刺叶桂樱、异株木犀榄、虎皮楠、石楠、疏花卫矛、木姜叶冬青、榕叶冬青、细枝柃、红皮木姜子等，真正的灌木不多，只有朱砂根、杜鹃、柏拉木、皱柄冬青(*Ilex kengii*)、合轴荚蒾等零星分布。草本层植物十分稀疏，高1m以下，覆盖度仅5%，十字薹草稍多，其他还有匙叶草、兔儿风、多羽复叶耳蕨、华南鳞毛蕨等。藤本植物分布零星，偶见有合丝肖菝葜(*Heterosmilax gaudichaudiana*)和长叶菝葜。更新层阔叶乔木的幼苗较多，但长苞铁杉的幼苗极少。

(5)长苞铁杉－亮叶杨桐－摆竹－光里白群落(*Tsuga longibracteata* – *Adinandra mitida* – *Indosasa shibataeoides* – *Diplopterygium laevissimum* Comm.)

该群落分布于环江县九万山，花岗岩山地。样地具体所在地为海拔1100～1200m之间的山脊上，立地土壤为山地黄壤，表层黑色，土层较薄，含石砾较多，岩石裸露30%。在500m^2的样地内有乔木23种、106株，乔木层可分成2个亚层。第一亚层林木高10～18m，胸径10～40cm，郁闭度0.6～0.7，优势不太突出，长苞铁杉稍占优势，重要值指数44.5；小花红花荷和四川大头茶为次优势，重要值指数分别为34.4和32.5；常见种有银木荷、黄杞，重要值指数分别为23.3和13.3。第二亚层林木高2～8m，胸径4～8cm，优势也不突出，以亮叶杨桐和长苞铁杉稍突出，重要值指数分别为44.2和38.4，常见的种类有贵州琼楠、多花杜鹃、凯里杜鹃、单耳柃、铁山矾、黄背越桔(*Vaccinium iteophyllum*)、苗山桂、日本杜英、光叶石楠、水青冈等。灌木层植物以摆竹占优势，盖度达70%，常见的种类有柏拉木、棱果花、赤楠、小花杜鹃、满山红。草本层植物种类和数量均少，覆盖度只有5%，有光里白、狗脊蕨、芒萁、淡竹叶、异裂短肠蕨(*Allantodia laxifrons*)等种类。

5. 小叶罗汉松林(Form. *Podocarpus wangii*)

小叶罗汉松是一种古老孑遗和极具观赏价值的珍稀濒危植物，在我国分布于广西、广东、海南、云南等地；在广西见于大瑶山、九万山、元宝山、鹿寨等地。以它为优势的中山针阔叶混交林在国内其他省(区)还未见有报道，在广西，主要见于大瑶山、元宝山和九万山自然保护区，一般面积很小，分布零星；但九万山自然保护区尚有较大面积的分布。

小叶罗汉松针阔叶混交林一般都分布于海拔1300m以上的山顶、山脊边缘，常风较大，同时受人为的频繁挖掘和砍伐，高大的乔木很少，常成矮林的状态。小叶罗汉松林的立地条件类型为发育在砂、页岩和花岗岩上的山地黄壤和黄棕壤，强酸性反应，地表岩石裸露多；林内生境潮湿，苔藓植物十分发达。

在广西的中山针阔叶混交林中，小叶罗汉松是较能耐阴的一个种类，其天然更新较好。例如，在大瑶山，一片郁闭度0.85以福建柏为优势的针阔叶混交林，每公顷有福建柏幼苗1000株，但小叶罗汉松有1500～4000株。然而，由于它极具观赏价值，受破坏十分严重，九万山自然保护区的小叶罗汉松林，本是一片很好的和连片的林分，目前已经变得残缺不全；元宝山自然保护区无名峰的小叶罗汉松林，目前已不能成为一个完整的群落，而只能是一个群落的片断。

小叶罗汉松林是一种古老的残遗群落，科研价值极大；同时它又是河流的源地，是十分重要的水源林，因此，必须十分注重加以保护。

目前见到的小叶罗汉松林有 3 个群落。

(1)小叶罗汉松 - 广东杜鹃 + 密花树 - 棱果花 + 华西箭竹 - 间型沿阶草群落(*Podocarpus wangii* - *Rhododendron kwangtungensis* + *Myrsine seguinii* - *Barthea barthei* + *Fargesia nitida* - *Ophiopogon intermedius* Comm.)

本群落分布于大瑶山圣堂顶及五指山海拔 1600m 以上的中山山地，地层属泥盆系莲花山组红色砂岩，由于人为干扰少，该群落保存很好，原始性很浓。样地具体所在地为山体的中上部，海拔 1710m；立地土壤为森林山地黄壤，土层浅薄，地表全都是裸露石块所覆盖。

从表 7-80 可知，200m^{2}样地有立木 22 种、59 株。乔木层郁闭度 0.80，立木树干弯曲，向坡下倾斜，不高大，只能分为 2 个亚层。第一亚层林木高 8 ~ 12m，胸径 8 ~ 20cm，覆盖度 80%，有林木 17 种、37 株，优势不明显，小叶罗汉松虽然排第一，但重要值指数只有 31.8；其他重要的种类，如阔瓣含笑、网脉木犀、南国山矾、凹叶冬青，重要值指数分别有 25.8、25.6、22.7、21.7，与小叶罗汉松相差不大。第二亚层林木高 4.5 ~ 7m，胸径 6cm 左右，覆盖度 40%，有林木 14 种、22 株，其中有 9 种在上亚层有分布，优势种为广东杜鹃，重要值指数 55.6；次优势种为密花树，重要值指数 41.6；常见的种类有榕叶冬青、小叶罗汉松、厚叶红淡比，重要值指数分别为 26.7、26.4、20.6。综合整个乔木层分析，优势不突出，重要值指数较分散，没有哪一个种超过 30，小叶罗汉松重要值指数最大，为 26.3；次为榕叶冬青、广东杜鹃、网脉木犀、厚叶红淡比，重要值指数分别为 21.9、21.4、21.2、20.8。灌木层植物覆盖度 40%，种类组成较丰富，从表 7-81 可知，200m^{2}有 21 种，虽然以乔木的幼树为主，但数量最多、覆盖度最大的是真正的灌木棱果木和华西箭竹，真正的灌木日本鸡屎树也很常见。草本层分布稀疏，覆盖度只有 10% ~15%，以蕨类植物的种类占多数，14 种草本植物蕨类植物占了 9 种。比较常见的有间型沿阶草、长叶薹草、齿头鳞毛蕨(*Dryopteris labordei*)、膜蕨(*Hymenophyllum* sp.)、倒挂铁角蕨、卷柏。更新层植物中，目前为群落优势种的多数种类都有幼苗和幼树，但小叶罗汉松虽然幼苗多，200m^{2}有高度 < 50cm 的植株 38 株，然而高度 > 50cm 的幼树缺；目前在乔木层中没有出现、但幼苗幼树很多的短梗新木姜子，将来很可能成为群落乔木层的优势种。

表 7-80 小叶罗汉松 - 广东杜鹃 + 密花树 - 棱果花 + 华西箭竹 - 间型沿阶草群落乔木层种类组成及重要值指数

(样地号：瑶山 51 号，样地面积：10m × 20m，地点：金秀县圣堂山，海拔：1710m)

序号	树种	基面积(m^2)	株数	频度(%)	重要值指数
乔木 I 亚层					
1	小叶罗汉松	0.1012	5	100	31.8
2	厚叶红淡比	0.0598	4	50	20.7
3	南国山矾	0.0562	3	100	22.7
4	阔瓣含笑	0.155	3	50	25.8
5	榕叶冬青	0.1075	2	50	19.2
6	光枝杜鹃	0.0679	2	50	16
7	凹叶冬青	0.0774	2	100	21.7
8	日本杜英	0.0494	2	50	14.4
9	网脉木犀	0.0868	5	50	25.6
10	厚皮香	0.0919	2	50	17.9
11	树参	0.0416	1	50	11.1
12	广东杜鹃	0.0227	1	50	9.6
13	日本杜英	0.0491	1	50	11.7
14	显脉冬青	0.0616	1	50	12.7
15	福建柏	0.0573	1	50	12.4
16	小花红花荷	0.0855	1	50	14.7
17	海南树参	0.0491	1	50	11.7

（续）

序号	树种	基面积(m^2)	株数	频度(%)	重要值指数
	合计	1.22	37	1000	299.7
		乔木Ⅱ亚层			
1	小叶罗汉松	0.0314	1	50	26.4
2	厚叶红淡比	0.0201	1	50	20.6
3	榕叶冬青	0.0114	2	100	26.7
4	光枝杜鹃	0.0095	1	50	15.2
5	凹叶冬青	0.0028	1	50	11.8
6	日本杜英	0.0113	1	50	16.2
7	网脉木犀	0.0227	1	50	22
8	广东杜鹃	0.0415	5	100	55.6
9	显脉冬青	0.0039	1	50	12.4
10	桃叶石楠	0.0064	1	50	13.6
11	密花树	0.0228	4	100	41.6
12	黄牛奶树	0.0039	1	50	12.4
13	茵芋	0.0039	1	50	12.4
14	长尾毛蕊茶	0.005	1	50	13
	合计	0.1964	22	850	299.9
		乔木层			
1	小叶罗汉松	0.1326	6	100	26.3
2	厚叶红淡比	0.0799	5	100	20.8
3	南国山矾	0.0562	3	100	15.8
4	阔瓣含笑	0.155	3	50	19.3
5	榕叶冬青	0.1189	4	100	21.9
6	光枝杜鹃	0.0774	3	100	17.3
7	凹叶冬青	0.0803	3	100	17.5
8	日本杜英	0.0607	3	50	12.7
9	网脉木犀	0.1095	6	50	21.2
10	厚皮香	0.0919	2	50	13.2
11	树参	0.0416	1	50	7.9
12	广东杜鹃	0.0642	6	100	21.4
13	日本杜英	0.0491	1	50	8.5
14	显脉冬青	0.0654	2	50	11.3
15	福建柏	0.0573	1	50	9
16	小花红花荷	0.0855	1	50	11
17	海南树参	0.0491	1	50	8.5
18	桃叶石楠	0.0064	1	50	5.4
19	密花树	0.0228	4	100	15.1
20	黄牛奶树	0.0039	1	50	5.3
21	茵芋	0.0039	1	50	5.3
22	长尾毛蕊茶	0.005	1	50	5.4
	合计	1.4164	59	1500	300.1

表 7-81　小叶罗汉松－广东杜鹃＋密花树－棱果花＋华西箭竹－间型沿阶草群落灌木层和草本层种类组成及分布情况

序号	种名	多度盖度级	频度(%)	幼苗(株)	幼树(株)
		灌木层 40%			
1	棱果花	5	100		
2	华西箭竹	4~5	100		
3	短柄新木姜子	4~3	100		
4	日本粗叶木	4~3	100		
5	紫金牛	3	100		
6	船柄茶	3	100		

（续）

序号	种名	多度盖度级	频度(%)	幼苗(株)	幼树(株)
7	光叶石楠	2	100		
8	腺柄山矾	1~2	100		
9	广东杜鹃	2	100		5
10	密花树	2	100		4
11	阔瓣含笑	2	100	4	2
12	网脉木犀	3	50	2	5
13	光枝杜鹃	2	100	1	3
14	黄牛奶树	3	100		2
15	厚皮香	1	50		2
16	海南树参	3	50	9	
17	野黄桂	2	50		
18	木姜润楠	1	50		
19	茵芋	1	50		
20	多脉柃	1	50		
21	小叶罗汉松			38	
	草本层 10~15%				
1	间型沿阶草	3~5	100		
2	齿头鳞毛蕨	3	100		
3	膜蕨	3	100		
4	长叶薹草	3~5	100		
5	倒挂铁角蕨	3	100		
6	卷柏	3	100		
7	马铃苣苔	2	50		
8	长蒴苣苔	2	50		
9	龙头节肢蕨	2	50		
10	书带蕨	2	50		
11	短柄禾叶蕨	2	50		
12	大叶稀子蕨	2	50		
13	万寿竹	2	50		
14	中华剑蕨	2	50		

腺柄山矾 *Symplocos adenopus*　多脉柃 *Eurya polyneura*　长叶薹草 *Carex hattoriana*　马铃苣苔 *Oreocharis* sp.　长蒴苣苔 *Didymocarpus* sp.　龙头节肢蕨 *Arthromeris lungtauensis*　书带蕨 *Haplopteris flexuosa*　短柄禾叶蕨 *Grammitis dorsipila*　大叶稀子蕨 *Monachosorum subdigitatum*　中华剑蕨 *Loxogramme chinensis*

(2)光枝杜鹃－小叶罗汉松－匙萼柏拉木－锦香草群落(*Rhododendron haofui*－*Podocarpus wangii*－*Blastus cavaleriei*－*Phyllagathis cavaleriei* Comm.)

该群落分布于九万山自然保护区，是该保护区内面积最大的中山针阔叶混交林，约有300hm^2，主要见于久仁的野猪塘、无名高地和杨梅的白石顶一带。一般出现在中山山地上部，海拔1500m以上，处在迎风面或山顶山脊的下缘，与山顶山脊苔藓矮林相邻接。样地具体所在地在杨梅坳白石山，花岗岩山地，海拔1550m，近山顶缓坡，往下部位则地形陡峭，坡度>50°，地表岩石裸露90%以上，立地土壤为山地黄壤，土层浅薄，厚20~30cm，pH值4.2。

群落总覆盖度95%，乔木层分为2个亚层，从表7-82可知，400m^{2}样地有林木31种、236株。第一亚层林木高8~10m，胸径18~30cm，覆盖度70%，有18种、63株，小叶罗汉松应是该层的优势种之一，但因为有4株较大的植株被砍伐，只保存1株，重要值指数只有6.52；目前该亚层的优势种为光枝杜鹃，有24株，重要值指数98.37；次优势种为日本杜英和深山含笑，重要值指数38.89和36.04。第二亚层林木高4~7m，胸径3~16cm，覆盖度60%，本亚层种类组成较丰富，植株细小，故株数较多，有28种、173株，其中有15种在上亚层有分布，优势种为小叶罗汉松，有44株，重要值指数55.49；重要的种类还有光枝杜鹃、日本杜英、红皮木姜子、贵州桤叶树、野黄桂、深山含笑，重要值指数分别为26.85、20.71、20.00、18.58、18.28、18.18。综合整个乔木层分析，光枝杜鹃在第一亚层占据了明显的优势地位，在第二亚层虽然不是优势种，但属于次优势种，所以它仍是群落的优势种，重要值指数58.65，排列第一；小叶罗汉松虽然在第一亚层被砍伐了4株较大的植株，由于在第二亚层株数较多，重要值指数仍排第二，为26.37；深山含笑和日本杜英是群落重要的组成种类，重要值指数达到25.87和25.55；其他的种类多为伴生的种类，重要值指数很分散。灌木层植物覆盖度40%，400m^{2}有40种，其中真正的灌木和藤本12种，乔木幼树28种，真正的灌木数量都不太多，分布不均匀，从表7-83可知，常见的有匙萼柏拉木，局部优势的有小方竹。草本层植物覆盖度15%～70%，分布不均匀，有的地段覆盖度很大，可达70%，优势种为锦香草，常见的种类还有十字薹草、宽叶沿阶草(*Ophiopogon platyphyllus*)和蕗蕨等。从表7-84更新层植物种类组成看，小叶罗汉松的更新是很好的，光枝杜鹃、红皮木姜子、野黄桂的更新也较好，因此，发展下去，光枝杜鹃和小叶罗汉松能保持在群落中的优势地位，群落是稳定的。

表7-82　光枝杜鹃－小叶罗汉松－匙萼柏拉木－锦香草群落乔木层种类组成及重要值指数

（样地号：034，样地面积：20m×20m，地点：九万山杨梅坳白岩顶，海拔：1550m）

序号	树种	基面积(m^2)	株数	频度(%)	重要值指数
		乔木Ⅰ亚层			
1	光枝杜鹃	0.8314	24	100	98.367
2	小叶罗汉松	0.0284	1	25	6.5213
3	深山含笑	0.2364	8	75	36.0448
4	日本杜英	0.2278	8	100	38.8948
5	野黄桂	0.0113	1	25	5.5591
6	红皮木姜子	0.0079	1	25	5.364
7	马蹄参	0.0748	3	50	15.6497
8	榕叶冬青	0.0547	2	50	12.9318
9	灰木一种	0.0254	1	25	6.3573
10	亮叶厚皮香	0.0095	1	25	5.4571
11	厚皮香	0.0251	2	25	7.9268
12	红淡比	0.038	1	25	7.0667
13	五裂槭	0.0405	3	50	13.7165
14	凹叶黄杨	0.0267	2	25	8.0155
15	吴茱萸五加	0.0707	2	50	13.8319
16	耳柯	0.0452	1	25	7.4746
17	华润楠	0.0095	1	25	5.4571
18	红果树	0.0079	1	25	5.364
	合计	1.7713	63	750	300.0001
		乔木Ⅱ亚层			
1	光枝杜鹃	0.1083	12	100	26.8491
2	小叶罗汉松	0.1971	44	100	55.49
3	深山含笑	0.0598	10	75	18.1769
4	日本杜英	0.0957	7	75	20.7097
5	野黄桂	0.0317	16	75	18.2762
6	红皮木姜子	0.0403	14	100	20.0035
7	贵州桤叶树	0.0478	10	100	18.5796
8	光叶石楠	0.033	9	75	14.4539
9	大头茶	0.0263	6	75	11.963
10	马蹄参	0.0041	2	50	5.2538
11	榕叶冬青	0.0547	1	25	6.5775
12	灰木一种	0.0188	6	50	9.2659
13	亮叶厚皮香	0.0439	5	50	11.649
14	厚皮香	0.0236	4	50	8.6846

（续）

序号	树种	基面积（m^2）	株数	频度（%）	重要值指数
15	红淡比	0.0374	4	25	8.4947
16	凹叶黄杨	0.0095	1	25	3.5058
17	细花杜鹃	0.0165	7	25	7.7406
18	耳柯	0.0028	1	25	2.7194
19	轮叶木姜子	0.0107	3	25	4.781
20	华润楠	0.0079	1	25	3.3115
21	合轴荚蒾	0.0035	2	25	3.3709
22	硬壳柯	0.0017	2	25	3.1604
23	树参	0.0079	1	25	3.3115
24	网脉木犀	0.005	1	25	2.9785
25	东方古柯	0.005	1	25	2.7194
26	鼠刺	0.0028	1	25	2.7194
27	凹叶红淡比	0.0028	1	25	2.7194
28	野鸦椿	0.0013	1	25	2.5344
	合计	0.9002	173	1350	299.9999
		乔木层			
1	光枝杜鹃	0.9397	36	100	58.652
2	小叶罗汉松	0.2254	45	100	26.3689
3	深山含笑	0.2962	18	100	25.8718
4	日本杜英	0.3236	15	100	25.548
5	野黄桂	0.043	17	100	15.7521
6	红皮木姜子	0.0484	15	100	15.0457
7	贵州桤叶树	0.0478	10	100	12.7379
8	光叶石楠	0.033	9	75	10.1304
9	大头茶	0.0263	6	75	8.5058
10	马蹄参	0.0789	5	50	8.4671
11	榕叶冬青	0.1095	3	50	8.2201
12	灰木一种	0.0443	7	50	8.0615
13	亮叶厚皮香	0.0534	6	50	7.9526
14	厚皮香	0.0487	6	50	7.7727
15	红淡比	0.0754	5	25	6.748
16	五裂槭	0.0405	3	50	6.0911
17	凹叶黄杨	0.0362	3	50	5.9263
18	细花杜鹃	0.0165	7	25	5.4139
19	吴茱萸五加	0.0707	2	50	5.1982
20	耳柯	0.0481	2	25	4.335
21	轮叶木姜子	0.0107	3	25	3.3648
22	华润楠	0.0174	2	25	3.163
23	合轴荚蒾	0.0035	2	25	2.6354
24	硬壳柯	0.0017	2	25	2.5672
25	红果树	0.0079	1	25	2.3437
26	树参	0.0079	1	25	2.3437
27	网脉木犀	0.005	1	25	2.2358
28	东方古柯	0.005	1	25	2.1518
29	鼠刺	0.0028	1	25	2.1518
30	凹叶红淡比	0.0028	1	25	2.1518
31	野鸦椿	0.0013	1	25	2.0919
	合计	2.6715	236	1600	300.0001

凹叶黄杨 *Buxus* sp.

表 7-83 光枝杜鹃－小叶罗汉松－匙萼柏拉木－锦香草群落灌木层和草本层种类组成及分布情况

序号	种名	多度或覆盖度				频度（%）
		Ⅰ	Ⅱ	Ⅲ	Ⅳ	
灌木层						
1	匙萼柏拉木	sp	sp		sol	75
2	粗叶悬钩子	sol		sp		50
3	多花杜鹃				sp	25
4	菝葜	sol	sol	sol	sol	100
5	长柄地锦		sol	sol	sol	75
6	阔叶悬钩子		sp			25
7	华南忍冬		sol			25
8	小方竹			10		25
9	猕猴桃			sol		25
10	扶芳藤			sol	sol	50
11	摆竹				sol	25
12	络石				sol	25
草本层						
1	锦香草	15	5	70	40	100
2	毛轴蕨	sp			sol	50
3	镰叶瘤足蕨	sol				25
4	舌蕨	sol		sol		50
5	十字薹草	sp	2	sol	sol	75
6	荩草	sp		sol		50
7	棒叶沿阶草	sol			sol	50
8	宽叶沿阶草	sol		1	2	75
9	兔儿风	sp				25
10	劲枝异药花	sp				25
11	鳞毛蕨		sol	sol		50
12	剑叶沿阶草		sol			25
13	淡竹叶		sol			25
14	蕗蕨			sp	sp	50
15	刚莠竹			sol		25
16	金星蕨				sol	25

阔叶悬钩子 *Rubus* sp.　猕猴桃 *Actinidia* sp.　小方竹 *Chimonobambusa convoluta*　毛轴蕨 *Pteridium revolutum*　剑叶沿阶草 *Ophiopogon* sp.

表 7-84 光枝杜鹃－小叶罗汉松－匙萼柏拉木－锦香草群落更新层种类组成和株数

序号	种名	幼苗（株数）（H＜50cm）	幼树（株数）（3m＞H≥50cm）	序号	种名	幼苗（株数）（H＜50cm）	幼树（株数）（3m＞H≥50cm）
1	小叶罗汉松	9	97	13	五裂槭	8	4
2	光枝杜鹃	11	30	14	硬壳柯		8
3	深山含笑	1	7	15	东方古柯		3
4	日本杜英	3	1	16	吴茱萸五加	1	1
5	野黄桂	2	22	17	轮叶木姜子	4	6
6	红皮木姜子	23	9	18	华润楠		4
7	贵州桤叶树		7	19	假卫矛		7
8	光叶石楠	1	20	20	合轴荚蒾		3
9	马蹄参		1	21	鼠刺	1	1
10	榕叶冬青	4		22	细花杜鹃		3
11	灰木一种	1	5	23	吊钟花	2	
12	亮叶厚皮香	1	1	24	凹脉柃	1	3

（续）

序号	种名	幼苗（株数）（H<50cm）	幼树（株数）（3m>H≥50cm）	序号	种名	幼苗（株数）（H<50cm）	幼树（株数）（3m>H≥50cm）
25	日本女贞		5	27	广东船柄茶		3
26	刺叶桂樱		3	28	软刺卫矛		2

轮叶木姜子 *Litsea verticillata*　　假卫矛 *Microtropis* sp.　　广东船柄茶 *Hartia kwangtungensis*　　软刺卫矛 *Euonymus aculeatus*

（3）小叶罗汉松－小叶罗汉松－尖尾箭竹＋柏拉木－短药沿阶草群落（*Podocarpus wangii* – *Podocarpus wangii* – *Fargesia cuspidata* + *Blastus cochinchinensis* – *Ophiopogon angustifoliatus* Comm.）

本群落分布于元宝山无名峰，花岗岩山地。样地具体所在地海拔1650m，为陡坡，坡度约50°；立地土壤为山地黄棕壤，土层浅薄，厚约20cm，地表岩石露头多。

群落总覆盖度90%，林木扭曲，分枝低，枝条粗短，林内常见枯腐木。乔木层可分成2个亚层，乔木上层林木高9～11m，个别可达15m，胸径14～30cm，覆盖度70%，400m^{2}样地有乔木11种、34株，优势种为小叶罗汉松，重要值指数59.6；次优势种为光枝杜鹃和马蹄参，重要值指数分别为37.6和37.4；其他常见的种类有桂南木莲、硬壳柯、褐叶青冈、中华杜英、光叶水青冈、榕叶冬青等。乔木下层林木高4～7m，胸径4～10cm，覆盖度50%，本亚层植株细小，所以株数多，有16种、90株，优势种仍为小叶罗汉松，重要值指数75.4，重要的种类有光枝杜鹃、红皮木姜子，重要值指数分别为28.3和26.2，其他常见的种类为长尾毛蕊茶、贵州桤叶树、疏花卫矛、大果冬青、君迁子、虎皮楠、光叶石楠、润楠（*Machilus* sp.）等。从整个乔木层分析，优势比较明显，小叶罗汉松株数最多，重要值指数最大，为63.6，其种群完整，可以长期保持在群落中的优势地位；光枝杜鹃的重要值指数23.3，排列第二，它亦具备各级立木和幼苗幼树，亦能保持其次优势的地位。其他的伴生种类，如马蹄参、红皮木姜子、硬壳柯、长尾毛蕊茶、虎皮楠等，虽然它们重要值指数不大，但生长发育很好，说明它们能适应群落的环境，因此，本群落是比较稳定的。灌木层植物分布稀疏，覆盖度20%，以尖尾箭竹和柏拉木较多，其他的种类还有吊钟花、乔木茵芋、东方古柯等。草本层植物更不发达，覆盖度小于10%，有短药沿阶草、间型沿阶草、锦香草、十字薹草、长穗兔儿风、镰叶瘤足蕨、针毛蕨等种类。藤本植物种类和数量都极少，只见小果菝葜（*Smilax davidiana*）、长柄地锦等少数种类。

6. 百日青林（Form. *Podocarpus neriifolius*）

在我国，百日青分布于浙江、福建、江西、台湾、湖南、广东、海南、云南、贵州、四川等地；在广西，百日青分布于贺县、昭平、罗城、融水、融安、宁明、大明山、十万大山等地，但以它为优势的针阔叶混交林在国内目前尚未见有报道，在广西仅见于融水县九万山，面积很小，是广西中山针阔叶混交林面积最小的类型之一。

百日青科研价值较大，种质资源很少，是一种十分珍贵的植物群落类型。目前，该地人为活动频繁，已经危及该植被类型的安全，必须采取有效的措施，加强保护。

该类型目前只发现1个群落。

（1）百日青＋西南山茶－日本杜英－柏拉木＋日本粗叶木－山麦冬群落（*Podocarpus neriifolius* + *Camellia pitardii* – *Elaeocarpus japonicus* – *Blastus cochinchinensis* + *Lasianthus japonicus* – *Liriope spicata* Comm.）

本群落分布于九万山融水县溪洞同舟界，海拔1050m山坡，坡度35°，土层浅薄。

乔木层可分成2个亚层，第一亚层林木高10～28m，胸径10～40cm，树干通直，林冠郁闭度0.4～0.5，以百日青、西南山茶为优势，重要值指数分别为37.5和46.4，从重要值指数看，西南山茶大于百日青，但后者占据最上层片，前者居于下层片；次优势种有小花红花荷，重要值指数27.0；伴生的种类有虎皮楠、木荷、仿栗（*Sloanea hemsleyana*）、光叶石楠、毛叶新木姜子（*Neolitsea velutina*）等。第二亚层林木高2～8m，胸径4～8cm，主要的种类有日本杜英、广西山矾（*Symplocos kwangsiensis*）、短梗新木姜子，伴生的种类有树参、鹿角锥、黄丹木姜子等。灌木层植物分布稀疏，盖度约20%，以柏拉木、日本粗叶木为优势种，其他的种类还有圆锥绣球（*Hydrangea paniculata*）、鞘柄菝葜（*Smilax stans*）、黄丹木姜子、广西山矾、桂北木姜子、榄叶柯、桂南木莲、网脉山龙眼、鹿角锥、光叶石楠、贵州桤叶树、新木姜子、虎皮楠、鸭公树、黄杞等，多是乔木的幼树。草本层植物更不发达，覆盖度只有2%，以山麦冬为多，其他的种类还有华东瘤足蕨（*Plagiogyria japonica*）、紫柄蕨（*Pseudophegopteris pyrrhorachis*）、羽裂鳞毛蕨（*Dryopteris intergriloba*）、锦香草等。

7. 福建柏林（Form. *Fokienia hodginsii*）

福建柏是我国二级保护植物，分布于福建、江西、浙江、湖南、广东、四川、贵州、云南等地；在广西，见于龙胜、资源、临桂、灌阳、恭城、贺县、大瑶山、大苗山、南丹、天峨、乐业、那坡、大明山、十万大山等地，以它为优势的针阔叶混交林，国内福建和湖南等省有分布；广西境内九万山、元宝山、大瑶山等地有分布。

如同其他的中山针阔叶混交林一样，福建柏针阔叶混交林一般分布在生境条件恶劣而特殊的地方，山顶山脊土层浅薄而苔藓枯枝落叶层厚的地段；或山头悬崖峭壁、生境特殊的地段，地表大块岩石露头，林木生长在石缝中。福建柏针阔叶混交林分布在砂、页岩和花岗岩山地，土壤为山地黄棕壤或山地黄壤。

福建柏耐阴性尚强，但不如小叶罗汉松，在同一林分，其更新不如小叶罗汉松好。例如，在大瑶山，一片郁闭度0.85的林分，福建柏占70%～80%，小叶罗汉松占10%，每公顷有福建柏幼苗1000株，小叶罗汉松1500～4000株。

福建柏针阔叶混交林是广西少见的林分，属于珍贵稀有的植被类型；由于立地条件恶劣，采伐后难以恢复成林；它一般分布在中山上部，是重要的水源林，因此，今后必须加强保护，作为科研、水源林、种质资源地来利用。

目前见到的福建柏针阔叶混交林有2个群落。

（1）福建柏－栲－四川大头茶－柏拉木－曲江远志群落（*Fokienia hodginsii* – *Castanopsis fargesii* – *Polyspora speciosa* – *Blastus cochinchinensis* – *Polygala koi* Comm.）

本群落见于融水县九万山大梁界横岗山，海拔1360m，林木高大，乔木层可划分为3个亚层。第一亚层林木高16～23m，胸径20～40cm，郁闭度0.5～0.6，福建柏占绝对优势，重要值指数达144.6。第二亚层林木高10～15m，胸径10～18cm，郁闭度0.2～0.3，以栲、硬壳柯占优势，重要值指数分别为35.0和29.2，伴生树种有新宁新木姜子（*Neolitsea shingningensis*）、小果珍珠花、港柯（*Lithocarpus harlandii*）、桂南木莲、心叶船柄茶等。第三亚层林木高2～8m，胸径4～8cm，主要树种有四川大头茶、马蹄参、深山含笑、腺鼠刺（*Itea glutinosa*）、铁山矾、榕叶冬青、石灰花楸、大果花楸（*Sorbus megalocarpa*）等。灌木层植物盖度20%～30%，以柏拉木为优势，常见的有小花杜鹃、赤楠、棱果花等。草本层植物种类和数量均少，盖度只有2%，局部有小片曲江远志、蕨状薹草、两广瘤足蕨（*Plagiogyria liankwangensis*）等。

（2）福建柏＋小叶罗汉松－棱果花－野雉尾金粉蕨群落（*Fokienia hodginsii* + *Podocarpus wangii* – *Barthea barthei* – *Onychium japonicum* Comm.）

本群落分布于大瑶山的圣堂山和马鞍山的中上部，海拔1500～1800m，样地内大块岩石露头占95%以上。本群落是一个原生性很浓的群落，单层，群落郁闭度0.85，平均高9～11m，胸径15～20cm，福建柏占70%～80%，小叶罗汉松占10%，样地内福建柏最大胸径77.5cm，树高22m；其他树种有狭叶润楠（*Machilus rehderi*）、银木荷、日本杜英、变色杜鹃、五裂槭、大头茶、亮叶杨桐、阔瓣含笑等。灌木层植物种类虽少但数量多，生长茂盛，盖度5%～35%，分布不均匀，以棱果花为主，其他还有粗叶木、小花杜鹃等。草本层植物种类和数量均不很发达，盖度20%～25%，以野雉金粉蕨为优势，常见的有石韦、山麦冬、翠云草（*Selaginella uncinata*）等。

本群落更新良好，唯福建柏不甚耐阴，故幼苗幼树较少，伴生树种较多。每公顷幼苗幼树14500～18000株，其中福建柏仅1000株，小叶罗汉松1500～4000株，密花树4500株，冬青属种类4500株，此外还有日本杜英、船柄茶、桃叶石楠、吴茱萸五加、毛锦杜鹃、深山含笑等幼苗幼树，平均高0.8～1.8m。

8. 南方红豆杉林（Form. *Taxus wallichiana* var. *mairei*）

南方红豆杉为我国特有树种，国家一级保护物种，在我国分布于华东、中南、西南，以及广西、陕西、甘肃的东南，东至台湾；在广西，分布于灵川、龙胜、全州、临桂、灌阳、资源、三江、大苗山等地。以南方红豆杉为优势的中山针阔叶混交林，各地都有零星分布，目前保存面积较大和较好的林分，见于桂北融水县的元宝山。

在广西，南方红豆杉林分布区虽然为酸性土山地，但主要见于花岗岩地层的山地，砂页岩山地亦有分布，但比较少见。它一般分布于海拔1300m以上的中山，但海拔1300m以下的地区也有分布，最低海拔可低至500m。南方红豆杉喜欢阴湿的生境，南方红豆杉林一般分布于切割不深、坡度不大的沟谷两旁，相对高度不超过20m，深切的、坡度陡峻的谷地少有分布。立地条件类型为山地黄棕壤和山地黄壤。

在元宝山蓝坪峰，南方红豆杉林保存得很好，原始状态十分浓厚，同时，该地的南方红豆杉的天然更新比较特殊，在南方红豆杉林下，由种子繁殖的幼苗幼树很少，很容易使人误会它天然更新很不良好。经深入调查后才发现，元宝山的南方红豆杉主要是以克隆更新的形式繁殖后代，延续种群。克隆现象在乔木，尤其在针叶乔木是很少见的。至于广西其他地方的南方红豆杉林的南方红豆杉，是否也有克隆现象，并是否也主要以克隆更新的形式来繁殖后代，我们还没有作过调查，不能作出结论。

元宝山的南方红豆杉林主要有3个群落。

（1）南方红豆杉－南方红豆杉－红皮木姜子－尖尾箭竹－短药沿阶草群落（*Taxus wallichiana* var. *mairei* – *Taxus wallichiana* var. *mairei* – *Litsea pedunculata* – *Fargesia cuspidata* – *Ophiopogon angustifoliatus* Comm.）

此群落见于元宝山蓝坪峰二级水坝之间，样地具体所在地为中山上部，沟谷，海拔1880m，样地两侧为元宝山冷杉与铁杉混交林。群落的立地土壤为发育在花岗岩母质上的山地黄棕壤，林内潮湿，群落表现出浓厚的原始状态，林木古老，覆盖度大，树干密布厚度达5～7cm的苔藓，裸露的岩石表面同样密布苔藓；藤本在乔木上攀悬，十分突出；有的灌木历经漫长的岁月生长，形成小乔木状。

群落总盖度95%，乔木层可划分为3个亚层，根据600m^2样地统计（见表7-85），有林木20种、71株。第一亚层林木高15～18m，胸径40～60cm，种类和株数均少，只有4种、5株，但因为冠幅大，覆盖度可达40%以上，以南方红豆杉为优势，有2株，重要值指数139.89；其他3种为元宝山冷杉、木莲、五尖槭，单株，重要值指数分别为62.68、52.95、44.48。第二亚层林木高10～14m，是3个亚层种类和株数最多的1个亚层，因而覆盖度也最大，有14种、37株，覆盖度60%，其中有4种在上亚层出现过，优势种仍为南方红豆杉，有6株，重要值指数67.78；其他的种类重要值指数都不太大，比较重要的有五尖槭、长尾毛蕊茶、元宝山冷杉、红皮木姜子、吴茱萸五加，重要值指数分别为37.58、27.66、26.92、24.9、23.27。第三亚层林木高3～9m，有12种、29株，其中6种在上2个亚层出现过，由于林木细小，冠幅小，覆盖度只有30%左右，以红皮木姜子为优势，有8株，重要值指数105.31；长尾毛蕊茶为次优势，有9株，重要值指数86.93；其他的种类重要值指数都很小。纵观整个乔木层，南方红豆杉在第一亚层和第二亚层都占优势，总的株数又较多，所以重要值指数仍占优势，为67.61；红皮木姜子和长尾毛蕊茶虽然株数最多，但因为胸径小，所以重要值指数都不太大，为38.67和34.82；元宝山冷杉和五尖槭虽为高大的乔木，但株数少，重要值指数亦不太大，分别为26.03和25.99；其他的种类株数少、胸径细小，重要值指数很小，但它们都是常见的伴生树种。灌木层植物生长不太茂盛，分布不均匀，覆盖度3%～50%，一般10%～50%，从表7-86可知，以尖尾箭竹占优势，高2m左右，覆盖度5%～40%，频度58.33%，常见的有小柱悬钩子和粗叶悬钩子。草本层植物比较发达，多数地段覆盖度达70%～90%，局部地段为20%～30%，以短药沿阶草占绝对优势，覆盖度50%～90%（局部1%～2%），频度91.67%，常见的有棒叶沿阶草和苦水花。层外植物发达，藤本植物有10种之多，且攀援现象突出，最常见的种类有扶芳藤、钻地枫、长柄地锦；附生植物有6种，其中凸脉越桔属木本植物附生，其他5种为蕨类植物，以石莲姜槲蕨和平肋书带蕨比较常见。从表7-87可知，更新层植物有乔木幼苗幼树33种，目前乔木层的组成种类只有吴茱萸五加、灯笼吊钟花、合轴荚蒾没有幼苗幼树出现，这几个种都是一些偶见种；目前乔木层的优势种和其他重要的种类，除南方红豆杉外，更新是很好的，南方红豆杉的更新主要是幼苗太少；乔木幼苗幼树中，有16种目前在乔木层没有出现，这些种类数量不多，多是小乔木，根据上述，本群落是很稳定的，发展下去，除南方红豆杉可能有轻微的变动外，其他优势种和重要的种类不会发生大的变动。

表7-85　南方红豆杉－南方红豆杉－红皮木姜子－尖尾箭竹－短药沿阶草群落乔木层种类组成及重要值指数

（样地号：元宝山红豆杉－1，样地面积：20m×30m，地点：元宝山蓝坪峰二级水坝之间，海拔：1880m）

序号	树种	基面积(m^2)	株数	频度(%)	重要值指数
		乔木Ⅰ亚层			
1	南方红豆杉	0.4198	2	8.33	139.89
2	元宝山冷杉	0.159	1	4.17	62.68
3	木莲	0.0908	1	4.17	52.95
4	五尖槭	0.0314	1	4.17	44.48
	合计	0.701	5	20.84	300
		乔木Ⅱ亚层			
1	南方红豆杉	0.5309	6	20.83	67.78
2	五尖槭	0.1873	4	16.67	37.58
3	长尾毛蕊茶	0.0429	5	12.5	27.66
4	元宝山冷杉	0.227	2	8.33	26.92
5	红皮木姜子	0.0418	4	12.5	24.9
6	吴茱萸五加	0.1857	3	4.17	23.27
7	木莲	0.1385	1	4.17	14.98
8	毛山矾	0.0375	3	4.17	14.24
9	马蹄参	0.1257	1	4.17	14.2
10	网脉木犀	0.0569	2	4.17	12.72
11	灯笼吊钟花	0.0117	3	4.17	12.67
12	曼青冈	0.0254	1	4.17	8.09
13	山矾1种	0.0177	1	4.17	7.63
14	白檀	0.0133	1	4.17	7.36
	合计	1.6423	37	108.4	300
		乔木Ⅲ亚层			
1	红皮木姜子	0.0506	8	25	105.31
2	长尾毛蕊茶	0.033	9	20.83	86.93
3	白檀	0.0022	2	8.33	18.18
4	灯笼吊钟花	0.005	1	4.17	12.98
5	阔叶十大功劳	0.0014	2	4.17	12.84
6	尖叶柃	0.002	1	4.17	9.99
7	石灰花楸	0.002	1	4.17	9.98
8	山矾1种	0.0013	1	4.17	9.29
9	细枝柃	0.0007	1	4.17	8.7
10	南方红豆杉	0.0007	1	4.17	8.69
11	合轴荚蒾	0.0007	1	4.17	8.69
12	粗榧	0.0007	1	4.17	8.69
	合计	0.1003	29	91.69	300.27
		乔木层			
1	南方红豆杉	0.9514	9	33.33	67.61
2	红皮木姜子	0.0924	12	37.5	38.67
3	长尾毛蕊茶	0.0759	14	25	34.82
4	元宝山冷杉	0.386	3	12.5	26.03
5	五尖槭	0.2187	5	20.83	25.99
6	木莲	0.2293	2	4.17	14.2
7	吴茱萸五加	0.1857	3	4.17	13.83
8	白檀	0.0155	3	12.5	10.86

（续）

序号	树种	基面积(m^2)	株数	频度(%)	重要值指数
9	灯笼吊钟花	0.0167	4	8.33	10.31
10	马蹄参	0.1257	1	4.17	8.55
11	毛山矾	0.0375	3	4.17	7.76
12	山矾 1 种	0.019	2	8.33	7.59
13	网脉木犀	0.0569	2	4.17	7.15
14	阔叶十大功劳	0.0014	2	4.17	4.88
15	曼青冈	0.0254	1	4.17	4.45
16	尖叶柃	0.002	1	4.17	3.49
17	石灰花楸	0.002	1	4.17	3.49
18	粗榧	0.0007	1	4.17	3.44
19	合轴荚蒾	0.0007	1	4.17	3.44
20	细枝柃	0.0007	1	4.17	3.44
	合计	2.4436	71	208.4	300

表 7-86　南方红豆杉－南方红豆杉－红皮木姜子－尖尾箭竹－短药沿阶草群落灌木层和草本层种类组成及分布情况

序号	种名	多度或盖度(%)	频度(%)	序号	种名	多度或盖度(%)	频度(%)
	灌木层			5	针毛蕨	sol(局部 cop)	75
1	尖尾箭竹	5.0～40.0	58.33	6	毛凤仙	sol(局部 cop)	62.5
2	小柱悬钩子	sol～cop	58.33	7	金星蕨	sol	33.33
3	大叶鸡爪菜	sol	54.17	8	碗蕨	sol	33.33
4	粗叶悬钩子	sol～cop	50	9	锦香草	4.0～5.0(局部 30)	41.67
5	伞房荚蒾	sol	50	10	小叶楼梯草	sol	33.33
6	白瑞香	sol～cop	29.17	11	骤尖楼梯草	sol(局部 cop)	54.17
7	阔叶十大功劳	un～sol	29.17	12	薹草一种	sol～sp	54.17
8	合轴荚蒾	sol	20.83	13	尖叶唐松草	sol～sp	33.33
9	花椒簕	sol	20.83	14	六棱菊	sol	16.67
10	日本女贞	un	20.83	15	梗花华西龙头草	sol～sp	16.67
11	茅莓	sol	25	16	小颖高羊草	1.0～15(局部 40)	29.17
12	扶芳藤	sol～cop	83.33	17	柳叶剑蕨	sp	16.67
13	钻地枫	sol～cop	62.5	18	西南垂序菊	un	12.5
14	长柄地锦	sol～sp	41.67	19	十字薹草	1.0～5	8.33
15	菝葜	sol～sp	20.83	20	蟹甲菊	sol	4.17
16	华南忍冬	sol	16.67	21	散斑竹根七	1.0～3	8.33
17	多花勾儿茶	un～sol	12.5	22	开口剑	sol	4.17
18	凹萼清风藤	sol	4.17	23	铜锤玉带草	sol～cop	8.33
19	藤山柳	un～sp	8.33	24	苦荬菜一种	un	4.17
20	悬钩子	sol～sp	8.33	25	茜草	un	4.17
21	蔓胡颓子	un	4.17	26	石莲姜槲蕨	sol～sp(局部 cop)	70.83
	草本层			27	平肋书带蕨	sol(局部 cop)	41.67
1	短药沿阶草	50～90(局部 1.0～2.0)	91.67	28	蕗蕨	sol～sp	37.5
2	棒叶沿阶草	2.0～5.0	87.5	29	舌蕨	sol	20.83
3	间型沿阶草	sol～sp	20.83	30	有柄石韦	sol	8.33
4	苦水花	1.0～10	79.17	31	凸脉越桔	sol	4.17

多花勾儿茶 *Berchemia floribunda*　凹萼清风藤 *Sabia emarginata*　悬钩子 *Rubus* sp.　蔓胡颓子 *Elaeagnus glabra*　碗蕨 *Dennstaedtia scabra*　尖叶唐松草 *Thalictrum acutifolium*　六棱菊 *Laggera alata*　梗花华西龙头草 *Meehania fargesii* var. *pedunculata*　小颖高羊草 *Festuca parvigluma*　西南垂序菊 *Prenanthes henryi*

表 7-87　南方红豆杉－南方红豆杉－红皮木姜子－尖尾箭竹－短药沿阶草群落乔木幼苗幼树种类组成和株数

序号	种名	幼苗(株)(H＜50cm)	幼树(株)(3m＞H≥50cm)	序号	种名	幼苗(株)(H＜50cm)	幼树(株)(3m＞H≥50cm)
1	南方红豆杉	1	7	18	尖叶柃	7	10
2	元宝山冷杉	2	3	19	白檀	23	23
3	五尖槭	21	5	20	细枝柃	3	7
4	亮叶厚皮香		1	21	楝叶莫萸	13	8
5	红皮木姜子	71	73	22	毛山矾		3
6	网脉木犀	2	5	23	杜鹃一种	1	1
7	乔木茵芋		3	24	毛叶木姜子		7
8	大八角	36	20	25	新木姜子		24
9	长尾毛蕊茶	6	38	26	青冈	1	1
10	包槲柯	4	4	27	马蹄参		3
11	美丽马醉木		8	28	树参		2
12	广序假卫矛	9	3	29	木姜叶冬青		6
13	粗榧	6	19	30	短柱柃		2
14	石灰花楸		4	31	山矾	7	12
15	刺叶桂樱	1	6	32	南岭杜鹃		1
16	木莲	2	1	33	曼青冈		1
17	三花冬青		1		合计	216	312

短柱柃 *Eurya brevistyla*

(2)南方红豆杉－红皮木姜子＋南方红豆杉－红皮木姜子＋长尾毛蕊茶－尖尾箭竹－棒叶沿阶草群落(*Taxus wallichiana* var. *mairei* － *Litsea pedunculata* ＋ *Taxus wallichiana* var. *mairei* － *Litsea pedunculata* ＋ *Camellia caudata* － *Fargesia cuspidata* － *Ophiopogon clavatus* Comm.)

本群落见于元宝山蓝坪峰水坝沟，样地所在地海拔 1920m，立地土壤为发育在花岗岩母质上的山地黄棕壤；群落生境潮湿，树干密布苔藓，厚度达 5cm，苔藓下覆盖着厚 1cm 的腐殖土。群落表现出浓厚的原始状态，许多中幼年树生长在老树的茎干上；南方红豆杉立木萌生分株在树干上产生不定根，沿树干向地面延伸，插入土壤，在独立成植株前已能从土壤吸收养分。

群落总盖度达 100%，乔木层分成 3 个亚层，根据 600m^2样地统计，有林木 20 种、135 株(见表 7-88)。第一亚层林木高 15～16m，胸径 35～52cm，覆盖度 30%，本层种类和株数均少，只有 3 种、5 株，南方红豆杉和包槲柯各有 2 株，重要值指数分别为 133.53 和 110.54；余下 1 株为网脉木犀，重要值指数 55.92。第二亚层林木高 8～12m，胸径 8～12cm，覆盖度 70%，种类和株数最多，有 17 种、86 株，其中有 2 种在上亚层出现过，优势种为红皮木姜子，有 37 株，重要值指数 84.26；次优势种为南方红豆杉，有 13 株，重要值指数 77.84；常见的种类有网脉木犀和楝叶莫萸，重要值指数分别为 42.02 和 24.72。第三亚层林木高 4～8m，虽然株数较多，但冠幅小，覆盖度为 40%，本亚层有林木 12 种、44 株，其中有 10 种在上 2 个亚层出现过，本亚层仍以红皮木姜子为优势，有 13 株，重要值指数 76.83；次优势种为长尾毛蕊茶，有 12 株，重要值指数 65.96；常见的种类有大八角和粗榧，重要值指数分别为 34.56 和 29.04。从整个乔木层分析，虽然南方红豆杉在第一亚层和第二亚层都占优势，但因为它的株数比红皮木姜子少得多(16 比 50)，所以重要值指数比红皮木姜子稍小，分别为 69.51 和 68.28；网脉木犀、长尾毛蕊茶、包槲柯、楝叶吴萸等虽然重要值指数不大，但它们是常见的伴生树种，重要值指数不到 10 的种类，都是一些随遇种，但很常见。灌木层植物较发达，但分布不均匀，有的地段覆盖度为 10%～20%，有的地段可达 50%～100%，以高 2m 左右的尖尾箭竹占绝对优势，有的地段覆盖度 4%～15%，有的地段覆盖度 40%～100%，出现频度 100%，其他的种类数量都不太多，较常见的有白瑞香(表 7-89)。草本层植物不太发达，分布不均匀，一般覆盖度 10%～30%，局部地段只有 3%～7%，以棒叶沿阶草稍占优势，覆盖度 1%～6%和 10%～20%，出现频度 75%，常见的有毛凤仙、苦水花、针毛蕨(表 7-89)。藤本植物较发达，有 6 种，攀援虽高但藤茎细小，以扶芳藤、钻地枫为常见。附生植物有6种，全为蕨类植物，分布不均匀。从表7-90可知，更新层植物600m^{2}有乔木幼苗幼树18种，目前乔木层组成种类的优势种、次优势种和常见的种类，如南方红豆杉、红皮木姜子、长尾毛蕊茶、大八角和粗榧，幼苗幼树多，更新正常；从表中看，南方红豆杉幼苗幼树各只有1株，更新似乎不正常，但本群落的南方红豆杉主要以克隆更新的形式繁殖后代，第二亚层林木有9株高8~12m的南方红豆杉，都是由1株横卧在地面的南方红豆杉个体克隆出来，它们的根已伸入土中，形成独木成林的景观，所以南方红豆杉的更新同样是良好的。因此，本群落是一个稳定的顶极群落。

表7-88　南方红豆杉-红皮木姜子+南方红豆杉-红皮木姜子+长尾毛蕊茶-尖尾箭竹-棒叶沿阶草群落乔木层种类组成及重要值指数

（样地号：元宝山红豆杉-2，样地面积：40m×15m，地点：元宝山蓝坪峰水坝沟下方，海拔：1920m）

序号	树种	基面积(m^2)	株数	频度(%)	重要值指数
		乔木Ⅰ亚层			
1	南方红豆杉	0.3619	2	8.33	133.53
2	包槲柯	0.3786	2	4.17	110.54
3	网脉木犀	0.0908	1	4.17	55.92
	合计	0.8313	5	16.67	299.99
		乔木Ⅱ亚层			
1	红皮木姜子	0.1927	37	62.5	84.26
2	南方红豆杉	1.1195	13	16.67	77.84
3	网脉木犀	0.4759	9	16.67	42.02
4	楝叶吴萸	0.0548	8	25	24.72
5	五尖槭	0.0365	3	12.5	11.64
6	大八角	0.0278	3	8.33	9.1
7	吴茱萸五加	0.0479	2	8.33	8.91
8	长尾毛蕊茶	0.0139	2	8.33	7.26
9	青榨槭	0.0284	1	4.17	4.67
10	木莲	0.0177	1	4.17	4.15
11	三花冬青	0.0113	1	4.17	3.84
12	贵州桤叶树	0.0095	1	4.17	3.75
13	大叶桂樱	0.0079	1	4.17	3.67
14	粗榧	0.0071	1	4.17	3.63
15	亮叶厚皮香	0.0064	1	4.17	3.6
16	灰木一种	0.005	1	4.17	3.53
17	细枝柃	0.0028	1	4.17	3.43
	合计	2.0651	86	195.86	300.02
		乔木Ⅲ亚层			
1	红皮木姜子	0.0235	13	41.67	76.83
2	长尾毛蕊茶	0.0238	12	29.17	65.96
3	大八角	0.0219	4	12.5	34.56
4	粗榧	0.0185	4	8.33	29.04
5	南方红豆杉	0.0254	1	4.17	24.53
6	五尖槭	0.0049	3	12.5	19.37
7	细枝柃	0.0032	2	8.33	12.86
8	木莲	0.0007	1	8.33	8.68
9	三花冬青	0.0028	1	4.17	7.34
10	美脉花楸	0.0028	1	4.17	7.34
11	吴茱萸五加	0.002	1	4.17	6.73
12	伞房荚蒾	0.002	1	4.17	6.73
	合计	0.1315	44	141.68	299.97

（续）

序号	树种	基面积(m²)	株数	频度(%)	重要值指数
		乔木层			
1	红皮木姜子	0.2162	50	79.17	69.51
2	南方红豆杉	1.5068	16	20.83	68.28
3	网脉木犀	0.5667	10	20.83	32.8
4	长尾毛蕊茶	0.0377	14	37.5	23.62
5	楝叶吴萸	0.0548	8	25	15.74
6	包槲柯	0.3786	2	4.17	15.31
7	五尖槭	0.0414	6	20.83	12.48
8	大八角	0.0497	7	16.67	12.16
9	粗榧	0.0256	5	12.5	8.55
10	吴茱萸五加	0.0499	3	12.5	7.87
11	细枝柃	0.006	3	12.5	6.42
12	木莲	0.0184	2	12.5	6.09
13	三花冬青	0.0141	2	8.33	4.62
14	青榨槭	0.0284	1	4.17	3.01
15	贵州桤叶树	0.0095	1	4.17	2.38
16	大叶桂樱	0.0079	1	4.17	2.33
17	亮叶厚皮香	0.0064	1	4.17	2.28
18	灰木一种	0.005	1	4.17	2.24
19	美脉花楸	0.0028	1	4.17	2.16
20	伞房荚蒾	0.002	1	4.17	2.14
	合计	3.0279	135	312.52	299.99

大叶桂樱 *Laurocerasus zippeliana*

表 7-89 南方红豆杉－红皮木姜子＋南方红豆杉－红皮木姜子＋长尾毛蕊茶－尖尾箭竹－棒叶沿阶草群落灌木层和草本层种类组成及分布情况

序号	种名	多度或盖度(%)	频度(%)	序号	种名	多度或盖度(%)	频度(%)
	灌木层			5	针毛蕨	sol～sp	62.5
1	尖尾箭竹	4～15，40～100	100	6	尖叶唐松草	sol～sp	58.33
2	白瑞香	sol～sp	83.33	7	匙叶草	sol	33.33
3	大叶鸡爪菜	sol	37.5	8	金星蕨	sol	29.17
4	伞房荚蒾	sol	20.83	9	泽泻虾脊兰	sol	8.33
5	南岭小蘖	un	8.33	10	鼠尾粟	sol～sp(局部 cop)	75
6	合轴荚蒾	sol	8.33	11	薹草一种	sol～sp(局部 cop)	75
7	粗叶悬钩子	sol(局部 cop)	25	12	十字薹草	sol～sp	29.17
8	小柱悬钩子	sol(局部 cop)	16.67	13	小叶楼梯草	2，局部 5	37.5
9	日本女贞	un	4.17	14	尖叶楼梯草	sol(局部 cop)	29.17
10	灯笼树	sol	4.17	15	锦香草	1～5，20～30	33.33
11	阔叶十大功劳	un	4.17	16	碗蕨	sol	8.33
12	冷饭藤	sol	8.33	17	刚莠竹	sol	8.33
13	菝葜	sol～sp	20.83	18	散斑竹根七	sol	4.17
14	扶芳藤	sol～sp(局部 cop)	83.33	19	八角莲	un	4.17
15	钻地枫	sol(局部 cop)	66.67	20	蟹甲菊	sol	4.17
16	长柄地锦	sol	50	21	开口剑	un	4.17
17	藤山柳	un(局部 10)	25	22	蕗蕨	sol～sp(局部 cop)	37.5
18	木通属一种	un	8.33	23	平肋书带蕨	sol	37.5
	草本层			24	有柄石韦	sol	8.33
1	棒叶沿阶草	1～6，10～20	75	25	石莲姜槲蕨	sol	12.5
2	短药沿阶草	1～7	33.33	26	舌蕨	sol(局部 25)	12.5
3	毛凤仙	sol～sp(局部 cop)	75	27	柳叶剑蕨	sol(局部 cop)	12.5
4	苦水花	sol～sp(局部 cop)	75				

泽泻虾脊兰 *Calanthe alismaefolia*　　八角莲 *Dysosma versipellis*

表 7-90 南方红豆杉－红皮木姜子＋南方红豆杉－红皮木姜子＋长尾毛蕊茶－尖尾箭竹－棒叶沿阶草群落乔木幼苗幼树种类组成和株数

序号	种名	幼苗（株）H＜50cm	幼树（株）3m＞H≥50cm	序号	种名	幼苗（株）H＜50cm	幼树（株）3m＞H≥50cm
1	南方红豆杉	1	1	11	山矾	11	8
2	长尾毛蕊茶	23	35	12	刺叶桂樱	5	
3	粗榧	63	14	13	网脉木犀	1	3
4	红皮木姜子	141	34	14	白檀	2	1
5	五尖槭	17	5	15	吴茱萸五加	1	2
6	木莲		1	16	硬壳柯	1	
7	大八角	35	17	17	细枝柃	5	2
8	美丽马醉木	1	6	18	包槲柯	1	
9	杜鹃一种	1	1		合计	309	131
10	三花冬青		1				

（3）南方红豆杉＋包槲柯－南方红豆杉－长尾毛蕊茶十红皮木姜子－尖尾箭竹－棒叶沿阶草群落（*Taxus wallichiana* var. *mairei* + *Lithocarpus cleistocarpus* – *Taxus wallichiana* var. *mairei* – *Camellia caudata* + *Litsea pedunculata* – *Fargesia cuspidata* – *Ophiopogon clavatus* Comm.）

本群落见于元宝山蓝坪峰万丈坪，样地所在地为一开阔平坦的沟谷，海拔 1960m，周围为坡度 20°的山坡。立地土壤为发育在花岗岩母质上的山地黄棕壤，土层厚 30cm，岩石露头多，许多植株包裹着裸岩生长。林内潮湿，苔藓密布树干和岩石表面厚约 3cm。本群落上层乔木高大，老态龙钟；附生植物突出，具木本植物种类；有的木质藤本植物茎粗达 8cm，攀援 10m 多，形成藤环；有的灌木长成小乔木状；林内自然枯倒木多，茎粗 20～50cm，表现出浓厚的原始状态。

群落总盖度 95%，乔木层可划分为 3 个亚层，根据 600m^2 样地统计，有林木 22 种、100 株（见表 7-91）。第一亚层林木高 16～18m，胸径 32～70cm，覆盖度 40%；有 4 种、5 株，南方红豆杉只有 1 株，为群落中最粗大的乔木，重要值指数 67.92，排第二；重要值指数排第一的是包槲柯，有 2 株，重要值指数 126.73；其他两种分别是光叶水青冈和木莲，都是单株出现，重要值指数分别为 59.51 和 45.83。第二亚层林木高 8～12m，胸径 10～13cm，覆盖度 70%，有林木 18 种、36 株，为 3 个亚层中种类最多的一个亚层，其中有 2 种在上亚层有分布，以南方红豆杉为优势，有 4 株，重要值指数 50.62，重要的种类有日本女贞、白檀、五尖槭、红皮木姜子，重要值指数分别为 36.68、28.67、24.46、20.16，值得指出的是，日本女贞一般是灌木性状，但却长成中小乔木，其他的种类重要值指数都很小，但它们都是常见的伴生种。第三亚层林木高 4～7m，胸径 4～7cm，覆盖度 50%，有林木 11 种、59 株，是 3 个亚层中林木株数最多的一个亚层，其中有 9 种在上 2 个亚层出现过，优势种为长尾毛蕊茶和红皮木姜子，各有 17 和 18 株，重要值指数分别为 83.6 和 78.64；重要的种类有细枝柃和山矾，重要值指数分别为 35.28 和 28.09。从整个乔木层分析，南方红豆杉虽然在第一亚层不占优势，但它在第二亚层很突出，所以重要值指数仍最大，为 40.79；红皮木姜子虽然属于中小乔木，但依靠众多的植株，亦成为群落另一个优势种，重要值指数为 40.19；包槲柯虽然高大，由于植株少，重要值指数只能排列第三，为 32.14；长尾毛蕊茶，虽然植株多，但它属于小乔木，胸径细小，重要值指数排第 4，为 28.59；其他的种类大多是一些偶见种，重要值指数都很小，但它们是常见的伴生种类。灌木层植物发达，但种类不太多，分布不够均匀，多数地段覆盖度在 50%～95% 之间，少数地段为 10%～30%，从表 7-92 可知，以尖尾箭竹占绝对优势，高 2m 左右，覆盖度 10%～15%、40%～60%、80%～95%，出现频度 100%，其他的种类和数量都很少，比较常见的是白瑞香。草本层植物种类较多，也比较发达，但分布不够均匀，多数地段覆盖度 15%～50%，少数地段为 80%～90%，从表 7-92 可知，以棒叶沿阶草为优势，覆盖度 5%～10%、20%～50%，出现频度 100%；次优势种为短药沿阶草和镰叶瘤足蕨，前者覆盖度 5%～15%、40%，出现频度 66.67%，后者覆盖度 1%～2%、5%～

10%，出现频度70.83%；常见的种类有毛凤仙和骤尖楼梯草。藤本植物种类尚多，有6种，较多的有扶芳藤、长柄地锦和菝葜，其中扶芳藤茎粗达8cm，攀援长度达10m多，形成藤环。附生植物有7种之多，其中5种为蕨类植物，常见的为槲蕨和蕗蕨，凸脉越桔和美脉花楸2种为木本植物。从表7-93可知，更新层植物乔木的幼苗和幼树有21种，目前乔木层的优势种和重要的组成种类，更新都很好；南方红豆杉在乔木层中，有3株克隆植株，高4~7m，所以它的更新也是良好的。因此，本群落是一个稳定的顶极群落。

表7-91　南方红豆杉+包槲柯-南方红豆杉-长尾毛蕊茶+红皮木姜子-尖尾箭竹-棒叶沿阶草群落乔木层种类组成及重要值指数

（样地号：元宝山红豆杉-3，样地面积：40m×15m，地点：元宝山蓝坪峰万丈坪，海拔：1960m）

序号	树种	基面积(m^2)	株数	频度(%)	重要值指数
		乔木Ⅰ亚层			
1	包槲柯	0.644	2	8.33	126.73
2	南方红豆杉	0.3848	1	4.17	67.92
3	光叶水青冈	0.2688	1	4.17	59.51
4	木莲	0.0804	1	4.17	45.83
	合计	1.378	5	20.84	299.99
		乔木Ⅱ亚层			
1	南方红豆杉	0.2414	4	16.67	50.62
2	日本女贞	0.0731	5	20.83	36.68
3	白檀	0.1258	3	8.33	28.67
4	五尖槭	0.1134	2	8.33	24.46
5	红皮木姜子	0.028	3	12.5	20.16
6	大八角	0.0175	3	12.5	18.94
7	马蹄参	0.0471	2	8.33	16.75
8	网脉木犀	0.0254	2	8.33	14.22
9	青榨槭	0.0707	1	4.17	13.86
10	山矾	0.0203	2	8.33	13.63
11	粗榧	0.0127	2	8.33	12.75
12	元宝山冷杉	0.0314	1	4.17	9.29
13	刺叶桂樱	0.0214	1	4.17	8.13
14	曼青冈	0.0113	1	4.17	6.95
15	细枝柃	0.0104	1	4.17	6.85
16	木莲	0.0033	1	4.17	6.02
17	美脉花楸	0.0033	1	4.17	6.02
18	甜冬青	0.0028	1	4.17	5.97
	合计	0.8593	36	145.8	299.97
		乔木Ⅲ亚层			
1	长尾毛蕊茶	0.0409	17	29.17	83.6
2	红皮木姜子	0.0259	18	37.5	78.64
3	细枝柃	0.018	5	16.67	35.28
4	山矾	0.0094	5	16.67	28.09
5	大八角	0.0045	3	8.33	14.72
6	五尖槭	0.0032	2	8.33	11.95
7	阔叶十大功劳	0.0028	2	8.33	11.61
8	日本女贞	0.0039	3	4.17	11.28
9	南方红豆杉	0.0044	2	4.17	10.01
10	白檀	0.0038	1	4.17	7.81
11	曼青冈	0.0028	1	4.17	6.97
	合计	0.1196	59	141.7	299.96

（续）

序号	树种	基面积(m²)	株数	频度(%)	重要值指数
		乔木层			
1	南方红豆杉	0.6306	7	20.83	40.79
2	红皮木姜子	0.0539	21	50	40.19
3	包槲柯	0.644	2	8.33	32.14
4	长尾毛蕊茶	0.0409	17	29.17	28.59
5	日本女贞	0.077	8	25	19.72
6	山矾	0.0297	7	25	16.73
7	五尖槭	0.1166	4	16.67	14.58
8	大八角	0.022	6	20.83	13.97
9	光叶水青冈	0.2688	1	4.17	13.81
10	白檀	0.1296	4	12.5	13.73
11	细枝柃	0.0284	6	16.67	12.83
12	木莲	0.0837	2	8.33	8.37
13	马蹄参	0.0471	2	8.33	6.82
14	网脉木犀	0.0254	2	8.33	5.9
15	青榨槭	0.0707	1	4.17	5.41
16	粗榧	0.0127	2	8.33	5.36
17	阔叶十大功劳	0.0028	2	8.33	4.94
18	曼青冈	0.0141	2	4.17	4.01
19	元宝山冷杉	0.0314	1	4.17	3.74
20	刺叶桂樱	0.0214	1	4.17	3.32
21	美脉花楸	0.0033	1	4.17	2.55
22	甜冬青	0.0028	1	4.17	2.53
	合计	2.3569	100	295.8	300.03

表 7-92　南方红豆杉 + 包槲柯 – 南方红豆杉 – 长尾毛蕊茶 + 红皮木姜子 – 尖尾箭竹 – 棒叶沿阶草群落灌木层和草本层种类组成及分布情况

序号	种名	多度或盖度(%)	频度(%)	序号	种名	多度或盖度(%)	频度(%)
	灌木层			3	毛凤仙	sol	54.17
1	尖尾箭竹	10～15，40～60 80～95	100.00	4	镰叶瘤足蕨	1～2，5～10	70.83
				5	针毛蕨	sol～sp(局部 5～10)	50.00
2	白瑞香	sol～sp	70.83	6	尖叶楼梯草	sol～sp(局部 15)	54.17
3	阔叶十大功劳	un～sol	29.17	7	小叶楼梯草	sol	16.67
4	大叶鸡爪菜	sol	20.83	8	金星蕨	sol	20.83
5	小柱悬钩子	sol～sp	29.17	9	薹草一种	sol～sp(局部 5～20)	54.17
6	日本女贞	sol	20.83	10	匙叶草	sol～sp	16.67
7	粗叶悬钩子	sol	29.17	11	间型沿阶草	sol～sp	8.33
8	悬钩子	sol	4.17	12	吉祥草	sol	4.17
9	伞房荚蒾	sol	25.00	13	尖叶唐松草	sol	8.33
10	朱砂根	sol	4.17	14	苦水花	5	4.17
11	扶芳藤	sol(局部 cop)	50.00	15	平肋书带蕨	sol	16.67
12	长柄地锦	sol	41.67	16	有柄石韦	sol(局部 cop)	16.67
13	菝葜	sol～sp	37.50	17	蕗蕨	sol～sp	29.17
14	暗色菝葜	sol	16.67	18	碗蕨	sol	4.17
15	钻地枫	sol(局部 4～10)	20.83	19	舌蕨	sol	4.17
16	藤山柳	un	4.17	20	石莲姜槲蕨	sol～sp	41.67
	草本层			21	广西吊石苣苔	sp	4.17
1	棒叶沿阶草	5～10，20～50	91.67	22	凸脉越桔	sol	8.33
2	短药沿阶草	5～15，40	66.67	23	美脉花楸	un	4.17

暗色菝葜 *Smilax lanceifolia* var. *opaca*

表 7-93　南方红豆杉＋包槲柯－南方红豆杉－长尾毛蕊茶十红皮木姜子－尖尾箭竹－棒叶沿阶草群落乔木幼苗幼树种类组成和株数

序号	种名	幼苗（株）（H<50cm）	幼树（株）（3m>H≥50cm）	序号	种名	幼苗（株）（H<50cm）	幼树（株）（3m>H≥50cm）
1	南方红豆杉		2	12	吴茱萸五加	2	1
2	元宝山冷杉	2	2	13	白檀	37	8
3	红皮木姜子	301	80	14	木莲		3
4	五尖槭	71	4	15	楝叶吴萸		1
5	曼青冈	2		16	刺叶桂樱	2	
6	长尾毛蕊茶	24	42	17	细枝柃	2	3
7	包槲柯	5	4	18	毛叶木姜子	6	1
8	山矾	24	6	19	毛山矾		1
9	大八角	13	7	20	日本女贞	8	3
10	杜鹃一种		1	21	网脉木犀		6
11	粗榧	10	6		合计	509	181

9. 资源冷杉林（Form. *Abies beshanzuensis* var. *ziyuanensis*）

资源冷杉是20世纪70年代在我国广西和湖南发现的冷杉属植物一新种，我国特有，国家一级保护物种。在广西，以资源冷杉为标志的中山针阔叶混交林，仅分布于资源县瓜里乡香草坪银竹老山，银竹老山最高峰二宝鼎海拔2021m，为广西5个海拔2000m高峰的一个，也是广西第5高峰。银竹老山位于广西北部资源县的北部，处于北纬26°15′05″~26°19′15″和东经110°32′42″~110°35′06″之间，是南岭支脉越城岭山地的一个组成部分，为大型花岗岩入侵构成的中山山地。

资源冷杉林的立地条件类型为发育在花岗岩母质上的山地黄棕壤，枯枝落叶层厚10cm，覆盖度几乎100%，土层较深厚，超过60cm，表层黑褐色腐殖质层厚12cm，有机质含量23.12%，土壤呈酸性反应，pH值4~6。林内湿度大，树干布满苔藓，枝条悬挂苔藓。

资源冷杉是在20世纪70年代发现的，当时银竹老山森林面积约200hm^2，资源冷杉针阔混交林镶嵌分布在常绿落叶阔叶混交林中，600m^{2}的范围内约有资源冷杉植株2~3株，一般都为高20~28m，胸径30~60cm，种群数量大约在2500株以上，种群密度约为17株/hm^2。历经26年后，2004年广西植物研究所科技人员又到该地调查，发现资源冷杉种群数量和质量发生了毁灭性衰退。森林面积虽然没有发生太大的变化，但质量降低，资源冷杉呈零星状态出现在残次的林片或次生的灌丛内，株间或居群被远距离（300~500m之间）分割，孤立、隔离现象十分突出；典型抽样调查与拉网式搜查结果都显示，现今该地残存的资源冷杉种群仅有96株，种群密度为0.64株/hm^2，与1978年相比，下降了26倍之多。在残存的种群中，大树荡然无存，最高的植株为12.5m，最大胸径19.7cm；其中树高8~12m，胸径12~19cm的有15株，占15.6%，树高4~8m，胸径4~10cm的有52株，占54.2%，树高1.3~3m、胸径<4cm的有29株，占30.2%，整个分布地均未发现实生的幼苗幼树。残存的植株还有小部分因遭受牲畜的反复践踏或磨擦损伤而濒临枯萎死亡。现在的植株最小树龄也有19年，大多数植株的树龄在23~30年间，个别植株最大树龄为35年。可见银竹老山现存的资源冷杉，几乎都是树龄接近中龄而长势较弱的矮小个体，种群退化严重。

冷杉属植物全球已知有50余种，分布于欧洲、亚洲、北美洲、中美洲和非洲北部温带与寒温带地区。我国有冷杉属植物22种，主要分布在华北与东北山地、秦巴山地、蒙新山地及青藏高原的东南缘，我国东部的台湾、西南部的四川、云南、贵州等地虽有冷杉属植物分布，但都是生长在海拔2000m以上的高山地带。而资源冷杉是我国冷杉属植物中分布纬度最低、海拔高度最低的种类之一，是我国第四纪冰期的残余种，对研究我国古气候、古地理、古植物区系具有十分重要的意义；同时，它在海拔1600m的地区能长成20~30m的大树，在材用和南部中山造林上也有较高的价值。因此，对资源冷杉的现状必须给予十分的关注，采取十分得力的措施加以保护，研究、恢复和壮大其种群。

资源冷杉种群衰退的原因主要有3个：一是过度砍伐；二是过度放牧；三是自身生物学特性的影响。前两个都是人为的原因，后一个是自身的问题。资源冷杉4~5年才结果一次，每次结果只有1~2株。1982年，湖南新宁县林科所从1株80年生、树高20m、胸径40cm的大树采回全部球果30多个，进行检测和繁殖试验，其种子的优质度约为5%，场圃出苗率为3%。广西植物研究所连续3年(2002~2004年)采集到球果75个，对种子生活力实验检测，结果所有球果的种子的种胚都不发育，全为空瘪的膜状物。因此，对资源冷杉种子质量差、种子生活力低的原因进行研究，找出原因和解决的办法，是恢复和壮大其种群的一个重要措施。

根据1978年和1979年的调查研究，资源冷杉林只发现一个群落。

(1)资源冷杉+华木荷－曼青冈+扇叶槭－大八角－华西箭竹－长茎沿阶草群落(*Abies beshanzuensis* var. *ziyuanensis* + *Schima sinensis* − *Cyclobalanopsis oxyodon* + *Acer flabellatum* − *Illicium majus* − *Fargesia nitida* − *Ophiopogon chingii* Comm.)

调查样地设在海拔1660m和1790m的地方，坡度25°。样地外20m处，有高27~28m，胸径60cm的高大资源冷杉4株。乔木层郁闭度0.85，可分为3个亚层，根据1200m²样地统计(表7-94)，有林木种类28种、293株。第一亚层林木高15~20m，覆盖度75%，资源冷杉特高大，高29m，胸径70cm，树冠突出林冠之上，极为显目，远远就能看出，本亚层有林木14种、49株，资源冷杉有5株，重要值指数43.9，排第二；华木荷有10株，重要值指数51.6，排第一；其他重要的种类有扇叶槭、吴茱萸五加、华南桦，全为落叶阔叶树，重要值指数分别为38.9、26.8、26.4。第二亚层林木高8~14m，覆盖度60%，有林木21种、104株，是3个亚层种类最多的1个亚层，其中有11种在上亚层有分布，优势种为曼青冈，有22株，重要值指数60.2；次优势种有大八角和扇叶槭，重要值指数分别为42.6和41；其中扇叶槭为落叶阔叶树。第三亚层林木高6m左右，植株细小，冠幅小，覆盖度30%，有林木14种、140株，其中有10种在上2个亚层有分布，是3个亚层植株最多的1个亚层，大八角占绝对优势，有70株，占该层总株数的一半，重要值指数110.9，占该层重要值指数300的1/3强；其他常见的种类有红皮木姜子、曼青冈、细枝柃，重要值指数分别为39.7、33、29.1，该层的优势种和常见种均为常绿阔叶树。从整个乔木层分析，资源冷杉虽然为高大的乔木，是上层的优势种，但因为株数少，所以在整个乔木层并不占优势，重要值指数只有21.2，排第五；华木荷情况与资源冷杉类似，但株数比资源冷杉稍多，重要值指数为21.7，排第四；大八角凭据众多的植株数(91株)，相对密度和相对频度都很大，重要值指数达到49.8，排列第一，但它是中小乔木，在乔木第一亚层它不可能占据优势的地位；曼青冈和扇叶槭虽然依靠较多的株数，重要值指数达到31和28.8，排第二和第三位，但在乔木第一亚层数量并不多，重要值指数不及资源冷杉；其他的种类都是常见的伴生种类，目前重要值指数分配情况是符合它们在群落中的地位的。从表7-95可知，灌木层植物以华西箭竹占绝对优势，覆盖度达80%~90%，其他的种类很少见，且多是乔木的幼树，如大八角、红皮木姜子、扇叶槭、白檀等。草本层植物种类和数量都十分稀少，覆盖度<3%，不少地段没有盖度，种类不到3种，几乎缺乏草本层。藤本植物种类和数量亦不多，但比较粗大，常见的种类为临桂钻地枫(*Schizophragma choufenianum*)、雷公藤(*Tripterygium wilfordii*)，茎粗可达13cm。浓密的箭竹表层根际上，更新幼苗极少，种类有红皮木姜子、大八角、扇叶槭、曼青冈、楝叶吴萸、树参等，资源冷杉有幼苗5株，缺乏幼树。但样方外20m处，有资源冷杉幼树2株。

表7-94　资源冷杉+华木荷－曼青冈+扇叶槭－大八角－华西箭竹－长茎沿阶草群落乔木层种类组成及重要值指数

(样地号：香草坪1号，香草坪2号，样地面积：600m² +600m²，地点：资源县瓜里乡香草坪银竹老山，海拔：1660~1790m)

序号	树种	基面积(m²)	株数	频度(%)	重要值指数
		乔木Ⅰ亚层			
1	华木荷	0.9248	10	50	51.6
2	资源冷杉	1.2247	5	41.67	43.9

（续）

序号	树种	基面积（m^2）	株数	频度（%）	重要值指数
3	扇叶槭	0. 4809	10	33. 33	38. 9
4	甜槠	0. 7385	4	33. 33	31
5	吴茱萸五加	0. 6417	4	25	26. 8
6	华南桦	0. 7441	3	25	26. 4
7	大八角	0. 2317	3	25	17. 9
8	曼青冈	0. 1842	3	25	17. 1
9	鹿角锥	0. 2935	2	16. 67	14. 3
10	绵柯	0. 1964	1	8. 33	7. 9
11	光叶水青冈	0. 159	1	8. 33	7. 3
12	野樱	0. 0962	1	8. 33	6. 2
13	树参	0. 038	1	8. 33	5. 2
14	大果卫矛	0. 0346	1	8. 33	5. 2
	合计	5. 9883	49	316. 65	299. 7
			乔木Ⅱ亚层		
1	曼青冈	0. 7942	22	58. 33	60. 2
2	大八角	0. 2904	18	75	42. 6
3	扇叶槭	0. 2967	16	75	41
4	野樱	0. 3938	4	25	22. 3
5	树参	0. 2191	6	41. 67	21. 8
6	红淡比	0. 1528	9	33. 33	20. 8
7	华南桦	0. 2101	4	25	16. 1
8	甜槠	0. 1971	3	8. 33	11. 3
9	榕叶冬青	0. 1018	3	16. 67	9. 7
10	华木荷	0. 0707	3	16. 67	8. 7
11	鹿角锥	0. 0511	2	16. 67	7
12	具柄冬青	0. 0171	2	16. 67	5. 9
13	中华石楠	0. 0091	4	8. 33	5. 8
14	资源冷杉	0. 0416	1	8. 33	4. 1
15	厚叶冬青	0. 0284	1	8. 33	3. 7
16	木莲	0. 0227	1	8. 33	3. 5
17	吴茱萸五加	0. 0177	1	8. 33	3. 3
18	润楠一种	0. 0133	1	8. 33	3. 1
19	腺叶桂樱	0. 0113	1	8. 33	3. 1
20	白檀	0. 0095	1	8. 33	3
21	红皮木姜子	0. 0039	1	8. 33	2. 8
	合计	2. 9522	104	483. 31	299. 8
			乔木Ⅲ亚层		
1	大八角	0. 1578	70	91. 67	110. 9
2	红皮木姜子	0. 0608	14	58. 33	39. 7
3	曼青冈	0. 0604	8	50	33
4	细枝柃	0. 0473	13	33. 33	29. 1
5	灰木一种	0. 0149	5	33. 33	16
6	金叶柃	0. 0167	10	16. 67	15. 4
7	红淡比	0. 0169	4	25	13. 5
8	扇叶槭	0. 0087	3	16. 67	8. 5
9	野樱	0. 015	3	8. 33	7. 8
10	中华石楠	0. 0088	5	8. 33	7. 8
11	柃木一种	0. 0058	2	8. 33	4. 9
12	树参	0. 0079	1	8. 33	4. 7
13	白檀	0. 0064	1	8. 33	4. 4
14	腺叶桂樱	0. 005	1	8. 33	4. 1
	合计	0. 4323	140	374. 98	299. 8

（续）

序号	树种	基面积(m^2)	株数	频度(%)	重要值指数
		乔木层			
1	大八角	0.6798	91	100	49.8
2	曼青冈	1.0388	33	75	31
3	扇叶槭	0.7863	29	91.67	28.8
4	华木荷	0.9955	13	58.33	21.7
5	资源冷杉	1.2663	6	50	21.2
6	华南桦	0.9542	7	41.67	17.4
7	甜槠	0.9357	7	33.33	16.2
8	红皮木姜子	0.0646	15	58.33	12.5
9	吴茱萸五加	0.6593	5	25	11.6
10	野樱	0.5051	8	25	11
11	树参	0.265	8	41.67	10.3
12	红淡比	0.1697	13	33.33	10
13	细枝柃	0.0473	13	33.33	8.7
14	鹿角锥	0.3446	4	25	8
15	灰木一种	0.0149	5	33.33	5.7
16	金叶柃	0.0167	10	16.67	5.5
17	中华石楠	0.0179	9	8.33	4.3
18	榕叶冬青	0.1018	3	16.67	4
19	绵柯	0.1964	1	8.33	3.4
20	光叶水青冈	0.159	1	8.33	3
21	白檀	0.0159	2	16.67	2.8
22	具柄冬青	0.0171	2	16.67	2.8
23	腺叶桂樱	0.0163	2	16.67	2.8
24	柃木一种	0.0058	2	8.33	1.8
25	大果卫矛	0.0346	1	8.33	1.7
26	厚叶冬青	0.0284	1	8.33	1.6
27	木莲	0.0227	1	8.33	1.5
28	润楠一种	0.0133	1	8.33	1.4
	合计	9.3729	293	874.98	300.5

野樱 *Prunus* sp.　中华石楠 *Photinia beauverdiana*　金叶柃 *Eurya obtusifolia*　厚叶冬青 *Ilex elmerrilliana*

表 7-95　资源冷杉 + 华木荷 – 曼青冈 + 扇叶槭 – 大八角 – 华西箭竹 – 长茎沿阶草群落灌木层和草本层种类组成及分布情况

序号	种名	多度或盖度(%)	频度(%)	序号	种名	多度或盖度(%)	频度(%)
	灌木层			9	米槠	sol	8.33
1	华西箭竹	80～90	100	10	柃木一种	sol	8.33
2	大八角	sol～sp	41.67	11	临桂钻地枫	sp	50
3	红皮木姜子	sol	33.33	12	雷公藤	sp	8.33
4	短柄紫珠	sp	16.67	13	葛藟葡萄	sol	8.33
5	扇叶槭	sol	25	14	黄果悬钩子	sol	8.33
6	白檀	sol	33.33		草本层		
7	山鸡椒	sol	25	1	长茎沿阶草	un～sol	25
8	铁山矾	sol	8.33	2	薹草一种	un～sol	16.67

短柄紫珠 *Callicarpa brevipes*　葛藟葡萄 *Vitis flexuosa*　黄果悬钩子 *Rubus* sp.　薹草一种 *Carex* sp.

10. 元宝山冷杉林(Form. *Abies yuanbaoshanensis*)

元宝山冷杉是我国只分布于广西的特有种，国家一级保护植物；在广西只见于融水县元宝山。元宝山位于桂北融水县的北部，主峰海拔 2081m，为广西第三高峰；它是广西起源最古老的山体，广泛出露四堡群浅海相沙、泥质岩类细碧—角斑岩地层，加里东期花岗岩大面积分布。

以元宝山冷杉为优势或标志的中山针阔叶混交林见于海拔1700m以上的范围，集中分布于海拔1850～2000m的蓝坪峰，它与南方红豆杉针阔叶混交林和铁杉针阔叶混交林一起，构成比较完整的中山针阔叶混交林带，这是广西其他中山山体所没有的。元宝山冷杉林的立地条件类型为发育在花岗岩母质上的山地黄棕壤，pH值4.5～5.0，表土层为枯枝落叶层所覆盖的黑色腐殖质土；地表大块岩石露头，凹凸不平，生境异质性大。林内空气湿度相当大，苔藓植物十分发达，树干和岩石表面都布满了苔藓，厚度达7～10cm。元宝山冷杉林表现出浓厚的原始状态，林木高大古老，郁闭度大，林内自然枯立木和枯倒木随处可见；有的木本植物附生在树干或枝条上；有的属灌木性状的树木长成小乔木，甚至中小乔木；林内可见到粗10cm的木质藤本，长度达10～20m，此地山高气温低，树木生长十分缓慢，只有历经漫长的岁月才能长成中小乔木的灌木和粗10cm的木质藤本。

元宝山冷杉针阔叶混交林种类组成并不复杂，3000m^{2}样地统计得出，共有组成种类107种，分属52科、81属。以群落分层来统计，乔木层种类有36种，其中针叶树4种，阔叶树32种；常绿的25种，落叶的11种。灌木层真正的灌木种类有23种，其中常绿的12种，落叶的11种。草本层植物种类有29种，其中蕨类植物6种，双子叶植物12种，单子叶植物11种；29种中常绿的16种，落叶的13种。藤本植物8种，常绿的和落叶的各4种。附生植物8种，其中蕨类植物5种，木本植物3种（苦苣苔科2种，乌饭树科1种）。更新层乔木幼苗幼树种类有35种，其中有32种是乔木层现有的组成种类，只有3种目前在乔木层没有出现过。元宝山冷杉林组成种类的地理成分，从71个种子植物属划分得出，有11个分布区类型和8个变型，含属最多的有东亚（喜马拉雅－日本）分布区类型（13属），东亚和北美洲间断分布区类型（12属），北温带分布区类型和泛热带分布区类型（各11属），热带亚洲（印度—马来西亚）分布区类型（9属），说明元宝山冷杉林植物区系成分与上述地区关系密切。71个种子植物属除3个世界属外，其中热带分布的有27属，占39.7%；温带分布的有38属，占55.9%；中国特有的有3属，占4.4%，说明元宝山冷杉林特有的区系成分比较突出，从属的分类单位看，温带成分大于热带成分。元宝山冷杉林乔木层有36种，其中有16个为优势种，划分优势种的地理分布类型，结果得出，中亚热带分布类型的有13种，占81.3%；南亚热带分布类型的有1种，占6.2%；北亚热带分布类型的有2种，占13%。从而说明，温带分布的属，它们所含的种性质都不是温带的；同样，热带分布的属，它们所含的种性质都不是热带的，两个分布区类型的属所含的种都是亚热带的。因此，从乔木层优势种看，区系成分属于亚热带性质，主要是中亚热带。

元宝山冷杉林的天然更新是良好的，优势种和次优势种以及其他常见的种类，都具各级幼苗幼树；元宝山冷杉是中山针阔叶混交林中天然更新较好的一个种类，种群结构完整，属于稳定型种群。但是，元宝山冷杉与属于同为优势种的阔叶树相比，幼苗幼树相对较少，青年木比例较少，原因是在密集的箭竹根系上，幼苗的根很难穿插进去，伸入土中，吸收水分和养分，当干旱季节来临的时候，不少幼苗因得不到足够的水分而死亡。从元宝山冷杉的现状看，它应该属于我国一个十分濒危的物种，20世纪70年代发现元宝山冷杉时，经过详细的资源调查，大小植株总共不到900株，其中成年植株约100株，虽然目前在保护区内保护得还是比较好的，但至今种群数量没有得到扩大，究其原因，可能与自身的生物学特性和林下密集的箭竹根系层有关。元宝山冷杉结实植株一般3年结果1次，但每次结果并不是所有能结果的植株都结果，能结果的母树也并不是所有的种子都能落到地面，因为元宝山冷杉种子具翅，种子较轻，很容易被草本层植物枝叶和枯枝落叶层挡住而不能到达土壤表面；到达土壤表面的种子，即使能发芽，如前所述，由于密集的箭竹根系层妨碍幼苗的根系伸入到土层，部分幼苗因吸收不到土壤中的水分而死亡；元宝山冷杉种子饱满率20%～70%，平均40%，在海拔160m的广西植物研究所内，饱满种子场圃发芽率6.8%，在场圃培育不到3年便全部死亡，保苗十分困难。

元宝山冷杉是在广西最古老的地层上保存下来的一个古老的残余种，是我国冷杉属植物纬度分布最南的种类之一，广西特有，科学研究价值极大。目前元宝山冷杉大小植株总共不到900株，其中成年植株约100株；以元宝山冷杉为优势的针阔叶混交林是广西保存最好的一个原始森林群落，面积约1.0hm^2，如何在保护好它的同时，试验研究扩大其种群，是十分重要的，只有这样，才能从根本上保护好这个广西特有的古老残余物种和森林群落。

经过初步研究，元宝山冷杉林有 4 个群落。

(1)元宝山冷杉－光枝杜鹃－美丽马醉木－尖尾箭竹－短药沿阶草群落(*Abies yuanbaoshanensis* － *Rhododendron haofui* － *Pieris formosa* － *Fargesia cuspidata* － *Ophiopogon angustifoliatus* Comm.)

本群落分布于元宝山蓝坪峰冷杉坪处，样地海拔高 1900m，地形较平缓，但地面凹凸不平，多巨大的圆形岩石露头。群落立地条件类型为发育在花岗岩母质上的山地黄棕壤，土壤覆盖率约 40%，土层浅薄，一般 40～50cm，表层为黑褐色腐殖质层。本群落原始性很浓，周围为原始性很浓的中山常绿落叶阔叶混交林所包围，林内空气湿度相当大，苔藓植物十分发达，附生植物附生高度达 4～9m。

乔木层总盖度 100%，可分成 3 个亚层，根据 600m^{2}样地统计结果，有乔木 29 种、115 株(见表 7-96)。第一亚层林木高 15～21m，由于乔木植株多，密度大，乔木的胸径都不太大，一般在 30cm 左右，覆盖度 65%，有林木 5 种、17 株，以元宝山冷杉占绝对优势，有 9 株，重要值指数 160.5；次优势为铁杉，有 3 株，重要值指数 59.7；其余 3 种是大八角、吴茱萸五加和青冈，均为阔叶树，其中吴茱萸五加为落叶阔叶树。第二亚层林木高 8～14m，胸径 10～20cm，有 28 种、73 株，第一亚层 5 个种都在本亚层出现，本亚层是 3 个亚层中种类和株数最多的 1 个亚层，所以覆盖度也是 3 个亚层中最大的，为 85%；本亚层优势种不突出，排列第一的光枝杜鹃，也只有 9 株，重要值指数 35.3；重要值指数达到 20 的只有杜鹃一种、贵州桤叶树、五尖槭、青榨槭 4 种，其中后 3 种为落叶阔叶树，其他多数种类重要值指数都在 10 以下。第三亚层林木高 4～7m，胸径 5～8cm，覆盖度 40%，有林木 9 种、25 株，其中只有 1 种在上 2 个亚层没有出现过，优势种为美丽马醉木，有 6 株，重要值指数 64.5；次优势种为光枝杜鹃、长尾毛蕊茶、贵州桤叶树，重要值指数分别为 49.9、48.9、48.1。综合整个乔木层分析，由于种类较多，重要值指数分配比较分散，元宝山冷杉为乔木中最高大的乔木，株数也较多，整个乔木层还是以它的重要值指数最大，为 46.1；铁杉种群在中龄阶段，呈随机分布的格局，有的地段植株多，有的地段植株少；吴茱萸五加和青冈为常见的伴生种；光枝杜鹃、贵州桤叶树、杜鹃一种虽然为中、下层优势种，但它们都是中小乔木，所以上述这些种类重要值指数都不太大。其他都是一些随遇种，重要值指数不到 10，与它们的特点相符合的。灌木层植物种类和数量不太丰富，分布也不均匀，覆盖度一般 3%～15%，局部地段 25%～50%，优势种为尖尾箭竹，覆盖度一般 2%～20%，局部地段 40%，出现频度 79.17%；其他的种类数量都不多，比较常见的为大叶鸡爪茶和小柱悬钩子(表 7-97)。草本层植物比较发达，种类和数量均较丰富，覆盖度一般在 35%～70%，局部 85%～100%，以短药沿阶草占绝对优势，覆盖度 30%～60%，少数 85%～100%，出现频度 100%；常见的种类有间型沿阶草、薹草 1 种、棒叶沿阶草和针毛蕨(表 7-97)。藤本植物以扶芳藤最常见，其他的种类数量都不多。附生植物以蕨类为多，其中褐斑舌蕨占多数，木本附生植物有凸脉越桔和广西吊石苣苔 2 种(表 7-97)。从表 7-98 可知，本群落天然更新是较好的，表现出一种顶极群落的特征。元宝山冷杉具幼苗 37 株，幼树 9 株，各级立木 12 株，种群结构是完整的；各级立木的胸径从 12cm 到 30cm 都有植株，30cm 以上的植株缺乏，是一种进展型种群，因此，它的种群结构虽然完整，但还不成熟。

表 7-96　元宝山冷杉－光枝杜鹃－美丽马醉木－尖尾箭竹－短药沿阶草群落乔木层种类组成及重要值指数

(样地号：元宝山－3，样地面积：20m×30m，地点：元宝山蓝坪峰冷杉群，海拔：1900m)

序号	树种	基面积(m^2)	株数	频度(%)	重要值指数
		乔木 I 亚层			
1	元宝山冷杉	0.4086	9	37.5	160.5
2	铁杉	0.1856	3	12.5	59.7
3	大八角	0.0567	2	8.33	31.4
4	吴茱萸五加	0.0924	2	4.17	29.7

（续）

序号	树种	基面积(m²)	株数	频度(%)	重要值指数
5	青冈	0.0511	1	4.17	18.6
	合计	0.7944	17	66.67	299.9
	乔木Ⅱ亚层				
1	光枝杜鹃	0.1589	9	20.83	35.3
2	杜鹃一种	0.0784	7	20.83	25.2
3	贵州桤叶树	0.0429	7	25	23.6
4	五尖槭	0.0899	5	20.83	23.4
5	青榨槭	0.0707	5	20.83	21.7
6	大八角	0.072	3	12.5	15.8
7	青冈	0.0998	2	8.33	15.3
8	元宝山冷杉	0.0745	3	8.33	14.3
9	山矾	0.0355	3	12.5	12.4
10	红皮木姜子	0.0324	3	12.5	12.1
11	南方红豆杉	0.0226	2	8.33	8.1
12	楝叶吴萸	0.018	3	4.17	7.5
13	毛叶木姜子	0.0151	2	8.33	7.4
14	灯笼吊钟花	0.0135	2	8.33	7.3
15	吴茱萸五加	0.0415	1	4.17	7
16	铁杉	0.0363	1	4.17	6.5
17	木姜叶冬青	0.0367	1	4.17	6.5
18	细枝柃	0.0214	2	4.17	6.4
19	粗榧	0.0163	2	4.17	5.9
20	长尾毛蕊茶	0.0113	2	4.17	5.4
21	野鸦椿	0.0191	1	4.17	4.9
22	木莲	0.015	1	4.17	4.5
23	包槲柯	0.0133	1	4.17	4.3
24	白檀	0.0125	1	4.17	4.3
25	网脉木犀	0.0104	1	4.17	4.1
26	刺叶桂樱	0.0088	1	4.17	3.9
27	美丽马醉木	0.005	1	4.17	3.6
28	珍珠花	0.0057	1	4.17	3.6
	合计	1.0775	73	250.02	300.3
	乔木Ⅲ亚层				
1	美丽马醉木	0.0151	6	20.83	64.5
2	光枝杜鹃	0.0141	5	12.5	49.9
3	长尾毛蕊茶	0.0126	4	16.67	48.9
4	贵州桤叶树	0.0161	4	12.5	48.1
5	大八角	0.0133	1	4.17	23.5
6	短柱柃	0.0027	2	8.33	20.5
7	杜鹃一种	0.0087	1	4.17	18.4
8	南方红豆杉	0.005	1	4.17	14.3
9	粗榧	0.0028	1	4.17	11.9
	合计	0.0904	25	87.51	300
	乔木层				
1	元宝山冷杉	0.4831	12	41.67	46.1
2	光枝杜鹃	0.173	14	25	27.7
3	贵州桤叶树	0.059	11	29.17	20.4
4	铁杉	0.2219	4	16.67	19.2
5	杜鹃一种	0.0871	8	25	18.1
6	大八角	0.142	6	20.83	18
7	五尖槭	0.0899	5	20.83	14.5
8	美丽马醉木	0.0201	7	25	13.8
9	青冈	0.1509	3	12.5	13.6

(续)

序号	树种	基面积(m²)	株数	频度(%)	重要值指数
10	青榨槭	0.0707	5	20.83	13.5
11	长尾毛蕊茶	0.0239	6	20.83	12
12	吴茱萸五加	0.1339	3	8.33	11.6
13	山矾	0.0355	3	12.5	7.7
14	红皮木姜子	0.0324	3	12.5	7.6
15	南方红豆杉	0.0276	3	12.5	7.3
16	毛叶木姜子	0.0151	2	8.33	4.7
17	粗榧	0.0191	3	4.17	4.7
18	楝叶吴萸	0.018	3	4.17	4.6
19	灯笼吊钟花	0.0135	2	8.33	4.6
20	短柱柃	0.0027	2	8.33	4
21	细枝柃	0.0214	2	4.17	3.9
22	木姜叶冬青	0.0367	1	4.17	3.9
23	野鸦椿	0.0191	1	4.17	3
24	包槲柯	0.0133	1	4.17	2.8
25	木莲	0.015	1	4.17	2.8
26	白檀	0.0125	1	4.17	2.6
27	网脉木犀	0.0104	1	4.17	2.5
28	刺叶桂樱	0.0088	1	4.17	2.4
29	珍珠花	0.0057	1	4.17	2.3
	合计	1.9623	115	375.02	299.9

表 7-97　元宝山冷杉－光枝杜鹃－美丽马醉木－尖尾箭竹－短药沿阶草群落灌木层和草本层种类组成及分布情况

序号	种名	多度或盖度(%)	频度(%)	序号	种名	多度或盖度(%)	频度(%)
	灌木层			2	间型沿阶草	10～60	66.67
1	尖尾箭竹	1～40	79.17	3	棒叶沿阶草	1～10	75
2	大叶鸡爪菜	sol	41.67	4	薹草一种	10～50	45.8
3	小柱悬钩子	sol	41.67	5	针毛蕨	sol	66.67
4	白瑞香	sol	33.33	6	苦水花	sol	25
5	伞房荚蒾	sol	25	7	毛凤仙	sol	20.83
6	悬钩子	sol	16.67	8	石松	sol	20.83
7	粗叶悬钩子	sol	16.67	9	金星蕨	sol	20.83
8	南岭小蘖	sol	8.33	10	散斑竹根七	sol	12.5
9	日本女贞	sol	8.33	11	石上莲	sol	12.5
10	阔叶十大功劳	sol	12.5	12	匙叶草	sol	8.33
11	合轴荚蒾	sol	4.17	13	蟹甲菊	sol	8.33
12	朱砂根	un	4.17	14	开口剑	sol	8.33
	藤本植物			15	荩草	sol	4.17
1	扶芳藤	sol～cop	100	16	梗花华西龙头草	sol	4.17
2	长柄地锦	sol	45.83	17	高羊茅	sol	4.17
3	钻地枫	sol	54.17		**附生植物**		
4	菝葜	sol	54.17	1	舌蕨	sol	62.5
5	花椒簕	sol	8.33	2	蕗蕨	sol(局部10)	41.67
6	五月瓜藤	un	8.33	3	平肋书带蕨	sol～sp	25
7	山银花	sol	8.33	4	石莲姜槲蕨	sol～sp	20.83
8	清风藤	un	4.17	5	柳叶剑蕨	sol	8.33
9	八角莲	sol	4.17	6	广西吊石苣苔	sol	12.5
	草本层			7	凸脉越桔	sol	4.17
1	短药沿阶草	30～60	100				

五月瓜藤 *Holboellia angustifolia*

表 7-98　元宝山冷杉－光枝杜鹃－美丽马醉木－尖尾箭竹－短药沿阶草群落更新层乔木幼苗幼树种类组成和株数

序号	种名	幼苗（株）（H＜50cm）	幼树（株）（3m＞H≥50cm）	序号	种名	幼苗（株）（H＜50cm）	幼树（株）（3m＞H≥50cm）
1	元宝山冷杉	37	9	18	毛叶木姜子	5	1
2	南方红豆杉	8	8	19	吴茱萸五加	1	1
3	铁杉	1		20	包槲柯	9	1
4	楝叶吴萸	12	2	21	灯笼吊钟花	4	1
5	刺叶冬青	18	8	22	合轴荚蒾	1	
6	红皮木姜子	150	58	23	伞房荚蒾	3	4
7	青冈	1	2	24	长尾毛蕊茶	24	17
8	五尖槭	72	2	25	南岭小蘗		2
9	杜鹃一种	6	7	26	三花冬青	2	1
10	美丽马醉木	52	16	27	木莲	2	4
11	细枝柃	15		28	木姜叶冬青	1	1
12	光枝杜鹃	2	5	29	短柱柃	6	
13	山矾	10	7	30	日本女贞	1	1
14	新木姜子	5	24	31	网脉木犀		3
15	大八角	326	15	32	白檀	3	
16	贵州桤叶树		3	33	阔叶十大功劳		3
17	粗榧	19	11		合计	796	217

（2）元宝山冷杉－杜鹃一种－长尾毛蕊茶－尖尾箭竹－短药沿阶草群落（*Abies yuanbaoshanensis* － *Rhododendron* sp. － *Camellia caudata* － *Fargesia cuspidata* － *Ophiopogon angustifoliatus* Comm.）

本群落分布于元宝山蓝坪峰水坝南面，样地海拔 1900m，位于山坡上部，地势较平坦，坡度 15°；但地面凹凸不平，巨石露头多，多数林木扎根于石缝中或石面上；样地周围是原始性很浓的中山常绿落叶阔叶混交林。群落立地条件类型为发育在花岗岩母质上的山地黄棕壤，土层厚 50cm 左右，腐殖质层较厚，约 15cm，土壤棕黑色，土体中含石粒较多。本群落原始性很浓，林内空气湿度相当大，苔藓植物十分发达，腐生和寄生植物较多。中下层林木树干扭曲现象很明显，而且呈偏倒的状态；枯倒木不少。

乔木层总盖度 100%，可分为 3 个亚层，根据 600m^2 样地统计结果，有林木 22 种、109 株（表 7-99）。第一亚层林木高 15～21m，最大胸径 82cm，覆盖度 70%，有林木 7 种、16 株，以元宝山冷杉占绝对优势，有 7 株，重要值指数 149.94，几乎占了重要值指数 300 的一半；铁杉为次优势种，有 3 株，重要值指数 68.07；其他常见的种类重要值指数都较小，如大八角、美脉花楸、灯笼吊钟花等。第二亚层林木高 8～14m，胸径 9～20cm，覆盖度 80%，有林木 14 种、62 株，其中有 5 种在上层有分布，是 3 个亚层中林木株数最多的 1 个亚层，优势种为杜鹃一种，有 12 株，重要值指数 47.55；元宝山冷杉有 6 株，较粗大，重要值指数为 40.77，排第二；南方红豆杉虽然只有 1 株，但它是群落中最粗大的乔木（胸径 82cm），重要值指数排列第三，为 36.36；其他常见的种类还有贵州桤叶树和灯笼吊钟花。第三亚层林木高 3～7m，胸径细小，一般不超过 10cm，覆盖度 50%，有林木 15 种、33 株，除优势种外，其他的种类株数都不太多，优势种为长尾毛蕊茶，有 8 株，重要值指数 64.88；其他常见的种类株数都不超过 3 株，种类有南方红豆杉、光枝杜鹃、红皮木姜子、杜鹃一种、灯笼吊钟花。从整个乔木层分析，元宝山冷杉不但株数多，而且又是上层和中层的大乔木，所以在整个乔木层中重要值指数占据明显的优势，为 58.17，排列第一；铁杉和南方红豆杉在本群落中株数不多，在整个乔木层中重要值指数不大，符合其中龄种群随机分布的特点；常见种杜鹃一种、灯笼吊钟花、贵州桤叶树等为中小乔木，常为中下层林木的优势种，依靠众多的株数，在整个乔木层中重要值指数才能占优势，而在本群落中，它们株数都不太多，故重要值指数都不大。灌木层植物不太发达，分布不均匀，一般覆盖度 10%～20%，局部 30%～45%；以高 2m 左右的尖尾箭竹为优势种，覆盖度 2%～10% 和 15%～40%，出现频度95.87%；其他的种类不但数量少，而且出现的频度也低，比较常见的是小柱悬钩子和粗叶悬钩子(表7-100)。草本层植物比较发达，一般覆盖度在80%以上，优势种为短药沿阶草，覆盖度50%～100%，常见的种类有间型沿阶草、棒叶沿阶草和针毛蕨。藤本植物也比较常见，较多的有长柄地锦、扶芳藤和菝葜。附生植物有4种，其中3种为蕨类植物，1种为木本植物，以潞蕨和舌蕨较常见(表7-100)。从表7-101可知，本群落的天然更新是良好的，600m^2有幼苗869株，幼树336株，优势种和常见种幼苗和幼树结构合理。建群种元宝山冷杉有0.05～0.45m的幼苗46株，0.5～1.8m的幼树26株；胸径18～42cm的立木13株，没有>42cm以上的立木，由此可见，元宝山冷杉种群结构是完整的，但还不成熟，属于进展型种群。

表7-99 元宝山冷杉－杜鹃一种－长尾毛蕊茶－尖尾箭竹－短药沿阶草群落乔木层种类组成及重要值指数

(样地号：元宝山冷杉－2，样地面积：20m×30m，地点：元宝山蓝坪峰水坝南面，海拔：1900m)

序号	树种	基面积(m^2)	株数	频度(%)	重要值指数
		乔木Ⅰ亚层			
1	元宝山冷杉	0.4391	7	29.17	149.94
2	铁杉	0.22	3	12.5	68.07
3	美脉花楸	0.0236	2	4.17	22.37
4	大八角	0.0177	1	4.17	15.32
5	灯笼吊钟花	0.0154	1	4.17	15.01
6	毛叶木姜子	0.0123	1	4.17	14.59
7	木莲	0.0095	1	4.17	14.2
	合计	0.7376	16	62.52	299.5
		乔木Ⅱ亚层			
1	杜鹃一种	0.1638	12	37.5	47.51
2	元宝山冷杉	0.34	6	20.83	40.77
3	南方红豆杉	0.5281	1	4.17	36.36
4	贵州桤叶树	0.1104	9	25	33.37
5	灯笼吊钟花	0.0516	8	29.17	30.1
6	五尖槭	0.1295	6	20.83	27.7
7	山矾	0.0805	5	8.33	17.05
8	红皮木姜子	0.0182	4	16.67	15.58
9	木莲	0.0548	2	8.33	10.63
10	大八角	0.0453	2	8.33	10.04
11	毛叶木姜子	0.0246	2	8.33	8.76
12	光枝杜鹃	0.0192	2	8.33	8.42
13	包槲柯	0.0149	2	8.33	8.15
14	吴茱萸五加	0.0314	1	4.17	5.56
	合计	1.6123	62	208.32	300
		乔木Ⅲ亚层			
1	长尾毛蕊茶	0.0162	8	25	64.88
2	南方红豆杉	0.017	3	8.33	32.8
3	光枝杜鹃	0.0093	3	8.33	26.09
4	红皮木姜子	0.0077	3	8.33	24.7
5	杜鹃一种	0.0129	2	4.17	21.85
6	灯笼吊钟花	0.0069	2	8.33	20.79
7	贵州桤叶树	0.0123	1	4.17	18.1
8	珍珠花	0.0095	1	4.17	15.67
9	粗榧	0.0027	2	4.17	12.97
10	华西花楸	0.0064	1	4.17	12.97
11	美丽马醉木	0.005	1	4.17	11.75
12	包槲柯	0.0039	3	4.17	10.79
13	美脉花楸	0.0024	1	4.17	9.49
14	木莲	0.002	1	4.17	9.14

（续）

序号	树种	基面积(m²)	株数	频度(%)	重要值指数
15	新木姜子	0.0007	1	4.17	8.01
	合计	0.1149	33	100.02	300
	乔木层				
1	元宝山冷杉	0.7791	13	50	58.17
2	杜鹃一种	0.1767	14	37.5	30.99
3	南方红豆杉	0.5451	4	12.5	29.45
4	灯笼吊钟花	0.0739	11	33.33	22.84
5	贵州桤叶树	0.1227	10	25	21.47
6	五尖槭	0.1295	6	20.83	16.84
7	铁杉	0.22	3	12.5	15.34
8	长尾毛蕊茶	0.0162	8	25	15.32
9	红皮木姜子	0.0259	7	20.83	13.56
10	光枝杜鹃	0.0285	5	16.67	10.63
11	山矾	0.0805	5	8.33	10.29
12	木莲	0.0663	4	12.5	10.02
13	大八角	0.063	3	12.5	8.97
14	包槲柯	0.0188	3	12.5	7.17
15	毛叶木姜子	0.0369	3	8.33	6.69
16	美脉花楸	0.026	3	8.33	6.24
17	吴茱萸五加	0.0314	1	4.17	3.41
18	粗榧	0.0027	2	4.17	3.17
19	珍珠花	0.0095	1	4.17	2.52
20	华西花楸	0.0064	1	4.17	2.4
21	美丽马醉木	0.005	1	4.17	2.34
22	新木姜子	0.0007	1	4.17	2.17
	合计	2.4648	109	341.67	300

表 7-100　元宝山冷杉－杜鹃一种－长尾毛蕊茶－尖尾箭竹－短药沿阶草群落灌木层和草本层种类组成及分布情况

序号	种名	多度或盖度(%)	频度(%)	序号	种名	多度或盖度(%)	频度(%)
	灌木层				草本层		
1	尖尾箭竹	2～10，15～40	95.87	1	短药沿阶草	50～100	100
2	粗叶悬钩子	sol(局部 cop)	33.33	2	棒叶沿阶草	1～5	75
3	小柱悬钩子	sol	41.67	3	间型沿阶草	1～3	70.83
4	合轴荚蒾	sol	16.67	4	针毛蕨	sp	79.19
5	悬钩子	sol	6.33	5	金星蕨	sol	25
6	伞房荚蒾	sol	8.33	6	薹草一种	sp	29.17
7	大叶鸡爪菜	sol	8.33	7	石松	sol	29.17
8	花椒簕	sol	8.33	8	毛凤仙	sol	20.83
9	白瑞香	sol	4.17	9	石上莲	sol	12.5
10	阔叶十大功劳	sol	12.5	10	万寿竹	sol	12.5
11	朱砂根	un	4.17	11	苦水花	sol	8.33
12	少花吊钟花	un	4.17	12	长穗兔儿风	sol	16.67
13	乔木茵芋	sol	4.17	13	梗花华西龙头草	sol	8.33
	藤本植物			14	镰叶瘤足蕨	sol	8.33
1	长柄地锦	sp	75	15	十字薹草	sol	4.17
2	扶芳藤	sp	62.5	16	铜锤玉带草	sol	4.17
3	菝葜	sp	41.67		附生植物		
4	钻地风	sol	33.33	1	蕗蕨	sp	95.83
5	山银花	sol	12.5	2	舌蕨	sp	79.17
6	藤山柳	sol	8.33	3	石莲姜槲蕨	sp	54.17
7	蔓胡颓子	sol	4.17	4	凸脉越桔	sol	8.33

表 7-101　宝山冷杉 – 杜鹃一种 – 长尾毛蕊茶 – 尖尾箭竹 – 短药沿阶草群落更新层乔木幼苗幼树种类组成和株数

序号	种名	幼苗(株)(H<50cm)	幼树(株)(3m>H≥50cm)	序号	种名	幼苗(株)(H<50cm)	幼树(株)(3m>H≥50cm)
1	元宝山冷杉	46	26	18	刺叶冬青	5	2
2	南方红豆杉	2	9	19	吴茱萸五加	6	7
3	红皮木姜子	120	69	20	贵州桤叶树	4	6
4	包槲柯	10	5	21	木莲		2
5	腺萼马银花	1	4	22	青冈	2	1
6	大八角	428	32	23	木姜叶冬青		1
7	长尾毛蕊茶	21	26	24	细枝柃	7	4
8	粗榧	5	6	25	网脉木犀	7	6
9	光枝杜鹃		3	26	白檀		1
10	五尖槭	71	9	27	三花冬青		1
11	青榨槭	1	3	28	硬壳柯	1	
12	杜鹃一种	9	8	29	伞房荚蒾	8	4
13	新木姜子	6	11	30	珍珠花	1	
14	山矾	2	6	31	短柱柃		2
15	美丽马醉木	87	61	32	楝叶吴萸	1	
16	广序假卫矛	2	1		合计	869	336
17	灯笼吊钟花	16	20				

(3)元宝山冷杉 + 铁杉 – 红皮木姜子 – 长尾毛蕊茶 – 尖尾箭竹 – 短药沿阶草群落(*Abies yuanbaoshanensis* + *Tsuga chinensis* – *Litsea pedunculata* – *Camellia caudata* – *Fargesia cuspidata* – *Ophiopogon angustifoliatus* Comm.)

本群落分布于元宝山蓝坪峰水坝北面，样地海拔 1910m，位于山坡中下部，靠近常年流水沟，周围被原始性很浓的中山常绿落叶阔叶混交林所包围；样地地面凹凸不平。群落立地条件类型为发育在花岗岩母质上的山地黄棕壤，土层厚约 50cm，土体棕黑色，地表半风化的碎石粒较多。本群落原始性很浓，林内潮湿，苔藓植物十分发达，几乎所有枝干都布满苔藓；枯立木和枯倒树随处可见。针叶树树干通直，但中下层阔叶树树干多扭曲、倾斜。

乔木层总盖度 100%，可分成 3 个亚层，从表 7-102 可知，600m^2样地有林木 24 种、145 株。第一亚层林木高 15 ~ 20m，最粗胸径 60cm，覆盖度 70%，有林木 7 种、11 株，元宝山冷杉有 3 株，重要值指数 81. 9，排列第一；铁杉有 2 株，重要值指数 65. 9，排列第二；其他重要的种类还有南方红豆杉和木莲，前者虽然只有 1 株，但它是群落中最粗大的乔木。第二亚层林木高 8 ~ 14m，胸径 11 ~ 20cm，覆盖度 75%，有林木 13 种、50 株，其中有 4 种在上层有分布，本亚层有元宝山冷杉 1 株，不占优势；占明显优势的是红皮木姜子，有 15 株，重要值指数 74. 5；次优势种为青冈，有 8 株，重要值指数 44. 6；常见的种类有光枝杜鹃和木莲，重要值指数分别为 32. 3 和 31. 4。第三亚层林木高 3 ~ 7m，胸径细小，多数为 3 ~ 9cm，但株数多，覆盖度 60%，有林木 18 种、84 株，其中有 9 种在上 2 个亚层出现过；本亚层有元宝山冷杉 1 株，不占优势，占绝对优势的是长尾毛蕊茶，有 32 株，重要值指数 109. 8；红皮木姜子次之，有 20 株，重要值指数 59. 1；常见的种类有细枝柃和腺萼马银花。综合分析整个乔木层，重要值指数最大的并不是上层优势种元宝山冷杉，它的重要值指数只有 26. 6，仅排列第三，原因是性状虽然属于中小乔木、作为中下层优势种的红皮木姜子和长尾毛蕊茶，株数太多，分别有 35 株和 32 株，重要值指数分别达到 48. 5 和 43. 9，在整个乔木层中重要值指数排在第一和第二位；南方红豆杉和铁杉成年植株呈随机分布的状态，重要值指数时大时小是符合它们的分布特点的。灌木层植物尚发达，但分布不均匀，有的地段覆盖度 5% ~ 20%，有的地段覆盖度可达 95%，一般 40% 左右；以高 2m 左右的尖尾箭竹占绝对优势，覆盖度 3% ~ 15%、20% ~ 50%、70%，呈不均匀状态，出现频度 95. 83%，其他的种类数量都不多，较常见的有大叶鸡爪菜和小柱悬钩子(表 7-103)。草本层植物比较发达，600m^{2}有 21 种之多，覆盖度最低也有 40% ~60%，一般 80% 左右；以短药沿阶草占优势，覆盖度 10% ~80%，出现频度 100%，常见的种类有薹草 1 种、棒叶沿阶草等。藤本植物种类尚多，以扶芳藤和长柄地锦最常见。附生植物有 5 种，其中 2 种为木本植物，数量都不多(表 7-103)。从表 7-104 可知，本群落的天然更新是良好的，600m^{2}样地有乔木幼苗 568 株，幼树 206 株，优势种幼苗和幼树结构合理，重要的种类除铁杉外，更新也很理想。元宝山冷杉有 0.05 ~0.4m 的幼苗 13 株，0.5 ~1.5m 的幼树 7 株，胸径 8.5 ~44cm 的乔木 5 株，种群结构是完整的，但缺 >50cm 的乔木，仍属于进展型种群。

表 7-102 元宝山冷杉 + 铁杉 - 红皮木姜子 - 长尾毛蕊茶 - 尖尾箭竹 - 短药沿阶草群落乔木层种类组成及重要值指数

（样地号：元宝山冷杉 -1，样地面积：20m ×30m，地点：元宝山蓝坪峰水坝北面，海拔：1910m）

序号	树种	基面积(m^2)	株数	频度(%)	重要值指数
		乔木 Ⅰ 亚层			
1	元宝山冷杉	0.3155	3	12.5	81.9
2	铁杉	0.3401	2	8.33	65.9
3	木莲	0.1177	2	8.33	46.7
4	南方红豆杉	0.2809	1	4.17	42.5
5	大八角	0.0487	1	4.17	22.4
6	五尖槭	0.0346	1	4.17	21.2
7	马蹄参	0.0165	1	4.17	19.6
	合计	1.154	11	45.84	300.2
		乔木 Ⅱ 亚层			
1	红皮木姜子	0.1535	15	50	74.5
2	青冈	0.2043	8	16.67	44.6
3	光枝杜鹃	0.1115	6	16.67	32.3
4	木莲	0.1979	3	12.5	31.4
5	南方红豆杉	0.1302	3	8.33	22.8
6	白檀	0.0704	4	12.5	22
7	楝叶吴萸	0.0243	4	16.67	20.5
8	元宝山冷杉	0.1164	1	4.17	15
9	山矾	0.0707	1	4.17	10.9
10	木姜叶冬青	0.0099	2	8.33	10.1
11	五尖槭	0.0133	1	4.17	5.8
12	细枝柃	0.0095	1	4.17	5.6
13	毛叶木姜子	0.0047	1	4.17	4.6
	合计	1.1166	50	162.52	300.1
		乔木 Ⅲ 亚层			
1	长尾毛蕊茶	0.0699	32	75	109.8
2	红皮木姜子	0.0306	20	41.67	59.1
3	腺萼马银花	0.0244	5	4.17	21.4
4	细枝柃	0.006	6	25	21.3
5	光枝杜鹃	0.0092	2	8.33	11
6	白檀	0.0031	3	12.5	10.8
7	大八角	0.0067	2	8.33	9.7
8	五尖槭	0.0048	2	8.33	8.7
9	青冈	0.007	2	4.17	8.1
10	美丽马醉木	0.0035	2	8.33	8
11	元宝山冷杉	0.0057	1	4.17	6.2
12	日本女贞	0.002	1	4.17	4.1
13	粗榧	0.0013	1	4.17	3.7
14	网脉木犀	0.0013	1	4.17	3.7
15	马蹄参	0.001	1	4.17	3.6
16	木姜叶冬青	0.001	1	4.17	3.6
17	阔叶十大功劳	0.001	1	4.17	3.6

（续）

序号	树种	基面积(m^2)	株数	频度(%)	重要值指数
18	新木姜子	0.0007	1	4.17	3.4
	合计	0.1792	84	229.19	299.8
	乔木层				
1	红皮木姜子	0.1841	35	66.67	48.5
2	长尾毛蕊茶	0.0699	32	75	43.9
3	元宝山冷杉	0.4376	5	20.83	26.6
4	南方红豆杉	0.4111	4	12.5	22.8
5	木莲	0.3156	5	20.83	21.6
6	青冈	0.2113	10	16.67	19.7
7	铁杉	0.3401	2	8.33	17.4
8	光枝杜鹃	0.1207	8	25	16.7
9	白檀	0.0735	7	20.83	13.1
10	细枝柃	0.0155	7	29.17	12.8
11	五尖槭	0.0527	4	12.5	8.2
12	楝叶吴萸	0.0243	4	16.67	8
13	大八角	0.0554	3	12.5	7.5
14	腺萼马银花	0.0244	5	4.17	5.5
15	山矾	0.0707	1	4.17	4.7
16	木姜叶冬青	0.0109	3	8.33	4.6
17	马蹄参	0.0175	2	8.33	4.5
18	美丽马醉木	0.0035	2	8.33	3.6
19	毛叶木姜子	0.0047	1	4.17	2
20	新木姜子	0.0007	1	4.17	1.8
21	粗榧	0.0013	1	4.17	1.8
22	网脉木犀	0.0013	1	4.17	1.8
23	日本女贞	0.002	1	4.17	1.8
24	阔叶十大功劳	0.001	1	4.17	1.8
	合计	2.4498	145	395.85	300.7

表 7-103　元宝山冷杉＋铁杉－红皮木姜子－长尾毛蕊茶－尖尾箭竹－短药沿阶草群落灌木层和草本层种类组成及分布情况

序号	种名	多度或盖度(%)	频度(%)	序号	种名	多度或盖度(%)	频度(%)
	灌木层			3	长柄地锦	sol ~ sp	50
1	尖尾箭竹	3 ~ 15，20 ~ 50，70	95.83	4	花椒簕	un ~ sol	20.83
2	大叶鸡爪菜	sol	45.83	5	菝葜	sol	25
3	小柱悬钩子	un ~ sol	45.83	6	山银花	un ~ sol	12.5
4	粗叶悬钩子	un ~ sol	25	7	铁包金	un ~ sol	8.33
5	白瑞香	sol	25	8	凹萼清风藤	un	4.17
6	日本女贞	un ~ sol	20.83	9	藤山柳	sol	4.17
7	阔叶十大功劳	un ~ sol	29.17	10	蔓胡颓子	un	4.17
8	伞房荚蒾	un ~ sp	29.17	11	八角莲	un	4.17
9	南岭小蘗	un	8.33		草本层		
10	合轴荚蒾	un	12.5	1	短药沿阶草	10 ~ 80	100
11	三花冬青	un	4.17	2	薹草一种	2 ~ 30	66.67
12	林地小蘗	sol	4.17	3	棒叶沿阶草	1 ~ 5	54.17
13	悬钩子	sol	20.83	4	梗花华西龙头草	sol	54.17
14	金腺荚蒾	un	4.17	5	高羊茅	5 ~ 50	25
15	茅莓	sol	8.33	6	针毛蕨	sol ~ sp	37.5
	藤本植物			7	间型沿阶草	1 ~ 30	33.33
1	扶芳藤	sol ~ sp，局部 cop	83.33	8	金星蕨	sol	62.5
2	钻地枫	sol ~ sp	25	9	苦水花	1 ~ 40	45.83
				10	尖叶楼梯草	sol	29.17

（续）

序号	种名	多度或盖度(%)	频度(%)	序号	种名	多度或盖度(%)	频度(%)
11	毛凤仙	sol	25	20	楼梯草	1	4.17
12	锦香草	3～30	45.83	21	江南山梗菜	un	4.17
13	尾叶瘤足蕨	un～sol	8.33		附生植物		
14	开口剑	sol	4.17	1	舌蕨	sol	41.67
15	十字薹草	un～sol	12.5	2	石莲姜槲蕨	sol	33.33
16	蟹甲菊	sol	4.17	3	蕗蕨	sp	4.17
17	华南复叶耳蕨	2	4.17	4	广西吊石苣苔	un	4.17
18	荩草	sol～sp	8.33	5	凸脉越桔	sol	4.17
19	镰叶瘤足蕨	sol	4.17				

林地小檗 *Berberis nemorosa*　金腺荚蒾 *Viburnum chunii*　华南复叶耳蕨 *Arachniodes festina*　江南山梗菜 *Lobelia davidii*

表 7-104　元宝山冷杉＋铁杉－红皮木姜子－长尾毛蕊茶－尖尾箭竹－短药沿阶草群落更新层乔木幼苗幼树种类组成和株数

序号	种名	幼苗(株)(H＜50cm)	幼树(株)(3m＞H≥50cm)	序号	种名	幼苗(株)(H＜50cm)	幼树(株)(3m＞H≥50cm)
1	元宝山冷杉	13	7	16	白檀	30	16
2	南方红豆杉	6	7	17	楝叶吴萸	1	1
3	红皮木姜子	235	41	18	合轴荚蒾	1	2
4	长尾毛蕊茶	14	41	19	三花冬青		1
5	五尖槭	58	3	20	美丽马醉木	11	
6	短柱柃	2	2	21	伞房荚蒾	4	7
7	日本女贞	2	1	22	细枝柃	7	7
8	光枝杜鹃	8	10	23	包槲柯	4	6
9	山矾	8	7	24	腺萼马银花	4	5
10	青冈	5		25	阔叶十大功劳	3	8
11	大八角	132	7	26	新木姜子		3
12	粗榧	8	10	27	硬壳柯	1	
13	木莲	4	2	28	马蹄参	1	1
14	网脉木犀	4	9		合计	568	206
15	刺叶冬青	2	2				

(4)元宝山冷杉－红皮木姜子＋南方红豆杉－红皮木姜子－尖尾箭竹－短药沿阶草群落(*Abies yuanbaoshanensis* － *Litsea pedunculata* ＋ *Taxus wallichiana* var. *mairei* － *Litsea pedunculata* － *Fargesia cuspidata* － *Ophiopogon angustifoliatus* Comm.)

本群落分布于元宝山蓝坪峰水沟源头，样地海拔1920m，周围为原始性很浓的中山常绿落叶阔叶混交林。群落立地条件类型为发育在花岗岩母质上的山地黄棕壤，土层较浅薄，一般在20cm左右，土体棕黑色，含碎石粒较多，腐殖质层厚5cm左右。本群落原始性很浓，林内潮湿，苔藓植物十分发达，树干和地表都覆盖苔藓。林内枯立木和枯倒树较多，包括元宝山冷杉在内的过熟林木较多，林窗较大。

乔木层总覆盖度90%，可分成3个亚层，从表7-105可知，600m^2样地有林木18种、81株。第一亚层林木高15～22m，最粗胸径74cm，覆盖度65%，有林木7种、17株，多为过熟的林木，元宝山冷杉占绝对优势，有5株，重要值指数104.3；次优势种为吴茱萸五加，有3株，重要值指数59.6；其他的种类虽然重要值指数不大，但都是常见的种类。第二亚层林木高8～14m，胸径10～20cm，最粗胸径44cm，覆盖度80%，有林木13种、37株，是种数和株数最多的1个亚层，其中有3种在上个亚层出现过，优势种为红皮木姜子，有11株，重要值指数72.9；次优势种为南方红豆杉，有5株，重要值指数61.3；其他常见的种类还有五尖槭、网脉木犀、三花冬青等。第三亚层林木高3～7m，胸径3～6cm，覆盖度60%，有林木10种、27株，其中绝大多数(9种)在上2个亚层出现过，以红皮木姜子占绝对优势，有 13 株，重要值指数 151.6；其他的种类株数和重要值指数均很分散，比较多的是细枝柃和新木姜子。从整个乔木层分析，红皮木姜子虽然是中下层的优势种，但因为它的株数众多，相对基面积大，出现的频度高，所以在整个乔木层中以它的重要值指数最高，为 58.6；元宝山冷杉在第一亚层是占绝对优势的，但因为它中下层个体较少，所以在整个乔木层中相对基面积较少，出现的频度也较少，重要值指数比不上红皮木姜子，排列第二，为 49.6；南方红豆杉和铁杉成年植株呈随机分布，在本群落中，出现的植株少，重要值指数小；吴茱萸五加、五尖槭、杜鹃一种、三花冬青、细枝柃等种类，是常见的伴生种类，重要值指数一般都不太大。灌木层植物数量尚较丰富，但分布不均匀，有的地段覆盖度 15% ~30%，有的地段覆盖度 60% ~90%，以高 2m 左右的尖尾箭竹占绝对优势，覆盖度 15% ~30% 和 60% ~90%，出现频度 95.83%，其他的种类数量都不多，比较常见的有白瑞香和粗叶悬钩子(表 7-106)。草本层植物种类组成和数量尚较丰富，$600m^2$ 样地有 22 种，一般覆盖度 70% ~95%，局部覆盖度 3% ~35%；以短药沿阶草占明显优势，覆盖度 60% ~95%，局部覆盖度 2% ~30%，出现频度 100%，常见的种类还有薹草 1 种、棒叶沿阶草、毛凤仙、苦水花等。藤本植物有 7 种，常见的为扶芳藤和长柄地锦。附生植物有 8 种，其中尖尾箭竹、五尖槭和南岭杜鹃生长在一些过熟林木的树洞内(表 7-106)。从表 7-107 可知，本群落的天然更新是良好的，$600m^2$ 样地有乔木幼苗 869 株，有幼树 256 株，各层优势种更新都很好，南方红豆杉无实生幼苗幼树，但在第一亚层林木 1 株南方红豆杉立木的树干上，0.7m×0.7m 的面积有萌生幼苗 100 多株。元宝山冷杉有 <0.5m 的幼苗 9 株，0.5 ~2m 的幼树 23 株，胸径 24 ~74cm 的乔木 5 株，有的乔木植株已枯顶，种群结构是完整的，属于过熟型种群。

表 7-105　元宝山冷杉 - 红皮木姜子 + 南方红豆杉 - 红皮木姜子 - 尖尾箭竹 - 短药沿阶草群落乔木层种类组成及重要值指数

（样地号：元宝山冷杉 -4，样地面积：30m×20m，地点：元宝山蓝坪峰管理站左下沟，海拔：1920m）

序号	树种	基面积(m^2)	株数	频度(%)	重要值指数
		乔木Ⅰ亚层			
1	元宝山冷杉	0.9687	5	16.67	104.3
2	吴茱萸五加	0.4415	3	12.5	59.6
3	杜鹃一种	0.0992	3	8.33	35.8
4	包槲柯	0.0682	2	8.33	28.5
5	五尖槭	0.0616	2	8.33	28.2
6	南方红豆杉	0.2642	1	4.17	25.7
7	铁杉	0.1075	1	4.17	17.9
	合计	2.0109	17	62.5	300
		乔木Ⅱ亚层			
1	红皮木姜子	0.0903	11	33.33	72.9
2	南方红豆杉	0.217	5	12.5	61.3
3	五尖槭	0.0244	3	12.5	22.6
4	网脉木犀	0.0422	4	4.17	21.6
5	三花冬青	0.0179	3	12.5	21.5
6	杜鹃一种	0.0456	2	8.33	20.2
7	大八角	0.0409	2	8.33	19.4
8	青榨槭	0.0322	2	8.33	17.9
9	木莲	0.043	1	4.17	13.6
10	马蹄参	0.0129	1	4.17	8.4
11	细枝柃	0.0064	1	4.17	7.3
12	青冈	0.0038	1	4.17	6.9
13	短柱柃	0.0014	1	4.17	6.4
	合计	0.578	37	120.84	300

（续）

序号	树种	基面积(m²)	株数	频度(%)	重要值指数
		乔木Ⅲ亚层			
1	红皮木姜	0.0368	13	37.5	151.6
2	细枝柃	0.0074	3	12.5	37.9
3	新木姜子	0.0053	4	4.17	28.2
4	马蹄参	0.0038	1	4.17	14.7
5	大八角	0.0022	1	4.17	12.2
6	吴茱萸五加	0.002	1	4.17	11.9
7	三花冬青	0.002	1	4.17	11.9
8	网脉木犀	0.0017	1	4.17	11.4
9	包槲柯	0.001	1	4.17	10.3
10	青冈	0.0007	1	4.17	9.8
	合计	0.0629	27	83.36	299.9
		乔木层			
1	红皮木姜子	0.1271	24	54.17	56.8
2	元宝山冷杉	0.9687	5	16.67	49.6
3	南方红豆杉	0.4812	6	16.67	32.4
4	吴茱萸五加	0.4435	4	12.5	26.8
5	杜鹃一种	0.1448	5	16.67	18.6
6	五尖槭	0.086	5	20.83	18
7	三花冬青	0.0199	4	16.67	12.6
8	细枝柃	0.0138	4	16.67	12.3
9	包槲柯	0.0692	3	12.5	11.5
10	大八角	0.0431	3	12.5	10.5
11	网脉木犀	0.0439	5	4.17	9.6
12	青榨槭	0.0322	2	8.33	7.1
13	铁杉	0.1075	1	4.17	7
14	新木姜子	0.0053	4	4.17	6.8
15	马蹄参	0.0167	2	8.33	6.5
16	青冈	0.0045	2	8.33	6.1
17	木莲	0.043	1	4.17	4.5
18	短柱柃	0.0014	1	4.17	3
	合计	2.6518	81	241.69	299.7

表 7-106　元宝山冷杉－红皮木姜子＋南方红豆杉－红皮木姜子－尖尾箭竹－短药沿阶草群落灌木层和草本层种类组成及分布情况

序号	种名	多度或盖度(%)	频度(%)	序号	种名	多度或盖度(%)	频度(%)
	灌木层			3	钻地枫	sol～sp	33.33
1	尖尾箭竹	15～30，60～90	95.83	4	菝葜	sol	41.67
2	白瑞香	sol～sp	95.83	5	山银花	sol～sp	25.00
3	粗叶悬钩子	sol～cop	79.17	6	花椒簕	sol	4.17
4	悬钩子	sol	54.17	7	五月瓜藤	un	4.17
5	伞房荚蒾	sol	45.83		草本层		
6	阔叶十大功劳	un～sp	20.83	1	短药沿阶草	60～95(局部2～30)	100.00
7	大叶鸡爪菜	sol	50.00	2	薹草一种	1～10	66.67
8	小柱悬钩子	sol	16.67	3	棒叶沿阶草	sol～sp	83.33
9	日本女贞	un	8.33	4	毛凤仙	sol～sp	62.50
10	灯笼吊钟花	un	4.17	5	苦水花	sol～sp	54.17
11	合轴荚蒾	sol	4.17	6	针毛蕨	sol	41.67
12	南岭小檗	un	4.17	7	平胁书带蕨	sol	12.50
	藤本植物			8	窄瓣鹿药	un～sol	8.33
1	扶芳藤	sol～sp	91.67	9	铜锤玉带草	sol	12.50
2	长柄地锦	sol～sp	83.33	10	茅莓	sol	16.67

（续）

序号	种名	多度或盖度(%)	频度(%)	序号	种名	多度或盖度(%)	频度(%)
11	开口剑	sol	8.33	22	尖叶楼梯草	sol	8.33
12	金星蕨	sol	12.50		**附生植物**		
13	十字薹草	sol	16.67	1	舌蕨	sol	50.00
14	蟹甲菊	sol	12.50	2	石莲姜槲蕨	sol	41.67
15	莨草	un ~ sol	8.33	3	柳叶剑蕨	sol	4.17
16	匙叶草	sol	16.67	4	凸脉越桔	sol ~ sp	8.33
17	羽叶参	un	4.17	5	广西吊石苣苔	sol	8.33
18	高羊茅	sol	8.33	6	五尖槭	un	4.17
19	竹节参	un	4.17	7	尖尾箭竹	un	4.17
20	间型沿阶草	2	4.17	8	南岭杜鹃	un	4.17
21	楼梯草	sol	8.33				

窄瓣鹿药 *Maianthemum tatsienense*　　竹节参 *Panax japonicus*

表 7-107　元宝山冷杉 – 红皮木姜子 + 南方红豆杉 – 红皮木姜子 – 尖尾箭竹 – 短药沿阶草群落更新层乔木幼苗幼树种类组成和株数

序号	种名	幼苗(株)(H < 50cm)	幼树(株)(3m > H ≥ 50cm)	序号	种名	幼苗(株)(H < 50cm)	幼树(株)(3m > H ≥ 50cm)
1	元宝山冷杉	9	23	15	新木姜子	1	7
2	马蹄参	1		16	粗榧	45	13
3	吴茱萸五加	1	2	17	长尾毛蕊茶		3
4	红皮木姜子	366	75	18	山矾	2	16
5	细枝柃	39	3	19	刺叶冬青	8	3
6	三花冬青	6	3	20	白檀	10	6
7	木莲	1	3	21	楝叶吴萸	4	1
8	五尖槭	47	9	22	毛叶木姜子	11	2
9	短柱柃		2	23	硬壳柯		3
10	网脉木犀	1		24	老鼠矢		4
11	大八角	289	61	25	木姜叶冬青		1
12	青冈	1	1	26	贵州桤叶树	2	
13	杜鹃一种	13	5		合计	869	256
14	包槲柯	12	10				

第八章

热性针叶林

热性针叶林是指仅分布于热带地区的针叶林，它与暖性针叶林不同，它不超地带分布，天然情况下不见于亚热带地区。所以，在热带地区有分布的暖性针叶林，如马尾松林、罗汉松林，不能把它归入热性针叶林内。

广西天然热性针叶林只有南亚松林一个植被型一个群系，也是我国唯一的热性针叶林。

1. 南亚松林(Form. *Pinus latteri*)

南亚松在国内天然分布于海南的安定、临高、东方、保亭、儋县、屯昌和广东的湛江等地；国外见于马来半岛、中南半岛及菲律宾等热带国家。

广西是南亚松林分布的北缘，南亚松林仅分布于北海、钦州、防城、东兴等海岸带的丘陵台地，海拔不超过100m；有的海岛也有分布。根据1983年广西海岸带植被调查，南亚松林过去分布相当广泛，经长期利用，面积日益减小，目前只有零星的小片林或片断林，分布于村旁，受干扰严重，已近于濒危状态。南亚松天然更新能力较弱，幼苗幼树需在其母树菌根的土壤环境才能生长，加上早期生长较慢，原分布地一旦绝迹，重新恢复比较困难。

南亚松原为高大的乔木，高可达30m，1973年及以后海岸带和海岛调查，当时所见到的南亚松林，最高不过20m，一般10～15m，类型不多，种类组成和结构都很简单，一般为纯林，单层或双层结构，双层结构的下层由阔叶树组成。根据1973年植被补点调查、1983年海岸带调查和1989年海岛调查，南亚松林有3个群落。

(1)南亚松－南亚松－桃金娘－细毛鸭嘴草群落(*Pinus latteri* – *Pinus latteri* – *Rhodomyrtus tomentosa* – *Ischaemum ciliare* Comm.)

表8-1　南亚松－南亚松－桃金娘－细毛鸭嘴草群落乔木层种类组成及重要值指数

(样地号：东兴16，样地面积：20m×20m，地点：东兴企沙渡船口府屋，海拔：m)

序号	树种	基面积(m^2)	株数	频度(%)	重要值指数
乔木Ⅰ亚层					
1	南亚松	0.7292	49	100	300
乔木Ⅱ亚层					
1	南亚松	0.0552	9	100	299.9
乔木层					
1	南亚松	0.7844	58	100	300

本群落是纯林，1973 年调查时见于东兴企沙渡船口府屋。群落具体所在地是海滨丘陵，丘高 10m，坡度平缓，立地土壤瘠薄，表面多碎石砾。群落靠近村屯，受人为影响频繁。

群落郁闭度 0.5，从表 8-1 可知，400m^{2}样地有林木 58 株，全为南亚松，其中高 4 ~ 7m 9 株，7 ~ 8m 25 株，8 ~ 10m 17 株，≥10m 的 7 株，已经可以分成 2 个亚层；胸径一般为 10 ~ 18cm，最粗的已有 23cm。

灌木层植物一般高 1.0m 左右，生长较茂盛，覆盖度 70% 左右，由于人为的砍伐，个别地段不到 1%。组成种类不太丰富，从表 8-2 可知，400m^{2}样地不到 40 种。优势种为桃金娘，常见的有九节、厚叶山矾、栀子、红鳞蒲桃、黑面神和野牡丹等。

草本层植物一般高 0.4m 左右，覆盖度 15% 左右，由于人为的刹草，个别地段不到 1%。从表 8-2 可知，组成种类贫乏，以细毛鸭嘴草为主，次为芒萁、金茅和鹧鸪草。

南亚松更新很不理想，400m^{2}样地仅有 1 株幼树。

表 8-2　南亚松 – 南亚松 – 桃金娘 – 细毛鸭嘴草群落灌木层和草本层种类组成及分布情况

序号	种类	多度盖度级				频度(%)	更新(株)	
		Ⅰ	Ⅱ	Ⅲ	Ⅳ		幼苗	幼树
	灌木层植物							
1	桃金娘	8	8	8	3	100		
2	九节	2	3	3	3	100		
3	厚叶山矾	4	2	3	3	100		
4	栀子	3	3	2	1	100		
5	红鳞蒲桃	3	2	3		75		
6	黑面神	2	2		3	75		
7	石斑木	3	3	3		75		
8	野牡丹	2	3		3	75		
9	山芝麻	2	2		3	75		
11	甜叶算盘子		2	2	1	75		
12	山蒲桃	2	2			50		
13	了哥王		2		2	50		
14	小叶雀梅藤	3	2			50		
15	圆叶菝葜			2	1	50		
16	龙船花	2			2	50		
17	胶藤	2		2		50		
18	小叶山竹子	2		3		50		
19	银柴		3	3		50		
20	岗松		3		3	50		
21	鹅掌柴		1			25		
22	打铁树		2			25		
23	酸藤子	3				25		
24	海桐		2			25		
25	楔叶豆梨			3		25		
26	千里光			2		25		
27	柘			2		25		
28	米碎花	3				25		
29	假鹰爪	2				25		
30	蒲桃	2				25		
31	马尾松					50	3	4
32	南亚松					25		1
	草木层植物							
1	细毛鸭嘴草	4	4	3	3	100		
2	芒萁	3	4	3	3	100		
3	金茅	2	2	2	3	100		
4	鹧鸪草	4	3	4		75		
5	画眉草				3	25		

小叶雀梅藤 *Segeretia* sp.　圆叶菝葜 *Smilax* sp.　胶藤 *Urceola* sp.　小叶山竹子 *Garcinia* sp.　海桐 *Pittosporum* sp.　千里光 *Senecio scandens*　蒲桃 *Syzygium* sp.

根据1983年海岸带调查，平均高11m、平均胸径15.7cm、林龄为30～40年生单层南亚松－桃金娘－细毛鸭嘴草纯林，400m²样地有林木27株，覆盖度70%。灌木层植物被定期采割，高0.5～0.7m，覆盖度70%，400m²样地有26种。以桃金娘为优势，主要伴生种有越南叶下株、假鹰爪、银柴、打铁树、细叶谷木等，小叶红叶藤、青藤仔(*Jasminum nervosum*)、马莲鞍、鸡眼藤等藤本植物也混生在灌木层中。草本层植物生长很稀矮，高0.1～0.2m，覆盖度15%～30%，常见的种类有细毛鸭嘴草、芒穗鸭嘴草、鹧鸪草等。

（2）南亚松－红鳞蒲桃－九节＋假鹰爪＋越南叶下珠群落(*Pinus latteri* – *Syzygium hancei* – *Psychotria rubra* + *Desmos chinensis* + *Phyllanthus cochinchinensis* Comm.)

受过强度择伐、林龄近100年的南亚松－红鳞蒲桃－九节＋假鹰爪群落，400m²样地有残存的南亚松8株，高14～20m，胸径32～43cm，覆盖度35%，虽然树龄近100年，南亚松姿态仍然苍劲。第二亚层林木覆盖度85%，高4～10m，胸径4～15cm，全由阔叶树组成，400m²样地有12种、104株。优势种为红鳞蒲桃，有46株，重要值指数115；次为平叶密花树，有10株，重要值指数30；其他常见的种类有豹皮樟、越南打铁树(*Myrsine* sp.)、柘、鹅掌柴、岭南山竹子等。灌木层植物高0.5～1.5m，覆盖度55%～65%，400m²样地有26种。九节、假鹰爪成为共优势，越南叶下株、云南银柴(*Aporusa yunnanensis*)、龙船花等为主要伴生种。乔木幼树有13种，红鳞蒲桃、平叶密花树、岭南山竹子、鹅掌柴等数量最多，未发现南亚松幼树。由于干扰严重，林下缺草本层。

由更新形成的南亚松－红鳞蒲桃－九节＋假鹰爪群落，林木分布均匀，林相整齐，生长旺盛，林龄为30～40年生的林分，双层结构。上层南亚松高10～15m，胸径18～25cm，覆盖度70%，400m²样地有25株。下层林木高4～7m，胸径4～9cm，覆盖度60%，以红鳞蒲桃为优势。灌木层植物高0.5～1.2m，覆盖度70%，400m²样地有19种，越南叶下株数量最多，主要伴生种有九节、银柴、龙船花、细叶谷木、假鹰爪等。乔木幼树有14种，红鳞蒲桃有50株居首位，未发现南亚松幼树。

（3）南亚松－圆叶豹皮樟－白树－露籽草群落(*Pinus latteri* – *Litsea rotumdifolia* var. *oblongifolia* – *Suregada glomerulata* – *Ottochloa nodosa* Comm.)

1989年海岛植被调查，记载防城渔万岛有小片南亚松－圆叶豹皮樟－白树－露籽草群落。该群落分布在海边的小山包上，海拔10～15m，立地条件类型为发育于砂页岩上的赤红壤，土层较深厚，土体多碎石砾，pH值4～5。根据200m²样地调查，共有组成种类50种，覆盖度90%。乔木层有林木10种、25株，郁闭0.75，可分为2个亚层。第一亚层林木高8.5～14m，胸径20～32cm，覆盖度75%，有林木3种14株，其中南亚松有9株，平均高12m，平均胸径28cm，占绝对优势；其他2种分别为异株木樨榄(3株)和台湾相思(*Acacia confusa*)(2株)，都是常绿阔叶树。第二亚层林木有7种、11株，全为阔叶树，以常绿的占多，在第一亚层都没有出现过，高4～6.5m，胸径3～7cm，覆盖度25%。以常绿阔叶树圆叶豹皮樟为主(4株)，次为白树(2株)，其他为假苹婆、九节、酒饼勒和落叶阔叶树野漆、楝(*Melia azedarach*)，各1株。灌木层植物高0.2～2m，覆盖度25%。种类组成较丰富，200m²样地有25种，其中乔木幼树有12种。以白树稍多，次为假苹婆、雀梅藤、野牡丹、绒毛润楠，零星分布的有异株木樨榄、红鳞蒲桃、乌材、黑嘴蒲桃、黑面神和龙船花等。草本层植物高0.2m，覆盖度55%，以露籽草占绝对优势，其他还有细叶亚婆潮(*Hedyotis auricularia* var. *mina*)、积雪草、地胆草、山姜。藤本植物种类和数量均稀少，种类有锡叶藤、海南买麻藤(*Gnetum hainanense*)和马莲鞍。

该林片南亚松树干通直圆满，生长良好，但林下更新层缺乏幼苗和幼树。

南亚松虽然幼年生长较慢，但到达中年后，生长速度明显加快，并能长成大材，在相同的条件下为马尾松所不及，因此，南亚松可作为沿海滨海台地的用材造林树种，同时研究解决其更新困难的问题。

第九章 常绿阔叶林

第一节 概 述

常绿阔叶林是指由壳斗科、山茶科、樟科、木兰科、金缕梅科、安息香科、清风藤科、杜英科、杜鹃花科等的常绿阔叶树种类组成乔木层，尤其乔木中上层优势种的杂木林，它主要分布在我国亚热带地区，因此也称为亚热带常绿阔叶林。广西是我国常绿阔叶林主要分布的省(区)，全境都有分布，是广西面积最大的天然林。广西的常绿阔叶林由于生境条件的差异，而引起生态外貌的差异，可分为4个植被亚型，即典型常绿阔叶林、季风常绿阔叶林、山顶(山脊)苔藓矮林和硬叶常绿阔叶林，其中典型常绿阔叶林和季风常绿阔叶林是地带性植被。典型常绿阔叶林是中亚热带(桂北、桂东北)的地带性植被，是4个亚型中分布面积最大的一个亚型，一般见于海拔1300m以下，作为垂直带的植被，典型常绿阔叶林还分布在南亚热带(桂西北、桂中、桂东)海拔800(或900)~1500m以及北热带(桂东南、桂西南)海拔900m以上的地区；典型常绿阔叶林的立地条件类型是发育在砂岩、页岩和花岗岩为基质的红壤和黄壤。季风常绿阔叶林是南亚热带(桂西北、桂中、桂东)的地带性植被，分布面积次于典型常绿阔叶林，分布海拔较高，可达1700m，作为垂直带的植被分布在北热带(桂东南、桂西南)海拔700~900m的范围；季风常绿阔叶林的立地条件类型是发育在砂岩、页岩和花岗岩为基质的赤红壤和红壤。山顶(山脊)苔藓矮林是砂岩、页岩和花岗岩山地海拔1000m以上的山顶(山脊)一种特殊的常绿阔叶林类型，立地条件类型是山地黄壤、黄棕壤；硬叶常绿阔叶林是中亚热带石灰岩山地山顶(山脊)上一种特殊的常绿阔叶林。

广西亚热带处于我国东部(湿润)常绿阔叶林亚区域向西部(半湿润)常绿阔叶林亚区域过渡的地区，南亚热带的最西端已属于我国西部(半湿润)常绿阔叶林亚区域，因此，广西的常绿阔叶林类型是比较复杂的，以东部(湿润)常绿阔叶林为主，兼有西部(半湿润)常绿阔叶林和地区一些特有的类型。在优势种组成上，以壳斗科的种类为优势的类型占据明显的优势，但以樟科、山茶科和木兰科的种类为优势的类型比例也不少。例如，典型常绿阔叶林共有60个群系，以壳斗科的种类为优势的类型占29个，以樟科、山茶科和木兰科的种类为优势的类型分别为10个、6个和5个，此外，还有以胡桃科、金缕梅科、安息香科、五列木科、清风藤科、五加科的种类为优势的类型10个。我国西部的常绿阔叶林群落的乔木层组成中，明显以壳斗科为主，茶科次之；而东部常以樟科、壳斗科和木兰科为多。可以看出，广西的常绿阔叶林乔木层的主要组成种类兼有东、西部的特点。

常绿阔叶林虽然是广西面积最大的天然林，但由于长期的采伐和破坏，目前大多已成零星小片分布，而且大多集中在大山区。广西常绿阔叶林重要的分布区有大明山保护区、大瑶山保护区、花坪保护区、猫儿山保护区、九万山保护区、海洋山保护区等。

第二节　广西常绿阔叶林分类系统

广西的常绿阔叶林共有4个植被亚型，105个群系，313个群落，其分类系统如下。

广西亚热带常绿阔叶林分类系统

Ⅰ. 典型常绿阔叶林

1. 米槠林(Form. *Castanopsis carlesii*)

(1)米槠－中华杜英－网脉山龙眼－华西箭竹－狗脊蕨群落(*Castanopsis carlesii* – *Elaeocarpus chinensis* – *Hellicia reticulata* – *Fargesia nitida* – *Woodwardia japonica* Comm.)

(2)米槠－米槠－广东杜鹃－多种杜鹃－狗脊蕨群落(*Castanopsis carlesii* – *Castanopsis carlesii* – *Rhododendron kwangtungense* – *Rhododendron* spp. – *Woodwardia japonica* Comm.)

(3)米槠－米槠－腺萼马银花－杜茎山－狗脊蕨群落(*Castanopsis carlesii* – *Castanopsis carlesii* – *Rhododendron bachii* – *Maesa japonica* – *Woodwardia japonica* Comm.)

(4) 米槠＋甜槠－硬壳柯－柏拉木－狗脊蕨群落(*Castanopsis carlesii* + *Castanopsis eyrei* – *Lithocarpus hancei* – *Blastus cochinchinensis* – *Woodwardia japonica* Comm.)

(5) 米槠－米槠＋红楠－西施花－杜茎山－锦香草群落(*Castanopsis carlesii* – *Castanopsis carlesii* + *Machilus thunbergii* – *Rhododendron latoucheae* – *Maesa japonica* – *Phyllagathis cavaleriei* Comm.)

(6) 米槠＋木荷－黄杞＋黧蒴锥－海南罗伞树－金毛狗脊＋扇叶铁线蕨群落(*Castanopsis carlesii* + *Schima superba* – *Engelhardia roxburghiana* + *Castanopsis fissa* – *Ardisia quinquegona* – *Cibotium barometz* + *Adiantum flabellulatum* Comm.)

(7) 米槠＋马蹄荷－网脉山龙眼－华西箭竹－狗脊蕨群落群落(*Castanopsis carlesii* + *Exbucklandia populnea* – *Hellicia reticulata* – *Fargesia nitida* – *Woodwardia japonica* Comm.)

(8) 米槠＋红锥－细枝柃－穗序鹅掌柴－春兰群落(*Castanopsis carlesii* + *Castanopsis hystrix* – *Eurya loquaiana* – *Schefflera delavayi* – *Cymbidium goeringii* Comm.)

(9)米槠－虎皮楠－鼠刺－狗脊蕨群落(*Castanopsis carlesii* – *Daphniphyllum oldhamii* – *Itea chinensis* – *Woodwardia japonica* Comm.)

(10)米槠－黄杞－小叶大节竹－狗脊蕨群落(*Castanopsis carlesii* – *Engelhardia roxburghiana* – *Indosasa parvifolia* – *Woodwardia japonica* Comm.)

(11)米槠＋银木荷－米槠－西藏山茉莉＋广西杜鹃－厚叶鼠刺－狗脊蕨群落(*Castanopsis carlesii* + *Schima argentea* – *Castanopsis carlesii* – *Huodendron tibeticum* + *Rhododendron kwangsiense* – *Itea coriacea* – *Woodwardia japonica* Comm.)

(12)米槠＋栲－米槠＋南岭山矾－鼠刺＋南岭山矾－柏拉木－狗脊蕨群落(*Castanopsis carlesii* + *Castanopsis fargesii* – *Castanopsis carlesii* + *Symplocos pendula* var. *hirtistylis* – *Itea chinensis* + *Symplocos pendula* var. *hirtistylis* – *Blastus cochinchinensis* – *Woodwardia japonica* Comm.)

(13)米槠－日本杜英－毛桂＋厚皮香－高良姜群落(*Castanopsis carlesii* – *Elaeocarpus japonicus* – *Cinnamomum appelianum* + *Ternstroemia gymnanthera* – *Alpinia officinarum* Comm.)

(14)米槠－米槠－毛竹－鼠刺－狗脊蕨群落(*Castanopsis carlesii* – *Castanopsis carlesii* – *Phyllostachys edulis* – *Itea chinensis* – *Woodwardia japonica* Comm.)

(15)米槠＋栲－米槠－网脉山龙眼－粗叶榕－狗脊蕨群落(*Castanopsis carlesii* + *Castanopsis fargesii* – *Castanopsis carlesii* – *Hellicia reticulata* – *Ficus hirta* – *Woodwardia japonica* Comm.)

(16)米槠－米槠＋虎皮楠－罗浮柿－鼠刺－狗脊蕨群落(*Castanopsis carlesii* – *Castanopsis carlesii* + *Daphniphyllum oldhamii* – *Diospyros morrisiana* – *Itea chinensis* – *Woodwardia japonica* Comm.)

(17)米槠－米槠－鼠刺－芒萁群落(*Castanopsis carlesii* – *Castanopsis carlesii* – *Itea chinensis* – *Dicranopteris pedata* Comm.)

(18)米槠－木荷－赤楠－里白群落(*Castanopsis carlesii* – *Schima superba* – *Syzygium buxifoium* – *Diplopterygium glaucum* Comm.)

(19)米槠－米槠－海南罗伞树－狗脊蕨群落(*Castanopsis carlesii* – *Castanopsis carlesii* – *Ardisia quinquegona* – *Woodwardia japonica* Comm.)

(20)米槠－米槠－尖萼川杨桐－柏拉木－金毛狗脊群落(*Castanopsis carlesii* – *Castanopsis carlesii* – *Adinandra bockiana* var. *acutifolia* – *Blastus cochinchinensis* – *Cibotium barometz* Comm.)

(21)米槠－鼠刺－狗脊蕨群落(*Castanopsis carlesii* – *Itea chinensis* – *Woodwardia japonica* Comm.)

(22)米槠－滇琼楠－滇琼楠－小方竹－对叶楼梯草群落(*Castanopsis carlesii* – *Beilschmiedia yunnanensis* – *Beilschmiedia yunnanensis* – *Chimonobambusa convoluta* – *Elatostema sinense* Comm.)

(23)米槠＋栲－米槠－硬壳柯－厘竹－宽叶楼梯草群落(*Castanopsis carlesii* + *Castanopsis fargesii* – *Castanopsis carlesii* – *Lithocarpus hancei* – *Pseudosasa* sp. – *Elatostema platyphyllum* Comm.)

(24)米槠－米槠－山油柑－黑莎草群落(*Castanopsis carlesii* – *Castanopsis carlesii* – *Acronychia pedunculata* – *Gahnia tristis* Comm.)

(25)米槠－海南罗伞树－扇叶铁线蕨群落(*Castanopsis carlesii* – *Ardisia quinquegona* – *Adiantum flabellulatum* Comm.)

2. 甜槠林(Form. *Castanopsis eyrei*)

(1) 甜槠－广东杜鹃－腺萼马银花－西南绣球－狗脊蕨群落(*Castanopsis eyrei* – *Rhododendron kwangtungense* – *Rhododendron bachii* – *Hydrangea davidii* – *Woodwardia japonica* Comm.)

(2) 甜槠－甜槠－鼠刺－杜鹃－毛果珍珠茅群落(*Castanopsis eyrei* – *Castanopsis eyrei* – *Itea chinensis* – *Rhododendron simsii* – *Scleria levis* Comm.)

(3) 甜槠＋蕈树＋马蹄荷－网脉山龙眼＋鳞毛蚊母树－鼠刺－杜茎山＋柏拉木－狗脊蕨群落(*Castanopsis eyrei* + *Altingia chinensis* + *Exbucklandia populnea* – *Helicia reticulata* + *Distylium elaeagnoides* – *Itea chinensis* – *Maesa japonica* + *Blastus cochinchinensis* – *Woodwardia japonica* Comm.)

(4) 甜槠－栲－甜槠－杜鹃－狗脊蕨群落(*Castanopsis eyrei* — *Castanopsis fargesii* – *Castanopsis eyrei* – *Rhododendron simsii* – *Woodwardia japonica* Comm.)

(5)甜槠－光叶山矾－光叶山矾－鼠刺－里白群落(*Castanopsis eyrei* – *Symplocos lancifolia* – *Symplocos lancifolia* – *Itea chinensis* – *Diplopterygium glaucum Comm.*.)

(6)甜槠－黄杞＋甜槠－竹叶木姜子＋虎皮楠－笔管竹－里白群落(*Castanopsis eyrei* – *Engelhardia roxburghiana* + *Castanopsis eyrei* – *Litsea pseudoelongata* + *Daphniphyllum oldhamii* – *Bambusa* sp. – *Diplopterygium glaucum* Comm.)

(7)甜槠－甜槠－钩锥－五月茶＋华西箭竹－狗脊蕨群落(*Castanopsis eyrei* – *Castanopsis eyrei* – *Castanopsis tibetana* – *Antidesma bunius* + *Fargesia nitida* – *Woodwardia japonica* Comm.)

(8)甜槠－罗浮槭－罗浮槭－华西箭竹－蕗蕨＋岭南铁角蕨群落(*Castanopsis eyrei* – *Acer fabri* – *Acer fabri* – *Fargesia nitida* – *Mecodium badium* + *Asplenium sampsonii* Comm.)

(9)甜槠－罗浮槭－罗浮槭－草珊瑚－间型沿阶草＋华中铁角蕨群落(*Castanopsis eyrei* – *Acer fabri* – *Acer fabri* – *Sarcandra glabra* – *Ophiopogon intermedius* + *Asplenium sarelii* Comm.)

(10)甜槠－厚皮香－桂南木莲－华西箭竹－倒挂铁角蕨群落(*Castanopsis eyrei* – *Ternstroemia gymnanthera* – *Manglietia conifera* – *Fargesia nitida* – *Asplenium normale* Comm.)

(11)甜槠－大果木姜子－甜槠－杜茎山－狗脊蕨群落(*Castanopsis eyrei* – *Litsea lancilimba* – *Castanopsis eyrei* – *Maesa japonica* – *Woodwardia japonica* Comm.)

(12)甜槠－甜槠＋栲－甜槠－草珊瑚－狗脊蕨群落(*Castanopsis eyrei* – *Castanopsis eyrei* + *Castanopsis fargesii* – *Castanopsis eyrei* – *Sarcandra glabra* – *Woodwardia japonica* Comm.)

（13）甜槠－甜槠－岭南杜鹃－柏拉木－光里白＋狗脊蕨群落（*Castanopsis eyrei* – *Castanopsis eyrei* – *Rhododendron mariae* – *Blastus cochinchinensis* – *Diplopterygium laevissimum* + *Woodwardia japonica* Comm.）

（14）甜槠－甜槠－甜槠－杜茎山－狗脊蕨群落（*Castanopsis eyrei* – *Castanopsis eyrei* – *Castanopsis eyrei* – *Maesa japonica* – *Woodwardia japonica* Comm.）

（15）甜槠－甜槠－腺萼马银花－杜茎山－狗脊蕨群落（*Castanopsis eyrei* – *Castanopsis eyrei* – *Rhododendron bachii* – *Maesa japonica* – *Woodwardia japonica* Comm.）

（16）甜槠－甜槠－鼠刺－鼠刺－狗脊蕨群落（*Castanopsis eyrei* – *Castanopsis eyrei* – *Itea chinensis* – *Itea chinensis* – *Woodwardia japonica* Comm.）

（17）甜槠－狗脊蕨丛林（*Castanopsis eyrei* – *Woodwardia japonica* Comm.）

（18）甜槠－甜槠－腺萼马银花－金花树－狗脊蕨＋中华里白群落（*Castanopsis eyrei* – *Castanopsis eyrei* – *Rhododendron bachii* – *Blastus dunnianus* – *Woodwardia japonica* + *Diplopterygium chinensis* Comm.）

（19）甜槠－甜槠＋马蹄荷－多花杜鹃－西南绣球＋杜茎山－狗脊蕨群落（*Castanopsis eyrei* – *Castanopsis eyrei* + *Exbucklandia populnea* – *Rhododendron cavaleriei* – *Hydrangea davidii* + *Maesa japonica* – *Woodwardia japonica* Comm.）

（20）甜槠＋米槠－黄杞－日本杜英－单毛桤叶树－光里白群落（*Castanopsis eyrei* + *Casstanopsis carlesii* – *Engelhardia roxburghiana* – *Elaeocarpus japonicus* – *Clethra bodinieri* – *Diplopterygium laevissimum* Comm.）

（21）甜槠－虎皮楠－甜槠＋栲－鼠刺＋细枝柃－黑足鳞毛蕨＋狗脊蕨群落（*Castanopsis eyrei* – *Daphniphyllum oldhami* – *Castanopsis eyrei* + *Castanopsis fargesii* – *Itea chinensis* + *Eurya loquaiana* – *Dryopteris fuscipes* + *Woodwardia japonica* Comm.）

（22）甜槠－紫玉盘柯－红淡比－杜茎山群落（*Castanopsis eyrei* – *Lithocarpus uvariifolius* – *Cleyera japonica* – *Maesa japonica* Comm.）

（23）甜槠－厚叶红淡比－罗浮锥－紫竹－镰叶瘤足蕨群落（*Castanopsis eyrei* – *Cleyera pachyphylla* – *Castanopsis fabri* – *Phyllostachys nigra* – *Plagiogyria distinctissima* Comm.）

3. 栲林（Form. *Castanopsis fargesii*）

（1）栲－苦竹－苦竹－苦竹－狗脊蕨群落（*Castanopsis fargesii* – *Pleioblastus amarus* – *Pleioblastus amarus* – *Pleioblastus amarus* – *Woodwardia japonica* Comm.）

（2）栲－凹脉柃－黄棉木－杜茎山－狗脊蕨群落（*Castanopsis fargesii* – *Eurya impressinervis* – *Metadina trichotoma* – *Maesa japonica* – *Woodwardia japonica* Comm.）

（3）栲－香港四照花－细枝柃－野山茶－狗脊蕨群落（*Castanopsis fargesii* – *Cornus hongkongensis* – *Eurya loquaiana* – *Camellia* sp. – *Woodwardia japonica* Comm.）

（4）栲－西藏山茉莉－细枝柃－杜茎山－狗脊蕨群落（*Castanopsis fargesii* – *Huodendron tibeticum* – *Eurya loquaiana* – *Maesa japonica* – *Woodwardia japonica* Comm.）

（5）栲－桂北木姜子－多花杜鹃＋网脉山龙眼－日本粗叶木－中华里白＋金毛狗脊群落（*Castanopsis fargesii* – *Litsea subcoriacea* – *Rhododendron cavaleriei* + *Helicia reticulata* – *Lasianthus japonicus* – *Diplopterygium chinensis* + *Cibotium barometz* Comm.）

（6）栲＋桂南木莲－多花杜鹃－摆竹＋棱果花－花葶薹草＋蕨状薹草群落（*Castanopsis fargesii* + *Manglietia conifera* – *Rhododendron cavaleriei* – *Indosasa shibataeoides* + *Barthea barthei* – *Carex scaposa* + *Carex filicina* Comm.）

（7）栲－凯里杜鹃－摆竹－山姜群落（*Castanopsis fargesii* – *Rhododendron westlandii* – *Indosasa shibataeoides* – *Alpinia japonica* Comm.）

（8）栲－双齿山茉莉－摆竹－蕨状薹草群落（*Castanopsis fargesii* – *Huodendron biaristatum* – *Indosasa shibataeoides* – *Carex filicina* Comm.）

（9）栲＋马蹄荷－多花杜鹃＋网脉山龙眼－柏拉木－狗脊蕨群落（*Castanopsis fargesii* + *Exbucklandia populnea* – *Rhododendron cavaleriei* + *Helicia reticulata* – *Blastus cochinchinensis* – *Woodwardia japonica* Comm.）

（10）栲－栲－焕镛木－乌材－紫金牛群落（*Castanopsis fargesii* – *Castanopsis fargesii* – *Woonyoungia septentrionalis* – *Diospyros eriantha* – *Ardisia japonica* Comm.)

(11)栲 + 罗浮锥 – 栲 – 罗浮锥 – 披针叶粗叶木 – 狗脊蕨群落群落(*Castanopsis fargesii* + *Castanopsis fabri* – *Castanopsis fargesii* – *Castanopsis fabri* – *Lasianthus* sp. – *Woodwardia japonica* Comm.)

(12)栲 – 黄樟 – 细枝柃 – 细枝柃 – 狗脊蕨群落(*Castanopsis fargesii* – *Cinnamomum parthenoxylon* – *Eurya loquaiana* – *Eurya loquaiana* – *Woodwardia japonica* Comm.)

(13)栲 – 栲 + 香皮树 – 鼠刺 – 杜茎山 – 狗脊蕨群落(*Castanopsis fargesii* – *Castanopsis fargesii* + *Meliosma fordii* – *Itea chinensis* – *Maesa japonica* – *Woodwardia japonica* Comm.)

(14)栲 – 栲 – 鼠刺 – 海南罗伞树 – 狗脊蕨 + 山姜群落(*Castanopsis fargesii* – *Castanopsis fargesii* – *Itea chinensis* – *Ardisia quinquegona* – *Woodwardia japonica* + *Alpinia japonica* Comm.)

(15)栲 – 栲 – 栲 – 草珊瑚 – 乌毛蕨群落(*Castanopsis fargesii* – *Castanopsis fargesii* – *Castanopsis fargesii* – *Sarcandra glabra* – *Blechnum orientale* Comm.)

(16)栲 – 栲 – 栲 – 九节 – 乌毛蕨群落(*Castanopsis fargesii* – *Castanopsis fargesii* – *Castanopsis fargesii* – *Psychotria rubra* – *Blechnum orientale* Comm.)

(17)栲 + 西桦 – 大节竹 – 芒萁群落(*Castanopsis fargesii* + *Betula alnoides* – *Indosasa crassiflora* – *Dicranopteris pedata* Comm.)

(18)栲 – 鹅掌柴 – 香皮树 – 海南罗伞树 + 九节 – 狗脊蕨群落(*Castanopsis fargesii* – *Schefflera heptaphylla* – *Meliosma fordii* – *Ardisia quinquegona* + *Psychotria rubra* – *Woodwardia japonica* Comm.)

(19)栲 + 蕈树 + 马蹄荷 – 锈叶新木姜子 + 细枝柃 – 网脉山龙眼 – 苦竹 – 狗脊蕨群落(*Castanopsis fargesii* + *Altingia chinensis* + *Exbucklandia populnea* – *Neolitsea cambodiana* + *Eurya loquaiana* – *Helicia reticulata* – *Pleioblastus amarus* – *Woodwardia japonica* Comm.)

(20)栲 – 尖萼川杨桐 + 栲 – 光叶山矾 + 鼠刺 – 赤楠 – 狗脊蕨 + 金毛狗脊群落(*Castanopsis fargesii* – *Adinandra bockiana* var. *acutifolia* + *Castanopsis fargesii* – *Symplocos lancifolia* + *Itea chinensis* – *Syzygium buxifolium* – *Woodwardia japonica* + *Cibotium barometz* Comm.)

(21)栲 – 栲 – 栲 + 亮叶杨桐 – 杜茎山 – 狗脊蕨群落(*Castanopsis fargesii* – *Castanopsis fargesii* – *Castanopsis fargesii* + *Adinandra nitida* – *Maesa japonica* – *Woodwardia japonica* Comm.)

(22)栲 – 栲 – 狗脊蕨群落(*Castanopsis fargesii* – *Castanopsis fargesii* – *Woodwardia japonica* Comm.)

(23)栲 – 栲 – 栲 – 海南罗伞树 + 杜茎山 – 狗脊蕨群落(*Castanopsis fargesii* – *Castanopsis fargesii* – *Castanopsis fargesii* – *Ardisia quinquegona* + *Maesa japonica* – *Woodwardia japonica* Comm.)

(24)栲 – 罗浮柿 + 栲 – 鼠刺 + 黄丹木姜子 – 杜茎山 – 狗脊蕨群落(*Castanopsis fargesii* – *Diospyros morrisiana* + *Castanopsis fargesii* – *Itea chinensis* + *Litsea elongata* – *Maesa japonica* – *Woodwardia japonica* Comm.)

(25)栲 – 栲 + 尖萼川杨桐 – 光叶山矾 + 鼠刺 – 柏拉木 – 狗脊蕨群落(*Castanopsis fargesii* – *Castanopsis fargesii* + *Adinandra bockiana* var. *acutifolia* – *Symplocos lancifolia* + *Itea chinensis* – *Blastus cochinchinensis* – *Woodwardia japonica* Comm.)

(26)栲 – 锈叶新木姜子 – 栲 + 多花杜鹃 – 海南罗伞树 – 镰叶瘤足蕨群落(*Castanopsis fargesii* – *Neolitsea cambodiana* – *Castanopsis fargesii* + *Rhododendron cavaleriei* – *Ardisia quinquegona* – *Plagiogyria distinctissima* Comm.)

4. 罗浮锥林(Form. *Castanopsis fabri*)

(1)罗浮锥 + 黄枝润楠 – 罗浮柿 – 腺叶山矾 – 海南罗伞树 + 白藤 – 狗脊蕨 + 山姜群落(*Castanopsis fabri* + *Machilus versicolora* – *Diospyros morrisiana* – *Symplocos adenophylla* – *Ardisia quinquegona* + *Calamus tetradactylus* – *Woodwardia japonica* + *Alpinia japonica* Comm.)

(2)罗浮锥 – 薄叶润楠 – 腺缘山矾 + 尖萼川杨桐 – 阔叶十大功劳 – 对叶楼梯草群落(*Castanopsis fabri* – *Machilus leptophylla* – *Symplocos glandulifera* + *Adinandra bockiana* var. *acutifolia* – *Mahonia bealei* – *Elatostema sinense* Comm.)

(3)罗浮锥 – 罗浮锥 + 鹅掌柴 – 海南罗伞树 – 扇叶铁线蕨群落(*Castanopsis fabri* – *Castanopsis fabri* + *Schefflera heptaphlla* – *Ardisia quinquegona* – *Adiantum flabellulatum* Comm.)

（4）罗浮锥－罗浮锥＋钩锥－罗浮锥－草珊瑚＋杜茎山－狗脊蕨群落（*Castanopsis fabri* – *Castanopsis fabri* + *Castanopsis tibetana* – *Castanopsis fabri* – *Sarcandra glabra* + *Maesa japonica* – *Woodwardia japonica* Comm.）

（5）罗浮锥－罗浮锥＋黄杞－罗浮锥－海南罗伞树－金毛狗脊群落（*Castanopsis fabri* – *Castanopsis fabri* + *Engelhardia roxburghiana* – *Castanopsis fabri* – *Ardisia quinquegona* – *Cibotium barometz* Comm.）

（6）罗浮锥＋黄杞－滨木患＋竹叶木姜子－金毛狗脊＋狗脊蕨群落（*Castanopsis fabri* + *Engelhardia roxburghiana* – *Arytera littoralis* + *Litsea pseudoelongata* – *Cibotium barometz* + *Woodwardia japonica* Comm.）

（7）罗浮锥－黄丹木姜子－长毛杨桐－柃木－锦香草群落（*Castanopsis fabri* – *Litsea elongata* – *Adinandra glischroloma* var. *jubata* – *Eurya* spp. – *Phyllagathis cavaleriei* Comm.）

（8）罗浮锥＋栲－鹿角锥＋华南桤叶树－华南桤叶树＋粗壮润楠－海南罗伞树－狗脊蕨＋乌毛蕨群落（*Castanopsis fabri* + *Castanopsis fargesii* – *Castanopsis lamontii* + *Clethra fabri* – *Clethra fabri* + *Machilus robusta* – *Ardisia quinquegona* – *Woodwardia japonica* + *Blechnum orientale* Comm.）

5. 鹿角锥林（Form. *Castanopsis lamontii*）

（1）鹿角锥－陀螺果－樟叶泡花树－苦竹－锦香草群落（*Castanopsis lamontii* – *Melliodendron xylocarpum* – *Meliosma squamulata* – *Pleioblastus amarus* – *Phyllagathis cavaleriei* Comm.）

（2）鹿角锥－云山青冈－桂南木莲－华西箭竹－迷人鳞毛蕨群落（*Castanopsis lamontii* – *Cyclobalanopsis sessilifolia* – *Manglietia conifera* – *Fargesia nitida* – *Dryopteris decipiens* Comm.）

6. 红背甜槠林（Form. *Castanopsis neocavaleriei*）

（1）红背甜槠＋亮叶杨桐－凯里杜鹃－日本粗叶木－花葶薹草群落（*Castanopsis neocavaleriei* + *Adinandra nitida* – *Rhododendron westlandii* – *Lasianthus japonicus* – *Carex scaposa* Comm.）

（2）红背甜槠－光枝杜鹃－摆竹－锦香草群落（*Castanopsis neocavaleriei* – *Rhododendron haofui* – *Indosasa shibataeoides* – *Phyllagathis cavaleriei* Comm.）

7. 钩锥林（Form. *Castanopsis tibetana*）

（1）钩锥－钩锥－小果石笔木－山麻风树＋杜茎山－中华复叶耳蕨群落（*Castanopsis tibetana* – *Castanopsis tibetana* – *Tutcheria microcarpa* – *Turpinia pomifera* var. *minor* + *Maesa japonica* – *Arachniodes chinensis* Comm.）

（2）钩锥－栲－广东杜鹃＋刺毛杜鹃－杜茎山－狗脊蕨群落（*Castanopsis tibetana* – *Castanopsis fargesii* – *Rhododendron kwangtungense* + *Rhododendron championiae* – *Maesa japonica* – *Woodwardia japonica* Comm.）

（3）钩锥－云山青冈－钩锥－日本粗叶木－狭叶楼梯草群落（*Castanopsis tibetana* – *Cyclobalanopsis sessilifolia* – *Castanopsis tibetana* – *Lasianthus japonicus* – *Elatostema lineolatum* Comm.）

（4）钩锥－罗浮锥－钩锥－粗叶木－金毛狗脊＋狗脊蕨群落（*Castanopsis tibetana* – *Castanopsis fabri* – *Castanopsis tibetana* – *Lasianthus chinensis* – *Cibotium barometz* + *Woodwardia japonica* Comm.）

（5）钩锥－鼠刺－狗脊蕨群落（*Castanopsis tibetana* – *Itea chinensis* – *Woodwardia japonica* Comm.）

（6）钩锥－薄叶润楠－尖萼川杨桐－柏拉木－骤尖楼梯草群落（*Castanopsis tibetana* – *Machilus leptophylla* – *Adinandra bockiana* var. *acutifolia* – *Blastus cochinchinensis* – *Elatostema cuspidatum* Comm.）

8. 锥林（Form. *Castanopsis chinensis*）

（1）锥＋枫香树－锥－马银花－狗脊蕨群落（*Castanopsis chinensis* + *Liquidambar formosana* – *Castanopsis chinensis* – *Rhododendron ovatum* – *Woodwardia japonica* Comm.）

9. 贵州锥林（Form. *Castanopsis kweichowensis*）

（1）贵州锥－贵州锥－短梗新木姜子－草珊瑚－锦香草群落（*Castanopsis kweichowensis* – *Castanopsis kweichowensis* – *Neolitsea brevipes* – *Sarcandra glabra* – *Phyllagathis cavaleriei* Comm.）

（2）贵州锥＋薄叶润楠－贵州锥＋木荷－贵州锥＋黄丹木姜子－鼠刺－骤尖楼梯草＋粗齿冷水花群落（*Castanopsis kweichowensis* + *Machilus leptophylla* – *Castanopsis kweichowensis* + *Schima superba* – *Castanopsis kweichowensis* + *Litsea elongata* – *Itea chinensis* – *Elatostema cuspidatum* + *Pilea sinofasciata* Comm.）

10. 扁刺锥林(Form. *Castanopsis platyacantha*)

(1)扁刺锥－双齿山茉莉－细枝柃－细枝柃－狗脊蕨群落(*Castanopsis platyacantha – Huodendron biaristatum – Eurya loquaiana – Eurya loquaiana – Woodwardia japonica* Comm.)

11. 毛锥林(Form. *Castanopsis fordii*)

(1)毛锥－尖萼川杨桐－鼠刺－栀子－狗脊蕨＋金毛狗脊群落(*Castanopsis fordii – Adinandra bockiana* var. *acutifolia – Itea chinensis – Gardenia jasminoides – Woodwardia japonica + Cibotium barometz* Comm.)

12. 瓦山锥林(Form. *Castanopsis ceratacantha*)

(1)瓦山锥＋硬壳柯－罗浮锥－方竹－扁花茎沿阶草群落(*Castanopsis ceratacantha + Lithocarpus hancei – Castanopsis fabri – Chimonobambusa quadrangularis – Ophiopogon planiscapus* Comm.)

(2)瓦山锥＋罗浮锥－罗浮锥＋硬壳柯－硬壳柯＋光叶山矾－柏拉木－狗脊蕨群落(*Castanopsis ceratacantha + Castanopsis fabri – Castanopsis fabri + Lithocarpus hancei – Lithocarpus hancei + Symplocos lancifolia – Blastus cochinchinensis – Woodwardia japonica* Comm.)

13. 高山锥林(Form. *Castanopsis delavayi*)

(1)高山锥－华南桤叶树＋南烛－珍珠花－狗脊蕨群落(*Castanopsis delavayi – Clethra fabri + Vaccinium bracteatum – Lyonia ovalifolia – Woodwardia japonica* Comm.)

(2)高山锥－高山锥－荒子梢－芒群落(*Castanopsis delavayi – Castanopsis delavayi – Campylotropis macrocarpa – Miscanthus sinensis* Comm.)

(3)高山锥－高山锥－文山润楠＋毛桐－杜茎山－芒群落(*Castanopsis delavayi – Castanopsis delavayi – Machilus wenshanensis + Mallothus barbatus – Maesa japonica – Miscanthus sinensis* Comm.)

14. 苦槠林(Form. *Castanopsis scleophylla*)

(1)苦槠－栲－老鼠矢－檵木－中华复叶耳蕨群落(*Castanopsis scleophylla – Castanopsis fargesii – Symplocos stellaris – Loropetalum chinense – Arachniodes chinensis* Comm.)

15. 硬壳柯林(Form. *Lithocarpus hancei*)

(1)硬壳柯－珍珠花－柏拉木－镰羽瘤足蕨群落(*Lithocarpus hancei – Lyonia ovalifolia – Blastus cochinchinensis – Plagiogyria falcata* Comm.)

(2)硬壳柯－甜槠＋硬壳柯－西施花－十字薹草群落(*Lithocarpus hancei – Castanopsis eyrei + Lithocarpus hancei – Rhododendron latoucheae – Carex cruciata* Comm.)

16. 厚斗柯林(Form. *Lithocarpus elizabethae*)

(1)厚斗柯－贵州杜鹃－横枝竹－广西薹草群落(*Lithocarpus elizabethae – Rhododendron guizhouense – Indosasa patens – Carex kwangsiensis* Comm.)

(2)厚斗柯＋桂南木莲－滑叶润楠－摆竹－锦香草群落(*Lithocarpus elizabethae + Manglietia conifera – Machilus ichangensis* var. *leiophylla – Indosasa shibataeoides – Phyllagathis cavaleriei* Comm.)

17. 绵柯林(Form. *Lithocarpus henryi*)

(1)绵柯＋心叶船柄茶－光枝杜鹃－石斑木－柏拉木－镰羽瘤足蕨群落(*Lithocarpus henryi + Hartia cordifolia – Rhododendron haofui – Rhaphiolepis indica – Blastus cochinchinensis – Plgiogyria falcata* Comm.)

18. 金毛柯林(Form. *Lithocarpus chrysocomus*)

19. 美叶柯林(Form. *Lithocarpus calophyllus*)

(1)美叶柯－川杨桐－越南安息香－匙萼柏拉木－狗脊蕨群落(*Lithocarpus calophyllus – Adinandra bockiana – Styrax tonkinensis – Blastus cavaleriei – Woodwardia japonica* Comm.)

(2)美叶柯＋木荷－樟叶泡花树－阴香－柏拉木－倒挂铁角蕨群落(*Lithocarpus calophyllus + Schima superba – Melliosma squamulata – Cinnamomum burmannii – Blastus cochinchinensis – Asplenium normale* Comm.)

20. 泥椎柯林(Form. *Lithocarpus fenestratus*)

(1)泥椎柯－日本杜英＋粉叶润楠－粉叶润楠＋泥椎柯－晚花吊钟花－华南鳞盖蕨群落(*Lithocarpus fenestratus – Elaeocarpus japonicus + Machilus glaucifolia – Machilus glaucifolia + Lithocarpus fenestratus – Enkianthus serotinus – Microlepia hancei* Comm.)

（2）泥椎柯－泥椎柯－细枝柃－栲树－狗脊群落（*Lithocarpus fenestratus – Lithocarpus fenestratus – Eurya loquaiana – Castanopsis fargesii – Woodwardia japonica* Comm.）

21. 竹叶青冈林（Form. *Cyclobalanopsis neglecta*）

（1）竹叶青冈－海南树参＋光叶石楠－摆竹－蕨状薹草群落（*Cyclobalanopsis neglecta – Dendropanax hainanensis + Photinia glabra – Indosasa shibataeoides – Carex filicina* Comm.）

22. 碟斗青冈林（Form. *Cyclobalanopsis disciformis*）

（1）碟斗青冈－碟斗青冈－茜树－海南罗伞树－金毛狗脊群落（*Cyclobalanopsis disciformis – Cyclobalanopsis disciformis – Aidia cochinchinensis – Ardisia quinquegona – Cibotium barometz* Comm.）

23. 槟榔青冈林（Form. *Cyclobalanopsis bella*）

（1）槟榔青冈－少叶黄杞－华西箭竹－狗骨柴－锦香草群落（*Cyclobalanopsis bella – Engelhardia fenzelii – Fargesia nitida – Diplospora dubia – Phyllagathis cavaleriei* Comm.）

24. 小叶青冈林（Form. *Cyclobalanopsis myrsinifolia*）

（1）小叶青冈＋银木荷－银木荷－多花杜鹃－鼠刺－狗脊蕨群落（*Cyclobalanopsis myrsinifolia + Schima argentea – Schima argentea – Rhododendron cavaleriei – Itea chinensis – Woodwardia japonica* Comm.）

25. 大叶青冈林（Form. *Cyclobalanopsis jenseniana*）

（1）大叶青冈－多花杜鹃－广东杜鹃－华西箭竹－多羽复叶耳蕨群落（*Cyclobalanopsis jenseniana – Rhododendron cavaleriei – Rhododendron kwangtungense – Fargesia nitida – Arachniodes amoena* Comm.）

（2）大叶青冈＋红楠－樟叶泡花树－鹿角锥＋阴香－华西箭竹－沿阶草群落（*Cyclobalanopsis jenseniana + Machilus thunbergii – Melliosma squamulata – Castanopsis lamontii + Cinnamomum burmannii – Fargesia nitida – Ophiopogon bodinieri* Comm.）

26. 黄毛青冈林（Form. *Cyclobalanopsis delavayi*）

（1）黄毛青冈＋余甘子－毛叶黄杞－金发草群落（*Cyclobalanopsis delavayi + Phyllanthus emblica – Engelhardia spicata* var. *colebrookeana – Pogonatherum paniceum* Comm.）

（2）黄毛青冈＋栓皮栎－黄毛青冈－水东哥－芒萁＋五节芒群落（*Cyclobalanopsis delavayi + Quercus variabilis – Cyclobalanopsis delavayi – Saurauia tristyla – Dicranopteris pedata + Miscanthus floridulus* Comm.）

27. 青冈林（Form. *Cyclobalanopsis glauca*）

（1）青冈－青冈－青冈－驳骨九节－三角眼凤尾蕨群落（*Cyclobalanopsis glauca – Cyclobalanopsis glauca – Cyclobalanopsis glauca – Psychotria prainii – Pteris* sp. Comm.）

（2）青冈＋黄杞－穗序鹅掌柴＋黄杞－文山润楠－草珊瑚－孔药花群落（*Cyclobalanopsis glauca + Engelhardia roxburghiana – Schefflera delavayi + Engelhardia roxburghiana – Machilus wenshanensis – Sarcandra glabra – Porandra ramosa* Comm.）

（3）青冈－银木荷＋青冈－银木荷－柏拉木＋海南罗伞树－毛果珍珠茅群落（*Cyclobalanopsis glauca – Schima argentea + Cyclobalanopsis glauca – Schima argentea – Blastus cochinchinensis + Ardisia quinquegona – Scleria levis* Comm.）

28. 滇青冈林（Form. *Cyclobalanopsis glaucoides*）

（1）滇青冈－滇青冈－滇青冈＋假木荷＋毛杨梅－草珊瑚－芒萁＋五节芒群落（*Cyclobalanopsis glaucoides – Cyclobalanopsis glaucoides – Cyclobalanopsis glaucoides + Craibiodendron stellatum + Myrica esculenta – Sarcandra glabra – Dicranopteris pedata + Miscanthus floridulus* Comm.）

29. 巴东栎林（Form. *Quercus engleriana*）

（1）巴东栎－榕叶冬青＋光枝杜鹃－尖萼川杨桐＋光枝杜鹃－摆竹－十字薹草群落（*Quercus engleriana – Ilex ficoidea + Rhododendron haofui – Adinandra bockiana* var. *acutifolia + Rhododendron haofui – Indosasa shibataeoides – Carex cruciata* Comm.）

30. 木荷林（Form. *Schima superba*）

（1）木荷－长毛杨桐－甜竹＋硬壳柯－短梗新木姜子－耳形瘤足蕨群落（*Schima superba – Adinandra glischroloma* var. *jubata – Indosasa* sp. ＋ *Lithocarpus hancei – Neolitsea brevipes – Plagiogyria stenoptera* Comm.）

(2)木荷－刺毛杜鹃－刺毛杜鹃－锈叶新木姜子－阔鳞鳞毛蕨群落(*Schima superba* – *Rhododendron championiae* – *Rhododendron championiae* – *Neolitsea cambodiana* – *Dryopteris championii* Comm.)

(3)木荷－木荷－鸭公树－鸭公树－狗脊蕨群落(*Schima superba* – *Schima superba* – *Neolitsea chui* – *Neolitsea chui* – *Woodwardia japonica* Comm.)

(4)木荷－甜槠－杨梅蚊母树－金花树－狗脊蕨群落(*Schima superba* – *Castanopsis eyrei* – *Distylium myricoides* – *Blastus dunnianum* – *Woodwardia japonica* Comm.)

(5)木荷＋鹿角锥－树参－桃叶石楠－长尾毛蕊茶－狗脊蕨群落(*Schima superba* + *Castanopsis lamontii* – *Dendropanax dentigerus* – *Photinia prunifolia* – *Camellia caudata* – *Woodwardia japonica* Comm.)

(6)木荷＋小花红花荷－亮叶杨桐＋金叶含笑－锈毛罗伞＋蜡瓣花－日本粗叶木－中华里白群落(*Schima superba* + *Rhodoleia parvipetala* – *Adinandra nitida* + *Michelia foveolata* – *Brassaiopsis ferruginea* + *Corylopsis sinensis* – *Lasianthus japonicus* – *Diplopterygium chinensis* Comm.)

(7)木荷＋小花红花荷－米槠－川桂＋小花红花荷－赤楠－狗脊蕨群落(*Schima superba* + *Rhodoleia parvipetala* – *Castanopsis carlesii* – *Cinnamomum wilsonii* + *Rhodoleia parvipetala* – *Syzygium buxifolium* – *Woodwardia japonica* Comm.)

(8)木荷－贵州杜鹃－柏拉木－锦香草群落(*Schima superba* – *Rhododendron guizhouense* – *Blastus cochinchinensis* – *Phyllagathis cavaleriei* Comm.)

(9)木荷－桂北木姜子－日本粗叶木－狗脊蕨群落(*Schima superba* – *Litsea subcoriacea* – *Lasianthus japonicus* – *Woodwardia japonica* Comm.)

(10)木荷－尖萼川杨桐－广东杜鹃＋双齿山茉莉－赤楠－狗脊蕨＋乌毛蕨群落(*Schima superba* – *Adinandra bockiana* var. *acutifolia* – *Rhododendron kwangtungense* + *Huodendron biaristatum* – *Syzygium buxifolium* – *Woodwardia japonica* + *Blechnum orientale* Comm.)

(11)木荷－鹅掌柴－海南罗伞树－金毛狗脊群落(*Schima superba* – *Schefflera heptaphylla* – *Ardisia quinquegona* – *Cibotium barometz* Comm.)

(12)木荷＋红锥－红锥＋木荷－黄杞－南山花＋九节－芒萁群落(*Schima superba* + *Castanopsis hystrix* – *Castanopsis hystrix* + *Schima superba* – *Engelhardia roxburghiana* – *Prismatomeris connata* + *Psychotria rubra* – *Dicranopteris pedata* Comm.)

(13)木荷－木荷－鸭公树－粗叶木－山姜＋狗脊蕨群落(*Schima superba* – *Schima superba* – *Neolitsea chui* – *Laisanthus chinensis* – *Alpinia japonica* + *Woodwardia japonica* Comm.)

(14)木荷－木荷－密花树－五节芒群落(*Schima superba* – *Schima superba* – *Myrsine seguinii* – *Miscanthus floridulus* Comm.)

(15)木荷－棱枝冬青－棱枝冬青－金竹－狗脊蕨群落(*Schima superba* – *Ilex angulata* – *Ilex angulata* – *Phyllostachys sulphurea* – *Woodwardia japonica* Comm.)

(16)木荷－栲－金竹－狗脊蕨群落(*Schima superba* – *Castanopsis fargesii* – *Phyllostachys sulphurea* – *Woodwardia japonica* Comm.)

31. 银木荷林(Form. *Schima argentea*)

(1)银木荷－少叶黄杞－赤楠－柏拉木－书带蕨群落(*Schima argentea* – *Engelhardia fenzelii* – *Syzygium buxifolium* – *Blastus cochinchinensis* – *Haplopteris flexuosa* Comm.)

(2)银木荷＋亮叶桦－银木荷－网脉山龙眼－栀子－狗脊蕨群落(*Schima argentea* + *Betula luminifera* – *Schima argentea* – *Hellicia reticulata* – *Gardenia jasminoides* – *Woodwardia japonica* Comm.)

(3)银木荷－银木荷－多花杜鹃－里白群落(*Schima argentea* – *Schima argentea* – *Rhododendron cavaleriei* – *Diplopterygium glaucum* Comm.)

(4)银木荷－滑叶润楠－摆竹－锦香草群落(*Schima argentea* – *Machilus ichangensis* var. *leiophylla* – *Indosasa shibataeoides* – *Phyllagathis cavaleriei* Comm.)

(5)银木荷－铁山矾＋黄牛奶树－摆竹－花葶薹草群落(*Schima argentea* – *Symplocos pseudobarberina* + *Symplocos cochinchinensis* var. *laurina* – *Indosasa shibataeoides* – *Carex scaposa* Comm.)

(6)银木荷－银木荷＋五列木－多花杜鹃＋弯蒴杜鹃－柏拉木－狗脊蕨群落(*Schima argentea* –

Schima argentea + *Pentaphylax euxyoides* – *Rhododendron cavaleriei* + *Rhododendron henryi* – *Blastus cochinchinensis* – *Woodwardia japonica* Comm.)

(7)银木荷＋黄丹木姜子－黄丹木姜子＋细枝柃－匙萼柏拉木－稀羽鳞毛蕨群落(*Schima argentea* + *Litsea elongata* – *Litsea elongata* + *Eurya loquaiana* – *Blastus cavaleriei* – *Dryopteris sparsa* Comm.)

(8)银木荷－华南木姜子＋银木荷－尖萼川杨桐－柏拉木－狗脊蕨群落(*Schima argentea* – *Litsea greenmaniana* + *Schima argentea* – *Adinandra bockiana* var. *acutifolia* – *Blastus cochinchinensis* – *Woodwardia japonica* Comm.)

(9)银木荷－米槠＋薄叶山矾－贵州杜鹃－中华里白群落(*Schima argentea* – *Castanopsis carlesii* + *Symplocos anomala* – *Rhododendron guizhouense* – *Diplopterygium chinense* Comm.)

(10)银木荷－甜槠－柃木－里白群落(*Schima argentea* – *Castanopsis eyrei* – *Eurya* sp. – *Diplopterygium glaucum* Comm.)

(11)银木荷－珍珠花－算盘子－蕨群落(*Schima argentea* – *Lyonia ovalifolia* – *Glochidion puberum* – *Pteridium aquilinum* var. *latiusculum* Comm.)

32. 大头茶林(Form. *Polyspora axillaris*)

(1)大头茶－尖萼川杨桐－无柄柃－狗脊蕨群落(*Polyspora axillaris* – *Adinandra bockiana* var. *acutifolia* – *Eurya* sp. – *Woodwardia japonica* Comm.)

33. 四川大头茶林(Form. *Polyspora speciosa*)

(2)四川大头茶－四川大头茶－榕叶冬青－柏拉木－狗脊蕨＋花葶薹草群落(*Polyspora speciosa* – *Polyspora speciosa* – *Ilex ficoidea* – *Blastus cochinchinensis* – *Woodwardia japonica* + *Carex scaposa* Comm.)

34. 厚皮香林(Form. *Ternstroemia gymnanthera*)

(1)厚皮香＋厚斗柯＋木荷－厚皮香－厚皮香－瓜馥木－铁角蕨群落(*Ternstroemia gymnanthera* + *Lithocarpus elizabethae* + *Schima superba* – *Ternstroemia gymnanthera* – *Ternstroemia gymnanthera* – *Fissistigma oldhamii* – *Asplenium tricomanes* Comm.)

35. 多齿山茶林(Form. *Camellia polyodonta*)

(1)多齿山茶－蜡瓣花＋虎皮楠－棚竹－半蒴苣苔群落(*Camellia polyodonta* – *Corylopsis sinensis* + *Daphniphyllum oldhamii* – *Indosasa longispicata* – *Hemiboea subcapitata* Comm.)

36. 红楠林(Form. *Machilus thunbergii*)

(1)红楠－荔波桑＋贵州琼楠－蜡瓣花－紫麻－华南紫萁群落(*Machilus thunbergii* – *Morus liboensis* + *Beilschmiedia kweichowensis* – *Corylopsis sinensis* – *Oreocnide frutescens* – *Osmunda vachellii* Comm.)

(2)红楠－凯里杜鹃＋多花杜鹃－摆竹－江南短肠蕨群落(*Machilus thunbergii* – *Rhododendron westlandii* + *Rhododendron cavaleriei* – *Indosasa shibataeoides* – *Allantodia metteniana* Comm.)

(3)红楠＋银木荷－米槠＋小花红花荷－朱砂根－中华复叶耳蕨＋狗脊蕨群落(*Machilus thunbergii* + *Schima argentea* – *Castanopsis carlesii* + *Rhodoleia parvipetala* – *Ardisia crenata* – *Arachniodes chinensis* + *Woodwardia japonica* Comm.)

(4)红楠－栲＋阴香－毛花连蕊茶＋尖萼川杨桐－柃木－刺头复叶耳蕨群落(*Machilus thunbergii* – *Castanopsis fargesii* + *Cinnamomum burmannii* – *Camellia fraterna* + *Adinandra bockiana* var. *acutifolia* – *Eurya* sp. – *Arachniodes exilis* Comm.)

(5)红楠＋黄杞－楠木＋大叶润楠－云南大叶茶－偏瓣花－楼梯草群落(*Machilus thunbergii* + *Engelhardia roxburghiana* – *Phoebe* sp. + *Machilus* sp. – *Camellia* sp. – *Plagiopetalum esquirolii* – *Elatostema* sp. Comm.)

(6)红楠＋多花杜鹃＋六万杜鹃＋竹叶木姜子丛林(*Machilus thunbergii* + *Rhododendron cavaleriei* + *Rhododendron* sp. + *Litsea pseudoelongata* Comm.)

37. 黄枝润楠林(Form. *Machilus versicolora*)

38. 刨花润楠林(Form. *Machilus pauhoi*)

(1)刨花润楠－尖萼川杨桐＋黄樟－鼠刺＋尖叶毛柃－杜茎山＋鲫鱼胆－狗脊蕨群落(*Machilus pauhoi* – *Adinandra bockiana* var. *acutifolia* + *Cinnamomum parthenoxylon* – *Itea chinensis* + *Eurya acuminatissima* –

Maesa japonica + *Maesa perlarius* – *Woodwardia japonica* Comm.)

(2)刨花润楠幼林

39. 文山润楠林(Form. *Machilus wenshanensis*)

(1)文山润楠 – 多花山矾 + 穗序鹅掌柴 – 苦竹 – 多花山矾 + 广西毛冬青 – 闭鞘姜 + 短肠蕨群落(*Machilus wenshanensis* – *Symplocos ramosissima* + *Schefflera delavayi* – *Pleioblastus amarus* – *Symplocos ramosissima* + *Ilex pubescens* var. *kwangsiensis* – *Costus speciosus* + *Allantodia* sp. Comm.)

40. 薄叶润楠林(Form. *Machilus leptophylla*)

(1)薄叶润楠 – 摆竹 – 轮叶木姜子 – 江南短肠蕨群落(*Machilus leptophylla* – *Indocalamus shibataeoides* – *Litsea verticillata* – *Allantodia metteniana* Comm.)

41. 桂北木姜子林(Form. *Litsea subcoriacea*)

(1)桂北木姜子 + 日本杜英 – 凯里杜鹃 – 摆竹 – 蕨状薹草群落(*Litsea subcoriacea* + *Elaeocarpus japonicus* – *Rhododendron westlandii* – *Indosasa shibataeoides* – *Carex filicina* Cormm.)

(2)桂北木姜子 – 薄叶山矾 + 苗山桂 – 摆竹 – 花葶薹草群落(*Litsea subcoriacea* – *Symplocos anomala* + *Cinnamomum miaoshanensis* – *Indosasa shibataeoides* – *Carex scaposa* Comm.)

(3)桂北木姜子 + 桂南木莲 + 凯里杜鹃 – 中华石楠 – 鲫鱼胆 – 狗脊蕨群落(*Litsea subcoriacea* + *Manglietia conifera* + *Rhododendron westlandii* – *Photinia beauverdiana* – *Maesa perlarius* – *Woodwardia japonica* Comm.)

(4)桂北木姜子 + 鹿角锥 – 凯里杜鹃 – 樟叶泡花树 – 吊钟花 – 长茎沿阶草群落(*Litsea subcoriacea* + *Castanopsis lamontii* – *Rhododendron westlandii* – *Meliosma squamulata* – *Enkianthus quinqueflorus* – *Ophiopogon chingii* Comm.)

42. 大果木姜子林(Form. *Litsea lancilimba*)

(1)大果木姜子 + 光叶拟单性木兰 – 大果木姜子 – 大果木姜子 + 钝齿尖叶桂樱 – 杜茎山 – 镰叶铁角蕨群落(*Litsea lancilimba* + *Parakmeria nitida* – *Litsea lancilimba* – *Litsea lancilimba* + *Laurocerasus undulata* f. *microbotrys* – *Maesa japonica* – *Asplenium falcatum* Comm.)

43. 大叶新木姜子林(Form. *Neolitsea levinei*)

(1)大叶新木姜子 – 箬叶竹 – 圣蕨丛林(*Neolitsea levinei* – *Indocalamus longiauritus* – *Dictyocline griffithii* Comm.)

(2)大叶新木姜子 + 烟斗柯 – 硬壳桂 – 大叶新木姜子 + 香港四照花 – 箬叶竹 – 大叶仙茅群落(*Neolitsea levinei* + *Lithocarpus corneus* – *Cryptocarya chingii* – *Neolitsea levinei* + *Cornus hongkongensis* – *Indocalamus longiauritus* – *Curculigo capitulata* Comm.)

44. 鸭公树林(Form. *Neolitsea chui*)

(1)鸭公树 – 硬壳柯 – 华西箭竹 – 镰羽贯众群落(*Neolitsea chui* – *Lithoarpus hancei* – *Fargesia nitida* – *Cyrtomium balansae* Comm.)

45. 樟林(Form. *Cinnamomum camphora*)

(1)樟 – 牛耳枫 – 荩草群落(*Cinnamomum camphora* – *Daphniphyllum calycinum* – *Arthraxon hispidus* Comm.)

(2)樟 – 牛耳枫 – 芒萁群落(*Cinnamomum camphora* – *Daphniphyllum calycinum* – *Dicranopteris pedata* Comm.)

46. 深山含笑林(Form. *Michelia maudiae*)

(1)深山含笑 + 赤杨叶 – 黄樟 – 香楠 – 赤楠 – 叶底红群落(*Michelia maudiae* + *Alniphyllum fortunei* – *Cinnamomum parthenoxylon* – *Aidia canthioides* – *Syzygium buxifolium* – *Bredia fordii* Comm.)

47. 阔瓣含笑林(Form. *Michelia cavaleriei* var. *platypetala*)

(1)阔瓣含笑 – 桂北木姜子 – 摆竹 – 花葶薹草群落(*Michelia cavaleriei* var. *platypetala* – *Litsea subcoriacea* – *Indosasa shibataeoides* – *Carex scaposa* Comm.)

48. 桂南木莲林(Form. *Manglietia conifera*)

(1)桂南木莲 – 凯里杜鹃 – 榕叶冬青 – 摆竹 – 江南短肠蕨群落(*Manglietia conifera* – *Rhododendron westlandii* – *Ilex ficoides* – *Indosasa shibataeoides* – *Allantodia metteniana* Comm. ）

（2）桂南木莲 + 绵柯 – 双齿山茉莉 – 鹅掌柴 – 粤西绣球 – 蕨状薹草群落（*Manglietia conifera* + *Lithocrpus henryi* – *Huodendron biaristatum* – *Schefflera heptaphylla* – *Hydrangea kwangsiensis* – *Carex filicina* Comm. ）

（3）桂南木莲 + 凯里杜鹃 – 粤西绣球 – 花葶薹草群落（*Manglietia conifera* + *Rhododendron westlandii* – *Hydrangea kwangsiensis* – *Carex scaposa* Comm. ）

49. 乐东拟单性木兰林（Form. *Parakmeria lotungensis*）

（1）乐东拟单性木兰 – 亮叶厚皮香 + 华南木姜子 – 滑叶润楠 + 竹叶木姜子 – 摆竹 – 骤尖楼梯草群落（*Parakmeria lotungensis* – *Ternstroemia nitida* + *Litsea greenmaniana* – *Machilus ichangensis* var. *leiophylla* + *Litsea pseudoelongata* – *Indosasa shibataeoides* – *Elatostema acuminata* Comm. ）

50. 焕镛木林（*Form. Woonyoungia septentrionalis*）

（1）焕镛木 – 檵木 – 檵木 – 檵木 – 黑鳞珍珠茅群落（*Woonyoungia septentrionalis* – *Loropetalum chinense* – *Loropetalum chinense* – *Loropetalum chinense* – *Scleria hookeriana* Comm. ）

（2）焕镛木 – 焕镛木 – 檵木 – 檵木 – 干旱毛蕨 + 兖州卷柏群落（*Woonyoungia septentrionalis* – *Woonyoungia septentrionalis* – *Loropetalum chinense* – *Loropetalum chinense* – *Cyclosorus aridus* + *Selaginella involvens* Comm. ）

51. 黄杞林（Form. *Engelhardia roxburghiana*）

（1）黄杞 + 红背甜槠 – 凯里杜鹃 – 摆竹 – 花葶薹草群落（*Engelhardia roxburghiana* + *Castanopsis neocavaleriei* – *Rhododendron westlandii* – *Indosasa shibataeoides* – *Carex scaposa* Comm. ）

（2）黄杞 – 黄杞 + 栲 – 柏拉木 + 粗叶木 – 对叶楼梯草群落（*Engelhardia roxburghiana* – *Engelhardia roxburghiana* + *Castanopsis fargesii* – *Blastus cochinchinensis* + *Lasianthus chinensis* – *Elatostema sinense* Comm. ）

（3）黄杞 + 石斑木 – 山杜英 + 香楠 – 苦竹 – 扇叶铁线蕨群落（*Engelhardia roxburghiana* + *Raphiolepis indica* – *Elaeocarpus sylvestris* + *Aidia canthioides* – *Pleioblastus amarus* – *Adiantum flabellulatum* Comm. ）

（4）黄杞 – 黄杞 – 薄叶润楠 – 五瓣子楝树 – 窄叶莎草群落（*Engelhardia roxburghiana* – *Engelhardia roxburghiana* – *Machilus leptophylla* – *Decaspermum parviflorum* – *Carex* sp. Comm. ）

（5）黄杞 – 黄杞 + 杨梅 – 毛果算盘子 – 芒萁群落（*Engelhardia roxburghiana* – *Engelhardia roxburghiana* + *Myrica rubra* – *Glochidion eriocarpum* – *Dicranopteris pedata* Comm. ）

（6）甜槠 – 黄杞 – 绒毛润楠 + 黄杞 – 细枝柃 + 单毛桤叶树 – 狗脊蕨群落（*Castanopsis eyrei* – *Engelhardia roxburghiana* – *Machilus velutina* + *Engelhardia roxburghiana* – *Eurya loquaiana* + *Clethra bodinieri* – *Woodwardia japonica* Comm. ）

（7）黄杞 – 华南木姜子 + 黄杞 – 五瓣子楝树 – 广州蛇根草群落（*Engelhardia roxburghiana* – *Litsea greenmaniana* + *Engelhardia roxburghiana* – *Decaspermum parviflorum* – *Ophiorrhiza cantoniensis* Comm. ）

52. 少叶黄杞林（Form. *Engelhardia fenzelii*）

（1）少叶黄杞 + 船柄茶 – 桂南木莲 – 桂南木莲 + 大叶毛船柄茶 – 赤楠 – 瘤足蕨群落（*Engelhardia fenzelii* + *Hartia sinensis* – *Manglietia conifera* – *Manglietia conifera* + *Hartia villosa* var. *grandifolia* – *Syzygium buxifolium* – *Plagiogyria* sp. Comm. ）

53. 蕈树林（Form. *Altingia chinensis*）

（1）蕈树 – 美叶柯 – 网脉山龙眼 – 粗叶木 – 狗脊蕨群落（*Altingia chinensis* – *Lithocarpus calophyllus* – *Helicia reticulata* – *Lasianthus chinensis* – *Woodwardia japonica* Comm. ）

（2）蕈树 – 蕈树 + 南岭山矾 – 圆果罗伞 – 九节 – 宽叶薹草群落（*Altingia chinensis* – *Altingia chinensis* + *Symplocos pendula* var. *hirtistylis* – *Ardisia depressa* – *Psychotria rubra* – *Carex* sp. Comm. ）

54. 马蹄荷林（Form. *Exbucklandia populnea*）

（1）马蹄荷 – 马蹄荷 – 鹅掌柴 – 粗叶木 – 狗脊蕨群落（*Exbucklandia populnea* – *Exbucklandia populnea* – *Schefflera heptaphylla* – *Lasianthus chinensis* – *Woodwardia japonica* Comm. ）

（2）马蹄荷 – 马蹄荷 – 小花红花荷 + 栲 – 棱果花 – 中华里白（*Exbucklandia populnea* – *Exbucklandia populnea* – *Rhodoleia parvipetala* + *Castanopsis fargesii* – *Barthea barthei* – *Diplopterygium chinense* Comm. ）

(3)马蹄荷＋五列木－阴香＋五列木－阴香＋罗汉松－箬叶竹－石斛兰属1种群落(*Exbucklandia populnea* + *Pentaphylax euryoides* – *Cinnamomum burmannii* + *Pentaphylax euryoides* – *Cinnamomum burmannii* + *Podocarpus macrophyllus* – *Indocalamus longiauritus* – *Dendrobium* sp. Comm.)

55. 岭南山茉莉林(Form. *Huodendron biaristatum* var. *parviflorum*)

(1)岭南山茉莉－广东杜鹃－毛狗骨柴－杜茎山－剑叶铁角蕨群落(*Huodendron biaristatum* var. *parviflorum* – *Rhododendron kwangtungense* – *Diplospora fruticosa* – *Maesa japonica* – *Asplenium ensiforme* Comm.)

56. 双齿山茉莉林(Form. *Huodendron biaristatum*)

(1)双齿山茉莉－双齿山茉莉－双齿山茉莉－柏拉木－金毛狗脊群落(*Huodendron biaristatum* – *Huodendron biaristatum* – *Huodendron biaristatum* – *Blastus cochinchinensis* – *Cibotium barometz* Comm.)

(2)双齿山茉莉＋华润楠－双齿山茉莉－双齿山茉莉－杜茎山＋草珊瑚－狗脊蕨群落(*Huodendron biaristatum* + *Machilus chinensis* – *Huodendron biaristatum* – *Huodendron biaristatum* – *Maesa japonica* + *Sarcandra glabra* – *Woodwardia japonica* Comm.)

(3)蓝果树＋粗皮桦－双齿山茉莉－双齿山茉莉－双齿山茉莉－柏拉木－骨牌蕨＋中华复叶耳蕨＋锦香草群落(*Nyssa sinensis* + *Betula utilis* – *Huodendron biaristatum* – *Huodendron biaristatum* – *Huodendron biaristatum* – *Blastus cochinchinensis* – *Lepidogrammitis rostrata* + *Arachniodes chinensis* + *Phyllagathis cavaleriei* Comm.)

(4)双齿山茉莉＋红鳞蒲桃－龙须藤－刚莠竹＋肾蕨群落(*Huodendron biaristatum* + *Syzygiyum hancei* – *Bauhinia championii* – *Microstegium ciliatum* + *Nephrolepis cordifolia* Comm.)

57. 西藏山茉莉林(Form. *Huodendron tibeticum*)

(1)西藏山茉莉＋钩锥－米槠－米槠－柏拉木－中华里白群落(*Huodendron tibeticum* + *Castanopsis tibetana* – *Castanopsis carlesii* – *Castanopsis carlesii* – *Blastus cochinchinensis* – *Diplopterygium chinense* Comm.)

58. 五列木林(Form. *Pentaphylax euryoides*)

(1)五列木－五列木－柏拉木－锦香草群落(*Pentaphylax euryoides* – *Pentaphylax euryoides* – *Blastus cochinchinensis* – *Phyllagathis cavaleriei* Comm.)

(2)五列木－川杨桐－矮竹－套鞘薹草群落(*Pentaphylax euryoides* – *Adinandra bockiana* – 矮竹 – *Carex maubertiana* Comm.)

59. 樟叶泡花树林(Form. *Meliosma squamulata*)

(1)樟叶泡花树－樟叶泡花树－樟叶泡花树＋毛狗骨柴－箬叶竹－多羽复叶耳蕨群落(*Meliosma squamulata* – *Meliosma squamulata* – *Meliosma squamulata* + *Diplospora fruticosa* – *Indocalamus longiauritus* – *Arachniodes amoena* Comm.)

(2)樟叶泡花树－樟叶泡花树－常山－华东瘤足蕨群落(*Meliosma squamulata* – *Meliosma squamulata* – *Dichroa febrifuga* – *Plagiogyria japonica* Comm.)

(3)蓝果树＋光叶拟单性木兰＋樟叶泡花树－樟叶泡花树－阴香－华西箭竹－锦香草群落(*Nyssa sinensis* + *Parakmeria nitida* + *Meliosma squamulata* – *Meliosma squamulata* – *Cinnamomum burmannii* – *Fargesia nitida* – *Phyllagathis cavaleriei* Comm.)

60. 马蹄参林(Form. *Diplopanax stachyanthus*)

(1)马蹄参＋日本杜英－光枝杜鹃－短梗新木姜子＋小花杜鹃－摆竹－棒叶沿阶草＋短药沿阶草群落(*Diplopanax stachyanthus* + *Elaeocarpus japonicus* – *Rhododendron haofui* – *Neolitsea brevipes* + *Rhododendron minutifloum* – *Indosasa shibataeoides* – *Ophiopogon clavatus* + *Ophiopogon angustifoliatus* Comm.)

Ⅱ. 季风常绿阔叶林

1. 红锥林(Form. *Castanopsis hystrix*)

(1)红锥＋黄杞－罗浮柿＋鹅掌柴－海南罗伞树＋九节－金毛狗脊＋狗脊蕨群落(*Castanopsis hystrix* + *Engelhardia roxburghiana* – *Diospyros morrisiana* + *Schefflera heptaphylla* – *Ardisia quinquegona* + *Psychotria rubra* – *Cibotium barometz* + *Woodwardia japonica* Comm.)

(2)红锥＋黄杞－樟叶泡花树－业平竹－薹草群落(*Castanopsis hystrix* + *Engelhardia roxburghiana* – *Meliosma squamulata* – *Semiarundinaria scabriflora* – *Carex* sp. Comm.)

(3)红锥－毛锥－短梗新木姜子－海南罗伞树－金毛狗脊＋凤丫蕨群落(*Castanopsis hystrix* – *Castanopsis fordii* – *Neolitsea brevipes* – *Ardisia quinquegona* – *Cibotium barometz* + *Coniogramme japonica* Comm.)

(4)红锥＋白花含笑－红锥－阴香－粗叶榕－狭叶楼梯草群落(*Castanopsis hystrix* + *Michelia mediocris* – *Castanopsis hystrix* – *Cinnamomum burmannii* – *Ficus hirta* – *Elatostema lineolatum* Comm.)

(5)红锥＋米槠－红锥＋越南安息香－红锥＋米槠－海南罗伞树－淡竹叶＋扇叶铁线蕨群落(*Castanopsis hystrix* + *Castanopsis carlesii* – *Castanopsis hystrix* + *Styrax tonkinensis* – *Castanopsis hystrix* + *Castanopsis carlesii* – *Ardisia quinquegona* – *Lophatherum gracile* + *Adiantum flabellulatum* Comm.)

(6)红锥－红锥－红锥－海南罗伞树－淡竹叶＋扇叶铁线蕨群落(*Castanopsis hystrix* – *Castanopsis hystrix* – *Castanopsis hystrix* – *Ardisia quinquegona* – *Lophatherum gracile* + *Adiantum flabellulatum* Comm.)

(7)红锥－红锥－红锥－海南罗伞树－艳山姜群落(*Castanopsis hystrix* – *Castanopsis hystrix* – *Castanopsis hystrix* – *Ardisia quinquegona* – *Alpinia zerumbet* Comm.)

(8)红锥－红锥＋木荷－红锥－海南罗伞树－新月蕨群落(*Castanopsis hystrix* – *Castanopsis hystrix* + *Schima superba* – *Castanopsis hystrix* – *Ardisia quinquegona* – *Pronephrium gymnopteridifrons* Comm.)

(9)红锥－红锥＋罗浮锥－红锥＋罗浮锥－海南罗伞树－芒萁群落(*Castanopsis hystrix* – *Castanopsis hystrix* + *Castanopsis fabri* – *Castanopsis hystrix* + *Castanopsis fabri* – *Ardisia quinquegona* – *Dicranopteris pedata* Comm.)

(10)红锥－红锥＋樟－红锥＋樟－棱枝冬青＋海南罗伞树－五节芒＋艳山姜群落(*Castanopsis hystrix* – *Castanopsis hystrix* + *Cinnamomum camphora* – *Castanopsis hystrix* + *Cinnamomum camphora* – *Ilex angulata* + *Ardisia quinquegona* – *Miscanthus floridulus* + *Alpinia zerumbet* Comm.)

(11)红锥－香皮树－海南罗伞树＋九节－金毛狗脊＋乌毛蕨群落(*Castanopsis hystrix* – *Meliosma fordii* – *Ardisia quinquegona* + *Psychotria rubra* – *Cibotium barometz* + *Blechnum orientale* Comm.)

(12)红锥－红锥－海南罗伞树－芒萁群落(*Castanopsis hystrix* – *Castanopsis hystrix* – *Ardisia quinquegona* – *Dicranopteris pedata* Comm.)

(13)红锥－红锥－红锥＋鹅掌柴－海南罗伞树－金毛狗脊群落(*Castanopsis hystrix* – *Castanopsis hystrix* – *Castanopsis hystrix* + *Schefflera heptaphylla* – *Ardisia quinquegona* – *Cibotium barometz* Comm.)

(14)红锥＋柯－广东润楠＋窄叶半枫荷－黄樟＋鹅掌柴－海南罗伞树＋九节－金毛狗脊＋乌毛蕨群落(*Castanopsis hystrix* + *Lithocarpus glaber* – *Machilus kwangtungensis* + *Pterospermum lanceifolium* – *Cinnamomum parthenoxylon* + *Schefflera heptaphylla* – *Ardisia quinquegona* + *Psychotria rubra* – *Cibotium barometz* + *Blechnum orientale* Comm.)

(15)红锥＋罗浮锥－鹅掌柴－海南罗伞树＋九节－金毛狗脊＋乌毛蕨群落(*Castanopsis hystrix* + *Castanopsis fabri* – *Schefflera heptaphylla* – *Ardisia quinquegona* + *Psychotria rubra* – *Cibotium barometz* + *Blechnum orientale* Comm.)

(16)红锥＋红木荷－海南罗伞树＋九节－金毛狗脊＋狗脊蕨群落(*Castanopsis hystrix* + *Schima wallichii* – *Ardisia quinquegona* + *Psychotria rubra* – *Cibotium barometz* + *Woodwardia japonica* Comm.)

(17)红锥－木荷＋罗浮锥－樟＋黄果厚壳桂－杜茎山＋谷木叶冬青－刚莠竹＋对叶楼梯草群落(*Castanopsis hystrix* – *Schima superba* + *Castanopsis fabri* – *Cinnamomum camphora* + *Cryptocarya concinna* – *Maesa japonica* + *Ilex memecylifolia* – *Microstegium ciliatum* + *Elatostema sinense* Comm.)

(18)红锥－红锥－红锥－海南罗伞树－狗脊蕨群落(*Castanopsis hystrix* – *Castanopsis hystrix* – *Castanopsis hystrix* – *Ardisia quinquegona* – *Woodwardia japonica* Comm.)

(19)红锥－罗浮锥－桂北木姜子－鼠刺－中华里白群落(*Castanopsis hystrix* – *Castanopsis fabri* – *Litsea subcoriacea* – *Itea chinensis* – *Diplopterytium chinense* Comm.)

2. 吊皮锥林(Form. *Castanopsis kawakamii*)

(1)吊皮锥－中华杜英－鹅掌柴－金花树＋海南罗伞树－山姜＋金毛狗脊群落(*Castanopsis kawakamii* – *Elaeocarpus chinensis* – *Schefflera heptaphylla* – *Blastus dunnianus* + *Ardisia quinquegona* – *Alpinia japonica*

+ *Cibotium barometz* Comm.)

(2)吊皮锥－广东山胡椒－鹧鸪花－白藤－山姜＋狗脊蕨群落(*Castanopsis kawakamii* – *Lindera kwangtungensis* – *Heynea trijuga* – *Calamus tetradactylus* – *Alpinia japonica* + *Woodwardia japonica* Comm.)

(3)吊皮锥＋罗浮锥－网脉山龙眼－苦竹－狗脊蕨＋金毛狗脊群落((*Castanopsis kawakamii* + *Castanopsis fabri* – *Helicia reticulata* – *Pleioblastus* sp. – *Woodwardia japonica* + *Cibotium barometz* Comm.)

(4)吊皮锥－吊皮锥－显脉新木姜子－海南罗伞树－黑莎草＋金毛狗脊群落(*Castanopsis kawakamii* – *Castanopsis kawakamii* – *Neolitsea phanerophlebia* – *Ardisia quinquegona* – *Gahnia tristis* + *Cibotium barometz* Comm.)

(5)吊皮锥－海南罗伞树＋九节－狗脊蕨群落(*Castanopsis kawakamii* – *Ardisia quinquegona* + *Psychotria rubra* – *Woodwardia japonica* Comm.)

3. 公孙锥林(Form. *Castanopsis tonkinensis*)

(1)公孙锥－香花枇杷－香花枇杷－海南罗伞树－狗脊蕨群落(*Castanopsis tonkinensis* – *Eriobotrya fragrans* – *Eriobotrya fragrans* – *Ardisia quinquegona* – *Woodwardia japonica* Comm.)

(2)公孙锥－公孙锥－中平树－海南罗伞树群落(*Castanopsis tonkinensis* – *Castanopsis tonkiensis* – *Macaranga denticulata* – *Ardisia quinquegona* Comm.)

4. 黧蒴锥林(Form. *Castanopsis fissa*)

(1)黧蒴锥－黧蒴锥＋鹅掌柴－笔罗子－黧蒴锥－多羽复叶耳蕨＋狗脊蕨群落(*Castanopsis fissa* – *Castanopsis fissa* + *Schefflera heptaphylla* – *Meliosma rigida* – *Castanopsis fissa* – *Arachniodes amoena* + *Woodwardia japonica* Comm.)

(2)黧蒴锥－栲－南天竹－狗脊蕨群落(*Castanopsis fissa* – *Castanopsis fargesii* – *Nandina domestica* – *Woodwardia japonica* Comm.)

(3)黧蒴锥－刺毛杜鹃－广东假木荷－狗脊蕨群落(*Castanopsis fissa* – *Rhododendron championiae* – *Craibiodendron scleranthum* var. *kwangtungenses* – *Woodwardia japonica* Comm.)

(4)锥＋黧蒴锥－黧蒴锥－海南罗伞树－栀子－金毛狗脊群落(*Castanopsis chinensis* + *Castanopsis fissa* – *Castanopsis fissa* – *Ardisia quinquegona* – *Gardenia jasminoides* – *Cibotium barometz* Comm.)

(5)黧蒴锥－鹅掌柴－海南罗伞树－狗脊蕨＋金毛狗脊群落(*Castanopsis fissa* – *Schefflera heptaphylla* – *Ardisia quinquegona* – *Woodwardia japonica* + *Cibotium barometz* Comm.)

(6)黧蒴锥－黄杞－海南罗伞树＋九节－乌毛蕨群落(*Castanopsis fissa* – *Engelhardia roxburghiana* – *Ardisia quinquegona* + *Psychotria rubra* – *Blechnum orientale* Comm.)

(7)黧蒴锥－黧蒴锥＋木荷－柃木－狗脊蕨＋金毛狗脊群落(*Castanopsis fissa* – *Castanopsis fissa* + *Schima superba* – *Eurya* sp. – *Woodwardia japonica* + *Cibotium barometz* Comm.)

(8)黧蒴锥＋厚叶琼楠－滨木患－大节竹－凤丫蕨1种群落(*Castanopsis fissa* + *Beilschmiedia percoriacea* – *Arytera littoralis* – *Indosasa crassiflora* – *Coniogramme* sp. Comm.)

(9)黧蒴锥－黧蒴锥－黧蒴锥－软弱杜茎山－狗脊蕨＋芒萁群落(*Castanopsis fissa* – *Castanopsis fissa* – *Castanopsis fissa* – *Maesa tenera* – *Woodwardia japonica* + *Dicranopteris pedata* Comm.)

(10)黧蒴锥－苦竹－卷柏群落(*Castanopsis fissa* – *Pleioblastus amarus* – *Selaginella* sp. Comm.)

(11)黧蒴锥－杜鹃－狗脊蕨群落(*Castanopsis fissa* – *Rhododendron simsii* – *Woodwardia japonica* Comm.)

(12)黧蒴锥－杜茎山－金毛狗脊群落(*Castanopsis fissa* – *Maesa japonica* – *Cibotium barometz* Comm.)

(13)黧蒴锥－鼠刺－狗脊蕨群落(*Castanopsis fissa* – *Itea chinensis* – *Woodwardia japonica* Comm.)

5. 饭甑青冈林(Form. *Cyclobalanopsis fleuryi*)

(1)饭甑青冈－鹅掌柴－香港大沙叶－宽叶楼梯草群落(*Cyclobalanopsis fleuryi* – *Schefflera heptaphylla* – *Pavetta hongkongensis* – *Elatostema platyphyllum* Comm.)

6. 黄果厚壳桂林(Form. *Cryptocarya concinna*)

(1)黄果厚壳桂＋腺柄山矾－腺柄山矾－黄果厚壳桂－海南罗伞树＋白藤－深绿卷柏群落(*Cryptocarya concinna* + *Symplocos adenopus* – *Symplocos adenopus* – *Cryptocarya concinna* – *Ardisia quinquegona* + *Cal-*

amus tetradactylus – *Selaginella doederleinii* Comm.)

(2)黄果厚壳桂 + 笔罗子 – 四角柃 – 尾叶山矾 – 黄果厚壳桂亮 – 狗脊蕨群落(*Cryptocarya concinna* + *Meliosma rigida* – *Eurya tetragonoclada* – *Symlocos* sp. – *Cryptocarya concinna* – *Woodwardia japonica* Comm.)

(3)黄果厚壳桂 + 腺叶山矾 – 腺叶山矾 – 腺叶山矾 – 海南罗伞树 – 卷柏群落(*Cryptocarya concinna* + *Symplocos adenophylla* – *Symplocos adenophylla* – *Symplocos adenophylla* – *Ardisia quinquegona* – *Selaginella* sp. Comm.)

(4)黄果厚壳桂 + 广东润楠 – 腺叶山矾 – 密花树 – 黄丹木姜子 – 狗脊蕨群落(*Cryptocarya concinna* + *Machilus kwangtungensis* – *Symplocos adenophylla* – *Myrsine seguinii* – *Litsea elongata* – *Woodwardia japonica* Comm.)

(5)黄果厚壳桂 – 海南罗伞树 – 新月蕨群落(*Cryptocarya concinna* – *Ardisia quinquegona* – *Pronephrium gymnopteridifrons* Comm.)

(6)黄果厚壳桂 + 橄榄 – 黄果厚壳桂 – 黄果厚壳桂 – 海南罗伞树 + 九节 – 金毛狗脊群落(*Cryptocarya concinna* + *Canarium album* – *Cryptocarya concinna* – *Cryptocarya concinna* – *Ardisia quinquegona* + *Psychotria rubra* – *Cibotium barometz* Comm.)

(7)黄果厚壳桂 – 海南罗伞树 + 九节 – 狗脊蕨 + 十字薹草群落(*Cryptocarya concinna* – *Ardisia quinquegona* + *Psychotria rubra* – *Woodwardia japonica* + *Carex cruciata* Comm.)

(8)黄果厚壳桂 + 红锥 – 白背叶 + 亮叶猴耳环 – 网脉山龙眼 – 赤楠 – 宽叶楼梯草群落(*Cryptocarya concinna* + *Castanopsis hystrix* – *Mallotus apelta* + *Abarema lucida* – *Helicia reticulata* – *Syzygium buxifolium* – *Elatostema platyphyllum* Comm.)

7. 厚壳桂林(Form. *Cryptocarya chinensis*)

(1)厚壳桂 + 黄果厚壳桂 + 华润楠 – 鹅掌柴 – 海南罗伞树 – 金毛狗脊群落(*Cryptocarya chinensis* + *Cryptocarya concinna* + *Machilus chinensis* – *Schefflera heptaphylla* – *Ardisia quinquegona* – *Cibotium barometz* Comm.)

(2)厚壳桂 + 阴香 + 琼楠 – 黄丹木姜子 + 竹叶木姜子 – 白藤 – 金毛狗脊群落(*Cryptocarya chinensis* + *Cinnamomum burmannii* + *Beilschmiedia sp.* – *Litsea elongata* + *Litsea pseudoelongata* – *Calamus tetradactylus* – *Cibotium barometz* Comm.)

8. 华润楠林(Form. *Machilus chinensis*)

(1)华润楠 – 水丝梨 – 水丝梨 – 硬壳桂 – 楼梯草群落(*Machilus chinensis* – *Sycopsis sinensis* – *Sycopsis sinensis* – *Crytocarya chingii* – *Elatostema* sp. Comm.)

(2)华润楠 – 岭南山茉莉 – 岭南山茉莉 – 细枝柃 – 翠云草群落(*Machilus chinensis* – *Huodendron biaristatum* var. *parviflorum* – *Huodendron biaristatum* var. *parviflorum* – *Eurya loquaiana* – *Selaginella uncinata* Comm.)

9. 纳槁润楠林(Form. *Machilus nakao*)

10. 野黄桂林(*Form. Cinnamomum jensenianum*)

(1)野黄桂 + 刨花润楠 – 刨花润楠 + 野黄桂 – 褐叶柄果木 – 海南罗伞树 + 柏拉木 – 山姜 + 棕叶芦群落(*Cinnamomum jensenianum* + *Machilus pauhoi* – *Machilus pauhoi* + *Cinnamomum jensenianum* – *Mischocarpus pentapetalus* – *Ardisia quinquegona* + *Blastus cochinchinensis* – *Alpinia japonica* + *Thysanolaena latifolia* Comm.)

11. 金叶含笑 + 公孙锥林(Form. *Michelia foveolata* + *Castanopsis tonkinensis*)

12. 白花含笑林(Form. *Michelia mediocris*)

(1)白花含笑 – 岭南山茉莉 – 蕈树 – 常山 – 金毛狗脊群落(*Michelia mediocris* – *Huodendron biaristatum* var. *parviflorum* – *Altingia chinensis* – *Dichroa febrifuga* – *Cibotium barometz* Comm.)

13. 小花红花荷林(Form. *Rhodoleia parvipetala*)

(1)小花红花荷 – 小花红花荷 – 罽蒴锥 – 柏拉木 – 狗脊蕨群落(*Rhodoleia parvipetala* – *Rhodoleia parvipetala* – *Castanopsis fissa* – *Blastus cochinchinensis* – *Woodwardia japonica* Comm.)

(2)小花红花荷 – 木荷 + 栲 – 深山含笑 + 桂南木莲 – 棱果花 – 中华里白群落(*Rhodoleia parvipetala* –

Schima superba + *Castanopsis fargesii* – *Michelia maudiae* + *Manglietia conifera* – *Barthea barthei* – *Diploterygium chinensis* Comm.)

14. 山杜英林(Form. *Elaeocarpus sylvestris*)

(1)山杜英 + 印度锥 – 新木姜子 + 黄果厚壳桂 – 新木姜子 + 黄毛五月茶 – 九节 – 金毛狗脊群落(*Elaeocarpus sylvestris* + *Castanopsis indica* – *Neolitsea aurata* + *Cryptocarya concinna* – *Neolitsea aurata* + *Antidesma fordii* – *Psychotria rubra* – *Cibotium barometz* Comm.)

(2)山杜英 + 罗浮锥 – 网脉山龙眼 – 阔叶箬竹 – 中华里白群落(*Elaeocarpus sylvestris* + *Castanopsis fabri* – *Helicia reticulata* – *Indocalamus* sp. – *Diploterygium chinensis* Comm.)

Ⅲ. 山顶(山脊)苔藓矮林

1. 变色杜鹃林(Form. *Rhododendron simiarum* var. *versicolor*)

(1)变色杜鹃 – 棱果花 – 多裔草群落(*Rhododendron simiarum* var. *versicolor* – *Barthea barthei* – *Polytoca digitata* Comm.)

2. 光枝杜鹃林(Form. *Rhododendron haofui*)

(1)光枝杜鹃 – 棱果花 – 华东膜蕨群落(*Rhododendron haofui* – *Barthea barthei* – *Hymenophyllum barbatum* Comm.)

(2)光枝杜鹃 + 桂南木莲 – 匙萼柏拉木 + 小花杜鹃 – 锦香草群落(*Rhododendron haofui* + *Manglietia conifera* – *Blastus cavaleriei* + *Rhododendron minutiflorum* – *Phyllagathis cavaleriei* Comm.)

(3)光枝杜鹃 – 华西箭竹 – 间型沿阶草群落(*Rhododendron haofui* – *Fargesia nitida* – *Ophiopogon intermedius* Comm.)

(4)光枝杜鹃 – 金花树 – 十字薹草群落(*Rhododendron haofui* – *Blastus dunnianus* – *Carex cruciata* Comm.)

3. 猫儿山杜鹃林(Form. *Rhododendron maoerense*)

(1)猫儿山杜鹃 + 粗榧 – 粗叶悬钩子 – 沿阶草群落(*Rhododendron maoerense* + *Cephalotaxus sinensis* – *Rubus alceifolius* – *Ophiopogon bodinieri* Comm.)

4. 多花杜鹃林(Form. *Rhododendron cavaleriei*)

(1)多花杜鹃 – 摆竹 – 广西薹草群落(*Rhododendron cavaleriei* – *Indosasa shibataeoides* – *Carex kwangsiensis* Comm.)

(2)多花杜鹃 – 华西箭竹 – 金荞麦群落(*Rhododendron cavaleriei* – *Fargesia nitida* – *Fagopyrum dibotrys* Comm.)

5. 猴头杜鹃林(Form. *Rhododendron simiarum*)

(1)猴头杜鹃 + 甜槠 – 摆竹 – 十字薹草群落(*Rhododendron simiarum* + *Castanopsis eyrei* – *Indosasa shibataeoides* – *Carex cruciata* Comm.)

6. 凯里杜鹃林(Form. *Rhododendron westlandii*)

(1)凯里杜鹃 – 摆竹 – 阔鳞鳞毛蕨群落(*Rhododendron westlandii* – *Indosasa shibataeoides* – *Dryopteris championii* Comm.)

(2)凯里杜鹃 + 桂南木莲 – 摆竹 – 锦香草群落(*Rhododendron westlandii* + *Manglietia conifera* – *Indosasa shibataeoides* – *Phyllagathis cavaleriei* Comm.)

7. 稀果杜鹃林(Form. *Rhododendron oligocarpum*)

(1)稀果杜鹃 – 尖尾箭竹 – 宽叶薹草群落(*Rhododendron oligocarpum* – *Fargesia cuspidata* – *Carex* sp. Comm.)

(2)稀果杜鹃 – 凹脉柃 – 短药沿阶草群落(*Rhododendron oligocarpum* – *Eurya impressinervis* – *Ophiopogon angustifoliatus* Comm.)

8. 大云锦杜鹃林(Form. *Rhododendron faithiae*)

(1)大云锦杜鹃 – 小方竹 – 沿阶草群落(*Rhododendron faithiae* – *Chimonobambusa convoluta* – *Ophiopogon bodinieri* Comm.)

9. 马缨杜鹃林(Form. *Rhododendron delavayi*)

(1)马缨杜鹃－马缨杜鹃－髯毛箬竹－乌蕨群落(*Rhododendron delavayi* – *Rhododendron delavayi* – *Indocalamus barbatus* – *Sphenomeris chinensis* Comm.)

(2)马缨杜鹃＋高山锥－马缨杜鹃－厚斗柯－浆果薹草群落(*Rhododendron delavayi* + *Castanopsis delavayi* – *Rhododendron delavayi* – *Lithocarpus elizabethae* – *Carex baccans* Comm.)

10. 西施花林(Form. *Rhododendron latoucheae*)

(1)西施花－华南桤叶树－狗脊蕨群落(*Rhododendron latoucheae* – *Clethra fabri* – *Woodwardia japonica* Comm.)

11. 美丽马醉木林(Form. *Pieris formosa*)

(1)美丽马醉木－尖尾箭竹－十字薹草群落(*Pieris formosa* – *Fargesia cuspidata* – *Carex cruciata* Comm.)

12. 狭叶珍珠花林(Form. *Lyonia ovalifolia* var. *lanceolata*)

(1)狭叶珍珠花＋高山锥－狭叶珍珠花＋高山锥－红木荷－芒萁群落(*Lyonia ovalifolia* var. *lanceolata* + *Castanopsis delavayi* – *Lyonia ovalifolia* var. *lanceolata* + *Castanopsis delavayi* – *Schima wallichii* – *Dicranopteris pedata* Comm.)

13. 包槲柯林(Form. *Lithocarpus cleistocarpus*)

(1)包槲柯＋红皮木姜子－尖尾箭竹－短药沿阶草群落(*Lithocarpus cleistocarpus* + *Litsea pedunculata* – *Fargesia cuspidata* – *Ophiopogon angustifoliatus* Comm.)

(2)包槲柯＋大八角－尖尾箭竹－吉祥草群落(*Lithocarpus cleistocarpus* + *Illicium majus* – *Fargesia cuspidata* – *Reineckea carnea* Comm.)

14. 榄叶柯林(Form. *Lithocarpus oleifolius*)

(1)榄叶柯＋凯里杜鹃－小花杜鹃－花葶薹草群落(*Lithocarpus oleifolius* + *Rhododendron westlandii* – *Rhododendron minutiflorum* – *Carex scaposa* Comm.)

15. 耳柯林(Form. *Lithocarpus haipinii*)

(1)耳柯－小花杜鹃－锦香草群落(*Lithocarpus haipinii* – *Rhododendron minutiflorum* – *Phyllagathis cavaleriei* Comm.)

16. 硬壳柯林(Form. *Lithocarpus hancei*)

(1)硬壳柯＋红背甜槠－横枝竹－花葶薹草群落(*Lithocarpus hancei* + *Castanopsis neocavaleriei* – *Indosasa patens* – *Carex scaposa* Comm.)

17. 褐叶青冈林(Form. *Cyclobalanopsis stewardiana*)

18. 曼青冈林(Form. *Cyclobalanopsis oxyodon*)

(1)曼青冈－红皮木姜子＋朱砂根－镰叶瘤足蕨群落(*Cyclobalanopsis oxyodon* – *Litsea pedunculata* + *Ardisia crenata* – *Plagiogyria distinctissima* Comm.)

19. 黄背青冈林(Form. *Cyclobalanopsis poilanei*)

(1)黄背青冈－髯毛箬竹－锦香草群落(*Cyclobalanopsis poilanei* – *Indocalamus barbatus* – *Phyllagathis cavaleriei* Comm.)

20. 多脉青冈＋多种杜鹃林(Form. *Cyclobalanopsis multinervis* + *Rhododendron* spp.)

21. 罗浮锥林(Form. *Castanopsis fabri*)

(1)罗浮锥－摆竹－毛果珍珠茅群落(*Castanopsis fabri* – *Indosasa shibataeoides* – *Scleria levis* Comm.)

22. 红背甜槠林(Form. *Castanopsis neocavaleriei*)

(1)红背甜槠＋百合花杜鹃－摆竹＋棱果花－狗脊蕨群落(*Castanopsis neocavaleriei* + *Rhododendron liliiflorum* – *Indosasa shibataeoides* + *Barthea barthei* – *Woodwardia japonica* Comm.)

23. 甜槠＋硬壳柯林(Form. *Castanopsis eyrei* + *Lithocarpus hancei*)

(1)甜槠＋硬壳柯－箬叶竹－镰叶瘤足蕨群落(*Castanopsis eyrei* + *Lithocarpus hancei* – *Indocalamus longiauritus* – *Plagiogyria distinctissima* Comm.)

24. 厚叶厚皮香林(Form. *Ternstroemia kwangtungensis*)

(1)厚叶厚皮香 - 华西箭竹 + 棱果花 - 华东膜蕨群落(*Ternstroemia kwangtungensis* - *Fargesia nitida* + *Barthea barthei* - *Hymenophyllum barbatum* Comm.)

25. 厚皮香林(Form. *Ternstroemia gymnanthera*)

26. 细齿叶柃林(Form. *Eurya nitida*)

(1)细齿叶柃 + 圆锥绣球 - 细齿叶柃 - 淡竹叶群落(*Eurya nitida* + *Hydrangea paniculata* - *Eurya nitida* - *Lophatherum gracile* Comm.)

27. 银木荷 + 五列木林(Form. *Schima argentea* + *Pentaphylax euryoides*)

(1)银木荷 + 五列木 - 箬叶竹 - 镰叶瘤足蕨群落(*Schima argentea* + *Pentaphylax euryoides* - *Indocalamus longiauritus* - *Plagiogyria distinctissima* Comm.)

(2)银木荷 + 五列木 - 箬叶竹 - 刺头复叶耳蕨群落(*Schima argentea* + *Pentaphylax euryoides* - *Indocalamus longiauritus* - *Arachniodes exilis* Comm.)

28. 海南树参 + 小花红花荷林(Form. *Dendropanax hainanensis* + *Rhodoleia parvipetala*)

29. 尖叶黄杨林(Form. *Buxus microphylla* subsp. *sinica* var. *aemulans*)

(1)尖叶黄杨 - 高山紫薇 - 短药沿阶草群落(*Buxus microphylla* subsp. *sinica* var. *aemulans* - *Lagerstroemia* sp. - *Ophiopogon angustifoliatus* Comm.)

(2)尖叶黄杨 - 尖尾箭竹 - 短药沿阶草群落(*Buxus microphylla* subsp. *sinica* var. *aemulans* - *Fargesia cuspidata* - *Ophiopogon angustifoliatus* Comm.)

30. 滑叶润楠林(Form. *Machilus ichangensis* var. *leiophylla*)

(1)滑叶润楠 - 柏拉木 - 舞花姜群落(*Machilus ichangensis* var. *leiophylla* - *Blastus cochinchinensis* - *Globba racemosa* Comm.)

Ⅳ. 硬叶常绿阔叶林

1. 乌冈栎林(Form. *Quercus phillyraeoides*)

(1)乌冈栎 - 乌冈栎 - 石山棕 - 细叶莎草群落(*Quercus phillyraeoides* - *Quercus phillyraeoides* - *Guihaia argyrata* - *Carex* sp. Comm.)

(2)乌冈栎 - 齿叶黄皮 + 红背山麻杆 - 白茅群落(*Quercus phillyraeoides* - *Clausena dunniana* - *Alchornea trewioides* - *Imperata cylindrica* Comm.)

第三节　常绿阔叶林群落学特征

一、区系组成

由于典型常绿阔叶林和季风常绿阔叶林区系组成中不少科、属是相同的，只是部分种类成分不同而已，为了不再重复统计，这里所作的区系组成统计和分析，包括了典型常绿阔叶林和季风常绿阔叶林两个亚型。

根据从南到北、从东到西，对广西大瑶山林区、猫儿山林区、九万山林区、花坪林区、大明山林区、十万大山林区、海洋山林区、青狮潭林区、姑婆山林区、滑水冲林区、三匹虎林区、大桂山林区、七冲林区、金钟山林区、龙山林区、大王岭林区、黄连山林区等林区以及1963年阳朔和田阳植被调查、1964年全区植被路线调查、1973～1974年全区植被补点调查等的典型常绿阔叶林和季风常绿阔叶林(以下统称为常绿阔叶林)调查样方统计，组成广西常绿阔叶林的区系成分共有177科550属1574种，其中裸子植物7科9属17种，被子植物135科465属1386种(其中双子叶植物119科391属1227种，单子叶植物16科75属159种)，蕨类植物35科76属170种。以种属的多少来确定的优势科有樟科(10属109种)、壳斗科(6属74种)、山茶科(10属71种)、茜草科(25属64种)、大戟科(14属44

种）、桑科（5 属 43 种）、蔷薇科（12 属 42 种）、蝶形花科（14 属 39 种）、杜鹃花科（5 属 38 种）、紫金牛科（5 属 31 种）、山矾科（1 属 27 种）、冬青科（1 属 26 种）、木犀科（7 属 23 种）、卫矛科（4 属 21 种）、木兰科（6 属 20 种）、五加科（10 属 20 种）、芸香科（9 属 18 种）、安息香科（7 属 17 种）、荨麻科（7 属 20 种）、菊科（11 属 20 种）、野牡丹科（8 属 17 种）、百合科（10 属 25 种）、禾亚科（17 属 24 种）、莎草科（7 属 21 种）、菝葜科（2 属 21 种）、兰科（10 属 18 种）、竹亚科（8 属 15 种）、鳞毛蕨科（5 属 32 种）、水龙骨科（8 属 18 种）、蹄盖蕨科（4 属 16 种）、铁角蕨科（2 属 13 种）、金星蕨科（7 属 11 种）、瘤足蕨科（1 属 9 种），裸子植物含种属最多的科有罗汉松科（1 属 5 种）、松科（3 属 5 种）。含种最多的属有壳斗科锥属（24 种）、柯属（25 种）、青冈属（19 种），樟科润楠属（28 种）、新木姜子属（17 种）、木姜子属（16 种）、樟属（17 种）、山胡椒属（12 种），山茶科柃木属（26 种）、油茶属（14 种），桑科榕属（29 种），杜鹃花科杜鹃花属（27 种），山矾科山矾属（27 种），冬青科冬青属（26 种），紫金牛科罗伞树属（18 种），槭树科槭属（15 种），杜英科杜英属（13 种），茜草科粗叶木属（13 种），木兰科含笑属（11 种），蔷薇科悬钩子属（11 种），卫矛科卫矛属（10 种），菝葜科菝葜属（19 种），百合科沿阶草属（11 种），莎草科薹草属（9 种），鳞毛蕨科鳞毛蕨属（15 种）、复叶耳蕨属（*Arachniodes*）（8 种），铁角蕨科铁角蕨属（*Asplenium*）（12 种），瘤足蕨科瘤足蕨属（*Plagiogyria*）（8 种）。

用乔木层植物重要值指数≥15 来确定的优势科，与用种属多少来统计的优势科稍有不同（表 9-1、表 9-2、表 9-3、表 9-4、表 9-5）。桂北九万山林区统计 12 个群落，有优势科 18 个，最重要的是壳斗科，出现频度 100%，重要值指数最大；其次为樟科，只有一个群落它不是优势科，重要值指数次于壳斗科，排第二；重要值指数 >100、依次较重要的优势科还有山茶科、安息香科、金缕梅科、木兰科。桂中大瑶山林区统计28 个群落（其中表 9-3-1 和表 9-3-2 的 10 个群落为南亚热带季风常绿阔叶林类型），有优势科 25 个，最重要的是壳斗科，有 4 个群落它不是优势科，重要值指数最大；其次为樟科，有 3 个群落它不是优势科，重要值指数次于壳斗科，排第二；重要值指数 >160、依次较重要的优势科还有山茶科、安息香科、木兰科、杜英科、清风藤科、茜草科。阳朔县常绿阔叶林统计 13 个群落，有优势科 20 个，最重要的是壳斗科，出现频度 100%，重要值指数最大；其次为山茶科，有 5 个群落它不是优势科，重要值指数次于壳斗科排第二；重要值指数 >100、依次较重要的优势科还有樟科、杜鹃花科、鼠刺科。三匹虎林区统计 4 个群落，有优势科 10 个，最重要的是壳斗科，出现频度 100%，重要值指数最大；其次为山茶科，有一个群落它不是优势科，重要值指数次于壳斗科排第二；重要值指数 >40、依次较重要的优势科还有金缕梅科、樟科。在 4 个地区统计的重要或较重要的优势科中，壳斗科、樟科、山茶科出现频度 100%，木兰科、安息香科、金缕梅科出现频度 50%。比较桂北九万山、桂中大瑶山、桂东北阳朔三地常绿阔叶林的优势科，其中壳斗科、樟科、山茶科、杜英科、金缕梅科、安息香科、冬青科、柿科、山矾科、虎皮楠科、杜鹃花科是三地共有的优势科；木兰科、清风藤科、茜草科、五加科、山龙眼科、胡桃科、珙桐科、蔷薇科为两地共有的优势科。

表 9-1-1　桂北九万山林区常绿阔叶林乔木层植物重要值指数≥15 的优势科

海拔高度：400～1200m

科名	米槠林	马蹄荷林	木荷林	贵州锥林	双齿山茉莉林	栲林
	重要值指数					
壳斗科	139.50	21.00	73.60	93.50	87.70	67.50
樟科	62.60	43.30	51.90	75.30	40.80	25.00
山茶科		29.90	80.40	26.60	19.40	22.10
安息香科			36.10		83.60	
金缕梅科		89.50		20.40		35.10
木兰科						34.50
杜英科				17.20		17.20
柿科		21.80			24.10	
五加科		23.40				
山龙眼科			17.70			
大戟科	15.40					
科合计	3	6	5	5	5	6

表 9-1-2　桂北九万山林区常绿阔叶林植物重要值指数≥15 的优势科

海拔高度：400m～1200m

科名	桂南木莲林	西藏山茉莉林	银木荷林	红楠林	桂北木姜子林	绵柯林
	重要值指数					
壳斗科	45.90	104.10	67.00	15.00	63.60	65.30
樟科		18.80	24.80	58.70	85.60	23.80
山茶科	32.80		96.10			43.70
安息香科	24.10	53.40		15.00		
金缕梅科	26.50	15.60		20.70		
木兰科	38.50			20.30		20.70
杜鹃花科					35.80	27.70
杜英科	16.10					
五加科						20.90
省沽油科				38.10		
山茱萸科				28.40		
山矾科			27.60			
冬青科					18.10	
桑科				17.80		
虎皮楠科	17.40					
科合计	7	4	4	8	4	6

表 9-2-1　桂中大瑶山林区常绿阔叶林乔木层植物重要值指数≥15 的优势科

科名	米槠林	甜槠林	甜槠林	甜槠林	甜槠林	罗浮锥林	鹿角锥林
	重要值指数						
壳斗科	103.00	160.39	65.40	104.40	78.80	25.60	54.03
樟科		26.02	19.50	38.54	48.80	37.80	26.84
山茶科					26.20	23.60	29.32
木兰科			15.50	19.40			20.98
清风藤科			20.70				15.91
杜英科	32.00	20.94			18.50	42.70	
金缕梅科				16.80			17.25
茜草科			28.90				15.84
竹亚科	73.10						
安息香科							21.90
槭树科			50.40	36.30			
山龙眼科	21.50						
胡桃科					77.20	18.10	
柿科						24.00	
珙桐科				20.20			
山矾科						32.20	
科合计	4	3	6	6	5	7	8

表 9-2-2　桂中大瑶山林区常绿阔叶林乔木层植物重要值指数≥15 的优势科

科名	槟榔青冈林	大叶青冈林	大叶青冈林	木荷林	木荷林	银木荷林	大果木姜子林
	重要值指数						
壳斗科	47.90	59.30	53.80	23.81	40.22	60.90	
樟科	68.30		60.80	26.46	51.60	20.90	59.80
山茶科		51.00	42.90	98.35	41.60	47.10	
木兰科			20.90			17.00	28.90
清风藤科	18.40	16.70	25.80				
杜英科	20.00						20.70
茜草科						17.40	
竹亚科	33.50			50.66			
安息香科	17.10			48.92			29.50
槭树科							21.90

（续）

科名	槟榔青冈林	大叶青冈林	大叶青冈林	木荷林	木荷林	银木荷林	大果木姜子林
	重要值指数						
五加科		23.20	24.10			28.40	
冬青科		17.50	18.60				
山龙眼科							28.00
胡桃科	20.40					33.00	
杜鹃花科		49.40			52.20		19.70
蔷薇科					18.20		34.10
科合计	7	6	7	5	5	7	8

表 9-2-3　桂中大瑶山林区常绿阔叶林乔木层植物重要值指数≥15 的优势科

科名	光叶拟单性木兰林	深山含笑林	岭南山茉莉林	樟叶泡花树林
	重要值指数			
壳斗科	29.60	29.50	33.50	30.20
樟科	54.20	65.50	48.80	
山茶科	19.80		33.20	31.40
木兰科	34.30	26.30		29.20
清风藤科	33.90			43.20
杜英科		18.10		
金缕梅科				19.80
茜草科			23.80	28.10
安息香科		40.30	40.70	39.00
槭树科				16.30
五加科		15.50		
冬青科	18.30			
柿科		16.40		
珙桐科	36.60			
虎皮楠科		16.60		
杜鹃花科			24.00	
蔷薇科			21.80	
科合计	7	8	7	8

表 9-3-1　桂中大瑶山林区季风常绿阔叶林乔木层植物重要值指数≥15 的优势科

科名	红锥林	吊皮锥林	吊皮锥林	吊皮锥林	公孙锥林
	重要值指数				
壳斗科	86.30	122.50	33.50	32.20	153.30
樟科	62.48	26.10	66.90	63.10	25.70
山茶科		27.10			
木兰科	36.60	18.50		24.00	
清风藤科			24.30	19.30	
杜英科		15.10	36.60	32.20	
茜草科	16.40				20.10
五加科			23.50	21.30	
山龙眼科		15.90	30.70		
柿科					15.10
楝科			22.70	25.10	
马鞭草科	17.80				
蔷薇科					45.30
科合计	5	6	7	7	5

表 9-3-2　桂中大瑶山林区季风常绿阔叶林乔木层植物重要值指数≥15 的优势科

科名	华润楠林	华润楠林	白花含笑林	黄果厚壳桂林	黄果厚壳桂林
	重要值指数				
壳斗科	22.40		50.70		
樟科	86.30	87.70	20.10	54.35	57.95
山茶科		18.20	32.00	37.44	17.06
木兰科	25.60		31.20		
清风藤科				26.97	25.01
杜英科			15.20	30.10	
金缕梅科	64.70				19.03
茜草科	15.10				
安息香科		89.80	31.60		
冬青科			16.20	19.62	
柿科					20.18
山矾科				32.62	56.27
远志科	23.50				
楝科					
虎皮楠科					30.92
紫金牛科					20.28
科合计	6	3	7	6	8

表 9-4-1　阳朔县常绿阔叶林乔木层植物重要值指数≥15 的优势科

科名	米槠林	甜槠林	甜槠林	甜槠林	甜槠林	木荷林
	重要值指数					
壳斗科	125.04	167.08	181.29	191.09	141.46	60.83
杜鹃花科	43.08		38.83	21.64	30.05	18.71
杜英科	19.26					
柿科		15.06				16.58
山茶科		23.46				91.75
鼠刺科		22.29			29.16	
胡桃科		17.61				
虎皮楠科		19.60				
榛木科			38.08			
珙桐科			19.16			
蝶形花科				24.18		
蔷薇科				17.3	26.39	
樟科				22.46		
金缕梅科						15.36
科合计	3	6	4	5	4	5

表 9-4-2　阳朔县常绿阔叶林乔木层植物重要值指数≥15 的优势科

科名	栲林	银木荷林	栲林	栲林	栲林	木荷林	银木荷林
	重要值指数						
壳斗科	96.17	163.29	79.24	67.1	121.37	23.41	18.3
杜鹃花科	16.61						
杜英科						27.38	
柿科			43.26				
山茶科	36.94	61.40	73.27	79.48		85.16	93.97
鼠刺科	23.53		18.72	16.34	15.96		
胡桃科		18.62			23.21		

（续）

科名	栲林	银木荷林	栲林	栲林	栲林	木荷林	银木荷林
	重要值指数						
榛木科						35.96	
樟科	25.01	28.63		22.17	20.22	26.22	46.88
茜草科	15.51						
安息香科		24.27		18.82			
山矾科		15.00					15.6
清风藤科					43.69		
漆树科							21.56
冬青科							21.82
科合计	6	6	4	5	5	5	6

表 9-5　三匹虎林区常绿阔叶林乔木层植物重要值指数≥15 的优势科

科名	栲林	泥椎柯林	扁刺锥林	蕈树林
	重要值指数			
壳斗科	79.50	129.50	147.40	136.20
樟科	43.60			
珙桐科	29.50			
山茱萸科	25.30			
山茶科	66.70	69.04	44.10	
安息香科	21.90	22.32	40.40	
槭树科		32.24		
金缕梅科				62.50
胡桃科				23.20
山龙眼科				21.80
科合计	6	4	4	4

大瑶山林区是广西常绿阔叶林面积最大、保存最好、类型最丰富的地区，广西中亚热带和南亚热带的分界线正好通过其中部，山的北面地带性植被为典型常绿阔叶林，南面为季风常绿阔叶林，垂直带谱上的类型有中山常绿针阔叶混交林。通过 20 个样方(面积 10800m^2)统计大瑶山林区原生性天然林乔木层植物重要值指数≥15 的科出现的频度及重要值指数，结果得出大瑶山林区原生性天然林乔木层植物重要值指数≥15 的科为 33 个，排在前四位的为壳斗科、樟科、茶科和木兰科，出现频度分别为 85%、75%、60%和 80%，总重要值指数分别为 835.8、641.3、491.1 和 395.7，平均每 100m^2 重要值指数分别为 7.7、5.9、4.5 和 3.7；排在第五至十位的分别为清风藤科、杜英科、金缕梅科、冬青科、五加科和杜鹃花科。分析结果与用全区常绿阔叶林所调查的样方分析基本上是相同的。

从表 9-1 至表 9-5 还可以看出，典型常绿阔叶林和季风常绿阔叶林乔木层植物重要值指数≥15 的优势科基本上是相同的，各地的典型常绿阔叶林优势科也有所差异。大瑶山林区季风常绿阔叶林重要的优势科为壳斗科、樟科、木兰科、杜英科、清风藤科、山茶科和山矾科；优势科比较复杂的为大瑶林区，次为阳朔，三匹虎林区林场比较简单；杜鹃花科在阳朔县常绿阔叶林的优势科中占有较重要的地位，在大瑶山林区常绿阔叶林的优势科中虽有出现，但不占重要地位，而在三匹虎林区常绿阔叶林的优势科中没有出现。

组成广西常绿阔叶林的 550 属中，有种子植物属 473 属，根据吴征镒先生种子植物属的分布区类型的划分，可分为 13 个类型和 14 个变型(表 9-6)。含属最多的分布区类型为热带亚洲分布，次为泛热带分布，最次为旧世界热带分布、东亚分布、热带亚洲至热带大洋洲分布、北温带分布、东亚和北美洲间断分布(表 9-7)；含属最多的分布区变型为热带亚洲分布的越南(或中南半岛)至华南(或西南)变型，次为东亚分布的中国—日本、中国—喜马拉雅变型和热带亚洲分布的爪哇、喜马拉雅和华南西南星散变型。从大类看，广西亚热带常绿阔叶林种子植物属分布区类型以热带分布为主，占 72.3%，温带分布的属处于次要的地位，仅占25.1%，中国特有的属占2.4%(表9-8)。

综合上述对广西亚热带常绿阔叶林区系成分和分布区类型的分析，概括起来广西亚热带常绿阔叶林区系组成有如下几个特点。

表9-6 广西常绿阔叶林种子植物属的分布区类型和变型

分布区类型和变型	属数	占总属数(%)	分布区类型和变型	属数	占总属数(%)
1. 世界分布	18		7-3. 缅甸、泰国至华西南	3	0.7
2. 泛热带	86	18.9	7-4. 越南(或中南半岛)至华南(或西南)	20	4.4
2-1. 热带亚洲、大洋洲和南美洲(墨西哥)间断	3	0.7	8. 北温带	27	5.9
			8-4. 北温带和南温带(全温带)间断	4	0.9
2-2. 热带亚洲、非洲和南美洲间断	3	0.7	9. 东亚和北美洲间断	29	6.4
3. 热带亚洲和热带美洲间断分布	15	3.3	10. 旧世界温带	5	1.1
4. 旧世界热带	44	9.7	10-1. 地中海区、西亚和东亚间断	2	0.4
4-1. 热带亚洲、非洲和大洋洲间断	4	0.9	11. 温带亚洲分布	2	0.4
5. 热带亚洲至热带大洋洲	34	7.5	12-3. 地中海区至温带、热带亚洲，大洋洲和南美洲间断	1	0.2
5-1. 中国(西南)亚热带和新西兰间断	1	0.2			
6. 热带亚洲至热带非洲	22	4.8	14. 东亚(东喜马拉雅—日本)	22	4.8
6-2. 热带亚洲和东非间断	2	0.4	14-1. 中国—喜马拉雅(SH)	10	2.2
7. 热带亚洲(印度—马来西亚)	80	17.6	14-2. 中国—日本(SJ)	13	2.9
7-1. 爪哇、喜马拉雅和华南、西南星散	10	2.2	15. 中国特有	11	2.4
7-2. 热带印度至华南	2	0.4	合计	473	100

表9-7 广西常绿阔叶林种子植物属的分布区类型

分布区类型	属数	占总属数(%)	分布区类型	属数	占总属数(%)
1. 世界分布	18		9. 东亚和北美洲间断	29	6.4
2. 泛热带	92	20.2	10. 旧世界温带	7	1.5
3. 热带亚洲和热带美洲间断分布	15	3.3	11. 温带亚洲分布	2	0.4
4. 旧世界热带	48	10.5	12-3. 地中海区至温带、热带亚洲，大洋洲和南美洲间断	1	0.2
5. 热带亚洲至热带大洋洲	35	7.7			
6. 热带亚洲至热带非洲	24	5.3	14. 东亚(东喜马拉雅—日本)	45	9.9
7. 热带亚洲(印度—马来西亚)	115	25.3	15. 中国特有	11	2.4
8. 北温带	31	6.8	合计	473	99.9

(1)区系组成丰富。广西全区植被植物区系组成共有228科、1120属、2981种，其中常绿阔叶林区系组成有177科、550属、1574种，分别占77.6%、49.1%和47.2%；酸性土低山丘陵暖性针叶林区系组成有113科、277属、449种，分别占49.7%、24.7%和15.1%，可见广西常绿阔叶林区系组成是十分丰富的。

(2)区系组成反映亚热带的特色，兼有东西部区系成分的特点。无论是以种属的多少来确定的优势科，还是以乔木层植物重要值指数≥15确定的优势科，都真实反映出亚热带的性质，壳斗科、樟科、山茶科、木兰科、金缕梅科、杜英科、安息香科等是亚热带地区天然阔叶林代表性的科。我国西部的常绿阔叶林群落的乔木层组成中，明显以壳斗科为主，山茶科次之；而东部常以樟科、壳斗科和木兰科为多。可以看出，广西的常绿阔叶林乔木层的主要组成兼有东、西部的特点。

(3)草本层植物种类以蕨类植物和百合科植物占优势，禾亚科的种属较少，反映了亚热带常绿阔叶林草本层区系成分的本色。蕨类植物和百合科植物是一类古老的植物，喜欢生于阴湿的林下环境。以禾亚科种类为优势的草丛，是森林破坏后产生的一种次生植被类型，由禾草草丛演变而成的暖性落叶阔叶林和暖性针叶林等次生植被，草本层植物禾亚科种类很丰富。常绿阔叶林是亚热带地区的地带性植被，是一类原生性森林，广西常绿阔叶林部分类型虽然受到不同程度的干扰和破坏，但原始性尚浓，林下环境阴湿，是古老和喜阴湿的蕨类植物和百合科植物的原生生境，所以它们能够占据林下草本层植物的优势。相反，这种原生生境不适合禾亚科植物生长，禾亚科的种属就较少。据统计，广西常绿阔叶林区系组成有蕨类植物35科、76属、170种，百合科植物10属、25种，禾亚科植物17属、24种；次生的酸性土低山丘陵暖性针叶林的区系成分只有蕨类植物14科、21属、28种，百合科植物5属、5种，而禾亚科植物多达31属、38种，与常绿阔叶林形成鲜明的对比。

表9-8　广西常绿阔叶林种子植物属的分布区类型(大类)

分布区类型	属数	占总属数(%)
1. 世界分布	18	
2. 热带分布	329	72.3
3. 温带分布	114	25.1
4. 地中海区至温带、热带亚洲，大洋洲和南美洲间断	1	0.2
5. 中国特有	11	2.4
合计	473	100

(4)区系组成明显反映出过渡的和次生的特点。广西常绿阔叶林区系组成中含有一定比例的北热带季节性雨林的区系成分，例如，橄榄科橄榄属、苏木科格木属、大戟科、番荔枝科、桑科、榆科白颜树属、五桠果科、山茱萸科单室茱萸属、山榄科、楝科、无患子科、肉实科、山竹子科、棕榈科等的种类，在生境条件优越的地方有时还能成为优势种；特殊情况下龙脑科坡垒属的种类还有出现，反映了向北热带过渡的特点。广西常绿阔叶林区系组成中也含有一些中山山地常绿落叶阔叶混交林和针阔叶混交林的区系成分，例如，落叶阔叶成分的有壳斗科水青冈属，杜鹃花科吊钟花属(*Enkianthus*)，安息香科木瓜红属、银钟花属、陀螺果属、白辛树属，珙桐科蓝果树属，槭树科槭属，伯乐树科伯乐树属等的种类；针叶成分的有松科铁杉属、柏科福建柏属的种类，这些反映了向垂直带谱上的中山山地常绿落叶阔叶混交林和针阔叶混交林过渡的特点。此外，广西常绿阔叶林区系组成中还含有某些暖性落叶阔叶林和酸性土低山丘陵暖性针叶林的区系成分，例如，暖性落叶阔叶林的成分有壳斗科栎属、樟科檫木属(*Sassafras*)、胡桃科化香属、金缕梅科枫香属、蝶形花科香槐属、八角枫科八角枫属、桦木科桦木属、桤木属，榛木科鹅耳枥属等的种类；酸性土低山丘陵暖性针叶林的区系成分有松科松属、油杉属，杉科杉属等的种类，这些反映了广西常绿阔叶林某些类型受到干扰和破坏，具有次生的性质。

(5)广西常绿阔叶林种子植物属分布区类型以热带分布的成分为主，兼有少量温带分布的成分。根据表9-8，热带分布的属占72.3%，温带分布的属占25.1%。从表9-7可知，热带分布与热带亚洲分布关系最密切，次为泛热带分布，这与酸性土低山丘陵暖性针叶林刚好相反。温带分布与东亚(东喜马拉雅—日本)分布关系最密切，次为北温带分布、东亚和北美洲间断分布。从表9-6可知，热带亚洲分布变型最多的是越南(或中南半岛)至华南(或西南)分布，这与广西地带性常绿阔叶林分布区的地理位置相符合；东亚(东喜马拉雅—日本)分布变型最多的是中国—日本(SJ)分布，这与广西常绿阔叶林垂直分布的地理位置相符合。

(6)广西常绿阔叶林区系成分中中国特有成分比较丰富。根据表9-8，广西常绿阔叶林种子植物属分布区类型，中国特有成分有11属，占广西植被植物区系中国特有成分23属的47.8%。

二、群落外貌

广西常绿阔叶林的两个亚型，典型常绿阔叶林和季风常绿阔叶林，外貌特征基本上是相似的，但仍有某些差异。下面用桂中大瑶山两种植被亚型外貌进行对比，并与桂西南弄岗石灰岩山自然保护区季节性雨林外貌比较，分析它们的异同。

用桂中大瑶山亚热带山地常绿阔叶林——鹿角锥、蕈树、猴欢喜林的生活型代表亚热带典型常绿阔叶林生活型的特点。从图9-1看出，大瑶山鹿角锥林以高位芽植物为主，这和广西北热带季节性雨林是相同的，不同的是，鹿角锥林缺附生植物，而有地面芽植物。但鹿角锥林含有地面芽植物的比例又远比温带落叶阔叶林的低得多，温带落叶阔叶林主要以地面芽植物和地下芽多，一年生植物也占一定的比例。从而可以看出，广西典型常绿阔叶林是介于热带季节性雨林和温带落叶阔叶林之间的过渡类型，在某种程度上更接近于热带季节性雨林。

同样用以上类型的叶级谱代表亚热带典型常绿阔叶林叶级谱的特点，从图9-2看出，虽然鹿角锥林以中型叶为主，但比例没有热带季节性雨林高，广西北热带石灰岩季节性雨林——蚬木林的叶级谱中型叶占 73%。虽然鹿角锥林中型叶的比例没有广西北热带石灰岩季节性雨林中型叶占的比例高，但还是以中型叶占的比例最高，其叶级谱接近于季节性雨林。

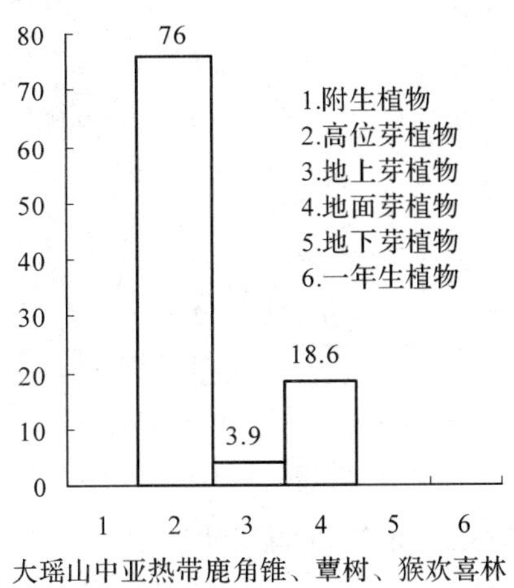

图 9-1　桂中大瑶山常绿阔叶林生活型

80
70
60
50
40
30
20
10
0
7.1
66.7
24.6
1.59
1.巨型叶
2.大型叶
3.中型叶
4.小型叶
5.微型叶
6.鳞型叶
1 2 3 4 5 6
大瑶山中亚热带鹿角锥、蕈树、猴欢喜林

图 9-2　桂中大瑶山常绿阔叶林叶级谱

用大瑶山林区季风常绿阔叶林吊皮锥、笔罗子、广东山胡椒群落的外貌与大瑶山林区典型常绿阔叶林鹿角锥、蕈树、猴欢喜群落的外貌比较，来分析说明南亚热带季风常绿阔叶林的外貌特征。

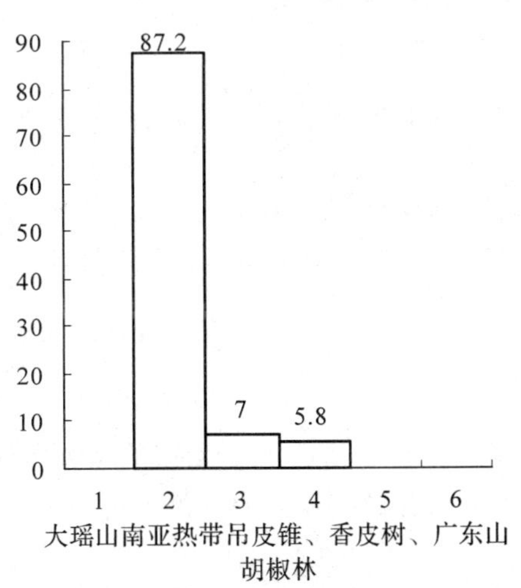

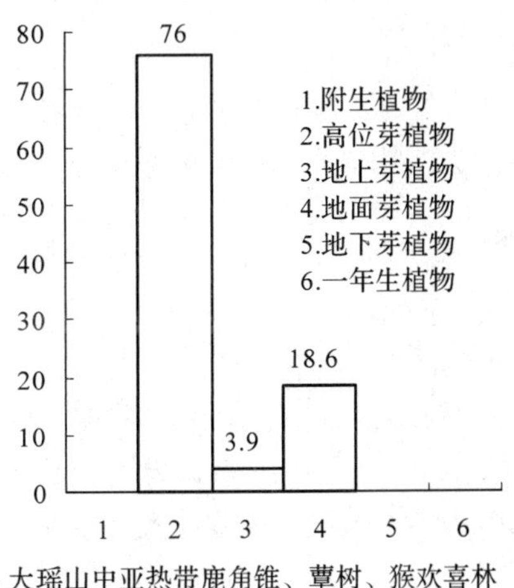

图 9-3　大瑶山林区季风常绿阔叶林与典型常绿阔叶林生活型对比

从图 9-3 看出，季风常绿阔叶林吊皮锥群落以高位芽植物为主，有少量的地上芽植物和地面芽植物，缺附生植物和地下芽植物以及一年生植物。与典型常绿阔叶林鹿角锥群落相比，虽然都以高位芽植物为主，次为地上芽植物和地面芽植物，缺地下芽植物以及一年生植物，但两个群落的生活型仍稍有不同。吊皮锥群落地上芽植物比例高于地面芽植物，而鹿角锥群落刚相反；鹿角锥群落地上芽植物比例低于吊皮锥群落，而地面芽植物比例高于吊皮锥群落。

广西北热带石灰岩山地季节性雨林蚬木林的生活型，附生植物占 9.1%，高位芽植物占 79.5%，地上芽植物占 11.4%，缺地面芽植物、地下芽植物和一年生植物，与季风常绿阔叶林吊皮锥群落生活型相比，都以高位芽植物为主，但蚬木林有附生植物，缺地面芽植物，而吊皮锥群落刚相反，缺附生植物，有地面芽植物。

从图 9-4 看出，吊皮锥群落的叶型以中型叶为主，次为小型叶和大型叶，鹿角锥群落叶型的结构基本上与吊皮锥群落相似，但鹿角锥群落的小型叶比例高于吊皮锥群落，前者为 24.6%，后者为

17.4%，这是两个群落叶型上最大的区别。

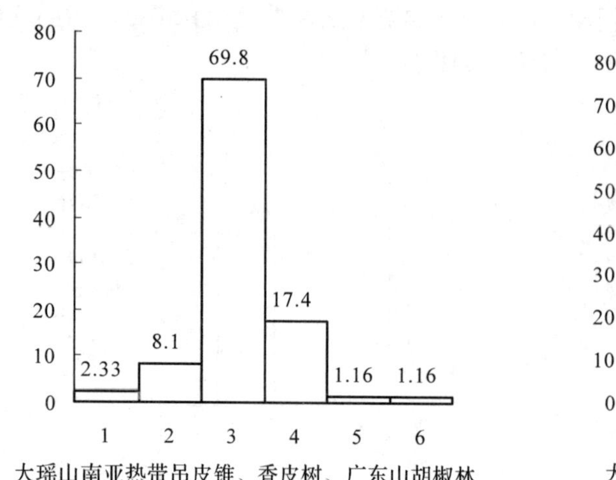

大瑶山南亚热带吊皮锥、香皮树、广东山胡椒林

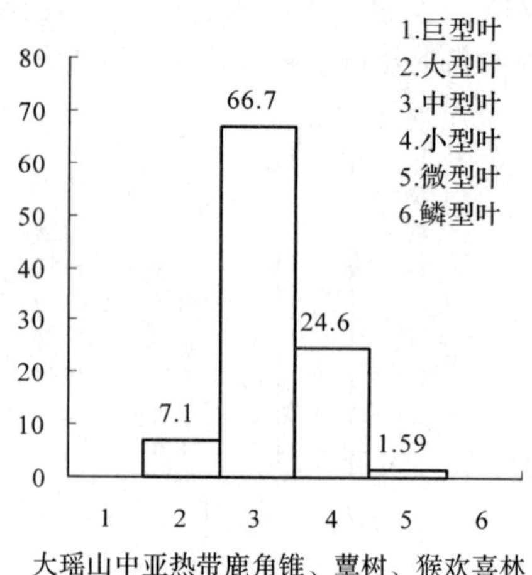

大瑶山中亚热带鹿角锥、蕈树、猴欢喜林

图9-4　大瑶山林区季风常绿阔叶林与典型常绿阔叶林叶型对比

广西北热带石灰岩山地季节性雨林蚬木林，大型叶占2.7%，中型叶占73%，小型叶占24.3%，与吊皮锥群落叶型相比，基本上是相同的，但蚬木林小型叶占的比例比吊皮锥群落高。蚬木林小型叶占的比例高的原因是因为石灰岩山地比较干旱；而鹿角锥群落小型叶占的比例高则是因为热量偏低的原因。

三、群落结构

广西常绿阔叶林结构比较复杂，在保存较好的情况下，郁闭度0.8以上，分为乔木层、灌木层和草本地被层3层，其中乔木层又可明显地分为3个亚层。

乔木第一亚层林木高20m，胸径30～50cm，树冠连接，表面平齐，覆盖度70%以上；第二亚层林木高8～15m，胸径15～20cm左右，树冠不连接，覆盖度50%左右；第三个亚层林木高3～8m，胸径10cm以下，树冠不连接，覆盖度30%左右。

灌木层植物高3m以下，覆盖度30%～50%。

草本层植物高1m以下，覆盖度30%～50%。

层外植物主要为藤本和苔藓，藤本植物不如热带常绿杂木林丰富，上下攀援的粗大木质藤本也有遇到；苔藓植物不如山地常绿落叶阔叶混交林发达，附生的有花植物及大型蕨类植物较少。

第四节　典型常绿阔叶林

一、概　述

典型常绿阔叶林是广西中亚热带（桂北、桂东北）的地带性植被，分布在海拔1300m以下的地区，作为垂直带谱的植被，可以在南亚热带（桂西北、桂中、桂东）和北热带（桂南）的山地出现。之所以称之为典型常绿阔叶林，是因为这个亚型的常绿阔叶林，乔木层优势种是由壳斗科、樟科、山茶科、木兰科等科中较耐寒的种类组成，如米槠、甜槠、栲、金毛柯、木荷、银木荷、双齿山茉莉、红楠、木莲、桂南木莲等，热带季节性雨林的种类无论在上层还是中下层均已消失或只偶有零星出现，在组成上真正代表亚热带的性质。

广西中亚热带典型常绿阔叶林的分布区，在水平分布上是广西热量最低、降水最丰富的地区，具有明显的季风气候特征，四季分明，长短均匀，为典型的季风中亚热带南部气候。低平地区年平均温度

18～20℃，最低月(1月)平均温度6.4～10℃，极端最低气温多年平值低于0℃，≥10℃的年积温5600～6400℃；年降水量一般>1500mm，水热系数一般在2.0左右，桂东北在2.0以上，部分地区>3.0。

典型常绿阔叶林的立地土壤为发育在砂岩、页岩、变质岩和第四纪红土、花岗岩上的红壤和黄壤，为第四纪红土覆盖或夹杂有砂岩、页岩的石灰岩地层上的土壤，有时亦有常绿阔叶林的分布。红壤和黄壤均呈强酸性反应，第四纪红土覆盖或夹杂有砂岩、页岩的石灰岩地层上的土壤呈中性至微酸性反应。

由于人类长期的生产和经济活动，典型常绿阔叶林原来分布的大片地区，已经变为农田、农地、人工用材林、经济林和次生植被，如马尾松林、灌丛、草丛等，只有在人类难以到达和难以进行生产和经济活动的大山区，如猫儿山、花坪、九万山、海洋山、千家洞、姑婆山、大瑶山等，才保存有小面积的分布。典型常绿阔叶林是广西面积最大的天然林，是广西一个十分重要的森林生态系统，生物多样性极其复杂，生物资源和种质资源非常丰富，而且主要分布于大山区中，为河流的源地，又是十分重要的水源林。因此，典型常绿阔叶林对维护广西良好的生态环境和生态平衡，起着不可替代的作用。对于现有的森林，必须绝对加以保护，不能再有任何的破坏，并且还要不断扩大其面积，确保广西良好的生态环境和生态平衡。

二、主要类型

广西典型常绿阔叶林有60个群系211个群落，其中壳斗科有29个群系126个群落，山茶科有6个群系31个群落，樟科有10个群系21个群落，木兰科有5个群系8个群落；其余10个群系23个群落分别为胡桃科2个群系8个群落，金缕梅科2个群系5个群落，安息香科3个群系6个群落，五列木科1个群系2个群落，清风藤科1个群系3个群落，五加科1个群系1个群落。而壳斗科29个群系126个群落中，仅米槠、甜槠、栲3个群系，就占去了74个群落。

1. 米槠林(Form. *Castanopsis carlesii*)

以米槠为优势的森林是我国东部中亚热带地区常绿阔叶林的一个代表性类型，广泛分布于浙江、福建、江西、湖南、两广以至贵州、四川东部。广西境内，米槠林有着相当广泛的分布，是广西很重要的天然林类型之一。主要分布于桂北、桂东北一带，向南可沿着山地分布到大明山、大容山、云开大山、六万大山，向西伸展至最西端隆林县的金钟山，是它分布的西界和南界，也是我国分布区的西界和南界之一部分。广西北部地区，米槠林作为水平地带代表类型出现，山地丘陵都有分布，它较耐寒，能一直延伸到海拔1300m才过渡到中山常绿落叶阔叶混交林；中部地区，称之为山地常绿阔叶林，见于海拔700～1500m的山地，间杂在其他山地常绿阔叶林类型中，下界接黄果厚壳桂林和公孙锥林；南部地区，作为季节性雨林垂直带谱山地常绿阔叶林的一个类型，见于海拔900m以上的山地。但在海拔700m以下低山丘陵原生植被破坏后恢复起来的南亚热带或北热带次生杂木林中，米槠也可成为常见种或优势种。

米槠林为广西北部地区地带性植被，当地低平地区年平均气温18～20℃，最低月(1月)平均气温6.4～10℃，极端最低气温多年平均值低于0℃，≥10℃积温5600～6400℃；年降水量在1500mm以上。米槠林可以适应一定的低温条件，设在桂北龙胜县里骆林区西江坪海拔1020m以米槠、罗浮锥为优势的常绿阔叶林定位观测站，年平均气温林内13.9℃，林外14.0℃；1月平均气温林内4.3℃，林外3.8℃；最高月(8月)平均气温林内22.8℃，林外23.1℃；极端最高气温林内29.7℃，林外31.9℃；极端最低气温林内－2.7℃，林外－4.2℃；≥10的积温林内3180.9℃，林外3215.9℃。但过于寒冷的气候不适宜米槠的生存。桂东北资源县越城岭真宝顶海拔1450m处，年平均气温13.1℃，1月平均气温2.1℃，7月平均气温22.2℃，极端最低气温－11.9℃，那里已没有米槠林的分布，而过渡为中山常绿落叶阔叶混交林了。但在桂西，米槠林海拔高度分布的上限较高，例如德保黄连山、田林岑王老山、隆林金钟山，米槠林分布的海拔高度可到1500～1700m。

米槠林的立地条件类型为发育在砂岩、页岩、花岗岩上的酸性土壤，有红壤和黄壤，pH值4.5～5.5。在碳酸盐岩发育成的土壤上，没有它的分布。因此，米槠林分布区经常为碳酸盐岩地层的出现而间断。

一般情况下，米槠林天然更新良好，种群结构完整。例如，在阳朔县进广源海拔970m调查的一个400m^{2}的样地中，米槠在乔木第一、第二、第三亚层和幼树、幼苗中，分别有植株32、8、52和376、894株，表现为一种稳定型结构的种群。因此，在自然演替情况下，米槠能长期占据优势的地位。

米槠林有用的植物资源是比较丰富的，不但有良好的用材树种资源，而且林下资源植物和林副产品也相当丰富。良好的用材树种如米槠、甜槠、银木荷、五列木、木莲、马蹄荷、深山含笑、罗浮锥、红楠、蕈树、泥椎柯等。药物资源如朱砂根、九管血（*Ardisia brevicaulis*）、网脉酸藤子、冷饭藤、土茯苓、山菅、草珊瑚、灵香草（*Lysimachia foenum - graecum*）、短萼黄连（*Coptis chinensis* var. *brevisepala*）。淀粉植物如栲类、网脉山龙眼、土茯苓等。

米槠林虽然有如此丰富的植物资源，但目前几乎所有的米槠林都分布于大山区、位于河流的上游或发源地，是广西重要的水源林，有着十分重要的生态保护作用，目前绝大部分林分都划为自然保护区。因此，对于现有的森林，只能作为种源基地来利用。

米槠林主要有25个群落，现分别介绍如下。

（1）米槠 - 中华杜英 - 网脉山龙眼 - 华西箭竹 - 狗脊蕨群落（*Castanopsis carlesii - Elaeocarpus chinensis - Hellicia reticulata - Fargesia nitida - Woodwardia japonica* Comm.）

本群落分布于桂中大瑶山林区长垌乡平孟村，海拔500m，为森林破坏后遗留下来的残次林。群落位于山坡中部，坡度42°，地层为泥盆系莲花山组红色砂、页岩，土壤为山地黄壤，林内较干燥。

林木层郁闭度0.5～0.8，从表9-9可知，600m^{2}样地有林木种类16种、198株，其特点是种类组成不复杂，但株数较多，结构复杂，可分成3个亚层。第一亚层林木高17～20m，最高26m，胸径22～30cm，最粗46cm，种类组成简单，只有2种，以米槠占绝对优势，25株林木中米槠占24株，重要值指数达278.5。第二亚层林木高10～14m，胸径12～18cm，有林木7种、25株，其中2种在上层有分布，种类组成还是比较简单的，以中华杜英为优势，有12株，重要值指数130.68；常见的有罗浮柿和南国山矾。第三亚层林木高4～7m，胸径4～8cm，有林木16种、148株，其中有7种在上2个亚层出现过，是3个亚层中种类和株数最多的一个亚层，以华西箭竹占优势，有植株107株，占该亚层植株总数的72.3%，重要值指数125.0；次优势种为网脉山龙眼，重要值指数52.62。从整个乔木层分析，米槠不但株数较多，而且高大，所以重要值指数排第一，达100.2，为群落的建群种；本群落是一种残次林，受干扰破坏较严重，华西箭竹便侵入进去，它本属于灌木层种类，但不少植株可达到4～7m，已进入到林木第三亚层的空间，所以也把它放入第三亚层林木的组成中，虽然胸径细小，但依靠众多的植株，重要值可达到71.35，排列第二；中华杜英是中乔木，网脉山龙眼是小乔木，它们都是米槠林常见的组成种类，经常见于下层乔木，重要值指数排列中间；其他的组成种类，都是一些偶见种，重要值都较小。从表9-10可知，灌木层组成种类还是比较多的，包括乔木的幼树在内共有39种，覆盖度40%～50%。以华西箭竹占优势，高3.5m，覆盖度25%左右，其他常见的种类有网脉山龙眼、红皮木姜子、香楠、细柄五月茶。草本层种类组成比较简单，只有8种，植株分布不均匀，有的地段覆盖度多达60%，而有的地段只有10%。以狗脊蕨占优势，多数地段覆盖度达40%～50%，少数地段不到10%，其他常见的种类有黑莎草、山姜等。藤本植物不发达，攀援不高，种类简单，常见为网脉酸藤子。从表9-10看出，建群种米槠更新是最良好的，600m^{2}内有幼苗68株，幼树67株。米槠虽然在中、下层林木植株少，但并不是它不适应群落的环境，而是因为人为砍伐的缘故，所以它还是一种稳定型种群，可以长期保持在群落中的优势地位。其他更新较好的林木种类还有网脉山龙眼、密花树、硬壳柯，前2种为中、下层种类，第三种可为上层的种类。目前林木层尚未出现的乔木种类，更新最好的是红皮木姜子和黄杞。不过，该群落如果进一步再遭受破坏，有可能退化为华西箭竹竹丛。

表 9-9　米槠－中华杜英－网脉山龙眼－华西箭竹－狗脊蕨群落乔木层种类组成及重要值指数

（样地号：瑶山 63 号，样地面积：20m＊30m，地点：金秀县长垌乡平孟村，海拔：500m）

序号	树种	基面积(m^2)	株数	频度(%)	重要值指数
			乔木Ⅰ亚层		
1	米槠	2. 273	24	100	278. 4981
2	石斑木	0. 0755	1	16. 67	21. 4991
	合计	2. 3485	25	116. 67	299. 9973
			乔木Ⅱ亚层		
1	中华杜英	0. 3109	12	66. 67	130. 6777
2	南国山矾	0. 0918	3	50	48. 5429
3	罗浮柿	0. 0518	4	50	45. 3399
4	米槠	0. 056	3	33. 33	35. 4232
5	石斑木	0. 0227	1	16. 67	14. 7564
6	红皮木姜子	0. 0154	1	16. 67	13. 4403
7	网脉山龙眼	0. 0064	1	16. 67	11. 8129
	合计	0. 555	25	250	299. 9934
			乔木Ⅲ亚层		
1	华西箭竹	0. 1086	107	100	124. 9966
2	网脉山龙眼	0. 0924	17	66. 67	52. 6233
3	中华杜英	0. 0332	7	66. 67	28. 0638
4	红皮木姜子	0. 0139	3	50	16. 2117
5	多花杜鹃	0. 0254	1	16. 67	11. 6691
6	密花树	0. 0048	3	33. 33	10. 1359
7	南国山矾	0. 0133	1	16. 67	8. 0046
8	野漆	0. 0095	1	16. 67	6. 8697
9	变叶榕	0. 0095	1	16. 67	6. 8697
10	硬壳柯	0. 0064	1	16. 67	5. 924
11	米槠	0. 0038	1	16. 67	5. 1675
12	石斑木	0. 0038	1	16. 67	5. 1675
13	罗浮柿	0. 0028	1	16. 67	4. 8601
14	白花含笑	0. 0020	1	16. 67	4. 6001
15	木竹子	0. 0020	1	16. 67	4. 6001
16	异枝木犀榄	0. 0007	1	16. 67	4. 2218
	合计	0. 3322	148	500. 03	299. 9855
			乔木层		
1	米槠	2. 3329	28	100	100. 1950
2	华西箭竹	0. 1086	107	100	71. 3511
3	中华杜英	0. 3441	19	83. 33	31. 8581
4	网脉山龙眼	0. 0987	18	66. 67	21. 4444
5	罗浮柿	0. 0547	5	66. 67	13. 5170
6	南国山矾	0. 1051	4	50	12. 2447
7	石斑木	0. 102	3	0. 5	11. 645
8	红皮木姜子	0. 0293	4	50	9. 9023
9	密花树	0. 0048	3	33. 33	6. 3144
10	多花杜鹃	0. 0254	1	16. 67	3. 6171
11	野漆	0. 0095	1	16. 67	3. 1243
12	变叶榕	0. 0095	1	16. 67	3. 1243
13	硬壳柯	0. 0064	1	16. 67	3. 0272
14	白花含笑	0. 002	1	16. 67	2. 8913
15	木竹子	0. 002	1	16. 67	2. 8913
16	异枝木犀榄	0. 0007	1	16. 67	2. 8525
	合计	3. 2356	198	716. 69	300. 0001

表 9-10　米槠－中华杜英－网脉山龙眼－华西箭竹－狗脊蕨群落灌木层和草本层种类组成和分布情况

序号	种名	多度盖度级						频度	更新(株)	
		Ⅰ	Ⅱ	Ⅲ	Ⅳ	Ⅴ	Ⅵ	(%)	幼苗	幼树
					灌木层					
1	华西箭竹	5	6	7	5	4	5	100		
2	细柄五月茶	3	4	2	2	4		83. 3		
3	米槠	4	4		4	4	4	83. 3	68	67
4	网脉山龙眼	4	4	3	5	4	4	100	34	69
5	红皮木姜子	4	3	4	4	4	3	100		
6	刺叶桂樱	2						16. 7		
7	毛锥	2		4				33. 3		
8	硬壳柯	3	4	3			4	66. 7	14	49
9	栀子	1	2	3	1	1	+	100		
10	香楠	2	3	2	3	3	3	100		
11	中华杜英	3		2		1	1	66. 7	6	9
12	三花冬青	1			2			33. 3		
13	虎皮楠	1						16. 7		
14	皱叶茶	1						16. 7		
15	单毛桤叶树	1		3		2	2	66. 7		
16	赤楠	1	1				1	50		
17	密花树	2	4	3	3	3		83. 3	16	41
18	广东山胡椒	1	2	3				50		
19	围涎树		1					16. 7		
20	野漆		1					16. 7		1
21	多花杜鹃		1					16. 7		1
22	黄杞		3	3	3	3	3	83. 3		
23	瑶山越桔		1				2	33. 3		
24	木竹子		2	2		1	2	66. 7	1	6
25	柏拉木		3				2	33. 3		
26	白花含笑			1				16. 7		1
27	鸡毛松			1				16. 7		
28	石斑木			1				16. 7		
29	罗浮柿				4			16. 7	3	7
30	瑶山茶				4			16. 7		
31	岭南酸枣				+			16. 7		
32	光叶粗叶木				2			16. 7		
33	网脉木犀				1			16. 7		
34	九节				1			16. 7		
35	尖叶毛柃					3		16. 7		
36	基脉润楠					2		16. 7		
37	大叶青冈					+		16. 7		
38	木姜润楠					1		16. 7		
39	罗浮锥						2	16. 7		
					藤本植物					
1	网脉酸藤子	sol	sol	sol		sol		66. 7		
2	菝葜	sol			sol			33. 3		
3	鸡眼藤	sol						16. 7		
4	南蛇藤	sol						16. 7		
5	瑶山野木瓜		sol					16. 7		
6	粪箕笃				sol		sol	33. 3		
7	山蒟				sol			16. 7		
8	买麻藤					sol	sol	33. 3		
					草本层					
1	狗脊蕨	7	5	4	7	7	7	100		
2	山姜	3	2		2	2	5	83. 3		
3	黑莎草	4	2	2	4	2	4	100		
4	草珊瑚	1			2			33. 3		

（续）

序号	种名	多度盖度级						频度	更新(株)	
		Ⅰ	Ⅱ	Ⅲ	Ⅳ	Ⅴ	Ⅵ	(%)	幼苗	幼树
5	山营		1					16.7		
6	扇叶铁线蕨				3	3	3	50		
7	里白					3		16.7		
8	芒萁						3	16.7		

皱叶茶 *Camellia* sp.　瑶山茶 *Camellia* sp.　光叶粗叶木 *Lasianthus* sp.　粪箕笃 *Stephania longa*　山蒟 *Piper hancei*

(2)米槠－米槠－广东杜鹃－多种杜鹃－狗脊蕨群落(*Castanopsis carlesii* － *Castanopsis carlesii* － *Rhododendron kwangtungense* － *Rhododendron* spp. － *Woodwardia japonica* Comm.)

阳朔县兴坪镇大源进广源大坪到小坪一带，有此种类型的米槠林的分布，由于受干扰破坏较严重，群落受到次生的落叶阔叶林所包围，分布不连续。群落分布在山坡腰部，海拔930m，坡向南偏西80°，坡度35°。地层为泥盆系莲花山组砂岩，土壤为红壤。

表9-11　米槠－米槠－广东杜鹃－多种杜鹃－狗脊蕨群落乔木层种类组成及重要值指数

(样地号：进Q_{11}，样地面积：500m^2，地点：阳朔县兴坪镇大源进广源大坪，海拔：930m)

序号	树种	基面积(m^2)	株数	频度(%)	重要值指数
		乔木Ⅰ亚层			
1	米槠	1.509	14	80	246.37
2	美叶柯	0.0962	1	20	28.80
3	薄叶润楠	0.0314	1	20	24.84
	合计	1.6366	16	120	300.00
		乔木Ⅱ亚层			
1	米槠	0.0962	19	100	151.78
2	甜槠	0.0707	1	20	37.37
3	枫香树	0.0491	2	20	33.75
4	日本杜英	0.038	1	20	26.08
5	深山含笑	0.0177	1	20	19.05
6	槭属1种	0.0113	1	20	16.85
7	黄绵木	0.0064	1	20	15.14
	合计	0.2893	26	220	300.01
		乔木Ⅲ亚层			
1	广东杜鹃	0.1789	32	100	66.48
2	米槠	0.0571	10	80	24.93
3	日本杜英	0.0463	15	100	28.35
4	多花杜鹃	0.0357	4	20	11.43
5	腺萼马银花	0.0269	5	40	12.16
6	孔雀润楠	0.0243	4	60	12.50
7	虎皮楠	0.0135	9	80	15.93
8	光叶石楠	0.0134	6	60	12.00
9	深山含笑	0.0134	3	60	9.68
10	青皮木	0.0133	1	20	4.89
11	长穗越桔	0.0115	2	40	6.93
12	亮叶厚皮香	0.0114	2	40	6.92
13	小叶青冈	0.0109	3	40	7.60
14	黄绵木	0.0104	3	40	7.51
15	银叶安息香	0.0082	4	60	9.46
16	甜槠	0.0079	1	20	3.87
17	薄叶润楠	0.0079	1	20	3.87
18	鼠刺	0.0069	5	40	8.38
19	南烛	0.0057	2	40	5.83
20	三花冬青	0.0057	2	40	5.83
21	雷公鹅耳枥	0.0053	4	40	7.30
22	老鼠矢	0.0048	3	40	6.44

（续）

序号	树种	基面积(m^2)	株数	频度(%)	重要值指数
23	广东冬青	0.0031	2	40	5.36
24	细柄五月茶	0.0025	2	20	3.63
25	假青冈	0.002	1	20	2.75
26	厚皮香	0.001	1	20	2.56
27	油茶	0.0007	1	20	2.52
28	凹脉柃	0.0005	1	20	2.47
29	银木荷	0.0003	1	20	2.44
	合计	0.5293	130	1240	300.01
			乔木层		
1	米槠	2.5341	43	100	108.52
2	广东杜鹃	0.1789	32	100	31.34
3	日本杜英	0.0843	16	100	19.19
4	虎皮楠	0.0135	9	80	11.52
5	光叶石楠	0.0134	6	60	8.30
6	深山含笑	0.0311	4	60	7.67
7	孔雀润楠	0.0243	4	60	7.47
8	黄绵木	0.0168	4	60	7.24
9	银叶安息香	0.0082	4	60	6.98
10	腺萼马银花	0.0269	5	40	6.66
11	老鼠矢	0.0048	3	60	6.30
12	鼠刺	0.0069	5	40	6.06
13	雷公鹅耳枥	0.0053	4	40	5.43
14	甜槠	0.0785	2	20	4.99
15	美叶柯	0.0962	1	20	4.94
16	小叶青冈	0.0109	3	40	5.01
17	多花杜鹃	0.0357	4	20	4.87
18	长穗越桔	0.0115	2	40	4.45
19	亮叶厚皮香	0.0114	2	40	4.45
20	南烛	0.0057	2	40	4.27
21	三花冬青	0.0057	2	40	4.27
22	广东冬青	0.0031	2	40	4.20
23	枫香树	0.0491	2	20	4.11
24	薄叶润楠	0.0393	2	20	3.81
25	细柄五月茶	0.0025	2	20	2.71
26	青皮木	0.0133	1	20	2.45
27	槭属1种	0.0113	1	20	2.39
28	假青冈	0.002	1	20	2.11
29	厚皮香	0.001	1	20	2.08
30	油茶	0.0007	1	20	2.07
31	凹脉柃	0.0005	1	20	2.07
32	银木荷	0.0003	1	20	2.06
	合计	3.3271	172	1360	300.00

孔雀润楠 *Machilus phoenicis*　　银叶安息香 *Styrax argentifolius*

群落乔木层郁闭度较大，可达0.85，乔木层可分成3个亚层，从表9-11可知，乔木层有种类32种、172株，组成种类和株数均较多。第一亚层乔木高15~16m，胸径30cm左右，有种类3种、16株，覆盖度70%以上，以米槠占绝对优势，有14株，重要值指数246.37；甜槠和华润楠均是单株出现。第二亚层乔木高7.5~12m，胸径12~25cm，有种类7种、26株，其中有1种在上层乔木有分布，覆盖度25%，米槠仍占优势，有19株，重要值指数151.78；其他6种多数为单株出现，重要值指数均不大。第三亚层乔木高3~6m，胸径4~7cm，有种类29种、130株，其中有5种在上两层乔木有分布，覆盖度50%，比较突出的是广东杜鹃，有植株32株，重要值指数66.48；次为日本杜英和米槠，有植株15株和10株，重要值指数28.35和24.93；其他多数种类植株都不多，重要值指数均不大。从整个乔木层分析，米槠在第一和第二亚层均占绝对优势，是群落中最高大的乔木，因而它是群落的建群种；广东杜鹃性状是小乔木，只能作为下层乔木的优势种，在整个乔木层里，重要值指数不太大，排在第二，是符合它的性状的；日本杜英虽然是一种上层乔木，但目前尚属于一种进展型种群，还未进入到上层乔木空间，所以重要值指数不大；其他多数种类，一般是群落的偶见种，并有不少部分是群落受到破坏后侵入进来的，重要值指数都不大。

表 9-12　米槠－米槠－广东杜鹃－多种杜鹃－狗脊蕨群落灌木层和草本层种类组成及分布情况

序号	种名	多度盖度级					频度
		Ⅰ	Ⅱ	Ⅲ	Ⅳ	Ⅴ	（%）
	灌木层						
1	米槠	5	5	5	5	4	100
2	细柄五月茶	3	1	3			60
3	竹叶木姜子	1	1				40
4	土茯苓	1	2				40
5	矮小天仙果	1					20
6	杜茎山	1	1	3	2	3	100
7	鼠刺	3		3		3	60
8	栀子	1	2		2		60
9	扶芳藤	1	3			1	60
10	白蜡树	3	3				40
11	微毛柃	1					20
12	光叶海桐	1	3	1	3	3	100
13	虎皮楠	1	1	3	4	3	100
14	流苏子	3	1		3	3	80
15	广东杜鹃	1	1	5			60
16	银叶安息香	1	1				40
17	孔雀润楠	1		2		1	60
18	广东冬青	1			1	1	60
19	鸡血藤	1	1				40
20	日本杜英	1	1	3	3		80
21	三花冬青	1	1	1	1	3	100
22	青冈 1 种	1					20
23	茜草科 1 种	1	1				40
24	木通 1 种		1				20
25	阴香		3	1	1		60
26	老鼠矢		1	2	3	3	80
27	腺萼马银花		1	1	4		60
28	鹅掌柴		1				20
29	木荷		1	1			40
30	多花杜鹃		3	3	4	4	80
31	细枝柃		1	3		3	60
32	赤楠		2		1	1	60
33	毛竹		1				20
34	网脉木犀		1				20
35	冷饭藤		2		3	2	60
36	香叶树		2		3	2	60
37	茶		1				20
38	穗序鹅掌柴			4	3	1	60
39	胡颓子			1		1	40
40	假青冈			1			20
41	长穗越桔			1			20
42	木犀假卫矛		1				20
43	金花树			4			20
44	罗浮柿			1			20
45	凹脉柃			1			20
46	黄花倒水莲			1			20
47	黄棉木			2	3		40
48	罗浮槭			3			20
49	草珊瑚			2			20

（续）

序号	种名	多度盖度级					频度
		Ⅰ	Ⅱ	Ⅲ	Ⅳ	Ⅴ	（%）
50	鸡眼藤			2			20
51	黄丹木姜子			1	1	3	60
52	木犀榄			1		1	40
53	大花枇杷			1			20
54	长叶菝葜			1			20
55	尖叶粗叶木				1	3	40
56	疏花卫矛				3	2	40
57	九管血				1		20
58	网脉琼楠				1		20
59	黄樟				3	1	40
60	中华石楠				1		20
61	贵州杜鹃				4	5	40
62	越南安息香				1	1	40
63	细叶青冈				3	3	40
64	长叶石柯				1		20
65	青皮木				1	1	40
66	链珠藤				2		20
67	网脉酸藤子				2		20
68	藤黄檀				1		20
69	三叶木通				2	3	40
70	尖叶菝葜				3	2	40
71	甜槠					3	20
72	红花茶					1	20
73	光叶石楠					3	20
74	条叶猕猴桃					1	20
	草本层						
1	狗脊蕨	4	4	3	4	4	100
2	鳞毛蕨	2					20
3	兰草1种	3					20
4	毛果珍珠茅	2	3				40
5	窄叶沿阶草		2				20
6	狭叶莎草			3	2		40
7	中华艾纳香			1			20
8	多羽复叶耳蕨			1			20
9	宽叶莎草				3	2	40
10	蛇足石杉				2		20
11	狭顶鳞毛蕨				2		20
12	兔耳兰				2	2	40
13	草珊瑚				1	1	40

矮小天仙果 *Ficus erecta*　鸡血藤 *Millettia* sp.　胡颓子 *Elaeagnus* sp.　木犀假卫矛 *Microtropis osmanthoides*
黄花倒水莲 *Polygala fallax*　木犀榄 *Olea* sp.　长叶菝葜 *Smilax* sp.　尖叶粗叶木 *Lasianthus* sp.
疏花卫矛 *Euonymus laxiflorus*　网脉琼楠 *Beilschmiedia tsangii*　长叶石柯 *Lithocarpus* sp.　链珠藤 *Alyxia* sp.
尖叶菝葜 *Smilax arisanensis*　红花茶 *Camellia* sp.　条叶猕猴桃 *Actinidia fortunatii*　鳞毛蕨 *Dryopteris* sp.
狭叶莎草 *Cyperus* sp.　中华艾纳香 *Blumea* sp.　宽叶莎草 *Cyperus* sp.　蛇足石杉 *Huperzia serrata*
狭顶鳞毛蕨 *Dryopteris* sp.　兔耳兰 *Cymbidium lancifolium*

灌木层植物种类繁多，从表9-12可知，包括乔木幼树和藤本500m^{2}有74种，分布不均匀，一般覆盖度60%，高的可达85%，而低的仅有30%。以乔木的幼树米槠为优势，500m^{2}有337株，覆盖度占25%以上，其他常见的有多种杜鹃，如广东杜鹃、多花杜鹃、腺萼马银花、贵州杜鹃等，杜茎山、光叶海桐、虎皮楠等也常见。

草本层植物覆盖度不大，只有4%～10%，种类也不多，500m^{2}只有13种；以狗脊蕨为常见，其他的种类数量均较少。

建群种米槠更新良好，有幼苗201株，幼树337株，种群结构完整，是一种稳定型种群，可以长期保持在群落中的优势地位。

(3)米槠－米槠－腺萼马银花－杜茎山－狗脊蕨群落(*Castanopsis carlesii-Castanopsis carlesii* – *Rhododendron bachii* – *Maesa japonica* – *Woodwardia japonica* Comm.)

此群落分布于阳朔县兴坪镇大源进广源小坪，海拔970m，山坡，靠近山脊，坡向东，坡度35°。群落内有砍薪的痕迹，破坏严重，致使某些地段灌木和草本很少。在400m^{2}的样地内共有61种植物，其中乔木17种，灌木30种，草本9种，藤本5种。乔木层郁闭度0.9，仍可分成3个亚层，但第二亚层林木株数很少，似乎缺少第二亚层一样。

乔木第一亚层郁闭度0.8，树冠茂密，互相连接，树干通直，一般高18m左右，胸径不均一，一般在20cm、30cm、40cm三个等级左右，最粗达64cm，在400m^{2}范围内有植株32株，以米槠占绝对优势，有30株，另2株分别为甜槠和马尾松。第二亚层林木郁闭度0.25左右，植株很少，树冠互不连接，一般高13m，胸径18cm，在400m^{2}范围内有林木8株，以米槠占优势，有5株；另3株为甜槠和雷公鹅耳枥所有，分别为2株和1株。第三亚层林木种类比上2个亚层多，但亦不丰富，只有14种，植株虽然有52株，但胸径细小，树冠稀疏，所以郁闭度亦不大，约0.25，优势种不明显，以腺萼马银花稍多，有10株，岭南杜鹃和虎皮楠次之，都有7株，老鼠矢、米槠和雷公鹅耳枥也占有一定的株数，分别有6株和5株。

灌木层植物一般高1～2m，分布不均匀，有的地段数量很多，覆盖度可达90%，而有的地段数量很少，覆盖度只有25%。优势种为乔木米槠的幼树和真正的灌木腺萼马银花，前者400m^{2}范围内有植株358株，后者多度达Cop^1，常见的种类有岭南杜鹃、虎皮楠、杜茎山、油茶，其他的种类如毛冬青、三花冬青、长穗越桔、广东杜鹃、鼠刺、凹脉柃、光叶海桐、多花杜鹃等数量都很少。

草本层植物种类很少，分布很不均匀，尤其在灌木多的地方只有2%～3%的覆盖度，灌木少的地方成片分布，覆盖度可达75%。种类较常见的有狗脊蕨和里白，其他的种类，如芒萁、蕨、五节芒、宽叶沿阶草、九管血等数量很少。

藤本植物种类少，数量不多，攀缘不高，一般高度在灌木层的范围内，许多不攀缘，直立似灌木状。常见的种类有菝葜、流苏子、藤黄檀、鸡眼藤等。

群落建群种米槠更新良好，每层都有植株，且占优势，在400m^{2}样地内有幼树358株，幼苗890株，是一种稳定型种群，能长期保持在群落中的优势地位。

(4)米槠＋甜槠－硬壳柯－柏拉木－狗脊蕨群落(*Castanopsis carlesii* + *Castanopsis eyrei* – *Lithocarpus hancei* – *Blastus cochinchinensis* – *Woodwardia japonica* Comm.)

此群落见于上林县龙山自然保护区龙头山海拔800～1400m的地方，分布范围较广，面积亦较大。乔木层只有2个亚层，第一亚层林木高10～13m，覆盖度40%～50%，以米槠、甜槠、银木荷为主，零星出现的有栲、黄杞、红楠、小花红花荷。第二亚层林木高4～8m，组成种类比较复杂，大多是耐阴的种类，如硬壳柯、尖萼川杨桐、厚皮香、尖叶毛柃、多花杜鹃、香皮树、锈叶新木姜子、栲等。从整个乔木层分析，此群落是一种发展中的次生林，尚未形成第一亚层的林木，但常绿阔叶林乔木层的基本组成种类已经出现。灌木层植物种类繁多，生长茂密，覆盖度50%～60%，以上层乔木幼树占优势，如米槠、栲、黄杞、虎皮楠、网脉山龙眼、木竹子、红楠、日本杜英等最为常见。真正的灌木种类并不多，常见的有柏拉木、赤楠、尖叶粗叶木、栀子、杜茎山、草珊瑚、朱砂根等。草本层植物分布稀疏，覆盖度不到10%，常见的为狗脊蕨，次为五节芒、锦香草、淡竹叶、十字薹草等。藤本植物种类和株数都不多，种类有土茯苓、藤黄檀、尖叶菝葜等几种。

(5)米槠－米槠＋红楠－西施花－杜茎山－锦香草群落(*Castanopsis carlesii* – *Castanopsis carlesii* + *Machilus thunbergii* – *Rhododendron latoucheae* – *Maesa japonica* – *Phyllagathis cavaleriei* Comm.)

此群落分布于里骆林区海拔700～1300m山地山坡中上部，由于受到频繁干扰，群落组成种类比较简单，但上层林木仍保持较好，郁闭度0.9。乔木层林木还可分成3个亚层，第一亚层林木高20m左右，胸径 30～40cm，米槠占有明显的优势，常见的有甜槠、红楠、刺叶桂樱，局部地方可见到山桐子（*Idesia polycarpa*）的分布。第二亚层林木高 8～15m，胸径 10～20cm，种类较上层丰富，除米槠、红楠常见外，多花杜鹃、西施花最多，其他常见的有广东杜鹃、细枝柃、杨桐、台湾冬青（*Ilex formosana*）、西藏山茉莉、日本杜英、桂南木莲等，局部零星分布的有四川樱花（*Cerasus* sp）.、广东木瓜红（*Rehderodendron kwangtungense*）、贵州桤叶树、广东冬青（*Ilex kwangtungensis*）等。第三亚层林木高 4～7m，胸径 10cm 以下，种类组成比第二亚层还要丰富，西施花最多，多花杜鹃、广东杜鹃、细枝柃、台湾冬青次之，其他常见的有鸭公树、杨桐、油茶、凹脉柃、黄丹木姜子、西藏山茉莉、狗骨柴、日本杜英、薄叶山矾、毛桂等。从整个乔木层分析，米槠在上、中、下层林木和幼树、幼苗都较普遍，种群结构完整，可以长期保持在群落中的优势地位。

灌木层植物高 2m 以下，覆盖度 30%～40%，以上层乔木的幼树居多，如红楠、米槠、甜槠、广东杜鹃、西施花等。真正的灌木以杜茎山、朱砂根、柏拉木比较常见，零星分布的有红紫珠、尖叶粗叶木、山香圆（*Turpinia montana*）等。

草本层高 1m 以下，锦香草、镰叶瘤足蕨较多，狗脊蕨、阔叶沿阶草、华南鳞毛蕨、淡竹叶也常见。

藤本植物比较发达，常见的种类有流苏子、藤黄檀、三叶木通、条叶猕猴桃、东北蛇葡萄（*Ampelopsis glandulosa* var. *brevipedunculata*）、常春藤、南蛇藤、异形南五味子（*Kadsura heteroclita*）、网脉崖豆藤（*Callerya reticulata*）等。

（6）米槠＋木荷－黄杞＋黧蒴锥－海南罗伞树－金毛狗脊＋扇叶铁线蕨群落（*Castanopsis carlesii* + *Schima superba* – *Engelhardia roxburghiana* + *Castanopsis fissa* – *Ardisia quinquegona* – *Cibotium barometz* + *Adiantum flabellulatum* Comm.）

此类型在昭平、贺县有分布，由于人为破坏，只残存于沟谷两侧，面积很小。样地设在昭平县北部西坪附近，海拔 300m 的沟谷，母质为砂页岩，土壤为森林厚层红壤。

由于群落遭到破坏，因此林相和结构很不完整，组成种类简单，乔木只能分为 2 层。上层林木郁闭度 0.3，一般高 25m 左右，胸径一般 40cm 以上，干粗而挺直，米槠巨树可超于林冠之上，胸径可达 1m。种类组成以米槠、木荷为多，其他有罗浮锥、橄榄、黄杞等。第二亚层乔木高 8m 左右，干细直，生长密集，郁闭度约为 0.7。组成种类较上层丰富，以黄杞、黧蒴锥为优势，次为木荷和米槠，零星分布的种类有罗浮锥、亮叶猴耳环、鹅掌柴、黄樟、鸭公树、橄榄等。

灌木层植物种类较多，但大多为乔木的幼树，分布较稀疏，高 2m 左右，覆盖度约 30%。以海南罗伞树为优势，次为黧蒴锥，其他零星分布的有九节、草珊瑚、杜茎山、米槠、罗浮锥、短梗新木姜子、蜜茱萸、鹅掌柴、赤楠、鼠刺、大叶土蜜树等。

草本层种类组成简单，分布稀疏，不均匀，覆盖度除局部地段有 20% 外，一般都小于 5%。以高大的金毛狗脊和矮小的扇叶铁线蕨较常见，零星分布的有狗脊蕨、艳山姜等。

藤本植物种类有酸藤子、崖豆藤（*Callerya* sp.）、藤黄檀、南五味子（*Kadsura longipedunculata*）等，有的藤茎粗大，缠绕在树冠之上，悬挂于空中。

此类型乔木层林木优势种为中亚热带种类，但含有热带的种类，如橄榄，灌木层和草本层植物中，热带成分不少，这可视为南亚热带向中亚热带过渡的特点。

（7）米槠＋马蹄荷－网脉山龙眼－华西箭竹－狗脊蕨群落（*Castanopsis carlesii* + *Exbucklandia populnea* – *Hellicia reticulata* – *Fargesia nitida* – *Woodwardia japonica* Comm.）

本群落分布于贺县石月山，海拔 860m，由于受到较严重的干扰破坏，群落的外貌和结构已很不完整。乔木只有两层，上层林木高 18m，郁闭度尚大，达 0.7，以米槠为优势，马蹄荷常见。下层林木主要种类为网脉山龙眼，常见有鹅掌柴、虎皮楠等。零星分布的有山矾、冬青、柃木等种类。灌木层植物常见有华西箭竹、虎皮楠等，零星出现的有黄丹木姜子、冬青、尖萼川杨桐、毛序花楸、卫矛等。草本层植物组成种类简单，狗脊蕨常见，零星分布的有山菅、十字薹草等。

（8）米槠＋红锥－细枝柃－穗序鹅掌柴－春兰群落（*Castanopsis carlesii* + *Castanopsis hystrix* – *Eurya loquaiana* – *Schefflera delavayi* – *Cymbidium goeringii* Comm.）

本群落是广西和我国米槠林分布西界的一种类型，见于隆林县金钟山自然保护区，海拔 1600～

1700m 中山顶部，主要见于金钟山主峰一带。调查样地设在金钟山主峰海拔 1650m，坡向 ES20°，坡度 5°，土壤为森林山地黄壤。

群落郁闭度 0.9 以上，结构尚复杂，可分出乔木、灌木、草本三层，其中乔木层又分为 2 个亚层。

第一亚层林木高 35m 左右，胸径 15～105cm，郁闭度 0.9，林木高大，树干通直，枝下高较高，树冠连续。组成种类少，600m^2样地只有 4 种。米槠和红锥株数较多，共为优势种，重要值指数分别为 130.95 和 116.95；另外两种分别为厚斗柯和缺萼枫香树，株数只有 1 株或 2 株。第二亚层林木高 9m 左右，胸径 8～14cm，种类和株数更少。种类只有红锥、矩叶卫矛(*Euonymus* sp.)、细枝柃 3 种，株数只有少数几株，郁闭度 0.2，该亚层林木株数只占乔木层总株数 12.8%，基面积仅占乔木层基面积的 4.8%。从整个乔木层分析，米槠和红锥数量多，共为优势种，重要值指数分别为 118.15 和 116.51，林下分布有幼树，它们能保持目前这种地位。

灌木层植物高 0.3～1.2m，数量少，覆盖度只有 5%。种类也少，600m^2只有 5 种，多为乔木幼树，以红锥为优势，其他有文山润楠、穗序鹅掌柴、接骨木(*Sambucus williamsii*)、双花假卫矛。

草本层植物高 0.3～1.2m，数量更稀少，覆盖度小于 1%，几乎不成层，种类有七叶一枝花(*Paris polyphylla*)、春兰、山麦冬等。

(9)米槠－虎皮楠－鼠刺－狗脊蕨群落(*Castanopsis carlesii*－*Daphniphyllum oldhamii*－*Itea chinensis*－*Woodwardia japonica* Comm.)

本群落是一种破坏后恢复起来的幼年林，分布于灵川县大境乡海拔 820m 的低山上部，坡向北，坡度 30°，立地条件类型为发育在页岩上的山地黄壤。

群落总郁闭度 0.85，分乔木、灌木、草本三层。

乔木层高 6～10m，组成种类 10 多种，郁闭度 0.7，可分成 2 个层片。上层林片高 8～10m，以米槠和虎皮楠为多，混生有檫木、罗浮锥等；下层林片高 4～8m，虎皮楠为优势，常见的有米槠、赤杨叶、罗浮锥，零星分布的有山鸡椒、杨桐。

灌木层植物一般高 1.5～2.5m，覆盖度 60%。组成种类较丰富，真正的灌木除鼠刺外，还有细齿叶柃、岗柃、杜茎山、朱砂根等。常见的藤本植物有流苏子、余山胡颓子(*Elaeagnus* sp.)。乔木的幼树较多，除新木姜子较常见外，还有南岭山矾、栲、栓叶安息香、薄叶润楠等。

草本层植物生长较茂密，覆盖度达 60%，以狗脊蕨为优势，常见的有山姜和莎草。

本群落正处于向上发展阶段，若不再受到破坏，可以自然地形成以米槠为优势的稳定群落。

(10)米槠－黄杞－小叶大节竹－狗脊蕨群落(*Castanopsis carlesii*－*Engelhardia roxburghiana*－*Indosasa parvifolia*－*Woodwardia japonica* Comm.)

本群落是北热带季节性雨林垂直带谱山地常绿阔叶林的一个类型，分布于十万大山海拔 900m 以上的山地。根据海拔 1180m 的样地调查，群落郁闭度 0.9，乔木层有林木 20 种、54 株，可分为 2 个亚层。上层林木一般高 12～18m，胸径 10～24cm，有林木 9 种、28 株，以米槠为多，有 10 株，其次是五列木和黄杞，分别有 6 株和 4 株，单株出现的种类有尖萼川杨桐、阴香、光叶山矾、马蹄荷、银木荷等。下层林木一般高5～10m，胸径 4～8cm，有林木 15 种、26 株，以黄杞较多，有 5 株，其次是鼠刺，有 4 株，其他较重要的有多脉石栎(*Lithocarpus* sp.)、尖萼川杨桐、桤叶树、鱼篮柯、基脉润楠、竹叶木姜子等。灌木层植物覆盖度 50% 左右，有 20 种，以小叶大节竹占明显优势，其他常见的有阴香、罗汉松、马蹄参、罗浮柿、鱼篮柯、赤楠等，多数为乔木的幼树。草本层植物和藤本植物不太发育，种类极少，草本植物有狗脊蕨、十字薹草和扇叶铁线蕨，覆盖度不到 1%。

(11)米槠＋银木荷－米槠－西藏山茉莉＋广西杜鹃－厚叶鼠刺－狗脊蕨群落(*Castanopsis carlesii*＋*Schima argentea*－*Castanopsis carlesii*－*Huodendron tibeticum*＋*Rhododendron kwangsiense*－*Itea coriacea*－*Woodwardia japonica* Comm.)

本群落在桂北花坪自然保护区海拔 1100m 以下的山地有着广泛的分布，为该保护区主要的代表性植被类型。调查样地设在海拔 740m 和 860m 的山坡上，立地土壤为发育在砂页岩上的森林黄壤，地表枯枝落叶层厚约 2cm，林内湿润，受人为的影响较少，周围为森林群落所包围。

表 9-13 米槠＋银木荷－米槠－西藏山茉莉＋广西杜鹃－厚叶鼠刺－狗脊蕨群落乔木层种类组成及重要值指数

（样地号：Q47、Q23，样地面积：400m^2＋600m^2，地点：花坪林区，海拔：740m、860m）

序号	树种	基面积(m^2)	株数	频度(%)	重要值指数
			乔木Ⅰ亚层		
1	米槠	0.9988	5	40	53.49
2	银木荷	1.5915	4	30	51.61
3	水青冈	1.9949	3	10	42.1
4	山杜英	1.2832	2	20	34.5
5	阴香	0.2371	3	10	25.48
6	甜槠	0.4198	2	10	18.49
7	岭南槭	0.429	1	10	14.61
8	具柄冬青	0.3192	1	10	13.24
9	深山含笑	0.2916	1	10	12.89
10	五列木	0.2601	1	10	12.5
11	山矾科1种	0.1156	1	10	10.7
12	杨桐	0.09	1	10	10.38
	合计	8.0308	25	180	300
			乔木Ⅱ亚层		
1	米槠	1.1956	13	60	46.93
2	水青冈	0.8625	4	20	24.38
3	西藏山茉莉	0.3526	10	30	22.39
4	五列木	0.2835	7	30	17.84
5	虎皮楠	0.3087	4	30	15.14
6	细枝柃	0.1098	6	30	13.37
7	凯里杜鹃	0.1121	5	30	12.35
8	杨桐	0.2358	3	20	11.04
9	山矾科1种	0.2944	2	10	9.51
10	深山含笑	0.0718	3	30	9.44
11	黄杞	0.1249	3	20	8.86
12	薄叶润楠	0.0925	2	20	7.17
13	广西杜鹃	0.0922	2	20	7.16
14	腺叶桂樱	0.0303	3	20	7.01
15	海南树参	0.1085	2	10	5.87
16	短脉杜鹃	0.1024	1	10	4.68
17	鸭公树	0.0961	1	10	4.56
18	甜槠	0.0397	2	10	4.52
19	赤杨叶	0.0688	1	10	4.03
20	银木荷	0.0661	1	10	3.97
21	长叶石柯	0.065	1	10	3.95
22	华南桤叶树	0.0491	1	10	3.64
23	薄叶山矾	0.038	1	10	3.42
24	罗浮锥	0.0342	1	10	3.35
25	芬芳安息香	0.0314	1	10	3.29
26	长叶榕	0.0306	1	10	3.28
27	具柄冬青	0.0272	1	10	3.21
28	野柿	0.0272	1	10	3.21
29	蕈树	0.0254	1	10	3.18
30	厚叶鼠刺	0.0225	1	10	3.12
31	阴香	0.0225	1	10	3.12
32	樟叶泡花树	0.021	1	10	3.09
33	厚皮香	0.0145	1	10	2.96
34	光叶石楠	0.0121	1	10	2.91
35	长柄石柯	0.0079	1	10	2.83
36	瑞木	0.0072	1	10	2.82
37	拟桢楠	0.0061	1	10	2.8

（续）

序号	树种	基面积（m^2）	株数	频度（%）	重要值指数
38	广东冬青	0.0022	1	10	2.72
39	银钟花	0.0113	1	10	1.04
	合计	5.1038	94	620	298.14
			乔木Ⅲ亚层		
1	西藏山茉莉	1.0422	34	60	36.1
2	广西杜鹃	0.6016	70	90	35.2
3	厚叶鼠刺	0.4703	51	90	27.74
4	贵州杜鹃	0.6801	18	50	23.2
5	晚花吊钟花	0.0803	15	50	8.03
6	黄棉木	0.0493	12	70	7.68
7	细枝柃	0.0801	10	60	7.44
8	网脉山龙眼	0.0365	17	50	7.42
9	凯里杜鹃	0.0382	19	40	7.37
10	海南树参	0.1306	7	40	6.9
11	米槠	0.0367	11	60	6.61
12	五列木	0.0413	15	40	6.55
13	拟黄棉木	0.044	12	50	6.48
14	腺萼马银花	0.0519	12	30	5.59
15	黄丹木姜子	0.0293	10	40	5.13
16	野柿	0.1735	1	10	4.96
17	腺叶桂樱	0.0176	8	50	4.93
18	深山含笑	0.1041	3	30	4.81
19	甜槠	0.0035	7	40	3.83
20	广东冬青	0.0066	5	40	3.45
21	凹脉柃	0.0071	7	30	3.37
22	光叶石楠	0.0284	3	30	2.99
23	樟叶泡花树	0.0157	4	30	2.9
24	鸭公树	0.015	6	30	2.8
25	阴香	0.0092	4	30	2.75
26	黄杞	0.0168	3	30	2.71
27	杨桐	0.0132	3	30	2.62
28	越南安息香	0.0401	2	20	2.5
29	绿冬青	0.0079	3	30	2.49
30	马银花	0.0166	4	20	2.38
31	光叶冬青	0.011	3	20	2.02
32	薄叶润楠	0.0196	2	20	2.01
33	细柄五月茶	0.0057	3	20	1.9
34	亮叶厚皮香	0.0146	2	20	1.89
35	山龙眼山矾	0.0129	2	20	1.84
36	拟桢楠	0.0024	3	20	1.82
37	厚皮香	0.0064	2	20	1.69
38	罗浮锥	0.0045	2	20	1.64
39	大尖叶樟	0.0031	2	20	1.61
40	光叶山矾	0.003	2	20	1.61
41	芬芳安息香	0.0029	2	20	1.6
42	罗浮柿	0.0027	2	20	1.6
43	短梗新木姜子	0.0014	2	20	1.57
44	赤楠	0.0008	2	20	1.55
45	亮叶桦	0.0289	1	10	1.46
46	大叶杨桐	0.0225	1	10	1.31
47	半齿山矾	0.0113	2	10	1.26
48	马尾树	0.0184	1	10	1.21
49	中华安息香	0.0132	1	10	1.09

（续）

序号	树种	基面积(m^2)	株数	频度(%)	重要值指数
50	毛叶木姜子	0.0064	1	10	0.92
51	红皮山矾	0.0064	1	10	0.92
52	拟尾叶山茶	0.0049	1	10	0.88
53	拟阿丁枫	0.0049	1	10	0.88
54	假新木姜子	0.0049	1	10	0.88
55	华南青皮木	0.0049	1	10	0.88
56	罗浮槭	0.0038	1	10	0.86
57	大叶乌饭	0.003	1	10	0.84
58	木兰科1种	0.0028	1	10	0.83
59	拟短脉杜鹃	0.0026	1	10	0.83
60	银木荷	0.0025	1	10	0.83
61	疏花卫矛	0.002	1	10	0.82
62	苗山冬青	0.002	1	10	0.82
63	栀子	0.002	1	10	0.82
64	岭南槭	0.0017	1	10	0.81
65	短脉杜鹃	0.0016	1	10	0.8
66	轮叶樟	0.0016	1	10	0.8
67	大叶新木姜子	0.0016	1	10	0.8
68	虎皮楠	0.0012	1	10	0.8
69	山矾科1种	0.0012	1	10	0.8
70	中华杜英	0.0012	1	10	0.8
71	瑞木	0.0009	1	10	0.79
72	桢楠樟	0.0006	1	10	0.78
73	拟光叶栎	0.0006	1	10	0.78
74	拟乌饭	0.0002	1	10	0.77
75	光叶海桐	0.0002	1	10	0.77
	合计	4.1386	439	1860	299.1
			乔木层		
1	米槠	2.2312	29	90	22.1
2	广西杜鹃	0.6938	72	90	20.9
3	水青冈	2.8574	7	20	18.68
4	西藏山茉莉	1.3948	44	60	18.61
5	厚叶鼠刺	0.4928	52	90	16.16
6	银木荷	1.66	6	50	12.91
7	五列木	0.5849	23	60	10.35
8	贵州杜鹃	0.6801	18	50	9.38
9	山杜英	1.2832	2	20	8.68
10	细枝柃	0.1899	16	70	7.07
11	凯里杜鹃	0.1503	24	40	6.94
12	甜槠	0.463	9	50	6.87
13	深山含笑	0.4674	7	50	6.18
14	黄棉木	0.0493	12	70	5.54
15	网脉山龙眼	0.0365	17	50	5.47
16	晚花吊钟花	0.0803	15	50	5.37
17	海南树参	0.2391	9	50	5.22
18	杨桐	0.339	7	60	4.99
19	腺叶桂樱	0.0478	11	60	4.91
20	阴香	0.2688	8	40	4.76
21	拟黄棉木	0.044	12	50	4.62
22	虎皮楠	0.31	5	30	4.02
23	山矾科1种	0.4113	4	20	3.99
24	腺萼马银花	0.0519	12	30	3.78
25	岭南槭	0.4307	2	20	3.74

(续)

序号	树种	基面积(m^2)	株数	频度(%)	重要值指数
26	黄丹木姜子	0.0293	10	40	3.74
27	黄杞	0.1417	6	40	3.67
28	鸭公树	0.1111	7	30	3.23
29	薄叶润楠	0.1121	4	40	3.14
30	广东冬青	0.0088	6	40	2.9
31	具柄冬青	0.3465	2	10	2.81
32	凹脉柃	0.0071	7	30	2.63
33	樟叶泡花树	0.0367	5	30	2.44
34	光叶石楠	0.0405	4	30	2.28
35	拟桢楠	0.0085	4	30	2.1
36	芬芳安息香	0.0343	3	30	2.07
37	厚皮香	0.0209	3	30	1.99
38	野柿	0.2007	2	10	1.96
39	绿冬青	0.0079	3	30	1.92
40	马银花	0.0166	4	20	1.7
41	罗浮锥	0.0387	3	20	1.65
42	光叶冬青	0.011	3	20	1.49
43	越南安息香	0.0401	2	20	1.48
44	细柄五月茶	0.0057	3	20	1.46
45	短脉杜鹃	0.104	2	10	1.4
46	亮叶厚皮香	0.0146	2	20	1.33
47	山龙眼山矾	0.0129	2	20	1.32
48	大尖叶樟	0.0031	2	20	1.26
49	光叶山矾	0.003	2	20	1.26
50	罗浮柿	0.0027	2	20	1.26
51	短梗新木姜子	0.0014	2	20	1.25
52	赤楠	0.0008	2	20	1.25
53	赤杨叶	0.0688	1	10	1.02
54	长叶石柯	0.065	1	10	1
55	华南桤叶树	0.0491	1	10	0.91
56	半齿山矾	0.0113	2	10	0.87
57	瑞木	0.0081	2	10	0.85
58	薄叶山矾	0.038	1	10	0.84
59	长叶榕	0.0306	1	10	0.8
60	亮叶桦	0.0289	1	10	0.79
61	蕈树	0.0254	1	10	0.77
62	大叶杨桐	0.0225	1	10	0.75
63	马尾树	0.0184	1	10	0.73
64	中华安息香	0.0132	1	10	0.7
65	银钟花	0.0113	1	10	0.69
66	长柄石柯	0.0079	1	10	0.67
67	毛叶木姜子	0.0064	1	10	0.66
68	红皮山矾	0.0064	1	10	0.66
69	拟尾叶山茶	0.0049	1	10	0.65
70	拟阿丁枫	0.0049	1	10	0.65
71	假新木姜子	0.0049	1	10	0.65
72	华南青皮木	0.0049	1	10	0.65
73	罗浮槭	0.0038	1	10	0.65
74	大叶乌饭	0.003	1	10	0.64
75	木兰科1种	0.0028	1	10	0.64
76	拟短脉杜鹃	0.0026	1	10	0.64
77	疏花卫矛	0.002	1	10	0.64
78	苗山冬青	0.002	1	10	0.64

（续）

序号	树种	基面积(m²)	株数	频度(%)	重要值指数
79	栀子	0.002	1	10	0.64
80	轮叶樟	0.0016	1	10	0.63
81	大叶新木姜子	0.0016	1	10	0.63
82	中华杜英	0.0012	1	10	0.63
83	桢楠樟	0.0006	1	10	0.63
84	拟光叶栎	0.0006	1	10	0.63
85	拟乌饭	0.0002	1	10	0.62
86	光叶海桐	0.0002	1	10	0.62
	合计	17.2732	556	2280	300.44

岭南槭 *Acer tutcheri* 山矾科1种 *Symplocos* sp. 短脉杜鹃 *Rhododendron brevinerve* 长叶石柯 *Lithocarpus* sp.
长叶榕 *Ficus* sp. 长柄石柯 *Lithocarpus* sp. 拟桢楠 *Machilus* sp. 拟黄棉木 *Metadina* sp.
绿冬青 *Ilex viridis* 光叶冬青 *Ilex* sp. 山龙眼山矾 *Symplocos* sp. 大尖叶樟 *Cinnamomum* sp.
大叶杨桐 *Adinandra* sp. 半齿山矾 *Symplocos* sp. 中华安息香 *Styrax chinensis* 毛叶木姜子 *Litsea mollis*
红皮山矾 *Symplocos* sp. 拟尾叶山茶 *Camellia* sp. 拟阿丁枫 *Altingia* sp. 假新木姜子 *Neolitsea* sp.
大叶乌饭 *Vaccinium* sp. 拟短脉杜鹃 *Rhododendron* sp. 轮叶樟 *Litsea* sp. 桢楠樟 *Machilus* sp.
拟光叶栎 *Lithocarpus* sp. 拟乌饭 *Vaccinium* sp.

群落乔木层郁闭度0.7～0.9，可分成3个亚层，以第二亚层林木覆盖度最大，第三亚层林木覆盖度最小。从表9-13看出，1000m²样地统计，共有乔木种类86种、556株，种类和株数还是较多的。第一亚层林木高16～21m，从表9-13可知，1000m²样地有12种、25株，株数只占乔木层总株数的4.5%，但因为林木粗大，基面积差不多占了乔木层总基面积的一半。米槠虽然是该层主要的优势种，但重要值指数并不占绝对优势，株数有5株，重要值指数为53.49；该层的另外2个组成种类银木荷和水青冈，其中后者为落叶阔叶树，重要值指数分别为51.61和42.10，与米槠相差不大，因此该层实际上为共优种。其他的种类株数和重要值指数均很小。第二亚层林木高8～12m，1000m²样地有39种、94株，其中有10种在上层出现过。优势种较上层突出，米槠有13株，重要值指数为46.93，占据明显的优势；较重要的种类，如水青冈、西藏山茉莉、五列木3种，重要值指数只有24.38、22.39、17.84。多数种类株数和重要值指数均很小，不少种类为单株出现。第三亚层林木高3～7m，1000m²样地有75种、439株，其中有30种在上2个亚层出现过，是3个亚层中种类和株数最多的一个亚层，多数植株细小弯曲，树冠稀疏。本亚层优势种明显，但重要值指数不很大，以西藏山茉莉和广西杜鹃共为优势种，广西杜鹃株数虽然比西藏山茉莉多1倍强，但因为植株细小，重要值指数却不及西藏山茉莉，为35.2，西藏山茉莉为36.1；次优势种有厚叶鼠刺和贵州杜鹃，重要值指数分别为27.74和23.2，其他的71种，重要值指数都很小，均<10，其中26种重要值指数<1。综合整个乔木层分析，重要值指数很分散，其中>20的只有2种，10～20的有5种，5～10的10种，1～5的19种，1～2的18种，<1的32种。米槠在群落中种群有一定的数量，植株高大，在乔木第一和第二亚层都占优势，所以在乔木层中仍为优势种，但重要值指数只有22.10；广西杜鹃虽然不是高大的乔木，在上层不占优势，但它是乔木层中植株最多的种类，依靠众多的植株，使它的重要值指数达到20.90，排列第二；水青冈是群落中最高大的乔木，银木荷是常绿阔叶林重要的组成种类，但因为株数少，重要值指数只有18.68和12.91，排列第三和第六位；西藏山茉莉、厚叶鼠刺、五列木，都是常绿阔叶林中、下层常见的组成种类，目前是该群落中、下层的优势种，重要值指数分别排列第四、第五和第七位；其他重要值指数<10的多数种类，它们有的是群落组成的偶见种，有的虽然是群落常见的组成种类，甚至是重要的组成种类，但因为株数少或种群刚处于幼年阶段，所以重要值指数均不大。

表 9-14　米槠 + 银木荷 – 米槠 – 西藏山茉莉 + 广西杜鹃 – 厚叶鼠刺 – 狗脊蕨群落灌木层和草本层种类组成及分布情况

序号	种名	多度或盖度(%)或株数(幼树/幼苗)	出现频度(%)
		灌木层	
1	米槠	40/13(2) 25/12 29/10(8) 33/8(8) 26/16 15/1 5/0(2.5) 25/0(5) 12/0(8) 19/0(2)	100
2	厚叶鼠刺	6/2 1/0 11/1 13/4(1) 3/0 sol 4 3/0 sol 0/1	100
3	野木瓜	sol sol sol sol sol sol sol sol sol sol	100
4	中华杜英	6/0 2/0 2/0 3/0 1/0 1/0 3 9/2 4/4 4/0	100
5	黄丹木姜子	3/0 1/0 3/0 8 17/0 1/0 3/0 0/1 8/5(3) 0/15	100
6	杜茎山	sol sol sol sol sol sol 3 sol un	90
7	虎皮楠	2/3 sol 2/0 1/5 3/2 1/0 4 0/12 9/20	90
8	草珊瑚	sol sol sol sol sol sol 6 sol sol	90
9	细枝柃	un 1/0 1/0 1/0 un 8 4/0 1/0	80
10	鸭公树	8/2 6/2 0/6 9/0 4/0 4/6 0/4 5/0(4)	80
11	黄棉木	1/0 9/0 5/0 1/0 1 1/0 sol 4/0	80
12	凹脉柃	sol sol 2 4/0(3) sol 6/0(3) 2/0	70
13	广西杜鹃	1/0 1/0 4/0 14/0(1) 2/0 2/0 1/0	70
14	瑞木	0/1 10/6 2/0 2 8 6/0 3/1	70
15	大果卫矛	2/0 0/1 7 20/0(10) 15/0(10) 12(2) 2/0	70
16	光叶石楠	1/0 un 4 6/0 1/1 5/0(2) 5/0	70
17	越南安息香	2/0 2/0 2/0 0/1 1 1/0 0/2	70
18	小紫金牛	sol sol sol sol sol sol	60
19	薄叶润楠	34/10(1)6/32 38/2 30/16(2) 3/27	60
20	金花树	sol sp(7) sp(3) sol cop^1(8) sol	60
21	网脉山龙眼	29/0(2)17/8 52/0 7/0 14/0 10/2(4)	60
22	甜槠	4/0 5/0 9/0 7/2 1/0 15/2	60
23	土茯苓	sol sol sol sol sol un	60
24	拟鸭脚木	sol 1/0 sol un sol un	60
25	绿冬青	3/0 1/0 1/0 1/0 5	50
26	薄叶润楠	26/14 20/14 10/22 0/5 0/5	50
27	长叶石柯	1/0 2 8/0 1/0 7/0	50
28	老鼠矢	2/0 6/0 2/0 sol un	50
29	晚花吊钟花	un 15 6/0 12/0(10) 7/0(1)	50
30	香皮树	3/0 sol 1/0 0/1 2/0	50
31	深山含笑	2/0 2/0 1/0 2 3/0	50
32	黄杞	2/0 2/0 1 9/0 2/0	50
33	赤楠	sol 4/0 3/0 4/0 un	50
34	菝葜	sol sol sol sol sol 4	60
35	光叶海桐	sol 2/0 un un	40
36	凯里杜鹃	5/0 6/0 7/0 5/0	40
37	假菝葜	sol sol sol sol sol	50
38	刺叶桂樱	1/0 1/0 1 2/0	40
39	光粗叶木	sol 2/0 un sol	40
40	五列木	2/0 2/0 3/0 5/0	40
41	毛叶木姜子	2 6/0 3/9 0/3	40
42	轮叶樟	1 4/0 5/0 4/0	40
43	栀子	1 sol 2/0 sol	40
44	海南树参	1/0 un 2/0 2/0	40
45	百两金	sol un sol sol	40
46	腺萼马银花	1/0 13/0 1/0	30
47	光叶山矾	2/0 un 1/0	30
48	桂林槭	0/1 1/0 1/0	30
49	短柄新木姜子	0/2 3/0 0/3	30
50	藤黄檀	un sol sol	30
51	厚皮香	1/0 2 0/3	30
52	石斑木	0/2 1 1/0	30
53	银木荷	5 6/0 3/0	30

（续）

序号	种名	多度或盖度(%)或株数(幼树/幼苗)	出现频度(%)
54	樟叶泡花树	13/0 11/0 8/0(1)	30
55	饭甑青冈	1 4/0(1) 2/0 un	30
56	竹叶木姜子	39/1(5) 2/0 7/0	30
57	阴香	1/0 3/0 2/0	30
58	马银花	3 2/0 8/0(1)	30
59	长柄杜鹃	2/0 1/0	20
60	长叶榜	1/0 4/21	20
61	圆叶菝葜	sol sol	20
62	朱砂根	sol sol	20
63	锦竹	sol sol	20
64	山香圆	sol sol	20
65	拟桢楠	un 1/0	20
66	苦枥木	7/0(3) sp(4)	20
67	假荷木	3/0 1/0	20
68	流苏子	sol un	20
69	西藏山茉莉	3/0(1) 2/0	20
70	贵州杜鹃	1/0 4/0(2)	20
71	鸡矢藤	sol sol	20
72	半齿山矾	un 1/0	20
73	长叶榕	un 0/1	20
74	罗浮槭	sol 1/0	20
75	罗浮锥	0/3 1/0	20
76	大叶新木姜子	3/0 2/0	20
77	广东冬青	sol sol	20
78	杨桐	4/0	10
79	山胡椒	1/0	10
80	樟科 1 种	4/12	10
81	鼠李科 1 种	un	10
82	桢楠 1 种	un	10
83	络石	sol	10
84	三叶崖爬藤	sol	10
85	黑老虎	sol	10
86	腺叶桂樱	2/0	10
87	长叶钓樟	3/0	10
88	雷公鹅耳枥	2/0	10
89	毛茎粗叶木	un	10
90	灰皮冬青	un	10
91	杨桐 1 种	1/0	10
92	细柄五月茶	un 1	10
93	巴戟天	un	10
94	大叶钓樟	8	10
95	大叶卫矛	1	10
96	拟紫柄冬青	sol	10
97	毛绿樟	9	10
98	苗山冬青	1	10
99	短脉杜鹃	1	10
100	拟肉桂	sol	10
101	银钟花	1/0	10
102	爬藤榕	sol	10
103	中华槭	1/0	10
104	似桢楠	2/0	10
105	大果冬青	1/0	10
106	山山矾	1/0	10
107	东方古柯	1/0	10
108	华南青皮木	1/0	10
109	假黄树	sol	10

（续）

序号	种名	多度或盖度(%)或株数(幼树/幼苗)	出现频度(%)
110	酸藤子	sol	10
111	拟尾叶山茶	2/0	10
112	木竹子	2/0	10
113	山柃	0/2	10
114	槭	0/1	10
115	紫柄木姜子	1/0	10
116	桃叶珊瑚	sol	10
117	山龙眼山矾	5/0	10
118	棱果花	sol	10
119	罗浮柿	1/0	10
	草本层		
1	狗脊蕨	5 cop(10) 3 10 10 10 14 sol 10 sol	100
2	镰叶瘤足蕨	2 sp 2 4 3 6 sol 5	80
3	淡竹叶	sol sol sol 3 sol sol sol sol	80
4	薄叶卷柏	sol sol sol sol sol sol sol	70
5	中华里白	sol(2) sp 14 3 4 3 sol	70
6	蛇足石杉	sol sol sol sol sol sol sol	70
7	镰羽瘤足蕨	8 cop(12) 15 4 sol	50
8	圣蕨	sol sp(4) sol sol sol	50
9	山姜	sol sol un sol sol	50
10	沿阶草	sol sol sol sol	40
11	稀羽鳞毛蕨	sol sol sol sol	40
12	大莎草	sol sol un	30
13	似黄精	un sol un	30
14	小莎草	un sol sol	30
15	十字薹草	sol sol sol	30
16	小锦香草	8 2 2	30
17	倒挂铁角蕨	sol sol sol	30
18	变异鳞毛蕨	sol sol	20
19	玉竹	sol sol	20
20	锦香草	7 sol	20
21	紫花苦苣苔	sol sol	20
22	薯莨	sol sol	20
23	楮头红	sol sol	20
24	斜方复叶耳蕨	sol sol	20
25	蕨	3	10
26	地菍	sol	10
27	深绿卷柏	1.5	10
28	星蕨	sol	10
29	柔枝莠竹	sol	10
30	华中瘤足蕨	15	10
31	无盖鳞毛蕨	sol	10
32	迷人鳞毛蕨	sol	10
33	多羽复叶耳蕨	sol	10
34	中华复叶耳蕨	sol	10

拟鸭脚木 *Schefflera* sp.　假菝葜 *Smilax* sp.　百两金 *Ardisia crispa*　桂林槭 *Acer kweilinense*
长柄杜鹃 *Rhododendron* sp.　长叶栲 *Castanopsis* sp.　圆叶菝葜 *Smilax* sp.　假荷木 *Schima* sp.
三叶崖爬藤 *Tetrastigma hemsleyanum*　黑老虎 *Kadsura coccinea*　长叶钓樟 *Lindera* sp.　毛茎粗叶木 *Lasianthus* sp.
灰皮冬青 *Ilex* sp.　巴戟天 *Morinda officinalis*　大叶钓樟 *Lindera prattii*　大叶卫矛 *Euonymus* sp.
拟紫柄冬青 *Ilex* sp.　毛绿樟 *Meliosma* sp.　拟肉桂 *Cinnamomum* sp.　似桢楠 *Machilus* sp.
山山矾 *Symplocos* sp.　紫柄木姜子 *Litsea* sp.　桃叶珊瑚 *Aucuba chinensis*　山龙眼山矾 *Symplocos* sp.
似黄精 *Polygonatum* sp.　小锦香草 *Phyllagathis* sp.　变异鳞毛蕨 *Dryopteris varia*　薯莨 *Dioscorea* sp.
楮头红 *Sarcopyramis nepalensis*　星蕨 *Microsorum* sp.　无盖鳞毛蕨 *Dryopteris scottii*

灌木层植物分布不均匀，有的地段覆盖度高达75%，有的地段不到10%，多数地段覆盖度30%左右。包括幼树、藤本在内组成是比较复杂的，从表9-14可知，1000m^{2}样地有119种，以乔木的幼树为主，种类占1/2强。优势种是乔木的幼树米槠，有幼苗60株，幼树229株，出现频度100%，其他常见的乔木幼树还有中华杜英、黄丹木姜子、虎皮楠、鸭公树、广西杜鹃等。真正的灌木常见的有杜茎山、草珊瑚、细枝柃、凹脉柃、金花树等。常见的藤本植物有野木瓜（*Stauntonia chinensis*）、土茯苓、菝葜等（表9-14）。

草本层植物分布不均匀，有的地段覆盖度10%，有的地段覆盖度50%；种类组成不太复杂，1000^{2}样地有34种，以蕨类植物常见，有19种。优势种为狗脊蕨，覆盖度约10%，出现频度100%，局部覆盖度最大的有大瘤足蕨（*Plagiogyria* sp.）、镰羽瘤足蕨、中华里白，可达14%～15%，常见的种类有镰叶瘤足蕨、薄叶卷柏、淡竹叶等（表9-14）。

优势种米槠的更新是良好的，1000m^{2}样地有幼树229株，幼苗60株，出现频度100%，各级立木完整，因此，它是一种稳定型种群，可以长期保持在群落中的优势地位。目前乔木层组成种类更新良好或较好的种类还有甜槠、薄叶润楠、虎皮楠、中华杜英、黄丹木姜子、鸭公树等，它们都是乔木层常见的组成种类。目前乔木层次优势的种类广西杜鹃更新不太理想，发展下去可能会丧失其优势的地位，水青冈和西藏山茉莉也是目前乔木层次优势的种类，它们的更新最不理想，将来有可能被陶汰。目前还不是乔木层组成成分的乔木种类，没有哪一种的天然更新是良好的，发展下去，群落的优势成分和基本的组成种类是不会发生太大变化的。

（12）米槠＋栲－米槠＋南岭山矾－鼠刺＋南岭山矾－柏拉木－狗脊蕨群落（*Castanopsis carlesii* + *Castanopsis fargesii* – *Castanopsis carlesii* + *Symplocos pendula* var. *hirtistylis* – *Itea chinensis* + *Symplocos pendula* var. *hirtistylis* – *Blastus cochinchinensis* – *Woodwardia japonica* Comm.）

此群落在桂北灵川县九屋、大境、海洋、青狮潭等地分布广泛，常见于海拔800m左右的低山或中山上部，也可下延至海拔500m左右。样地设在海拔530m的坡面上，坡向北偏西10°，坡度36°；土壤为山地红壤或黄壤，成土母岩为砂岩，地表枯枝落叶层厚约2～4cm，覆盖度75%，半分解状态。

群落种类组成较复杂，600m^{2}样地内共有植物78种，其中乔木35种，灌木30种，草本11种，藤本3种。结构也较复杂，乔木层可分为3个亚层。

乔木第一亚层树高15～24m，胸径16～34cm，树干通直圆满，树冠基本连接，覆盖度75%。该亚层株数占乔木层总株数的20.3%，而胸高断面积却占乔木层总胸高断面积的75.2%，以米槠和栲占绝对优势，重要值指数分别为97.3和95.7；其他常见的种类还有南岭山矾、虎皮楠、鼠刺、亮叶厚皮香。乔木第二亚层树高8～14m，胸径4.5～18.7cm，树冠不连接，覆盖度25%。优势种不明显，较重要的为米槠和南岭山矾，重要值指数分别为39.8和23.2；其他常见的种类有鼠刺、栲、虎皮楠、黄丹木姜子、木竹子、双齿山茉莉等。乔木第三亚层树高4～7m，胸径3～7cm，本亚层株数最多，占乔木层总株数的47%，但树冠小，胸径细小，故覆盖度只有25%，胸高断面积只占乔木层总断面积的7.8%。优势种尚较明显，以鼠刺和南岭山矾最多，重要值指数分别为45和33.4；其他常见的种类有小果山龙眼、香皮树、香楠、杨桐、栓叶安息香等。

灌木层植物高1.2m以下，覆盖度50%，种类较丰富。以乔木的幼树最多，常见的有米槠、栲、罗浮锥、孔雀润楠、黄丹木姜子、小叶青冈等；真正的灌木种类也不少，常见为柏拉木、杜茎山、朱砂根。

草本层植物高1m以下，覆盖度30%，种类不多，主要以狗脊蕨、毛果珍珠茅、华南紫萁等为主，其他还有里白、深缘卷柏等。

藤本植物稀少，种类有链珠藤（*Alyxia* sp.）、流苏子、菝葜等。

（13）米槠－日本杜英－毛桂＋厚皮香－高良姜群落（*Castanopsis carlesii* – *Elaeocarpus japonicus* – *Cinnamomum appelianum* + *Ternstroemia gymnanthera* – *Alpinia officinarum* Comm.）

此种群落在桂北灵川县九屋有分布，见于海拔840m，中山山地的中上部，样地坡向北偏东40°，坡度35°，立地土壤为山地黄壤，枯枝落叶层厚20cm，覆盖度60%，半分解状态。

本群落为破坏后恢复起来的次生林，乔木层只有2个亚层。上层林木高8～9m，胸径8～9cm，株数少，覆盖度小，只有12%，树冠不连接，以米槠占绝对优势。下层林木高4～7m，胸径3～7cm，株数占乔木层总株数的94.1%，覆盖度45%，优势种为日本杜英和米槠，其他常见的种类有栓叶安息香、深山含笑、黄丹木姜子等。

灌木层植物种类较丰富，有23种，一般高0.8～2m，覆盖度55%以上。优势种为毛桂和厚皮香，常见的种类有柏拉木、冬青、赤楠、栀子、朱砂根等。

草本层植物覆盖度30%左右，种类组成较简单，仅5种，以高良姜占优势，其他还有五节芒、狗脊蕨、毛果珍珠茅。

本群落优势种米槠和日本杜英种群结构完整，具幼树、幼苗；林下其他的幼树幼苗分布均匀而密集，喜阴的灌木和草本开始形成，群落正向着顺方向演替前进。

(14)米槠－米槠－毛竹－鼠刺－狗脊蕨群落(*Castanopsis carlesii* – *Castanopsis carlesii* – *Phyllostachys edulis* – *Itea chinensis* – *Woodwardia japonica* Comm.)

此群落见于桂北灵川县灵田乡龙江村，海拔240m的低山下部，立地土壤为发育在砂岩母质上的红壤。本群落是原生林受到破坏后(在林内种毛竹)保存下来的一种残林，故组成种类包含有毛竹、落叶阔叶树等次生成分，但结构尚复杂，乔木层仍可分为3个亚层，总覆盖度75%左右。

乔木第一亚层树高16～18m，胸径35cm，株数占乔木层总株数的7%，胸高断面积占整个乔木层断面积的30%，种类只有米槠1种。第二亚层树高8～15m，林木株数占乔木层总株数的80%左右，以米槠占绝对优势，重要值指数达189.8；次优势种为樟，重要值指数46.9；其他的种类重要值指数都很小，如朴树、木荷、石斑木等。第三亚层树树高6～7.5m，植株比第二亚层少，只占乔木层总株数的15%，以毛竹占优势，重要值指数97.2；其次是山杜英、石斑木、米槠。

灌木层植物高0.5～3m，覆盖度65%，由于乔木层覆盖度不太大，林下光照较充足，故组成种类较丰富，除耐阴的种类外，喜光的种类也不少。上层乔木的幼树幼苗，如米槠、黄杞，在灌木层中密度最大，但在林缘，喜光的阳性树种占优势，如枫香树、赤杨叶、木荷、毛果巴豆等。真正的灌木种类也不少，以鼠刺和粗糠柴最多，其他还有杜茎山、小紫金牛、赤楠、栀子等。

草本层植物由于人为活动频繁，破坏严重，高只有0.4m，种类不多，常见有狗脊蕨、刺头复叶耳蕨等。

米槠在乔木3个亚层都有分布，在第一和第二亚层占优势，重要值指数达182.2，在林下更新层中的幼树幼苗也多，居于其他树种之首，种群结构完整，能长久地保持在群落中的优势地位。

(15)米槠＋栲－米槠－网脉山龙眼－粗叶榕－狗脊蕨群落(*Castanopsis carlesii* + *Castanopsis fargesii* – *Castanopsis carlesii* – *Hellicia reticulata* – *Ficus hirta* – *Woodwardia japonica* Comm.)

此种群落在桂北灵川县很常见。样地设在公平乡海拔700m的山坳处，坡向南偏西11°，坡度38°，立地土壤为山地红壤，枯枝落叶层厚3cm以上，覆盖度80%。

群落保存尚好，郁闭度0.85左右，种类组成较复杂，600m^{2}样地有植物93种，其中乔木38种，灌木45种，草本10种。

乔木层可分为3个亚层。第一亚层林木高19m以上，胸径14～20cm，覆盖度80%以上，树冠连接；以米槠为优势种，栲为次优势种，重要值指数分别为158和81，其他2种杉木和南岭山矾都是单株出现。第二亚层林木高8～14m，胸径11～22cm，覆盖度30%，树冠不连接，以米槠占绝对优势，重要值指数达113.5；常见的有甜槠，重要值指数24.4；其他的种类还有黄杞、阴香、虎皮楠、杜英等。第三亚层林木高5～7m，胸径5～7cm，植株数量较多，覆盖度达60%，但因为植株细小，虽然植株占乔木层总株数的50%，但胸高断面积只占乔木层总断面积的1%，优势种为网脉山龙眼，重要值指数36.1；其他常见的种类有米槠、鼠刺、甜槠、虎皮楠、日本杜英、深山含笑、基脉润楠等。

灌木层植物高0.7～2.0m，覆盖度55%，种类组成较丰富，有45种左右。常见的种类有粗叶榕、假卫矛(*Microtropis* sp.)、米碎花、青皮木、野黄桂、柏拉木、鹅掌柴、山胡椒、山乌桕等。

草本层植物较少，高0.2～1.0m，覆盖度30%，主要以狗脊蕨占优势，其他常见的种类有毛果珍珠茅、翠云草、深绿卷柏、里白、淡竹叶等。

优势种米槠在乔木3个亚层都有分布，而且在第一和第二亚层占绝对优势，林下幼树幼苗也很多，种群结构完整，能长久地保持在群落中的优势地位。

(16)米槠－米槠＋虎皮楠－罗浮柿－鼠刺－狗脊蕨群落(*Castanopsis carlesii* – *Castanopsis carlesii* + *Daphniphyllum oldhamii* – *Diospyros morrisiana* – *Itea chinensis* – *Woodwardia japonica* Comm.)

本群落是混生杉木的一种类型，分布在灵川县九屋黄梅村，海拔580m的山坡上，调查样地设在山坡上部，南坡，坡度25°，立地土壤为山地红壤，枯枝落叶层厚3cm以上。

群落总覆盖度达85%。乔木层可分为3个亚层，第一亚层林木高16～19m，覆盖度75%，米槠占据明显的优势地位，重要值指数达147.8；杉木次之，重要值指数为44.0；其他树种还有栲、虎皮楠、枫香树、锈叶新木姜子、野黄桂、南岭山矾、光叶山矾等。第二亚层林木以米槠和虎皮楠为优势，其他树种还有杉木、牛耳枫、米碎花、野黄桂、杨梅。第三亚层林木以罗浮柿和杉木为优势，其他树种还有栲、薄叶山矾、竹叶木姜子、杨梅、木荷、米槠等。

灌木层植物种类较少，高1.2～2m，覆盖度35%，真正的灌木以鼠刺、茶、赤楠、毛冬青、朱砂根、草珊瑚、杜茎山等较常见。乔木的幼树、幼苗较多，以米槠为主，其他还有杨桐、黄杞、南岭山矾、乐昌含笑(*Michelia chapaensis*)、竹叶木姜子、野黄桂等。

草本层植物种类和数量均少，覆盖度20%，种类除狗脊蕨外，还有淡竹叶等。

藤本植物茎纤细，主要有鸡眼藤、链珠藤。

本群落优势种米槠在乔木第一和第二亚层占优势，第三亚层常见，林下幼树、幼苗也很多，种群结构完整，可以长期保持在群落中的优势地位。而杉木虽然在各层有分布，但缺乏幼苗幼树，群落发展下去，杉木不但代替不了米槠的优势地位，而且还会被淘汰。

(17)米槠－米槠－鼠刺－芒萁群落(*Castanopsis carlesii* – *Castanopsis carlesii* – *Itea chinensis* – *Dicranopteris pedata* Comm.)

此群落是一个处于演替中期的类型，在桂北很常见。在灵川县九屋乡海拔750m的山地，对此群落进行了调查。调查样地设在山坡上部，坡向南偏东，坡度25°，立地土壤为中腐殖质厚层山地红壤，枯枝落叶层厚3cm。

乔木层郁闭度0.75，树干直，但分枝低，只有2个亚层。上层林木高8～11m，覆盖度30%，组成种类简单，以米槠占绝对优势，重要值指数241.37，其他还有黄杞、栲。下层乔木树高5～8m，优势种为米槠，重要值指数为114.3，次为黄杞，常见的种类有枫香树、马尾松、石灰花楸、木荷、野漆、赤杨叶等，阳性落叶阔叶树占有一定的比例。灌木层植物高1.5～2.5m，覆盖度50%左右，以乔木的幼树较多，常见的有米槠、黄杞，其他还有罴蒴锥、赤杨叶、罗浮柿、虎皮楠、枫香树。草本层植物种类少数量多，覆盖度达75%，以芒萁占优势，其他还有五节芒、狗脊蕨。

此群落米槠种群结构完整，只要加强保护，可以形成以米槠为优势的顶极群落。

(18)米槠－木荷－赤楠－里白群落(*Castanopsis carlesii* – *Schima superba* – *Syzygium buxifolium* – *Diplopterygium glaucum* Comm.)

这是一种处于演替中期的群落，在桂北很常见。在灵川县青狮潭水库的低山地带，对此群落进行了调查。样地设在海拔430m的坡面上，坡向北偏西，坡度29°，立地土壤为山地红壤，枯枝落叶层厚4cm。

群落总郁闭度0.85，乔木层组成种类简单，只有2个亚层，上层林木高8～12m，郁闭度0.75，以米槠为优势种，重要值指数为127.3；木荷为次优势种，重要值指数53.1；其他种类还有褐毛杜英(*Elaeocarpus duclouxii*)、虎皮楠、竹叶木姜子、杨梅、硬壳柯、山乌桕。下层林木高4～7m，以木荷和米槠为优势，其他种类还有虎皮楠、鹅掌柴、冬桃、黄杞、紫楠。灌木层植物稀少，覆盖度只有17%，高1.5～2.5m，以赤楠占优势，此外还有鼠刺、杜茎山、野牡丹、毛冬青、杜鹃等。

米槠种群结构完整，只要群落不受到破坏，会演替成以米槠为优势的顶极群落。

(19)米槠－米槠－海南罗伞树－狗脊蕨群落(*Castanopsis carlesii* – *Castanopsis carlesii* – *Ardisia quinquegona* – *Woodwardia japonica* Comm.)

本群落在中亚热带的南缘和南亚热带的北缘相接连的地区比较常见，在桂东北大桂山林区，此种群落分布在海拔600～700m的范围内，呈小片状分布。乔木层郁闭度0.8左右，400m^2样地有12种、66株，由于受到破坏，乔木层缺少中间层次，只有第一亚层和第三亚层。第一亚层林木高15～18m，胸径20～25cm，最大55cm，有18株，以米槠占绝对优势，有16株，其他还有木荷和枫香树各1株。第三亚层林木高4～8m，有48株，也以米槠占绝对优势，有36株，其他的种类还有木荷、厚皮香、鹅掌柴、鼎湖钓樟(*Lindera chunii*)、广东假木荷等。

灌木层植物种类较丰富，有50种，其中乔木幼树、幼苗24种，真正灌木26种，覆盖度55%～60%。乔木幼树以米槠最多，有247株，高0.3～3m，其次是厚皮香和鹅掌柴，各有58株和36株，其他的种类还有黄樟、山杜英、刨花润楠、芳稿润楠(*Machilus suaveolens*)。

草本层植物分布稀疏，覆盖度只有5%～10%，以狗脊蕨为主，中华复叶耳蕨、镰叶瘤足蕨等零星分布。

藤本植物不多，种类有藤黄檀、菝葜、云南肖菝葜(*Heterosmilax yunnanensis*)等。

(20)米槠－米槠－尖萼川杨桐－柏拉木－金毛狗脊群落(*Castanopsis carlesii* – *Castanopsis carlesii* – *Adinandra bockiana* var. *acutifolia* – *Blastus cochinchinensis* – *Cibotium barometz* Comm.)

是桂北地区保存较好的一种原生性群落，在九万山保护区分布较为普遍，一般见于海拔800m以下的低山或中山下部，在海拔680m的地方，对此群落进行了调查。样地所在地坡度较陡，达50°，坡向西南，立地土壤为花岗岩发育而成的山地红黄壤，地表常见岩石露头，枯枝落叶较多，分解不良。

群落覆盖度大，总覆盖度可达95%，结构较复杂，乔木层可分为3个亚层。乔木第一亚层树高15～18m，胸径17～25cm，覆盖度70%，$400m^2$样地有林木5种、17株，株数占整个乔木层总株数的22.1%，由于植株较粗大，基面积占整个乔木层基面积的63.8%，以米槠为主，有12株，重要值指数占本亚层重要值指数的63.8%，居于优势的地位；其次为红锥，重要值指数占本亚层重要值指数的12.3%；其他的种类还有罗浮柿、川桂、厚壳桂等。乔木第二亚层树高9～14m，胸径10～16cm，覆盖度40%，组成种类和株数较上层多，计有10种、21株；仍以米槠为优势种，重要值指数占本亚层重要值指数的28.6%；其次是厚壳桂，重要值指数占本亚层重要值指数的18.0%；红锥排第三，重要值指数占本亚层重要值指数的16.5%；其他的种类还有黄丹木姜子、川桂、黄杞、栎子青冈、栲、双齿山茉莉、尖萼川杨桐等。第三亚层林木高4～8m，胸径3～8cm，覆盖度50%，有林木16种、39株，株数占整个乔木层总株数的50.6%，但植株细小，基面积只占乔木层总基面积的5.7%，优势种为尖萼川杨桐，重要值指数占本亚层重要值指数的14.8%；次为厚壳桂，重要值指数占本亚层重要值指数的10.9%；其他常见的种类有小花红花荷、米槠、阔瓣含笑、基脉润楠、木竹子、东方古柯、深山含笑、贵州杜鹃等。

灌木层植物高1～3m，覆盖度30%，种类多为乔木的幼树，真正灌木以柏拉木为主，杜茎山、小叶五月茶(*Antidesma montanum* var. *microphyllum*)、常山、马桑绣球(*Hydrangea aspera*)、紫金牛等常见。

草本层植物高1m以下，覆盖度40%，种类少，但数量多，以金毛狗脊为优势，覆盖度可达20%～30%，常见的种类有阔鳞鳞毛蕨、中华里白、中华复叶耳蕨等。

藤本植物种类不多，常见的种类有菝葜、小果菝葜、蚌壳花椒(*Zanthoxylum dissitum*)等，偶可见到的种类有牛藤果(*Parvatia brunoniana*)、黄藤(*Daemonorops margaritae*)。

本群落的米槠种群结构完整，可以长期保持在群落中的优势地位。

(21)米槠－鼠刺－狗脊蕨群落(*Castanopsis carlesii* – *Itea chinensis* – *Woodwardia japonica* Comm.)

此种群落在桂北海洋山较常见，分布在海拔1000m以下的低山或中山山地，由于受到破坏，中下层林木较少，灌木层发达。立地土壤为砂岩、页岩、变质岩和花岗岩发育成的山地红壤或山地黄壤，枯枝落叶层厚4cm以上，呈半分解状态。乔木只有1层，林木高18m以上，郁闭度0.7～0.9，以米槠占绝对优势，其次为栲、罗浮锥、木荷、南岭山矾、虎皮楠、黄丹木姜子、黄杞、山杜英、广东冬青、薄叶润楠、杨桐等。灌木层植物种类组成复杂，有乔木的幼树和真正的灌木，前者如阴香、黄丹木姜子、香楠、小果山龙眼、小叶青冈、鼠刺、石斑木、网脉山龙眼等，后者如杜茎山、赤楠、毛冬青、多种柃木、草珊瑚、朱砂根等。草本层植物数量比较贫乏，但种类尚复杂，主要有狗脊蕨、光里白、华南紫萁、芒萁、刺头复叶耳蕨等，零星分布的有毛果珍珠茅、淡竹叶、山姜等，在潮湿的地方还见有卷柏和福建观音座莲(*Angiopteris fokiensis*)出现。藤本植物以木质的种类为主，如狭叶链珠藤、流苏子、鸡眼藤、黑老虎、土茯苓、菝葜、酸藤子等。

(22)米槠－滇琼楠－滇琼楠－小方竹－对叶楼梯草群落(*Castanopsis carlesii* – *Beilschmiedia yunnanensis* – *Beilschmiedia yunnanensis* – *Chimonobambusa convoluta* – *Elatostema sinense* Comm.)

是广西和我国米槠林分布西界的一种类型，见于桂西北岑王老山，呈小片状间杂在其他山地常绿阔叶林类型中。据岑王老山海拔1680m山坡上部$400m^2$样地调查，群落郁闭度0.85，共有林木19种、

60株。乔木层可分为3个亚层。第一亚层林木高16～25m，胸径35～50cm，最大可达70cm，覆盖度50%左右，种类不多，以米槠占优势，其他还有广东木瓜红、马尾树、薄叶润楠、罗浮柿、五裂槭等。第二亚层林木高8～15m，胸径8～20cm，最大可达43cm，覆盖度60%，以滇琼楠、假桂（*Cinnamomum* sp.）较多，常见的有薄叶润楠、贵州桤叶树、广东木瓜红等。第三亚层林木高4～7m，胸径10cm以下，覆盖度50%，以滇琼楠为优势，次为假桂，常见的有硬壳柯、卫矛、薄叶润楠、贵州桤叶树等。

灌木层植物种类较丰富，高2m以下，覆盖度60%，以小方竹为优势，其他多为乔木的幼树，常见的有米槠、鹅掌柴、薄叶润楠、广东木瓜红、滇琼楠、五裂槭等。

草本层植物覆盖度60%～90%，但组成种类不多，以对叶楼梯草为优势，次为鳞毛蕨（*Dryopteris* sp.）、花葶薹草，常见的有广东万年青、沿阶草、刺头复叶耳蕨、华中瘤足蕨、皱叶狗尾草（*Setaria plicata*）等。

藤本植物种类不多，种类有乌蔹莓、藤黄檀、土茯苓、崖豆藤（*Millettia* sp.）、络石等。

（23）米槠＋栲－米槠－硬壳柯－厘竹－宽叶楼梯草群落（*Castanopsis carlesii* + *Castanopsis fargesii* – *Castanopsis carlesii* – *Lithocarpus hancei* – *Pseudosasa* sp. – *Elatostema platyphyllum* Comm.）

该类型在桂西南德保黄连山保护区山地常绿阔叶林中有大面积的分布，为该地主要的和保存最好的森林类型，但次生性质仍比较明显。根据海拔1250～1560m的样地调查，群落郁闭度约0.8，乔木层可分为3个亚层。第一亚层林木高15～20m，胸径20～25cm，最大可达40cm，覆盖度50%左右，种类不多，以米槠和栲共为优势，其他还有罗浮锥、思茅锥（*Castanopsis ferox*）、薄叶润楠和落叶阔叶树木瓜红（*Rehderodendron macrocarpum*）、马尾树、灯台树。第二亚层林木高8～15m，胸径8～20cm，覆盖度60%，以米槠和毛枝栲（*Castanopsis* sp.）较多，其他较重要的还有薄叶润楠、竹叶木姜子、罗浮槭、香港四照花、大果山香圆、尾叶柃（*Eurya* sp.）、罗浮柿和落叶阔叶树贵州桤叶树、青榨槭等。第三亚层林木高4～7m，胸径10cm以下，覆盖度50%左右，以硬壳柯、华润楠、贵州桤叶树为多，其他零星分布的有鸭公树、五裂槭、罗浮柿等。灌木层植物种类较丰富，高3m以下，覆盖度60%左右，以厘竹为优势，真正的灌木种类有绣球（*Hydrangea* sp.）、柏拉木、白簕、榕属（*Ficus*）2种等，乔木的幼树较多，常见的有米槠、鹅掌柴、薄叶润楠、腺叶桂樱、五裂槭等。草本层植物覆盖度60%～70%，组成种类不太丰富，以宽叶楼梯草较多，其他还有耳蕨（*Polystichum* sp.）、凤仙花、薄叶卷柏、贯众、刚莠竹等。藤本植物种类不多，主要有冷饭藤、吊杆泡、藤黄檀、土伏苓等。

（24）米槠－米槠－山油柑－黑莎草群落（*Castanopsis carlesii* – *Castanopsis carlesii* – *Acronychia pedunculata* – *Gahnia tristis* Comm.）

此种类型是浦北县季节性雨林破坏后形成的一种次生植被，种类组成常含有热带成分。群落分布地一般是丘陵、台地，海拔较低，只有50～150m，受到的破坏相当严重。群落郁闭度0.9，林木层平均高10m左右，最高12m，胸径一般10cm左右，初步已经可以分成两个亚层，米槠在两个亚层都占优势，与其混生的种类有橄榄、木竹子、木荷、山油柑、黄杞、亮叶猴耳环、绒毛润楠、珠仔树等。灌木层植物发达，覆盖度80%，高2m以下，种类繁多。以米槠的幼树占优势，生长旺盛，次为山油柑、白花苦灯笼，常见的有海南罗伞树、九节、绒毛润楠、蜜茱萸、山竹子等。草本层植物不发达，高1m左右，覆盖度20%，以黑莎草较多，零星分布的有芒萁、扇叶铁线蕨、山菅、淡竹叶等。藤本植物不发达，种类稀少，攀援高度不高，种类有小叶红叶藤、锡叶藤、菝葜等。

（25）米槠－海南罗伞树－扇叶铁线蕨群落（*Castanopsis carlesii* – *Ardisia quinquegona* – *Adiantum flabellulatum* Comm.）

本类型也是浦北县季节性雨林破坏后形成的一种次生植被，林分年龄较大。群落郁闭度0.9，乔木层高15m以上，种类组成以米槠为优势，次为红锥、罗浮锥。灌木层植物较发达，覆盖度90%，种类丰富，以海南罗伞树和米槠的幼树共为优势，红锥的幼树也不少，真正的灌木种类还有九节、银柴、毛叶算盘子、黄毛五月茶、猪肚木（*Canthium horridum*）、龙船花等。草本层植物不发达，种类也不多，一般高20～30cm，覆盖度20%～30%，种类有扇叶铁线蕨、乌毛蕨、草珊瑚、半边旗、单叶新月蕨（*Pronephrium simplex*）、淡竹叶等。藤本植物见有锡叶藤、菝葜、小叶红叶藤、小叶买麻藤（*Gnetum parvifolium*）等零星分布。

2. 甜槠林(Form. *Castanopsis eyrei*)

以甜槠为优势的森林也是我国东部中亚热带地区常绿阔叶林的一种代表性类型，同样是广西境内分布相当广泛、十分重要的天然林类型之一。甜槠林同米槠林有着大致相同的分布范围，所在地的环境条件以及群落的外貌、结构和伴生种情况均很类似。但在南部，很少见它能像米槠那样，侵入到海拔700m以下低山丘陵植被破坏后形成的次生杂木林中，相反，它可以分布到海拔1300m以上的常绿落叶阔叶混交林中，成为群落的常见种甚至共优种，因而它更为喜欢山地温凉湿润的气候。

如同米槠一样，甜槠天然更新良好，种群结构完整。例如，在阳朔县进广源小坪海拔980m调查的一个400m^{2}的样地中，甜槠在林木第一、第二、第三亚层和幼树、幼苗中，分别有植株17、4、10和116、53株，属于稳定型种群。因此，只要不受到干扰和破坏，它能长期保持在群落中的优势地位。

甜槠林植物资源丰富，但多数主要分布在山区河流源头之处，是我区十分重要的水源林之一种，这些地区基本上已经建立了自然保护区。根据这种情况，甜槠林只能作为种质资源库来利用。

甜槠林主要有23个群落，现分别介绍如下。

(1)甜槠－广东杜鹃－腺萼马银花－西南绣球－狗脊蕨群落(*Castanopsis eyrei* – *Rhododendron kwangtungense* – *Rhododendron bachii* – *Hydrangea davidii* – *Woodwardia japonica* Comm.)

此类型在桂北比较常见，从海拔700m分布到海拔1300m。根据对贺州市滑水冲保护区此种类型的调查，群落郁闭度0.8～0.9，乔木层可分为3个亚层。第一亚层林木甜槠占有明显的优势，银木荷、红楠也占有一定的位置，零星出现的种类有马蹄荷和落叶阔叶树野漆和蓝果树。第二亚层林木分布较稀疏，种类不多，优势种不明显，常见的有广东杜鹃、甜槠、马蹄荷、大萼杨桐(*Adinandra glischroloma* var. *macrosepala*)、黄杞、青冈、深山含笑、日本杜英等。第三亚层林木种类较多，覆盖度60%左右，以腺萼马银花为优势，广东杜鹃也不少，其他常见的种类有甜槠、马蹄荷、刺毛杜鹃、亮叶杨桐、鼠刺叶柯(*Lithocarpus iteaphyllus*)、树参、多脉柃、显脉冬青和落叶阔叶树水青冈、雷公鹅耳枥、君迁子等。

灌木层植物覆盖度不大，只有30%，种类组成以上层乔木幼树居多，广东杜鹃、腺萼马银花、红楠、甜槠、鼠刺叶柯等常见，真正的灌木以西南绣球、粗叶悬钩子、鲫鱼胆最多，箬叶竹也不少，其他常见的种类有柏拉木、粗叶木、长尾粗叶木(*Lasianthus* sp.)、朱砂根、杜茎山、短柄紫珠、狭叶桃叶珊瑚(*Aucuba chinensis* var. *angusta*)等。

草本层植物分布稀疏，覆盖度不到10%，以狗脊蕨较多，零星出现的种类有十字薹草、华檑鼓艻(*Mapania sinensis*)等。

藤本植物种类不太多，只有灰毛崖豆藤(*Callerya cinerea*)、小木通(*Clematis armandii*)、土伏苓零星分布。

(2)甜槠－甜槠－鼠刺－杜鹃－毛果珍珠茅群落(*Castanopsis eyrei* – *Castanopsis eyrei* – *Itea chinensis* – *Rhododendron simsii* – *Scleria levis* Comm.)

本类型一般见于桂北山地，根据灵川县九屋乡海拔630m一片保存较好的林分600m^{2}样地调查，立地土壤土层厚，地表枯枝落叶层厚7cm，有机质含量丰富，生境条件较好，群落发育条件较为优越，群落总覆盖度85%，乔木层可分为3个亚层。

第一亚层林木高15～25m，20m以上大树较多，树干通直，树冠完整，覆盖度60%，甜槠占有较大的优势，重要值指数为117.5；次优势种为银木荷、米槠；常见的有虎皮楠、基脉润楠、水仙柯。第二亚层林木覆盖度30%，优势种仍为甜槠，重要值指数109.2；次优势种为虎皮楠、米槠、银木荷，重要值指数均为40；常见的种类有竹叶木姜子、水仙柯、锈叶新木姜子等。第三亚层林木覆盖度20%，树干弯曲，树冠不完整，优势种不明显，以鼠刺较多，重要值指数为58.0；次为水仙柯、基脉润楠；常见的种类有多花杜鹃、冬青、南岭山矾、深山含笑等。从整个乔木层分析，由于甜槠在第一和第二亚层林木均占优势，所以甜槠仍居优势的地位，重要值指数为92.4；次优势种为银木荷和米槠，重要值指数分别为35.7和34.9。

灌木层植物不发达，盖度只有15%，以乔木的幼树为主，常见有基脉润楠、甜槠、虎皮楠，真正的灌木常见为杜鹃、杜茎山、赤楠等。

草本层植物更不发达，盖度不到6%，毛果珍珠茅较多，其他还有淡竹叶、里白等。

藤本植物种类和数量都十分稀少，偶见链珠藤、菝葜等种类。

(3)甜槠＋蕈树＋马蹄荷－网脉山龙眼＋鳞毛蚊母树－鼠刺－杜茎山＋柏拉木－狗脊蕨群落(*Castanopsis eyrei* + *Altingia chinensis* + *Exbucklandia populnea* – *Helicia reticulata* + *Distylium elaeagnoides* – *Itea chinensis* – *Maesa japonica* + *Blastus cochinchinensis* – *Woodwardia japonica* Comm.)

分布于中亚热带姑婆山保护区海拔700～1000m的燕山期花岗岩山地，是一种发育得比较好的类型，种类组成很丰富。乔木可分为3个亚层，第一亚层林木高20m左右，覆盖度90%，以甜槠为优势，次优势的种类较多，有米槠、蕈树、马蹄荷和金毛柯，常见的种类有美叶柯、桂南木莲、木荷、硬壳柯、饭甑青冈、罗浮锥、深山含笑等。第二亚层林木高8～15m，覆盖度70%，优势种为网脉山龙眼和鳞毛蚊母树，常见的种类除上层的一些种类外，还有孔雀润楠、黄樟、山矾、鹅耳枥、虎皮楠、黄丹木姜子等。第三亚层林木高4～6m，覆盖度50%，种类组成很丰富，包括上层的一些种类多达20～30种，优势不突出，以鼠刺和多种杜鹃为主，如多花杜鹃、腺萼马银花、马银花、广东杜鹃、南岭杜鹃，此外，凹脉柃、细枝柃、红茴香(*Illicium henryi*)、光叶海桐、越南安息香、长毛杨桐、细柄五月茶、疏花卫矛、天料木(*Homalium cochinchinense*)、光叶山矾、东方古柯、齿缘吊钟花、新木姜子等也常见。

灌木层植物高3m以下，覆盖度50%，种类成分以乔木的幼树为多，其中网脉山龙眼和鼠刺成为该层的优势种。真正的灌木种类以杜茎山和柏拉木为优势，局部地段京竹也不少，常见的种类有杜鹃、赤楠、乌饭树、庐山石楠(*Photinia villosa* var. *sinica*)等。

草本层植物覆盖度30%～40%，种类组成丰富。以狗脊蕨为优势，次为淡竹叶，常见的种类以蕨类植物为多，例如镰叶瘤足蕨、镰羽瘤足蕨、华东瘤足蕨、多羽复叶耳蕨、中华复叶耳蕨、复叶耳蕨、倒挂铁角蕨、铁角蕨、剑叶铁角蕨、单叶双盖蕨(*Diplazium subsinuatum*)、迷人鳞毛蕨、黑足鳞毛蕨、稀羽鳞毛蕨、变异鳞毛蕨、光石韦(*Pyrrosia calvata*)、粤瓦韦(*Lepisorus obscurevenulosus*)、里白、中华里白等，非蕨类植物以秃柄锦香草、山姜常见。

藤本植物尚发达，种类以流苏子、网脉酸藤子为优势，常见的种类有藤黄檀、菝葜、南五味子、土伏苓等。

本群落有着与广西别的地区常绿阔叶林不同的特色，那就是第一亚层林木的金毛柯分布特多，它的叶背金黄色，夹杂在翠绿的林冠中，分外鲜红，远远就能辨别出来。由于它在第一亚层林木占的比例达到1/4～1/3，为群落的次优势种，所以不只是一小块呈金黄色，而是满山遍野的金黄色点缀其中，美丽至极。这种现象除大瑶山自然保护区内能见到外，花坪、猫儿山、九万山等保护区都没有见到这种现象，这或许是偏东又偏南地区部分常绿阔叶林特有的现象吧。

(4)甜槠－栲－甜槠－杜鹃－狗脊蕨群落(*Castanopsis eyrei* – *Castanopsis fargesii* – *Castanopsis eyrei* – *Rhododendron simsii* – *Woodwardia japonica* Comm.)

此类型在桂北低山地比较常见，根据灵川县九屋乡海拔600m对此种类型的调查，立地土壤土层厚1m以上，地表枯枝落叶层厚5cm，土壤有机质含量丰富，水湿条件较好，群落发育条件较为优越。在600m^{2}的样地中，群落总覆盖度90%，其中乔木层覆盖度85%，可分为3个亚层。

第一亚层林木高15～18m，覆盖度65%，树干通直，以甜槠占据明显的优势，重要值指数达144.83，其他常见的种类有虎皮楠、栲、栓叶安息香、枫香树等。第二亚层林木高8～14.9m，覆盖度15%，优势种为栲，重要值指数为71.84；其他的种类有甜槠、南岭山矾、虎皮楠、新木姜子等。第三亚层林木主要种类为甜槠和栲。从整个乔木层分析，甜槠重要值指数达93.37，牢居优势种的地位。

灌木层植物种类数量均不多，覆盖度25%，优势种为杜鹃和鼠刺，常见的种类为上层乔木甜槠、栓叶安息香、虎皮楠的幼树。

草本层几乎不成层，盖度不到5%，种类仅有狗脊蕨1种。

(5)甜槠－光叶山矾－光叶山矾－鼠刺－里白群落(*Castanopsis eyrei* – *Symplocos lancifolia* – *Symplocoslancifolia* – *Itea chinensis* – *Diplopterygium glaucum* Comm.)

此类型主要分布于桂北山地，据对灵川县九屋乡海拔700m的林地调查，立地土壤土层厚90cm以上，地表枯枝落叶层厚5cm，分解中等，土壤肥力较高。从600m^{2}样地调查可知，种类组成复杂，乔木层总覆盖度90%，可分为3个亚层。

第一亚层林木高 15 ~25m，覆盖度 75%，树干通直，甜槠占较大的优势，重要值指数几乎占 300 的一半，为 145.97；其他的种类还有光叶山矾、灰毛杜英(*Elaeocarpus limitaneus*)、天料木等。第二亚层林木高8 ~15m，覆盖度 55%，优势种为光叶山矾，次优势种为灰毛杜英，常见的种类有阴香、新木姜子、深山含笑等。第三亚层林木高 3 ~7m，覆盖度 45%，林木种类较多，但株数不多，树冠不完整，处于受压状态，优势种为光叶山矾，常见的种类有鼠刺、阴香、新木姜子、灰毛杜英等。从整个乔木层分析，甜槠虽然只在第一亚层林木占优势，但它是林中最高大的乔木，重要值指数为 84.79，排列第一，仍为群落的优势种。

灌木层植物覆盖度 35%，星散分布，组成种类较复杂，以乔木的幼树为主，占优势的是竹叶木姜子、黧蒴锥、密花树，真正的灌木种类以鼠刺和杜鹃常见。

草本层植物不发达，种类和数量均稀少，覆盖度不到 10%，以里白较常见，狗脊蕨、毛果珍珠茅有分布。

藤本植物只有海金莎 1 种。

(6)甜槠 - 黄杞 + 甜槠 - 竹叶木姜子 + 虎皮楠 - 笔管竹 - 里白群落(*Castanopsis eyrei* - *Engelhardia roxburghiana* + *Castanopsis eyrei* - *Litsea pseudoelongata* + *Daphniphyllum oldhamii* - *Bambusa* sp. - *Diplopterygium glaucum* Comm.)

本群落主要分布于桂北山地，见于灵川县三街镇海拔 530m 低山的此种类型，立地土壤为厚层红壤，枯枝落叶层厚3cm，有机质含量丰富，群落发育条件较为优越。从600m^{2}样地调查可知，群落覆盖度 95%，种类组成较丰富，乔木层可分 3 个亚层。

第一亚层林木高 16m，覆盖度 70%，树干通直，甜槠占绝对优势，重要值指数达 240.92，零星分布的有竹叶木姜子和杉木。第二亚层林木高 8 ~15m，覆盖度 40%，优势种为甜槠和黄杞，重要值指数分别为 69.08 和 60.54，常见的种类有虎皮楠、基脉润楠、竹叶木姜子等。第三亚层林木高 4 ~8m，覆盖度 30%，本层林木树冠不成形，树干弯曲，优势种不明显，以竹叶木姜子和虎皮楠稍多，重要值指数分别为 38.2 和 36.09；常见的种类有马银花、海桐、基脉润楠、红枝蒲桃(*Syzygium rehderianum*)等。从整个乔木层分析，甜槠占有较大的优势，重要值指数达 116。

灌木层植物覆盖度高达 95%，其中笔管竹占绝对优势，覆盖度达 90%，其他零星分布的种类有赤楠和乔木竹叶木姜子和新木姜子的幼树。

草本层植物种类和数量均稀少，覆盖度只有 5%，种类仅有里白和狗脊蕨。

(7)甜槠 - 甜槠 - 钩锥 - 五月茶 + 华西箭竹 - 狗脊蕨群落(*Castanopsis eyrei* - *Castanopsis eyrei* - *Castanopsis tibetana* - *Antidesma bunius* + *Fargesia nitida* - *Woodwardia japonica* Comm.)

此种类型见于大瑶山保护区，发育比较成熟，林木高大，但已受到破坏，竹子侵入，成为下层林木的优势种。根据金秀美村至江燕海拔 890m 处 600m^{2}的样地调查，地层为寒武系砂页岩，立地土壤为森林水化黄壤，土层较深厚，表土层厚 20cm 以上，灰黑色，枯枝落叶层厚 3 ~5cm，覆盖地面 80%，但地面碎石块较多，覆盖地面 40%。

表 9-15　甜槠 - 甜槠 - 钩锥 - 五月茶 + 华西箭竹 - 狗脊蕨群落乔木层种类组成及重要值指数

(样地号：瑶山 27 号，样地面积：20m×30m，地点：金秀县美村至江燕途中，海拔：890m)

序号	树种	基面积(m^2)	株数	频度(%)	重要值指数
			乔木Ⅰ亚层		
1	甜槠	3.398	10	83.33	226.3044
2	山槐	0.229	1	16.67	26.0483
3	榜	0.1521	1	16.67	24.0804
4	南酸枣	0.132	1	16.67	23.5683
	合计	3.9111	13	133.33	300.0014
			乔木Ⅱ亚层		
1	甜槠	0.1709	2	33.33	66.4156
2	青榨槭	0.1257	1	16.67	40.9919
3	钩锥	0.0415	1	16.67	24.7092

（续）

序号	树种	基面积（m^2）	株数	频度（%）	重要值指数
4	新木姜子	0.0346	1	16.67	23.3713
5	交让木	0.0314	1	16.67	22.748
6	栲	0.0227	1	16.67	21.0604
7	瑶山梭罗树	0.0227	1	16.67	21.0604
8	黄樟	0.0227	1	16.67	21.0604
9	中华杜英	0.0177	1	16.67	20.0874
10	黄枝润楠	0.0154	1	16.67	19.6465
11	日本杜英	0.0113	1	16.67	18.8559
	合计	0.5166	12	200	300.007
			乔木Ⅲ亚层		
1	钩锥	0.0447	4	50	53.5218
2	栲	0.0156	4	66.67	39.6837
3	中华杜英	0.024	3	33.33	33.1752
4	四角柃	0.0107	4	33.33	28.2847
5	广东山胡椒	0.0133	2	16.67	19.0572
6	深山含笑	0.0113	1	16.67	14.5073
7	日本杜英	0.0095	1	16.67	13.3881
8	竹子	0.0039	2	16.67	13.2664
9	腺叶桂樱	0.005	1	16.67	10.6143
10	金叶含笑	0.005	1	16.67	10.6143
11	甜槠	0.0038	1	16.67	9.8844
12	黄丹木姜子	0.0038	1	16.67	9.8844
13	苦枥木	0.0038	1	16.67	9.8844
14	网脉山龙眼	0.0028	1	16.67	9.2518
15	南国山矾	0.0028	1	16.67	9.2518
16	交让木	0.002	1	16.67	8.7165
17	雷公鹅耳枥	0.002	1	16.67	8.7165
	合计	0.1641	30	400	301.703
			乔木层		
1	甜槠	3.5727	13	83.333	114.2631
2	栲	0.1904	6	66.667	25.3116
3	钩锥	0.0862	5	66.667	21.2254
4	中华杜英	0.0416	4	50	15.8716
5	四角柃	0.0107	4	33.333	12.6336
6	交让木	0.0334	2	33.333	9.4915
7	山槐	0.229	1	16.667	9.3699
8	日本杜英	0.0208	2	33.333	9.2178
9	南酸枣	0.132	1	16.667	7.2575
10	青榨槭	0.1257	1	16.667	7.119
11	广东山胡椒	0.0133	2	16.667	6.4895
12	竹子	0.0039	2	16.667	6.286
13	新木姜子	0.0346	1	16.667	5.1366
14	瑶山梭罗树	0.0227	1	16.667	4.8766
15	黄樟	0.0227	1	16.667	4.8766
16	黄枝润楠	0.0154	1	16.667	4.7175
17	深山含笑	0.0113	1	16.667	4.6286
18	腺叶桂樱	0.005	1	16.667	4.4918
19	金叶含笑	0.005	1	16.667	4.4918
20	黄丹木姜子	0.0038	1	16.667	4.4661
21	苦枥木	0.0038	1	16.667	4.4661
22	网脉山龙眼	0.0028	1	16.667	4.4439
23	南国山矾	0.0028	1	16.667	4.4439
24	雷公鹅耳枥	0.002	1	16.667	4.425
	合计	4.4662	55	650	300.0009

乔木层覆盖度达90%，可分成3个亚层。第一亚层林木一般高17~18m，最高可达20m，基径一般粗45~65cm，最粗可达95cm，覆盖度70%；从表9-15可知，种类组成以甜槠占绝对优势，该亚层有林木13株，甜槠占10株，重要值指数达226.3，甜槠也主要分布在林木第一亚层，整个乔木层共有甜槠13株，第一亚层就占了10株。第二亚层林木高8~14m，基径17~23cm，最粗40cm，覆盖度30%；该亚层林木株数只有12株，是3个亚层林木株数最少的亚层，似乎缺少了乔木第二亚层，种类组成有11种，其中有2种在第一亚层出现过，除甜槠有2株外，其他10种均为单株出现，甜槠基径又粗，重要值指数最大，为66.4；青榨槭虽然只有1株，但基径粗，重要值指数排第二，为41.0；其他各种重要值指数均小，在19~24之间。第三亚层林木高5~7m，基径5~7cm和10~12cm较多，覆盖度60%，有17种、30株，为3个亚层种类和株数最多的一个亚层，重要值指数最大的种类有钩锥、栲、中华杜英和四角柃，分别为53.5、39.7、33.2和28.3，其余的种类重要值指数均小于20。从整个乔木层分析，甜槠是群落中最高大的乔木，株数又最多，重要值指数仍占绝对的优势，为114.3；钩锥、栲和中华杜英是常绿阔叶林常见的优势种，但在群落中作为主要伴生种出现是常有的现象，它们的重要值指数分别只有25.3、21.2、15.9，是符合目前作为伴生种的地位的；四角柃只是第三亚层林木的优势种，在整个乔木层中，它的重要值指数是不大的；其他的种类，有的是群落受到干扰后入侵的阳性树种，如山槐、南酸枣、青榨槭、苦枥木、雷公鹅耳枥；有的是常绿阔叶林常见种的幼树，如日本杜英、新木姜子、黄枝润楠、深山含笑、腺叶桂樱、网脉山龙眼、黄丹木姜子；有的是常绿阔叶林偶见种的幼树，如黄樟、金叶含笑、瑶山梭罗树(*Reevesia glaucophylla*)、南国山矾，这些种类重要值指数都很小。

表9-16　甜槠-甜槠-钩锥-五月茶+华西箭竹-狗脊蕨群落灌木层和草本层种类组成及分布情况

序号	种名	多度盖度级						频度	更新(株)	
		Ⅰ	Ⅱ	Ⅲ	Ⅳ	Ⅴ	Ⅵ	(%)	幼苗	幼树
					灌木层					
1	五月茶	4	4	4	5	4	4	100.0		
2	华西箭竹	4	2	4	5	4	4	100.0		
3	草珊瑚	3	4	4	4	4	4	100.0		
4	东方古柯	4	2	4	3	3	3	100.0		
5	虎皮楠	4	4	1	3	3	3	100.0		
6	钩锥	4	4	4	4	4	4	100.0	11	72
7	网脉山龙眼	2	4	2	5		3	83.3	2	41
8	青榨槭	2	3	2	3		3	83.3	9	8
9	黄丹木姜子		3	3	3	4	3	83.3	1	17
10	南国山矾	4	4	4	4		4	83.3	2	24
11	山鸡椒		4	2	3	2	4	83.3		
12	细枝柃	2	2	3	2			66.7		
13	猴欢喜		3	1		1	3	66.7		
14	毛锥			3	4	4	4	66.7		
15	甜槠	4		4		4		50.0	37	69
16	星毛鸭脚木	1			1		1	50.0		
17	栀子	3		3			3	50.0		
18	油杉	1	3		1			50.0		
19	山麻风树				4	4	4	50.0		
20	深山含笑	3					3	33.3		
21	栲	4	3					33.3	4	53
22	腺叶桂樱			3			3	33.3		3
23	刺毛杜鹃	3			1			33.3		
24	黄杞	3		3				33.3		
25	丁香杜鹃	3		3				33.3		
26	细齿叶柃	3			3			33.3		
27	香楠		3	3				33.3		
28	三峡槭		3				2	33.3		
29	台湾毛楤木		1			1		33.3		

（续）

序号	种名	多度盖度级						频度	更新(株)	
		Ⅰ	Ⅱ	Ⅲ	Ⅳ	Ⅴ	Ⅵ	(%)	幼苗	幼树
30	刺叶桂樱		1	3				33. 3		
31	花楸				1		1	33. 3		
32	光叶海桐				1		1	33. 3		
33	毛八角枫					1	1	33. 3		
34	南酸枣					1		16. 7		1
35	黄樟						2	16. 7		6
36	亮叶桦	2						16. 7		
37	广东杜鹃	3						16. 7		
38	罗浮槭	3						16. 7		
39	大果卫矛	2						16. 7		
40	南烛		3					16. 7		
41	西南山茶		2					16. 7		
42	山杜英		1					16. 7		
43	蓝果树		2					16. 7		
44	罗浮柿		1					16. 7		
45	基脉润楠			2				16. 7		
46	木荷			1				16. 7		
47	冬青				2			16. 7		
48	樟叶泡花树						2	16. 7		
49	大果木姜子						3	16. 7		
50	日本粗叶木						1	16. 7		
51	广东新木姜子						1	16. 7		
52	中华杜英								3	2
	草本层									
1	狗脊蕨	3	3	2	3	2	2	100. 0		
2	寒兰	1		1	2		2	66. 7		
3	山姜	2		2	2	2		66. 7		
4	毛果珍珠茅			3		1		33. 3		
5	叶底红			2				16. 7		
6	伏石蕨				2			16. 7		
7	山菅				1			16. 7		
8	友水龙骨					2		16. 7		
9	五节芒						1	16. 7		
10	中华复叶耳蕨						+	16. 7		
	藤本植物									
1	密齿酸藤子	sol	sol	sol	sol			66. 7		
2	菝葜	sol		sol	sol	sol	sol	83. 3		
3	鸡眼藤	sol		sol		sol		50. 0		
4	长柄地锦			sol	sol	sol	sol	66. 7		
5	冷饭藤					sol	sol	33. 3		
6	野木瓜						un	16. 7		
7	流苏子	sol			sol			33. 3		

星毛鸭脚木 *Schefflera minutistellata*　山麻风树 *Tupinia pomifera* var. *minor*　花楸 *Sorbus* sp.　毛八角枫 *Alangium kurzii*

灌木层植物比较发达，高 3m 以下，覆盖度 45% ~70%。从表 9-16 看出，种类组成比较复杂，计有 52 种之多，其中乔木的幼树不少，真正的灌木以五月茶、华西箭竹、草珊瑚、东方古柯为优势；乔木的幼树以甜槠、钩锥、虎皮楠、栲、网脉山龙眼为多。

草本层植物不发达，高 1m 以下，覆盖度不到 10%。从表 9-16 看出，种类组成简单，只有 10 种，较多的为狗脊蕨，次为寒兰(*Cymbidium kanran*)和山姜，其他星散分布的有毛果珍珠茅、叶底红、山菅等。

藤本植物种类和数量均不发达，较常见的为菝葜、密齿酸藤子、长柄地锦。

从表9-16林木更新调查可知，群落建群种和重要优势种更新良好，600m²样地内，建群种甜槠有幼树69株，幼苗37株，常见种栲、钩锥、网脉山龙眼，分别有幼树53株、72株和41株；幼苗4株、11株和2株。因此，甜槠能长期保持在群落中的优势地位，群落的主要组成种类是比较稳定的。

(8)甜槠－罗浮槭－罗浮槭－华西箭竹－蕗蕨＋岭南铁角蕨群落(*Castanopsis eyrei* – *Acer fabri* – *Acer fabri* – *Fargesia nitida* – *Mecodium badium* + *Asplenium sampsonii* Comm.)

此种类型受到一定程度的破坏(主要是择伐)，一般见于天然森林植被保存较多、较好的林区，例如大瑶山保护区。根据对金秀县圣堂山海拔1100 m此种类型调查的结果，群落的立地条件类型地层为寒武系砂页岩，土壤为森林黄壤，地面有大块岩石出露，枯枝落叶较多，分解良好。

表9-17　甜槠－罗浮槭－罗浮槭－华西箭竹－蕗蕨＋岭南铁角蕨群落乔木层种类组成及重要值指数

(样地号：瑶山73号，样地面积：600m²，地点：金秀县圣堂山南坡，海拔：1100m)

序号	树种	基面积(m²)	株数	频度(%)	重要值指数
			乔木Ⅰ亚层		
1	甜槠	1.0551	4	66.67	113.3351
2	栎子青冈	0.373	4	33.33	65.2839
3	光叶拟单性木兰	0.4185	1	16.67	35.1106
4	微毛山矾	0.159	1	16.67	23.7477
5	栓叶安息香	0.1257	1	16.67	22.286
6	泡叶龙船花	0.0908	1	16.67	20.759
7	罗浮槭	0.0616	1	16.67	19.4797
	合计	2.2837	13	183.33	300.0022
			乔木Ⅱ亚层		
1	罗浮槭	0.4842	20	100	96.7092
2	大果木姜子	0.088	3	50	22.9558
3	樟叶泡花树	0.1389	3	33.33	22.5194
4	栎子青冈	0.1364	2	33.33	20.0919
5	大花枇杷	0.0726	2	33.33	16.1634
6	薄叶梭罗树	0.1662	1	16.67	16.0813
7	西南香楠	0.0309	2	33.33	13.5944
8	赤楠	0.1075	1	16.67	12.4673
9	甜槠	0.0962	1	16.67	11.7707
10	海南树参	0.0804	1	16.67	10.7974
11	栓叶安息香	0.0355	2	16.67	10.3036
12	大头茶	0.0707	1	16.67	10.1983
13	罗浮柿	0.0452	1	16.67	8.6308
14	厚斗柯	0.0254	1	16.67	7.4116
15	泡叶龙船花	0.0201	1	16.67	7.0827
16	黄棉木	0.0154	1	16.67	6.7929
17	瑞木	0.0095	1	16.67	6.4295
	合计	1.6234	44	466.67	300.0003
			乔木Ⅲ亚层		
1	罗浮槭	0.071	8	50	43.7286
2	樟叶泡花树	0.0436	8	66.67	38.5069
3	西南香楠	0.0459	7	66.67	37.3013
4	瑞木	0.024	4	50	22.6033
5	大果木姜子	0.0196	3	50	19.4222
6	猴欢喜	0.0167	3	33.33	15.9021
7	深山含笑	0.0284	1	16.67	12.7863
8	榕叶冬青	0.0117	2	33.33	12.5622
9	五月茶	0.0079	2	33.33	11.4496
10	毛狗骨柴	0.0058	2	33.33	10.8592
11	栓叶安息香	0.007	2	16.67	8.4971
12	红花八角	0.0133	1	16.67	8.4268
13	黄丹木姜子	0.0067	2	16.67	8.4063
14	海南树参	0.0095	1	16.67	7.3369
15	薄叶梭罗树	0.0095	1	16.67	7.3369

（续）

序号	树种	基面积(m²)	株数	频度(%)	重要值指数
16	大花枇杷	0.0079	1	16.67	6.8601
17	厚皮香	0.005	1	16.67	6.0427
18	栎子青冈	0.0038	1	16.67	5.7021
19	大头茶	0.0038	1	16.67	5.7021
20	东方古柯	0.0028	1	16.67	5.4069
21	甜槠	0.002	1	16.67	5.1571
	合计	0.3459	53	616.67	299.9966
			乔木层		
1	罗浮槭	0.6168	29	100	50.6314
2	甜槠	1.1533	6	100	38.9707
3	栎子青冈	0.5133	7	83.33	22.3347
4	樟叶泡花树	0.1825	11	100	20.7327
5	西南香楠	0.0769	9	100	18.0013
6	大果木姜子	0.1076	6	100	15.9711
7	光叶拟单性木兰	0.4185	1	16.67	12.3458
8	瑞木	0.0335	5	66.67	11.7249
9	栓叶安息香	0.1682	5	50	11.7155
10	海南树参	0.0899	2	33.33	7.1239
11	黄棉木	0.0154	1	16.67	2.8667
12	大花枇杷	0.0805	3	50	9.4071
13	薄叶梭罗树	0.1757	2	33.33	9.1405
14	大头茶	0.0745	2	33.33	6.762
15	猴欢喜	0.0167	2	33.33	6.3202
16	微毛山矾	0.159	3	16.67	6.2443
17	榕叶冬青	0.0117	1	33.33	5.2846
18	五月茶	0.0079	2	33.33	5.1941
19	毛狗骨柴	0.0058	2	33.33	5.1461
20	赤楠	0.1075	1	16.67	5.0329
21	桃叶石楠	0.0908	1	16.67	4.6395
22	黄丹木姜子	0.0067	2	16.67	3.5791
23	罗浮柿	0.0452	1	16.67	3.5684
24	深山含笑	0.0284	1	16.67	3.1714
25	厚斗柯	0.0254	1	16.67	3.1031
26	泡叶龙船花	0.0201	1	16.67	2.9775
27	红花八角	0.0133	1	16.67	2.8168
28	厚皮香	0.005	1	16.67	2.6229
29	东方古柯	0.0028	1	16.67	2.5712
	合计	4.253	110	1266.67	300.0005

微毛山矾 *Symplocos wikstroemiifolia*　　泡叶龙船花 *Ixora nienkui*　　薄叶梭罗树 *Reevesia* sp.

林木层种类组成尚丰富，600m² 样地共有 29 种；结构复杂，可分成 3 个亚层。第一亚层林木高 15～24m，基径 28～50cm，最粗达 74cm，覆盖度 75%，从表 9-17 可知，林木种类和株数都较少，只有 7 种、13 株，但它们大多是高大的乔木，故基面积占了整个乔木层基面积的 53.7%，优势种明显，以甜槠为优势，有林木 4 株，重要值指数 113.3；栎子青冈为次优势，有林木 4 株，重要值指数 65.3；其他 5 种都是单株出现，重要值指数均不大。第二亚层林木高 8～12m，基径 14～24cm，覆盖度 45%，有林木 17 种、44 株，其中有 4 种在上层出现过；以罗浮槭占据明显的优势，株数有 20 株，几乎占了本亚层林木株数的一半，重要值指数 96.7，约占本亚层重要值指数的 1/3；其他的种类重要值指数都不大，达到 20 的只有栎子青冈、樟叶泡花树和大果木姜子 3 种，其他 13 种都在 20 以下。第三亚层林木高 4～7m，基径 5～13cm，覆盖度 30%，有林木 21 种、53 株，其中有 12 种在上 2 个亚层出现过，虽然本亚层林木株数最多，但因为冠幅小、植株细长，所以覆盖度、基面积均不大，基面积只占乔木层总基面积的 8.1%，优势种不太突出，重要值指数最多的罗浮槭、樟叶泡花树和西南香楠（*Aidia* sp.)，分别只有 43.7、38.5 和 37.3。从整个乔木层分析，优势种不突出，重要值指数显得较为分散，甜槠虽然在林木第一亚层占有明显的优势，由于在林木第二亚层和第三亚层各只有 1 株植株，所以重要值指数只排第二，为 39.0；罗浮槭株数最多，但它不是大高位芽植物，重要值指数虽然排列第一，亦只有 50.6，而且它在林木第一亚层重要值指数很小；其他 27 种林木，重要值指数大于 20 的有 2 种，10～20 之间的 5 种，小于 10 的 20 种。

表 9-18　甜槠－罗浮槭－罗浮槭－华西箭竹－蕗蕨＋岭南铁角蕨群落灌木层和草本层种类组成及分布情况

序号	种名	多度盖度级						频度	更新(株)	
		Ⅰ	Ⅱ	Ⅲ	Ⅳ	Ⅴ	Ⅵ	(%)	幼苗	幼树
	灌木层									
1	华西箭竹	9	8	9	9	8	9	100		
2	瑞木	3	2	2	2	3	3	100	1	18
3	黄丹木姜子	1	3	3	2	2	3	100		
4	樟叶泡花树	1	1		1	1	3	83.3		9
5	细柄五月茶	3	3	3		3	3	83.3		
6	刨花润楠	1	2	1		1		66.7		
7	南岭山矾			1	2	1	1	66.7		
8	罗浮槭	1	1			1	2	66.7	3	7
9	毛狗骨柴	2	3	2			4	66.7		13
10	栓叶安息香	+	2	1			1	66.7		6
11	云山青冈	3	1		2			50		
12	东方古柯	+			1	+		50		2
13	甜槠			2		3	2	50	11	5
14	西南香楠			1			1	33.3		3
15	薄叶桫椤树	+				5		33.3		3
16	密花树	2				2		33.3		
17	虎皮楠	1			2			33.3		
18	白背柯		+			+		33.3		
19	日本杜英		1				1	33.3		
20	大花枇杷					1	1	33.3		
21	光叶鸡屎树					2	2	33.3		
22	厚皮香						1	16.7		2
23	栎子青冈						2	16.7		3
24	青榨槭	1						16.7		
25	山杜英		1					16.7		
26	木荚红豆			2				16.7		
27	赤楠			3				16.7		
28	瑶山桫椤树			1				16.7		
29	厚斗柯			1				16.7		1
30	海南罗伞树					2		16.7		
31	腺叶桂樱					3		16.7		
32	海南树参					1		16.7		
33	基脉润楠					3		16.7		
34	广东新木姜子					1		16.7		
35	大叶青冈						2	16.7		
36	九节						2	16.7		
37	美叶柯						1	16.7		
38	草珊瑚		2					16.7		
39	毛八角枫		1					16.7		
	草本层									
1	蕗蕨	4	5	4	4		4	83.3		
2	岭南铁角蕨	4	4		4	5	4	83.3		
3	多羽复叶耳蕨	3	3		3	4	3	83.3		
4	羽裂星蕨	3	3	3	3	4		83.3		
5	褐叶线蕨	3	4		3	3		66.7		

（续）

序号	种名	多度盖度级						频度	更新(株)	
		Ⅰ	Ⅱ	Ⅲ	Ⅳ	Ⅴ	Ⅵ	(%)	幼苗	幼树
6	狭叶沿阶草		3	3		3	3	66.7		
7	狗脊蕨	3						16.7		
8	广东万年青		2					16.7		
9	中华锥花		2					16.7		
10	菊三七				1			16.7		
11	线蕨					2		16.7		
12	倒挂铁角蕨						4	16.7		
13	小田芥						4	16.7		
	藤本植物									
1	菝葜	sol	sol	sol	sol	sol	sol	100		
2	络石	sol	sol			sol	sol	66.7		
3	藤黄檀	sol	sol	sol			sol	66.7		
4	野木瓜	sol					sol	33.3		
5	南五味子	sol						16.7		
6	长柄地锦				sol			16.7		
7	冷饭藤						sol	16.7		
8	粗叶悬钩子		sol					16.7		
9	乌蔹莓		sol					16.7		

木荚红豆 *Ormosia xylocarpa*　褐叶线蕨 *Colysis wrighii*　中华锥花 *Gomphostemma chinense*　菊三七 *Gynura japonica*　线蕨 *Colysis elliptica*

灌木层植物发达，覆盖度80%～90%，种类组成尚复杂，从表9-18可知，有39种之多，组成种类多为乔木的幼树，真正灌木约有9种。以华西箭竹占绝对优势，覆盖度在70%～85%之间；除华西箭竹外，比较常见的有瑞木、黄丹木姜子、樟叶泡花树和细柄五月茶。

草本层植物不发达，分布不均匀，覆盖度一般25%，但有的地段只有5%、种类组成也比较简单，只有13种。比较常见的种类有蕗蕨、岭南铁角蕨、多羽复叶耳蕨、羽裂星蕨(*Microsorum insigne*)。

藤本植物数量稀少，种类也不多，从表9-18看出，只有9种，比较常见的种类是菝葜，次为藤黄檀和络石。

从表9-18看出，本群落的更新情况是不太理想的，主要原因可能是灌木层华西箭竹过密的缘故。但群落主要优势种甜槠、罗浮槭、樟叶泡花树、瑞木还是具有一定数量的幼树和幼苗，在较长的时间内，它们还能保持在群落中的优势地位。但从长远来看，若不能抑制华西箭竹的过渡繁殖，甜槠等优势种很可能不能保持在群落中的优势地位。

(9)甜槠－罗浮槭－罗浮槭－草珊瑚－间型沿阶草＋华中铁角蕨群落(*Castanopsis eyrei* – *Acer fabri* – *Acer fabri* – *Sarcandra glabra* – *Ophiopogon intermedius* + *Asplenium sarelii* Comm.)

此种类型一般见于天然林面积较大、较好的林区，如大瑶山保护区，群落已受到干扰，但保存尚好。根据大瑶山金秀大凳坪海拔1090m此种类型调查的资料，立地类型为泥盆系莲花山组红色砂岩，土壤为森林黄壤，土层浅薄，地表几乎全为裸石块所覆盖，裸石表面和石隙间有薄层的腐殖质层覆盖。

表9-19　甜槠－罗浮槭－罗浮槭－草珊瑚－间型沿阶草＋华中铁角蕨群落乔木层种类组成及重要值指数

（样地号：瑶山69号，样地面积：600m^2，地点：金秀县大凳坪，海拔：1090m）

序号	树种	基面积(m^2)	株数	频度(%)	重要值指数
	乔木Ⅰ亚层				
1	甜槠	4.1895	15	100	191.8145
2	蓝果树	0.8343	3	33.33	44.9655
3	深山含笑	0.1022	2	33.33	27.5535
4	大苗山柯	0.4185	1	16.67	20.2349
5	瑶山梭罗树	0.1452	1	16.67	15.4311
	合计	5.6897	22	200	299.9995

（续）

序号	树种	基面积（m^2）	株数	频度（%）	重要值指数
		乔木Ⅱ亚层			
1	罗浮槭	0.2362	7	83.33	99.6742
2	黄樟	0.2121	2	33.33	49.1029
3	深山含笑	0.1355	3	33.33	45.7482
4	甜槠	0.1134	1	16.67	25.405
5	腺叶桂樱	0.0415	1	16.67	17.0517
6	黄丹木姜子	0.038	1	16.67	16.6408
7	罗浮柿	0.038	1	16.67	16.6408
8	猴欢喜	0.0254	1	16.67	15.1801
9	虎皮楠	0.0201	1	16.67	14.5593
	合计	0.8603	18	250	300.0032
		乔木Ⅲ亚层			
1	罗浮槭	0.1323	8	50	67.064
2	黄丹木姜子	0.0306	7	83.33	44.9372
3	瑞木	0.0391	8	50	42.0443
4	海南树参	0.0804	1	16.67	27.9484
5	虎皮楠	0.0166	3	50	23.4898
6	瑶山梭罗树	0.0117	3	33.33	18.3357
7	罗浮柿	0.0159	2	16.67	13.1076
8	刨花润楠	0.0095	1	16.67	8.8988
9	钟花樱花	0.0079	1	16.67	8.4558
10	小果冬青	0.0064	1	16.67	8.055
11	日本杜英	0.0064	1	16.67	8.055
12	广东冬青	0.005	1	16.67	7.6963
13	东方古柯	0.005	1	16.67	7.6963
14	深山含笑	0.0028	1	16.67	7.1056
15	瑶山润楠	0.0028	1	16.67	7.1056
	合计	0.3723	40	433.33	299.9953
		乔木层			
1	甜槠	4.3029	16	100	95.2033
2	罗浮槭	0.3684	15	100	37.1158
3	黄丹木姜子	0.0686	8	83.33	21.86
4	蓝果树	0.8343	3	33.33	20.1495
5	深山含笑	0.2405	6	66.67	19.6697
6	瑞木	0.0391	8	50	17.0867
7	虎皮楠	0.0367	4	50	12.0516
8	瑶山梭罗树	0.1569	4	33.33	11.6147
9	黄樟	0.2121	2	33.33	9.9123
10	大苗山柯	0.4185	1	16.67	9.4702
11	罗浮柿	0.0539	3	33.33	8.8761
12	海南树参	0.0804	1	16.67	4.5857
13	腺叶桂樱	0.0415	1	16.67	4.0241
14	猴欢喜	0.0254	1	16.67	3.7915
15	刨花润楠	0.0095	1	16.67	3.5612
16	钟花樱花	0.0079	1	16.67	3.5374
17	小果冬青	0.0064	1	16.67	3.5158
18	日本杜英	0.0064	1	16.67	3.5158
19	广东冬青	0.005	1	16.67	3.4965
20	东方古柯	0.005	1	16.67	3.4965
21	瑶山润楠	0.0028	1	16.67	3.4647
	合计	6.9223	80	766.67	299.9993

乔木层可分成3个亚层，因有多处林窗，郁闭度只有0.75。第一亚层林木粗大，高16~22m，基径一般40~70cm，覆盖度70%，种类组成简单，从表9-19可知，600m^{2}样地只有5种，但株数尚多，有22株。以甜槠占绝对优势，有15株，重要值指数191.8，但它并不是群落中最高大的乔木，高只有16~18m，而且枝下高较低；排第二位的为落叶阔叶树蓝果树，有3株，重要值指数45.0，它是群落中最高大的乔木，高20~22m，枝下高较高；其他3种都是常绿阔叶乔木，重要值指数不大。第二亚层林木高10~14m，基径16~22cm，种类组成也较简单，有9种，其中2种在上层有分布，株数是3个亚层最少的，仅有18株，加以树冠小且稀疏，故覆盖度只有20%。优势种为罗浮槭，有7株，重要值指数99.7；常见的有黄樟和深山含笑，重要值指数分别为49.1和45.7；上亚层优势种甜槠在这里只有1株，重要值指数25.4，排第三；其他5种亦都是单株出现，重要值指数都不到20。第三亚层林木高4~7m，基径6~16cm，最粗的可达32cm，是3个亚层中种类和株数最多的一个亚层，有15种、40株，其中有5种在上2个亚层出现过，虽然株数多，占整个乔木层总株数的50%，但植株细小，基面积只占整个乔木层基面积的5.4%，同时冠幅小且稀疏，故覆盖度只有35%。优势种为罗浮槭，有8株，重要值指数67.1，次优势种为黄丹木姜子和瑞木，有7株和8株，虽然株数与罗浮槭相当，但因为植株比罗浮槭细小，故重要值指数只有44.9和42.0，甜槠在本亚层没有出现，剩下的12种，除虎皮楠、瑶山梭罗树和罗浮柿为2~3株外，其他均是单株出现，重要值指数都较小。纵观整个乔木层，甜槠虽然在林木第二亚层和第三亚层不占任何优势，但它在第一亚层占有绝对的优势，故在整个乔木层中仍占有明显的优势地位，重要值指数达95.2，排列第一；深山含笑是甜槠林常见的伴生种，罗浮槭、黄丹木姜子、瑞木是大瑶山林区甜槠林中、下层林木组成常见的优势种，在整个乔木层中，它们的重要值指数均不太大，是符合它们的性状的；蓝果树是阳性落叶阔叶高大乔木，它的树冠往往突出在林冠之上，它有可能是常绿阔叶林组成种类的固有落叶成分，亦有可能是甜槠林受到破坏后侵入进来的次生种，不管怎样，它只能在林窗里形成，成小团状分布，数量不太多，重要值指数不太大；其他的种类，有的是群落的偶见种，有的是乔木的幼树，有的是群落受到干扰后入侵的成分，它们的重要值指数均不大。

灌木层植物高0.5~3m，分布不均匀，覆盖度30%~55%，由于上层林木郁闭度不太大，种类组成丰富，从表9-20可知，600m^{2}样地有49种，但以乔木的幼树为主，约有34种，真正的灌木只有15种。乔木的幼树以瑞木、深山含笑、黄丹木姜子、罗浮槭、瑶山梭罗树、刨花润楠常见；真正的灌木以东方古柯、草珊瑚较常见。真正的灌木中有常绿阔叶林原有的成分，如东方古柯、草珊瑚、紫金牛、朱砂根、三花冬青等，但不少是侵入进来的成分，如红紫珠、毛八角枫、苦竹、白花灯笼、薄叶紫珠(*Callicarpa* sp.)等。

草本层植物高1m以下，分布不均匀，有的地段覆盖40%~50%，有的地段只有10%~20%，种类组成尚复杂，600m^{2}样地有16种。以华中铁角蕨为优势，次为吊石苣苔和间型沿阶草，其他常见的种类有镰叶瘤足蕨、江南星蕨、山姜等。

藤本植物种类较丰富，600m^{2}样地有14种之多，但数量不多，藤径细小。常见的种类有常春藤、银瓣崖豆藤和菝葜。

表9-20　甜槠－罗浮槭－罗浮槭－草珊瑚－间型沿阶草＋华中铁角蕨群落灌木层和草本层种类组成及分布情况

序号	种名	多度盖度级						频度	更新(株)	
		Ⅰ	Ⅱ	Ⅲ	Ⅳ	Ⅴ	Ⅵ	(%)	幼苗	幼树
	灌木层									
1	瑞木	5	4	5	4	5	2	100.0	95	26
2	深山含笑	4	4	4	3	2	4	100.0	41	9
3	毛叶木姜子	4	4	3	4	2	2	100.0	46	17
4	罗浮槭	5	4	3	4	2	2	100.0	40	6
5	瑶山梭罗树	3	4	4	4	4	1	100.0	38	11
6	刨花润楠	4	2	3	1	3	4	100.0		
7	东方古柯	2	1	1	2		1	83.3	8	
8	草珊瑚	3	4	2	4	2		83.3		
9	美叶柯	3	1		2	2		66.7		
10	甜槠	3		3		1		50.0	11	5

（续）

序号	种名	多度盖度级						频度	更新(株)	
		Ⅰ	Ⅱ	Ⅲ	Ⅳ	Ⅴ	Ⅵ	(%)	幼苗	幼树
11	紫金牛	3		2		2		50.0		
12	星毛鸭脚木	3				1	1	50.0		
13	基脉润楠		2		3		4	50.0		
14	虎皮楠	2	1					33.3	5	2
15	海南树参			1		3		33.3	4	
16	密花树	2		1				33.3		
17	青榨槭	+				+		33.3		
18	白花灯笼	1					2	33.3		
19	八角枫	1		1				33.3		
20	大花枇杷	3		1				33.3		
21	越南安息香		+				1	33.3		
22	木荷		3		4			33.3		
23	细柄五月茶			2		2		33.3		
24	阴香			1			2	33.3		
25	硬壳柯			2		2		33.3		
26	日本杜英		2					16.6	4	2
27	黄樟			2				16.6	3	
28	薄叶紫珠	3						16.6		
29	樟叶泡花树	1						16.6		
30	笔罗子	1						16.6		
31	粗壮润楠	1						16.6		
32	大新樟		4					16.6		
33	云山青冈		3					16.6		
34	大叶青冈		2					16.6		
35	木姜叶润楠		1					16.6		
36	朱砂根		2					16.6		
37	苦枥木		1					16.6		
38	半枫荷			1				16.6		
39	银木荷			1				16.6		
40	红鳞蒲桃			1				16.6		
41	山麻风树				2			16.6		
42	米槠				2			16.6		
43	三花冬青				1			16.6		
44	瑶山茶					2		16.6		
45	榕属 1 种					2		16.6		
46	苦竹						3	16.6		
47	毛八角枫						2	16.6		
48	红紫珠						1	16.6		
49	厚皮香						2	16.6		
	草本层									
1	间型沿阶草	2	3	2	3	3	1	100.0		
2	华中铁角蕨	4	4	3	4	4	4	100.0		
3	吊石苣苔	4	4	2	2	2	2	100.0		
4	镰叶瘤足蕨	6	5	4		4	4	83.3		
5	江南星蕨	3	5		5	5		66.7		
6	山姜	3			4		2	50.0		
7	淡竹叶	2	3		3			50.0		
8	广东万年青	3		1		2		50.0		
9	狗脊蕨		2		5		3	50.0		
10	攀援星蕨				4		2	33.3		
11	水龙骨科 1 种	4						16.7		
12	蕨 1 种	1						16.7		

（续）

序号	种名	多度盖度级						频度	更新(株)	
		Ⅰ	Ⅱ	Ⅲ	Ⅳ	Ⅴ	Ⅵ	(%)	幼苗	幼树
13	野茼蒿		1					16.7		
14	肾蕨		2					16.7		
15	五节芒		1					16.7		
16	蕨1种				3			16.7		
	藤本植物									
1	长春藤	sol	sp	sol	sol	sol	sol	100.0		
2	银瓣崖豆藤	sol	sol	sol	sol	sol	sol	100.0		
3	菝葜	sol	sol	sol	un	sol	sol	100.0		
4	长柄地锦	sol	sol	sol		sol	sol	83.3		
5	冠盖藤	sol	sp	sp	sol		sol	83.3		
6	抱石莲	sol	sol	sol	sol		sol	83.3		
7	临桂钻地风	sol	sol			sol	sol	66.7		
8	野木瓜	sol	sol			sol	sol	66.7		
9	短柱络石	sol		sol		sol	sol	66.7		
10	鸡眼藤	sol		sol				33.3		
11	网脉酸藤子		sol		un			33.3		
12	爬藤榕					sp	sp	33.3		
13	欧白英		sol					16.7		
14	定心藤				sol			16.7		

大新樟 *Neocinnamomum* sp.　攀援星蕨 *Microsorum* sp.　野茼蒿 *Crassocephalum crepidioides*　银瓣崖豆藤 *Millettia* sp.　冠盖藤 *Pileostegia viburnoides*　抱石莲 *Lepidogrammitis drymoglossoides*　短柱络石 *Trachelospermum brevistylum*　欧白英 *Solanum dulcamara*　定心藤 *Mappianthus iodoides*

从表9-20看出，群落更新是良好的，600m^{2}样地有35种林木的幼苗和幼树，其中现群落的乔木组成种类有11种，从整体看，还是以现群落的优势种更新最好。但现群落建群种甜槠更新不够理想，只有幼树5株和幼苗11株，更新最好的是下层乔木优势种瑞木和黄丹木姜子。甜槠更新不太好的原因可能是群落周围环境受到破坏所至，目前群落已有两面受到五节芒草丛和苦竹林所包围，苦竹已开始侵入到群落内，甜槠果实是居住在草丛和竹林的动物最喜欢的食料。

（10）甜槠－厚皮香－桂南木莲－华西箭竹－倒挂铁角蕨群落（*Castanopsis eyrei* – *Ternstroemia gymnanthera* – *Manglietia conifera* – *Fargesia nitida* – *Asplenium normale* Comm.）

这是一种受到严重砍伐的甜槠残林，甜槠只在上层有高大的植株，而中下层林木和幼苗幼树均缺乏。根据大瑶山保护区对此种类型调查的资料，样地位于中山山地顶部，海拔1520m，立地条件类型为发育于砂岩上的森林水化黄壤，地表枯枝落叶层覆盖100%，腐殖质层厚20cm以上，棕黑色，多树木和竹子的细根，心土黄色，土体多碎石粒。

林木生长繁茂，郁闭度0.8，林木层高低相差悬殊，尚可分为3个亚层。第一亚层林木高大，尤其甜槠和大果树参（*Dendropanax chevalieri*），高22～25m，胸径58～83cm，基径70～98cm，但种类和植株稀少，200m^{2}只有甜槠、大果树参、树参和五裂槭4种共5株，覆盖度40%，其中甜槠有2株，重要值指数138.5；其他3种都是单株出现，由于大果树参粗大，重要值指数65.8，排第二；树参和五裂槭分别为48.7和46.8，排列第三和第四。本亚层的甜槠已呈过熟状态，枯枝较多，叶稀少。第二亚层林木种类和数量比上个亚层多，200m^{2}有10种、19株，高8～10m，胸径8～15cm，覆盖度60%；组成上完全没有上个亚层林木的种类，以厚皮香为优势，有5株，重要值指数81.9；次优势为桂南木莲，虽然也有5株，但因为植株细小，重要值指数只有64.7，排列第二；其他8种，除赛山梅（*Styrax confusus*）和日本杜英重要值指数在26.3和22.4外，阴香、钝齿尖叶桂樱、野漆、云山青冈、总状山矾、尖萼毛柃（*Eurya acutisepala*）重要值指数均在10～20之间。第三亚层林木高5～7m，胸径4～7cm，是3个亚层种类和株数最多的一个亚层，有16种、36株，但因为植株细小，覆盖度不及第二亚层，为50%，组成上第一亚层林木的种类在本亚层没有出现，第二亚层林木的种类有5种在本亚层有分布，优势种为桂南木莲，有11株，重要值指数71.5；次为腺叶桂樱和总状山矾，分别有4株和5株，重要值指数38.7和35.4；其他种类还有大八角、轮叶木姜子、多花山矾、尖萼川杨桐、厚叶山矾、刨花润楠、广东新木姜子、青榨槭。纵观整个乔木层，第一亚层林木可能是被砍伐的群落残存下来的，第二亚层林木和第三亚层林木是砍伐后恢复起来的，所以种类组成不同，高度相差悬殊。残存的甜槠虽然只有2株，但因为粗大，重要值指数仍达50.2，排列第一；桂南木莲为砍伐后恢复起来的优势种，有16株之多，但因为植株还不够粗大，重要值指数只有40.5，排列第二；其他的种类多数是常绿阔叶林演替过程中出现的次生常绿阔叶树，少数是阳性落叶阔叶树，它们有的是下层林木的优势种或常见种，有的是偶见种，从整个乔木层来看，重要值指数均不会很大。

由于受到破坏，华西箭竹已经侵入成为灌木层的绝对优势种，覆盖度占95%以上，高2m，其他的种类数量稀少。乔木幼树有桂南木莲、阴香、腺叶桂樱、大八角、广东新木姜子、树参、黄牛奶树、鹿角锥、黄椿木姜子、樟叶泡花树、猴欢喜等；真正的灌木有柏拉木、日本粗叶木、朱砂根、中华卫矛。

在密集的箭竹层下，草本层植物十分稀少，几乎不成层，种类只有迷人鳞毛蕨和倒挂铁角蕨2种。

藤本植物常见有长柄地锦、菝葜、冷饭藤、网脉酸藤子、条叶猕猴桃、临桂钻地风、藤黄檀等种类，藤径一般3~5cm，最粗可达8~10cm，攀援高度一般在10m以上，最高可达18m，藤长超过20m。

立木更新的种类有桂南木莲、腺叶桂樱、日本杜英、山矾、狭叶木犀、樟叶泡花树、猴欢喜、黄牛奶树、大八角、厚皮香、显脉冬青、树参、鹿角锥、阴香、网脉木犀等，其特点之一是0.5m以下的幼苗极少，200m^2样地只有4株，而0.5m以上的幼树有38株，特点之二是多数种类为1~2株出现，唯有桂南木莲突出，有幼苗4株，幼树14株。

(11)甜槠-大果木姜子-甜槠-杜茎山-狗脊蕨群落(*Castanopsis eyrei* - *Litsea lancilimba* - *Castanopsis eyrei* - *Maesa japonica* - *Woodwardia japonica* Comm.)

这是一种受过采伐、恢复年代较久的过熟林，其特点是上层林木生长不良，已呈衰老状态，树干空心、断头和枯顶；林下各种乔木的幼树和阳性灌木不少；藤本植物发达，攀援到林冠之上。从苗儿山保护区对此种类型调查的资料可知，立地条件类型为发育于砂岩上的森林黄壤，土壤较潮湿，林内有伐桩和伐倒木。

表9-21 甜槠-大果木姜子-甜槠-杜茎山-狗脊蕨群落乔木层种类组成及重要值指数

(样地号：苗儿山2号，样地面积：600m^2，地点：兴安县苗儿山保护区，海拔：780m)

序号	树种	基面积(m^2)	株数	频度(%)	重要值指数
		乔木Ⅰ亚层			
1	甜槠	1.2384	6	33.33	77.9729
2	大果木姜子	0.081	6	66.67	44.2931
3	栲	0.3981	2	33.33	31.792
4	黄檀	0.1088	2	33.33	20.9916
5	米槠	0.2206	1	16.67	16.7007
6	君迁子	0.2124	1	16.67	16.3929
7	水青冈	0.1662	1	16.67	14.6691
8	蓝果树	0.0661	1	16.67	10.9312
9	猴欢喜	0.0452	1	16.67	10.1543
10	毛叶八角枫	0.0415	1	16.67	10.0165
11	朴树	0.0314	1	16.67	9.6383
12	华南桂	0.0254	1	16.67	9.4155
13	西藏山茉莉	0.0227	1	16.67	9.3129
14	红楠	0.0133	1	16.67	8.9611
15	木油桐	0.0079	1	16.67	8.7588
	合计	2.679	27	350	300.0007
		乔木Ⅱ亚层			
1	美叶柯	0.3318	1	16.67	60.6055
2	大果木姜子	0.042	7	66.67	55.6774
3	甜槠	0.0535	2	33.33	26.6276
4	华南桂	0.0131	3	33.33	24.5242
5	小叶青冈	0.0755	1	16.67	20.8668
6	西藏山茉莉	0.0452	1	16.67	16.1794
7	罗浮柿	0.0314	1	16.67	14.0367

（续）

序号	树种	基面积(m²)	株数	频度(%)	重要值指数
8	栲	0.0113	1	16.67	10.9199
9	厚皮香	0.0113	1	16.67	10.9199
10	钩锥	0.0095	1	16.67	10.6399
11	黄棉木	0.0064	1	16.67	10.1529
12	虎皮楠	0.005	1	16.67	9.9459
13	多脉柃	0.005	1	16.67	9.9459
14	瑞木	0.0028	1	16.67	9.605
15	米槠	0.0013	1	16.67	9.3615
	合计	0.6451	24	333.33	300.0083
乔木Ⅲ亚层					
1	甜槠	0.164	3	50	114.9726
2	大果木姜子	0.0103	3	50	36.8221
3	香楠	0.0032	2	33.33	22.6904
4	短梗新木姜子	0.0028	2	33.33	22.5007
5	瑞木	0.002	2	33.33	22.0512
6	鼠刺	0.0038	1	16.67	12.4838
7	黄棉木	0.0033	1	16.67	12.2141
8	钩锥	0.002	1	16.67	11.525
9	香楠	0.002	1	16.67	11.525
10	米槠	0.0013	1	16.67	11.1654
11	细枝柃	0.0013	1	16.67	11.1654
12	华南桂	0.0007	1	16.67	10.8858
	合计	0.1966	19	316.67	300.0016
乔木层					
1	甜槠	1.4559	11	66.67	65.5757
2	大果木姜子	0.1333	16	83.33	37.2816
3	栲	0.4094	3	50	22.2976
4	米槠	0.2231	3	33.33	14.8786
5	华南桂	0.0392	5	50	14.6396
6	美叶柯	0.3318	1	16.67	12.9811
7	黄檀	0.1088	2	33.33	10.2021
8	君迁子	0.2124	1	16.67	9.5882
9	西藏山茉莉	0.0679	2	33.33	9.0421
10	瑞木	0.0048	3	33.33	8.6771
11	水青冈	0.1662	1	16.67	8.2765
12	黄棉木	0.0097	2	33.33	7.3874
13	香楠	0.0032	2	33.33	7.2039
14	短梗新木姜子	0.0028	2	33.33	7.1933
15	小叶青冈	0.0755	1	16.67	5.7
16	蓝果树	0.0661	1	16.67	5.4323
17	钩锥	0.0115	2	16.67	5.3105
18	猴欢喜	0.0452	1	16.67	4.8411
19	毛叶八角枫	0.0415	1	16.67	4.7363
20	朴树	0.0314	1	16.67	4.4485
21	罗浮柿	0.0314	1	16.67	4.4485
22	红楠	0.0133	1	16.67	3.9332
23	厚皮香	0.0113	1	16.67	3.8775
24	木油桐	0.0079	1	16.67	3.7793
25	虎皮楠	0.005	1	16.67	3.699
26	多脉柃	0.005	1	16.67	3.699
27	鼠刺	0.0038	1	16.67	3.6655
28	香楠	0.002	1	16.67	3.612
29	细枝柃	0.0013	1	16.67	3.5919
	合计	3.5208	70	783.33	299.9996

群落郁闭度0.8以上，林木层可分为3个亚层。第一亚层林木以高15m、20m、24m的植株较多，最高可达30m，胸径最小10cm，最粗89cm，一般30cm左右，种类组成较丰富，植株较多，从表9-21可知，有15种、27株，是3个亚层种类和株数最多的一个亚层。以甜槠为优势，有6株，重要值指数78.0；大果木姜子为次优势，虽然也有6株，但因为胸径较小，重要值指数只有44.3；剩余13种，除栲和黄檀(*Dalbergia hupeana*)各有2株外，其他均为单株出现。第二亚层林木高8～12m，胸径11cm左右，最粗65cm，种数与上亚层一样，同为15种，其中有6种在上个亚层出现过，株数比上个亚层略少，为24株，但基面积不到上个亚层的1/4。优势种为美叶柯，重要值指数60.6，它只有1株植株，但胸径粗达65cm，是第二亚层胸径最大的林木；次优势种为大果木姜子，有7株，重要值指数55.7，比美叶柯略少；其他13种重要值指数都较小，其中20～30的有甜槠、华南桂(*Cinnamomum austrosinense*)、小叶青冈，10～20的有6种，不到10的有4种。第三亚层林木高5～7m，胸径4～6cm，有12种、19株，其中有7种在上2个亚层出现过，是3个亚层种类和株数最少的1个亚层，由于胸径小，其基面积只占乔木层总基面积的5.6%。以甜槠占有明显的优势，重要值指数达115.0；重要值指数较大的还有大果木姜子、香楠、短梗新木姜子、瑞木，分别为36.8、22.7、22.5、22.1；其他7种重要值指数都很小，在10～13之间。从整个乔木层分析，植株最多的是甜槠和大果木姜子，分别有11株和16株，甜槠的株数虽然比大果木姜子少，但它是乔木中最粗大的林木，所以重要值指数仍最大，为65.6，排列第一；大果木姜子胸径较小，虽然排列第二，但重要值指数亦只有37.3。栲、米槠、西藏山茉莉、瑞木、短梗新木姜子、钩锥、红楠、虎皮楠、鼠刺、细枝柃，它们虽然是常绿阔叶林乔木层的优势种，但是，它们并不都是作为优势种出现，所以，有的时候，它们的重要值指数也不大。华南桂、美叶柯、君迁子、小叶青冈、黄棉木、香楠、猴欢喜、厚皮香等，它们是常绿阔叶林常有的偶见种，数量一般不会太多，所以重要值指数往往不会很大。水青冈、蓝果树、朴树等落叶阔叶树，它们可能是常绿阔叶林组成种类的固有成分，也有可能是群落受到干扰后入侵进去的，不管怎样，它们的植株是不会太多的，重要值指数都很小。至于木油桐、毛叶八角枫肯定是破坏出现林窗后侵入进去的，数量不多，重要值指数很小。

表9-22　甜槠－大果木姜子－甜槠－杜茎山－狗脊蕨群落灌木层和草本层种类组成及分布情况

序号	种名	多度	序号	种名	多度	序号	种名	多度
	灌木层植物		21	钩锥	sp		**草本层植物**	
1	甜槠	sp	22	光叶海桐	sol	1	狗脊蕨	cop[1]
2	君迁子	sol	23	毛果巴豆	sp	2	毛果珍珠茅	cop[1]
3	米槠	sp	24	山麻杆	sp	3	红盖鳞毛蕨	sp
4	短梗新木姜子	cop[1]	25	杜茎山	cop	4	矮短紫金牛	sol
5	大果木姜子	cop[2]	26	短序润楠	sol	5	金星蕨	sol
6	华南桂	sol	27	基脉润楠	sol	6	圣蕨	sol
7	香楠	sol	28	栲	sol	7	山姜	sol
8	瑞木	cop[1]	29	栀子	sol	8	荨麻科1种	sol
9	猴欢喜	sol	30	大果卫矛	sol		**藤本植物**	
10	细枝柃	cop	31	细柄五月茶	sol	1	络石	cop[1]
11	多脉柃	sp	32	薄叶润楠	sol	2	瓜馥木	cop[1]
12	鼠刺	sp	33	木姜叶柯	sol	3	网脉酸藤子	sp
13	小叶青冈	sol	34	珊瑚树	sol	4	冷饭藤	sp
14	美叶柯	sol	35	粗糠柴	sol	5	菝葜	sol
15	长尾毛蕊茶	cop[2]	36	少叶黄杞	sol	6	钩藤	sol
16	粗叶木	sp	37	华南毛柃	cop[2]	7	细圆藤	sol
17	茶	sp	38	薄叶山矾	sp	8	剑叶薯蓣	un
18	罗浮槭	sp	39	金腺荚蒾	sol	9	小果微花藤	sol
19	山香圆	sol	40	黄丹木姜子	sp	10	曲轴海金莎	sol
20	鬣蒴锥	sol	41	小果山龙眼	sol	11	胡颓子	sol
						12	尾叶那藤	un

红盖鳞毛蕨 *Dryopteris erythrosora*　矮短紫金牛 *Ardisia pedalis*　细圆藤 *Pericampylus glaucus*　剑叶薯蓣 *Dioscorea* sp.　小果微花藤 *Iodes vitiginea*　曲轴海金莎 *Lygodium flexuosum*　胡颓子 *Elaeagnus pungens*　尾叶那藤 *Stauntonia obovatifoliola* subsp. *urophylla*

灌木层植物发达，覆盖度 80%，种类组成较丰富，从表 9-22 可知，600m^2样地有 41 种。各种成分都有，有原常绿阔叶林灌木层组成种类的成分，如占优势的长尾毛蕊茶，和常见的杜茎山、粗叶木等；有乔木的幼树，如占优势的大果木姜子、瑞木、短梗新木姜子、细枝柃，常见的甜槠、米槠、罗浮槭、钩锥，零星出现的华南桂、小叶青冈、美叶柯、基脉润楠、薄叶润楠、短序润楠、小果山龙眼等，其中樟科的幼树种类不少；有入侵进去的阳性灌木种类，如占优势的华南毛柃，零星分布的山麻杆（*Alchornea davidii*）、毛果巴豆等。

与灌木层相反，草本层植物不发达，覆盖度只有 20%，组成种类 8 种。以狗脊蕨和毛果珍珠茅较常见，其他都是零星分布。

藤本植物比较发达，种类有 12 种，以络石和瓜馥木为多，有的种类攀援到林冠之上，有的种类茎粗可达 15cm，这种特点都说明此群落是一种遭受采伐、恢复年代较久的过熟林。

（12）甜槠 – 甜槠 + 栲 – 甜槠 – 草珊瑚 – 狗脊蕨群落（*Castanopsis eyrei* – *Castanopsis eyrei* + *Castanopsis fargesii* – *Castanopsis eyrei* – *Sarcandra glabra* – *Woodwardia japonica* Comm.）

在桂北阳朔县，20 世纪 50 年代前砍伐甜槠培育香菇是很常见的现象，受这种破坏方式恢复后形成的甜槠类型不少，此种类型是其中一种。林内保存有大树伐桩和枯倒木，恢复年代已经较久，林内下木保存很好。根据阳朔县兴坪镇进广源茶坪调查的资料，此种类型的立地条件类型为发育于砂页岩上的森林黄壤，土层较深厚，在 1m 以上，地表有一层厚约 2cm 的枯枝落叶层。

乔木层总覆盖度 80%，可分成 3 个亚层。第一亚层林木高 15 ~ 17m，基径 30 ~ 50cm，最粗可达 80cm，覆盖度 60%。种类组成简单，从表 9-23 可知，只有 2 种，但株数尚多，有 15 株，以甜槠占绝对优势，有 14 株，重要值指数 272.9，几乎形成纯林。第二亚层林木高 10 ~ 14m，基径 16 ~ 27cm，最粗 69cm，种类组成也较简单，有 6 种，株数最少，只有 11 株，覆盖度仅 30%，仍以甜槠占优势，有 4 株，重要值指数 96.73；重要值指数排第二的为栲，有 72.34，虽然它只有 1 株，但因为基径最大。本亚层林木植株稀少的原因，可能是甜槠被砍伐用来培育香菇之故。第三亚层林木高 3 ~ 7m，基径 2 ~ 5cm，少数植株可达 20 ~ 29cm，本亚层种类和株数最多，有 20 种、104 株，占乔木层林木株数的 81.0%，但大多植株胸径细小、冠幅稀疏，故覆盖度只有 50%，基面积只占乔木层总基面积的 8.0%。优势种仍为甜槠，有 17 株，重要值指数 87.7；常见的种类有鼠刺、黧蒴锥、虎皮楠、黄杞、罗浮柿，重要值指数分别为 34.3、30.9、19.7、25.0、19.2；其他 13 种，除栲重要值指数达到 10 之外，其余均在 10 以下。本亚层植株众多，是群落恢复过程中的一个特点。以整个乔木层来看，甜槠在 3 个亚层均占有明显的优势，所以在乔木层中的优势地位仍十分突出，从表 9-23 可知，重要值指数高达 120.1；栲、鼠刺、黧蒴锥、虎皮楠、黄杞、罗浮柿，重要值指数分别为 23.2、22.3、20.8、15.0、17.6、15.7，它们是群落的常见种或次优势种，但在甜槠占绝对优势的情况下，它们的重要值指数都不会太大。其他 14 种，它们有的是入侵的阳性树种，有的是群落的偶见种，都是 1 ~ 2 株出现，所以重要值指数都很小，在 10 以下。

表 9-23　甜槠 – 甜槠 + 栲 – 甜槠 – 草珊瑚 – 狗脊蕨群落乔木层种类组成及重要值指数

（样地号：进 3，样地面积：500m^2，地点：阳朔兴坪进广源茶坪，海拔：630m）

序号	树种	基面积(m^2)	株数	频度(%)	重要值指数
		乔木Ⅰ亚层			
1	甜槠	2.4066	14	80	272.94
2	罗浮柿	0.0095	1	20	27.06
	合计	2.4161	15	100	300
		乔木Ⅱ亚层			
1	栲树	0.3739	1	20	72.34
2	甜槠	0.2132	4	60	96.73
3	亮叶厚皮香	0.0481	2	40	45.04
4	假杨桐	0.0428	2	40	44.28
5	山桐子	0.0154	1	20	21.28
6	罗浮柿	0.0087	1	20	20.32
	合计	0.7022	11	200	300

（续）

序号	树种	基面积(m²)	株数	频度(%)	重要值指数
			乔木Ⅲ亚层		
1	甜槠	0. 1609	17	80	87. 68
2	鼠刺	0. 0219	14	100	34. 3
3	黧蒴锥	0. 0159	18	60	30. 85
4	亮叶厚皮香	0. 0107	2	20	8. 49
5	黄杞	0. 0106	14	60	25. 01
6	罗浮柿	0. 0091	6	80	19. 24
7	栲	0. 0081	6	40	13. 84
8	孔雀润楠	0. 0058	2	40	9. 14
9	虎皮楠	0. 0053	8	80	19. 71
10	南宁虎皮楠	0. 0035	3	20	6. 73
11	扶芳藤	0. 0034	4	40	10. 15
12	拟乌饭	0. 0013	1	20	3. 94
13	鸭公树	0. 0013	1	20	3. 94
14	硬壳柯	0. 0013	1	20	3. 94
15	木荚红豆	0. 0007	1	20	3. 73
16	华南毛柃	0. 0007	1	20	3. 73
17	岭南杜鹃	0. 0007	1	20	3. 73
18	香皮树	0. 0005	1	20	3. 65
19	黄绵木	0. 0005	2	20	4. 61
20	长毛巴豆	0. 0003	1	20	3. 58
	合计	0. 2624	104	800	300
			乔木层		
1	甜槠	2. 7808	35	100	120. 05
2	栲	0. 382	7	60	23. 21
3	鼠刺	0. 0219	14	100	22. 29
4	黧蒴锥	0. 0159	18	60	20. 84
5	黄杞	0. 0106	14	60	17. 61
6	罗浮柿	0. 0273	8	80	15. 66
7	虎皮楠	0. 0053	8	80	15. 01
8	亮叶厚皮香	0. 0588	4	40	9. 16
9	扶芳藤	0. 0034	4	40	7. 53
10	假杨桐	0. 0428	2	40	7. 15
11	孔雀润楠	0. 0058	2	40	6. 06
12	南宁虎皮楠	0. 0035	3	20	4. 59
13	黄绵木	0. 0005	2	20	3. 73
14	山桐子	0. 0154	1	20	3. 4
15	拟乌饭	0. 0013	1	20	2. 98
16	鸭公树	0. 0013	1	20	2. 98
17	硬壳柯	0. 0013	1	20	2. 98
18	木荚红豆	0. 0007	1	20	2. 96
19	华南毛柃	0. 0007	1	20	2. 96
20	岭南杜鹃	0. 0007	1	20	2. 96
21	香皮树	0. 0005	1	20	2. 96
22	长毛巴豆	0. 0003	1	20	2. 95
	合计	3. 3807	130	920	300

假杨桐 *Eurya subintegra*

表 9-24　甜槠－甜槠＋栲－甜槠－草珊瑚－狗脊蕨群落灌木层和草本层种类组成及分布情况

序号	种名	多度盖度级					频度	更新(株)	
		Ⅰ	Ⅱ	Ⅲ	Ⅳ	Ⅴ	(%)	幼苗	幼树
灌木层植物									
1	甜槠	3	3	3	4	3	100	66	164
2	栲	3	3	3	3	4	100	59	49
3	硬壳柯	3	3	+	3	+	100	25	122
4	草珊瑚	3	3	4	4	3	100		
5	鼠刺	4	+	+	1	+	100		
6	虎皮楠	2	+	4	1	1	100		61
7	细柄五月茶	+	+	1	1	1	100		
8	长叶楠	+	+	+	+	+	100		
9	黄丹木姜子	+	+	+	+	+	100		
10	鸭公树	+	+	+	+	+	100		
11	孔雀润楠	+	+	+		1	80		
12	扶芳藤	+	3		+	3	80		
13	黄杞	3	3		+	+	80		
14	毛冬青		+	+	+	+	80		
15	罴蒴锥			4	4	5	60		99
16	香皮树	+		+	1		60		
17	罗浮柿			+	+	+	60		
18	凹脉柃			+	3	+	60		
19	九血管			+	+	+	60		
20	钩锥	+			+		40		
21	绵柯	+	+				40		
22	美叶柯	+	+				40		
23	毛果巴豆	+	+				40		
24	赤楠	+	+				40		
25	光叶海桐		+	+			40		
26	光叶石楠				+	+	40		
27	樱属 1 种	+					20		
28	黄棉木	+					20		
29	三花冬青		+				20		
30	臭叶木姜子		+				20		
31	假青冈			1			20		
32	杜茎山				+		20		
33	刺叶桂樱				3		20		
34	阴香					+	20		
35	野漆					+	20		
36	南烛					+	20		
37	阳朔山茶					+	20		
38	小果山龙眼					+	20		
39	锈叶樟					+	20		
40	亮叶厚皮香					+	20		
草本层植物									
1	狗脊蕨	4	5	3	4	6	100		
2	假剑兰	3	3	3	3	3	100		
3	鳞毛蕨 1 种	+	+	3	+	+	100		
4	汝蕨 1 种	+	+		+		60		
5	假贯众		3		+		40		
6	山姜	+	+				40		
7	莲沱兔儿风	+			+		40		
8	中华里白				3	4	40		
9	半边旗			+		+	40		
10	宽叶莎草				+	+	40		

（续）

序号	种名	多度盖度级					频度	更新(株)	
		Ⅰ	Ⅱ	Ⅲ	Ⅳ	Ⅴ	(%)	幼苗	幼树
11	庐山石韦			+			20		
12	芒			+			20		
13	艳山姜					3	20		
14	山菅					+	20		
藤本植物									
1	网脉酸藤子	+	+	2	1	2	100		
2	藤黄檀	+			+	+	60		
3	土茯苓	+			+		40		
4	鸡眼藤	+			+		40		
5	港油麻藤	1					20		
6	流苏子	+					20		
7	弓果藤				+		20		

臭叶木姜子 *Litsea* sp.　　阳朔山茶 *Camellia* sp.　　锈叶樟 *Cinnamomum* sp.　　莲沱兔儿风 *Ainsliaea ramosa*
港油麻藤 *Mucuna championii*

灌木层植物种类虽然比较丰富，根据表9-24，600m^{2}有40种，但数量不多，很零落，覆盖度只有20%～30%。组成种类多是乔木的幼树，约有23种，占优势的是甜槠、栲、黧蒴锥、硬壳柯和虎皮楠。真正的灌木以草珊瑚较多，零星分布的种类有毛冬青、凹脉柃、九管血、杜茎山、赤楠和南烛等。

草本层植物种类不如灌木层植物种类丰富，600m^{2}只有14种，数量更少，分布不均匀，有的地段覆盖度只有5%～10%，有的地段可达25%，种类组成以狗脊蕨较多，次为假剑兰。

藤本植物种类和数量均少，600m^{2}只有6种，除网脉酸藤子稍多外，其他都是零星分布。

本群落天然更新良好，从表9-24可知，现为群落乔木层优势种的甜槠和常见种的栲、黧蒴锥、虎皮楠等，都有众多的幼树和幼苗。但黧蒴锥幼树多、幼苗少，且大多数幼树生长不良，究其原因，黧蒴锥是一种阳性常绿先锋树种，在群落郁闭度不断增大的情况下，就会出现这种现象。因此，群落发展下去，仍为以甜槠为优势的群落。

(13)甜槠－甜槠－岭南杜鹃－柏拉木－光里白＋狗脊蕨群落(*Castanopsis eyrei* – *Castanopsis eyrei* – *Rhododendron mariae* – *Blastus cochinchinensis* – *Diplopterygium laevissimum* + *Woodwardia japonica* Comm.)

这是一种砍伐甜槠培育香菇后恢复起来的甜槠类型，年代已经较久。从阳朔县兴坪镇进广源小坪对此种类型调查可知，海拔1000m，立地条件类型为发育于砂页岩上的森林黄壤，地表枯枝落叶层覆盖70%，厚3cm，分解不良，地表冲刷较严重。

乔木层郁闭度0.75，可分为3个亚层，但因为上层林木粗大，而中、下层林木很少，灌木和藤本植物又不发达，所以给人的印象乔木层似乎只有1层一样。从表9-25可知，第一亚层林木高15～17m，基径60～80cm，有林木2种、9株，以甜槠占绝对优势，有8株，重要值指数255.7，几乎成为纯林。

表9-25　甜槠－甜槠－岭南杜鹃－柏拉木－光里白＋狗脊蕨群落乔木层种类组成及重要值指数

(样地号：进Q_1，样地面积：400m^2，地点：阳朔县兴坪镇进广源小坪，海拔：1000m)

序号	树种	基面积(m^2)	株数	频度(%)	重要值指数
乔木Ⅰ亚层					
1	甜槠	3.055	8	100	255.661
2	蓝果树	0.466	1	25	44.338
	合计	3.52	9	125	299.999
乔木Ⅱ亚层					
1	甜槠	1.6	10	100	205.159
2	雷公鹅耳枥	0.159	4	75	72.962
3	硬壳柯	0.049	1	25	21.881
	合计	1.808	15	200	300.002
乔木Ⅲ亚层					
1	岭南杜鹃	0.119	6	25	154.503
2	假杨桐	0.057	1	25	66.437

（续）

序号	树种	基面积(m^2)	株数	频度(%)	重要值指数
3	茜草科 1 种	0.008	1	25	40.271
4	腺萼马银花	0.005	1	25	38.773
	合计	0.189	9	100	299.985
乔木层					
1	甜槠	4.655	18	100	169.683
2	雷公鹅耳枥	0.159	4	75	38.081
3	岭南杜鹃	0.119	6	25	28.024
4	蓝果树	0.466	1	25	19.162
5	假杨桐	0.057	1	25	11.76
6	硬壳柯	0.049	1	25	11.612
7	茜草科 1 种	0.008	1	25	10.865
8	腺萼马银花	0.005	1	25	10.814
	合计	5.518	33	325	300.002

第二亚层林木 3 种、15 株，其中甜槠高 11 ~ 14m，基径 39 ~ 50cm，雷公鹅耳枥高 8 ~ 9m，基径 17 ~ 26cm，甜槠亦占绝对优势，有 10 株，重要值指数 205.2。第三亚层林木高 4m 左右，基径 8 ~ 10cm，有 4 种、9 株，以岭南杜鹃为优势，有 6 株，重要值指数 154.5，甜槠在此层没有分布。从整个乔木层分析，此种是砍伐甜槠培育香菇后恢复起来的类型，甜槠是有目的的保留树种，其他树种一般都作为非目的树种而被清除，所以乔木层组成种类简单，甜槠占绝对优势，而其他树种重要值指数都很小。

表 9-26　甜槠 – 甜槠 – 岭南杜鹃 – 柏拉木 – 光里白 + 狗脊蕨群落灌木层和草本层种类组成及分布情况

序号	种名	多度盖度级				频度(%)
		Ⅰ	Ⅱ	Ⅲ	Ⅳ	
灌木层植物						
1	柏拉木	3	+	3	3	100
2	鼠刺	3	+	3	3	100
3	米槠	3	3	+	3	100
4	甜槠	3	+	+	+	100
5	孔雀润楠	3	4	+	3	100
6	虎皮楠	3	3	3	3	100
7	老鼠矢	3	+	3	3	100
8	岭南杜鹃	+	3	3	3	100
9	杜茎山	+	+	3	3	100
10	油茶	3	+	+	+	100
11	腺叶桂樱	3	3	+	+	100
12	三花冬青	+	+	+	+	100
13	大果卫矛	3	+	+	+	100
14	草珊瑚	+	+	+	+	100
15	腺萼马银花	+	+	3	+	100
16	阴香	+	3	+	+	100
17	广东冬青	+		3	+	75
18	细枝柃	+	+	3		75
19	凹脉柃	4		3	+	75
20	细柄五月茶	+		+	+	75
21	毛冬青	+	+		+	75
22	木荚红豆	+	+	+		75
23	硬壳柯		+	+	+	75
24	东方古柯	+		+		50
25	光叶海桐	+	+			50
26	南山花	+		+		50
27	圆叶悬钩子	+		+		50
28	黄棉木	+		+		50
29	贵州杜鹃	+		4		50
30	朱砂根		+		+	50

（续）

序号	种名	多度盖度级				频度
		Ⅰ	Ⅱ	Ⅲ	Ⅳ	（%）
31	黄丹木姜子		+		+	50
32	南审		+		+	50
33	赤杨叶			+	+	50
34	雷公鹅耳枥			+	+	50
35	羊耳菊	+				25
36	黄杞		+			25
37	冬青		+			25
38	中华杜英			+		25
39	小叶两面针			+		25
40	赤楠			+		25
41	山槐			+		25
42	长叶楠				+	25
43	女贞				+	25
44	水红木				+	25
45	榕叶冬青	+				25
草本层植物						
1	光里白	4	6	5	4	100
2	狗脊蕨	4	4	5	5	100
3	莲沱兔儿风	+		+	+	75
4	迷人鳞毛蕨	+		+	+	75
5	莎草	3		+	+	75
6	直立卷柏	+		+		50
7	乌蕨	+			+	50
8	假剑兰	+		+		50
9	九管血	+		+		50
10	小坪熊巴耳	+		+		50
11	艳山姜		3		+	50
12	宽叶沿阶草		+		4	50
13	淡竹叶			+		25
14	蛇足石杉			+		25
15	兰 1 种			+		25
16	玉竹			+		25
17	五节芒				+	25
18	扁枝石松				+	25
藤本植物						
1	鸡眼藤	+	+	+	+	100
2	暗色菝葜	+	+	3	+	100
3	三叶木通	+	+		+	75
4	华南忍冬	+		+	+	50
5	冷饭团			+	+	50
6	网脉酸藤子			+	+	50
7	流苏子			+		25
8	条叶猕猴桃				+	25
9	藤黄檀				+	25

圆叶悬钩子 *Rubus* sp.　小叶两面针 *Zanthoxylum* sp.　长叶楠 *Phoebe* sp.　直立卷柏 *Selaginella* sp.
小坪熊巴耳 *Phyllagathis* sp.　扁枝石松 *Diphasiastrum complanatum*

灌木层植物种类组成复杂，有真正的灌木成分，有乔木的幼树，有入侵的阳性种类，也有原常绿阔叶林灌木层的种类。从表 9-26 可知，虽然 400m^{2}有 45 种之多，但因为数量少，不少种类都是单株或 2～3 株出现，所以覆盖度不大，只有 12%～25%。种类成分以乔木的幼树为多，常见的有甜槠、米槠、虎皮楠、孔雀润楠、鼠刺、岭南杜鹃等；真正的灌木以柏拉木、杜茎山为主，常见的有草珊瑚、三花冬青、腺萼马银花、大果卫矛等。

草本层植物分布不均匀，有的地段种类较多，覆盖度较大，可达 40%；有的地段相反，种类较少，覆盖稀疏，只有 20%。以入侵的阳性种类光里白占优势，原常绿阔叶林下的草本种类狗脊蕨也不少，其他的种类数量稀少。

藤本植物种类和数量均不多，以鸡眼藤、暗色菝葜较常见。

群落更新良好，400m^{2}样地优势种甜槠有幼苗 52 株，幼树 51 株，常见的种类米槠有幼苗 66 株，幼树 79 株；虎皮楠有幼苗 32 株，幼树 78 株；孔雀润楠幼苗 24 株，幼树 30 株，其他乔木种类的幼苗幼树还有 20 种之多。

（14）甜槠 – 甜槠 – 甜槠 – 杜茎山 – 狗脊蕨群落（*Castanopsis eyrei – Castanopsis eyrei – Castanopsis eyrei – Maesa japonica – Woodwardia japonica* Comm.）

这又是一种砍伐甜槠培育香菇后恢复起来的甜槠类型，年代已经较久。从阳朔县兴坪镇进广源小坪对此种类型调查可知，群落立地条件类型地层为寒武 – 奥陶系砂岩，山坡，靠顶部，海拔 980m，土壤为森林黄壤，地表枯枝落叶层覆盖 90%，厚 3 ~ 4cm。

表 9-27　甜槠 – 甜槠 – 甜槠 – 杜茎山 – 狗脊蕨群落乔木层种类组成及重要值指数

（样地号：进 Q2，样地面积：400m^2，地点：阳朔兴坪广源小坪村，海拔：980m）

序号	树种	基面积(m^2)	株数	频度(%)	重要值指数
		乔木Ⅰ亚层			
1	甜槠	2. 676	12	100	300. 001
		乔木Ⅱ亚层			
1	甜槠	0. 484	4	75	96. 389
2	石灰花楸	0. 231	4	50	62. 597
3	硬壳柯	0. 126	1	25	26. 803
4	深山含笑	0. 096	2	25	30. 367
5	不知名树	0. 075	1	25	22. 226
6	饭甑青冈	0. 053	1	25	20. 184
7	粗壮润楠	0. 038	2	25	25. 065
8	木荚红豆	0. 011	1	25	16. 373
	合计	1. 096	16	275	300. 004
		乔木Ⅲ亚层			
1	甜槠	0. 136	13	75	96. 115
2	米槠	0. 037	11	100	55. 149
3	岭南杜鹃	0. 02	5	75	31. 038
4	阴香	0. 014	2	25	14. 049
5	硬壳柯	0. 012	2	25	13. 193
6	木荚红豆	0. 007	7	100	34. 096
7	腺萼马银花	0. 005	1	25	8. 337
8	长叶楠	0. 004	1	25	7. 848
9	鼠刺	0. 003	2	50	13. 544
10	饭甑青冈	0. 002	1	25	6. 91
11	粗壮润楠	0. 001	1	25	6. 65
12	虎皮楠	0. 001	1	25	6. 544
13	木荷	0. 001	1	25	6. 544
	合计	0. 241	48	600	300. 018
		乔木层			
1	甜槠	3. 295	29	100	132. 78
2	米槠	0. 037	11	100	27. 908
3	木荚红豆	0. 018	8	100	23. 908
4	石灰花楸	0. 123	4	50	16. 817
5	岭南杜鹃	0. 02	5	75	16. 441
6	硬壳柯	0. 137	3	5	13. 621
7	粗壮润楠	0. 039	3	5	11. 171
8	饭甑青冈	0. 055	2	5	10. 244
9	鼠刺	0. 003	2	5	8. 944

（续）

序号	树种	基面积(m^2)	株数	频度(%)	重要值指数
10	深山含笑	0.096	2	25	8.154
11	不知名树	0.075	1	25	6.322
12	阴香	0.014	2	25	6.1
13	腺萼马银花	0.005	1	25	4.566
14	长叶楠	0.004	1	25	4.537
15	虎皮楠	0.001	1	25	4.128
16	木荷	0.001	1	25	4.458
	合计	4.013	76	800	300

群落林木层郁闭度 0.9，可分为 3 个亚层。第一亚层林木高 15 ~ 18m，基径 35 ~ 60cm，覆盖度 70%，400m^2样地有林木 12 株，从表 9-27 可知，全由甜槠组成。第二亚层林木高 11 ~ 14m，基径 25 ~ 30cm，有 8 种、16 株，根据表 9-27，以甜槠为优势，有 4 株，重要值指数 96.4；次优势为石灰花楸，也有 4 株，因基径细小，重要值指数仅为 62.6，它是一种阳性落叶阔叶树，是群落受到干扰后入侵进去的；其他的种类株数只有 1 ~ 2 株，重要值指数都很小。第三亚层林木高 3 ~ 5m，基径 3 ~ 7cm，有林木 13 种、48 株，其中有 5 种在上 2 个亚层出现过，仍以甜槠占有明显的优势，有 13 株，重要值指数 96.1；次优势为栲，有 11 株，因为它是群落更新刚形成的幼树，基径不如甜槠，重要值指数比甜槠小得多，只有 55.1；常见的种类有木荚红豆和岭南杜鹃，其他都是偶见种。从整个乔木层分析，甜槠是有目的保留树种，除适当砍伐部分植株培育香菇外，上层林木也需要适当保留一定数量的植株，使林内俱有适当的覆盖度，对培育香菇才有利，所以甜槠在各层林木都有粗大的植株，尤以上层为多，它的重要值指数占有明显的优势。其他的种类，为非目的树种，在培育香菇过程中一般都被清除，只有在不影响培育香菇生长的时候，它们才得以保存，所以一般胸径都细小，重要值指数都不大。

表 9-28　甜槠 - 甜槠 - 甜槠 - 杜茎山 - 狗脊蕨群落灌木层和草本层种类组成及分布情况

序号	种名	多度盖度级				频度
		Ⅰ	Ⅱ	Ⅲ	Ⅳ	(%)
灌木层植物						
1	甜槠	4	5	5	5	100
2	硬壳柯	4	4	4	3	100
3	米槠	1	4	5	4	100
4	老鼠矢	4	+	3	2	100
5	光叶海桐	3	1	1	1	100
6	岭南杜鹃	3	1	3	2	100
7	虎皮楠	3	4	3	3	100
8	杜茎山	3	4	1	1	100
9	粗壮润楠	1	3	1	3	100
10	常绿樱	1	2	2	2	100
11	木荚红豆	1	3	2	3	100
12	阴香	1	1	2	2	100
13	腺萼马银花	3	3	4	1	100
14	九管血	+	1	1	2	100
15	油茶	+	+	+	+	100
16	黄丹木姜子	1	1		+	75
17	鼠刺	1	2		2	75
18	小叶青冈		3	2	1	75
19	饭甑青冈		4	3	3	75
20	多花杜鹃		+	+	+	75
21	黄背越桔		1	1	2	75
22	鹅掌柴		1	1	2	75

（续）

序号	种名	多度盖度级				频度
		Ⅰ	Ⅱ	Ⅲ	Ⅳ	（%）
23	广东杜鹃		+	+	1	75
24	凹脉柃	+	1			50
25	毛冬青	1	+			50
26	广东冬青	+		1		50
27	卫矛		+		+	50
28	楞		+	+		50
29	金花树		1	1		50
30	油杉			+	+	50
31	草珊瑚			1		25
32	山矾				+	25
33	细柄五月茶				+	25
34	短柄新木姜子				+	25
35	杨梅		+			25
	草本层植物					
1	狗脊蕨	5	7	7	7	100
2	迷人鳞毛蕨	1	4	4	3	100
3	蕨状薹草	4	3	3	1	100
4	中华薹草	2	3	3	3	100
5	山姜	1		+	+	75
6	多羽复叶耳蕨		1	1	1	75
7	假剑兰		1	1		50
8	锦香草属 1 种			1		25
9	紫背细辛	+				25
10	中华复叶耳蕨		1			25
11	变异鳞毛蕨		1			25
	藤本植物					
1	土茯苓	1	1	2	2	100
2	流苏子	+	1	2	1	100
3	网脉酸藤子	1		1		50
4	假菝葜	1	1			50
5	三叶木通		1		1	50
6	藤黄檀			+		25
7	鹰爪花	1				25

常绿樱 *Laurocerasus* sp.　　锦香草属 1 种 *Phyllagathis* sp.　　紫背细辛 *Asarum* sp.　　鹰爪花 *Artabotrys hexapetalus*

灌木层植物尚发达，覆盖度 30% ~50%，种类也较多，从表 9-28 可知，400m^{2}样地有 35 种，种类组成以乔木的幼树为多，约有 23 种，占优势的有甜槠、硬壳柯和米槠；真正的灌木以杜茎山和腺萼马银花为常见。

草本层植物覆盖度 40%，以狗脊蕨占绝对优势，覆盖度 35%，其他常见的有迷人鳞毛蕨、蕨状薹草和中华薹草(*Carex* sp.)。

藤本植物种类和数量都不多，较常见的为土茯苓和流苏子。

群落更新良好，400m^{2}样地建群种甜槠有幼苗 53 株，幼树 114 株，常见种米槠幼苗 44 株，幼树 63 株，硬壳柯幼苗 27 株，幼树 54 株。

(15)甜槠 - 甜槠 - 腺萼马银花 - 杜茎山 - 狗脊蕨群落(*Castanopsis eyrei* - *Castanopsis eyrei* - *Rhododendron bachii* - *Maesa japonica* - *Woodwardia japonica* Comm.)

这是一种砍伐甜槠培育香菇后恢复年代不久的甜槠类型，在恢复的过程中又不断受到人为的砍伐和樵采的干扰，所以群落内枯倒树和伐桩不少，萌生的植株很多，基径粗；上层林木分枝多，冠幅大；下层林木植株多，茎干细小，冠稀疏，不成型。从阳朔县兴坪镇进广源小坪对此种类型调查可知，立地条件类型地层为寒武 - 奥陶系砂岩，土壤为森林黄壤，枯枝落叶层覆盖 80%，厚度 1 ~5cm，分解不良。

表 9-29　甜槠－甜槠－腺萼马银花－杜茎山－狗脊蕨群落乔木层种类组成及重要值指数

（样地号：进 Q_{17}，样地面积：400m^2，地点：阳朔兴坪进广源小坪，海拔：720m）

序号	树种	基面积(m^2)	株数	频度(%)	重要值指数
乔木Ⅰ亚层					
1	甜槠	2.762	5	75	220.028
2	烟斗柯	0.196	1	25	40.584
3	痄腮树	0.159	1	25	39.387
	合计	3.117	7	125	300
乔木Ⅱ亚层					
1	甜槠	1.08	13	100	158.803
2	烟斗柯	0.064	2	25	20.435
3	枫香树	0.096	1	25	18.438
4	老鼠矢	0.019	2	25	17.325
5	罗浮柿	0.062	1	25	16.07
6	南酸枣	0.053	1	25	15.49
7	野漆	0.038	1	25	14.459
8	栲	0.031	1	25	14.007
9	黄杞	0.018	1	25	13.067
10	腺叶桂樱	0.001	1	25	11.907
	合计	1.462	24	325	300.002
乔木Ⅲ亚层					
1	腺萼马银花	0.308	32	100	72.097
2	鼠刺	0.049	31	75	38.289
3	腺叶桂樱	0.064	22	100	35.668
4	小叶青冈	0.053	8	75	20.621
5	甜槠	0.049	8	75	20.105
6	烟斗柯	0.109	3	25	17.863
7	木姜叶柯	0.006	4	100	14.646
8	老鼠矢	0.042	4	50	13.491
9	罗浮柿	0.043	3	50	12.794
10	黄杞	0.016	3	50	9.655
11	江南越桔	0.035	1	25	7.55
12	雷公鹅耳枥	0.031	1	25	7.172
13	连蕊茶	0.028	1	25	6.813
14	赤杨叶	0.011	1	25	4.816
15	毛冬青	0.003	1	25	3.879
16	栲	0.003	1	25	3.821
17	阴香	0.001	1	25	3.573
18	黄丹木姜子	0.001	1	25	3.573
19	痄腮树	0.001	1	25	3.573
	合计	0.853	127	925	300
乔木层					
1	甜槠	3.891	26	100	97.374
2	腺萼马银花	0.308	32	100	35.223
3	鼠刺	0.049	31	75	27.503
4	腺叶桂樱	0.065	23	100	25.056
5	小叶青冈	0.053	8	75	13.016
6	烟斗柯	0.37	6	25	12.934
7	木姜叶柯	0.006	4	100	11.942
8	老鼠矢	0.061	6	5	9.574
9	罗浮柿	0.104	4	5	9.105
10	痄腮树	0.16	2	5	8.857
11	黄杞	0.034	4	5	7.804
12	栲	0.034	2	5	6.547

（续）

序号	树种	基面积(m^2)	株数	频度(%)	重要值指数
13	枫香树	0.096	1	25	4.729
14	南酸枣	0.053	1	25	3.936
15	野漆	0.038	1	25	3.658
16	江南越桔	0.035	1	25	3.596
17	雷公鹅耳枥	0.031	1	25	3.537
18	连蕊茶	0.028	1	25	3.48
19	赤杨叶	0.011	1	25	3.167
20	毛冬青	0.003	1	25	3.02
21	阴香	0.001	1	25	2.972
22	黄丹木姜子	0.001	1	25	2.972
	合计	5.433	158	1075	300

疟腮树 *Heliciopsis terminalis*　　连蕊茶 *Camellia cuspidata*

乔木层可分为3个亚层，第一亚层林木高15～17m，基径42～57cm，最粗117cm和125cm，种类组成简单，植株少，从表9-29可知，400m^2样地有林木3种、7株，以甜槠占绝对优势，有5株，重要值指数220。第二亚层林木高8～13m，基径14～26cm，最粗66cm和82cm，400m^2有林木10种、24株，其中有2种在上个亚层出现过。仍以甜槠占据明显的优势，有13株，重要值指数158.8，其他种类多为单株出现。第三亚层林木高3～7m，基径以3～5cm为多，有林木19种、127株，是3个亚层种类和株数最多的一个亚层，其中株数占整个乔木层总株数的80.4%，但因为茎干细小，基面积只占乔木层总基面积的15.7%。株数最多的是腺萼马银花，有32株，重要值指数72.1；其次为鼠刺和腺叶桂樱，分别有植株31和22株，重要值指数分别为38.3和35.7；甜槠在此层有8株，重要值指数20.1，排第5。从整个乔木层分析，甜槠不但株数多，而且基径粗大，重要值指数占有明显的优势，腺萼马银花、鼠刺、腺叶桂樱虽然株数比甜槠多，但它们的性状为小乔木，重要值指数比甜槠小得多。其他的种类，有的是入侵的阳性落叶阔叶树，如赤杨叶、雷公鹅耳枥、南酸枣、枫香树、野漆；有的是恢复过程中次生的先锋常绿阔叶树，如黄杞、罗浮柿、烟斗柯；有的是刚更新的原常绿阔叶林的组成种类，如栲、阴香、黄丹木姜子，它们的重要值指数都不太大。

表9-30　甜槠－甜槠－腺萼马银花－杜茎山－狗脊蕨群落灌木层和草本层种类组成及分布情况

序号	种名	多度盖度级				频度(%)
		Ⅰ	Ⅱ	Ⅲ	Ⅳ	
	灌木层植物					
1	杜茎山	4	4	4	4	100
2	鼠刺	4	3	4	3	100
3	腺萼马银花	4	4	4	3	100
4	腺叶桂樱	3	2	4	3	100
5	甜槠	3	4	4	4	100
6	光叶海桐	3	3	2	4	100
7	绒毛泡花树	1	2	2	2	100
8	木姜叶柯	2	+	3	+	100
9	小叶青冈	3		4	2	75
10	毛果巴豆	4		3	3	75
11	栲	1		3	1	75
12	硬壳柯	1	1	1		75
13	黄樟	1	+	+		75
14	疟腮树	3		3	2	75
15	细柄五月茶	4	3		4	75
16	阴香	2	2		1	75
17	扶芳藤		3	2	4	75
18	岭南杜鹃	3			+	50
19	毛冬青	+			4	50
20	黄丹木姜子	+			+	50

（续）

序号	种名	多度盖度级				频度
		Ⅰ	Ⅱ	Ⅲ	Ⅳ	（%）
21	连蕊茶		+		+	50
22	粗叶榕		2		2	50
23	紫金牛		2			25
24	刺叶冬青	+				25
25	九管血	2				25
26	柃木1种	3				25
27	孔雀润楠	+				25
28	大叶新木姜子		2			25
29	老鼠矢			2		25
30	黄杞			1		25
31	江南越桔			+		25
32	楤木			+		25
33	黄棉木				1	25
草本层植物						
1	狗脊蕨	4	4	4	4	100
2	假剑兰	3	3	2	4	100
3	狭叶鳞毛蕨	2	2	2	2	100
4	鳞毛蕨	2	2	2		75
5	宽叶莎草	2	+	2		75
6	小石韦		2	2		50
7	黑足鳞毛蕨	2				25
8	芒	+				25
9	狭叶莎草			2		25
10	野古草			+		25
藤本植物						
1	网脉酸藤子	3	3	3	3	100
2	土茯苓	2	2	2	2	100
3	鸡眼藤	2			1	50
4	链珠藤				2	25
5	藤黄檀			2		25
6	忍冬	2				25
7	流苏子	2				25

绒毛泡花树 *Meliosma* sp.　　楤木 *Aralia* sp.　　狭叶鳞毛蕨 *Dryopteris* sp.　　宽叶莎草 *Cyperus* sp.
小石韦 *Pyrrosia* sp.　　狭叶莎草 *Cyperus* sp.

灌木层植物覆盖度30%～40%，从表9-30可知，400m^{2}样地有33种，种类组成还算丰富，以乔木的幼树为主，约有20种，其中甜槠、腺萼马银花、鼠刺、腺叶桂樱最常见，它们都是乔木各层的优势种。真正的灌木以杜茎山为优势。

草本层植物种类和数量均稀少，400m^{2}样地只有10种，覆盖度10%以下，以狗脊蕨较常见，次为剑兰和狭叶鳞毛蕨（*Dryopteris* sp.）。

藤本植物更为稀少，400m^{2}样地不到10种，以网脉酸藤子和土茯苓为常见。

群落天然更新良好，各层的优势种幼树不少，根据400m^{2}样地统计，建群种甜槠有幼苗26株，幼树44株。

（16）甜槠－甜槠－鼠刺－鼠刺－狗脊蕨群落（*Castanopsis eyrei* – *Castanopsis eyrei* – *Itea chinensis* – *Itea chinensis* – *Woodwardia japonica* Comm.）

此种类型是中亚热带低海拔地区砍伐甜槠林种植杉木后形成的，林内有伐桩，所种杉木已处于无人管理的自然状态，林下灌木层植物繁多，乔木幼树种类不少。据阳朔县大水田石板村对此种类型调查的资料可知，群落立地条件类型地层为泥盆系砂岩，海拔300m，土壤为厚层森林红壤。

表 9-31 甜槠－甜槠－鼠刺－鼠刺－狗脊蕨群落乔木层种类组成及重要值指数

（样地号：Q_{19}，样地面积：300m²，地点：阳朔县大水田乡石板村，海拔：300m）

序号	树种	基面积(m²)	株数	频度(%)	重要值指数
		乔木Ⅰ亚层			
1	甜槠	0.807	6	100	134.194
2	杉木	0.126	4	100	66.67
3	栲	0.185	3	66.7	54.683
4	木荷	0.102	1	33.3	24.764
5	锥	0.038	1	33.3	19.691
	合计	1.257	15	333.3	300.004
		乔木Ⅱ亚层			
1	甜槠	0.235	9	100	85.547
2	锥	0.097	6	100	50.328
3	光叶石楠	0.036	6	66.7	33.576
4	中华杜英	0.009	2	66.7	16.962
5	山杜英	0.033	2	33.3	16.959
6	鼠刺	0.003	2	66.7	15.863
7	窄叶石柯	0.031	1	33.3	13.72
8	短梗新木姜子	0.02	1	33.3	11.524
9	腺叶桂樱	0.015	1	33.3	10.609
10	栲	0.013	1	33.3	10.197
11	厚皮香	0.011	1	33.3	9.816
12	黄樟	0.004	1	33.3	8.366
13	石斑木	0.004	1	33.3	8.366
14	鸭公树	0.003	1	33.3	8.168
	合计	0.515	35	700	300.002
		乔木Ⅲ亚层			
1	鼠刺	0.046	36	100	78.596
2	光叶石楠	0.023	11	100	36.566
3	锥	0.011	4	66.7	17.464
4	毛冬青	0.003	6	66.7	13.657
5	石斑木	0.003	3	100	13.38
6	中华杜英	0.008	4	33.3	12.386
7	细柄五月茶	0.001	3	100	12.314
8	厚皮香	0.003	4	66.7	11.574
9	甜槠	0.008	3	33.3	11.401
10	交让木	0.006	4	33.3	11.04
11	山杜英	0.004	2	66.7	10.163
12	栲	0.006	2	33.3	9.349
13	西南香楠	0.001	2	66.7	8.368
14	鹅掌柴	0.004	2	33.3	7.386
15	赤杨叶	0.004	1	33.3	6.568
16	红鳞蒲桃	0.002	2	33.3	5.983
17	毛果巴豆	0.003	1	33.3	5.839
18	罗浮柿	0.003	1	33.3	5.839
19	杉木	0.001	1	33.3	4.717
20	变叶榕	0.001	1	33.3	4.717
21	光叶山矾	0.001	1	33.3	4.324
22	巴豆	0.001	1	33.3	4.324
23	牛耳枫	0	1	33.3	4.044
	合计	0.14	96	1200	299.998
		乔木层			
1	甜槠	1.049	18	100	73.085
2	鼠刺	0.049	38	100	34.477
3	锥	0.146	11	100	21.062

（续）

序号	树种	基面积(m^2)	株数	频度(%)	重要值指数
4	栲	0.204	6	100	20.669
5	光叶石楠	0.059	17	100	20.615
6	杉木	0.127	5	100	15.95
7	厚皮香	0.014	5	100	10.034
8	石斑木	0.007	4	100	8.964
9	中华杜英	0.016	6	66.7	8.894
10	山杜英	0.037	4	66.7	8.592
11	毛冬青	0.003	6	66.7	8.167
12	细柄五月茶	0.001	3	100	8
13	木荷	0.102	1	33.3	7.97
14	西南香楠	0.001	2	66.7	5.345
15	交让木	0.006	4	33.3	5
16	窄叶石柯	0.031	1	33.3	4.289
17	短梗新木姜子	0.02	1	33.3	3.697
18	鹅掌柴	0.004	2	33.3	3.516
19	腺叶桂樱	0.015	1	33.3	3.451
20	红鳞蒲桃	0.002	2	33.3	3.413
21	赤杨叶	0.004	1	33.3	2.847
22	黄樟	0.004	1	33.3	2.847
23	毛果巴豆	0.003	1	33.3	2.794
24	罗浮柿	0.003	1	33.3	2.794
25	鸭公树	0.003	1	33.3	2.794
26	变叶榕	0.001	1	33.3	2.711
27	光叶山矾	0.001	1	33.3	2.683
28	巴豆	0.001	1	33.3	2.683
29	牛耳枫	0	1	33.3	2.662
	合计	1.912	146	1700	300.002

乔木层有3个亚层，郁闭度0.8。第一亚层林木高15～16m，基径一般15～30cm，但甜槠可粗达50cm，根据表9-31，300m^2样地有林木5种、15株，基面积1.2570m^2，占乔木层总基面积的65.7%。甜槠占有明显的优势，有6株，重要值指数134.2；次为杉木和栲，分别有4株和3株，重要值指数66.7和54.7；其他2种为单株出现。第二亚层林木高8～14m，基径以4～7cm和12～20cm为多，300m^2样地有林木14种、35株，其中有3种在上个亚层出现过，基面积0.5149m^2，占乔木层总基面积的26.9%。仍以甜槠为优势，有9株，重要值指数85.5；次为锥和光叶石楠，都有6株，锥基径比光叶石楠粗，所以重要值指数比较大，为50.3；而光叶石楠只有33.6；其他的种类都为单株或2株出现，基径细小，重要值指数都不大。第三亚层林木高3～7m，基径细小，一般3～6cm，1～2cm的也不少，300m^2样地有林木23种、96株，其中有8种在上2个亚层出现过，基面积0.1400m^2，占乔木层总基面积的7.3%。以鼠刺为优势，有36株，重要值指数78.6；次优势种为光叶石楠有11株，重要值指数36.6；常见的种类有锥、毛冬青、石斑木、中华杜英、细柄五月茶、厚皮香等，甜槠在此层也有3株出现，重要值指数11.4。从整个乔木层分析，此种类型是乔木层刚进入具有3个亚层的阶段，由于在砍伐甜槠林种植杉木的时候，并不是全部清除所有的杂木，而是保留了林内的甜槠、栲等幼树，在砍伐杉木的时候，只是择伐，对甜槠、栲等林木加以保留，因此甜槠仍为群落的优势种。鼠刺是低海拔地区常绿阔叶林下层林木常见的组成种类，有时为优势种，有时为常见种，在甜槠林恢复的过程中，鼠刺在下层林木和灌木层大量出现，成为群落的次优势种，是常绿阔叶林常见的现象。

灌木层植物种类繁多，覆盖度40%。种类组成以乔木的幼树为多，从表9-32可知，300m^2样地有42种，其中乔木幼树有23种。幼树以鼠刺占据明显的优势，覆盖度达到20%，其他的种类数量都很少。真正的灌木数量也不多，几乎没有什么覆盖度，比较起来杜茎山稍多些。

表 9-32　甜槠 – 甜槠 – 鼠刺 – 鼠刺 – 狗脊蕨群落灌木层和草本层种类组成及分布情况

序号	种名	多度盖度级			频度(%)
		Ⅰ	Ⅱ	Ⅲ	
	灌木层植物				
1	鼠刺	5	5	3	100.0
2	罗浮柿	1	1	2	100.0
3	交让木	2	2	3	100.0
4	海南罗伞树	2	2	2	100.0
5	腺叶桂樱	2	2	1	100.0
6	油茶	2	2	2	100.0
7	栲	4	+	3	100.0
8	毛冬青	2	3	2	100.0
9	栀子	2	2	2	100.0
10	杜茎山	2	2	2	100.0
11	粗叶榕	1	2	1	100.0
12	光叶石楠	4	4	3	100.0
13	厚皮香	3	4	4	100.0
14	粗叶木	2	3	2	100.0
15	山杜英	3	2	1	100.0
16	锥	2	2	3	100.0
17	疏花卫矛	2	2	+	100.0
18	巴豆	1		2	66.7
19	草珊瑚	3	2		66.7
20	九管血	1		2	66.7
21	甜槠	3	2		66.7
22	光叶山矾	2	2		66.7
23	蜜茱萸	2		1	66.7
24	鹅掌柴	3	+		66.7
25	变叶榕	1	2		66.7
26	三花冬青	+	+		66.7
27	中华杜英		1	+	66.7
28	鸭公树		1	+	66.7
29	光叶海桐		+	1	66.7
30	山香圆	+			33.3
31	金花树	2			33.3
32	柃木	+			33.3
33	野牡丹	1			33.3
34	大叶榕	3			33.3
35	角裂悬钩子	+			33.3
36	泡花树		1		33.3
37	细柄五月茶		2		33.3
38	大叶新木姜子			1	33.3
39	雪下红			3	33.3
40	硬壳柯			+	33.3
41	安息香			+	33.3
42	琴叶榕			1	33.3
	草本层植物				
1	狗脊蕨	4	4	4	100.0
2	山姜	1	4	4	100.0
3	铁线蕨	1	3	3	100.0
4	淡竹叶	1	3	2	100.0
5	团叶鳞始蕨	1		1	66.7
6	迷人鳞毛蕨	1		1	66.7
7	大莎草	1	2		66.7
8	兜叶兰	1			33.3
9	多羽复叶耳蕨			1	33.3
10	山菅			1	33.3
11	兰科 1 种			+	33.3
12	狭叶沿阶草	1			33.3
	藤本植物				
1	流苏子	2	3	3	100.0
2	网脉酸藤子	3	2	2	100.0
3	菝葜	1	2	2	100.0
4	网脉崖豆藤	2	2	1	100.0
5	买麻藤		2	2	66.7
6	链珠藤		2	2	66.7
7	藤黄檀	2			33.3
8	鸡眼藤			1	33.3
9	玉叶金花	2			33.3
10	鸡矢藤	2			33.3

大叶榕 *Ficus* sp.　　琴叶榕 *Ficus pandurata*

草本层植物覆盖度 20%，以狗脊蕨为优势，覆盖度达到 10% ~18%，常见的种类有山姜和铁线蕨（*Adiantum capillus – veneris*）。

藤本植物种类不多，300m^{2}样地有 10 种，数量也不多，藤茎细小，一般为 2cm 左右。

群落更新的乔木幼苗、幼树的种类不少，但每种的数量除鼠刺和光叶石楠外都不太多。经统计，300m^{2}样地，有鼠刺幼苗 5 株，幼树 98 株；光叶石楠幼苗 2 株，幼树 74 株；甜槠幼苗 1 株，幼树 19 株；栲幼苗 5 株，幼树 23 株；锥幼苗缺，幼树 6 株。

(17)甜槠 – 狗脊蕨丛林(*Castanopsis eyrei – Woodwardia japonica* Comm.)

这是一种遭受了严重砍伐之后、近年人为干扰较轻、保护较好的情况下发展起来的类型，是处于形成森林类型的最初阶段，在阳朔县碎江三盘对此种类型调查的结果可知，群落立地条件类型地层为泥盆系紫色砂岩，海拔 800m，土壤为森林黄壤，土表枯枝落叶层厚约 2cm，覆盖 70% 左右。

群落由高约 4 ~8m 的小乔木和大灌木混合组成，林木层次不明显，树冠处于大致相同的高度上，但参差不齐，开始有层次的雏形，郁闭度 0.9。一般阳性乔木较高大，阴性乔木有大有小，阴性灌木在林下有不少的分布，阳性灌木干细长，尽量把树冠往上伸。

阳性乔木落叶的有雷公鹅耳枥、小果冬青、南酸枣、青榨槭、赤杨叶、光皮桦等，常绿的有罗浮柿。阴性乔木以甜槠占优势，数量少的有大头茶、虎皮楠、日本杜英、中华杜英、华润楠、红山梅、银木荷等。

阴性灌木以岭南杜鹃和网脉山龙眼为优势，零星分布的有老鼠矢、广东杜鹃、鼠刺、光叶海桐、杜茎山、金花树、朱砂根、东方古柯、无柄柃(*Eurya* sp.)、郎伞树(*Ardisia hanceana*)等。阳性灌木种类和数量均不多，生长衰弱，种类有南烛、吊钟花、黄背越桔等。

草本层植物覆盖度20%，以狗脊蕨为优势，次为淡竹叶，零星分布的有芒萁、卷柏、艳山姜、蕨、芒、里白等。

藤本植物种类不少，攀援于小乔木的树冠上，形成复杂的景象，种类常见有藤黄檀、菝葜、网脉酸藤子、忍冬、野葡萄等。

(18)甜槠－甜槠－腺萼马银花－金花树－狗脊蕨＋中华里白群落(*Castanopsis eyrei* – *Castanopsis eyrei* – *Rhododendron* – *bachii* – *Blastus dunnianus* – *Woodwardia japonica* + *Diplopterygium chinensis* Comm.)

此种类型一般分布于具有较良好的森林环境条件的林区，海拔较高。群落虽然受到一定程度的砍伐，但整体受到的破坏不大，保存尚好，原始性较强。根据花坪保护区对此种类型的调查，群落立地条件类型为发育于砂页岩上的森林红黄壤，地表枯枝落叶层厚约3cm，枯枝倒木多；群落内有砍伐的

表9-33　甜槠－甜槠－腺萼马银花－金花树－狗脊蕨＋中华里白群落乔木层种类组成及重要值指数

(样地号：Q_{18}，样地面积：600m^2，地点：龙胜花坪保护区大崖，海拔：920m)

序号	树种	基面积(m^2)	株数	频度(%)	重要值指数
			乔木Ⅰ亚层		
1	甜槠	1.744	13	83.3	243.997
2	米槠	0.286	2	33.3	56
	合计	2.03	15	116.7	299.997
			乔木Ⅱ亚层		
1	甜槠	0.775	12	83.3	88.779
2	腺萼马银花	0.065	6	66.7	29.025
3	檫木	0.163	2	33.3	20.52
4	君迁子	0.081	4	33.3	19.598
5	黄棉木	0.034	4	33.3	16.686
6	深山含笑	0.068	3	16.7	13.623
7	蓝果树	0.086	2	16.7	12.637
8	黄杞	0.115	1	16.7	12.333
9	光叶山矾	0.025	2	33.3	11.98
10	鸭公树	0.023	2	33.3	11.833
11	长柄楠	0.017	2	33.3	11.498
12	厚斗柯	0.041	1	16.7	7.738
13	虎皮楠	0.036	1	16.7	7.463
14	凯里杜鹃	0.031	1	16.7	7.141
15	中华杜英	0.024	1	16.7	6.678
16	凹脉柃	0.014	1	16.7	6.102
17	厚皮香	0.006	1	16.7	5.61
18	网脉山龙眼	0.005	1	16.7	5.493
19	光叶海桐	0.001	1	16.7	5.263
	合计	1.608	48	533.3	300.001
			乔木Ⅲ亚层		
1	腺萼马银花	0.114	33	100	71.282
2	光叶山矾	0.073	32	83.3	55.252
3	鼠刺	0.017	17	83.3	26.1
4	网脉山龙眼	0.022	11	83.3	23.582
5	广西杜鹃	0.019	9	66.7	19.438
6	甜槠	0.012	8	50	14.698
7	凯里杜鹃	0.005	4	50	9.632
8	细枝柃	0.003	3	50	8.402
9	长柄楠	0.002	4	33.3	6.899
10	鸭公树	0.002	3	33.3	6.356

（续）

序号	树种	基面积（m²）	株数	频度（%）	重要值指数
11	白背新木姜子	0.002	3	33.3	6.114
12	大冬桃	0.003	2	33.3	6.032
13	厚斗柯	0.001	2	33.3	5.133
14	中华杜英	0.007	1	16.7	4.745
15	黄棉木	0.005	1	16.7	4.163
16	细柄五月茶	0.002	2	16.7	3.896
17	君迁子	0.004	1	16.7	3.666
18	黄丹木姜子	0.001	1	16.7	2.857
19	马银花	0.001	1	16.7	2.857
20	油茶	0.001	1	16.7	2.794
21	米槠	0.001	1	16.7	2.794
22	大八角	0.001	1	16.7	2.794
23	凹脉柃	0.001	1	16.7	2.736
24	赤楠	0.001	1	16.7	2.736
25	越南安息香	0	1	16.7	2.556
26	岭南杜鹃	0	1	16.7	2.498
	合计	0.301	145	950	300.01
			乔木层		
1	甜槠	2.53	33	100	88.312
2	光叶山矾	0.099	34	100	27.069
3	腺萼马银花	0.179	39	16.7	24.666
4	鼠刺	0.017	17	83.3	15.451
5	网脉山龙眼	0.026	12	83.3	13.287
6	米槠	0.287	3	33.3	11.473
7	广西杜鹃	0.019	9	66.7	10.281
8	凯里杜鹃	0.036	5	66.7	8.795
9	檫木	0.163	2	33.3	7.826
10	长柄楠	0.019	6	50	7.484
11	君迁子	0.084	5	33.3	7.284
12	鸭公树	0.025	5	50	7.151
13	厚斗柯	0.041	3	50	6.603
14	黄棉木	0.039	5	33.3	6.133
15	细枝柃	0.003	3	50	5.634
16	黄杞	0.115	1	16.7	4.759
17	深山含笑	0.068	3	16.7	4.547
18	蓝果树	0.086	2	16.7	4.514
19	中华杜英	0.031	2	33.3	4.477
20	白背新木姜子	0.002	3	33.3	4.223
21	凹脉柃	0.015	2	33.3	4.088
22	大冬桃	0.003	2	33.3	3.789
23	虎皮楠	0.036	1	16.7	2.771
24	细柄五月茶	0.002	2	16.7	2.39
25	厚皮香	0.006	1	16.7	2.015
26	黄丹木姜子	0.001	1	16.7	1.882
27	马银花	0.001	1	16.7	1.882
28	油茶	0.001	1	16.7	1.877
29	大八角	0.001	1	16.7	1.877
30	光叶海桐	0.001	1	16.7	1.873
31	赤楠	0.001	1	16.7	1.873
32	越南安息香	0	1	16.7	1.859
33	岭南杜鹃	0	1	16.7	1.855
	合计	3.94	208	1216.7	300

白背新木姜子 *Neolitsea* sp.

痕迹，但人为活动不多，而野兽活动的痕迹很明显。

乔木层郁闭度0.75，有3个亚层。第一亚层林木高15～18m，个别19～20m，基径35～45cm，个别近60cm，从表9-33可知，有林木2种、15株，以甜槠占绝对优势，有13株，重要值指数244.0。第二亚层林木高8～14m，基径10～40cm，差异较大，从表9-33可知，有林木19种、48株，其中只有甜槠在第一亚层出现过。还是以甜槠占有明显的优势，有12株，重要值指数88.8；其他的种类重要值指数不太突出，较重要的有腺萼马银花、檫木、君迁子和黄棉木，重要值指数分别为29.0、20.5、19.6和16.7，其中檫木为落叶阔叶树。第三亚层林木高3～7m，基径2～7cm，从表9-33可知，它是3个亚层种类和株数最多的一个亚层，共有26种、145株，其中有13种在上2个亚层出现过。此亚层的林木株数虽然占了整个乔木层总株数的69.7%，但因为多数植株茎干细小，所以基面积只占整个乔木层基面积的7.6%。此亚层的林木株数不但茎干细小，而且弯曲倾斜，不少植株弯下贴近地面生长。根据表9-33，占优势的种类是腺萼马银花，有33株，重要值指数71.3；次优势种为光叶山矾，虽然植株有32株，但因为基径比腺萼马银花小，所以重要值指数只有55.3；常见的种类有鼠刺、网脉山龙眼和广西杜鹃，重要值指数分别为26.1、23.6、19.4；甜槠在此亚层虽然不占优势，但也有7株，重要值指数14.7，排列第六；其他的种类重要值指数都不到10。从整个乔木层分析，甜槠在第一和第二亚层都占优势，在第三亚层也有一定的数量，因此，仍为群落的优势种，重要值指数占有明显的优势，达到88.3；光叶山矾、腺萼马银花、鼠刺、网脉山龙眼，是保存较好的甜槠林下层林木常遇到的优势种和常见种，植株很多，但茎干细小，重要值指数分别只有27.1、24.7、15.5、13.3，这是符合它们的性状的；其他的种类，多数是海拔较高地区保存较好、原始性较强的常绿阔叶林的偶见种，它们有的是下层林木，如岭南杜鹃、赤楠等；有的是上层林木的幼树，如深山含笑、中华杜英、大冬桃（*Elaeocarpus* sp.）等；有的是固有的落叶成分，如蓝果树、越南安息香等，它们的重要值指数都很小。

表9-34　甜槠－甜槠－腺萼马银花－金花树－狗脊蕨＋中华里白群落灌木层和草本层种类组成及分布情况

序号	种名	多度盖度级						频度
		Ⅰ	Ⅱ	Ⅲ	Ⅳ	Ⅴ	Ⅵ	（%）
				灌木层植物				
2	金花树	4	3	4	4	2	3	100
3	鼠刺	4	2	4	3	3	3	100
4	网脉山龙眼	4	3	1	3	4	3	100
5	甜槠	3	2	3	4	3	4	100
6	杜茎山	1	2	1	+	2	+	100
7	厚斗柯	3	2	2	3	3	3	100
8	木荷	3	1	3	1	3	4	100
9	米槠	3	1	3		2	1	83.3
10	大冬桃	3	1	1		1	2	83.3
11	广西杜鹃	3	3	1	2		3	83.3
12	光叶山矾	1	3	3			3	83.3
13	凹脉柃	2	1	2	1		1	83.3
14	南烛	2	2	3	1	+		83.3
15	白背新木姜子	3	1	3		3	2	83.3
16	长柄楠	4	3	3	3		3	83.3
17	凯里杜鹃	1			+	2	3	66.7
18	三花冬青	1		1	+		2	66.7
19	光粗叶木	1	1		3		1	66.7
20	黄杞	3		1		3	3	66.7
21	赤楠	3	2		+			50
22	大八角	1		1	2			50
23	黄棉木	1			+	+		50
24	腺萼马银花				3	2	4	50
25	老鼠矢			1	+		+	50
26	细柄五月茶	2		1				33.3
27	细枝柃		1				2	33.3

（续）

序号	种名	多度盖度级						频度
		Ⅰ	Ⅱ	Ⅲ	Ⅳ	Ⅴ	Ⅵ	(%)
28	虎皮楠	1		1				33.3
29	润楠	1		1				33.3
30	草珊瑚			2	+			33.3
31	光叶石楠				1		+	33.3
32	大崖栲	1						16.7
33	中华杜英	1						16.7
34	腺叶桂樱	1						16.7
35	越南安息香		1					16.7
36	君迁子				1			16.7
37	野漆				1			16.7
草本层植物								
1	狗脊蕨	5	5	5	5	5	5	100
2	中华里白	5	7	4	4	4	4	100
3	小紫金牛	2	2	2	2	2	2	100
4	淡竹叶	2	2	3	2	2	2	100
5	朱砂根	1	2	2		2	2	83.3
6	小莎草		2	2	2		2	66.7
7	大莎草	1	2	2		2		66.7
8	瘤足蕨	1	2		2			50
9	蛇根草	2			2	2		50
10	山姜				2		2	33.3
11	多羽复叶耳蕨	2					2	33.3
藤本植物								
1	土茯苓	1	2	1	+	1	+	100
2	尾叶那藤	1		1	+		+	66.7
3	青藤仔	2	1	1				50
4	菝葜			1	+		+	50
5	假菝葜	2						16.7
6	藤黄檀				+			16.7
7	冷饭藤						2	16.7
8	圆叶金刚藤						2	16.7

润楠 *Machilus* sp.　　大崖栲 *Castanopsis* sp.　　蛇根草 *Ophiorrhiza* sp.　　圆叶金刚藤 *Smilax* sp.

灌木层植物不太发达，覆盖度只有10%～20%，但种类尚多，从表9-34可知，600m^{2}样地有37种，种类组成以乔木的幼树为主。乔木的幼树以甜槠、网脉山龙眼、鼠刺、厚斗柯为常见，真正的灌木以金花树为优势，常见的有杜茎山，其他的种类零星分布。

草本层植物分布不均匀，有的地段覆盖度40%～50%，有的地段覆盖度只有20%～30%，组成种类不太丰富。优势种为狗脊蕨和中华里白，常见的有淡竹叶和小紫金牛。

藤本植物种类和数量均不多，比较常见的为土茯苓。

群落天然更新良好，根据600m^{2}样地统计，建群种甜槠有幼苗、幼树49株，重要的种类网脉山龙眼85株，鼠刺67株，木荷58株，黄杞28株，光叶山矾27株，腺萼马银花24株。

（19）甜槠－甜槠＋马蹄荷－多花杜鹃－西南绣球＋杜茎山－狗脊蕨群落（*Castanopsis eyrei*－*Castanopsis eyrei*＋*Exbucklandia populnea*－*Rhododendron cavaleriei*－*Hydrangea davidii*＋*Maesa japonica*－*Woodwardia japonica* Comm.）

这种类型见于东部中亚热带南缘，在昭平县七冲林区海拔700～1100m的山地有分布，群落多呈零星小片。群落环境比较温凉湿润，岩石裸露较多。乔木层郁闭度0.8左右，可分为3个亚层。第一亚层林木高15～18m，胸径20～26cm，以甜槠占据明显的优势，银木荷、红楠、米槠也占有一定的位置，偶见有马蹄荷分布，在局部林窗处有野漆、蓝果树出现。第二亚层林木高10～13m，分布稀疏，种类不多，常见有甜槠、马蹄荷、长毛杨桐、黄杞、深山含笑、日本杜英等。第三亚层林木高4～8m，种类和株数较多，以多花杜鹃为优势，常见的有甜槠、马蹄荷、亮叶杨桐、树参、多脉柃等。

灌木层植物种类较多，主要为乔木的幼树，真正灌木种类不多。常见的乔木幼树有多花杜鹃、米槠、银木荷、甜槠、小花红花荷、阴香、栲、厚叶红淡比、黄丹木姜子、大头茶等。真正灌木以西南绣球、杜茎山最多，箬竹、柏拉木、粗叶木、尖叶粗叶木、朱砂根、短柄紫株、野海棠(*Bredia* sp.)有分布。

草本层植物分布稀疏，覆盖度不到10%，以狗脊蕨为主，十字薹草、中华复叶耳蕨、镰叶瘤足蕨、锦香草等零星分布。

藤本植物种类不多，见有菝葜、短柱肖菝葜、小木通、藤黄檀等种类。

(20)甜槠＋米槠－黄杞－日本杜英－单毛桤叶树－光里白群落(*Castanopsis eyrei* + *Casstanopsis carlesii* – *Engelhardia roxburghiana* – *Elaeocarpus japonicus* – *Clethra bodinieri* – *Diplopterygium laevissimum* Comm.)

这是分布于广西西部岑王老山海拔1400～1500m的一种类型，乔木层郁闭度0.6，可分成3个亚层。第一亚层林木高15m以上，胸径40～50cm，最粗可达60cm以上，树冠不连续，覆盖度40%，种类组成不丰富，以甜槠和米槠为主，黄杞、日本杜英、厚斗柯有分布，混生个别高大落叶阔叶树枫香树。第二亚层林木高8～15m，胸径10～20cm，树冠基本连接，组成种类较多，以黄杞为优势，次为甜槠和米槠，常见的种类有多花杜鹃、云山青冈、日本杜英等。第三亚层林木高4～7m，胸径10cm以下，覆盖度60%，种类组成混杂，优势种不明显，日本杜英、山杜英、多花杜鹃、甜槠、基脉润楠稍多，米槠、青榨槭、滇琼楠、银木荷、贵州桤叶树也常见。

灌木层植物高3m以下，覆盖度50%，大多为乔木的幼树，例如甜槠、米槠、银木荷、大头茶等共10多种。真正的灌木种类不多，较常见的有单毛桤叶树、草珊瑚、杜茎山等。

草本层植物高1～2m，盖度变化较大，在林冠稀疏的地方盖度较大，种类以光里白最多，在林冠盖度较大的地方，则多分布狗脊蕨、鳞毛蕨、十字薹草。

藤本植物种类不多，仅见菝葜、藤黄檀等3种。

(21)甜槠－虎皮楠－甜槠＋栲－鼠刺＋细枝柃－黑足鳞毛蕨＋狗脊蕨群落(*Castanopsis eyrei* – *Daphniphyllum oldhamii* – *Castanopsis eyrei* + *Castanopsis fargesii* – *Itea chinensis* + *Eurya loquaiana* – *Dryopteris fuscipes* + *Woodwardia japonica* Comm.)

桂北的海洋山自然保护区，甜槠林在海拔600～900m的范围内有广泛的分布，立地土壤为山地黄红壤。群落植物种类组成复杂，生长茂密，林冠郁闭度在0.8以上。乔木层一般可分成3个亚层，第一亚层林木高16m左右，甜槠占有较大优势，其他的种类还有米槠、大果马蹄荷、蕈树、秀丽锥(*Castanopsis jucunda*)、灰毛杜英、栓叶安息香、薄叶山矾、银木荷等。第二亚层林木高6～10m，没有明显的优势种，组成种类有甜槠、虎皮楠、褐毛杜英、桂南木莲、红锥、深山含笑、厚叶冬青(*Ilex* sp.)、黄丹木姜子、凤凰润楠(*Machilus* sp.)、尖萼川杨桐、猴欢喜、秀丽锥、鸭公树等。第三亚层林木高2～6m，主要为甜槠、栲、水仙柯、多花杜鹃和南岭山矾所组成。灌木层植物高2m左右，不少种类是乔木的幼树，如大果马蹄荷、甜槠、桂南木莲、虎皮楠、黄丹木姜子等，真正的灌木种类也不少，常见有鼠刺、细枝柃、细齿叶柃、心叶毛蕊茶(*Camellia cordifolia*)、百两金、山矾等。草本层植物覆盖度20%左右，主要种类有黑足鳞毛蕨、狗脊蕨、褐果薹草、山麦冬、山姜、堇菜(*Viola* sp.)、毛果珍珠茅和淡竹叶等。藤本植物种类不多，比较常见的有羊角拗、链珠藤、雪峰山崖豆藤(*Callerya dielsiana* var. *solida*)和网脉酸藤子等。

(22)甜槠－紫玉盘柯－红淡比－杜茎山群落(*Castanopsis eyrei* – *Lithocarpus uvariifolia* – *Cleyera japonica* – *Maesa japonica* Comm.)

本类型见于桂东大桂山林区海拔600～700m山地。据200m^{2}样地调查，乔木层总覆盖度85%，可分成3个亚层。第一亚层林木高14～16m，最高18m，胸径22～24cm，最大胸径43cm，有6种、17株，以甜槠为优势，有10株，其他的种类还有桂南木莲、黄樟、罗浮柿、华润楠、虎皮楠。第二亚层林木高8～12m，胸径8～10cm，有10种，以紫玉盘柯、香皮树、尾叶香楠 *Aidia* sp. 较多，其他还有薄叶山矾、罗浮锥、华润楠、黄樟等，通常只有1～2株植株。第三亚层林木高4～7m，胸径3～6cm，优势不明显，除红淡比有4株外，其他的种类只有1～2株个体，如尾叶香楠、厚皮香、黄丹木姜子等。灌木层植物高2～3m，覆盖度10%，以乔木的幼树为主，罗浮锥多见，其他还有多种润楠、多种山矾、竹叶木姜子等，甜槠更新不良，幼苗幼树只有1株；真正灌木种类不多，有8种，杜茎山、五月茶、细枝柃、栀子常见。

(23)甜槠－厚叶红淡比－罗浮锥－紫竹－镰叶瘤足蕨群落(*Castanopsis eyrei* – *Cleyera pachyphylla* – *Castanopsis fabri* – *Phyllostachys nigra* – *Plagiogyria distinctissima* Comm.)

在南亚热带山地，甜槠林作为垂直带谱的类型，见于大明山海拔800～1400m的范围，为大明山分布最广泛的类型之一。根据大明山主峰龙头山海拔1280m处一个400m²样地调查，乔木层有林木33种、101株，郁闭度0.7。乔木层分为3个亚层，第一亚层林木高15～21m，组成种类和数量均不多，只有3种、6株，其中甜槠占总株数的50%，其树高可达20m，胸径54～78cm，另外2种为虎皮楠和厚叶红淡比，分别有1株和2株。第二亚层林木高8～14m，胸径10～20cm，组成种类较多，有16种、30株，厚叶红淡比较多，有7株，其他的种类还有米槠、大叶毛船柄茶、毛桂、小花红花荷、多花杜鹃、腺叶桂樱、甜槠、厚斗柯、栲、红花八角、深山含笑、黄丹木姜子、桂南木莲，数量不多，只有1～2株。第三亚层林木高4～7m，林木种类较多，除上2个亚层出现的种类外，还有罗浮锥、广西漆(*Toxicodendron kwangsiensis*)、榕叶冬青、樟叶泡花树、矮小天仙果、尖叶木犀榄(*Olea cuspidata*)、少叶黄杞等。

灌木层植物高2～3m，覆盖度30%～70%，个体密度差异很大，林下无竹子或竹子不多的地段，其个体密度较少，平均为566.5株/100m²；若林下竹子密布，灌木层植物的密度就很大，达到1323～1962株/100m²。种类组成丰富，400m²样地计有50种之多，主要是乔木的幼树，真正的灌木种类不多，常见有紫竹、阔叶箬竹、草珊瑚、光叶铁仔(*Myrsine* sp.)、柏拉木、粗叶木等，它们单独或其中的2～3种组成优势种或共优种。

草本层植物高1m以下，覆盖度10%～55%，不同地段优势种也有所不同，但常常是以镰叶瘤足蕨、锦香草、多羽复叶耳蕨、艳山姜、淡竹叶等1种或2～3种组成优势。

藤本植物种类不多，常见有巴戟天、扶芳藤、络石、尖叶菝葜、寒莓(*Rubus buergeri*)、广东蛇葡萄、娃儿藤、鸡矢藤等。

和龙头山的情况不同，在风力较大的天坪山一带，海拔1280m，林木高度只有14m，400m²样地有林木36种、268株，郁闭度0.6～0.7。乔木层只有2个亚层，上层高8～12m，有林木16种、91株，甜槠和碟斗青冈株数不多，只有3和2株，但它们的胸径很大，分别有1株的胸径达51cm和52cm，成为本亚层的建群种，其他个体数较多的有黄杞、硬壳柯、毛桂、福建青冈(*Cyclobalanopsis chungii*)、黄丹木姜子、银木荷、深山含笑、小花红花荷，分别有12、11、9、9、8、7、5和5株，它们的胸径都比较小，多数为10～15cm。下层林木高4～7m，种类组成比上层丰富，除上个亚层的种类外，较常见还有多花杜鹃、瑞木、厚叶红淡比、美叶山矾、短序润楠等。

分布在天坪腹地龙腾附近的甜槠林，种类组成和上两个地方又稍有不同，500m²样地有林木43种、638株，种类组成和天坪附近相似，但五列木明显增多，成为共优种。群落中常混生有长苞铁杉、海南五针松、百日青等裸子植物，成为乔木层种类组成一大特色。

3. 栲林(Form. *Castanopsis fargesii*)

以栲为主的森林在我国分布相当广泛，是我国东部中亚热带常绿林的代表类型，主要分布于四川、贵州、湖南、江西、福建、广东、广西等地。广西境内，栲林主要分布于北部一带丘陵、低山，向南可在桂中、桂南的山地上出现，西界沿弧形山脉西翼延伸至云南省的东南部。在北部地区，栲林是一种水平地带性类型，它主要占据海拔700m以下的范围，与木荷为主的常绿阔叶林交错分布，上界接甜槠林、银木荷林；桂中、桂南一带，栲林则是属于垂直带谱的组成部分，分布于海拔700m以上的地区，与厚斗柯林、红楠林、米槠林交错分布，下界接红锥林、厚壳桂林。

栲林分布区的气候特点可以用北部纬度相近的永福和南丹来说明，但在经度上永福居东，南丹居西，两地栲林都是重要的天然杂木林。永福县城海拔157.2m，年平均气温18.8℃，1月平均气温8.2℃，7月平均气温27.9℃，累年极端最高气温38.8℃，累年极端最低气温－3.8℃，≥10℃的积温6005.4℃；年降水量2002.0mm，除12月降水量为58.6mm外，其余各月均在60mm以上，没有干季。南丹县城海拔697m，年平均气温17.3℃，1月平均气温7.4℃，7月平均气温24.6℃，累年极端最高气温35.5℃，累年极端最低气温－5.5℃，≥10℃的积温5233℃；年降水量1497.9mm，有4个月

(11～次年2月)降水量小于50mm，其中12月至翌年2月在31.6～25.9mm，干湿季明显。从上可知，栲林对于湿度的适应幅度还是较广的。但再往西，到达属于西部亚热带区域半湿润半干燥的田林、隆林、西林时，栲林已少有出现。绝迹于干热的河谷地区。在种类组成上，桂西南山地的栲林已有不少南亚热带季风常绿阔叶林的成分，并有一定的西部地区成分。

栲是喜酸性土树种，以栲为主的森林只分布于砂岩、页岩、花岗岩发育而成的酸性土上，土壤为红壤或黄壤，pH值4.5～5.5。石灰岩山地绝不会有栲林的分布。所以在其分布区内，有许多地区虽然气候条件适合，由于是石灰岩山地，而阻碍栲林的分布。但是，在第四纪红土覆盖的灰岩地层上，有时也可见到有栲林的分布，只不过种类组成已含有不少石灰(岩)土的区系成分。

成熟的栲林是中亚热带气候条件下一种顶极群落，种群结构完整，在不遭受破坏的情况下，是相当稳定的。例如中亚热带的阳朔碎江唐家村海拔527m处的栲林，600m²样地内，乔木第一亚层有栲19株，第二亚层有2株，第三亚层有1株，幼树有163株，幼苗有325株，第二亚层和第三亚层栲株数少，不是栲不能适应这种环境，而是被破伐的结果。

栲林是一种很有价值的森林，不少林木是较好的材用树种，例如栲、罗浮锥、米槠、甜槠、木荷、马蹄荷、西藏山茉莉、双齿山茉莉、厚斗柯、白花含笑、红楠、广东润楠、木莲等。药物资源和林副产品十分丰富。同时，这种森林呈多层结构，林下枯枝落叶层厚，保水能力强，是很好的水源林。目前这类林子面积已不大，绝大多数又分布在大山区，是大小河流的源头，并多数地区都已划为自然保护区。因此，这类森林只能作为种源和种质基地经营，把有用的植物资源引种到别的地区去。栲林种群结构完整，只要对它施行合理的妥善的保护，它就能自然地长久地保存下去。

在广西，栲林主要有26个群落。

(1)栲－苦竹－苦竹－苦竹－狗脊蕨群落(*Castanopsis fargesii* – *Pleioblastus amarus* – *Pleioblastus amarus* – *Pleioblastus amarus* – *Woodwardia japonica* Comm.)

这是遭受严重砍伐后而残存的一种群落，竹子已成为中下层林木的优势种，但结构还完整，栲在林木上层尚占有较大的优势，在桂中大瑶山林区对此种类型进行了调查研究。该群落位于圣堂山上部，海拔930m，地层为泥盆系莲花山组红色砂岩。立地土壤为山地森林水化黄壤，土层深厚，达1m以上，表土层厚15cm左右，棕黑色，竹根密布，纵横交错，枯枝落叶层覆盖75%，厚2～5cm。

表9-35　栲－苦竹－苦竹－苦竹－狗脊蕨群落乔木层种类组成及重要值指数

(样地号：瑶山55，样地面积：20m×20m，地点：金秀长垌圣堂山下社冲，海拔：930m)

序号	树种	基面积(m²)	株数	频度(%)	重要值指数
			乔木Ⅰ亚层		
1	栲	0.742	9	100	98.136
2	鹿角锥	0.39	2	50	39.08
3	美叶柯	0.204	2	25	24.304
4	桂南木莲	0.174	2	25	22.9
5	厚斗柯	0.166	1	25	18.214
6	黄樟	0.126	1	25	16.357
7	广东山胡椒	0.102	1	25	15.262
8	野漆	0.075	1	25	14.057
9	檫木	0.071	1	25	13.837
10	腺叶桂樱	0.057	1	25	13.222
11	罗浮锥	0.057	1	25	13.222
12	上思青冈	0.018	1	25	11.408
	合计	2.182	23	400	299.999
			乔木Ⅱ亚层		
1	苦竹	0.212	69	100	90.363
2	栲	0.307	8	100	44.474
3	网脉山龙眼	0.048	5	100	19.67
4	鹿角锥	0.128	2	50	18.266
5	白花含笑	0.063	5	75	18.151
6	广东山胡椒	0.112	3	50	17.851
7	腺叶桂樱	0.054	4	50	13.714

（续）

序号	树种	基面积（m^2）	株数	频度（%）	重要值指数
8	虎皮楠	0.033	2	50	10.187
9	上思青冈	0.051	2	25	8.91
10	广东新木姜子	0.03	2	25	7.086
11	交让木	0.031	1	25	6.356
12	美叶新木姜子	0.023	1	25	5.608
13	罗浮锥	0.013	1	25	4.801
14	日本杜英	0.011	1	25	4.632
15	桂南木莲	0.011	1	25	4.632
16	山矾	0.01	1	25	4.477
17	罗浮柿	0.008	1	25	4.336
18	四角柃	0.006	1	25	4.208
19	美叶柯	0.005	1	25	4.094
20	川桂	0.005	1	25	4.094
21	栎子青冈	0.005	1	25	4.094
	合计	1.167	113	900	300.002
			乔木Ⅲ亚层		
1	苦竹	0.134	152	100	111.72
2	网脉山龙眼	0.136	31	100	55.379
3	白花含笑	0.056	7	75	24.692
4	虎皮楠	0.042	5	75	20.755
5	栲	0.04	2	25	12.347
6	黄棉木	0.022	2	50	11.952
7	南岭山矾	0.015	2	50	10.651
8	狗骨柴	0.011	2	50	9.763
9	米槠	0.013	2	25	6.874
10	毛锥	0.006	1	25	5.088
11	上思青冈	0.004	1	25	4.58
12	腺叶桂樱	0.004	1	25	4.58
13	苗山冬青	0.004	1	25	4.58
14	变叶榕	0.004	1	25	4.58
15	密花山矾	0.002	1	25	4.199
16	罗浮柿	0.002	1	25	4.199
17	罗浮槭	0.001	1	25	4.057
	合计	0.495	213	750	299.997
			乔木层		
1	苦竹	0.346	221	100	78.596
2	栲	1.089	19	100	40.202
3	网脉山龙眼	0.184	36	100	21.533
4	鹿角锥	0.518	4	75	19.455
5	白花含笑	0.119	12	100	12.986
6	广东山胡椒	0.214	4	75	11.556
7	虎皮楠	0.075	7	100	10.403
8	美叶柯	0.209	3	50	9.526
9	桂南木莲	0.185	3	50	8.893
10	腺叶桂樱	0.115	6	50	7.931
11	上思青冈	0.072	4	50	6.253
12	厚斗柯	0.166	1	250	6.222
13	罗浮锥	0.071	2	50	5.632
14	黄樟	0.126	1	25	5.168
15	南岭山矾	0.015	3	50	4.475
16	黄棉木	0.022	2	50	4.357
17	狗骨柴	0.011	2	50	4.075
18	罗浮柿	0.01	2	50	4.053

（续）

序号	树种	基面积(m^2)	株数	频度(%)	重要值指数
19	野漆	0.075	1	25	3.862
20	檫木	0.071	1	25	3.738
21	广东新木姜子	0.03	2	25	2.955
22	交让木	0.031	1	25	2.716
23	米槠	0.013	2	25	2.519
24	美叶新木姜子	0.023	1	25	2.489
25	日本杜英	0.011	1	25	2.193
26	山矾	0.01	1	25	2.146
27	四角柃	0.006	1	25	2.064
28	毛锥	0.006	1	25	2.064
29	川桂	0.005	1	25	2.029
30	栎子青冈	0.005	1	25	2.029
31	苗山冬青	0.004	1	25	1.999
32	变叶榕	0.004	1	25	1.999
33	密花山矾	0.002	1	25	1.95
34	罗浮槭	0.001	1	25	1.931
	合计	3.844	350	1550	299.999

美叶新木姜子 *Neolitsea* sp.　　密花山矾 *Symplocos congesta*

乔木层由于中下层竹子密集，郁闭度达0.9，可分为3个亚层。第一亚层林木高15～18m，基径27～40cm，由于中下层竹子密集，枝下高，约占树高的3/4，冠幅较小，覆盖度50%；种类组成尚较复杂，从表9-35可知，400m^2样地有12种、23株，栲占有较明显的优势，有9株，重要值指数98.1；其他的11种，重要值指数都比较分散，较多的鹿角锥、美叶柯、桂南木莲，重要值指数也分别只有39.1、24.3、22.9；剩下8种，重要值指数都在10～20之间。第二亚层林木高8～13m，覆盖度60%，因为苦竹的植株最多，而苦竹高9m，所以本亚层高9m的植株最多，种类组成比上亚层还丰富，400m^2有21种，其中有7种在上个亚层出现过，由于竹子密集，株数比上亚层多得多，400m^2有113株，其中竹子有69株，占61.1%，苦竹依靠较大的相对密度，重要值指数达90.4，排列第一，成为本亚层的优势种；栲虽然比苦竹粗大，但因为植株比苦竹少得多，重要值指数只有44.5，排列第二，为本亚层的次优势种；其他的19种重要值指数都比较分散，其中在10～20之间的有网脉山龙眼、鹿角锥、白花含笑、广东山胡椒、腺叶桂樱、虎皮楠6种，重要值指数分别为19.7、18.3、18.2、17.9、13.7、10.2；不到10的有上思青冈(*Cyclobalanopsis delicatula*)等13种。第三亚层林木高5～7m，覆盖度60%，本亚层有植株213株，其中苦竹152株，占71.4%，比上亚层还多；种类组成虽然比上2个亚层少，但还算丰富，400m^2有17种，其中有8种在上2个亚层出现过；苦竹虽然植株细小，但由于有密集的个体，重要值指数高达111.7，排列第一；成为本亚层的优势种，次优势种为网脉山龙眼，有31株，重要值指数55.4；常见的有白花含笑和虎皮楠，重要值指数分别为24.7和20.8；其他的13种，多数种类为单株出现，重要值指数在10以下。从整个乔木层分析，苦竹只是属于小乔木类型，最多只能进入到第二亚层林木的空间，在林木第一亚层空间根本不可能出现，因此，在正常情况下，它不可能成为群落的建群种或重要值指数排列第一的优势种。本群落的苦竹，重要值指数为78.6，排列第一，这是因为群落受到严重砍伐，苦竹在林木第二亚层和第三亚层得以密集发展，400m^2样地达到221株，占整个乔木层总株数的63.1%，重要值指数最大，是可以理解的。栲虽然在林木第一亚层占有明显的优势，在第二亚层和第三亚层也有一定的位置，但它的相对密度远不如苦竹，重要值指数只有40.2，虽然重要值指数不如苦竹，但因为栲在林木第一亚层为优势种，所以群落的性质还是属于栲类型，还没有退化为苦竹丛林。

灌木层植物分布不均匀，苦竹多的地段覆盖度可达45%～50%，苦竹少的地段只有20%～25%，种类组成比较丰富，从表9-36可知，400m^2样地有49种之多，但多数种类为乔木的幼树，而且除苦竹和网脉山龙眼数量稍多外，多数种类数量都很少。

表 9-36　栲－苦竹－苦竹－苦竹－狗脊蕨群落灌木层和草本层种类组成及分布情况

序号	种名	多度盖度级				频度	更新层(株)	
		Ⅰ	Ⅱ	Ⅲ	Ⅳ	(%)	幼苗	幼树
灌木层植物								
1	苦竹	4	4	5	6	100		
2	网脉山龙眼	4	4	4	4	100	25	55
3	广东新木姜子	3	3	4	4	100	12	33
4	锈叶新木姜子	3	3	4	2	100	6	32
5	山矾	3	3	1	2	100	5	18
6	栲	1	2	3	4	100	3	14
7	日本杜英	2	2	2	2	100	6	5
8	树参	2	+	2	2	100	5	4
9	虎皮楠	2	1	1	3	100	5	4
10	疏花卫矛	1	1	1	1	100		4
11	罗浮锥	3		1	1	75	1	7
12	瑶山茶	3		2	1	75		
13	竹叶木姜子	1	3	3		75	6	13
14	大叶青冈	1	1	1		75	1	4
15	日本五月茶	2	3		3	75	3	15
16	光叶粗叶木		2	4	4	75		
17	罗浮柿		+	+	1	75	1	2
18	密花山矾	1			2	50	1	4
19	三花冬青	1	1			50		5
20	栎子青冈	1	2			50	2	8
21	大叶新樟	2	3			50	2	14
22	东方古柯		2		2	50	3	5
23	鼠刺		+		1	50	1	
24	广东琼楠		2		2	50	4	5
25	柯		1	1		50		4
26	毛锥		1		2	50	2	2
27	柃木			4	4	50		
28	杜茎山			3	3	50		
29	桂南木莲			3	4	50	2	9
30	毛桂			2	1	50	3	
31	厚斗柯			1	2	50	1	2
32	尾叶冬青			+	1	50	1	
33	岭南山茉莉			1		25		
34	黄棉木			+		25	1	
35	白花含笑			1		25		
36	木姜叶润楠				3	25		3
37	狗骨柴				1	25	2	
38	腺叶桂樱				2	25	1	2
39	鹿角锥				2	25	2	
40	大果木姜子				2	25		2
41	米槠	2				25		
42	大头茶	1				25		1
43	川桂	2				25		3
44	白花龙船花		1			25		
45	细枝柃		3			25		
46	紫金牛		3			25		
47	栀子		3			25		
48	岗柃			3		25		
49	柏拉木			2		25		
草本层植物								
1	狗脊蕨	3	4	4	3	100		
2	蜘蛛抱蛋 1 种	2	2	2	2	100		

（续）

序号	种名	多度盖度级				频度	更新层(株)	
		Ⅰ	Ⅱ	Ⅲ	Ⅳ	(%)	幼苗	幼树
3	里白	4	5		4	75		
4	山姜			2		25		
5	扇叶铁线蕨			2		25		
6	卷柏				2	25		
7	戟叶圣蕨				2	25		
8	崇澍蕨		3			25		
	藤本植物							
1	菝葜	sol	sol	sol	sol	100		
2	网脉酸藤子	sol		sol	sol	75		
3	流苏子	sol			sol	50		
4	瓜馥木			sol	sol	50		
5	冷饭藤			sol		25		
6	银瓣崖豆藤				sol	25		
7	藤黄檀			sol		25		

大叶新樟 *Neocinnamomum* sp.　尾叶冬青 *Ilex wilsonii*　白花龙船花 *Ixora henryi*　蜘蛛抱蛋 1 种 *Aspidistra* sp.
戟叶圣蕨 *Dictyocline sagittifolia*　崇澍蕨 *Chieniopteris harlandii*

在密集的竹林下，草本层植物稀少，一般覆盖 5% ~ 12%，个别地段 20%，种类也很稀少，400m^{2}样地只有 8 种，比较常见的是狗脊蕨和里白两种。

藤本植物无论是种类还是数量均十分稀少，而且藤茎细小，菝葜和网脉酸藤子常见。

虽然苦竹植株密集，但群落更新尚良好，从表 9-36 可知，400m^{2}样地有 35 种乔木的幼苗或幼树，其中以网脉山龙眼和广东新木姜子较好，次为锈叶新木姜子和山矾。优势种栲更新不太理想，400m^{2}样地只有幼苗 3 株，幼树 14 株。今后，若不能控制苦竹的蔓延，栲的优势地位可能会受到影响，甚至可能被淘汰。

(2) 栲 – 凹脉柃 – 黄棉木 – 杜茎山 – 狗脊蕨群落(*Castanopsis fargesii* – *Eurya impressinervis* – *Metadina trichotoma* – *Maesa japonica* – *Woodwardia japonica* Comm.)

桂中阳朔的栲林，过去大多被用作培育香菇林，目前所见到的几乎是培育香菇后恢复起来的类型，均受到不同程度的破坏，种类组成和成分与较原始的类型发生了某些变化，不少落叶成分侵入其中，但常绿阔叶林的基本性质仍没有改变。

本群落分布于碎江三岔河海拔 420m 处，立地类型地层为泥盆系莲花山组紫色砂岩，土壤为森林红壤；群落枯枝落叶层厚 2 ~ 3cm，覆盖度 90%。

表 9-37　栲 – 凹脉柃 – 黄棉木 – 杜茎山 – 狗脊蕨群落乔木层种类组成及重要值指数

(样地号：Q_{39}，样地面积：600m^2，地点：阳朔县碎江三岔河，海拔：420m)

序号	树种	基面积(m^2)	株数	频度(%)	重要值指数
	乔木Ⅰ亚层				
1	栲	1.048	7	83.3	79.736
2	米槠	0.485	5	66.7	50.228
3	毛八角枫	0.283	1	16.7	16.885
4	红木荷	0.255	1	16.7	15.993
5	赤杨叶	0.194	3	33.3	25.336
6	马尾松	0.152	1	16.7	12.657
7	虎皮楠	0.145	1	16.7	12.436
8	枫香树	0.113	1	16.7	11.407
9	青榨槭	0.102	1	16.7	11.031
10	瓦山锥	0.091	1	16.7	10.675
11	日本杜英	0.063	2	33.3	17.529
12	腺叶桂樱	0.062	1	16.7	9.73
13	香皮树	0.042	1	16.7	9.082
14	木姜子属 1 种	0.038	1	16.7	8.968

（续）

序号	树种	基面积（m²）	株数	频度（%）	重要值指数
15	雷公鹅耳枥	0.018	1	16.7	8.31
	合计	3.091	28	400	300.001
			乔木Ⅱ亚层		
1	凹脉柃	0.202	14	66.7	41.483
2	米槠	0.116	7	66.7	25.871
3	罗浮槭	0.106	7	50	23.158
4	栲	0.12	4	50	20.101
5	虎皮楠	0.114	3	50	18.296
6	罗浮柿	0.123	4	33.3	18.262
7	香皮树	0.041	5	66.7	17.856
8	钩锥	0.116	2	33.3	15.083
9	桃叶石楠	0.035	4	33.3	12.014
10	黄樟	0.119	1	16.7	11.915
11	毛八角枫	0.067	2	33.3	11.547
12	黄丹木姜子	0.028	3	33.3	10.108
13	日本杜英	0.043	2	33.3	9.861
14	黄棉木	0.01	3	33.3	8.825
15	苦枥木	0.009	2	33.3	7.458
16	腺叶桂樱	0.028	1	16.7	5.415
17	华润楠	0.023	1	16.7	5.012
18	柯	0.023	1	16.7	5.012
19	白花龙船花	0.018	1	16.7	4.653
20	樱桃属1种	0.015	1	16.7	4.49
21	细枝柃	0.013	1	16.7	4.339
22	黄背越桔	0.013	1	16.7	4.339
23	鼠刺	0.008	1	16.7	3.953
24	鸭公树	0.005	1	16.7	3.751
25	硬壳桂	0.004	1	16.7	3.667
26	五月茶	0.002	1	16.7	3.532
	合计	1.402	74	816.7	300.003
			乔木Ⅲ亚层		
1	黄棉木	0.506	13	66.7	69.329
2	鼠刺	0.108	40	100	45.375
3	凹脉柃	0.074	13	100	24.556
4	香皮树	0.021	12	100	18.171
5	岭南杜鹃	0.052	7	83.3	17.051
6	细枝柃	0.019	11	50	13.117
7	米槠	0.01	7	83.3	12.399
8	广东杜鹃	0.029	9	33.3	11.637
9	华润楠	0.008	5	33.3	6.751
10	硬壳桂	0.004	3	50	6.44
11	罗浮槭	0.008	3	33.3	5.505
12	白花龙船花	0.01	2	33.3	5.086
13	黄丹木姜子	0.004	3	33.3	5.07
14	腺萼马银花	0.004	2	33.3	4.405
15	鸭公树	0.003	2	33.3	4.327
16	粗叶木	0.001	2	33.3	4.118
17	竹柏	0.006	2	16.7	3.275
18	钩锥	0.011	1	16.7	3.247
19	苦枥木	0.01	1	16.7	3.048
20	日本杜英	0.003	2	16.7	2.912
21	光叶海桐	0.002	2	16.7	2.852
22	木竹子	0.002	2	16.7	2.819

（续）

序号	树种	基面积(m^2)	株数	频度(%)	重要值指数
23	罗浮柿	0.001	2	16.7	2.791
24	桃叶石楠	0.003	1	16.7	2.368
25	山香圆	0.003	1	16.7	2.314
26	黄连木	0.002	1	16.7	2.219
27	大叶新木姜子	0.002	1	16.7	2.178
28	柃木	0.001	1	16.7	2.141
29	腺叶桂樱	0.001	1	16.7	2.109
30	五月茶	0.001	1	16.7	2.109
31	油茶	0.001	1	16.7	2.081
32	栓叶安息香	0.001	1	16.7	2.081
33	栲	0	1	16.7	2.057
34	红鳞蒲桃	0	1	16.7	2.037
35	天料木	0	1	16.7	2.022
	合计	0.909	158	1216.7	299.996
			乔木层		
1	栲	1.169	12	100	31.56
2	米槠	0.611	19	100	23.933
3	鼠刺	0.115	41	100	23.217
4	凹脉柃	0.276	27	100	20.795
5	黄棉木	0.515	16	83.3	20.117
6	香皮树	0.104	18	100	14.16
7	毛八角枫	0.35	3	50	10.279
8	虎皮楠	0.259	4	50	8.988
9	细枝柃	0.032	12	66.7	8.745
10	罗浮槭	0.114	10	50	8.612
11	岭南杜鹃	0.052	7	83.3	8.088
12	日本杜英	0.109	6	66.7	7.867
13	赤杨叶	0.194	3	33.3	6.522
14	罗浮柿	0.124	6	33.3	6.381
15	钩锥	0.128	3	50	6.171
16	红木荷	0.255	1	16.7	5.993
17	广东杜鹃	0.029	9	33.3	5.77
18	华润楠	0.03	6	50	5.525
19	腺叶桂樱	0.091	3	50	5.491
20	黄丹木姜子	0.032	6	33.3	4.662
21	桃叶石楠	0.039	5	33.3	4.41
22	硬壳桂	0.008	4	50	4.337
23	马尾松	0.152	1	16.7	4.084
24	黄樟	0.119	1	16.7	3.481
25	白花龙船花	0.027	3	33.3	3.433
26	枫香树	0.113	1	16.7	3.369
27	苦枥木	0.019	3	33.3	3.275
28	青榨槭	0.102	1	16.7	3.154
29	鸭公树	0.008	3	33.3	3.071
30	瓦山锥	0.091	1	16.7	2.95
31	腺萼马银花	0.004	2	33.3	2.606
32	五月茶	0.003	2	33.3	2.593
33	粗叶木	0.001	2	33.3	2.558
34	木姜子属 1 种	0.038	1	16.7	1.973
35	竹柏	0.006	2	16.7	1.762
36	光叶海桐	0.002	2	16.7	1.691
37	柯	0.023	1	16.7	1.69

（续）

序号	树种	基面积（m^2）	株数	频度（%）	重要值指数
38	木竹子	0.002	2	16.7	1.685
39	雷公鹅耳枥	0.018	1	16.7	1.597
40	樱桃属 1 种	0.015	1	16.7	1.555
41	黄背越桔	0.013	1	16.7	1.515
42	山香圆	0.003	1	16.7	1.322
43	黄连木	0.002	1	16.7	1.306
44	大叶新木姜子	0.002	1	16.7	1.299
45	柃木	0.001	1	16.7	1.293
46	油茶	0.001	1	16.7	1.283
47	栓叶安息香	0.001	1	16.7	1.283
48	红鳞蒲桃	0	1	16.7	1.275
49	天料木	0	1	16.7	1.273
	合计	5.402	260	1883.3	300.001

根据600m^2样地调查，群落受到破坏后虽然有落叶阔叶树或针叶树侵入，但主要由常绿阔叶树组成，郁闭度0.9，乔木层可分成3个亚层。第一亚层林木高15～17m，最高24m，基径30～45cm，最粗62cm，覆盖度60%，从表9-37可知，600m^2样地有15种、28株。优势种为栲，有7株，重要值指数79.7；次优势种为米槠，有5株，重要值指数50.2；常见的种类有赤杨叶，3株，重要值指数25.3；其他的种类大多数为单株出现，重要值指数都很小。本亚层种类组成比较混杂，属于次生阳性落叶阔叶树有赤杨叶、毛八角枫、枫香树、青榨槭、雷公鹅耳枥5种，属于次生阳性常绿阔叶树有红木荷1种，属于次生阳性常绿针叶树有马尾松1种，共占种类组成的46.7%。常绿阔叶树有9种，重要值指数为214.3，落叶阔叶树重要值指数只有73.0，因此，本群落仍为常绿阔叶林的性质。第二亚层林木高8～12m，基径10～20cm，覆盖度60%，种类组成比较丰富，株数也不少，从表9-37可知，600m^2样地有26种、74株，其中有7种在上个亚层出现过。本亚层重要值指数分配比较分散，优势种凹脉柃重要值指数并不大，只有41.5，重要值指数在20～26之间只有米槠、罗浮槭、栲3种，在10～18的有8种，<10的有14种。本亚层常绿阔叶树有24种，重要值指数281.0；落叶阔叶树有毛八角枫、苦枥木2种，重要值指数19.0，常绿阔叶树占据绝对的优势。第三亚层林木高4～7m，基径3～7cm，覆盖度30%。本亚层是3个亚层中种类和株数最多的一个亚层，600m^2样地有35种、158株，其中有20种在上2个亚层出现过。优势种为黄棉木，有13株，重要值指数69.3；次优势种为鼠刺，重要值指数45.4，两种占重要值指数300的1/3强；其他33种，重要值指数分配很分散，20～30之间的只有凹脉柃1种；10～20之间有香皮树、岭南杜鹃、细枝柃、米槠、广东杜鹃5种；<10的多达27种。本亚层常绿阔叶树有32种，重要值指数291.4；落叶阔叶树有苦枥木、黄连木3种，重要值指数5.3；常绿扁平针叶树竹柏1种，重要值指数3.3，常绿阔叶树占据绝对的优势。从整个乔木层分析，由于组成繁多，600m^2样地多达49种，故重要值指数分配比较分散。优势种栲在上层乔木占有明显的优势，但在整个乔木层中只有31.6；次优势种米槠和2、3亚层林木优势种鼠刺、凹脉柃、黄棉木，重要值指数分别只有23.9、23.2、20.8、20.1；其他的44种，多数是偶见种，重要值指数多数<10。从整个乔木层统计，常绿阔叶树有40种，重要值指数264.7；落叶阔叶树7种，重要值指数29.6；常绿针叶树2种，重要值指数5.7，常绿阔叶树占据绝对的优势地位。

灌木层植物种类丰富，从表9-38可知，600m^2样地有70种，除个别地段外一般覆盖度达到50%。种类成分以乔木的幼树为主，初步统计约有45种，数量最多、出现频度最高的有硬壳桂和栲，比较常见的有香皮树、鸭公树、米槠、罗浮槭、黄棉木、虎皮楠等。真正的灌木以杜茎山为常见，次为毛冬青和草珊瑚。本群落灌木层植物种类之所以丰富，是因为种类成分十分混杂，破坏后许多阳性种类入侵进去。

草本层植物种类尚多，但数量较少，覆盖度只有10%左右，优势种为狗脊蕨，常见的有扇叶铁线蕨和鳞毛蕨。

藤本植物种类虽然有16种，但数量稀少，比较常见的种类有毛瓜馥木（*Fissistigma* sp.）、链珠藤、流苏子和网脉酸藤子。

表 9-38　栲－凹脉柃－黄棉木－杜茎山－狗脊蕨群落灌木层和草本层种类组成及分布情况

序号	种名	多度盖度级						频度	更新层(株)	
		Ⅰ	Ⅱ	Ⅲ	Ⅳ	Ⅴ	Ⅵ	(%)	幼苗	幼树
					灌木层植物					
1	硬壳桂	4	3	4	4	5	4	100.0	3	108
2	栲	4	4	4	4	4	3	100.0	13	157
3	香皮树	3	3	3	3	4	2	100.0		57
4	鸭脚木	3	3	3	3	3	4	100.0	3	64
5	米槠	4	3	3	2	4	3	100.0		29
6	罗浮槭	3	2	2	4	3	3	100.0	5	51
7	黄棉木	3	1	2	2	2	3	100.0		
8	粗叶木	3	3	4	2	3	3	100.0		
9	虎皮楠	2	2	3	2	2	2	100.0	3	46
10	大叶卫矛	2	1	2	2	1	2	100.0		
11	华润楠	1	1	2	1	3	3	100.0	3	37
12	黄丹木姜子	3	2	3	3	3		83.3	3	88
13	草珊瑚	1	2	2	2	2		83.3		
14	毛冬青	1	2	3	2	3		83.3		
15	杜茎山	3		4	2	3	4	83.3		
16	中华杜英	3	2		2		1	66.7		
17	栓叶安息香	3	1			3	3	66.7		
18	黄杞	3	3		2	3		66.7		
19	钩锥	3	1		1	1		66.7		
20	罗浮柿	3	3	2		3		66.7		
21	树参	3	2	2	1			66.7		
22	幌伞枫	1			1	3	2	66.7		
23	赤楠		1	2		2	3	66.7		
24	栀子		1	+	2		1	66.7		
25	日本杜英		2	3	2		3	66.7		
26	越南安息香			3	2	1	1	66.7		
27	朱砂根		2		2		1	50.0		
28	桃叶石楠	3		1			2	50.0		
29	木姜子属 1 种	2		3		2		50.0		9
30	鹅掌柴	3		3		2		50.0		
31	竹柏	3	1		1			50.0		
32	天料木	1			1		1	50.0		
33	南烛		2	2	2			50.0		
34	鼠刺		2		3	3		50.0		
35	粗叶榕	1	+	2				50.0		
36	凹脉柃	3			2			33.3		
37	香港大沙叶	3		1				33.3		
38	山香圆			1		1		33.3		
39	光叶海桐			4	1			33.3		
40	密茱萸			2			1	33.3		
41	粗叶榕				1	2		33.3		
42	红鳞蒲桃				1		1	33.3		
43	粗糠柴				+	+		33.3		
44	广东杜鹃	1			1			33.3		
45	苍叶红豆		1		3			33.3		
46	柯		1		1			33.3		
47	油茶		1		1			33.3		
48	五月茶		2		2			33.3		
49	岭南杜鹃	3		1				33.3		
50	鹅掌柴		+		+			33.3		
51	细枝柃		1		2			33.0		
52	光叶山矾		+	3				33.3		

（续）

序号	种名	多度盖度级						频度	更新层(株)	
		Ⅰ	Ⅱ	Ⅲ	Ⅳ	Ⅴ	Ⅵ	(%)	幼苗	幼树
53	紫金牛1种					2	+	33.3		
54	两面针			+				16.7		
55	朝天罐			2				16.7		
56	矮小天仙果				2			16.7		
57	裂果卫矛				1			16.7		
58	多花杜鹃				2			16.7		
59	广东琼楠				1			16.7		
60	黄樟				1			16.7		
61	朴树					1		16.7		
62	瓦山锥					3		16.7		2
63	罽蒴锥					3		16.7		
64	烟斗柯					1		16.7		
65	甜槠						1	16.7		
66	山胡椒	1						16.7		
67	腺叶桂樱	1						16.7		1
68	打铁树	3						16.7		
69	木竹子	1						16.7		
70	锈叶木姜子	2						16.7		
					草本层植物					
1	狗脊蕨	4	4	5	4	4	4	100.0		
2	扇叶铁线蕨	2	2	2	2	2	2	100.0		
3	鳞毛蕨	3		3	3	3	3	83.3		
4	淡竹叶	2	2	2	2		2	83.3		
5	多羽复叶耳蕨		3	2	2			50.0		
6	艳山姜		1	1	2			50.0		
7	山菅			1		1	2	50.0		
8	卷柏1种	2		2		2		50.0		
9	半边旗			2		2		33.3		
10	密叶樱	2				1		33.3		
11	九管血	2				2		33.3		
12	吊兰		2					16.7		
13	石韦			2				16.7		
14	毛蕨.	2						16.7		
15	边果鳞毛蕨				2			16.7		
16	金毛狗脊				1			16.7		
17	山姜					2		16.7		
18	凤尾蕨1种					1		16.7		
19	奇羽鳞毛蕨						2	16.7		
20	江南星蕨						2	16.7		
					藤本植物					
1	毛瓜馥木		2	3	2	4	3	83.3		
2	链珠藤	2		2		2	3	66.7		
3	流苏子	1		2	2	1		66.7		
4	网脉酸藤子			2	2	2	2	66.7		
5	大果酸藤子	1		2		2		50.0		
6	长叶菝葜	1				2		33.3		
7	防己藤	1				+		33.3		
8	买麻藤				2	3		33.3		
9	玉叶金花					2	2	33.3		
10	圆叶菝葜					+	2	33.3		
11	菝葜				2			16.7		
12	络石				2			16.7		

（续）

序号	种名	多度盖度级						频度	更新层(株)	
		Ⅰ	Ⅱ	Ⅲ	Ⅳ	Ⅴ	Ⅵ	(%)	幼苗	幼树
13	掌叶悬钩子					+		16.7		
14	龙须藤					1		16.7		
15	筋藤					2		16.7		
16	土茯苓					2		16.7		

木姜子属 1 种 *Litsea* sp.　紫金牛 1 种 *Ardisea* sp.　苍叶红豆 *Ormosia semicastrata* f. *pallida*　朝天罐 *Osbeckia opipara*
裂果卫矛 *Euonymus dielsianus*　卷柏 1 种 *Selaginella* sp.　吊兰 *Cymbidium* sp.　毛蕨 *Cyclosorus* sp.
边果鳞毛蕨 *Dryopteris marginata*　凤尾蕨 1 种 *Pteris* sp.　奇羽鳞毛蕨 *Dryopteris sieboldii*　大果酸藤子 *Embelia* sp.
长叶菝葜 *Smilax* sp.　防己藤 *Cocculus* sp.　掌叶悬钩子 *Rubus* sp.　筋藤 *Alyxia levinei*

群落更新尚良好，从表 9-38 可知，600m^{2}样地优势种栲有幼苗 13 株，幼树 157 株，种群结构完整，发展下去，不管群落其他种群发生什么变化，但栲始终能保持在群落中的优势地位。

(3)栲－四角柃＋香港四照花－细枝柃－野山茶－狗脊蕨群落群落(*Castanopsis fargesii* － *Eurya tetragonoclada* ＋ *Cornus hongkongensis* － *Eurya loquaiana* － *Camellia* sp. － *Woodwardia japonica* Comm.)

这是一种成熟的栲林，见于南丹县三匹虎林场。群落林木高大，株数少，虽然受到轻微砍伐，但保存尚好，在林场第 8 林班海拔 900～1000m 的地段，对这种类型的群落进行了调查。群落立地土壤为发育于砂页岩上的森林红壤，枯枝落叶层厚 3～4cm，覆盖度 90%。

表 9-39　栲－四角柃＋香港四照花－细枝柃－野山茶－狗脊蕨群落乔木层种类组成及重要值指数

(样地号：三匹虎 3 号，样地面积：30m×20m，地点：南丹三匹虎林场第 8 林班，海拔：900～1000m)

序号	树种	基面积(m^2)	株数	频度(%)	重要值指数
			乔木Ⅰ亚层		
1	栲	2.091	5	50	108.159
2	红楠	0.602	5	66.7	77.046
3	蓝果树	0.9	3	33.3	57.18
4	香港四照花	0.163	4	33.3	43.194
5	钩锥	0.02	1	16.7	14.421
	合计	3.776	18	200	300.001
			乔木Ⅱ亚层		
1	四角柃	0.05	11	66.7	65.376
2	香港四照花	0.122	4	66.7	62.813
3	双齿山茉莉	0.034	4	50	34.659
4	栲	0.057	1	16.7	22.926
5	黄棉木	0.015	3	33.3	21.992
6	网脉山龙眼	0.042	1	16.7	18.687
7	扁刺锥	0.011	2	33.3	17.829
8	红楠	0.018	1	16.7	12.242
9	山杜英	0.013	1	16.7	11.055
10	君迁子	0.004	1	16.7	8.512
11	日本杜英	0.003	1	16.7	8.236
12	猴欢喜	0.002	1	16.7	8.003
13	细枝柃	0.001	1	16.7	7.664
	合计	0.37	32	383.3	299.994
			乔木Ⅲ亚层		
1	细枝柃	0.016	9	66.7	68.698
2	四角柃	0.017	7	50	58.542
3	双齿山茉莉	0.011	8	50	53.697
4	长毛杨桐	0.016	4	33.3	44.393
5	黄棉木	0.005	2	33.3	23.262
6	黄樟	0.002	3	33.3	22.339
7	红楠	0.001	1	16.7	9.808
8	短尾越桔	0.001	1	16.7	9.808

（续）

序号	树种	基面积（m^2）	株数	频度（%）	重要值指数
9	楞	0.001	1	16.7	9.394
	合计	0.071	36	316.7	299.941
			乔木层		
1	楞	2.149	7	66.7	68.194
2	红楠	0.621	7	83.3	34.219
3	四角柃	0.067	18	83.3	33.883
4	蓝果树	0.9	3	33.3	29.384
5	香港四照花	0.285	8	66.7	25.14
6	细枝柃	0.017	10	83.3	23.391
7	双齿山茉莉	0.045	12	50	21.837
8	黄棉木	0.02	5	50	13.098
9	长毛杨桐	0.016	4	33.3	9.58
10	黄樟	0.002	3	33.3	8.093
11	扁刺锥	0.011	2	33.3	7.125
12	网脉山龙眼	0.042	1	16.7	4.421
13	钩锥	0.02	1	16.7	3.912
14	山杜英	0.013	1	16.7	3.75
15	君迁子	0.004	1	16.7	3.527
16	日本杜英	0.003	1	16.7	3.503
17	猴欢喜	0.002	1	16.7	3.482
18	短尾越桔	0.001	1	16.7	3.465
	合计	4.218	86	733.3	300.004

乔木层郁闭度0.85，可分成3个亚层。第一亚层林木高15～28m，其中楞占据22～28m的高度，基径20～70cm，最粗100cm，覆盖度65%；种类组成简单，林木株数也较少，从表9-39可知，600m^2样地只有5种、18株，只占乔木层总株数的20.9%，但植株粗大，基面积占乔木层总基面积的89.5%。楞占有明显的优势，从表9-39可知，600m^2样地有植株5株，重要值指数108.2；次优势为红楠，虽然也有5株，但因为基径不如楞，重要值指数只有77.0；常见的种类有蓝果树和香港四照花，其中前者为落叶阔叶树，重要值指数分别为57.2和43.2。第二亚层林木高9～13m，基径6～14cm，最粗23～27cm，覆盖度60%，是3个亚层中种类组成最丰富的1个亚层，从表9-39可知，600m^2样地有林木13种、32株，其中有3种在上个亚层出现过。优势种为四角柃和香港四照花，前者有11株，重要值指数65.4；后者只有4株，但因基径大，重要值指数达62.8；常见的种类为双齿山茉莉、楞、黄棉木，重要值指数分别为34.7、22.9和22.0。第三亚层林木高4～7m，基径4～7cm，是3个亚层中植株最多的1个亚层，有9种、36株，其中有6种在上2个亚层出现过。本亚层植株细小，虽然植株占乔木层总株数的41.9%，但基面积只占乔木层总基面积的1.7%，同时，该层植株冠幅小且稀疏，覆盖度只有30%左右。以细枝柃为优势，有9株，重要值指数68.7；次优势为四角柃、双齿山茉莉和长毛杨桐，重要值指数分别为58.5、53.7和44.4；常见的种类有黄棉木和黄樟。从整个乔木层分析，楞在上层占有明显的优势，在中层重要值指数排第四，在下层也有分布，所以在整个乔木层它的重要值指数排列第一，为68.2，优势仍较突出。红楠为第一亚层林木次优势种，在中下层偶有分布；四角柃性状属常绿小高位芽植物，性状注定它只能是中下层林木的优势种；蓝果树只在上层占有一定位置，在中下层没有出现；香港四照花与四角柃性状大体相似，但有时它可以进入到第一亚层林木的空间；细枝柃为常绿小高位芽植物，性状规定它只能是下层林木的优势种；双齿山茉莉可以是上层林木的优势种，但目前只在中下层有分布，从整个乔木层来说，上述6种的重要值指数都不会很大，分别为34.2、33.9、29.4、25.1、23.4、21.8。其他的种类都是一些偶见种，重要值指数都很小。

表 9-40　栲－四角柃＋香港四照花－细枝柃－野山茶－狗脊蕨群落灌木层和草本层种类组成及分布情况

序号	种名	多度	序号	种名	多度	序号	种名	多度
	灌木层植物		11	黄棉木	sol	22	箬叶竹	sol
1	栲	cop2	12	日本杜英	sol		草本层植物	
2	红楠	sp ~ cop	13	猴欢喜	sol	1	狗脊蕨	sp
3	四角柃	sp	14	华南毛柃	sol	2	锦香草	sp
4	扁刺锥	sp	15	疏花卫矛	sol	3	卷柏	sol
5	细枝柃	sp	16	杜茎山	sol	4	虎舌红	sol
6	网脉山龙眼	sp	17	碟斗青冈	sol	5	瓦韦	sol
7	黄樟	sp	18	广东冬青	sol		藤本植物	
8	双齿山茉莉	sp	19	木莲	sol	1	网脉酸藤子	sp
9	野山茶	sp	20	光叶海桐	sol	2	菝葜	sol
10	基脉润楠	sp	21	鼠刺叶柯	sol			

虎舌红 *Ardisia mamillata*

灌木层植物无论是种类还是数量尚较多，从表 9-40 可知，600m^{2}样地有 22 种，覆盖度 40%，种类组成以乔木的幼树为多，约有 15 种，其中建群种栲占有明显的优势，其次为红楠。真正的灌木以野山茶和细枝柃较常见。

草本层植物种类稀少，600m^{2}样地只有 5 种，覆盖度 20%，以狗脊蕨和锦香草常见。

藤本植物种类和数量更为稀少，600m^{2}样地不到 3 种，但茎粗，可见到径 15cm 粗的藤本，上挂下吊在树冠上，说明了本群落是一个成熟的类型。

栲天然更新良好，种群结构表现出中层和下层的林木株数偏少，这可能是人为砍伐的缘故，群落内可见到伐桩和伐倒木，因此，栲种群结构应该是完整的，发展下去，栲能长久的保持在群落中的优势地位。

(4) 栲－西藏山茉莉－细枝柃－杜茎山－狗脊蕨群落(*Castanopsis fargesii* – *Huodendron tibeticum* – *Eurya loquaiana* – *Maesa japonica* – *Woodwardia japonica* Comm.)

这是桂中阳朔县培育香菇后恢复起来的一种类型，分布在碎江唐家涌。根据在海拔 560m 的样地调查，地层为泥盆系莲花山组紫色砂页岩，土壤为森林红壤，枯枝落叶层厚约 3cm，覆盖地表 70%。

表 9-41　栲－西藏山茉莉－细枝柃－杜茎山－狗脊蕨群落乔木层种类组成及重要值指数

（样地号：Q_{43}，样地面积：400m^2，地点：阳朔县碎江唐家涌，海拔：560m）

序号	树种	基面积(m^2)	株数	频度(%)	重要值指数
			乔木Ⅰ亚层		
1	栲	1.746	13	100	137.04
2	罗浮柿	1.416	7	100	103.26
3	水青冈	0.423	2	25	28.7
4	杉木	0.119	1	25	16.44
5	枫香树	0.049	1	25	14.57
	合计	3.754	24	275	300
			乔木Ⅱ亚层		
1	西藏山茉莉	0.111	6	75	63.21
2	栲	0.096	3	75	47.02
3	凹脉柃	0.083	4	75	49.36
4	黄樟	0.074	3	75	43.19
5	川杨桐	0.062	1	25	20.84
6	水青冈	0.057	1	25	20.09
7	罗浮锥	0.045	1	25	17.99
8	烟斗柯	0.025	1	25	14.54
9	日本杜英	0.015	1	25	12.79
10	罗浮柿	0.005	1	25	10.98
	合计	0.573	22	450	300.01

（续）

序号	树种	基面积（m^2）	株数	频度（%）	重要值指数
		乔木Ⅲ亚层			
1	细枝柃	0.151	64	100	113.97
2	鼠刺	0.04	18	100	39.15
3	凹脉柃	0.032	7	100	27.56
4	岭南杜鹃	0.026	4	75	20.2
5	香皮树	0.009	6	50	13.58
6	栲	0.006	1	25	5.72
7	细柄五月茶	0.006	4	75	13.63
8	山香圆	0.006	4	75	13.55
9	川杨桐	0.005	2	50	8.93
10	黄丹木姜子	0.004	1	25	4.88
11	毛果巴豆	0.004	2	25	5.6
12	黄棉木	0.003	3	50	9.02
13	江南越桔	0.003	1	25	4.54
14	罗浮柿	0.002	1	25	4.25
15	珠仔树	0.001	1	25	4.02
16	黄牛奶树	0.001	1	25	3.83
17	虎皮楠	0.001	1	25	3.83
18	毛冬青	0	1	25	3.7
	合计	0.299	122	900	299.99
		乔木层			
1	栲	1.848	17	100	57.21
2	细枝柃	0.151	64	100	48.5
3	罗浮柿	1.423	9	100	43.26
4	鼠刺	0.04	18	100	18.72
5	凹脉柃	0.115	11	100	16.18
6	水青冈	0.481	3	50	15.74
7	西藏山茉莉	0.111	6	75	11.32
8	黄樟	0.074	3	75	8.74
9	川杨桐	0.067	3	75	8.59
10	岭南杜鹃	0.026	4	75	8.29
11	细柄五月茶	0.006	4	75	7.87
12	山香圆	0.006	4	75	7.86
13	香皮树	0.009	6	50	7.34
14	黄绵木	0.003	3	50	5.42
15	杉木	0.119	1	25	4.96
16	枫香树	0.049	1	25	3.44
17	罗浮锥	0.045	1	25	3.36
18	毛果巴豆	0.004	2	25	3.05
19	烟斗柯	0.025	1	25	2.93
20	日本杜英	0.015	1	25	2.71
21	黄丹木姜子	0.004	1	25	2.46
22	江南越桔	0.003	1	25	2.44
23	珠仔树	0.001	1	25	2.41
24	黄牛奶树	0.001	1	25	2.4
25	虎皮楠	0.001	1	25	2.4
26	毛冬青	0	1	25	2.39
	合计	4.627	168	1400	300

群落受到破坏后虽然有落叶阔叶树或针叶树侵入，但主要由常绿阔叶树组成，尤其中下层，虽然种类较简单，但乔木层郁闭度很大，达0.9，可分成3个亚层。第一亚层林木高16～18m，最高22m，基径30～60cm，覆盖度70%～85%，种类组成简单，但株数尚多，据表9-41，400m^2样地有5种、24株，从种数看，常绿阔叶树和落叶阔叶树各占2种；从数量和重要值指数看，常绿阔叶树占绝对优势。栲有13株，重要值指数137.0，排列第一；罗浮柿有7株，重要值指数103.3，排列第二；落叶阔叶

树水青冈2株，枫香树1株，重要值指数分别为28.7和14.6，排列第三和第五位；排列第四位的是常绿针叶树杉木，重要值指数16.4。第二亚层林木高8～13m，基径10～28cm，覆盖度50%左右，种类比上个亚层多，有10种，其中有3种在上个亚层出现过，株数比上个亚层少，有22株。优势种为西藏山茉莉，有6株，重要值指数63.2；常见的种类有凹脉柃、栲、黄樟，重要值指数分别为49.4、47.0、43.2；其他的种类都是单株出现。本亚层常绿阔叶树8种，重要值指数279.9；落叶阔叶树有水青冈1种，重要值指数20.1，无论是种数还是重要值指数，常绿阔叶树都占明显优势。第三亚层林木高4～7m，基径3～8cm，覆盖度50%，从表9-41可知，400m²样地有18种、122株，其中有4种在上2个亚层出现过，是3个亚层中种数和株数最多的一个亚层。细枝柃占有明显的优势，有64株，重要值指数114.0；次为鼠刺，有18株，重要值指数39.2；常见的种类有凹脉柃、岭南杜鹃、细柄五月茶、香皮树等。本亚层常绿阔叶树有16种，重要值指数294.3；落叶阔叶树有毛冬青1种，重要值指数3.7，常绿阔叶树在种数和重要值指数都占绝对优势。从整个乔木层分析，栲虽然在上层为优势种重要值指数位居第一，但不突出，而且在中下层都不占优势，所以在整个乔木层中它虽然仍为优势种，但重要值指数并不太大，只有57.2；细枝柃虽然是下层林木的优势种，但依靠众多的植株，在整个乔木层中重要值指数达到48.5，排列第二；罗浮柿是亚热带地区常见的次生常绿阔叶树，在群落遭到破坏后，它能大量侵入进去，成为群落的次优势种，重要值指数43.3，排列第三；鼠刺、凹脉柃是中下层林木的常见种，有时亦可成为优势种，重要值指数不很大，从整个乔木层分析，重要值指数就更小了；西藏山茉莉的性状为常绿阔叶大高位芽植物，也可成为上层乔木的优势种，目前它只在第二亚层林木占有优势，尚未进入到第一亚层林木的空间，因此，它的重要值指数不大；其他的种类有的是偶见种，有的是乔木的幼树，重要值指数都很小，和它们的性状相符。

灌木层植物种类繁杂，从表9-42可知，400m²样地有41种，有乔木的幼树和真正的灌木，它们之中有阳性次生的种类，也有原常绿阔叶林灌木层的种类。数量不多，分布不均匀，有的地段覆盖不到10%，有的地段覆盖度可达20%。乔木的幼树种类和数量都比真正的灌木多，粗略统计约有30种，其中以栲最多，次为珠仔树和虎皮楠。真正的灌木以栀子、江南越桔、杜茎山、草珊瑚等常见。

草本层植物400m²样地只有11种，数量稀少，覆盖度<6%，以狗脊蕨为常见，次为艳山姜。

藤本植物400m²样地有10种，数量稀少，以网脉酸藤子较常见，次为冷饭藤。

表9-42　栲－西藏山茉莉－细枝柃－杜茎山－狗脊蕨群落灌木层和草本层种类组成及分布情况

序号	种名	多度盖度级				频度	更新层(株)	
		Ⅰ	Ⅱ	Ⅲ	Ⅳ	(%)	幼苗	幼树
	灌木层植物							
1	栲	3	3	3	3	100	16	59
2	珠仔树	4	3	3	3	100		
3	虎皮楠	3	2	3	2	100	61	50
4	香皮树	2	2	3	3	100		21
5	罗浮柿	2	3	3	2	100	4	19
6	毛冬青	2	2	2	2	100		
7	鼠刺	2	2	2	2	100		
8	栀子	2	2	3	2	100		
9	江南越桔	2	2	2	2	100		
10	杜茎山	2	2	2	2	100		
11	油茶	2	3	3	4	100		
12	草珊瑚	2	3	3	3	100		
13	西藏山茉莉	3	1	1	2	100		9
14	五月茶	2	2	2		75		
15	川杨桐	2		2	2	75		
16	黄棉木	2		2	2	75		
17	黧蒴锥		3	1	1	75		4
18	粗叶榕		1	2	2	75		
19	大叶卫矛	2		1	1	75		
20	细枝柃	2		4	4	75		

第九章 常绿阔叶林

（续）

序号	种名	多度盖度级				频度	更新层(株)	
		Ⅰ	Ⅱ	Ⅲ	Ⅳ	(%)	幼苗	幼树
21	栓叶安息香	2	1		2	75		
22	朱砂根	2		2	2	75		
23	华润楠			1	1	50		
24	光叶山矾	2		2		50		
25	大叶新木姜子	1		1		50		
26	粗叶木	2			2	50		
27	黄樟	1			1	50		
28	黄杞			1	1	50		
29	毛果巴豆			2	2	50		
30	山香圆		2	2		50		
31	黄丹木姜子		1		1	50		
32	中华杜英		1	1		50		
33	刺叶冬青		1	2		50		
34	鹅掌柴		1		1	50		
35	钩锥			1		25		
36	大头茶			2		25		
37	假古柯			2		25		
38	岭南杜鹃				1	25		
39	罗浮锥				2	25		
40	凹脉柃	2				25		
41	单毛桤叶树	2				25		
	草本层植物							
1	狗脊蕨	3	4	4	3	100		
2	艳山姜	2	2	2	2	100		
3	吊兰	2		2	1	75		
4	宽叶莎草	2	2			50		
5	淡竹叶			2	2	50		
6	山菅	2		2		50		
7	大莎草			4	2	50		
8	卷柏			2		25		
9	江南星蕨				2	25		
10	鳞毛蕨				2	25		
11	多羽复叶耳蕨				2	25		
	藤本植物							
1	网脉酸藤子	2	2	2	2	100		
2	冷饭藤	1	2	2	1	100		
3	尖叶菝葜	2		2	2	75		
4	胡颓子		1	1		50		
5	流苏子			2	2	50		
6	玉叶金花				1	25		
7	葡萄1种				1	25		
8	鸡眼藤				2	25		
9	土茯苓	1				25		
10	鸡矢藤	+				25		

大叶卫矛 *Euonymus* sp.　　葡萄1种 *Vitis* sp.

(5)栲－桂北木姜子－多花杜鹃＋网脉山龙眼－日本粗叶木－中华里白＋金毛狗脊群落(*Castanopsis fargesii* – *Litsea subcoriacea* – *Rhododendron cavaleriei* ＋ *Helicia reticulata* – *Lasianthus japonicus* – *Diplopterygium chinensis* ＋ *Cibotium barometz* Comm.)

本群落分布于九万山林区，海拔690m，土壤为发育于花岗岩上的森林红壤，表土黑色，腐殖质层厚5～10cm。林木高大，树干通直，郁闭度0.95，乔木可分成3个亚层。

第一亚层林木高22～35m，胸径20～40cm，郁闭度0.85，树干通直，枝下高高，以栲为优势，重要值指数63.4；次为小花红花荷和银木荷，重要值指数分别为39.1和28.1；伴生树种有桂南木莲、红锥、深山含笑、日本杜英等。

第二亚层林木高10～20m，胸径10～18cm，郁闭度0.5，种类较多，以桂北木姜子、黄杞、绵柯为优势，伴生树种有罗浮锥、双齿山茉莉、海南冬青(*Ilex hainanensis*)、四川冬青、广西山矾、竹叶青冈等。

第三亚层林木高2～8m，胸径4～8cm，本亚层林木种类和株数最多，以多花杜鹃、凯里杜鹃、网脉山龙眼为优势，常见的树种有铁山矾、腺鼠刺、华南桂、黄樟、厚叶冬青、仿栗、栓叶安息香、黄牛奶树、罗浮柿、山鸡椒等。

灌木层植物高1～1.5m，盖度10%～20%，林下显得较空，以日本粗叶木为主，其他的种类还有粤西绣球、水锦树等。

草本层植物以中华里白、金毛狗脊为主，盖度10%～15%，零星分布的种类有草珊瑚、山姜、灰绿耳蕨(*Polystichum anomalum*)、蕨状薹草、花葶薹草等。

藤本植物种类有钝药野木瓜(*Stauntonia obovata*)、锈毛络石(*Trachelospermum dunnii*)、白叶瓜馥木(*Fissitigma glaucescens*)、藤黄檀等，没有发现攀援至林冠的藤本。

(6)栲＋桂南木莲－多花杜鹃－摆竹＋棱果花－花葶薹草＋蕨状薹草群落(*Castanopsis fargesii* + *Manglietia conifera* – *Rhododendron cavaleriei* – *Indosasa shibataeoides* + *Bathea barthei* – *Carex scaposa* + *Carex filicina* Comm.)

本群落分布于九万山林区，海拔1060m，立地土壤为发育于花岗岩上的森林红黄壤，土层浅薄，含石砾较多，枯枝落叶层厚约3～5cm，岩石裸露50%，苔藓较多，乔木只有2个亚层。

第一亚层林木高10～20m，胸径20～50cm，树干通直、粗大，林冠较整齐，郁闭度0.7～0.8，栲占有明显的优势，重要值指数86.6；次为桂南木莲，重要值指数28.6；伴生树种有仿栗、红背甜槠、杨梅、深山含笑、红木荷、石灰花楸等。

第二亚层林木高2～8m，胸径4～18cm，干茎弯曲，树冠不成形，郁闭度0.4～0.5，种类多，以多花杜鹃、贵州杜鹃为优势，伴生树种有川桂、黄杞、树参、光叶石楠、青茶香(*Ilex hanceana*)、海南冬青、黄丹木姜子、长尾毛蕊茶、日本杜英等。

灌木层植物覆盖度60%，以摆竹和棱果花为优势，伴生种有绿萼连蕊茶(*Camellia viridicalyx*)、单耳柃、赤楠、日本粗叶木、星毛鹅掌柴、小叶五月茶、淡黄荚蒾(*Viburnum lutescens*)、粤西绣球等。

草本层植物覆盖度很小，只有8%，主要以花葶薹草、蕨状薹草为主，其他的种类还有全缘凤尾蕨(*Pteris insignis*)、钱氏鳞始蕨(*Lindsaca chienii*)、戟叶圣蕨、狗脊蕨、金毛狗脊、绢毛马铃苣苔、石仙桃、盾蕨、纤枝兔儿风、龙芽草等。

藤本植物主要以锈毛络石为主，其他有小果菝葜、西南菝葜(*Smilax biumbellata*)、鸡矢藤等。

群落因郁闭度大，林内透光不好，因此更新层幼苗、幼树生长不良，主要种类有栲、多花杜鹃、贵州杜鹃、黄杞、深山含笑、桂南木莲、四川冬青、榕叶冬青、广西山矾等。

(7)栲－凯里杜鹃－摆竹－山姜群落(*Castanopsis fargesii* – *Rhododendron westlandii* – *Indosasa shibataeoides* – *Alpinia japonica* Comm.)

本群落分布于九万山林区，海拔1100m，立地土壤为发育于花岗岩上的森林红黄壤，腐殖质层较深厚，枯枝落叶层厚3～5cm，属成熟林，林木保存很好，可分成2个亚层。

第一亚层林木高20～35m，胸径20～30cm，树干通直，枝下高高，郁闭度0.7～0.8，以栲为优势，重要值指数71.4；次优势为银木荷和黄杞，重要值指数分别为40.8和43.2；伴生的种类有饭甑青冈、钩锥、密花树、日本杜英、猴欢喜等。

第二亚层林木高4～18m，胸径4～18cm，郁闭度0.5～0.6，主要以凯里杜鹃、贵州杜鹃、百合花杜鹃、羽脉新木姜子(*Neolitsea pinninervis*)、虎皮楠为主，伴生的种类有竹叶青冈、桂南木莲、亮叶杨桐、杨桐、百日青等。

灌木层植物高1.5～2m，以摆竹占优势，盖度80%，常见种有日本粗叶木、棱果花、栀子、百两金、九节、中国旌节花（*Stachyurus chinensis*）等。

草本层不明显，常见的种类有山姜、狭叶沿阶草、丝梗沿阶草、大羽黔蕨（*Phanerophlebiosis kweichowensis*）、镰羽贯众等。

藤本植物中，藤黄檀、清香藤（*Jasminum lanceolaria*）攀援至树冠，林下藤本有美丽猕猴桃（*Actinidia melliana*）、尖叶菝葜、折枝菝葜（*Smilax lanceifolia* var. *elongata*）等。

（8）栲－双齿山茉莉－摆竹－蕨状薹草群落（*Castanopsis fargesii* – *Huodendroon biaristatum* – *Indosasa shibataeoides* – *Carex filicina* Comm.）

本群落分布于九万山林区，海拔580m，立地土壤为发育于花岗岩上的森林红壤，表土黑色，腐殖质层较深厚，10～18cm，林内湿度大，藤本植物和苔藓植物丰富，乔木层可分成2个亚层。

第一亚层林木高10～20m，胸径20～40cm，郁闭度0.7～0.8，以栲为优势，重要值指数69.4；次为木荷，重要值指数33.9；伴生的树种有桂北木姜子、尖萼厚皮香（*Ternstroemia luteoflora*）、榄叶柯、黄杞等。

第二亚层林木高2～8m，胸径4～18cm，林木生长较均匀，共优种有双齿山茉莉、海南树参、瑞木、大叶新木姜子，伴生的树种有新宁新木姜子、鸭公树、贵州杜鹃、锈毛罗伞、山龙眼、广西山矾、皱柄冬青、翅柃、茜树等。

灌木层植物高1.5～2m，以摆竹为主，盖度60%～70%，其他的种类有日本粗叶木、小叶五月茶、血桐、三花假卫矛、莲座紫金牛、鸦椿卫矛（*Euonymus euscaphis*）等。

草本层植物数量稀少，覆盖度低。以蕨状薹草为主，盖度约4%，其他的种类有全缘凤尾蕨、倒挂铁角蕨、狭翅铁角蕨（*Asplenium wrightii*）、狗脊蕨、中华复叶耳蕨、山姜、兔耳兰、深绿卷柏等。

攀援至树冠的藤本植物种类有藤黄檀、瓜馥木等，在林下攀援或缠绕的种类有小果菝葜、当归藤（*Embelia parviflora*）、显齿蛇葡萄、红枝崖爬藤（*Tetrastigma erubescens*）、锈毛络石、小叶爬崖香（*Piper sintenense*）、南五味子等。

（9）栲＋马蹄荷－多花杜鹃＋网脉山龙眼－柏拉木－狗脊蕨群落群落（*Castanopsis fargesii* + *Exbucklandia populnea* – *Rhododendron cavaleriei* + *Helicia reticulata* – *Blastus cochinchinensis* – *Woodwardia japonica* Comm.）

这种类型见于桂东中亚热带，贺县东南部石月山一带有分布。根据海拔650m的样地调查，群落受人为干扰较轻，林相保存尚完好，种类组成不太复杂，乔木可分成2个亚层。第一亚层林木高20m，胸径40cm，树冠整齐，部分连接，郁闭度0.6。以栲为优势，次为马蹄荷，其他的种类有钩锥等。第二亚层林木高5m左右，株数不多，覆盖度40%，以多花杜鹃、网脉山龙眼为主，其他的种类有钩锥、虎皮楠、马蹄荷、厚皮香等。

灌木层植物以柏拉木为优势，分布不均匀，其他的种类有中华杜英、笔罗子、赤楠、桂南木莲、二裂叶柃（*Eurya distichophylla*）、红淡比、五月茶、长毛杨桐等。

草本层植物覆盖度30%，以狗脊蕨为优势，在沟边，华南紫萁成局部优势，其他的种类有瘤足蕨、十字薹草等。

藤本植物有网脉酸藤子、冷饭藤、菝葜、华南忍冬等种类。

（10）栲－栲－焕镛木－乌材－紫金牛群落（*Castanopsis fargesii* – *Castanopsis fargesii* – *Woonyoungia septentrionalis* – *Diospyros eriantha* – *Ardisia japonica* Comm.）

栲、焕镛木林目前只见于桂北罗城县桥头乡大黄泥村。焕镛木为我国特有的木兰科植物，该种自1928年首次在广西罗城县发现后，失踪了近半个世纪，至20世纪80年代才先后在贵州省荔坡县吉洞、广西罗城县桥头乡大黄泥村再次发现，20世纪90年代又在广西环江县木论乡板南屯发现。以焕镛木为次优势的栲林，分布在溶蚀谷地内一个孤立的小岩溶石山上，海拔300～500m，地层为石炭系岩关阶灰岩，局部夹砂岩、泥岩，上覆盖第四纪红土。立地土壤为中层淋溶红色石灰（岩）土，pH值6.5～7.0，枯枝落叶层厚约3～5cm，分解中等。

表 9-43　栲－栲－焕镛木－乌材－紫金牛群落乔木层种类组成及重要值指数

（样地号：罗桥 1 号，样地面积：600m^2，地点：罗城县桥头乡大黄泥村背后山，海拔：470m）

序号	树种	基面积(m^2)	株数	频度(%)	重要值指数
		乔木Ⅰ亚层			
1	栲	0.894	12	100	253.012
2	焕镛木	0.046	1	16.7	24.391
3	野漆	0.029	1	16.7	22.602
	合计	0.968	14	133.3	300.006
		乔木Ⅱ亚层			
1	栲	0.124	3	50	122.171
2	焕镛木	0.059	3	50	92.906
3	鹅掌柴	0.024	1	16.7	33.017
4	檵木	0.014	1	16.7	28.517
5	乌材	0.003	1	16.7	23.378
	合计	0.223	9	150	299.989
		乔木Ⅲ亚层			
1	焕镛木	0.029	17	100	98.402
2	檵木	0.023	7	83.3	64.273
3	栲	0.012	5	66.7	42.174
4	香港木兰	0.006	5	33.3	27.415
5	鱼尾葵	0.006	1	16.7	13.815
6	山椤	0.001	2	16.7	10.546
7	乌材	0.001	2	16.7	10.508
8	紫荆木	0.003	1	16.7	9.864
9	榕叶冬青	0.002	1	16.7	8.323
10	黄杞	0.001	1	16.7	7.622
11	刨花润楠	0.001	1	16.7	7.09
	合计	0.085	43	400	300.032
		乔木层			
1	栲	1.029	20	100	131.626
2	焕镛木	0.133	21	100	62.955
3	檵木	0.037	8	83.3	32.276
4	香港木兰	0.006	5	33.3	14.97
5	乌材	0.004	3	33.3	11.757
6	野漆	0.029	1	16.7	7.208
7	鹅掌柴	0.024	1	16.7	6.85
8	山椤	0.001	2	16.7	6.594
9	鱼尾葵	0.006	1	16.7	5.452
10	紫荆木	0.003	1	16.7	5.189
11	榕叶冬青	0.002	1	16.7	5.086
12	黄杞	0.001	1	16.7	5.039
13	刨花润楠	0.001	1	16.7	5.003
	合计	1.276	66	483.3	300.003

该类型在 1958 年受过较严重的砍伐，经长期封山育林后形成。据对保存较好的一片林分调查，林木尚高大，覆盖度 90%，种类组成简单，600m^2 样地只有 13 种，可分成 3 个亚层。第一亚层林木高 17m 左右，胸径 20～33cm，从表 9-43 可知，有林木 3 种、14 株，以栲占绝对优势，有 12 株，重要值指数 253.0；其余两种为单株出现，其中漆树为落叶阔叶树。第二亚层林木高 13m，胸径 20cm 左右，有 5 种、9 株，仍以栲为优势，有 3 株，重要值指数 122.2；焕镛木为次优势种，也有 3 株，因为胸径不如栲粗大，重要值指数只有 92.9；其他 3 种都是单株出现。第三亚层林木高 5m，胸径 3～5cm，有 11 种 43 株，以焕镛木为优势，有 17 株，重要值指数 98.4；次为檵木，有 7 株，重要值指数 64.3；栲有 5 株，重要值指数 42.2，排列第三；香港木兰(*Lirianthe championii*)也有 5 株，因胸径不如栲大，重要值指数只有 27.4，排列第四；其余的种类为 1～2 株出现，茎细小，重要值指数都不大。从整个乔木

层分析，栲有20株，焕镛木有21株，栲在第一、第二两个亚层都占优势，在第三亚层重要值指数排第三，因此，在整个乔木层中它仍占有明显的优势，重要值指数为131.6，排列第一；焕镛木在第一亚层有出现，在第二亚层为次优势，在第三亚层为优势，在整个乔木层中重要值指数为63.0，排列第二，为次优势种；檵木只是下层林木的次优势种，在整个乔木层中，它的重要值指数肯定不会很大，只有32.3，排列第三；香港木兰和乌材为下层林木的常见种；其余的种类为偶见种，它们的重要值指数都很小，这是符合它们的性状的。

灌木层植物覆盖度65%，从表9-44可知，600m² 样地有24种。以乌材为优势，常见的种类有檵木、石山柿、毛叶九节(*Psychotria rubra* var. *pilosa*)。

表9-44 栲－栲－焕镛木－乌材－紫金牛群落灌木层和草本层种类组成及分布情况

序号	种名	多度(%)	更新层(株) H<1m	更新层(株) 1m<H<3m	序号	种名	多度(%)	更新层(株) H<1m	更新层(株) 1m<H<3m
	灌木层植物				20	假苹婆	sol		
1	乌材	cop			21	鹅掌柴	sol		
2	檵木	sp ~ cop			22	黄杞	sol		
3	石山柿	sp ~ cop			23	焕镛木		15	12
4	栲	sp			24	香港木兰		6	11
5	毛叶九节	sp ~ cop				草本层植物			
6	杜茎山	sp			1	紫金牛	cop		
7	菜豆树	sp			2	板蓝	sp ~ cop		
8	龙船花	sp			3	艳山姜	sp		
9	南天竺	sp			4	山菅	sp		
10	红鳞蒲桃	sol			5	柳叶菜	sol		
11	粗糠柴	sol			6	间型莎草	sol		
12	山椤	sol			7	多羽复叶耳蕨	sol		
13	胡颓子	sol			8	蜘蛛抱蛋	sol		
14	圆果紫金牛	sol				藤本植物			
15	鱼尾葵	sol			1	樟叶木防己	sp		
16	野黄桂	sol			2	羽叶金合欢	sol		
17	假鹰爪	sol			3	假蒟	sol		
18	日本杜英	sol			4	菝葜	sol		
19	岩樟	sol			5	飞龙掌血	sol		

柳叶菜 *Epilobium hirsutum*　　假蒟 *Piper sarmentosum*

草本层植物覆盖度30%，以紫金牛和板蓝(*Strobilanthes cusia*)为优势，其他的种类还有山菅、蜘蛛抱蛋（*Aspidistra elatior*）、艳山姜等。

藤本植物种类虽然不多，但可见到茎粗达31cm的大藤，攀援至上层林木树冠，上吊下挂，形成藤环。种类以樟叶木防己（*Cocculus laurifolius*)常见，其他的种类还有飞龙掌血(*Toddalia asiatica*)、羽叶金合欢、菝葜等。

本群落种类组成的特点是成分复杂，石灰(岩)土和红壤酸性土上常见的种类都有分布，前者如乌材、石山柿、菜豆树、山椤等，后者如栲、刨花楠、鹅掌柴等。有的种类则是两种土壤上都是常见的，如檵木是最为典型的。焕镛木究竟属于何种性质土壤的种类，目前研究资料尚不多，还不能准确划分，据现有的资料，见于分布在夹砂岩、泥岩或第四纪红土覆盖的灰岩地层和石炭系白云岩、石灰岩地层上。

林木更新，焕镛木的更新优于栲，从表9-44可知，600m² 样地，有幼苗15株，幼树12株。栲种群呈倒金字塔形，林木株数由上而下减少，是一种衰退型的种群；焕镛木种群呈正金字塔形，林木株数由上而下增多，是一种增长型的种群，发展下去，栲的优势地位很可能被焕镛木代替。

(11)栲＋罗浮锥－栲－罗浮锥－披针叶粗叶木－狗脊蕨群落群落(*Castanopsis fargesii* + *Castanopsis fabri* – *Castanopsis fargesii* – *Castanopsis fabri* – *Lasianthus lancilimbus* – *Woodwardia japonica* Comm.)

本类型见于灵川县低海拔地区，呈块状分布于七分山海拔800m以下的山谷中，是人为有意保存下来作为培育香菇林用的，调查期间已见砍伐数株栲大树，高25m，胸径40cm。调查样地设在宽谷的山坡上，海拔700m，立地土壤为发育于花岗岩上的森林黄壤，土层深厚，达150cm，地表枯枝落叶层厚3～4cm，有机质含量丰富，pH值5.2～5.5。

表9-45　栲＋罗浮锥－栲－罗浮锥－披针叶粗叶木－狗脊蕨群落乔木层种类组成及重要值指数

（样地号：A_{13}，样地面积：500m^2，地点：灵川县潮田新乡踏板石，海拔：700m）

序号	树种	基面积(m^2)	株数	频度(%)	重要值指数
		乔木Ⅰ亚层			
1	栲	1.109	13	100	124.475
2	罗浮锥	1.129	11	100	117.292
3	蓝果树	1.585	2	20	58.232
	合计	3.823	26	220	299.999
		乔木Ⅱ亚层			
1	栲	0.106	6	60	160.661
2	中华杜英	0.028	1	20	39.728
3	罗浮锥	0.02	1	20	35.237
4	虎皮楠	0.018	1	20	33.911
5	香叶树	0.011	1	20	30.446
	合计	0.184	10	140	299.982
		乔木Ⅲ亚层			
1	罗浮锥	0.084	19	80	94.828
2	虎皮楠	0.026	19	100	62.678
3	栲	0.008	7	60	26.645
4	南山花	0.008	5	40	19.83
5	鸭公树	0.008	4	40	18.177
6	鼠刺	0.006	3	40	15.758
7	黄樟	0.007	2	20	10.779
8	黄丹木姜子	0.003	2	20	8.639
9	中华杜英	0.002	1	20	6.645
10	越南安息香	0.002	1	20	6.39
11	腺叶桂樱	0.002	1	20	6.159
12	黄背越桔	0.002	1	20	6.159
13	细柄五月茶	0.001	1	20	5.952
14	腺萼马银花	0.001	1	20	5.77
15	卵叶鸡屎树	0.001	1	20	5.612
	合计	0.162	68	540	300.023
		乔木层			
1	罗浮锥	1.233	31	100	74.544
2	栲	1.224	26	100	69.519
3	蓝果树	1.585	2	200	42.97
4	虎皮楠	0.044	20	100	35.435
5	南山花	0.008	5	40	11.065
6	鸭公树	0.008	4	40	10.096
7	鼠刺	0.006	3	40	9.098
8	中华杜英	0.031	2	40	8.721
9	黄樟	0.007	2	20	5.114
10	黄丹木姜子	0.003	2	20	5.031
11	香叶树	0.011	1	20	4.263
12	越南安息香	0.002	1	20	4.039
13	腺叶桂樱	0.002	1	20	4.03
14	黄背越桔	0.002	1	20	4.03
15	细柄五月茶	0.001	1	20	4.022
16	腺萼马银花	0.001	1	20	4.015
17	卵叶鸡屎树	0.001	1	20	4.009
	合计	4.168	104	660	299.999

卵叶鸡矢树 *Lasianthus* sp.

群落主要由常绿阔叶树组成，生长茂密，组成种类简单，乔木层郁闭度0.7～0.9，可分成3个亚层。第一亚层林木植株高大，分枝高，树干通直，高15～22m，基径30～45cm，其中有株巨树，高26m，基径140cm，从表9-45可知，500m^{2}样地有3种、26株，以栲和罗浮锥共为优势，其中栲有13株，重要值指数124.5；罗浮锥11株，重要值指数117.3；剩下2株为落叶阔叶树蓝果树所有，林中巨树就是蓝果树其中的1株。第二亚层林木高10～14m，基径15～19cm，从表9-45可知，虽然500m^{2}样地有5种，但植株很少，只有10株，似乎缺乏中层林木。以栲占绝对优势，有6株，重要值指数160.7，其余4种均为单株出现。第三亚层林木高3～7m，基径3～8cm，本亚层植株多而细小，据表9-45，500m^{2}样地有15种、68株，其中有4种在上2个亚层出现过。优势种为罗浮锥，有19株，重要值指数94.8；次优势种为虎皮楠，也有19株，但重要值指数只有62.7；常见的种类有栲、南山花、鸭公树、鼠刺，重要值指数分别为26.6、19.8、18.2、15.8。从整个乔木层分析，栲、罗浮锥在3个亚层都占优势，在整个乔木层中自然也以它们为优势，栲的株数比罗浮锥少，重要值指数排第二，为69.5；罗浮锥排第一，为74.5。但因为栲已有数株大树被砍伐，况且在林木第一亚层和第二亚层均为优势，所以还是把这个群落列入栲林群系。蓝果树虽然是群落中最高大的乔木，但因为株数少，中下层又没有出现，重要值指数不会很大。同样，南山花性状为小乔木，在整个乔木层中重要值指数不会很大。其余的种类为一些偶见种，重要值指数都很小，与它们的性状相符合。

表9-46　栲+罗浮锥-栲-罗浮锥-披针叶粗叶木-狗脊蕨群落灌木层和草本层种类组成及分布情况

序号	种名	多度盖度级					频度	更新层(株)	
		Ⅰ	Ⅱ	Ⅲ	Ⅳ	Ⅴ	(%)	幼苗	幼树
	灌木层植物								
1	披针叶粗叶木	4	5	3	3	4	100		
2	罗浮锥	4	4	3	4	4	100	8	144
3	鼠刺	3	4	3	3	4	100		
4	草珊瑚	4	4	3	2	4	100		
5	栲	3	3	3	4	3	100	4	74
6	三花冬青	3	4	3	3	2	100		
7	油茶	3	2	3	3	2	100		
8	虎皮楠	3	3	3	3	4	100		28
9	杜茎山	2	3	3	2	4	100		
10	华南桤叶树	1	2		3	1	80		
11	山香圆	3		3	3	3	80		
12	疏花卫矛		2	3	3	3	80		
13	腺叶桂樱	3	2	1		1	80		
14	穗序鹅掌柴	3	2		3	2	80		
15	细枝柃	3	2		3	2	80		
16	鸭公树		2	3	3	3	80		
17	花椒	1	+			1	60		
18	五裂槭		+	+		2	60		
19	五月茶	2		3			40		
20	黄丹木姜子	3	3				40		
21	棕榈	1	1				40		
22	粗糠柴	3	2				40		
23	耳叶榕		2			1	40		
24	朱砂根		2			2	40		
25	毛冬青		2			2	40		
26	腐婢		2			2	40		
27	钩锥		1				20		
28	老鼠矢			3			20		
29	青榨槭			2			20		
30	山槐			2			20		
31	台湾榕			3			20		
32	野柿			+			20		
33	枫香树				1		20		
34	野漆				1		20		

（续）

序号	种名	多度盖度级					频度	更新层（株）	
		Ⅰ	Ⅱ	Ⅲ	Ⅳ	Ⅴ	（%）	幼苗	幼树
35	玉叶金花					2	20		
36	黄花倒水莲					2	20		
37	阴香					4	20		
38	山矾1种					1	20		
39	牛耳枫	1					20		
40	中华杜英	2					20		
41	南山花		2				20		
42	君迁子		1				20		
43	轮叶木姜子		2				20		
	草本层植物								
1	狗脊蕨	4	4	4	4	5	100		
2	沿阶草	3	2		2	2	80		
3	鳞毛蕨	3	2		3	3	80		
4	宽叶沿阶草	3	2	2		2	80		
5	腺毛金星蕨	2	2		3		60		
6	十字薹草	3	2	2			60		
7	莎草	3		2			40		
8	山姜	2		3			40		
9	淡竹叶		2		3		40		
10	边果鳞毛蕨	2	2				40		
11	刺头复叶耳蕨	2	2				40		
12	锦香草		2			2	40		
13	夜香牛		2				20		
14	蛇根草		2				20		
15	柳叶剑蕨		2				20		
16	蛇足石杉		2				20		
17	兰科1种					2	20		
18	半边旗	2					20		
	藤本植物								
1	络石	sol	sp	sol		sp	80		
2	爬藤榕	sol	sol			sol	60		
3	鸡眼藤		sol	sol	sol		60		
4	长春藤		sp	sol		sol	60		
5	藤黄檀	sol	sol		un		60		
6	网脉酸藤子		sol		sol	sol	60		
7	土茯苓		sol	sol		sol	60		
8	海金莎		sol	un			40		
9	玉叶金花			un	sol		40		
10	葛藟葡萄		un				20		
11	三叶木通		un				20		
12	绵毛葡萄		un				20		
13	冷饭藤					sol	20		
14	银胡颓子		sol				20		

花椒 *Zanthoxylum bungeanum*　棕榈 *Trachycarpus fortunei*　耳叶榕 *Ficus* sp.　腐婢 *Premna* sp.
腺毛金星蕨 *Parathelypteris* sp.　绵毛葡萄 *Vitis retordii*　银胡颓子 *Elaeagnus* sp.

灌木层植物数量较多，覆盖度30% ~55%。种类组成比较繁杂，根据表9-46，500m^{2}样地有43种，以乔木的幼树为多，真正的灌木较少，它们之中，有原常绿阔叶林灌木层的种类，也有群落受到破坏后入侵进去的阳性种类。乔木的幼树以罗浮锥和栲为主，常见的有鼠刺和虎皮楠。真正的灌木以披针叶粗叶木为优势，常见的有草珊瑚、杜茎山、三花冬青等。

草本层植物覆盖度15% ~20%，500m^{2}样地有18种，以狗脊蕨占有明显的优势，常见的种类有沿阶草、鳞毛蕨、宽叶沿阶草等。

藤本植物种类较多，500m^{2}样地有14种，但数量不太多。以络石、爬藤榕、藤黄檀、网脉酸藤子、常春藤较常见，其中爬藤榕、藤黄檀茎粗可达6cm，攀援至林冠之上。

群落建群种栲和罗浮锥更新都良好，它们可以长期保持在群落中的优势地位。

(12)栲－黄樟－细枝柃－细枝柃－狗脊蕨群落(*Castanopsis fargesii* – *Cinnamomum parthenoxylon* – *Eurya loquaiana* – *Eurya loquaiana* – *Woodwardia japonica* Comm.)

这是一种砍伐栲作为培育香菇的栲群落，在阳朔县碎江有分布，在海拔510m处，对此种类型进行了调查。群落立地条件类型地层为泥盆系紫色砂岩，土壤为森林红壤，表土为灰棕色中壤土，底土为红棕色轻壤土，土层厚70cm，内含碎石块，枯枝落叶层厚2～3cm，覆盖地表80%左右。

表9-47　栲－黄樟－细枝柃－细枝柃－狗脊蕨群落乔木层种类组成及重要值指数

（样地号Q_{34}，样地面积：600m^2，地点：阳朔县碎江，海拔：510m）

序号	树种	基面积(m^2)	株数	频度(%)	重要值指数
		乔木Ⅰ亚层			
1	栲	1.458	13	83.3	89.31
2	木荷	0.926	5	50	47.47
3	西藏山茉莉	0.381	6	66.7	40.96
4	黄樟	0.411	4	50	32.42
5	大头茶	0.212	2	33.3	18.38
6	罗浮柿	0.177	2	33.3	17.53
7	赤杨叶	0.094	2	33.3	15.53
8	腺叶桂樱	0.212	1	16.7	11.75
9	日本杜英	0.139	1	16.7	9.97
10	华南桦	0.108	1	16.7	9.22
11	钩锥	0.035	1	16.7	7.47
	合计	4.153	38	416.7	300
		乔木Ⅱ亚层			
1	黄樟	0.218	5	83.3	44.1
2	栲	0.128	8	50	37.03
3	日本杜英	0.251	2	16.7	29.77
4	凹脉柃	0.08	5	50	26.23
5	钩锥	0.108	3	33.3	21.65
6	鼠刺	0.025	3	50	16.85
7	大头茶	0.073	2	33.3	16.37
8	青皮木	0.027	2	33.3	12.17
9	雷公鹅耳枥	0.027	2	33.3	12.17
10	网脉山龙眼	0.022	2	33.3	11.72
11	烟斗柯	0.013	2	33.3	10.96
12	木荷	0.045	1	16.7	8.97
13	罗浮锥	0.023	1	16.7	6.93
14	珠仔树	0.015	1	16.7	6.27
15	罗浮柿	0.013	1	16.7	6.08
16	鼠刺	0.01	1	16.7	5.74
17	银木荷	0.008	1	16.7	5.59
18	香叶树	0.008	1	16.7	5.59
19	西藏山茉莉	0.006	1	16.7	5.45
20	赤杨叶	0.004	1	16.7	5.24
21	广东杜鹃	0.003	1	16.7	5.13
	合计	1.106	46	616.7	300
		乔木Ⅲ亚层			
1	细枝柃	0.149	78	100	84.1
2	鼠刺	0.042	22	100	30.11
3	岭南杜鹃	0.064	8	50	23.49
4	栲	0.032	14	83.3	22.04
5	西藏山茉莉	0.015	10	50	13.11
6	钩锥	0.012	4	66.7	10.71
7	烟斗柯	0.013	5	50	9.96

（续）

序号	树种	基面积(m²)	株数	频度(%)	重要值指数
8	黄棉木	0.003	8	50	9.37
9	山香圆	0.003	4	66.7	8.68
10	吊钟花	0.022	4	16.7	8.63
11	网脉山龙眼	0.008	3	33.3	6.39
12	广东杜鹃	0.015	1	16.7	5.59
13	广东冬青	0.004	3	33.3	5.41
14	日本杜英	0.004	3	33.3	5.33
15	灰木1种	0.005	2	33.3	5.04
16	拟大青	0.001	2	33.3	4.12
17	大头茶	0.003	3	16.7	3.78
18	罗浮槭	0.004	2	16.7	3.48
19	黄樟	0.005	1	16.7	3.16
20	山乌桕	0.004	1	16.7	2.89
21	青皮木	0.004	1	16.7	2.89
22	假青冈	0.003	1	16.7	2.76
23	香皮树	0.003	1	16.7	2.65
24	山杜英	0.002	1	16.7	2.54
25	长叶石柯	0.002	1	16.7	2.36
26	五月茶	0.001	1	16.7	2.21
27	腺叶桂樱	0.001	1	16.7	2.15
28	弯尾冬青	0.001	1	16.7	2.15
29	黄丹木姜子	0.001	1	16.7	2.15
30	栀子	0.001	1	16.7	2.15
31	虎皮楠	0.001	1	16.7	2.15
32	广东山矾	0.001	1	16.7	2.15
33	凹脉柃	0.001	1	16.7	2.15
34	栓叶安息香	0	1	16.7	2.06
35	大叶卫矛	0	1	16.7	2.06
	合计	0.428	193	1133.3	300.01
			乔木层		
1	栲	1.617	35	100	46.68
2	细枝柃	0.149	78	100	36.39
3	木荷	0.972	6	66.7	22.99
4	黄樟	0.634	10	83.3	19.43
5	西藏山茉莉	0.402	17	100	18.82
6	鼠刺	0.076	26	100	16.34
7	日本杜英	0.393	6	66.7	12.82
8	大头茶	0.289	7	66.7	11.34
9	钩锥	0.154	8	83.3	10.27
10	凹脉柃	0.081	6	66.7	7.33
11	罗浮柿	0.191	3	50	7.24
12	岭南杜鹃	0.064	8	50	6.81
13	腺叶桂樱	0.213	2	33.3	6.34
14	烟斗柯	0.026	7	50	5.79
15	黄绵木	0.003	8	50	5.75
16	赤杨叶	0.098	3	50	5.62
17	山香圆	0.003	4	66.7	5.24
18	网脉山龙眼	0.03	5	50	5.13
19	青皮木	0.031	3	50	4.42
20	华南桦	0.108	1	16.7	3.19
21	雷公鹅耳枥	0.027	2	33.3	3.06
22	广东冬青	0.004	3	33.3	3.02
23	广东杜鹃	0.018	2	33.3	2.91

（续）

序号	树种	基面积（m^2）	株数	频度（%）	重要值指数
24	吊钟花	0.022	4	16.7	2.76
25	灰木1种	0.005	2	33.3	2.67
26	拟大青	0.001	2	33.3	2.6
27	罗浮槭	0.004	2	16.7	1.73
28	罗浮锥	0.023	1	16.7	1.69
29	珠仔树	0.015	1	16.7	1.57
30	银木荷	0.008	1	16.7	1.43
31	香叶树	0.008	1	16.7	1.43
32	山乌桕	0.004	1	16.7	1.36
33	假青冈	0.003	1	16.7	1.35
34	香皮树	0.003	1	16.7	1.35
35	山杜英	0.002	1	16.7	1.34
36	长叶石柯	0.002	1	16.7	1.32
37	五月茶	0.001	1	16.7	1.31
38	弯尾冬青	0.001	1	16.7	1.31
39	黄丹木姜子	0.001	1	16.7	1.31
40	栀子	0.001	1	16.7	1.31
41	虎皮楠	0.001	1	16.7	1.31
42	广东灰木	0.001	1	16.7	1.31
43	栓叶安息香	0	1	16.7	1.3
44	大叶卫矛	0	1	16.7	1.3
	合计	5.687	277	1783.3	300

长叶石柯 *Lithocarpus* sp.　　弯尾冬青 *Ilex cyrtura*.　　广东山矾 *Symplocos* sp.　　大叶卫矛 *Euonymus* sp.

群落由于受到破坏，有部分落叶阔叶树侵入，但主要由常绿阔叶树组成，林木生长茂密，郁闭度0.7～0.9，可划分为3个亚层。第一亚层林木高15～20m，最高25m，基径25～60cm，从表9-47可知，有林木11种、38株，其中常绿阔叶树9种、35株，落叶阔叶树有赤杨叶和华南桦2种、3株。栲占有明显的优势，有13株，重要值指数89.3；次优势为木荷、西藏山茉莉和黄樟，分别有5株、6株和4株，重要值指数47.5、41.0和32.4；常见的种类有大头茶、罗浮柿、赤杨叶。本亚层常绿阔叶树重要值指数为275.3，落叶阔叶树重要值指数为24.7，常绿阔叶树种数、株数和重要值指数均占优势。第二亚层林木高8～14m，基径10～40cm，有林木21种、46株，其中常绿阔叶树18种、41株，落叶阔叶树有青皮木、雷公鹅耳枥和赤杨叶3种、5株。优势种不明显，以黄樟稍占优势，有5株，重要值指数44.1；栲次之，有8株，重要值指数37.0；常见的有日本杜英、凹脉柃和钩锥，重要值指数分别为30.0、26.2和21.7，重要值指数在10～20之间的有6种，<10的有10种。本亚层常绿阔叶树重要值指数为270.4，落叶阔叶树重要值指数为29.6，常绿阔叶树种数、株数和重要值指数均明显高于落叶阔叶树。第三亚层林木高3～7m，基径2～7cm，本亚层种类组成混杂，植株细小，是3个亚层中种数和株数最多的一个亚层，有35种、193株，因植株细小，基面积只占乔木层总基面积的7.5%。以细枝柃占有明显的优势，有78株，重要值指数84.1，多数种类重要值指数都很小，其中20～30之间的有鼠刺、岭南杜鹃和栲，10～20之间有2种，<10的有29种。从整个乔木层分析，优势种不明显，栲在第一亚层占有明显的优势，在第二亚层和第三亚层也有一定的位置，仍为群落的优势种，重要值指数46.7，居第一位；细枝柃虽然是小乔木，但依靠众多的植株，在整个乔木层中重要值指数达到36.4，排列第二。木荷、黄樟、西藏山茉莉虽然为上层乔木，但因为株数不多，在整个乔木层中重要值指数不会很大；鼠刺虽然有较多的株数，但因为它是小乔木，植株细小，重要值指数也不会很大。其他的种类多数是群落受到破坏后入侵进去的阳性种类，都是一些偶见种，重要值指数都很小，符合它们的性状。

表 9-48　桦－黄樟－细枝柃－细枝柃－狗脊蕨群落灌木层和草本层种类组成及分布情况

序号	种名	多度盖度级						频度	更新层(株)	
		Ⅰ	Ⅱ	Ⅲ	Ⅳ	Ⅴ	Ⅵ	(%)	幼苗	幼树
灌木层植物										
1	细枝柃	4	3	4	3	4	3	100.0		
2	桦	3	3	4	4	3	3	100.0	65	96
3	鼠刺	2	1	2	2	2	2	100.0		
4	黄丹木姜子	2	2	3	3	3	2	100.0	7	36
5	虎皮楠	2	3	2	2	2	2	100.0	38	5
6	钩锥	2	1	4	4	3	3	100.0	9	40
7	西藏山茉莉	1	3	3	4	3	3	100.0	10	65
8	烟斗柯	1	1		3	2	3	83.3	3	20
9	山香圆		1	1	2	1	2	83.3		
10	草珊瑚		2		2	2	2	66.7		
11	三花冬青	2			1	1	2	66.7		
12	朱砂根	2	1	2	2			66.7		
13	黄棉木	+	1		1		2	66.7		
14	大头茶		1	1	2	1		66.7		
15	杜茎山		1		2	2	2	66.7		
16	茶		3	2		3	2	66.7		
17	网脉山龙眼			3	2	3	3	66.7		13
18	硬壳柯		1	3		1	3	66.7		
19	黧蒴锥		2	1		4		50.0		10
20	香皮树		1	2			2	50.0		
21	大叶卫矛			1		1	2	50.0		
22	罗浮槭				2	1	3	50.0		17
23	刺叶冬青	1		2				33.3		
24	栀子	3	1					33.3		
25	腺萼马银花	1	1					33.3		
26	日本杜英		2				2	33.3	5	
27	毛冬青			3		1		33.3		
28	鹅掌柴			2	1			33.3		
29	木荷			1		1		33.3		
30	粗叶木			1			2	33.3		
31	罗浮柿				2		2	33.3		
32	赤楠				1	1		33.3		
33	变叶榕				1		1	33.3		
34	光叶海桐				1	1		33.3		
35	青皮木				1		2	33.3		
36	光叶山矾				2			16.7		
37	五月茶				2			16.7		
38	香叶树				1			16.7		
39	红紫珠				+			16.7		
40	网脉琼楠				1			16.7		
41	薄叶润楠				1			16.7		
42	硬壳桂					2		16.7		
43	蜜茱萸					1		16.7		
44	甜槠		1					16.7	2	
45	岭南杜鹃		1		2			33.3		
46	南烛		1				2	33.3		
47	栓叶安息香		1					16.7		
48	粗叶榕		1			2		33.3		
49	广东杜鹃		1			1		33.3		
50	鲫鱼胆		1					16.7		
51	米槠		1					16.7		
52	大青			+				16.7		

（续）

序号	种名	多度盖度级						频度	更新层(株)	
		Ⅰ	Ⅱ	Ⅲ	Ⅳ	Ⅴ	Ⅵ	(%)	幼苗	幼树
53	尖叶卫矛			1				16.7		
草本层植物										
1	狗脊蕨	4	3	4	4	4	4	100.0		
2	凤尾蕨	2	3	3	3	4	4	100.0		
3	卷柏	2	2	2	2	2	2	100.0		
4	多羽复叶耳蕨	2	2	2		3	3	83.3		
5	艳山姜	1	1		4		3	66.7		
6	鳞毛蕨	2	3	2		2		66.7		
7	大叶莎草	1	2			2		50.0		
8	淡竹叶		2		3			33.3		
9	海金莎		1	1				33.3		
10	中华里白		1				4	33.3		
11	扇叶铁线蕨					2	2	33.3		
12	吊兰						1	16.7		
13	兰科1种						1	16.7		
14	毛蕨	1						16.7		
藤本植物										
1	土茯苓	+	2	2	2	2		83.3		
2	玉叶金花	2	2	1		2		66.7		
3	网脉酸藤子		2	1	2	2		66.7		
4	链珠藤		2	2		2		50.0		
5	流苏子	2			2			33.3		
6	藤黄檀	1			2			33.3		
7	鸡眼藤					1	2	33.3		
8	三叶木通					1	2	33.3		
9	龙须藤				2	1		33.3		
10	大果菝葜			1				16.7		
11	毛瓜馥木				2			16.7		
12	广东蛇葡萄				1			16.7		

毛蕨 *Cyclosorus* sp.　　毛瓜馥木 *Fissistigma* sp.

灌木层植物种类混杂，有破坏后入侵进去的阳性乔木幼树种类和灌木种类，也有破坏后保留下来的种类，据表9-48，600m^{2}样地有53种之多，但数量不太多，一般覆盖度在10%～20%之间，少数地段可达30%。种类和数量最多的为乔木的幼树，约有35种，其中最为突出是栲，其次为西藏山茉莉、钩锥、黄丹木姜子、烟斗柯和虎皮楠。真正的灌木以细枝柃为优势，有时它亦可以进入到第三亚层林木的空间，成为该层的优势种，其次是草珊瑚、杜茎山、三花冬青和朱砂根等。

草本层植物600m^{2}样地有14种，但数量稀少，覆盖度只有8%～15%。以狗脊蕨为优势，次为凤尾蕨、卷柏和多羽复叶耳蕨。

藤本植物种类不少，600m^{2}样地有12种，它们常常攀援至树冠上部，形成杂乱无章的景象。常见的种类有土茯苓、玉叶金花和网脉酸藤子。

从表9-48可知，群落的优势种栲更新是良好的，它可以长期保持在群落中的优势地位。但次优势种黄樟和木荷更新不良，原因是它们为阳性次生常绿阔叶树，在郁闭度大的林下，多数幼苗因过于荫蔽而死亡。

(13)栲－栲＋香皮树－黄杞＋鼠刺－杜茎山－狗脊蕨群落(*Castanopsis fargesii* － *Castanopsis fargesii* ＋ *Meliosma fordii* － *Engelhardia roxburghiana* ＋ *Itea chinensis* － *Maesa japonica* － *Woodwardia japonica* Comm.)

这是一种培育香菇林后的类型，群落内有栲的倒树和伐桩，上层立木偏少，入侵的次生阳性种类不少，落叶成分增加。从阳朔县兴坪镇进广源杉木坪对此种类型调查可知，立地土壤为发育于砂页岩上的森林红壤，枯枝落叶层厚4cm，覆盖75%，分解中等。根据海拔520m处的样地调查，群落主要由常绿阔叶树组成，郁闭度0.8，乔木可分成3个亚层。

表 9-49　栲－栲＋香皮树－黄杞＋鼠刺－杜茎山－狗脊蕨群落乔木层种类组成及重要值指数

（样地号：进 Q_{16}，样地面积：400m²，地点：阳朔兴坪进广源杉木坪，海拔：520m）

序号	树种	基面积(m²)	株数	频度(%)	重要值指数
			乔木Ⅰ亚层		
1	栲	1.293	6	75	232.69
2	香皮树	0.271	2	25	67.31
	合计	1.563	8	100	300
			乔木Ⅱ亚层		
1	栲	0.596	15	100	105.849
2	香皮树	0.293	13	100	76.157
3	黄杞	0.055	4	50	24.601
4	黄樟	0.171	2	25	24.124
5	杉木	0.033	2	50	18.013
6	罴蒴锥	0.023	2	50	17.185
7	罗浮柿	0.015	1	25	8.913
8	云南桤叶树	0.011	1	25	8.576
9	青榨槭	0.008	1	25	8.291
10	紫楠	0.008	1	25	8.291
	合计	1.213	42	475	300
			乔木Ⅲ亚层		
1	黄杞	0.033	11	100	52.732
2	鼠刺	0.026	10	50	40.569
3	栲	0.016	9	75	33.278
4	黄棉木	0.01	6	75	23.952
5	香皮树	0.004	5	75	17.731
6	罴蒴锥	0.003	5	75	17.093
7	三花冬青	0.004	4	75	16.593
8	山香圆	0.002	3	75	13.527
9	罗浮槭	0.005	2	50	11.834
10	青榨槭	0.003	3	50	11.521
11	网脉琼楠	0.007	2	25	10.8
12	罗浮柿	0.001	2	50	9.093
13	木姜叶柯	0.001	2	50	8.981
14	细柄五月茶	0.004	1	25	7.096
15	鸭公树	0.002	2	25	6.975
16	广东杜鹃	0.001	1	25	4.993
17	甜槠	0.001	1	25	4.546
18	毛果巴豆	0.001	1	25	4.546
19	光叶海桐	0	1	25	4.116
	合计	0.123	71	975	299.976
			乔木层		
1	栲	1.904	30	100	98.966
2	香皮树	0.567	20	100	44.604
3	黄杞	0.088	15	100	23.958
4	鼠刺	0.026	10	50	13.427
5	罴蒴锥	0.026	7	75	13.062
6	黄棉木	0.01	6	75	11.673
7	三花冬青	0.004	4	75	9.828
8	黄樟	0.171	2	25	9.68
9	罗浮柿	0.017	3	75	9.442
10	山香圆	0.002	3	75	8.931
11	青榨槭	0.011	4	50	7.924
12	杉木	0.033	2	50	7.049
13	罗浮槭	0.005	2	50	6.073
14	木姜叶柯	0.001	2	50	5.952

（续）

序号	树种	基面积(m^2)	株数	频度(%)	重要值指数
15	网脉琼楠	0.007	2	25	4.011
16	鸭公树	0.002	2	25	3.848
17	云南桤叶树	0.011	1	25	3.344
18	紫楠	0.008	1	25	3.225
19	细柄五月茶	0.004	1	25	3.087
20	广东杜鹃	0.001	1	25	2.997
21	甜槠	0.001	1	25	2.978
22	毛果巴豆	0.001	1	25	2.978
23	光叶海桐	0	1	25	2.96
	合计	2.9	121	1175	299.999

第一亚层林木高15～19m，基径41～63cm，从表9-49可知，400m^2样地组成种类只有2种、8株，以栲占绝对优势，有6株，重要值指数232.7；另一种为香皮树，有2株，重要值指数67.3。第二亚层林木高8～14m，基径10～33cm，种数和株数比上个亚层多，400m^2样地有10种、42株，其中落叶阔叶树有云南桤叶树和青榨槭2种、2株，常绿针叶树有杉木2株。本亚层栲仍占有较大的优势，有15株，重要值指数105.8；次优势种为香皮树，有13株，重要值指数76.2，这两种在上个亚层出现过；较重要的种类有黄杞和黄樟，重要值指数24.6和24.1。第三亚层林木高3～6m，基径2～7cm，400m^2样地有19种、71株，是3个亚层中种数和株数最多的一个亚层，其中落叶阔叶树有青榨槭3株。以黄杞稍多，有11株，重要值指数52.7；次为鼠刺，有10株，重要值指数40.6；重要值指数在20～40之间的有栲和黄棉木；10～20的有7种；<10的有8种。从整个乔木层分析，栲和香皮树为中、上层优势种和次优势种，在下层也有一定的比重，所以仍为群落的优势种和次优势种。黄杞性状虽然为上层乔木，但目前只在下层占有优势，还未到达中、上层，所以在整个乔木层中重要值指数不会很大。鼠刺虽然为下层的优势种，但它的性状为小乔木，在整个乔木层中它的重要值指数也不会很大。其他的种类有的为群落的偶见种，有的为刚成长的乔木幼树，重要值指数很分散。

灌木层植物种类较混杂，生长较茂密，400m^2样地有38种，覆盖度45%左右。从表9-50可知，种类组成以乔木的幼树为多，其中黧蒴锥突出，次为栲，香皮树和黄杞也不少。真正灌木以杜茎山最常见。

表9-50　栲－栲＋香皮树－黄杞＋鼠刺－杜茎山－狗脊蕨群落灌木层和草本层种类组成及分布情况

序号	种名	多度盖度级				频度	更新层(株)	
		Ⅰ	Ⅱ	Ⅲ	Ⅳ	(%)	幼苗	幼树
	灌木层植物							
1	栲	4	2	2	3	100	77	34
2	黧蒴锥	4	5	5	5	100	101	140
3	杜茎山	3	4	5	5	100		
4	香皮树	+	1	3	3	100	11	19
5	黄杞	2	2	3	3	100	4	22
6	鼠刺	2	3	1	2	100		
7	罗浮槭	+	3	1	3	100	4	6
8	木姜叶柯	+	+	1	1	100		
9	粗叶榕	1	1	1		75		
10	鸭公树		+	1	+	75	4	
11	毛冬青		3	+	+	75		
12	细柄五月茶	1	3	3		75		
13	腺叶桂樱		1	1	3	75		
14	山香圆		1	3	3	75		
15	光叶粗叶木		4	+	3	75		
16	罗浮柿	1		1		50		
17	黄樟	1	2			50		
18	草珊瑚	1	1			50		
19	黄棉木	+			+	50		
20	虎皮楠	1			1	50		

（续）

序号	种名	多度盖度级				频度	更新层(株)	
		Ⅰ	Ⅱ	Ⅲ	Ⅳ	(%)	幼苗	幼树
21	赤楠			+	+	50		
22	小叶青冈			1	3	50	4	5
23	莲座紫金牛		1		1	50		
24	鲫鱼胆			1	1	50		
25	黄丹木姜子	+				25		
26	厚皮香	+				25		
27	细齿叶柃		1			25		
28	香叶树	+				25		
29	江南越桔	+				25		
30	甜槠		+			25		1
31	微毛柃			1		25		
32	紫楠			1		25	3	
33	毛果巴豆				1	25		
34	台湾冬青				+	25		
35	钩锥				+	25		
36	锈叶木姜子				+	25		
37	广东杜鹃				+	25		
38	围涎树				1	25		
草本层植物								
1	狗脊蕨	5	5	5	5	100		
2	多羽复叶耳蕨	3	4	3	3	100		
3	卷柏1种	1		1	1	75		
4	扇叶铁线蕨	1		1	1	75		
5	艳山姜	3	3		3	75		
6	假剑兰		2	1	1	75		
7	金毛狗脊	3			3	50		
8	熊巴耳1种		1	1		50		
9	鳞毛蕨1种	1				25		
藤本植物								
1	藤黄檀	1	1	+	1	100		
2	网脉酸藤子	1	1	4	4	100		
3	龙须藤		1	+	1	75		
4	牛筋藤		1	1	+	75		
5	白叶瓜馥木		3		+	50		
6	流苏子	1		+		50		
7	冷饭藤		1		1	50		
8	葛	+	1			50		
9	暗色菝葜			+	1	50		
10	鸡血藤		1			25		
11	银瓣鸡血藤			+		25		
12	多体黄檀			+		25		
13	胡颓子1种				+	25		
14	鸡血藤1种				1	25		
15	金银花1种				1	25		

鸡血藤 *Millettia* sp.　银瓣鸡血藤 *Millettia* sp.　多体黄檀 *Dalbergia* sp.　鸡血藤1种 *Millettia* sp.

草本层植物种类较少，400m^{2}有9种，覆盖度20%～30%。以狗脊蕨为优势，次为多羽复叶耳蕨。

藤本植物种类组成较丰富，400m^{2}样地有15种，但数量不多，较常见的有网脉酸藤子和藤黄檀。

根据表9-50，群落更新以黧蒴锥为最良好，它是一种次生的常绿阔叶树，群落优势种栲的更新也不错，群落发展下去，会演变成以栲和黧蒴锥为优势的群落，但黧蒴锥为喜光树种，在群落郁闭度不断增大的情况下，它的更新变得不再良好，最终将被淘汰。

（14）栲－栲－鼠刺－海南罗伞树－狗脊蕨＋山姜群落（*Castanopsis fargesii* – *Castanopsis fargesii* – *Itea chinensis* – *Ardisia quinquegona* – *Woodwardia japonica* + *Alpinia japonica* Comm.）

这是一种受过轻度破坏以后又恢复起来的一种群落，种类组成简单，面积也较小，虽然栲仍占据优势的地位和主要由常绿阔叶树组成，但已不够典型。根据在阳朔县大水田乡古板村对此种类型调查的资料可知，群落立地地层为泥盆系莲花山组砂页岩，土壤为森林红壤，枯枝落叶层厚1～2cm，覆盖地表75%左右。

表9-51　栲－栲－鼠刺－海南罗伞树－狗脊蕨＋山姜群落乔木层种类组成及重要值指数

（样地号：Q_{20}，样地面积：200m^2，地点：阳朔县大水田乡古板冲李家，海拔：340m）

序号	树种	基面积(m^2)	株数	频度(%)	重要值指数
		乔木Ⅰ亚层			
1	栲	1.305	8	100	195.833
2	杉木	0.145	3	100	74.929
3	木荷	0.013	1	50	29.24
	合计	1.463	12	250	300.002
		乔木Ⅱ亚层			
1	栲	0.08	6	100	91.327
2	黄樟	0.018	2	100	37.132
3	中华杜英	0.02	2	50	30.152
4	山杜英	0.031	1	50	29.684
5	木荷	0.025	1	50	26.745
6	香皮树	0.011	1	50	19.784
7	茜树	0.006	1	50	17.348
8	光叶石楠	0.004	1	50	16.111
9	赤杨叶	0.004	1	50	16.111
10	鼠刺	0.003	1	50	15.608
	合计	0.203	17	600	300.002
		乔木Ⅲ亚层			
1	鼠刺	0.013	16	100	46.35
2	鹅掌柴	0.019	6	100	36.831
3	光叶石楠	0.011	5	50	23.878
4	交让木	0.008	5	100	23.467
5	厚皮香	0.008	3	50	16.636
6	中华杜英	0.006	4	50	16.36
7	海南罗伞树	0.002	4	100	16.119
8	密花树	0.005	1	0.50	10.581
9	大叶新木姜子	0.004	2	50	10.559
10	香皮树	0.002	2	50	8.864
11	栲	0.003	1	50	8.209
12	光叶山矾	0.001	2	50	7.847
13	木荷	0.002	1	50	7.277
14	变叶榕	0.002	1	50	7.277
15	甜槠	0.001	1	50	6.514
16	山杜英	0.001	1	50	6.514
17	木姜子属1种	0.001	1	50	6.514
18	红背甜槠	0.001	1	50	5.921
19	茜树	0.001	1	50	5.921
20	山香圆	0.001	1	50	5.921
21	红鳞蒲桃	0.001	1	50	5.921
22	细柄五月茶	0	1	50	5.498
23	三花冬青	0	1	50	5.498
24	毛冬青	0	1	50	5.498
	合计	0.093	6300	14	299.975

（续）

序号	树种	基面积（m^2）	株数	频度（%）	重要值指数
		乔木层			
1	栲	1.388	15	100	101.289
2	鼠刺	0.016	17	100	25.545
3	杉木	0.145	3	100	17.186
4	中华杜英	0.026	6	100	13.797
5	鹅掌柴	0.019	6	100	13.36
6	交让木	0.008	5	100	11.616
7	木荷	0.041	3	100	11.239
8	海南罗伞树	0.002	4	100	10.188
9	黄樟	0.018	2	100	8.807
10	光叶石楠	0.015	3	50	7.019
11	香皮树	0.013	3	50	6.903
12	山杜英	0.033	2	50	6.882
13	厚皮香	0.008	3	50	6.586
14	茜树	0.007	2	50	5.427
15	大叶新木姜子	0.004	2	50	5.226
16	光叶山矾	0.001	2	50	5.083
17	密花树	0.005	1	50	4.187
18	赤杨叶	0.004	1	50	4.12
19	变叶榕	0.002	1	50	4.013
20	甜槠	0.001	1	50	3.973
21	木姜子属 1 种	0.001	1	50	3.973
22	红背甜槠	0.001	1	50	3.942
23	山香圆	0.001	1	50	3.942
24	红鳞蒲桃	0.001	1	50	3.942
25	细柄五月茶	0	1	50	3.919
26	三花冬青	0	1	50	3.919
27	毛冬青	0	1	50	3.919
	合计	1.759	89	1800	300.001

群落主要由常绿阔叶树组成，栲占据优势地位，几乎所有的大树都是栲，郁闭度 0.9，林木层可划分为 3 个亚层。第一亚层林木高 15 ~ 22m，基径 13 ~ 78cm，覆盖度 80%，据表 9-51，200m^2样地有林木 3 种、12 株。以栲占绝对优势，有 8 株，重要值指数 195.8；杉木有 3 株，重要值指数 74.9，排列第二。第二亚层林木高 8 ~ 14m，基径 7 ~ 20cm，覆盖度 40%，200m^2样地有林木 10 种、17 株。栲仍占据明显的优势地位，有 6 株，重要值指数 91.3；其他的种类重要值指数差异不太明显，黄樟和中华杜英稍多，各有 2 株，重要值指数分别为 37.1 和 30.2；余下的 7 种都为单株出现，但山杜英和木荷基径大，重要值指数较大。第三亚层林木高 3 ~ 7m，基径 3 ~ 6cm，种类和株数是 3 个亚层中最多的一个亚层，200m^2样地有 24 种、63 株，覆盖度 50%。优势不明显，重要值指数比较分散，鼠刺稍占优势，有 16 株，重要值指数 46.4；鹅掌柴、光叶石楠和交让木重要值指数在 20 ~ 40 之间；重要值指数在 10 ~ 20 之间的有 5 种；<10 的有 15 种。从整个乔木层分析，栲在上层占绝对优势，在中层占明显优势，在下层也有分布，因此，在整个乔木层中仍占有明显的优势地位，重要值指数 101.3；其他的种类，鼠刺性状为小乔木，只能成为下层林木的优势种；杉木是人工种植的；中华杜英、鹅掌柴、交让木和木荷是次生演替过程中出现的阳性常绿阔叶树，数量一般不会太多；甜槠、红背甜槠是刚出现的原常绿阔叶林乔木的幼树；余下的种类是一些偶见种，它们的重要值指数差异不太明显，分配比较分散。

灌木层植物种类组成较混杂，从表 9-52 可知，200m^2样地有 41 种，覆盖度 40% ~ 45%。以鼠刺为优势，它并且进入到第三亚层林木的空间，成为该层的优势种，真正灌木以海南罗伞树为优势。

草本层植物种类较少，数量不多，200m^2有 8 种，覆盖度 10% ~ 15%。较多的有狗脊蕨、山姜和铁线蕨。

表 9-52 栲－栲－鼠刺－海南罗伞树－狗脊蕨＋山姜群落灌木层和草本层种类组成及分布情况

序号	种名	多度盖度级		频度	更新(株)	
		Ⅰ	Ⅱ	(%)	幼苗	幼树
灌木层植物						
1	鼠刺	5	6	100	6	67
2	海南罗伞树	5	4	100		
3	光叶石楠	3	2	100	5	23
4	毛冬青	3	2	100		
5	栲	2	2	100	11	7
6	雪下红	2	2	100		
7	栀子	2	2	100		
8	粗叶木	1	3	100		
9	大叶卫矛	2	1	100		
10	山香圆	1	2	100	1	7
11	厚皮香	2	1	100		9
12	光叶山矾	1	2	100		3
13	粗叶榕	1	2	100		
14	莲座紫金牛	1	2	100		
15	鹅掌柴	2	1	100		6
16	香叶树	1	2	100	2	7
17	红鳞蒲桃	1	1	100		
18	罗浮柿	1	1	100		3
19	毛果算盘子	1	1	100		
20	黄丹木姜子	3		50		6
21	鸭公树	2		50		3
22	朱砂根	2		50		
23	黄樟		2	50		3
24	大叶山矾		2	50		6
25	杜茎山		2	50		
26	草珊瑚		2	50		
27	柃木		2	50		
28	甜槠		1	50		1
29	粗糠柴		1	50		
30	香叶树		1	50		
31	角裂悬钩子		1	50		
32	木荷		1	50		
33	腺叶桂樱	1		50		
34	红背甜槠	1		50		1
35	光叶海桐	1		50		
36	中华杜英	1		50		2
37	变叶榕	1		50		
38	交让木	1		50		
39	油茶		1	50		
40	白背算盘子		1	50		
41	越南安息香		1	50		
草本层植物						
1	狗脊蕨	4	3	100		
2	山姜	3	4	100		
3	铁线蕨	3	3	100		
4	迷人鳞毛蕨	2	3	100		
5	多羽复叶耳蕨	2	2	100		
6	团叶鳞始蕨	2	2	100		
7	珍珠莎草	2	3	100		
8	海金沙	2		50		
藤本植物						
1	藤黄檀	4	3	100		

（续）

序号	种名	多度盖度级		频度	更新(株)	
		Ⅰ	Ⅱ	(%)	幼苗	幼树
2	链珠藤	2	2	100		
3	流苏子	2	2	100		
4	网脉酸藤子	3		50		
5	平叶酸藤子		3	50		
6	买麻藤		2	50		
7	土茯苓	2		50		
8	华南忍冬	1		50		

大叶山矾 *Symplocos* sp.　　　平叶酸藤子 *Embelia undulata*

藤本植物种类也较少，200m^{2}有 8 种，以藤黄檀、网脉酸藤子、流苏子较常见，它们可以攀援至 10～16m 的高度，形成杂乱无章的景象。

从表 9-52 可知，林木更新以鼠刺为最良好，次为光叶石楠，它们都不是上层林木的优势种。上层林木的优势种栲更新一般，200m^{2}样地有幼苗 11 株，幼树 7 株。

(15)栲－栲－栲－草珊瑚－乌毛蕨群落(*Castanopsis fargesii* – *Castanopsis fargesii* – *Castanopsis fargesii* – *Sarcandra glabra* – *Blechnum orientale* Comm.)

这是一种被砍伐后恢复起来的次生林，也是一种面积不大的残林，周围高大的林木已被砍光沦为灌丛。根据桂中大瑶山林区美村对此种类型的调查，群落立地地层为寒武系砂页岩，土壤为山地森林水化黄壤，地表枯枝落叶层厚 3～5cm，覆盖地表 70%左右。林木尚较高大，树干较通直，郁闭度 0.7，可分为 3 个亚层。

上层林木高 16m 左右，胸径 20～30cm，以栲为优势，200m^{2}样地有 5 株；次为甜槠，有 3 株；木荷 2 株；笔罗子、交让木、罗浮柿和钩锥为单株出现。中层林木栲占有明显的优势，200m^{2}样地有 7 株；次为笔罗子、钩锥和甜槠，分别有 3 株、2 株和 2 株；硬壳柯、黄枝润楠、广东新木姜子各有 1 株。下层林木也以栲为优势，200m^{2}样地有 5 株；次为硬壳柯、笔罗子，分别有 3 株和 2 株；黄丹木姜子、黄枝润楠、网脉山龙眼各有 1 株。林下比较空旷，灌木和草本不发达，但灌木层植物种类组成尚较复杂，200m^{2}样地共有 30 种，多为乔木的幼树，如栲、硬壳柯、甜槠、笔罗子、黄樟、黄杞、中华杜英、鹅掌柴、红楠、木荷、毛锥、广东新木姜子、亮叶猴耳环等。真正灌木有栀子、疏花卫矛、草珊瑚、毛冬青、长尾毛蕊茶等。草本层植物有乌毛蕨、狗脊蕨、山姜、中华复叶耳蕨、淡竹叶、金毛狗脊等 10 种。藤本植物种类和数量都不发达，有网脉酸藤子、藤黄檀、菝葜等种类。

栲的种群结构是完整的，群落发展下去，如果不再遭受破坏，能长久地保持在群落中的优势地位。

(16)栲－栲－栲－九节－乌毛蕨群落(*Castanopsis fargesii* – *Castanopsis fargesii* – *Castanopsis fargesii* – *Psychotria rubra* – *Blechnum orientale* Comm.)

这是在桂西南靖西县调查的一个萌生性质的群落，栲多数植株是萌生的。由于该群落是北热带地带性植被季节性雨林垂直带谱的类型，所以种类组成中带有不少热带成分。据在靖西县魁圩乡那些村对此种类型的调查，群落立地土壤为发育在砂页岩上的森林红壤，枯枝落叶层厚 2cm，覆盖地表 100%，乔木层仍可分为 3 个亚层，只不过第一亚层林木株数偏少，覆盖度不大，树冠不连接。

表 9-53　栲－栲－栲－九节－乌毛蕨群落乔木层种类组成及重要值指数

(样地号：魁 Q_3，样地面积：400m^2，地点：靖西县魁圩公社那些大队，海拔：m)

序号	树种	基面积(m^2)	株数	频度(%)	重要值指数
乔木Ⅰ亚层					
1	栲	0.454	7	100	149.705
2	南酸枣	0.028	1	25	18.636
3	山杜英	0.025	1	25	18.155
4	红锥	0.025	1	25	18.155
5	红木荷	0.021	1	25	17.482
6	鹅掌柴	0.013	1	25	16.140

（续）

序号	树种	基面积（m^2）	株数	频度（%）	重要值指数
7	枫香树	0.013	1	25	16.140
8	亮叶猴耳环	0.011	1	25	15.814
9	短序润楠	0.010	1	25	15.515
10	野柿	0.002	1	25	14.267
	合计	0.604	16	325	300.008
乔木Ⅱ亚层					
1	栲	0.198	34	100	110.070
2	笔罗子	0.036	12	75	35.100
3	红木荷	0.035	4	75	24.414
4	亮叶猴耳环	0.014	5	100	23.702
5	枫香树	0.018	4	50	16.734
6	红山梅	0.007	3	75	15.719
7	毛杨梅	0.015	2	25	9.940
8	短序润楠	0.012	2	25	9.034
9	野柿	0.008	2	25	7.984
10	红锥	0.008	1	25	6.709
11	樟属1种	0.006	1	25	6.318
12	木姜叶柯	0.006	1	25	6.318
13	槲栎	0.006	1	25	6.318
14	黧蒴锥	0.004	1	25	5.658
15	越南安息香	0.004	1	25	5.658
16	山杜英	0.002	1	25	5.164
17	毛银柴	0.002	1	25	5.164
	合计	0.381	76	750	300.003
乔木Ⅲ亚层					
1	栲	0.048	32	100	114.300
2	笔罗子	0.007	11	50	30.675
3	山麻杆	0.003	9	75	26.519
4	红锥	0.002	4	75	18.461
5	红木荷	0.011	1	25	18.390
6	野漆	0.005	2	50	16.101
7	野柿	0.001	3	50	12.566
8	毛桂	0.001	3	50	12.196
9	九节	0.001	3	50	12.196
10	毛杨梅	0.003	1	25	8.375
11	短序润楠	0.001	2	25	7.529
12	山矾	0.001	1	25	6.521
13	毛果算盘子	0.000	1	25	5.408
14	假樟树	0.000	1	25	5.408
15	红山梅	0.000	1	25	5.408
	合计	0.085	75	675	300.053
乔木层					
1	栲	0.701	73	100	117.020
2	笔罗子	0.043	23	75	23.653
3	红木荷	0.068	6	100	17.751
4	亮叶猴耳环	0.026	6	100	13.843
5	红锥	0.035	6	75	12.746
6	枫香树	0.032	5	75	11.828
7	山麻杆	0.003	9	75	11.541
8	短序润楠	0.022	5	50	8.989
9	红山梅	0.007	4	75	8.938
10	野柿	0.011	6	50	8.509
11	毛杨梅	0.018	3	50	7.399

（续）

序号	树种	基面积(m²)	株数	频度(%)	重要值指数
12	毛桂	0.001	3	50	5.780
13	九节	0.001	3	50	5.780
14	山杜英	0.027	2	25	5.720
15	野漆	0.005	2	50	5.596
16	南酸枣	0.028	1	25	5.209
17	鹅掌柴	0.013	1	25	3.800
18	樟属1种	0.006	1	25	3.154
19	木姜叶柯	0.006	1	25	3.154
20	槲栎	0.006	1	25	3.154
21	黧蒴锥	0.004	1	25	2.919
22	越南安息香	0.004	1	25	2.919
23	毛银柴	0.002	1	25	2.743
24	山矾	0.001	1	25	2.677
25	毛果算盘子	0.000	1	25	2.589
26	假樟树	0.000	1	25	2.589
	合计	1.070	167	1275	300.001

毛银柴 *Aporusa villosa*

第一亚层林木高16～20m，胸径一般11～18cm，个别48cm，种类组成和株数是3个亚层中最少的1个亚层，从表9-53可知，400m²样地有10种、16株，以栲占明显优势，有7株，重要值指数149.7；其他9种都是单株出现，重要值指数都在10～20之间，其中南酸枣、枫香树、野柿是落叶阔叶树，红木荷为半常绿阔叶树。第二亚层林木高8～13m，胸径4～12cm，为3个亚层中种数和株数最多的一个亚层，400m²有17种、76株，其中枫香树、野柿、槲栎、越南安息香为落叶阔叶树，红木荷为半常绿阔叶树。仍以栲占明显优势，有34株，重要值指数110.1；其他的16种，重要值指数分配比较分散，较多的为笔罗子，有12株，重要值指数35.1；其次为红木荷、亮叶猴耳环、枫香树和红山梅，重要值指数分别为24.4、23.7、16.7和15.7；余下的12种，重要值指数<10。第三亚层林木高3～7m，胸径2～4cm，400m²样地有15种、75株，种数和株数比第二亚层略少，其中山麻杆、漆树和野柿为落叶阔叶树，红木荷为半常绿阔叶树。还是以栲占明显优势，有32株，重要值指数114.3；其他的14种重要值指数分配比较分散，没有哪一种很突出，较多的为笔罗子和山麻杆，重要值指数30.7和26.5；重要值指数在10～20之间的有6种；<10的有6种。从整个乔木层分析，400m²样地有乔木26种、167株，栲在3个亚层都占明显优势，自然在整个乔木层中仍占优势的地位，有73株，重要值指数117.0；其他的25种在3个亚层重要值指数都比较分散，没有哪一种很突出，自然在整个乔木层中也是这种表现，它们之中，笔罗子在2个亚层中重要值指数都较大，在整个乔木层中排列第二，为23.7；其他几乎是恢复演替过程中出现的种类，它们有的性状为上层乔木，有的为下层乔木，但数量都不会很大，所以重要值指数小而分散。

表9-54　栲树－栲树－栲树－九节－乌毛蕨群落灌木层和草本层种类组成及分布情况

序号	种名	多度盖度级				频度	更新层(株)	
		Ⅰ	Ⅱ	Ⅲ	Ⅳ	(%)	幼苗	幼树
灌木层植物								
1	九节	4	4	4	3	100		
2	毛桂	3	2	2	3	100		1
3	海南罗伞树	3	3	3	2	100		
4	栲	3	2	3	3	100	5	10
5	亮叶猴耳环	2	2	2	2	100		
6	笔罗子	2	2	2	2	100		
7	红山梅	3		2	2	75		
8	糙叶树	2	3		3	75		
9	短序润楠	3		3	3	75	35	5
10	红锥		3	3	3	75		4
11	野柿		2	3	3	75		

（续）

序号	种名	多度盖度级				频度	更新层(株)	
		Ⅰ	Ⅱ	Ⅲ	Ⅳ	(%)	幼苗	幼树
12	大节竹		3	3	3	75		
13	蜜茱萸	2		2		50		
14	毛果算盘子	2		2		50		
15	紫金牛		2	2		50		
16	粗叶木	3		2		50		
17	木荷		2			25		1
18	粗叶榕			2		25		
19	山杜英			3		25		
20	野漆			2		25		
21	山麻杆				4	25		
22	木姜叶柯				3	25		2
23	柏拉木				2	25		
24	柃木				2	25		
25	杜英	2				25		
26	毛叶黄杞		2			25		
27	黄连木		1			25	1	
	草本层植物							
1	乌毛蕨	3	4	4	2	100		
2	毛果珍珠茅	2	3	4	2	100		
3	福建观音座莲	5	3	3		75		
4	山姜	4	3	3		75		
5	狗脊蕨	3	3	4		75		
6	黑边铁角蕨	2	2	2		75		
7	淡竹叶		2	2	2	75		
8	芒萁	3			3	50		
9	假朝天罐	2	2			50		
10	粽叶芦		2		3	50		
11	芒		2		2	50		
12	草珊瑚		2		2	50		
13	毛叶紫金牛			2		25		
14	假毛蕨	3				25		
15	渐尖毛蕨	2				25		
16	大叶铁角蕨	2				25		
	藤本植物							
1	瓜馥木	2	2	3	3	100		
2	假崖豆藤	3	3	3	2	100		
3	菝葜	2	2		2	75		
4	酸藤子		2			25		

黑边铁角蕨 *Asplenium speluncae*　假朝天罐 *Osbeckia crinita*　毛叶紫金牛 *Ardisia* sp.　假毛蕨 *Cyclosorus* sp.
大叶铁角蕨 *Asplenium* sp.

灌木层植物种类尚多，从表9-54可知，400m^{2}样地有27种，但数量不太多，且分布不均匀，覆盖度12%～20%。种类成分以乔木的幼树为多，常见的有毛桂、栲、亮叶猴耳环、笔罗子、短序润楠等。真正的灌木以九节、海南罗伞为常见。

草本层植物400m^{2}样地有16种，分布不均匀，有的地段覆盖度达40%，而有的地段只有3%，一般15%～20%，以乌毛蕨和毛果珍珠茅较常见。

藤本植物种类和数量都不多，400m^{2}只有4种，瓜馥木较常见。

可能由于经常砍伐的缘故，从表9-54可知，栲的更新不太理想，整个群落的更新也不理想。

(17)栲＋西桦－大节竹－芒萁群落(*Castanopsis fargesii* ＋ *Betula alnoides* － *Indosasa crassiflora* － *Dicranopteris pedata* Comm.)

这是北热带地区分布的一种次生性质的栲林，见于凭祥市大青山海拔560m的地方，种类组成有不少热带成分。北热带地区的地带性植被季节性雨林受到严重破坏后，在环境变得比较恶劣的情况下，亚热带常绿阔叶林的组成种类可以入侵进去，成为群落的优势种。上层林木高17～21m，最高可达25m，胸径18～27cm，最粗32cm，以栲为优势，落叶阔叶树西桦仅次于栲，黄杞也不少，排列第三，常见的有落叶阔叶树枫香树，柯属1种是群落中最高大的1株乔木。中下层林木有红木荷、小叶五月茶、银柴、圆果罗伞、榕树等。灌木层植物以大节竹占优势，覆盖度高达70%，栲的幼树也不少，覆盖度有10%，真正的灌木常见为九节、山石榴、岗柃、柏拉木等。草本层植物覆盖度15%，以芒萁占优势，覆盖度10%。

(18)栲－鹅掌柴－香皮树－海南罗伞树＋九节－狗脊蕨群落(*Castanopsis fargesii* – *Schefflera heptaphylla* – *Melliosma fordii* – *Ardisia quinquegona* + *Psychotria rubra* – *Woodwardia japonica* Comm.)

这是中亚热带南部一种比较典型的栲类型，种类成分，尤其灌木层和草本层种类成分混杂了不少南亚热带常绿阔叶林的种类。根据三江县合水附近海拔350m处对此种类型的调查，立地地层为下元古界板溪下亚群板岩、石英片岩，土壤为山地森林红壤。

乔木层郁闭度0.8，部分林木已被采伐，不很完整，但仍可分成3个亚层。第一亚层林木高20m左右，覆盖度70%，以栲占优势，香皮树、罗浮锥也不少，常见的有硬壳柯、木荷，个别出现的有山蒲桃、黄杞等。除常绿阔叶树外，还含有少许落叶阔叶树，如枫香树、檫木、翅子树、亮叶桦。第二亚层林木高8～15m，覆盖度60%，以鹅掌柴、栓叶安息香最多，常见的为黄杞、罴蒴锥、山杜英、痄腮树等。第三亚层林木高4～6m，覆盖度50%，以香皮树、鼠刺、黄丹木姜子、亮叶猴耳环为多，落叶阔叶树翅子树也较多，其他的种类有三花冬青、木竹子、腺叶桂樱、黄棉木和落叶阔叶树石灰花楸、钟花樱花等。灌木层植物种类不少，覆盖度50%，以南亚热带季风常绿阔叶林代表种九节、海南罗伞树为优势，次优势为中亚热带常绿阔叶林代表种杜茎山和柏拉木，常见的有栲、光叶海桐、黄丹木姜子等，季风常绿阔叶林的代表种红锥和黄果厚壳桂有分布，少许出现的有毛果算盘子、交让木、草珊瑚、朱砂根、红鳞蒲桃、山蒲桃、桃叶石楠等。草本层植物覆盖度30%，以中亚热带常绿阔叶林代表种狗脊蕨为优势，南亚热带季风常绿阔叶林代表种金毛狗脊次之，乌毛蕨也不少，常见的有斜方复叶耳蕨、多羽复叶耳蕨、阔鳞鳞毛蕨、黑足鳞毛蕨、山姜等。

虽然该地保存有发育如此典型的中亚热带南部常绿阔叶林类型，但面积不大，只是一些残存的林片，如果不能加以有效的保护，不久将会沦为灌丛或草地。

(19)栲＋蕈树＋马蹄荷－锈叶新木姜子＋细枝柃－网脉山龙眼－苦竹－狗脊蕨群落(*Castanopsis fargesii* + *Altingia chinensis* + *Exbucklandia populnea* – *Neolitsea cambodiana* + *Eurya loquaiana* – *Helicia reticulata* – *Pleioblastus amarus* – *Woodwardia japonica* Comm.)

本群落是南丹一带保存较好的常绿阔叶林原生性植被，树种组成复杂，林木生长高大，但这类森林已残存很少了。据南丹县罗更海拔950m对此种类型的调查，立地地层为三叠系平而关群砂页岩，土壤为森林黄壤。

该群落是被砍伐大部留下来的林子，群落内大树也有部分被砍伐，伐倒木尚在。种类组成以常绿阔叶树为主，群落郁闭度0.95，林木层可划分为3个亚层。第一亚层林木高25m以上，少数达30m，覆盖度80%，以栲占优势，次优势为蕈树、马蹄荷，常见的种类有黄杞、硬壳柯、笔罗子、罗浮锥、饭甑青冈、栓叶安息香等，其他的种类还有木荷、观光木、山杜英、阴香、厚斗柯、闽楠(*Phoebe bournei*)等，零星出现的落叶阔叶树有赤杨叶、南酸枣、五裂槭、白辛树。第二亚层林木高10～15m，覆盖度85%，以锈叶新木姜子、细枝柃为优势，常见的种类有饭甑青冈、茶梨、幌伞枫、越南黄牛木等，其他的种类还有观光木、紫楠、水仙柯、红锥、瓦山锥。第三亚层林木高4～7m，林木稍稀疏，覆盖度50%，以网脉山龙眼为优势，次为西南香楠(*Aidia* sp.)、细枝柃、短梗新木姜子等。灌木层植物以乔木的幼树为主，真正的灌木很少，覆盖度50%，常见的乔木幼树有笔罗子、水仙柯、短梗新木姜子、罗浮锥、尖叶黄肉楠(*Actinodaphne acuminata*)、瓦山锥、网脉山龙眼、木荷等，真正的灌木常见为苦竹，其他的种类还有杜茎山、红紫珠、粗叶木、莲座紫金牛等。草本层植物覆盖度30%，以喜阴湿的蕨类植物为主，种类很多，以狗脊蕨为优势，次为金毛狗脊，常见的蕨类植物还有斜方复叶耳蕨、多羽复叶耳蕨、中华里白、碗蕨、卷柏、黑足鳞毛蕨、双盖蕨(*Diplazium donianum*)等，其他的蕨类植物还有福建观音座莲、紫萁(*Osmunda japonica*)、倒扣铁角蕨、苏铁蕨(*Brainea insignis*)、圣蕨、金鸡脚假瘤蕨(*Phymatopteris hastata*)等；非蕨类草本见有山姜、蕨状薹草、裂叶秋海棠(*Begonia palmata*)、楼梯草等。藤本植物种类不多，种类有流苏子、藤黄檀、网脉酸藤子、冷饭团、野木瓜、瓜馥木等。

(20)栲－尖萼川杨桐＋栲－光叶山矾＋鼠刺－赤楠－狗脊蕨＋金毛狗脊群落(*Castanopsis fargesii* – *Adinandra bockiana* var. *acutifolia* + *Castanopsis fargesii* – *Symplocos lancifolia* + *Itea chinensis* – *Syzygium buxifolium* – *Woodwardia japonica* + *Cibotium barometz* Comm.)

以栲为主的类型，广泛分布于贺州市滑水冲保护区海拔400～700m范围的山地中。群落郁闭度0.9，乔木层可分成3个亚层，第一亚层林木以栲为多，毛锥、黄樟、尖萼川杨桐、华润楠常间杂其中。这些植物基本上在各层都有分布，说明它们能在群落发展过程中长期占据优势的地位。局部阳光充足的地方有野梧桐(*Mallotus japonicus*)的出现。第二亚层林木以尖萼川杨桐和栲为多，零星出现的种类有南岭山矾、虎皮楠、栎子青冈、广东杜鹃、多花杜鹃、钩锥等，局部地方还有枫香树出现。第三亚层林木种类较多，光叶山矾和鼠刺最为突出，常见的种类还有厚皮香、尖叶柃、三花冬青、广东杜鹃、锈叶新木姜子、香皮树、广东冬青、薄果猴欢喜(*Sloanea leptocarpa*)、罗浮锥、黑柃、青皮木、罗伞(*Brassaiopsis glomerulata*)、红锥、青茶香和日本五月茶、多脉柃等。

灌木层植物种类繁多，覆盖度50%左右，乔木的幼树占多数，栲、黄杞、虎皮楠、网脉山龙眼、木竹子、日本杜英、山杜英、多脉柃最为普遍。真正的灌木种类不多，常见的有赤楠、尖叶粗叶木、杜茎山、草珊瑚、朱砂根、柏拉木、虎舌红、红紫珠、琴叶榕等。

草本层植物分布稀疏，覆盖度不到30%，狗脊蕨为主，金毛狗蕨和扇叶铁线蕨次之，乌毛蕨、淡竹叶、山姜、伞房刺子莞(*Rhynchospora corymbosa*)、紫萁、射干(*Belamcanda chinensis*)、剑叶虾脊兰、中华复叶耳蕨、碎米莎草(*Cyperus iria*)也较常见。

藤本植物种类不少，常见有藤黄檀、鸡眼藤、流苏子、长梗地锦、网脉崖豆藤、广防己(*Aristolochia fangchi*)、土茯苓等。

(21)栲－栲－栲＋亮叶杨桐－杜茎山－狗脊蕨群落(*Castanopsis fargesii* – *Castanopsis fargesii* – *Castanopsis fargesii* + *Adinandra nitida* – *Maesa japonica* – *Woodwardia japonica* Comm.)

这是桂北山地一种次生性质的栲林，多呈零星小片块状分布。据对桂北灵川县公平乡桃园坳海拔750m此种类型调查材料可知，立地土壤为发育在砂岩上山地红壤，枯枝落叶层3cm，分解不良。

群落郁闭度0.9，乔木层可分成3个亚层。第一亚层林木高15m，胸径23cm左右，树干通直，分枝高8m左右，栲占绝对优势，重要值指数157.8；其次为米槠和杉木，重要值指数分别为35.4和29.2。第二亚层林木高8～9m，胸径12cm左右，覆盖度75%，种类组成较丰富，植株数量多。栲不但植株较多，而且断面积大，重要值指数达132，也占绝对优势地位；其次为米槠，重要值指数25.8，常见的种类有亮叶杨桐。第三亚层林木高6m左右，胸径7cm，种类组成较丰富，覆盖度45%，仍以栲占优势，重要值指数58.1；次为亮叶杨桐，重要值指数41.3；常见的种类有基脉润楠、网脉山龙眼、虎皮楠等。

灌木层植物高3m左右，覆盖度40%，种类较多，成分以乔木的幼树为主，占优势的为网脉山龙眼。真正的灌木种类不多，常见的有杜茎山、鼠刺和金竹。

草本层植物种类和数量都不多，覆盖度仅10%，以狗脊蕨为优势，常见的有里白、山姜和海金沙。

藤本植物不发达，种类和数量稀少，藤茎细小，种类有网脉酸藤子和土茯苓等。

(22)栲－栲－狗脊蕨群落(*Castanopsis fargesii* – *Castanopsis fargesii* – *Woodwardia japonica* Comm.)

这是人为造成的一种栲纯林群落，见于桂北灵川县大境乡一带海拔530m的山地，立地土壤为发育在砂页岩上的山地黄红壤，土层较深厚，地表枯枝落叶较多，覆盖地表95%，分解不良。

群落郁闭度0.9，从整个乔木层来看，基本上只形成第一亚层，而第二亚层和第三亚层株数只有1～3株，覆盖度5%～10%，实际上不成层次。此种栲纯林类型是人为有目的的经营，把群落中其他树种砍去，只留下栲形成的。第一亚层林木全为栲，高18～26m，胸径17～70cm，树干通直，分枝高，分布均匀，覆盖度65%。

灌木层植物覆盖度75%，种类组成丰富，以乔木的幼树为主，真正的灌木种类不多。乔木的幼树以栲占优势，覆盖度50%，常见的有木荷和桃叶石楠；真正的灌木常见有毛冬青、草珊瑚、鼠刺、野漆。

草本层植物生长较茂密，覆盖度45%，种类组成简单，以狗脊蕨为优势，覆盖度30%，其他还有淡竹叶、五节芒等。

藤本植物稀少，藤茎细小，种类有菝葜、网脉酸藤子、链珠藤等。

(23)栲－栲－栲－海南罗伞树＋杜茎山－狗脊蕨群落(*Castanopsis fargesii* － *Castanopsis fargesii* － *Castanopsis fargesii* － *Ardisia quinquegona* ＋ *Maesa japonica* － *Woodwardia japonica* Comm.)

这是分布于桂东中亚热带大桂山林区的栲林类型，见于海拔300～450m的山地。乔木层总覆盖度80%，可分成3个亚层。第一亚层林木高15～20m，覆盖度40%～50%，600m^{2}样地有林木7种、22株，以栲为多，占12株，其他种类有罗浮锥、赤杨叶、刨花润楠、枫香树和马尾松，其中赤杨叶和枫香树为落叶阔叶树。第二亚层林木高12～14m，种类和株数比上个亚层有所减少，只有5种、10株，还是以栲占优势，有6株，其他的种类有尖萼川杨桐、木莲和落叶阔叶树赤杨叶和枫香树。第三亚层林木种类较多，共有23种，栲仍占据明显的优势地位，其他较重要的种类有鹅掌柴、密花树、香皮树、厚皮香、亮叶厚皮香、尖萼川杨桐、茜树和紫玉盘柯等。

灌木层植物种类繁多，共有49种，生长较茂密，覆盖度45%～50%，以乔木的幼树占多数，其中栲最多，其次是黄果厚壳桂、大花枇杷、鹅掌柴等，刨花润楠、罗浮锥、大果木姜子等也较常见。真正的灌木种类也不少，计有20种，常见的有海南罗伞树、光叶海桐、杜茎山等。

草本层植物种类和数量均稀少，覆盖度10%以下，以狗脊蕨为常见，淡竹叶、十字薹草、山姜有分布。

藤本植物种类和数量也很稀少，种类有土茯苓、藤黄檀、菝葜、肖菝葜等。

(24)栲－罗浮柿＋栲－鼠刺＋黄丹木姜子－杜茎山－狗脊蕨群落(*Castanopsis fargesii* － *Diospyros morrisiana* ＋ *Castanopsis fargesii* － *Itea chinensis* ＋ *Litsea elongata* － *Maesa japonica* － *Woodwardia japonica* Comm.)

这是分布在桂北猫儿山保护区、海洋山自然保护区海拔700m以下范围山地的一种栲林类型，立地土壤为发育在花岗岩和砂页岩上山地红壤或黄壤。群落郁闭度0.8以上，乔木层可分成3个亚层。第一亚层林木高20m左右，胸径30～40cm，树冠连接，覆盖度80%以上。林木种类不太多，栲占了一半以上，罗浮锥、米槠、木荷也占了一定的比重，其他种类还有红楠、广东润楠和罗浮柿。第二亚层林木高8～15m，胸径10～30cm，树冠不连接，覆盖度40%～50%，以罗浮柿最多，栲也不少，其他种类还有广东润楠、山杜英、黄丹木姜子等。第三亚层林木高4～7m，胸径10cm左右，覆盖度50%左右，种类较多，优势不明显。其中鼠刺、黄丹木姜子、栲和虎皮楠稍多，常见的种类有黄棉木、鸭公树、茜树、罗浮槭、桃叶石楠、绢毛杜英(*Elaeocarpus nitentifolius*)、尖叶毛柃、细柄五月茶、茶、多花杜鹃、亮叶厚皮香等。

灌木层植物高2m以下，覆盖度50%左右，组成种类大多为乔木的幼树，如栲、广东杜鹃、细枝柃等是比较多的。真正的灌木种类也不少，但数量不太多，常见有杜茎山、朱砂根、草珊瑚、琴叶榕、百两金、栀子、柏拉木、红紫珠、粗叶木等。

草本层植物高1m以下，分布稀疏，覆盖度10%～30%，狗脊蕨最多，常见的有山姜、建兰、蛇足石杉、迷人鳞毛蕨、斜方复叶耳蕨、卷柏等，有些地方还有大片中华里白和少数金毛狗脊、扇叶铁线蕨的分布。

藤本植物比较发达，常见有藤黄檀、三叶木通、网脉崖豆藤、流苏子、土茯苓、菝葜、柳叶菝葜、菰腺忍冬、狭叶南五味子(*Kadsura angustifolia*)、网脉酸藤子、亮叶崖豆藤、络石、瓜馥木、粗叶悬钩子等。

(25)栲－栲＋尖萼川杨桐－光叶山矾＋鼠刺－柏拉木－狗脊蕨群落(*Castanopsis fargesii* － *Castanopsis fargesii* ＋ *Adinandra bockiana* var. *acutifolia* － *Symplocos lancifolia* ＋ *Itea chinensis* － *Blastus cochinchinensis* － *Woodwardia japonica* Comm.)

以栲为优势的森林在桂东昭平县七冲林区有广泛的分布，主要占据海拔400～1000m范围山地山坡中、下部环境比较潮湿的地方。本类型乔木可分成3个亚层，第一亚层林木高20～25m，覆盖度40%～50%，以栲为多，罗浮锥、华润楠、米槠等常间杂其中。第二亚层林木高12～18m，以栲和尖萼川杨桐较多，常见的种类有南岭山矾、虎皮楠、罗浮锥、钩锥和大叶新木姜子等。第三亚层林木种类多，光叶山矾和鼠刺最为常见，其他还有厚皮香、尖叶毛柃、多花杜鹃、香皮树、绣叶新木姜子、栲、罗浮锥和红锥等。

灌木层植物种类繁多，生长茂密，覆盖度60%～70%，种类成分以乔木的幼树占多数，罗浮锥、柳叶润楠、网脉山龙眼、栲、黄杞、虎皮楠、香皮树、榕叶冬青、日本杜英等最为常见。真正的灌木种类不多，常见的有柏拉木、鼠刺、赤楠、尖叶粗叶木、栀子、杜茎山、草珊瑚、朱砂根、红紫珠等。

草本层植物分布稀疏，覆盖度在10%以下，以狗脊蕨为常见，淡竹叶、十字薹草、山姜、五节芒等有分布。

藤本植物种类不多，数量也少，种类有土茯苓、藤黄檀、尖叶菝葜、肖菝葜、膜叶槌果藤(*Capparis membranacea*)等。

(26)栲－锈叶新木姜子－栲＋多花杜鹃－海南罗伞树－镰叶瘤足蕨群落(*Castanopsis fargesii* – *Neolitsea cambodiana* – *Castanopsis fargesii* + *Rhododendron cavaleriei* – *Ardisia quinquegona* – *Plagiogyria distinctissima* Comm.)

本类型在大明山海拔800～1300m的山地有分布，据在大明山公路沿线调查，群落郁闭度0.7以上，400m^{2}样地有林木39种、202株，乔木层可分成3个亚层。第一亚层林木高13～16m，胸径20～30cm，以栲为主，其他有甜槠、阴香、五列木、桂南木莲、杨桐、罗浮锥等，此外还有1株高16m左右的扁平针叶树竹柏。该层的枯立木较多，枯死木主要是罗浮锥，有的直径达35cm。第二亚层林木高8～12m，胸径一般10～20cm，种类组成较多，除上层的一些种类外，常见的是樟科的种类，如锈叶新木姜子、新木姜子、红楠、黄丹木姜子、毛桂等，零星分布的种类有银木荷、深山含笑、山茉莉(*Huodendron* sp.)等。第三亚层林木高4～7m，林木种类很多，优势种不明显，较重要的有栲、多花杜鹃、黄丹木姜子、新木姜子、桂南木莲、川杨桐、厚叶冬青等，主要是中上层的种类。

灌木层植物覆盖度40%～70%，高2m左右，林下无竹子分布，个体密度较少，平均322.3株/100m^2。种类组成较丰富，400m^{2}样地有40种，除以乔木幼树为主外，真正的灌木种类不多，常见有海南罗伞树、南山花、粗叶木、尾叶粗叶木(*Lasianthus* sp.)等。

草本层植物覆盖度5%～30%，高1m以下，分布不均匀，以镰叶瘤足蕨为多，常见的有锦香草、多羽复叶耳蕨、鳞毛蕨、狗脊蕨、十字薹草、艳山姜等。

藤本植物种类和数量均不多，种类有菝葜、肖菝葜、冷饭藤、娃儿藤、鸡矢藤等。

4. 罗浮锥林(Form. *Castanopsis fabri*)

以罗浮锥为主的森林在我国分布相当广泛，东可到福建省的西北部，西可到川、黔、滇的东部，北达中亚热带的北界，南及两广。作为个体，在广西境内分布很广，经常是常绿阔叶林的组成种类；作为以它为优势的群落，虽然广西境内都有分布，但不如米槠林、甜槠林、栲林那样普遍，多是零星小片出现，而且类型也比较少。

罗浮锥生态适应性较广，天然生长分布于中部地区海拔1200m以下、北部地区海拔1300m以下、南部地区海拔700m以下的山地、丘陵。其生境特点可以用北部南岭山地的兴安和中部大瑶山的罗香来说明。兴安县城海拔224m，年平均气温17.8℃，1月平均气温6.6℃，7月平均气温27.6℃，极端最低气温5.8℃，≥10℃的积温4848.7℃；年降水量1829.0mm，其中12月至翌年2月216mm，占11.8%；3～5月782.9mm，占42.8%；6～8月582.3mm，占31.8%；9～11月248mm，占13.6%，各月雨量均超过60mm，没有旱季。罗香海拔250m，年平均气温20.3℃，1月平均气温11℃，7月平均气温27.4℃，≥10℃的积温6843.0；年降水量2540.8mm，其中12月至翌年2月220.5mm，占9%；3～5月859.2m，占34 %；6～8月1172.8mm，占46%；9～11月288.3mm，占11%，11月降水量51mm，12月58mm，其余各月均大于60mm，也没有旱季。兴安和罗香都在广西的东面，降水量丰富。往西，罗浮锥林分布区的生境在降水方面则发生比较明显的变化。例如，广西弧西翼都阳山北面的凤山城，海拔485.m，年降水量1553.7mm，其中12月至翌年2月70.1mm，占4.5%；3～5月348.3mm，占22.4%；6～8月869mm，占55.9%；9～11月266.3m，占17.1%，有5个月(11月至翌年3月)的降水量少于50mm，旱季5个月，其中12月至翌年2月少于30mm，3月少于40mm。可见，罗浮锥林对气温和降水适应性均广。由于各地生境特点不同，组成种类成分有所差异，中部海拔800m以下地区，种类成分反映南亚热带的性质，属于季风常绿阔叶林的范畴；而海拔800m以上地区和北部地区，种类成分反映中亚热带的性质，又属于典型常绿阔叶林的范畴，究竟把它归入季风常绿阔叶林植被亚型或归入典型常绿阔叶林植被亚型，各学者有所不同。本书把它归入典型常绿阔叶林植被亚型内，而有的群落属于季风常绿阔叶林性质的，就加以说明。

罗浮锥是一种喜酸性土树种，它只能生长在由砂岩、页岩和花岗岩发育而成的土壤上，由石灰岩发育而成的石灰(岩)土，未发现有罗浮锥林的分布，说明它的分布受到石灰岩山地所限制。但是，在第四纪红土覆盖的灰岩地层上，有时也可见到有罗浮锥林的分布，但种类组成已含有不少石灰(岩)土的区系成分。

罗浮锥林是亚热带地带性植被，成熟的罗浮锥林是亚热带气候条件下一种顶极群落，从群落的种类组成特点看，在不受到破坏的情况下，罗浮锥的优势地位是不会被取代的，它能长久的保持在群落中的优势地位。

罗浮锥林是一种用材林，内中多种林木是较好的材用树种，如罗浮锥、烟斗柯、红锥、黄枝润楠、栲、红楠、肥荚红豆(*Ormosia fordiana*)等。同时，绝大部分树种常绿，地表枯枝落叶多，涵养水分能力强，是一种很好的水源林。林中各种资源植物，如药用植物、淀粉植物等以及林副产品是比较丰富的。至于作为何种林经营，要根据具体情况而定。但目前广西所见到的罗浮锥林分布区，基本上不能作为用材林经营，只能作为水源林和种源基地经营。

在广西，常见的罗浮锥群落有如下几种。

(1)罗浮锥＋黄枝润楠－罗浮柿－腺叶山矾－海南罗伞树＋白藤－狗脊蕨＋山姜群落(*Castanopsis fabri* + *Machilus versicolora* − *Diospyros morrisiana* − *Symplocos adenophylla* − *Ardisia quinquegona* + *Calamus tetradactylus* − *Woodwardia japonica* + *Alpinia japonica* Comm.)

这是一种保存较好的罗浮锥群落，由于分布在南亚热带大瑶山罗香海拔500m的山地，种类组成为南亚热带季风常绿阔叶林常见的成分，其中还含有某些热带成分，这个类型应属于季风常绿阔叶林性质。群落立地地层为寒武系红色砂岩，土壤为森林山地水化黄壤，土层深厚，枯枝落叶层覆盖地表95%以上，厚度3～5cm，分解中等。

表9-55 罗浮锥＋黄枝润楠－罗浮柿－腺叶山矾－海南罗伞树＋白藤－狗脊蕨＋山姜群落乔木层种类组成及重要值指数

(样地号：瑶山93，样地面积：30m×20m，地点：金秀罗香乡充田村，海拔：500m)

序号	树种	基面积(m^2)	株数	频度(%)	重要值指数
		乔木Ⅰ亚层			
1	罗浮锥	0.399	5	50	55.984
2	黄枝润楠	0.326	5	33.3	47.016
3	木荷	0.268	2	33.3	32.120
4	黄杞	0.163	2	33.3	26.802
5	罗浮柿	0.122	2	33.3	24.686
6	南酸枣	0.087	2	33.3	22.937
7	中华杜英	0.196	1	16.7	19.205
8	木竹子	0.088	2	16.7	17.705
9	亮叶杜英	0.145	1	16.7	16.616
10	腺叶山矾	0.113	1	16.7	15.006
11	小果山龙眼	0.042	1	16.7	11.367
12	红山梅	0.025	1	16.7	10.552
	合计	1.975	25	316.7	299.997
		乔木Ⅱ亚层			
1	罗浮柿	0.137	11	66.7	47.306
2	鹅掌柴	0.087	6	66.7	31.970
3	腺叶山矾	0.102	5	50	29.117
4	亮叶杜英	0.072	4	50	23.826
5	桃叶石楠	0.057	2	33.3	15.612
6	小果山龙眼	0.042	2	33.3	13.863
7	红山梅	0.071	1	16.7	12.628
8	黄枝润楠	0.027	2	33.3	12.141
9	笔罗子	0.025	2	33.3	11.980
10	山杜英	0.040	2	16.7	11.008
11	红鳞蒲桃	0.014	2	16.7	8.101
12	鸭公树	0.028	1	16.7	7.793
13	赤杨叶	0.025	1	16.7	7.461
14	黄樟	0.025	1	16.7	7.461

（续）

序号	树种	基面积(m²)	株数	频度(%)	重要值指数
15	中华杜英	0.023	1	16.7	7.147
16	木竹子	0.015	1	16.7	6.313
17	黄果厚壳桂	0.015	1	16.7	6.313
18	山矾	0.013	1	16.7	6.071
19	斜脉暗罗	0.011	1	16.7	5.846
20	漆树	0.011	1	16.7	5.846
21	广东山胡椒	0.011	1	16.7	5.846
22	罗浮锥	0.008	1	16.7	5.452
23	木荷	0.008	1	16.7	5.452
24	杜英	0.008	1	16.7	5.452
	合计	0.876	52	633.3	300.003
			乔木Ⅲ亚层		
1	腺叶山矾	0.042	7	83.3	59.177
2	黄杞	0.036	4	66.7	44.094
3	鼠刺	0.024	4	66.7	37.749
4	亮叶杜英	0.023	5	50	36.656
5	鹅掌柴	0.013	2	33.3	19.554
6	黄枝润楠	0.012	2	33.3	18.689
7	红山梅	0.018	1	16.7	15.546
8	尖萼川杨桐	0.005	2	33.3	15.063
9	锯叶竹节树	0.004	1	16.7	8.294
10	细枝柃	0.003	1	16.7	7.758
11	罗浮锥	0.003	1	16.7	7.758
12	红鳞蒲桃	0.003	1	16.7	7.758
13	细柄五月茶	0.002	1	16.7	7.305
14	山杜英	0.002	1	16.7	7.305
15	罗浮柿	0.002	1	16.7	7.305
	合计	0.191	34	500	300.009
			乔木层		
1	罗浮柿	0.302	15	66.7	28.736
2	腺叶山矾	0.216	15	100	28.591
3	罗浮锥	0.410	7	66.7	25.121
4	黄枝润楠	0.379	9	50	24.542
5	亮叶杜英	0.183	11	66.7	21.233
6	小果山龙眼	0.098	3	150	18.079
7	黄杞	0.233	5	66.7	17.517
8	木荷	0.276	3	50	15.819
9	鹅掌柴	0.119	6	50	13.334
10	中华杜英	0.137	3	50	11.239
11	红山梅	0.079	5	50	11.109
12	鼠刺	0.024	4	66.7	9.770
13	木竹子	0.129	2	33.3	8.724
14	南酸枣	0.145	1	16.7	7.019
15	山杜英	0.029	3	33.3	6.319
16	红鳞蒲桃	0.028	2	33.3	5.418
17	赤杨叶	0.025	2	33.3	5.315
18	尖萼川杨桐	0.005	2	33.3	4.646
19	桃叶石楠	0.071	1	16.7	4.569
20	黄果厚壳桂	0.014	2	16.7	3.605
21	笔罗子	0.028	1	16.7	3.177
22	鸭公树	0.025	1	16.7	3.081
23	黄樟	0.023	1	16.7	2.991
24	山矾	0.013	1	16.7	2.681

（续）

序号	树种	基面积(m^2)	株数	频度(%)	重要值指数
25	斜脉暗罗	0.011	1	16.7	2.616
26	漆树	0.011	1	16.7	2.616
27	广东山胡椒	0.011	1	16.7	2.616
28	杜英	0.008	1	16.7	2.502
29	锯叶竹节树	0.004	1	16.7	2.371
30	细枝柃	0.003	1	16.7	2.337
31	细柄五月茶	0.002	1	16.7	2.309
	合计	3.041	112	1233.3	300.001

乔木层总郁闭度0.8，可分成3个亚层。第一亚层林木高15～18m，基径20～40cm，覆盖度65%，从表9-55可知，600m^2有12种、25株。优势种不明显，以罗浮锥和黄枝润楠稍多，各有5株，重要值指数分别为56.0和47.0；重要值指数分排3～6位的为木荷、黄杞、罗浮柿和落叶阔叶树南酸枣，分别为32.1、26.8、24.7和22.9；其余6种，重要值指数在20～10之间，其中红山梅为广西北热带季节性雨林的代表种类。第二亚层林木高8～14m，基径10～20cm，覆盖度50%，是3个亚层中种数和株数最多的一个亚层，有24种、52株，其中有10种在上个亚层出现过。优势不明显，以罗浮柿稍多，有11株，重要值指数47.3；次为鹅掌柴、腺叶山矾、亮叶杜英，重要值指数分别为32.0、29.1和23.8；重要值指数在20～10之间的有6种；<10的有14种。第三亚层林木高4～7m，基径6～10cm，覆盖度30%，600m^2样地林木15种、34株。优势种同样不明显，但比上2个亚层稍突出，占优势的为腺叶山矾，有7株，重要值指数59.2；次优势为黄杞，重要值指数为44.1；常见的种类有鼠刺和亮叶杜英，重要值指数分别为37.7和36.7。从整个乔木层分析，优势不突出，重要值指数很分散，没有哪一种重要值指数超过30，3个亚层比较突出的罗浮柿、腺叶山矾、罗浮锥和黄枝润楠，重要值指数分别只有28.7、28.6、25.1和24.5，符合3个乔木亚层优势种不突出、重要值指数比较分散的实际情况。罗浮柿和腺叶山矾虽然重要值指数排在前二位，但它们只是乔木2、3亚层的优势种，相反，罗浮锥重要值指数虽然排列第三，但它是乔木第一亚层的优势种，所以本群落仍属于以罗浮锥为主的类型。

表9-56　罗浮锥＋黄枝润楠－罗浮柿－腺叶山矾－海南罗伞树＋白藤－狗脊蕨＋山姜群落灌木层和草本层种类组成及分布情况

序号	种名	多度盖度级						频度	更新(株)	
		Ⅰ	Ⅱ	Ⅲ	Ⅳ	Ⅴ	Ⅵ	(%)	幼苗	幼树
	灌木层植物									
1	海南罗伞树	6	7	7	6	7	7	100		
2	白藤	5	4	5	5	5	5	100		
3	苦竹	4	4	5	4	5	4	100		
4	黧蒴锥	4	4	4	4	4	4	100	7	42
5	笔罗子	4	4	4	4	4	4	100	16	39
6	亮叶猴耳环	2	2	4	2	4	4	100	2	19
7	杜茎山	2	4	4	2	4	4	100		
8	鹧鸪花	4	4	4	2		4	83.3	4	20
9	腺叶山矾	2	4		4	2	4	83.3	5	20
10	黄毛五月茶	2	2	2		2	2	83.3		
11	臀果木	4	2	4	2		4	83.3	4	18
12	中华杜英	2	4		4	4	4	83.3	5	29
13	红鳞蒲桃		4	4	2	4	4	83.3		
14	罗浮锥	4		5		5	4	66.7	44	49
15	亮叶杜英	4	4	4		4		66.7	12	23
16	锯叶竹节树	5	2	1			2	66.7	4	20
17	锈叶新木姜子		2		2	2	2	66.7		12
18	黄杞		2	2	1	2		66.7	1	8
19	肉桂		2		1	2	1	66.7		8
20	假九节	2		4		4		50		
21	五月茶	2			4		2	50		

（续）

序号	种名	多度盖度级						频度	更新(株)	
		Ⅰ	Ⅱ	Ⅲ	Ⅳ	Ⅴ	Ⅵ	(%)	幼苗	幼树
22	黄樟	2	2	2				50		6
23	鹅掌柴		2	2		2		50		
24	橄榄			2	2		4	50	1	9
25	黄椿木姜子		2			4		33.3	4	7
26	木竹子				2		1	33.3		4
27	山杜英				4		4	33.3	2	13
28	吊皮锥		4		4			33.3	4	9
29	毛果算盘子		2				2	33.3		
30	鼠刺			1			2	33.3		
31	短梗新木姜子			1			2	33.3		3
32	黄丹木姜子				2			16.7	2	
33	细枝柃				1			16.7		
34	柏拉木						4	16.7		
35	黄枝润楠						4	16.7		4
36	蜜茱萸						1	16.7		
37	细柄五月茶	1						16.7		
38	单毛桤叶树		2					16.7		
39	桃叶石楠		1					16.7		1
	草本层植物									
1	狗脊蕨	4	4	3	3	4	4	100		
2	山姜	2	3	4	4	4	3	100		
3	莎草1种	3	3	3	2	4	4	100		
4	黑莎草	3	3	3	2		4	83.3		
5	扇叶铁线蕨	4	4	4	4			66.7		
6	金毛狗蕨		2			2	3	50		
7	露兜树		1			2		33.3		
8	山菅	1					1	33.3		
9	建兰			1				16.7		
10	乌毛蕨					3		16.7		
	藤本植物									
1	菝葜	cop	sol	sol	cop	sol		83.3		
2	网脉酸藤子	sol	sol	sol		sol	sol	83.3		
3	长序酸藤子	sol			cop	sol	sol	66.7		
4	藤黄檀		sol	cop		cop		50		
5	毛蒟	sol	sol	sol				50		
6	独子藤				sol		sol	33.3		
7	瓜馥木						sol	16.7		
8	当归藤			un				16.7		

假九节 *Psychotria tutcheri*　　长序酸藤子 *Embelia* sp.　　毛蒟 *Piper hongkongense*　　独子藤 *Celastrus monospermus*

灌木层植物比较发达，从表9-56可知，600m^{2}样地组成种类有39种，覆盖度60%左右，种类成分以乔木的幼树占多数，但覆盖度以真正的灌木占优势。真正的灌木以海南罗伞树为优势，次为白藤和苦竹；乔木的幼树以黧蒴锥和笔罗子较常见。

在茂密的灌木层植物下，草本层植物分布稀疏，种类不多，600m^{2}样地只有10种，覆盖度10%左右。以狗脊蕨和山姜较常见，次为莎草1种。

藤本植物种类虽然不多，但有的种类，如菝葜和藤黄檀数量还是较多的，尤其藤黄檀，茎粗可达7cm，攀援高度在15m以上。

根据表9-56，更新层种类以罗浮锥、笔罗子、腺叶山矾、黧蒴锥、亮叶杜英、中华杜英、鹧鸪花的幼苗幼树为多，除黧蒴锥、鹧鸪花不是现在乔木层组成种类的幼苗幼树外，其他各种皆是，因此，本群落还是比较稳定的。

(2)罗浮锥－薄叶润楠－腺缘山矾＋尖萼川杨桐－阔叶十大功劳－对叶楼梯草群落(*Castanopsis*

fabri – *Machilus leptophylla* – *Symplocos glandulifera* + *Adinandra bockiana* var. *acutifolia* – *Mahonia bealei* – *Elatostema sinense* Comm.)

以罗浮锥为主常绿阔叶林在猫儿山保护区主要见于海拔 1200m 的山地，在乌龟江沿岸山地比较普遍。本群落的许多特点都反映出过去人为影响较大、现在处于恢复阶段的过程中。乔木层可分成 3 个亚层，上层林木以罗浮锥为多，混生有少量薄叶润楠、桂南木莲、中华石楠、虎皮楠和巴东栎等，也有少量高大的落叶阔叶树夹杂其中，例如枫香树、蓝果树和显脉泡花树(*Meliosma* sp.)、君迁子、毛八角枫等。第二亚层林木以薄叶润楠为多，罗浮锥、腺叶桂樱、桂南木莲、中华石楠和灯台树等也可常遇到。第三亚层林木种类较多，腺缘山矾、尖萼川杨桐比较多见，四角柃、黄丹木姜子、腺叶桂樱、柔枝山茶(*Camellia* sp.)、榕叶冬青、毛山矾、毛果柃（*Eurya trichocarpa*）也不少，其他见有罗浮锥、桃叶石楠、短梗新木姜子、长尾毛蕊茶和贵州桤叶树等。

灌木层植物以乔木的幼树占多数，倒如罗浮锥、薄叶润楠、黄丹木姜子、榕叶冬青、簇叶新木姜子等，真正的灌木有十大功劳、朱砂根、百两金、小蜡(*Ligustrum sinense*)、短柄紫珠、茶、长尾毛蕊茶、毛果柃和船梨榕等。

草本地被层种类不少，对叶楼梯草、十字薹草、狭叶沿阶草比较多见，其他还有淡竹叶、艳山姜、心托冷水花(*Pilea cordistipulata*)、沿阶草、迷人鳞毛蕨、斑叶兰(*Goodyera schlechtendaliana*)、鹤顶兰(*Phaius tankervilliae*)、玉竹。

藤本植物比较发达，常见有长叶菝葜、络石、亮叶崖豆藤、尾叶那藤、菰腺忍冬、条叶猕猴桃、冷饭藤和常春藤等。

(3)罗浮锥 – 罗浮锥 + 鹅掌柴 – 海南罗伞树 – 扇叶铁线蕨群落(*Castanopsis fabri* – *Castanopsis fabri* + *Schefflera heptaphylla* – *Ardisia quinquegona* – *Adiantum flabellulatum* Comm.)

此类型位于昭平南部格木一带，海拔 700m，属于中亚热带的南缘，从种类成分看，具有南亚热带类型的性质。由于受到强烈破坏，尤其下层林木，林相已不完整，层次不分明。上层林木零散，高一般 15m 左右，个别亦可达到 23m，胸径 20 ~ 35cm，最大者为 60cm。以罗浮锥为优势，其他还有米槠、尖尾锥(*Castanopsis cuspidata*)、黧蒴锥、赛山梅等。小乔木层一般高 4m 左右，罗浮锥和鹅掌柴为常见，其他有米槠、尖尾锥、黧蒴锥、枫香树、桃叶石楠、罗浮柿等。

灌木层植物中，南亚热带种类大量出现，中亚热带的种类处于次要的地位。由于乔木层覆盖度不太大，灌木层植物生长茂密，盖度 50% 以上，以南亚热带常绿阔叶林灌木代表种海南罗伞树为优势，此外，九节、鹅掌柴、禾串树、山蒲桃、假苹婆、喙果皂帽花等也是南亚热带常见的种类，其他的种类还有罗浮锥、米槠、蜜茱萸、草珊瑚、朱砂根、青荚叶、牛矢果(*Osmanthus matsumuranus*)、山地五月茶(*Antidesma montanum*)等。

草本层植物的种类多为蕨类植物，个体数目和盖度均少。扇叶铁线蕨较多，另外还有金毛狗脊、华南紫萁、半边旗、异羽复叶耳蕨(*Arachniodes simplicior*)、艳山姜等。

(4)罗浮锥 – 罗浮锥 + 钩锥 – 罗浮锥 – 草珊瑚 + 杜茎山 – 狗脊蕨群落(*Castanopsis fabri* – *Castanopsis fabri* + *Castanopsis tibetana* – *Castanopsis fabri* – *Sarcandra glabra* + *Maesa japonica* – *Woodwardia japonica* Comm.)

这是典型中亚热带的、作为地带性植被的罗浮锥类型，见于桂北灵川县海洋山区新寨村。其种类组成与南亚热带的罗浮锥林完全不同，伴生的林木种类、灌木层和草本层的优势种类完全是中亚热带典型常绿阔叶林的代表和常见种类。据在海拔 750m 所作的样地调查，立地土壤为发育于黑云母花岗岩上的山地森林红壤，地表枯枝落叶层厚约 3cm，分解尚好。

群落郁闭度 0.7，乔木层可分成 3 个亚层。第一亚层林木高 18m，胸径一般 30cm，覆盖度 55%。本亚层林木株数占乔木层总株数的 34.5%，胸高断面积占 90%，树干通直完满，以罗浮锥占绝对优势，次为钩锥，其间混生有少量落叶阔叶树，如山乌桕、华南桤叶树、五裂槭等。第二亚层林木高 10m，胸径 13cm 左右，本亚层株数较少，只占乔木层总株数的 13.8%，胸高断面积占 4.6%，覆盖度 20%。以罗浮锥和钩锥为主，个别的有落叶阔叶树华南桤叶树。第三亚层林木高 4 ~ 7m，胸径 6cm 左右，林木细小，覆盖度 45%。本亚层林木株数占乔木层总株数的 51.7%，胸高断面积只占 5.4%，种类较多，以罗浮锥为主，猴欢喜次之，零星出现的种类有华南桤叶树、鸭公树、大叶新木姜子、鼠刺、腺叶桂樱、日本杜英等。

灌木层植物高 0.4～3m，种类较多，覆盖度 45%。以中亚热带常绿阔叶林代表种草珊瑚和杜茎山为优势，较多的还有黄棉木、疏花卫矛。乔木幼树以罗浮锥最多，其次是鸭公树，此外，华南桤叶树、钩锥、日本杜英、厚斗柯、罗浮柿、刨花润楠、虎皮楠、阴香的幼树也有出现。

草本层植物高 1m 以下，种类较少，分布不均匀，覆盖度 20%。以中亚热带常绿阔叶林代表种狗脊蕨为优势，少量出现的有毛果珍珠茅、瓦韦、紫柄蹄盖蕨(*Athyrium kenzosatakei*)、翠云草等。

藤本植物攀援不高，一般在 5m 左右。以瓜馥木为常见，其他的种类有冷饭藤、藤黄檀、尾叶那藤、葛、网脉酸藤子等。

(5)罗浮锥－罗浮锥＋黄杞－罗浮锥＋黄杞－海南罗伞树－金毛狗脊群落(*Castanopsis fabri* – *Castanopsis fabri* + *Engelhardia roxburghiana* – *Castanopsis fabri* + *Engelhardia roxburghiana* – *Ardisia quinquegona* – *Cibotium barometz* Comm.)

这是亚热带常绿阔叶林靠近西部的一种类型，分布于田阳县玉凤区巴庙乡那坡村，由于分布于南亚热带地区，所以属于季风常绿阔叶林范畴，同时邻近西部，种类组成也含有某些西部的成分，西部地区气候较干旱，群落受干扰严重，种类组成中落叶成分较多。据该地海拔 700m 的地点调查，立地地层为三叠系平而关群紫色砂页岩，土壤为山地森林红壤。

这是一小片残存于沟谷边的常绿阔叶林，在桂西，能够见到这样一小片常绿阔叶林是很不容易的。因为该地比较干旱，地带性植被常绿阔叶林受到严重破坏后，常演变成大面积的、耐干旱的、以栓皮栎、麻栎为优势的次生落叶阔叶林，这类森林很难恢复成常绿阔叶林，所以该地次生的常绿阔叶林也很难见到。

表 9-57　罗浮锥－罗浮锥＋黄杞－罗浮锥－海南罗伞树－金毛狗脊群落乔木层种类组成及重要值指数

（样地号：那么 21，样地面积：400m²，地点：田阳县玉凤区巴庙乡那坡，海拔：700m）

序号	树种	基面积(m²)	株数	频度(%)	重要值指数
			乔木Ⅰ亚层		
1	罗浮锥	0.594	3	50	124.088
2	山杜英	0.554	1	25	68.474
3	红木荷	0.302	1	25	53.995
4	枫香树	0.292	1	25	53.440
	合计	1.742	6	125	299.997
			乔木Ⅱ亚层		
1	罗浮锥	0.209	6	50	66.456
2	黄杞	0.268	4	50	61.397
3	枫香树	0.177	2	50	42.380
4	黄葛树	0.159	1	25	27.778
5	鹅掌柴	0.075	1	25	19.990
6	野漆	0.062	1	25	18.694
7	红木荷	0.053	1	25	17.904
8	石楠1种	0.031	1	25	15.883
9	卵叶桢楠	0.025	1	25	15.327
10	黄樟	0.013	1	25	14.192
	合计	1.073	19	325	300.001
			乔木Ⅲ亚层		
1	罗浮锥	0.060	9	100	54.658
2	红木荷	0.086	1	25	34.603
3	黄杞	0.013	5	75	25.943
4	鹅掌柴	0.033	3	50	24.654
5	卵叶桢楠	0.013	4	75	23.741
6	榕属1种	0.013	4	50	20.248
7	冬青	0.008	3	75	19.621
8	白背叶	0.019	2	25	14.290
9	白背算盘子	0.006	2	50	13.258
10	野漆	0.015	1	25	10.868

（续）

序号	树种	基面积(m^2)	株数	频度(%)	重要值指数
11	假桂乌口树	0.005	2	25	9.712
12	红背甜槠	0.011	1	25	9.486
13	石楠1种	0.005	1	25	7.360
14	润楠属1种	0.003	1	25	6.616
15	银柴	0.003	1	25	6.616
16	毛果算盘子	0.002	1	25	6.323
17	山杜英	0.001	1	25	6.023
18	粗叶木1种	0.001	1	25	5.985
	合计	0.296	43	750	300.006
			乔木层		
1	罗浮锥	0.863	18	100	63.980
2	黄杞	0.281	9	100	32.011
3	山杜英	0.555	2	50	25.668
4	枫香树	0.469	3	50	24.365
5	红木荷	0.441	3	50	23.451
6	卵叶桢楠	0.039	5	100	18.349
7	鹅掌柴	0.108	4	75	16.672
8	冬青	0.008	3	75	11.980
9	榕属1种	0.013	4	50	11.167
10	野漆	0.077	2	50	10.293
11	黄葛树	0.159	1	25	9.022
12	石楠1种	0.036	2	50	8.991
13	白背算盘子	0.006	2	50	8.004
14	白背叶	0.019	2	25	5.979
15	假桂乌口树	0.005	2	25	5.544
16	黄樟	0.013	1	25	4.336
17	红背甜槠	0.011	1	25	4.273
18	润楠属1种	0.003	1	25	4.001
19	银柴	0.003	1	25	4.001
20	毛果算盘	0.002	1	25	3.973
21	粗叶木1种	0.001	1	25	3.941
	合计	3.111	68	1025	299.999

假桂乌口树 *Tarenna attenuata*

此种群落种类组成比较简单，由于是残林，原常绿阔叶林种类成分和结构已发生不少变化，除罗浮锥外，种类成分基本上是由阳性次生常绿的和落叶的阔叶种类组成，非常混杂，但仍以常绿阔叶成分占优势；林木减少，乔木层郁闭度降低，林窗不少；不少林木树干弯曲、树皮厚，开裂，树干中空。根据400m^2样地调查，乔木层郁闭度0.7左右，尚可分成3个亚层。第一亚层林木高15～17m，基径44～84cm，种类和株数均少，从表9-57可知，400m^2只有4种、6株，以罗浮锥为优势，有3株，重要值指数124.1；其他3种各有1株，其中枫香树为落叶阔叶树，红木荷为半常绿阔叶树，在西部地区常见。第二亚层林木高8～12m，基径11～50cm，相差较大，种类和株数比上层增多，400m^2样地有10种、19株，其中有3种在上个亚层出现过。仍以罗浮锥为优势，有6株，重要值指数66.5；次优势为黄杞，有4株，重要值指数61.4；其他的种类各有1株。本亚层落叶阔叶树有枫香树和野漆2种。第三亚层林木高3～6m，基径3～8cm，个别萌生的达33cm，是3个亚层中种数和株数最多的一个亚层，400m^2样地有18种、43株，其中有7种在上2个亚层出现过。仍以罗浮锥为优势，有9株，重要值指数54.7；红木荷虽然只有1株，但是基径粗，重要值指数达到34.6，排行第二；其他常见的种类有黄杞、鹅掌柴、卵叶桢楠(*Machilus* sp.)和榕属1种。本亚层落叶阔叶树有野桐和野漆2种。从整个乔木层分析，400m^2样地有组成种类21种，株数68株。罗浮锥在各层均占优势，所以在整个乔木层中仍占优势，有18株，重要值指数64.0，仍排第一；其他的种类重要值指数分配比较分散，没有哪一种很突出，黄杞、山杜英、枫香树和红木荷稍突出，重要值指数32.0、25.7、24.4和23.5；剩余的种类都是一些偶见种，重要值指数都很小。

灌木层植物种类较多，从表9-58可知，400m^{2}样地有30种，但数量不多，覆盖度只有10%～15%。以海南罗伞树为优势，常见的有蜜茱萸、大粗叶木（*Lasianthus* sp.）、毛果算盘子等。

草本层植物种类和数量均不多，400m^{2}有6种，覆盖度8%～15%。以金毛狗脊和莎草较常见。

表9-58　罗浮锥－罗浮锥＋黄杞－罗浮锥－海南罗伞树－金毛狗脊群落灌木层和草本层种类组成及分布情况

序号	种名	多度盖度级				频度
		Ⅰ	Ⅱ	Ⅲ	Ⅳ	（%）
			灌木层植物			
1	海南罗伞树	3	4	4	4	100
2	蜜茱萸	3	3	3	3	100
3	假桂乌口树	3	1	3	4	100
4	黄杞	2	2	2	3	100
5	毛果算盘子	3	3	2	2	100
6	大粗叶木	2	3	4	3	100
7	虎舌红	2	2	2	2	100
8	粗叶榕	1	1	2	1	100
9	鹅掌柴		2	3	3	75
10	罗浮锥	1		3	3	75
11	栀子		1	3	3	75
12	大青	1	2		2	75
13	虎刺	2	2		1	75
14	变叶榕		2	2	1	75
15	野漆		2	1	1	75
16	石楠1种	3			3	50
17	粗叶木			2	3	50
18	油茶			1	1	50
19	润楠属1种	2				25
20	小果山龙眼	1				25
21	山杜英	1				25
22	野牡丹		2			25
23	八角枫			1		25
24	木油桐			1		25
25	围涎树			1		25
26	光叶海桐			1		25
27	鲫鱼胆	1				25
28	锈毛梭子果			1		25
29	银柴	3				25
30	假苹婆	1				25
			草本层植物			
1	莎草	4	5	4	3	100
2	金毛狗脊	4	3	2	5	100
3	艳山姜	3	3	2	3	100
4	狗脊蕨	3	2	2	3	100
5	射干	1			1	50
6	莨草				2	25
			藤本植物			
1	菝葜	un	sol	sol	sol	100
2	网脉酸藤子	sol		sol	sol	75
3	瓜馥木	sol	sol		sol	75
4	藤黄檀		sol	un	un	75
5	细圆藤	un	un			50
6	冷饭藤	un				25
7	尾叶崖爬藤			sol		25
8	沙叶铁线莲			un		25

大粗叶木 *Lasianthus* sp.　虎刺 *Damnacanthus indicus*　莎草 *Cyperus* sp.　尾叶崖爬藤 *Tetrastigma caudatum*
沙叶铁线莲 *Clematis meyeniana* var. *granulata*

藤本植物种类和数量也不多，$400m^2$样地有 8 种，种类有菝葜、网脉酸藤子、瓜馥木和藤黄檀等。

从表 9-58 看出，更新幼树和种类不是很多的，大约有 14 种左右，而且每 1 种的多度盖度级都很小。建群种罗浮锥的更新也不怎么理想，如果不再加以有效的保护，发展下去，罗浮锥有可能被淘汰。

(6)罗浮锥 + 黄杞 - 滨木患 + 竹叶木姜子 - 金毛狗脊 + 狗脊蕨群落(*Castanopsis fabri* + *Engelhardia roxburghiana* - *Arytera litoralis* + *Litsea pseudoelongata* - *Cibotium barometz* + *Woodwardia japonica* Comm.)

此种类型属于南亚热带季风常绿阔叶林的性质，分布于靠近西部南亚热带东兰板洪一带。据海拔 690m 处调查，立地地层为三叠系平而关群砂页岩，土壤为山地森林黄壤，地表枯枝落叶层厚约 4cm，覆盖 90%。

群落虽然受到破坏，有落叶阔叶树侵入，但还是常绿阔叶林的外貌，郁闭度 0.9，乔木层可分成 3 个亚层。第一亚层林木高 16～25m，胸径 20～50cm，覆盖度 70%，以罗浮锥和黄杞共为优势，常见的有金毛榕、华润楠、鹅掌柴、罗浮柿，少量出现的种类有假玉桂、红锥、球花脚骨脆、印度锥、红豆(*Ormosia* sp.)等，少量出现的落叶阔叶树有枫香树、赤杨叶、木油桐、亮叶桦、南酸枣。第二亚层林木高 8～15m，林木生长密集，覆盖度 80%，以滨木患为优势，次优势为香皮树，常见的种类有滇粤山胡椒、假苹婆、围涎树、光叶猴耳环、竹叶木姜子等，少量分布的种类有印度锥、腺叶山矾、龙荔、石楠、烟斗柯、越南山矾等。第三亚层林木高 4～7m，林木较稀少，覆盖度 40%，以水东哥为优势，常见的种类有金毛榕、粗糠柴，少量出现的种类有罗浮柿、巴豆、八角枫、红豆等。

灌木层植物种类较少，覆盖度 50%，组成种类以乔木的幼树为主，如红锥、华润楠、阔荚合欢、竹叶木姜子、痄腮树等。真正的灌木以九节为优势，次为南山花，常见的种类有柏拉木、谷木，零星出现的种类有粗叶榕、蜜茱萸、毛果算盘子、朱砂根、郎伞树、走马胎(*Ardisia gigantifolia*)、圆果罗伞等。

草本层植物覆盖度 30%，以阴生的种类为主，金毛狗脊、乌毛蕨、狗脊蕨最为常见，次为紫萁和山姜，零星出现的种类有苏铁蕨、双蹄盖蕨(*Athyrium* sp.)、莎草等。

藤本植物常见的为买麻藤、瓜馥木和大瓜馥木(*Fissistigma* sp.)，少量出现的种类有抱茎菝葜(*Smilax ocreata*)、藤黄檀、冷饭藤等。

本群落是南亚热带季风常绿阔叶林一个很有代表性的类型，在当地已不多见，目前呈零星小片块状分布，随时都有受到破坏而消失的可能，必须注意保护。

(7)罗浮锥 - 黄丹木姜子 - 长毛杨桐 - 柃木 - 锦香草群落(*Castanopsis fabri* - *Litsea elongata* - *Adinandra glischroloma* var. *jubata* - *Eurya* spp. - *Phyllagathis cavaleriei* Comm.)

罗浮锥林在南亚热带的大明山，分布在海拔 1200m 以下山地，多和其他栲类群落混生，以它为优势的群落不多。生长砂岩、砾岩较多的立地条件下的罗浮锥林，第一亚层林木高 18m，个别超过 25m，林冠连续。林木以罗浮锥占多数，常见的种类有岭南青冈(*Cyclobalanopsis championii*)、米槠、甜槠、毛桂、木姜叶润楠、黄杞等。第二亚层林木高 12m 左右，优势种不明显，以黄丹木姜子、罗浮锥、薄叶润楠、拟榕叶冬青、桂南木莲、杜英、亮叶杨桐、云和新木姜子(*Neolitsea aurata* var. *paraciculata*)、长序虎皮楠 (*Daphniphyllum longeracemosum*)等较为常见。第三亚层林木高 6m 左右，主要有上层乔木的一些幼树，此外还有长毛杨桐、三花冬青、南亚新木姜子(*Neolitsea zeylanica*)、老鼠矢、海桐山矾(*Symplocos* sp.)、香楠、毛花连蕊茶等。林下灌木有几种柃木、桃叶珊瑚、朱砂根、走马胎、越南山香圆(*Turpinia cochinchinensis*)、柏拉木、粗叶木等。草本层植物稀疏，常见有锦香草、淡竹叶、十字薹草和刺头复叶耳蕨等。藤本植物种类较多，常见的种类有当归藤、异果崖豆藤(*Callerya dielsiana* var. *herterocarpa*)、尾叶那藤、广东蛇葡萄和长柄地锦等。

(8)罗浮锥 + 栲 - 鹿角锥 + 华南桤叶树 - 华南桤叶树 + 粗壮润楠 - 海南罗伞树 - 狗脊蕨 + 乌毛蕨群落(*Castanopsis fabri* + *Castanopsis fargesii* - *Castanopsis lamontii* + *Clethra fabri* - *Clethra fabri* + *Machilus robusta* - *Ardisia quinquegona* - *Woodwardia japonica* + *Blechnum orientale* Comm.)

本群落分布于桂西南亚热带南缘百色大王岭保护区海拔 800m 以下的地带，属于季风常绿阔叶林亚型，由于邻近我国北热带和西部地区，种类组成含有某些热带季节性雨林和西部地区植物成分。群落郁闭度 0.8 左右，乔木层可分成 3 个亚层。第一亚层林木高 15m 以上，胸径 20～30cm，最大可达 40cm，覆盖度 40%。种类组成以罗浮锥和栲共为优势，少量出现的种类有鹿角锥、黄杞、厚斗柯和西部常见的红木荷、美脉杜英（*Elaeocarpus varunua*）等。第二亚层林木高 10～15m，胸径 10～20cm，覆盖度 30% 左右。种类较多，其中以鹿角锥和华南桤叶树最多，常见有黄杞、罗浮柿、木姜叶柯、烟斗柯等。第三亚层林木高 4～7m，胸径 10cm 以下，覆盖度 60% 左右。种类混杂，优势种不明显，华南桤叶树、粗壮润楠、腺叶山矾较多，其他还有日本杜英、山杜英、基脉润楠、罗浮柿等。灌木层植物高 3m 以下，覆盖度 20%～30%，大多为乔木的幼树，其他的种类有越南安息香、海南罗伞树、蜜茱萸、草珊瑚、杜茎山等，常出现于热带林下棕榈科的省藤属植物也有较多的分布。草本层植物高 1～2m，种类和数量均少，以狗脊蕨、艳山姜和乌毛蕨较多，金毛狗脊、五节芒和芒萁也有分布。藤本植物种类很少，仅见菝葜和藤黄檀。

本群落在当地是一类保存较好的植被，在广西西部能保存如此好的罗浮锥群落，是很难得的，必须要很好保护。

5. 鹿角锥林（Form. *Castanopsis lamontii*）

在我国，鹿角锥林分布在贵州南部，湖南、江西中南部，广东、广西北部至福建西南部，海拔 1500m 以下的丘陵中山地，多见于避风的山坡或溪谷地带，局部地区森林沿溪谷分布到山脊上部。由于山脊经常笼罩着云雾，生境特别潮湿，有时出现有苔藓林状态。在广西，以个体出现的鹿角锥，主要见于南亚热带和中亚热带海拔 700m 以上的山地，是当地山地常绿阔叶林和中山山地常绿落叶阔叶混交林的常见种。在北热带和亚热带低海拔地区也偶有出现，但以它为主的类型都比较少见，即使发现也是呈零星小片分布。目前见到的以鹿角锥为主的类型，都分布在亚热带海拔 1000m 以上的山地。

根据鹿角锥林的地理分布，它主要要求温凉的气候条件。从中亚热带越城岭真宝鼎海拔 1450m 的同禾药场观察得到的气象资料可知，年平均气温 13.1℃，1 月平均气温 2.1℃，7 月平均气温 22.2℃，绝对最低气温 -11.9℃，绝对最高气温 34.0℃，夏季仅 1 个月（7 月）。年降水量 2065mm，3～8 月占 71%，年平均相对湿度 85%。

鹿角锥要求酸性的红壤系列土壤，鹿角锥林只分布于由砂岩、页岩和花岗岩构成的山地上，石灰岩山地从未见有鹿角锥林的分布。

广西的鹿角锥林调查不多，目前只在桂中大瑶山发现两个类型。

（1）鹿角锥－陀螺果－樟叶泡花树－苦竹－锦香草群落（*Castanopsis lamontii* － *Melliodendron xylocarpum* － *Meliosma squamulata* － *Pleioblastus amarus* － *Phyllagathis cavaleriei* Comm.）

分布于大瑶山老山 16km 海拔 1060m 的山地，群落原始性较强，林木高大，树干通直圆满，枝下高高。种类组成含有一定的落叶阔叶成分，原因可能有 2，一是海拔较高，出现固有的耐寒落叶阔叶成分；二是自然性破坏，出现林窗，落叶阔叶成分首先入侵进去。从 $900m^2$ 样地调查资料可知，立地土壤为发育于砂岩上的山地森林黄壤，枯枝落叶层覆盖地面 90% 以上，但分解不良，地表裸石占 10% 以上，土壤肥沃，但土层较浅薄，土体多含碎石块。

表 9-59 鹿角锥－陀螺果－樟叶泡花树－苦竹－锦香草群落乔木层种类组成及重要值指数

（样地号：瑶山 2 号，样地面积：30m×30m，地点：金秀老山 16 公里场部，海拔：1060m）

序号	树种	基面积（m^2）	株数	频度（%）	重要值指数
		乔木Ⅰ亚层			
1	鹿角锥	1.653	4	44.4	45.813
2	蕈树	0.247	6	44.4	29.428
3	水青冈	1.166	2	22.2	28.016
4	陀螺果	0.245	6	33.3	26.537
5	蓝果树	0.790	2	22.2	22.351
6	桂南木莲	0.548	2	22.2	18.721
7	薄叶润楠	0.217	3	22.2	16.119
8	猴欢喜	0.456	2	11.1	14.470
9	榕叶冬青	0.128	2	22.2	12.400
10	毛桂	0.246	1	11.1	8.943
11	少叶黄杞	0.173	1	11.1	7.848
12	桃叶石楠	0.166	1	11.1	7.738
13	槟榔青冈	0.108	1	11.1	6.855
14	马蹄荷	0.096	1	11.1	6.685

（续）

序号	树种	基面积(m^2)	株数	频度(%)	重要值指数
15	樟科1种	0.071	1	11.1	6.301
16	台湾冬青	0.071	1	11.1	6.301
17	樟叶泡花树	0.071	1	11.1	6.301
18	基脉润楠	0.066	1	11.1	6.232
19	岭南山茉莉	0.057	1	11.1	6.099
20	罗浮槭	0.042	1	11.1	5.863
21	樱叶厚皮香	0.020	1	11.1	5.540
22	银钟花	0.013	1	11.1	5.438
	合计	6.649	42	388.9	300.000
乔木Ⅱ亚层					
1	陀螺果	0.163	5	44.4	47.88
2	少叶黄杞	0.076	4	22.2	26.510
3	罗浮槭	0.042	4	33.3	24.126
4	樟叶泡花树	0.068	3	22.2	23.036
5	蕈树	0.034	4	33.3	22.893
6	广东山胡椒	0.038	2	22.2	16.020
7	岭南山茉莉	0.019	2	22.2	13.168
8	东方古柯	0.009	2	22.2	11.621
9	木荷	0.027	2	11.1	11.538
10	竹叶木姜子	0.042	1	11.1	11.497
11	亮叶杨桐	0.020	1	11.1	8.198
12	桃叶石楠	0.015	1	11.1	7.472
13	日本杜英	0.015	1	11.1	7.472
14	截果柯	0.015	1	11.1	7.472
15	腺叶桂樱	0.013	1	11.1	7.146
16	鹿角锥	0.011	1	11.1	6.844
17	猴欢喜	0.010	1	11.1	6.566
18	扇叶槭	0.008	1	11.1	6.312
19	毛狗骨柴	0.005	1	11.1	5.877
20	鼠刺	0.005	1	11.1	5.877
21	樱叶厚皮香	0.004	1	11.1	5.696
22	大叶新木姜子	0.004	1	11.1	5.696
23	密花山矾	0.003	1	11.1	5.538
24	石斑木	0.003	1	11.1	5.538
	合计	0.650	43	400.0	299.994
乔木Ⅲ亚层					
1	樟叶泡花树	0.042	14	77.8	32.988
2	西南香楠	0.024	9	55.6	21.056
3	细枝柃	0.013	7	44.4	14.960
4	毛狗骨柴	0.017	4	44.4	13.246
5	深山含笑	0.009	6	44.4	13.040
6	罗浮槭	0.017	4	33.3	11.975
7	少叶黄杞	0.018	3	33.3	11.439
8	蕈树	0.015	4	33.3	11.388
9	钝齿尖叶桂樱	0.020	4	11.1	10.398
10	樱叶厚皮香	0.010	4	33.3	10.130
11	细柄五月茶	0.012	3	33.3	9.741
12	贵州杜鹃	0.019	2	22.2	9.485
13	鼠刺	0.008	3	33.3	8.587
14	瑶山越桔	0.016	3	11.1	8.352
15	广东山胡椒	0.023	1	11.1	8.244
16	猴欢喜	0.008	2	22.2	6.592
17	竹叶木姜子	0.007	2	22.2	6.151
18	密花山矾	0.009	2	11.1	5.572
19	岭南山茉莉	0.004	2	22.2	5.417

（续）

序号	树种	基面积(m^2)	株数	频度(%)	重要值指数
20	广西木莲	0.004	2	22.2	5.313
21	四角柃	0.003	2	22.2	5.229
22	大果木姜子	0.003	2	22.2	5.229
23	石斑木	0.010	1	11.1	4.722
24	细齿柃	0.006	2	11.1	4.671
25	西南山茶	0.005	2	11.1	4.398
26	陀螺果	0.006	1	11.1	3.883
27	海南树参	0.006	1	11.1	3.883
28	多花杜鹃	0.005	1	11.1	3.526
29	桃叶石楠	0.004	1	11.1	3.212
30	基脉润楠	0.004	1	11.1	3.212
31	尖萼川杨桐	0.004	1	11.1	3.212
32	光叶拟单性木兰	0.004	1	11.1	3.212
33	东方古柯	0.004	1	11.1	3.212
34	鹿角锥	0.003	1	11.1	2.939
35	罗浮锥	0.003	1	11.1	2.939
36	厚叶红淡比	0.003	1	11.1	2.939
37	甜槠	0.002	1	11.1	2.709
38	毛桂	0.002	1	11.1	2.709
39	苗山冬青	0.001	1	11.1	2.520
40	亮叶杨桐	0.001	1	11.1	2.520
41	南国山矾	0.001	1	11.1	2.520
42	厚斗柯	0.001	1	11.1	2.520
	合计	0.375	107	888.9	299.988
			乔木层		
1	鹿角锥	1.667	6	55.6	28.698
2	水青冈	1.166	2	22.2	17.778
3	蕈树	0.296	14	88.9	17.299
4	樟叶泡花树	0.181	18	77.8	17.115
5	陀螺果	0.414	12	44.4	14.727
6	蓝果树	0.790	2	22.2	12.870
7	猴欢喜	0.473	5	44.4	11.850
8	少叶黄杞	0.268	8	44.4	10.730
9	罗浮槭	0.101	9	66.7	10.613
10	桂南木莲	0.548	2	22.2	9.725
11	西南香楠	0.024	9	55.6	8.846
12	细枝柃	0.013	7	44.4	6.890
13	毛狗骨柴	0.022	5	55.6	6.736
14	岭南山茉莉	0.080	5	44.4	6.729
15	樱叶厚皮香	0.034	6	44.4	6.643
16	深山含笑	0.009	6	44.4	6.321
17	薄叶润楠	0.217	3	22.2	5.927
18	毛桂	0.248	2	22.2	5.816
19	桃叶石楠	0.185	3	22.2	5.518
20	广东山胡椒	0.061	3	33.3	4.659
21	鼠刺	0.013	4	33.3	4.556
22	竹叶木姜子	0.048	3	33.3	4.499
23	榕叶冬青	0.128	2	22.2	4.248
24	东方古柯	0.013	3	33.3	4.040
25	细柄五月茶	0.012	3	33.3	4.026
26	基脉润楠	0.070	2	22.2	3.491
27	钝齿尖叶桂樱	0.020	4	11.1	3.117
28	槟榔青冈	0.108	1	11.1	2.691

（续）

序号	树种	基面积(m^2)	株数	频度(%)	重要值指数
29	广西木莲	0.004	2	22.2	2.626
30	四角柃	0.003	2	22.2	2.622
31	大果木姜子	0.003	2	22.2	2.622
32	马蹄荷	0.096	1	11.1	2.544
33	瑶山越桔	0.016	3	11.1	2.542
34	密花山矾	0.012	3	11.1	2.488
35	樟科1种	0.071	1	11.1	2.211
36	台湾冬青	0.071	1	11.1	2.211
37	木荷	0.027	2	11.1	2.159
38	亮叶杨桐	0.021	2	11.1	2.089
39	贵州杜鹃	0.019	2	11.1	2.061
40	石斑木	0.012	2	11.1	1.972
41	细齿柃	0.006	2	11.1	1.887
42	西南山茶	0.005	2	11.1	1.873
43	日本杜英	0.015	1	11.1	1.491
44	截果柯	0.015	1	11.1	1.491
45	银钟花	0.013	1	11.1	1.463
46	腺叶桂樱	0.013	1	11.1	1.463
47	扇叶槭	0.008	1	11.1	1.392
48	海南树参	0.006	1	11.1	1.373
49	多花杜鹃	0.005	1	11.1	1.356
50	大叶新木姜子	0.004	1	11.1	1.340
51	尖萼川杨桐	0.004	1	11.1	1.340
52	光叶拟单性木兰	0.004	1	11.1	1.340
53	罗浮锥	0.003	1	11.1	1.327
54	厚叶红淡比	0.003	1	11.1	1.327
55	甜槠	0.002	1	11.1	1.316
56	苗山冬青	0.001	1	11.1	1.306
57	南国山矾	0.001	1	11.1	1.306
58	厚斗柯	0.001	1	11.1	1.306
	合计	7.673	192	1444.4	300.001

截果柯 *Lithocarpus truncatus*

林木层郁闭度0.85以上，从表9-59可知，900m^2样地有植物58种，共192株，可分为3个亚层。第一亚层林木以高15m、20m和25～28m 3个层片为主，最高38m，基径15～93cm，最粗112cm，覆盖度80%。根据表9-59，900m^2样地第一亚层林木有22种、42株，优势种不甚明显，鹿角锥稍突出，有4株，重要值指数45.8；其他的种类重要值指数都不超过30，其中20～30之间有蕈树、水青冈、陀螺果和蓝果树4种，后3种为落叶阔叶树；10～20之间有桂南木莲、薄叶润楠、猴欢喜和榕叶冬青4种，全为常绿阔叶树；<10的有13种。本亚层落叶阔叶树有水青冈、陀螺果、蓝果树和银钟花4种，重要值指数82.3。第二亚层林木高8～12m，基径6～23cm，覆盖度50%。900m^2样地有24种、43株，与第一亚层差不多，其中有10种在上个亚层出现过。优势种不明显，比较占优势的为落叶阔叶树陀螺果，有5株，重要值指数47.9；重要值指数在20～30之间的有少叶黄杞、罗浮槭、樟叶泡花树和蕈树，全为常绿阔叶树；在10～20之间的有5种，全为常绿阔叶树；<10的有14种，除扇叶槭为落叶阔叶树外，其他都是常绿阔叶树。本亚层落叶阔叶树只有2种，重要值指数54.2。第三亚层林木高4～7m，基径4～9cm，有林木42种、107株，有19种在上2个亚层出现过，是3个亚层中种数和株数最多的一个亚层，但因为植株细小，冠幅小而疏稀，覆盖度30%～40%。优势不明显，重要值指数分配很分散，樟叶泡花树稍多，有14株，重要值指数33.0；位于第二的是西南香楠(*Aidia* sp.)，有9株，重要值指数21.1；重要值指数在10～20之间的有8种；在5～10之间的有12种；<5的有20种。本亚层落叶阔叶树有陀螺果1种，重要值指数3.9。从整个乔木层分析，由于3个亚层林木优势均不明显，所以整个乔木层优势同样不明显，重要值指数分配很分散。鹿角锥虽然多数植株高大，在群落中

仍占优势，但只有6株，重要值指数不到30，为28.7；水青冈、蕈树、樟叶泡花树、陀螺果、蓝果树、猴欢喜、少叶黄杞7种，它们为林木亚层的优势种或常见种，有的植株较多，但基径较小，有的基径大，但株数较少，重要值指数分别只有17.8、17.3、17.1、14.7、12.9、11.9、10.7和10.6，排列第二～七位；剩余的50种只有个别为常见种，如西南香楠、细枝柃等，绝大多数种类为偶见种，重要值指数在10以下。从整个乔木层来说，落叶阔叶树有水青冈、陀螺果、蓝果树、两广樱桃（*Cerasus* sp.）、银钟花、扇叶槭6种，重要值指数51.4。

表9-60　鹿角锥－陀螺果－樟叶泡花树－苦竹－锦香草群落灌木层和草本层种类组成及分布情况

序号	种名	多度盖度级									频度	更新(株)	
		Ⅰ	Ⅱ	Ⅲ	Ⅳ	Ⅴ	Ⅵ	Ⅶ	Ⅷ	Ⅸ	(%)	幼苗	幼树
	灌木层植物												
1	苦竹	2	5	5	5	4	5	4	4	4	100.0		
2	西南香楠	5	2	2	2	4	4	4	2	4	100.0	4	27
3	樱叶厚皮香	4		4	2	1	2	1	2	1	88.9	8	27
4	柃木	4	4	2	2	4	2	1	2		88.9		
5	吴茱萸五加	4	2	1	2		1	1	1	2	88.9	7	22
6	樟叶泡花树	4	2	4	4	2	1		2	2	88.9	7	29
7	常山		1		1	2	2	2	1	1	77.8		
8	毛狗骨柴	4		1	2	4		4	4	1	77.8	7	15
9	岭南山茉莉		2		1	1		4	4	4	66.7	2	20
10	东方古柯	1	2		1	1			1	1	66.7	2	11
11	杜茎山	2			4	4	4	4	1		66.7		
12	深山含笑		1	1	1	1		1			55.6	4	3
13	西南山茶		2				1	1		1	44.4		
14	猴欢喜	2						1	1	1	44.4		6
15	饭甑青冈	2	2	1			1				44.4	5	1
16	海南树参		2	2	1	2					44.4		13
17	竹叶木姜子	2	2	2			2				44.4		
18	毛桂	2	1						1	4	44.4	9	5
19	少叶黄杞	2	2					1			33.3	6	5
20	蕈树	4	2			1					33.3	3	6
21	基脉润楠	2			1					1	33.3		5
22	广西木莲				1				1	1	33.3		5
23	广东山胡椒		2	1							22.2	4	1
24	柏拉木	2			1						22.2		
25	山杜英		2	2							22.2		10
26	鼠刺	2	2								22.2	3	5
27	紫金牛	2								1	22.2		
28	细柄五月茶		2	1							22.2	2	5
29	榕属1种					1		1			22.2		
30	大果木姜子					1				1	22.2		1
31	短梗新木姜子						1	2			22.2		1
32	岗柃		1								11.1		
33	疏花卫矛		1								11.1		
34	陀螺果		2								11.1		
35	钝齿尖叶桂樱				4						11.1	1	3
36	鼠李				2						11.1		2
37	罗浮锥				1						11.1		1
38	山香圆				1						11.1		
39	微毛山矾						1				11.1		
40	矮冬青						1				11.1		
41	扇叶槭						1				11.1		
42	栀子							2			11.1		
43	南国山矾								1		11.1		
44	大果木姜子									1	11.1		1
45	尖粗叶木	2									11.1		

（续）

序号	种名	多度盖度级									频度	更新(株)	
		Ⅰ	Ⅱ	Ⅲ	Ⅳ	Ⅴ	Ⅵ	Ⅶ	Ⅷ	Ⅸ	(%)	幼苗	幼树
46	广西乌口树	2									11.1		
47	苗山冬青	2									11.1		
48	青皮木		2										3
49	桃叶石楠							3				2	5
	草本层植物												
1	锦香草	4	5	3	3	4	4	5	4	3	100.0		
2	长叶薹草	4	4	3	3	3	3	3	3	3	100.0		
3	中华复叶耳蕨	3	4	4		3	4		4	3	77.8		
4	双盖蕨	4		+		2	1	3	4	2	77.8		
5	球子复叶耳蕨	4		4	3	3	2			4	66.7		
6	金星蕨	3	2		3		3		4	3	66.7		
7	山姜	3	3	3		2			2		55.6		
8	镰羽瘤足蕨		1				3	1	3	4	55.6		
9	剑叶莎草	+	+					3	1	4	55.6		
10	铁线蕨	3		3	1	3					44.4		
11	花葶薹草	3	3	1			2				44.4		
12	狗脊蕨					3	3		3	3	44.4		
13	广州蛇根草					4	3		4		33.3		
14	花叶开唇兰	1	2								22.2		
15	齿头鳞毛蕨					3					11.1		
16	沿阶草					2					11.1		
17	江南卷柏					1					11.1		
18	翠云草						2				11.1		
19	草珊瑚								2		11.1		
20	长叶铁角蕨							1			11.1		
21	吻兰							1			11.1		
22	建兰			2							11.1		
23	狭叶沿阶草			1							11.1		
24	美丽藤蕨				+						11.1		
25	中华锥花	3									11.1		
26	攀援星蕨	3									11.1		
	藤本植物												
1	长叶菝葜	sol	sol	sp		sol	sol	sp	sol	sol	88.9		
2	网脉酸藤子	sp	sol	sp			sp	un	sol	sol	77.8		
3	短柱络石	sol	sol		sp				sol	sol	55.6		
4	三叶崖爬藤	sp	sp	sp	un			sp			55.6		
5	三叶木通	un	sol	sp			sol		sol		55.6		
6	流苏子						sp	sp		sol	33.3		
7	南五味子	un	un								22.2		
8	野木瓜		un							sol	22.2		
9	簇花清风藤					sol	sp				22.2		
10	木防己							un		sol	22.2		
11	高粱泡							un			11.1		
12	长柄地锦								sol		11.1		
13	鸡眼藤								sol		11.1		
14	金银花								sol		11.1		
15	银瓣鸡血藤									sol	11.1		
16	飞龙掌血					sol					11.1		
17	两面针							un			11.1		

长叶薹草 *Cyperus* sp. 剑叶莎草 *Cyperus* sp. 花叶开唇兰 *Anoectochilus roxburghii* 江南卷柏 *Selaginella moellendorffii* 长叶铁角蕨 *Asplenium prolongatum* 吻兰 *Collabium chinense* 美丽藤蕨 *Lomariopsis spectabilis* 攀援星蕨 *Microsorum* sp. 簇花清风藤 *Sabia fasciculata* 木防己 *Cocculus orbiculatus* 高粱泡 *Rubus lambertianus*

灌木层植物覆盖度一般40%，有的地段可达60%，从表9-60可知，900m²样地有49种。以苦竹为优势，次为乔木幼树西南香楠，常见的种类有樱叶厚皮香(*Ternstroemia prunifolia*)、柃木、樟叶泡花树等。

草本层植物分布不均匀，一般覆盖度20%~25%，有的地段可达40%，有的地段只有10%，900m²样地有26种。以锦香草为优势，次为长叶薹草，常见的种类有中华复叶耳蕨、双盖蕨、球子复叶耳蕨(*Arachniodes sphaerosora*)。

藤本植物种类900m²样地有17种，数量比较稀少，茎粗一般1cm，个别2~3cm，攀援高度一般3m，有的可达15~20m。种类以长叶菝葜和网脉酸藤子较常见。

从表9-60可知，本群落天然更新不太理想，900m²样地有幼树和幼苗28种，合计幼树238株，幼苗76株。优势种鹿角锥没有幼苗和幼树，更新较好的为下层乔木西南香楠和樱叶厚皮香，上层乔木更新较好的为樟叶泡花树、岭南山茉莉和吴茱萸五加，其中后者为落叶阔叶树，是原乔木层种类中没有出现过的种类，常见种少叶黄杞、蕈树、深山含笑等有与它们性质相符的幼苗和幼树的数量。因此，群落发展下去，除鹿角锥可能被淘汰外，目前在群落中的常绿阔叶树优势种和常见种可以保持在群落中的位置。

(2)鹿角锥－云山青冈－桂南木莲－华西箭竹－迷人鳞毛蕨群落(*Castanopsis lamontii* – *Cyclobalanopsis sessilifolia* – *Manglietia conifera* – *Fargesia nitida* – *Dryopteris decipiens* Comm.)

本群落分布于金秀县大瑶山老山16km采育场，海拔1520m，位于山脊，地势较平缓，但周围坡度大，地势险要。故本类型面积小，严格地说，本类型可能只是一种群落片断。根据200m²样地调查，立地土壤为发育于砂岩上的森林黄壤，地表布满枯枝落叶，覆盖度100%，腐殖质层厚，在20cm以上，土壤很肥沃；地表多树木和竹子的细根，棕黑色。本群落四周林木繁茂，林木高大，大多为过熟木，林内树干和枝条挂满苔藓，湿度很大。

表9-61 鹿角锥－云山青冈－桂南木莲－华西箭竹－迷人鳞毛蕨群落乔木层种类组成及重要值指数

(样地号：瑶山10号，样地面积：200m²，地点：金秀县老山采育场16公里，海拔：1520m)

序号	树种	基面积(m²)	株数	频度(%)	重要值指数
			乔木Ⅰ亚层		
1	鹿角锥	2.278	2	100	299.998
			乔木Ⅱ亚层		
1	云山青冈	0.233	2	50	66.773
2	野漆	0.196	1	50	51.981
3	桂南木莲	0.098	2	50	45.901
4	显脉冬青	0.047	2	50	37.927
5	光叶拟单性木兰	0.035	1	50	26.952
6	赛山梅	0.018	1	50	24.326
7	盐肤木	0.011	1	50	23.341
8	总状山矾	0.008	1	50	22.807
	合计	0.646	11	400	300.008
			乔木Ⅲ亚层		
1	桂南木莲	0.026	5	100	78.330
2	显脉冬青	0.049	3	50	70.110
3	香花枇杷	0.023	1	50	35.795
4	腺叶桂樱	0.020	1	50	33.792
5	刨花润楠	0.005	1	50	22.138
6	钝齿尖叶桂樱	0.004	1	50	21.228
7	阴香	0.002	1	50	19.771
8	广东新木姜子	0.001	1	50	18.800
	合计	0.129	14	450	299.966
			乔木层		
1	鹿角锥	2.278	2	100	93.771
2	桂南木莲	0.125	7	100	41.776
3	显脉冬青	0.095	5	50	27.526
4	云山青冈	0.233	2	50	20.927
5	野漆	0.196	1	50	16.017

（续）

序号	树种	基面积(m^2)	株数	频度(%)	重要值指数
6	光叶拟单性木兰	0.035	1	50	10.720
7	香花枇杷	0.023	1	50	10.329
8	腺叶桂樱	0.020	1	50	10.245
9	赛山梅	0.018	1	50	10.165
10	盐肤木	0.011	1	50	9.956
11	总状山矾	0.008	1	50	9.843
12	刨花楠	0.005	1	50	9.751
13	钝齿尖叶桂樱	0.004	1	50	9.712
14	阴香	0.002	1	50	9.650
15	广东新木姜子	0.001	1	50	9.609
	合计	3.053	27	850	299.999

群落郁闭度0.9，乔木层可分成3个亚层。第一亚层林木高20m，基径110～130cm，覆盖度76%，从表9-61可知，200m²样地只有2株，全为鹿角锥。第二亚层林木高8～13m，与第一亚层不连续，基径10～50cm，差异较大，覆盖度80%，200m²样地有林木8种、11株，每种株数不多，最多的只有2株，优势不明显，以云山青冈稍多，重要值指数66.8；次为落叶阔叶树野漆，重要值指数52.0；排列第三的是桂南木莲，重要值指数46。本亚层落叶阔叶树还有赛山梅和盐肤木。第三亚层林木高4～7m，基径3～17cm，覆盖度25%，200m²样地有林木8种、14株，以桂南木莲为优势，有5株，重要值指数78.3；次为显脉冬青，有3株，重要值指数70.1；其余的种类均为单株出现。从整个乔木层分析，鹿角锥虽然在第二亚层和第三亚层没有出现，但它是群落中最高大的乔木，所以在整个乔木层中优势仍很突出，重要值指数达到93.8，几乎占重要值指数总数300的1/3；桂南木莲、显脉冬青、云山青冈、野漆为乔木第二或第三亚层的优势种或次优势种，在整个乔木层中它们的重要值指数分别为41.8、27.5、20.9和16.0，排列第二～五位；其他的种类为偶见种，重要值指数都不大。整个乔木层有野漆、赛山梅、盐肤木3种落叶阔叶树，重要值指数38.7，这些落叶阔叶树可能是群落受到破坏后入侵进去的。

灌木层植物生长茂密，覆盖度几乎100%，以华西箭竹占绝对优势，覆盖度90%～95%，其他的种类数量都很少，但种类不少，从表9-62可知，200m²样地有29种，大多为乔木的幼树，真正的灌木以柏拉木较多。

表9-62　鹿角锥－云山青冈－桂南木莲－华西箭竹－迷人鳞毛蕨群落灌木层和草本层种类组成及分布情况

序号	种名	多度盖度级		频度	更新(株)	
		Ⅰ	Ⅱ	(%)	幼苗	幼树
	灌木层植物					
1	华西箭竹	9	10	100		
2	柏拉木	4	1	100		
3	紫珠	3	1	100		
4	短梗新木姜子	1	1	100		
5	红楠	1		50	1	
6	多花山矾	1		50		
7	树参	1		50	1	
8	西南香楠	1		50		
9	狭叶木犀	1		50		
10	朱砂根	1		50		
11	广东杜鹃	1		50		
12	桂南木莲		1	50		5
13	光叶拟单性木兰	1		50		1
14	腺叶桂樱	1		50		
15	总状山矾	1		50		
16	赛山梅	1	1	100	3	1
17	东方古柯		1	50		1
18	五裂槭		1	50		1
19	樟叶泡花树		1	50		

（续）

序号	种名	多度盖度级		频度	更新(株)	
		Ⅰ	Ⅱ	(%)	幼苗	幼树
20	尖萼川杨桐		1	50		
21	鼠刺叶山矾		1	50		
22	樱叶厚皮香		1	50		
23	阴香	1		50		1
24	显脉冬青		1	50		1
25	广东新木姜子	1	1	100	1	1
26	钝齿尖叶桂樱	1		50	1	
27	黄牛奶树	1		50	1	
28	凹叶冬青	1		50	1	
29	岭南杜鹃	1		50	3	
	草本层植物					
1	迷人鳞毛蕨	3	1	100		
2	华中蹄盖蕨	1	1	100		
3	江南短肠蕨		1	50		
4	长叶薹草	3		50		
5	狭叶沿阶草	1		50		
	藤本植物					
1	银瓣鸡血藤	un	un	100		
2	长柄地锦	un		50		

鼠刺叶山矾 *Symplocos* sp.　　华中蹄盖蕨 *Athyrium wardii*

在茂密的箭竹层下，草本层植物种类和数量都十分稀少，200m^{2}样地只有5种，覆盖度3%，较常见的为迷人鳞毛蕨。

藤本植物更为稀少，200m^{2}样地只有2种，都为单株出现。

在茂密的箭竹层下，更新也不良好，从表9-62可知，200m^{2}样地有幼苗12株，幼树12株，优势种鹿角锥没有幼苗和幼树，次优势种桂南木莲有幼树5株，是群落中更新最好的种类。从更新结果推断，群落发展下去，可能会演变成华西箭竹竹丛。

6. 红背甜槠林(Form. *Castanopsis neocavaleriei*)

在广西，红背甜槠分布于桂北九万山海拔1080m以上和桂东北龙胜花坪保护区海拔1640m、灌阳都庞岭海拔1580m、资源猫儿山海拔1400m的山地，在桂东北阳朔县境内的驾桥岭东面，海拔200～470m的低山、丘陵，也有红背甜槠的分布。红背甜槠在桂东北山地，作为偶见种见于山地常绿阔叶林和中山山地常绿落叶阔叶混交林中；在阳朔县境内驾桥岭东面，作为常见种见于地带性常绿阔叶林和将要演变成常绿阔叶林的马尾松林中，很少见有以它为优势的群落，但在桂北九万山，发现有小片以它为优势的群落，面积不大。红背甜槠和红背甜槠林一般分布在砂页岩和花岗岩山地上，岩溶石山未见有红背甜槠和红背甜槠林的分布。

红背甜槠林目前只在九万山保护区发现有两个类型。

(1)红背甜槠+亮叶杨桐-凯里杜鹃-日本粗叶木-花葶薹草群落(*Castanopsis neocavaleriei* + *Adinandra nitida* - *Rhododendron westlandii* - *Lasianthus japonicus* - *Carex scaposa* Comm.)

本群落分布在九万山红岗山，海拔1080m，立地土壤为发育于花岗岩上的森林黄壤，表土黑色，土层浅薄，含石砾较多，枯枝落叶层厚度10～15cm，岩石裸露30%，林内湿度较大。乔木层分为2个亚层。

第一亚层林木高10～20m，胸径20～40cm，枝下高5m以上，郁闭度0.6～0.7，以红背甜槠、亮叶杨桐、桂北木姜子、黄杞共为优势，重要值指数分别为53.4、45.5、44.9、39.5；伴生的种类有桂南木莲、日本杜英、贵州桤叶树、樟叶泡花树、滑叶润楠、红楠等。第二亚层林木高2～8m，胸径4～18cm，林木生长较差，郁闭度0.3～0.4，主要以凯里杜鹃、多花杜鹃、棚竹占优势，伴生种类有网脉山龙眼、齿叶红淡比(*Cleyera lipingensis*)、长尾毛蕊茶、铁山矾、树参、大叶柯(*Lithocarpus megalophyllus*)、腺柄山矾、粗毛杨桐(*Adinandra hirta*)、苗山槭、瑶山山矾(*Symplocos yaoshanensis*)、软皮桂(*Cinnamomum liangii*)、美叶柯等。

灌木层植物覆盖度12%，主要以日本粗叶木为主，其次为粤西绣球、少花海桐(*Pittosporum pauciflorum*)、杜茎山等。攀援树上的藤本植物有藤黄檀、羊角藤(*Morinda umbellata* subsp. *obovata*)、钝药野木瓜等。在林下攀援的有尖叶菝葜、防已叶菝葜(*Smilax menispermoidea*)、折枝菝葜等。

草本层植物十分稀少，覆盖度约3%，较常见的为花葶薹草，其他的种类有草珊瑚、金毛狗脊、华中瘤足蕨、镰羽瘤足蕨、锦香草、浆果薹草等。

(2) 红背甜槠－光枝杜鹃－摆竹－锦香草群落(*Castanopsis neocavaleriei* – *Rhododendron haofui* – *Indosasa shibataeoides* – *Phyllagathis cavaleriei* Comm.)

本群落分布在融水县境内九万山杨梅坳，海拔1400m。群落内部偏干燥，地面岩石和树干只附生有少量的苔藓，地表枯枝落叶层厚10～15cm。乔木层分为2个亚层。

第一亚层林木生长良好，高10～25m，胸径20～80cm，郁闭度0.7～0.8，树干粗而通直，以红背甜槠为优势，重要值指数89.5；次为香港四照花，重要值指数43.5；伴生种类有阔瓣含笑、硬壳桂、小花红花荷、桂南木莲等。第二亚层林木高2～8m，胸径4～18cm，郁闭度0.5～0.6，主要以光枝杜鹃、短脉杜鹃为主，其次有铁山矾、贵州杜鹃、石灰花楸等。

灌木层植物生长密集，覆盖度95%，几乎全为摆竹所占，由于摆竹密度大，其他种类极少，只有几株少花海桐。

在密集的竹林下，草本层植物很不发达，覆盖度2%，以稀疏散生的锦香草为主，其他种类有花葶薹草、狭叶沿阶草、山姜、乌毛蕨、华中瘤足蕨、镰羽瘤足蕨、粤瓦韦等。

藤本植物发达，以藤黄檀、狭叶黄檀(*Dalbergia stenophylla*)为主，攀援至乔木树冠之上。此外，还有一些植物如吊石苣苔、广西吊石苣苔、黄杨叶芒毛苣苔(*Aeschynanthus buxifolius*)等附生于树上。

7. 钩锥林(Form. *Castanopsis tibetana*)

在我国，钩锥林分布于长江以南各省至广东、广西北部的广大地区，海拔1000m以下的丘陵中山带，多见于高崖深谷，避风的环境中。在广西，钩锥主要分布于亚热带地区，尤其中亚热带地区，从东到西都有分布。在垂直分布上，从海拔200m到海拔1200m都有出现，但主要集中在海拔500～1000m的范围，它是构成常绿阔叶林常见的成员，有时也可以见到以它为优势的小片林分。钩锥和钩锥林生长在砂页岩和花岗岩山地上，在岩溶石山未见有钩锥和钩锥林的分布。

在广西，钩锥群落有如下几种类型。

(1)钩锥－钩锥－小果石笔木－山麻风树＋杜茎山－中华复叶耳蕨群落(*Castanopsis tibetana* – *Castanopsis tibetana* – *Tutcheria microcarpa* – *Turpinia pomifera* var. *minor* + *Maesa japonica* – *Arachniodes chinensis* Comm.)

分布于桂中金秀县大瑶山忠良乡，海拔770m，立地土壤为发育于红色砂岩上的山地森林黄壤，地表枯枝落叶较多，但土层较浅薄，表土多碎石，裸石覆盖地面50%。本群落位于水沟边，是一小片经过砍伐后恢复起来的次生残林，林内湿度较大。乔木层已经可以分成3个亚层。

表9-63　钩锥－钩锥－小果石笔木－山麻风树＋杜茎山－中华复叶耳群落乔木层种类组成及重要值指数

(样地号：瑶山85，样地面积：200m²，地点：金秀县忠良岭祖至蒲田途中，海拔：770m)

序号	树种	基面积(m²)	株数	频度(%)	重要值指数
		乔木Ⅰ亚层			
1	钩锥	0.607	5	50	130.581
2	野梧桐	0.132	1	50	40.573
3	广东山胡椒	0.071	1	50	34.112
4	壳斗科1种	0.053	1	50	32.259
5	芸香科1种	0.045	1	50	31.432
6	陀螺果	0.042	1	50	31.043
	合计	0.949	10	300	299.999
		乔木Ⅱ亚层			
1	钩锥	0.244	4	100	82.478
2	陀螺果	0.169	4	50	61.421
3	广东山胡椒	0.182	2	100	60.013
4	刨花润楠	0.042	1	50	22.766

（续）

序号	树种	基面积(m^2)	株数	频度(%)	重要值指数
5	饭甑青冈	0.018	1	50	19.261
6	罗浮槭	0.011	1	50	18.327
7	厚斗柯	0.011	1	50	18.327
8	钝齿尖叶桂樱	0.005	1	50	17.405
	合计	0.681	15	500	299.997
			乔木Ⅲ亚层		
1	小果石笔木	0.017	5	100	114.908
2	钩锥	0.020	1	50	58.616
3	中华卫矛	0.015	1	50	51.388
4	腺叶桂樱	0.006	1	50	37.535
5	罗浮槭	0.006	1	50	37.535
	合计	0.065	9	300	299.982
			乔木层		
1	钩锥	0.871	10	100	92.530
2	广东山胡椒	0.252	3	100	35.474
3	陀螺果	0.21	5	50	32.982
4	小果石笔木	0.017	5	100	27.471
5	野梧桐	0.132	1	50	16.609
6	罗浮槭	0.018	2	50	12.807
7	壳斗科1种	0.053	1	50	11.954
8	芸香科1种	0.045	1	50	11.491
9	刨花润楠	0.042	1	50	11.274
10	饭甑青冈	0.018	1	50	9.866
11	中华卫矛	0.015	1	50	9.731
12	厚斗柯	0.011	1	50	9.490
13	腺叶桂樱	0.006	1	50	9.199
14	钝齿尖叶桂樱	0.005	1	50	9.120
	合计	1.696	34	850	299.997

第一亚层林木高15～17m，基径23～46cm，覆盖度80%，从表9-63可知，200m^{2}样地有林木6种、10株。钩锥占绝对优势，有5株，重要值指数130.6；其余5种，都是单株出现。第二亚层林木高8～14m，基径12～36cm，覆盖度65%，200m^{2}样地有林木8种、15株，是3个亚层中种数和株数最多的一个亚层。钩锥还是占有明显的优势，有4株，重要值指数82.5；次为陀螺果和广东山胡椒，分别有4株和2株，重要值指数61.4和60.0；其他5种，都是单株出现。本亚层落叶阔叶树有陀螺果1种，重要值指数61.4。第三亚层林木高6～7m，基径5～16cm，覆盖度25%，200m^{2}有林木5种、9株，是3个亚层中种数和株数最少的1个亚层。小果石笔木占绝对优势，有5株，重要值指数114.9；其他4种都是单株出现，钩锥由于基径较粗，重要值指数为58.6，排列第二。从整个乔木层分析，钩锥株数最多，树干最粗大，3个亚层都有分布，因此，在整个乔木层中无疑仍占有明显的优势，重要值指数达到92.5。广东山胡椒、陀螺果、小果石笔木株数比钩锥少，它们只是中下层的优势种，从整个乔木层看，它们的重要值指数自然比钩锥少得多，分别只有35.5、33.0、27.5。其余的种类除罗浮槭外都是单株出现，性质属于偶见种，它们的重要值指数都很小。

灌木层植物种类尚多，从表9-64可知，200m^{2}样地有22种，但数量不太多，覆盖度只有20%～30%。组成种类以乔木的幼树为主，较多的有山麻风树、大果木姜子和小果石笔木；真正的灌木杜茎山也不少。

草本层植物与灌木层植物刚相反，种类少而数量多，200m^{2}样地只有6种，但覆盖度达到65%～80%。种类组成以中华复叶耳蕨占绝对优势，单种覆盖度达到60%～75%，其他的种类有毛果珍珠茅、阔叶莎草等。

表 9-64　钩锥 – 钩锥 – 小果石笔木 – 山麻风树 + 杜茎山 – 中华复叶耳蕨群落灌木层和草本层种类组成及分布情况

序号	种名	多度盖度级		频度	更新(株)	
		Ⅰ	Ⅱ	(%)	幼苗	幼树
	灌木层植物					
1	山麻风树	4	5	100	5	13
2	大果木姜子	4	5	100	4	13
3	小果石笔木	4	1	100	1	9
4	杜茎山	4	4	100		
5	钝齿尖叶桂樱	3	3	100	2	5
6	岗柃	4	2	100		
7	网脉山龙眼	3	4	100	1	3
8	鼠刺	2	3	100		6
9	腺叶桂樱	2	3	100	1	4
10	无柄五层龙	3	1	100		
11	瑶山茶		4	50	2	4
12	潺槁木姜子	3		50		4
13	细柄五月茶		3	50		2
14	少叶黄杞		3	50		2
15	猴欢喜		3	50		2
16	疏花卫矛		1	50		2
17	罗浮槭		1	50		3
18	网脉木犀		1	50		2
19	台湾榕		1	50		
20	鸭公树		1	50		
21	细枝柃		1	50		
22	水同木		1	50		1
	草本层植物					
1	中华复叶耳蕨	8	8	100		
2	毛果珍珠茅	2	2	100		
3	阔叶莎草	3	2	100		
4	中华锥花		2	50		
5	连药沿阶草		2	50		
6	边生短肠蕨		2	50		
	藤本植物					
1	野葡萄	sol	sol	100		
2	瓜馥木	sol	sp	100		
3	菝葜	sol	sol	100		
4	羽叶金合欢		sol	50		
5	藤黄檀	sol		50		
6	抱石莲	sol				

无柄五层龙 *Salacia sessiliflora*　　水同木 *Ficus fistulosa*　　边生短肠蕨 *Allantodia contermina*

藤本植物种类和数量都比较稀少，200m^{2}样地有 6 种，如野葡萄(*Vitis* sp.)、瓜馥木、菝葜等。

从表 9-64 可知，本群落优势种钩锥更新很不理想，没有幼苗和幼树；更新比较理想的是山麻风树、大果木姜子和小果石笔木。按照目前群落种群结构特点，发展下去，钩锥有可能被淘汰。

(2)钩锥 – 栲 – 广东杜鹃 + 刺毛杜鹃 – 杜茎山 – 狗脊蕨群落(*Castanopsis tibetana* – *Castanopsis fargesii* – *Rhoddodendron kwangtungense* + *Rhododendron championiae* – *Maesa japonica* – *Woodwardia japonica* Comm.)

在桂东滑水冲保护区，海拔 700 ~ 1300m 的范围，有钩锥林的分布，但面积不大，零星小片。虽然滑水冲保护区的钩锥林生长高大，但由于人为活动影响较大，群落种类成分比较贫乏。群落郁闭度 0.8，乔木层分成 3 个亚层。

第一亚层林木以钩锥为主，零星间杂其中的林木有鹿角锥、芳槁润楠、栲、三峡槭、蓝果树等。第二亚层林木种类不多，覆盖度也小，约 50% 左右，没有明显的优势种，常见有栲、钩锥、黄樟、厚皮香、罗浮锥和红楠等。第三亚层林木种类稍多，覆盖度 60% ~ 70%，主要有广东杜鹃和刺毛杜鹃，鼠刺也不少，其他还有黄背越桔、钩锥、黄樟、红楠、刨花润楠、网脉山龙眼、野漆、银钟花、日本五月茶和尖叶柃等。

灌木层种类不少，覆盖度也大，达到 50%，上层乔木幼树占多数，例如钩锥、网脉山龙眼、鼠刺、广东杜鹃、日本五月茶、尖叶毛柃等是比较多的。真正的灌木种类也不少，但数量较少，杜茎山、赤楠、草珊瑚、朱砂根、尖叶粗叶木、栀子、尖叶木（*Urophyllum chinense*）、虎舌红、香港大沙叶、岗柃等比较常见。

草本层植物以喜阴湿的种类为主，覆盖度 20%，狗脊蕨占多数，淡竹叶、华南鳞毛蕨、兖州卷柏、山姜、伞房刺子莞、蛇足石杉、剑叶虾脊兰、中华复叶耳蕨、半边旗等也常可见到，局部林冠破裂、阳光充足的地方有五节芒、芒萁、刚莠竹、蕨等的出现。

（3）钩锥－云山青冈－钩锥－日本粗叶木－狭叶楼梯草群落（*Castanopsis tibetana* – *Cyclobalanopsis sessilifolia* – *Castanopsis tibetana* – *Lasianthus japonicus* – *Elatostema lineolatum* Comm.）

猫儿山保护区海拔 700m 以下的南部山谷地带常见这种类型。群落郁闭度 0.9，乔木层分成 3 个亚层。第一亚层林木高 15～20m，钩锥占了较大优势，混生有栲、罴蓢锥、日本杜英、红楠、绵柯、白楸等，一些高大的落叶阔叶树种如五角枫（*Acer* sp.）、南酸枣等也很常见。第二亚层林木高 12m 左右，以云山青冈、黄丹木姜子、虎皮楠、绵柯、鹅掌柴、广东润楠、陀螺果等较多。第三亚层林木高 8m 左右，组成多为第一亚层和第二亚层林木的幼树，如钩锥、罴蓢锥、桂南木莲、金叶含笑、黄丹木姜子以及老鼠矢、长尾毛蕊茶、红淡比、香楠、长蕊杜鹃（*Rhododendron stamineum*）、鼠刺等。针叶树三尖杉在这一层经常出现，它一般都是单株散生，很少有几株在一起的。

灌木层植物高 2m 以下，除乔木的一些幼树外，还有日本粗叶木、瑞木、鲫鱼胆、南岭山矾、赤楠、矮小天仙果等。低矮灌木草珊瑚、柏拉木的密度最大，它们一般占据了灌木层的大部分位置。以上各层植物或多或少附有苔藓植物，说明环境还是比较潮湿的。

草本层植物稠密，种类较多，以狭叶楼梯草、山姜、淡竹叶、华南紫萁、书带蕨、海金沙、扇叶铁线蕨等较多。有些林下还有成片高 1～2m 的中华里白出现。

藤本植物发达，有的长达数十米，且藤萝交错。种类主要有瓜馥木、长柄地锦、藤黄檀、鸡血藤、粗叶悬钩子、珍珠榕（*Ficus sarmentosa* var. *henryi*）和络石等。

（4）钩锥－罗浮锥－钩锥－粗叶木－金毛狗脊＋狗脊蕨群落（*Castanopsis tibetana* – *Castanopsis fabri* – *Castanopsis tibetana* – *Lasianthus* spp. – *Cibotium barometz* + *Woodwardia japonica* Comm.）

桂东北海洋山自然保护区的钩锥林分布在海拔 300～700m 的中低山，立地土壤为发育于砂岩或页岩上的山地红壤或黄红壤。因受到人为活动的影响，次生性状比较明显。群落郁闭度 0.9 左右，乔木层分成 3 个亚层。

第一亚层林木高 15m 左右，钩锥为主要优势种，其他还有罴蓢锥、红锥、罗浮锥等种类，常见的有红楠、猴欢喜、虎皮楠等。第二亚层林木高 10m 左右，组成种类有钩锥、罗浮锥、腺叶桂樱、深山含笑、树参等。第三亚层林木高 6m 左右，树种比较复杂，钩锥仍然较多，其他还有樟叶泡花树、穗序鹅掌柴、黄杞、栲、木荷、冬桃、陀螺果、虎皮楠等。

灌木层植物高 2m 以下，除乔木的一些幼树外，还有几种粗叶木（*Lasianthus* spp.）、山香圆、多种紫金牛（*Ardisia* spp.）、柏拉木、矮小天仙果、多种杜鹃（*Rhododendron* spp.）、草珊瑚等。

草本层植物以耐阴喜湿类植物为主，有金毛狗脊、狗脊蕨、扇叶铁线蕨、毛果珍珠茅、五节芒、仙茅、山姜等。

藤本植物常见有崖豆藤（*Millettia* spp.）、爬山虎（*Parthenocissus* spp.）、当归藤、珍珠榕等。

（5）钩锥－鼠刺－狗脊蕨群落（*Castanopsis tibetana* – *Itea chinensis* – *Woodwardia japonica* Comm.）

桂东北灵川县九屋东源一带海拔 500m 左右的低山可见到刚恢复成钩锥林的幼年林，立地土壤为发育于砂岩、页岩上的山地红壤。群落林相整齐，林冠平整，树干通直。乔木层平均高 8m，钩锥占绝对优势，混生有栲、罗浮锥和落叶阔叶树亮叶桦、赤杨叶。灌木层植物高 2m 左右，覆盖度 50%，种类多且分布均匀，以鼠刺占优势，此外还有杜茎山、粗叶榕、茶、细柄五月茶、柃木、岩木瓜（*Ficus tsiangii*）等。草本层植物高 0.8m，覆盖度 20%，以狗脊蕨为优势，其他还有芒萁、五节芒、光里白、淡竹叶、扇叶铁线蕨等。藤本植物种类较多，大多为小型藤本，如崖豆藤（*Millettia* sp.）、鸡眼藤、流苏子等。

(6)钩锥－薄叶润楠－尖萼川杨桐－柏拉木－骤尖楼梯草群落(*Castanopsis tibetana* – *Machilus leptophylla* – *Adinandra bockiana* var. *acutifolia* – *Blastus cochinchinensis* – *Elatostema cuspidatum* Comm.)

本类型见于桂北融水县境内九万山平英和鱼西一带，分布的地段多为狭谷两侧，小地形较隐蔽，空气湿度大。调查样地海拔650m，靠近常年流水的小山溪，样地内有岩石露头，两侧沟坡陡峻。立地土壤为发育于花岗岩上的山地森林红黄壤，地表半风化碎石多，凋落物层厚3～5cm，表土黑褐色。

群落总覆盖度95%，群落内成熟木较多，一些大树已出现有枝条枯腐的现象，林地或多或少都有腐倒木存在。群落保存较好，种类组成复杂，600m^2样地有维管束植物64种，其中乔木层36种。结构上可明显地分出乔木层、灌木层和草本层，其中乔木层有3个亚层。

第一亚层林木高17～22m，胸径23～42cm，最大胸径67cm。树干较通直，覆盖度85%。本亚层有林木4种、14株，其中钩锥占9株，重要值指数占本亚层重要值指数的68.3%；次为罗浮锥和栓叶安息香，重要值指数分别占总的12.7%和12.4%；剩下的木荷仅以单株出现，重要值指数很小。第二亚层林木高9～14m，胸径10～18cm，覆盖度40%。本亚层有林木16种、29株，其中以薄叶润楠为主，重要值指数65.8，排列第一位；次为栲和贵州锥，重要值指数分别为35.9和24.6，分排第三和第四位；钩锥在本亚层亦占有一定的位置，重要值指数22.0，排列第五位。其他的种类有小花红花荷、华南桂、蕈树、日本杜英、厚叶冬青、猴欢喜、榕叶冬青、亮叶厚皮香、刺叶桂樱、樟叶泡花树和木竹子等，重要值指数都不高。第三亚层林木高4～8m，胸径4～10cm，植株纤细，树冠偏小且稀疏，覆盖度50%。本亚层有林木21种、68株，是3个亚层中种数和株数最多的一个亚层。优势种不明显，其中以尖萼川杨桐稍多，重要值指数40.5；其次是网脉山龙眼和新木姜子，重要值指数分别为28.4和25.3。除了上、中层的幼龄个体外，本亚层常见的种类还有瑞木、虎皮楠、柳叶润楠(*Machilus salicina*)、黄杞、罗浮柿、黄樟、西南山茶、竹叶木姜子等。此外，灌木层中的一些种类如鼠刺、尖叶毛柃、细齿叶柃和厚叶鼠刺等，也进入到本亚层的空间，成为本亚层的伴生种。

灌木层植物高0.5～2.5m，覆盖度40%～50%。组成种类较复杂，600m^2样地有25种，其中属于乔木幼树的有17种。真正的灌木有8种，以柏拉木和大叶荨麻(*Urtica* sp.)为多，常见的有锡金粗叶木(*Lasianthus sikkimensis*)、粗叶榕、细齿叶柃、紫金牛1种(*Ardisia* sp.)、厚叶鼠刺和黄葛树等。

草本层植物也比较发育，高0.1～0.5m，组成种类多为耐阴喜湿类植物，其中骤尖叶楼梯草为优势，覆盖度达20%～30%，其次是镰羽瘤足蕨和复叶耳蕨，紫麻也不少，其他的种类还有狗脊蕨、日本水龙骨(*Polypodiodes niponica*)、卷柏、艳山姜等。

层外植物藤本植物种类和数量都不少，常见的有南五味子、常春藤、瓜馥木、中南鱼藤(*Derris fordii*)、薯莨(*Dioscorea cirrhosa*)和菝葜等。苔藓植物也比较发达，地表、岩石表面和树干均有苔藓附生。

8. 锥林(Form. *Castanopsis chinensis*)

锥在广西全区都有分布，见于丘陵和山地，海拔120～800m，一般生长在常绿阔叶林中，但常绿阔叶林破坏后形成的次生林或灌丛也有分布，有时在次生演替的过程中，它可以成为群落的优势种，有小片以它为优势的林分出现。锥和锥群落分布在砂岩、页岩和花岗岩山地上，岩溶石山未见有锥和锥群落的分布。

在广西，目前只发现1种锥群落。

(1)锥＋枫香树－锥－马银花－狗脊蕨群落(*Castanopsis chinensis* + *Liquidambar formosana* – *Castanopsis chinensis* – *Rhododendron ovatum* – *Woodwardia japonica* Comm.)

分布于金秀县大瑶山大樟乡林场，是常绿阔叶林次生演替进程中将要恢复成原生性常绿阔叶林的一种类型。立地土壤为发育于红色砂岩上的山地森林红壤，土层厚1m以上，地表枯枝落叶层3～5cm，覆盖地表95%以上。

本类型可能是砍伐常绿阔叶林种植油茶丢弃后形成的，林内油茶树不少，虽然目前得以恢复到常绿阔叶林阶段，但受到的破坏仍相当频繁，林内被砍伐的树桩不少。据在海拔465m处调查，400m^2样地，只有林木10种、66株，种类组成十分贫乏，立木株数也不多；结构上，乔木只有2个亚层，尚未形成第一亚层，但已有少数植株达到第一亚层林木的高度；在种类组成上落叶阔叶树占的比例仍相当高，尤其上层林木。

表 9-65　锥＋枫香树－锥－卵叶杜鹃－狗脊蕨群落乔木层种类组成及重要值指数

（样地号：瑶山 107，样地面积：20m×20m，地点：金秀县大樟乡林场，海拔：465m）

序号	树种	基面积(m^2)	株数	频度(%)	重要值指数
		乔木Ⅰ亚层			
1	锥	0.507	18	100	116.971
2	枫香树	0.411	17	100	106.584
3	木荷	0.135	2	25	24.223
4	黄杞	0.078	4	25	23.985
5	雷公鹅耳枥	0.050	2	25	17.095
6	岭南柿	0.006	1	25	11.142
	合计	1.187	44	300	299.998
		乔木Ⅱ亚层			
1	锥	0.083	4	75	84.866
2	岭南柿	0.035	6	75	67.777
3	刺毛杜鹃	0.029	6	75	64.762
4	黄杞	0.018	2	25	25.922
5	野柿	0.006	1	25	15.176
6	短尾越桔	0.005	1	25	14.444
7	枫香树	0.004	1	25	13.798
8	油茶	0.003	1	25	13.238
	合计	0.182	22	350	299.983
		乔木层			
1	锥	0.590	22	100	95.446
2	枫香树	0.415	18	100	76.604
3	岭南柿	0.041	7	75	27.898
4	黄杞	0.096	6	50	25.592
5	刺毛杜鹃	0.029	6	75	25.516
6	木荷	0.135	2	25	17.625
7	雷公鹅耳枥	0.050	2	25	11.446
8	野柿	0.006	1	25	6.742
9	短尾越桔	0.005	1	25	6.644
10	油茶	0.003	1	25	6.484
	合计	1.369	66	525	299.996

乔木层郁闭度 0.8，第一亚层林木高 8～14m，基径 12～25cm，覆盖度 75%，从表 9-65 可知，400m^2样地有林木 6 种、44 株；优势种为锥，有 18 株，重要值指数 117.0；次优势种为落叶阔叶树枫香树，有 17 株，重要值指数 106.6；较重要的还有木荷、黄杞和落叶阔叶树雷公鹅耳枥。本亚层常绿阔叶树有锥、木荷和黄杞，株数 24 株，重要值指数 165.2；落叶阔叶树有枫香树、雷公鹅耳枥和岭南柿，株数 20 株，重要值指数 134.8；常绿阔叶树稍占优势。本亚层已经有 3 株立木高度达到 16～17m，进入到第一亚层林木的空间，其中枫香树 2 株，木荷 1 株，如果不受到砍伐，进入到第一亚层林木高度的植株还更多。第二亚层林木高5～7m，基径 6～9cm，覆盖度 30%，400m^2样地有林木 8 种、22 株，其中有 5 种在上个亚层出现过，优势种仍为锥，有 4 株，重要值指数 84.9；次优势种为落叶阔叶树岭南柿和常绿阔叶树刺毛杜鹃，都有 6 株，重要值指数分别为 67.8 和 64.8；其他的种类多为单株出现。本亚层常绿阔叶树有锥、刺毛杜鹃、黄杞、短尾越桔和油茶 5 种，株数 14 株，重要值指数 203.0；落叶阔叶树有岭南柿、野柿和枫香树 3 种，株数 8 株，重要值指数 97.0，常绿阔叶树已经从种数、株数和重要值指数明显高于落叶阔叶树。从整个乔木层分析，锥是群落向常绿阔叶林演替过程中出现的常绿阔叶树优势种，虽然它是次生的阳性常绿阔叶树，但亦能耐一定的荫蔽，它不但能在第一亚层林木占优势，而且在第二亚层林木也可以占优势，因此，重要值指数达到 95.4，为群落的优势种。枫香树是群落向常绿阔叶林演替过程中次生落叶阔叶林阶段经常出现的建群种之一，是一种强阳性树种，不能耐荫蔽，当群落演替进入到常绿阔叶林初期阶段，枫香树只能在上层出现，而在下层由于荫蔽度大，它不能出现或出现很少，成为偶见种，因此它的重要值指数只有 76.6，不如锥，是符合群落演替进程特点的。但木荷和黄杞的重要值指数表现是不符合它们的性状的，因为它们是向常绿阔叶林演替过程中、进入到常绿阔叶林初期阶段常见的次生常绿阔叶树优势种，而在本群落，它们出现很少，只是一

种偶见种。出现这种情况的原因，可能是人为砍伐的缘故。

表 9-66　锥 + 枫香树 – 锥 – 卵叶杜鹃 – 狗脊蕨群落灌木层和草本层种类组成及分布情况

序号	种名	多度盖度级				频度	更新层(株)	
		Ⅰ	Ⅱ	Ⅲ	Ⅳ	(%)	幼苗	幼树
				灌木层植物				
1	锥	4	4	4	4	100	13	29
2	岭南柿	2	4	2	4	100	2	17
3	马银花	4	4	4		75		
4	木荷	4	4	4		75	11	16
5	刺毛杜鹃	4		4	4	75		3
6	油茶	4	2	4		75		
7	黄枝润楠	2		3	4	75	7	13
8	楔叶豆梨	2	2	2		75		
9	毛果算盘子		2	2	4	75		
10	木竹子	2	2			50	3	7
11	山杜英		2		2	50	3	4
12	雷公鹅耳枥	4		2		50	1	6
13	亮叶猴耳环	2			4	50		7
14	枫香树	2		4		50	2	7
15	短梗新木姜子	2			2	50		4
16	海南罗伞树		2		2	50		
17	黄樟		2	3		50	2	7
18	黄杞		2		2	50		5
19	蜜茱萸			2	2	50		
20	鼠刺	2		2		50		5
21	烟斗柯				2	25		3
22	栲				1	25	2	
23	硬壳桂				4	25	1	5
24	油杉				1	25		1
25	中华杜英	2				25		
26	刺叶桂樱	2				25		
27	笔罗子			3		25	1	4
				草本层植物				
1	狗脊蕨	7	5	4	4	100		
2	草珊瑚	1	4	5	6	100		
3	五节芒	2	1	2	2	100		
4	毛果珍珠茅	1	1	1	1	100		
5	芒萁	4	2	2		75		
6	山姜		2	4	2	75		
7	山菅	1		1	1	75		
8	扇叶铁线蕨	1	1		1	75		
9	乌毛蕨	2		2		50		
10	淡竹叶			1		25		
11	蕨			1		25		
12	虎舌红				1	25		
13	半边旗				1	25		
				藤本植物				
1	网脉酸藤子	sol	sol	sol	sol	100		
2	凌霄		sol	sol	sol	75		
3	菝葜	sol		sol		50		
4	野木瓜		sol		sol	50		
5	瘤皮孔酸藤子			sol	sol	50		
6	鸡矢藤	sol				25		
7	酸藤子			sol		25		
8	银瓣鸡血藤				sol	25		
9	小叶买麻藤				sol	25		
10	悬钩子 1 种				un	25		

凌霄 *Campsis grandiflora*　　瘤皮孔酸藤子 *Embelia scandens*　　悬钩子 1 种 *Rubus* sp.

灌木层植物覆盖度 20%～35%，从表 9-66 可知，400m^{2}样地有 27 种，种类组成不太丰富。从表 9-66 可以看出，种类成分几乎是乔木的幼树，真正的灌木只有马银花、毛果算盘子、蜜茱萸、楔叶豆梨、海南罗伞树等 5 种。乔木的幼树以锥为优势，次为岭南柿和木荷；真正的灌木以马银花为常见。

草本层植物比较茂盛，覆盖度 40% 左右，但种类组成不太丰富，400m^{2}样地只有 13 种。以原常绿阔叶林代表种狗脊蕨为优势，草珊瑚次之；其余不少为阳性入侵的种类，如五节芒、芒萁、蕨、山菅、毛果珍珠茅等。

藤本植物不发达，种类少，数量少，藤茎细小，攀援不高。种类有网脉酸藤子、菝葜、假刺藤等 10 种。

群落更新尚良好，从表 9-66 可知，400m^{2}样地有幼苗 48 株，幼树 143 株。其中优势种锥更新最好，有幼苗 13 株，幼树 29 株，其次为木荷、黄枝润楠、岭南柿，其他常绿阔叶树幼树还有山杜英、木竹子、黄樟、硬壳桂等。

9. 贵州锥林（Form. *Castanopsis kweichowensis*）

在广西，贵州锥主要分布于桂北与贵州交界的苗岭山地，如融水县、南丹县、天峨县，而以九万山为其主要分布区。从海拔 450m 到海拔 1100m 范围的中、低山地都可见到，它一般是当地常绿阔叶林的常见种，有时也有小片以它为优势的林分。它分布在砂岩、页岩和花岗岩山地上，而岩溶石山目前尚未发现有分布。

在广西，目前见到的有两个类型。

（1）贵州锥 – 贵州锥 – 短梗新木姜子 – 草珊瑚 – 锦香草群落（*Castanopsis kweichowensis* – *Castanopsis kweichowensis* – *Neolitsea brevipes* – *Sarcandra glabra* – *Phyllagathis cavaleriei* Comm.）

此种类型见于天峨县三堡采育场，海拔 1080m。群落乔木层郁闭度 0.8，可分成 3 个亚层。第一亚层林木覆盖度 70%，以贵州锥占优势，常见的有褐毛杜英、少叶黄杞，零星分布的种类有西藏山茉莉、银木荷、厚斗柯、钩锥、饭甑青冈、罗浮槭、罗浮柿和落叶阔叶树蓝果树、腺毛泡花树、香槐（*Cladrastis wilsonii*）等。第二亚层林木覆盖度 40%，也以贵州锥为优势，零星分布的除上层的一些种类外，还有网脉山龙眼、短梗新木姜子、广东琼楠、隐脉西南山茶（*Camellia pitardii* var. *cryptoneura*）等。第三亚层林木覆盖度 40%，以短梗新木姜子为优势，次为贵州锥，常见的有隐脉西南山茶、腺柄山矾、红花八角（*Illicium dunnianum*）、毛锦杜鹃、水仙柯等。

灌木层植物覆盖度 50%，种类繁多，但多为乔木的幼树，居优势的为隐脉西南山茶、短梗新木姜，次为贵州锥，常见的有饭甑青冈、罗浮槭、红花八角；真正的灌木以草珊瑚、尖叶粗叶木（*Lasianthus acuminatissimus*）、疏花卫矛、白藤等常见。

草本层植物很稀疏，覆盖度只有 8%，常见的种类为锦香草、倒扣铁角蕨，零星分布的有山姜、狗脊蕨、长茎沿阶草、线蕨等。

藤本植物也很稀少，种类有常春藤、土茯苓、钻地风、三叶木通等。

本群落的贵州锥种群结构完整，是一种连续型的构造种群，因此，如无干扰破坏，贵州锥能长期保持其优势的地位。

（2）贵州锥 + 薄叶润楠 – 贵州锥 + 木荷 – 贵州锥 + 黄丹木姜子 – 鼠刺 – 骤尖楼梯草 + 粗齿冷水花群落（*Castanopsis kweichowensis* + *Machilus leptophylla* – *Castanopsis kweichowensis* + *Schima superba* – *Castanopsis kweichowensis* + *Litsea elongata* – *Itea chinensis* – *Elatostema cuspidatum* + *Pilea sinofasciata* Comm.）

本群落见于融水县境内九万山张家湾、平安、鱼西一带，根据设在海拔 620m 的样地调查，立地土壤为发育于变质花岗岩上的山地黄壤。

群落总覆盖度 95% 以上，组成种类较丰富，600m^{2}样地有林木 26 种、93 株，乔木层可分成 3 个亚层。

第一亚层林木高 15～20m，胸径 20～32cm，覆盖度 70%，本亚层林木有 5 种、16 株，其中贵州锥和薄叶润楠各占 5 株，重要值指数分别为 92.5 和 91.0，为本亚层的共优势种，伴生的种类还有日本杜英、罗浮锥和厚斗柯等。第二亚层林木高 9～14m，胸径 12～18cm，覆盖度 50%。本亚层的组成种类和株数比上层增多，有 13 种、30 株，优势种为贵州锥，重要值指数 54.4；其次为木荷，重要值指数 47.8；赤杨叶、黄丹木姜子和广东山胡椒也较多，重要值指数分别为 30.0、26.1 和 25.1，其中赤杨叶为落叶阔叶树，常见的伴生种类有红锥、膜叶脚骨脆、小花红花荷、腺叶桂樱、厚斗柯、罗浮柿、薄叶润楠和落叶阔叶树白楸等。第三亚层林木高4～8m，胸径4～10cm，植株细小，冠幅稀疏，覆盖度40%。组成种类和株数较多，有19种、47株，贵州锥仍占优势地位，重要值指数40.8，排列第一；黄丹木姜子和瑞木分排第二和第三位，重要值指数32.0和30.5。其他的种类除上层的一些种类外，常见的还有烟斗柯、桂南木莲、翅柃、苗山槭、竹叶青冈、马蹄荷、四川冬青、多花杜鹃、短梗新木姜子和樟叶泡花树等。

灌木层植物比较茂盛，覆盖度60%，种类成分以乔木的幼树占多数，共有25种，其中以薄叶润楠、贵州锥、苗山槭、瑞木、膜叶脚骨脆、翅柃、短梗新木姜子、黄棉木、黄丹木姜子最为常见。真正灌木种类不多，常见的有鼠刺、朱砂根、走马胎、荚蒾、柏拉木、粗叶榕和岗柃等。

草本层植物也比较茂盛，覆盖度60%。组成种类不少，以骤尖楼梯草和粗齿冷水花最多，卷柏、山姜、日本水龙骨、镰叶瘤足蕨、中华复叶耳蕨、金毛狗脊、虾脊兰、鹤顶兰、建兰、寒兰、狗脊蕨、阔鳞鳞毛蕨、贯众(*Cyrtomium fortunei*)、华南紫萁、华南半蒴苣苔(*Hemiboea follicularis*)和乌毛蕨等常见。

藤本植物亦较发达，常见有白花油麻藤(*Mucuna birdwoodiana*)在林中悬挂，茎粗可达20.4cm，长40m余，构成粗壮的藤环；其他常见的还有常春藤、瓜馥木、马甲菝葜(*Smilax lanceifolia*)和薯莨等。附生植物不多，常见的仅有石韦和蕗蕨2种。

10. 扁刺锥林(Form. *Castanopsis platyacantha*)

在我国扁刺锥比较少见，尤其以它为优势的群落更为少见。目前只知道分布于贵州西北部、四川、云南东、北部，生于海拔约1500～2500m山地疏林或密林中，有时成小片纯林，《中国植物志》没有报道广西有分布。但事实上广西也有分布，分布的海拔高度比贵州、四川、云南低得多。在广西，目前在那坡和南丹、上林、龙胜4县有发现，而在南丹县三匹虎采育场有小片以它为优势的林分。扁刺锥林目前只发现一种群落。

(1)扁刺锥－双齿山茉莉－细枝柃－细枝柃－狗脊蕨群落(*Castanopsis platyacantha*－*Huodendron biaristatum*－*Eurya loquaiana*－*Eurya loquaiana*－*Woodwardia japonica* Comm.)

分布于南丹县三匹虎采育场，海拔800～900m的山地，立地土壤为发育于砂页岩上的森林红黄壤，枯枝落叶层覆盖地表90%，厚度2～4cm，分解中等。据600m²样地调查，乔木层组成种类和株数都较少，林木只有15种、68株，群落保存较好，人为影响较少，林木高大通直，树干圆满，郁闭度0.9，可分成3个亚层。

表9-67 扁刺锥－双齿山茉莉－细枝柃－细枝柃－狗脊蕨群落乔木层种类组成及重要值指数

(样地号：三匹虎1号，样地面积：600m²，地点：南丹县三匹虎采育场，海拔：800～900m)

序号	树种	基面积(m²)	株数	频度(%)	重要值指数
		乔木Ⅰ亚层			
1	扁刺锥	4.497	14	66.7	202.472
2	双齿山茉莉	0.051	3	33.3	35.37
3	红润楠	0.048	2	33.3	30.544
4	瑞木	0.08	1	16.7	16.475
5	香港四照花	0.018	1	16.7	15.138
	合计	4.694	21	166.7	299.999
		乔木Ⅱ亚层			
1	双齿山茉莉	0.046	5	50	115.684
2	扁刺锥	0.031	4	33.3	81.721
3	红润楠	0.008	1	16.7	25.643
4	细枝柃	0.003	1	16.7	20.203
5	长毛杨桐	0.002	1	16.7	19.268
6	冬青科1种	0.002	1	16.7	19.268
7	罗浮柿	0.001	1	16.7	18.184
	合计	0.092	14	166.7	299.97
		乔木Ⅲ亚层			
1	细枝柃	0.013	14	100	106.181
2	双齿山茉莉	0.011	8	50	66.421
3	扁刺锥	0.01	4	50	52.659

（续）

序号	树种	基面积(m²)	株数	频度	重要值指数
4	香皮树	0.003	1	16.7	15.24
5	钩锥	0.001	1	16.7	10.657
6	山杜英	0.001	1	16.7	10.657
7	虎皮楠	0.001	1	16.7	10.03
8	厚叶冬青	0.001	1	16.7	10.03
9	罗浮柿	0	1	16.7	9.065
10	红锥	0	1	16.7	9.065
	合计	0.041	33	316.7	300.007
			乔木层		
1	扁刺锥	4.538	22	83.3	143.027
2	双齿山茉莉	0.108	16	83.3	42.429
3	细枝柃	0.016	15	100	42.389
4	红润楠	0.056	3	33.3	12.234
5	罗浮柿	0.001	2	33.3	9.634
6	瑞木	0.08	1	16.7	6.47
7	香港四照花	0.018	1	16.7	5.17
8	香皮树	0.003	1	16.7	4.862
9	长毛杨桐	0.002	1	16.7	4.845
10	冬青科 1 种	0.002	1	16.7	4.845
11	钩锥	0.001	1	16.7	4.824
12	山杜英	0.001	1	16.7	4.824
13	虎皮楠	0.001	1	16.7	4.819
14	厚叶冬青	0.001	1	16.7	4.819
15	红锥	0	1	16.7	4.81
	合计	4.827	68	500	300

第一亚层林木一般高 22～29m，少数 16～17m，胸径 20～60cm，最大 116cm，从表 9-67 可知，600m²样地有林木 5 种、21 株，覆盖度 85%。以扁刺锥占绝对优势，有 14 株，重要值指数 202.5；其他的种类较多的为双齿山茉莉和红楠，有 3 株和 2 株，重要值指数 35.4 和 30.5。第二亚层林木高 8～12m，胸径 5～13cm，与第一亚层林木垂直高差和胸径差别较大，覆盖度 30%，组成种类有 7 种、14 株，是 3 个亚层中株数最少的 1 个亚层，所以林内显得很空旷。本亚层双齿山茉莉占有较明显的优势，有 5 株，重要值指数 115.7；扁刺锥的优势也不小，有 4 株，重要值指数 81.7，排列第二；剩下的 5 种都是单株出现。第三亚层林木高 4～7m，胸径 3～5cm，覆盖度 30%。组成种类有 10 种、33 株，是 3 个亚层中种数和株数最多的一个亚层，以正统的林下小乔木细枝柃为优势，有 14 株，重要值指数 106.2；次为上层的优势种双齿山茉莉和扁刺锥，重要值指数分别为 66.4 和 52.7；其他 7 种都是单株出现。从整个乔木层分析，扁刺锥在第一亚层林木占有绝对的优势，在第二亚层和第三亚层也有一定

表 9-68　扁刺锥－双齿山茉莉－细枝柃－细枝柃－狗脊蕨群落灌木层和草本层种类组成及分布情况

序号	种名	多度	序号	种名	多度	序号	种名	多度
	灌木层植物		12	粗叶木	sol	5	铁角蕨	sol
1	红楠	cop	13	三花冬青	sol	6	大叶薹草	sol
2	扁刺锥	sp～cop	14	榕叶冬青	sol	7	莎草 1 种	sol
3	细枝柃	sp	15	仿栗	sol	8	蕨 1 号	sol
4	红锥	sp	16	草珊瑚	sol	9	蕨 2 号	sol
5	双齿山茉莉	sp	17	栲	sol	10	蕨 3 号	sol
6	华南桂	sol	18	红鳞蒲桃	sol		藤本植物	
7	南天竹	sol		草本层植物		1	网脉酸藤子	sol
8	山杜英	sol	1	狗脊蕨	sp～cop	2	蔓胡颓子	sol
9	日本杜英	sol	2	锦香草	sp	3	常春藤	sol
10	山香圆	sol	3	卷柏	sol			
11	小果山龙眼	sol	4	乌毛蕨	sol			

大叶薹草 *Carex* sp.

的优势，为群落的建群种，重要值指数几乎占总重要值指数的1/2，为143.0；双齿山茉莉和细枝柃分别为中、下层林木的优势种，在整个乔木层中它们的重要值指数排列第二和第三位，分别为42.4和42.4；其他的种类都是一些偶见种，重要值指数自然不会很大。

灌木层植物不很发达，从表9-68可知，600m^{2}样地只有18种，覆盖度30%。种类成分以乔木的幼树占多数，优势种红楠和扁刺锥是乔木的幼树，常见的种类细枝柃、红锥和双齿山茉莉也是乔木的幼树。

草本层植物比灌木层植物更不发达，600m^{2}样地只有10种，覆盖度20%。狗脊蕨较多，次为锦香草。

藤本植物更为稀少，600m^{2}样地只有零星分布的3种。

11. 毛锥林(Form. *Castanopsis fordii*)

在我国，毛锥林主要分布在闽浙山地至南岭山地的低丘陵地区200~1400m。而常出现于海拔700m以下的沟谷地带。在南岭山地南向坡面沟谷中，林下常孕育有热带沟谷雨林的层片。在广西，毛锥主要分布于大瑶山及其反射弧一带和附近山地，如蒙山古修、昭平七冲、贺州大桂山、富川西山，这些地区主要属于广西东部中亚热带的南缘。此外，容县天堂山也有分布。从海拔300m的低山丘陵，至海拔1150m的中山都有分布，一般见于水沟边及比较潮湿的山谷。毛锥分布的山地，都是由砂岩、页岩和花岗岩构成的，岩溶石山至今没有发现有毛锥的分布。毛锥在分布区内的森林种类组成中是常见的种类，但以它为主的林分比较少见，即使发现，也是零星小片，面积不大。

在广西，毛锥林目前只发现一种类型。

(1)毛锥－尖萼川杨桐－鼠刺－栀子－狗脊蕨＋金毛狗脊群落(*Castanopsis fordii* – *Adinandra bockiana* var. *acutifolia* – *Itea chinensis* – *Gardenia jasminoides* – *Woodwardia japonica* + *Cibotium barometz* Comm.)

分布于贺州市滑水冲保护区，主要见于上滑水宫营一带，沿着山间河谷两侧，海拔500m左右的山坡。群落受到比较严重的破坏，但乔木层仍可分为3个亚层，郁闭度0.8左右。

第一亚层林木以毛锥为主，间杂有少量罗浮锥和芳槁润楠，并有不少阳性落叶阔叶树侵入，如枫香树、赤杨叶、蓝果树等。第二亚层林木种类也不多，尖萼川杨桐最为常见，此外还有台湾枇杷(*Eriobotrya deflexa*)和毛锥、罗浮锥等，林窗处也有枫香树出现。第三亚层林木种类稍多，其中鼠刺和广东杜鹃、青皮木最为普遍，此外还有桃叶石楠、光叶山矾、黄棉木、日本五月茶、多花杜鹃、锈叶新木姜子、短梗新木姜子、三花冬青、香楠、石斑木、江南越桔等。

灌木层植物种类不少，覆盖度60%左右，以乔木的幼树占多数，如毛锥、栲、罗浮锥、广东杜鹃、鼠刺、短梗新木姜子、黄杞、花榈木(*Ormosia henryi*)、木竹子等是常见的。真正的灌木有10种左右，栀子、赤楠、尖叶粗叶木较多，杜茎山、朱砂根、草珊瑚、尖叶毛柃、茶、梨叶悬钩子(*Rubus pirifolius*)、柏拉木、棱果海桐(*Pittosporum trigonocarpum*)等有分布。

草本地被层植物覆盖度30%左右，以狗脊蕨和金毛狗脊最多，此外还有扇叶铁线蕨、伞房刺子莞、山姜、翠云草、射干、中华复叶耳蕨、剑叶虾脊兰(*Calanthe davidii*)等。局部空隙处有小片的芒萁、五节芒。

藤本植物种类也不少，流苏子、网脉酸藤子、广东蛇葡萄、三叶木通、土茯苓、大血藤(*Sargentodoxa cuneata*)、野木瓜、冷饭藤、小叶买麻藤、络石、藤黄檀、瓜馥木等比较常见。

12. 瓦山锥林(Form. *Castanopsis ceratacantha*)

在我国，瓦山锥产云南、贵州、四川西南部，广西西部，生于海拔1500~2500m山地森林中。在广西，瓦山锥林分布于西部(半湿润)常绿阔叶林亚区域－南亚热带季风常绿阔叶林地带的隆林金钟山、西林王子山和田林岑王老山以及邻接西部(半湿润)亚区域的那坡县那桑、德保黄连山、乐业青龙山和草王岭、凤山同高岭、东兰青山、百色大王岭等地，海拔1000~1220m的中山山地，是中山常绿阔叶林的一种类型。从它的地理分布位置以及种类成分看，它应该属于我国西部(半湿润)山地常绿阔叶林一种类型。它一般见于砂、页岩山地，但岩溶石山也有分布。

广西的瓦山锥林有2种类型。

(1)瓦山锥＋硬壳柯－罗浮锥－方竹－扁花茎沿阶草群落(*Castanopsis ceratacantha* + *Lithocarpus hancei* – *Castanopsis fabri* – *Chimonobamusa quadrangularis* – *Ophiopogon planiscapus* Comm.)

分布于隆林金钟山、田林岑王老山、乐业青龙山和草王岭、凤山同高岭、东兰青山以及百色大王岭等处中山山地上部。根据属于我国西部(半湿润)常绿阔叶林亚区域－南亚热带季风常绿阔叶林地带的隆林金钟山海拔1155m的样地调查，群落位置在山地顶部，立地土壤为发育于页岩上的森林黄壤，土层深厚，pH值4.4～4.7，地表枯枝落叶层厚5cm，覆盖地表70%～90%，土壤水分含量相当高，环境湿润、寒凉。

群落种类组成尚复杂，林内层次分明，林冠层稠密，郁闭度大，在0.8～0.9之间，林下阴湿，岩石表面和地表、树干及枝桠密布苔藓，甚至悬挂在树枝上。乔木层以常绿阔叶树占绝对优势，上层乔木每400m^{2}有36株，一般高16～17m，最高21m，山谷处高达20～21m，最高28m，胸径30～45cm，最大的104cm，树干通直，树皮稍粗糙，略有板根。以瓦山锥为优势，次为硬壳柯，常见的种类有罗浮锥、桂南木莲、贵州琼楠、中华石楠、树参、绿叶润楠(*Machilus viridis*)、软皮桂、栲、茵芋、钩锥、多脉润楠和落叶阔叶树水青冈、缺萼枫香树、檫木、大果榉等。中下层林木郁闭度不太大，只有0.1～0.2，每100m^{2}有48株，一般高5～6m，枝干细长，冠幅小。以罗浮锥为优势，次为桂南木莲，常见的种类有密花假卫矛(*Microtropis gracilipes*)、多齿山茶、茶、树参、心叶毛蕊茶、长尾毛蕊茶、窄基红褐柃、鹅掌柴、瓦山锥、硬壳柯、贵州琼楠等。

灌木层植物覆盖度30%～40%，每25m^{2}有146株，一般高1～2m，多为耐阴喜湿种类，以方竹最占优势，常见的种类有密花假卫矛、窄基红褐柃、穿心柃(*Eurya amplexifolia*)、茶、桂南木莲、心叶毛蕊茶、罗浮锥、瓦山锥、硬壳柯、百两金、水红木、树参等。

草本层植物覆盖度5%～15%，每4m^{2}有71丛，高1m以下，全为阴生喜湿种类。以扁花茎沿阶草和蕗蕨常见，其他的种类还有山麦冬、红豆蔻（*Alpinia galanga* var. *pyramidata*）、多头花楼梯草(*Elatostema sessile* var. *polycephalum*)、棒凤仙(*Impatiens claviger*)、宽叶沿阶草等。

藤本植物种类不多，种类有筐条菝葜(*Smilax corbularia*)、异形南五味子、冠盖藤、乌蔹莓、革叶猕猴桃(*Actinidia rubricaulis* var. *coriacea*)、藤黄檀、尾叶那藤等。

(2)瓦山锥＋罗浮锥－罗浮锥＋硬壳柯－硬壳柯＋光叶灰木－柏拉木－狗脊蕨群落(*Castanopsis ceratacantha* + *Castanopsis fabri* – *Castanopsis fabri* + *Lithocarpus hancei* – *Lithocarpus hancei* + *Symplocos lancifolia* – *Blastus cochinchinensis* – *Woodwardia japonica* Comm.)

此类型见于我国西部(半湿润)常绿阔叶林亚区域－南亚热带季风常绿阔叶林地带的西林王子山自然保护区，一般分布在海拔1000～1400m范围的山地中、下部环境比较湿润的地方，面积较大。乔木层可分成3个亚层，第一亚层林木高25～28m，覆盖度40%～50%，以瓦山锥和罗浮锥共为优势，栲、米槠、硬壳柯等间杂其中。第二亚层林木高12～18m，以罗浮锥和硬壳柯较多，常见的种类有黧蒴锥、红木荷、南岭山矾、虎皮楠、桂南木莲，瓦山锥也有少量分布。第三亚层林木种类较多，硬壳柯和光叶山矾最为常见，其他还有厚皮香、细枝柃、小花杜鹃、香皮树、显脉新木姜子、栲、罗浮锥等。

灌木层植物种类繁多，生长茂密，覆盖度60%，以乔木的幼树占多数，罗浮锥、黧蒴锥、柳叶润楠、网脉山龙眼、栲、黄杞、虎皮楠、硬壳柯、香皮树、榕叶冬青、中华杜英等最为普遍。真正的灌木种类不多，常见的有柏拉木、鼠刺、赤楠、尖叶粗叶木、栀子、杜茎山、草珊瑚、朱砂根、红紫珠等。

草本层植物分布稀疏，覆盖度20%以下，以狗脊蕨和山姜为主，其他还有里白、淡竹叶、十字薹草、沿阶草等。

藤本植物种类不多，种类有土茯苓、藤黄檀、尖叶菝葜、肖菝葜、雷公橘(*Capparis membranifolia*)等。

13. 高山锥林(Form. *Castanopsis delavayi*)

高山锥林是我国西部(半湿润)常绿阔叶林亚区域－中亚热带常绿阔叶林地带的地带性植被类型，分布面积很广，主要在云南南盘江以北的滇中高原和四川大凉山以西的川西西南山地，海拔高度往往与当地基准面的高低有直接关系，一般分布于2000m左右。在广西，高山锥林只分布在属于西部(半湿润)常绿阔叶林亚区域－南亚热带季风常绿阔叶林地带的隆林和西林两县，是季风常绿阔叶林垂直带谱的类型，分布在海拔850m(西林县那劳)至海拔1700m(西林县古障)的中山山地，即隆林和西林两县的高原上，为广西亚热带西部(半湿润)亚区域山地常绿阔叶林代表性类型。高山锥林分布区，明显反映出南亚热带山原气候的特点，位于海拔1580m的隆林德峨，年平均气温14.5℃，冬季3个月，月平均气温10℃以下，最冷月(1月)平均气温5.8℃，没有夏季，最热月(7月)平均气温20.5℃，冬暖夏凉。它一般见于砂、页岩山地，其中三叠纪百蓬组砂页岩地层夹有泥灰岩出露。

在广西，高山锥林有如下3种类型。

（1）高山锥－华南桤叶树＋南烛－珍珠花－狗脊蕨群落（*Castanopsis delavayi* – *Clethra fabri* + *Vaccinium bracteatum* – *Lyonia ovalifolia* – *Woodwardia japonica* Comm.）

见于西林至德峨之间山地，海拔1420m，立地地层为不明时代的玄武岩山地，土壤为山地黄壤。

本群落周围都是灌丛和草丛，是经过砍伐后残存下来的森林，原来的结构已被破坏，乔木层只有2个亚层，种类成分已有不少阳性耐旱的落叶种类侵入。第一亚层林木高15m左右，少数达20m，以高山锥占绝对优势，其他零星分布的种类有红椿、臭茉莉、白栎、朴树、香果树（*Emmenopterys henryi*）、圆果化香等。第二亚层林木高4～8m，以华南桤叶树和南烛为优势，零星分布的种类有红豆（*Ormosia* sp.）、腺叶桂樱、黄背越桔、圆果化香、臭茉莉、白刺花（*Sophora davidii*）等。

灌木层植物种类不少，覆盖度40%。优势种为高山锥和华南桤叶树，常见的种类有黄背越桔，量少的种类不少，有白栎、珍珠花、算盘子、红椿、楔叶豆梨、油茶、中华艾纳香（*Blumea* sp.）、栓皮栎、水红木、小蜡、豆腐柴（*Premna microphylla*）、船梨榕等。

草本层植物种类也不少，但数量不多，覆盖度只有20%左右。以狗脊蕨为常见，芒次之，零星分布的种类有茅枝莠竹、仙茅、黄精（*Polygonatum* sp.）、十字薹草、肾蕨、凤尾蕨 、江南星蕨、庐山石韦、水龙骨（*Polypodium* sp.）、鳞毛蕨（*Dryopteris* sp.）等。

藤本植物种类很少，只有菝葜、暗色菝葜、心叶青藤（*Illigera cordata*）3种，除心叶青藤数量较多外，其他2种数量都很少。

（2）高山锥－高山锥－荒子梢－芒群落（*Castanopsis delavayi* – *Castanopsis delavayi* – *Campylotropis macrocarpa* – *Miscanthus sinensis* Comm.）

本群落见于西林县驮娘江木都至那劳一带河谷山地，海拔850～970m，为三叠纪百蓬组砂页岩夹泥灰岩地层。群落内地表枯枝落叶层厚1～2cm，覆盖地表50%～60%，雨季时湿度尚较大，树干上有苔藓附生。群落已受到比较严重的破坏（砍伐和火烧），大乔木树干弯曲，树皮粗糙开裂，黑色，有的干空心，种类组成有不少耐旱的阳性落叶种类。乔木层只有2个亚层，上层乔木高10～12m，胸径20～40cm，覆盖度50%，以高山锥为优势，次为茶梨，常见的种类有麻栎、栓皮栎，星散分布的有枫香树和白栎。下层乔木高3～4m，覆盖度20%，以高山锥为优势，零星分布的种类有茶梨、假木荷、麻栎、栓皮栎、君迁子等。

灌木层植物高1～1.5m，种类较多，覆盖度45%。以高山锥和荒子梢为优势，常见的有水锦树、君迁子、千斤拔、椭圆叶木蓝等，零星分布的种类有南烛、珍珠花、算盘子、白栎、假木荷、麻栎、栓皮栎、野牡丹、粗叶榕等。

草本层植物分布不均匀，在上层覆盖度大的地方，种类和数量都不多，相反，在上层覆盖度小的地方，种类和数量都较多。常见的种类有芒、石芒草、刚莠竹、金发草、细柄草、蕨、仙茅、狗脊蕨、扇叶铁线蕨、类芦、棕叶芦、地胆草、毛果珍珠茅、肾蕨等。

藤本植物十分稀少，只见到油麻藤（*Mucuna* sp.）1种。

（3）高山锥－高山锥－文山润楠＋毛桐－杜茎山－芒群落（*Castanopsis delavayi* – *Castanopsis delavayi* – *Machilus wenshanensis* + *Mallotus barbatus* – *Maesa japonica* – *Miscanthus sinensis* Comm.）

此类型见于隆林金钟山保护区，海拔1200～1400m的中山山地，为小斑块分布于落叶栎林中。根据600m^2样地调查，样地位置海拔1287m，坡向ES10°，坡度20°，立地土壤为森林山地黄壤，土层厚，地表多枯枝落叶。

群落总郁闭度0.8，乔木层可分成3个亚层。第一亚层林木高13～23m，胸径7～36cm，郁闭度0.7，林木高大，树干通直，树冠连续。该亚层林木株数占乔木层总株数的35.2%，基面积占乔木层总基面积的70.6%。该亚层优势种明显，高山锥株数最多，占该亚层株数67.4%，重要值指数168.2，处于绝对优势的地位；其次，黧蒴锥、中平树、栲有少数几株，重要值指数分别为26.0、23.1、23.8；零星出现的种类有野桐（*Mallotus* sp.）、文山润楠、岗柃和假木荷等。第二亚层林木高9m左右，胸径4～23cm，林木分布稀疏，且均匀，树冠不连接，郁闭度0.5。该亚层林木株数占乔木层总株数的28.2%，基面积占乔木层总基面积的25.0%。高山锥株数最多，重要值指数92.4，占绝对优势，居第一；毛桐有较大的基面积，重要值指数为48.6，列第二；文山润楠和岗柃有数量不多的植株，重要值指数分别为25.0和21.8。亮叶猴耳环、瓤蒴锥、华南桤叶树、野漆、樱桃（*Cerasus pseudocerasus*）、胡桃楸（*Juglans mandshurica*）等为单株出现。第三亚层林木高约5m，胸径3～13cm，林木分布较均匀，稀疏，树干细小，树冠不成型，郁闭度0.3。该亚层林木株数占乔木层总株数的36.6%，基面积占乔木层总基面的4.4%。优势种不明显，文山润楠和毛桐株数较多，重要值指数分别为49.3和49.1，排列第一和第二位；杜茎山和岗柃也有一定的数量，重要值指数分别为35.7和35.5，列第三和第四位；零星出现的种类有高山锥、华南桤叶树、亮叶猴耳环、山鸡椒、野桐、粗叶榕、中平树等。从整个乔木层分析，高山锥株数较多，占乔木层总株数的33.6%，重要值指数为102.8，居第一位，在中上层处于优势的地位，林下也有幼苗分布，说明群落环境对它是适宜的，它能长期保持目前这种地位；文山润楠也有一定的株数，占乔木层总株数的12.9%，重要值指数25.2，排列第二，它多集中于中下层，林下有幼树和幼苗，说明群落环境对它是适宜的；重要值指数在10以上的种类还有杜茎山、岗柃、假木荷、栲、毛桐、毛杨梅、中平树，它们都是常见的组成种类。

灌木层植物高0.2～2.8m，种类尚多但数量不多，600m^{2}有36种，覆盖度仅10%。组成种类多为常见乔木的幼树和灌木，以杜茎山和高山锥为优势种，其他乔木的幼树有鹅掌柴、白栎、瓤蒴锥、华南桤叶树、密花树、文山润楠、樱桃、中平树等；其他的灌木有草珊瑚、常山、枸棘、粗糠柴、聚锥水冬哥（*Saurauia thysiflora*）、琴叶榕、厚绒荚蒾（*Viburnum inopinatum*）、毛杨梅、竹叶榕等。

草本层植物覆盖度30%，高0.2～1.5m，草本层中以蕨类植物生长最为旺盛。优势种为芒，肾蕨和刚莠竹也较多，其他的种类还有艾纳香（*Blumea balsamifera*）、斑叶兰、浆果薹草、大叶仙茅、蕨、石仙桃、细叶石槲（*Dendrobium hancockii*）、艳山姜、圆盖阴石蕨、芒萁等。

藤本植物种类丰富，多为木质藤本，有巴豆藤（*Craspedolobium schochii*）、白花酸藤子（*Embelia ribes*）、藤黄檀、厚果崖豆藤（*Millettia pachycarpa*）、黔桂轮环藤（*Cyclea insularis* subsp. *guangxiensis*）、桂党参（*Campanumoea javanica*）、白背悬钩子（*Rubus* sp.）、贵州忍冬（*Lonicera* sp.）、褐苞薯蓣、雾水葛（*Pouzolzia zeylanica*）等十多种。

14. 苦槠林（Form. *Castanopsis scleophylla*）

苦槠是我国栲属种类中分布最北的一个种，除台湾、海南、云南外，广布于长江以南各地。我国的苦槠林自湖南的湘中丘陵起至江西中部和北部，浙江西部和福建的西北部均有广泛分布。至北纬26°，以南则逐渐让位给栲、毛锥和鹿角锥林，垂直分布上以海拔500m以下较为典型。在广西，苦槠主要见于桂北，如永福、临桂、桂林、全县，桂东苍梧县铜锣山也有分布，生长在海拔100～600m的森林或灌丛中。一般以伴生种出现，有时也有小片在人为保护下残存下来的以它为优势的林分。苦槠一般见于砂、页岩山地，岩溶石山也偶有分布。

目前发现的苦槠林只有一种类型。

（1）苦槠－栲－老鼠矢－檵木－中华复叶耳蕨群落（*Castanopsis scleophylla* – *Castanopsis fargesii* – *Symplocos stellaris* – *Loropetalum chinense* – *Arachniodes chinensis* Comm.）

见于桂北灵川县大境乡铁坑村旁，海拔500m，为人为保护下残存下来的。具体位置在石灰岩—砂岩整合接触线之砂岩一侧，土壤为红壤，土层厚1m以上，枯枝落叶层厚2cm左右，覆盖地表90%。

群落郁闭度0.85，种类组成简单，林木高大通直，乔木层可分成3个亚层。第一亚层林木高约21m，胸径50cm左右，覆盖度70%，苦槠占绝对优势，重要值指数196.4；响叶杨、马尾松分排第二和第三位，重要值指数分别为28.3和27.5。第二亚层林木高约9m，胸径8cm左右，覆盖度15%，本亚层林木树干尚通直，分枝较低，以马尾松为优势，重要值指数161.4；栲为次优势，重要值指数101.5；苦槠常见，重要值指数36.8，排列第三。第三亚层林木高5m，植株细小，胸径5cm左右，覆盖度25%。本亚层林木树干也较通直，树皮较光滑，优势种为檵木和青皮木，重要值指数分别为62.0和60.5；常见种有栲和苦槠，重要值指数分别为30.4和29.7。

灌木层植物高1m左右，覆盖度45%。组成种类较多，600m^{2}样地有47种。种类成分多为乔木的幼树，以苦槠最多，次为栲。真正的灌木以檵木为优势，它出现的多度、频度和盖度都最大。另外，石灰岩山地常见的黄连木、桂花、红背山麻杆也有出现。

草本层植物高1m以下，覆盖度45%，但组成种类不太丰富。计有中华复叶耳蕨、淡竹叶、五节芒、夜香牛、毛果珍珠茅、瓦韦、槲蕨等种类，而以中华复叶耳蕨占优势，其他种类数量不太多。

层间植物以藤本植物为主，攀援不高，种类有胡颓子、藤黄檀、老虎刺、白花酸藤子、菝葜、悬钩子、鱼藤(*Derris trifoliata*)、亮叶崖豆藤等。

15. 硬壳柯林(Form. *Lithocarpus hancei*)

在我国，硬壳柯分布范围相当广泛，产秦岭南坡以南各地，海拔2600m以下的多种生境中。在广西，从南到北，从东到西都有分布，最高海拔达到1730m。它能耐寒冷、瘠薄、风大的生境，在海拔较高的山地常绿阔叶林以及山顶山脊矮林，它是常见的组成种类。虽然它分布广，适应性强，但以它为优势的林分却很少见。硬壳柯和硬壳柯林分布在砂岩、页岩和花岗岩山地上，岩溶石山尚未发现有分布。

在广西，硬壳柯林目前发现有2种类型。

(1)硬壳柯－珍珠花－柏拉木－镰羽瘤足蕨群落(*Lithocarpus hancei* – *Lyonia ovalifolia* – *Blastus cochinchinensis* – *Plagiogyria falcata* Comm.)

此种类型见于融水县境内九万山杨梅坳，海拔1490m，近山顶，生境风大而较干燥。立地土壤为发育于花岗岩上的森林黄棕壤，表土黑色，土层较浅薄，枯枝落叶层厚3～5cm。群落保存完好，由于近山顶，常风较大，乔木层只有2个亚层。

第一亚层林木高10～15m，胸径10～20cm，个别胸径达50cm，林木生长通直，郁闭度0.7～0.8，优势种为硬壳柯，重要值指数53.7；次为光枝杜鹃和阔瓣含笑，重要值指数分别为33.7和37.1；伴生的种类有桂南木莲、多花杜鹃、红背甜槠、苗山桂、树参、凹叶冬青、云南桤叶树、锐齿桂樱(*Laurocerasus phaeosticta* f. *ciliospinosa*)、刺叶桂樱、疣果花楸(*Sorbus corymbifera*)、香港四照花等。第二亚层林木高2～8m，胸径4～8cm，植株较小，弯曲，郁闭度0.3～0.5，主要树种以珍珠花、黄背越桔、川桂、子农鼠刺为多见，伴生的种类有疣果花楸、黄牛奶树、多脉舟柄茶(*Hartia multinervia*)、香粉叶(*Lindera pulcherrima* var. *attenuata*)等。

灌木层植物高1.5～2m，盖度30%～40%，优势种为柏拉木，常见有赤楠、软刺卫矛、三花假卫矛、少年红(*Ardisia alyxiaefolia*)，同时出现硬壳柯、光枝杜鹃、凯里杜鹃、多花杜鹃、桂北木姜子、川桂、苗山桂等的幼树。

草本层植物覆盖度10%左右，以镰羽瘤足蕨为主，其他的种类有倒挂铁角蕨、华南鳞毛蕨、舌蕨等。

藤本植物种类以藤黄檀为主，攀援于树冠之上，附生于树干上的植物有吊石苣苔、广西吊石苣苔、黄杨叶芒毛苣苔、紫花苣苔(*Loxostigma griffithii*)等，林下生长的小藤本有小果菝葜、锈毛络石、羽叶蛇葡萄(*Ampelopsis chaffanjonii*)等。

(2)硬壳柯－甜槠＋硬壳柯－西施花－十字薹草群落(*Lithocarpus hancei* – *Castanopsis eyrei* + *Lithocarpus hancei* – *Rhododendron latoucheae* – *Carex cruciata* Comm.)

本群落分布在桂北海洋山海拔800m以上的山地，立地土壤为山地黄壤。群落郁闭度0.9，由于近山顶常风较大，乔木层只有2个亚层，而且高度不太高。第一亚层林木高10～12m，以硬壳柯占较大的优势，其次为木荷、多脉青冈、小叶青冈、银木荷、假地枫皮(*Illicium jiadifengpi*)、笔罗子、岭南柯(*Lithocarpus brevicaudatus*)、碟斗青冈、青茶香等。第二亚层林木高5m左右，上层的一些林木如硬壳柯、甜槠、多脉青冈等仍占一定的优势，此外，还有少花桂(*Cinnamomum pauciflorum*)、西施花、云锦杜鹃、贵州桤叶树、青榨槭、红果山胡椒(*Lindera erythrocarpa*)、云和新木姜子、美脉花楸、刺叶桂樱、树参等。

灌木层植物高2m以下，有一部分是乔木的幼树，如红果山胡椒、西施花、云和新木姜子等，其他还有瑞木、中华石楠、鳞毛蚊母树、毛冬青、尖叶柃、山矾(*Symplocos* spp.)和箬叶竹1种(*Indocalamus* sp.)等。

草本层植物不多，覆盖度在20%左右，主要种类有十字薹草、鳞盖蕨(*Microlepia* spp.)、狗脊蕨和山麦冬等。

藤本植物种类不多，有藤石松(*Lycopodiastrum casuarinoides*)以及紫花络石(*Trachelospermum axillare*)、粉背雷公藤(*Tripterygium hypoglaucum*)等。

16. 厚斗柯林(Form. *Lithocarpus elizabethae*)

在我国，厚斗柯主要分布在福建西南部、广东、广西、贵州东南部、云南东南部，大体上是我国中亚热带南部和南亚热带地区，生于海拔150～1200m的山地杂木林中。在广西，全区都有分布，海拔高度400～1730m，一般见于林中，灌丛和疏林少见。它分布在砂岩、页岩和花岗岩山地上，岩溶石山尚未发现有分布。它虽然是山地杂木林常见的种类成员，但以它为优势的林分却很少见。在广西，九万山保护区发现有小片以它为优势的林分。

(1)厚斗柯－贵州杜鹃－横枝竹－广西薹草群落(*Lithocarpus elizabethae* – *Rhododendron guizhouense* – *Indosasa patens* – *Carex kwangsiensis* Comm.)

本群落见于融水县境内九万山杨梅坳，海拔1130m。林内湿度较大，枯枝落叶层厚，土壤含石砾较多。乔木层只有2个亚层，第一亚层林木高10～18m，胸径10～25cm，郁闭度0.7～0.8，厚斗柯占有明显的优势，重要值指数112.7；次为凯里杜鹃和桂南木莲，重要值指数分别为65.4和57.1；伴生的种类有台湾冬青、樟叶泡花树、铁山矾、光叶石楠、桂北木姜子等。第二亚层林木高2～8m，胸径4～8cm，主要有贵州杜鹃，伴生的种类有竹叶青冈、香港新木姜子(*Neolitsea cambodiana* var. *glabra*)、短梗新木姜子、阔瓣含笑等。

灌木层植物主要以横枝竹为主，高1.5～2m，盖度50%～60%，其次有四川冬青、棱果花、柏拉木、粤西绣球等。

草本层植物很稀疏，似乎不存在，覆盖度仅约2%，种类有广西薹草、镰羽瘤足蕨、乌毛蕨、弯蕊开口箭(*Campylandra wattii*)等。

藤本植物同样十分稀少，只见牛藤果、防已叶菝葜、小果菝葜3种。

(2)厚斗柯＋桂南木莲－滑叶润楠－摆竹－锦香草群落(*Lithocarpus elizabethae* + *Manglietia conifera* – *Machilus ichangensis* var. *leiophylla* – *Indosasa shibataeoides* – *Phyllagathis cavaleriei* Comm.)

本群落见于融水县境内九万山杨梅坳，海拔1310m，有人为的破坏活动，样方内外地段都有群众种植灵香草，林下的草本植物种类较少。本群落较潮湿，地面及树干附生有苔藓。乔木层有2个亚层。

第一亚层林木高10～18m，胸径10～30cm，郁闭度0.7～0.8，以厚斗柯、桂南木莲、桂北木姜子共为优势，重要值指数分别为46.5、44.6、43.5，伴生的种类有尖萼厚皮香、基脉润楠、陀螺果等。第二亚层林木高2～8m，胸径4～8cm，郁闭度0.3～0.4，以滑叶润楠为主，伴生的种类有腺叶桂樱、尖萼川杨桐、赤杨叶、长尾毛蕊茶、女贞、鸭公树等。

灌木层植物主要以摆竹为优势，盖度50%，其他种类有淡黄荚蒾、日本粗叶木、少花海桐。

草本层植物主要以锦香草为优势，高10～20cm，盖度10%，其他的种类有江南短肠蕨、山姜、中华复叶耳蕨、光蹄盖蕨(*Athyrium otophorum*)、边果鳞盖蕨、银带虾脊兰(*Calanthe argenteo – striata*)等。

藤本植物种类不多，但它们都攀援到树冠之上，种类有藤黄檀、花椒簕等。

17. 绵柯林(Form. *Lithocarpus henryi*)

《中国植物志》记述绵柯产陕西南部、湖北西部、湖南西部、贵州东北部和四川东部，海拔1400～2100m，为当地高山栎林的主要树种。但未报道广西有分布。根据2010年出版的《广西植物名录》，记录了广西资源县有分布，具体产于资源县瓜里乡银竹坪老山，海拔1600～1640m，生于密林中。但未记录广西融水县九万山有分布。根据李振宇、邱小敏主编的《广西九万山植物资源考察报告》(1993年中国林业出版社出版)，报道了以绵柯(报告称为长果柯)为建群种的群落在九万山区分布在海拔1000～1400m之间，是该地区常绿阔叶林带的优势成分。根据该报告，目前只发现1个群落。

(1)绵柯＋心叶舟柄茶－光枝杜鹃－石斑木－柏拉木－镰羽瘤足蕨群落(*Lithocarpus henryi* + *Hartia cordifolia* – *Rhododendron haofui* – *Rhaphiolepis indica* – *Blastus cochinchinensis* – *Plagiogyria falcata* Comm.)

该群落分布于九万山融水县文通小鱼龙界，海拔1150m。群落具体所在地是山脊，立地条件类型土壤为花岗岩发育成的黑色土壤，土层较深厚，枯枝落叶层厚10～15cm，有弹性，岩石极少裸露。林内湿度较大，树干、枝条附生有苔藓。本群落是九万山林区保存很好的常绿阔叶林，乔木层明显分成3个亚层。

第一亚层林木高大通直，生长良好，高20～30m，枝下高平均17m，胸径20～50cm，郁闭度0.6～0.7，400m^2样地有林木11种、60株，以绵柯为优势，重要值指数86.7；次优势为心叶船柄茶和木荷，重要值指数分别为38.3、34.7；伴生种类有海南树参、阔瓣含笑、硬壳柯和桂北木姜子。

第二亚层林木高10～18m，以光枝杜鹃、短脉杜鹃、多花杜鹃、凯里杜鹃为主，主要伴生种有尖萼厚皮香、瑶山山矾、竹叶青冈和五列木等。

第三亚层林木高2～8m，胸径4～8cm，郁闭度0.2～0.3，林木细直，以石斑木、光叶石楠、栓叶安息香为主，主要伴生种有单耳柃、凹叶冬青、四川冬青、黄牛奶树和短梗新木姜子等。

灌木层植物高 1.5 ~ 2m，以柏拉木、棱果花为优势，覆盖度 20%，其次有赤楠、三花假卫矛、日本粗叶木、摆竹、长圆叶鼠刺（*Itea chinensis* var. *oblonga*）等。藤本植物有野木瓜、羊角拗、马甲菝葜等。

草层植物以镰羽瘤足蕨为主，覆盖度 8%，其他种类有多羽复叶耳蕨、狗脊蕨、钱氏鳞始蕨（*Lindsaea chienii*）、狭叶沿阶草、疏花沿阶草（*Ophiopogon sparsiflorus*）、丝状沿阶草（*Ophiopogon filiformis*）等。

附生植物主要是苔藓植物，树干、枝条和地表、岩石表面都有附生。

以绵柯为优势的森林是九万山保护区一个保存很好的常绿阔叶林，在所调查的群落中，各层均以绵柯为优势，种群结构完整，如果不受到破坏，它能长期保持在群落中的优势地位。

18. 金毛柯林（Form. *Lithocarpus chrysocomus*）

在我国，金毛柯林主要分布于南岭山地海拔 1300 ~ 1800m 的山背和山顶或山谷中，所在地海拔稍高，云雾多，日照短，气温低，常风大，冬季常有冰冻和积雪，生境特别凉湿。在广西，金毛柯主要见于桂北九万山、花坪保护区和桂中大瑶山及其反射弧一带，海拔 700 ~ 1400m 山地。海拔 1300m 以下，它是常绿阔叶林常见的成员，有时也有小片以它为优势的林分；海拔 1300m 以上，金毛柯常和华南五针松、长苞铁杉组成中山针阔叶混交林。金毛柯严格分布在砂岩、页岩和花岗岩构成的山地，岩溶石山尚未发现有它的分布。

由于破坏较严重，现存的金毛柯林林相已不完整，但乔木层仍可分为 3 个亚层。根据贺州市姑婆山保护区对金毛柯林记名样方记载，上层乔木以金毛柯和甜槠、米槠共为优势，因为它的叶背密被纯黄色至金黄色蜡毛层，当山风吹拂，枝叶摆动时，呈现出一片金黄色的树冠，非常醒目。其他树种有蕈树、饭甑青冈、美叶柯、马蹄荷、罗浮锥、深山含笑等。中、下层林木以网脉山龙眼、鳞毛蚊母树为优势，常见的有马蹄荷、多花杜鹃、鼠刺、腺萼马银花、硬壳柯、山矾、孔雀楠等。

灌木层植物种类较多，除上层乔木的幼树外，常见有茶杆竹、杜茎山、细枝柃、广东杜鹃等。

草本地被层植物以狗脊蕨为优势，常见的有淡竹叶、耳形瘤足蕨、多羽复叶耳蕨等。

藤本植物种类很少，种类有藤黄檀、暗色菝葜、网脉酸藤子、冷饭藤等。

19. 美叶柯林（Form. *Lithocarpus calophyllus*）

在我国，美叶柯分布于江西、福建两省西南部，湖南南部，广东、广西、贵州南部，生于海拔 500 ~ 1200m 山地常绿阔叶林。在广西，作为个体，分布于桂北九万山、花坪保护区、猫儿山、资源宝顶山、海洋山、驾桥岭（东面）、桂东姑婆山、桂中大瑶山、容县天堂山和桂西南龙州板闭村，海拔 700 ~ 1600m 山地杂木林中，但主要见于桂北和桂中海拔 1000 ~ 1300m 的山地常绿阔叶林中。虽然它分布广泛，但以它为主的林分却比较少见，尤其以它为单优势的林分几乎没有，目前仅在桂北七分山和桂中大瑶山发现有小片以它与其他种共为优势的林分。美叶柯和美叶柯林主要分布于砂岩、页岩、花岗岩的山地上，出现在龙州板闭村山地上的美叶柯可能生长在岩溶石山上，因为那里是岩溶石山的环境，但未作进一步调查落实。

（1）美叶柯 - 川杨桐 - 越南安息香 - 匙萼柏拉木 - 狗脊蕨群落（*Lithocarpus calophyllus* - *Adinandra bockiana* - *Styrax cochinchinensis* - *Blastus cavaleriei* - *Woodwardia japonica* Comm.）

本群落分布于灵川县七分山，该地属于中山山地区，海拔高 1600m，相对高 800m 左右，地势高峻，起伏大，坡度陡峻，达 30° ~ 35°。本群落见于海拔 1000 ~ 1200m 范围，上接山地常绿落叶阔叶混交林。立地土壤为发育于紫色砂页岩上的山地黄壤，土层厚度不一，一般在 30 ~ 70cm，有机质含量丰富，pH 值4.6 ~ 5.5。

群落种类组成丰富，以常绿阔叶树为主，其中以壳斗科种类占优势，由于海拔较高，也有少量的落叶阔叶树出现，其中以安息香科的种类为主。群落结构复杂，乔木层可分成 3 个亚层。第一亚层林木高 15 ~ 22m，最高达 25 ~ 26m，基径 30 ~ 80cm，最粗 103 ~ 116cm，从表 9-69 可知，1200m^2 样地有林木 18 种、38 株，虽然株数只占乔木层总株数的 9.7%，但因为植株粗大，基面积却占总基面积的 75.4%。本亚层的多数种类个体数不太多，只有 1 或 2 株，最多的 6 株，只有 1 种。本亚层的种类优势不突出，美叶柯与银木荷共为优势，前者有 3 株，后者有 4 株，重要值指数分别为 46.8 和 41.4，前

表 9-69　美叶柯－四川杨桐－越南安息香－匙萼柏拉木－狗脊蕨群落乔木层种类组成及重要值指数

（样地号：A_1+A_2，样地面积：$600m^2+600m^2$，地点：灵川县潮田新寨七分山，海拔：1000～1200m）

序号	树种	基面积(m^2)	株数	频度(%)	重要值指数
			乔木Ⅰ亚层		
1	美叶柯	2.161	3	25	46.829
2	银木荷	1.575	4	25	41.367
3	米槠	0.564	6	41.7	38.737
4	硬壳柯	0.272	4	25	23.38
5	甜槠	1.057	1	8.3	20.26
6	越南安息香	0.114	4	16.7	18.16
7	长叶栎	0.371	2	16.7	16.454
8	广东冬青	0.085	2	16.7	12.497
9	阴香	0.082	2	16.7	12.452
10	野漆	0.074	2	16.7	12.35
11	蓝果树	0.246	1	8.3	9.064
12	木莲	0.185	1	8.3	8.214
13	马蹄荷	0.135	1	8.3	7.53
14	野柿	0.105	1	8.3	7.107
15	虎皮楠	0.075	1	8.3	6.704
16	银钟花	0.071	1	8.3	6.638
17	腺毛泡花树	0.043	1	8.3	6.261
18	罗浮锥	0.024	1	8.3	5.994
	合计	7.24	38	275	299.999
			乔木Ⅱ亚层		
1	川杨桐	0.299	18	75	49.366
2	虎皮楠	0.352	11	41.7	38.949
3	香港四照花	0.269	9	50	33.665
4	硬壳柯	0.102	6	41.7	19.582
5	越南安息香	0.116	6	33.3	18.844
6	米槠	0.083	4	33.3	14.897
7	刺毛杜鹃	0.104	3	25	13.523
8	少叶黄杞	0.029	5	33.3	12.941
9	孔雀楠	0.032	4	25	10.54
10	厚皮香	0.04	3	25	9.917
11	樟叶泡花树	0.042	3	16.7	8.561
12	罗浮柿	0.022	4	16.7	8.482
13	曼青冈	0.033	2	16.7	6.989
14	黄丹木姜子	0.031	2	16.7	6.872
15	小叶青冈	0.031	2	16.7	6.84
16	大花枇杷	0.022	2	16.7	6.335
17	中华石楠	0.042	1	8.3	4.891
18	凹脉柃	0.022	2	8.3	4.843
19	野柿	0.04	1	8.3	4.791
20	罗浮锥	0.03	1	8.3	4.235
21	甜槠	0.014	1	8.3	3.361
22	中华杜英	0.009	1	8.3	3.043
23	短丝木犀	0.007	1	8.3	2.955
24	蓝果树	0.005	1	8.3	2.839
25	铁山矾	0.003	1	8.3	2.743
	合计	1.78	94	558.3	300.002
			乔木Ⅲ亚层		
1	越南安息香	0.135	32	83.3	43.714
2	少叶黄杞	0.054	33	66.7	28.623
3	细枝柃	0.065	23	66.7	26.58
4	铁山矾	0.028	26	75	22.274

（续）

序号	树种	基面积(m^2)	株数	频度(%)	重要值指数
5	黄丹木姜子	0.024	13	66.7	15.714
6	硬壳柯	0.051	11	25	15.434
7	孔雀楠	0.028	14	41.7	14.256
8	小叶青冈	0.014	11	66.7	13.266
9	米槠	0.014	12	58.3	12.847
10	罗浮锥	0.019	9	50	11.712
11	凹脉柃	0.021	8	41.7	10.756
12	厚皮香	0.021	8	41.7	10.726
13	四川杨桐	0.02	6	41.7	9.846
14	虎皮楠	0.015	10	25	8.867
15	广东冬青	0.014	7	25	7.602
16	甜槠	0.013	4	25	6.185
17	黄牛奶树	0.005	7	25	6.097
18	大花枇杷	0.009	4	25	5.62
19	短梗新木姜子	0.004	4	33.3	5.511
20	木莲	0.005	4	25	4.869
21	鼠刺	0.008	3	16.7	4.21
22	阴香	0.007	3	16.7	4.049
23	大果卫茅	0.003	1	8.3	1.696
24	香港四照花	0.001	1	8.3	1.426
25	三花冬青	0.001	1	8.3	1.426
26	曼青冈	0.001	1	8.3	1.426
27	大叶新木姜子	0.001	1	8.3	1.349
28	马蹄荷	0.001	1	8.3	1.332
29	腺叶桂樱	0	1	8.3	1.295
30	东方古柯	0	1	8.3	1.295
	合计	0.583	260	1008.3	300.005
乔木层					
1	美叶柯	2.161	3	25	24.887
2	越南安息香	0.364	42	100	20.996
3	银木荷	1.575	4	16.7	18.5
4	米槠	0.662	22	91.7	18.45
5	甜槠	1.084	6	33.3	14.979
6	少叶黄杞	0.084	38	66.7	14.89
7	四川杨桐	0.319	24	83.3	14.845
8	虎皮楠	0.442	22	58.3	14.003
9	硬壳柯	0.425	21	50	13.03
10	铁山矾	0.032	27	83.3	12.622
11	细枝柃	0.065	23	75	11.408
12	黄丹木姜子	0.055	15	75	9.267
13	香港四照花	0.271	10	58.3	9.153
14	小叶青冈	0.045	13	75	8.648
15	孔雀楠	0.06	18	50	8.458
16	罗浮锥	0.073	11	58.3	7.351
17	厚皮香	0.061	11	50	6.68
18	凹脉柃	0.042	10	41.7	5.696
19	广东冬青	0.099	9	33.3	5.49
20	长叶栎	0.371	2	16.7	5.459
21	木莲	0.19	5	33.3	5.413
22	蓝果树	0.251	2	16.7	4.209
23	大花枇杷	0.031	6	33.3	4.017
24	阴香	0.089	5	25	3.823
25	刺毛杜鹃	0.104	3	25	3.472

（续）

序号	树种	基面积（m²）	株数	频度（%）	重要值指数
26	黄牛奶树	0.005	7	25	3.464
27	短梗新木姜子	0.004	4	33.3	3.223
28	野柿	0.144	2	16.7	3.095
29	马蹄荷	0.136	2	16.7	3.007
30	曼青冈	0.035	3	25	2.748
31	野漆	0.074	2	16.7	2.365
32	罗浮柿	0.022	4	16.7	2.332
33	樟叶泡花树	0.042	3	16.7	2.288
34	鼠刺	0.008	3	16.7	1.932
35	银钟花	0.071	1	8.3	1.532
36	腺毛泡花树	0.043	1	8.3	1.247
37	中华石楠	0.042	1	8.3	1.228
38	中华杜英	0.009	1	8.3	0.886
39	短丝木犀	0.007	1	8.3	0.869
40	大果卫茅	0.003	1	8.3	0.825
41	三花冬青	0.001	1	8.3	0.809
42	大叶新木姜子	0.001	1	8.3	0.804
43	腺叶桂樱	0	1	8.3	0.801
44	东方古柯	0	1	8.3	0.801
	合计	9.603	392	1541.7	300

短丝木犀 *Osmanthus serrulatus*

者比后者略大；常见的种类有米槠、硬壳柯和甜槠，都为壳斗科种类，重要值指数分别为38.7、23.4和20.3；其他的种类重要值指数在10～20之间的有5种；<10的有8种。本亚层落叶阔叶树有越南安息香、野漆、蓝果树、野柿、腺毛泡花树和银钟花6种，重要值指数59.7，占本亚层总种数的33.3%，总重要值指数的19.9%。第二亚层林木高7.5～14m，基径7～30cm，1200m²有25种、94株，在3个亚层中种数和株数均排列第二。本亚层优势也不突出，优势种为川杨桐，有18株，重要值指数49.4；次优势种有虎皮楠和香港四照花，分别有11株和9株，重要值指数39.0和33.7；常见的种类有硬壳柯、越南安息香、米槠、刺毛杜鹃、少叶黄杞、孔雀楠，重要值指数在10～20之间；剩下的16种重要值指数<10，占总种数的64%。本亚层落叶阔叶树有越南安息香、野柿、蓝果树3种，重要值指数只有26.3。第三亚层林木高3～7m，基径2.5～8cm，1200m²样地有30种、260株，是3个亚层中种数和株数最多的一个亚层，尤其是株数，占了整个乔木层总株数的66.3%，但因为植株细小，基面积只占乔木层总基面积的6.1%。本亚层优势同样不很突出，重要值指数分配比较分散，优势种为落叶阔叶树越南安息香，有32株，重要值指数43.7；次优势种有少叶黄杞、细枝柃和铁山矾，分别有33、23、26株，重要值指数28.6、26.6和22.3；常见的种类有黄丹木姜子、硬壳柯、孔雀楠、小叶青冈、米槠、罗浮锥、凹脉柃和厚皮香，重要值指数在10～16之间；其余18种，重要值指数<10，其中有8种<2。从整个乔木层分析，优势很不明显，重要值指数分配十分分散，与各亚层组成种类重要值指数分配情况相一致。上层优势种美叶柯植株高大，重要值指数排列第一，但1200m²样地只有3株，重要值指数只有24.9；重要值指数排列第二的落叶阔叶树越南安息香，目前还处在下层林木阶段，为下层林木的优势种，它是乔木层中株数最多的种类，有42株，比美叶柯株数多14倍，但因为植株细小，所以重要值指数只有21.0；重要值指数排列第三的上层次优势种银木荷，情况与美叶柯相似，重要值指数为18.5；米槠是各层的常见种，株数较多，有22株，重要值指数为18.45，排列第四；甜槠也是一种常见种，虽然它在上层和中层有比较大的植株，但数量少，各只有1株，故重要值指数不大，为15.0，排列第五；少叶黄杞、川杨桐、虎皮楠、硬壳柯、铁山矾、细枝柃等6种，它们是中层和下层林木的优势种或次优势种，情况与越南安息香相似，植株较多，而茎细小，重要值指数不会很大，在11～15之间；其余占总种类75%的33种，为群落的偶见种，重要值指数在1～10之间，重要值指数合计为121.4，平均每种只有3.7。

表 9-70　美叶柯－四川杨桐－越南安息香－匙萼柏拉木－狗脊蕨群落灌木层和草本层种类组成及分布情况

序号	种名	多度盖度级												频度	更新(株)	
		Ⅰ	Ⅱ	Ⅲ	Ⅳ	Ⅴ	Ⅵ	Ⅶ	Ⅷ	Ⅸ	Ⅹ	Ⅺ	Ⅻ	(%)	幼苗	幼树
灌木层植物																
2	米槠	2	3	4	1	4	3	4	3	3	3	2	3	100.0	19	47
3	硬壳柯	2	2	3	3	3	3	2	3	3	3	3	4	100.0	55	67
4	虎皮楠	3	3	3	3	3	3	4	3	3	3	4	4	100.0		
5	匙萼柏拉木	4	5	4	5	4	5	2	6	2	4	3	4	100.0		
6	孔雀楠	4	3	3	3	3	3	3	3	3	2	3	4	100.0		
7	黄牛奶树	3	3	3	3	3	3	4	4	3	2	3	3	100.0		
8	黄丹木姜子	3	3	3	3	3	3	3		4	3	4	3	91.7		
9	铁山矾	4	5	4	5	4	4	3		3	3	3	3	91.7		
10	阴香	1	2	3	2	1	2	2		2	2	3	2	91.7		
11	越南安息香	3	3	3	3	3	3		3	3	4	4	4	91.7		
12	少叶黄杞	5	3	3			4	3	4	3	4	4	3	83.3		
13	短梗新木姜子		1	3		3		2	3	2	3	2	2	75.0		
14	披针叶粗叶木	1	1	2	2	1	1	3			2		3	75.0		
15	临桂绣球	3	2		2	1			2	3	3	3	2	75.0		
16	草珊瑚		2	3	3	3	2	2		2	2		3	75.0		
17	木莲		1	2	1		2				1	2	2	58.3		
18	樟叶泡花树		3	3	1	1	3			1			3	58.3		
19	三花冬青	3		2	3	3	2		1				3	58.3		
20	腺叶桂樱			3	1	1		3	2		2		3	58.3		
21	华润楠	2					2		3	3		3	3	50.0		
22	甜槠		1	1		1	1			3		1		50.0	5	7
23	凹脉柃	3	3			3		1		3	3			50.0		
24	光叶山矾					2	2	1			3	3	3	50.0		
25	罗浮锥		3		1	1	1		1	3				50.0		8
26	东方古柯		1						1	1	1	1	1	50.0		
27	厚皮香		1		1	3			3		3		3	50.0		
28	小叶青冈	2	3						1	3			3	41.7		11
29	南山花		3	2		2			3		2			41.7		
30	麻叶悬钩子		1					1	1	1	2			41.7		
31	罗浮柿		2		3		3	2				3		41.7		
32	穗序鹅掌柴							1	1	1	1		2	41.7		
33	山香圆							1		1	2	1	2	41.7		
34	银木荷				2				1	2	1			33.3	2	4
35	鼠刺				2	2	1			3				33.3		
36	细枝柃	1	3			3							4	33.3		
37	短丝木犀				3			2	3				3	33.3		
38	黄毛樟						3	1		1			3	33.3		
39	多花山矾							3				3	3	25.0		
40	大果卫矛				3				3		1			25.0		
41	中华杜英		1	2					1					25.0		
42	美叶柯	2	1		1									25.0	2	8
43	短梗大参	1	1	2										25.0		
44	花椒簕	1	3		1									25.0		
45	广东冬青						3				3	1		25.0		
46	银钟花										3	3	3	25.0		
47	小叶五月茶	1									1			16.7		
48	石楠					1	1							16.7		
49	芬香安息香						3				1			16.7		
50	润楠 1 种									1	1			16.7		
51	耳叶榕							1			2			16.7		
52	南烛		1						1					16.7		
53	西南香楠	2			1									16.7		

（续）

序号	种名	多度盖度级												频度	更新(株)	
		Ⅰ	Ⅱ	Ⅲ	Ⅳ	Ⅴ	Ⅵ	Ⅶ	Ⅷ	Ⅸ	Ⅹ	Ⅺ	Ⅻ	(%)	幼苗	幼树
54	赤楠				1									8.3		
55	杜茎山					3								8.3		
56	四川杨桐						3							8.3		
57	曼青冈								1					8.3		
58	变叶榕								2					8.3		
59	长叶栎					2								8.3	1	2
60	木犀假卫矛					1								8.3		
61	山槐											1		8.3		
62	栀子											1		8.3		
63	五裂槭												2	8.3		
	草本层植物															
1	狗脊蕨	5	4	4	4	3	3	4	4	4	3	4	3	100.0		
2	剪刀股	3		2	3	2		2	3	2	2	3	3	83.3		
3	日本双盖蕨	3	3	3	3	2	3	3	3	2	2			83.3		
4	菝葜叶百合		2			2	2	1	1	2	2	2	2	75.0		
5	中华复叶耳蕨				3		3	4	3	3	2	3	3	66.7		
6	中华里白	5	5	4	4	4	3						3	58.3		
7	淡竹叶							2	2	2	2	3	2	50.0		
8	刺头复叶耳蕨		2						3	3	3	3		41.7		
9	艳山姜					2		3		2	3			33.3		
10	山姜	2	2						3			3		33.3		
11	菊科1种		4		3					2				25.0		
12	长叶莎草		3		3					2				25.0		
13	金耳环	2		2			2							25.0		
14	华东瘤足蕨		3		3							2		25.0		
15	镰叶瘤足蕨		3		3		3							25.0		
16	稀羽复叶耳蕨	3									2			16.7		
17	朱砂根								1		3			16.7		
18	圣蕨			2			2							16.7		
19	珍珠莎草					2	2							16.7		
20	鳞毛蕨1种											3		8.3		
21	吊杆泡											2		8.3		
22	锦香草												2	8.3		
23	稀羽鳞毛蕨												3	8.3		
24	阔鳞鳞毛蕨							2						8.3		
25	骤尖楼梯草								1					8.3		
26	兰科1种					1								8.3		
	藤本植物															
1	小叶菝葜	0		0		0		0	0	0	0	0	0	75.0		
2	三叶木通		0					0	0	0	0	0	0	58.3		
3	鸡眼藤	0	0	0		0	0		0				0	58.3		
4	冷饭藤					0	0	0		0	0		0	50.0		
5	藤黄檀	0	0		0	0	0							41.7		
6	流苏子	0	0		0	0								33.3		
7	尖叶菝葜								0		0	0	0	33.3		
8	广东蛇葡萄							0				0		16.7		
9	买麻藤								0		0			16.7		
10	鸡矢藤										0			8.3		
11	链珠藤							0						8.3		

麻叶悬钩子 *Rubus* sp.　黄毛樟 *Cinnamomum* sp.　短梗大参 *Macropanax rosthornii*　西南香楠 *Aidia henryi*
日本双盖蕨 *Diplazium* sp.　长叶莎草 *Cyperus* sp.　金耳环 *Asarum insigne*　稀羽复叶耳蕨 *Arachniodes* sp.
珍珠莎草 *Scleria* sp.

灌木层植物种类较多，从表9-70可知，1200m²样地有63种，但分布不均匀，有的地段覆盖度20%～35%，有的地段覆盖度40%～60%。种类成分以乔木的幼树较多，约占2/3，真正的灌木种类也不少，约占1/3。乔木的幼树较多的有米槠、硬壳柯、虎皮楠、孔雀楠、网脉木犀、山矾；真正的灌木以匙萼柏拉木为优势，常见的种类有披针叶粗叶木、临桂绣球(*Hydrangea lindweiensis*)、草珊瑚等。

草本层植物种类较少，1200m²样地只有26种，数量也不多，多数地段覆盖度只有10%～20%，个别地段有40%。草本层植物种类成分的特点是喜或耐阴湿的种类较多，其中蕨类植物有12种。优势种为狗脊蕨，其他较常见的种类有剪刀股(*Ixeris japonica*)、日本双盖蕨(*Diplazium* sp.)、菝葜叶百合(*Lilium* sp.)、中华复叶耳蕨等。

藤本植物种类不多，1200m²不到12种，数量也很稀少，但见有较粗大的藤黄檀攀援于树冠之上。较常见的种类有小叶菝葜(*Smilax* sp.)、三叶木通、鸡眼藤等。

从表9-70林木层的更新情况看，1200m²样地，上层优势种美叶石柯和次优势种银木荷，各有幼树8株和4株，幼苗各2株，群落发展下去，它们最多能保持目前这种地位，不可能发展壮大。硬壳柯和米槠更新最好，各有幼树67株和47株，幼苗55株和19株，而且在3个林木亚层都有适当的个体，种群结构完整，群落发展下去，它们很可能成为群落的优势种。

(2)美叶柯+木荷-樟叶泡花树-阴香-柏拉木-倒挂铁角蕨群落(*Lithocarpus calophyllus*+*Schima superba*-*Melliosma squamulata*-*Cinnamomum burmannii*-*Blastus cochinchinensis*-*Asplenium normale* Comm.)

本群落分布于金秀县大瑶山，受到比较严重的破坏。群落见于16km采育场，海拔1210m，地层为寒武系砂页岩，立地土壤为山地黄壤，地表枯枝落叶层覆盖100%。群落总覆盖度80%，林木层有3个亚层。上层林木一般高20m左右，胸径40cm左右，覆盖度75%，林木高大，树干通直，有巨大的罗浮锥和落叶阔叶树蓝果树的枯死树。该亚层优势种为美叶柯，但它株数不太多，只是茎粗大而已，常见的种类有木荷、马蹄荷、桃叶石楠、毛桂、罗浮锥和落叶阔叶树陀螺果，少量出现的种类有茶梨、厚皮香、少叶黄杞等。中层林木一般高12m左右，胸径12～15cm，覆盖度40%。优势种为樟叶泡花树，常见的种类有少叶黄杞、桃叶石楠、光叶拟单性木兰、罗浮槭、日本杜英等，少量出现的种类有密花冬青、船柄茶、大花枇杷和海南树参等。下层林木高6m左右，胸径10cm以下，覆盖度30%。该层林木树干纤细，冠幅稀疏，优势种为阴香，常见的种类有黄丹木姜子、短梗新木姜子、广东杜鹃、厚皮香、薄瓣石笔木(*Tutcheria greeniae*)等，少量出现的种类有海南树参、大花枇杷、光叶拟单性木兰、大头茶、显脉冬青、毛桂等。

灌木层植物覆盖度25%，组成种类较丰富。优势种为柏拉木，常见的种类有大花枇杷、网脉山龙眼、广东杜鹃和黄丹木姜子等，其他的种类有阴香、海南树参、腺叶桂樱、西南香楠、少叶黄杞、樟叶泡花树、杜茎山、柃木、多花杜鹃、毛狗骨柴、船柄茶、朱砂根、细柄五月茶、苗山冬青、深山含笑、狭叶木犀榄等。

草本层植物很稀疏，种类和数量都稀少。种类有倒挂铁角蕨、中华复叶耳蕨、多羽复叶耳蕨、长叶铁角蕨、稀羽鳞毛蕨、狗脊蕨、攀援星蕨(*Microsorum* sp.)、沿阶草、蜈蚣草等。

藤本植物也很稀少，种类有异叶地锦(*Parthenocissus dalzielii*)、狭叶黄檀、菝葜、络石、扶芳藤、流苏子等，藤茎一般细小，攀援不高，但黔黄檀(*Dalbergia cavaleriei*)茎可粗达4cm、攀援至林冠之上。

从更新调查看，幼苗幼树较多的种类有网脉山龙眼、黄丹木姜子、广东新木姜子、深山含笑、樟叶泡花树等。

20. 泥椎柯林(Form. *Lithocarpus fenestratus*)

在广西过去植被调查中都把泥椎柯称为华南柯，它是广西常绿阔叶林壳斗科柯属种类中很常见的成分，在桂西金钟山保护区和南丹三匹虎林区有以它为主的类型。

(1)泥椎柯-日本杜英+粉叶润楠-粉叶润楠+泥椎柯-晚花吊钟花-华南鳞盖蕨群落(*Lithocarpus fenestratus*-*Elaeocarpus japonicus*+*Machilus glaucifolia*-*Machilus glaucifolia*+*Lithocarpus fenestratus*-*Enkianthus serotinus*-*Microlepia hancei* Comm.)

本群落见于桂西金钟山保护区海拔1600～1800m高山山顶部，根据海拔1690m的400m²样地调查，立地土壤为山地森林黄壤，土层厚，地表多枯枝落叶，腐殖质层厚，含水量大。

本群落位于我国西部(半湿润)常绿阔叶林亚区域地区，种类成分有一定数量的落叶阔叶树。群落郁闭度在0.9以上，乔木层分为3个亚层。第一亚层林木高18m左右，胸径14～50cm，郁闭度0.7，林木较为高大，树干通直，枝下高较高。该亚层林木株数占乔木层株数的24.4%，基面积占乔木层总基面的69.5%。泥椎柯株数多，胸径大多在25cm左右，覆盖面积较大，占该亚层的37.9%，重要值指数较大，为105.51，居第一位；樱桃和日本杜英重要值指数分别为47.0和43.7，排列第二和第三位；其他常见的种类有粉叶润楠、晚花吊钟花、红木荷，均为1或2株出现。本亚层落叶阔叶树有樱桃、晚花吊钟花，半常绿阔叶树有红木荷。第二亚层林木高10m左右，胸径4～15cm，林木生长密集，郁闭度0.6。该亚层林木株数占乔木层总株数的56.4%，基面积占乔木层总基面的20.7%。日本杜英和粉叶润楠共为优势，重要值指数分别为72.9和65.9；排列第三和第四的是泥椎柯和晚花吊钟花，重要值指数分别为41.8和29.0；其他少量出现的种类还有红木荷、缺萼枫香树、南酸枣、尼泊尔桤木、栓皮栎、细枝柃等，除细枝柃为常绿阔叶树、红木荷为半常绿阔叶树外，其他均为落叶阔叶树。第三亚层林木高5m左右，胸径3～39cm，由于林木稀少，树冠不成型，除少数几株胸径较大外，其他树干细小，郁闭度只有0.1。该亚层林木株数占乔木层总株数的19.2%，基面积占整个乔木层基面积的9.8%；种类少，400m^{2}样地只有4种。泥椎柯植株少，但胸径大，重要值指数为122.8，排列第一；粉叶润楠株数较多，但胸径小，重要值指数为114.3，排列第二；剩下的栓皮栎和细枝柃重要值指数分别为39.6和23.8。本亚层的落叶阔叶树只有栓皮栎1种。从整个乔木层分析，泥椎柯胸径大，重要值指数为69.2，居第一，它在各层都有较大的优势，林下也分布有幼苗和幼树，群落发展下去，它能保持目前这种地位；日本杜英和粉叶润楠，重要值指数为52.8和50.9，排列第二和第三位，日本杜英多集中上层，下层植株和幼苗幼树缺乏，群落发展下去，它的地位可能被取代。

灌木层植物覆盖度30%，高1m左右，多为乔木的幼树，种类少，400m^{2}样地只有7种，以粉叶润楠为优势，其他常见的种类还有泥椎柯、红木荷、多花岑、晚花吊钟花、朱砂根等。

草本层植物稀少，覆盖度小于5%，高0.3m，有华南鳞盖蕨、山麦冬等几种喜阴种类。

（2）泥椎柯－泥椎柯－细枝柃－栲－狗脊蕨群落(*Lithocarpus fenestratus* – *Lithocarpus fenestratus* – *Eurya loquaiana* – *Castanopsis fargesii* – *Woodwardia japonica* Comm.)

分布于南丹县三匹虎采育场，海拔800～900m山地。立地土壤为发育于砂页岩上的森林黄壤，枯枝落叶层覆盖地表95%，厚3～4cm。

群落郁闭度0.85，林木高大，枝下高高，但受到比较严重的破坏，林内有枯倒树和伐桩。虽然林木可分为3个亚层，但第二和第三亚层林木稀少，好像缺少林木2、3亚层一样。

表9-71　泥椎柯－泥椎柯－细枝柃－栲树－狗脊蕨群落乔木层种类组成及重要值指数

（样地号：三匹虎2号，样地面积：30m×20m，地点：南丹县三匹虎采育场，海拔：800～900m）

序号	树种	基面积(m^2)	株数	频度(%)	重要值指数
		乔木Ⅰ亚层			
1	泥椎柯	0.764	10	66.7	98.615
2	栲	0.466	6	33.3	56.651
3	双齿山茉莉	0.292	1	16.7	23.479
4	桂林槭	0.255	4	33.3	40.131
5	枫香树	0.204	1	16.7	19.677
6	木荷	0.187	2	16.7	22.624
7	山杜英	0.075	1	16.7	14.109
8	鼠刺叶柯	0.066	1	16.7	13.702
9	细枝柃	0.004	1	16.7	11.013
	合计	2.313	27	233.3	300.001
		乔木Ⅱ亚层			
1	泥椎柯	0.007	3	33.3	179.773
2	细枝柃	0.002	1	16.7	63.349
3	罗浮柿	0.001	1	16.7	56.743
	合计	0.011	5	66.7	299.866

（续）

序号	树种	基面积(m²)	株数	频度(%)	重要值指数
		乔木Ⅲ亚层			
1	细枝柃	0.013	10	100	154.569
2	双齿山茉莉	0.003	2	16.7	31.981
3	红木荷	0.002	1	16.7	21.133
4	栲	0.001	1	16.7	16.207
5	黄樟	0.001	1	16.7	16.207
6	柯1种	0.001	1	16.7	15.548
7	红楠	0.001	1	16.7	15.548
8	桂林槭	0	1	16.7	14.588
9	木莲	0	1	16.7	14.253
	合计	0.023	19	233.3	300.033
		乔木层			
1	泥椎柯	0.771	13	66.7	73.732
2	栲	0.467	7	33.3	41.312
3	双齿山茉莉	0.295	3	16.7	22.32
4	桂林槭	0.256	5	50	32.238
5	枫香树	0.204	1	16.7	14.512
6	木荷	0.187	2	16.7	15.727
7	山杜英	0.075	1	16.7	9.023
8	鼠刺叶柯	0.066	1	16.7	8.622
9	细枝柃	0.019	12	100	47.421
10	红木荷	0.002	1	16.7	5.891
11	罗浮柿	0.001	1	16.7	5.861
12	黄樟	0.001	1	16.7	5.843
13	柯1种	0.001	1	16.7	5.837
14	红楠	0.001	1	16.7	5.837
15	木莲	0	1	16.7	5.825
	合计	2.347	51	433.3	300

第一亚层林木高度明显分为2个层片，下层片高15～17m，上层片高22～26m，胸径15～53cm，最粗61cm，覆盖度80%。从表9-71可知，600m²样地有林木9种、27株，是3个亚层中种数和株数最多的一个亚层，株数占乔木层总株数的52.9%，由于林木粗大，基面积占乔木层总基面的98.6%，几乎就是只有第一亚层林木存在一样。种类组成以泥椎柯为优势，有10株，重要值指数98.6；次优势为栲，有6株，重要值指数56.7；常见的为桂林槭，有4株，重要值指数40.1。其他的多是单株出现，种类有双齿山茉莉、木荷、山杜英、鼠刺叶柯和落叶阔叶树枫香树等。第二亚层林木高9～10m，胸径4～7cm，覆盖度20%，600m²样地只有3种、5株，基面积只占乔木层总基面积的0.46%，似乎不存在该亚层。组成种类仍以泥椎柯为多，有3株，剩下细枝柃和罗浮柿2种为单株出现。第三亚层林木高4～7m，胸径3～5cm，覆盖度20%，600m²样地有林木9种、19株。本亚层虽然株数比第二亚层多，但胸径细小，基面积亦只占乔木层总基面积的0.95%。组成种类以细枝柃为优势，有10株，重要值指数154.6；其余8种，除双齿山茉莉有2株外，剩下的都是单株出现，种类有红木荷、黄樟、栲、红楠、木莲等。从整个乔木层分析，泥椎柯为群落中最高大的乔木，虽然在第三亚层没有出现，但在第一亚层和第二亚层占有绝对的优势，故在整个乔木中仍占有明显的优势，重要值指数为73.7；细枝柃为小乔木，在第三亚层为优势种，在整个乔木层中，重要值指数排在第二，为47.4；栲虽然是第一亚层的次优势种，但在第二亚层没有分布，在第三亚层只有1株，因而在整个乔木层中重要值指数不会很大，只有41.3，排在第三位；桂林槭和双齿山茉莉是常见种，在整个乔木层中重要值指数也不会很大；其他的种类多是偶见种，重要值指数都很小。

由于中、下层林木都比较稀少，灌木层植物和草本层植物都比较发达。灌木层植物覆盖度65%，从表9-72可知，600m²样地有17种，种类成分以乔木的幼树为主。栲和红楠的幼树最多，常见的为泥椎柯、扁刺锥、细枝柃，少量出现的有毛桂、红木荷、薄叶润楠、鼠刺叶柯、广东冬青等。真正的灌木种类不多，分布零星，种类有杜茎山、疏花卫矛、草珊瑚、常山。

表 9-72　泥椎柯 – 泥椎柯 – 细枝柃 – 楮 – 狗脊蕨群落灌木层和草本层种类组成及分布情况

序号	种名	多度	序号	种名	多度	序号	种名	多度
灌木层植物			11	薄叶润楠	sol	4	莲座紫金牛	sol
1	楮	sp ~ cop	12	鼠刺叶柯	sol	5	蕨 1 号	sol
2	红楠	sp ~ cop	13	黄棉木	sol	6	蕨 2 号	sol
3	泥椎柯	sp	14	广东冬青	sol	7	蕨 3 号	sol
4	细枝柃	sp	15	常山	sol	8	蕨 4 号	sol
5	扁刺锥	sp	16	草珊瑚	sol	9	兰科 1 种	sol
6	毛桂	sol	17	棕榈	un	藤本植物		
7	疏花卫矛	sol	草本层植物			1	菝葜	sp
8	红木荷	sol	1	狗脊蕨	sp ~ cop	2	网脉酸藤子	sp
9	海桐	sol	2	卷柏	sp ~ cop	3	青藤仔	sol
10	杜茎山	sol	3	锦香草	sp	4	异形南五味子	sol

海桐 *pittosporum* sp.

草本层植物覆盖度 40%，种类组成简单，600m^{2}样地只有 9 种，蕨类植物占绝大多数，有 6 种。以狗脊蕨和卷柏为优势，次为锦香草，其他的种类都是零星分布。

藤本植物种类更为稀少，600m^{2}样地只有 4 种，常见的为菝葜和网脉酸藤子。虽然种类少，但可见到茎粗 5cm 的藤本攀援至上层树冠之上。

21. 竹叶青冈林（Form. *Cyclobalanopsis neglecta*）

作为个体，竹叶青冈分布于我国广东、海南、广西等地海拔 500 ~ 2200m 山地杂木林中。在广西，竹叶青冈主要见于北热带地区的十万大山、宁明公母山、钦州、容县云开大山，海拔 650 ~ 900m 的山地常绿阔叶林中，未发现有以它为优势的林分。虽然它主要见于北热带季节性雨林垂直带谱上的山地常绿阔叶林中，但在中亚热带的桂北融水县境内九万山，却发现有小片以它为优势的林分，种类成分为中亚热带性质，所以把竹叶青冈归到典型常绿阔叶林的类型中去。

（1）竹叶青冈 – 海南树参 + 光叶石楠 – 摆竹 – 蕨状薹草群落（*Cyclobalanopsis neglecta* – *Dendropanax hainanensis* + *Photinia glabra* – *Indosasa shibataeoides* – *Carex filicina* Comm.）

分布于九万山无名高地，海拔 1250m 的山坡中部，群落内地表枯枝落叶层厚 5 ~ 10cm，环境较潮湿，多苔藓附生。

群落乔木层有 2 个亚层，第一亚层林木高 10 ~ 20m，胸径 10 ~ 30cm，枝下高 5m 以上，林木生长通直，郁闭度 0.7 ~ 0.8，组成种类以竹叶青冈为主，重要值指数 40.2；次为银木荷，重要值指数 28.6；常见的有碟斗青冈，重要值指数 18.2；伴生的种类有桂北木姜子、光叶拟单性木兰等。第二亚层林木高 2 ~ 8m，胸径 4 ~ 8cm，郁闭度 0.5 ~ 0.6，以海南树参、光叶石楠、薄叶山矾为优势，伴生种类有薄瓣石笔木、百合花杜鹃、贵州杜鹃、锥、鹿角锥、铁山矾、隐脉西南山茶、香粉叶、石灰花楸、漆树等。

灌木层植物盖度 35% ~ 40%，主要以摆竹为优势，高 2m 左右，伴生种类有小花杜鹃、粤西绣球、条叶猕猴桃、木莓（*Rubus swinhoei*）、玉叶金花等。

草本层植物盖度 5% 左右，主要有蕨状薹草为多，其他种类有多羽复叶耳蕨、花葶薹草、长茎羊耳蒜（*Liparis viridiflora*）等。

更新层良好，主要的幼苗幼树种类有：竹叶青冈、光叶拟单性木兰、红花木莲、桂南木莲、鹿角锥、桂北木姜子、凯里杜鹃、凹叶冬青等。

22. 碟斗青冈林（Form. *Cyclobalanopsis disciformis*）

作为个体碟斗青冈分布于我国的广东、海南、广西、贵州等地，生于海拔 200 ~ 1500m 的山地杂木林中。在广西，主要分布于桂中大瑶山、平乐、临桂和融水县九万山，见于海拔 1000m 以下的山地杂木林中。在大瑶山反射弧贺州市滑水冲保护区，发现有小片以它为优势的林分。

（1）碟斗青冈 – 碟斗青冈 – 茜树 – 海南罗伞树 – 金毛狗脊群落（*Cyclobalanopsis disciformis* – *Cyclobalanopsis disciformis* – *Aidia cochinchinensis* – *Ardisia quinquegona* – *Cibotium barometz* Comm.）

见于滑水冲保护区东面的三朗冲，局限分布于山谷两侧湿润的环境，面积很小，所在地海拔 420m。

由于人为影响较大，群落的种类组成也较简单，郁闭度 0.7 左右。

在广西，碟斗青冈的分布区大致处在南亚热带的北缘和中亚热带的南缘，本群落的组成种类中不少成分属于季风常绿阔叶林性质，个别甚至属于季节性雨林的性质。但由于本群落的具体位置在中亚热带南缘，所以还是把它放在典型常绿阔叶林的类型中去。

第一亚层林木以碟斗青冈占主要地位，其他林木种类很少，只见有红山梅零星分布其中。第二亚层林木种类也不多，没有明显的优势种，碟斗青冈、红山梅、茜树、罗浮槭比较常见。第三亚层林木种类也较单纯，茜树最多，它如尖萼川杨桐、罗浮槭、短梗新木姜子、厚皮香、黄丹木姜子等零星分布。

灌木层植物种类较多，覆盖度40%左右，大多为乔木的幼树，黄果厚壳桂、黄杞、木竹子、刨花润楠、罗浮锥、山杜英、碟斗青冈较多。真正灌木以海南罗伞树和九节为优势，其他的种类有杜茎山、鲫鱼胆、赤楠、虎舌红、露兜树、假鹰爪、草珊瑚、栀子、琴叶榕、朱砂根等。

草本层植物覆盖稀疏，盖度 20% 以下。金毛狗脊为主，凤丫蕨、蛇足石杉、沿阶草、华南鳞毛蕨、十字薹草、翠云草、山姜、淡竹叶等常可见到，狗脊蕨也有少量出现。

藤本植物种类较多，龙须藤、鸡眼藤、瓜馥木、藤黄檀、络石、三叶木通、酸藤子、柳叶菝葜等是比较常见的。

23. 槟榔青冈林(Form. *Cyclobalanopsis bella*)

槟榔青冈在我国分布于广东、海南、广西等地，生于海拔 200 ~ 700m 的低山和丘陵。在广西，见于大瑶山保护区、平南、昭平、荔浦、永福、恭城、靖西等地，生长在海拔 1150m 以下的山地和丘陵的杂木林中，在大瑶山和昭平，可见到小片以它为优势的林分。

(1)槟榔青冈 – 少叶黄杞 – 华西箭竹 – 狗骨柴 – 锦香草群落(*Cyclobalanopsis bella* – *Engelhardia fenzelii* – *Fargesia ntitida* – *Diplospora dubia* – *Phyllagathis cavaleriei* Comm.)

见于金秀县大瑶山保护区，生于海拔 1150m 的中山山地，立地土壤为发育于砂岩上的森林水化黄壤，地表枯枝落叶层覆盖 60%，小块岩石出露地面 5% 左右，心土多含碎石块。

本群落过去曾经种过杉木，因为种类组成中有杉木，但年代已经比较久远。目前群落中的林木，可能部分是砍伐种杉木时留下的，部分是丢弃杉木林后恢复起来的，因此上层林木高度和胸径差异较大，部分林木 24m 以上，部分林木只有 15 ~ 18m。群落保存尚好，林木比较高大，植株较少，多数种类每种只有 1 个个体，郁闭度 0.8，乔木层可分成 3 个亚层。

表 9-73 槟榔青冈 – 少叶黄杞 – 华西箭竹 – 狗骨柴 – 锦香草群落乔木层种类组成及重要值指数

(样地号：瑶山 7 号，样地面积：500m^2，地点：金秀县老山采育场 16km 场部后山，海拔：1150m)

序号	树种	基面积(m^2)	株数	频度(%)	重要值指数
		乔木Ⅰ亚层			
1	槟榔青冈	2.011	1	20	59.833
2	赤杨叶	0.295	3	60	40.478
3	猴欢喜	0.43	2	40	32.652
4	光叶拟单性木兰	0.396	1	20	20.705
5	厚叶山矾	0.145	1	20	14.63
6	网脉木犀	0.139	1	20	14.468
7	少叶黄杞	0.126	1	20	14.156
8	樟叶泡花树	0.126	1	20	14.156
9	阴香	0.119	1	20	14.006
10	大果木姜子	0.102	1	20	13.578
11	广东新木姜子	0.075	1	20	12.94
12	虎皮楠	0.062	1	20	12.603
13	刨花润楠	0.053	1	20	12.398
14	红楠	0.028	1	20	11.798
15	苗山冬青	0.02	1	20	11.598
	合计	4.127	18	360	300.001
		乔木Ⅱ亚层			
1	少叶黄杞	0.17	3	40	42.983
2	樟叶泡花树	0.067	2	40	26.414

（续）

序号	树种	基面积（m^2）	株数	频度（%）	重要值指数
3	广东山胡椒	0.055	2	40	24.988
4	苗山冬青	0.132	1	20	24.677
5	虎皮楠	0.045	2	40	23.899
6	黄樟	0.102	1	20	21.157
7	褐毛四照花	0.071	1	20	17.536
8	厚皮香	0.042	1	20	14.144
9	基脉润楠	0.035	1	20	13.34
10	栲	0.031	1	20	12.965
11	薄叶润楠	0.031	1	20	12.965
12	山麻风树	0.031	1	20	12.965
13	红楠	0.013	1	20	10.853
14	日本杜英	0.011	1	20	10.624
15	网脉木犀	0.008	1	20	10.222
16	华西箭竹	0.008	1	20	10.222
17	罗浮柿	0.006	1	20	10.048
	合计	0.859	22	420	299.999
乔木Ⅲ亚层					
1	华西箭竹	0.023	15	80	108.301
2	虎皮楠	0.011	2	40	33.035
3	红楠	0.023	1	20	33.026
4	樟叶泡花树	0.011	2	20	25.968
5	少叶黄杞	0.011	1	20	21.969
6	总状山矾	0.006	1	20	17.165
7	广东山胡椒	0.006	1	20	17.165
8	广东新木姜子	0.005	1	20	15.869
9	黄丹木姜子	0.003	1	20	13.734
10	大果木姜子	0.003	1	20	13.734
	合计	0.103	26	280	299.967
乔木层					
1	槟榔青冈	2.011	1	20	43.249
2	华西箭竹	0.031	16	80	33.732
3	少叶黄杞	0.307	5	60	20.28
4	樟叶泡花树	0.204	5	60	18.254
5	赤杨叶	0.295	3	60	17.006
6	猴欢喜	0.43	2	40	15.933
7	虎皮楠	0.118	5	40	14.346
8	光叶拟单性木兰	0.396	1	20	11.518
9	苗山冬青	0.152	2	40	10.464
10	网脉木犀	0.146	2	40	10.352
11	红楠	0.064	3	40	10.254
12	广东山胡椒	0.061	3	40	10.191
13	大果木姜子	0.105	2	40	9.531
14	广东新木姜子	0.081	2	40	9.057
15	厚叶山矾	0.145	1	20	6.591
16	阴香	0.119	1	20	6.085
17	黄樟	0.102	1	20	5.738
18	褐毛四照花	0.071	1	20	5.126
19	刨花润楠	0.053	1	20	4.781
20	厚皮香	0.042	1	20	4.554
21	基脉润楠	0.035	1	20	4.418
22	栲	0.031	1	20	4.355
23	薄叶润楠	0.031	1	20	4.355
24	山麻风树	0.031	1	20	4.355

（续）

序号	树种	基面积(m^2)	株数	频度(%)	重要值指数
25	日本杜英	0.011	1	20	3.96
26	总状山矾	0.006	1	20	3.862
27	罗浮柿	0.006	1	20	3.862
28	黄丹木姜子	0.003	1	20	3.793
	合计	5.089	66	900	300

第一亚层林木分成2个层片，上层林片高24m以上，最高的达32m；下层林片高15~20m，一般基径40cm左右，最粗160cm，覆盖度75%。从表9-73可知，本亚层500m^2样地有林木15种、18株，其中有12种为单株出现。优势种为槟榔青冈，重要值指数59.8，其实它仅有1株植株，但它是群落中最高大的乔木，高32m，基径160cm，断面积2.0106m^2，占该亚层断面积的48.7%，它也是群落中冠幅最大的乔木，冠幅占地100m^2，单株覆盖度20%；次优势种为落叶阔叶树赤杨叶，有3株，重要值指数40.5，排列第二；猴欢喜有2株，重要值指数32.7，排列第三；其他12种为单株出现，重要值指数在11~15之间，差别不大。第二亚层林木高10~14m，基径20cm左右，覆盖度35%。500m^2样地有林木17种、22株，其中有13种只有1个个体，3种有2个个体，1种有3个个体。本亚层优势种为少叶黄杞，有3株，重要值指数43.0，其余16种重要值指数分配比较分散。重要值指数在21~27之间有樟叶泡花树、广东山胡椒、苗山冬青、虎皮楠和黄樟5种；重要值指数在10~18之间有11种。第三亚层林木高4~7m，基径4~9cm，覆盖度50%。500m^2样地有林木10种、26株，其中华西箭竹占了15株，9种常绿阔叶树只有11株，同样是多数种类每种只有1个个体。依靠众多的植株，华西箭竹成为本层的绝对优势种，重要值指数108.3，其他的种类重要值指数分配比较分散，在20~34之间有虎皮楠、红楠、樟叶泡花树、少叶黄杞4种，在10~20之间有5种。从整个乔木层分析，根据表9-73，500m^2样地，有林木28种、66株，如果把华西箭竹不作为统计的对象，阔叶树林木有27种、50株，平均每种不到2株，其中1个个体的16种，2个个体的5种，3个个体的3种，5个个体的3种。槟榔青冈只有1个个体，但它是群落中最高大的乔木，重要值指数达到43.2，排列第一；它单株冠幅达到100m^2，覆盖度20%，为群落中覆盖度最大的乔木。华西箭竹一般是灌木层植物，但也有不少个体进入到第三亚层林木的空间，凭着众多的个体，重要值指数为33.7，排列第二；少叶黄杞和樟叶泡花树为第二亚层的优势种和次优势种，在第一亚层和第三亚层也有出现，它们是当地山地常绿阔叶林常见的成员，但目前它们还没有成为第一亚层林木的优势种，故重要值指数不会很大，只有20.3和18.3，排列第三和第四位；赤杨叶虽然在第一亚层为次优势种，但它是阳性落叶阔叶树，中下层环境不适合它生长，故没有出现，重要值指数不会很大，为17.0，排列第五；剩余的种类中多数种类为偶见种，重要值指数自然不会很大；有的种类虽然为常见种，但株数少，植株细小，重要值指数也不大。

灌木层植物种类丰富，从表9-74可知，500m^2样地有77种，生长茂盛，覆盖度50%~70%。种类成分大多数是乔木的幼树，但覆盖度大的是真正的灌木。真正的灌木以华西箭竹为优势，单种覆盖度达到10%~25%，次为狗骨柴。乔木的幼树以大果木姜子、西南香楠、少叶黄杞、广东山胡椒、阴香、岭南山茉莉、樟叶泡花树为常见。

草本层植物种类尚较多，500m^2样地有21种，但在上层覆盖度大的情况下，生长稀疏，多数地段覆盖度只有10%~15%，但个别地段可达45%。以低矮贴地的锦香草为优势，常见的有双盖蕨、华东瘤足蕨、狗脊蕨、山姜等。

藤本植物不发达，种类不多，数量稀少，攀援高度不高，藤茎细小。除菝葜和胡椒藤(*Piper* sp.)较常见外，其他种类多是个别出现。

从表9-74可知，林木更新尚好，其中以大果木姜子、樟叶泡花树、少叶黄杞为最好，优势种槟榔青冈更新也不错，500m^2样地有幼苗13株，幼树36株。但槟榔青冈缺乏中下层个体，而樟叶泡花树和少叶黄杞则具中下层个体，群落发展下去，槟榔青冈最终还可能保持在群落中的优势地位。

表 9-74　槟榔青冈－少叶黄杞－华西箭竹－狗骨柴－锦香草群落灌木层和草本层种类组成及分布情况

序号	种名	多度盖度级					频度	更新(株)	
		Ⅰ	Ⅱ	Ⅲ	Ⅳ	Ⅴ	(%)	幼苗	幼树
灌木层植物									
1	华西箭竹	4	5	5	5	5	100.0		
2	大果木姜子	4	4	4	4	4	100.0	3	35
3	狗骨柴	4	4	4	4	4	100.0		
4	西南香楠	4	4	4	4	4	100.0	2	1
5	少叶黄杞	4	2	4	4	4	100.0	22	10
6	广东山胡椒	2	2	4	2	4	100.0	2	5
7	阴香	2	2	4	4	4	100.0	1	9
8	岭南山茉莉	4	2	4	4	4	100.0		15
9	樟叶泡花树	4	2	4	4	4	100.0	12	41
10	吴茱萸五加	4	2	2	2	4	100.0	4	9
11	微毛山矾	2		4	2	4	80.0		3
12	网脉木犀	2		4	2	4	80.0		
13	槟榔青冈	4		4	2	4	80.0	13	36
14	厚皮香		4	2	4	2	80.0		8
15	东方古柯	2		2	4	4	80.0		
16	基脉润楠		4	4	4	4	80.0	12	7
17	五月茶		4	2	4		60.0		
18	褐毛四照花	2	4	2			60.0		3
19	广东新木姜子			4	4	4	60.0	2	6
20	光叶拟单性木兰	2	4	4			60.0		
21	山麻风树		2		4	4	60.0	4	2
22	杜茎山	2	4	4			60.0		
23	鹿角锥	2			4	4	60.0		
24	南国山矾			4	2	4	60.0		
25	桃叶石楠	2			1	1	60.0	3	4
26	日本杜英	2	4				40.0	1	5
27	罗浮槭	4	2				40.0		
28	川桂	2				5	40.0		
29	常山	2	4				40.0		
30	深山含笑	2		4			40.0		
31	杉木		2			4	40.0	2	1
32	陀螺果			4		4	40.0		4
33	琴叶榕				4	4	40.0		
34	红楠		2	4			40.0		5
35	八角枫		4		4		40.0		
36	猴欢喜				4	5	40.0	1	5
37	海南杨桐	4	2				40.0		
38	苗山冬青				4	4	40.0		
39	两面针	2		4			40.0		
40	毛狗骨柴	4				2	40.0		5
41	海南树参	4			2		40.0	2	7
42	桂南木莲				3	2	40.0		5
43	广西乌口树	4					20.0		
44	钝齿尖叶桂樱	2					20.0		
45	细齿叶柃	4					20.0		
46	黄樟		2				20.0		
47	黄枝润楠		2				20.0		
48	枸棘		2				20.0		
49	虎皮楠		2				20.0		
50	刺叶桂樱		2				20.0		
51	三峡槭		4				20.0	1	1
52	黄丹木姜子	2					20.0		3

（续）

序号	种名	多度盖度级					频度	更新(株)	
		Ⅰ	Ⅱ	Ⅲ	Ⅳ	Ⅴ	(%)	幼苗	幼树
53	疏花卫矛		4				20.0		
54	锐尖山香圆			4			20.0		
55	岗柃			4			20.0		
56	柃木			4	2		40.0		
57	亮叶杨桐			4			20.0		
58	小蜡	4					20.0		
59	单毛桤叶树			4			20.0		
60	红淡比			4			20.0		
61	草珊瑚			4			20.0		
62	木荷			4			20.0		2
63	树参			4			20.0		
64	日本粗叶木			2			20.0		
65	榕属1种				2		20.0		
66	厚叶山矾				4		20.0		3
67	圆籽荷?				2		20.0		1
68	短柱柃				4		20.0		
69	桃叶珊瑚					4	20.0		
70	南岭山矾					4	20.0		
71	刨花润楠					3	20.0	1	5
72	冬青				1		20.0		1
73	大果石笔木	1					20.0		1
74	狭叶木犀	2					20.0		2
75	大果卫矛		1				20.0	2	
76	广东含笑					3	20.0		3
77	鸭公树					1	20.0		1
				草本层植物					
1	锦香草	4	7	4	4	4	100.0		
2	双盖蕨	3	3	1	3	3	100.0		
3	华东瘤足蕨	3	3	3	3	3	100.0		
4	狗脊蕨	3		3	3	3	80.0		
5	山姜	3	3		3	3	80.0		
6	中华复叶耳蕨		3		3	3	60.0		
7	隐穗薹草		3	1	3		60.0		
8	球子复叶耳蕨			3	3	3	60.0		
9	玉竹			1		3	40.0		
10	卷柏		3	1			40.0		
11	广州蛇根草	4	3				40.0		
12	华中瘤足蕨		1	1			40.0		
13	狭叶沿阶草		1				20.0		
14	短肠蕨1种			3			20.0		
15	中华锥花			3			20.0		
16	间型沿阶草			3			20.0		
17	羽叶短肠蕨					3	20.0		
18	长叶薹草					3	20.0		
19	崇澍蕨					1	20.0		
20	春兰	3					20.0		
21	斑叶兰	1					20.0		
				藤本植物					
1	菝葜	sp	sp	sp	sp	sp	100.0		
2	胡椒藤			sp	sp	sp	60.0		
3	密齿酸藤子	sp			un		40.0		
4	异叶地锦		un	un			40.0		

（续）

序号	种名	多度盖度级					频度	更新(株)	
		Ⅰ	Ⅱ	Ⅲ	Ⅳ	Ⅴ	(%)	幼苗	幼树
5	狭叶南五味子		un				20.0		
6	野木瓜				un		20.0		
7	长春藤				sp		20.0		
8	南蛇藤					un	20.0		
9	冷饭藤					un	20.0		
10	悬钩子	sp					20.0		
11	短柱络石	sp					20.0		
12	银瓣鸡血藤	un					20.0		

圆籽荷 *Apterosperma oblata*　　大果石笔木 *Tutcheria spectabilis*　　羽叶短肠蕨 *Allantodia* sp.

24. 小叶青冈林(Form. *Cyclobalanopsis myrsinifolia*)

小叶青冈在我国产区很广，北至陕西、河南南部，东至福建、台湾，南至广东、广西，西南至四川、贵州、云南等地，生于海拔200～2500m的山地杂木林中。在广西，分布范围主要在桂北和桂中大瑶山，为当地海拔1300m以下的山地杂木林常见的组成种类。但以它为优势的林分只在一些地区发现，而且零星小片，面积不大。

(1)小叶青冈＋银木荷－银木荷－多花杜鹃－鼠刺－狗脊蕨群落(*Cyclobalanopsis myrsinifolia*＋*Schima argentea*－*Schima argentea*－*Rhododendron cavaleriei*－*Itea chinensis*－*Woodwardia japonica* Comm.)

此群落见于灵川县大境乡七分山的中山上部。根据海拔1300m的样地调查，立地土壤为发育于砂岩夹页岩上的森林黄棕壤，地表枯枝落叶层厚2cm。

群落总郁闭度0.9，乔木层有乔木树种29种，分为3个亚层。第一亚层林木高15～17m，胸径16～35cm，最大57cm，覆盖度75%。本亚层林木树干通直，枝下高较高，株数占乔木层株数的20.3%，几乎全部是小叶青冈和银木荷。第二亚层林木高11m左右，胸径7cm左右，覆盖度45%。本亚层株数最多，占乔木层株数的47.2%，以银木荷株数最多，其次为小叶青冈，常见的有海南树参、多花杜鹃、南岭山矾、深山含笑。第三亚层林木高6m左右，胸径3～6cm，林木树干细小、弯曲且歪斜，枝叶稀疏。优势种不明显，以银木荷、小叶青冈、多花杜鹃、鼠刺稍多。

灌木层植物高2m左右，覆盖度30%。种类成分多为乔木的幼树，小叶青冈和银木荷的幼树不少；真正的灌木有鼠刺、蜜茱萸、杜茎山、赤楠等。

草本层植物高1m以下，种类和株数都很少，覆盖度10%，种类有狗脊蕨和毛果珍珠茅等。

藤本植物也十分稀少，种类有菝葜和冷饭藤。

25. 大叶青冈林(Form. *Cyclobalanopsis jenseniana*)

作为个体，大叶青冈产浙江、江西、福建、湖北、湖南、广东、广西、贵州及云南等地，生于海拔300～1700m的山地杂木林中。在广西，大叶青冈分布也较为广泛，从北面的九万山到南面的那坡，从东面的贺州姑婆山到西面隆林金钟山，海拔400～1700m山地都有分布，但主要见于亚热带地区，即大瑶山及其反射弧、九万山、金钟山、大明山。虽然它分布广，但以它为优势的林分只在大瑶山有所发现，而且零星小片，面积不大。

(1)大叶青冈－多花杜鹃－广东杜鹃－华西箭竹－多羽复叶耳蕨群落(*Cyclobalanopsis jenseniana*－*Rhododendron cavaleriei*－*Rhododendron kwangtungense*－*Fargesia nitida*－*Arachniodes amoena* Comm.)

此群落见于金秀县大瑶山保护区16km采育场，海拔1440m，立地地层为寒武系砂页岩，土壤为山地黄壤，土层浅薄，但腐殖质层厚，枯枝落叶层覆盖地表100%，分解良好。林内潮湿，树干上有苔藓附生。根据600m^{2}样地调查，群落乔木层总覆盖度80%，有林木35种、143株，分为3个亚层。

第一亚层林木高15～22m，基径15～64cm，覆盖度60%～70%，从表9-75可知，600m^{2}样地有林木15种、20株。本亚层林木树干尚通直，最高大的林木已空心、枯顶，表现出衰老的特征。本亚层的种类每种个体数不多，只有1种有3个个体，3种2个个体，其余11种均是1个个体。优势种为大叶青冈，有2株，重要值指数49.1；次优势为厚皮香，有3株，重要值指数36.3；常见的为硬壳柯和

表 9-75　大叶青冈－多花杜鹃－广东杜鹃－华西箭竹－多羽复叶耳蕨群落乔木层种类组成及重要值指数

（样地号：瑶山 3 号，样地面积：600m^2，地点：金秀县 16 公里老山采育场毛竹山，海拔：1440m）

序号	树种	基面积(m^2)	株数	频度(%)	重要值指数
		乔木Ⅰ亚层			
1	大叶青冈	0.825	2	33.3	49.145
2	厚皮香	0.178	3	50	36.284
3	硬壳柯	0.328	2	33.3	31.596
4	甜槠	0.222	2	33.3	27.841
5	鹿角锥	0.322	1	16.7	21.368
6	榕叶冬青	0.238	1	16.7	18.396
7	马蹄参	0.166	1	16.7	15.873
8	野漆	0.159	1	16.7	15.62
9	樟叶泡花树	0.102	1	16.7	13.597
10	厚叶红淡比	0.066	1	16.7	12.334
11	光叶拟单性木兰	0.066	1	16.7	12.334
12	桃叶石楠	0.049	1	16.7	11.735
13	木荷	0.049	1	16.7	11.735
14	总状山矾	0.045	1	16.7	11.599
15	大果木姜子	0.015	1	16.7	10.544
	合计	2.83	20	333.3	300.001
		乔木Ⅱ亚层			
1	多花杜鹃	0.34	8	66.7	36.784
2	网脉木犀	0.189	7	83.3	29.861
3	厚皮香	0.165	8	66.7	27.869
4	海南树参	0.184	6	50	23.976
5	日本杜英	0.214	4	50	22.734
6	广东杜鹃	0.063	8	33.3	18.406
7	樟叶泡花树	0.094	4	50	16.663
8	厚叶红淡比	0.086	4	50	16.22
9	甜槠	0.13	3	33.3	14.979
10	茶梨	0.131	2	33.3	13.661
11	榕叶冬青	0.068	3	33.3	11.836
12	薄叶山矾	0.012	2	33.3	7.59
13	大花枇杷	0.053	2	16.7	7.583
14	短梗新木姜子	0.024	2	16.7	6.09
15	树参	0.049	1	16.7	5.994
16	桂南木莲	0.045	1	16.7	5.798
17	木莲	0.028	1	16.7	4.939
18	亮叶杨桐	0.025	1	16.7	4.792
19	硬壳柯	0.015	1	16.7	4.28
20	扇叶槭	0.013	1	16.7	4.173
21	总状山矾	0.011	1	16.7	4.073
22	阔瓣含笑	0.01	1	16.7	3.981
23	桃叶石楠	0.008	1	16.7	3.897
24	显脉冬青	0.006	1	16.7	3.821
	合计	1.966	73	783.3	300.001
		乔木Ⅲ亚层			
1	广东杜鹃	0.161	20	66.7	100.516
2	樟叶泡花树	0.035	5	50	30.89
3	海南树参	0.044	3	33.3	25.642
4	厚叶红淡比	0.033	4	33.3	24.484
5	阴香	0.014	2	33.3	15.227
6	榕叶冬青	0.007	2	33.3	13.061
7	茶梨	0.006	2	33.3	12.812
8	大花枇杷	0.02	1	16.7	11.347

（续）

序号	树种	基面积（m²）	株数	频度（%）	重要值指数
9	厚皮香	0.005	2	16.7	8.948
10	多花杜鹃	0.006	1	16.7	7.399
11	总状山矾	0.003	1	16.7	6.384
12	腺叶桂樱	0.003	1	16.7	6.384
13	硬壳柯	0.003	1	16.7	6.384
14	短梗新木姜子	0.003	1	16.7	6.384
15	罗浮锥	0.002	1	16.7	6.135
16	阔瓣含笑	0.002	1	16.7	6.135
17	广东新木姜子	0.001	1	16.7	5.932
18	薄叶山矾	0.001	1	16.7	5.932
	合计	0.348	50	466.7	299.996
			乔木层		
1	广东杜鹃	0.224	28	83.3	30.685
2	厚皮香	0.348	13	83.3	22.608
3	大叶青冈	0.825	2	33.3	20.134
4	多花杜鹃	0.347	9	66.7	18.441
5	樟叶泡花树	0.232	10	66.7	16.901
6	网脉木犀	0.189	7	83.3	15.334
7	海南树参	0.228	9	50	14.777
8	榕叶冬青	0.313	6	50	14.325
9	厚叶红淡比	0.184	9	50	13.929
10	硬壳柯	0.346	4	50	13.584
11	鹿角锥	0.35	3	33.3	11.604
12	甜槠	0.324	3	33.3	11.092
13	日本杜英	0.214	4	50	11.007
14	茶梨	0.137	4	50	9.512
15	总状山矾	0.059	3	33.3	5.955
16	短梗新木姜子	0.027	3	33.3	5.323
17	马蹄参	0.166	1	16.7	5.281
18	桃叶石楠	0.057	2	33.3	5.208
19	野漆	0.159	1	16.7	5.142
20	薄叶山矾	0.013	3	33.3	5.053
21	大花枇杷	0.074	3	16.7	4.878
22	阴香	0.014	2	33.3	4.378
23	阔瓣含笑	0.011	2	33.3	4.324
24	光叶拟单性木兰	0.066	1	16.7	3.335
25	树参	0.049	1	16.7	3.005
26	木荷	0.049	1	16.7	3.005
27	桂南木莲	0.045	1	16.7	2.93
28	木莲	0.028	1	16.7	2.602
29	亮叶杨桐	0.025	1	16.7	2.545
30	大果木姜子	0.015	1	16.7	2.35
31	扇叶槭	0.013	1	16.7	2.309
32	显脉冬青	0.006	1	16.7	2.174
33	腺叶桂樱	0.003	1	16.7	2.106
34	罗浮锥	0.002	1	16.7	2.089
35	广东新木姜子	0.001	1	16.7	2.075
	合计	5.144	143	1233.3	300

甜槠，重要值指数分别为31.6和27.8。第二亚层林木高8～14m，基径9～36cm，覆盖度40%～50%，600m^{2}样地有林木24种、73株，是3个亚层中种数和株数最多的一个亚层。但每种的个体数差别不太大，最多的8株，最少的1株，因而优势不明显，重要值指数分配比较分散。比较突出的是多花杜鹃，有8株，重要值指数36.8，排列第一；其次为网脉木犀、厚皮香、海南树参、日本杜英，重要值指数在20～30之间；重要值指数在10～20之间的有6种；其余13种重要值指数在3～8之间。第三亚层林木高4～7m，基径5～21cm，覆盖度不到30%。本亚层林木茎细小，冠幅稀疏，600m^{2}样地有林木18种、50株，优势种比较明显。广东杜鹃有20株，重要值指数100.5，占1/3强，其余的种类个体数都不太多，而且相差不大，最多的只有5株，最少的1株，重要值指数分配比较分散。排在重要值指数40～20之间的有樟叶泡花树、海南树参、厚叶红淡比3种，20～10之间的有4种，10～6之间的有10种。从整个乔木层分析，优势种不明显，重要值指数分配比较分散。大叶青冈虽然在上层为优势，但它只在上层有2株，其他2个亚层没有植株，因而在整个乔木层中，它的重要值指数只有20.1，排列第三；广东杜鹃株数最多，重要值指数虽然排列第一，亦只有30.7；厚皮香植株13株，各层都有较多的分布，但植株茎也不太粗，重要值指数只有20.6，排列第二。因为广东杜鹃性状只是小乔木，不可能到达第一亚层林木的空间，厚皮香性状为中乔木，只能有个别植株可以到达上层林木空间，但不能占优势，因此，虽然大叶青冈在整个乔木层不占有优势，但它性状为大乔木，而且在上层占有优势，所以还是命名为大叶青冈群落。其他的种类，多花杜鹃虽有较多的植株，但它性状为小乔木，重要值指数自然不会很大；樟叶泡花树性状虽然为大乔木，但目前尚处于幼龄阶段，植株虽较多，但茎细小，重要值指数也不会很大；其他的种类，有的性状与多花杜鹃相同，有的如樟叶泡花树一样正处在幼龄阶段；有的是偶见种，所以重要值指数都不会很大。

表9-76　大叶青冈－多花杜鹃－广东杜鹃－华西箭竹－多羽复叶耳蕨落灌木层和草本层种类组成及分布情况

序号	种名	多度盖度级						频度	更新(株)	
		Ⅰ	Ⅱ	Ⅲ	Ⅳ	Ⅴ	Ⅵ	(%)	幼苗	幼树
	灌木层植物									
1	华西箭竹	10	9	10	10	10	10	100.0		
2	野锦香	4	4	1	4	4	4	100.0		
3	狭叶木犀	2	1	2	2	2	3	100.0	15	16
4	阴香	1	1	4	3	4	1	100.0	6	16
5	广东杜鹃	4	1	1	4		4	83.3		
6	广东新木姜子		1	1	1		1	66.7	3	9
7	罗浮锥	1		2		1	2	66.7		2
8	光叶粗叶木			1	1	1	1	66.7		
9	大果木姜子	1			3	2	3	66.7	10	14
10	东方古柯		1		1	1	3	66.7	6	6
11	日本杜英	1		1		1	3	66.7	10	4
12	腺叶桂樱	1		1		4	3	66.7	3	13
13	厚叶红淡比		1		1	2		50.0	2	5
14	窄基红褐柃	4	1			1		50.0		
15	朱砂根	1	1	1				50.0		
16	厚皮香	1		1			1	50.0	2	1
17	硬壳柯	1	2			1		50.0	1	4
18	薄叶山矾			1	3			33.3		4
19	南山花		1			1		33.3		
20	黄牛奶树		2		1			33.3	2	4
21	常山					1	6	33.3		
22	柃木				1	1		33.3		
23	总状山矾				1	1		33.3	2	2
24	多花杜鹃			1				16.7		
25	鹿角锥	1						16.7		
26	短梗新木姜子	1						16.7		
27	樟叶泡花树		1					16.7	1	1
28	榕叶冬青	1						16.7		
29	大花枇杷	1						16.7	1	

（续）

序号	种名	多度盖度级						频度	更新(株)	
		Ⅰ	Ⅱ	Ⅲ	Ⅳ	Ⅴ	Ⅵ	(%)	幼苗	幼树
30	毛桂	1						16.7		
31	显脉新木姜子	1						16.7		
32	广东含笑				1			16.7		1
33	黄棉木				1			16.7		1
34	岭南柿					1		16.7	1	
35	桃叶珊瑚					1		16.7		
36	锐尖山香圆						1	16.7		
37	显脉樟	1						16.7		2
38	黄丹木姜子			2				16.7	5	2
39	光叶拟单性木兰				1			16.7		2
40	灰毛杜英				1			16.7		1
41	红楠						1	16.7	4	1
42	厚斗柯					1		16.7		1
43	红紫珠						1	16.7		
44	海南树参								2	
45	马蹄参								3	
46	大叶青冈								1	
	草本层植物									
1	多羽复叶耳蕨	3	3	3	3	3	3	100.0		
2	翠云草	3			3	4	4	66.7		
3	紫花堇菜				3	3	3	50.0		
4	齿头鳞毛蕨					1	1	33.3		
5	狗脊蕨					1	+	33.3		
6	迷人鳞毛蕨	1						16.7		
7	书带蕨		1					16.7		
8	倒挂铁角蕨					1		16.7		
9	羽列短肠蕨					+		16.7		
10	间型沿阶草						1	16.7		
	藤本植物									
1	菝葜	un	sp		un	sp	sp	83.3		
2	鸡矢藤	un						16.7		
3	野木瓜				un			16.7		
4	冷饭藤				un			16.7		

光叶粗叶木 *Lasianthus glaberrima*　显脉樟 *Cinnamomum* sp.　紫花堇菜 *Viola grypoceras*　羽列短肠蕨 *Allantodia* sp.

灌木层植物十分茂密，覆盖度几乎达100%，从表9-76可知，主要是密集的华西箭竹层，其盖度为85%～95%。在密集的华西箭竹层中，其他的灌木种类尚多，其中以乔木的幼树为多，但数量较多、覆盖度较大是真正的灌木柏拉木。多数乔木幼树的数量都不太多，比较多的有狭叶木犀、大果木姜子、阴香和日本杜英。

在密集的箭竹层下，草本几乎不成层，只见数量不多的几个种类，600m^{2}样地仅10种，覆盖度2%～6%。数量稍多的种类为多羽复叶耳蕨，其次为翠云草。

藤本植物更为稀少，600m^{2}样地只有4种，其中只有菝葜1种在5个小样方有分布，其他3种单株出现。

上面已经指出，更新层中虽然乔木幼树种类尚多，但数量不多，从表9-76可知，较多的有狭叶木犀、大果木姜子、阴香和日本杜英，优势种大叶青冈更新很不理想，次优势种厚皮香更新也不理想。更新稍好的种类种群结构很不完整。群落发展下去，很可能会被华西箭竹完全占领。

(2)大叶青冈＋红楠－樟叶泡花树－鹿角锥＋阴香－华西箭竹－沿阶草群落(*Cyclobalanopsis jenseniana* + *Machilus thunbergii* – *Melliosma squamulata* – *Castanopsis lamontii* + *Cinnamomum burmannii* – *Fargesia nitida* – *Ophiopogon bodinieri* Comm.)

此群落见于金秀县大瑶山保护区16km采育场，海拔1424m，靠近山顶部，立地地层为寒武系砂岩，土壤为山地水化黄壤。地表层即是枯枝落叶腐殖质层，厚度12cm，棕黑色，疏松且具弹性，多树木和竹子的根，地面裸石占30%，多为小至中石块。

表9-77 大叶青冈+红楠-樟叶泡花树-鹿角锥+阴香-华西箭竹-沿阶草群落乔木层种类组成及重要值指数

（样地号：瑶山22号，样地面积：600m^2，地点：金秀县16公里采育场，海拔：1424m）

序号	树种	基面积(m^2)	株数	频度(%)	重要值指数
		乔木Ⅰ亚层			
1	大叶青冈	0.889	3	50	39.917
2	红楠	0.608	5	50	38.984
3	黄丹木姜子	0.395	4	50	31.106
4	樱叶厚皮香	0.199	5	50	29.32
5	樟叶泡花树	0.426	3	33.3	25.533
6	鹿角锥	0.277	2	33.3	19.155
7	厚叶红淡比	0.132	2	33.3	15.731
8	马蹄参	0.312	1	16.7	13.668
9	光叶拟单性木兰	0.204	1	16.7	11.13
10	阔瓣含笑	0.196	1	16.7	10.943
11	中华卫矛	0.119	1	16.7	9.127
12	树参	0.096	1	16.7	8.578
13	青榨槭	0.096	1	16.7	8.578
14	厚叶山矾	0.096	1	16.7	8.578
15	桂南木莲	0.086	1	16.7	8.326
16	马蹄荷	0.045	1	16.7	7.374
17	苗山冬青	0.031	1	16.7	7.047
18	茶梨	0.025	1	16.7	6.906
	合计	4.234	35	483.3	300.001
		乔木Ⅱ亚层			
1	樟叶泡花树	0.193	4	50	42.982
2	樱叶厚皮香	0.054	5	50	29.371
3	茶梨	0.096	2	33.3	22.937
4	鹿角锥	0.037	3	50	21.725
5	马蹄参	0.055	2	33.3	18.072
6	川桂	0.051	2	33.3	17.656
7	大果木姜子	0.037	2	33.3	15.945
8	阴香	0.035	2	33.3	15.732
9	厚叶红淡比	0.026	2	33.3	14.622
10	桂南木莲	0.042	1	16.7	10.701
11	赤杨叶	0.038	1	16.7	10.284
12	阔瓣含笑	0.035	1	16.7	9.887
13	红楠	0.035	1	16.7	9.887
14	树参	0.031	1	16.7	9.508
15	苗山冬青	0.023	1	16.7	8.481
16	大花枇杷	0.018	1	16.7	7.889
17	广东杜鹃	0.013	1	16.7	7.371
18	星毛鸭脚木	0.01	1	16.7	6.927
19	网脉木犀	0.008	1	16.7	6.733
20	大叶青冈	0.008	1	16.7	6.733
21	海南树参	0.006	1	16.7	6.557
	合计	0.849	36	550	299.997
		乔木Ⅲ亚层			
1	鹿角锥	0.033	4	33.3	24.871
2	阴香	0.037	3	33.3	24.468
3	厚斗柯	0.016	3	50	19.854
4	腺叶桂樱	0.015	4	33.3	18.646
5	榕叶冬青	0.024	3	16.7	17.07

（续）

序号	树种	基面积(m²)	株数	频度(%)	重要值指数
6	网脉木犀	0.018	2	33.3	15.82
7	厚叶山矾	0.014	2	33.3	14.428
8	樟叶泡花树	0.011	2	33.3	13.2
9	川桂	0.013	2	16.7	11.207
10	大叶新木姜子	0.008	2	16.7	9.678
11	东方古柯	0.007	2	16.7	9.105
12	南国山矾	0.006	2	16.7	8.804
13	广东杜鹃	0.006	2	16.7	8.75
14	罗浮锥	0.01	1	16.7	8.047
15	中华卫矛	0.01	1	16.7	8.047
16	厚叶红淡比	0.01	1	16.7	8.047
17	苗山冬青	0.008	1	16.7	7.473
18	金叶含笑	0.008	1	16.7	7.473
19	黄丹木姜子	0.006	1	16.7	6.955
20	钝齿尖叶桂樱	0.006	1	16.7	6.955
21	马蹄参	0.005	1	16.7	6.491
22	中华石楠	0.003	1	16.7	5.726
23	硬壳柯	0.003	1	16.7	5.726
24	赛山梅	0.003	1	16.7	5.726
25	船柄茶	0.003	1	16.7	5.726
26	樱叶厚皮香	0.002	1	16.7	5.426
27	细枝柃	0.002	1	16.7	5.426
28	显脉冬青	0.002	1	16.7	5.426
29	大叶青冈	0.002	1	16.7	5.426
	合计	0.288	49	616.7	299.997
			乔木层		
1	樟叶泡花树	0.63	9	100	26.552
2	大叶青冈	0.899	5	50	24.563
3	红楠	0.642	6	50	20.619
4	鹿角锥	0.346	9	83.3	20.042
5	樱叶厚皮香	0.255	11	83.3	20.008
6	黄丹木姜子	0.401	5	50	15.301
7	马蹄参	0.372	4	50	13.91
8	厚叶红淡比	0.167	5	50	10.937
9	阴香	0.072	5	66.7	10.389
10	阔瓣含笑	0.231	2	33.3	8.406
11	厚叶山矾	0.11	3	50	8.215
12	川桂	0.064	4	50	8.184
13	茶梨	0.122	3	33.3	7.203
14	树参	0.128	2	33.3	6.482
15	厚斗柯	0.016	3	50	6.46
16	苗山冬青	0.062	3	33.3	6.093
17	腺叶桂樱	0.015	4	33.3	6.044
18	光叶拟单性木兰	0.204	1	16.7	5.856
19	网脉木犀	0.026	3	33.3	5.425
20	广东杜鹃	0.019	3	33.3	5.291
21	中华卫矛	0.129	2	16.7	5.287
22	桂南木莲	0.127	2	16.7	5.252
23	大果木姜子	0.037	2	33.3	4.79
24	榕叶冬青	0.024	3	16.7	4.161
25	青榨槭	0.096	1	16.7	3.844
26	大叶新木姜子	0.008	2	16.7	3.041
27	东方古柯	0.007	2	16.7	3.01

（续）

序号	树种	基面积(m^2)	株数	频度(%)	重要值指数
28	南国山矾	0.006	2	16.7	2.994
29	马蹄荷	0.045	1	16.7	2.895
30	赤杨叶	0.038	1	16.7	2.761
31	大花枇杷	0.018	1	16.7	2.382
32	星毛鸭脚木	0.01	1	16.7	2.23
33	罗浮锥	0.01	1	16.7	2.23
34	金叶含笑	0.008	1	16.7	2.199
35	钝齿尖叶桂樱	0.006	1	16.7	2.171
36	海南树参	0.006	1	16.7	2.171
37	中华石楠	0.003	1	16.7	2.105
38	硬壳柯	0.003	1	16.7	2.105
39	赛山梅	0.003	1	16.7	2.105
40	船柄茶	0.003	1	16.7	2.105
41	细枝柃	0.002	1	16.7	2.089
42	显脉冬青	0.002	1	16.7	2.089
	合计	5.371	120	1366.7	299.999

群落内较潮湿，树干和岩石及枯倒木表面都长满苔藓。由于靠近山顶部，常风较大，故树干多弯曲并向下倾斜。群落郁闭度0.75，乔木层分为3个亚层。第一亚层林木高15~20m，基径18~70cm，覆盖度70%，从表9-77可知，600m^2样地有林木18种、35株，每种所占的个体数差别不太大，最多的为5株，最少的1株，含1株的种类最多。由于株数较多，植株又较粗大，故基面积占了整个乔木层基面积的78.8%。优势种不明显，大叶青冈稍多，有3株，重要值指数39.9，排列第一；红楠次之，有5株，重要值指数39.0；黄丹木姜子、樱叶厚皮香、樟叶泡花树排列三~五，重要值指数分别为31.1、29.3和25.5；其余13种，有5种重要值指数在20~10之间，有8种重要值指数在10~6之间。第二亚层林木高8~14m，基径10~30cm，覆盖度50%。本亚层林木种类和株数比上亚层稍多，600m^2样地有21种、36株，每种所占的个体数差别也不太大，最多的5株，最少的1株，以1株个体数的种类占大多数。本亚层林木茎粗不如上个亚层，故基面积只占整个乔木层总基面积的15.8%。优势稍明显，樟叶泡花树较多，有4株，重要值指数43.0；其余20种，重要值指数分配比较分散。重要值指数在30~20之间的有樱叶厚皮香、茶梨和鹿角锥3种；在20~10之间的有7种；在10~6之间的有10种。第三亚层林木高4~7m，基径5~11cm，覆盖度20%，600m^2样地有林木29种、49株，同样，每种所占的个体数差别不太大，最多的5株，最少的1株，含1株和2株的种类占绝大多数。本亚层植株虽然是3个亚层中最多的一个亚层，但茎纤细，基面积只占整个乔木层总基面积的4.9%。本亚层优势很不明显，重要值指数分配十分分散，没有哪1种重要值指数达到30。排在第一和第二位的种类是鹿角锥和阴香，重要值指数为24.9和24.5；重要值指数在20~10之间有7种；在10~5之间有20种之多。从整个乔木层分析，优势种不明显，重要值指数分配很分散，没有哪1种重要值指数达到30。在乔木第一亚层重要值指数排在第一的大叶青冈，由于在第二和第三亚层重要值指数很小，在整个乔木层中重要值数只能排列第二，为24.6；樟叶泡花树为第二亚层的优势种，重要值指数占有明显的优势，株数也不少，在第一和第三亚层重要值指数也较大，故在整个乔木中排列第一位，为26.6；樱叶厚皮香株数最多，有11株，而且各亚层都有出现，但它不很粗大，重要值指数也不大，为20.0，排列第五位；红楠为第一亚层的次优势种，但在第二亚层重要值指数很小，在第三亚层没有分布，故在整个乔木层中，重要值指数也不会很大，20.6，排在第三；鹿角锥各层都有分布，而且数量也较多，与樟叶泡花树相同，但它目前还是一个进展中种群，植株粗度还不是很大，故重要值指数还不会很大，只有20.0，排列第四位；其他的种类，有的还是乔木的幼龄阶段，有的种类本身的性状就是小乔木，有的是偶见种，它们的重要值指数都是很小的。

表 9-78 大叶青冈＋红楠－樟叶泡花树－鹿角锥＋阴香－华西箭竹－沿阶草群落灌木层和草本层种类组成及分布情况

序号	种名	多度盖度级						频度	更新(株)	
		Ⅰ	Ⅱ	Ⅲ	Ⅳ	Ⅴ	Ⅵ	(%)	幼苗	幼树
					灌木层植物					
1	华西箭竹	9	10	10	10	8	8	100.0		
2	日本粗叶木	1	1	1	3	4	3	100.0		
3	柏拉木	1	1	1	4	4	4	100.0		
4	阴香	4	1	1	1	1	3	100.0	1	20
5	樱叶厚皮香	1	4	3	1	2	3	100.0	6	20
6	川桂	1	1	1	1	1	2	100.0	3	14
7	广东杜鹃	4	3	1		1	3	83.3		16
8	罗浮锥		3	3	1	2	1	83.3		17
9	腺叶桂樱		3	3	1	2	3	83.3	3	18
10	东方古柯	1		1	1	1	1	83.3		
11	鹿角锥	1	2		3		1	66.7		13
12	榕叶冬青	1	3		2	1		66.7	1	10
13	网脉木犀	1	1			1	1	66.7		5
14	桂南木莲	1	1		1		1	66.7		5
15	常山			1	1	4	4	66.7		
16	船柄茶	1		1		1	1	66.7	1	4
17	樟叶泡花树	1	1			1	2	66.7	4	12
18	阔瓣含笑	1			3		1	50.0	1	10
19	黄丹木姜子	1	1		1			50.0	2	9
20	星毛鸭脚木		1	1			1	50.0		5
21	红楠				1	2	2	50.0		8
22	硬壳柯	1	1			1		50.0		4
23	大头茶		1	1	1			50.0		4
24	厚斗柯			1	1		1	50.0		4
25	大果木姜子				1		2	33.3	2	6
26	树参					1	1	33.3		2
27	海南树参	1		1				33.3		2
28	钝齿尖叶桂樱	3				1		33.3		6
29	大叶新木姜子					4	1	33.3		3
30	细齿叶柃			1		4		33.3		
31	白瑞香				1		1	33.3		
32	广东新木姜子		2		1			33.3		4
33	山麻风树					4	1	33.3		6
34	罗浮槭					1	1	33.3		1
35	南国山矾				2			16.7		
36	厚叶红淡比		1					16.7		
37	光叶拟单性木兰		2					16.7	1	2
38	显脉冬青	2						16.7		5
39	中华卫矛					1		16.7		
40	厚叶山矾				1			16.7		
41	多花杜鹃	1						16.7		
42	疏花卫矛	1						16.7		
43	朱砂根		1					16.7		
44	马蹄荷		1					16.7		2
45	花椒		1					16.7		
46	银木荷					1		16.7		
47	吴茱萸五加						1	16.7		
48	瑶山茶						1	16.7		
49	大叶毛船柄茶						1	16.7		
50	陀螺果						1	16.7		
51	草珊瑚				1			16.7		
52	青皮木						1	16.7		

（续）

序号	种名	多度盖度级						频度	更新(株)	
		Ⅰ	Ⅱ	Ⅲ	Ⅳ	Ⅴ	Ⅵ	(%)	幼苗	幼树
53	紫金牛		1					16.7		
54	甜槠				1			16.7		1
55	桃叶珊瑚						1	16.7		
56	紫珠					1		16.7		
57	木荷								1	
	草本层植物									
1	沿阶草		2	3		3	3	66.7		
2	铁角蕨		2	1		3	4	66.7		
3	淡竹叶		1			3	3	50.0		
4	稀羽鳞毛蕨			1		3	3	50.0		
5	狗脊蕨		1			3	1	50.0		
6	伏石蕨			2		2		33.3		
7	大叶薹草					1	1	33.3		
8	华中蹄盖蕨						2	16.7		
9	友水龙骨						2	16.7		
10	山姜						1	16.7		
11	肾叶天胡荽	1						16.7		
	藤本植物									
1	菝葜	sol	sol	sol		sp		66.7		
2	冷饭藤	sp			sol		sol	50.0		
3	藤黄檀	um	sol		sol			50.0		
4	爬藤榕		un		sol		un	50.0		
5	南五味子	sol		sol			sol	50.0		
6	悬钩子					sol	sol	33.3		
7	钻地风					sol	un	33.3		
8	鸡眼藤			un		un		33.3		
9	四川轮环藤			un				16.7		
10	冠盖藤						un	16.7		

肾叶天胡荽 *Hydrocotyle wilfordii*　　四川轮环藤 *Cyclea sutchuenensis*

灌木层植物华西箭竹生长密集，整个灌木层覆盖度除个别地段为80%～85%外，多数地段达到100%，而华西箭竹多数地段覆盖度95%，少数地段为70%。在茂密的箭竹层中，种类组成尚复杂，从表9-78可知，600m²样地有57种之多，但数量比较稀少，种类成分以乔木的幼树为主，真正的灌木种类不多。真正的灌木以日本粗叶木和柏拉木较为常见；乔木的幼树比较常见的为阴香、樱叶厚皮香、川桂、罗浮锥、鹿角锥和樟叶泡花树等。

在密集的箭竹层下，草本几乎不成层，种类和数量都十分稀少，从表9-78可知，600m²样地只有11种，覆盖度不到10%，有的地段可达15%，但有的地段，如第5小样方，甚至没有草本植物出现。稍为常见的种类为沿阶草和铁角蕨。

藤本植物同样不发达，种类和数量都稀少，比较常见的种类有菝葜和冷饭藤。藤本植物一般藤茎细小，攀援高度不高，但藤黄檀茎粗可达12cm，攀援高度达到20m。

26. 黄毛青冈林（Form. *Cyclobalanopsis delavayi*）

以黄毛青冈为优势的森林，是我国西部半湿润亚热带常绿阔叶林的代表类型之一，以云南滇中高原为分布中心，沿南盘江流域，向东伸展至桂西北山原西部，最东达乐业县幼平乡。在广西，分布区跨西部南亚热带季风常绿阔叶林地带和东部南亚热带季风常绿阔叶林地带范围，而主要见于西部南亚热带季风常绿阔叶林地带。在西部南亚热带，黄毛青冈林仅见于中山上，海拔约1000～1500m，属于垂直带谱的山地常绿阔叶林性质；在东部南亚热带，黄毛青冈林见于海拔450m左右的低山上，属于季风常绿阔叶林性质。

桂西北山原长期以来普遍受刀耕火种的影响，原生林破坏殆尽，次生的黄毛青冈林也不多见，且多为小块零星分布，在不宜耕作的地形上得以残存下来，然而仍受到樵采及放牧的干扰，不少阳性落叶阔叶树侵入，群落组成结构简单。根据调查，常见到的有如下两种类型。

(1)黄毛青冈+余甘子-毛叶黄杞-金丝草群落(*Cyclobalanopsis delavayi* + *Phyllanthus emblica* - *Engelhardia spicata* var. *colebrookeana* - *Pogonatherum crinitum* Comm.)

此种类型见于乐业县幼平乡，海拔450～465m，砂页岩山地，立地土壤为山地红壤，土层浅薄，地表多半风化碎石块，土壤肥力较差，土壤干燥。从群落的种类组成特点看，群落湿度小，空气干燥。

表9-79　黄毛青冈+余甘子-毛叶黄杞-金丝草群落乔木层种类组成及重要值指数

（样地号：乐3+乐4，样地面积：100m²+100m²，地点：乐业县幼平乡百朗屯，海拔：450～465m）

序号	树种	基面积(m²)	株数	频度(%)	重要值指数
		乔木Ⅰ亚层			
1	黄毛青冈	0.128	10	100	146.54
2	麻栎	0.028	2	50	37.957
3	余甘子	0.004	2	100	37.667
4	桂火绳	0.008	3	50	32.788
5	山槐	0.011	1	50	23.867
6	木蝴蝶	0.006	1	50	21.196
	合计	0.185	19	400	300.014
		乔木Ⅱ亚层			
1	余甘子	0.048	22	100	109.668
2	毛叶黄杞	0.013	8	100	48.068
3	水锦树	0.012	8	50	37.042
4	黄毛青冈	0.013	6	50	34.144
5	桂火绳	0.006	4	50	23.999
6	麻栎	0.005	2	50	18.978
7	化香树	0.003	1	50	15.196
8	粗糠柴	0.001	1	50	12.872
	合计	0.101	52	500	299.966
		乔木层			
1	黄毛青冈	0.14	16	100	86.915
2	余甘子	0.052	24	100	67.321
3	毛叶黄杞	0.013	8	100	31.138
4	麻栎	0.033	4	50	24.791
5	水锦树	0.012	8	50	23.083
6	桂火绳	0.015	7	50	22.69
7	山槐	0.011	1	50	13.046
8	木蝴蝶	0.006	1	50	11.32
9	化香树	0.003	1	50	10.258
10	粗糠柴	0.001	1	50	9.436
	合计	0.287	71	650	299.997

群落种类组成简单，多为耐干旱的成分，阳性落叶阔叶树占的比例较大。群落受樵采的影响极为频繁，不少树木呈萌生的状态。从表9-79可知，200m²样地林木只有10种、71株，群落郁闭度0.75，乔木可分成2个亚层。上层林木高8～12m，胸径6～17cm，200m²样地有林木6种、19株，基面积占整个乔木层基面积的64.6%。该亚层林木以黄毛青冈占绝对优势，有10株，重要值指数146.5；常见的种类有麻栎、余甘子和桂火绳。该亚层常绿阔叶树有黄毛青冈、桂火绳2种，重要值指数179.3；落叶阔叶树4种，重要值指数120.7，常绿阔叶树虽然种数比落叶阔叶树少，但株数多，重要值指数比落叶阔叶树大。下层林木高4～7m，胸径4～8cm，200m²样地有林木8种、52株，基面积占整个乔木层基面积的35.4%。该亚层林木以余甘子占绝对优势，有22株，重要值指数110.0；常见的种类有毛叶黄杞、水锦树、黄毛青冈。该亚层常绿阔叶树有黄毛青冈、毛叶黄杞、水锦树、粗糠柴、桂火绳5种，重要值指数156.1；落叶阔叶树3种，重要值指数143.9，两者差不多。从整个乔木层分析，黄毛青冈虽然株数比余甘子少，但它胸径比余甘子大，所以仍为群落的优势种，重要值指数86.9；余甘子虽为下层的优势种，但依靠众多的植株，重要值指数达到67.3，成为群落的次优势种；毛叶黄杞、麻栎、

水锦树、桂火绳，为群落的常见种，重要值指数排列第三至第六位。整个乔木层常绿阔叶树有黄毛青冈、毛叶黄杞、水锦树、粗糠柴、桂火绳5种，重要值指数173.2；落叶阔叶树也是5种，重要值指数126.8，常绿阔叶树重要值指数比落叶阔叶树大。

灌木层植物种类尚多，但数量不多，覆盖度只有20%～25%。从表9-80可知，200m^{2}样地有27种，种类成分多为乔木的幼树。乔木的幼树以毛叶黄杞、黄毛青冈和水锦树为主，真正的灌木以椭圆叶木蓝、大叶紫珠、粗叶悬钩子、假木豆、野牡丹较常见。

草本层植物种类比灌木层植物种类少，但数量比灌木层植物多，200m^{2}样地有14种，覆盖度55%。金丝草占有明显的优势，硬杆子草和细柄草比较常见。

表9-80　黄毛青冈＋余甘子－毛叶黄杞－金丝草群落灌木层和草本层种类组成及分布情况

序号	种名	多度盖度级		频度	更新(株)	
		Ⅰ	Ⅱ	(%)	幼苗	幼树
			灌木层植物			
1	毛叶黄杞	4	3	100		5
2	椭圆叶木蓝	3	4	100		
3	黄毛青冈	3	4	100		11
4	粗叶悬钩子	3	1	100		
5	水锦树	3	3	100	3	3
6	大叶紫珠	3	3	100		
7	野牡丹	1	3	100		
8	假木豆	1	3	100		
9	桂火绳	3		50		5
10	野树麻	3		50		8
11	化香树	3		50	15	
12	白栎	2		50		3
13	余甘子	3		50		1
14	灰毛浆果楝		4	50		
15	杜茎山		3	50		
16	尖叶木蓝		3	50		
17	菜豆树	1		50		1
18	枫香树	1		50		1
19	山槐	1		50		1
20	圆果算盘子	1	1	100		
21	斑鸠菊1种	1		50		
22	亮叶桦		1	50		
23	木蝴蝶		1	50		1
24	构树		1	50		
25	粗叶斑鸠菊	1		50		
26	粗糠柴	1		50		
27	扁担杆	1		50		
			草本层植物			
1	金丝草	7	8	100		
2	细柄草	3	4	100		
3	硬杆子草	4	3	100		
4	类芦	2	2	100		
5	白茅	2	1	100		
6	舞草	1	2	100		
7	鳞毛蕨	4		50		
8	羊耳菊		3	50		
9	五节芒	3		50		
10	多花脆兰	3		50		
11	棕叶芦	3		50		
12	牛尾草		2	50		
13	莎草	1		50		
14	花叶山姜	1		50		

（续）

序号	种名	多度盖度级		频度	更新(株)	
		Ⅰ	Ⅱ	(%)	幼苗	幼树
			藤本植物			
1	海金沙	3	3	100		
2	铁线莲	1		50		
3	老鼠拉冬瓜	1		50		
4	葛豆藤	1		50		
5	乌蔹莓	1		50		
6	野葡萄	1		50		

尖叶木蓝 *Indigofera zollingeriana*　糙叶斑鸠菊 *Vernonia aspera*　多花脆兰 *Acampe rigida*　花叶山姜 *Alpinia pumila*
铁线莲 *Clematis* sp.　老鼠拉冬瓜 *Zehneris indica*　葛豆藤 *Pueraria* sp.　野葡萄 *Vitis* sp.

藤本植物种类和数量都很稀少，海金沙较常见，这是干旱地区次生林种类组成的一个特点。

从表9-80可知，不少上层林木不管是落叶阔叶树还是常绿阔叶树，都有幼苗幼树，比较多的是化香、黄毛青冈、水锦树和毛叶黄杞。但更新并不理想，200m^{2}样地统计，共有幼苗幼树58株，每平方米0.27株。由于黄毛青冈群落现存面积不大，零星小片，又经常受到砍伐和樵采的影响，此种数量的更新苗木是不能保证群落的稳定性的。因此，有必要采取强制性的封山育林措施，加大力度，进行封山育林。

(2)黄毛青冈＋栓皮栎－黄毛青冈－水东哥－芒萁＋五节芒群落(*Cyclobalanopsis delavayi* + *Quercus variabilis* – *Cyclobalanopsis delavayi* – *Saurauia tristyla* – *Dicranopteris pedata* + *Miscanthus floridulus* Comm.)

此群落分布于西林县那佐乡河冲附近海拔1100m的山坡，森林郁闭度0.6～0.7，在400m^{2}样地内，乔木层计有9种、61株，常绿阔叶树6种、48株，相对密度78.7%，重要值指数为全林300的228.87，占3/4以上；落叶阔叶树3种、13株，相对密度21.3%，重要值指数71.12，接近全林的1/4。林木分2个亚层，上层林木覆盖度约60%，一般高15～20m，仅3种、25株，常绿阔叶树19株，相对密度78.7%，其中黄毛青冈17株，重要值指数176.35，超过亚层指数的一半，占绝对优势；毛叶青冈2株，重要值指数30.36，处于从属地位。其余落叶阔叶树6株，全为栓皮栎，重要值指数93.28，成为重要的伴生种，使这亚层接近半常绿的性质。下层林木9种、36株，立木稀疏，覆盖度仅30%，树高4～9m，常绿阔叶树29株，相对密度80.6%，重要值指数分配较均匀，优势种不大明显，其中黄毛青冈为74.31；其次为杨梅、假木荷、珍珠花等各为40左右，这些都是小乔木的生活型，属于这亚层的代表种；其余毛叶青冈、高山锥零星分布，重要值指数20左右。落叶阔叶树重要值指数66.71，远比常绿阔叶树为低，计有7株，其中尼泊尔桤木、白栎等均呈单株出现，栓皮栎较多，但发生枯梢现象。此外在其他地段还有红木荷、毛叶黄杞、麻栎、细叶云南松等伴生树种。

灌木层植物不发达，覆盖度仅30%，高约2m，主要是乔木的幼树，灌木种类很少，常见江南越桔、羊耳菊，还偶见华南桤叶树、水锦树、假木豆等。

草本层植物高1m以内，覆盖度50%，以芒萁、五节芒占优势，其他如二花珍珠茅(*Scleria biflora*)、狗脊蕨和蕨分布也较普遍，局部还出现少数的金星蕨、肾蕨、刚莠竹等。

由于林冠郁闭度不大，为耐阴性不同树种幼龄期的生长创造了各自相适应的不同光照条件，乔木树种几乎都获得更新。常绿阔叶树的野生苗仍占据明显优势，其中以黄毛青冈和高山锥最多，前者具备各层的种群，可维持建群地位，后者的立木则有增加的趋势；假木荷、杨梅、珍珠花等虽较少但频度高；栓皮栎、白栎等落叶阔叶树分布也普遍，只是要求湿润肥沃的尼泊尔桤木缺乏幼苗幼树；而从样外下种的只有红木荷、麻栎的个别幼树，有可能定居下来，成为偶见种。看来在群落发展中树种的变化不大，似乎此类森林基本处在比较稳定的阶段。但是整个森林的更新效果是不理想的，由于频繁的干扰，使更新层受到损害，数量太少，每公顷约2500株，即平均每4m^{2}只有1株。再则下层木时而被伐作薪柴，密度也太低，所有这些使接替不断衰亡，使上层林木的继承作用受到严重的抑制。总之，不合理的利用使群落的生长发育不能遵循正常的轨迹运转，此类森林行将进一步衰败，以至濒临消亡的险境。

桂西北山原残存的常绿阔叶林极少，黄毛青冈林是当地仅存的少数类型之一，应作为种质资源加以认真管理。该树种能适应当地较干旱的气候，耐瘠薄的土壤，应列为桂西北西部重要的人工林树种。

27. 青冈林(Form. *Cyclobalanopsis glauca*)

在我国，青冈产陕西、甘肃、江苏、安徽、浙江、江西、福建、台湾、河南、湖北、湖南、广东、广西、四川、云南、西藏等地，生于海拔60～2600m的丘陵、山地，组成常绿阔叶林或常绿落叶阔叶混交林，岩溶山地和砂、页岩和花岗岩山地都有分布，是青冈属植物在我国分布最广的树种之一。我国以青冈为主的常绿阔叶林，在中亚热带东段，长江流域以南各地分布最广，自湖南的湘中丘陵至江西、安徽南部、江苏南部、浙江西部和福建西北部，海拔200～1000m的丘陵坡地、山脊均可见到，并常与苦槠、鹿角锥、杉木、马尾松林相交错分布。立地土壤以花岗岩、砂、页岩母质发育的红壤、黄壤和灰棕色黏土为主。在广西，青冈分布也相当广泛，适应性很广，从南到北、从东到西，从海拔不到100m的丘陵到海拔2000m的山地，从岩溶石山到砂、页岩和花岗岩土山都有分布，但主要见于桂中和桂北地区。以青冈为主的常绿阔叶林主要见于砂、页岩和花岗岩山地；以青冈为主的常绿落叶阔叶混交林分布于桂中桂北亚热带岩溶山地和桂南北热带高海拔地区的岩溶山地。以青冈为主的常绿阔叶林比较少见；但以青冈为主的常绿落叶阔叶混交林是桂中桂北岩溶山地面积最大的代表性类型。

广西以青冈为主的常绿阔叶林目前仅发现在隆林金钟山和桂北海洋山有分布。

(1)青冈－青冈－青冈－驳骨九节－三角眼凤尾蕨群落(*Cyclobalanopsis glauca* – *Cyclobalanopsis glauca* – *Cyclobalanopsis glauca* – *Psychotria prainii* – *Pteris* sp. Comm.)

见于隆林金钟山保护区，海拔800～1000m中山山坡中上部水沟冲边，根据海拔890m、面积20m×30m的样地调查，土壤为森林山地红壤，地表多枯枝落叶，土层厚。群落总郁闭度0.9，乔木层分为3个亚层。

第一亚层树高16m，胸径12～32cm，树干多弯曲，分枝多，冠幅较大，郁闭度0.85。该亚层林木株数占乔木层株数的31.7%，基面积占乔木层总基面的68.3%。组成种类较少，只有2种。青冈株数较多，而且高大，株数占该层的75%，基面积占该层的71%，重要值指数为208.4；另一种为山槐，重要值指数为91.6。第二亚层树高9m左右，胸径4～23cm，林木生长稀疏，分布均匀，树干细长，分枝多，郁闭度0.4。该亚层林木株数占乔木层总株数的38.1%，基面积占乔木层总基面的24.8%。组成种类有6种，青冈株数较多，占该层总株数的54.0%，重要值指数152.4，排列第一；大叶竹节树和灰毛浆果楝重要值指数分别为64.2和38.3，排列第二和第三位；其他的种还有穗序鹅掌柴。第三亚层树高4m左右，胸径2～8cm，林木稀少，树干细小，分枝低，树冠不成形，郁闭度0.2。该亚层林木株数占乔木层总株数的30.2%，基面积占乔木层总基面的6.9%。组成种类有10种，优势种明显，青冈重要值指数111.3，居第一位；灰毛浆果楝和苹婆，重要值指数分别为56.7和36.3，排列第二和第三位；其他的种类还有湖北黄檀(*Dalbergia* sp.)、大叶竹节树、大叶新木姜子等，重要值指数多在10左右。从整个乔木层分析，青冈数量最多，重要值指数为140.0，居第一位。青冈在各亚层都处于优势的地位，林下也分布有大量的幼苗幼树，说明环境对它是适应的，它将长期保持目前的地位。山槐重要值指数为39.2，只出现在上层，且呈现出老化的现象，林下缺少幼苗和幼树，它在不久之后会被淘汰。灰毛浆果楝和大叶竹节树，重要值指数分别为30.8和26.0，排列第三和第四位，它们为林下常见的种类，将长期保持目前的地位。其他的种类多为单株出现，为群落的偶见种，重要值指数都很小。

灌木层植物覆盖度20%，高度0.4～1.8m，在600m^{2}样地内，有15种，多为阳性和中性植物，以青冈、驳骨九节和灰毛浆果楝较多，其他常见的种类有八角枫、白紫珠(*Callicarpa* sp.)、粗糠柴、地桃花、杜茎山、假木豆、毛果算盘子、苹婆、单毛泡花树 (*Meliosma* sp.)等。

草本层植物种类和数量都很稀少，覆盖度不到1%，似乎缺乏草本层一样。种类有三角眼凤尾蕨、淡竹叶、蕨、浆果薹草、披针新月蕨(*Pronephrium penangianum*)、肾蕨等。

层间植物较为发达，多为常见的木质藤本，有粉背菝葜(*Smilax hypoglauca*)、古钩藤(*Cryptolepis buchananii*)、牛奶菜(*Marsdenia sinensis*)、土茯苓、红毛猕猴桃(*Actinidia rufotricha*)、玉叶金花、紫花络石、海金沙、藤黄檀等。其中藤黄檀较为发达，茎粗13cm，攀援至中上层林木。

(2)青冈＋黄杞－穗序鹅掌柴＋黄杞－文山润楠－草珊瑚－孔药花群落(*Cyclobalanopsis glauca* + *Engelhardia roxburghiana* – *Schefflera delavayi* + *Engelhardia roxburghiana* – *Machilus wenshanensis* – *Sarcandra glabra* – *Porandra ramosa* Comm.)

见于隆林金钟山保护区海拔1100～1300m的河沟边山地中下部水热充足地。根据海拔1150m、面积为

20m×30m的样地调查，立地土壤为森林山地黄壤，土层厚，地表多枯枝落叶。群落乔木层分为3个亚层。

第一亚层林木高20m左右，胸径11～47cm，胸径最大的是青冈，达80.8cm。林木高大，树干通直，树冠连接，郁闭度0.7。该亚层林木株数占乔木层总株数的22.5%，基面积占乔木层总基面的85.5%。组成种类少，只有10种。青冈较多，而且粗大，有较大的基面积，占该亚层断面积的35.3%，重要值指数为69.2，居第一位；黄杞重要值指数为42.2，排列第二位；常见的有栓皮栎、文山润楠、南酸枣、高山锥、缺萼枫香树、化香树、绒毛鹅掌柴等。第二亚层林木高9m左右，胸径3～13cm，林木分布稀疏，均匀，树干细直，分枝少，树冠不连续，郁闭度0.5。该亚层林木株数占乔木层总株数的33.8%，基面积占乔木层总基面的8.5%。种类较少，有13种。优势种不明显，绒毛鹅掌柴和黄杞重要值指数相当，分别为64.3和61.8，排列第一和第二位；其次为文山润楠、青冈、鹧鸪花，重要值指数分别为44.9、23.1、20.5；缺萼枫香树、楝叶吴萸、毛杨梅、短序荚蒾、粗糠柴等，多为单株出现混生其中。第三亚层林木高5m左右，胸径2～6cm，林木分布较均匀，树干细小，分枝低，树冠不连接，郁闭度0.4。该亚层林木株数占乔木层总株数的43.7%，基面积占乔木层总基面的6.0%。种类组成比中上层多，有22种。文山润楠和绒毛鹅掌柴株数较多，重要值指数分别为60.7和31.5，排列第一和第三位；黄杞株数较少，基面积较大，重要值指数47.3，排列第二位；除了中上层常见的种外，还分布有贵州榕(*Ficus guizhouensis*)、翅荚香槐、聚锥水东哥、楝叶吴萸、大叶合欢(*Archidendron turgidum*)、黄葛树、四川新木姜子、野漆、秋枫等。从整个乔木层分析，优势种不明显，青冈、黄杞、文山润楠、绒毛鹅掌柴，重要值指数分别为45.1、39.4、32.9、31.9，排列第一、二、三、四位，它们在各层都有分布，且林下也分布有幼苗和幼树，说明群落环境对它们是适应的，它们的优势地位可能会互相交替。而其他树种多为常见的伴生种，如果环境不发生太大的变化，它们将不会成为优势种。

灌木层植物覆盖度20%，高0.1～2.2m，种类丰富，600m²样地有33种、多为乔木的幼树。以黄杞、草珊瑚和四川新木姜子为优势，其他乔木幼树有贵州榕、八角枫、粗糠柴、栲、高山锥、楝叶吴萸、文山润楠、青冈、单毛泡花树、绒毛鹅掌柴、红木荷等。其他常见的灌木有杜茎山、石岩枫、常山、羽状地黄莲(*Munronia pinnata*)、密花树、龙葵(*Solanum nigrum*)、水东哥、毛杨梅、构棘、花椒簕、竹叶榕等。

草本层植物覆盖度50%，种类较少，600m²样地有11种，多为阴生种类，高度0.3～1.6m。以孔药花（*Porandra ramosa*)为优势种，蕨、狗脊蕨、山姜也较多，其他的种类有大叶仙茅、滇黄精(*Polygonatum kingianum*)、淡竹叶、肾蕨、艳山姜等。

层间植物较为发达，多为常见的木质藤本，种类有长托菝葜(*Smilax ferox*)、圆锥菝葜(*Smilax bracteata*)、忍冬、密齿酸藤子、雀梅藤、三叶木通、藤黄檀、南五味子、土茯苓、雾水葛、灰毛崖豆藤、玉叶金花、异叶地锦等。其中雾水葛、雀梅藤和密齿酸藤子在林内灌木层中有较大的面积，覆盖度达40%。还有些木质藤本径多为5～8cm，攀援至乔木第一亚层之上。

(3)青冈－银木荷＋青冈－银木荷－柏拉木＋海南罗伞树－毛果珍珠茅群落(*Cyclobalanopsis glauca* – *Schima argentea* + *Cyclobalanopsis glauca* – *Schima argentea* – *Blastus cochinchinensis* + *Ardisia quinquegona* – *Scleria levis* Comm.)

此种类型见于桂北海洋山自然保护区，而且分布的范围较广，最低在海拔300m就可以见到这类森林，最高分布在海拔1000m以上，在大境七分山海拔1300m的地方也有这种森林。立地土壤有山地红壤、山地黄壤和山地黄棕壤，腐殖质层一般较薄，土壤肥力较差。

乔木层可以分为3个亚层，第一亚层林木高15m，以青冈占优势，其次为银木荷，其他的种类还有黄杞、罗浮柿、腺叶桂樱、厚皮香和鹅掌柴1种(*Schefflera* sp.)等。第二亚层林木高10m左右，以银木荷和青冈占优势，其他常见的种类有海南树参、多花杜鹃、南岭山矾、深山含笑等。第三亚层林木高6m左右，优势种不明显，常见的种类有银木荷、青冈、多花杜鹃、鼠刺等。灌木层植物覆盖度75%，高2～3m，以柏拉木、海南罗伞树较常见，其他还有鼠刺、白花龙、蜜茱萸、杜茎山和黄丹木姜子、青冈的幼树。草本层植物高1m以下，分布不均匀，覆盖度10%，主要种类有毛果珍珠茅、鳞毛蕨、狗脊蕨等。藤本植物有冷饭藤和菝葜等。

28. 滇青冈林(Form. *Cyclobalanopsis glaucoides*)

滇青冈是青冈在我国西部地区的地理替代种，最东可到达广西的隆林。滇青冈林主要分布于滇中高原海拔1500～2500m之间的中山山地。在广西，滇青冈仅见于隆林，而以滇青冈占优势的常绿阔叶林，仅见于隆林金钟山保护区。

(1)滇青冈－滇青冈－滇青冈＋假木荷＋毛杨梅－草珊瑚－芒萁＋五节芒群落(*Cyclobalanopsis glaucoides* － *Cyclobalanopsis glaucoides* － *Cyclobalanopsis glaucoides* ＋ *Craibiodendron stellatum* ＋ *Myrica esculenta* － *Sarcandra glabra* － *Dicranopteris pedata* ＋ *Miscanthus floridulus* Comm.)

见于金钟山保护区海拔1200～1300m的中山山地的山顶，呈小斑块状分布于落叶栎林的上方。根据海拔1240m、面积20m×30m的样地调查，立地土壤为森林山地黄壤，土层厚，地表枯枝落叶层厚，群落总郁闭度0.85，乔木层可分为3个亚层。第一亚层林木高16m左右，胸径10～35cm，郁闭度0.8，林木高大，树干多分枝，树冠连续。该亚层林木株数占乔木层总株数的22.4%，基面积占乔木层总基面的59.1%。以常绿乔木为主，占该亚层株数的96.2%。组成种类简单，只有4种，滇青冈株数占该亚层的88.3%，重要值指数为246.5，处于绝对优势的地位；其他的栓皮栎、楞、密花树，重要值指数分别为19.1、17.8、16.5。第二亚层林木高10m左右，胸径7～30cm，林木稀疏，分布均匀，分枝多，树干多弯曲，树冠基本连续，郁闭度0.6。该亚层林木株数占乔木层总株数的31.9%，基面积占乔木层总基面的29%。组成简单，只有7种，仍以滇青冈较多，重要值指数174.8，占绝对优势，居第一位；栓皮栎和楞有一定的数量，重要值指数分别为43.8和30.3，排列第二和第三位；常见的毛杨梅，重要值指数为20.7；其他的密花树和南酸枣为单株出现。第三亚层林木高5m左右，胸径3～18cm，林木稀疏，分布均匀，树干细小，树冠不成型，郁闭度0.3。该亚层林木株数占乔木层总株数的45.7%，基面积占乔木层总基面的11.9%。种类组成比中上层多，有12种。优势不明显，滇青冈重要值指数为61.4，居第一位；假木荷、毛杨梅、南烛，重要值指数分别为57.6、54.0、36.8，分排第二、三、四位；重要值指数在20以下的种类还有罗浮槭、楞、密花树、栓皮栎；其他的种类有西施花、黧蒴锥、文山润楠、绒毛鹅掌柴等。从整个乔木层分析，滇青冈株数最多，占了乔木层总株数的47.0%，重要值指数为144.7，居第一位，为各层的优势种，在中上层处于绝对优势的地位；且林下也分布有幼苗和幼树，说明群落环境对它是适应的，能长期保持目前的优势地位；毛杨梅和假木荷，也有一定的株数，重要值指数都是24.5，排列第二和第三位，多分布于中下层，林下分布有幼苗和幼树，对群落环境是适应的；栓皮栎重要值指数为23.7，排列第四，只在第二亚层有出现，林下缺少幼苗和幼树，它们的地位将会被取代；其他常见的种类多出现在中下层。

灌木层植物覆盖度20%，高0.2～1.2m，在600m^{2}样地里，有25种，多为常见乔木的幼树和灌木，以滇青冈为优势种，其他乔木的幼树有白花杜鹃(*Rhododendron* sp.)、白蜡树、黧蒴锥、楞、红木荷、假木荷、毛杨梅；常见灌木种类有水锦树、杜茎山、中平树、草珊瑚、朱砂根、南烛、盐肤木、野牡丹等。

草本层植物较丰富，覆盖度50%，高度0.2～1.2m，以芒萁、五节芒为优势种，其他有肾蕨、浆果薹草、细叶石斛、羊耳菊、江南卷柏、狗脊蕨、大叶仙茅、全缘网蕨(*Dictyodroma formosanum*)、狭鳞鳞毛蕨(*Dryopteris stenolepis*)、华南鳞盖蕨和荩草等。

藤本植物稀少，主要为木质藤本，有网脉酸藤子、巴豆藤、贵州忍冬(*Lonicera* sp.)、崖爬藤(*Tetrastigma obtectum*)等。

在保护区内有的地段的滇青冈林中，上层还多见小花杜鹃；中下层还多见小花杜鹃、西施花、高山锥、红木荷等，但都难以取代滇青冈的优势地位。

29. 巴东栎林(Form. *Quercus engleriana*)

巴东栎为常绿或半常绿性状的乔木，在我国，产陕西、江西、福建、河南、湖北、湖南、广西、四川、贵州、云南、西藏等地，生于海拔700～2700m的山地杂木林中。在四川金佛山海拔1900m处，巴东栎在森林内占有重要的地位。在广西，巴东栎主要见于桂北猫儿山、九万山、元宝山、资源银竹老山、临桂、阳朔，生于海拔1700m以下的山地杂木林中。在九万山，有以它为主的零星小片的林分分布。

(1)巴东栎－榕叶冬青＋光枝杜鹃－尖萼川杨桐＋光枝杜鹃－摆竹－十字薹草群落(*Quercus engleriana* － *Itex ficoidea* ＋ *Rhododendron haofui* － *Adinandra bockiana* var. *acutifolia* ＋ *Rhododendron haofui* － *Indosasa shibataeoides* － *Carex cruciata* Comm.)

见于九万山无名高地一带，生长在山腹的中上部。根据海拔1300m、600m^{2}的样地调查，立地土壤为发育于花岗岩上的山地黄壤，土体中碎石块较多，地表凋落物较多，通常厚在5cm左右，分解较缓。

群落总覆盖度100%，组成种类丰富，600m^{2}样地有维管束植物56种。乔木层发育良好，可分为3个亚层；灌木层植物相当发育，而草本层植物稀少，层间植物亦不太发达。

第一亚层林木高17～22m，胸径21～46cm，最高可达30m，最大胸径71.8cm，树干通直，枝下高6～16m，树冠基本连续，覆盖度70%。本亚种类组成相对简单，600m^{2}样地有林木5种、14株，其中巴东栎有5株，占本亚层总株数的37.1%，而基面积最大，占本亚层总基面积的76.1%，重要值指数最高，为142.6，几乎占了本亚层总重要值指数300的1/2；其次为四川大头茶，重要值指数51.6，其他的种类有桂南木莲、亮叶厚皮香和鹿角锥等。第二亚层林木高9～14m，一般胸径9～16cm，最大胸径可达24cm，树冠不连接，覆盖度50%。本亚层有林木17种、33株。优势种不明显，榕叶冬青稍多，重要值指数37.2；其次为光枝杜鹃和阔瓣含笑，重要值指数分别为26.2和24.0；其他常见的种类除了上层的中龄个体外，还有石灰花楸、尖萼川杨桐、薄瓣石笔木、木姜叶柯、山杜英、猴头杜鹃、华南木姜子、亮叶杨桐、香港四照花等；巴东栎在本亚层也有它的位置，只不过是重要值指数较小，只有10.5。第三亚层林木高4～8m，胸径4～10cm，覆盖度50%。本亚层的组成种类和株数比上两个亚层丰富，计有22种56株，株数占乔木层总株数的54.4%，但植株纤细，基面积不大，仅占乔木层总基面积的7.2%。优势种也不明显，以尖萼川杨桐稍多，重要值指数35.8，排列第一；其次为光枝杜鹃，重要值指数22.6，排列第二；其他的种类重要值指数分配都很分散。除了上层和中层乔木的幼龄个体外，尚有西南山茶、短梗新木姜子、铁山矾、腺叶鼠刺、疏花卫矛、紫花山茶（*Camellia* sp.）、小花杜鹃、尖叶毛柃、长尾毛蕊茶、冬青、南烛和小果珍珠花等。

灌木层植物特别明显，高0.5～2.5m，覆盖度80%～90%。摆竹占绝对优势，局部密度为30～40根/m^2，覆盖度70%～80%。真正的灌木种类常见的只有柏拉木、美丽马醉木、朱砂根、鼠刺、小花杜鹃和赤楠等。此外，尚有一些乔木的幼树，如长尾毛蕊茶、短新新木姜子、小叶罗汉松、黄樟、光枝杜鹃、尖萼川杨桐、巴东栎和西南山茶等，其中以小叶罗汉松幼树为多，高0.2～2.5m不等。

由于受上层林冠和摆竹的影响，草本层植物种类和数量都十分稀少，几乎不成层，零星见到的种类有十字薹草、花葶薹草、乌毛蕨、华中瘤足蕨等。

藤本植物的种类和数量同样十分稀少，零星见到西南菝葜、小果菝葜、广西吊石苣苔和锈毛吊石苣苔（*Lysionotus* sp.）在灌木层中攀援。但苔藓植物较发达，地面、岩石表面、树干均见有苔藓附生。

30. 木荷林（Form. *Schima superba*）

以木荷为主的森林是我国亚热带地区常绿阔叶林的一种类型，分布于四川、贵州、湖南、江西、福建、广东、广西等地。广西境内，木荷林是一种重要的天然阔叶林，主要分布于桂北、桂东北以及桂东一带山地丘陵，是一种地带性植被。虽然分布广，但目前保存较好的林分面积很小也很分散。

在分布区内，木荷林主要占据海拔700m以下的丘陵山地，700m以上以它为主的林分明显减少，但仍是其他常绿阔叶林的常见种。随着海拔的升高，其位置渐由银木荷所取代，在海拔1300m以上就基本上消失了。桂中、桂东一带低丘陵，次生的木荷林或萌生林或在灌丛中很常见，可见木荷林偏向于温暖的气候条件。正因为如此，在属于北热带季节性雨林的桂东南丘陵台地，植被受到严重破坏，环境变得较为恶劣的地区，演变成的次生马尾林中，混生有木荷，形成针阔混交林。这是一种非地带性的植被类型，由于气候条件不符合，马尾松和木荷生长很差。向西，木荷可伸展到田林县的岑王老山，但从凤凰岭、都阳山和十万大山等背风坡一线开始，在低海拔地区为红木荷取代。可见，水分因素限制着木荷林向西伸展。

根据木荷林的代表分布区是在桂北、桂东北和桂东，可以用桂东北的阳朔和桂中偏东的金秀来说明分布区的气候情况。阳朔县城海拔148.3m，年平均气温19.0℃，1月平均气温8.4℃，7月平均气温28.2℃，累年极端最高气温38.9℃，累年极端最高低气温－5.8℃，≥10℃的积温6055.5℃；年降水量1644.5mm，雨季6个月（3～8月），没有旱季。大瑶山林区的金秀县城海拔760m，年平均气温17℃，1月平均气温8.3℃，7月平均气温23.9℃，累年极端最高气温32.6℃，累年极端最低气温－5.6℃，≥10℃的积温5233.9℃；年降水量1828m，雨季7个月（4～10月），基本上没有旱季。

木荷是一种酸性土指示树种，木荷林只见分布于砂岩、页岩、花岗岩山地，土壤为红壤和黄壤，pH

值4.5~5.0。岩溶山地，从不见有木荷林的分布。因此，基质不同，是影响木荷林在其分布区不能连续分布的一个原因。

木荷林虽然是亚热带的地带性植被，但从常绿阔叶林演替阶段分析，它属于次生常绿阔叶林阶段。因此，在中初期，它的天然更新还是比较理想的，但到了后期，阳性树种的木荷，由于林下荫蔽度增大，木荷幼苗幼树不能耐过于荫蔽的条件而更新不良，最终它虽然没有完全被淘汰，但会丧失了在群落中的优势地位，成为常见种甚至偶见种。但木荷种子轻，能飞籽成林，可以随风飘扬，如落到撩荒地和采伐迹地，就能形成新的次生林。另外，在群落中，只要出现林窗或下层林木和灌木层草本层植物变得稀疏，覆盖度减少，林下阳光增多的情况下，木荷也能更新，产生幼苗幼树，维持种群发育年龄结构的完整。因此，迹地更新和林窗更新，使木荷林始终能在分布区中占有一席之地和较重要的地位。

统计过去的调查资料，广西木荷林主要有16个群落。

(1)木荷－长毛杨桐－甜竹＋硬壳柯－短梗新木姜子－耳形瘤足蕨群落(*Schima superba* – *Adinandra glischroloma* var. *jubata* – *Sinocalamus* sp. + *Lithocarpus hancei* – *Neolitsea brevipes* – *Plagiogyria stenoptera* Comm.)

此种类型见于桂中偏东的金秀大瑶山林区，从海拔1290m的样地调查可知，立地土壤为发育于紫色砂岩上的山地森林黄壤，地表多枯枝落叶，覆盖度70%以上，分解不良，故腐殖质层较薄。

群落内人为活动频繁，主要是砍伐林内的甜竹，故下层种类组成简单，中层植株较少。可能因为海拔较高，加上人为活动频繁，上层落叶阔叶树较多，但还是以常绿阔叶树占优势，仍属于常绿阔叶林性质。

表9-81 木荷－长毛杨桐－甜竹＋硬壳柯－短梗新木姜子－耳形瘤足蕨群落乔木层种类组成及重要值指数

(样地号：瑶山5号，样地面积：20m×30m，地点：金秀县老山采育场16公里，海拔：1290m)

序号	树种	基面积(m^2)	株数	频度(%)	重要值指数
		乔木Ⅰ亚层			
1	木荷	1.696	15	100	115.885
2	银钟花	0.928	10	83.3	76.186
3	华南桦	0.263	3	33.3	24.785
4	陀螺果	0.098	2	33.3	17.485
5	基脉润楠	0.083	4	16.7	17.423
6	长毛杨桐	0.046	2	33.3	15.964
7	硬壳柯	0.283	1	16.7	15.471
8	甜槠	0.049	1	16.7	8.74
9	阴香	0.025	1	16.7	8.059
	合计	3.471	39	350	299.999
		乔木Ⅱ亚层			
1	长毛杨桐	0.104	6	83.3	80.487
2	木荷	0.051	2	33.3	33.02
3	马蹄荷	0.042	1	16.7	21.042
4	甜竹	0.006	3	16.7	19.746
5	刨花润楠	0.025	1	16.7	16.51
6	海南树参	0.025	1	16.7	16.51
7	阴香	0.018	1	16.7	14.322
8	腺叶桂樱	0.018	1	16.7	14.322
9	青皮木	0.013	1	16.7	13.084
10	蓝果树	0.011	1	16.7	12.531
11	黄丹木姜子	0.011	1	16.7	12.531
12	树参	0.01	1	16.7	12.023
13	米槠	0.008	1	16.7	11.558
14	深山含笑	0.008	1	16.7	11.558
15	网脉山龙眼	0.005	1	16.7	10.763
	合计	0.355	23	333.3	300.005
		乔木Ⅲ亚层			
1	甜竹	0.072	35	100	159.372
2	网脉山龙眼	0.014	4	50	35.58
3	厚叶红淡比	0.016	3	50	35.542

（续）

序号	树种	基面积(m^2)	株数	频度	重要值指数
4	阴香	0.008	2	16.7	16.055
5	黄丹木姜子	0.006	1	16.7	12.522
6	五列木	0.003	2	16.7	11.518
7	马蹄荷	0.004	1	16.7	10.56
8	樟叶泡花树	0.003	1	16.7	9.763
9	四角柃	0.002	1	16.7	9.088
	合计	0.128	50	300	299.999
乔木层					
1	木荷	1.747	17	100	70.457
2	甜竹	0.078	38	100	47.008
3	银钟花	0.928	10	83.3	41.655
4	长毛杨桐	0.15	8	100	22.047
5	华南桦	0.263	3	33.3	13.026
6	网脉山龙眼	0.019	5	50	10.5
7	阴香	0.051	4	50	10.428
8	硬壳柯	0.283	1	16.7	9.894
9	厚叶红淡比	0.016	3	50	8.651
10	陀螺果	0.098	2	33.3	7.976
11	基脉润楠	0.083	4	16.7	7.534
12	马蹄荷	0.045	2	33.3	6.637
13	黄丹木姜子	0.018	2	33.3	5.936
14	甜槠	0.049	1	16.7	3.986
15	五列木	0.003	2	16.7	3.701
16	刨花润楠	0.025	1	16.7	3.388
17	海南树参	0.025	1	16.7	3.388
18	腺叶桂樱	0.018	1	16.7	3.192
19	青皮木	0.013	1	16.7	3.08
20	蓝果树	0.011	1	16.7	3.031
21	树参	0.01	1	16.7	2.985
22	米槠	0.008	1	16.7	2.943
23	深山含笑	0.008	1	16.7	2.943
24	樟叶泡花树	0.003	1	16.7	2.816
25	四角柃	0.002	1	16.7	2.794
	合计	3.955	112	900	299.999

乔木层分成3个亚层，第一亚层林木高15~26m，基径16~65cm，覆盖度70%以上。本亚层林木树干通直，枝下高高，多在10m以上，分枝较少，枝叶集中于顶部。从表9-81可知，该亚层600m^2样地有林木9种、39株，株数占乔木层总株数的34.8%，基面积占乔木层总基面的87.8%。优势种明显，木荷占有明显的优势，有15株，重要值指数115.9；次优势为落叶阔叶树银钟花，有10株，重要值指数76.2；伴生种有华南桦、陀螺果、基脉润楠、长毛杨桐，重要值指数分别为24.8、17.5、17.4和16.0。本亚层常绿阔叶树有6种，重要值指数181.6；落叶阔叶树有银钟花、华南桦和陀螺果3种，重要值指数118.4，无论是种数还是重要值指数，均是常绿阔叶树占有明显的优势。第二亚层林木高8~14m，基径10~18cm，但甜竹为4~6cm，覆盖度25%，600m^2样地有林木15种、23株，是3个亚层中种数最多而株数最少的1个亚层。本亚层林木植株树干也通直，分枝也高。优势种明显，长毛杨桐有6株，重要值指数80.5，排列第一；次为木荷，重要值指数33.0，排列第二；其他13种重要值指数分配都很分散，在10~22之间。本亚层只有青皮木一种落叶阔叶树，重要值指数13.1，而第一亚层林木3种落叶阔叶树在此都不存在。第三亚层林木高4~7m，基径4~6cm，覆盖度45%，600m^2样地有林木9种、50株，其中甜竹占了半数以上，有35株。甜竹依靠众多的植株，重要值指数高达159.4，占据绝对的优势地位。网脉山龙眼和厚叶红淡比是重要的伴生种，重要值指数分别为35.6和35.5。本亚层没有落叶阔叶树。从整个乔木层分析，木荷在第一亚层植株多而高大，占有绝对的优势，是群落的建群种，在第二亚层为次优势种，虽然在第三亚层没有出现，但仍是群落的优势种，占有明显的优势，重要值指数70.5，排列第一；甜竹的性状为小乔木，依靠众多的植株，重要值指数达到

47.0，排列第二，当群落受破坏不止，环境步步恶化的情况下，甜竹有进一步扩大的趋势，有可能演变成甜竹林；银钟花是喜阳的落叶阔叶树，只在上层占有一定的位置，中下层没有出现，在整个乔木层中重要值指数不大，只有41.7，排列第三；长毛杨桐只是中层林木的优势种，在整个乔木层中植株不算多，故重要值指数不很大。上层比较高大的林木，如南桦、陀螺果和基脉润楠，虽然也有一定的株数，但中下层没有出现；下层常见的伴生种，如网脉山龙眼和厚叶红淡比；乔木的幼树，如马蹄荷、甜槠、米槠、樟叶泡花树、深山含笑等，因为受密集的甜竹影响，植株不多，所以重要值指数都不大；其他的种类多数是偶见种，重要值指数更不会很大。

表 9-82　木荷－长毛杨桐－甜竹＋硬壳柯－短梗新木姜子－耳形瘤足蕨群落灌木层和草本层种类组成及分布情况

序号	种名	多度盖度级						频度	更新(株)	
		Ⅰ	Ⅱ	Ⅲ	Ⅳ	Ⅴ	Ⅵ	(%)	幼苗	幼树
	灌木层植物									
1	甜竹	5	5	4	5	5	5	100.0		
2	阴香	4	2	1	4	3	2	100.0	15	23
3	短梗新木姜子	4	2	1	4	4	1	100.0	8	10
4	树参	1	1	1	1	1	1	100.0		9
5	网脉山龙眼		4	4	4	4	4	83.3	14	44
6	基脉润楠		4	4	4	4	4	83.3	16	42
7	单毛桤叶树	1	2	3		1	1	83.3	1	5
8	桂南木莲	1		2	1	4	2	83.3	15	10
9	光叶拟单性木兰		2	4	1	1	1	83.3	6	8
10	厚叶红淡比		1	1	2		1	66.7	1	3
11	黄丹木姜子			2	1	3	2	66.7	5	12
12	海南树参	4		2	2		1	66.7	4	9
13	深山含笑		2		2	2	1	66.7	3	6
14	樟叶泡花树	4	3	3		2		66.7	7	13
15	大头茶	3	2			3	2	66.7	1	13
16	吴茱萸五加		1	2		1	3	66.7		5
17	少叶黄杞		3	3	2	4		66.7	3	19
18	日本杜英		2		1	2	2	66.7	2	10
19	岗柃		2		2	2		50.0		
20	东方古柯		1	1	2			50.0		
21	马蹄荷		1	1	1			50.0	1	1
22	桃叶石楠		1		2		2	50.0	1	4
23	海南杨桐		1	1			1	50.0		
24	柃木			2		3	2	50.0		
25	南国山矾			1	2	2		50.0	2	6
26	野锦香			2	2	2		50.0		
27	野漆				4	2	2	50.0	6	4
28	毛叶木姜子				2	2	4	50.0		
29	越南安息香				1	1	1	50.0	2	2
30	南酸枣	1	2	1				50.0	8	
31	硬壳柯	1			4			33.3	3	5
32	短柱柃	4			2			33.3		
33	船柄茶		2	1				33.3		
34	鼠刺		1				2	33.3		
35	大果木姜子		1				2	33.3	4	2
36	鹿角锥			1			1	33.3		4
37	铁山矾			2		2		33.3		
38	广东大青				2		1	33.3		
39	虎皮楠				1	1		33.3		
40	木荷			2				16.7		1
41	长毛杨桐	4						16.7		

（续）

序号	种名	多度盖度级						频度	更新(株)	
		Ⅰ	Ⅱ	Ⅲ	Ⅳ	Ⅴ	Ⅵ	(%)	幼苗	幼树
42	四角柃	4						16.7		
43	五列木			2				16.7		
44	罗浮锥	1						16.7		
45	广东新木姜子		3					16.7	2	3
46	杜茎山		1					16.7		
47	圆籽荷		1					16.7	1	
48	三峡槭					1		16.7		
49	甜槠			2				16.7		
50	岭南山矾			2				16.7		
51	狭叶木犀				4			16.7	6	4
52	长尖叶五加				2			16.7		4
53	光叶粗叶木				3			16.7		
54	茶梨				1			16.7		
55	琴叶榕				1			16.7		
56	疏花卫矛					1		16.7		
57	饭甑青冈					1		16.7		
58	朱砂根					1		16.7		
59	中华卫矛					1		16.7		
60	石楠					3		16.7		
61	大花枇杷						1	16.7	1	2
62	瑶山越桔						2	16.7		
63	灰毛杜英						2	16.7		
64	山鸡椒						2	16.7		
65	广西乌口树						2	16.7		
	草本层植物									
1	耳形瘤足蕨	5	4	4	5	5	4	100.0		
2	美丽线蕨	3	3	3	4	4	4	100.0		
3	狗脊蕨	3	3	3	4	4	4	100.0		
4	山姜	3		3	3	3	3	83.3		
5	毛果珍珠茅	3			1	4	4	66.7		
6	中华里白		3	4			3	50.0		
7	大叶金牛			3	3		3	50.0		
8	沿阶草				3	3		33.3		
9	锦香草					5	4	33.3		
10	镰羽瘤足蕨				1			16.7		
11	三枝九叶草					2		16.7		
	藤本植物									
1	菝葜	sp	sp	sp	sp	sp	sp	100.0		
2	三叶木通				sp	sp	sp	50.0		
3	网脉酸藤子			sp	un			33.3		
4	鸡眼藤			sp			sp	33.3		
5	冷饭藤				un	un		33.3		
6	扶芳藤						sp	16.7		
7	藤黄檀						un	16.7		

广东大青 *Clerodendrum kwangtungense*　长尖叶五加 *Eleutherococcus* sp.　美丽线蕨 *Colysis* sp.　大叶金牛 *Polygala latouchei*
三枝九叶草 *Epimedium sagittatum*

灌木层植物比较茂盛，覆盖度70%，种类组成很丰富，从表9-82可知，600m^2样地有65种之多。种类成分多为乔木的幼树，计有50种左右，其中未在乔木层出现过的乔木幼树有35种。优势种为甜竹，出现频度100%，多度盖度级5级，次优势为网脉山龙眼，出现频度83.3%，多度盖度级4。乔木的幼树以阴香、短梗新木姜子、基脉润楠和桂南木莲为常见。

由于灌木层植物覆盖度较大，草本层植物种类和数量都不太发达，覆盖度一般为20%，个别地段有50%，600m^2样地有11种。以耳形瘤足蕨为优势，次为美丽线蕨(*Colysis* sp.)和狗脊蕨，常见的有山姜和毛果珍珠茅等。

藤本植物不发达，600m^2样地只有7种，以菝葜为常见，其他还有网脉酸藤子和三叶木通等种类。

从表9-82对林木更新调查可知，600m^2样地有幼苗138株，平均0.23株/m^2；幼树283株，平均0.47株/m^2。建群种木荷，更新很不理想，没有幼苗和幼树，原因是木荷是阳性次生常绿阔叶树，在常绿阔叶林初期阶段，它可以成为群落的优势种，但到中后期阶段，林下阴蔽它就不能正常更新，因此，群落发展下去，木荷会丧失在本群落中的优势地位。长毛杨桐的性质与木荷相似，结果相同。群落更新较好的是阴香、基脉润楠、桂南木莲、黄丹木姜子、樟叶泡花树、少叶黄杞和日本杜英，如果群落不再受到破坏，这几种乔木的幼树都可能成为群落的主要组成种类。但如果群落进一步受到破坏，将可能演变成甜竹林。

(2)木荷－刺毛杜鹃－刺毛杜鹃－锈叶新木姜子－阔鳞鳞毛蕨群落(*Schima superba*－*Rhododendron championiae*－*Rhododendron championiae*－*Neolitsea cambodiana*－*Dryopteris championii* Comm.)

此群落见于金秀县大樟乡黄田笔架山，海拔485m，地层为寒武系砂页岩，立地土壤为山地森林红壤，砂性大，土体松散，枯枝落叶覆盖地表100%，分解中等，腐殖质层较厚。

群落已经受到过严重择伐，样内有伐桩和伐倒木，但恢复年代已较久，所以立木径级差别较大，有50～60cm粗的大乔木，也有不少7cm左右粗的小乔木；同时，阳性先锋树种已经生长不良。本群落由于位于南亚热带，故组成中有不少为南亚热带季风常绿阔叶林的种类，其中还有一些是季节性雨林的种类。

从600m^2样地调查可知，群落郁闭度0.9，乔木层可分为3个亚层，第一亚层林木高15～23m，基径21～45cm，最粗77cm，覆盖度70%。由于受过择伐，种数和株数都较少，从表9-83可知，该亚层600m^2样地只有林木8种、13株，是3个亚层中种数和株数最少的1个亚层，但基面积仍是3个亚层中最大的，占乔木层总基面积的56.5%。本亚层林木树干通直，树皮粗糙。优势种为木荷，有5株，重要值指数113.0，占有绝对的优势；其他7种除木竹子外，都是单株出现，其中鹿角锥基径77cm，为林木中最粗大的林木，重要值指数达到51.0，排列第二。第二亚层林木高8～14m，基径5～28cm，相差悬殊，覆盖度50%，600m^2样地有林木21种、46株，种数和株数都较第一亚层林木多。本亚层林木树干细直，树冠尖长，优势不太突出，重要值指数分配比较分散，刺毛杜鹃稍多，有10株，重要值指数49.8；次为华南木姜子，有7株，重要值指数38.9；腺叶桂樱有4株，重要值指数29.4，排列第三。其他的种类重要值指数在20～10之间的有7种；10～6之间的有11种。第三亚层林木高4～7m，基径3～16cm，树干细而弯曲，冠幅稀疏，覆盖度40%。本亚层有林木29种、77株，是3个亚层中种数和株数最多的一个亚层。刺毛杜鹃占有绝对的优势，有30株，重要值指数111.3；其他28种重要值指数分配很分散，华南木姜子有7株，重要值指数27.4，稍为突出；重要值指数在16～15之间有2种；在10～3之间的有26种。从整个乔木层分析，根据表9-83，600m^2样地有林木40种、136株，优势不明显，重要值指数分配比较分散。木荷只在第一亚层占有绝对的优势，在第二亚层只有1株，在第三亚层缺，株数远不及刺毛杜鹃，相对密度小，因而在整个乔木层中重要值指数不如刺毛杜鹃大，为34.5，排列第二；刺毛杜鹃茎细小，但株数达40株之多，占了乔木层总株数的29.4%，相对密度大，因而重要指数排列第一，达52.7。但刺毛杜鹃是小乔木，最多能到达第二亚层林木的空间，不可能在上层出现，因此群落仍属于木荷林的类型。鹿角锥是群落中最高大的乔木；华南木姜子有较多的植株，在乔木层中重要值指数排列第三和第四，分别为21.8和21.7；重要值指数在15～10的有3种；在7～2之间的有33种。在乔木层的组成种类中，笔罗子、木竹子、罗浮锥、粘木(*Ixonanthes reticulata*)、黄叶树、鳖蒴锥等是南亚热带季风常绿阔叶林常见的组成种类，红山梅和红鳞蒲桃是季节性雨林的代表种类，百日青是南亚热带季风常绿阔叶林常见的扁平叶针叶树。

表 9-83　木荷－刺毛杜鹃－刺毛杜鹃－锈叶新木姜子－阔鳞鳞毛蕨群落乔木层种类组成及重要值指数

（样地号：瑶山 112 号，样地面积：600m²，地点：金秀县大樟乡黄田笔架山，海拔：485m）

序号	树种	基面积(m²)	株数	频度(%)	重要值指数
		乔木Ⅰ亚层			
1	木荷	0.548	5	66.7	112.954
2	鹿角锥	46.6	1	16.7	50.972
3	木竹子	0.087	2	33.3	38.588
4	广东山胡椒	0.091	1	16.7	22.839
5	粘木	0.062	1	16.7	20.647
6	苗山冬青	0.035	1	16.7	18.625
7	黄樟	0.035	1	16.7	18.625
8	笔罗子	0.01	1	16.7	16.752
	合计	1.333	13	200	300.002
		乔木Ⅱ亚层			
1	刺毛杜鹃	0.144	10	33.3	49.794
2	华南木姜子	0.05	7	83.3	38.883
3	腺叶桂樱	0.095	4	33.3	29.386
4	红山梅	0.076	2	16.7	18.985
5	中华杜英	0.026	2	33.3	14.675
6	广东山胡椒	0.023	2	33.3	14.247
7	笔罗子	0.023	2	33.3	14.232
8	五裂槭	0.03	3	16.7	14.214
9	罗浮锥	0.021	2	33.3	13.987
10	木荷	0.035	1	16.7	10.607
11	苗山冬青	0.025	1	16.7	9.225
12	米槠	0.023	1	16.7	8.812
13	短尾越桔	0.023	1	16.7	8.812
14	岭南柿	0.015	1	16.7	7.714
15	柳叶石斑木	0.011	1	16.7	7.1
16	榕叶冬青	0.01	1	16.7	6.881
17	网脉山龙眼	0.008	1	16.7	6.58
18	鸭公树	0.008	1	16.7	6.58
19	凹叶红淡比	0.007	1	16.7	6.465
20	美脉琼楠	0.007	1	16.7	6.465
21	黄樟	0.006	1	16.7	6.356
	合计	0.665	46	516.7	300
		乔木Ⅲ亚层			
1	刺毛杜鹃	0.215	30	100	111.315
2	华南木姜子	0.027	7	83.3	27.447
3	木竹子	0.015	3	50	14.552
4	凹叶红淡比	0.015	3	50	14.435
5	柳叶石斑木	0.01	2	33.3	9.77
6	腺叶山矾	0.017	2	16.7	9.553
7	黄杞	0.007	3	16.7	7.978
8	百日青	0.003	2	33.3	7.834
9	罗浮柿	0.003	2	33.3	7.682
10	广东山胡椒	0.003	2	33.3	7.639
11	中华杜英	0.005	2	16.7	6.034
12	黄丹木姜子	0.005	2	16.7	6.029
13	甜槠	0.006	1	16.7	5.229
14	网脉山龙眼	0.005	1	16.7	4.86
15	罗浮锥	0.004	1	16.7	4.628
16	岭南山茉莉	0.003	1	16.7	4.389
17	棱枝冬青	0.003	1	16.7	4.253

（续）

序号	树种	基面积(m^2)	株数	频度(%)	重要值指数
18	腺叶桂樱	0.002	1	16.7	4.015
19	山杜英	0.002	1	16.7	4.015
20	赤杨叶	0.002	1	16.7	4.015
21	美脉琼楠	0.002	1	16.7	4.015
22	楴	0.002	1	16.7	4.015
23	红鳞蒲桃	0.002	1	16.7	3.912
24	棋子豆	0.001	1	16.7	3.82
25	包槲柯	0.001	1	16.7	3.82
26	黄叶树	0.001	1	16.7	3.738
27	黧蒴锥	0.001	1	16.7	3.668
28	短尾越桔	0.001	1	16.7	3.668
29	笔罗子	0.001	1	16.7	3.668
	合计	0.362	77	766.7	299.994
		乔木层			
1	刺毛杜鹃	0.359	40	100	52.712
2	木荷	0.583	6	66.7	34.525
3	鹿角锥	0.466	1	16.7	21.819
4	华南木姜子	0.077	14	100	21.676
5	广东山胡椒	0.116	5	66.7	14.007
6	木竹子	0.102	5	66.7	13.407
7	腺叶桂樱	0.097	5	50	11.827
8	凹叶红淡比	0.022	4	50	7.912
9	柳叶石斑木	0.022	3	50	7.173
10	笔罗子	0.033	4	33.3	7.051
11	中华杜英	0.03	4	33.3	6.93
12	苗山冬青	0.06	2	33.3	6.719
13	红山梅	0.076	2	16.7	6.039
14	罗浮锥	0.025	3	33.3	5.984
15	黄樟	0.041	2	33.3	5.911
16	五裂槭	0.03	3	16.7	4.816
17	网脉山龙眼	0.013	2	33.3	4.719
18	粘木	0.062	1	16.7	4.696
19	美脉琼楠	0.009	2	33.3	4.557
20	百日青	0.003	2	33.3	4.31
21	罗浮柿	0.003	2	33.3	4.286
22	黄杞	0.007	3	16.7	3.85
23	短尾越桔	0.023	2	16.7	3.814
24	腺叶山矾	0.017	2	16.7	3.556
25	米槠	0.023	1	16.7	3.048
26	黄丹木姜子	0.005	2	16.7	3.015
27	岭南柿	0.015	1	16.7	2.739
28	榕叶冬青	0.01	1	16.7	2.504
29	鸭公树	0.008	1	16.7	2.419
30	甜槠	0.006	1	16.7	2.356
31	岭南山茉莉	0.003	1	16.7	2.227
32	棱枝冬青	0.003	1	16.7	2.206
33	山杜英	0.002	1	16.7	2.17
34	赤杨叶	0.002	1	16.7	2.17
35	楴	0.002	1	16.7	2.17
36	红鳞蒲桃	0.002	1	16.7	2.154
37	棋子豆	0.001	1	16.7	2.14

（续）

序号	树种	基面积(m^2)	株数	频度(%)	重要值指数
38	包槲柯	0.001	1	16.7	2.14
39	黄叶树	0.001	1	16.7	2.127
40	黧蒴锥	0.001	1	16.7	2.117
	合计	2.36	136	1233.3	300.001

棋子豆 *Archidendron robinsonii*

灌木层植物种类尚丰富，从表9-84可知，600m²样地有47种，覆盖度30%～35%。种类成分多为乔木的幼树，常见的有华南木姜子、黧蒴锥、锈叶新木姜、网脉山龙眼、百日青、黄杞等。真正的灌木以柏拉木和海南罗伞树常见，其中海南罗伞树是南亚热带季风常绿阔叶林灌木的代表种。

表9-84　木荷－刺毛杜鹃－刺毛杜鹃－锈叶新木姜子－阔鳞鳞毛蕨群落灌木层和草本层种类组成及分布情况

序号	种名	多度盖度级						频度(%)	更新(株)	
		Ⅰ	Ⅱ	Ⅲ	Ⅳ	Ⅴ	Ⅵ		幼苗	幼树
	灌木层植物									
1	华南木姜子	4	4	4	4	4	4	100.0	14	55
2	黧蒴锥	4	3	3	3	4	4	100.0	22	34
3	锈叶新木姜子	3	4	4	4	4	4	100.0	5	31
4	网脉山龙眼	3	3	3	4	4	3	100.0	12	12
5	百日青	3	2	2	4	4	4	100.0	19	25
6	黄杞	2	4	4	3	3	3	100.0	1	24
7	柏拉木	4	3	3	3	2	2	100.0		
8	海南罗伞树	2	2	2	3	3	3	100.0		
9	广东山胡椒	4	4		4	4	4	83.3	10	33
10	甜槠	2		4	3	4	3	83.3	5	25
11	黄丹木姜子	4	4	4		3	2	83.3	21	30
12	斜脉暗罗	1	2		2	2	2	83.3		11
13	短梗新木姜子	3	3		3	1	4	83.3		11
14	硬壳桂		3	2	4	4	4	83.3	4	22
15	刺毛杜鹃	4	4	3	3			66.7		
16	红鳞蒲桃	2			3	2	2	66.7		
17	山杜英			3	3	2		50.0	3	10
18	交让木	1	4			2		50.0		7
19	鼠刺	2	2	2				50.0	3	9
20	树参	2	2			2		50.0		8
21	西南香楠	2	4				2	50.0		12
22	栲	3	2	4				50.0		16
23	褐叶柄果木			2		2	2	50.0		7
24	木竹子			2		2		33.3	4	4
25	中华杜英		4		2			33.3	3	8
26	柳叶石斑木				3	2		33.3	1	6
27	腺叶桂樱	1				1		33.3		2
28	包槲柯	2		2				33.3	1	6
29	罗浮锥			3	4			33.3	3	8
30	米槠				3		2	33.3	5	8
31	鸭公树					3	3	33.3	3	8
32	草鞋木	4		3				33.3		
33	硬叶柯	2		3				33.3	1	7
34	毛花连蕊茶			2	1			33.3		2
35	黄叶树		1					16.7		2
36	笔罗子					4		16.7	2	10
37	腺叶山矾				1			16.7		1
38	棱枝冬青						1	16.7		1

（续）

序号	种名	多度盖度级						频度(%)	更新(株)	
		Ⅰ	Ⅱ	Ⅲ	Ⅳ	Ⅴ	Ⅵ		幼苗	幼树
39	烟斗柯	2						16.7	1	2
40	广东琼楠			1				16.7		2
41	光叶粗叶木			1				16.7		
42	细柄五月茶				1			16.7		1
43	亮叶杨桐					2		16.7		3
44	鹅掌柴					2		16.7		
45	阴香						2	16.7		3
46	微毛山矾						2	16.7		
47	软荚红豆						1	16.7		2
	草本层植物									
1	阔鳞鳞毛蕨	4	4	4	5	4	4	100.0		
2	翠云草	3	3	4	2	4	3	100.0		
3	狗脊蕨	2	2	2	2	2	2	100.0		
4	金毛狗脊	2	3		3	2	3	83.3		
5	山姜	2	2		2	2	1	83.3		
6	毛果珍珠茅	2	2	2		1	2	83.3		
7	草珊瑚	2	2	2			2	66.7		
8	中华复叶耳蕨	3	3				4	50.0		
9	倒挂铁角蕨	2						16.7		
10	山菅	1						16.7		
11	兰花	1						16.7		
	藤本植物									
1	菝葜		sol	sol	sp	sol	sol	83.3		
2	厚果崖豆藤	sol	sol	sol		sol	sol	83.3		
3	野木瓜	sol		sol	sol		sol	66.7		
4	长柱络石藤	sol	sol		sol	sol		66.7		
5	小叶买麻藤				sol	sol		33.3		
6	银瓣鸡血藤	sol			sol			33.3		
7	桐叶千金藤	un	un					33.3		
8	流苏子	sol				sol		33.3		
9	瓜馥木					sol		16.7		
10	鸡血藤					un		16.7		
11	藤黄檀						un	16.7		
12	鸡眼藤		un					16.7		

草鞋木 *Macaranga henryi*　硬叶柯 *Lithocarpus* sp.　软荚红豆 *Ormosia semicastrata*　桐叶千金藤 *Stephania japonica* var. *discolor*
鸡血藤 *Millettia* sp.

草本层植物不发达，600m^{2}样地有 11 种，覆盖度 15%。虽然群落受过较严重的破坏，林木层和灌木层次生阳性种类不少，但林下草本植物仍多为喜阴湿的蕨类植物。优势种为阔鳞鳞毛蕨，其次为翠云草和狗脊蕨，其他如金毛狗脊、山姜、毛果珍珠茅也常见。

藤本植物也不发达，600m^{2}样地只有 12 种，没有哪 1 种分布频度达到 100%。比较常见的种类为菝葜、厚果崖豆藤、野木瓜和长柱络石藤(*Trachelospermum* sp.)等。

从表 9-84 可知，优势种木荷天然更新很不理想，600m^{2}样地内没有发现幼苗和幼树，这可能是林下比较荫蔽，不利于木荷种子的萌发和幼苗的生长。更新比较理想的是黧蒴锥、黄丹木姜子、华南木姜子、广东山胡椒、百日青、网脉山龙眼等，群落发展下去，有可能演变成以黧蒴锥和广东山胡椒为主的常绿阔叶林。

(3)木荷 - 木荷 - 鸭公树 - 鸭公树 - 狗脊蕨群落(*Schima superba* - *Schima superba* - *Neolitsea chui* - *Neolitsea chui* - *Woodwardia japonica* Comm.)

本类型见于阳朔县金宝乡大水田长好山，海拔 300m，立地地层为泥盆系砂页岩，立地土壤为发育在砂页岩上的森林红壤，枯枝落叶层厚约2cm，覆盖地表80%左右。

本群落正处于演替至初中期常绿阔叶林阶段，目前受到弱度砍伐柴薪的影响，所以，乔木层虽然已有3个亚层，但第一亚层乔木株数尚少，立木还不够高大，一般树高约15m，粗20cm，因而基面积还不是乔木层中最大的一个亚层；同时，落叶阔叶树占有一定的位置，但仍以常绿阔叶树为主。

群落郁闭度0.7～0.8，第一亚层林木高15～16m，最高19m，基径19～32cm，最粗39cm，覆盖度30%。从表9-85可知，该亚层500m^{2}样地有林木6种、11株，株数占乔木层总株数的4.9%，基面积占乔木层总基面的29.5%。木荷占有明显的优势，有4株，重要值指数110.7；次为栲，有2株，重要值指数60.5，排列第二。鸭公树虽然也有2株，但基径较小，重要值指数只有37.9，排列第三。该亚层有落叶阔叶树蓝果树和雷公鹅耳枥2种，重要值指数共56.6，占的比例不大。第二亚层林木高7.5～14m，基径9～25cm，覆盖度65%。该亚层有林木17种、77株，株数占乔木层总株数的34.2%，基面积占乔木层总基面的59.2%，是整个乔木层中基面积最大的一个亚层。仍以木荷为优势，有19株，重要值指数76.4；次为雷公鹅耳枥，有15株，重要值指数56.9；常见的为光叶山矾和鸭公树，重要值指数分别为33.9和30.5。多数种类重要值指数分配比较分散，在14～10的有4种，10～5的有9种。第三亚层林木高3～7m，基径3～7cm，覆盖度35%。该亚层有林木31种、135株，是3个亚层中种数和株数最多的一个亚层，株数占乔木层总株数的60%，基面积占乔木层总基面的11.3%，基面积所占的比例还没有第一亚层林木大。本亚层优势不明显，重要值指数分配很分散，厚皮香、光叶山矾、鸭公树、木荷、雷公鹅耳枥5种重要值指数分排1～5位，在40～20之间；鸡骨香、越南山矾、毛冬青、山杜英4种分排6～9位，在20～10之间；其余22种，重要值指数在10～2之间。从整个乔木层分析，木荷在第一亚层和第二亚层都占有优势，在第三亚层也占有一定的位置，因此，在整个乔木层它仍居于优势的地位，重要值指数排列第一。但因为这种木荷林是处于演替的初中期阶段，各种次生的常绿阔叶树和落叶阔叶树以及原群落中的组成成分都有，组成种类繁杂，竞争较为强烈，木荷重要值指数虽然排在第一，但也不会很大，只有57.3；正因为是处于初中期阶段，落叶阔叶树雷公鹅耳枥占有一定的位置，重要值指数达到35.2，排列第二；鸭公树是常绿阔叶林次生演替进程中重要的伴生种，重要值指数为26.3，排列第三；光叶山矾、厚皮香、山杜英也是常绿阔叶林重要的伴生种，但它们性状为中小乔木，多出现在中下层，重要值指数不如鸭公树，分别为22.2、16.0、14.1，排列第四～六位；栲可能是原常绿阔叶林的优势种，这从林下有大量的幼苗幼树可以推断出来的，它目前正处于恢复的过程中，重要值指数还不会很大，为12.8，排列第七位；其余的28种，多为偶见种和一些次生的常绿阔叶树和落叶阔叶树的幼树，重要值指数很分散，在10～1之间。

灌木层植物覆盖度一般30%～40%，个别地段只有15%，种类组成丰富，根据表9-86，500m^{2}样地有59种。种类成分多为乔木的幼树，最多为鸭公树、木荷、黧蒴锥、光叶石楠、栲、厚皮香和红鳞蒲桃；真正的灌木种类和数量都不多，比较常见的有草珊瑚和杜茎山。

草本层植物种类500m^{2}样地有20种，但数量不多，覆盖度不到10%。比较常见的种类为狗脊蕨和淡竹叶，零星分布的种类中蕨类植物不少。

藤本植物不发达，500m^{2}样地只有7种，且零星分布。比较常见的种类为菝葜、买麻藤、网脉酸藤子和流苏子。

表9-85　木荷－木荷－鸭公树－鸭公树－狗脊蕨群落乔木层种类组成及重要值指数

（样地号：Q_{12}(1－5)，样地面积：500m^2，地点：阳朔金宝大水田长好山，海拔：300m）

序号	树种	基面积(m^2)	株数	频度(%)	重要值指数
		乔木Ⅰ亚层			
1	木荷	0.247	4	60	110.65
2	栲	0.2	2	20	60.497
3	鸭公树	0.048	2	20	37.91
4	山杜英	0.086	1	20	34.349
5	蓝果树	0.062	1	20	30.776
6	雷公鹅耳枥	0.028	1	20	25.82
	合计	0.67	11	160	300.003

（续）

序号	树种	基面积(m^2)	株数	频度(%)	重要值指数
		乔木Ⅱ亚层			
1	木荷	0.513	19	100	76.37
2	雷公鹅耳枥	0.358	15	80	56.941
3	光叶山矾	0.083	11	100	33.949
4	鸭公树	0.09	10	80	30.532
5	山杜英	0.026	3	60	13.939
6	罴蒴锥	0.028	3	40	11.37
7	腺叶桂樱	0.035	2	40	10.633
8	猴欢喜	0.032	2	40	10.37
9	尖萼川杨桐	0.026	2	40	9.902
10	中华杜英	0.034	3	20	9.112
11	红背甜槠	0.053	1	20	7.952
12	多花杜鹃	0.035	1	20	6.579
13	香皮树	0.015	1	20	5.147
14	栲	0.005	1	20	4.375
15	越南山矾	0.004	1	20	4.33
16	厚皮香	0.004	1	20	4.288
17	黄杞	0.003	1	20	4.212
	合计	1.344	77	740	300
		乔木Ⅲ亚层			
1	厚皮香	0.047	16	100	37.991
2	光叶山矾	0.05	12	80	34.432
3	鸭公树	0.026	17	80	28.97
4	木荷	0.018	15	100	25.946
5	雷公鹅耳枥	0.019	11	60	20.198
6	鸡骨香	0.017	7	80	17.815
7	越南山矾	0.016	7	80	17.455
8	毛冬青	0.006	8	60	12.871
9	山杜英	0.006	5	60	10.841
10	鹅掌柴	0.005	5	40	8.72
11	黄杞	0.009	3	40	8.648
12	黄背越桔	0.008	3	40	8.273
13	凹脉柃	0.003	3	60	7.888
14	光叶石楠	0.003	3	40	6.533
15	腺叶桂樱	0.003	2	40	5.785
16	尖萼川杨桐	0.003	2	40	5.601
17	中华杜英	0.002	2	20	3.671
18	黄樟	0.003	1	20	3.383
19	细柄五月茶	0.002	1	20	3.046
20	红鳞蒲桃	0.002	1	20	3.046
21	三花冬青	0.002	1	20	2.9
22	山香圆	0.001	1	20	2.77
23	罗浮柿	0.001	1	20	2.77
24	猴欢喜	0.001	1	20	2.77
25	幌伞枫	0.001	1	20	2.655
26	红背甜槠	0.001	1	20	2.555
27	赤楠	0.001	1	20	2.555
28	安息香1种	0.001	1	20	2.555
29	多花杜鹃	0	1	20	2.471
30	牛耳枫	0	1	20	2.471
31	光叶海桐	0	1	20	2.402
	合计	0.256	135	1300	299.984

（续）

序号	树种	基面积（m²）	株数	频度（%）	重要值指数
		乔木层			
1	木荷	0.778	38	100	57.329
2	雷公鹅耳枥	0.406	28	80	35.244
3	鸭公树	0.165	29	100	26.335
4	光叶山矾	0.132	23	100	22.223
5	厚皮香	0.051	17	100	15.979
6	山杜英	0.118	9	80	14.135
7	栲	0.205	3	40	12.827
8	越南山矾	0.02	8	80	9.379
9	鸡骨香	0.017	7	80	8.78
10	毛冬青	0.006	8	60	7.522
11	腺叶桂樱	0.038	4	60	7.176
12	尖萼川杨桐	0.028	4	60	6.723
13	猴欢喜	0.033	3	60	6.493
14	中华杜英	0.035	5	40	6.252
15	红背甜槠	0.054	2	40	5.728
16	凹脉柃	0.003	4	60	5.6
17	黧蒴锥	0.028	3	40	5.027
18	鸭脚木	0.005	5	40	4.91
19	黄杞	0.011	4	40	4.749
20	蓝果树	0.062	1	20	4.391
21	黄背越桔	0.008	3	40	4.138
22	光叶石楠	0.003	3	40	3.942
23	多花杜鹃	0.035	2	20	3.671
24	香皮树	0.015	1	20	2.357
25	黄樟	0.003	1	20	1.804
26	细柄五月茶	0.002	1	20	1.765
27	红鳞蒲桃	0.002	1	20	1.765
28	三花冬青	0.002	1	20	1.749
29	山香圆	0.001	1	20	1.734
30	罗浮柿	0.001	1	20	1.734
31	幌伞枫	0.001	1	20	1.721
32	赤楠	0.001	1	20	1.71
33	安息香 1 种	0.001	1	20	1.71
34	牛耳枫	0	1	20	1.701
35	光叶海桐	0	1	20	1.693
	合计	2.27	225	1620	299.999

群落更新较好，从表 9-86 可知，500m² 样地有幼苗 263 株，幼树 522 株。从具体的种类看，各层的优势种，除雷公鹅耳枥更新不良外，木荷、鸭公树、厚皮香更新良好，不是各层的优势种，如黧蒴锥、光叶石楠、栲、红鳞蒲桃等更新也不错。综合起来分析，在一定的时间内，木荷还能保持在群落中的优势地位，栲可能会成为群落的优势种。

表 9-86　木荷－木荷－鸭公树－鸭公树－狗脊蕨群落灌木层和草本层种类组成及分布情况

序号	种名	多度盖度级					频度（%）	更新（株）	
		Ⅰ	Ⅱ	Ⅲ	Ⅳ	Ⅴ		幼苗	幼树
				灌木层植物					
1	鸭公树	4	4	4	4	4	100	23	135
2	木荷	4	4	4	4	4	100	30	98
3	黧蒴锥	4	4	4	3	3	100	20	64

（续）

序号	种名	多度盖度级					频度(%)	更新(株)	
		Ⅰ	Ⅱ	Ⅲ	Ⅳ	Ⅴ		幼苗	幼树
4	光叶石楠	3	3	3	3	3	100	58	14
5	栲	4	3	4	2	3	100	38	67
6	越南山矾	1	3	4	3	1	100	10	28
7	栀子	1	1	1	1	1	100		
8	厚皮香	4	4	4	3		80	14	50
9	红鳞蒲桃	3		4	2	3	80	45	17
10	毛冬青		2	4	3	3	80		
11	草珊瑚	1	1		3	3	80		
12	杜茎山	3	1		1	1	80		
13	光叶山矾	3	1	1	1		80	4	12
14	蜜茱萸		1	1	1	1	80		
15	鸡骨香		1	1	1	1	80		
16	粗叶木		1	1	1	1	80		
17	凹脉柃	2	2	3			60		
18	赤楠	3	1			3	60		
19	牛耳枫	3	3			1	60		
20	黄杞		3	3		1	60		8
21	山杜英		3	1	2		60	16	3
22	鹅掌柴		2		2	1	60		8
23	海南罗伞树		1	1	3		60		
24	莲座紫金牛	3	1		1		60		
25	野漆		1	1		1	60		
26	油茶	1	1			1	60		
27	香皮树	1	3				40		6
28	多花杜鹃	3	1				40		2
29	越南安息香		2		1		40	3	
30	围涎树		1	2			40		
31	红背甜槠				1	2	40		5
32	裂果卫矛		1	1			40		
33	簇叶新木姜子	1		1			40		
34	栓叶安息香	1		1			40		
35	南烛	1	1				40		
36	粗叶榕			1	1		40		
37	鼠刺				1	1	40		
38	硬壳柯		3				20		3
39	朱砂根			3			20		
40	黄樟		1				20	2	
41	山香圆		1				20		
42	杉木		1				20		
43	中华杜英		1				20		
44	变叶榕		1				20		
45	雷公鹅耳枥		1				20		
46	光叶海桐		1				20		
47	细柄五月茶		1				20		
48	三花冬青			1			20		
49	君迁子				1		20		
50	尖萼川杨桐				1		20		
51	罗浮柿				1		20		1
52	西南香楠					1	20		
53	观光木					1	20		1
54	长尾毛蕊茶					1	20		

（续）

序号	种名	多度盖度级					频度(%)	更新(株)	
		Ⅰ	Ⅱ	Ⅲ	Ⅳ	Ⅴ		幼苗	幼树
55	华南毛柃					1	20		
56	野牡丹					1	20		
57	南方荚蒾					1	20		
58	异枝木犀榄	1					20		
59	光皮梾木		1				20		
	草本层植物								
1	狗脊蕨	3	4	4	3	3	100		
2	淡竹叶	3	4	4	1	1	100		
3	扇叶铁线蕨	1	3	3	3		80		
4	迷人鳞毛蕨		3	3	1	3	80		
5	多羽复叶耳蕨		1		1	3	60		
6	莎草 1 种	1	1	1			60		
7	沿阶草 1 种			1	1	1	60		
8	线蕨		1		1	1	60		
9	芒萁	2	1				40		
10	艳山姜		+	1		40			
11	蕨状薹草				1	1	40		
12	狭叶薹草				1	1	40		
13	海金沙			1	1		40		
14	山菅				1	+	40		
15	金毛狗脊				3		20		
16	铁线蕨 1 种			2			20		
17	荩草					1	20		
18	芒					+	20		
19	山姜					1	20		
20	无盖鳞毛蕨		1				20		
	藤本植物								
1	菝葜	+	sol	sol	sol	sol	100		
2	买麻藤	sol		sp	sol	sol	80		
3	网脉酸藤子	sol	sol		sol	sol	80		
4	流苏子	sol	sol		sol	sol	80		
5	链珠藤		sol	sol			40		
6	藤黄檀	sol					20		
7	飞龙掌血					+	20		

异枝木犀榄 *Olea* sp.

（4）木荷－甜槠－杨梅蚊母树－金花树－狗脊蕨群落（*Schima superba* – *Castanopsis eyrei* – *Distylium myricoides* – *Blastus dunnianus* – *Woodwardia japonica* Comm.）

此群落见于阳朔县碎江铁罗厂，海拔760m，地层为泥盆系紫色砂岩，土壤为发育在紫色砂岩上的森林黄壤，枯枝落叶层厚3～4cm，覆盖地表90%。群落过去曾被砍伐作菌材，目前人为影响较少。

群落主要由常绿阔叶树组成，也有部分的落叶阔叶树，乔木层郁闭度0.85，分为3个亚层。第一亚层林木高15～22m，其中常绿阔叶树一般占据15～18m的空间，落叶阔叶树一般占据18～22m的空间，基径30～75cm，覆盖度75%，从表9-87可知，400m^{2}样地有林木7种、26株。本层木荷占有明显的优势，有9株，重要值指数102.2；次为甜槠，有6株，重要值指数63.2；落叶阔叶树亮叶桦也占有一定的位置，有3株，重要值指数41.5，排列第三。本亚层常绿阔叶树有木荷、甜槠、罗浮柿、大头茶4种、20株，重要值指数220.4；落叶阔叶树有亮叶桦、山槐、赤杨叶3种、6株，重要值指数79.6，无论是种数、株数还是重要值指数，均是常绿阔叶树占主导地位。第二亚层林木高8～13m，基径10～30cm，最粗42cm，覆盖度30%，400m^{2}样地有林木16种、37株，相对地本亚层株数显得较少。优势种为甜槠，有7株，重要值指数59.2；其他的种类重要值指数分配较为分散，木荷稍多，有4株，重要值指数33.3，排列第二；凹脉柃有6株，基径不如木荷大，重要值指数为30.4，排列第三；其他13种，重要值指数在23～7之间。本亚层没有落叶阔叶树。第三亚层林木高4～7m，基径4～13cm，覆盖度60%，400m²样地有林木26种、91株，是3个亚层中种数和株数最多的一个亚层。从表9-87可知，除杨梅蚊母树稍占优势外，其他25种重要值指数分配比较分散。杨梅蚊母树重要值指数42.7，不到总重要值指数的1/6，其他25种重要值指数在30～3之间，平均每种为10.3。从整个乔木层分析，400m²样地有林木32种、154株，除木荷和甜槠优势稍突出外，其他优势很不明显，重要值指数分配很分散。这种重要值指数分配的特征，是由于此种类型处于次生木荷常绿阔叶林的中后期演替阶段所决定的。在这个阶段时，木荷在中上层还占有一定的优势，但亦不会太大，重要值指数为48.9，排列第一位；甜槠是这个海拔范围内原常绿阔叶林的建群种或优势种，目前正处于恢复的过程中，属于进展中种群，重要值指数亦不会很大，为38.3，排列第二位；其余30种，有的是衰退中的落叶阔叶树，如亮叶桦、山槐、赤杨叶，有的是下层林木的优势种，如杨梅蚊母树、细枝柃、凹脉柃、鼠刺等，有的是常见乔木的幼树，如米槠、栲、毛锥、罗浮槭等，有的是偶见种，如冬青、大头茶、杜鹃等，它们的重要值指数都不会很大，只有17～2。

表9-87　木荷－甜槠－杨梅蚊母树－金花树－狗脊蕨群落乔木层种类组成及重要值指数

（样地号：Q_{50}(1－4)，样地面积：400m²，地点：阳朔碎江铁罗厂，海拔：760m）

序号	树种	基面积(m²)	株数	频度(%)	重要值指数
		乔木Ⅰ亚层			
1	木荷	2.007	9	100	102.242
2	甜槠	1.008	6	75	63.227
3	亮叶桦	0.528	3	75	41.506
4	山槐	0.501	2	25	24.577
5	罗浮柿	0.294	4	75	40.368
6	大头茶	0.212	1	25	14.606
7	赤杨叶	0.159	1	25	13.474
	合计	4.709	26	400	300
		乔木Ⅱ亚层			
1	甜槠	0.368	7	75	59.242
2	木荷	0.245	4	25	33.291
3	罗浮柿	0.139	1	25	17.315
4	赤杨叶	0.1	2	25	17.132
5	尾叶冬青	0.087	2	25	16.207
6	大头茶	0.084	3	50	23.024
7	凹脉柃	0.074	6	50	30.393
8	杨梅蚊母树	0.063	2	50	18.803
9	木犀假卫矛	0.057	1	25	11.293
10	栲	0.042	1	25	10.129
11	米槠	0.036	2	50	16.756
12	台湾冬青	0.031	1	25	9.378
13	木莲	0.012	2	50	14.999
14	岭南栲	0.008	1	25	7.632
15	庐山石楠	0.004	1	25	7.336
16	细枝柃	0	1	25	7.074
	合计	1.35	37	575	300.004
		乔木Ⅲ亚层			
1	杨梅蚊母树	0.111	13	50	42.744
2	细枝柃	0.046	10	100	29.398
3	岭南杜鹃	0.045	7	75	23.773
4	大头茶	0.033	3	50	14.763
5	米槠	0.03	10	75	23.867
6	吊钟花	0.026	3	25	11.113
7	腺萼马银花	0.023	3	50	12.439
8	凹脉柃	0.018	5	75	15.782

（续）

序号	树种	基面积（m²）	株数	频度（%）	重要值指数
9	鼠刺	0.017	8	75	18.812
10	罗浮槭	0.015	3	50	10.79
11	甜槠	0.014	4	75	13.745
12	罗浮柿	0.011	1	25	5.661
13	木犀假卫矛	0.009	3	50	9.46
14	香粉叶	0.008	3	50	9.305
15	华润楠	0.008	2	50	8.155
16	黄丹木姜子	0.007	2	50	7.914
17	毛锥	0.007	2	50	7.914
18	弯尾冬青	0.006	1	25	4.577
19	毛杜英	0.004	1	25	4.026
20	庐山石楠	0.004	1	25	4.026
21	腺叶山矾	0.003	1	25	3.91
22	光叶海桐	0.003	1	25	3.802
23	台湾冬青	0.002	1	25	3.613
24	木莲	0.002	1	25	3.613
25	灰木柃	0.001	1	25	3.458
26	疏花卫矛	0.001	1	25	3.337
	合计	0.456	91	1200	299.996
		乔木层			
1	木荷	2.252	13	100	48.891
2	甜槠	1.39	17	100	38.258
3	亮叶桦	0.528	3	75	14.467
4	山槐	0.501	2	25	10.456
5	罗浮柿	0.443	6	100	16.584
6	大头茶	0.33	7	75	14.017
7	赤杨叶	0.259	3	50	8.859
8	杨梅蚊母树	0.174	15	50	15.357
9	凹脉柃	0.092	11	75	12.973
10	尾叶冬青	0.087	2	25	4.106
11	木犀假卫矛	0.066	4	50	6.557
12	米槠	0.066	12	100	14.689
13	细枝柃	0.046	11	100	13.736
14	岭南杜鹃	0.045	7	75	9.646
15	栲	0.042	1	25	2.758
16	台湾冬青	0.033	2	50	4.752
17	吊钟花	0.026	3	25	3.82
18	腺萼马银花	0.023	3	50	5.238
19	鼠刺	0.017	8	75	9.871
20	罗浮槭	0.015	3	50	5.122
21	毛锥	0.015	3	50	5.118
22	木莲	0.014	3	50	5.105
23	香粉叶	0.008	3	50	5.018
24	华润楠	0.008	2	50	4.365
25	庐山石楠	0.008	2	25	2.887
26	黄丹木姜子	0.007	2	50	4.348
27	弯尾冬青	0.006	1	25	2.218
28	毛杜英	0.004	1	25	2.179
29	腺叶山矾	0.003	1	25	2.171
30	光叶海桐	0.003	1	25	2.163
31	灰木柃	0.001	1	25	2.139
32	疏花卫矛	0.001	1	25	2.131
	合计	6.515	154	1700	300.001

毛杜英 *Elaeocarpus* sp.　　灰木柃 *Eurya* sp.

灌木层植物比较发达，从表9-88可知，400m^{2}样地有56种，覆盖度60%～70%。优势种为金花树，次为杜茎山，常见的有草珊瑚。乔木的幼树也不少，数量较多的有杨梅蚊母树、甜槠、罗浮槭、岭南杜鹃等。

表9-88　木荷－甜槠－杨梅蚊母树－金花树－狗脊蕨群落灌木层和草本层种类组成及分布情况

序号	种名	多度盖度级				频度(%)	更新(株)	
		Ⅰ	Ⅱ	Ⅲ	Ⅳ		幼苗	幼树
	灌木层植物							
1	金花树	6	5	6	6	100.0		
2	杨梅蚊母树	4	3	4	1	100.0	7	33
3	杜茎山	4	4	4	3	100.0		
4	罗浮槭	3	4	3	1	100.0		8
5	甜槠	4	3	4	3	100.0	3	34
6	草珊瑚	3	3	1	3	100.0		
7	岭南杜鹃	3	3	3	3	100.0		1
8	绒毛山胡椒	1	4	3	1	100.0		5
9	鹅掌柴		4	3	3	75.0		
10	细枝柃	3		3	3	75.0		
11	栲	1		3	4	75.0	6	9
12	光叶海桐	1		3	3	75.0		
13	鼠刺		1	3	4	75.0		
14	毛锥		3	3	1	75.0		2
15	毛果巴豆	3	1		1	75.0		
16	山香圆		1	1	1	75.0		
17	耳叶柃			3	3	50.0		
18	华润楠	3		3		50.0		10
19	红紫珠			1	1	50.0		
20	桃叶石楠	1		1		50.0		4
21	腺叶桂樱	1		1		50.0	4	3
22	钩锥	1		1		50.0		2
23	两面针	1			1	50.0		
24	赤楠	3	1			50.0		
25	台湾冬青	3		1		50.0		
26	短梗新木姜子	1		1		50.0		2
27	木莲	1			1	50.0		1
28	虎皮楠	1			1	50.0	11	
29	朱砂根	1		1		50.0		
30	胡颓子	1				50.0		
31	雷公鹅耳枥	1		1		50.0		2
32	山茶科1种		1			25.0		
33	菊科1种		3			25.0		
34	木荷		3			25.0		3
35	野桐		3			25.0		
36	荨麻科1种		1			25.0		
37	米槠		1			25.0	1	11
38	大头茶		1			25.0		
39	老鼠矢		1			25.0		
40	茜草科1种		1			25.0		
41	常山		1			25.0		
42	腺萼马银花			3		25.0		
43	凹脉柃			1		25.0		
44	黄樟			1		25.0		4
45	黄牛奶树			1		25.0		
46	庐山石楠			1		25.0		
47	黄丹木姜子			1		25.0		3
48	疏花卫矛			1		25.0		

（续）

序号	种名	多度盖度级				频度（%）	更新（株）	
		Ⅰ	Ⅱ	Ⅲ	Ⅳ		幼苗	幼树
49	构棘			1		25.0		
50	柯				1	25.0		
51	庐山冬青				1	25.0		
52	五月茶	3				25.0		
53	杜英	1				25.0		
54	长尾毛蕊茶	3				25.0		
55	紫金牛1种	1				25.0		
56	毛冬青	1				25.0		
	草本层植物							
1	狗脊蕨	4	4	4	3	100.0		
2	艳山姜	3	3	3	3	100.0		
3	淡竹叶	3	3	1	3	100.0		
4	菊科1种		3	3	3	75.0		
5	窄叶莎草	3	3	3		75.0		
6	山菅		3	3	3	75.0		
7	密叶樱		1	1	1	75.0		
8	卷柏	1		1	1	75.0		
9	宽叶莎草	3		3		50.0		
10	紫金牛		3		1	50.0		
11	毛果珍珠茅		1		1	50.0		
12	苦苣苔科1种	1		1		50.0		
13	蛇根草属1种			1	1	50.0		
14	宽叶沿阶草	3			1	50.0		
15	迷人鳞毛蕨	3			1	50.0		
16	鳞毛蕨	4				25.0		
17	贯众		1			25.0		
18	兔儿风		1			25.0		
19	楼梯草			1		25.0		
20	多羽复叶耳蕨			3		25.0		
	藤本植物							
1	条叶猕猴桃		3	1	1	75.0		
2	土茯苓	1	1		1	75.0		
3	圆叶菝葜		1		1	50.0		
4	网脉酸藤子			3		25.0		
5	流苏子			1		25.0		
6	鸡矢藤			1		25.0		
7	薜荔				1	25.0		
8	络石				1	25.0		

绒毛山胡椒 *Lindera nacusua*　　紫金牛1种 *Ardisia* sp.　　鳞毛蕨 *Dryopteris* sp.　　兔儿风 *Ainsliaea* sp.
楼梯草 *Elatostema* sp.　　薜荔 *Ficus pumila*

草本层植物种类尚多，400m^{2}样地有20种，但数量不太多，覆盖度仅10%～20%。比较常见的为狗脊蕨，次为艳山姜和淡竹叶。

藤本植物不发达，400m^{2}样地只有8种，多数种类只有1～2个个体。

从表9-88看出，优势种木荷天然更新很不理想，只有1个小样方出现3株幼树，原因是木荷属于阳性次生常绿阔叶树，在中后期阶段，林下荫蔽度较大，不利于木荷幼苗繁殖和生长。更新比较理想的是甜槠和杨梅蚊母树，群落发展下去，有可能演变成以甜槠为优势的常绿阔叶林，而杨梅蚊母树仍为下层林木的优势种。

（5）木荷＋鹿角锥－树参－桃叶石楠－长尾毛蕊茶－狗脊蕨群落（*Schima superba* + *Castanopsis lamontii* – *Dendropanax dentigerus* – *Photinia prunifolia* – *Camellia caudata* – *Woodwardia japonica* Comm.）

此种类型见于金秀县大瑶山六巷大橙五指山，海拔1220m。立地地层为泥盆系莲花山组砂岩，土壤为山地森林黄壤，地表露岩较多，约占15%，枯枝落叶层覆盖地表75%，分解尚好，表土层灰黑色，疏松，多植物根系，土体多含碎石块。

群落曾受过破坏，但目前保存尚完好，郁闭度0.8，乔木层分为3个亚层。第一亚层林木高20～25m，胸径50cm左右，林木通直、树干圆满，树冠较大，覆盖度40%，400m²样地有林木9种、19株。优势种为木荷，有5株，次优势种为鹿角锥和甜槠，各有3株，常见的有美叶柯、桂南木莲，单株出现的有桃叶石楠、厚叶红淡比和落叶阔叶树华南桦、青榨槭。第二亚层林木高13m，胸径15～25cm，林木分布较均匀，覆盖度35%，400m²样地有林木18种、23株。优势不明显，以树参稍多，也只有3株；次为厚皮香、光叶拟单性木兰、多花杜鹃，各有2株；其他14种都是单株出现，种类有甜槠、桂南木莲、木荷、美叶柯、马蹄荷、瑶山梭罗树、大叶毛船柄茶、鼠刺、网脉山龙眼、猴欢喜、华南桦、大苗山柯、虎皮楠、细枝柃。第三亚层林木高7m左右，胸径10cm以下，是3个亚层中种类、株数和覆盖度最多和最大的一个亚层，400m²样地有林木28种、84株，覆盖度70%。本亚层林木树干细小，枝叶较密，优势种较明显。以桃叶石楠、南岭山矾、苦竹为优势，分别有9、10、16株；次为海南树参、广东杜鹃；常见的有樟叶泡花树、树参、猴欢喜、马蹄荷、广东新木姜子、网脉山龙眼、鼠刺等；零星分布的有厚皮香、东方古柯、美叶柯、黄棉木、阴香、大头茶、桂南木莲、四角柃、短梗新木姜子、川桂、五列木等。

灌木层植物高1.5～2m，比较发达，400m²样地有40种，覆盖度60%。优势种为长尾毛蕊茶，覆盖度10%，次为广东新木姜子、阴香、樟叶泡花树，覆盖度6%～8%，常见的有硬壳柯、单毛桤叶树、海南树参、苦竹、木荷、大叶毛船柄茶、桃叶石楠、网脉山龙眼，覆盖度4%～5%，零星分布的种类有深山含笑、日本杜英、米槠、木姜叶润楠、疏花卫矛、树参、基脉润楠、广东杜鹃、柏拉木、常山、鹿角锥、黄丹木姜子、光叶粗叶木等。

草本层植物不太发达，400m²样地有12种，覆盖度20%。以狗脊蕨为优势，多度盖度级4级；次为里白，3级；其他的都为2级，种类有茅叶薹草、球子复叶耳蕨、山姜、刺柄瘤足蕨(*Plagiogyria* sp.)、虎舌红、长茎金耳环(*Asarum longerhizomatosum*)等。

藤本植物很不发达，400m²样地只有6种，每种只有几个个体，种类为菝葜、尾叶那藤、高粱泡、爬藤榕、毛萎、藤黄檀。

本群落更新比较好的种类有硬壳柯、阴香、广东新木姜子、长尾毛蕊茶，400m²样地分别有幼苗3株、2株、3株、4株和幼树7株、7株、6株、8株，优势种木荷更新不太理想，只有幼苗1株和幼树3株，次优势种鹿角锥仅有幼树1株。

(6)木荷＋小花红花荷－亮叶杨桐＋金叶含笑－锈毛罗伞＋蜡瓣花－日本粗叶木－中华里白群落(*Schima superba* + *Rhodoleia parvipetala* – *Adinandra nitida* + *Michelia foveolata* – *Brassaiopsis ferruginea* + *Corylopsis sinensis* – *Lasianthus japonicus* – *Diplopterygium chinensis* Comm.)

此种类型见于九万山保护区清水塘大梁界，海拔620m，立地土壤为发育于砂页岩上的山地森林黄壤，表土黑色，土体含石砾较多，枯枝落叶层厚3～5cm。本群落人为活动频繁，破坏严重，但乔木层仍可分为3个亚层。

第一亚层林木高20～30m，胸径30～70cm，树干通直，树冠连续，郁闭度0.6左右。以木荷为优势，重要值指数69.7；小花红花荷为次优势，重要值指数56.7；常见的红锥，重要值指数20.9。伴生树种有桂南木莲、百色猴欢喜(*Sloanea chingiana*)、黄杞、罽蒴锥、米槠等。第二亚层林木高10～18m，胸径10～28cm，郁闭度0.3～0.4，主要树种有亮叶杨桐、金叶含笑、厚叶石楠(*Photinia crassifolia*)、竹叶青冈；伴生树种有粗毛杨桐、山香圆、榄叶柯等。第三亚层林木高2～10m，胸径4～8cm，郁闭度0.3～0.4，主要树种有锈毛罗伞、瑞木、多花杜鹃、毛桐、尼泊尔野桐(*Mallotus nepalensis*)、云南桤叶树、鹅掌柴、贵州琼楠、华南桂等。

灌木层植物盖度约15%，以日本粗叶木为主，其他种类有卵叶海桐(*Pittosporum* sp.)、腺鼠刺、异叶榕(*Ficus heteromorpha*)等；藤本植物有流苏子、瓜馥木、薯莨、常春藤、马甲菝葜等。

草本层植物不成层，覆盖度只有4%，种类以蕨类植物为多见，有中华里白、金毛狗脊、江南短肠蕨、中华复叶耳蕨、乌毛蕨、疏羽凸轴蕨(*Metathelypteris laxa*)、友水龙骨、灰绿耳蕨、长鳞耳蕨

(*Polystichum longipaleatum*)、全缘凤尾蕨、深绿卷柏、瓶蕨(*Vandenboschia auriculata*)、狗脊蕨等，其他的种类有山姜、疏花沿阶草、狭叶沿阶草等。

(7)木荷+小花红花荷-米槠-川桂+小花红花荷-赤楠-狗脊蕨群落(*Schima superba* + *Rhodoleia parvipetala* – *Castanopsis carlesii* – *Cinnamomum wilsonii* + *Rhodoleia parvipetala* – *Syzygium buxifolium* – *Woodwardia japonica* Comm.)

木荷林在九万山保护区海拔800m以下的山地都有分布，多见于山谷、山麓或沟谷两侧山坡，生境一般较湿润。根据海拔650m处600m^{2}的样地调查，土壤为发育在花岗岩上的山地红壤，枯枝落叶层厚3～5cm，呈半分解状态，腐殖质层较厚，有机质含量较丰富。

本类型组成种类和结构较复杂，乔木层分为3个亚层。第一亚层林木高15～20m，胸径18～30cm，树冠连续，覆盖度80%。本亚层乔木的数量一般不多，只占乔木层总株数的20.8%，但植株高大，基面积占乔木层总基面的60.9%。本亚层优势明显，以木荷为优势，重要值指数72.0；次为小花红花荷，重要值指数64.9；米槠重要值指数49.1，排列第三，排列第四和第五位的是钩锥和红锥，重要值指数分别为28.9和25.0。零星分布的种类有樟叶泡花树、厚斗柯、木姜叶柯、日本杜英等。第二亚层林木高9～14m，胸径10～16cm，树冠不连接，覆盖度50%。组成种类和株数较上层略多，计有11种、32株，株数占乔木层总株数的22.2%，基面积占乔木层总基面的26.7%。优势种为米槠，重要值指数53.7；小花红花荷、木姜叶柯、樟叶泡花树重要值指数分别为37.1、34.3和29.8，排列第二、三、四位；其他出现频度低、重要值指数不大的种类有罗浮柿、四川冬青、木竹子、双齿山茉莉、薄叶润楠等。第三亚层林木高4～8m，胸径4～12cm，树冠稍连接，覆盖度60%。组成种类和株数较上、中层多，计有23种、84株，株数占乔木层总株数的56.9%，但植株细小，基面积只占整个乔木层总基面积的12.5%。优势种为川桂，重要值指数31.5；次为小花红花荷，重要值指数25.6。除了中、上层的种类外，常见的种类还有簇叶新木姜子、黄杞、多花杜鹃、深山含笑、网脉山龙眼、瑞木、桂南木莲、交让木、苗山槭、亮叶杨桐、铁山矾、竹叶木姜子等。

灌木层植物高2.5m以下，覆盖度40%。组成种类繁多，常见的种类有29种，其中上层的乔木幼树占多数，真正的灌木种类不多，赤楠、网脉山龙眼、基脉润楠、柏拉木、贵州杜鹃、鼠刺等较为常见，数量较多。

草本层植物高1m以下，覆盖度不到10%，种类不多，常见种类有狗脊蕨、华中瘤足蕨、复叶耳蕨、楼梯草、卷柏、中华双扇蕨、中华里白等。

藤本植物种类不多，常见的种类有藤黄檀、瓜馥木和菝葜等，其中前者常悬挂在乔木层中，长达10多米，茎粗6～8cm。

(8)木荷-贵州杜鹃-柏拉木-锦香草群落(*Schima superba* – *Rhododendron guizhouense* – *Blastus cochinchinensis* – *Phyllagathis cavaleriei* Comm.)

此种类型分布于九万山无名高地，海拔1220m，立地土壤为发育在花岗岩上的山地黄壤，表土黑色，枯枝落叶层厚15～20cm。林木生长良好，乔木层分为2个亚层。

第一亚层林木高10～20m，胸径14～30cm，枝下高5m左右，郁闭度0.6～0.7。优势种为木荷，重要值指数73.8；次为海南树参和薄叶山矾，重要值指数分别为28.3和19.2；伴生树种有粗毛杨桐、瑶山山矾、腺柄山矾、樟叶泡花树、光枝楠(*Phoebe neuranthoides*)、蓝果树等。第二亚层林木高2～8m，胸径4～12cm，林木树干向地下倾斜，郁闭度0.3～0.4，优势种为贵州杜鹃，伴生树种有贵州桤叶树、黄牛奶树、凯里杜鹃、四川冬青、杨梅、黄丹木姜子、硬毛石笔木(*Tutcheria hirta*)、瑶山山矾、黑柃等。

灌木层植物覆盖度20%，以柏拉木为多见，常见的种类有白毛长叶紫珠(*Callicarpa longifolia* var. *floccosa*)、粤西绣球、棱果花等，混有一些乔木的幼树，如网脉山龙眼、海南树参、四川冬青、硬毛杨桐、川钓樟(*Lindera pulcherrima* var. *hemsleyana*)等。

草本层植物种类和数量都不发达，覆盖度8%，主要以锦香草为主，其次有舞花姜、镰羽瘤足蕨、狭叶沿阶草、花葶薹草等。

更新层幼树幼苗的种类有木荷、海南树参、四川冬青、网脉山龙眼、硬毛杨桐、凯里杜鹃、贵州杜鹃、网脉木犀、山矾等。

(9)木荷-桂北木姜子-日本粗叶木-狗脊蕨群落(*Schima superba* – *Litsea subcoriacea* – *Lasianthus japonicus* – *Woodwardia japonica* Comm.)

分布于九万山融水县张家湾金竹沟，海拔1200m。立地土壤为山地黄壤，土层厚，表土黑色，枯枝落叶层厚5～10cm。林相整齐，受人为活动影响较少，群落内有自然枯死木，有较多的藤本攀援，乔木层分为2个亚层。

第一亚层林木高10～15m，胸径10～20cm，郁闭度0.5～0.6，树干通直，树冠基本连续，以木荷占优势，重要值指数78.1；伴生树种有多花杜鹃、榕叶冬青、桂南木莲、滑叶润楠、瑶山山矾、网脉木犀、山矾、桂林槭等。第二亚层林木高3～8m，胸径4～8cm，郁闭度0.3～0.4，主要以桂北木子、新木姜子、山香圆为主，伴生树种有南烛、翅柃、野柿、鼠刺、绿萼连蕊茶、网脉山龙眼、鹅掌柴等。

灌木层植物覆盖度25%，以日本粗叶木为主，其他的种类还有荚蒾、棱果花、少年红、落萼叶下珠(*Phyllanthus flexuosus*)等。藤本植物有西南野木瓜(*Stauntonia cavalerieana*)、尾叶那藤、常春藤、鸡矢藤、亮绿爬山藤(*Parthenocissus* sp.)等。

草本层植物种类和数量都不多，覆盖度7%，以狗脊蕨稍多见，其他种类有华南赤车(*Pellionia grijsii*)、托叶楼梯草(*Elatostema nasutum*)、骤尖楼梯草、黑足鳞毛蕨等。

(10)木荷－尖萼川杨桐－广东杜鹃＋双齿山茉莉－赤楠－狗脊蕨＋乌毛蕨群落(*Schima superba* – *Adinandra bockiana* var. *acutifolia* – *Rhododendron kwangtungense* + *Huodendron biaristatum* – *Syzygium buxifolium* – *Woodwardia japonica* + *Blechnum orientale* Comm.)

此种类型见于贺州市滑水冲保护区苦竹冲一带山谷两侧山坡海拔400m左右的范围，它是遭受砍伐破坏后又恢复起来的一种次生常绿阔叶林，郁闭度0.8左右。

第一亚层林木以木荷占绝对优势，偶而见有少数罴蒴锥、毛锥、黄杞等夹杂其中，林缘常有高大的马尾松。第二亚层林木种类也不多，优势不明显，尖萼川杨桐、南川柯(*Lithocarpus rosthornii*)、桃叶石楠、双齿山茉莉、罗浮柿等比较常见。第三亚层林木种类较多，广东杜鹃和双齿山茉莉最为普遍，其他常见的有尖萼川杨桐、轮叶木姜子、黄棉木、南川柯、笔罗子、广东山胡椒、罴蒴锥、鹅掌柴、木姜叶润楠、栓叶安息香、鼠刺和日本五月茶等。

灌木层植物种类不少，覆盖度40%左右，以乔木幼树为主，双齿山茉莉、笔罗子、轮叶木姜子、木姜叶润楠、日本五月茶、南川柯、广东山胡椒等比较常见。真正的灌木种类少，数量也不多，赤楠、杜茎山、假鹰爪、虎舌红、朱砂根、柏拉木、草珊瑚、梅叶冬青、杨梅等稍多。

草本层植物生长较密，覆盖度60%左右，狗脊蕨和乌毛蕨为主，其他常见的种类有扇叶铁线蕨、稀羽鳞毛蕨、深绿卷柏、淡竹叶、山姜、中华里白，局部空隙处有成片的地菍分布。

藤本植物种类不少，常见有买麻藤、瓜馥木、藤黄檀、南五味子、网脉酸藤子、流苏子、三叶木通、常春藤和菝葜等。

(11)木荷－鹅掌柴－海南罗伞树－金毛狗脊群落(*Schima superba* – *Schefflera heptaphylla* – *Ardisia quinquegona* – *Cibotium barometz* Comm.)

此群落是一种残林，见于贺县大桂山林场，海拔200m的沟谷旁。立地土壤为发育在砂页岩上的森林红壤，土层尚深厚，地表多枯枝落叶，有机质含量较丰富，群落内环境较湿润。由于位置处于中亚热带南缘与南亚热带北缘相接处，种类组成中，尤其灌木和草本的种类有不少南亚热带季风常绿阔叶林的成分。

上层乔木高20m以上，以木荷为主，下层乔木种类较多，以鹅掌柴为主，其他的种类有木荷、显脉新木姜子、红山梅、围涎树、栓叶安息香、罗浮柿等，其中红山梅为广西北热带季节性雨林的代表种类，栓叶安息香为南亚热带季风常绿阔叶林常见的种类。

灌木层植物种类杂而多，以海南罗伞树、显脉新木姜子、鹅掌柴为优势，常见的种类有杜茎山、蜜茱萸、罗浮粗叶木(*Lasianthus fordii*)、柏拉木、香粉叶等，其他的种类有九节、毛冬青、厚皮香、红鳞蒲桃、草珊瑚、水东哥、大青、粗叶榕、野漆、赤杨叶、柘、肥荚红豆、香叶树、水筒木、香皮树、密花树等。灌木层植物的组成种类，属于南亚热带季风常绿阔叶林常见的种类有海南罗伞树、鹅掌柴、九节、红鳞蒲桃、水东哥等。

草本层植物不太发达，比较常见的是金毛狗脊和乌毛蕨，其中前者是南亚热带季风常绿阔叶林草本层植物的代表种类；零星分布的种类有狗脊蕨、扇叶铁线蕨、山姜、刚莠竹、卷柏、长节耳草

(*Hedyotis uncinella*)等。

藤本植物种类尚多，但数量不太多。种类有网脉酸藤子、常春藤、南蛇藤、羊蹄甲(*Bauhinia* sp.)、悬钩子(*Rubus* sp.)、铁线莲(*Clematis* sp.)、千金藤(*Stephania* sp.)、鸡眼藤、南五味子、瓜馥木、尾叶那藤等。

(12)木荷+红锥-红锥+木荷-黄杞-南山花+九节-芒萁群落(*Schima superba* + *Castanopsis hystrix* - *Castanopsis hystrix* + *Schima superba* - *Engelhardia roxburghiana* - *Prismatomeris connata* + *Psychotria rubra* - *Dicranopteris pedata* Comm.)

这是分布于北热带一种次生木荷林类型，见于浦北县北通、龙门、福旺三地交界的低山丘陵，海拔250~400m。当地的原生植被为季节性雨林，由于长期受到破坏，木荷便侵入进去，演变成以木荷为主、混有季节性雨林和季风常绿阔叶林种类成分的次生常绿阔叶林。

群落种类组成较简单，乔木层分为3个亚层。第一亚层林木高18m，覆盖度70%，主要由木荷和红锥组成，其次有公孙锥和马尾松。第二亚层林木高11m，覆盖度40%，以红锥为优势，木荷为次优势，其他的种类有黄杞、乌榄、樟、公孙锥等。第三亚层林木高6m，以黄杞为优势，次为木荷和红锥，零星分布的种类有野漆、乌榄、公孙锥、建润楠(*Machilus oreophila*)、山油柑等。

灌木层植物覆盖度60%，种类组成较乔木层复杂。以南山花、九节、黄杞为优势，次为草珊瑚、蜜茱萸、海南罗伞树等，在比较干燥的地段有桃金娘和野牡丹。

草本层植物生长茂盛，覆盖度达60%，但种类不多，以芒萁占绝对优势，偶有草豆蔻(*Alpinia hainanensis*)、扇叶铁线蕨、金毛狗脊、乌毛蕨、五节芒、淡竹叶等。

藤本植物除木质藤本买麻藤外，主要有丛生草质、半木质的玉叶金花、酸藤子、菝葜和寄生藤(*Dendrotrophe varians*)等。

(13)木荷-木荷-鸭公树-粗叶木-山姜+狗脊蕨群落(*Schima superba* - *Schima superba* - *Neolitsea chui* - *Lasanthus chinensis* - *Alpinia japonica* + *Woodwardia japonica* Comm.)

本类型见于昭平县七冲林区，海拔400~800m的山地，群落郁闭度0.7左右，乔木层分为3个亚层。第一亚层林木高26m以上，最高达35m，胸径35~70cm，覆盖度60%。种类组成简单，以木荷占绝对优势，偶而有少数罗浮锥混生其中。第二亚层林木高15~20m，覆盖度35%左右。组成种类也不多，仍以木荷为优势，零星分布的有罗浮锥、双齿山茉莉、小花红花荷、鸭公树、马蹄荷等。第三亚层林木高4~12m，胸径5~7cm，覆盖度30%。组成种类较多，鸭公树、罗浮柿、木荷、尖萼川杨桐较常见，此外，基脉润楠、红楠、笔罗子、鹅掌柴、木姜叶润楠、黄棉木、虎皮楠、黄杞等有少量出现。

灌木层植物种类组成丰富，200m^{2}计有35种，覆盖度50%左右，种类成分以乔木的幼树为主，真正的灌木种类也不少。红锥、栲、罗浮柿、柳叶润楠、水仙柯、南岭山矾、香皮树等较为常见，零星分布的有双齿山茉莉、刺叶桂樱、幌伞枫、猴欢喜、鸭公树等。真正的灌木种类有粗叶木、密毛野牡丹(*Melastoma* sp.)、梅叶冬青、毛果算盘子、船梨榕、虎舌红、鼠刺等。

草本层植物数量很稀少，覆盖度不到5%，种类稍多的有山姜和狗脊蕨，其他的种类还有淡竹叶、扇叶铁线蕨、十字薹草、翠云草等。

藤本植物种类和数量亦很稀少，种类有菝葜、藤黄檀、玉叶金花、崖豆藤、三叶木通等。

(14)木荷-木荷-密花树-五节芒群落(*Schima superba* - *Schima superba* - *Myrsine seguinii* - *Miscanthus floridulus* Comm.)

这是一种砍伐后恢复起来的次生木荷林，见于上林县龙山保护区，生长在海拔400~800m的地带，群落郁闭度0.4~0.6，乔木层分为2个亚层。第一亚层林木高10~12m，胸径10~12cm，以木荷占优势，此外还有华南桤叶树、短序润楠、小花红花荷等。下层林木高4~8m，胸径4~6cm，种类组成与上层相似，增加的种类有基脉润楠、红楠、虎皮楠、黄杞，但数量不多。灌木层植物种类较丰富，100m^{2}有25种，覆盖度40%~50%。以密花树占优势，其他的种类以乔木幼树为多，常见的有基脉润楠、小花红花荷、东方古柯、短序润楠、木荷、青杨梅(*Myrica adenophora*)。此外，较重要的灌木种类还有赤楠、杜鹃、船梨榕、鼠刺、水团花等。草本层植物覆盖度20%~25%，以五节芒为多，其他的种类还有狗脊蕨、淡竹叶、刚莠竹、翠云草、芒萁、山姜等。藤本植物不多，种类有菝葜、藤黄檀、石松等。

(15)木荷-棱枝冬青-棱枝冬青-金竹-狗脊蕨群落(*Schima superba* - *Ilex angulata* - *Ilex angulata*

– *Phyllostachys sulphurea* – *Woodwardia japonica* Comm.）

本类型分布于南亚热带大平山林场，海拔780m，属于南亚热带山地常绿阔叶林的性质，故种类组成中有一定数量的季风常绿阔叶林和季节性雨林的成分。群落立地土壤为山地黄壤，土层松厚，地表枯枝落叶较多。

群落郁闭度0.85，乔木层种类组成较简单，从表9-89可知，500m^{2}样地只有17种，分为3个亚层。第一亚层林木有7种、38株，以木荷占绝对优势，从表9-89可知，该亚层林木有38株，木荷占了28株，而且树木高大，重要值指数最大，达194.1；常见的为棱枝冬青，有4株，重要值指数37.8，排列第二；刨花润楠有2株，重要值指数20.8，排列第三。剩余的种类都是单株出现，其中蓝果树、枫香树为落叶阔叶树，马尾松为常绿针叶树。第二亚层林木有10种、55株，以棱枝冬青为优势，有17株；次为木荷，有9株；常见的有刨花润楠、柃木、虎皮楠和厚壳桂。第三亚层林木有12种、57株，仍以棱枝冬青为优势，木荷为次优势，常见的有柃木和黄牛奶树。从整个乔木层分析，木荷株数最多，植株粗大，在第一亚层占绝对优势，在第二和第三亚层为次优势，无疑在整个乔木层中仍占有明显的优势地位，为群落的建群种；棱枝冬青为中小乔木，中下层优势种，在整个乔木层中排第二，符合它的性状。

表9-89　木荷–棱枝冬青–棱枝冬青–金竹–狗脊蕨群落乔木层种类组成及株数统计

样地面积：500m^2，地点：桂平县大平山林场小平山，海拔：780m

序号	种名	各层株数			总株数	频度(%)
		Ⅰ	Ⅱ	Ⅲ		
1	木荷	28	9	7	44	100
2	棱枝冬青	4	17	17	34	100
3	柃木		5	9	14	100
4	黄牛奶树		3	7	14	80
5	虎皮楠	1	5	1	7	80
6	刨花润楠	2	7	1	10	60
7	厚壳桂		5	2	7	60
8	轮叶木姜子		2	1	3	40
9	竹叶木姜子			3	3	40
10	广东假木荷			4	4	20
11	密花树			3	3	40
12	罗浮柿		1		1	20
13	大头茶			2	2	40
14	褐叶柄果木		1		1	20
15	枫香树	1			1	20
16	蓝果树	1			1	20
17	马尾松	1			1	20
	合计	38	55	57	150	

柃木 *Eurya* sp.

灌木层植物高2m以下，从表9-90可知，包括上层乔木的幼树在内，500m^{2}样地有25种，覆盖度60%。种类成分以乔木的幼树为多，但覆盖度以真正的灌木占多。真正的灌木以金竹占据明显的优势，覆盖度达45%；乔木的幼树以木荷占优势，常见的有棱枝冬青、虎皮楠、柃木、密花树和厚壳桂。

草本层植物种类稀少，500m^{2}样地只有7种，但数量较多，其中狗脊蕨、山姜和铁线蕨占有明显的优势，其他的种类数量很稀少。

藤本植物种类尚多，500m^{2}样地有12种，但数量不多，比较常见的是流苏子，其他都零星分布。

从表9-90可知，优势种木荷的更新是良好的，重要的伴生种棱枝冬青、柃木、黄牛奶树、刨花润楠、虎皮楠等更新也不错，因此，本群落在一定的时间内可以保持稳定的状态，优势种和重要的伴生种不会发生太大的变化。

表 9-90　荷木 – 棱枝冬青 – 棱枝冬青 – 金竹 – 狗脊蕨群落灌木层和草本层种类组成及分布情况

序号	种名	多度	频度（%）	幼树（株）	序号	种名	多度	频度（%）	幼树（株）
	灌木层植物				24	亮叶猴耳环			13
1	金竹	cop^2	100		25	木竹子			4
2	九节	sol	40			草本层植物			
3	红鳞蒲桃	sp	80		1	狗脊蕨	cop^1	100	
4	腺萼马银花	sol	60		2	山姜	cop^1	100	
5	华南毛柃	sol	20		3	铁线蕨	cop^1	80	
6	百日青	un	20		4	虎舌红	sp	80	
7	草珊瑚	sp	40		5	乌毛蕨	sp	80	
8	木荷			65	6	山菅	sol	60	
9	棱枝冬青			38	7	十字薹草	sol	20	
10	虎皮楠			31		藤本植物			
11	黄牛奶树			11	1	白花酸藤子	sol	60	
12	厚壳桂			18	2	瘤皮孔酸藤子	un	20	
13	柃木			25	3	小叶买麻藤	sol	60	
14	轮叶木姜子			8	4	菝葜	sol	80	
15	竹叶木姜子			6	5	土茯苓	un	20	
16	大头茶			1	6	粉绿藤	un	20	
17	褐叶柄果木			1	7	网脉酸藤子	sol	20	
18	刨花润楠			14	8	鸡眼藤	un	20	
19	密花树			20	9	玉叶金花	sol	60	
20	鸭公树			8	10	流苏子	sp	80	
21	羊舌树			9	11	变色马兜铃	un	20	
22	山杜英			2	12	清香藤	un	20	
23	小果山龙眼			6					

粉绿藤 *Pachygone sinica*　　变色马兜铃 *Aristolochia versicolor*

（16）木荷 – 栲 – 金竹 – 狗脊蕨群落（*Schima superba* – *Castnopsis fargesii* – *Phyllostachys sulphurea* – *Woodwardia japonica* Comm.）

见于南亚热带桂平县大平山林场，海拔 730m，是一种演替到中期的次生林类型。种类组成比较混杂，由于是次生的，次生阳性的和原常绿阔叶林的种类都有出现，同时，由于分布在南亚热带比较低海拔地区，热带成分和山地常绿阔叶林成分同时存在。群落郁闭度 0.8，乔木层虽然可以分成 3 个亚层，但第一亚层乔木株数很少，从表 9-91 可知，400m² 样地只有 6 株，故对群落环境起关键作用的是第二亚层林木。根据表 9-91，第一亚层林木有 5 种、6 株，除马尾松有 2 株外，马蹄荷、薄叶润楠、广东假木荷、广东冬青都是单株出现。第二亚层林木木荷占有明显的优势，有 15 株，重要值指数 80.7；其次是岭南柯、广东假木荷、罗浮柿、广东润楠和桂南木莲，重要值指数均超过 15.0。第三亚层林木以栲为优势，次为吊钟花、岭南柯、羊舌树和广东假木荷。从整个乔木层分析，木荷重要值指数最大，为 37.2；其次是广东假木荷、栲、岭南柯、马尾松、吊钟花、罗浮柿、竹叶木姜子。

表 9-91　木荷 – 栲 – 金竹 – 狗脊蕨群落乔木层种类组成及株数统计

样地面积：400m²，地点：桂平县大平山林场崩冲，海拔：730m

序号	种名	各层株数			总株数	频度（%）
		Ⅰ	Ⅱ	Ⅲ		
1	木荷		15	4	19	75
2	栲		3	21	24	100
3	岭南柯		4	12	16	100
4	吊钟花		1	15	16	75
5	广东假木荷	1	2	8	11	100
6	羊舌树			11	11	100

（续）

序号	种名	各层株数			总株数	频度(%)
		Ⅰ	Ⅱ	Ⅲ		
7	竹叶木姜子		2	8	10	75
8	网脉山龙眼		1	8	9	75
9	罗浮柿		4	5	9	100
10	甜槠			6	6	75
11	黄杞		1	5	6	75
12	黄牛奶树		2	3	5	75
13	广东润楠		3	2	5	50
14	桂南木莲		2	3	5	100
15	川桂			5	5	75
16	短梗新木姜子			5	5	75
17	广东杜鹃			4	4	50
18	棱枝冬青		1	3	4	75
19	鼠刺			4	4	50
20	密花树			4	4	50
21	华南桤叶树			4	4	50
22	褐叶柄果木		1	3	4	25
23	长柄杜英		2	1	3	25
24	山矾 1 种			3	3	25
25	丁香杜鹃			3	3	50
26	黧蒴锥			3	3	50
27	尖叶黄肉楠		1	1	2	50
28	广东山胡椒			2	2	50
29	柃木			2	2	50
30	九丁榕			2	2	25
31	黄果厚壳桂			2	2	50
32	马尾松	2			2	50
33	多花杜鹃			2	2	50
34	虎皮楠			1	1	25
35	马蹄荷	1			1	25
36	广东冬青	1			1	25
37	棋子豆			1	1	25
38	毛山矾			1	1	25
39	云贵山茉莉			1	1	25
40	饭甑青冈			1	1	25
41	厚斗柯			1	1	25
42	黄樟		1		1	25
43	红山梅		1		1	25
44	薄叶润楠	1			1	25
45	木荷		1		1	25
46	桂林槭		1		1	25
47	山乌桕		1		1	25
	合计	6	50	170	226	

长柄杜英 *Elaeocarpus petiolatus*　　尖叶黄肉楠 *Actinodaphne* sp.

灌木层植物发达，从表 9-92 可知，包括乔木的幼树在内，400m^{2}样地有 84 种，覆盖度 80%。金竹为局部优势，覆盖度达 30%，其他常见的灌木还有赤楠、五月茶、杜茎山、香粉叶等。乔木的幼树以网脉山龙眼、桂林槭、吊钟花、虎皮楠、黄牛奶树、广东琼楠、竹叶木姜子、栲等为常见。

草本层植物 400m^{2}样地有 13 种，以狗脊蕨为优势，常见的有山姜和深绿卷柏等，零星分布的种类有乌毛蕨、金毛狗脊、扇叶铁线蕨等。

藤本植物虽然 400m^{2}有 12 种，但数量不多，零星出现，比较常见的为网脉酸藤子、菝葜、买麻藤、筋藤和大果菝葜。

从表 9-91 和 9-92 看出，木荷种类年龄结构不完整，缺乏幼苗幼树；上层乔木种群年龄结构完整的为栲，次为岭南柯；中下层林木种群年龄结构完整的有网脉山龙眼、黄牛奶树、吊钟花、广东假木荷等，群落发展下去，除上层优势种木荷可能为栲和岭南柯代替外，中下层优势种变化不太大。

表 9-92　木荷－栲－金竹－狗脊蕨群落灌木层和草本层种类组成及分布情况

序号	种名	多度	频度（%）	幼树（株）	序号	种名	多度	频度（%）	幼树（株）
	灌木层植物				44	密花树			20
1	金竹	cop	25.0		45	华南桤叶树			15
2	赤楠	sp	50.0		46	褐叶柄果木			2
3	五月茶	sol	75.0		47	山矾 1 种			1
4	三花冬青	sol	50.0		48	丁香杜鹃			15
5	草珊瑚	sol	50.0		49	黧蒴锥			3
6	茶	sol	75.0		50	尖叶黄肉楠			8
7	海南树参	sol	75.0		51	广东山胡椒			10
8	凹叶红淡比	un	25.0		52	黄果厚壳桂			8
9	杜茎山	sol	75.0		53	虎皮楠			42
10	东方古柯	un	25.0		54	马蹄荷			1
11	君迁子	un	25.0		55	广东冬青			3
12	香皮树	sol	25.0		56	棋子豆			1
13	黑柃	sol	25.0		57	毛山矾			2
14	牛矢果	sol	75.0		58	饭甑青冈			9
15	香粉叶	sp	75.0		59	厚斗柯			3
16	假柿木姜子	un	25.0		60	黄樟			2
17	红鳞蒲桃	sol	50.0		61	木荷			3
18	冬青 1 种	sol	50.0		62	桂林槭			63
19	尖叶黄杨	sol	25.0		63	竹叶木姜子			20
20	五月茶 1 种	sol	50.0		64	基脉润楠			13
21	柏拉木	un	25.0		65	黄桐			5
22	竹叶榕	sol	25.0		66	鼠刺			3
23	茜树	un	25.0		67	山杜英			6
24	假卫矛	sol	25.0		68	南川柯			11
25	香楠	sol	50.0		69	斜脉暗罗			2
26	锈毛新木姜子	sol	75.0		70	厚叶琼楠			7
27	盐肤木	un	50.0		71	小果山龙眼			2
28	栲			26	72	公孙锥			2
29	岭南柯			9	73	广东木瓜红			1
30	吊钟花			45	74	广东琼楠			21
31	广东假木荷			14	75	新木姜子			1
32	羊舌树			13	76	腺叶桂樱			1
33	网脉山龙眼			80	77	显脉杜英			6
34	罗浮柿			4	78	禾串树			2
35	甜槠			10	79	观光木			1
36	黄杞			18	80	短梗幌伞枫			1
37	黄牛奶树			40	81	刨花润楠			1
38	文山润楠			2	82	厚壳桂			2
39	桂南木莲			2	83	珠仔树			1
40	川桂			5	84	喙顶红豆			1
41	短梗新木姜子			1		草本层植物			
42	棱枝冬青			3	1	狗脊蕨	cop1	100.0	
43	鼠刺			18	2	山姜	sp	100.0	

序号	种名	多度	频度(%)	幼树(株)	序号	种名	多度	频度(%)	幼树(株)
3	深绿卷柏	sp	100.0			**藤本植物**			
4	团叶鳞始蕨	sol	75.0		1	网脉酸藤子	sol	100.0	
5	乌毛蕨	sol	50.0		2	菝葜	sol	100.0	
6	十字薹草	sol	25.0		3	买麻藤	sol	100.0	
7	五节芒	sol	25.0		4	玉叶金花	sol	75.0	
8	藨草	sol	25.0		5	筋藤	sol	100.0	
9	金毛狗脊	sp	25.0		6	大果菝葜	sol	100.0	
10	鸢尾	sol	25.0		7	络石	un	25.0	
11	剑叶凤尾蕨	sol	25.0		8	土茯苓	un	50.0	
12	剑叶耳草	sol	25.0		9	娃儿藤	un	25.0	
13	扇叶铁线蕨	sol	25.0		10	藤黄檀	un	25.0	
					11	四川轮环藤	un	25.0	
					12	冠盖藤	un	50.0	

假卫矛 *Microtropis* sp.　显脉杜英 *Elaeocarpus dubius*　短梗幌伞枫 *Heteropanax brevipedicellatus*　喙顶红豆 *Ormosia apiculata*　藨草 *Scirpus* sp.　剑叶凤尾蕨 *Pteris ensiformis*

32. 银木荷林(Form. *Schima argentea*)

在我国，银木荷群系分布于江南丘陵和南岭山地海拔1000～1500m的山脊坡地；在南亚热带海拔1500～1800m和西南山地海拔3000m地带也有分布。为亚热带山地常绿阔叶林上限的主要群系之一，常与山地针叶林、山地针阔叶混交林和山地常绿、落叶阔叶混交林相交错分布。在广西，银木荷林分布也比较广泛，主要见于桂北、桂东北、桂中、桂东海拔700～1300m的范围，与米槠林、甜槠林等交错分布，下界接栲林和木荷林，上界接中山针阔叶混交林和中山常绿落叶阔叶混交林；桂西海拔1300m以上的山地也可见到。虽然分布广泛，但以它为优势的林分比木荷林少。

银木荷比木荷耐寒，是一种性喜温凉的树种，分布海拔比木荷高，海拔700m以下地区较少出现银木荷林，海拔700～1300m的范围是银木荷林的主要分布区，而在桂西的岑皇老山，海拔高度可达到1500～1700m。这个范围的气候，例如桂东北花坪保护区的红滩，海拔960m，年平均气温14.8℃，1月平均气温4.3℃，7月平均气温23.1℃，绝对最低气温6.2℃，夏季2个月(7～8月)；年降水量2633.7mm，3～8月占71%，年平均相对湿度85%。

银木荷是一种喜酸性土树种，银木荷林只见于砂、页岩和花岗岩等酸性土山地，土壤为山地黄壤或山地黄红壤，碳酸盐岩构成的岩溶山地从未见有银木荷林的分布。因此，在分布区内由于地层的不同而造成银木荷林分布的不连续性。

银木荷同木荷有着相似的生态特性，成熟而又保持较好的银木荷林，结构和组成相当复杂，但中下层个体和幼苗幼树很少，种群发育年龄结构不完整，发展下去将会被更耐阴的常绿树种，如甜槠、米槠等取代，变成新的类型。但如同木荷一样，它亦可以飞籽成林，利用迹地更新和林窗更新的途径，使银木荷林始终能在分布区中占有一席之位，在群落中保持优势种或常见种的地位。

统计过去的调查资料，银木荷林有如下几种类型。

(1)银木荷－少叶黄杞－赤楠－柏拉木－书带蕨群落(*Schima argentea* – *Engelhardia fenzelii* – *Syzygium buxifolium* – *Blastus cochinchinensis* – *Haplopteris flexuosa* Comm.)

本群落见于桂中金秀县圣堂山，海拔1250m，立地地层为泥盆系莲花山组红色砂岩，土壤为山地森林水化黄壤。林内湿润，土层浅薄，表土层主要为枯枝落叶腐化后覆盖，多含红色砂岩碎块，并多根系。枯枝落叶稀薄，覆盖面30%，石块覆盖地表90%。

本群落受干扰不大，保存较好，郁闭度0.8，乔木分为3个亚层。第一亚层林木高15～21m，基径25～45cm，最粗97cm，覆盖度70%。该亚层林木树干通直，种类组成较简单，但株数尚多，从表9-93可知，600m^{2}样地有14种、30株，优势明显。以银木荷为优势，有9株，重要值指数76.7；其他的种类株数在1～3株之间，重要值指数分配较为分散，优势不突出，重要值指数在26～30之间的有阴香、鹿角锥、美叶柯和甜槠4种；在10～19之间有5种；在8～10之间有4种。本亚层有野漆和蓝果树2种落叶阔叶树，重要值指数36.3。第二亚层林木高8～14m，基径10～30cm，最粗46cm，覆盖度40%。本亚层林木树干尚通直，是3个亚层中种数和株数最多的一个亚层，根据表9-93，600m^{2}样地有23种、58株。本亚层以少叶黄杞为优势，有10株，重要值指数57.8；银木荷也不少，有6株，重要值指数36.6，排列第二；值得指出的是赤楠，它本是一种灌木树种，但在本群落中它进入到乔木第二亚层的空间，有8株，重要值指数31.3，排列第三；常见的种类为海南树参，有6株，重要值指数26.3；其余19种，重要值指数分配都比较分散，其中在14～18之间的有3种；在4～10之间的有16种。第三亚层林木高4～7m，基径5～11cm，林木茎细小，植株分布显得很分散，覆盖度30%，600m^{2}样地有林木20种、38株。本亚层优势不明显，重要值指数分配比较分散，排在第一位的是小花红花荷，重要值指数只有32.6；排二、三、四位的是赤楠、光叶拟单性木兰、吴茱萸五加，重要值指数分别为31.6、27.1、26.6；重要值指数在12～20之间的有7种；重要值指数在6～10的9种。从整个乔木层分析，银木荷虽然在第三亚层没有个体，但在第一亚层占有明显的优势，在第二亚层为次优势，总的个体数最多，600m^{2}样地有15株，因而在整个乔木层中仍占有较为明显的优势，重要值指数为41.3，排列第一；其他36种重要值指数分配比较分散，优势不明显；少叶黄杞、海南树参、赤楠虽然个体数在10～12株之间，但植株比较细小，重要值指数只有26.4、17.9、16.4；鹿角锥虽然植株比较粗大，但个体数只有4株，重要值指数为19.2，这4种重要值指数分别排列第二～五位；其余32种，重要值指数分配在20～1之间，更为分散。乔木层组成种类重要值指数分配这种特点，是符合银木荷林演替到后期阶段种类组成相对稳定的特点的。

表9-93　银木荷－少叶黄杞－赤楠－柏拉木－书带蕨群落乔木层种类组成及重要值指数

（样地号：瑶山54号，样地面积：600m^2，地点：金秀县圣堂山，海拔：1250m）

序号	树种	基面积(m^2)	株数	频度(%)	重要值指数
		乔木Ⅰ亚层			
1	银木荷	1.029	9	83.3	76.716
2	阴香	0.293	3	50	29.608
3	鹿角锥	0.566	2	33.3	29.356
4	美叶柯	0.195	3	50	27.065
5	甜槠	0.739	1	16.7	26.519
6	马蹄荷	0.32	2	16.7	18.972
7	野漆	0.157	2	33.3	18.733
8	蓝果树	0.111	2	33.3	17.556
9	海南树参	0.126	1	16.7	10.596
10	少叶黄杞	0.113	1	16.7	10.278
11	茶梨	0.066	1	16.7	9.048
12	苗山冬青	0.057	1	16.7	8.82
13	罗浮柿	0.042	1	16.7	8.412
14	毛桂	0.038	1	16.7	8.32
	合计	3.852	30	416.7	299.999
		乔木Ⅱ亚层			
1	少叶黄杞	0.538	10	100	57.764
2	银木荷	0.343	6	66.7	36.592
3	赤楠	0.171	8	66.7	31.345
4	海南树参	0.184	6	50	26.314
5	美叶柯	0.111	3	50	17.464
6	大叶青冈	0.084	3	50	16.089
7	鹿角锥	0.13	2	33.3	14.443
8	黄丹木姜子	0.038	2	33.3	9.803
9	光叶拟单性木兰	0.034	2	33.3	9.613

（续）

序号	树种	基面积(m²)	株数	频度(%)	重要值指数
10	虎皮楠	0.014	2	33.3	8.612
11	西南香楠	0.012	2	33.3	8.485
12	猴欢喜	0.075	1	16.7	7.764
13	苗山冬青	0.057	1	16.7	6.842
14	野漆	0.038	1	16.7	5.869
15	马蹄参	0.035	1	16.7	5.698
16	蓝果树	0.031	1	16.7	5.535
17	南岭山矾	0.025	1	16.7	5.233
18	越南安息香	0.018	1	16.7	4.84
19	硬壳柯	0.011	1	16.7	4.518
20	深山含笑	0.01	1	16.7	4.427
21	吴茱萸五加	0.008	1	16.7	4.344
22	茶梨	0.006	1	16.7	4.268
23	白花龙船花	0.004	1	16.7	4.141
	合计	1.977	58	750	300.001
		乔木Ⅲ亚层			
1	小花红花荷	0.075	1	16.7	32.647
2	赤楠	0.034	4	50	31.607
3	光叶拟单性木兰	0.012	4	66.7	27.112
4	吴茱萸五加	0.02	4	50	26.637
5	白花龙船花	0.01	3	50	20.439
6	西南香楠	0.014	3	33.3	19.038
7	海南树参	0.013	3	33.3	18.504
8	深山含笑	0.014	2	33.3	16.406
9	黄丹木姜子	0.01	2	33.3	14.974
10	茶梨	0.025	1	16.7	14.76
11	瑶山越桔	0.011	2	16.7	12.365
12	虎皮楠1种	0.01	1	16.7	9.06
13	罗浮冬青	0.006	1	16.7	7.936
14	尖萼川杨桐	0.006	1	16.7	7.936
15	罗浮槭	0.005	1	16.7	7.459
16	罗浮锥	0.004	1	16.7	7.038
17	马蹄荷	0.003	1	16.7	6.673
18	越南安息香	0.003	1	16.7	6.673
19	黄棉木	0.002	1	16.7	6.364
20	栎子青冈	0.002	1	16.7	6.364
	合计	0.28	38	550	299.993
		乔木层			
1	银木荷	1.372	15	100	41.345
2	少叶黄杞	0.651	11	100	26.364
3	鹿角锥	0.695	4	66.7	19.208
4	海南树参	0.322	10	66.7	17.864
5	赤楠	0.205	12	50	16.365
6	美叶柯	0.306	6	66.7	14.427
7	甜槠	0.739	1	16.7	14.054
8	光叶拟单性木兰	0.046	6	100	12.5
9	阴香	0.293	3	50	10.666
10	马蹄荷	0.323	3	33.3	9.99
11	吴茱萸五加	0.027	5	66.7	9.069
12	野漆	0.195	3	50	9.055
13	黄丹木姜子	0.048	4	66.7	8.611
14	蓝果树	0.143	3	50	8.205
15	西南香楠	0.026	5	50	7.881

（续）

序号	树种	基面积（m²）	株数	频度（%）	重要值指数
16	大叶青冈	0.084	3	50	7.245
17	白花龙船花	0.014	4	50	6.884
18	茶梨	0.098	3	33.3	6.309
19	苗山冬青	0.115	2	33.3	5.787
20	深山含笑	0.024	3	33.3	5.095
21	虎皮楠	0.014	2	33.3	4.146
22	猴欢喜	0.075	1	16.7	3.192
23	小花红花荷	0.075	1	16.7	3.192
24	越南安息香	0.02	2	16.7	3.086
25	瑶山越桔	0.011	2	16.7	2.937
26	罗浮柿	0.042	1	16.7	2.637
27	毛桂	0.038	1	16.7	2.579
28	马蹄参	0.035	1	16.7	2.523
29	越南山矾	0.025	1	16.7	2.373
30	硬壳柯	0.011	1	16.7	2.142
31	虎皮楠1种	0.01	1	16.7	2.112
32	罗浮冬青	0.006	1	16.7	2.061
33	尖萼川杨桐	0.006	1	16.7	2.061
34	罗浮槭	0.005	1	16.7	2.039
35	罗浮锥	0.004	1	16.7	2.019
36	黄棉木	0.002	1	16.7	1.989
37	栎子青冈	0.002	1	16.7	1.989
	合计	6.109	126	1433.3	300

虎皮楠1种 *Daphniphyllum* sp.

灌木层植物比较发达，从表9-94可知，600m²样地有67种，以乔木的幼树为多，但分布不均匀，有的地段覆盖度30%～40%，有的地段覆盖度达60%～65%。真正的灌木以柏拉木为优势，次为竹子、赤楠和疏花卫矛等；乔木的幼树以深山含笑、毛桂、黄丹木姜子、虎皮楠、银木荷为多。

草本层植物600m²样地有18种，覆盖度20%～35%，个别地段只有15%，而有的地段可达45%。比较常见的为书带蕨和叶底红，次为江南星蕨、万年青、玉竹和华东瘤足蕨等。

藤本植物不发达，种类和数量均稀少。菝葜较常见，其他的种类有短柱络石、野木瓜、异叶地锦等。

群落更新比较良好，从表9-94可知，600m²样地有幼苗438株，幼树802株。处于演替后期的银木荷林，本应更新不良，但本群落银木荷更新较好，其原因是群落出现了林窗，银木荷的幼苗幼树是在林窗更新起来的。但银木荷缺乏第三亚层林木个体，种群年龄结构不完整；少叶黄杞幼苗幼树也多，但亦缺乏第三亚层林木个体，种群年龄结构不完整，这2个群落上、中层的优势种，都很可能不能维持在群落中的优势地位。

表9-94　银木荷－少叶黄杞－赤楠－柏拉木－书带蕨群落灌木层和草本层种类组成及分布情况

序号	种名	多度盖度级						频度（%）	更新（株）	
		Ⅰ	Ⅱ	Ⅲ	Ⅳ	Ⅴ	Ⅵ		幼苗	幼树
	灌木层植物									
1	柏拉木	4	4	4	3	4	4	100.0		
2	毛桂	4	3	3	4	3	4	100.0	23	53
3	黄丹木姜子	3	3	3	4	4	4	100.0	23	54
4	虎皮楠	3	3	3	3	4	4	100.0	31	46
5	少叶黄杞	4	3	3	3	1	3	100.0	17	44
6	疏花卫矛	2	2	1	3	3	4	100.0		15
7	密花假卫矛	3	3	2	3	3	3	100.0	12	37
8	广东山胡椒	2	2	2	3	3	4	100.0	13	29
9	赤楠	4	2		3	3	3	83.3	22	24

（续）

序号	种名	多度盖度级						频度(%)	更新(株)	
		Ⅰ	Ⅱ	Ⅲ	Ⅳ	Ⅴ	Ⅵ		幼苗	幼树
10	银木荷	3	3	3		2	1	83.3	48	18
11	深山含笑	4	4	3	4	4		83.3	44	61
12	马蹄荷	3	2		3	4	3	83.3	25	13
13	西南香楠		1	2	3	2	2	83.3	2	12
14	鼠刺	3	2	3		1	1	83.3	7	21
15	竹子	5	5		3	4	3	83.3		
16	密花树	3	2	3	4		2	83.3	9	47
17	日本杜英	2	2	2	4		2	83.3	13	16
18	鹿角锥	2		2		3	3	66.7	6	15
19	海南树参			1	1	2	2	66.7		9
20	广东新木姜子	3		3	4		4	66.7	11	34
21	东方古柯		2		1	1	1	66.7	3	9
22	基脉润楠		2		4	4	4	66.7	9	16
23	吴茱萸五加	2	2	3				50.0	22	25
24	野黄桂				4	4	4	50.0	10	10
25	硬壳柯	3	2	3				50.0	5	34
26	乔木茵芋	3	3	3				50.0	32	28
27	三花冬青	2			1	3		50.0	1	7
28	紫金牛	3	3	3				50.0		
29	瑶山越桔		2	1				33.3		6
30	罗浮柿	1				1		33.3		2
31	野漆				3		3	33.3	14	1
32	大叶青冈				3		1	33.3		3
33	短柄新木姜子	4	4					33.3	14	36
34	变叶榕	2	3					33.3		
35	树参	2	3					33.3	13	22
36	广东冬青		1			1		33.3		3
37	青榨槭			1		2		33.3	3	3
38	越南安息香				1		3	33.3		4
39	白瑞香				3	3		33.3		
40	单毛桤叶树				3	1		33.3		3
41	紫金牛 1 种					2	3	33.3		
42	薄叶润楠					2	4	33.3	2	5
43	蓝果树		1					16.7		2
44	南岭山矾		1					16.7		3
45	罗浮槭			2				16.7		4
46	苗山冬青					2		16.7		2
47	小花红花荷					2		16.7		2
48	长尾毛蕊茶	3						16.7		
49	栀子		4					16.7		
50	光叶石楠		2					16.7	1	4
51	粗叶木		2					16.7		
52	南烛		1					16.7		
53	山矾		3					16.7	3	8
54	变叶榕				1			16.7		
55	岭南山茉莉				1			16.7		
56	钝齿尖叶桂樱				1			16.7		2
57	细柄五月茶				4			16.7		3
58	大花枇杷					3		16.7		2
59	光粗叶木					2		16.7		
60	密花假卫矛					1		16.7		

（续）

序号	种名	多度盖度级						频度(%)	更新(株)	
		Ⅰ	Ⅱ	Ⅲ	Ⅳ	Ⅴ	Ⅵ		幼苗	幼树
61	轮叶木姜子					2		16.7		2
62	冬青						1	16.7		
63	多花杜鹃						2	16.7		
64	网脉榕						1	16.7		
65	桂南木莲						1	16.7		
66	甜槠						1	16.7		1
67	木姜叶润楠			1				16.7		2
	草本层植物									
1	书带蕨	2	3	3	4	3	3	100.0		
2	叶底红	3	5		3	5	6	83.3		
3	江南星蕨	2		3	3	2	2	83.3		
4	万年青		3	3	2	2	2	83.3		
5	玉竹	2	2	3	2			66.7		
6	华东瘤足蕨	2		3		2	3	66.7		
7	蜘蛛抱蛋1种	3	2		2			50.0		
8	山姜	3	4					33.3		
9	长茎金耳环		2		2			33.3		
10	蜘蛛抱蛋		2			2		33.3		
11	毛脚金星蕨		2	2				33.3		
12	山菅			2				16.7		
13	毛果珍珠茅			2				16.7		
14	弯柄假复叶耳蕨		2					16.7		
15	华中蹄盖蕨					2		16.7		
16	瓦韦						2	16.7		
17	华中铁角蕨						3	16.7		
18	稀羽鳞毛蕨				2			16.7		
	藤本植物									
1	菝葜	sol	sol		sol	sol	sol	83.3		
2	短柱络石	sol	sol	sol	sol			66.7		
3	野木瓜	sol	sol			sol		50.0		
4	长柄地锦			sol			sol	33.3		
5	爬藤榕	sol					sol	33.3		
6	四川轮环藤		sol					16.7		
7	棠叶悬钩子			sol				16.7		
8	银瓣鸡血藤				sol			16.7		
9	藤黄檀				sol			16.7		

紫金牛1种 *Ardisia* sp.　冬青 *Ilex* sp.　网脉榕 *Ficus* sp.　万年青 *Rohdea japonica*　蜘蛛抱蛋1种 *Aspidistra* sp.
毛脚金星蕨 *Parathelypteris hirsutipes*　弯柄假复叶耳蕨 *Acrorumohra diffracta*　棠叶悬钩子 *Rubus malifolius*

（2）银木荷＋亮叶桦－银木荷－网脉山龙眼－栀子－狗脊蕨群落（*Schima argentea* + *Betula luminifera* – *Schima argentea* – *Helicia reticulata* – *Gardenia jasminoides* – *Woodwardia japonica* Comm.）

分布于桂北灵川县九屋东源一带海拔940m的中山中上部，林内较阴湿，树干上有苔藓附生。立地土壤为发育于页岩上的山地森林黄棕壤，枯枝落叶层厚约3cm，覆盖地表70%左右。

乔木层郁闭度0.9，分为3个亚层。第一亚层林木高15～20m，胸径19～26cm，覆盖度60%，株数较少，但胸高断面积占总断面积的37%，以银木荷、亮叶桦和石灰花楸为共优势。第二亚层林木高8～14m，胸径8.5～20cm，覆盖度80%。本亚层株数占乔木层总株数的38.5%，胸径断面积占总断面积的50.5%，以银木荷为优势，重要值指数为72.6；次为亮叶桦和石灰花楸，重要值指数分别为29.7和24.6；其他常见的种类有美叶柯、栲、网脉山龙眼、华南桤叶树、虎皮楠、罗浮锥等。第三亚层林木高4～7m，胸径3～8cm，覆盖度60%。树冠偏斜，树干多弯曲和歪斜，株数占乔木层总株数的49.3%，胸径断面积只占总断面积的12.4%，以网脉山龙眼占绝对优势，零星出现的有栲、鼠刺、罗浮锥、虎皮楠、华南桤叶树等。

灌木层植物高0.7～1.6m，覆盖度25%，常见的种类有栀子、杜茎山、光叶海桐、蔓胡颓子、野黄桂、朱砂根等。

草本层植物种类虽少，但生长旺盛，覆盖度55%以上。以狗脊蕨占绝对优势，零星出现的有里白、五节芒、毛果珍珠茅、金毛狗脊等。

(3)银木荷－银木荷－多花杜鹃－里白群落(*Schima argentea* – *Schima argentea* – *Rhododendron cavaleriei* – *Diplopterygium glaucum* Comm.)

分布于桂北灵川县海洋山大境黄坭江海拔920m的中山上部，立地土壤为山地黄壤。

乔木层覆盖度90%，分成2个亚层。上层林木高8～10m，胸径16～25cm，覆盖度50%，本亚层株数不多，只占乔木层总株数25.6%，但胸高断面积占总断面积的51.8%，优势种为银木荷，次为罗浮锥和光叶水青冈，常见的为甜槠。下层林木高4～7m，胸径15～18cm，覆盖度60%，株数占乔木层总株数的74.4%，优势种为银木荷和甜槠，常见的有罗浮锥、光叶水青冈等。整个乔木层银木荷重要值指数最大，为128.7；其次为甜槠、罗浮锥和落叶阔叶树光叶水青冈。

灌木层植物高0.7～2.3m，覆盖度30%。组成种类虽多，但以多花杜鹃占绝对优势，零星出现的种类有柃木、山胡椒、阴香、石灰花楸等。藤本植物常见的种类有菝葜、金银花等。

草本层植物覆盖度50%，以里白为优势，其他还有狗脊蕨、五节芒、毛果珍珠茅等。

本群落优势种银木荷更新不良，幼苗幼树只在林窗处有分布；次优势种甜槠和罗浮锥幼苗幼树数量很大，群落发展下去，优势种可能为甜槠和罗浮锥取代。

(4)银木荷－滑叶润楠－摆竹－锦香草群落(*Schima argentea* – *Machilus ichangensis* var. *leiophylla* – *Indosasa shibataeoides* – *Phyllagathis cavaleriei* Comm.)

本群落见于九万山林区文通，海拔990m的山地，林内湿度偏干，透明度较好，林木生长良好，乔木层分为2个亚层。

第一亚层林木高10～20m，胸径20～35cm，枝下高高6m以上，郁闭度0.7～0.85。种类组成以银木荷为优势，重要值指数68.6；次为桂北木姜子和红背甜槠，重要值指数分别为48.3和42.7；伴生的种类有新木姜子、竹叶青冈、黄牛奶树、铁山矾、黄杞、栓叶安息香等。第二亚层林木高2～8m，胸径4～8cm，郁闭度0.3～0.4。主要树种以滑叶润楠为主，伴生的种类有腺叶桂樱、尖萼川杨桐、赤杨叶、长尾毛蕊茶、女贞和鸭公树等。

灌木层植物覆盖度50%，主要以摆竹为优势，其他种类有淡黄荚蒾、日本粗叶木、少花海桐等。攀援树冠上的藤本植物有藤黄檀、花椒簕、尾叶那藤等。

草本层植物分布稀疏，覆盖度只有10%左右，主要以锦香草为主，其他的种类有江南短肠蕨、山姜、中华复叶耳蕨、光蹄盖蕨、边缘鳞盖蕨、银带虾脊兰等。

(5)银木荷－腺边山矾＋黄牛奶树－摆竹－花葶薹草落(*Schima argentea* – *Symplocos punctato* – *marginata* + *Symplocos cochinchinensis* var. *laurina* – *Indosasa shibataeoides* – *Carex scaposa* Comm.)

本群落分布于九万山林区小鱼罗界，海拔1150m的台地上，表土层厚10～15cm，枯枝落叶较多，湿度偏干，森林保存较好，原始性较浓，为较典型的亚热带山地常绿阔叶林，乔木层分为2个亚层。

第一亚层林木高20～30m，胸径20～30cm，郁闭度0.7～0.8，以银木荷占明显优势，重要值指数为90.5；伴生的种类有海南树参、心叶船柄茶，重要值指数分别为28.8和19.2；其他树种有竹叶青冈、桂南木莲、鹿角锥等。第二亚层林木高10～18m，胸径4～8cm，郁闭度0.2～0.3，主要树种有腺边山矾、黄牛奶树、长尾毛蕊茶，伴生的种类有网脉山龙眼、赤杨叶、四川冬青、鼠刺等。

灌木层植物高1.5～2m，覆盖度50%～60%。以摆竹占优势，其次为柏拉木，其他的种类有披针叶紫珠(*Callicarpa longifolia* var. *lanceolaria*)、黄毛粗叶木(*Lasianthus rhinocerotis* subsp. *pedunculatus*)、日本粗叶木以及乔木的幼树桂北木姜子、银木荷、心叶船柄茶、鹿角锥、凯里杜鹃等。

藤本植物以藤黄檀为主，攀援在银木荷的树冠之上，占有一定的面积，其他林下藤本有南五味子、异形南五味子、防已叶菝葜(*Smilax* sp.)、折枝菝葜等零星分布。

草本层植物种类和数量均稀少，覆盖度10%，主要以花葶薹草为多，零星分布的种类有狭叶沿阶草、华南鳞毛蕨、镰羽瘤足蕨、钱氏鳞始蕨、多羽复叶耳蕨、华东瘤足蕨等。

(6)银木荷－银木荷＋五列木－多花杜鹃＋弯蒴杜鹃－柏拉木－狗脊蕨群落(*Schima argentea* – *Schima argentea* + *Pentaphylax euxyoides* – *Rhododendron cavaleriei* + *Rhododendron henryi* – *Blastus cochinchinensis* – *Woodwardia japonica* Comm.)

在猫儿山保护区，以银木荷为主的常绿阔叶林主要见于海拔700～1300m范围的山地，大多在山坡中上部立地条件比较干的地方，三岔河一带山地比较多见。上层林木以银木荷为多，夹杂少量甜槠和罗浮锥等种类，中层仍以银木荷为多，五列木、甜槠和阔瓣含笑也较常见，下层林木种类显著增多，多花杜鹃、弯蒴杜鹃、广东杜鹃和南烛较多，樟叶泡花树、基脉润楠也不少，其他还有尖萼川杨桐、短梗新木姜子、广东润楠、鼠刺、厚皮香和石斑木等。此外，落叶阔叶乔木不少，例如毛序花楸、亮叶桦、赤杨叶、雷公鹅耳枥和贵州桤叶树等。

灌木层植物也以乔木的幼树居多，如黄丹木姜子、罗浮锥、甜槠、短梗新木姜子等，多花杜鹃和银木荷也时有出现。真正的灌木常见有柏拉木、草珊瑚、粗叶木、赤楠和尖叶毛柃等。

草本层植物以狗脊蕨为优势，还有十字薹草、鹤顶兰、山姜和光里白等种类。

(7)银木荷－野漆＋银木荷－细枝柃－匙萼柏拉木－稀羽鳞毛蕨群落(*Schima argentea* – *Toxicodendron succedaneum* + *Schima argentea* – *Eurya loquaiana* – *Blastus cavaleriei* – *Dryopteris sparsa* Comm.)

本类型见于桂北灵川县七分山，海拔1150m。立地土壤为山地黄壤，母质为砂岩，土层较深厚，地表枯枝落叶层厚3cm，表土层厚25cm，有机质含量高。林内较潮湿，苔藓植物较发达。

本群落是一种次生中年林，组成种类含有一定的落叶成分，尤其中上层，但保存尚好，林相尚完整。乔木层郁闭度0.7～0.8，分成3个亚层。第一亚层林木高15m，最高18m，基径25～45cm，最粗75cm。本亚层种类不多，植株也不多，从表9-95可知，300m^{2}样地只有5种、6株，树木挺直，树冠不大，故覆盖度不大，为35%左右。本亚层林木基面积占乔木层总基面积的37.8%。优势种为银木荷，有2株，重要值指数134.8；蓝果树、白辛树、罗浮锥和野漆4种为单株出现，重要值指数50～40之间。本亚层常绿阔叶树有银木荷和罗浮锥2种，落叶阔叶树有蓝果树、白辛树和野漆3种，多于常绿阔叶树，但株数相等，重要值指数常绿阔叶树大于落叶阔叶树，前者为174.9，后者为125.1。第二亚层林木高8～14m，基径13～55cm。本亚层是3个亚层中基面积和覆盖度最大的一个亚层，从表9-95可知，300m^{2}样地有林木13种、24株，基面积占乔木层总基面的48.4%，覆盖度60%。本亚层优势不明显，较多的为野漆，有5株，重要值指数51.1；次为银木荷，有2株，重要值指数41.1；重要值指数在40～30之间的种类有黄丹木姜子、川杨桐、长梗润楠(*Machilus* sp.)和青榨槭；重要值指数在20～10的有7种。本亚层植株除黄丹木姜子、川杨桐树干比较通直外，其他种类树干歪斜，树冠不圆满。本亚层常绿阔叶树有银木荷、黄丹木姜子、川杨桐、长梗润楠、香港四照花、曼青冈、广东冬青、小叶润楠(*Machilus* sp.)8种，重要值指数184.4；落叶阔叶树有野漆、青榨槭、野柿、君迁子、腺毛泡花树5种，重要值指数115.6。第三亚层林木高4～7m，基径3～11cm，覆盖度45%。本亚层是3个亚层中种类和株数最多的一个亚层，从表9-95可知，300m^{2}样地有林木30种、85株。本亚层优势不明显，重要值指数分配比较分散，排列第一至第四位的为细枝柃、三花冬青、毛果柃和樟叶山矾(*Symplocos* sp.)，重要值指数分别只有28.1、25.2、24.3、20.3，重要值指数是20～10之间的有6种，<10的有20种。本亚层落叶阔叶树有华南桤叶树、野樱桃、青榨槭、五裂槭、石灰花楸5种、6株，重要值指数24.7，无论种数株数还是重要值指数都很少。从整个乔木层分析，银木荷虽然在第三亚层没有个体，但它植株高大，也有一定的个体，所以在整个乔木层中优势仍很突出，重要值指数达43.1，其余40种，或因植株不多，或因植株细小，优势很不突出，重要值指数分配很分散，重要值指数是20的1种，20～10之间的6种，10以下的33种。乔木层林木重要值指数这种分配特点，显示了常绿阔叶次生中年林乔木层种类组成的特点。乔木层共有41种植物，其中落叶阔叶树有野漆、青榨槭、野柿、腺毛泡花树、蓝果树、白辛树、华南桤叶树、野樱桃、五裂槭、君迁子、石灰花楸11种，重要值指数83.9，常绿阔叶树种数和重要值指数均明显大于落叶阔叶树。

表 9-95　银木荷－野漆＋银木荷－细枝柃－匙萼柏拉木－稀羽鳞毛蕨群落乔木层种类组成及重要值指数

（样地号：A16，样地面积：300m^2，地点：灵川县潮田新寨乡七分山，海拔：1150m）

序号	树种	基面积(m^2)	株数	频度(%)	重要值指数
		乔木Ⅰ亚层			
1	银木荷	0.6008	2	66.7	134.804
2	蓝果树	0.102	1	33.3	44.877
3	白辛树	0.071	1	33.3	41.349
4	罗浮锥	0.059	1	33.3	40.069
5	野漆	0.049	1	33.3	38.9
	合计	0.882	6	200	299.999
		乔木Ⅱ亚层			
1	野漆	0.223	5	66.7	51.101
2	银木荷	0.251	2	66.7	41.093
3	黄丹木姜子	0.137	3	66.7	35.145
4	川杨桐	0.086	3	66.7	30.685
5	长梗润楠	0.107	2	66.7	28.342
6	青榨槭	0.089	2	66.7	26.719
7	野柿	0.08	1	33.3	16.558
8	香港四照花	0.08	1	33.3	16.558
9	曼青冈	0.023	1	33.3	11.442
10	腺毛泡花树	0.021	1	33.3	11.325
11	广东冬青	0.013	1	33.3	10.606
12	小叶润楠	0.011	1	33.3	10.432
13	君迁子	0.006	1	33.3	9.994
	合计	1.128	24	633.3	299.999
		乔木Ⅲ亚层			
1	细枝柃	0.032	10	100	28.114
2	三花冬青	0.022	10	100	25.18
3	毛果柃	0.038	7	66.7	24.305
4	樟叶山矾	0.014	8	100	20.286
5	川杨桐	0.021	5	100	18.939
6	黄丹木姜子	0.015	6	100	18.292
7	凹脉柃	0.021	4	66.7	15.534
8	曼青冈	0.035	2	33.3	15.215
9	阴香	0.012	4	100	15.054
10	海南树参	0.035	1	33.3	13.942
11	腺叶桂樱	0.008	2	66.7	9.332
12	榕叶冬青	0.008	3	33.3	8.035
13	华南桤叶树	0.008	2	33.3	6.966
14	香叶树	0.003	3	33.3	6.732
15	小蜡	0.005	2	33.3	6.129
16	石楠	0.006	1	33.3	5.335
17	桂南木莲	0.006	1	33.3	5.335
18	多花山矾	0.001	2	33.3	5.006
19	野樱桃	0.005	1	33.3	4.929
20	罗浮锥	0.005	1	33.3	4.929
21	深山含笑	0.004	1	33.3	4.744
22	大花枇杷	0.004	1	33.3	4.744
23	青榨槭	0.004	1	33.3	4.744
24	贵州杜鹃	0.004	1	33.3	4.57
25	五裂槭	0.003	1	33.3	4.409
26	短丝木犀	0.003	1	33.3	4.409
27	轮叶木姜子	0.002	1	33.3	3.883
28	石灰花楸	0.001	1	33.3	3.692

（续）

序号	树种	基面积（m^2）	株数	频度（%）	重要值指数
29	青冈	0.001	1	33.3	3.614
30	虎皮楠	0.001	1	33.3	3.614
	合计	0.329	85	1500	300.01
		乔木层			
1	银木荷	0.852	4	66.7	43.072
2	野漆	0.272	6	100	21.603
3	黄丹木姜子	0.152	9	100	19.076
4	川杨桐	0.107	8	100	16.311
5	细枝柃	0.032	10	100	14.818
6	三花冬青	0.022	10	100	14.405
7	樟叶山矾	0.014	8	100	12.31
8	毛果柃	0.038	7	66.7	10.895
9	青榨槭	0.093	3	66.7	9.764
10	长梗润楠	0.107	2	66.7	9.489
11	阴香	0.012	4	100	8.757
12	曼青冈	0.058	3	66.7	8.248
13	罗浮锥	0.064	2	66.7	7.668
14	凹脉柃	0.021	4	66.7	7.55
15	蓝果树	0.102	1	33.3	6.809
16	野柿	0.08	1	33.3	5.896
17	香港四照花	0.08	1	33.3	5.896
18	白辛树	0.071	1	33.3	5.479
19	腺叶桂樱	0.008	2	66.7	5.27
20	榕叶冬青	0.008	3	33.3	4.517
21	香叶树	0.003	3	33.3	4.334
22	海南树参	0.035	1	33.3	3.938
23	华南桤叶树	0.008	2	33.3	3.662
24	小蜡	0.005	2	33.3	3.545
25	多花山矾	0.001	2	33.3	3.387
26	腺毛泡花树	0.021	1	33.3	3.371
27	广东冬青	0.013	1	33.3	3.024
28	小叶润楠	0.011	1	33.3	2.94
29	石楠	0.006	1	33.3	2.729
30	君迁子	0.006	1	33.3	2.729
31	桂南木莲	0.006	1	33.3	2.729
32	野樱桃	0.005	1	33.3	2.672
33	深山含笑	0.004	1	33.3	2.646
34	大花枇杷	0.004	1	33.3	2.646
35	贵州杜鹃	0.004	1	33.3	2.621
36	五裂槭	0.003	1	33.3	2.599
37	短丝木犀	0.003	1	33.3	2.599
38	轮叶木姜子	0.002	1	33.3	2.525
39	石灰花楸	0.001	1	33.3	2.498
40	青冈	0.001	1	33.3	2.487
41	虎皮楠	0.001	1	33.3	2.487
	合计	2.339	115	2100	300

长梗润楠 *Machilus* sp.　　小叶润楠 *Machilus* sp.　　野樱桃 *Prunus* sp.

灌木层植物一般覆盖度在50%～55%之间，个别地段只有35%，种类组成比较丰富，从表9-96可知，300m^2样地有47种，以乔木的幼树和常绿的种类居多。真正的灌木以匙萼柏拉木为优势，次为杜茎山和草珊瑚；乔木的幼树以樟叶山矾、香叶树、厚叶山矾和阴香常见。

表 9-96　银木荷 – 野漆 + 银木荷 – 细枝柃 – 匙萼柏拉木 – 稀羽鳞毛蕨群落灌木层和草本层种类组成及分布情况

序号	种名	多度盖度级			频度（%）
		Ⅰ	Ⅱ	Ⅲ	
		灌木层植物			
1	匙萼柏拉木	4	5	3	100.0
2	樟叶山矾	4	3	3	100.0
3	香叶树	3	4	3	100.0
4	多花山矾	3	4	3	100.0
5	杜茎山	4	3	1	100.0
6	草珊瑚	4	3	1	100.0
7	阴香	3	3	3	100.0
8	绒毛润楠	1	3	3	100.0
9	长梗润楠	3	3	1	100.0
10	三花冬青	1	3	1	100.0
11	黄丹木姜子	1	1	1	100.0
12	短梗大参	1	1	1	100.0
13	大果卫矛	1	1	1	100.0
14	披针叶绣球	3	3		66.7
15	凹脉柃	3		3	66.7
16	腺叶桂樱		3	1	66.7
17	细枝柃		3	3	66.7
18	榕叶冬青		3	1	66.7
19	穗序鹅掌柴	1		3	66.7
20	黄花倒水莲	1	1		66.7
21	岗柃	1	1		66.7
22	贵州杜鹃		1	1	66.7
23	硬壳柯	1		1	66.7
24	西南山茶	1	1		66.7
25	卵叶粗叶木	1	1		66.7
26	木犀假卫矛	1			33.3
27	大叶新木姜子	3			33.3
28	耳叶榕	1			33.3
29	东方古柯	1			33.3
30	厚叶山矾	1			33.3
31	广东冬青		1		33.3
32	石楠		1		33.3
33	米槠		1		33.3
34	银木荷		1		33.3
35	南山花		1		33.3
36	小叶润楠		1		33.3
37	短柄新木姜子		1		33.3
38	五裂槭			1	33.3
39	罗浮锥			1	33.3
40	海南树参			3	33.3
41	小蜡			1	33.3
42	三尖杉			1	33.3
43	光叶山矾			3	33.3
44	交让木	1			33.3
45	林仔竹	3			33.3
46	茶	3			33.3
47	山杜英	1			33.3
		草本层植物			
1	稀羽鳞毛蕨	4	3	1	100.0
2	骤尖楼梯草	2	3	3	100.0
3	狗脊蕨	3	3	1	100.0

（续）

序号	种名	多度盖度级			频度（%）
		Ⅰ	Ⅱ	Ⅲ	
4	宝铎草	1	1	1	100.0
5	瓦韦 1 种	1	1	1	100.0
6	莎草 1 种	1	3		66.7
7	艳山姜		3	1	66.7
8	淡竹叶		1	1	66.7
9	罗浮短肠蕨		1	1	66.7
10	瘤足蕨 1 种	1			33.3
11	华东瘤足蕨	1			33.3
12	锦香草	1			33.3
13	山莓	1			33.3
14	七叶一枝花			+	33.3
	藤本植物				
1	短柱络石藤	sol	sp	sol	100.0
2	鸡眼藤	sol	sol	sol	100.0
3	藤黄檀	un	un	sol	100.0
4	冷饭藤	sol		un	66.7
5	土茯苓	sol			33.3
6	筐条菝葜	sol			33.3
7	长春藤	sol			33.3
8	尖叶菝葜			sol	33.3
9	小叶菝葜			sol	33.3
10	圆叶菝葜			sol	33.3
11	粗叶悬钩子		sol	sol	66.7
12	广东蛇葡萄			sol	33.3
13	素馨			sol	33.3
14	冠盖藤		sol	sol	66.7
15	三叶木通	un	sol		66.7
16	大血藤		sol		33.3

樟叶山矾 *Symplocos* sp.　披针叶绣球 *Hydrangea* sp.　宝铎草 *Disporum sessile*　小叶菝葜 *Smilax* sp.　素馨 *Jasminum* sp.

草本层植物数量较少，覆盖度只有 10%，个别地段可达 20%。300m^{2}样地有 14 种，以稀羽鳞毛蕨较多，次为骤尖楼梯草和狗脊蕨。

藤本植物种数较丰富，300m^{2}样地有 16 种。数量较多的有短柱络石、鸡眼藤等。有的种类，如三叶木通，大血藤茎粗 5～6cm，蔓延数十米。

从表 9-96 可以看出，优势种银木荷更新很不理想，原常绿阔叶林代表种类，如米槠、罗浮锥、硬壳柯、深山含笑、桂南木莲、曼青冈等，更新也很差，有的有个别的幼树幼苗，有的缺乏幼树幼苗，目前更新较好的多为下层的小乔木，群落发展下去，谁为群落的建群种或优势种还不明确。

(8) 银木荷－华南木姜子＋银木荷－尖萼川杨桐－柏拉木－狗脊蕨群落（*Schima argentea* － *Litsea greenmaniana* ＋ *Schima argentea* － *Adinandra bockiana* var. *acutifolia* － *Blastus cochinchinensis* － *Woodwardia japonica* Comm.）

银木荷林在九万山保护区分布比较普遍，通常出现在海拔 800～1200m 的山地。本群落见于海拔 1050m 的山地上部，坡度较陡，立地土壤为由砂岩、页岩发育而成的森林山地黄壤，土层厚度多在 60～80cm 之间，地表枯枝落叶较多，厚 5～10cm，分解良好。

群落总覆盖度 95%，600m^{2}样地种类组成有 56 种，其中乔木层有 28 种，乔木层可分成 3 个亚层。第一亚层林木高 15～20m，胸径 16～33cm，覆盖度 80%，树冠连续。本亚层乔木 4 种、25 株，其中银木荷有 21 株，占本亚层立木总株数的 84%，重要值指数 206.6，占绝对优势的地位；其次为楞，有 2

株，重要值指数50.3，单株出现的为罗浮锥和蓝果树。第二亚层林木高9～14m，胸径10～14cm，覆盖度40%。本亚层有乔木8种、23株，以华南木姜子为优势，重要值指数91.4；银木荷次之，重要值指数78.9；伴生的种类有黄丹木姜子、尖萼川杨桐、光叶石楠、榕叶冬青、厚壳桂、杨梅和楞等。第三亚层林木高4～8m，胸径8～10cm，覆盖度60%。本亚层是3个亚层中种类和株数最多的一个亚层，有24种、75株，株数占乔木层总株数的61%，但因为植株细小，基面积只占乔木层总基面积的15%。优势种不太突出，以尖萼川杨桐稍多，重要值指数为44.9；其次为网脉山龙眼和黄丹木姜子，重要值指数分别为29.4和18.1；其他的种类重要值指数都很小，分配比较分散，组成种类除上中层乔木的幼龄个体外，尚有竹叶木姜子、四川冬青、西藏山茉莉、鼠刺、川桂、虎皮楠、腺柄山矾、滑叶润楠、薄叶山矾、亮叶厚皮香、黄杞、罗浮柿、山香圆、翅柃、基脉润楠、尖叶毛柃等。

灌木层植物一般高1～3m，覆盖度40%。组成种类以乔木幼树为多，其中黄丹木姜子、尖萼川杨桐、华南木姜子、网脉山龙眼、翅柃、薄叶山矾、亮叶厚皮香等比较常见。真正的灌木常见为柏拉木、日本粗叶木、杜茎山、星毛鸭脚木、鼠刺等。

草本层植物很稀疏，高0.2～0.5m，覆盖度10%。以狗脊蕨、中华复叶耳蕨、淡竹叶、莎草、光里白比较常见，广西薹草、花葶薹草、求米草、戟叶圣蕨和草珊瑚也有出现。

藤本植物不发达，种类不多，比较常见的有菝葜、鸡矢藤、常春藤、异形南五味子和藤黄檀等。

(9)银木荷－米槠＋薄叶山矾－贵州杜鹃－中华里白群落(*Schima argentea* – *Castanopsis carlesii* + *Symplocos anomala* – *Rhododendron guizhouense* – *Diplopterygium chinensis* Comm.)

本群落见于融水县泗涧山林区，海拔800m。立地土壤为砂岩、页岩发育而成的森林山地黄壤，土层厚40～60cm，地表枯枝落叶层较薄，表土腐殖质层厚5cm。

群落总覆盖度90%，400m^{2}样地有乔木26种，乔木层只有2个亚层。第一亚层林木高15～20m，胸径16～30cm，覆盖度80%。本亚层共有乔木10种，银木荷优势非常明显，重要值指数达126.8；次为米槠，重要值指数42.7；其他伴生的种类有罗浮锥、日本杜英、蓝果树、楞、野漆、阔瓣含笑、黄丹木姜子和薄叶山矾等。第二亚层林木高6～12m，胸径6～12cm，覆盖度60%。本亚层种类组成和株数较多，株数占乔木层总株数的67%，但植株细小，基面积只占乔木层总基面积的19%。本亚层优势不明显，以米槠和薄叶山矾稍多，重要值指数分别为34.9和33.5；其他的种类重要值指数都很小，分配比较分散，较常见的有网脉山龙眼、楞、罗浮锥、木荷、马蹄荷、刨花润楠、黄丹木姜子、五列木、小花红花荷、樟叶泡花树、轮叶木姜子、亮叶杨桐、亮叶厚皮香等；零星分布的有钟花樱花、黄杞、红淡比、五月茶、山矾和青榨槭等。从整个乔木层分析，银木荷和米槠的重要值指数分别为74和34.5，排列第一和第二位，在群落中它们都属于正常型种群类型，能比较长期地保持在群落中的优势地位；薄叶山矾重要值指数为24.3，排列第三，其种群发育基本完整，作为中下层的优势种，也能保持其优势的地位；重要值指数<10的种类有罗浮锥、日本杜英、网脉山龙眼、黄丹木姜子、楞、亮叶杨桐，这些种类中除青榨槭、钟花樱花外，生长都正常。

灌木层植物一般高0.8～2.5m，覆盖度30%。组成种类以乔木的幼树为主，其中薄叶山矾、黄丹木姜子、亮叶杨桐、香港四照花、网脉山龙眼、轮叶木姜子等比较常见。真正的灌木以贵州杜鹃、柏拉木、杜茎山为常见。

草本层植物稀疏，覆盖度约10%，高0.2～0.6m，以中华里白、狗脊蕨、中华复叶耳蕨、莎草、淡竹叶等比较常见。

藤本植物种类和数量均稀少，仅有菝葜、花椒等零星分布。

(10)银木荷－甜槠－柃木－里白群落(*Schima argentea* – *Castanopsis eyrei* – *Eurya* sp. – *Diplopterygium glaucum* Comm.)

银木荷林在桂北海洋山自然保护区分布在海拔700～1300m的山地，大多在山坡中上部生境比较干燥。土壤多为山地黄壤，土层比较浅薄。群落组成和结构比较简单，乔木层分为两个亚层，上层林木以银木荷为多，夹杂少量的罗浮锥、光叶水青冈、甜槠等。下层林木种类明显增加，除银木荷、甜槠外，还有五列木、多花杜鹃、弯蒴杜鹃、广东杜鹃、基脉润楠和南烛、尖萼川杨桐、鼠刺、厚皮香、石斑木等。其中也混杂有一些落叶阔叶树，如亮叶桦、赤杨叶等。灌木层植物组成种类较多，优势不明显，常见有柃木、阴香、石灰花楸、草珊瑚、粗叶木、赤楠以及上层乔木的幼树，如多花杜鹃、银木荷等。草本层植物以里白为优势，其他还有狗脊蕨、五节芒、毛果珍珠茅等。藤本植物不发达，种类少，藤茎细小，常见的有细叶银花(*Lonicera* sp.)、威灵仙和多种菝葜等。

(11)银木荷－珍珠花－算盘子－蕨群落(*Schima argentea*－*Lyonia ovalifolia*－*Glochidion puberum*－*Pteridium aquilinum* var. *latiusculum* Comm.)

银木荷林在桂西的岑王老山保护区，分布在海拔1500～1700m的山地，是广西银木荷林分布海拔最高的地区。据400m^{2}的一个采伐迹地恢复起来的次生林样地调查，群落郁闭度0.85，共有林木21种、190株，乔木层可分成2个亚层。第一亚层林木高8～12m，胸径5～15cm，覆盖度40%，以银木荷为优势，其他较重要的种类有蔷薇科1种、尼泊尔桤木、山鸡椒、小花八角枫(*Alangium faberi*)等。第二亚层林木高4～7m，胸径3～6cm，覆盖度60%。该亚层种类较多，生长密集，林木密度高达4000株/hm^2。优势种不明显，以蔷薇科1种、珍珠花、算盘子、盐肤木为多，常见的有山鸡椒、小花八角枫、尼泊尔桤木、青榨槭等，零星分布的有香港四照花、木莲、枫香树、鸭公树、山樱花等。乔木层中零星间杂几株杉木，由此看来，这片森林可能是砍伐杉木林后发展起来的。

灌木层植物高1～2m，覆盖度45%～90%，种类较多，如算盘子、山鸡椒、山樱花、水红木、珍珠花、盐肤木、细枝柃、青榨槭等。

草本层植物覆盖度35%，种类稀少，常见有莎草、荩草等。

藤本植物种类不多，常见有粗叶悬钩子、藤石松、娃儿藤、山莓、细圆藤等。

33. 大头茶林(Form. *Polyspora axillaris*)

大头茶分布于大瑶山、灌阳、阳朔、永福和贺州，主要是中亚热带地区，但以它为优势的林分很少见，在阳朔的驾桥岭和贺州的姑婆山有小片零星出现。

(1)大头茶－尖萼川杨桐－无柄柃－狗脊蕨群落(*Polyspora axillaris*－*Adinandra bockiana* var. *acutifolia*－*Eurya* sp.－*Woodwardia japonica* Comm.)

根据阳朔县碎江三盘海拔800m的样地调查，立地地层为泥盆系紫色砂岩，土壤为山地森林黄壤，枯枝落叶层厚2cm，覆盖地表70%左右。本群落是过去遭受到较强度砍伐后发展起来的中年林，目前人为影响较少。

群落郁闭度0.8，乔木层只有2个亚层，即第二和第三亚层，第一亚层林木还没有形成。第二亚层林木高8～14m，基径10～41cm，覆盖度75%。从表9-97可知，400m^{2}样地有乔木种类10种、59株。以大头茶占绝对优势，有40株，重要值指数168.7；其他的种类重要值指数都很小，最大的不超过30；较重要的是尖萼川杨桐、青榨槭、甜槠、赤杨叶。由于是刚恢复起来的次生林，落叶阔叶树占一定的比例，共有青榨槭、赤杨叶、雷公鹅耳枥和亮叶桦4种，但重要值指数不大，只有53.7。第二亚层林木高4～6m，基径3～10cm，覆盖度45%，400m^{2}样地有林木23种、99株，但植株细小，基面积只占乔木层总基面积的18.6%，反映了中前期次生林的特点。优势种不明显，以尖萼川杨桐、大头茶和岭南杜鹃共为优势，重要值指数分别为39.0、38.8、33.7；常见的有凹脉柃、网脉山龙眼、细枝柃，重要值指数分别为26.7、22.2、19.3；剩下的17种，重要值指数在15以下，分配甚为分散。从整个乔木层分析，大头茶在上层占有绝对的优势，在下层也为优势种之一，共有植株47株，占乔木层总株数的30.5%，重要值指数为106.5，无疑仍占有明显的优势地位；尖萼川杨桐是重要的伴生种，重要值指数为24.9，排列第二；岭南杜鹃、凹脉柃、网脉山龙眼、细枝柃是下层林木常见的优势种，性状为小乔木，在整个乔木层中重要值指数都不会很大；甜槠，虽然是原常绿阔叶林的优势种，但在演替中前期，它还不能占有优势，所以重要值指数不会很大；其他的种类，多为偶见种，重要值指数都很小。

表 9-97　大头茶－尖萼川杨桐－无柄柃－狗脊蕨群落乔木层种类组成及重要值指数

（样地号：Q_{47}，样地面积：400m²，地点：阳朔县碎江三盘，海拔：800m）

序号	树种	基面积(m²)	株数	频度(%)	重要值指数
		乔木Ⅱ亚层			
1	大头茶	1.602	40	100	168.72
2	青榨槭	0.114	2	50	19.59
3	尖萼川杨桐	0.103	5	75	29.38
4	赤杨叶	0.088	2	50	18.29
5	雷公鹅耳枥	0.031	1	25	8.52
6	甜槠	0.027	4	50	18.68
7	庐山石楠	0.019	2	50	14.86
8	亮叶桦	0.013	1	25	7.62
9	凹脉柃	0.008	1	25	7.35
10	日本杜英	0.001	1	25	6.99
	合计	2.006	59	475	300
		乔木Ⅲ亚层			
1	大头茶	0.118	7	75	38.84
2	尖萼川杨桐	0.091	11	100	38.98
3	岭南杜鹃	0.053	14	100	33.71
4	凹脉柃	0.034	11	100	26.65
5	南烛	0.025	2	50	11.43
6	网脉山龙眼	0.023	9	100	22.18
7	庐山石楠	0.022	4	75	14.93
8	亮叶桦	0.013	2	50	8.92
9	珍珠花	0.011	1	25	5.48
10	细枝柃	0.01	9	100	19.3
11	甜槠	0.01	5	50	11.18
12	吊钟花	0.01	1	25	5.09
13	黄檀	0.007	2	50	7.54
14	油茶	0.006	2	25	5.27
15	细柄五月茶	0.006	4	25	7.25
16	水青冈	0.004	1	25	3.85
17	日本杜英	0.004	4	75	10.85
18	鼠刺	0.004	3	50	7.81
19	华南山胡椒	0.004	2	25	4.79
20	腺叶山矾	0.002	2	50	6.45
21	毛巴豆	0.001	1	25	3.16
22	虎皮楠	0.001	1	25	3.16
23	冬青	0.001	1	25	3.16
	合计	0.457	99	1250	300
		乔木层			
1	大头茶	1.72	47	100	106.47
2	尖萼川杨桐	0.193	16	100	24.87
3	岭南杜鹃	0.053	14	100	17.9
4	凹脉柃	0.042	12	100	16.21
5	网脉山龙眼	0.023	9	100	13.54
6	细枝柃	0.01	9	100	13
7	甜槠	0.037	9	50	10.66
8	庐山石楠	0.041	6	75	10.65
9	日本杜英	0.004	5	100	10.24
10	青榨槭	0.114	2	50	9.34
11	赤杨叶	0.088	2	50	8.27
12	亮叶桦	0.027	3	75	8.15
13	南烛	0.025	2	50	5.72
14	鼠刺	0.004	3	50	5.49

（续）

序号	树种	基面积（m^2）	株数	频度（%）	重要值指数
15	黄檀	0.007	2	50	5
16	腺叶山矾	0.002	2	50	4.79
17	细柄五月茶	0.006	4	25	4.48
18	雷公鹅耳枥	0.031	1	25	3.63
19	油茶	0.006	2	25	3.22
20	绒毛山胡椒	0.004	2	25	3.13
21	珍珠花	0.011	1	25	2.82
22	吊钟花	0.01	1	25	2.74
23	水青冈	0.004	1	25	2.51
24	毛巴豆	0.001	1	25	2.39
25	虎皮楠	0.001	1	25	2.39
26	冬青	0.001	1	25	2.39
	合计	2.464	158	1450	300

灌木层植物种类不少，从表9-98可知400m^2样地有58种，但数量不太多，覆盖度只有20%左右。种类组成以乔木的幼树为主，其中以黄丹木姜子、虎皮楠和甜槠比较常见；真正的灌木以无柄柃较多，次为网脉山龙眼和杜茎山。

草本层植物种类尚多，但数量更为稀少，覆盖度只有3%～4%。以狗脊蕨和鳞毛蕨稍多，其他的种类还有卷柏、艳山姜和淡竹叶等。

藤本植物种类不多数量稀少，比较常见的是土茯苓和流苏子。

从更新苗木的种类构成看，根据表9-98，大头茶更新很不理想，原因是大头茶是阳性常绿阔叶树，幼苗不耐阴。比较理想的是黄丹木姜子和虎皮楠，但它们是中、小乔木性状，将来不可能取代大头茶；原常绿阔叶林的优势种甜槠，幼树不少，很可能大头茶的优势地位将被甜槠所取代。

表9-98　大头茶－尖萼川杨桐－无柄柃－狗脊蕨群落
灌木层和草本层种类组成及分布情况

序号	种名	多度盖度级				频度（%）	更新（株）	
		Ⅰ	Ⅱ	Ⅲ	Ⅳ		幼苗	幼树
				灌木层植物				
1	无柄柃	4	4	3	4	100		
2	网脉山龙眼	4	3	3	3	100		
3	杜茎山	3	3	3	3	100		
4	虎皮楠	3	1	4	1	100	37	3
5	光叶海桐	3	1	3	3	100		
6	黄丹木姜子	3	3	3	1	100	48	6
7	香粉叶	1	3	3	1	100		
8	鹅掌柴	3	1	1	1	100		
9	三花冬青	1	1	3	1	100		
10	华润楠	1	1	1	1	100	2	6
11	岭南杜鹃	1	1	1	1	100		
12	石山棕	1	1	1	1	100		
13	细柄五月茶	1		4	1	75		
14	日本杜英	3	1		1	75		
15	刺叶桂樱	1	1		1	75		
16	甜槠	3	3		1	75	1	29
17	细枝柃	3	3		1	75		
18	大叶钓樟	1	1		1	75		
19	尖萼川杨桐	1	1	1		75		
20	老鼠矢		1	1	1	75		
21	朱砂根	1	1		1	75		

（续）

序号	种名	多度盖度级				频度(%)	更新(株)	
		Ⅰ	Ⅱ	Ⅲ	Ⅳ		幼苗	幼树
22	柏拉木	1	1		4	75		
23	南国山矾	1		1	1	75		
24	广东杜鹃	4		3	3	75		
25	粗榧			1	1	50		
26	鼠刺	1			1	50		
27	毛果巴豆	1		1		50		
28	疏花卫矛	1		1		50		
29	赤楠	1	1			50		
30	腐婢	1		1		50		
31	天料木	1		1		50		
32	栲	1	1			50		2
33	黄檀	1		1		50		
34	油茶	1	1			50		
35	东方古柯	1	1			50		
36	小果冬青	1			1	50		
37	大头茶	1		1		50		
38	粗叶榕		1		1	50		
39	草珊瑚		1		1	50		
40	小叶石楠	1		1		50		
41	花椒	1			1	50		
42	越南安息香	1	1			50		
43	南烛	1				25		
44	岭南山矾	1				25		
45	罗伞树 1 种	1				25		
46	树参		1			25		
47	木犀叶假卫矛		1			25		
48	石灰花楸		1			25		
49	琼楠		1			25		
50	中华杜英			1		25		
51	紫珠			1		25		
52	君迁子			1		25		
53	香皮树			1		25		
54	变叶榕				1	25		
55	黄棉木				4	25		
56	银木荷	1				25		
57	白蜡树	1				25		
58	珍珠花	1				25		
草本层植物								
1	狗脊蕨	3	3	3	3	100		
2	卷柏	1	1	1	1	100		
3	鳞毛蕨	3	1	3	1	100		
4	淡竹叶	1		1	1	75		
5	艳山姜	1	1		1	75		
6	钝齿楼梯草		1		1	50		
7	斑叶兰	+	+			50		
8	纤花耳草			1	1	50		
9	贯众	1			1	50		
10	扭鞘香茅	+		1		50		
11	光里白	3				25		
12	金星蕨		+			25		
13	网脉崖豆藤		1			25		

（续）

序号	种名	多度盖度级				频度（%）	更新(株)	
		Ⅰ	Ⅱ	Ⅲ	Ⅳ		幼苗	幼树
14	宽叶莎草			1		25		
15	石韦			1		25		
16	窄叶莎草				1	25		
17	小贯众				1	25		
18	蛇根草				1	25		
19	蛇足石杉				1	25		
20	苦苣苔科 1 种	1				25		
21	宽叶沿阶草	+				25		
藤本植物								
1	土茯苓	sol	sol	sol	sol	100		
2	流苏子	sol		sol	sol	75		
3	条叶猕猴桃	sol	sol			50		
4	鸡眼藤	sol		sol		50		
5	华南忍冬		un	un		50		
6	网脉酸藤子			un	sol	50		
7	绿叶五味子		un			25		
8	尖叶菝葜		un			25		
9	胡颓子 1 种		sol			25		
10	三叶木通				un	25		

大叶钓樟 *Lindera* sp.　腐婢 *Premna* sp.　钝齿楼梯草 *Elatostema* sp.　纤花耳草 *Hedyotis angustifolia*
小贯众 *Cyrtomium* sp.　绿叶五味子 *Schisandra arisanensis* subsp. *viridis*

34. 四川大头茶林（Form. *Polyspora speciosa*）

四川大头茶分布于大苗山至东部的昭平县，很少见到以它为优势的林分出现。

（1）四川大头茶－四川大头茶－榕叶冬青－柏拉木－狗脊蕨＋花葶薹草群落（*Polyspora speciosa* – *Polyspora speciosa* – *Ilex ficoidea* – *Blastus cochinchinensis* – *Woodwardia japonica* + *Carex scaposa* Comm.）

本群落见于九万山林区鱼西高岭一带。根据海拔 1150m 的样地调查，立地土壤为发育于砂岩、页岩上的山地黄壤，土层厚 60cm 左右，地表枯枝落叶物多，厚约 5cm，分解良好。

群落总覆盖度 90% 以上，种类组成较为复杂，600m^2 样地有维管束植物 55 种，其中乔木层有 27 种，乔木层可分成 3 个亚层。

第一亚层林木高 15～17m，胸径 20～26cm，树冠连续，覆盖度 80%。本亚层有林木 7 种、23 株，四川大头茶有 10 株，重要值指数 121.0，占有优势地位；银木荷有 5 株，重要值指数 63.7，排列第二；碟斗青冈和红背甜槠排第三和第四，重要值指数分别为 36.3 和 33.6；其他的种类还有桂南木莲、冬青、苗山槭等。

第二亚层林木高 9～11m，胸径 10～20cm，树冠不连接，覆盖度 40%。本亚层种类较多，计有 15 种，但株数只有 27 株，相当多的种类是以单株出现的。优势种仍为四川大头茶，重要值指数为 85.3；其次是凯里杜鹃和桂南木莲，重要值指数分别为 42.3 和 24.7；其他的种类重要值指数都不很大，按其重要值指数大小排列为：五列木、樟叶泡花树、榕叶冬青、桂北木姜子、百合花杜鹃、黄牛奶树、海南树参、腺叶桂樱、轮叶木姜子和薄叶山矾等。

第三亚层林木高 4～8m，胸径 4～12cm，树冠细小，基本不连接，覆盖度 60%。本亚层有林木 19 种、55 株，以榕叶冬青为主，重要值指数 51.0；其次是轮叶木姜子，重要值指数 34.4；其他的种类除四川大头茶外，还有薄叶润楠、海南树参、南烛、拟榕叶冬青、网脉山龙眼、栓叶安息香、红淡比和尖萼川杨桐等。

灌木层植物高 0.5～3m，覆盖度 40%。种类组成较多，计有 28 种，其中以乔木的幼树为主，如短梗新木姜子、海南树参、红淡比、冬青、网脉山龙眼、四川大头茶、红背甜槠、川桂、黄杞、轮叶木姜子、虎皮楠等。摆竹有时亦有出现，但不密集。真正的灌木种类不多，以柏拉木、日本粗叶木为主，其他常见的有粤西绣球、凯里杜鹃、疏花卫矛、黑柃和鼠刺等。

草本层植物高 0.3 ~ 0.5m，覆盖度 30%。组成种类以狗脊蕨和花葶薹草为多，锦香草、华东瘤足蕨、刺头复叶耳蕨、阔鳞鳞毛蕨、广西薹草、狭叶沿阶草、卷柏等也常有出现。

藤本植物种类和数量都稀少，种类有菝葜、常春藤、异形南五味子等。但地表和岩石表面、树干基部附生有苔藓。

35. 厚皮香林（Form. *Ternstroemia gymnanthera*）

厚皮香是常绿阔叶林很常见的组成成分，但以它为优势的林分却很少见。

（1）厚皮香 + 厚斗柯 + 木荷 - 厚皮香 - 厚皮香 - 瓜馥木 - 铁角蕨群落（*Ternstroemia gymnanthera* + *Lithocarpus elizabethae* + *Schima superba* - *Ternstroemia gymnanthera* - *Ternstroemia gymnanthera* - *Fissistigma oldhamii* - *Asplenium tricomanes* Comm.）

本群落见于桂北灵川县九屋乡东源荣岭头，海拔 760m。据 $600m^2$ 样地调查，立地土壤为发育于砂岩上的森林红壤，地表枯枝落叶层厚 5cm，处于半分解状态，土壤较湿润。

本群落是常绿阔叶林破坏后恢复起来的次生林，群落郁闭度 0.8，$600m^2$ 样地有乔木种类 39 种，乔木层可分成 3 个亚层。第一亚层林木高 15 ~ 19m，胸径 20 ~ 30cm，最大胸径 56cm，覆盖度 50%。本亚层林木枝下高较高，株数占乔木层总株数的 18.4%，胸高断面积占乔木层总断面积的 65.4%，优势不明显，以厚斗柯、银木荷和厚皮香共为优势，重要值指数分别为 59.1、56.2 和 54.9，较为重要的伴生种有香楠、深山含笑、杨桐、瑞木和落叶阔叶树蓝果树。第二亚层林木高 11m 左右，胸径 9 ~ 13cm，覆盖度 40%。本亚层株数占乔木层总株数的 41.5%，胸高断面积占乔木层总断面积的 27.8%。优势种为厚皮香，重要值指数 46.3；其他的种类还有香楠、瑞木、杨桐和米槠等。第三亚层林木高 5m 左右，胸径 4cm 左右。本亚层林木茎细小，树干弯曲，株数占乔木层总株数的 44.3%，胸高断面积占乔木层总断面积的 5.6%。优势种是厚皮香，重要值指数 36.3；次为深山含笑；常见的种类有香楠、厚斗柯、桃叶石楠、杨桐等。从整个乔木层看，厚皮香重要值指数在第一亚层只排第三位，但在第二和第三亚层排第一位，因此整个乔木层它的重要值指数还是最大的。

灌木层植物高 1 ~ 3m，覆盖度 30%。组成种类复杂，以瓜馥木为优势，常见的种类有网脉山龙眼、黄丹木姜子和瑞木等。

草本层植物种类和数量均稀少，覆盖度只有 10%。以铁角蕨较常见，其他的种类还有淡竹叶、山姜等。

藤本植物更为稀少，只有藤黄檀和链珠藤等少数种类。

36. 多齿山茶林（Form. *Camellia polyodonta*）

山茶科山茶属不少种类是常绿阔叶林的优势种和常见种，但多齿山茶却很少见到，以它为优势的林分更为少见。作为个体，见于龙胜、大瑶山、贺县和大苗山，而在九万山林区，有零星小片以它为优势的林分出现。

（1）多齿山茶 - 蜡瓣花 + 虎皮楠 - 棚竹 - 半蒴苣苔群落（*Camellia polyodonta* - *Corylopsis sinensis* + *Daphniphyllum oldhamii* - *Indosasa longispicata* - *Hemiboea subcapitata* Comm.）

本群落分布在融水县九万山林区的大鱼罗，海拔 1100m，立地土壤为山地黄壤，表土黑色，岩石裸露 40%，土壤含石砾较多，湿度较大。本群落人为活动频繁，林下种植灵香草，乔木只有 2 个亚层。

第一亚层林木高 10 ~ 25m，胸径 20 ~ 30cm，枝下高 8m 以上，郁闭度 0.7 ~ 0.8，林木树干通直，树冠连续。在 $400m^2$ 样地内共有乔木 38 株，其中多齿山茶有 20 株，占 52.6%，重要值指数 74.3，占有明显的优势；次为红楠，重要值指数 39.8；伴生种有大叶新木姜子、大果山香圆、新木姜子、苗山槭、飞蛾槭、贵州桤叶树等。

第二亚层林木高 2 ~ 8m，胸径 4 ~ 18cm，郁闭度 0.3 ~ 0.4。主要种类有蜡瓣花、虎皮楠，伴生树种有星毛鸭脚木、川桂、苗山桂、长尾毛蕊茶等。

灌木层植物覆盖度 50% ~ 60%，主要以棚竹为主，高 2m 左右，胸径 1.5 ~ 4cm，其他种类有锡金粗叶木、小蜡、疏花卫矛、紫麻等。

草本层植物覆盖度 3% ~ 5%，主要以半蒴苣苔为多，其他种类有边果鳞毛蕨、紫花堇菜、骤尖楼梯草、托叶楼梯草等。

藤本植物主要种类有小叶爬崖香、小果菝葜、广西玉叶金花（*Mussaenda kwangsiensis*）、披针叶胡颓子(*Elaeagnus lanceolata*)、条叶猕猴桃等。

37. 红楠林(Form. *Machilus thunbergii*)

在我国，红楠林分布于长江以南各地至北回归线附近，海拔500~1300m的山坡上，越往南部有向南亚热带季风常绿阔叶林过渡的性质，表现在林中的热带区系成分增多等特点。在广西，红楠林是樟科植物中分布比较广泛的类型，但没有壳斗科植物和山茶科植物为优势的类型分布那么广泛。它主要见于亚热带海拔600~1300m的山地，但以海拔900m以上的山地比较常见；在北热带，作为垂直带谱的类型，出现在海拔800~1000m的范围；在桂西，它分布的海拔上限比桂东高，例如岑王老山，红楠林分布的上限可达1400m。红楠林抗风性和耐瘠薄性很强，在海拔较高、常风较大、土壤瘠薄的山顶和山脊上，往往见有红楠林的分布。根据红楠林分布的特点，分布区的气候情况可以以乐业县城为代表说明。该县城气象台海拔971.6m，年平均气温16.2℃，1月平均气温7.8℃，7月平均气温23.2℃，累年极端最高气温33.4℃，累年极端最低气温-4.4℃，≥10℃的积温4975.2℃；年降水量1372.0mm。红楠林只分布于由砂岩、页岩和花岗岩发育而成的土壤上，例如红壤和黄壤，由碳酸盐岩发育而成的石灰(岩)土，未见有红楠林的分布。

在广西，红楠林主要有如下几种类型。

(1)红楠-荔波桑+贵州琼楠-蜡瓣花-紫麻-华南紫萁群落(*Machilus thunbergii* - *Morus liboensis* + *Beilschmiedia kweichowensis* - *Corylopsis sinensis* - *Oreocnide frutescens* - *Osmunda vachellii* Comm.)

本群落见于桂北九万山保护区，海拔900m。立地土壤为山地黄壤，表土黑色，较肥沃，土体含石砾较多，岩石裸露80%。群落湿度较大，保存较好，林木高大通直，乔木层可分为3个亚层。

第一亚层林木高20~30m，胸径20~40cm，郁闭度0.6~0.7，主要以红楠占据上层，树冠连续，重要值指数76.5；次为香港四照花，重要值指数38.2；伴生树种有桂南木莲、山麻风树等。

第二亚层林木高10~18m，胸径10~18cm，郁闭度0.4~0.5，林木生长均匀，主要以荔坡桑、贵州琼楠、银鹊树(*Tapiscia sinensis*)为优势，伴生树种有双齿山茉莉、栲等。

第三亚层林木高2~8m，胸径4~8cm，林木生长较差，主要树种以蜡瓣花为多，伴生树种有隐脉西南山茶(*Camellia pitardii* var. *cryptoneura*)、茶、多齿山茶等。

灌木层植物组成因受到林下种植灵香草而受到破坏，主要以紫麻为主，其他种类有小蜡、三花假卫矛、三叶五加等。

草本层植物主要以种植的灵香草为主，其他的种类有华南紫萁、镰羽瘤足蕨、鳞始蕨(*Lindsaea odorata*)、福建观音座莲、荩草等。

藤本植物种类不多，主要有绞股兰(*Gynostemma pentaphyllum*)、尖叶菝葜、大苞赤包(*Thladiantha cordifolia*)、王瓜(*Trichosanthes cucumeroides*)等。

(2)红楠-凯里杜鹃+多花杜鹃-摆竹-江南短肠蕨群落(*Machilus thunbergii* - *Rhododendron westlandii* + *Rhododendron cavaleriei* - *Indosasa shibataeoides* - *Allantodia metteniana* Comm.)

本群落见于桂北罗城九万山林区，海拔1050m。群落立地土壤土层较深厚，无裸露石块，地表枯枝落叶较多。林相整齐，乔木可分为2个亚层。

第一亚层林木高10~20m，胸径10~40cm，树冠连续，树干通直，枝下高5m以上，郁闭度0.7~0.8。以红楠为优势，重要值指数75.1；次为尖萼厚皮香、桂北木姜子、百色猴欢喜，重要值指数分别为34.2、29.6和27.3；伴生的种类有四川冬青、台湾冬青、广西山矾等。

第二亚层林木高3~8m，胸径4~8cm，郁闭度0.3~0.4，林木分布均匀。主要树种有凯里杜鹃、多花杜鹃；伴生种类有赤杨叶、陀螺果、网脉山龙眼、鼠刺、石楠、树参等。

灌木层植物覆盖度90%，以摆竹为主，高1.5~2m，散生在竹丛中的种类有赤楠、少花海桐、三花假卫矛、日本粗叶木、百两金等。

在稠密的竹丛下，草本层植物极为稀少，覆盖度只有8%，主要以江南短肠蕨为多，高约0.5m，其他的种类有中华复叶耳蕨、淡竹叶、贵州八角莲(*Dysosma majorensis*)、舞花姜、弯蕊开口箭、心托冷水花、蕨状薹草、银带虾脊兰等。

藤本植物种类有薯莨、藤黄檀、常春藤、尾叶那藤、毛鸡矢藤(*Paederia scandens* var. *tomentosa*)等。

(3)红楠+银木荷-米槠+小花红花荷-朱砂根-中华复叶耳蕨+狗脊蕨群落(*Machilus thunbergii*

+ *Schima argentea* – *Castanopsis carlesii* + *Rhodoleia parvipetala* – *Ardisia crenata* – *Arachniodes chiensis* + *Woodwardia japonica* Comm.)

以红楠为主的森林类型在桂中上林县龙山保护区分布于海拔 1100 ~ 1200m 山地。乔木层郁闭度 0. 8，只有 2 个亚层。第一亚层林木高 14 ~ 17m，胸径 20 ~ 25cm，以红楠为优势，银木荷、阴香、米槠、栲、硬壳柯等常见。第二亚层林木高 10m 左右，种类较复杂，米槠、小花红花荷、五列木、云山青冈、碟斗青冈等较为常见，罗浮锥、短序润楠、基脉润楠、桂南木莲、深山含笑等零星分布。灌木层植物种类较多，覆盖度 40% 左右，主要为乔木幼树，真正的灌木种类不多，常见的幼树有米槠、银木荷、小花红花荷、阴香、栲、厚叶红淡比、黄丹木姜子、大头茶等，真正的灌木有朱砂根、髯毛箬竹、柏拉木、杜茎山、叶底红等。草本层植物覆盖度不太大，为 20%，以中华复叶耳蕨和狗脊蕨共为优势，镰叶瘤足蕨、山姜、锦香草等比较常见。藤本植物种类和数量均稀少，零星见有菝葜、短柱肖菝葜(*Heterosmilax septemnervia*)、藤黄檀等种类。

(4)红楠 – 栲 + 阴香 – 毛花连蕊茶 + 尖萼川杨桐 – 柃木 – 刺头复叶耳蕨群落(*Machilus thunbergii* – *Castanopsis fargesii* + *Cinnamomum burmannii* – *Camellia fraterna* + *Adinandra bockiana* var. *acutifolia* – *Eurya* sp. – *Arachniodes exilis* Comm.)

在广西中部大明山自然保护区，红楠林主要见于朝阳沟海拔 1100m 的南坡中部山地。立地土壤土层浅薄，厚约 30cm，土体含石砾较多，占 30% ~ 50%，坡度较陡。乔木层郁闭度 0. 8，可分为 3 个亚层。第一亚层林木高 18m，胸径 32cm，红楠占有较大的优势；此外还有阴香、米槠、虎皮楠、木莲、厚斗柯、厚皮香等。第二亚层林木高 12m 左右，种类有栲、硬壳柯、轮叶木姜子、冬青、锈叶新木姜子等。第三亚层林木高约 8m，以毛花连蕊茶居多，尖萼川杨桐也不少，其他的种类有多花杜鹃、黄丹木姜子、腺叶桂樱等。灌木层植物除上层乔木的幼树外，还有多种柃木、朱砂根、日本粗叶木和柏拉木等；林下红楠的幼苗很多。草本层植物刺头复叶耳蕨占 30% 以上，其他还有镰羽贯众、狗脊蕨、紫柄蹄盖蕨、黄精(*Polygonatum* sp.)、山姜、花葶薹草等。

(5)红楠 + 黄杞 – 楠木 + 大叶润楠 – 云南大叶茶 – 偏瓣花 – 对叶楼梯草群落(*Machilus thunbergii* + *Engelhardia roxburghiana* – *Phoebe* sp. + *Machilus* sp. – *Camellia* sp. – *Plagiopetalum esquirolii* – *Elatostema sinense* Comm.)

桂西岑王老山保护区的红楠林，分布的海拔上限较高，主要见于 1300 ~ 1400m 的中山谷地。乔木层可分为 3 个亚层，上层林木以红楠较多，混生黄杞，还有不少高大的落叶阔叶树，如贵州桤叶树、枫香树、八角枫等。中层林木常绿树种增多，以楠木(*Phoebe* sp.)、大叶润楠(*Machilus* sp.)较多，红楠、南川柯、桂南木莲等常见到。下层林木种类更多，400m^2 样地计有 20 余种，以云南大叶茶占绝对优势，大叶润楠、黄杞、腺叶桂樱、楠木、轮叶木姜子也不少，其他还有猴欢喜、中华石楠等。

灌木层植物种类十分丰富，400m^2 样地有 38 种，高 2m 以下，覆盖度 75%。种类成分以乔木的幼树为主，真正的灌木也不少，有偏瓣花、小蜡、水苎麻(*Boehmeria macrophylla*)等。

草本层植物种类也不少，对叶楼梯草最多，常见的还有刺头复叶耳蕨、盾蕨(*Neolepisorus ovatus*)和镰羽贯众等。

(6)红楠 + 多花杜鹃 + 六万杜鹃 + 竹叶木姜子丛林(*Machilus thunbergii* + *Rhododendron cavaleriei* + *Rhododendron* sp. + *Litsea pseudoelongata* Comm.)

北热带的浦北县，作为季节性雨林垂直带谱的红楠林，见于境内最高峰六万顶和葵扇顶海拔 800 ~ 1000m 范围的局部地方，是一种残存的萌生丛林。所在地常风较大，立地土壤为山地黄壤，坡度较陡，水土流失严重，土层浅薄，土体含砂量较大，常有石块和裸岩出现，土壤保水保肥能力差。林木植株密集，分枝低矮，干形弯曲，树皮粗糙，叶型小而厚革质。群落层次分化不明显，种类组成比较简单，高 4 ~ 5m，覆盖度 80%。种类成分以常绿阔叶树为主，间有少量落叶阔叶树。乔木层树种以红楠、多花杜鹃、六万杜鹃(*Rhododendron* sp.)、竹叶木姜子为主，此外，还有细枝柃、黄牛奶树、亮叶女贞(*Ligustrum* sp.)和落叶阔叶树杜鹃、晚花吊钟花、吊钟(*Enkianthus* sp.)、南烛等。草本层植物高 1 ~ 2m，覆盖度 30%，以五节芒为多，零星分布的有山菅、狗脊蕨、白花艾纳香(*Blumea* sp.)、莲座紫金牛等。

38. 黄枝润楠林(Form. *Machilus versicolora*)

以黄枝润楠为主的樟科类型比较少见，目前只在大瑶山保护区发现有小片林分。

该片林分面积约400～600m^2，位于河口美村，海拔750m，立地土层为寒武系砂岩，土壤为森林水化黄壤，地表裸岩占95%左右，土壤仅见于石隙之中；枯枝落叶较多，但集中于石窝低处，故分解不良。

群落保存尚好，林木郁闭度0.8，分为3个亚层。第一亚层林木高大通直，高25～30m，胸径70～90cm，树冠基本连续，覆盖度60%。以黄枝润楠为优势，有11株，次为木荷和落叶阔叶树陀螺果，前者有6株，后者有5株；常见的有红鳞蒲桃和光叶拟单性木兰，分别有3～2株；零星出现的有鹿角锥和广东琼楠。第二亚层林木高10～15m，胸径20cm左右，覆盖度50%，种类比上个亚层丰富。以陀螺果和树参较多，分别有6～5株；常见的有猴欢喜、斜脉暗罗、硬壳桂、石斑木、罗浮柿、腺叶桂樱等，分别有3～2株；零星出现的有光叶拟单性木兰、黄樟、栎子青冈、日本杜英、广东山胡椒、大叶新木姜子、黄叶树、厚叶红淡比、柳叶石斑木等。第三亚层林木高3～5m，覆盖度25%，是3个亚层中种数和株数最多的一个亚层，但植株胸径和冠幅都细小。株数较多的有罗浮槭、斜脉暗罗、厚斗柯、硬壳桂、异株木犀榄、腺叶桂樱，分别为5～4株；常见的有栎子青冈、毛狗骨柴、树参、毛锥、锈叶新木姜子、猴欢喜、黄枝润楠、网脉山龙眼等，分别有3～2株；零星出现的有大花枇杷、短梗新木姜子、广东山胡椒、罗浮柿、褐毛杜英、柳叶石斑木、褐叶柄果木等。

灌木层植物种类尚多，但数量稀少，覆盖度只有10%，种类成分以乔木的幼树为主。乔木的幼树有川桂、栎子青冈、钩锥、笔罗子、斜脉暗罗、异株木犀榄、网脉山龙眼、罗浮槭、褐毛杜英、柳叶石斑木、锈叶新木姜子、毛狗骨柴、鹿角锥、褐叶柄果木等。真正的灌木有杜茎山、罗伞等。

草本层植物覆盖度60%，以曲枝假蓝(*Strobilanthes dalzielii*)占明显的优势，单种覆盖度达到40%，较常见的还有球子复叶耳蕨(*Arachniodes* sp.)、裂叶秋海棠、倒挂铁角蕨、友水龙骨等，零星出现的还有线蕨、山姜、金毛狗脊、长叶铁角蕨、草珊瑚、中华里白、楼梯草等，以蕨类植物种类居多。

藤本植物种类和数量均稀少，见到的种类有菝葜、黑风藤(*Fissistigma polyanthum*)、三叶木通、细圆藤等。

39. 刨花润楠林(Form. *Machilus pauhoi*)

(1)刨花润楠－尖萼川杨桐＋黄樟－鼠刺＋尖叶毛柃－杜茎山＋鲫鱼胆－狗脊蕨群落(*Machilus pauhoi*－*Adinandra bockiana* var. *acutifolia*＋*Cinnamomum parthenoxylon*－*Itea chinensis*＋*Eurya acuminatissima*－*Maesa japonica*＋*Maesa perlarius*－*Woodwardia japonica* Comm.)

桂东贺县滑水冲保护区的刨花润楠林多见于罗败冲一带沟谷两侧山坡海拔400～700m的范围，由于人为影响强烈，群落组成简单，但乔木层仍可分为3个亚层，郁闭度0.8。第一亚层林木生长仍较茂密，几乎全由刨花润楠所占，其他种类很少，林缘有不少落叶阔叶树赤杨叶生长。第二亚层林木种类不多，尖萼川杨桐和黄樟比较多见，零星出现的有褐毛杜英、檫木、虎皮楠、广东润楠、木姜叶润楠、日本杜英等。第三亚层林木种类也不多，鼠刺和尖叶毛柃比较多见，其他种类有黄背越桔、多脉柃、笔罗子、铁冬青、白花龙和苦树(*Picrasma quassioides*)等。

灌木层植物种类较多，覆盖度50%。种类成分以乔木的幼树为主，刨花润楠、黄樟、笔罗子、鼠刺、尖叶毛柃、鹿角锥、山杜英等居多。真正的灌木也占有一定的比重，杜茎山和鲫鱼胆最为普遍，赤楠、红紫珠、草珊瑚、柏拉木、粗叶木、尖叶粗叶木、虎舌红等也常可遇到。

草本层植物分布稀疏，覆盖度20%以下，但种类不少。以狗脊蕨为优势，华南鳞毛蕨、淡竹叶、山姜、伞房刺子莞、铁角蕨、中华短肠蕨(*Allantodia chinensis*)、稀羽鳞毛蕨等也常可遇到。有些地方还有扇叶铁线蕨、紫萁、乌毛蕨、骨排蕨、圣蕨、深绿卷柏、抱石莲、粗喙秋海棠(*Begonia longifolia*)和线柱苣苔(*Rhynchotechum ellipticum*)等。

藤本植物种类不少，瓜馥木、网脉崖豆藤、野木瓜、南五味子、土茯苓、酸藤子、藤黄檀、流苏子、网脉酸藤子和三叶木通等比较常见。

(2)刨花润楠中幼年纯林

本类型是一种中幼年林，见于桂东大桂山林场，海拔500m的山地。乔木层组成种类简单，500m^{2}样地只有9种、88株，其中刨花润楠有72株，占总株数的82%。刨花润楠分布均匀，每100m^{2}有14

株，最多可达28～30株，几乎成为纯林。一般高7～12m，胸径较小，为5～15cm，个别林木可达15m，胸径30cm，自然整枝良好，树干通直圆满。天然下种更新良好，在500m²样地内有幼苗30株，高0.5～3m，分布频度达100%。

40. 文山润楠林(Form. *Machilus wenshanensis*)

(1)文山润楠－多花山矾＋穗序鹅掌柴－苦竹－多花山矾＋广西毛冬青－闭鞘姜＋短肠蕨群落(*Machilus wenshanensis* － *Symplocos ramosissima* ＋ *Schefflera delavayi* － *Pleioblastus amarus* － *Symplocos ramosissima* ＋ *Ilex pubescens* var. *kwangsiensis* － *Costus speciosus* ＋ *Allantodia* sp. Comm.)

文山润楠林比较少见，本类型小面积分布于桂西金钟山保护区，海拔1000～1300m中山山地沟谷两旁水热条件较好的地方。根据兰电沟到西舍沟边海拔1088m的样地调查，立地土壤为山地黄壤，土层较深厚，岩石少，地表枯枝叶多且厚，群落内环境湿度较大。

群落郁闭度0.9，层次分明，600m²样地有乔木16种、89株，乔木层可分为3个亚层。

第一亚层林木高多在22m左右，胸径14～52cm，郁闭度0.5左右，林木高大，树干圆满。该亚层林木株数占乔木层总株数的20.3%，基面积占乔木层总基面的77.7%，胸径多在30cm以上，其中缺萼枫香树胸径达52cm。组成种类较少，以文山润楠占明显的优势，重要值指数达168.5；缺萼枫香树和南酸枣虽株数较少，分别占该亚层总株数的16.7%和11.1%，却有较大的基面积，故重要值指数为60.3和40.1，列第二和第三位；其他种类有高山锥和穗序鹅掌柴，重要值指数在14左右。

第二亚层林木高7～12m，胸径8cm左右，树木分布均匀，树冠部分连续，郁闭度0.5。该亚层林木株数占乔木层总株数的31.4%，基面积仅占乔木层总基面积的7.8%，树干较为细长挺直。以多花山矾和穗序鹅掌柴株数较多，分别占该亚层总株数的29.6%和25.9%，重要值指数为82.1和76.9，排列第一和第二位；其次为厚绒荚蒾、文山润楠，重要值指数分别为43.4和36.7；其他较常见的种类还有雷公鹅耳枥、缺萼枫香树、高山锥和黄樟等。

第三亚层林木高7m以下，胸径约8cm，株数较多，占乔木层总株数的48.3%，基面积占乔木层总基面的14.5%，树干细长，多弯曲，树冠不成型，郁闭度约为0.3。优势种明显，苦竹株数最多，相对密度和相对频度大，重要值指数为115.3，排列第一；多花山矾也有一定的优势，重要值指数为41.5，排列第二；排列第三和第四位的是厚绒荚蒾和文山润楠，重要值指数分别为30.5和29.0；其他的种类还有翅荚香槐、粗糠柴、雷公鹅耳枥、黄杞、多花岑、穗序鹅掌柴等。

从整个乔木层分析，文山润楠株数多，个体大，重要值指数最大，为84.1，在第一亚层中占有绝对的优势，在第二亚层和第三亚层也有一定的位置，林下有较多的幼苗和幼树，分布较均匀，这说明它能适应群落的不同环境，只要群落环境不发生太大的变化，它能长期保持其优势的地位；其次多花山矾、苦竹、穗序鹅掌柴、厚绒荚蒾，重要值指数分别为35.9、33.4、30.2、21.9，处于中下层，在各层中都有一定的位置，林下也有很多幼树和幼苗，群落环境对它是适应的，它们也能长期保持目前这种地位；缺萼枫香树和南酸枣的重要值指数分别为28.0和17.5，处于第一亚层，在中下层较少，林下缺少幼苗和幼树，它们可能不久之后将被淘汰；粗糠柴、广西毛冬青、黄杞、腺叶桂樱、多花岑等，重要值指数虽少，但它们却是群落中较常见的种类；翅荚香槐、樟只要群落不发生大的变化，它们不会成为优势种。

灌木层植物数量稀少，覆盖度10%，高度0.05～2.5m，但种类较丰富，喜阳、耐阴的种类都有，在600m²的样地里有35种，种类成分多为常见灌木，常见的乔木幼树也有出现。多花山矾和广西毛冬青共为优势种，其他的灌木种类主要有柄果海桐(*Pittosporum podocarpum*)、草珊瑚、构棘、杜茎山、毛九节、毛桐、厚绒荚蒾、石岩枫、腺叶桂樱和朱砂根等10多种，常见的乔木幼树有高山锥、亮叶桦、栲、木姜叶柯、笔罗子、漆树、紫弹树等。

草本层植物生长茂盛，覆盖度达70%，多为蕨类植物和姜类植物，以闭鞘姜和短肠蕨为优势种，菜蕨(*Callipteris esculenta*)和艳山姜也较多，其他种类有狗脊蕨、浆果薹草、淡竹叶、楼梯草、蕨和孔药花等。

藤本植物多且发达，大型和小型藤本都有，主要种类有短叶酸藤子(*Embellia* sp.)、木莓、平伐清风藤(*Sabia dielsii*)、皱叶雀梅藤、藤黄檀、雾水葛、玉叶金花、南五味子、悬钩子和菝葜等10多种，其中有些藤本径粗达13cm，攀援至乔木第二亚层之上。

41. 薄叶润楠林(Form. *Machilus leptophylla*)

在广西，薄叶润楠是常绿阔叶林重要的组成成分，分布范围遍及全区，海拔1600m以下的山地丘陵都有分布，但以它为优势的林分却很少见。

(1)薄叶润楠 - 摆竹 - 轮叶木姜子 - 江南短肠蕨群落(*Machilus leptophylla* - *Indosasa shibataeoides* - *Litsea verticillata* - *Allantodia metteniana* Comm.)

该群落见于桂北恭城县七分山，海拔1300m。立地土壤为发育于砂岩上的森林山地黄棕壤，土层较浅薄，表层多岩石碎块，土体多母质半风化侵入体；地表枯枝落叶层较厚，达4～5cm，形成丰富的腐殖质层。群落比较郁闭，湿度大。

该群落是受到较严重破坏后保存下来的面积较小的一片残林，乔木层只有2个亚层，但郁闭度很大，达0.9～0.95。上层林木高7.5～9m，基径11～30cm，覆盖度40%～50%。从表9-99可知，200m²样地有林木5种、22株，株数虽然只占乔木层总株数的7.7%，但基径粗大，基面积达0.5170m²，占乔木层总基面的48.2%。该亚层林木干稍直，披苔藓，薄叶润楠占有明显的优势，有16株，重要值指数153.9，常见的为落叶阔叶树野漆，有3株，重要值指数67.8；其余3种都是常绿阔叶树，单株出现。下层林木高3～7m，其中6～7m的占多数，基径4～15cm，其中4～5cm占多数，覆盖度70%，从表9-99可知，200m²样地有林木14种、263株，但因为该亚层株数以摆竹占绝对优势(235株)，占该亚层总株数的89.4%，所以基面积只有0.5573m²，只占乔木层总基面积的51.9%。摆竹基径虽小，但依靠密集的植株，重要值指数高达171.6，排列第一位；常见的为轮叶木姜子，有14株，重要值指数26.6；大果卫矛和硬壳桂，虽然各只有2株，但基径比较粗大，重要值指数可达15.9和13.6；剩下10种都是单株出现，重要值指数都不大。从整个乔木层分析，摆竹和薄叶润楠株数相差很大，前种有235株，后种只有17株，摆竹植株细小，薄叶润楠植株较粗大，故基面积相差不太大，前种为0.3926m²，后种为0.28m²。但摆竹依靠密集的植株，相对密度比薄叶润楠大得多，故重要值指数也比薄叶润楠大得多，前种为128.5，后种只有41.6。但薄叶润楠居于上层，并在上层占有明显的优势，摆竹性状属灌木或小乔木，不可能居于薄叶润楠之上，故该群落还是属于以薄叶润楠为主群落。

在密集的摆竹丛下，灌木层植物很不发达，从表9-100可知，200m²样地有15种，覆盖度3%～4%，几乎不成层。以乔木的幼树轮叶木姜子、长尾毛蕊茶和樟叶山矾(*Symplocos* sp.)稍多。

表9-99 薄叶润楠 - 摆竹 - 轮叶木姜子 - 江南短肠蕨群落乔木层种类组成及重要值指数

(样地号：A_{18}，样地面积：200m²，地点：恭城县七分山，海拔：1300m)

序号	树种	基面积(m²)	株数	频度(%)	重要值指数
		乔木Ⅰ亚层			
1	薄叶润楠	0.272	16	100	153.933
2	野漆	0.132	3	100	67.775
3	曼青冈	0.071	1	50	32.504
4	硬壳柯	0.025	1	50	23.753
5	大果卫矛	0.017	1	50	22.025
	合计	0.517	22	350	299.99
		乔木Ⅱ亚层			
1	摆竹	0.393	235	100	171.565
2	轮叶木姜子	0.053	14	100	26.643
3	大果卫矛	0.052	2	50	15.888
4	硬壳桂	0.006	2	100	13.568
5	野漆	0.018	1	50	9.433
6	曼青冈	0.008	1	50	7.672
7	薄叶润楠	0.008	1	50	7.672
8	石楠属1种	0.006	1	50	7.404
9	腺叶桂樱	0.005	1	50	7.165
10	深山含笑	0.003	1	50	6.77
11	桂林槭	0.002	1	50	6.615
12	芬芳安息香	0.002	1	50	6.615
13	长尾毛蕊茶	0.002	1	50	6.548

（续）

序号	树种	基面积(m^2)	株数	频度(%)	重要值指数
14	华润楠	0.001	1	50	6.435
	合计	0.557	263	850	299.993
		乔木层			
1	摆竹	0.393	235	100	128.528
2	薄叶润楠	0.28	17	100	41.552
3	野漆	0.15	4	100	24.878
4	轮叶木姜子	0.053	14	100	19.393
5	曼青冈	0.079	2	100	17.537
6	大果卫矛	0.068	3	50	12.148
7	硬壳桂	0.006	2	100	10.767
8	硬壳柯	0.025	1	50	7.482
9	石楠属1种	0.006	1	50	5.705
10	腺叶桂樱	0.005	1	50	5.581
11	深山含笑	0.003	1	50	5.376
12	桂林槭	0.002	1	50	5.296
13	芬芳安息香	0.002	1	50	5.296
14	长尾毛蕊茶	0.002	1	50	5.261
15	华润楠	0.001	1	50	5.202
	合计	1.074	285	1050	300.001

表 9-100　薄叶润楠－摆竹－轮叶木姜子－江南短肠蕨群落灌木层和草本层种类组成及分布情况

序号	种名	多度盖度级		频度(%)
		Ⅰ	Ⅱ	
		灌木层植物		
1	轮叶木姜子	sol	sol	100
2	长尾毛蕊茶	sol	un	100
3	樟叶山矾	sol	un	100
4	白瑞香	un	un	100
5	香叶树	3		50
6	薄叶润楠	sol		50
7	硬壳桂	sol		50
8	朱砂根	sol		50
9	短梗大蔘	sol		50
10	腺叶桂樱	un		50
11	榕叶冬青	un		50
12	厚叶山矾		un	50
13	小蜡		un	50
14	树参		un	50
15	硬壳柯	un		50
		草本层植物		
1	江南短肠蕨	5	4	100
2	广西蛇根草	3	3	100
3	灵香草	sol	sol	100
4	鳞毛蕨	sol	3	100
5	柳叶剑蕨	sol	sol	100
6	楼梯草	sol	sol	100
7	莎草1种	sol	sol	100
8	竹节参	sol		50
9	吉祥草	sol		50
10	多羽复叶耳蕨	sol		50
11	华东瘤足蕨	sol		50
12	无盖鳞毛蕨		sol	50

（续）

序号	种名	多度盖度级		频度（%）
		Ⅰ	Ⅱ	
13	宝铎草		sol	50
14	柔软石苇		sol	50
15	万年青		un	50
16	蚂蟥七	un		50
藤本植物				
1	络石	sol	sp	100
2	菝葜	sol	sp	100
3	广东蛇葡萄	sol	sol	100
4	小萼素馨	un	sol	100
5	常春藤		sol	50
6	南蛇藤		un	50
7	鸡眼藤	un		50

鳞毛蕨 *Dryopteris* sp.　柔软石韦 *Pyrrosia porosa*　万年青 *Aglaonema* sp.　蚂蟥七 *Chirita fimbrisepala*
菝葜 *Smilax* sp.　小萼素馨 *Jasminum microcalyx*

草本层植物种类和数量比灌木层植物稍多，200m^{2}样地有16种，覆盖度8%～20%。种类成分都为阴生喜湿的种类，其中蕨类植物居多数，优势种为江南短肠蕨，常见的为广西蛇根草（*Ophiorrhiza kwangsiensis*）。

藤本植物不发达，稍多的有络石、菝葜和广东蛇葡萄3种。

从更新情况看，薄叶润楠缺乏幼苗幼树；轮叶木姜子有少数幼苗幼树，但它性状为中小乔木，不可能成为上层乔木的优势种，群落发展下去，有可能退化为摆竹林。

42. 桂北木姜子林（Form. *Litsea subcoriacea*）

在广西，桂北木姜子主要分布于亚热带，从北面的九万山和猫儿山到南面的大明山，从东面的天堂山到西面的金钟山和岑王老山都有分布，最低海拔见于环江（350m），最高海拔见于九万山（1250m），主要分布于由砂岩、页岩和花岗岩发育而成的红壤系列土壤上，由碳酸盐岩发育而成的石灰（岩）土偶见分布，例如在环江县岩溶石山山顶疏林中发现有桂北木姜子。它虽然分布比较广泛，但以它为优势的林分主要见于桂北的九万山林区，而且，桂北木姜子林在九万山林区分布较广，基本上在海拔800～1300m范围的山地都有分布，属九万山林区较典型的常绿阔叶林之一。通过1600m^{2}的样地调查，林木生长通直，幼树幼苗较多，天然更新良好，群落比较稳定。主要群落有如下几种。

（1）桂北木姜子＋日本杜英－凯里杜鹃－摆竹－蕨状薹草群落（*Litsea subcoriacea* + *Elaeocarpus japonicus* – *Rhododendron westlandii* – *Indosasa shibataeoides* – *Carex filicina* Comm.）

本群落分布在罗城县境内九万山林区的文德徒竹沟，海拔1120m，立地土壤土层浅薄，土体多石块，林地偏干燥，枯枝落叶很少，树干弯曲，乔木层可分为2个亚层。

第一亚层林木高10～20m，胸径10～30cm，个别可达40cm，郁闭度0.6～0.7，林木生长较弯曲，林冠不整齐，主要以桂北木姜子、日本杜英、滑叶润楠占优势，重要值指数分别为47.4、46.2、32.1；伴生种类有鹿角锥、川桂、樟叶泡花树、硬壳桂、四川冬青、桂南木莲、短脉杜鹃等。

第二亚层林木高2～8m，胸径4～8cm，郁闭度0.3～0.5，林木生长弯曲，主要以凯里杜鹃为主，伴生种类有多花杜鹃、四川大头茶、黑柃、香港四照花等，单株出现的有阔瓣含笑、大叶新木姜子、香港新木姜子、疏花卫矛等。

灌木层植物覆盖度60%～70%，主要以摆竹为优势，高1.5～1.8m，其他种类有柏拉木、角裂悬钩子、狭叶崖爬藤（*Tetrastigma serrulatum*）、尾叶那藤、防已叶菝葜（*Smilax* sp.）、皱果南蛇藤（*Celastrus tonkinensis*）等。

草本层植物稀少，覆盖度5%～8%，主要以蕨状薹草为主，高0.3～0.4m，其他种类有骤尖楼梯草、镰羽贯众、中华复叶耳蕨、迷人鳞毛蕨、长瓣马铃苣苔等。

（2）桂北木姜子－薄叶山矾＋苗山桂－摆竹－花葶薹草群落（*Litsea subcoriacea* – *Symplocos anomala*

+ *Cinnamomum miaoshanensie* - *Indosasa shibataeoides* - *Carex scaposa* Comm.)

本群落分布在融水县九万山区的无名高地，海拔 1250m，立地土壤表土枯枝落叶层厚 15 ~20cm，群落内环境光照强，树冠有藤黄檀等藤本植物攀援，树干有苔藓附生，林木生长较通直，乔木层分为 2 个亚层。

第一亚层林木高 10 ~25m，胸径 12 ~50cm，树干通直，林冠整齐，郁闭度 0. 7 ~0. 8，主要优势种有桂北木姜子、桂南木莲、日本杜英，重要值指数分别为 83. 9、65. 7 和 47. 7；伴生种类有阔瓣含笑、光叶石楠、碟斗青冈、金毛柯、竹叶青冈、软皮桂等。

第二亚层林木高 2 ~8m，胸径 4 ~13cm，树木生长一般，主要以薄叶山矾、苗山桂、长尾毛蕊茶为优势，伴生种类有尖萼川杨桐、羽脉新木姜子、台湾冬青、樟叶泡花树、五列木、老鼠矢等。

灌木层植物覆盖度 50% ~60%，主要以摆竹为优势，但还是有些幼树存在，如桂北木姜子、日本杜英、樟叶泡花树、长尾毛蕊茶、瑶山山矾、亮叶杨桐、船柄茶等。

草本层植物十分稀少，覆盖度不到 4%，主要以花葶薹草为较多，其他种类有锦香草、长茎薹草 (*Carex* sp.)、疏花沿阶草、丝状沿阶草、狗脊蕨、镰羽瘤足蕨等。

(3) 桂北木姜子 + 桂南木莲 + 凯里杜鹃 - 中华石楠 - 鲫鱼胆 - 狗脊蕨群落 (*Litsea subcoriacea* + *Manglietia conifera* + *Rhododendron westlandii* - *Photinia beauverdiana* - *Maesa perlarius* - *Woodwardia japonica* Comm.)

本群落分布于融水县境内九万山林区的文通村附近，海拔 900m，立地土壤地表枯枝落叶层厚 3 ~5cm，腐殖质层厚 10 ~15cm，群落内环境通风良好，偏干燥，乔木层分为 2 个亚层。

第一亚层林木高 10 ~20m，胸径 10 ~30cm，枝下高 8m 以上，树干通直，树冠基本连续，郁闭度 0. 6 ~0. 7，以桂北木姜子、桂南木莲、凯里杜鹃为优势，重要值指数分别为 49. 6、47. 1 和 44. 7；伴生种类有红楠、鹿角锥、硬壳柯、竹叶青冈、赤杨叶、虎皮楠等。

第二亚层林木高 2 ~8m，胸径 4 ~8cm，郁闭度 0. 3 ~0. 4，林木生长一般，主要以中华石楠为优势，重要值指数 41. 2；伴生种类有光叶石楠、长毛柃 (*Eurya patentipila*)、罗浮柿、粗毛杨桐、茜树、西南桃叶珊瑚 (*Aucuba* sp.)、石斑木等。

灌木层植物覆盖度 20% ~30%，高 0. 5 ~1. 5m，主要以鲫鱼胆、紫麻、粤西绣球为多。

草本层植物十分稀少，覆盖度不到 5%，主要以狗脊蕨为多见，零星出现的有中华复叶耳蕨、全缘凤尾蕨、斜方复叶耳蕨、求米草、山麦冬、阔叶假排草 (*Lysimachia petelotii*) 等。

藤本植物种类有小果菝葜、密齿酸藤子、金钱吊乌龟 (*Stephania cephalantha*)、钩藤、常春藤、裂叶铁线莲 (*Clematis parviloba*)、毛葡萄、美丽猕猴桃等。

(4) 桂北木姜子 + 鹿角锥 - 凯里杜鹃 - 樟叶泡花树 - 吊钟花 - 长茎沿阶草群落 (*Litsea subcoriacea* + *Castanopsis lamontii* - *Rhododendron westlandii* - *Meliosma squamulata* - *Enkianthus quinqueflorus* - *Ophiopogon chingii* Comm.)

本群落见于桂北融水县境内九万山林区的文通银厂山，海拔 1080m，群落较少人为破坏，表土黑色，土壤腐殖质层厚度 5 ~8cm，乔木层可分为 3 个亚层。

第一亚层林木高 20 ~30m，胸径 30 ~50cm，郁闭度 0. 7 ~0. 8，树干通直，树冠基本连续，主要以桂北木姜子占优势，重要值指数 71. 1；伴生种类有鹿角锥，重要值指数 36. 9；单株出现的种类有新木姜子、金毛柯、滑叶润楠、绵柯等。

第二亚层林木高 10 ~15m，胸径 4 ~8cm，郁闭度 0. 4 ~0. 5，林木弯曲，主要优势种以凯里杜鹃为主，伴生种类有多花杜鹃、铁山矾、台湾冬青、四川冬青、苗山桂、短梗新木姜子、腺叶桂樱等。

第三亚层林木高 2 ~8m，胸径 4 ~8cm，林木生长不良，郁闭度 0. 2 ~0. 3，主要以樟叶泡花树、贵州杜鹃、香港四照花、竹叶青冈为主，伴生种类有黑柃、穗序鹅掌柴、山柿 (*Diospyros japonica*)、白背叶等。

灌木层植物覆盖度 15% ~20%，主要以吊钟花为多见，其他种类有鲫鱼胆、油茶、白毛长叶紫珠、中华卫矛、花椒簕、木莓等。

草本层植物种类和数量均稀少，覆盖度 6%，以长茎沿阶草为主，其他种类有山姜、万年青、陈氏耳蕨 (*Polystichum chunii*)、狭翅铁角蕨、全缘凤尾蕨、淡竹叶、短叶赤车 (*Pellionia brevifolia*)、锦香草、单花红丝线（*Lycianthes lysimachioides*）、寒兰、蕙兰、银带虾脊兰等。

藤本植物种类有三叶崖爬藤、狭叶崖爬藤、尾叶那藤、防已叶菝葜、常春藤、薜荔、披针叶胡颓子、条叶猕猴桃等。

43. 大果木姜林子(Form. *Litsea lancilimba*)

(1)大果木姜子＋光叶拟单性木兰－大果木姜子－大果木姜子＋钝齿尖叶桂樱－杜茎山－镰叶铁角蕨群落(*Litsea lancilimba* + *Parakmeria nitida* – *Litsea lancilimba* – *Litsea lancilimba* + *Laurocerasus undulata* f. *microbotrys* – *Maesa japonica* – *Asplenium falcatum* Comm.)

大果木姜子林不经常见到，本类型见于金秀县大瑶山忠良乡岭祖村天堂山，海拔1000m，立地地层为寒武系砂页岩，土壤为山地黄壤。地表很多碎石块，枯枝落叶覆盖地表70%，分解中等。林内潮湿，树干和岩石表面都有苔藓附生。本群落受人为影响不大，但林内见有培养香菇用的伐倒木。

本群落比较成熟，组成种类较少，立木株数不太多。乔木层郁闭度0.8，可分为3个亚层。第一亚层林木高大，树干通直，树冠基本连续。高15～20m，最高25m，基径30～60cm，最粗96cm，覆盖度75%。本亚层林木株数最少，从表9-101可知，600m^{2}样地有9种、15株，平均每种不到2株。以大果木姜子为优势，有3株，重要值指数63.1；次为光叶拟单性木兰，有2株，其中有1株是群落中最粗大的林木，重要值指数50.7；较重要的种类有多花杜鹃和岭南山茉莉，重要值指数分别为45.4和39.9；本亚层有陀螺果1种落叶阔叶树，重要值指数24.4，排列第五。第二亚层林木高8～13m，基径9～21cm，最粗56cm，树冠不连接，覆盖度50%。从表9-101可知，本亚层有林木16种、32株，是3个亚层中株数最多的一个亚层，但每种平均也只有2株。优势不明显，以罗浮槭稍多，有6株，重要值指数45.0；次为网脉山龙眼，有4株，重要值指数36.4；大果木姜子虽然只有1株，但它是本亚层最粗大的林木，故重要值指数达到34.7，排列第三；其他13种，重要值指数在28～8之间。本亚层亦只有陀螺果1种落叶阔叶树，重要值指数26.3。第三亚层林木高4～7m，基径5～12cm，树冠不连接，覆盖度30%。本亚层种类最少，但株数最多，600m^{2}样地有10种、47株，植株冠幅稀疏，干细长，不太通直。优势种较明显，钝齿尖叶桂樱株数最多，有18株，重要值指数80.7，排列第一；次为大果木姜子，有12株，重要值指数69.5；常见的为网脉山龙眼，重要值指数55.8。从整个乔木层分析，大果木姜子株数排列第二，有16株，不但是第一亚层林木的优势种，而且在第二亚层和第三亚层也是次优势种，因此在整个乔木层中无疑重要值指数最大，为50.8，仍占有明显的优势；钝齿尖叶桂樱株数最多，有19株，它是一种小乔木，只能是下层林木的优势种，在整个乔木层中重要值指数只有30.7，排列第二，符合它的性状；网脉山龙眼的性质与钝齿尖叶桂樱相似；光叶拟单性木兰、罗浮槭、猴欢喜、多花杜鹃常见的伴生种类，重要值指数一般不大也不小，在20～30之间，与它们的性状相符；其他的种类都是一些偶见种，重要值指数都很小。

表9-101　大果木姜子＋光叶拟单性木兰－大果木姜子－大果木姜子＋钝齿尖叶桂樱－杜茎山－镰叶铁角蕨群落乔木层种类组成及重要值指数

（样地号：瑶山78号，样地面积：30m×20m，地点：金秀县忠良乡岭祖村天堂山，海拔：1000m）

序号	树种	基面积(m^2)	株数	频度(%)	重要值指数
乔木Ⅰ亚层					
1	大果木姜子	0.744	3	50	63.059
2	光叶拟单性木兰	0.795	2	33.3	50.728
3	多花杜鹃	0.61	2	33.3	45.366
4	岭南山茉莉	0.421	2	33.3	39.872
5	陀螺果	0.134	2	16.7	24.38
6	猴欢喜	0.322	1	16.7	23.166
7	红茴香	0.196	1	16.7	19.52
8	马蹄荷	0.159	1	16.7	18.435
9	网脉山龙眼	0.057	1	16.7	15.475
	合计	3.438	15	233.3	300.003

（续）

序号	树种	基面积(m^2)	株数	频度(%)	重要值指数
		乔木Ⅱ亚层			
1	罗浮槭	0.119	6	50	44.985
2	网脉山龙眼	0.098	4	50	36.387
3	大果木姜子	0.246	1	16.7	34.743
4	疏花卫矛	0.081	3	33.3	27.053
5	陀螺果	0.057	5	16.7	26.329
6	猴欢喜	0.077	2	33.3	23.476
7	红茴香	0.069	2	33.3	22.537
8	饭甑青冈	0.038	1	16.7	11.682
9	桂南木莲	0.031	1	16.7	10.951
10	马蹄参	0.02	1	16.7	9.699
11	鹿角锥	0.015	1	16.7	9.177
12	薄叶润楠	0.015	1	16.7	9.177
13	香港四照花	0.011	1	16.7	8.725
14	腺叶桂樱	0.011	1	16.7	8.725
15	钝齿尖叶桂樱	0.006	1	16.7	8.177
16	厚斗柯	0.006	1	16.7	8.177
	合计	0.903	32	383.3	300.002
		乔木Ⅲ亚层			
1	钝齿尖叶桂樱	0.074	18	66.7	80.746
2	大果木姜子	0.065	12	83.3	69.451
3	网脉山龙眼	0.07	7	66.7	55.779
4	罗浮槭	0.048	3	33.3	31.054
5	猴欢喜	0.012	2	33.3	17.164
6	红茴香	0.018	1	16.7	12.439
7	少叶黄杞	0.008	1	16.7	9.236
8	桂南木莲	0.008	1	16.7	9.236
9	广东山胡椒	0.003	1	16.7	7.596
10	厚斗柯	0.002	1	16.7	7.314
	合计	0.307	47	366.7	300.013
		乔木层			
1	大果木姜子	0.931	16	100	50.751
2	钝齿尖叶桂樱	0.081	19	66.7	30.703
3	网脉山龙眼	0.225	12	83.3	28.632
4	光叶拟单性木兰	0.795	2	33.3	24.138
5	罗浮槭	0.161	9	66.7	21.848
6	猴欢喜	0.41	5	50	20.965
7	多花杜鹃	0.61	2	33.3	20.04
8	红茴香	0.263	4	50	16.631
9	岭南山茉莉	0.421	2	33.3	15.841
10	陀螺果	0.192	7	16.7	13.881
11	疏花卫矛	0.081	3	33.3	9.343
12	马蹄荷	0.159	1	16.7	6.773
13	厚斗柯	0.008	2	33.3	6.661
14	桂南木莲	0.039	2	16.7	5.175
15	饭甑青冈	0.038	1	16.7	4.083
16	马蹄参	0.02	1	16.7	3.685
17	鹿角锥	0.015	1	16.7	3.58
18	薄叶润楠	0.015	1	16.7	3.58
19	香港四照花	0.011	1	16.7	3.489
20	腺叶桂樱	0.011	1	16.7	3.489
21	少叶黄杞	0.008	1	16.7	3.412
22	广东山胡椒	0.003	1	16.7	3.301
	合计	4.498	94	766.7	299.999

灌木层植物分布不均匀，一般覆盖度50% ~60%，有的地段只有30%，种类组成尚丰富，从表9-102可知，600m²样地有32种，种类成分以乔木的幼树为主。乔木的幼树常见的有大果木姜子、网脉山龙眼、大叶新木姜子、厚斗柯、硬壳柯等。真正的灌木种类很少，以杜茎山为常见。

草本层植物生长茂盛，覆盖度70% ~90%，但个别地段只有40%。种类成分有2个特点，一是湿生种类多，二是蕨类植物种类多。以镰叶铁角蕨和假蹄盖蕨(*Athyriopsis japonica*)为优势，常见的种类有双盖蕨、广州蛇根草和华中铁角蕨等。

藤本植物不发达，600m²样地只有9种，数量也不多。比较常见的种类为爬藤榕、常春藤和菝葜等。

从表9-102可知，本群落优势种大果木姜子和网脉山龙眼更新良好，钝齿尖叶桂樱和陀螺果更新不太良好，大果木姜子种群结构基本上呈金字塔形，能长期保持在群落中的优势地位。

表9-102　大果木姜子+光叶拟单性木兰-大果木姜子-大果木姜子+钝齿尖叶桂樱-杜茎山-镰叶铁角蕨群落灌木层和草本层种类组成及分布情况

序号	种名	多度盖度级						频度(%)	更新(株)	
		Ⅰ	Ⅱ	Ⅲ	Ⅳ	Ⅴ	Ⅵ		幼苗	幼树
	灌木层植物									
1	杜茎山	5	4	4	4	4		83.3		
2	网脉山龙眼	5	4	4	4	5	4	100.0	3	36
3	厚斗柯	1	4	2	4	4	4	100.0	4	16
4	大叶新木姜子	3	3	2	4	1	4	100.0	7	18
5	腺叶桂樱	1	4	1	3		2	83.3		4
6	猴欢喜	2	3	2	3	1		83.3	2	12
7	大果木姜子	4	6			4	4	66.7	6	32
8	罗浮槭	1	4			2	3	66.7		8
9	紫麻			5	1	4	3	66.7		
10	钝齿尖叶桂樱				4	4	4	50.0		7
11	硬壳柯		4		4		4	50.0	3	13
12	鹿角锥	2		1	4			50.0	1	7
13	山麻风树				3		4	33.3		2
14	大花枇杷	1		1				33.3		2
15	大头茶		4				1	33.3	1	5
16	广东杜鹃		3		3			33.3		1
17	桂南木莲		1				3	33.3		5
18	三叶罗伞			1				16.7	1	
19	山矾				4			16.7		
20	黄花倒水莲				1			16.7		
21	长尾毛蕊茶					4		16.7		3
22	少叶黄杞					3		16.7		5
23	栀子						1	16.7		
24	短梗新木姜子						2	16.7		1
25	厚皮香						2	16.7	1	
26	华润楠	1						16.7		1
27	香楠		2					16.7		2
28	岗柃		3					16.7		
29	罗浮锥		4					16.7		4
30	广东山胡椒	1						16.7		1
31	剑叶紫金牛	1						16.7		
32	潺槁木姜子		4					16.7		4
	草本层植物									
1	镰叶铁角蕨	6	7	6	6	5	6	100.0		
2	假蹄盖蕨	6	5	5	5	4	6	100.0		
3	双盖蕨	3	3	3	3	3	3	100.0		
4	广州蛇根草	3		3	4	3	3	83.3		

（续）

序号	种名	多度盖度级						频度（%）	更新（株）	
		Ⅰ	Ⅱ	Ⅲ	Ⅳ	Ⅴ	Ⅵ		幼苗	幼树
5	华中铁角蕨	4		4	4	4		66.7		
6	栗蕨	5	4		3			50.0		
7	线蕨	4	3					33.3		
8	鱼鳞蕨	3	4					33.3		
9	吊罗山耳蕨			4		5		33.3		
10	毛果珍珠茅				3		2	33.3		
11	中华锥花		2					16.7		
12	大苞鸭跖草		2					16.7		
13	斑叶兰		2					16.7		
14	倒挂铁角蕨			4				16.7		
15	华腺萼木			2				16.7		
16	山姜			2				16.7		
17	紫柄蹄盖蕨				3			16.7		
18	大叶稀子蕨				4			16.7		
19	莎草					2		16.7		
20	金耳环					3		16.7		
21	伏石蕨						3	16.7		
	藤本植物									
1	爬藤榕	sol	sol	sol	sol	sol		83.3		
2	常春藤	sol	sol	sol	sol			66.7		
3	菝葜			sol	sol	sol		50.0		
4	冠盖藤	sol			sol			33.3		
5	条叶猕猴桃	sol						16.7		
6	山蒟			sol				16.7		
7	海南链珠藤				sol			16.7		
8	藤黄檀					sol		16.7		
9	天南星科1种			sol				16.7		

三叶罗伞 *Brassaiopsis tripteris*　剑叶紫金牛 *Ardisia ensifolia*　栗蕨 *Histiopteris incisa*　鱼鳞蕨 *Acrophorus paleolatus*
吊罗山耳蕨 *Polystichum* sp.　大苞鸭跖草 *Commelina paludosa*　华腺萼木 *Mycetia sinensis*　海南链珠藤 *Alyxia odorata*

44. 大叶新木姜子林（Form. *Neolitsea levinei*）

大叶新木姜子是广西常绿阔叶林重要的组成成分，分布比较广泛，除亚热带广阔的地区外，北热带的那坡六韶山、德保黄连山和容县天堂山也有分布。它垂直分布范围很宽，东部山地海拔1300m以下、西部山地海拔1600m以下都有出现。它虽然是广西常绿阔叶林重要的组成成分，但以它为优势的林分却很少见到，下面介绍的群落见于容县天堂山。

（1）大叶新木姜子＋烟斗柯－硬壳桂－大叶新木姜子＋香港四照花－箬叶竹－大叶仙茅群落（*Neolitsea levinei* + *Lithocarpus corneus* – *Cryptocarya chingii* – *Neolitsea levinei* + *Cornus hongkongensis* – *Indocalamus longiauritus* – *Curculigo capitulata* Comm.）

该群落见于容县天堂山林场竹坪分场，花岗岩山地，海拔1000m。立地土壤为山地黄壤，表土黑色，厚8～10cm，枯枝落叶层覆盖75%，厚2～3cm，分解中等。群落位于山脊边坡，有大块岩石出露，林内阴湿，苔藓较多，附生高度达10m以上，有的直到树冠。该群落过去曾遭受到砍伐，目前尚有腐朽的伐桩。

乔木层覆盖度70%，可分成3个亚层。第一亚层林木高15～21m，基径40～60cm，覆盖度30%。该亚层林木较通直，种类和株数是3个亚层中最少的1个亚层，从表9-103可知，600m^{2}样地只有8种、11株，每种几乎是单株出现。株数较多的为烟斗柯，有3株，重要值指数79.7，排列第一；次为薄叶润楠，有2株，重要值指数51.3；其他6种都是单株出现，重要值指数排列第三和第四的是壳斗科1种和红楠；大叶新木姜子在第一亚层株数还不多，只有1株，重要值指数20.4，排列第七。第二亚层林木高7.5～12m，基径10～30cm，覆盖度50%。该亚层有林木10种、46株，是3个亚层中株数最多的一个亚层，硬壳桂、香港四照花和大叶新木姜子3种共为优势，分别有10、11和11株，重要值指数68.4、65.2和62.1。该亚层较重要的种类还有薄叶润楠，有5株，重要值指数39.2。第三亚层林木高3～7m，基径4～20cm，覆盖度20%。该亚层有林木11种、38株，以大叶新木姜子为优势，有12株，重要值指数79.9；次为香港四照花，有7株，重要值指数69.4；常见的种类为烟斗柯和硬壳桂，重要值指数分别为36.2和31.4。从整个乔木层分析，大叶新木姜子虽然在第一亚层不占优势，但在第三层和第二亚层都占有优势，它的株数最多，共有24株，故重要值指数最大，为50.0。因此，发展下去，将会成为群落的优势种，所以还是命名为大叶新木姜子群落。

表9-103　大叶新木姜子＋烟斗柯－硬壳桂－大叶新木姜子＋香港四照花－箬叶竹－大叶仙茅群落乔木层种类组成及重要值指数

（样地号：1175，样地面积：600m^2，地点：容县黎村乡天堂山林场竹坪分场，海拔：1000m）

序号	树种	基面积(m^2)	株数	频度(%)	重要值指数
		乔木Ⅰ亚层			
1	烟斗柯	0.518	3	50	79.654
2	薄叶润楠	0.308	2	33.3	51.27
3	壳斗科1种	0.503	1	16.7	42.541
4	红楠	0.283	1	16.7	31.884
5	硬壳柯	0.238	1	16.7	29.696
6	硬壳桂	0.134	1	16.7	24.674
7	大叶新木姜子	0.045	1	16.7	20.374
8	木姜子属1种	0.036	1	16.7	19.909
	合计	2.064	11	183.3	300.002
		乔木Ⅱ亚层			
1	硬壳桂	0.512	10	83.3	68.39
2	香港四照花	0.354	11	100	65.22
3	大叶新木姜子	0.298	11	100	62.112
4	薄叶润楠	0.249	5	66.7	39.159
5	烟斗柯	0.139	2	16.7	15.724
6	珊瑚树	0.065	2	33.3	15.125
7	厚叶冬青	0.091	2	16.7	13.03
8	润楠1种	0.035	1	16.7	7.693
9	三峡槭	0.019	1	16.7	6.834
10	香花枇杷	0.017	1	16.7	6.713
	合计	1.779	46	466.7	299.999
		乔木Ⅲ亚层			
1	大叶新木姜子	0.167	12	66.7	79.869
2	香港四照花	0.182	7	66.7	69.435
3	烟斗柯	0.054	5	50	36.228
4	硬壳桂	0.057	3	50	31.428
5	轮叶木姜子	0.01	3	33.3	18.5
6	山香圆	0.008	3	33.3	17.979
7	细齿叶柃	0.02	1	16.7	10.692
8	山茶属1种	0.018	1	16.7	10.243
9	异株木犀榄	0.012	1	16.7	9.174
10	网脉山龙眼	0.007	1	16.7	8.288
11	珊瑚树	0.006	1	16.7	8.154
	合计	0.541	38	383.3	299.99

（续）

序号	树种	基面积(m²)	株数	频度(%)	重要值指数
		乔木层			
1	大叶新木姜子	0.511	24	100	49.96
2	香港四照花	0.536	18	100	44.21
3	硬壳桂	0.703	14	100	43.815
4	烟斗柯	0.711	10	83.3	37.62
5	薄叶润楠	0.557	7	83.3	30.937
6	壳斗科1种	0.503	1	16.7	14.693
7	红润楠	0.283	1	16.7	9.676
8	珊瑚树	0.071	3	33.3	9.126
9	硬壳柯	0.238	1	16.7	8.646
10	轮叶木姜子	0.01	3	33.3	7.742
11	山香圆	0.008	3	33.3	7.677
12	厚叶冬青	0.091	2	16.7	6.353
13	木姜子属1种	0.036	1	16.7	4.039
14	润楠1种	0.035	1	16.7	4.017
15	细齿叶柃	0.02	1	16.7	3.685
16	三峡槭	0.019	1	16.7	3.668
17	山茶属1种	0.018	1	16.7	3.63
18	香花枇杷	0.017	1	16.7	3.619
19	异株木犀榄	0.012	1	16.7	3.498
20	网脉山龙眼	0.007	1	16.7	3.388
	合计	4.384	95	766.7	299.999

表9-104　大叶新木姜子+烟斗柯－硬壳桂－大叶新木姜子+香港四照花－箬叶竹－大叶仙茅群落灌木层和草本层种类组成及分布情况

序号	种名	多度	序号	种名	多度
	灌木层植物		4	赤车1种	sol
1	箬叶竹	cop³	5	叉蕨1种	sol
2	大叶新木姜子	sol	6	骨牌蕨属1种	sol
3	山香圆	un	7	双盖蕨1种	sol
	草本层植物			藤本植物	
1	大叶仙茅	sol	1	毛蒟	sp
2	膜蕨	sol	2	金银花1种	sp
3	山姜	sol	3	常春藤	sol

赤车1种 *Pilea* sp.　叉蕨1种 *Tectaria* sp.　骨牌蕨属1种 *Lepidogrammitis* sp.　双盖蕨1种 *Diplazium* sp.
金银花1种 *Lonicera* sp.

灌木层植物覆盖度90%，从表9-104可知，以箬叶竹占绝对优势，覆盖度85%，高2.5m，在密集的竹层下，其他灌木种类极少，只有大叶新木姜子和山香圆两种，数量也极为稀少。

在密集的竹层下，草本层植物无论种类还是数量都稀少，从表9-104可知，600m²样地不到10种，覆盖度只有5%，种类成分以蕨类植物种类居多。

藤本植物600m²样地只有3种，但毛蒟和金银花1种数量尚较多。

大叶新木姜子更新不良，该群落将来很可能演变成箬叶竹丛。

45. 鸭公树林(Form. *Neolitsea chui*)

如同大叶新木姜子一样，鸭公树也是广西常绿阔叶林的重要组成成分，分布的范围和海拔高度也与大叶新木姜子相似，且两种经常同时出现，生态特性很相似。同样，以它为优势的林分很少见到，下面的类型见于容县。

(1)鸭公树－硬壳柯－华西箭竹－镰羽贯众群落(*Neolitsea chui* – *Lithicarpus hancei* – *Fargesia nitida*

– *Cyrtomium balansae* Comm. ）

该群落分布于容县杨村平贯，砂页岩山地，海拔1090m。立地土壤为山地黄壤，表土黑色，枯枝落叶层厚约2cm，地表有大块岩石出露，林内潮湿。

该群落曾受过砍伐，不少植株是萌生的，目前正在恢复的过程中，中小林木居多数，立木株数很多，从表9-105可知，600m^{2}样地有342株之多，高于14m的林木尚没有形成，乔木层覆盖度70%，只有两个亚层。第一亚层林木高7.5～14m，基径6～17cm，覆盖度55%，600m^{2}有林木23种、190株，株数占乔木层总株数的55.6%，基面积占乔木层总基面的80.7%。该亚层林木重要值指数虽然分配比较分散，但鸭公树优势还是比较明显的，有53株，重要值指数58.3；其他22种重要值指数在40以下，排在二、三位的有米槠和白栎，分别有23和24株，重要值指数38.0和34.8；四～六位的种类有硬壳柯、香港四照花和华南桤叶树，重要值指数分别为26.5、21.2和20.1；还有17种重要值指数在13以下。该亚层落叶阔叶树有白栎、桤叶树、大青和南烛4种，重要值指数68.0。第二亚层林木高3～7m，基径3～7cm，覆盖度30%，600m^{2}样地有林木25种、153株，株数占乔木层总株数的44.7%，基面积占乔木层总基面积的19.3%。优势不明显，重要值指数分配比较分散，排在第一～三位的是硬壳柯、凹脉红淡比和网脉山龙眼，重要值指数分别为39.4、35.6和35.6；排在四～五位是米槠和白栎，重要值指数分别为27.5和25.0；重要值指数在20～12之间的有凹脉柃、鸭公树、薄叶润楠和南烛4种；其余16种，重要值指数在9～2之间。从整个乔木层分析，优势不明显，重要值指数分配比较分散。鸭公树虽然在第二亚层不占优势，但株数最多，600m^{2}样地有64株，占乔木层总基面的18.7%，重要值指数仍达到42.3，排在第一位；米槠、硬壳柯、白栎等，在上层占有一定的优势，但植株没有鸭公树多，重要值指数排在二～四位，分别为33.8、29.4、28.5；香港四照花在下层植株不多，重要值指数不大，只有15.4；网脉山龙眼、华南桤叶树、凹脉红淡比、凹脉柃，这些都是一些下层林木，虽然植株多，但重要值指数也不会很大；其他的种类，都是一些偶见种，重要值指数自然很小。

表9-105　鸭公树－硬壳柯－华西箭竹－镰羽贯众群落乔木层种类组成及重要值指数

（样地号：杨村 Q_{31}，样地面积：600m^2，地点：容县杨村平贯乡，海拔：1090m）

序号	树种	基面积(m^2)	株数	频度(%)	重要值指数
		乔木Ⅰ亚层			
1	鸭公树	0.459	53	100	58.301
2	米槠	0.441	23	66.7	38.032
3	白栎	0.264	24	100	34.832
4	硬壳柯	0.28	14	66.7	26.546
5	香港四照花	0.197	14	50	21.214
6	华南桤叶树	0.14	13	66.7	20.131
7	美叶柯	0.129	7	33.3	12.823
8	大青	0.098	5	33.3	10.433
9	木莲	0.057	8	33.3	10.316
10	黄樟	0.093	5	33.3	10.226
11	网脉山龙眼	0.034	4	50	9.087
12	凹脉柃	0.029	3	33.3	6.494
13	大八角	0.026	2	33.3	5.868
14	薄叶山矾	0.015	2	33.3	5.367
15	孔雀润楠	0.009	2	33.3	5.129
16	黧蒴锥	0.045	1	16.7	4.278
17	深山含笑	0.007	4	16.7	4.264
18	五列木	0.013	1	16.7	2.936
19	木姜叶柯	0.013	1	16.7	2.936
20	假卫矛	0.01	1	16.7	2.814
21	南烛	0.009	1	16.7	2.742
22	硬壳桂	0.006	1	16.7	2.645
23	薄叶润楠	0.005	1	16.7	2.589
	合计	2.381	190	900	300.002

（续）

序号	树种	基面积（m^2）	株数	频度（%）	重要值指数
		乔木Ⅱ亚层			
1	硬壳柯	0.106	18	83.3	39.39
2	凹脉红淡比	0.066	23	83.3	35.642
3	网脉山龙眼	0.059	25	83.3	35.604
4	米槠	0.068	13	66.7	27.531
5	白栎	0.043	13	83.3	25.048
6	凹脉柃	0.03	11	66.7	19.674
7	鸭公树	0.024	11	66.7	18.498
8	薄叶润楠	0.026	6	66.7	15.609
9	南烛	0.023	7	33.3	12.118
10	华南桤叶树	0.014	4	33.3	8.733
11	穗花杉	0.031	1	16.7	7.961
12	孔雀润楠	0.014	5	16.7	7.538
13	黄樟	0.013	2	33.3	7.225
14	香港四照花	0.014	2	16.7	5.498
15	青冈	0.008	2	16.7	4.49
16	木莲	0.007	1	16.7	3.685
17	显脉冬青	0.006	1	16.7	3.557
18	罗浮锥	0.003	1	16.7	2.936
19	大青	0.003	1	16.7	2.936
20	大八角	0.003	1	16.7	2.936
21	黄丹木姜子	0.002	1	16.7	2.784
22	薄叶山矾	0.002	1	16.7	2.784
23	阴香	0.001	1	16.7	2.66
24	细枝柃	0.001	1	16.7	2.66
25	吊钟花	0	1	16.7	2.495
	合计	0.569	153	933.3	299.994
		乔木层			
1	鸭公树	0.483	64	100	42.319
2	米槠	0.509	36	83.3	33.791
3	硬壳柯	0.387	31	100	29.4
4	白栎	0.307	37	100	28.468
5	网脉山龙眼	0.093	29	100	18.853
6	华南桤叶树	0.155	17	83.3	16.233
7	香港四照花	0.211	16	50	15.448
8	凹脉红淡比	0.066	23	66.7	13.797
9	凹脉柃	0.059	14	66.7	10.921
10	黄樟	0.106	7	50	9.254
11	美叶柯	0.129	7	33.3	8.843
12	大青	0.1	6	50	8.772
13	木莲	0.064	9	33.3	7.22
14	南烛	0.031	8	50	7.013
15	薄叶润楠	0.031	7	50	6.708
16	孔雀润楠	0.023	7	50	6.441
17	大八角	0.029	3	50	5.485
18	薄叶山矾	0.016	3	50	5.051
19	罗浮锥	0.048	2	16.7	3.419
20	深山含笑	0.007	4	16.7	2.622
21	穗花杉	0.031	1	16.7	2.562
22	青冈	0.008	2	16.7	2.059
23	五列木	0.013	1	16.7	1.947
24	木姜叶柯	0.013	1	16.7	1.947
25	假卫矛	0.01	1	16.7	1.849

（续）

序号	树种	基面积(m^2)	株数	频度(%)	重要值指数
26	硬壳桂	0.006	1	16.7	1.713
27	显脉冬青	0.006	1	16.7	1.713
28	黄丹木姜子	0.002	1	16.7	1.564
29	阴香	0.001	1	16.7	1.54
30	细枝柃	0.001	1	16.7	1.54
31	吊钟花	0	1	16.7	1.508
	合计	2.95	342	1383.3	300

假卫矛 *Microtropis* sp.

灌木层植物覆盖度40%，从表9-106可知，600m^2样地有29种，优势种为华西箭竹，常见的种类为乔木幼树米槠、薄叶润楠和网脉山龙眼，其他的种类都是零星分布。

草本层植物覆盖度只有5%，除镰羽贯众较常见外，其他的种类都是零星分布。

表9-106　鸭公树－硬壳柯－华西箭竹－镰羽贯众群落灌木层和草本层种类组成及分布情况

序号	种名	多度	序号	种名	多度
	灌木层植物		27	角裂悬钩子	sol
1	华西箭竹	cop	28	树参	sol
2	米槠	sp	29	草珊瑚	sol
3	薄叶润楠	sp		**草本层植物**	
4	网脉山龙眼	sp	1	镰羽贯众	sp
5	越南山矾	sol	2	凤仙花	sol
6	硬壳柯	sol	3	淡竹叶	sol
7	紫珠1种	sol	4	友水龙骨	sol
8	鸭公树	sol	5	玉竹	sol
9	黄丹木姜子	sol	6	沿阶草	sol
10	硬壳柯	sol	7	垫状卷柏	sol
11	九管血	sol	8	莎草1种	sol
12	凹脉柃	sol	9	秋海棠	sol
13	细枝柃	sol	10	迷人鳞毛蕨	sol
14	柃1种	sol	11	山姜	sol
15	穗花杉	sol	12	宽叶沿阶草	sol
16	薄叶山矾	sol	13	白芨	sol
17	木莲	sol	14	藨草	sol
18	华南毛柃	sol		**藤本植物**	
19	日本粗叶木	sol	1	三叶木通	sol
20	茶	sol	2	菝葜	sol
21	包槲柯	sol	3	薜荔	sol
22	罗浮锥	sol	4	络石	sol
23	五月茶1种	sol	5	异形南五味子	sol
24	卫矛1种	sol	6	南五味子	sol
25	柿1种	sol	7	广东蛇葡萄	sol
26	粗叶榕	sol			

穗花杉 *Amentotaxus argotaenia*　凤仙花 *Impatiens* sp.　垫状卷柏 *Selaginella pulvinata*　秋海棠 *Begonia* sp.
白芨 *Bletilla striata*　藨草 *Scirpus* sp.

藤本植物无论种类还是数量都稀少，种类有菝葜、异形南五味子、南五味子等7种。

该群落演变的趋势有可能米槠和硬壳柯会成为第一亚层林木的优势种，而鸭公树不可能成为第一亚层林木的优势种，而只能保持第二亚层林木优势种的地位，因为它的性状是一种中乔木。但该群落天然更新不太理想，灌木层植物以华西箭竹为优势，也有可能演变成箭竹丛。

46. 樟林(Form. *Cinnamomum camphora*)

在我国，樟分布于南方各地；在广西，全区都有分布。它一般生长于平地、台地、丘陵和低山地区，中山山地少见，最高见于海拔1000m。它一般生长于村边路旁、水边、河滩、灌丛和次生林中，原生性杂木林少见。一般见于酸性土山地，岩溶山地也有分布，但不如酸性土山地常见。虽然它分布广，很常见，但以它为优势的林分却很少见到，尤其在保存较好的常绿阔叶林中更少见到以它为优势的林分或成为群落的优势种或常见种。一般在河滩、村边弃荒地尚可见到以它为优势的林分。由于樟果子成熟时鸟喜吃，种子天然更新萌芽力又强，所以这种林分在幼年期，樟占绝对优势，有时几乎形成纯林。

樟由于在长江以南从南到北都有分布，因此以它为优势的林分在种类组成上南、北就截然不同，北部为中亚热带典型常绿阔叶林区系成分，而南部为南亚热带季风常绿阔叶林区系成分，由于北部樟林比南部更为常见，所以把它放在典型常绿阔叶林的系列中来叙述。下面介绍容县两个樟群落应该属于南亚热带季风常绿阔叶林性质。

(1)樟－牛耳枫－荩草群落(*Cinnamomum camphora* – *Daphniphyllum calycinum* – *Arthraxon hispidus* Comm.)

该群落见于容县白良思旺，海拔160~200m的低丘陵地，立地土壤为沙质红壤，腐殖质层极薄，地表枯枝落叶层厚1~3cm。

表9-107　樟－牛耳枫－荩草群落乔木层种类组成及重要值指数

(样地号：Q_{40}(1~4)，样地面积：400m^2，地点：容县白良思旺，海拔：160~200m)

序号	树种	基面积(m^2)	株数	频度(%)	重要值指数
		乔木层			
1	樟	0.338	33	100	123.61
2	盐肤木	0.006	7	75	21.81
3	余甘子	0.011	4	75	18.74
4	马尾松	0.026	4	50	17.81
5	沙梨	0.057	1	25	15.83
6	楔叶豆梨	0.013	4	50	15.28
7	枫香树	0.028	4	25	14.35
8	毛黄肉楠	0.003	5	25	11.15
9	冬青属1种	0.024	1	25	9.59
10	木荷	0.002	2	25	6.84
11	竹叶椒	0.009	1	25	6.7
12	山麻杆	0.004	1	25	5.84
13	烟斗柯	0.004	1	25	5.8
14	柿属1种	0.002	1	25	5.47
15	鹅掌柴	0.002	1	25	5.37
16	薄叶润楠	0.001	1	25	5.31
17	大青	0.001	1	25	5.31
18	笔罗子	0.001	1	25	5.17
	合计	0.532	73	675	300

沙梨 *Pyrus pyrifolia*

群落由于靠近村屯，受樵采和放牧相当频繁，多数林木是萌生的，生长弯曲。群落覆盖度不大，一般只有35%，少数地段可达50%，林木只有一层，一般高5m，胸径7cm，最高10m，最粗24cm。种类组成简单，喜光的种类不少，从表9-107可知，400m^2样地有18种、73株。樟占有绝对的优势，覆盖度达到20%~30%，400m^2样地有33株，占总株数的45.2%，重要值指数123.6。常见的种类有盐肤木、余甘子、马尾松、楔叶豆梨、枫香树和毛黄肉楠等。

灌木层植物种类尚多，从表9-107可知，400m^2样地有37种，但数量稀少，一般覆盖度5%，少数地段可达30%~40%。种类组成几乎是喜光先锋树种，优势种为盐肤木、牛耳枫、大青和枫香树。

表 9-108　樟－牛耳枫－芒草群落灌木层和草本层种类组成及分布情况

序号	种名	株数或多度				频度（%）
		Ⅰ	Ⅱ	Ⅲ	Ⅳ	
	灌木层植物					
1	牛耳枫	13	7	23	3	100
2	盐肤木	13	16	10	3	100
3	大青	6	9	6	3	100
4	枫香树	2	6	8	2	100
5	石斑木	11	2	2	2	100
6	钩吻	sol	sol	sol		75
7	朱砂根	5		5	2	75
8	野牡丹	15	10	3		75
9	鹅掌柴	16		7	3	75
10	玉叶金花	sol		sol		50
11	美丽胡枝子	sol	sp			50
12	越南黄牛木	2			2	50
13	荚蒾 1 种		sol	sol		50
14	楔叶豆梨		2		2	50
15	野桐		1		1	50
16	柏拉木			sol	sol	50
17	桃金娘			sol	sol	50
18	芸香科 1 种		4			25
19	马尾松		3			25
20	无患子科 1 种		1			25
21	海金沙		sol			25
22	算盘子			sol		25
23	吊杆泡			sol		25
24	粗叶悬钩子			sol		25
25	蜜茱萸			un		25
26	杜茎山			sol		25
27	毛果算盘子				sp	25
28	金樱子				sol	25
29	竹叶花椒				sol	25
30	簕档花椒	14				25
31	九节	2				25
32	菝葜	sol				25
33	粗叶榕	sol				25
34	了哥王	un				25
35	网脉崖豆藤		2			25
36	瓜馥木				sol	25
37	杉木				sol	25
	草本层植物					
1	芒草	sp	sp	sol	sp	100
2	淡竹叶	sol	sol	sol	sp	100
3	耳草	sp	sp	sp		75
4	半边旗	sol	sol	sol		75
5	扇叶铁线蕨		un	sol	sol	75
6	铁线蕨	sol	sol			50
7	细毛鸭嘴草	sol		sp		50
8	芒	sol			sol	50
9	莎草 1 种	sol			sol	50
10	白茅		sp	sol		50
11	赶山鞭		sol	sol		50
12	菊科 1 种		sol	sp		50

（续）

序号	种名	株数或多度				频度（%）
		Ⅰ	Ⅱ	Ⅲ	Ⅳ	
13	芒萁			un	sp	50
14	金星蕨		sol	sol		50
15	积雪草		sp			25
16	小柱悬钩子		sol			25
17	长萼堇菜		sol			25
18	香丝草		sol			25
19	五节芒				sol	25
20	野艾	sol				25
21	石松	sol				25
22	团叶鳞始蕨	sol				25

竹叶花椒 *Zanthoxylum armatum*　耳草 *Hedyotis* sp.　赶山鞭 *Hypericum attenuatum*　金星蕨 *Parathelyteris* sp.
长萼堇菜 *Viola inconspicua*　香丝草 *Conyza bonariensis*　野艾 *Artemisis* sp.

草本层植物也很稀少，400m²样地有22种，一般覆盖度5%，少数地段可达25%。较常见的种类为芒草和淡竹叶，其他的种类数量都比较稀少。

本群落如停止人为干扰，会演变成以樟为主的多层结构的常绿阔叶林。

(2)樟－牛耳枫－芒萁群落(*Cinnamomum camphora* – *Daphniphyllum calycinum* – *Dicranopteris pedata* Comm.)

该群落见于容县杨村东华，海拔150m，立地土壤为红壤，表土黑色，有机质丰富，地表枯枝落叶层覆盖50%，厚度5cm。

该群落受樵采的影响极为频繁，立木多为萌生，是一种萌生林。乔木层只有1层，林木高3～8m，胸径3～7cm，从表9-109可知，400m²样地有林木21种、98株，平均每100m²有24.5株，种类成分多为阳性树种。樟有17株，占总株数的17.3%，重要值指数70.4，占有明显的优势，排列第一；细齿叶柃株数也不少，有16株，但它胸径细小，重要值指数只有30.7，排列第二；枫香树、马尾松和鹅掌柴排列第三～五位，重要值指数分别为28.6、24.4和22.9；其他16种重要值指数都在20以下。该亚层出现的红锥、黄果厚壳桂是南亚热带季风常绿阔叶林的代表种；格木和白颜树是北热带季节性雨林的代表种。

表9-109　樟－牛耳枫－芒萁群落乔木层种类组成及重要值指数

（样地号：93，样地面积：400m²，地点：容县杨村东华，海拔：150m）

序号	树种	基面积(m²)	株数	频度(%)	重要值指数
		乔木层			
1	樟	0.141	17	100	70.4
2	细齿叶柃	0.019	16	100	30.67
3	枫香树	0.035	9	100	28.62
4	马尾松	0.054	3	50	24.39
5	鹅掌柴	0.017	9	10	22.92
6	黄牛木	0.004	7	750	14.77
7	华南毛柃	0.007	6	750	14.68
8	红锥	0.008	4	75	12.97
9	格木	0.006	3	75	11.27
10	楔叶豆梨	0.008	4	50	10.69
11	牛耳枫	0.003	4	50	9.16
12	漆树	0.002	2	50	6.94
13	野柿	0.001	2	50	6.67
14	润楠1种	0.003	2	25	5.05

（续）

序号	树种	基面积（m^2）	株数	频度（%）	重要值指数
15	白颜树	0.002	2	25	4.62
16	盐肤木	0.001	1	25	3.33
17	大叶土蜜树	0.001	1	25	3.33
18	黄果厚壳桂	0	1	25	3.26
19	水锦树	0	1	25	3.2
20	野牡丹	0	1	25	3.16
21	桃金娘	0	1	25	3.16
	合计	0.315	98	1200	299.99

灌木层植物覆盖度15%，从表9-110可知，400m^2样地有21种，其中藤本植物2种，以牛耳枫和枫香树最多，次为盐肤木、鹅掌柴、桃金娘和九节，其他的种类数量都很少。

草本层植物数量和种类比灌木层植物稀少，400m^2只有6种，覆盖度12%。以芒萁和细毛鸭嘴草为多，次为五节芒和乌毛蕨。

表9-110　樟－牛耳枫－芒萁群落灌木层和草本层种类组成及分布情况

序号	种名	多度盖度级	序号	种名	多度盖度级
	灌木层植物		15	酸藤子	sol
1	牛耳枫	4	16	木荷	un
2	枫香树	4	17	余甘子	un
3	盐肤木	3	18	楔叶豆梨	un
4	鹅掌柴	3	19	黑面神	un
5	桃金娘	3	20	山芝麻	un
6	九节	3	21	千斤拔	un
7	黄牛木	sol		**草本层植物**	
8	大青	sol	1	芒萁	4
9	华南毛柃	sol	2	细毛鸭嘴草	4
10	草珊瑚	sol	3	五节芒	3
11	大叶新木姜子	sol	4	乌毛蕨	3
12	油桐	sol	5	扇叶铁线蕨	sol
13	粗叶榕	sol	6	半边旗	un
14	水锦树	sol			

47. 深山含笑林（Form. *Michelia maudiae*）

木兰科植物是广西常绿阔叶林重要的组成成分，经常见于各种的类型中，为广西常绿阔叶林四大组成科之一。但它的地位比不上壳斗科、山茶科和樟科，一方面由它组成优势的类型不多，另一方面由它组成优势的类型中，除少数类型外，占明显优势的类型并不多。广西常见到以木兰科植物为优势的类型主要有如下几种。

（1）深山含笑＋赤杨叶－黄樟－香楠－赤楠－叶底红群落（*Michelia maudiae* + *Alniphyllum fortunei* – *Cinnamomum parthenoxylon* – *Aidia canthioides* – *Syzygium buxifolium* – *Bredia fordii* Comm.）

深山含笑是广西木兰科植物中最常见的常绿阔叶林组成成分，分布比较广泛，以亚热带地区为主，海拔1600m以下的山地丘陵都有分布，北热带地区，如十万大山，在山地常绿阔叶林中也可见到。但它在群落中的地位，一般是重要的伴生种，很少见到以它为优势的林分或共优势的林分。本群落是一个还处于演替进程中、深山含笑与落叶阔叶树组成共优势的类型，到顶极群落阶段，深山含笑可能不再是群落的优势种或与别的常绿阔叶树组成共优势。

该群落见于金秀县圣堂山主峰脚部，海拔960m，立地地层为泥盆系莲花山组砂岩，土壤为山地森林水化黄壤。本群落坡度不大，只有5°～10°，但土壤仅见于石隙之中，地面布满石块，覆盖度达100%，可能是过去撩荒后水土流失所造成，因为群落周围为竹林和五节芒地，样地旁还有已久不行走的人行小道。

该群落林木较茂密，郁闭度0.8，林木不很高大，但仍可分为3个亚层。第一亚层林木一般高15~17m，少数高19m，基径25~40cm，少数80cm，覆盖度75%。该亚层林木种类和株数是3个亚层中最少的1个亚层，从表9-111可知，600m^2样地只有11种、22株，基面积3.9107m^2，占乔木层总基面的60.6%，虽然比例不很突出，但仍是3个亚层中最大的一个亚层。优势不明显，稍占优势的是1丛萌生4枝的落叶阔叶树赤杨叶，它是上层林木中最高大的乔木，重要值指数为79.1，排列第一；次优势为深山含笑，有5株，虽然株数最多，但基径不如赤杨叶粗大，重要值指数为55.2，排列第二；常见种有罗浮柿、鹿角锥和黄樟，重要值指数分别为30.7、26.8和26.8。该亚层落叶阔叶树有赤杨叶和青榨槭2种，重要值指数94，虽然赤杨叶重要值指数排列第一，但无论种数还是重要值指数都是常绿阔叶树占优势，而常绿阔叶树以深山含笑为主，所以把它定为以深山含笑为主的类型。第二亚层林木高8~14m，基径10~30cm，少数40~50cm，600m^2样地有18种、51株，基面积2.0755m^2，占乔木层总基面的32.2%。优势种为黄樟，有13株，重要值指数75.5；次优深山含笑、猴欢喜、广东山胡椒和虎皮楠，重要值指数分别为27.6、27.4、23.8和22.7。该亚层落叶阔叶树有青榨槭、吴茱萸五加2种，重要值指数24.3，常绿阔叶树种类和重要值指数均占绝对优势。第三亚层林木高4~7m，基径5~13cm，少数16~17cm，600m^2样地有林木17种、51株。本亚层林木树干细小，冠幅稀疏，基面积0.4652m^2，只占乔木层总基面的7.2%，因而下层显得很空旷。优势不太明显，稍占优势的是香楠，有10株，重要值指数55.0；次为吴茱萸五加、鹿角锥、黄杨（*Buxus microphylla* subsp. *sinica* var. *microphylla*）和虎皮楠，重要值指数分别为36.4、29.0、24.5和24.5。该亚层落叶阔叶树有吴茱萸五加、伞花冬青（*Ilex godajam*）和越南安息香3种，重要值指数48.2。从整个乔木层分析，优势不明显，重要值指数分配很分散。赤杨叶虽然株数少，只有4株，但植株高大，重要值指数为37.5，仍排在第一位；黄樟虽然茎粗不如赤杨叶，但株数最多，有15株，重要值指数为34.4，排在第二位；深山含笑茎虽然比黄樟粗但株数比黄樟少，株数比赤杨叶多，但茎比赤杨叶小，重要值指数为26.0，排列第三。猴欢喜、鹿角锥、罗浮柿、虎皮楠和吴茱萸五加株数虽较多，但多为中小植株，故重要值指数不太大。香楠株数多，但它是小乔木，在整个乔木层中它的重要值指数是不会很大的。其他的种类有的数量较少，有的为小乔木，重要值指数自然很小。

表9-111　深山含笑+赤杨叶-黄樟-香楠-赤楠-叶底红群落乔木层种类组成及重要值指数

（样地号：瑶山46号，样地面积：30m×20m，地点：金秀县圣堂山主峰脚，海拔：960m）

序号	树种	基面积(m^2)	株数	频度(%)	重要值指数
		乔木Ⅰ亚层			
1	赤杨叶	2.104	4	16.7	79.126
2	深山含深	0.71	5	33.3	55.179
3	罗浮柿	0.389	3	16.7	30.721
4	鹿角锥	0.135	2	33.3	26.819
5	黄樟	0.132	2	33.3	26.759
6	青榨槭	0.126	1	16.7	14.902
7	云山青冈	0.096	1	16.7	14.149
8	瑶山梭罗树	0.071	1	16.7	13.496
9	猴欢喜	0.071	1	16.7	13.496
10	刨花润楠	0.049	1	16.7	12.944
11	硬壳柯	0.028	1	16.7	12.413
	合计	3.911	22	233.3	300.003
		乔木Ⅱ亚层			
1	黄樟	0.66	13	100	75.489
2	深山含深	0.284	4	33.3	27.565
3	猴欢喜	0.239	5	33.3	27.357
4	广东山胡椒	0.142	4	50	23.757
5	虎皮楠	0.056	4	66.7	22.678

（续）

序号	树种	基面积（m²）	株数	频度（%）	重要值指数
6	罗浮柿	0.179	2	16.7	15.553
7	鼠刺	0.038	3	33.3	13.793
8	青榨槭	0.159	1	16.7	12.654
9	云山青冈	0.109	2	16.7	12.189
10	吴茱萸五加	0.033	2	33.3	11.59
11	樟叶泡花树	0.045	3	16.7	11.066
12	黄杨	0.019	2	33.3	10.906
13	鹿角锥	0.062	1	16.7	7.958
14	基脉润楠	0.023	1	16.7	6.085
15	变叶榕	0.013	1	16.7	5.631
16	钝齿尖叶桂樱	0.008	1	16.7	5.37
17	大花枇杷	0.005	1	16.7	5.233
18	枯立木	0.003	1	16.7	5.127
	合计	2.075	51	550	300
乔木Ⅲ亚层					
1	香楠	0.134	10	33.3	55.026
2	吴茱萸五加	0.043	7	66.7	36.395
3	鹿角锥	0.061	3	50	29.034
4	黄杨	0.038	5	33.3	24.541
5	虎皮楠	0.031	4	50	24.478
6	广东山胡椒	0.035	2	33.3	18.101
7	猴欢喜	0.036	3	16.7	16.999
8	钝齿尖叶桂樱	0.008	3	33.3	14.22
9	刨花润楠	0.013	2	33.3	13.357
10	枯立木	0.019	3	16.7	13.335
11	广东新木姜子	0.005	2	33.3	11.618
12	大花枇杷	0.01	2	16.7	9.45
13	罗浮槭	0.013	1	16.7	8.147
14	鼠刺	0.01	1	16.7	7.337
15	青皮香	0.004	1	16.7	6.121
16	薄叶润楠	0.004	1	16.7	6.121
17	越南安息香	0.002	1	16.7	5.716
	合计	0.465	51	500	299.998
乔木层					
1	赤杨叶	2.104	4	16.7	37.506
2	黄樟	0.793	15	100	34.383
3	深山含深	0.994	9	33.3	25.998
4	猴欢喜	0.345	9	50	17.612
5	鹿角锥	0.257	6	83.3	17.161
6	罗浮柿	0.567	5	33.3	16.159
7	虎皮楠	0.087	8	83.3	16.136
8	吴茱萸五加	0.077	9	66.7	15.115
9	香楠	0.134	10	33.3	13.471
10	广东山胡椒	0.177	6	50	12.575
11	黄杨	0.057	7	50	11.524
12	青榨槭	0.285	2	33.3	9.359
13	云山青冈	0.205	3	33.3	8.929
14	鼠刺	0.048	4	33.3	7.302
15	钝齿尖叶桂樱	0.016	4	33.3	6.801
16	刨花润楠	0.062	3	33.3	6.713
17	大花枇杷	0.015	3	33.3	5.989
18	枯立木	0.022	4	16.7	5.233
19	广东新木姜子	0.005	2	33.3	5.02

（续）

序号	树种	基面积(m^2)	株数	频度(%)	重要值指数
20	樟叶泡花树	0.045	3	16.7	4.779
21	瑶山梭罗树	0.071	1	16.7	3.569
22	硬壳柯	0.028	1	16.7	2.913
23	基脉润楠	0.023	1	16.7	2.825
24	变叶榕	0.013	1	16.7	2.679
25	罗浮槭	0.013	1	16.7	2.679
26	青皮香	0.004	1	16.7	2.533
27	薄叶润楠	0.004	1	16.7	2.533
28	越南安息香	0.002	1	16.7	2.504
	合计	6.451	124	1000	300.001

灌木层植物组成种类比较丰富，从表 9-112 看出，600m^2样地有 56 种，但数量不太多，覆盖度一般 30% 左右。种类成分以乔木的幼树为主，真正的灌木种类不多，以鹿角锥、锈叶新木姜子、基脉润楠、薄叶润楠、轮叶木姜子、深山含笑、香楠等比较常见。

草本层植物比较丰富，600m^2样地有 19 种，覆盖度 60% ~75%。种类成分多是喜阴湿的种类，其中蕨类植物不少。优势种为叶底红，次优势种有蜘蛛抱蛋、倒挂铁角蕨、江南星蕨、华东瘤足蕨等 4 种，常见的种类有黑鳞剑蕨(*Loxogramme assimilis*)、鱼鳞蕨、友水龙骨、山姜和楼梯草等。

藤本植物不发达，600m^2样地有 12 种，数量也不多。较常见的有海南链珠藤、冠盖藤、菝葜、爬藤榕等。

该群落发展下去，演替成比较稳定的顶极群落时，根据表 9-112 群落的天然更新情况，有可能成为以鹿角锥、云山青冈为优势的群落或与深山含笑组成共优势的群落。

表 9-112 深山含深 + 赤杨叶 – 黄樟 – 香楠 – 赤楠 – 叶底红群落灌木层和草本层种类组成及分布情况

序号	种名	多度盖度级						频度(%)	更新(株)	
		Ⅰ	Ⅱ	Ⅲ	Ⅳ	Ⅴ	Ⅵ		幼苗	幼树
	灌木层植物									
1	基脉润楠	4	2	4		4	2	83.3	27	27
2	云山青冈	3		3	3	1	4	83.3	10	20
3	赤楠	2	2	1	3	1		83.3		
4	薄叶润楠		4	3	4	4	3	83.3	14	34
5	钝齿尖叶桂樱	1	3	4	4	4		83.3	3	5
6	鹿角锥		4	4	4	4	3	83.3	36	39
7	星毛鸭脚木		2	3	3	3	2	83.3	11	14
8	深山含笑	3	2	3		2	2	83.3	15	11
9	猴欢喜	3	3		2		1	66.7		7
10	广东山胡椒	1	1	3		4		66.7	7	19
11	香楠	4		4	4		2	66.7	15	19
12	罗浮槭		2			3	1	50	1	5
13	轮叶木姜子		4		4		4	50	17	28
14	东方古柯	1	2				1	50	4	5
15	锈叶新木姜子	4		4		4		50	29	38
16	黄丹木姜子	4		4		4		50	18	17
17	箬竹	3	4				2	50		
18	鼠刺	3			3		1	50		2
19	大花枇杷	3		3		3		50	3	3
20	广东新木姜子			3		4	1	50	6	11
21	单毛桤叶树			3	3	2		50		
22	海南树参	2				4		33.3	4	4
23	岭南山茉莉	1			1			33.3	3	1
24	吴茱萸五加		3				3	33.3	4	10

（续）

序号	种名	多度盖度级						频度（%）	更新（株）	
		Ⅰ	Ⅱ	Ⅲ	Ⅳ	Ⅴ	Ⅵ		幼苗	幼树
25	虎皮楠	1	2			3	2	33.7	7	11
26	黄樟	3	2					33.3	7	11
27	大果厚皮香		1				1	33.3		2
28	川桂			1	1			33.3	2	
29	硬壳柯				1		1	33.3		2
30	柏拉木		3				3	33.3		
31	青榨槭		3				2	33.3	7	10
32	越南安息香		1		1			33.3		1
33	竹叶木姜子		2				2	33.3	2	4
34	黄杞		2					16.7		2
35	紫金牛		1					16.7		
36	毛狗骨柴		1					16.7		1
37	网脉木犀			1				16.7		
38	草珊瑚			3				16.7		
39	短梗新木姜子			4				16.7	2	4
40	疏花卫矛			3				16.7		
41	腺叶桂樱			1				16.7		
42	粗叶木			1				16.7		
43	华西箭竹			3				16.7		
44	长尾毛蕊茶				1			16.7		
45	变叶榕				1			16.7		
46	樟叶泡花树					1		16.7		1
47	密花树					1		16.7		
48	野黄桂						1	16.7		1
49	大果木姜子						1	16.7		2
50	蓝果树						1	16.7		1
51	红脉榕						1	16.7		
52	南山花	1						16.7		
53	乐昌含笑	1						16.7	2	
54	狭叶木犀	3						16.7		
55	罗浮锥	4						16.7	9	12
56	竹子	4						16.7		
	草本层植物									
1	叶底红	4	7	4	6	7	7	100		
2	蜘蛛抱蛋1种	6	5	5	3	5	5	100		
3	倒挂铁角蕨	3	4	4	4	4	4	100		
4	江南星蕨	4	4	4	3	4	3	100		
5	华东瘤足蕨	3	4	4	4	3	3	100		
6	华中铁角蕨	3	3	4	3	3	3	100		
7	黑鳞剑蕨	1	3	5	2	4	3	100		
8	鱼鳞蕨		2	1	4	1	2	83.3		
9	友水龙骨	4		4	4	2		66.7		
10	山姜	4		3		3	4	66.7		
11	楼梯草	3			4	4	3	66.7		
12	长茎金耳环	3		3			2	50		
13	弯蕊开口箭	2	2		2			50		
14	稀羽鳞毛蕨	2	3			1		50		
15	异叶紫云菜		2		3		2	50		
16	玉竹			1			3	33.3		
17	瑶山长蒴苣苔						2	16.7		
18	广西吊石苣苔	1						16.7		
19	斑叶兰		1					16.7		

（续）

序号	种名	多度盖度级						频度(%)	更新(株)	
		Ⅰ	Ⅱ	Ⅲ	Ⅳ	Ⅴ	Ⅵ		幼苗	幼树
					藤本植物					
1	海南链珠藤	sol	sol	sol	sol	sol	sol	100		
2	冠盖藤		sol	sol	sol	sol	sol	83.3		
3	菝葜	sol	sol	sol	sol			66.7		
4	爬藤榕	sol	sp	sol	sol			66.7		
5	异叶地锦		sol	sol	sol		sol	66.7		
6	钝药野木瓜		sol			sol	sol	50		
7	悬钩子					un	sp	33.3		
8	灵川钻地风			sol		sol		33.3		
9	鸡眼藤			sol		sol		33.3		
10	粗叶悬钩子		sol		sol			33.3		
11	银瓣鸡血藤		sol					16.7		
12	藤黄檀		un					16.7		

红脉榕 *Ficus* sp.　　蜘蛛抱蛋1种 *Aspidisdistra* sp.　　异叶紫云菜 *Strobilanthes* sp.　　瑶山长蒴苣苔 *Didymocarpus verecundus*

48. 阔瓣含笑林(Form. *Michelia cavaleriei* var. *platypetala*)

在广西，阔瓣含笑没有深山含笑分布那么广泛，一般见于亚热带地区，尤其中亚热带地区，即桂北一带山地。它也没有深山含笑那样为常绿阔叶林重要的组成成分。但它分布的海拔上限达1900m，比深山含笑高，因此，它不但是常绿阔叶林的组成种类，而且还是中山常绿落叶阔叶混交林和针阔叶混交林的组成种类。下面介绍的群落见于桂北融水县境内的九万山林区。

(1)阔瓣含笑－桂北木姜子－摆竹－花葶薹草群落(*Michelia cavaleriei* var. *platypetala* – *Litsea subcoriacea* – *Indosasa shibataeoides* – *Carex scaposa* Comm.)

该群落见于桂北融水县境内九万山林区的上木匠湾头，海拔1310m，立地土壤为发育于花岗岩上的山地黄壤，表土黑色，厚10～15cm，枯枝落叶层厚3～5cm。群落乔木层有2个亚层。

第一亚层林木高10～18m，胸径20～30cm，树干通直，分枝较低，树冠较连接，郁闭度0.7～0.85，优势种为阔瓣含笑，重要值指数为58.6；次为香港四照花和木荷，重要值指数分别28.1和27.2；伴生种有海南树参、薄叶山矾和滑叶润楠等。

第二亚层林木高2～8m，胸径4～18cm，郁闭度0.3～0.4，常见的种类有桂北木姜子、川钓樟、川桂、苗山桂、长尾毛蕊茶、薄果猴欢喜、薄瓣石笔木、大叶新木姜子、大叶赤杨叶(*Alniphyllum fortunei* var. *megaphyllum*)、赤杨叶、石灰花楸等，其中后3种为落叶阔叶树。

灌木层植物覆盖度65%，主要以摆竹为优势，高2m左右，其他常见的种类有小花杜鹃、粤西绣球、荚蒾、小叶五月茶、小柱悬钩子、掌叶悬钩子(*Rubus* sp.)、耳叶悬钩子(*Rubus latoauriculatus*)等。

草本层植物不发达，覆盖度只有5%，主要以花葶薹草为多，其他的种类有广西薹草、狭叶沿阶草、七星莲(*Viola diffusa*)、江南短肠蕨、阔鳞鳞毛蕨、锦香草、华南赤车、山姜等。

藤本植物也不发达，种类有皱果南蛇藤、尾叶那藤等。

49. 桂南木莲林(Form. *Manglietia conifera*)

桂南木莲是广西木兰科植物中在常绿阔叶林最常见的组成成分，是木兰科植物中成为优势最常见的种类。它分布范围相当广泛，从南部的那坡县，到北部的融水县、全州县；从东部的贺县，到西部的隆林县都可见到，最高海拔南部可达1200m(那坡县)，北部可达1850m(猫儿山)，东部1030m(贺县西山)，西部1710m(隆林金钟山)。下面所介绍的类型都分布于桂北的九万山林区。

(1)桂南木莲－凯里杜鹃－榕叶冬青－摆竹－江南短肠蕨群落(*Manglietia conifera* – *Rhododendron westlandii* – *Ilex ficoidea* – *Indosasa shibataeoides* – *Allantodia metteniana* Comm.)

本群落分布在融水县九万山张家湾，海拔1260m的山地，立地土壤为发育于花岗岩上的山地黄壤，土壤较肥沃，腐殖质层厚5～10cm。群落保存很好，人为干扰较少，乔木层可分成3个亚层。

第一亚层林木高20～35m，胸径一般20～55cm，郁闭度0.7～0.8，树冠连续，林木通直，枝下高

16m 以上。以桂南木莲为优势，在 400m^{2}样地内桂南木莲有 11 株，平均胸径 55cm，平均高 33m，重要值指数 76.4；伴生种有港柯、木姜叶柯，重要值指数分别为 25.1 和 18.3；其他种类有榄叶柯和落叶阔叶树西桦等。

第二亚层林木高 10～15m，胸径 10～18cm，郁闭度 0.3～0.4，主要种类有凯里杜鹃、海南树参、光叶拟单性木兰等，其他种类还有香港四照花、台湾冬青、光叶石楠等。

第三亚层林木高 2～8m，胸径 4～8cm，主要树种有榕叶冬青、软皮桂、川桂、新木姜子、大叶新木姜子、网脉山龙眼等。

灌木层植物高 1.5～2m，覆盖度 50%～60%，以摆竹占优势，竹丛中零星生长有淡黄荚蒾、沈氏十大功劳(*Mahonia shenii*)、锡金粗叶木、日本粗叶木等。

草本层植物不发达，覆盖度 7% 左右，以江南短肠蕨为多见，其他种类有小果蕗蕨(*Mecodium* sp.)、狗脊蕨、粤瓦韦、狭叶沿阶草等。

藤本植物很不发达，种类有异形南五味子等。

(2)桂南木莲 + 绵柯 - 双齿山茉莉 - 鹅掌柴 - 粤西绣球 - 蕨状薹草群落(*Manglietia conifera + Lithocrapus henryi - Huodendron biaristatum - Schefflera heptaphylla - Hydrangea kwangsiensis - Carex filicina* Comm.)

本群落见于融水县境内九万山张家湾，海拔 810m，立地土壤为山地黄壤，地表全为枯枝落叶层覆盖，表土层厚 10～15cm，乔木层可分成 3 个亚层。

第一亚层林木高 20～30m，胸径 20～50cm，郁闭度 0.6～0.7，林木干通直，树冠基本连续。优势种为桂南木莲，重要值指数 74.6；次为绵柯，重要值指数 42.5；伴生种有长序虎皮楠、日本杜英、栲、尖萼厚皮香等。

第二亚层林木高 10～15m，胸径 10～18cm，郁闭度 0.3～0.4，以双齿山茉莉、木荷、栓叶安息香等共为优势，伴生的种类有贵州锥、腺叶桂樱、罗浮柿、马蹄荷等。

第三亚层林木高 2～8m，胸径 4～8cm，郁闭度 0.2～0.3，常见的种类有鹅掌柴、蜡瓣花、瑞木、网脉山龙眼，零星分布的种类有广西山矾、山香圆、海南冬青、腺鼠刺、长尾毛蕊茶、瑶山山矾、异叶榕、青榨槭等。

灌木层植物覆盖度 20%，主要有粤西绣球、日本粗叶木，零星分布的种类有鲫鱼胆、日本五月茶、小叶五月茶等。

草本层植物数量稀少，覆盖度仅 5%，因枯枝落叶多，较厚，种类以蕨状薹草为多，高 20～30cm，零星分布的种类有广西薹草、金毛狗脊、戟叶圣蕨、狗脊蕨、斜羽凤尾蕨(*Pteris oshimensis*)、疏松卷柏(*Selaginella effusa*)、草珊瑚、求米草(*Oplismenus undulatifolius*)等。

(3)桂南木莲 + 凯里杜鹃 - 粤西绣球 - 花葶薹草群落(*Manglietia conifera + Rhododendron westlandii - Hydrangea kwangsiensis - Carex scaposa* Comm.)

本群落分布在融水县九万山杨梅坳以南，海拔 1370m，立地土壤为发育于花岗岩上的山地森林黄壤，土壤肥力较低，地表枯枝落叶较少。此群落在九万山林区杨梅坳较有代表性，是 20 世纪 50～60 年代砍伐后留下的残次更新林，面积较大，乔木仅 1 层。

乔木层林木高 2～8m，胸径 4～10cm，树干通直，树冠连续，植株密度大，郁闭度 0.6～0.7。以桂南木莲、凯里杜鹃和桂北木姜子共为优势，重要值指数分别为 60.0、53.7 和 53.7；伴生的种类有苗山桂、黄牛奶树、仿栗、川桂、亮叶杨桐、日本杜英、冬桃、硬壳桂、光叶石楠和落叶阔叶树青榨槭、野漆、暖木(*Meliosma veitchiorum*)等；此外，还包括贵州桤叶树、瑶山山矾、光枝杜鹃、四川冬青、花椒簕等灌木。

灌木草本层植物覆盖度不足 10%，灌木植物数量还不多，仅有几株粤西绣球，草本以花葶薹草为多，其次有狭叶沿阶草、镰羽瘤足蕨、狗脊蕨等。

根据 3 个样地面积 1000m^{2}调查，桂南木莲分布广，在残次林中更新快，树干通直，是当地优良的速生树种，可利用该树种将当地次生林改造成丰产林。

50. 乐东拟单性木兰林(Form. *Parakmeria lotungensis*)

(1)乐东拟单性木兰 - 亮叶厚皮香 + 华南木姜子 - 滑叶润楠 + 竹叶木姜子 - 摆竹 - 骤尖楼梯草群

落(*Parakmeria lotungensis* - *Ternstroemia nittida* + *Litsea greenmaniana* - *Machilus ichangensis* var. *leiophylla* + *Litsea pseudoelongata* - *Indosasa shibataeoides* - *Elatostema cuspidatum* Comm.)

乐东拟单性木兰在广西比较少见，目前只在灵川七分山、花坪保护区、融水县元宝山保护区、大明山保护区和大瑶山保护区有分布，以它为优势的林分更为少见。

该群落分布在融水县境内九万山林区，仅见于久仁一带，海拔1200~1300m的沟谷地带。代表样地设在海拔1250m的西坡，立地土壤为发育于花岗岩上的山地森林黄壤，土表枯枝落叶层较薄，土层深60~80cm，腐殖质层厚约5cm。

群落总覆盖度95%，乔木层可分成3个亚层，600m^2样地有维管束植物63种，其中乔木层有36种。

第一亚层林木高16~22m，胸径22~40cm，最高28m，最粗58cm，树冠基本连续，覆盖度70%。本亚层共有乔木12种、22株，其中乐东拟单性木兰有4株，占该亚层总株数的18.3%，但它的植株比较粗大，基面积占该亚层基面积的33.5%，重要值指数为67.5，排列第一位；其次为银木荷和阔瓣含笑，各有2株，重要值指数分别为36.2和33.9，排列第二和第三位；其他常见的种类按其重要值指数大小排列为樟叶槭、木姜叶柯、栓叶安息香、亮叶厚皮香、白背叶、小花红花荷、马蹄参、双齿山茉莉和赤杨叶等，其中白背叶和赤杨叶为落叶阔叶树。

第二亚层林木高9~14m，胸径9~20cm，树冠不太连接，覆盖度60%。本亚层有林木19种、37株，以亮叶厚皮香和华南木姜子居多，重要值指数分别为38.0和31.4，排列第一和第二位；其次为多齿山茶和榕叶冬青，重要值指数分别为25.7和22.3，排列第三和第4位；其他常见的种类有瑞木、四川大头茶、黄牛奶树、青榨槭、腺毛泡花树、日本杜英、野柿、野漆等，其中青榨槭、腺毛泡花树、野柿和野漆为落叶阔叶树；乐东拟单性木兰在本亚层也有它的位置。

第三亚层林木高4~8m，胸径4~10cm，植株细小，树冠不连接，覆盖度50%。本亚层有林木19种，与上亚层相同，但株数比上个亚层多，有56株。以滑叶润楠、黄丹木姜子和华南木姜子居多，重要值指数分别为40.7、40.0和38.3；常见的种类有网脉山龙眼、鼠刺、疏花卫矛、鸭公树、亮叶桦、凯里杜鹃、光叶石楠和长尾毛蕊茶等，其中亮叶桦为落叶阔叶树。

灌木层植物覆盖度50%，高1~2.5m，摆竹占有较大的优势，局部密度达10~20根/m^2，竹茎粗0.3~0.5cm，覆盖度为30%。其他灌木种类有微毛柃、日本粗叶木、柏拉木、贵州杜鹃、鼠刺和桃叶珊瑚等。乔木的幼树不少，常见的有16种，多数为现有乔木的种类。

草本层植物高0.2~0.6m，覆盖度30%。组成种类以骤尖楼梯草为主，较多的种类有锦香草、针毛蕨、镰羽瘤足蕨、花葶薹草和深绿卷柏等，零星分布的种类有匙叶草、戟叶圣蕨、肾蕨、狗脊蕨、阔鳞鳞毛蕨、十字薹草等。

藤本植物不发达，种类和数量都稀少，种类有粗叶悬钩子、角裂悬钩子、乌蔹莓、防已叶菝葜、异形南五味子等。苔藓植物附生现象较普遍，但不甚发达。

51. 焕镛木林(Form. *Woonyoungia septentrionalis*)

在我国，焕镛木只分布于广西西北部的罗城、环江和贵州东南部的荔坡，广西环江和贵州荔坡的分布区是连成一片的。它生长在岩溶山地和第四纪红土覆盖的岩溶地层上。从目前调查所得到的资料看，分布在岩溶山地的焕镛木，仅是少量零星散生于林中，作为林木层种类组成的伴生种，不成为群落上层林木的建群种或共优势种；而分布在第四纪红土覆盖的岩溶地层上的焕镛木，它能成为群落的建群种或优势种。广西罗城县桥头乡的榜、焕镛木林和下面介绍的两个分布在环江县木论保护区的群落，都生长在第四纪红土覆盖的岩溶地层上。

(1)焕镛木-檵木-檵木-檵木-黑鳞珍珠茅群落(*Woonyoungia septentrionalis* - *Loropetalum chinense* - *Loropetalum chinense* - *Loropetalum chinense* - *Scleria hookeriana* Comm.)

该群落见于环江县木论乡木论村板楠屯，海拔512m，生长在覆盖第四纪红土的岩溶地层上，土壤为黄壤。土壤被覆率70%，岩石裸露30%，枯枝落叶层厚5cm，分解良好；土层厚50cm左右，局部达100cm。

该群落由于生长在第四纪红土覆盖的岩溶地层上，故种类组成比较混杂，既有经常见于岩溶土壤上的区系成分，又有经常见于红壤系列土壤上的区系成分，但总的以常绿的种类占优势，所以这种类型还是属于常绿阔叶林性质。可能由于地形上的原因，该地受冷空气的影响不太大，故两种地层上的区系成分，都含有一定的热带性质的种类。

该群落受人为影响很大，主要是砍伐林中有用的木材，故萌生的植株很多，上层林木种类和植株数量偏少，有一定数量的落叶阔叶树入侵。但群落保存还是比较好的，乔木层覆盖度达80%，仍可分为3个亚层。

第一亚层林木高16m左右，胸径13～32cm，从表9-113可知，600m^{2}样地有林木3种、10株，是3个亚层中种数和株数最少的1个亚层，但因植株粗大，基面积达0.3729m^2，排列第二。焕镛木占有绝对的优势，有8株，重要值指数246.7，其他两种都是单株出现。该亚层种类没有落叶阔叶树。第二亚层林木高8～14m，胸径4～11cm，最粗36cm，600m^{2}样地有林木19种、105株。种数在3个亚层中排第二，株数比第三亚层稍少，也排第二，但基面积高达0.6197m^2，排列第一。该亚层檵木占有明显的优势，有54株，重要值指数99.1，檵木的材质好，是受砍伐的主要对象，植株多数是萌生的，树干倾斜；次优势种为栓叶安息香和焕镛木，各有13和7株，重要值指数分别为39.1和32.8；常见的种类有猴欢喜和鹧鸪花，重要值指数分别为21.8和20.9。该亚层落叶阔叶树有鸡仔木、菜豆树、皂荚（*Gleditsia sinensis*）、朴树和裂果漆（*Toxicodendron griffithii*）5种，重要值指数共41.6。第三亚层林木高3.5～7m，胸径2～7cm，最粗36cm，600m^{2}样地有林木22种、108株，虽然是3个亚层中种数和株数最多的一个亚层，但因为植株细小，基面积只有0.2526m^2，又是3个亚层中最小的1个亚层。本亚层檵木仍占有明显的优势，有48株，重要值指数85.8，排列第一；排列第二的是皂夹，它虽然只有1株，但因胸径粗，重要值指数高达41.6；剩下的种类重要值指数分配比较分散，比较重要的为香港木兰、光叶石楠、猴欢喜、假苹婆，重要值指数分别为17.8、17.7、15.3和14.0；焕镛木在该亚层也占有一定的位置，有6株，重要值指数16.9。该亚层落叶阔叶树有皂夹、假圆叶乌桕、米念芭、裂果漆4种，重要值指数58.3。从整个乔木层分析，虽然檵木性状为小乔木，最多只能进入到第二亚层林木的下层空间，不可能成为第一亚层林木的优势种；但因为它植株很多，有17株/100m^2，故相对密度相当大，达到45.7%，依靠大的相对密度，它的重要值指数高达76.5，排列第一；焕镛木虽然为上层林木的优势种，而且在第二亚层和第三亚层也占有一定的位置，但终因植株比檵木少得多，重要值指数不如檵木，只有53.6，排列第二，但焕镛木性状为大乔木，在上层又占有绝对的优势，故该类型还是属于以焕镛木为主的群落。栓叶安息香、猴欢喜和鹧鸪花，性状虽然也是大乔木，但目前还是处于进展中种群，植株还不够粗大，尚没有到达上层空间，而且株数也不多，故重要值指数不大。其他的种类，有的性状为小乔木，有的为偶见种，所以重要值指数不大，分配比较分散。该群落的乔木层组成种类中，鹧鸪花、红鳞蒲桃、胭脂、红山梅、鱼尾葵、丛花厚壳桂和锯叶竹节树，为广西季节性雨林常见的组成种类；常见生长于红壤系列土壤上的种类有栓叶安息香、猴欢喜、鹧鸪花、光叶石楠、红鳞蒲桃、红山梅、交让木、笔罗子、丛花厚壳桂和锯叶竹节树等；常见生长于岩溶土壤上的种类有焕镛木、皂夹、鸡仔木、齿叶黄皮、菜豆树、米念芭、朴树、毛果巴豆、石山柿等；两种土壤上常见的种类有檵木、假苹婆、胭脂、鱼尾葵、鹅掌柴等。

表9-113　焕镛木－檵木－檵木－檵木－黑鳞珍珠茅群落乔木层种类组成及重要值指数

（样地号：木论04，样地面积：600m^2，地点：环江县木论乡木论村板南屯，海拔：512m）

序号	树种	基面积(m^2)	株数	频度(%)	重要值指数
		乔木Ⅰ亚层			
1	焕镛木	0.342	8	100	246.706
2	胭脂	0.018	1	16.7	27.239
3	交让木	0.013	1	16.7	26.06
	合计	0.373	10	133.3	300.005
		乔木Ⅱ亚层			
1	檵木	0.202	54	100	99.076

（续）

序号	树种	基面积（m^2）	株数	频度（%）	重要值指数
2	栓叶安息香	0.088	13	83.3	39.114
3	焕镛木	0.085	7	83.3	32.842
4	猴欢喜	0.032	7	66.7	21.812
5	鹧鸪花	0.032	6	66.7	20.949
6	鸡仔木	0.102	1	16.7	19.878
7	光叶石楠	0.008	3	33.3	9.086
8	菜豆树	0.012	2	33.3	8.895
9	越南山矾	0.013	1	16.7	5.594
10	香叶树	0.004	2	16.7	5.064
11	鱼尾葵	0.01	1	16.7	4.986
12	皂荚	0.008	1	16.7	4.72
13	胭脂	0.006	1	16.7	4.479
14	朴树	0.005	1	16.7	4.263
15	笔罗子	0.005	1	16.7	4.263
16	毛果巴豆	0.004	1	16.7	4.073
17	裂果漆	0.002	1	16.7	3.769
18	红鳞蒲桃	0.001	1	16.7	3.566
19	齿叶黄皮	0.001	1	16.7	3.566
	合计	0.62	105	666.7	299.996
乔木Ⅲ亚层					
1	檵木	0.066	48	100	85.791
2	皂荚	0.096	1	16.7	41.579
3	香港木兰	0.007	8	50	17.805
4	光叶石楠	0.011	9	33.3	17.721
5	焕镛木	0.009	6	50	16.855
6	猴欢喜	0.005	6	50	15.331
7	假苹婆	0.008	6	33.3	13.98
8	红山梅	0.025	1	16.7	13.564
9	齿叶黄皮	0.004	3	33.3	9.678
10	红鳞蒲桃	0.002	3	33.3	8.808
11	假圆叶乌桕	0.001	2	33.3	7.54
12	香叶树	0.001	2	33.3	7.384
13	鹅掌柴	0.005	2	16.7	6.437
14	米念芭	0.003	2	16.7	5.411
15	栓叶安息香	0.001	2	16.7	4.665
16	石山柿	0.002	1	16.7	4.267
17	水同木	0.002	1	16.7	4.267
18	丛花厚壳桂	0.001	1	16.7	3.988
19	矮小天仙果	0.001	1	16.7	3.77
20	裂果漆	0.001	1	16.7	3.77
21	锯叶竹节树	0.001	1	16.7	3.77
22	鹧鸪花	0	1	16.7	3.614
	合计	0.253	108	650	299.994
乔木层					
1	檵木	0.268	102	100	76.485
2	焕镛木	0.436	21	100	53.648
3	栓叶安息香	0.089	15	83.3	21.552
4	猴欢喜	0.037	13	83.3	16.505
5	鹧鸪花	0.033	7	83.3	13.462
6	皂荚	0.104	2	33.3	12.331
7	光叶石楠	0.018	12	50	11.473

（续）

序号	树种	基面积(m^2)	株数	频度(%)	重要值指数
8	鸡仔木	0.102	1	16.7	10.161
9	香港木兰	0.007	8	50	8.752
10	齿叶黄皮	0.005	4	50	6.825
11	假苹婆	0.008	6	33.3	6.436
12	香叶树	0.005	4	33.3	5.281
13	红鳞蒲桃	0.003	4	33.3	5.11
14	菜豆树	0.012	2	33.3	4.964
15	胭脂	0.024	2	16.7	4.365
16	假圆叶乌桕	0.001	2	33.3	4.087
17	红山梅	0.025	1	16.7	4.031
18	越南山矾	0.013	1	16.7	3.053
19	交让木	0.013	1	16.7	3.053
20	鹅掌柴	0.005	2	16.7	2.845
21	鱼尾葵	0.01	1	16.7	2.75
22	裂果漆	0.003	2	16.7	2.65
23	米念芭	0.003	2	16.7	2.637
24	朴树	0.005	1	16.7	2.391
25	笔罗子	0.005	1	16.7	2.391
26	毛果巴豆	0.004	1	16.7	2.296
27	石山柿	0.002	1	16.7	2.145
28	水同木	0.002	1	16.7	2.145
29	丛花厚壳桂	0.001	1	16.7	2.088
30	矮小天仙果	0.001	1	16.7	2.044
31	锯叶竹节树	0.001	1	16.7	2.044
	合计	1.245	223	1083.3	299.998

灌木层植物种类组成比较丰富，从表9-114可知，包括幼树在内，600m^2样地有51种，但分布不均匀，有的地段覆盖度20%～30%，有的地段覆盖度40%～60%。组成种类以檵木为优势，其他的种类数量都较少，稍为常见的有海南罗伞树、蜜茱萸和假九节等。乔木更新较好的种类为栓叶安息香、焕镛木、川黔润楠(*Machilus chuanchienensis*)和粗糠柴。从更新情况看，目前乔木层优势种的配置，可以保持群落相对稳定的状态。

草本层植物种类组成也比较丰富，600m^2样地有20种，但分布也不均匀，有的地段覆盖度10%～15%，有的地段覆盖度30%～50%。优势种为黑鳞珍珠茅，常见的种类有卷柏和镰叶瘤足蕨等。

藤本植物不发达，600m^2样地只有10种，数量也不多。较常见的种类为素馨藤(*Jasminum* sp.)、龙须藤和菝葜等。

表9-114　焕镛木－檵木－檵木－檵木－黑鳞珍珠茅群落灌木层和草本层种类组成及分布情况

序号	种名	多度盖度级						频度(%)	更新(株)	
		Ⅰ	Ⅱ	Ⅲ	Ⅳ	Ⅴ	Ⅵ		幼苗	幼树
	灌木层植物									
1	檵木	5	5	5	5	5	5	100.0		
2	海南罗伞树	2	1	4	1		2	83.3		
3	蜜茱萸		1	4	2	2		83.3		
4	假九节	1	2	2	2	2		83.3		
5	悬钩子		1	1			1	50.0		
6	金竹		2				2	33.3		
7	干花豆		2	2				33.3		
8	日本女贞	2		2				33.3		
9	卫矛属1种			2	1			33.3		
10	粗叶榕			1			2	33.3		

（续）

序号	种名	多度盖度级						频度（%）	更新（株）	
		Ⅰ	Ⅱ	Ⅲ	Ⅳ	Ⅴ	Ⅵ		幼苗	幼树
11	石山柿		2		2			33.3		
12	萝芙木		2					16.7		
13	千里香		2					16.7		
14	多花勾儿茶			1				16.7		
15	假卫矛			1				16.7		
16	锯叶竹节树				1			16.7		
17	夹竹桃科 1 种				2			16.7		
18	台湾榕					2		16.7		
19	毛果算盘子					1		16.7		
20	走马胎					2		16.7		
21	山莓						2	16.7		
22	小蜡	2						16.7		
23	红背山麻杆	2						16.7		
24	大戟科 1 种		1					16.7		
25	栓叶安息香								7	34
26	焕镛木								11	17
27	川黔润楠								2	15
28	粗糠柴								10	9
29	齿叶黄皮								4	4
30	假苹婆								1	6
31	大戟科 1 种								2	8
32	鹅掌柴									15
33	香港木兰									10
34	香叶树									9
35	毛叶含笑									5
36	猴欢喜									5
37	丛花厚壳桂									5
38	笔罗子									5
39	红鳞蒲桃									5
40	光叶石楠									4
41	围涎树								96	2
42	菜豆树									2
43	海红豆									2
44	光叶木姜子									2
45	石斑木									2
46	皂夹								1	1
47	冬青 1 种									1
48	栲									1
49	毛叶脚骨脆									1
50	山麻风树								1	
51	红山梅								1	
	草本层植物									
1	黑鳞珍珠茅		5	7	4	4	5	83.3		
2	卷柏	4	3	3	1	2	3	100.0		
3	镰叶瘤足蕨	4	1	1	1	1	1	100.0		
4	华南毛蕨	3	1	2	2		1	83.3		
5	间型沿阶草	1	1		2	2	1	83.3		
6	露兜树		3		1	3	4	66.7		
7	山姜			1	1	2	1	66.7		
8	狭叶沿阶草	3	1		2			50.0		
9	大叶仙茅			2	2	2		50.0		

（续）

序号	种名	多度盖度级						频度(%)	更新(株)	
		Ⅰ	Ⅱ	Ⅲ	Ⅳ	Ⅴ	Ⅵ		幼苗	幼树
10	三叉蕨				1	1	1	50.0		
11	板蓝	5	2					33.3		
12	天门冬		1		2			33.3		
13	兰科1种			2	2			33.3		
14	金毛狗脊						3	16.7		
15	刚莠竹		2					16.7		
16	小花蜘蛛抱蛋			2				16.7		
17	海金沙				2			16.7		
18	淡竹叶	2						16.7		
19	山菅	2						16.7		
20	肾蕨			1				16.7		
藤本植物										
1	素馨藤	2	2	2	2	2	1	100.0		
2	龙须藤		3	2	1	3	3	83.3		
3	菝葜		1	1	2	2	1	83.3		
4	白藤	2		1		1	1	66.7		
5	香港鹰爪花	3		3	1		2	66.7		
6	假鹰爪		3	3	2	1		66.7		
7	山蒌					1	2	33.3		
8	瘤皮孔酸藤子		2					16.7		
9	石柑子			2				16.7		
10	斑鸠菊	2						16.7		

干花豆 *Fordia cauliflora*　萝芙木 *Rarvolfia verticillata*　假卫矛 *Microtropis* sp.　毛叶含笑 *Michelia* sp.　光叶木姜子 *Litsea* sp.　石斑木 *Rhaphiolepis indica*　毛叶脚骨脆 *Casearia velutina*　华南毛蕨 *Cyclosorus parasiticus*　三叉蕨 *Tectaria subtriphylla*　小花蜘蛛抱蛋 *Aspidistra minutiflora*　斑鸠菊 *Vernonia esculenta*

（2）焕镛木－焕镛木－檵木－檵木－干旱毛蕨＋兖州卷柏群落（*Woonyoungia septentrionalis* – *Woonyoungia septentrionalis* – *Loropetalum chinense* – *Loropetalum chinense* – *Cyclosorus aridus* + *Selaginella involvens* Comm.）

本群落分布于木论乡木论村板楠屯，海拔540m。群落立地土壤占30%，露石覆盖地面占70%，土层较深厚，地表都有枯枝落叶覆盖，土壤较肥沃，环境较湿润。

群落郁闭度高达0.9，种类组成丰富，400m^2样地有49科93属97种，其中乔木层有21科24属25种。乔木层可分成3个亚层。

第一亚层林木高15～17m，胸径一般13～24cm，最大27.8cm，林木分布较均匀，树干通直圆满，覆盖度55%，树冠不太连接。从表9-115可知，有5种、12株，是3个亚层中种数和株数最少的一个亚层，虽然株数只占乔木层总株数的14.0%，但植株比较粗大，基面积占乔木层总基面的52.5%。焕镛木居绝对优势的地位，株数占一半，重要值指数超过半数，达到159.7；黄樟和栓叶安息香各有2株，前者茎粗，重要值指数排第二，为56.7，后者茎不如前者，重要值指数为34.8，排列第三；其他2种为单株出现。本亚层落叶阔叶树有菜豆树1种，重要值指数为25.5，无论是种数还是重要值指数，常绿阔叶树均占绝对优势。

表 9-115　焕镛木－焕镛木－檵木－檵木－干旱毛蕨＋兖州卷柏群落乔木层种类组成及重要值指数

（样地面积：400m²，地点：环江县木论乡木论村板楠屯，海拔：540m）

序号	树种	基面积(m²)	株数	频度(%)	重要值指数
		乔木Ⅰ亚层			
1	焕镛木	0.21	6	100	159.7
2	黄樟	0.06	2	50	56.7
3	栓叶安息香	0.02	2	25	34.8
4	菜豆树	0.02	1	25	25.5
5	青冈	0.01	1	25	23.4
	合计	0.33	12	225	300.1
		乔木Ⅱ亚层			
1	焕镛木	0.09	7	50	103.7
2	栓叶安息香	0.05	5	75	77.2
3	日本杜英	0.01	2	50	34.5
4	樟	0.02	1	25	26.5
5	喙顶红豆	0.01	2	25	25.5
6	小籽海红豆	0.01	1	25	17.7
7	檵木	0	1	25	15.1
	合计	0.19	19	275	300.2
		乔木Ⅲ亚层			
1	檵木	0.02	10	100	48
2	虎皮楠	0.01	9	75	37.4
3	焕镛木	0.01	5	50	29.7
4	栓叶安息香	0.01	7	75	28.5
5	长叶柞木	0.02	3	25	25.9
6	小芸木	0	4	100	21
7	日本杜英	0.01	1	25	14
8	猴欢喜	0.01	1	25	11.6
9	歪叶榕	0	2	25	10
10	圆叶乌桕	0	1	25	7.8
11	黄樟	0	1	25	6.9
12	菜豆树	0	1	25	6.1
13	小籽海红豆	0	1	25	5.6
14	香叶树	0	1	25	5.6
15	笔罗子	0	1	25	5.3
16	石山柿	0	1	25	5.3
17	翻白叶树	0	1	25	5.1
18	构树	0	1	25	5.1
19	枇杷	0	1	25	5.1
20	红鳞蒲桃	0	1	25	5.1
21	角叶槭	0	1	25	5.1
22	油柿	0	1	25	5.1
	合计	0.1	55	825	299.3
		乔木层			
1	焕镛木	0.32	18	100	83.1
2	栓叶安息香	0.07	14	75	35.9
3	檵木	0.02	11	100	25.7
4	虎皮楠	0.01	9	75	19.8
5	黄樟	0.06	3	50	18.3
6	小芸木	0	4	100	14.9
7	日本杜英	0.02	3	50	11.7
8	长叶柞木	0.02	3	25	8.7
9	菜豆树	0.02	2	25	8.3
10	樟	0.02	1	25	7.5
11	喙顶红豆	0.01	2	25	6.1

（续）

序号	树种	基面积(m^2)	株数	频度(%)	重要值指数
12	小籽海红豆	0.01	2	25	6
13	青冈	0.01	1	25	5.9
14	歪叶榕	0	2	25	5.3
15	猴欢喜	0.01	1	25	4.7
16	圆叶乌桕	0	1	25	4.2
17	笔罗子	0	1	25	3.8
18	翻白叶树	0	1	25	3.8
19	构树	0	1	25	3.8
20	枇杷	0	1	25	3.8
21	香叶树	0	1	25	3.8
22	石山柿	0	1	25	3.8
23	红鳞蒲桃	0	1	25	3.8
24	角叶槭	0	1	25	3.8
25	油柿	0	1	25	3.8
	合计	0.62	86	1000	300.3

小籽海红豆 *Adenanthera pavonina* var. *microsperma*　　歪叶榕 *Ficus cyrtophylla*

第二亚层林木高 8～15m，胸径 8～14cm，最大 28cm，覆盖度 60%，树冠基本连接。本亚层有林木 7 种、19 株，种数和株数比第一亚层稍多，焕镛木仍占有明显的优势，有 7 株，重要值指数 103.7；次优势种为栓叶安息香，有 5 株，重要值指数 77.2；常见的种类有日本杜英、樟和喙顶红豆。本亚层的落叶阔叶树有小籽海红豆 1 种，重要值指数 17.7。

第三亚层林木高 4～7m，以 4～6m 居多，胸径一般 2～4cm，个别最大达 9cm，覆盖度 70%，树冠连续。本亚层有林木 22 种、55 株，是 3 个亚层中种数和株数最多的一个亚层，虽然株数占乔木层总株数的 64.0%，但植株细小，基面积只占乔木层总基面积的 15.4%。本亚层重要值指数分配比较分散，优势种檵木有 10 株，重要值指数 48.0；次优势虎皮楠，有 9 株，重要值指数 37.4；常见种焕镛木、栓叶安息香、长叶柞木、小芸木(*Micromelum integerrimum*)，重要值指数 30～20；剩下的 16 种几乎为单株出现，重要值指数在 14～5。本亚层落叶阔叶树有圆叶乌桕、菜豆树、海红豆、翻白叶树、构树、油柿(*Diospyros oleifera*) 6 种，重要值指数 34.8，虽然种类比上 2 个亚层多，但重要值指数仍较小。

从整个乔木层分析，焕镛木株数最多，有 18 株，又比较粗大，在第一亚层和第二亚层占有明显的优势，在第三亚层也有一定的位置，故在整个乔木层中优势仍很突出，重要值指数达到 83.1。从表 9-116 可知，它有幼苗 17 株，幼树 19 株，故种群结构完整，能长期保持其优势的地位。栓叶安息香在群落中一般多是作为次优势种或常见种的性质出现，在本群落中它的地位仅次于焕镛木，有 14 株，重要值指数 35.9，排列第二，与它的性状符合。它种群结构也完整，也能长期保持目前这种地位。檵木的株数也不少，但它的性状为小乔木，只能在下层林木占优势，正常情况下在整个乔木层中重要值指数不会很大。虎皮楠的性状与栓叶安息香相近。其他的种类一般是一些偶见种，所以它们的重要值指数比较分散，不占重要的位置。

表 9-116　焕镛木－焕镛木－檵木－檵木－干旱毛蕨＋兖州卷柏群落灌木层和草本层种类组成及分布情况

序号	种名	多度	频度(%)	更新(株)	
				幼苗	幼树
	灌木层植物				
1	绢毛羊蹄甲	sp	100		
2	五瓣子楝树	sol	75		
3	紫珠	sol	75		
4	石岩枫	sol	75		
5	假鹰爪	sol	75		
6	多叶猴耳环	sol	50		
7	白皮乌口树	sol	50		

（续）

序号	种名	多度	频度（%）	更新（株）	
				幼苗	幼树
8	杜茎山	sol	50		
9	小构树	sol	50		
10	尖叶毛柃	sol	50		
11	小叶红叶藤	sol	50		
12	四子海桐	sol	25		
13	大叶罗芙木	sol	25		
14	九里香	sp	25		
15	粗叶地桃花	sol	25		
16	毛果算盘子	un	25		
17	野独活	sol	25		
18	柘	sol	25		
19	红背山麻杆	sol	25		
20	毛桐	sol	25		
21	蜜茱萸	sol	25		
22	序叶苎麻	sol	25		
23	玉叶金花	sol	25		
24	鸡桑	sol	25		
25	雀梅藤	sol	25		
26	山蚂蟥	sol	25		
27	粗毛假地豆	sol	25		
28	五爪风	sol	25		
29	粗叶悬钩子	sol	25		
30	朱砂根	sol	25		
31	白花酸藤子	sol	25		
32	焕镛木	sp	100	17	19
33	虎皮楠	sp	100	12	24
34	檵木	sp	100	14	32
35	石山柿	sol	100	4	8
36	翻白叶树	sol	100		5
37	粗糠柴	sol	100		
38	日本杜英	sp	100	0	6
39	香叶树	sol	100		
40	栓叶安息香	sp	75	8	16
41	假苹婆	sol	75		
42	小芸木	sol	75		
43	绒润楠	sol	50		
44	印度血桐	sol	50		
45	青冈	sol	25	2	4
46	菜豆树	un	25		1
47	革叶铁榄	sol	25		
48	笔罗子	sol	25		2
49	伊桐	un	25		
50	岩樟	sol	25		
51	朴树	un	25		
52	白楠	un	25		
53	野漆	sol	25		
		草本层植物			
1	干旱毛蕨	sp	100		
2	兖州卷柏	sp	100		
3	翠云草	sol	100		
4	淡竹叶	sol	100		

（续）

序号	种名	多度	频度（%）	更新(株)	
				幼苗	幼树
5	沿阶草	sol	100		
6	毛果珍珠茅	sol	75		
7	五节芒	sol	75		
8	云南石仙桃	sol	75		
9	肾蕨	sol	75		
10	江南星蕨	sol	75		
11	大叶薹草	sol	50		
12	锯叶合耳菊	sol	50		
13	假东风草	sol	50		
14	日本求米草	sp	50		
15	尾花细辛	sol	50		
16	山姜	sol	50		
17	石韦	sol	50		
18	柔枝莠竹	sol	25		
19	刚莠竹	sol	25		
20	粽叶狗尾草	sol	25		
21	马兰	sol	25		
22	大叶仙茅	sol	25		
23	婆婆针	sol	25		
24	野茼蒿	sol	25		
25	茜草	sol	25		
26	地胆草	sol	25		
27	野雉尾金粉蕨	sol	25		
28	扇叶铁线蕨	sol	25		
藤本植物					
1	日本薯蓣	sol	50		
2	钩吻	sol	25		
3	毛蒟	sol	25		

绢毛羊蹄甲 *Bauhinia* sp.　紫珠 *Callicarpa bodinieri*　多叶猴耳环 *Abarema multifoliolata*　小构树 *Broussonetia kazinoki*
大叶罗芙木 *Rauvolfia latifrons*　粗叶地桃花 *Urena lobata* var. *glauca*　序叶苎麻 *Boehmeria clidemioides*　鸡桑 *Morus australis*
山蚂蟥 *Desmodium* sp.　粗毛假地豆 *Desmodium heterocarpon* var. *strigosum*　五爪风 *Rubus* sp.　白楠 *Phoebe neurantha*
沿阶草 *Ophiopogon* sp.　大叶薹草 *Carex* sp.　假东风草 *Blumea riparia*　粽叶狗尾草 *Setaria palmifolia*
马兰 *Kalimeris indica*　婆婆针 *Bidens bipinnata*

灌木层植物高 2.5m，多为 1.5～2m，分布均匀，覆盖度 40%。种类组成比较丰富，从表 9-116 可知，包括乔木的幼树在内，400m^{2}样地有 53 种。以檵木为优势，较多的种类还有虎皮楠、栓叶安息香、绢毛羊蹄甲(*Bauhinia* sp.)和焕镛木，其他比较常见的种类有香叶树、五瓣子楝树、小芸木、石山柿、日本杜英、珍珠枫、革叶铁榄、杜茎山、九里香、红背山麻杆等。

草本层植物高 0.1～1.5m 不等，种类尚多但数量不多，覆盖度只有 10%。以干旱毛蕨和兖州卷柏较多，零星分布的种类有翠云草、肾蕨、淡竹叶、毛果珍珠茅、日本求米草(*Oplismenus undulatifolius* var. *japonicus*)、江南星蕨、中华艾纳香(*Blumea* sp.)、刚莠竹、尾花细辛(*Asarum caudigerum*)等。

52. 黄杞林(Form. *Engelhardtia roxburghiana*)

黄杞是向常绿阔叶林演替过程中，进入到常绿阔叶林初期阶段的先锋树种，黄杞林是进入到常绿阔叶林初期阶段的一种类型。黄杞在广西分布十分广泛，几乎全区每一个县都有分布。由于它是次生常绿阔叶林的先锋树种，所以在灌丛、幼年林以及成熟的森林都有黄杞的出现，并且是重要的组成成分；但是，由于它是阳性常绿树种，在演替的进程中不断被淘汰，因此，以它为优势的林分又比较少见。下面所介绍的几个类型，面积都很小，而且零星分布。

(1)黄杞+红背甜槠-凯里杜鹃-摆竹-花葶薹草群落(*Engelhardtia roxburghiana + Castanopsis neocavaleriei - Rhododendron westlandii - Indosasa shibataeoides - Carex scaposa* Comm.)

本群落分布在罗城县境内的九万山林区，海拔1050m，立地土壤为山地黄壤，枯枝落叶层厚3~5cm，表土黑色，腐殖质层厚约10~15cm。乔木层可分成2个亚层，上层林木通直，下层林木弯曲。

第一亚层林木高10~20m，胸径20~35cm，枝下高5m以上，郁闭度0.7~0.8，树冠连续。本亚层以黄杞和红背甜槠占优势，重要值指数分别为57.5和46.7；伴生树种有桂北木姜子、滑叶润楠、秃瓣杜英(*Elaeocarpus glabripetalus*)、榄叶柯、四川冬青、虎皮楠等。

第二亚层林木高2~8m，胸径4~18cm，郁闭度0.4~0.5，主要以凯里杜鹃为优势，重要值指数49.5；其他伴生的种类有基脉润楠、米槠、新木姜子、黄牛奶树、台湾冬青、细齿叶柃、长毛杨桐等。

灌木层植物覆盖度40%~50%，主要以摆竹为优势，高1.5~2m，其他种类有疏花卫矛、腺鼠刺、粤西绣球等。

草本层植物高0.2~0.5m，种类和数量均稀少，覆盖度5%，以花葶薹草稍多，其他种类有浆果薹草、三角鳞毛蕨(*Dryopteris subtriangularis*)、狗脊蕨等。

藤本植物不发达，种类和数量更少，种类有鸡眼藤、尖叶菝葜、牛藤瓜等。

(2)黄杞-黄杞+栲-柏拉木+粗叶木-对叶楼梯草群落(*Engelhardia roxburghiana - Engelhardia roxburghiana + Castanopsis fargesii - Blastus cochinchinensis + Lasianthus chinensis - Elatostema sinense* Comm.)

本类型见于桂西德保县黄连山保护区，分布在海拔1000~1300m山地，零星小片。林分郁闭度0.5~0.8，乔木层一般可分为3个亚层。第一亚层林木高15~18m，胸径18~25cm，覆盖度40%~50%。优势种为黄杞，常见的种类有罗浮锥、栲、米槠等。第二亚层林木高10~14m，胸径8~15cm，覆盖度40%~50%。组成种类较多，比较重要的种类有黄杞、栲、桂南木莲、宜昌木姜子(*Litsea ichangensis*)、假柿木姜子、假桂钓樟(*Lindera tonkinensis*)、木荷等。第三亚层林木高4~8m，胸径3~8cm，覆盖度50%左右。种类组成更丰富，常见的种类有宜昌木姜子、假柿木姜子、山竹子、鸭公树、网脉山龙眼、罗浮柿、黄牛奶树等。

灌木层植物高1~2m，覆盖度10%~25%。以柏拉木、粗叶木为主，常见的有粗叶榕、岗柃、栀子、百两金、朱砂根、杜茎山、光叶海桐等。乔木的幼树较重要的有罗浮锥、栲、罗浮柿、阴香、小果冬青、山杜英、山胡椒、黄杞等。

草本层植物不发达，高1~1.5m，覆盖度15%以下。以对叶楼梯草为多，其他较常见的种类还有耳蕨(*Polystichum* sp.)、印度薹草(*Carex* sp.)、鳞毛蕨(*Dryopteris* sp.)、光石韦、秋海棠(*Begonia* sp.)、薄叶卷柏等。

藤本植物种类不多，种类有藤黄檀、粗叶悬钩子、肖菝葜、买麻藤、菝葜等。

(3)黄杞+石斑木-山杜英+香楠-苦竹-扇叶铁线蕨群落(*Engelhardia roxburghiana + Rhaphiolepis indica - Elaeocarpus sylvestris + Aidia canthioides - Pleioblastus amarus - Adiantum flabellulatum* Comm.)

北热带的十万大山，季节性雨林破坏后的残次林中也有黄杞林的出现，该类型见于海拔400m以下的沟谷地带，林分郁闭度0.5左右。据400m^{2}样地调查，乔木层有林木15种、53株，可分成2个亚层。上层林木高14~19m，有林木5种、19株，以黄杞和石斑木为共优势，其个体数分别为10株和6株，个体数为1~2株的种类有野漆、长叶杜英(*Elaeocarpus* sp.)、柳叶润楠等。下层林木高为4~12m，分布于上层林木的种类在此层均有出现，林木个体数为33株，以山杜英和茜树居多，但它们的高度大多小于7m，其次是黄杞和石斑木，虽然个体数不如山杜英和茜树，但它们的高度较高，一般在8~12m之间，其他的种类还有野漆、圆果罗伞、云南樟(*Cinnamomum gladuliferum*)、围涎树、罗浮柿和红锥等。

灌木层植物覆盖度5%~40%，在密林下覆盖度较低，在林窗处较高。种类组成较多，400m^{2}样地计有30种以上，以苦竹为主，较常见或数量较多的有红背山麻杆、蜜茱萸、九节、围涎树、圆果罗伞、台湾毛楤木、两广野桐、调羹树等，零星分布的种类有粗叶榕、了哥王、光叶海桐、杜茎山、毛黄肉楠、草珊瑚等。林下一些乔木树种的幼苗特别多，呈集群分布于母树周围，如围涎树在 $4m^2$ 内有 53 株，高度为 0.1 ~ 0.5m；在另一样方内，两广野桐计有 21 株，高度 0.3 ~ 1m；其他属单株或少数几株的种类有云南樟、黄棉木、黄杞、石斑木、黄毛五月茶、牛耳枫、笔罗子、锯叶竹节树、柳叶润楠、红锥、狭叶坡垒等。

草本层植物种类和数量均稀少，覆盖度小于 5%，稍多的种类有扇叶铁线蕨、山菅、十字薹草、卷柏等。

藤本植物种类比较丰富，常见的有锡叶藤、樟叶木防已、托叶菝葜（*Smilax* sp.）、相思子（*Abrus precatorius*）、褐毛瓜馥木（*Fissitigma* sp.）、蛇泡筋（*Rubus cochinchinensis*）、鸡血藤（*Millettia* sp.）等。

（4）黄杞 - 黄杞 - 薄叶润楠 - 五瓣子楝树 - 窄叶莎草群落（*Engelhardia roxburghiana* - *Engelhardia roxburghiana* - *Machilus leptophylla* - *Decaspermum parviflorum* - *Carex* sp. Comm.）

本群落见于桂西田阳县巴别德爱多柳，海拔 1057 ~ 1150m，是北热带季节性雨林垂直带谱上的山地常绿阔叶林。本群落有它特殊之处，它的基带不是地带性季节性雨林，而是岩溶山地季节性雨林，而岩溶山地季节性雨林垂直带谱上的植被应该是岩溶山地常绿落叶阔叶混交林。但由于群落立地为不纯的石灰岩地层，混杂有砂页岩，故土壤又具有酸性土的特点，不少有代表性的常绿阔叶林常见种类与岩溶土壤常见的种类混杂生长，且前者占据优势，成为常绿阔叶林的一种类型。

群落地表板状石灰岩大块出露，达 80% 以上，土壤只分布于石隙或石块之间，表层黑灰色，下层黄灰至黄色，地表有较多的枯枝落叶覆盖，厚约 5cm。林内湿度较大，没有枯枝落叶层覆盖的地方都为苔藓覆盖，不少林木树干上有苔藓附生，生长良好，一片青绿。

群落曾经遭受砍伐，是一个恢复年代已较久的次生常绿阔叶林，乔木层郁闭度 0.7 ~ 0.85，林木较粗大，可明显地分为 3 个亚层。上层林木树干通直，枝下高较高，冠幅伞形；中层林木树干亦较通直，干细长，树冠较小，集中于顶部；下层林木干细小，冠幅稀疏，不成形，枝条多在顶部。群落种类成分比较混杂，有次生的也有原生性的；有红壤酸性土的种类，也有石灰（岩）土的种类；有常绿的也有落叶的，种类组成十分丰富，植株数量较多，尤其小乔木的数量更多。这些结构和种类组成特点，充分反映了群落次生林的性质。

第一亚层林木高 15 ~ 22m，基径 20 ~ 50cm，覆盖度 50% ~ 70%，从表 9-117 可知，$800m^2$ 样地有林木 9 种、32 株。本亚层是 3 个亚层中种类和株数最少的 1 个亚层，株数只占乔木层总株数的 8.6%，但植株粗大，基面积占乔木层总基面的 52.2%，是 3 个亚层中基面积最大的 1 个亚层。本亚层以黄杞占绝对优势，有 17 株，重要值指数 143.2；较重要的有川桂和青冈，重要值指数分别为 46.9 和 43.1，排列第二和第三位。本亚层常绿阔叶树有黄杞、川桂、青冈 3 种，落叶阔叶树有鸡仔木、红脉桂樱、南酸枣、紫弹树、白蜡树和光皮梾木 6 种，常绿阔叶树种数虽然只占本亚层种数的 33.3%，但株数有 25 株，占本亚层株数的 78.1%，重要值指数 233.2，占本亚层重要值指数的 77.7%，所以还是以常绿阔叶树占有绝对的优势。本亚层的黄杞是地带性次生常绿阔叶林的代表种类，川桂是常绿阔叶林常见的种类；青冈是石灰岩山地常绿落叶阔叶混交林中常绿阔叶树的代表种类，鸡仔木、红脉桂樱、紫弹树、光皮梾木是石灰岩山地常绿落叶阔叶混交林落叶阔叶树的代表种类。

第二亚层林木高 7.5 ~ 14m，基径 6 ~ 22cm，覆盖度 35% ~ 60%。本亚层有林木 33 种、116 株，株数占乔木层总株数的 31.0%，基面积占乔木层总基面的 35.8%，比例还是较大的。本亚层的优势虽然不太突出，但黄杞仍占有明显的地位，有 16 株，重要值指数 45.3，排列第一；排列第二的是薄叶润楠，有 22 株，重要值指数 38.4；排列第三 ~ 五位的是山杜英、青冈和紫弹树，重要值指数分别为 27.1、24.6 和 20.1；剩下的 28 种，重要值指数在 13 以下，分配十分分散。本亚层的落叶阔叶树有紫弹树、鸡仔木、桦叶桂樱（*Laurocerasus* sp.）、南酸枣、大果榉、无患子、朴树、枫香树、圆叶乌桕、野漆、石山柿、长柄茜草共 12 种，株数 30 株，重要值指数 86.7，无论种数、株数和重要值指数，均以常绿阔叶树为主。

表 9-117　黄杞 - 黄杞 - 薄叶润楠 - 五瓣子楝树 - 窄叶莎草群落乔木层种类组成及重要值指数

（样地号：$D_{13}+D_{14}$，样地面积：$400m^2+400m^2$，地点：田阳县巴别德爱乡多柳屯，海拔：1057～1150m）

序号	树种	基面积(m^2)	株数	频度(%)	重要值指数
		乔木Ⅰ亚层			
1	黄杞	1.63	17	100	143.232
2	川桂	0.725	3	37.5	46.902
3	青冈	0.282	5	50	43.114
4	鸡仔木	0.099	2	25	18.599
5	红脉桂樱	0.152	1	12.5	12.684
6	南酸枣	0.08	1	12.5	10.322
7	紫弹树	0.031	1	12.5	8.706
8	白蜡树	0.025	1	12.5	8.51
9	光皮梾木	0.008	1	12.5	7.929
	合计	3.033	32	275	299.999
		乔木Ⅱ亚层			
1	黄杞	0.497	16	62.5	45.315
2	薄叶润楠	0.184	22	87.5	38.412
3	山杜英	0.177	11	75	27.08
4	青冈	0.162	9	75	24.643
5	紫弹树	0.095	11	50	20.093
6	鸡仔木	0.12	5	25	13.106
7	川桂	0.059	4	37.5	10.849
8	刺叶冬青	0.063	3	37.5	10.145
9	桦叶桂樱	0.085	2	25	8.823
10	南酸枣	0.066	2	25	7.934
11	革叶槭	0.046	3	25	7.847
12	大果榉	0.113	1	12.5	7.837
13	长柄茜草	0.102	1	12.5	7.277
14	石山琼楠	0.04	2	25	6.664
15	无患子	0.028	2	25	6.116
16	绿山矾	0.042	2	12.5	5.282
17	假杜英	0.049	1	12.5	4.74
18	银木荷	0.031	1	12.5	3.89
19	毛朴	0.011	2	12.5	3.753
20	楠木	0.009	2	12.5	3.667
21	枫香树	0.025	1	12.5	3.602
22	长叶柞木	0.005	2	12.5	3.498
23	石山柿	0.013	1	12.5	3.016
24	船梨榕	0.011	1	12.5	2.922
25	女贞	0.009	1	12.5	2.794
26	粉背栎	0.006	1	12.5	2.683
27	山榄叶柿	0.006	1	12.5	2.65
28	圆叶乌桕	0.005	1	12.5	2.619
29	鹅掌柴	0.004	1	12.5	2.59
30	野漆	0.004	1	12.5	2.562
31	木竹子	0.004	1	12.5	2.562
32	五瓣子楝树	0.003	1	12.5	2.537
33	木姜叶柯	0.002	1	12.5	2.492
	合计	2.077	116	825	300.001
		乔木Ⅲ亚层			
1	薄叶润楠	0.131	41	100	43.375
2	木姜叶柯	0.053	22	87.5	23.022
3	山杜英	0.07	12	87.5	20.957

第八章
常绿阔叶林

（续）

序号	树种	基面积（m^2）	株数	频度（%）	重要值指数
4	木竹子	0.08	8	25	16.632
5	鸡仔木	0.085	3	25	15.129
6	黄杞	0.026	13	75	14.277
7	川桂	0.006	11	62.5	9.736
8	船梨榕	0.01	8	62.5	8.941
9	五瓣子楝树	0.004	8	75	8.872
10	紫弹树	0.01	8	50	8.115
11	青冈	0.01	6	62.5	8.07
12	粗糠柴	0.029	2	25	6.609
13	疏花卫矛	0.009	5	37.5	5.949
14	榔榆	0.023	4	12.5	5.835
15	石山柿	0.014	3	37.5	5.671
16	圆叶乌桕	0.011	3	37.5	5.275
17	石山琼楠	0.016	3	25	5.255
18	黄梨木	0.015	2	25	4.575
19	黄连木	0.008	4	25	4.457
20	白蜡树	0.007	3	25	3.88
21	广西密花树	0.003	4	25	3.799
22	阔叶十大功劳	0.004	3	25	3.552
23	刺叶冬青	0.003	3	25	3.381
24	鹅掌柴	0.006	2	25	3.369
25	大叶桂樱	0.003	3	25	3.312
26	山榄叶柿	0.006	2	25	3.279
27	黄樟	0.003	2	25	2.948
28	打铁树	0.003	2	25	2.869
29	白花苦灯笼	0.002	2	25	2.815
30	青篱柴	0.001	2	25	2.657
31	石山榕	0.005	2	12.5	2.467
32	枫香树	0.006	1	12.5	2.158
33	毛叶茜草	0.003	2	125	2.072
34	梭罗树	0.002	2	12.5	2.015
35	革叶槭	0.002	2	12.5	1.967
36	椆木	0.005	1	12.5	1.966
37	凹脉柃	0.004	1	12.5	1.878
38	无患子	0.004	1	12.5	1.796
39	石楠	0.002	1	12.5	1.525
40	楠木	0.002	1	12.5	1.525
41	山黄连	0.002	1	12.5	1.471
42	粗叶木	0.002	1	12.5	1.471
43	女贞	0.001	1	12.5	1.423
44	泡花树	0.001	1	12.5	1.423
45	卵叶木姜子	0.001	1	12.5	1.423
46	毛背茜草	0.001	1	12.5	1.344
47	粗丝木	0.001	1	12.5	1.344
48	野漆	0	1	12.5	1.313
49	东方古柯	0	1	12.5	1.313
50	紫金牛	0	1	12.5	1.288
51	小叶石楠	0	1	12.5	1.288
52	五叶楝	0	1	12.5	1.288
53	长柄大戟	0	1	12.5	1.288
54	贵州樟	0	1	12.5	1.275
55	无柄五层龙	0	1	12.5	1.268
56	冻绿	0	1	12.5	1.268

（续）

序号	树种	基面积(m²)	株数	频度(%)	重要值指数
57	紫珠	0	1	12.5	1.262
58	臀果木	0	1	12.5	1.262
	合计	0.695	226	1562.5	299.993
		乔木层			
1	黄杞	2.153	46	100	54.422
2	薄叶润楠	0.315	63	100	27.295
3	川桂	0.79	18	75	22.193
4	青冈	0.454	20	87.5	17.571
5	山杜英	0.247	23	87.5	14.799
6	木姜叶柯	0.056	23	87.5	11.514
7	鸡仔木	0.303	10	62.5	11.045
8	紫弹树	0.135	20	50	10.197
9	五瓣子楝树	0.007	9	75	6.301
10	船梨榕	0.021	9	62.5	5.914
11	木竹子	0.084	9	25	5.107
12	刺叶冬青	0.066	6	37.5	4.624
13	南酸枣	0.146	3	25	4.583
14	石山琼楠	0.056	5	37.5	4.186
15	革叶槭	0.048	5	37.5	4.056
16	石山柿	0.027	4	50	4.047
17	圆叶乌桕	0.016	4	50	3.857
18	红脉桂樱	0.152	1	12.5	3.516
19	疏花卫矛	0.009	5	37.5	3.384
20	桦叶桂樱	0.085	2	25	3.248
21	无患子	0.032	3	37.5	3.242
22	白蜡树	0.032	4	25	2.88
23	鹅掌柴	0.011	3	37.5	2.871
24	大果榉	0.113	1	12.5	2.85
25	长柄茜草	0.102	1	12.5	2.65
26	黄连木	0.008	4	25	2.458
27	广西密花树	0.003	4	25	2.379
28	粗糠柴	0.029	2	25	2.286
29	山榄叶柿	0.011	3	25	2.253
30	楠木	0.011	3	25	2.247
31	阔叶十大功劳	0.004	3	25	2.135
32	大叶桂樱	0.003	3	25	2.106
33	榔榆	0.023	4	12.5	2.089
34	黄梨木	0.015	2	25	2.043
35	女贞	0.01	2	25	1.963
36	绿山矾	0.042	2	12.5	1.895
37	野漆	0.004	2	25	1.867
38	黄樟	0.003	2	25	1.848
39	打铁树	0.003	2	25	1.839
40	白花苦灯笼	0.002	2	25	1.832
41	青篱柴	0.001	2	25	1.813
42	假杜英	0.049	1	12.5	1.742
43	枫香树	0.032	2	12.5	1.712
44	银木荷	0.031	1	12.5	1.437
45	毛朴	0.011	2	12.5	1.348
46	石山榕	0.005	2	12.5	1.257
47	长叶柞木	0.005	2	12.5	1.256
48	毛叶茜草	0.003	2	12.5	1.21
49	梭罗树	0.002	2	12.5	1.203

（续）

序号	树种	基面积(m²)	株数	频度(%)	重要值指数
50	光皮梾木	0.008	1	12.5	1.032
51	粉背栎	0.006	1	12.5	1.006
52	椆木	0.005	1	12.5	0.983
53	凹脉柃	0.004	1	12.5	0.972
54	石楠	0.002	1	12.5	0.93
55	山黄连	0.002	1	12.5	0.924
56	粗叶木	0.002	1	12.5	0.924
57	泡花树	0.001	1	12.5	0.918
58	卵叶木姜子	0.001	1	12.5	0.918
59	毛背茜草	0.001	1	12.5	0.908
60	粗丝木	0.001	1	12.5	0.908
61	东方古柯	0	1	12.5	0.905
62	紫金牛	0	1	12.5	0.902
63	小叶石楠	0	1	12.5	0.902
64	五叶楝	0	1	12.5	0.902
65	长柄大戟	0	1	12.5	0.902
66	贵州樟	0	1	12.5	0.9
67	无柄五层龙	0	1	12.5	0.899
68	冻绿	0	1	12.5	0.899
69	紫珠	0	1	12.5	0.899
70	臀果木	0	1	12.5	0.899
	合计	5.805	374	1987.5	300.001

红脉桂樱 *Laurocerasus* sp.　桦叶桂樱 *Laurocerasus* sp.　石山琼楠 *Beilschmiedia* sp.　无患子 *Sapindus saponaria*　绿山矾 *Symplocos* sp.　假杜英 *Elaeocarpus* sp.　毛朴 *Celtis sp.*　楠木 *Phoebe* sp.　粉背栎 *Quercus* sp.　椆木 *Lithocarpus* sp.　石楠 *Photinia* sp.　粗叶木 *Lasianthus* sp.　泡花树 *Meliosma* sp.　卵叶木姜子 *Litsea* sp.　粗丝木 *Gomphandra tetrandra*　紫金牛 *Ardisia* sp.　贵州樟 *Beilschmiedia sp.*　冻绿 *Rhamnus utilis*

第三亚层林木高3～7m，基径2～8cm，覆盖度20%。本亚层有林木58种、226株，是3个亚层中种数和株数最多的一个亚层。虽然株数占了乔木层总株数的60.4%，但因为植株细小，基面积只占乔木层总基面积的12.0%。本亚层以薄叶润楠为优势，有41株，重要值指数43.4；其他的种类优势不明显，重要值指数分配很分散，排列第二～六位的木姜叶柯、山杜英、木竹子、鸡仔木、黄杞，重要值指数只在24～14之间；剩下的51种，重要值指数在10以下。本亚层的落叶阔叶树有鸡仔木、紫弹树、榔榆、石山柿、圆叶乌桕、黄梨木、黄连木、白蜡树、青篱柴（*Tirpitzia sinensis*）、枫香树、毛叶茜草、梭罗树、无患子、泡花树（*Meliosma* sp.）、毛背茜草、野漆、东方古柯、卵叶木姜子、五叶楝、珍珠枫共19种，株数45株，重要值指数73.1，无论种数、株数和重要值指数均以常绿阔叶树为主。

从整个乔木层分析，因为种类多而成分混杂，从表9-117可知，800m²样地有70种、374株，故重要值指数分配较为分散。但黄杞不但株数较多，而且植株高大，重要值指数仍占有明显的优势，为54.4；其他的种类，排列第二～八位的薄叶润楠、川桂、青冈、山杜英、木姜叶柯、鸡仔木、紫弹树，重要值指数仅在30～10之间；剩下的62种，重要值指数在10以下。

灌木层植物种类成分混杂，有喜阳的，有喜阴和耐阴的，有常见于石灰岩山地的种类，也有常见于红壤系列土壤上的种类，有真正的灌木种类，也有乔木的幼树。种类组成比较丰富，从表9-118可知，800m²样地有77种，但数量不太丰富，而且分布不均匀，有的地段覆盖度不到10%，有的地段覆盖度可达40%，一般覆盖度20%左右。真正的灌木比较常见的为五瓣子楝树和黑面神，乔木的幼树比较常见的有青冈、黄杞和薄叶润楠等。

表 9-118 黄杞－黄杞－薄叶润楠－五瓣子楝树－窄叶莎草群落灌木层和草本层种类组成及分布情况

序号	种名	多度盖度级								频度	更新(株)
		Ⅰ	Ⅱ	Ⅲ	Ⅳ	Ⅴ	Ⅵ	Ⅶ	Ⅷ	(%)	幼苗幼树
	灌木层植物										
1	青冈	3	3	3	2	3	3	3	3	100.0	78
2	黄杞	3	4	3	3	1	3	2	2	100.0	60
3	木竹子	1	4	1	2	1	1	3	2	100.0	
4	五瓣子楝树	3	4	3	2	2	2	3	3	100.0	
5	黑面神	1	3	2	2	2	2	2	2	100.0	
6	川桂	2	3	4	3	2	3	2	1	100.0	74
7	薄叶润楠	1	3	4	4	2		2	2	87.5	43
8	木姜叶柯	3	3	2	3	1	3	2		87.5	38
9	山杜英	2	3	3	2	2	3		2	87.5	27
10	斑叶朱砂根	1	2	2	2	2	2		2	87.5	
11	鹅掌柴	1	2	2	2	2	2		+	87.5	
12	白背悬钩子	3	3	2	2	2	2		2	87.5	
13	驳骨九节	1	3	3		2	2		2	75.0	
14	红背山麻杆	+	1	2				2	2	75.0	
15	构棘	1	2	2	2	2			2	75.0	
16	山指甲	3	2	3			2	2	1	75.0	
17	船梨榕	2	3	2	2		3		2	75.0	
18	阔叶十大功劳	2	2	3	2		2		3	75.0	
19	广西密花树			2	2	2	1	2	2	75.0	
20	粗丝木	1	3	3	2	2				62.5	
21	无柄五层龙	2	2	2	2				3	62.5	
22	石山琼楠			3	1	2	1	2		62.5	27
23	紫珠	2	2	2	2					50.0	
24	刺叶冬青	1	3		2	2				50.0	1
25	乌材	1		2	2			2		50.0	
26	石山柿			2		2		2	1	50.0	
27	合欢属 1 种	1		2	1					37.5	
28	蛇根草	2		3	2					37.5	
29	大叶桂樱	1						2	2	37.5	
30	石岩枫					2	2		2	37.5	
31	黄梨木					1		3	+	37.5	8
32	茜树属 1 种	3		1						25.0	
33	疏花卫矛	2		3		3	2	2	2	25.0	
34	猴欢喜	1		1						25.0	4
35	秃叶红豆	+		2						25.0	
36	紫弹树	1							2	25.0	1
37	白蜡树	1	1							25.0	2
38	小花紫金牛	3			3				3	25.0	
39	粗糠柴	2						2		25.0	
40	朱砂根		2					2		25.0	
41	白花苦灯笼			2	2					25.0	
42	打铁树	3		2	2					37.5	
43	山榄叶柿		1	2				2		37.5	
44	飞龙掌血			2		2				25.0	
45	黄药			1					2	25.0	
46	斜叶榕				1		+			25.0	
47	长叶柞木					2		2		25.0	
48	臀果木					2		2		25.0	
49	郎榆					2		3		25.0	
50	山黄连					2		2		25.0	
51	短柄紫珠						+		2	25.0	

（续）

序号	种名	多度盖度级								频度（%）	更新(株)
		Ⅰ	Ⅱ	Ⅲ	Ⅳ	Ⅴ	Ⅵ	Ⅶ	Ⅷ		幼苗幼树
52	桂木	+								12.5	
53	翅荚香槐	+								12.5	
54	黄葛树	1								12.5	
55	栀子皮	2								12.5	
56	水红木		1							12.5	
57	交让木			1						12.5	
58	罗浮槭			3						12.5	5
59	假玉桂			3				2		12.5	
60	紫弹树			2						12.5	
61	紫金牛属 1 种			2						12.5	
62	厚壳树 1 种			1						12.5	
63	八角枫			1						12.5	
64	革叶槭				1					12.5	
65	鸡仔木				1					12.5	
66	杜茎山				1					12.5	
67	苞叶木				1					12.5	
68	轮叶木姜子				1					12.5	
69	石山榕					2				12.5	
70	临桂绣球						2			12.5	
71	两面针							2		12.5	
72	野漆							2		12.5	
73	东方古柯							2		12.5	
74	黄樟								2	12.5	
75	五叶楝(楝科 1 种)								1	12.5	
76	黄荆							2		12.5	
77	毛叶紫珠							2		12.5	
	草本层植物										
1	窄叶莎草	3	4	2	3	2	2	2	2	100.0	
2	兖州卷柏	2	3	2	2	2	3	2	2	100.0	
3	庐山石韦	3	2	2	2	2	3	2	2	100.0	
4	线叶兰(兰科 1 种)	2	2	4	2	3	1	2		87.5	
5	金星蕨	2	3	2	2	2	2		2	87.5	
6	肾蕨		2		2	2	3	2	3	75.0	
7	爵床(爵床科 1 种)	4		3	3	3	4		3	75.0	
8	新月蕨	1	3		2			2	2	62.5	
9	荩草	2	2	2			2		2	62.5	
10	短穗莎草	2	3	3	3		3			62.5	
11	兔耳兰	1		2				2	2	50.0	
12	大叶莎草	3	3		2				3	50.0	
13	江南星蕨	3	2	2	2					50.0	
14	玉竹	1	2	2				2		50.0	
15	皱叶狗尾草	1		2						25.0	
16	芒	1	3							25.0	
17	贯众					2		2		25.0	
18	绿花羊耳兰							2	2	25.0	
19	假宽叶凹脉莎草					2		2		25.0	
20	抱石莲					2			2	25.0	
21	淡竹叶						2	2		25.0	
22	旋蒴苣苔						2	2		25.0	
23	凤尾蕨			1			2			25.0	
24	山菅		2		2					25.0	

（续）

序号	种名	多度盖度级								频度	更新(株)
		Ⅰ	Ⅱ	Ⅲ	Ⅳ	Ⅴ	Ⅵ	Ⅶ	Ⅷ	(%)	幼苗幼树
25	大盖球子草						4			12.5	
26	巢蕨						2			12.5	
27	槲蕨							2		12.5	
28	棕叶狗尾草							2		12.5	
29	三棱莎草					2				12.5	
30	瓦韦								2	12.5	
31	宽叶沿阶草								1	12.5	
32	地胆旋蒴苣苔								1	12.5	
33	鳞毛蕨						1			12.5	
34	狗脊蕨	+								12.5	
35	海金沙	+								12.5	
36	长茎莎草		2							12.5	
37	求米草					2				12.5	
	藤本植物										
1	五叶葡萄藤	1		3		2	2	3	2	75.0	
2	菝葜	2		2	2	2	2		2	75.0	
3	瘤皮孔酸藤子			2	2	3		2	2	62.5	
4	老鼠耳	1			1		2	2		50.0	
5	毛柄茜草		2	2		2	2			50.0	
6	爬藤榕	1		2	2					37.5	
7	大托菝葜	2	2	2						37.5	
8	亮叶素馨	2		2	2					37.5	
9	茜草	+		1	1					37.5	
10	大果菝葜	1			2					25.0	
11	金银花	1					+			25.0	
12	薯蓣1种	2						2		25.0	
13	小花青藤					2		2		25.0	
14	胡颓子	1				2				25.0	
15	斑鸠菊	2								12.5	
16	翼茎白粉藤	2								12.5	
17	假云实			2						12.5	
18	平叶酸藤子					2				12.5	
19	毛柄崖豆藤							2		12.5	
20	暗色菝葜							2		12.5	

桂木 *Artocarpus nitidus* subsp *lingnanensis*　大盖球子草 *Peliosanthes macrostegia*　地胆旋蒴苣苔 *Boea philippensis*
五叶葡萄藤 *Parthenocissus* sp.　翼茎白粉藤 *Cissus pteroclada*　斑叶朱砂根 *Ardisia* sp.　白背悬钩子 *Rubus* sp.
合欢属1种 *Albizia* sp.　蛇根草 *Ophiorrhiza* sp.　茜树属1种 *Aidia*　秃叶红豆 *Ormosia* sp.　小花紫金牛 *Ardisia* sp.
黄药 *Premna cavaleriei*　紫金牛属1种 *Ardisia* sp.　厚壳树1种 *Ehretia* sp.　石山榕 *Ficus* sp.
毛叶紫珠 *Callicarpa* sp.　窄叶莎草 *Carex* sp.　金星蕨 *Parathelypteris* sp.　新月蕨 *Pronephrium* sp.
短穗莎草 *Carex* sp.　大叶莎草 *Carex* sp.　绿花羊耳兰 *Libaris* sp.　假宽叶凹脉莎草 *Carex* sp.
旋蒴苣苔 *Lysionotus* sp.　凤尾蕨 *Pteris* sp.　巢蕨 *Neottopteris* sp.　三棱莎草 *Carex* sp.　瓦韦 *Lepisorus* sp.
鳞毛蕨 *Dryopteris* sp.　长茎莎草 *Carex* sp.　毛柄茜草 *Rubia* sp.　大托菝葜 *Smilax* sp.　金银花 *Lonicera* sp.
薯蓣1种 *Dioscorea* sp.　胡颓子 *Elaeagnus* sp.　胡颓子 *Elaeagnus* sp.　假云实 *Caesalpinia* sp.　毛柄崖豆藤 *Millettia* sp.

草本层植物种类组成尚丰富，800m^{2}样地有37种，但数量十分稀少，覆盖度不到10%，有的地段只有1%～2%。比较常见的有窄叶莎草、兖州卷柏和庐山石韦3种，其他的种类零星出现。

藤本植物种类尚多，但数量十分稀少，较常见的有五叶葡萄藤、菝葜和瘤皮孔酸藤子3种。

群落更新常绿阔叶树比较好，从表9-118可知，优势种黄杞、次优势种青冈、薄叶润楠、川桂和常见种木姜叶柯、山杜英等的幼苗幼树尚多，但落叶阔叶树很不理想，上层林木常见的落叶阔叶树紫弹树、鸡仔木、光皮梾木、圆叶乌桕等没有或幼苗幼树极少。

（5）黄杞－黄杞＋杨梅－毛果算盘子－芒萁群落（*Engelhardia roxburghiana* – *Engelhardia roxburghiana* + *Myrica rubra* – *Glochidion eriocarpum* – *Dicranopteris pedata* Comm.）

本群落是一种破坏后残存的次生常绿阔叶林，在田阳县北部低山一带的山地，呈小块状分布，不成片。立地土壤为发育于三叠纪平而关系页岩上的山地红壤，土层深厚，达1m以上，地表枯枝落叶多，厚度约3～5cm，土壤有机质含量高。

群落受人为影响很大，林内常见树桩，种类组成十分简单，阳性耐旱的种类不少，群落结构简化，乔木层只有2个亚层，郁闭度0.6左右。第一亚层林木高8～9m，基径10～14cm，种类和株数都较少，从表9-119可知，200m^{2}样地只有5种、17株。黄杞占绝对优势，有8株，重要值指数102.7；次为红木荷和枫香树，重要值指数分别为84.8和64.7。第二亚层林木高3～7m，基径4～10cm，有的萌生植株，基径可达15～20cm，本亚层种数和株数比上亚层稍多，200m^{2}样地有9种、49株。仍以黄杞占优势，有17株，重要值指数64.9；次为烟斗柯和杨梅，重要值指数分别为48.4和36.8。从整个乔木层分析，黄杞、红木荷、烟斗柯和枫香树，都是上层和下层林木的优势种、次优势种和常见种，故在整个乔木层中它们能保持同样的地位，杨梅、华南桤叶树、南烛和假木荷，它们是当地常见的阳性耐旱的伴生种，重要值指数都不会很大。

表9-119　黄杞－黄杞＋杨梅－毛果算盘子－芒萁群落乔木层种类组成及重要值指数

（样地号：那么29，样地面积：20m×10m，地点：田阳县玉凤，海拔：540m）

序号	树种	基面积(m^2)	株数	频度(%)	重要值指数
		乔木Ⅰ亚层			
1	黄杞	0.082	8	50	102.733
2	红木荷	0.065	4	100	84.846
3	枫香树	0.037	3	100	64.72
4	红锥	0.01	1	50	24.982
5	假米槠	0.005	1	50	22.714
	合计	0.197	17	350	299.995
		乔木Ⅱ亚层			
1	黄杞	0.044	17	50	64.863
2	烟斗柯	0.033	8	100	48.364
3	杨梅	0.014	7	100	36.765
4	红锥	0.014	3	100	28.547
5	南烛	0.032	2	50	28.218
6	红木荷	0.031	2	50	27.49
7	华南桤叶树	0.007	7	50	25.728
8	枫香树	0.004	2	100	21.311
9	假木荷	0.018	1	50	18.708
	合计	0.1969	49	650	299.994
		乔木层			
1	黄杞	0.126	25	50	76.49
2	红木荷	0.096	6	100	46.665
3	烟斗柯	0.033	8	100	33.771
4	枫香树	0.04	5	100	31.093
5	杨梅	0.014	7	100	27.482
6	红锥	0.023	4	100	25.32
7	华南桤叶树	0.007	7	50	19.145
8	南烛	0.032	2	50	17.909
9	假木荷	0.018	1	50	12.664
10	假米槠	0.005	1	50	9.457
	合计	0.394	66	750	299.995

假米槠 *Castanopsis* sp.

从表9-120可知，灌木层植物200m^{2}样地有17种，数量比较稀少，覆盖度10%～15%，比较常见的为烟斗柯、杨梅和南烛。

草本层植物种类和数量均较少，200m^{2}样地只有9种，覆盖度10%～20%，以芒萁和五节芒较常见。

藤本植物仅见大叶酸藤子(*Embelia* sp.)1种，已把它归入灌木层植物的行列。

表 9-120 黄杞 - 黄杞 + 杨梅 - 毛果算盘子 - 芒萁群落灌木层和草本层种类组成及分布情况

序号	种名	多度	更新(株)	
			幼苗	幼树
	灌木层植物			
1	烟斗柯	sp	1	9
2	杨梅	sp		
3	南烛	sp		
4	枫香树	sol		4
5	黄杞	sol		2
6	华南桤叶树	sol		
7	桃金娘	sol		
8	君迁子	sol		
9	粗叶榕	sol		
10	红锥	sol		
11	南方荚蒾	sol		
12	油茶	sol		
13	亮叶猴耳环	sol		
14	毛果算盘子	sol		
15	印度锥	sol		
16	大叶酸藤子	sol		
17	红木荷	un		1
	草本层植物			
1	芒萁	sp		
2	五节芒	sp		
3	狗脊蕨	sol		
4	海金沙	sol		
5	蕨	sol		
6	荩草	sol		
7	珍珠莎草	sol		
8	鸢尾	sol		
9	山姜	un		

大叶酸藤子 *Embelia* sp.　　珍珠莎草 *Carex* sp.　　鸢尾 *Iris tectorum*

(6)甜槠 - 黄杞 - 绒毛润楠 + 黄杞 - 细枝柃 + 单毛桤叶树 - 狗脊蕨群落(*Castanopsis eyrei* - *Engelhardia roxburghiana* - *Machilus velutina* + *Engelhardia roxburghiana* - *Eurya loquaiana* + *Clethra bodinieri* - *Woodwardia japonica* Comm.)

这是一种砍伐后演替过程中的一种类型，林木均为丛状生长，不少种类是演替过程中常见的先锋树种。根据大瑶山自然保护区此种类型调查的资料，群落立地条件类型地层为寒武系红色砂岩，土壤为森林红壤，土层较厚，但较干燥，且表土层较薄；地表枯枝落叶层覆盖度 55%，厚 5 ~ 7cm，分解不良；地表有较多的红色砂岩碎块。

表 9-121 甜槠 - 黄杞 - 绒毛润楠 + 黄杞 - 细枝柃 + 单毛桤叶树 - 狗脊蕨群落乔木层种类组成及重要值指数

(样地号：瑶山 100，样地面积：20m × 20m，地点：金秀大木林场，海拔：760m)

序号	树种	基面积(m^2)	株数	频度(%)	重要值指数
		乔木Ⅰ亚层			
1	甜槠	0.17	4	50	224.275
2	油杉	0.049	1	25	75.727
	合计	0.219	5	75	300.002
		乔木Ⅱ亚层			
1	黄杞	0.317	33	100	109.575
2	小叶青冈	0.27	15	50	63.402
3	甜槠	0.191	5	50	40.495

（续）

序号	树种	基面积(m²)	株数	频度(%)	重要值指数
4	木荷	0.144	4	25	27.253
5	光叶红豆	0.028	4	50	23.058
6	黄樟	0.03	2	25	13.068
7	褐毛杜英	0.031	1	25	11.729
8	罗浮柿	0.013	2	25	11.417
	合计	1.023	66	350	299.996
乔木Ⅲ亚层					
1	绒毛润楠	0.092	24	75	85.822
2	黄杞	0.088	15	100	77.138
3	褐毛杜英	0.059	6	25	34.008
4	尖萼川杨桐	0.039	6	25	28.029
5	黄樟	0.02	3	50	24.038
6	岭南柿	0.004	2	50	18.865
7	短尾越桔	0.014	5	25	17.692
8	油杉	0.015	2	25	14.411
	合计	0.332	63	375	300.004
乔木层					
1	黄杞	0.406	48	100	76.976
2	绒毛润楠	0.092	24	100	39.139
3	甜槠	0.361	9	50	37.328
4	小叶青冈	0.27	15	50	36.039
5	褐毛杜英	0.091	7	50	18.667
6	木荷	0.144	4	25	15.963
7	黄樟	0.049	5	50	14.557
8	油杉	0.064	3	50	14.013
9	光叶红豆	0.028	4	50	12.44
10	尖萼川杨桐	0.039	6	25	10.819
11	岭南柿	0.004	2	50	9.434
12	短尾越桔	0.014	5	25	8.476
13	罗浮柿	0.013	2	25	6.147
	合计	1.574	134	650	299.999

群落林木层虽然有3个亚层，但第一亚层林木种类和株数很少，从表9-121看出，400m²有2种、5株，只占林木层总株数的3.7%，基面积的13.9%，林木高度15m，基径19～27cm，种类以甜槠占优势，有4株，重要值指数224.3，黄杞在此层没有出现。第二亚层林木和第三亚层林木是群落结构的主体，第二亚层林木高8～14m，基径9～15cm，覆盖度55%，从表242可知，400m²有林木8种、66株，占整个乔木层总株数的49.3%，基面积的65.0%，种类组成以黄杞占有明显的优势，有33株，重要值指数109.6；次为小叶青冈和甜槠，重要值指数分别为63.4和40.5；常见的有木荷和光叶红豆（*Ormosia glaberrima*）。第三亚层林木高5～7m，基径5～9cm，覆盖度45%，有林木8种、63株，占乔木层总株数的47.0%，基面积的21.1%，以绒毛润楠和黄杞为优势种，分别有株数24和15株，重要值指数85.8和77.1；常见的种类有褐毛杜英和尖萼川杨桐。从整个乔木层分析，种类组成比较简单，400m²只有13种，但株数较多，有134株，这是此种次生类型的特点之一。从种类组成看，原常绿阔叶林原生性树种甜槠正处于恢复的过程中，在刚形成的第一亚层林木中占有明显的优势，但在整个乔木层不占有优势，重要值指数只有37.3，排列第三。目前林木层重要值指数排列第一的是黄杞，其重要值指数是甜槠的2倍多，为76.98，黄杞是常绿阔叶林演替系列中次生常绿阔叶树种最常见和最重要的树种，常形成以它为优势的次生常绿阔叶林，所以它的重要值指数大于甜槠，符合常绿阔叶林演替过程的特点；小叶青冈的性状与黄杞相似，但它往往不占优势，绒毛润楠是次生常绿阔叶林下层林木优势种，在整个乔木层中它们的重要值指数排列第二和第四，符合它们的性状。

灌木层植物高3m以下，数量较少，覆盖度20%左右，种类组成也不丰富，从表9-122可知，

400m^{2}只有 18 种，而且以乔木的幼树为主，占 13 种，真正的灌木只占 5 种。乔木的幼树以目前还不是林木层组成种类的黧蒴锥占有明显的优势，400m^{2}有幼苗 57 株，幼树 53 株，它之所以有如此丰富的幼苗幼树，是因为样外林缘有 1 丛多株高大的母树；其他常见的乔木幼树有黄杞、单毛桤叶树、短尾越桔、木荷等。真正的灌木以细枝柃、小叶石楠为常见。

表 9-122　甜槠－黄杞－绒毛润楠＋黄杞－细枝柃＋单毛桤叶树－狗脊蕨群落灌木层和草本层种类组成及分布情况

序号	种名	多度盖度级				频度(%)	更新(株)	
		Ⅰ	Ⅱ	Ⅲ	Ⅳ		幼苗	幼树
	灌木层植物							
1	黄杞	2	4	2	2	100	8	19
2	黧蒴锥	5	2	4	4	100		
3	细枝柃	2	4	2	4	100		
4	单毛桤叶树	4	4	4	1	100		
5	短尾越桔	2	2	2	2	100	1	13
6	小叶石楠	2	2	1	1	100		
7	木荷	2	1	4	2	100	3	18
8	绒毛润楠		4	4		50	7	8
9	笔罗子		2	4		50		
10	刺毛杜鹃		2		2	50		
11	岭南柿	2	2			50		3
12	油杉		1		1	50	4	1
13	甜槠			1		25		1
14	黄樟			1		25		1
15	马尾松		1			25		
16	广东冬青			1		25		
17	台湾榕			1		25		
18	赤楠				2	25		
	草本层植物							
1	狗脊蕨	4	5	5	5	100		
2	五节芒	4	4	4	4	100		
3	芒萁	3	4	4	3	100		
4	莲座紫金牛	4	4		4	75		
5	大叶莎草	3	3			50		
6	拟金草		3	3		50		
7	山姜			3		25		
	藤本植物							
1	小叶买麻藤	sol	sol	sol	cop^1	100		

大叶莎草 *Cyperus* sp.　　拟金草 *Hedyotis consanguinea*

草本层植物高 1m 以下，种类和数量均不发达，400m^{2}只有 7 种，覆盖度 20% 左右。以狗脊蕨为优势，次为五节芒和芒萁，五节芒、芒萁是常绿阔叶林破坏后侵入进去的种类。

藤本植物很不发达，只有 1 种，数量十分稀少。

群落天然更新是良好的，但更新最好的并不是群落中现有的组成种类，而是样地边缘的大乔木黧蒴锥，它是次生常绿阔叶林常见的建群种，尤其在桂中和桂南地区，它是一种阳性先锋树种，结实多，且鸟兽又不喜食。现有乔木更新最好的是黄杞，400m^{2}有幼苗 8 株，幼树 19 株，次为绒毛润楠，有幼苗 7 株，幼树 8 株。甜槠更新很不好，只有幼树 1 株，幼苗缺，究其原因可能是现有的植株还未到达结果的盛期，同时，其果实可食，本群落靠近村屯，经村民采收和鸟兽吃食之后已所剩不多，故更新不良。从现有的幼苗幼树结构看，群落下一步可能会演变成以黧蒴锥、黄杞为优势的类型。

(7) 黄杞－华南木姜子＋黄杞－五瓣子楝树－广州蛇根草群落（*Engelhardia roxburghiana* – *Litsea greenmaniana* + *Engelhardia roxburghiana* – *Decaspermum parviflorum* – *Ophiorrhiza cantoniensis* Comm.）

此种群落是一种演替为具有两个亚层结构的常绿次生常绿阔叶林，见于马山县弄拉屯上弄拉老虎山，海拔555m。群落具体所在地为一峰丛洼地的岩溶石山，立地条件类型地层为夹有砂页岩的不纯碳酸盐岩，土壤为微酸性石灰(岩)土。土壤覆盖度30%左右，枯枝落叶层厚约2cm，分解中等；土层厚度一般25cm，局部可达60cm。

该群落是受破坏后经过封山育林17年形成的中年次生林，乔木层林木只形成两个亚层，还没有到达第一亚层的空间，郁闭度0.7左右。群落目前受放牧和人为抚育(砍弯留直、砍弱留壮)的影响，1997年择伐过一次；灌木层和草本层植物以及藤本植物被群众刈作柴薪用。

群落林木密度较大，植株细直，400m^2样地有林木162株，最高树高不超过14m，最大胸径不超过12cm，组成种类比较简单，从表9-123可知，400m^2样地只有24种。第一亚层林木一般高10～13m，胸径6～9cm，从表9-123可知，400m^2样地有林木17种、128株，占乔木层总株数的79.0%，基面积0.4705m^2，占乔木层总基面积的94.9%。优势种为黄杞，有41株，重要值指数81.39，占有明显的优势；次优势种为大叶新木姜子和华南木姜子，分别有25株和20株，重要值指数49.36和42.23；常见的种类有密脉柯、罗浮锥、澄广花。第二亚层林木高5～7m，胸径3cm左右，可能是受采薪和抚育的影响，组成种类更为简单，林木个体十分稀少，400m^2样地只有13种、34株，株数只占乔木层总株数的21%，基面积只占乔木层总基面积的5.1%。华南木姜子和黄杞共为优势种，都有7株，重要值指数55.14和51.46；常见的种类有澄广花、大叶新木姜子和五瓣子楝树。从整个乔木层分析，由于第一和第二亚层优势种和次优势种以及常见种变动不大，故乔木层优势种、次优势种和常见种也变动不大，黄杞仍占有明显的优势，重要值指数75.05，排列第一位；次优势种仍为大叶新木姜子和华南木姜子，重要值指数分别为43.92和40.91；常见的种类有密脉柯、澄广花和罗浮锥。

表9-123　黄杞－华南木姜子＋黄杞－五瓣子楝树－广州蛇根草群落乔木层种类组成及重要值指数

（样地号：弄拉03，样地面积：20m＊20m，地点：上弄拉老虎山，海拔：555m）

序号	树种	基面积(m^2)	株数	频度(%)	重要值指数
		乔木Ⅰ亚层			
1	黄杞	0.177	41	100	81.388
2	大叶新木姜子	0.085	25	100	49.358
3	华南木姜子	0.07	20	100	42.23
4	密脉柯	0.067	12	100	35.446
5	罗浮锥	0.029	5	75	18.956
6	澄广花	0.012	9	50	15.518
7	青冈	0.007	3	50	9.612
8	五瓣子楝树	0.001	2	50	7.662
9	广东琼楠	0.006	2	25	5.706
10	朴树	0.002	2	25	4.921
11	圆叶乌桕	0.004	1	25	4.54
12	化香树	0.004	1	25	4.54
13	阴香	0.002	1	25	4.14
14	西南榜	0.002	1	25	4.14
15	岩樟	0.001	1	25	3.99
16	长柄巴豆	0.001	1	25	3.99
17	青篱柴	0.001	1	25	3.873
	合计	0.471	128	850	300.007
		乔木Ⅱ亚层			
1	华南木姜子	0.006	7	50	55.145
2	黄杞	0.004	7	75	51.458
3	澄广花	0.004	5	50	38.936
4	大叶新木姜子	0.003	3	50	30.238
5	五瓣子楝树	0.002	3	75	29.993
6	广东琼楠	0.002	2	50	21.664
7	苦丁茶	0.002	1	25	15.526
8	枇杷	0.001	1	25	10.519

（续）

序号	树种	基面积(m^2)	株数	频度(%)	重要值指数
9	密花树	0.001	1	25	10.519
10	鱼骨木	0	1	25	8.955
11	铁榄	0	1	25	8.955
12	日本杜英	0	1	25	8.955
13	齿叶黄皮	0	1	25	8.955
	合计	0.025	34	525	299.818
			乔木层		
1	黄杞	0.181	48	100	75.047
2	大叶新木姜子	0.088	28	100	43.922
3	华南木姜子	0.076	27	100	40.912
4	密脉柯	0.067	12	100	29.878
5	澄广花	0.016	14	75	18.526
6	罗浮锥	0.029	5	75	15.664
7	广东琼楠	0.007	4	75	10.594
8	五瓣子楝树	0.003	5	75	10.308
9	青冈	0.007	3	50	7.612
10	朴树	0.002	2	25	3.853
11	圆叶乌桕	0.004	1	25	3.616
12	化香树	0.004	1	25	3.616
13	阴香	0.002	1	25	3.236
14	西南栲	0.002	1	25	3.236
15	苦丁茶	0.002	1	25	3.236
16	岩樟	0.001	1	25	3.093
17	长柄巴豆	0.001	1	25	3.093
18	青篱柴	0.001	1	25	2.982
19	枇杷	0.001	1	25	2.982
20	密花树	0.001	1	25	2.982
21	鱼骨木	0	1	25	2.903
22	铁榄	0	1	25	2.903
23	日本杜英	0	1	25	2.903
24	齿叶黄皮	0	1	25	2.903
	合计	0.496	162	1125	299.997

灌木层植物一般高1m左右，数量分布不均匀，有的地段覆盖度15%，有的地段覆盖度30%，从表9-124可知，400m^2样地有23种。以五瓣子楝树为优势，常见的有茎花山柚、假围涎树、日本女贞。优势种黄杞更新尚好，但次优势种大叶新木姜子和华南木姜子更新不良，群落向前发展，黄杞能保持目前的优势地位，但大叶新木姜子和华南木姜子可能会丧失在群落中的次优势地位。

表9-124　黄杞－华南木姜子＋黄杞－五瓣子楝树－广州蛇根草群落灌木层和草本层种类组成及分布情况

序号	种名	多度盖度级				频度(%)	更新(株)	
		Ⅰ	Ⅱ	Ⅲ	Ⅳ		幼苗	幼树
				灌木层植物				
1	五瓣子楝树	4	4	4	4	100.0		
2	茎花山柚	4	3	2	3	100.0		
3	假围涎树	2	3	2	2	100.0		
4	日本女贞	2	2	3	3	100.0		
5	杜茎山		2	3	3	75.0		
6	红背山麻杆		3	3	3	75.0		
7	五月茶	1			2	50.0		
8	箬叶竹	2			2	50.0		
9	巴豆属1种	2				25.0		
10	密花树	3				25.0		

（续）

序号	种名	多度盖度级				频度(%)	更新(株)	
		Ⅰ	Ⅱ	Ⅲ	Ⅳ		幼苗	幼树
11	柘			3		25.0		
12	两面针			3		25.0		
13	剑叶紫金牛		1			25.0		
14	铁包金				1	25.0		
15	黄杞						1	17
16	菜豆树						1	6
17	铁榄							3
18	阴香						2	1
19	齿叶黄皮							2
20	青冈							2
21	圆叶乌桕						1	1
22	大叶新木姜子						1	
23	华南木姜子							1
	草本层植物							
1	广州蛇根草	4	4	4	4	100.0		
2	针毛蕨	2	3	2	4	100.0		
3	戟叶圣蕨	2	3	2	3	75.0		
4	肾蕨		2	3	2	75.0		
5	卷柏		2	2	2	75.0		
6	山麦冬		2		2	50.0		
7	天门冬	2				25.0		
	藤本植物							
1	瘤皮孔酸藤子	3	2	2	2	100.0		
2	山蒟	3	2	3	3	100.0		
3	清香藤	3	2		2	75.0		
4	龙须藤	3		3		50.0		
5	藤黄檀	3		2		50.0		
6	菝葜	2	2			50.0		
7	云实		3			25.0		
8	亮叶素馨			3		25.0		
9	忍冬		2			25.0		
10	蝴蝶藤				1	25.0		
11	花叶藤	2				25.0		

剑叶紫金牛 *Ardisia ensifolia*　　云实 *Caesalpinia decapetala*　　蝴蝶藤 *Passiflora papilio*

草本层植物高 3～4cm，无论是种数还是数量都稀少，覆盖度 10%～15%，400m^{2}样地只有 7 种，以广州蛇根草最多，次为针毛蕨和戟叶圣蕨。

藤本植物种类和数量也不丰富，藤茎细小，许多树干都有藤本攀援。种类最常见的瘤皮孔酸藤子和山蒟。

本群落由于分布在不纯的碳酸盐岩地层上，土壤具石灰(岩)土性质，种类成分中不少是常见于石灰(岩)土上的，例如青冈、岩樟、澄广花、五瓣子楝树、朴树、圆叶乌桕、化香树、青篱柴、鱼骨木、铁榄、茎花山柚、广州蛇根草等，只不过乔木层的种类除五瓣子楝树和澄广花数量较多外，多数种类不占优势。

53. 少叶黄杞林(Form. *Engelhardia fenzelii*)

与同属的黄杞相比，少叶黄杞分布没有那么广泛。但在广西不少地区，如南部的六万山、容县和北流，西部的岑王老山、乐业、东兰和凤山，东部的贺县姑婆山，北部的灵川七分山、猫儿山，中部的大明山和大瑶山等都可见到。与黄杞不同的是，少叶黄杞多见于保存较好的常绿阔叶林中，次生林和灌丛比较少见；它一般分布于海拔 700～1300m 的范围，海拔 700m 以下的地区比较少见；在群落中多为常见种的地位，很少有以它为主的林分。

(1)少叶黄杞＋船柄茶－桂南木莲－桂南木莲＋大叶毛船柄茶－赤楠－瘤足蕨群落(*Engelhardia fenzelii* + *Hartia sinensis* – *Manglietia conifera* – *Manglietia conifera* + *Hartia villosa* var. *grandifolia* – *Syzygium buxifolium* – *Plagiogyria* sp. *Comm.*)

本群落见于中部大明山橄榄河北部山地，海拔1150m。乔木层郁闭度0.9，第一亚层林木高20m，以少叶黄杞、船柄茶(*Hartia sinensis*)占多数，此外还有广东山胡椒、甜槠、云山青冈、虎皮楠等。第二亚层林木高15m，优势种不明显，有桂南木莲、木姜叶润楠、黄丹木姜子、樟叶泡花树、吴茱萸五加、红花八角等。第三亚层林木高8m，以桂南木莲、大叶毛船柄茶、木姜叶柯、谷木(*Memecylon ligustrifolium*)、厚叶鼠刺、羊舌树等比较常见。灌木层植物上层乔木的幼树与真正灌木种类都有，如连蕊茶、赤楠、岗柃、柏拉木、狗骨柴等。草本层植物种类和数量不多，常见有瘤足蕨和锦香草等。藤本植物发达，有瓜馥木、钝药野木瓜、尾叶那藤、小绿刺(*Capparia urophyllus*)等。

54. 蕈树林(Form. *Altingia chinensis*)

除壳斗科、山茶科、樟科和木兰科为广西常绿阔叶林四大组成科之外，金缕梅科也是重要组成科之一，其中蕈树是最常见的组成种类。蕈树在广西的分布范围相当广泛，南可到中越边境的宁明县，东到苍梧县铜锣山，西到那坡县，而主要分布区则在桂北的九万山林区、猫儿山林区、花坪林区和桂中的大瑶山林区、大明山林区。在垂直分布高度上，一般见于海拔1100m以下的地区。蕈树虽然在常绿阔叶林中比较常见，但以它为优势的林分却不多见。

(1)蕈树－美叶柯－网脉山龙眼－粗叶木－狗脊蕨群落(*Altingia chinensis* – *Lithocarpus calophyllus* – *Helicia reticulata* – *Lasianthus chinensis* – *Woodwardia japonica* Comm.)

本群落见于南丹县三匹虎林区，海拔900～1000m。立地土壤为发育于砂页岩上的森林红黄壤，地表枯枝落叶层覆盖90%，厚度2～3cm，分解中等。

群落保存较好，虽然林内有伐倒木，但影响不大。上层林木高大通直，有的林木干已经有洞，覆盖度大，树冠连续；中下层林木稀少，覆盖度不大，故显得林下空旷；有粗大的藤本攀援至上层树冠之上。群落种类组成简单，植株数量稀少，但乔木层郁闭度大，达0.9，结构复杂，可分成3个亚层。本群落乔木层种类组成虽然简单，但种类成分全为常绿阔叶树。这些特征，反映出本群落是一种成熟林。

第一亚层林木明显有2个层片，上层林片高22～26m，下层林片高16～20m，上层林片植株比下层林片植株多，胸径30～50cm，最粗达110～113cm，覆盖度90%，从表9-125可知，600m^2样地有林木11种、23株，种数排第二，株数排第一。本亚层植株粗大，虽然株数只占乔木层总株数的40.4%，但基面积却占乔木层总基面积的98.1%，如此高的基面积比例，是成熟林的一个标志。本亚层蕈树占有明显的优势，有8株，重要值指数77.5；饭甑青冈有2株，其中1株胸径粗达113cm，重要值指数45.2，排列第二；红锥只有1株，但胸径粗达110cm，重要值指数31.3，排列第三。常见的种类还有钩锥和美叶柯。第二亚层林木高8～14m，胸径4～14cm，覆盖度20%。本亚层是3个亚层中种类和株数最少的1个亚层，600m^2样地只有林木8种、12株，株数占乔木层总株数的21.1%，基面积占乔木层总基面积的1.1%。本亚层占优势的为美叶柯，它是本亚层最粗大的林木，重要值指数为86.7；蕈树也占有一定的位置，有3株，重要值指数为55.5，排列第二；排列第三的是常绿阔叶林常见的下层林木优势种网脉山龙眼，重要值指数为42.8。第三亚层林木高4～7m，胸径3～5cm，覆盖度20%。本亚层有林木12种、22株，株数占乔木层总株数的38.6%，基面积占乔木层总基面积的0.8%，优势种为网脉山龙眼，重要值指数53.7；次优势种为蕈树，重要值指数51.9；其他常见的种类有厚斗柯和少叶黄杞等。从整个乔木层分析，蕈树株数最多，600m^2样地有16株，又比较粗大，在第一亚层占有明显的优势，在第二和第三亚层为次优势，因而在整个乔木层中仍占有较大的优势，重要值指数达到61.4；饭甑青冈、红锥是群落中最高大的乔木，重要值指数分别为31.6和24.4，排列第二和第三位；厚斗柯是各层的常见种，网脉山龙眼是下层的优势种，在整个乔木层中重要值指数只有23.1和21.6，是符合它们的性状的。其他的种类植株不多，茎也不粗大，所以重要值指数很分散。

表 9-125　蕈树 – 美叶柯 – 网脉山龙眼 – 粗叶木 – 狗脊蕨群落乔木层种类组成及重要值指数

（样地号：三匹虎 4 号，样地面积：30m × 20m，地点：南丹县三匹虎林场牛棚第 8 林班，海拔：900 ~ 1000m）

序号	树种	基面积(m^2)	株数	频度(%)	重要值指数
		乔木Ⅰ亚层			
1	蕈树	1.065	8	50	77.514
2	饭甑青冈	1.083	2	33.3	45.158
3	红锥	0.95	1	16.7	31.304
4	钩锥	0.298	2	33.3	28.389
5	美叶柯	0.061	3	16.7	21.018
6	日本杜英	0.419	1	16.7	19.95
7	厚斗柯	0.374	1	16.7	18.998
8	少叶黄杞	0.127	2	16.7	18.075
9	红楠	0.204	1	16.7	15.376
10	罗浮柿	0.057	1	16.7	12.237
11	鼠刺叶柯	0.045	1	16.7	11.98
	合计	4.684	23	250	300
		乔木Ⅱ亚层			
1	美叶柯	0.027	2	33.3	86.7
2	蕈树	0.006	3	33.3	55.535
3	网脉山龙眼	0.004	2	33.3	42.779
4	少叶黄杞	0.006	1	16.7	29.777
5	山杜英	0.003	1	16.7	22.915
6	罗浮柿	0.003	1	16.7	22.915
7	厚斗柯	0.002	1	16.7	20.513
8	碟斗青冈	0.001	1	16.7	18.797
	合计	0.051	12	183.3	299.931
		乔木Ⅲ亚层			
1	网脉山龙眼	0.007	4	50	53.708
2	蕈树	0.004	5	50	51.921
3	厚斗柯	0.004	2	33.3	30.434
4	少叶黄杞	0.006	1	16.7	27.668
5	碟斗青冈	0.004	2	16.7	25.616
6	刺叶桂樱	0.002	2	16.7	21.199
7	野山茶	0.004	1	16.7	20.857
8	四角柃	0.002	1	16.7	15.749
9	山矾 1 种	0.001	1	16.7	13.833
10	长毛杨桐	0.001	1	16.7	13.833
11	罗浮锥	0.001	1	16.7	13.833
12	鼠刺叶柯	0	1	16.7	11.279
	合计	0.037	22	283.3	299.932
		乔木层			
1	蕈树	1.075	16	66.7	61.414
2	饭甑青冈	1.083	2	33.3	31.615
3	红锥	0.95	1	16.7	24.371
4	厚斗柯	0.379	4	50	23.069
5	网脉山龙眼	0.011	6	66.7	21.561
6	美叶柯	0.088	5	50	18.723
7	少叶黄杞	0.14	4	50	18.055
8	钩锥	0.298	2	33.3	15.157
9	日本杜英	0.419	1	16.7	13.228
10	碟斗青冈	0.005	3	33.3	10.766
11	罗浮柿	0.06	2	33.3	10.173
12	鼠刺叶柯	0.046	2	33.3	9.869
13	红楠	0.204	1	16.7	8.738
14	刺叶桂樱	0.002	2	16.7	6.26

（续）

序号	树种	基面积(m^2)	株数	频度(%)	重要值指数
15	野山茶	0.004	1	16.7	4.538
16	山杜英	0.003	1	16.7	4.516
17	四角柃	0.002	1	16.7	4.498
18	山矾 1 种	0.001	1	16.7	4.483
19	长毛杨桐	0.001	1	16.7	4.483
20	罗浮锥	0.001	1	16.7	4.483
	合计	4.772	57	616.7	300

野山茶 *Camellia* sp. 山矾 1 种 *Symplocos* sp.

灌木层植物种类尚多，从表 9-126 可知，600m²样地有 29 种，数量也尚多，覆盖度 40%。种类成分绝大多数为乔木的幼树，数量较多的有红楠和栲；真正的灌木以粗叶木为常见。

草本层植物种类和数量均不太多，600m²样地有 12 种，覆盖度 20%。以狗脊蕨为优势，常见的有卷柏和锦香草。

藤本植物种类和数量更少，600m²样地只有 4 种，但有 1 种茎粗达 11cm，形成藤环，攀援至上层树冠之上。

表 9-126　蕈树 – 美叶柯 – 网脉山龙眼 – 粗叶木 – 狗脊蕨群落灌木层和草本层种类组成及分布情况

序号	种名	多度	序号	种名	多度
灌木层植物			24	光叶海桐	sol
1	红楠	cop	25	美叶柯	sol
2	栲	cop	26	少叶黄杞	sol
3	粗叶木	sp	27	中华杜英	sol
4	碟斗青冈	sp	28	烟斗柯	sol
5	网脉山龙眼	sp	29	饭甑青冈	sol
6	扁刺锥	sp	草本层植物		
7	红锥	sp	1	狗脊蕨	cop
8	蕈树	sp	2	卷柏	sp
9	罗浮锥	sp	3	锦香草	sp
10	疏花卫矛	sp	4	间型沿阶草	sol
11	厚斗柯	sp	5	乌毛蕨	sol
12	长毛杨桐	sol	6	百合科 1 种	sol
13	华南桂	sol	7	莎草 1 号	sol
14	鼠刺叶柯	sol	8	蕨 1 号	sol
15	猴欢喜	sol	9	蕨 2 号	sol
16	毛桂	sol	10	蕨 3 号	sol
17	草珊瑚	sol	11	蕨 4 号	sol
18	华南毛柃	sol	12	蕨 7 号	sol
19	野山茶	sol	藤本植物		
20	米槠	sol	1	菝葜	sp
21	双齿山茉莉	sol	2	网脉酸藤子	sp
22	山杜英	sol	3	瓜馥木	sol
23	长尾毛蕊茶	sol	4	藤 1 号	sol

(2)蕈树 – 蕈树 + 南岭山矾 – 圆果罗伞 – 九节 – 宽叶薹草群落(*Altingia chinensis – Altingia chinensis + Symplocos pendula* var. *hirtistylis – Ardisia depressa – Psychotria rubra – Carex sp. Comm.*)

作为北热带季节性雨林垂直带谱上类型，蕈树林在十万大山林区北坡有小片分布。据红旗林场海拔 500m 一个 400m²样地调查，乔木层有林木 32 种、107 株，可分为 3 个亚层。第一亚层林木高 18 ~ 25m，最高可达 30m，以蕈树为多，其株数占该亚层林木株数的 45%，其他还有鼠刺叶柯、褐毛杨桐(*Adinandra* sp.)、黧蒴锥、南岭山矾、香楠和黄杞，这些种类的个体都不多，一般只有 1 ~ 2 株。第二亚层林木高 10

~16m，有13种、34株，仍以蕈树为主，其株数占第二亚层林木株数的28.2%；其次是南岭山矾，有6株，其他较重要的种类有黧蒴锥、簇叶新木姜子。第三亚层林木无论是种数还是个体数都是最多的，计有25种、53株，该亚层林木高一般为5~8m，以圆果罗伞和蕈树的株数最多，分别有10株和7株，其他重要的种类有簇叶新木姜子、披针叶乌口树（*Tarenna lancilimba*）、黄椿木姜子等。

灌木层植物覆盖度20%~30%，种类比较简单，且以乔木的幼树为主，重要的如蕈树、黧蒴锥、簇叶新木姜子、黄杞、锈毛梭子果、南岭山矾等，真正的灌木种类并不多，常见有九节、圆果罗伞、栀子。

由于林分郁闭度很高，达0.8以上，林内光照不足，十分阴暗，草本地被层植物极少，仅见宽叶薹草(*Carex* sp.)、山姜、扇叶铁线蕨、金毛狗脊等种类，覆盖度只有2%~3%，生长细弱，个体高度通常只有0.4~0.8m。

藤本植物种类不多，常见的有鸡血藤(*Mucuna* sp.)、粉背菝葜、羊角拗、瓜馥木等。

55. 马蹄荷林(Form. *Exbucklandia populnea*)

马蹄荷在我国分布于南部的海南、香港、广东和西南部的西藏、云南、贵州等地。在广西，主要产于桂西北的那坡县、靖西县、德保县、乐业县；桂北融水县九万山林区、泗涧山林区、元宝山林区；桂南陆川县、十万大山林区和桂中的大瑶山林区。马蹄荷是金缕梅科在常绿阔叶林种类组成中比较常见的种类，但以它为优势的林分却很少见。

(1)马蹄荷-马蹄荷-鹅掌柴-粗叶木-狗脊蕨群落(*Exbucklandia populnea*-*Exbucklandia populnea*-*Schefflera heptaphylla*-*Lasianthus chinensis*-*Woodwardia japonica* Comm.)

本群落见于融水县泗涧山林区，海拔510m，面积不大。立地土壤为发育于砂页岩上的森林红壤，土层厚60cm，地表枯枝落叶较多，分解中等，表土腐殖质层厚5cm，土壤较湿润肥沃。乔木层总覆盖度90%，分为3个亚层，400m^2样地共有乔木19种、77株。

第一亚层林木高大通直，一般高16~20m，最高25m，一般胸径20~30cm，最大胸径42cm，树冠连续，覆盖度80%。本亚层有林木8种、28株，其中马蹄荷有15株，重要值指数133，占绝对优势；其次是木荷，有4株，重要值指数46.9，排列第二；豹皮木姜子有3株，重要值指数33.2，排列第三；其他的种类有罗浮柿、枫香树、米槠、越南安息香、刺叶桂樱等。

第二亚层高9~14m，胸径10~18cm，树冠不连接，覆盖度40%。本亚层种类比上层略多，但株数却比上层少，仅有21株。优势种不明显，以马蹄荷、豹皮木姜子和罗浮柿为多，重要值指数分别为40.9、39.3和32.7；相对较多的种类还有褐毛杜英、虎皮楠；其他的种类有薄叶润楠、薄叶山矾、鹅掌柴、鸭公树和越南安息香、亮叶桦等。

第三亚层林木高4~8m，胸径4~10cm，植株细小，树冠不连接，覆盖度40%。本亚层有林木14种，优势种为鹅掌柴，重要值指数69.1；褐毛杜英和罗浮柿次之，重要值指数分别为36.5和25.7；其他的种类还有斜脉暗罗、红锥、长序虎皮楠、薄叶润楠、薄叶山矾、大新木姜子、木荷、含笑花(*Michelia figo*)、越南安息香、米槠和黄杞等。

从整个乔木层分析，马蹄荷的重要值指数最大，为76.2，它在上层占绝对优势地位，中层也占优势，但缺少下层植株和幼苗、幼树，其种群发育不完整，说明群落环境对它的生存发展已存在不利因素。但从目前情况看，它正处在中龄期，尚未进入成熟年龄，因此，较长时间内，它仍能维持目前的优势地位。木荷和豺皮木姜子的重要值指数分别为22.9和27.6，排列第二和第三位，它们种群发育完整，说明群落环境对它的生长发育是适宜的，能较长时期保持次优势的地位。重要值指数>10的种类有鹅掌柴、罗浮柿、冬桃、米槠、越南安息香、长序虎皮楠和枫香树，除枫香树外，这些种类的幼苗幼树都较普遍，说明群落对它们生长繁殖是适宜的。其他种类的重要值指数虽然都很小，但都是群落的常见种。可见本群落仍处在相对稳定发展阶段，尚未进入成熟期。

灌木层植物高0.5~3m，覆盖度40%，组成种类多是乔木的幼树，常见的有米槠、红锥、罗浮柿、木荷、薄叶润楠、鸭公树、鹅掌柴、黄杞、斜脉暗罗等；尚有一些样地内无乔木分布的幼树，如越南山矾、臀果木、栲、广东山胡椒、贵州锥、黄棉木、毛黄肉楠等。真正的灌木种类不多，常见的有粗叶木、杜茎山、柏拉木等。

草本层植物稀少，覆盖度约10%，常见的种类有狗脊蕨、乌毛蕨、金毛狗脊、山姜、淡竹叶、卷柏和草珊瑚等。

藤本植物稀少，仅见有菝葜和粉背雷公藤两种。

(2)马蹄荷－马蹄荷－小花红花荷＋栲－棱果花－中华里白群落(*Exbucklandia populnea* – *Exbucklandia populnea* – *Rhodoleia parvipetala* + *Castanopsis fargesii* – *Barthea barthei* – *Diplopterygium chinensis* Comm.)

本群落见于融水县九万山平英红岗山，面积不大。代表样地海拔830m，立地土壤为发育于变质砂岩上的山地森林红壤，土层厚60～80cm，地表枯枝落叶较少，表土腐殖质层厚5cm。群落总覆盖度90%，种类组成和结构都较为复杂，600m^2样地有维管束植物47种，其中乔木层有19种、79株，结构可分为3个亚层。

第一亚层林木比较高大通直，一般高15～20m，最高25m，一般胸径17～20cm,，最大胸径30cm，树冠连接，覆盖度80%。本亚层有林木4种、21株，其中马蹄荷有16株，重要值指数198.1，占绝对优势；其次是钟花樱桃，有3株，重要值指数52.3，排列第二；其余枫香树和赤杨叶各1株，后3种都为落叶阔叶树。

第二亚层林木高9～14m，胸径10～18cm，树冠不连接，覆盖度40%。本亚层树种比上层略多，有6种，但株数却比上层少，只有19株。优势种明显，仍以马蹄荷为主，重要值指数174.5；次为野漆，重要值指数36.6；其他的种类还有猴欢喜、钟花樱桃、蓝果树和虎皮楠等。本亚层的落叶阔叶树有野漆、钟花樱桃、蓝果树3种。

第三亚层林木高4～8m，胸径4～10cm，树冠不连接，覆盖度40%。本亚层有林木12种，优势种为小花红花荷，重要值指数41；栲和黄杞次之，重要值指数分别为36.9和34.8；马蹄荷在本亚层中仍占有一定的位置，重要值指数为31.4，排列第四位。此外，尚有厚皮香、鼠刺、猴耳环、铁山矾、红淡比、小果冬青、广西山矾和疏花卫矛等种类。

灌木层植物高0.5～3m，覆盖度40%。组成种类多是乔木的幼树，常见的有米槠、山鸡椒、虎皮楠、罗浮柿、粉叶润楠、马蹄荷、鹅掌柴、黄杞、基脉楠、山矾、栲、大果冬青等。真正的灌木种类不多，常见的有棱果花、杜茎山、日本粗叶木、淡黄荚蒾、粤西绣球和异叶榕等。

草本层植物不少，高0.1～1.5m，覆盖度30%。以中华里白为主，覆盖度10%～15%；狗脊蕨、乌毛蕨、阔鳞鳞毛蕨等也不少。其他种类还有深绿卷柏、中华复叶耳蕨和镰羽瘤足蕨等。

藤本植物种类和数量均稀少，仅见菝葜、鸡矢藤和藤黄檀等种类。

(3)马蹄荷＋五列木－阴香＋五列木－阴香＋罗汉松－箬叶竹－石斛兰属1种群落(*Exbucklandia populnea* + *Pentaphylax euryoides* – *Cinnamomum burmannii* + *Pentaphylax euryoides* – *Cinnamomum burmannii* + *Podocarpus macrophyllus* – *Indocalamus longiauritus* – *Dendrobium sp.* Comm.)

本群落见于桂南上思县境内十万大山中的鸡笼山，海拔1050m的山地。据300m^2样地统计，组成种类比较丰富，乔木层有林木45种、122株，郁闭度0.9，可分为3个亚层。第一亚层林木高20～28m，胸径25～45cm，有林木8种、13株，其中马蹄荷有4株，占30.77%；次为五列木，有3株，占23.08%；其他如阴香、鹿角锥、南烛、柯、石斑木、黄杞等为单株出现。第二亚层林木高12～18m，胸径8～20cm，有林木24种、49株，以阴香和五列木为优势，分别有10株和8株，分别占20.4%和16.33%；其他较重要的种类有黄杞、鹿角锥、白花苦灯笼、南烛、柯、马蹄荷等。第三亚层林木高4～10m，胸径3～8cm，是3个亚层中种数和株数最多的一个亚层，共有31种、59株，优势种为阴香，有12株，占20.34%；其次为罗汉松，有6株；其他的种类的株数均不多，通常为1～3株，如南烛、鹿角锥、金叶含笑、基脉润楠、黄棉木、大果树参、罗浮柿、木犀榄、马银花、白花苦灯笼等。

灌木层植物分布不均匀，覆盖度15%～50%，种类组成比较丰富，以乔木的幼树为多。幼树重要的有阔瓣含笑、厚斗柯、阴香、基脉润楠、杜英、罴蒴锥、黄杞、鱼蓝柯、硬壳柯、百日青、五列木、岭南山竹子、鹿角锥等。真正的灌木除箬叶竹数量较多外，其他的灌木种类和数量均不多，如柏拉木、上思粗叶木(*Lassianthus tsiangii*)、栀子、了哥王等一般只有2～3株。

草本层植物种类和数量均不多，覆盖度3%，以石斛属1种多见，其他种类还有小叶膜蕨(*Hymenophllum oxyodon*)、瓦韦(*Lepisorus thunbergianus*)、石韦和宽叶沿阶草等。

藤本植物种类和数量很少，只有上思瓜馥木 *Fissistigma shangtzeense* 和菝葜等少许种类。

56. 岭南山茉莉林（Form. *Huodendron biaristatum* var. *parviflorum*）

在广西，安息香科的常绿种类主要是山茉莉属的种类和安息香属的栓叶安息香（*Styrax suberifolius*），它们都是广西常绿阔叶林的重要组成成分，有时还有以它们为优势的林分出现，特别是山茉莉属的几个种类。

岭南山茉莉是山茉莉属在常绿阔叶林中常见的种类之一，在我国，分布于云南、广东、湖南、江西和广西等地。在广西，分布范围相当广泛，从桂北的九万山到桂南的大青山，从桂东的蒙山到桂西的岑王老山，海拔400m到海拔1750m的砂页岩和花岗岩山地都有出现，目前见到以它为优势的类型只发现下面1种。

（1）岭南山茉莉－广东杜鹃－毛狗骨柴－杜茎山－剑叶铁角蕨群落（*Huodendron biaristatum* var. *parviflorum* – *Rhododendron kwangtungense* – *Diplospora fruticosa* – *Maesa japonica* – *Asplenium ensiforme* Comm.）

本群落见于桂中金秀县大瑶山，海拔1070m。立地地层为寒武系砂岩，土壤为山地森林水化黄壤。土层浅薄，地表枯枝落叶较多，但分解不良，地表裸岩占90%。本群落位于常年流水的小山溪边，故群落内环境湿润。

群落保存较好，受人为的影响轻微。结构复杂，乔木层可分成3个亚层，第一亚层林木高大，与第二亚层林木垂直相差悬殊。第一亚层林木高20～30m，基径一般40～50cm，最粗69～90cm，植株树干通直圆满，枝下高高，多在10m以上，树皮光滑，枝叶集中于上部，树冠基本连接，覆盖度70%。从表9-127可知，本亚层600m^2样地有林木10种、16株，是3个亚层中种数和株数最少的一个亚层，株数只占乔木层总株数的12.4%，但植株粗大，基面积却占乔木层总基面的76.6%。岭南山茉莉占有明显的优势，有5株，重要值指数76.8；次为鹿角锥，虽然只有2株，但它们的基径分别为69cm和85cm，基面积0.9414m^2，比岭南山茉莉还大，因为植株数比岭南山茉莉少，故重要值指数不如岭南山茉莉，只有53.4，排列第二；排列第三和第四位的是薄叶润楠和黄樟，重要值指数分别为32.8和31.4，其中黄樟虽然只有1株个体，但它是群落中最粗大的林木，基径90cm，基面积是群落中最大的，为0.6362m^2；其余6种都是单株出现。

表9-127　岭南山茉莉－广东杜鹃－毛狗骨柴－杜茎山－剑叶铁角蕨群落乔木层种类组成及重要值指数

（样地号：瑶山6号，样地面积：20m×30m，地点：金秀县老山采育场16公里，海拔：1070m）

序号	树种	基面积（m^2）	株数	频度（%）	重要值指数
		乔木Ⅰ亚层			
1	岭南山茉莉	0.852	5	50	76.772
2	鹿角锥	0.941	2	33.3	53.397
3	薄叶润楠	0.211	2	33.3	32.756
4	黄樟	0.636	1	16.7	31.376
5	桂南木莲	0.255	1	16.7	20.606
6	大果木姜子	0.229	1	16.7	19.867
7	红楣	0.196	1	16.7	18.943
8	山麻风树	0.096	1	16.7	16.113
9	光叶拟单性木兰	0.071	1	16.7	15.391
10	厚皮香	0.049	1	16.7	14.781
	合计	3.538	16	233.3	300.001
		乔木Ⅱ亚层			
1	广东杜鹃	0.127	6	50	43.634
2	钝齿尖叶桂樱	0.054	6	66.7	36.715
3	罗浮槭	0.123	2	16.7	25.9
4	陀螺果	0.088	2	16.7	21
5	毛狗骨柴	0.059	2	33.3	20.251
6	红淡比	0.048	2	33.3	18.739
7	厚皮香	0.038	2	33.3	17.238
8	槟榔青冈	0.015	2	33.3	14.06
9	香港四照花	0.042	1	16.7	11.803
10	岭南山茉莉	0.016	2	16.7	10.826

（续）

序号	树种	基面积(m²)	株数	频度(%)	重要值指数
11	罗浮冬青	0.015	1	16.7	8.128
12	广东山胡椒	0.015	1	16.7	8.128
13	中华石楠	0.013	1	16.7	7.83
14	少叶黄杞	0.01	1	16.7	7.3
15	鼠刺	0.008	1	16.7	7.068
16	山麻风树	0.008	1	16.7	7.068
17	蕈树	0.008	1	16.7	7.068
18	罗浮锥	0.006	1	16.7	6.859
19	樟叶泡花树	0.006	1	16.7	6.859
20	黄棉木	0.006	1	16.7	6.859
21	毛桂	0.005	1	16.7	6.671
	合计	0.712	38	500	300.004
		乔木Ⅲ亚层			
1	毛狗骨柴	0.073	13	83.3	47.744
2	广东杜鹃	0.064	9	50	35.576
3	厚皮香	0.048	8	83.3	34.353
4	岭南山茉莉	0.033	6	66.7	25.392
5	钝齿尖叶桂樱	0.033	6	66.7	25.287
6	鼠刺	0.022	4	50	17.743
7	红淡比	0.015	3	33.3	12.21
8	山麻风树	0.015	2	33.3	11.003
9	黄牛奶树	0.01	3	16.7	8.771
10	罗浮槭	0.003	2	33.3	7.641
11	少叶黄杞	0.008	2	16.7	6.867
12	大叶新木姜子	0.006	2	16.7	6.317
13	光叶拟单性木兰	0.01	1	16.7	6.02
14	东方古柯	0.003	2	16.7	5.661
15	苗山冬青	0.005	1	16.7	4.814
16	黄棉木	0.005	1	16.7	4.814
17	罗浮柿	0.003	1	16.7	4.222
18	槟榔青冈	0.003	1	16.7	4.222
19	网脉木犀	0.002	1	16.7	3.99
20	山桂	0.002	1	16.7	3.99
21	樟叶泡花树	0.002	1	16.7	3.99
22	猴欢喜	0.002	1	16.7	3.99
23	广东冬青	0.002	1	16.7	3.99
24	毛桂	0.001	1	16.7	3.799
25	广东新木姜子	0.001	1	16.7	3.799
26	川桂	0.001	1	16.7	3.799
	合计	0.371	75	783.3	300.005
		乔木层			
1	岭南山茉莉	0.901	13	83.3	36.247
2	鹿角锥	0.941	2	33.3	24.59
3	毛狗骨柴	0.133	15	83.3	21.165
4	广东杜鹃	0.191	15	66.7	21.092
5	钝齿尖叶桂樱	0.087	12	100	19.177
6	厚皮香	0.135	11	83.3	18.122
7	黄樟	0.636	1	16.7	15.876
8	鼠刺	0.03	5	66.7	9.864
9	罗浮槭	0.126	4	50	9.824
10	山麻风树	0.119	4	50	9.681
11	红淡比	0.063	5	50	9.243
12	薄叶润楠	0.211	2	33.3	8.788

（续）

序号	树种	基面积(m^2)	株数	频度(%)	重要值指数
13	桂南木莲	0.255	1	16.7	7.631
14	大果木姜子	0.229	1	16.7	7.065
15	槟榔青冈	0.018	3	50	6.715
16	茶梨	0.196	1	16.7	6.358
17	光叶拟单性木兰	0.08	2	33.3	5.952
18	少叶黄杞	0.017	3	33.3	5.364
19	陀螺果	0.088	2	16.7	4.794
20	毛桂	0.006	2	33.3	4.353
21	黄牛奶树	0.01	3	16.7	3.871
22	黄棉木	0.011	2	16.7	3.13
23	樟叶泡花树	0.008	2	16.7	3.064
24	香港四照花	0.042	1	16.7	3.008
25	大叶新木姜子	0.006	2	16.7	3.006
26	东方古柯	0.003	2	16.7	2.953
27	罗浮冬青	0.015	1	16.7	2.442
28	广东山胡椒	0.015	1	16.7	2.442
29	中华石楠	0.013	1	16.7	2.396
30	蕈树	0.008	1	16.7	2.279
31	罗浮锥	0.006	1	16.7	2.246
32	苗山冬青	0.005	1	16.7	2.217
33	罗浮柿	0.003	1	16.7	2.17
34	网脉木犀	0.002	1	16.7	2.151
35	山桂	0.002	1	16.7	2.151
36	猴欢喜	0.002	1	16.7	2.151
37	广东冬青	0.002	1	16.7	2.151
38	广东新木姜子	0.001	1	16.7	2.136
39	川桂	0.001	1	16.7	2.136
	合计	4.621	129	1250	300.001

山桂 *Cinnamomum* sp.

第二亚层林木高 8 ~ 13m，基径 9 ~ 24cm，林木较细小，但树干通直，枝叶集中于顶部，树冠局部连接，覆盖度 40%。本亚层有林木 21 种、38 株，优势不太明显，广东杜鹃稍多，有 6 株，重要值指数 43.6；次为钝齿尖叶桂樱，也有 6 株，但它茎粗不如广东杜鹃，故重要值指数排列第二，为 36.7；其余 19 种都是 1 ~ 2 株出现，重要值指数分配比较分散，在 6 ~ 21 之间。

第三亚层林木高 4 ~ 7m，基径 4 ~ 10cm，树冠基本连接，覆盖度 60%。本亚层 600m^2 样地有林木 26 种、75 株，种数比第二亚层稍多，但株数比第二亚层多得多，占乔木层总株数的 58.1%，由于植株细小，基面积只占乔木层总基面积的 8.0%。本亚层优势也不明显，毛狗骨柴稍多，有 13 株，重要值指数 47.7，排列第一；排列第二 ~ 五位的为广东杜鹃、厚皮香、岭南山茉莉和钝齿尖叶桂樱，株数 9 ~ 6 株，重要值指数分别为 35.6、34.4、25.4 和 25.3；其余 21 种，株数在 4 株以下，重要值指数分配比较分散，在 3 ~ 18 之间。

从整个乔木层分析，虽然优势排列变动不大，但优势不明显，重要值指数分配很分散。岭南山茉莉排列第一，但重要值指数只有 36.2；鹿角锥排第二，重要值指数 24.6；中下层林木优势种毛狗骨柴、广东杜鹃、钝齿尖叶桂樱和厚皮香，依靠众多的株数，重要值指数分排三 ~ 六位；其余 33 种，多数是偶见种，数量不多，除黄樟重要值指数可超过 10 之外，其他 32 种重要值指数在 10 ~ 2 之间。

灌木层植物分布不均匀，覆盖度 20% ~ 40%，种类组成尚丰富，从表 9-128 可知，600m^2 样地有 57 种，以乔木的幼树占多。真正的灌木以杜茎山和常山为优势，次为细齿叶柃和柏拉木，乔木的幼树较多的有川桂、大果木姜子、钝齿尖叶桂樱、毛狗骨柴等。

表 9-128 岭南山茉莉－广东杜鹃－毛狗骨柴－杜茎山－剑叶铁角蕨群落灌木层和草本层种类组成及分布情况

序号	种名	多度盖度级						频度(%)	更新(株)	
		Ⅰ	Ⅱ	Ⅲ	Ⅳ	Ⅴ	Ⅵ		幼苗	幼树
	灌木层植物									
1	杜茎山	4	4	4	4	4	4	100.0		
2	常山	4	4	4	4	4	4	100.0		
3	细齿叶柃	4	1	4	4	4	4	100.0		
4	柏拉木	4	4	1	4	1	4	100.0		
5	毛狗骨柴	1	1	1	1	4	1	100.0	1	9
6	岭南山茉莉	1	1	1	1	1	1	100.0		6
7	轮叶木姜子	4	4	1	1	1	1	100.0	3	8
8	川桂	4	4	1	3		3	83.3	1	26
9	大果木姜子	4	4	1	3		1	83.3	2	16
10	钝齿尖叶桂樱	1	1			4	3	66.7		13
11	网脉木犀	1	1	1	1			66.7		3
12	西南香楠	1	4	1	1			66.7		3
13	日本杜英		1		1	1	1	66.7		2
14	饭甑青冈		1	1	1		1	66.7		
15	吴茱萸五加	2	2		1	1		66.7		8
16	樟叶泡花树	1	1	1			1	66.7		5
17	山香圆	1		1	1	1		66.7		5
18	腺叶桂樱	1		1	1			50.0		3
19	少叶黄杞	4	4		4			50.0	4	6
20	茶		1	1	1			50.0		
21	黄牛奶树	3			1		1	50.0		5
22	鼠刺	1		1				33.3		2
23	鹿角锥			1	2			33.3		4
24	桂南木莲	1					1	33.3		2
25	长尾毛蕊茶	1					1	33.3		
26	大果厚皮香	1				1		33.3		
27	阴香	1		1				33.3		
28	尖萼川杨桐	1					1	33.3		
29	船柄茶		1		1			33.3		
30	岗柃				1	1		33.3		
31	光叶拟单性木兰			1			3	33.3	1	6
32	红淡比			1		1		33.3		4
33	陀螺果			1			1	33.3		3
34	狭叶木犀	1	1					33.3	1	2
35	黄丹木姜子				2		3	33.3	1	7
36	短梗新木姜子	3			1			33.3		5
37	罗浮锥						1	16.7		1
38	广东杜鹃		4					16.7		7
39	广东新木姜子	1						16.7		
40	罗浮槭					1		16.7	1	1
41	东方古柯	1						16.7		
42	厚皮香					1		16.7		1
43	罗浮冬青						1	16.7		2
44	微毛山矾	1						16.7		
45	广东山胡椒		1					16.7		
46	赤楠		1					16.7		
47	细柄五月茶		1					16.7		
48	亮叶杨桐			4				16.7		
49	钟花樱桃			1				16.7		
50	两面针			1				16.7		
51	杜英1种				1			16.7		

（续）

序号	种名	多度盖度级						频度(%)	更新(株)	
		Ⅰ	Ⅱ	Ⅲ	Ⅳ	Ⅴ	Ⅵ		幼苗	幼树
52	栀子					1		16.7		
53	疏花卫矛					1		16.7		
54	冬青1种					1		16.7		
55	包槲柯					1		16.7		1
56	毛杜英		1					16.7		1
57	马蹄参						1	16.7		1
	草本层植物									
1	剑叶铁角蕨	3		4	4	4	5	83.3		
2	长叶薹草	3	3	3	3		3	83.3		
3	蛇根草	3		6	3	3	3	83.3		
4	锦香草	10	3	4	3		3	83.3		
5	中华锥花		3	3	3	3	3	83.3		
6	华南赤车			4	7	7	7	66.7		
7	倒挂铁角蕨	3	4		3		3	66.7		
8	华中铁角蕨	3	3	3		3		66.7		
9	紫叶楼梯草	6	5		4		3	66.7		
10	泡毛轴脉蕨	3	3			3	3	66.7		
11	镰羽贯众	3	3	3	3			66.7		
12	尾叶瘤足蕨			3		3	3	50.0		
13	假剑叶铁角蕨	1		3				33.3		
14	建兰	1	1					33.3		
15	狭叶沿阶草	3					1	33.3		
16	水蓼麻			3			3	33.3		
17	卷柏			1	3			33.3		
18	山姜							16.7		
19	狗脊蕨							16.7		
20	尾花细辛							16.7		
21	福建观音座莲							16.7		
22	绿花羊耳兰							16.7		
23	小黑桫椤							16.7		
	藤本植物									
1	菝葜	sp		sp	sp	sp	sp	83.3		
2	冷饭藤	sp	un				un	50.0		
3	榕属1种		sp			sp		33.3		
4	银瓣崖豆藤		un			un		33.3		
5	常春藤			sp			sp	33.3		
6	网脉酸藤子		un					16.7		
7	悬钩子				un			16.7		
8	骨牌蕨				un			16.7		
9	海南链珠藤			un				16.7		
	附生植物									
1	攀援星蕨	sp		sp	sp	sp	sp	83.3		
2	桃叶珊瑚		sp	sp	sp	sp	sp	83.3		
3	蕨1种	sp	sp				un	50.0		
4	膜蕨		sp	sp	sp			50.0		
5	瓶蕨			sp				16.7		
6	扶芳藤			sp				16.7		

杜英1种 *Elaeocarpus* sp.　冬青1种 *Ilex* sp.　毛杜英 *Elaeocarpus* sp.　长叶薹草 *Carex* sp.　紫叶楼梯草 *Elatostema* sp.　泡毛轴脉蕨 *Ctenitopsis* sp.　尾叶瘤足蕨 *Plagiogyria grandis*　假剑叶铁角蕨 *Asplenium* sp.　水蓼麻 *Oreocnide* sp.　绿花羊耳兰 *Liparis* sp.　小黑桫椤 *Alsophila metteniana*　银瓣崖豆藤 *Millettia argyraea*　攀援星蕨 *Microsorum* sp.　膜蕨 *Hymenophyllum* sp.

草本层植物生长较茂盛，除个别地段覆盖度30%～40%，其他地段覆盖度可达50%～70%，600m^{2}样地有23种。局部优势的种类有锦香草、华南赤车和紫叶楼梯草(*Elatostem* sp.)，分布比较普遍的有剑叶铁角蕨、长叶蠹草、蛇根草(*Ophiorrhiza* sp.)和中华锥花等。

藤本植物种类和数量均不太丰富，以菝葜比较常见。

从整体看，本群落更新是不太理想的，虽然幼树数量尚多，但幼苗数量少；优势种岭南山茉莉幼苗缺，幼树只有6株，从上层到中层到下层再到更新层呈下降的趋势。从目前更新情况看，川桂、大果木姜子、钝齿尖叶桂樱和毛狗骨柴较好，是否将来会演变成以川桂和大果木姜子为上层优势，钝齿尖叶桂樱和毛狗骨柴为下层优势的群落，还很难预测。

57. 双齿山茉莉林(Form. *Huodendron biaristatum*)

双齿山茉莉分布基本上与岭南山茉莉相同，但范围没有那么广泛。在我国只见于云南、贵州和广西；在广西多见于桂西的南丹、田林岑王老山、乐业雅长林区、那坡；桂北的九万山、兴安、花坪林区；桂中的大瑶山和大明山；桂东滑水冲保护区。虽然范围没有岭南山茉莉那么广泛，但以它为优势的类型却比岭南山茉莉多。

(1)双齿山茉莉－双齿山茉莉－双齿山茉莉－柏拉木－金毛狗脊群落(*Huodendron biaristatum* – *Huodendron biaristatum* – *Huodendron biaristatum* – *Blastus cochinchinensis* – *Cibotium barometz* Comm.)

本群落见于九万山林区张家湾一带，据海拔660m的样地调查，立地土壤为发育于花岗岩上的山地森林红黄壤，土层厚一般60～90cm，地表枯枝落叶较多，分解良好，表土腐殖质层厚5～10cm。

乔木层总覆盖度90%，林木植株密茂，600m^{2}样地有林木24种、148株，乔木层分为3个亚层。

第一亚层林木高16～20m，胸径18～30cm，树冠基本连接，覆盖度70%。本亚层有林木9种、37株，株数虽然只占整个乔木层总株数的1/4，但植株粗大，基面积却占乔木层总基面积的70.3%。其中双齿山茉莉有25株，重要值指数138.8，占绝对优势；其次为落叶阔叶树野柿，重要值指数52.0，排列第二位；其他常见的种类有厚斗柯、红锥、贵州锥、罗浮锥、日本杜英、木荷和米槠等。

第二亚层林木高9～14m，胸径12～18cm，树冠不连接，覆盖度40%。本亚层有林木12种，仍以双齿山茉莉为主，重要值指数119.6，优势也很突出；其他的种类重要值指数都不大，依其重要值指数大小排列有米槠、黄丹木姜子、交让木、厚斗柯、罗浮锥、木荷、薄叶润楠、贵州锥、基脉润楠、甜槠、小花红花荷等。

第三亚层林木高4～8m，种类组成和株数较上两个亚层丰富，计有20种、73株，但植株细小，树冠不太连接，覆盖度60%。优势种还是双齿山茉莉，但重要值指数比上2个亚层少得多，为53.1；其次为米槠，重要值指数46.0，排列第二；其他的种类除了上、中层出现的种类外，还有阔瓣含笑、短梗新木姜子、尖萼川杨桐、东方古柯、贵州杜鹃、白背叶、瑞木、薄瓣石笔木等。

灌木层植物高1～3m，分布不均匀，覆盖度30%。种类组成尚丰富，以乔木的幼树为主，数量较多的有米槠、短梗新木姜子、薄叶润楠、贵州杜鹃、尖萼川杨桐、黄丹木姜子、基脉润楠、栲、毛锥和小花红花荷等。真正的灌木种类不多，有柏拉木、荚蒾、粗叶榕、日本粗叶木和紫金牛等。

草本层植物比较发达，高1m以上，覆盖度50%。金毛狗脊数量最多，覆盖度达30%；骤尖楼梯草和粗齿冷水花也不少，其他常见的种类有乌毛蕨、狗脊蕨、中华里白和凤仙花等。

藤本植物种类和数量均稀少，零星出现的有白藤和菝葜两种。

本群落苔藓植物较为发达，通常地表、岩石表面及树干均被满苔藓，尤以林内枯腐木的苔藓最厚，约1～2cm。

(2)双齿山茉莉＋华润楠－双齿山茉莉－双齿山茉莉－杜茎山＋草珊瑚－狗脊蕨群落(*Huodendron biaristatum* + *Machilus chinensis* – *Huodendron biaristatum* – *Huodendron biaristatum* – *Maesa japonica* + *Sarcandra glabra* – *Woodwardia japonica* Comm.)

以双齿山茉莉为主的森林在桂东的滑水冲保护区，一般见于海拔300～500m的山地，大多呈零星小片状分布，从林相看出是遭受破坏后恢复起来的次生林，林木生长虽然繁茂，郁闭度约0.8，但种类成分比较简单。

第一亚层林木分布稀疏，双齿山茉莉、薄叶润楠、山矾和楝叶吴萸等零星分布，覆盖度不及30%。

第二亚层林木种类较多，覆盖度80%，双齿山茉莉占据明显的优势，其他零星分布的种类有黄樟、栲、黄果厚壳桂、山杜英、毛锥、尖萼川杨桐、华润楠、天料木和罗浮柿等。

第三亚层林木种类更多，仍以双齿山茉莉为优势，黄果厚壳桂、栲、栓叶安息香和尖叶毛柃比较多见，其他零星分布的种类有华润楠、楝叶吴萸、黄樟、山杜英、毛锥、罗浮柿、笔罗子、黄棉木、桃叶石楠、华幌伞枫（*Heteropanax chinensis*）、鼠刺、赤杨叶和白背叶等。

灌木层植物由于乔木中下层林木生长密茂，数量较少，但种类不少，覆盖度30%左右。上层林幼树仍占优势，双齿山茉莉最多，鼠刺、笔罗子、栓叶安息香、毛锥和黄樟次之，零星分布的种类有栲、黄果厚壳桂、多脉柃、毛锥、尖萼川杨桐、天料木、罗浮柿、桃叶石楠、亮叶猴耳环、网脉山龙眼、鹅掌柴、木竹子等。真正的灌木以杜茎山、草珊瑚和赤楠为多，其他还有鲫鱼胆、虎舌红、假鹰爪、朱砂根、尖叶粗叶木、琴叶榕、粗叶木、柏拉木、栀子、海南罗伞树等。

草本层植物生长密茂，覆盖度50%，狗脊蕨占有明显的优势，紫萁、金毛狗脊、乌毛蕨、华南鳞毛蕨、蔓出卷柏（*Selaginella* sp.）、福建观音座莲等也常遇到，偶而还见到金星蕨、山姜、三俭草、射干、单叶新月蕨、扇叶铁线蕨、线柱苣苔、淡竹叶等。局部空隙处有少量芒萁、五节芒等阳性种类出现。

藤本植物种类不少，瓜馥木、网脉崖豆藤、小叶买麻藤、网脉酸藤子最为普遍，其他还见有南五味子、野木瓜、酸藤子、藤黄檀、土茯苓、三叶木通、络石、菝葜等。

（3）蓝果树＋糙皮桦－双齿山茉莉－双齿山茉莉－双齿山茉莉－柏拉木－骨排蕨＋中华复叶耳蕨＋锦香草群落（*Nyssa sinensis* + *Betula utilis* – *Huodendron biaristatum* – *Huodendron biaristatum* – *Huodendron biaristatum* – *Blastus cochinchinensis* – *Lepidogrammitis rostrata* + *Arachniodes chinensis* + *Phyllagathis cavaleriei* Comm.）。

在桂中大明山，以双齿山茉莉为优势的林分多见于海拔900～1300m地带，呈小块状分布。据橄榄河上游海拔1000～1200m处调查，1600m²样地乔木层有林木60种、329株。本群落是大明山常绿阔叶林中结构最为复杂的类型之一，乔木层可明显分为4个亚层。

第一亚层林木高18～28m，有林木20种、26株，其中个体数为3株的有蓝果树、粗皮桦，全为落叶阔叶树，个体数为2株的有厚斗柯、树参、大叶青冈、大果木姜子，零星分布的种类有广东琼楠、罗浮槭、薄叶润楠、罗浮柿、钟花樱桃、短序润楠、少叶黄杞、赤杨叶等。

第二亚层林木高12～18m，有林木23种、63株，以双齿山茉莉为优势，有26株，占该亚层林木株数的41.27%，其他较重要的种类有罗浮槭、罗浮柿、亮叶杨桐、大果木姜子、猴欢喜等。

第三亚层林木高6～12m，组成种类更为丰富，计有35种、129株，仍以双齿山茉莉为优势，有49株，占该亚层林木株数的37.98%，种类组成与第二亚层相似，常见的有罗浮槭、广东琼楠、香皮树、大果木姜子、厚斗柯等。

第4亚层林木高3～6m，种类和数量也不少，计有33种、111株，还是以双齿山茉莉为优势，其个体数占该亚层林木株数的34.23%，其他较重要的种类有阴香、毛狗骨柴、细枝柃、鱼骨木、茜树等。

灌木层植物覆盖度30%～70%，高度约2m，平均个体密度为333.6～343.0株/100m²，种类比较丰富，计有30种。以乔木的幼树为多，真正的灌木种类较少，但占优势的是真正的灌木柏拉木和草珊瑚，数量比较多的种类有黄丹木姜子、广东琼楠、茜树、阴香、杜茎山、朱砂根、罗浮槭、薄叶润楠、鱼骨木、双齿山茉莉等，它们的个体数都在10株以上，有些种类如黄丹木姜子的个体数在100株以上。

草本层植物高1m以下，覆盖度30%～60%。优势种随小环境的不同而有所改变，在地表大块岩石堆积较多的地段，优势种为附生在裸岩石上的骨排蕨和小果蕗蕨（*Mecodium microsorum*），它们的重要值指数分别为36.52和30.59，重要值指数>10的种类还有阴地蕨（*Botrychium ternatum*）（24.25）、梨序楼梯草（*Elatostema ficoides*）（23.09）、石韦（18.84）、稀羽鳞毛蕨（15.07）、艳山姜（12.92）、鳞毛蕨（12.76）、十字薹草（11.40）和小叶楼梯草（10.94）。在裸岩较少、土层深厚的地方，优势种常常是中华复叶耳蕨，其重要值指数达42.90；其他重要值指数>10的种类还有狭翅铁角蕨（28.16）、芒齿骨碎补 *Davallia* sp.（27.44）、黑鳞耳蕨（*Polystichum makinoi*）（21.85）、梨序楼梯草（16.19）、禾秆蹄盖蕨（*Athyrium* sp.）（15.14）、黑鳞鳞毛蕨（*Dryopteris* sp.）（13.17）、厚叶双盖蕨（*Diplazium crassiusculum*）（10.60）；此外，锦香草在局部成为优势，重要值指数为8.72和9.83。

藤本植物种类和数量均不多，较常见的有尾叶那藤、冠盖藤、菝葜、肖菝葜、崖豆藤、扶芳藤、络石、瓜馥木等。由于环境湿润，树干上附生有较多的苔藓植物，高度可达10多米。

（4）双齿山茉莉＋红鳞蒲桃－龙须藤－刚莠竹＋肾蕨群落（*Huodendron biaristatum* + *Syzygiyum hancei* – *Bauhinia championii* – *Microstegium ciliatum* + *Nephrolepis cordifolia* Comm.）

桂西北由于处在我国西部（半湿润）常绿阔叶林亚区域，气候比较干燥，常绿阔叶林遭受破坏后，尤其反复刀耕火种后，是很难恢复起来的，所以桂西北常绿阔叶林是比较少见的，通常仅在沟谷地带见有零星小片出现。本群落见于桂西北乐业县雅长林区，面积虽然很小，而且是次生的中幼年林，但也非常可贵的。本群落分布于该地拉雅狭谷地带，乔木层仅有1层，林木高7～8m，胸径4～8cm，以双齿山茉莉与红鳞蒲桃共为优势，其他的种类还有小黄皮和落叶阔叶树圆叶乌桕、八角枫等，植株个体十分密集。灌木层植物也十分密集，以卵叶羊蹄甲（*Bauhinia* sp.）和龙须藤占优势。草本层植物既保持数量较多的原禾草草丛的优势种刚莠竹，又有较多的后来入侵进去的肾蕨，既残留有五节芒等阳性草本，也有后来生成的耐阴种类，如红旋蒴苣苔（*Boea* sp.）、卷柏和黄精，充分表明群落向上演替，环境不断变好的情况。从本群落生长有较多的圆叶乌桕、龙须藤、肾蕨等植物看出，本群落立地土壤深受岩溶地层的影响。

58. 西藏山茉莉林（Form. *Huodendron tibeticum*）

西藏山茉莉在广西分布的范围比较狭窄，仅见于桂北部分地区，如花坪林区、猫儿山林区、九万山林区。以它为优势的林分目前仅在九万山林区见到。

（1）西藏山茉莉＋钩锥－米槠－米槠－柏拉木－中华里白群落（*Huodendron tibeticum* + *Castanopsis tibetana* – *Castanopsis carlesii* – *Castanopsis carlesii* – *Blastus cochinchinensis* – *Diplopterygium chinensis* Comm.）

本群落见于九万山林区张家湾一带，据海拔820m的样地调查，土壤为花岗岩发育而成的山地黄壤，土层浅薄，一般厚30～40cm，群落生境较湿润。群落保存较好，林冠整齐，覆盖度95%；种类组成较复杂，400m^{2}样地有乔木树种31种，乔木层可分成3个亚层。

第一亚层林木高16～18m，胸径20～32cm，最大胸径52cm，树干通直，树冠连续，覆盖度80%。本亚层有林木6种，株数占乔木层总株数的20%，然而基面积占乔木层总基面积的61%。优势种明显，西藏山茉莉占有较明显的优势，重要值指数137.3，排列第一；次为钩锥，重要值指数95.5，排列第二位；栲、桂南木莲、厚斗柯和野漆都是单株出现，重要值指数都较小。

第二亚层林木高9～14m，胸径14～20cm，树冠不连接，覆盖度50%。本亚层有林木11种，株数占乔木层总株数的26.3%，基面积占30.5%。组成上以米槠占优势，重要值指数71.3，排列第一位；次为小花红花荷和西藏山茉莉，重要值指数分别为46.3和39.5，排列第二和第三位；其他的种类有甜槠、赤楠、厚斗柯、蓝果树、栲、山杜英、桂南木莲和亮叶杨桐等。

第三亚层林木高4～8m，胸径3～10cm。本亚层有林木20种，株数占乔木层总株数的53.7%，而基面积只占乔木层总基面积的8.6%，植株细小，树冠部分连接，覆盖度60%。组成上米槠占有明显的优势，重要值指数为80.3；重要值指数>10的种类有甜槠、黄丹木姜子、赤楠和贵州杜鹃等；其他的种类还有深山含笑、尖萼川杨桐、蜡瓣花、交让木、基脉润楠、川桂、竹叶木姜子、翅柃、黄牛奶树、轮叶木姜子、四川冬青、凯里杜鹃、黄杞、网脉山龙眼等。

灌木层植物高0.6～3m，覆盖度30%。种类组成上以乔木的幼树为多，其中黄杞、米槠、尖萼川杨桐、网脉山龙眼、贵州杜鹃、轮叶木姜子、基脉润楠等比较常见。真正的灌木种类不多，常见的有柏拉木、鼠刺、披针叶紫珠、日本粗叶木和棱果花等种类零星分布其中。

草本层植物种类和数量均更稀少，高1m以下，覆盖度10%。重要的种类为中华里白，其次为卷柏、狗脊蕨和中华复叶耳蕨，零星分布的种类有华东瘤足蕨、阔鳞鳞毛蕨、乌毛蕨和淡竹叶。

59. 五列木林（Form. *Pentaphylax euryoides*）

五列木是广西常绿阔叶林常见的组成成分，分布范围比较广泛，除亚热带地区外，在北热带地区，它可以出现在垂直带谱上的山地常绿阔叶林中。它出现的海拔都比较高，一般都在海拔800m以上，最高海拔可达1820m。它抗风性极强，经常见于海拔较高的顶峰和山脊等部位。它的根系穿插力极强，能在寸土没有的石隙、乱石堆和大块岩石表面穿插生长，因而把它称为“石隙植物”。虽然它是常绿阔叶林常见的组成成分，但以它为优势的类型却比较少见，而且都是零星小片分布。

(1)五列木－五列木－柏拉木－锦香草群落(*Pentaphylax euryoides* – *Pentaphylax euryoides* – *Blastus cochinchinensis* – *Phyllagathis cavaleriei* Comm.)

本群落见于融水县元宝山保护区白坪海拔1200～1300m之间的沟谷两侧山坡及其间的小山丘上，大多呈不连续分布。代表样地设在长年流水的溪谷石滩旁，海拔1220m。所在地岩石裸露50%以上，立地土壤为花岗岩发育而成的山地黄壤，土层浅薄，厚约20cm，地表枯枝落叶厚3～5cm，分解良好，表土腐殖质层厚10cm，周围环境潮湿，林木生长较为密茂。

本类型为原生森林遭受破坏后，通过保护已得到了恢复的一种尚带有次生性质的常绿阔叶林，林冠浓密而平整，覆盖度90%以上。群落结构不甚复杂，但层次较为分明，乔木层、灌木层、草本层十分清楚，乔木层已明显分出2个亚层。

乔木上层高9～12m，一般胸径10～18cm，最大胸径24cm。本亚层株数占乔木层总株数的28%，基面积占乔木层总基面的69%，树冠不太连接，覆盖度60%。种类组成以五列木占绝对优势，重要值指数145.7；次为银木荷，重要值指数53；其余的种类株数都不多，重要值指数都比较小，常见的有蓝果树、甜槠、亮叶厚皮香、心叶船柄茶、日本杜英和尖萼川杨桐等。

乔木下层高4～8m，胸径4～9cm。本层的植株较多，种类也较丰富，株数占乔木层总株数的72%，基面积占乔木层总基面的31%，树冠连续，覆盖度80%。组成上仍以五列木占明显优势，重要值指数为103.3；其余较多的种类有甜槠、短脉杜鹃、南烛、尖萼川杨桐、多花杜鹃、褐毛杜英、腺萼马银花和美丽马醉木等。此外，阔瓣含笑、光叶石楠、大叶蚊母树、疏花卫矛、三瓣果海桐(*Pittosporum* sp.)和甜冬青等也较常见，木莲、罗浮柿、短梗新木姜子、黄牛奶树、岩柃(*Eurya saxicola*)、红楠、吴茱萸五加、水青冈、水仙柯和长尾毛蕊茶等时有出现。

灌木层植物高0.5～1.5m，覆盖度40%。乔木幼树不少，计有19种，其中有5种是在样地内无乔木分布的幼树。箭竹也有一定的分布，但不占优势。真正的灌木常见的只有柏拉木、荚蒾、羊舌树、东方古柯等。

草本层植物稀疏，高0.3m以下，覆盖度约5%。种类不多，有锦香草、狗脊蕨、长穗兔儿风(*Ainsliaea* sp.)、十字薹草、镰叶瘤足蕨和金星蕨等。

藤本植物种类不多，但常见有大型藤本，如藤黄檀、软枣猕猴桃(*Actinidia arguta*)的藤条在林中悬挂，藤茎粗达6cm，长数十米。

(2)五列木－川杨桐－矮竹－套鞘薹草群落(*Pentaphylax euryoides* – *Adinandra bockiana* – 矮竹 – *Carex maubertiana* Comm.)。

本类型见于北热带上思境内的十万大山，海拔700m以上的山地，是季节性雨林垂直带谱上的山地常绿阔叶林类型。群落组成简单，乔木层可分成2个亚层，上层林木一般高15～20cm，胸径12～22cm，以五列木为多，其他较重要的种类有竹叶木荷、阴香，此外还有个别胸径达30cm的马尾松混生其间，说明群落的次生性质。下层林木高集中在7～12m，胸径5～10cm，以川杨桐占明显优势，其次为竹叶木荷和腺叶榕(*Ficus* sp.)，此外还有黄杞、石斑木、短序润楠、阴香、米槠等。

灌木层植物覆盖度15%左右，种类和数量均不多，多为乔木的幼树，重要的有竹叶木荷、短序润楠、米槠、阴香、罗浮柿等，真正的灌木以矮竹占优势。

草本层植物和层间植物均不发达，草本层植物覆盖度小于5%，以套鞘薹草多见，此外还有卷柏、山姜、露兜树、三棱薹草(*Carex* sp.)等。

60. 樟叶泡花树林(Form. *Meliosma squamulata*)

在广西，清风藤科的常绿乔木种类不多，樟叶泡花树是其中的一种，并且它是广西常绿阔叶林常见的组成成分，尤其在亚热带地区，如九万山、元宝山、猫儿山、花坪保护区、大瑶山，海拔800m以上的山地常绿阔叶林最为常见。以它为优势的类型主要见于大瑶山林区。

(1)樟叶泡花树－樟叶泡花树－樟叶泡花树＋毛狗骨柴－箬叶竹－多羽复叶耳蕨群落(*Meliosma squamulata* – *Meliosma squamulata* – *Meliosma squamulata* + *Diplospora fruticosa* – *Indocalamus longiauritus* – *Arachniodes amoena* Comm.)

见于大瑶山林区老山采育场16km场部后山，海拔1120m，立地地层为寒武系砂岩，土壤为山地森林水化黄壤。地表小块石头较多，覆盖60%以上；枯枝落叶覆盖地表70%左右，分解不太良好；表土层薄，5cm左右，十分疏松，棕黑色。

乔木层郁闭度0.85，林木较密而高大，分布均匀，中层林木相对较少，下层林木细小，故林下显得比较空旷。乔木层结构复杂而层次分明，乔木层可分成3个亚层。

第一亚层林木高15～35m，明显分成2个层片，下层片高15～20m，上层片高25～35m，基径20～70cm，最粗110cm，覆盖度75%，树冠基本连续。从表9-129可知，该亚层600m²样地有林木18种、36株，个体数较多，但因为种类组成较丰富，相对的每种个体数并不多，多数种类每种只有1～2株个体。本亚层重要值指数分配比较分散，从最高值到最低值下降很平滑，但樟叶泡花树还稍突出，有6株，重要值指数43.2，排列第一；其余17种，重要值指数从30下降到10，排在二～七位的是鹿角锥、光叶拟单性木兰、猴欢喜、赤杨叶、马蹄荷、陀螺果，重要值指数分别为33.2、32.5、25.3、24.1、22.5、21.2，其中赤杨叶和陀螺果为落叶阔叶树。

表9-129　樟叶泡花树－樟叶泡花树－樟叶泡花树＋毛狗骨柴－箬叶竹－多羽复叶耳蕨群落乔木层种类组成及重要值指数

（样地号：瑶山9号，样地面积：20m×30m，地点：金秀县老山采育场16公里场部后山，海拔：1120m）

序号	树种	基面积(m²)	株数	频度(%)	重要值指数
		乔木Ⅰ亚层			
1	樟叶泡花树	0.602	6	83.3	43.234
2	鹿角锥	0.878	3	50	33.227
3	光叶拟单性兰	1.369	2	16.7	32.509
4	猴欢喜	0.261	4	50	25.314
5	赤杨叶	0.697	2	33.3	24.082
6	马蹄荷	0.605	2	33.3	22.502
7	陀螺果	0.367	3	33.3	21.154
8	岭南山茉莉	0.125	2	33.3	14.166
9	厚皮香	0.117	2	33.3	14.034
10	石楠	0.11	2	16.7	10.69
11	刺叶桂樱	0.196	1	16.7	9.407
12	枫香树	0.139	1	16.7	8.405
13	三峡槭	0.086	1	16.7	7.486
14	蕈树	0.071	1	16.7	7.229
15	大八角	0.049	1	16.7	6.854
16	栲	0.038	1	16.7	6.662
17	罗浮槭	0.031	1	16.7	6.548
18	厚叶红淡比	0.028	1	16.7	6.495
	合计	5.769	36	516.7	299.999
		乔木Ⅱ亚层			
1	樟叶泡花树	0.488	11	100	94.593
2	罗浮槭	0.1	5	83.3	39.338
3	少叶黄杞	0.16	4	50	35.558
4	光叶拟单性木兰	0.055	3	50	23.207
5	岭南山茉莉	0.052	3	33.3	19.541
6	厚叶红淡比	0.029	2	33.3	14.737
7	猴欢喜	0.08	1	16.7	13.431
8	尖萼川杨桐	0.035	1	16.7	9.221
9	甜槠	0.018	1	16.7	7.661
10	石楠	0.018	1	16.7	7.661
11	苗山冬青	0.018	1	16.7	7.661
12	厚皮香	0.011	1	16.7	7.076

（续）

序号	树种	基面积(m^2)	株数	频度(%)	重要值指数
13	亮叶杨桐	0.01	1	16.7	6.91
14	马蹄参	0.01	1	16.7	6.91
15	陀螺果	0.005	1	16.7	6.498
	合计	1.088	37	500	300.004
		乔木Ⅲ亚层			
1	樟叶泡花树	0.099	7	66.7	52.825
2	毛狗骨柴	0.044	13	100	51.59
3	西南香楠	0.031	7	50	29.392
4	岭南山茉莉	0.032	4	50	24.445
5	亮叶杨桐	0.016	3	33.3	15.138
6	少叶黄杞	0.011	2	33.3	11.879
7	大叶毛船柄茶	0.018	1	16.7	9.718
8	大八角	0.008	1	16.7	6.7
9	饭甑青冈	0.008	1	16.7	6.7
10	网脉木犀	0.006	1	16.7	6.241
11	鹿角锥	0.006	1	16.7	6.241
12	四角柃	0.005	1	16.7	5.831
13	尖萼川杨桐	0.005	1	16.7	5.831
14	陀螺果	0.004	1	16.7	5.469
15	猴欢喜	0.004	1	16.7	5.469
16	海南树参	0.004	1	16.7	5.469
17	厚斗柯	0.004	1	16.7	5.469
18	细枝柃	0.003	1	16.7	5.155
19	石楠	0.003	1	16.7	5.155
20	基脉润楠	0.003	1	16.7	5.155
21	厚皮香	0.003	1	16.7	5.155
22	茶梨	0.003	1	16.7	5.155
23	广东山胡椒	0.003	1	16.7	5.155
24	星毛鸭脚木	0.002	1	16.7	4.889
25	香花枇杷	0.002	1	16.7	4.889
26	大叶新木姜子	0.002	1	16.7	4.889
	合计	0.325	56	666.7	300.003
		乔木层			
1	樟叶泡花树	1.189	24	100	43.243
2	光叶拟单性木兰	1.424	5	66.7	29.146
3	鹿角锥	0.884	4	66.7	20.811
4	毛狗骨柴	0.044	13	100	18.687
5	岭南山茉莉	0.208	9	66.7	15.226
6	猴欢喜	0.308	6	66.7	14.291
7	赤杨叶	0.697	2	33.3	13.967
8	罗浮槭	0.131	6	83.3	13.152
9	马蹄荷	0.605	2	33.3	12.692
10	陀螺果	0.376	5	33.3	11.81
11	少叶黄杞	0.171	6	50	11.047
12	西南香楠	0.031	7	50	9.854
13	厚皮香	0.131	4	33.3	7.602
14	石楠	0.131	4	16.7	6.262
15	亮叶杨桐	0.025	4	33.3	6.118
16	厚叶红淡比	0.057	3	33.3	5.795
17	刺叶桂樱	0.196	1	16.7	4.857
18	枫香树	0.139	1	16.7	4.048
19	大八角	0.057	2	16.7	3.681
20	尖萼川杨桐	0.04	2	16.7	3.439

(续)

序号	树种	基面积(m^2)	株数	频度(%)	重要值指数
21	三峡槭	0.086	1	16.7	3.306
22	蕈树	0.071	1	16.7	3.098
23	栲	0.038	1	16.7	2.641
24	甜槠	0.018	1	16.7	2.356
25	苗山冬青	0.018	1	16.7	2.356
26	大叶毛船柄茶	0.018	1	16.7	2.356
27	马蹄参	0.01	1	16.7	2.242
28	饭甑青冈	0.008	1	16.7	2.218
29	网脉木犀	0.006	1	16.7	2.198
30	四角柃	0.005	1	16.7	2.179
31	海南树参	0.004	1	16.7	2.162
32	厚斗柯	0.004	1	16.7	2.162
33	细枝柃	0.003	1	16.7	2.148
34	基脉润楠	0.003	1	16.7	2.148
35	茶梨	0.003	1	16.7	2.148
36	广东山胡椒	0.003	1	16.7	2.148
37	星毛鸭脚木	0.002	1	16.7	2.136
38	香花枇杷	0.002	1	16.7	2.136
39	大叶新木姜子	0.002	1	16.7	2.136
	合计	7.144	129	1250	299.999

第二亚层林木高8~12m，基径11~27cm，覆盖度40%。本亚层有林木15种、37株，樟叶泡花树占有较大的优势，有11株，重要值指数94.6；其他14种，株数在5以下，多数种类个体数为1株，重要值指数分配比较分散，排在二~四位的为罗浮槭、少叶黄杞和光叶拟单性木兰，重要值指数分别为39.3、35.6和23.2。

第三亚层林木高3~7m，基径5~17cm，覆盖度40%。本亚层有林木26种、56株，是3个亚层中种数和株数最多的一个亚层，株数占乔木层总株数的43.4%，但植株细小，基面积只占乔木层总基面积的4.6%。本亚层以樟叶泡花树和毛狗骨柴共为优势，分别有7和13株，重要值指数52.8和51.6；其他24种，重要值指数分配都比较分散，排在三~六位的西南香楠、岭南山茉莉、亮叶杨桐和少叶黄杞，重要值指数只有29.4、24.4、15.1和11.9，剩下的20种；重要值指数在10以下。

从整个乔木层分析，重要值指数分配比较分散，但樟叶泡花树株数最多，有24株，在各层的重要值指数都排在第一位，故在整个乔木层中优势还稍突出，为43.2，排在第一位；排在二~四位的为光叶拟单性木兰、鹿角锥和毛狗骨柴，其中前2种为上层乔木的优势种，后1种为下层林木的优势种，重要值指数分别为29.1、20.8和18.7。岭南山茉莉、猴欢喜、罗浮槭、马蹄荷、少叶黄杞是常见的种类，重要的伴生种；赤杨叶和陀螺果是常绿阔叶林常见的落叶成分，它们的重要值指数一般都不会太大。其他剩下的种类，有的是下层常见的成分，有的是偶见种，故它们的重要值指数更小。

灌木层植物覆盖度30%~45%，种类组成较为丰富，从表9-130可知，600m^2样地有64种，以乔木的幼树种类为多。乔木的幼树常见的种类为樟叶泡花树、西南香楠、吴茱萸五加、少叶黄杞、猴欢喜、山香圆、阴香、罗浮锥，多数为现有乔木的幼树。真正的灌木数量以箬叶竹占优势，局部地区华西箭竹也不少，其他的种类多数为零星分布。

表9-130　樟叶泡花树－樟叶泡花树－樟叶泡花树＋毛狗骨柴－箬叶竹－多羽复叶耳蕨群落灌木层和草本层种类组成及分布情况

序号	种名	多度盖度级						频度(%)	更新(株)	
		Ⅰ	Ⅱ	Ⅲ	Ⅳ	Ⅴ	Ⅵ		幼苗	幼树
灌木层植物										
1	箬叶竹	4	4	4	4	4	4	100.0		
2	樟叶泡花树	4	4	4	4	4	4	100.0	10	42

（续）

序号	种名	多度盖度级						频度（%）	更新（株）	
		Ⅰ	Ⅱ	Ⅲ	Ⅳ	Ⅴ	Ⅵ		幼苗	幼树
3	锐尖山香圆	1	1	1	1	4	1	100.0		
4	西南香楠	1	4	4	4	4	4	100.0	3	34
5	吴茱萸五加	1	2	1	1	3	3	100.0	10	24
6	常山	1	1	1	1		4	83.3		
7	茶	4	4	4	4		4	83.3		
8	红楠	1	4		1	1	1	83.3		7
9	细齿叶柃	1	4		1	1	1	83.3		
10	猴欢喜		3	2	4	4	3	83.3	1	27
11	黄丹木姜子	2	3	3	1	1		83.3	1	14
12	山香圆		3	3	2	1	5	83.3	4	19
13	阴香		3	2	3	1	2	83.3	4	18
14	厚叶红淡比	1	2		1	1	2	83.3		10
15	川桂	1		1	1		4	66.7		
16	少叶黄杞	3	2		4		4	66.7	12	22
17	华西箭竹		4		4	5	5	66.7		
18	饭甑青冈		1		3	3	1	66.7		12
19	广东山胡椒		1	1		1	3	66.7		9
20	黄椿木姜子	1	1		1	1		66.7		7
21	鹿角锥	4	1				3	50.0		8
22	罗浮槭			1		4	1	50.0	1	5
23	五月茶	4	1		4			50.0		
24	疏花卫矛	1	1				1	50.0		
25	广东新木姜子		4	1	1			50.0		5
26	狭叶木犀		1		1		1	50.0		
27	米槠		1	1	1			50.0		2
28	杜茎山			4	1	4		50.0		
29	虎皮楠	1	1	1				50.0	3	3
30	大果木姜子	1	2			1		50.0	1	5
31	罗浮锥	4				3	1	50.0	2	13
32	褐毛四照花	1		1		1		50.0		5
33	柏拉木			4			4	33.3		
34	厚皮香	1				1		33.3		2
35	岭南山茉莉	1					2	33.3		4
36	毛狗骨柴		2			1		33.3		5
37	草珊瑚	1		1				33.3		
38	东方古柯	1	1					33.3		
39	船柄茶	1		1				33.3		
40	刺叶桂樱	1		1				33.3		
41	木荷		1				1	33.3		2
42	微毛山矾		1			1		33.3		
43	南国山矾		1		1			33.3		
44	南岭槭		1		1			33.3		3
45	海南树参		1	1				33.3		2
46	马蹄荷			1	1			33.3		3
47	栲		2		1			33.3		5
48	亮叶杨桐	4						16.7		7
49	香花枇杷			1				16.7		
50	光叶拟单性木兰		1					16.7		1
51	蕈树					1		16.7		1
52	陀螺果	2						16.7		3
53	尖萼川杨桐					2		16.7	1	3

（续）

序号	种名	多度盖度级						频度（%）	更新(株)	
		Ⅰ	Ⅱ	Ⅲ	Ⅳ	Ⅴ	Ⅵ		幼苗	幼树
54	甜槠	2						16.7	1	3
55	榕属 1 种	1						16.7		
56	鼠刺		1					16.7		
57	棠叶悬钩子			1				16.7		
58	日本杜英					1		16.7		
59	钝齿尖叶桂樱					1		16.7		
60	云山青冈					2		16.7		3
61	桂南木莲					1		16.7		
62	多花杜鹃						1	16.7		
63	岗柃						1	16.7		
64	粗叶木						1	16.7		
	草本层植物									
1	多羽复叶羽蕨	4	3	4	3	3	3	100.0		
2	迷人鳞毛蕨	3	3	3	3	3	3	100.0		
3	长叶薹草	3	3	3	3	3	3	100.0		
4	伏石蕨	3	3	3	3	3		83.3		
5	狗脊蕨		3	3	3	3	3	83.3		
6	锦香草	4		3		3	3	66.7		
7	山姜	3	3			3	3	66.7		
8	镰羽瘤足蕨	3		3	3	1		66.7		
9	贯众		3	1	1			50.0		
10	倒挂铁角蕨		3	3				33.3		
11	羽列短肠蕨	3						16.7		
12	楼梯草		3					16.7		
13	紫麻			3				16.7		
14	斑叶兰		1					16.7		
15	卷柏		1					16.7		
16	双盖蕨					1		16.7		
17	玉竹						1	16.7		
18	细叶沿阶草			1				16.7		
	藤本植物									
1	菝葜	sp	sp	sp	sp	sp	sp	100.0		
2	密齿酸藤子	sp	sp		sp	un	sp	83.3		
3	短柱络石	un	sp		sp		un	66.7		
4	山蒌			sp	sp		sp	50.0		
5	冷饭藤	sp	un					33.3		
6	异叶地锦	sp			un			33.3		
7	藤黄檀	un		un				33.3		
8	爬藤榕			sp		sp		33.3		
9	胡颓子			un	un			33.3		
10	山莓			un		un		33.3		
11	三叶木通						sp	16.0		
12	广东蛇葡萄						un	16.0		
13	流苏子		un					16.0		

南岭槭 *Acer metcalfii*　长叶薹草 *Carex* sp.　羽列短肠蕨 *Allantodia pinnatifidopinnate*　楼梯草 *Elatostema* sp.
细叶沿阶草 *Ophiopogon* sp.

草本层植物数量稀少，覆盖度只有10%左右，较常见的为多羽复叶耳蕨和迷人鳞毛蕨、长叶薹草、伏石蕨和狗脊蕨，其他种类零星分布。

藤本植物种类和数量均不多，以菝葜最常见，比较常见还有密齿酸藤子和短柱络石。一般藤茎细小，多数少于1cm，攀援高度也不高，多数在1m以下，但也有个别的种类，如爬藤榕、广东蛇葡萄，茎粗可达 5 ~ 10cm，攀援高度达 15 ~ 25m。

从表 9-130 可知，优势种樟叶泡花树的更新还是比较良好的，600m^{2}样地有幼苗 10 株，幼树 42 株，故它的种群结构是较为完整的，能长期保持在群落中的优势地位。

(2)樟叶泡花树 - 樟叶泡花树 - 常山 - 华东瘤足蕨群落(*Meliosma squamulata* - *Meliosma squamulata* - *Dichroa febrifuga* - *Plagiogyria japonica* Comm.)

分布于金秀县圣堂山北面石峰脚，海拔 1350m，立地地层为泥盆系莲花山组砂岩，土壤为山地森林水化黄壤。地表裸岩 100%，土壤仅存在于岩缝和石块之间，土层浅薄，仅见枯枝落叶腐殖质层；地表枯枝落叶较少而薄，约在 5cm 以下，覆盖面 25%，分解中等。

表 9-131 樟叶泡花树 - 樟叶泡花树 - 常山 - 华东瘤足蕨群落乔木层种类组成及重要值指数

（样地号：瑶山 53 号，样地面积：20m × 30m，地点：金秀圣堂山北面石峰脚，海拔：1350m）

序号	树种	基面积(m^2)	株数	频度(%)	重要值指数
		乔木Ⅰ亚层			
1	樟叶泡花树	0.208	8	66.7	32.877
2	吴茱萸五加	0.585	2	33.3	26.598
3	罗浮锥	0.328	4	50	25.617
4	少叶黄杞	0.547	2	33.3	25.474
5	网脉山龙眼	0.097	4	66.7	21.213
6	大头茶	0.281	3	33.3	19.614
7	罗浮槭	0.145	3	50	18.066
8	广东山胡椒	0.187	3	33.3	16.832
9	褐毛杜英	0.116	2	33.3	12.623
10	厚斗柯	0.059	2	33.3	10.939
11	猴欢喜	0.166	1	16.7	9.538
12	鹿角锥	0.126	1	16.7	8.33
13	广东新木姜子	0.052	2	16.7	8.203
14	大果木姜子	0.102	1	16.7	7.618
15	多花杜鹃	0.086	1	16.7	7.133
16	红淡比	0.08	1	16.7	6.981
17	黄丹木姜子	0.049	1	16.7	6.047
18	深山含笑	0.025	1	16.7	5.342
19	刨花润楠	0.025	1	16.7	5.342
20	美叶柯	0.023	1	16.7	5.26
21	光叶拟单性木兰	0.023	1	16.7	5.26
22	栲	0.02	1	16.7	5.183
23	硬壳柯	0.015	1	16.7	5.042
24	赤楠	0.01	1	16.7	4.867
	合计	3.354	48	666.7	299.998
		乔木Ⅱ亚层			
1	樟叶泡花树	0.119	11	66.7	58.375
2	网脉山龙眼	0.082	7	50	39.815
3	黄丹木姜子	0.036	5	33.3	23.259
4	罗浮锥	0.034	2	33.3	17.068
5	红淡比	0.023	3	16.7	13.674
6	广东山胡椒	0.042	1	16.7	13.588
7	香楠	0.015	2	16.7	9.958
8	少叶黄杞	0.02	1	16.7	9.151
9	深山含笑	0.01	2	16.7	9.032
10	香花枇杷	0.013	1	16.7	7.737
11	广东新木姜子	0.011	1	16.7	7.331
12	褐毛杜英	0.011	1	16.7	7.331
13	硬壳柯	0.01	1	16.7	6.957

（续）

序号	树种	基面积(m^2)	株数	频度(%)	重要值指数
14	吴茱萸五加	0.006	1	16.7	6.307
15	刨花润楠	0.006	1	16.7	6.307
16	罗浮槭	0.006	1	16.7	6.307
17	岭南山茉莉	0.005	1	16.7	6.031
18	栲	0.005	1	16.7	6.031
19	猴欢喜	0.005	1	16.7	6.031
20	赤楠	0.005	1	16.7	6.031
21	密花树	0.004	1	16.7	5.787
22	美叶柯	0.004	1	16.7	5.787
23	光叶拟单性木兰	0.004	1	16.7	5.787
24	大头茶	0.004	1	16.7	5.787
25	越南安息香	0.002	1	16.7	5.397
26	瑶山棱罗	0.001	1	16.7	5.137
	合计	0.483	51	550	300.007
乔木层					
1	樟叶泡花树	0.328	19	83.3	35.665
2	网脉山龙眼	0.179	11	100	25.293
3	吴茱萸五加	0.591	3	50	23.194
4	少叶黄杞	0.567	3	50	22.569
5	罗浮锥	0.362	6	50	20.266
6	广东山胡椒	0.229	4	50	14.764
7	大头茶	0.284	4	33.3	14.626
8	罗浮槭	0.151	4	66.7	14.327
9	黄丹木姜子	0.085	6	33.3	11.446
10	褐毛杜英	0.127	3	50	11.108
11	红淡比	0.103	4	33.3	9.911
12	猴欢喜	0.171	2	33.3	9.657
13	广东新木姜子	0.063	3	33.3	7.842
14	深山含笑	0.036	3	33.3	7.13
15	厚斗柯	0.059	2	33.3	6.744
16	美叶柯	0.027	2	33.3	5.887
17	光叶拟单性木兰	0.027	2	33.3	5.887
18	鹿角锥	0.126	1	16.7	5.872
19	栲	0.025	2	33.3	5.85
20	赤楠	0.015	2	33.3	5.573
21	大果木姜子	0.102	1	16.7	5.25
22	多花杜鹃	0.086	1	16.7	4.826
23	刨花润楠	0.032	2	16.7	4.436
24	硬壳柯	0.025	2	16.7	4.256
25	香楠	0.015	2	16.7	3.986
26	香花枇杷	0.013	1	16.7	2.943
27	岭南山茉莉	0.005	1	16.7	2.728
28	密花树	0.004	1	16.7	2.698
29	越南安息香	0.002	1	16.7	2.649
30	瑶山棱罗	0.001	1	16.7	2.616
	合计	3.837	99	1050	300

本群落上层乔木的不少植株曾经被冰雪压断，故林木第一亚层已不成层，乔木只有两个亚层；并形成较大的林窗，郁闭度降低，林下光照增多，灌木层植物生长密茂，草本层植物局部优势明显。

乔木层郁闭度0.7，上层林木高8～15m，个别高22m，基径大小相差十分悬殊，最小9cm，最粗62cm，原因是原第一亚层林木因被雪压树冠折断，高度不够而归入第二亚层林木，树冠部分连接，覆盖度60%。从表9-131可知，本亚层有林木24种、48株，优势不明显，重要值指数分配比较分散，基径和基面积最大的是吴茱萸五加，基径为60～62cm，基面积0.5847m²，但因为植株只有2株，故重要值指数只有26.6，排列第二；重要值指数排第一的是樟叶泡花树，虽然它基径较小，基面积不及吴茱萸五加，但它个体多，有8株，相对密度较大，故重要值指数比吴茱萸五加大，为32.9；重要值指数排列三～五位是罗浮锥、少叶黄杞和网脉山龙眼，分别为25.6、25.5和21.2；其余19种，重要值指数由20下降至4。

第二亚层林木高4～7m，基径6～16cm，覆盖度50%。本亚层有林木26种、51株，其中有20种在第一亚层出现过，比例相当高，这是林窗更新初期阶段的一个特点。本亚层樟叶泡花树占的优势比较明显，有11株，重要值指数58.4；其他25种重要值指数分配比较分散，从40下降至5，排在前二～六位的是网脉山龙眼、黄丹木姜子、罗浮锥、红淡比和广东新木姜子，重要值指数分别为39.8、23.3、17.1、13.7和13.6；第七位到最后二十六位，重要值指数在10以下。

从整个乔木层分析，优势不明显，重要值指数分配比较分散，但樟叶泡花树在第一亚层和第二亚层都占有优势，故在整个乔木层中它仍然占有优势，重要值指数排列第一，为35.7；网脉山龙眼、吴茱萸五加、少叶黄杞、罗浮锥，它们有的是上层的次优势种，其中有的还是下层的次优势种，所以它们的重要值指数排在前五位，在25.3～20.3之间；其余25种，多数为1～2个个体出现，属偶见种，有的虽有3～4个植株，但茎细小，所以它们的重要值指数都不大。

灌木层植物生长密茂，无论是种数还是数量都很丰富，覆盖度70%左右，从表9-132可知，600m²样地有64种，种类成分多为乔木的幼树，以1.5～2m的个体占多数。乔木的幼树以网脉山龙眼、钝齿尖叶桂樱、竹叶木姜子为主，都为常绿阔叶林下层常见的优势种；上层林木常绿的薄叶润楠、罗浮锥、广东山胡椒、鹿角锥、硬壳柯成局部优势；由于林窗的存在，上层林木喜光落叶的吴茱萸五加比较常见。真正的灌木以常山为多。

表9-132　樟叶泡花树－樟叶泡花树－常山－华东瘤足蕨群落灌木层和草本层种类组成及分布情况

序号	种名	多度盖度级						频度(%)	更新(株)	
		Ⅰ	Ⅱ	Ⅲ	Ⅳ	Ⅴ	Ⅵ		幼苗	幼树
	灌木层植物									
1	网脉山龙眼	3	4	3	4	4	4	100.0	33	69
2	钝齿尖叶桂樱	4	4	4	3	4	3	100.0	13	46
3	竹叶木姜子	4	5	3	4	4	4	100.0	21	94
4	吴茱萸五加	4	4	3	3	3	2	100.0	15	36
5	东方古柯	3	3	3	1	2	1	100.0	6	33
6	腺叶桂樱	4	4	2	3	3	2	100.0	8	45
7	樟叶泡花树	1	2	3	1	4	1	100.0	4	23
8	常山	2	3	4	6	4	5	100.0		
9	香花枇杷	2	3	2	3	3	4	100.0	2	19
10	广东新木姜子	5	5		4	4	4	83.3	31	85
11	轮叶木姜子	4	5	4	4	4		83.3	22	66
12	密花树	4	4	4	1	4		83.3	16	61
13	大叶青冈	3	3	2	3	3		83.3	9	29
14	少叶黄杞	3	3	3	3	3		83.3	8	20
15	光鸡屎树	2		3		1	3	66.7		
16	日本杜英	2	2	2		1		66.7	9	10
17	薄叶润楠	4	4	2		4		66.7	16	51
18	长尾毛蕊茶	3	4	3			3	66.7		
19	杜茎山		2	3	4		4	66.7		
20	罗浮锥	5	4	4			2	66.7	14	57
21	深山含笑		2	4	1		2	66.7	5	26
22	广东山胡椒		3		4	4	4	66.7	11	30
23	鹿角锥			4	4	3	4	66.7	7	18
24	硬壳柯	5	4	3				50.0	12	78
25	赤楠	3	3	2				50.0	5	18
26	海南树参	3	2	2				50.0	4	12
27	罗浮槭	4	3	3				50.0	5	30

（续）

序号	种名	多度盖度级						频度（%）	更新（株）	
		Ⅰ	Ⅱ	Ⅲ	Ⅳ	Ⅴ	Ⅵ		幼苗	幼树
28	鼠刺		1	1		2		50.0	1	5
29	草珊瑚				4	4	4	50.0		
30	两面针				3	1	3	50.0		
31	日本五月茶	1	3	2				50.0	2	18
32	紫金牛	3	3					33.3		
33	厚皮香	3	3					33.3	5	20
34	陀螺果	1				1		33.3		4
35	岭南山茉莉		2	1				33.3	2	12
36	乔木茵芋		3	3				33.3	1	19
37	栲	1				1		33.3		2
38	云南桤叶树				3		2	33.3		4
39	南国山矾				3	3		33.3	1	6
40	越南安息香		2		1			33.3		6
41	网脉木犀					1	1	33.3	1	2
42	岗柃					1	1	33.3		
43	瑶山梳罗					2	1	33.3		3
44	黄花倒水莲		1					16.7		
45	疏花卫矛		2					16.7		6
46	虎皮楠			1				16.7	1	
47	灯笼吊钟花				1			16.7		
48	九丁榕				1			16.7		
49	多花杜鹃				2			16.7		1
50	烟斗柯				3			16.7		2
51	瑶山茶				1			16.7		
52	假卫矛		1					16.7		1
53	柃木 1 种					3		16.7		
54	棱果花					4		16.7		
55	毛桂					4		16.7		4
56	刺叶冬青					1		16.7		
57	香楠						3	16.7		
58	狭叶木犀						2	16.7		
59	尖萼川杨桐						3	16.7		
60	柏拉木						4	16.7		
61	白瑞香						1	16.7		
62	白背叶						1	16.7		
63	腺柄山矾	1						16.7		2
64	川桂		1					16.7		2
草本层植物										
1	华东瘤足蕨	3	4	3	4	4	4	100.0		
2	蜘蛛抱蛋	3	3	3	3	3	3	100.0		
3	大叶薹草	3	3	3	3	2	3	100.0		
4	翠云草	4	4	4	4	4		83.3		
5	山姜	4	3		3	3	3	83.3		
6	火炭母		2	2	3	3	3	83.3		
7	楼梯草		3	3	4	3	3	83.3		
8	金耳环	3	3	4			3	66.7		
9	倒挂铁角蕨	3		3	3	3		66.7		
10	万年青	3	3	3	3			66.7		
11	刺子莞	3		3		3	2	66.7		
12	狗脊蕨	2	3		2	4		66.7		
13	锦香草		3	5		5	5	66.7		

（续）

序号	种名	多度盖度级						频度(%)	更新(株)	
		Ⅰ	Ⅱ	Ⅲ	Ⅳ	Ⅴ	Ⅵ		幼苗	幼树
14	中华锥花			3	4	3	3	66.7		
15	鱼鳞蕨		3	4		3	4	66.7		
16	广州蛇根草	3			4		3	50.0		
17	玉竹		3	3	2			50.0		
18	五节芒			1		2	2	50.0		
19	石韦	3		3				33.3		
20	稀羽鳞毛蕨	3				4		33.3		
21	中华铁角蕨	3	3					33.3		
22	瑶山稀子蕨	2					3	33.3		
23	淡竹叶	3					3	33.3		
24	里白			7			5	33.3		
25	多羽复叶耳蕨			3			4	33.3		
26	阔鳞鳞毛蕨				3		2	33.3		
27	栗蕨						3	16.7		
28	喜栎小苞爵床						1	16.7		
29	龙头节肢蕨	3						16.7		
30	裂叶秋海棠	3						16.7		
	藤本植物									
1	网脉酸藤子	sol	sol	sol	sol	sol		83.3		
2	海南链珠藤	sol	sol	sol	sol	sol		83.3		
3	簇花清风藤	sol	sol	sol	sol	sol		83.3		
4	毛蒟	sp	sp	sol	sol	sol		83.3		
5	粗叶悬钩子	sol	sol	sol	sol			66.7		
6	野木瓜	sol			sol	sol	sol	66.7		
7	条叶猕猴桃			sol	sol		sol	50.0		
8	菝葜	sol				sol	sol	50.0		
9	叶底红			sol			sol	33.3		
10	异叶地锦			sol			sol	33.3		
11	南五味子			sol			sol	33.3		
12	两面针				sol			16.7		
13	冠盖藤				sol			16.7		
14	爬藤榕	sol						16.7		
15	厚叶素馨			sol				16.7		

假卫矛 *Microtropis* sp.　　蜘蛛抱蛋 *Aspidistra* sp.　　火炭母 *Polygonum chinensie*　　瑶山稀子蕨 *Monachosorum elegans*　　喜栎小苞爵床 *Justicia* sp.　　厚叶素馨 *Jasminum pentaneurum*

草本层植物种类组成尚丰富，从表9-132可知，600m²样地有30种，但分布不均匀，比较荫蔽的地段覆盖度30%左右；林窗下覆盖度65%～85%。以华东瘤足蕨、蜘蛛抱蛋和大叶薹草为多，林窗下里白成局部优势。

藤本植物种类尚多，600m²样地有15种，但数量不太多，较常见的有网脉酸藤子、海南链珠藤、簇花清风藤和毛蒟。

本群落更新良好，但优势种樟叶泡花树并不太好，600m²样地只有幼苗4株，幼树26株。更新比较良好的有竹叶木姜子、广东新木姜子、网脉山龙眼、轮叶木姜子、密花树、硬壳柯、罗浮锥、薄叶润楠、钝齿尖叶桂樱，此外还有落叶的吴茱萸五加，除网脉山龙眼、密花树、钝齿尖叶桂樱为下层乔木的幼树外，其余都是上层乔木的幼树，看来今后的竞争是相当剧烈的，谁能成为群落的优势种，目前尚不能十分肯定。

(3)蓝果树＋光叶拟单性木兰＋樟叶泡花树－樟叶泡花树－阴香－华西箭竹－锦香草群落(*Nyssa sinensis* + *Parakmeria nitida* + *Meliosma squamulata* – *Meliosma squamulata* – *Cinnamomum burmannii* – *Fargesia nitida* – *Phyllagathis cavaleriei* Comm.)

本群落见于金秀县大瑶山16公里采育场毛竹山，海拔1280m。立地地层为泥盆系莲花山组砂岩，土壤为山地森林水化黄壤，土层浅薄，但岩石裸露不多，约占5%左右。表土层厚5cm，棕黑色，心土黄色；地表枯枝落叶覆盖70%，厚度3～5cm，分解不良。

群落保存较好，但内有2个较大的林窗，郁闭度0.75。林木分布均匀，但较稀疏，林下较空旷，乔木层分为3个亚层。第一亚层林木高大通直，覆盖度70%。明显分成2个层片，上层片林木高28～32m，基径82～130cm；下层片林木一般高15～18m，少数20～22m，基径26～54cm。从表254可知，本亚层有林木11种、25株，株数只占乔木层总株数的23.6%，但基面积却占乔木层总基面积的82.2%；而上层片林木只有6株，占本亚层株数的24.0%，但基面积却占本亚层基面积的66.6%。本亚层上层片组成种类就是蓝果树和光叶拟单性木兰2种，各有3株，基面积前者稍大，故重要值指数分别为61.5和55.2；下层片林木以樟叶泡花树最多，有5株，重要值指数43.0；次为黄丹木姜子，有4株，重要值指数35.9。本亚层虽然以落叶阔叶树蓝果树重要值指数排列第一，但整个亚层只有它和陀螺果2种落叶阔叶树，重要值指数71.0，常绿阔叶树无论种数还是重要值指数都占明显优势，所以本群落还是属于常绿阔叶林。本亚层植株有半数树干被藤本攀援。

第二亚层林木高8～12m，基径9～36cm，覆盖度40%。从表9-133可知，本亚层有林木19种、39株，比第一亚层略多，但植株分布不均匀，有半数以上植株树干弯曲。本亚层以樟叶泡花树占有明显的优势，有9株，重要值指数75.3；其余18种优势不明显，重要值指数分配比较分散，从20.5至6.4，幅度约为14。本亚层的种类全为常绿阔叶树。

表9-133　蓝果树+光叶拟单性木兰+樟叶泡花树-樟叶泡花树-阴香-华西箭竹-锦香草群落乔木层种类组成及重要值指数

（样地号：瑶山21号，样地面积：600m²，地点：金秀县16公里采育场毛竹山，海拔：1280m）

序号	树种	基面积(m²)	株数	频度(%)	重要值指数
		乔木Ⅰ亚层			
1	蓝果树	2.749	3	50	61.472
2	光叶拟单性木兰	2.279	3	50	55.244
3	樟叶泡花树	0.422	5	66.7	42.99
4	黄丹木姜子	0.517	4	50	35.893
5	罗浮锥	0.571	2	33.3	24.264
6	苗山冬青	0.282	2	33.3	20.435
7	木荷	0.167	2	33.3	18.902
8	黄枝润楠	0.229	1	16.7	11.383
9	云山青冈	0.159	1	16.7	10.455
10	阴香	0.086	1	16.7	9.481
11	陀螺果	0.086	1	16.7	9.481
	合计	7.546	25	383.3	300.001
		乔木Ⅱ亚层			
1	樟叶泡花树	0.434	9	83.3	75.269
2	阴香	0.077	3	33.3	20.525
3	枯立木	0.074	3	33.3	20.29
4	桂南木莲	0.166	1	16.7	19.597
5	罗浮槭	0.025	3	50	19.477
6	猴欢喜	0.049	2	33.3	15.658
7	红楠	0.048	2	33.3	15.56
8	茶梨	0.043	2	33.3	15.136
9	少叶黄杞	0.035	2	33.3	14.464
10	褐毛四照花	0.051	2	16.7	12.582
11	罗浮锥	0.048	2	16.7	12.354
12	广东新木姜子	0.028	1	16.7	8.145

（续）

序号	树种	基面积（m^2）	株数	频度（%）	重要值指数
13	厚叶山矾	0.025	1	16.7	7.904
14	云山青冈	0.023	1	16.7	7.676
15	川桂	0.023	1	16.7	7.676
16	南国山矾	0.02	1	16.7	7.46
17	大叶青冈	0.013	1	16.7	6.893
18	台湾冬青	0.013	1	16.7	6.893
19	广东冬青	0.008	1	16.7	6.442
	合计	1.204	39	516.7	300
乔木Ⅲ亚层					
1	川桂	0.106	2	16.7	32.256
2	腺叶桂樱	0.017	5	50	24.412
3	樟叶泡花树	0.049	3	33.3	24.319
4	黄丹木姜子	0.017	3	33.3	16.884
5	窄叶木犀	0.049	1	16.7	16.627
6	网脉木犀	0.012	2	33.3	13.337
7	阴香	0.012	2	33.3	13.191
8	亮叶杨桐	0.006	2	33.3	11.788
9	苗山冬青	0.016	2	16.7	11.3
10	榕叶冬青	0.011	2	16.7	10.261
11	陀螺果	0.018	1	16.7	9.338
12	大花枇杷	0.015	1	16.7	8.81
13	尖萼川杨桐	0.013	1	16.7	8.318
14	猴欢喜	0.013	1	16.7	8.318
15	细枝柃	0.011	1	16.7	7.862
16	柃木	0.011	1	16.7	7.862
17	罗浮槭	0.01	1	16.7	7.443
18	毛狗骨柴	0.008	1	16.7	7.06
19	四川大头茶	0.005	1	16.7	6.404
20	罗浮锥	0.005	1	16.7	6.404
21	中华石楠	0.005	1	16.7	6.404
22	南国山矾	0.005	1	16.7	6.404
23	鹿角锥	0.004	1	16.7	6.131
24	星毛鸭脚木	0.003	1	16.7	5.894
25	广东山胡椒	0.003	1	16.7	5.894
26	广东新木姜子	0.002	1	16.7	5.694
27	硬壳柯	0.002	1	16.7	5.694
28	马蹄参	0.002	1	16.7	5.694
	合计	0.431	42	583.3	300.007
乔木层					
1	蓝果树	2.749	3	50	36.522
2	樟叶泡花树	0.906	17	100	33.406
3	光叶拟单性木兰	2.279	3	50	31.403
4	黄丹木姜子	0.534	7	66.7	17.423
5	罗浮锥	0.624	5	66.7	16.517
6	阴香	0.174	6	83.3	13.806
7	苗山冬青	0.298	4	33.3	9.52
8	腺叶桂樱	0.017	5	50	8.652
9	罗浮槭	0.035	4	50	7.903
10	猴欢喜	0.062	3	50	7.259
11	川桂	0.129	3	33.3	6.734
12	云山青冈	0.182	2	33.3	6.366
13	木荷	0.167	2	33.3	6.2
14	枯立木	0.074	3	33.3	6.136

（续）

序号	树种	基面积(m^2)	株数	频度(%)	重要值指数
15	红楠	0.048	2	33.3	4.909
16	茶梨	0.043	2	33.3	4.853
17	少叶黄杞	0.035	2	33.3	4.765
18	广东新木姜子	0.03	2	33.3	4.717
19	黄枝润楠	0.229	1	16.7	4.688
20	南国山矾	0.025	2	33.3	4.661
21	网脉木犀	0.012	2	33.3	4.521
22	亮叶杨桐	0.006	2	33.3	4.448
23	陀螺果	0.103	2	16.7	4.261
24	桂南木莲	0.166	1	16.7	4.004
25	褐毛四照花	0.051	2	16.7	3.691
26	榕叶冬青	0.011	2	16.7	3.261
27	窄叶木犀	0.049	1	16.7	2.728
28	厚叶山矾	0.025	1	16.7	2.471
29	大花枇杷	0.015	1	16.7	2.361
30	大叶青冈	0.013	1	16.7	2.338
31	台湾冬青	0.013	1	16.7	2.338
32	尖萼川杨桐	0.013	1	16.7	2.338
33	细枝柃	0.011	1	16.7	2.317
34	柃木	0.011	1	16.7	2.317
35	毛狗骨柴	0.008	1	16.7	2.279
36	广东冬青	0.008	1	16.7	2.279
37	四川大头茶	0.005	1	16.7	2.248
38	中华石楠	0.005	1	16.7	2.248
39	鹿角锥	0.004	1	16.7	2.235
40	星毛鸭脚木	0.003	1	16.7	2.224
41	广东山胡椒	0.003	1	16.7	2.224
42	硬壳柯	0.002	1	16.7	2.215
43	马蹄参	0.002	1	16.7	2.215
	合计	9.181	106	1333.3	300

第三亚层林木高4~7m，基径7~12cm，少数16~26cm。本亚层有林木28种、42株，虽然比第二个亚层略多，但植株细小，且极为散生，分布不均匀，故覆盖度只有20%。本亚层林木有19种为单株出现，6种有2个个体，2种有3个个体，只有1种有5个个体，故优势不明显，重要值指数分配十分分散。排列一~三位的为阴香、腺叶桂樱和樟叶泡花树，重要值指数分别为32.3、24.4和24.3；其余25种，重要值指数为16.9~5.7。本亚层有陀螺果1种落叶阔叶树，重要值指数9.3。

从整个乔木层分析，优势不明显，重要值指数分配比较分散。蓝果树虽然只有3株个体，但它是群落中最高大的乔木，重要值指数为36.5，排列第一；樟叶泡花树有17株，是群落中个体数最多的种类，但粗度远不如蓝果树，重要值指数只有33.4，排列第二。因为蓝果树为第一亚层上层林片的林木，樟叶泡花树为第一亚层下层林片和第二亚层的优势林木，对群落起作用较大的还是樟叶泡花树，故本群落应该归入樟叶泡花树群系。如同蓝果树一样，光叶拟单性木兰虽然只有3株个体，但它也是群落中最高大的乔木，重要值指数可达31.4，排列第三；黄丹木姜子、罗浮锥和阴香为不同层次的优势种或次优势种，在整个乔木层中重要值指数能达到10~20之间；其余的种类都是偶见种，重要值指数很小，在10以下。

灌木层植物组成种类尚丰富，从表9-134可知，600m^2样地有60种，但分布不均匀，覆盖度在30%~70%。虽然种类成分以乔木的幼树为主，但数量占绝对优势的还是真正的灌木华西箭竹，单种覆盖度达到20%~50%；真正的灌木常山也比较常见。乔木的幼树以罗浮槭、山麻风树、樟叶泡花树和日本杜英为多。

表 9-134　蓝果树 + 光叶拟单性木兰 + 樟叶泡花树 – 樟叶泡花树 – 阴香 – 华西箭竹 – 锦香草群落灌木层和草本层种类组成及分布情况

序号	种名	多度盖度级						频度(%)	更新(株)	
		Ⅰ	Ⅱ	Ⅲ	Ⅳ	Ⅴ	Ⅵ		幼苗	幼树
	灌木层植物									
1	华西箭竹	5	7	5	7	7	5	100		
2	罗浮槭	4	4	4	4	3	4	100		25
3	常山	4	3	3	2	2	2	100		
4	山麻风树	4	3	3	4	3	1	100	4	15
5	红楠	3	1	4	3	4	2	100	7	24
6	猴欢喜	3	2	3	1	3	2	100	1	18
7	日本杜英	1	2	1	2	1	3	100		7
8	樟叶泡花树	2	2	3	4	3	3	100	31	33
9	云山青冈	4	3	3	3	2	1	100	12	48
10	罗浮锥	3	3	2	3	1	1	100	3	25
11	厚皮香	3		1	3	2	2	83. 3	1	12
12	日本粗叶木	4		3	4	3	4	83. 3		
13	少叶黄杞	3		4	3	2	4	83. 3	12	17
14	黄丹木姜子	2	2	3	3		2	83. 3		12
15	腺叶桂樱	2	2	2	2	1		83. 3	6	7
16	广东新木姜子	3		1	2		1	66. 7	1	10
17	细齿叶柃		4	4	4	1		66. 7		
18	东方古柯			1	1	1	1	66. 7		
19	网脉木犀	4	1	1			1	66. 7		4
20	厚叶山矾	3	4			4		50		9
21	阴香	1	3				1	50		4
22	岗柃	1	1			4		50		
23	白瑞香		1	2	1			50		
24	吴茱萸五加			3	1		2	50		6
25	虎皮楠		2	1			1	50		5
26	硬壳柯			2	4	4		50		10
27	南国山矾	3					2	50		4
28	亮叶杨桐	1	4	4				50		7
29	木荷				1	2	3	50	7	4
30	川桂	1	2			3		50		9
31	瑶山茶	4			4			33. 3		
32	钝齿尖叶桂樱	1				1		33. 3		
33	草珊瑚	1		4				33. 3		
34	厚斗柯		3		1			33. 3		4
35	厚叶红淡比			4		1		33. 3		4
36	毛八角枫			1	1			33. 3		
37	大花枇杷			1		1		33. 3		
38	海南树参	1		2				33. 3		3
39	中华石楠	1				1		33. 3		2
40	茶梨		1	1				33. 3		2
41	桂南木莲	1		1				33. 3		
42	槟榔青冈					1	1	33. 3		
43	大叶青冈				1		1	33. 3		4
44	青榨槭					1	1	33. 3	4	
45	疏花卫矛	1						16. 7		1
46	树参		1					16. 7		1
47	朱砂根		1					16. 7		
48	杜茎山			2				16. 7		
49	桃叶石楠	1						16. 7		1
50	多花杜鹃	2						16. 7		2

（续）

序号	种名	多度盖度级						频度（%）	更新(株)	
		Ⅰ	Ⅱ	Ⅲ	Ⅳ	Ⅴ	Ⅵ		幼苗	幼树
51	大果木姜子				1			16.7		
52	两面针				1			16.7		
53	西南香楠				1			16.7		
54	马蹄荷					2		16.7	2	1
55	银木荷					1		16.7		
56	基脉润楠						2	16.7		
57	马蹄参						1	16.7		
58	大果卫矛						1	16.7		
59	榕叶冬青					1		16.7		2
60	广东山胡椒						1	16.7		1
草本层植物										
1	锦香草	3	2	3	4	6	8	100		
2	狭叶沿阶草	3		2	2	1	3	83.3		
3	山姜	3		3	2	3	3	83.3		
4	稀羽鳞毛蕨	3	1	3	3	3		83.3		
5	狗脊蕨	3		2	2		2	66.7		
6	玉竹	2			1	2		50		
7	蕨 1 种	2		2			2	50		
8	鸭跖草科 1 种	1			1		1	50		
9	阳朔鳞毛蕨	3				1		33.3		
10	多羽复叶耳蕨	2						16.7		
11	镰羽贯众			1				16.7		
12	小叶假糙苏				1			16.7		
13	斑叶兰				1			16.7		
14	镰叶瘤足蕨					2		16.7		
藤本植物										
1	菝葜	sp	sp		sp	sp	sp	83.3		
2	冷饭藤	sp	sp			sp	sp	66.7		
3	野木瓜	sp	sp		sp	sp		66.7		
4	藤黄檀		sp	sp		un	un	66.7		
5	鸡眼藤			sp	un		un	50		
6	三叶木通			sp			sp	33.3		
7	密齿酸藤子					sp	sp	33.3		
8	爬藤榕	un	sp					33.3		
9	异叶地锦	sp					un	33.3		
10	高粱泡	sp						16.7		
11	花椒簕			sp				16.7		
12	簇花清风藤				sp			16.7		
13	流苏子				sp			16.7		
14	披针叶南五味子				sp			16.7		
15	扶芳藤						un	16.7		
16	钻地风						un	16.7		

阳朔鳞毛蕨 *Dryopteris* sp.　　披针叶南五味子 *Kadsura* sp.　　小叶假糙苏 *Paraphlomis javanica* var. *coronata*

草本层植物无论种类还是数量都比较少，600m^{2}样地只有 14 种，覆盖度 10%左右，较常见的是锦香草。

藤本植物种类尚多，600m^{2}样地有 16 种，数量较多的有菝葜、冷饭藤、野木瓜。藤茎细小，除个别种类，如爬藤榕和异叶地锦藤茎可达 10cm 之外，其余的种类藤茎都在 1cm 左右。攀援高度也不高，除藤黄檀和扶芳藤可达 10～18m 之外，其他种类都在 1m 左右。

从整体看，群落更新是不太理想的，具幼苗幼树的种类不多。从优势种看，根据表 9-134，上层优势种蓝果树和光叶拟单性木兰缺乏幼苗幼树，樟叶泡花树是群落中幼苗幼树最多的，种群结构完整，故樟叶泡花树不但能保持在群落中的优势地位，而且将来能成为群落上层的优势种。其他更新较好的种类还有云山青冈、红楠、罗浮锥、少叶黄杞，它们都是常绿阔叶树，都有可能成为群落的次优势种。

61. 马蹄参林(Form. *Diplopanax stachyanthus*)

在国内，马蹄参分布范围不大，只见于广西、广东、湖南和云南。在广西，最南见于十万大山和大明山，最西出现于金钟山，但主要分布于桂北的九万山林区、元宝山林区、花坪保护区、猫儿山保护区和桂中的大瑶山林区，是当地常绿阔叶林中的常见种。但马蹄参分布的海拔一般都较高，可达海拔1800m，因此，它也是中山常绿落叶阔叶混交林和针阔叶混交林的常见种。以它为优势的林分并不多见，下面的群落产于桂北融水县境内的九万山林区。

(1)马蹄参+日本杜英-光枝杜鹃-短梗新木姜子+小花杜鹃-摆竹-棒叶沿阶草+短药沿阶草群落(*Diplopanax stachyanthus* + *Elaeocarpus japonicus* - *Rhododendron haofui* - *Neolitsea brevipes* + *Rhododendron minutifloum* - *Indosasa shibataeoides* - *Ophiopogon clavatus* + *Ophiopogon angustifoliatus* Comm.)

本群落见于九万山林区久仁的无名高地一带，海拔1400~1500m。立地土壤为花岗岩发育而成的森林山地黄壤，地面凹凸不平，表现为有形态各异的大小不等的岩石集结，土被覆盖率低，很多林木扎根在岩缝中。土层深约30~50cm，地表枯枝落叶层厚5~10cm，分解良好，故表土腐殖质层厚。

群落总覆盖度95%左右，种类组成较丰富，600m^2样地内记录有维管束植物69种，其中林木层有29种，乔木层可分为3个亚层。

第一亚层林木高15~18m，胸径20~32cm，树冠基本连接，覆盖度70%。本亚层有林木5种、11株，其中马蹄参占有4株，植株比较高大，重要值指数134.7，占本亚层重要值指数的44.9%，排列第一位；日本杜英有4株，重要值指数为64.4，占本亚层重要值指数的21.5%；其他种类有红花木莲、滑叶润楠和大果花楸等，它们重要值指数都不大，为伴生种。

第二亚层林木高9~14m，胸径10~16cm，树冠不连接，覆盖度50%。本亚层有林木14种、36株，优势种为光枝杜鹃，重要值指数为79.4；次为红淡比和腺叶桂樱，重要值指数分别为37.7和33.2；马蹄参在本亚层亦有一定的位置，重要值指数为18.1；其他常见的种类除了上层林木的中龄植株外，还有桂南木莲、苗山桂、贵州桤叶树、香港四照花、亮叶杨桐、苗山槭和榕叶冬青等。

第三亚层林木高4~8m，胸径3~9cm，树冠亦不连接，覆盖度50%。组成种类和株数都较上中层林木多，计有18种、56株。本亚层优势种为短梗新木姜子，重要值指数44.5，排列第一位；其次为小花杜鹃和川桂，重要值指数分别为31.3和27.0；较常见的种类还有光枝杜鹃、薄叶山矾、榕叶冬青等；其他的种类还有尖萼川杨桐、红皮木姜子、亮叶杨桐、长尾毛蕊茶、南烛、凯里杜鹃、亮叶厚皮香、腺柄山矾、新木姜子、海南树参等。

灌木层植物高0.5~3m，覆盖度70%。以摆竹最为常见，覆盖度可达30%~50%；柏拉木也不少；其他常见的种类有桃叶珊瑚、朱砂根、白瑞香、乔木茵芋、日本粗叶木、淡黄荚蒾和匙萼柏拉木等。此外，还有不少的乔木幼树，如短梗新木姜子、光枝杜鹃、冬青、红淡比、川桂、尖萼川杨桐和滑叶润楠等。

草本层植物高0.1~0.5m，覆盖度50%。组成种类不少，主要以棒叶沿阶草和短药沿阶草为主，覆盖度分别为30%和15%；狭叶沿阶草、锦香草、镰叶瘤足蕨、骤尖楼梯草、卷柏、针毛蕨等也较常见；此外，还有隐穗薹草、金星蕨、镰羽贯众、荩草等零星分布。

藤本植物也颇丰富，常见有长柄地锦、扶芳藤、菝葜、粗叶悬钩子、蚬壳花椒、角裂悬钩子和糙毛猕猴桃(*Actinidia fulvicoma* var. *hirsuta*)等。

苔藓植物发达，地表、岩石表面、树干、树枝等均布满苔藓，尤其岩石表面和腐朽木表面的苔藓最厚达2~3cm。

第五节　季风常绿阔叶林

一、概述

季风常绿阔叶林是广西南亚热带(桂东、桂中和桂西北)的地带性植被，分布于海拔1700m以下的范围。作为垂直带谱上的类型，见于广西北热带(桂西南和桂东南)海拔700～900m的山地。作为非地带性植被，在中亚热带地区(桂北和桂东北)，尤其与南亚热带北缘毗邻的地区，在优越的小地形环境条件下也有分布。本亚型乔木层优势种所属的科，虽然与典型常绿阔叶林同为壳斗科、山茶科、樟科、木兰科、杜英科等，但具体的种类不同。季风常绿阔叶林乔木层优势种是由喜暖的种类组成，如壳斗科的红锥、公孙锥、吊皮锥等，樟科的厚壳桂、黄果厚壳桂、丛花厚壳桂、华润楠等，木兰科的白花含笑等；同时还有北热带季节性雨林组成的科，如橄榄科、桑科、赤铁科、楝科等的种类，如橄榄、乌榄、四瓣米仔兰、水石梓、紫荆木、格木等。这些种类在中下层有时还成为优势种。

季风常绿阔叶林水平分布区的气候，年平均气温20～22℃，最低月(1月)平均气温10～12.5℃，极端最低气温多年平均值0～2℃，≥10℃的积温6500～7400℃；年降水量一般1200～1500mm。

季风常绿阔叶林的立地条件是发育在砂岩、页岩和花岗岩为基质上的赤红壤和红壤，呈酸性反应，pH值<7。由碳酸盐岩发育而成的石灰岩土，未见有季风常绿阔叶林的分布。由于季风常绿阔叶林的分布区，并不是完全由砂岩、页岩和花岗岩的地层组成，中间间杂有碳酸盐岩地层，因此，在季风常绿阔叶林的分布区内，它的分布并不连成一片，而是被碳酸盐岩地层所阻断。

如同典型常绿阔叶林一样，季风常绿阔叶林同样是广西重要的天然杂木林，是广西一个重要的森林生态系统，它不但是最重要的水源林之一，而且生物多样性的复杂程度和生物资源以及种质资源的丰富程度还超过典型常绿阔叶林。因此，它对于维护广西良好的生态环境和生态平衡同样具有不可替代的作用。

广西季风常绿阔叶林分布的面积没有典型常绿阔叶林大，如同典型常绿阔叶林一样，受到的破坏也相当严重。目前在南亚热带地区(桂东、桂中和桂西北)，只在大瑶山南面、大明山林区、都阳山、容县和北热带的浦北县、十万大山有小面积零星小片分布。对于现有残存的森林，必须严加保护，否则，广西良好的生态环境和生态平衡必然会受到破坏，后果是十分严重的。

二、主要类型

广西季风常绿阔叶林有14个群系，60个群落，其中壳斗科有5个群系，40个群落；樟科有5个群系，14群落；木兰科有2个群系，2个群落；金缕梅科有1个群系，2个群落；杜英科有1个群系，2个群落。壳斗科的40个群落，其中红锥有19个，罗浮锥有13个，两个种占了80.0%。

1. 红锥林(*Form. Castanopsis hystrix*)

以红锥为主的森林是我国南亚热带季风常绿阔叶林的代表类型，分布于台湾北部、福建南部和广东、广西的中南部以及云南东南和中南部等地区。在广西，红锥林作为南亚热带(桂东、桂中和桂西北)的地带性植被，分布比较广泛，桂东的苍梧、容县、玉林、横县、昭平，桂中的大瑶山、大明山、平果，桂西的田阳、东兰、凤山、凌云、乐业都有分布。在北热带的上思、合浦、浦北、陆川、博白、靖西、德保等地，红锥林作为季节性雨林垂直带谱的类型，分布在海拔700m以上的山地；但在低海拔地区季节性雨林的次生植被，也有红锥林出现。在中亚热带地区(桂北和桂东北)，冷空气不易影响或影响不大的地区，例如融水九万山林区、三江县，作为非地带性植被，红锥林也有分布。

红锥林是多种栲类林中要求较高热量条件的种类之一，耐旱性较强。在其主要分布区，从东兰到凤山，低平地区年平均气温分别为20.1℃和21.3℃，最低月(1月)平均气温11.0℃和12.2℃，最高月(7月)平均气温27.3℃和28.2℃，累年极端最高气温39.2℃和38.0℃，累年极端最低气温－2.4℃和－2.3℃，≥10的积温6746℃和7123.3℃；年降水量1577.1mm和1660.2mm，有3个月(11月至翌年

1月）和4个月（12月至翌年3月）的旱季。在分布区内，红锥林占据海拔1000m以下，较集中的是在海拔800m以下的地区，最高海拔见于乐业的青龙山，可达1200m。红锥林向北伸展至泗涧山、大瑶山及其反射弧海拔500m以下的山地，低平地区，例如大瑶山三角乡（海拔330m），年平均气温18.5℃，最低月（1月）平均气温8.7℃，最高月（7月）平均气温26.2℃，≥10℃的积温6091.4℃；年降水量1546.7mm，其中12月至翌年2月占10%，3~5月占37%，6~8月占37%，9~11月占16%。广西目前已知红锥林的最北界见于中亚热带的三江县独洞乡巴团屯海拔240m的丘陵上，那里的纬度约为25°50′。三江县城海拔197.3m，年平均气温18.1℃，最低月（1月）平均气温7.3℃，最高月（7月）平均气温27.3℃，累年极端最高气温39.5℃，累年极端最低气温-5.2℃，≥10℃的积温5691.4℃；年降水量1548.0mm，有2个月（12月至翌年1月）降水为41~42mm。与红锥林主要分布区相比，降水方面差异不大，但年平均气温低2~3.2℃，积温少1054.6~1431.9℃，在这些地区红锥林只见于局部优越的地形。红锥林向南分布于十万大山、六万大山、大青山等山地海拔700m以上山地常绿阔叶林的范围。但还可下延到700m以下的季节性雨林地带内，成为次生季节性雨林的成分。

红锥林耐旱性较强，向西能一直延伸至西部半湿润亚区域的云南省勐海附近，大约东经100°20′的地区，看来，只要有适宜的温度条件，不论是半湿润区还是湿润区，红锥林都可以生长。

红锥是一种喜酸性土树种，红锥林只分布于由砂岩、页岩和花岗岩发育而成的红壤系列土地区，土壤为红壤和赤红壤，pH值4.55~5.5。在碳酸盐岩发育而成的山地，未见有红锥林的出现。所以，在适宜于红锥林生长的气候区内，由于基质的影响，并不完全由红锥林所占。

保存较好的成熟红锥林，红锥种群年龄结构完整，例如大瑶山林区海拔550m一个600m^{2}样方调查显示，林木层第一亚层红锥有植株2株，第二亚层有2株，第三亚层有7株，幼树20株，幼苗32株，呈金字塔型结构。因此，只要不受到干扰和破坏，在自然情况下，红锥能长期保持在群落中的优势地位。

研究和分析广西红锥林的地理分布规律，有一个特点是必须加以说明的。红锥林是南亚热带的地带性植被，但是属于北热带的广西东南部，浦北、容县、合浦、博白、陆川等地，红锥林分布普遍。历史上，红锥林在浦北县分布极为广泛，沿六万大山山地到玉皇岭山地连续分布连成一片，把浦北分成南北两个部分。随着社会生产不断向前发展，中段已逐步演变成人工群落，为耕地、茶园、杉木林或灌丛和草丛所代替，原来连成一片的红锥林被自然分割为六万山和玉皇岭两大片。20世纪80年代，浦北县红锥林分布仍较广，面积较大，主要集中在东北部和中部，即六万山、龙门、张黄、大成等地的丘陵地带，其中以玉皇岭最为集中连片，面积约10万多亩，被自治区划为造船材基地。在垂直分布上，红锥林限于海拔400m以下的丘陵地带，土层深厚、疏松，有机质较为丰富的地段。

北热带桂东南的红锥林（也包括其他的季风常绿阔叶林），是当地地带性植被季节性雨林破坏后形成的次生林，因为种类组成的最大特点，就是含有不少当地季节性雨林的代表种，如橄榄、乌榄、格木、倒卵叶山龙眼、红鳞蒲桃、水石梓等。由于红锥用途大，是当地人们有意保留的目的树种，在抚育红锥林的过程中，清除其他杂木和杂草，故当地红锥林种类组成比较贫乏，灌木层和草本层植物数量不多，覆盖度不大。在浦北，保存较好的红锥林，经常伴生有米槠、樟、木荷、黄杞、橄榄等常绿阔叶树，同时，人们在择伐利用和樵采的过程中，有意砍伐其他树种，而保留红锥，培育其成材，长久下去，致使形成较纯的红锥林。目前浦北县各种红锥群落，是由于干扰程度不同、演变时间不同而形成的。

红锥木质坚重、耐腐，是栲类中材质最优良的树种，为造船工业的良材。红锥林内，其他有价值的用材树种不少，如栲、木荷、红木荷、蕈树、黄樟、白花含笑、刨花润楠、观光木等，林下资源植物也很丰富。中华人民共和国成立初期，容县、浦北、合浦等地分布于丘陵台地的红锥林，受破坏相当严重，多为萌生林或幼林；分布于大瑶山、大明山等大山区的红锥林，位于大小河流的源头，这部分森林保存较好。对于前部分森林，如果目前尚存在，可作为用材林经营，但首先应封山育林，待其成林成材后再行砍伐；对于后部分森林，只能作为水源林和种源基地，不宜砍伐，实际上目前这些地区已划为水源林保护区了。红锥较耐干旱，生长较快，应选为广西中部和南部地带低海拔地区重点造林树种，也可作为与马尾松混交的阔叶树种。

（1）红锥+黄杞-罗浮柿+鹅掌柴-海南罗伞树+九节-金毛狗脊+狗脊蕨群落（*Castanopsis hystrix* + *Engelhardia roxburghiana* - *Diospyros morrisiana* + *Schefflera heptaphylla* - *Ardisia quinquegona* + *Psychotria rubra* - *Cibotium barometz* + *Woodwardia japonica* Comm.）

本群落见于东兰、凤山海拔700m以下的山地，据对东兰拉芭山和绿兰林场的林分调查，立地地层为三叠系平而关群砂页岩，土壤为山地森林红壤。土层浅薄，土体中富含母岩碎块，地表残落物覆盖度60%，厚1~2cm，分解程度中等，土壤水分含量尚高，环境较湿润。

群落郁闭度0.8，由于是破坏后恢复起来的次生林，乔木层只有2个亚层。第一亚层林木一般高8~13m，但已有少数的红锥达到15m的高度，胸径16~30cm，最大者达35cm，覆盖度70%。本亚层林木树干通直，树皮多粗糙，板根明显，优势种为红锥，次优势种为次生阳性先锋常绿阔叶树黄杞，常见的种类有鹅掌柴、笔罗子、红木荷、樟、小果山龙眼、越南山矾等，零星出现的有楞、米槠、华润楠、鱼尾葵、假柿木姜子、山杜英和落叶阔叶树枫香树等。第二亚层林木高4~6m，胸径8~15cm，覆盖度30%~40%。本亚层林木枝干细弱，生长弯曲，树皮秃净，冠幅细小，优势种为罗浮柿和鹅掌柴，常见的有红锥、围涎树、假柿木姜子等；零星分布的有毛杨梅、重阳木、羽叶楸等。

灌木层植物覆盖度40%~50%，一般高1~2m，种类组成比较丰富，多为耐阴喜湿种类，但也有阳性种类。以海南罗伞树和九节为优势，常见的有水东哥、杜茎山、黄毛五月茶、毛果算盘子、围涎树、岗柃、华南毛柃、野牡丹、鹅掌柴、红锥等，零星分布的有毛鼠刺(*Itea indochinensis*)、大叶鼠刺(*Itea macrophylla*)、山乌桕、毛桐、粗叶榕、云南银柴等。

草本层植物高1m以下，覆盖度10%~25%，以喜阴湿的种类占多数。占优势的为金毛狗脊和狗脊蕨，常见的有薹草、乌毛蕨、淡竹叶、扇叶铁线蕨、乌蕨、团叶鳞始蕨、山姜、刚莠竹等。

藤本植物种类尚多，常见的有网脉酸藤子、暗色菝葜、菝葜、瓜馥木、假鹰爪、玉叶金花、牛白藤、钩吻、小叶买麻藤、白花酸藤子、粉防己(*Stephania tetrandra*)等。

本群落乔木以红锥为优势，灌木，如海南罗伞树和九节，草本，如金毛狗脊和乌毛蕨，都是季风常绿阔叶林的代表种类，因此，从乔、灌、草等层植物成分来看，本群落可视为南亚热带常绿阔叶林的代表类型。

本群落由于分布于广西的中西部，邻近我国西部(半湿润)常绿阔叶林亚区域，所以种类成分中有不少广西西部常见的种类，如红木荷、羽叶楸、毛鼠刺、大叶鼠刺、云南银柴等。

(2)红锥+黄杞-樟叶泡花树-林仔竹-薹草群落(*Castanopsis hystrix* + *Engelhardia roxburghiana* - *Meliosma squamulata* - *Semiarundinaria scabriflora* - *Carex* sp. Comm.)

这是一种见于北热带季节性雨林垂直带谱上的类型，宁明县的公母山、那陶过旱山、板古、那谷，那坡县的德孚山、果把山，靖西县的龙鸦岭，德保县的黄连山，百色市的大王岭，上思县的十万大山等海拔700~1000m的中山山地有分布，与北热带邻接的武鸣大明山也有分布。本群落所处地势较高，地形起伏大，坡度较陡，常风较大，云雾多，湿度大。

群落的立地条件类型为发育于砂岩、页岩上的山地黄壤，土层厚薄不一，一般15~30cm，局部60cm以上，有机质含量丰富，枯枝落叶较多，厚度3~5cm，土体湿润，pH值4.0~5.0。

林冠呈波浪形，郁闭度较大，一般在0.8~0.85，林木分布均匀，树干多挺直，树皮多粗糙，板根现象不明显，树干及枝条上附生苔藓较多，分层现象较明显，可以分成4层，乔木层2个亚层，灌木层和草本层。

林木上层覆盖度一般为60%~80%，单位面积上的株数、高度及胸径大小因地而异。一般15~18株/100m^2，多者达32株，少者只有11株。一般高度13~15m，最高亦达18m，胸径一般15~45cm，最大者65cm。以红锥和黄杞为优势，次为苦梓含笑和蕈树，常见的种类有黄樟、灰毛杜英、马蹄荷、木荷、信宜润楠(*Machilus wangchiana*)、枫香树等。

林木下层覆盖度20%~40%，一般高5~9m，胸径6~14cm，10~20株/100m^2。树干生长一般不太正常，弯曲或树冠偏向一方。常见的种类有红锥、樟叶泡花树、茵芋、鼠刺、短序润楠、大叶新木姜子、黄樟、罗浮柿、密花树、乌口果(*Elaeocarpus decurvatus*)、粗丝木、网脉山龙眼等。

灌木层植物覆盖度一般在40%~55%，一般高2~2.5m。优势种为林仔竹、竹1种、分叉露兜(*Pandanus urophyllus*)、光叶山矾、网脉山龙眼等，零星分布的有疏花卫矛、树参、四方竹等。

草本层植物分布不均匀，覆盖度各地段不一，10%~40%，一般高度0.3~0.7m。组成种类比较单纯，多为蕨类植物，以薹草(*Carex* sp.)、山姜、广西沿阶草(*Ophiopogon kwangsiensis*)为主，常见的有两广瘤足蕨、狗脊蕨、芒萁等。

藤本植物种类和数量均不多，常见的有菝葜、白花油麻藤、天香藤（*Albizia corniculata*）、假鹰爪等。

本群落种类较多，资源丰富，几乎分布在河流源头。因此，在调节气候、涵养水源，以及提供各种种质资源等方面均有一定的作用。

（3）红锥－毛锥－短梗新木姜子－海南罗伞树－金毛狗脊＋凤丫蕨群落（*Castanopsis hystrix* – *Castanopsis fordii* – *Neolitsea brevipes* – *Ardisia quinquegona* – *Cibotium barometz* + *Coniogramme japonica* Comm.）

本群落见于与南亚热带北缘交界的贺县滑水冲保护区，海拔200～500m的龙水河河谷两岸的低山丘陵，气候比较暖和。过去这类森林在这里十分繁茂，目前受破坏相当严重，只有零星小片的分布，残存的红锥仍占有优势的地位。群落郁闭度0.8左右，林木层明显可划分为3个亚层。

第一亚层林木高20～25m，胸径30～60cm，覆盖度60%～70%，红锥占主要地位，由于受到采伐，混生的种类不多，只有罗浮锥和毛锥等少数种类。

第二亚层林木高8～15m，胸径20cm左右，种类组成较上层多，但也因受采伐的影响而显得较为单纯，覆盖度70%左右。毛锥和笔罗子较多，其他还有观光木、猴欢喜等。

第三亚层林木高4～7m，胸径10cm左右，种类组成较多，覆盖度50%左右。短梗新木姜子、水同木和猴欢喜较多，常见的种类有尖叶毛柃、岭南柯、广东山胡椒等，零星分布的有轮叶木姜子、尖萼川杨桐、薄叶润楠、观光木、青皮木、三花冬青、越南山矾、香楠等。

灌木层植物种类不少，一般高2～3m，覆盖度50%以下，大多属乔木的幼树，例如罗浮锥、笔罗子、水同木、毛锥、木竹子、双齿山茉莉、黄杞、鹅掌柴、越南山矾、亮叶猴耳环、短梗新木姜子、岭南柯、木荷、网脉山龙眼、黄果厚壳桂、天料木、显脉杜英等。真正的灌木种类也不少，以海南罗伞树和九节为优势，粗叶木和假鹰爪也不少，其他还有杜茎山、赤楠、牛耳枫、毛果算盘子、百两金、紫金牛、莲座紫金牛、露兜树、栀子、冠盖绣球（*Hydrangea anomala*）、豆腐柴、钩藤和玉叶金花等。

草本层植物高1m以下，个别高大的蕨类植物可高达2m以上，覆盖度30%左右，大多是喜阴湿的种类，其中蕨类植物不少。金毛狗脊和凤丫蕨最多，翠云草、扇叶铁线蕨、福建观音座莲、红色新月蕨（*Pronephrium lakhimpurense*）、齿果铁角蕨（*Asplenium cheilosorum*）、紫萁也比较常见。此外还有三俭草、淡竹叶、射干、广州蛇根草、阔叶线柱苣苔（*Rhynchotechum* sp.）、山姜、鬼针草（*Bidens pilosa*）、华东膜蕨、赤车（*Pellionia radicans*）等。值得指出的是，狗脊蕨在这里也不少，说明群落所在地具有比较明显的过渡性。

藤本植物种类尚多，常见的有三叶木通、藤黄檀、广东蛇葡萄、买麻藤、鸡眼藤、网脉酸藤子、酸藤子、冷饭藤、大果菝葜、小叶红叶藤、石柑子等。

（4）红锥＋白花含笑－红锥－阴香－粗叶榕－狭叶楼梯草群落（*Castanopsis hystrix* + *Michelia mediocris* – *Castanopsis hystrix* – *Cinnamomum burmannii* – *Ficus hirta* – *Elatostema lineolatum* Comm.）

本群落见于大瑶山大岭新村，靠近路旁和村屯，是一片受到破坏后剩下的残林，面积不大。本群落上方为水渠，下方为山溪，群落湿度较大。

群落立地条件类型地层为泥盆系莲花山组红色砂岩，土壤为山地森林黄壤。土层较浅薄，土体多碎石块和树根；枯枝落叶层较薄，覆盖度约50%，分解不甚良好；地表有裸岩碎块，覆盖度25%。

本群落虽然是一片残林，受到干扰和破坏，但保存尚好，郁闭度可达0.8，乔木层可分为3个亚层，但林木层株数不多，从表9-135可知，600m^{2}样地只有81株，这可能与被砍伐有关。第一亚层林木高大通直，树干圆满，一般高18～22m，最高可达26m，基径40～75cm，最粗达85cm，覆盖度75%。从表9-135可知，本亚层有林木9种、14株，株数占乔木层总株数的17.3%，基面积占乔木层总基面的76.6%。从株数和重要值指数来看，红锥并不占优势，占优势的是白花含笑，有5株，重要值指数92.1，排列第一；红锥只有2株，重要值指数54.2，排列第二，红锥为优良用材，株数少可能是被砍伐了。本亚层其他种类都是单株出现，重要值指数在29～18之间。第二亚层林木高8～14m，基径9～40cm，覆盖度40%。本亚层有林木13种、18株，株数占乔木层总株数的22.2%，基面积占乔木层总基面的14.6%。本亚层优势不突出，但红锥稍占优势，有2株，重要值指数48.7，排列第一；次为阴香，有4株，重要值指数44.2，排列第二；谷木叶冬青有2株，重要值指数32.4，排列第三；其他10种都是单株出现，重要值指数在30～13之间。第三亚层林木高4～7m，基径5～22cm，覆盖度25%。本亚层有林木25种、49

株，株数占乔木层总株数的60.5%，基面积占乔木层总基面的8.7%。本亚层重要值指数分布比较分散，优势不突出，阴香株数最多，有6株，重要值指数40.0，排列第一；红锥有3株，重要值指数21.0，排列第二；其余23种，重要值指数在20~4之间。

表9-135　红锥+白花含笑-红锥-阴香-粗叶榕-狭叶楼梯草群落乔木层种类组成及重要值指数

（样地号：瑶山72号，样地面积：600m^2，地点：金秀县大岭大队新村下社冲，海拔：550m）

序号	树种	基面积(m^2)	株数	频度(%)	重要值指数
		乔木Ⅰ亚层			
1	白花含笑	1.189	5	50	92.105
2	红锥	0.879	2	33.3	54.17
3	黄樟	0.478	1	16.7	28.095
4	刨花润楠	0.442	1	16.7	27.143
5	岩生厚壳桂	0.238	1	16.7	21.751
6	猴欢喜	0.173	1	16.7	20.058
7	华南木姜子	0.166	1	16.7	19.865
8	谷木叶冬青	0.126	1	16.7	18.795
9	糙叶树	0.096	1	16.7	18.017
	合计	3.787	14	200	299.999
		乔木Ⅱ亚层			
1	红锥	0.175	2	33.3	48.698
2	阴香	0.063	4	33.3	44.242
3	谷木叶冬青	0.105	2	16.7	32.375
4	褐叶柄果木	0.126	1	16.7	29.639
5	山牡荆	0.075	1	16.7	22.683
6	栎子青冈	0.057	1	16.7	20.158
7	罗浮锥	0.025	1	16.7	15.749
8	异枝木犀榄	0.023	1	16.7	15.368
9	斜脉暗罗	0.023	1	16.7	15.368
10	单室茱萸	0.02	1	16.7	15.009
11	广东山胡椒	0.013	1	16.7	14.062
12	西南香楠	0.01	1	16.7	13.539
13	耳柯	0.006	1	16.7	13.104
	合计	0.721	18	250	299.996
		乔木Ⅲ亚层			
1	阴香	0.087	6	50	39.97
2	红锥	0.032	3	50	20.964
3	鹿角锥	0.029	4	33.3	19.923
4	毛狗骨柴	0.043	2	33.3	18.985
5	西南香楠	0.027	3	33.3	17.41
6	罗浮锥	0.016	3	50	17.348
7	糙叶树	0.017	3	33.3	14.993
8	木竹子	0.026	2	33.3	14.988
9	三峡槭	0.011	3	33.3	13.557
10	硬壳柯	0.01	3	33.3	13.321
11	栲	0.016	2	33.3	12.752
12	耳柯	0.035	1	16.7	12.555
13	腺叶桂樱	0.009	2	33.3	11.208
14	瑶山梳罗	0.018	1	16.7	8.63
15	枳椇	0.011	1	16.7	7.158
16	亮叶猴耳环	0.011	1	16.7	7.158
17	褐毛杜英	0.01	1	16.7	6.74
18	笔罗子	0.01	1	16.7	6.74
19	华南木姜子	0.003	1	16.7	5.195
20	广西石楠	0.003	1	16.7	5.195
21	鸭公树	0.003	1	16.7	5.195
22	褐叶柄果木	0.003	1	16.7	5.195
23	锈叶新木姜子	0.002	1	16.7	4.995
24	硬壳桂	0.002	1	16.7	4.995

（续）

序号	树种	基面积（m^2）	株数	频度（%）	重要值指数
25	粗糠柴	0.001	1	16.7	4.832
	合计	0.432	49	666.7	300.001
		乔木层			
1	红锥	1.086	7	83.3	38.956
2	白花含笑	1.189	5	50	35.233
3	阴香	0.15	10	50	20.384
4	黄樟	0.478	1	16.7	12.574
5	罗浮锥	0.042	4	66.7	12.446
6	糙叶树	0.113	4	50	12.224
7	刨花润楠	0.442	1	16.7	11.844
8	谷木冬青	0.231	3	33.3	11.713
9	西南香楠	0.037	4	33.3	9.014
10	鹿角锥	0.029	4	33.3	8.863
11	褐叶柄果木	0.128	2	33.3	8.403
12	岩生厚壳桂	0.238	1	16.7	7.71
13	华南木姜子	0.169	2	16.7	7.557
14	三峡槭	0.011	3	33.3	7.25
15	硬壳柯	0.01	3	33.3	7.229
16	毛狗骨柴	0.043	2	33.3	6.669
17	猴欢喜	0.173	1	16.7	6.413
18	木竹子	0.026	2	33.3	6.319
19	栲	0.016	2	33.3	6.124
20	腺叶桂樱	0.009	2	33.3	5.988
21	耳柯	0.041	2	16.7	4.966
22	山牡荆	0.075	1	16.7	4.429
23	栎子青冈	0.057	1	16.7	4.06
24	异枝木犀榄	0.023	1	16.7	3.361
25	斜脉暗罗	0.023	1	16.7	3.361
26	单室茱萸	0.02	1	16.7	3.308
27	瑶山梭罗	0.018	1	16.7	3.259
28	广东山胡椒	0.013	1	16.7	3.17
29	枳椇	0.011	1	16.7	3.13
30	亮叶猴耳环	0.011	1	16.7	3.13
31	褐毛杜英	0.01	1	16.7	3.094
32	笔罗子	0.01	1	16.7	3.094
33	广西石楠	0.003	1	16.7	2.958
34	鸭公树	0.003	1	16.7	2.958
35	锈叶新木姜子	0.002	1	16.7	2.941
36	硬壳桂	0.002	1	16.7	2.941
37	粗糠柴	0.001	1	16.7	2.927
	合计	4.94	81	1000	300.001

岩生厚壳桂 *Cryptocarya calcicola*　山牡荆 *Vitex quinata*　枳椇 *Hovenia acerba*　广西石楠 *Photinia kwangsiensis*

从整个乔木层分析，重要值指数分配比较分散，优势种不明显。红锥虽然在第一亚层不占优势，但它是第二亚层和第三亚层的优势种和亚优势种，在整个乔木层它有7株，重要值指数为39.0，排列第一；白花含笑虽然在第一亚层为优势种，但在第二亚层和第三亚层缺乏植株，在整个乔木层它只有5株，重要值指数为35.2，退居第二位；阴香虽然株数最多，而且在中下层占有优势和次优势的地位，但它目前都是中小植株，故重要值指数不太大，只有20.4，排列第三；其余34种，多数是偶见种，重要值指数都很小，在13~2之间，这是符合它们的性状的。

灌木层植物分布不均匀，多的地段覆盖度可达50%，少的地段只有15%，一般在30%左右。种类组成一般，从表9-136可知，600m^2样地有57种，成分以乔木的幼树为主，约有45种之多。但优势种为真正的灌木粗叶榕，海南罗伞树和瑶山省藤也不少，乔木的幼树一般都不太多。

表 9-136　红锥 + 白花含笑 – 红锥 – 阴香 – 粗叶榕 – 狭叶楼梯草群落灌木层和草本层种类组成及分布情况

序号	种名	多度盖度级						频度(%)	更新(株)	
		Ⅰ	Ⅱ	Ⅲ	Ⅳ	Ⅴ	Ⅵ		幼苗	幼树
灌木层植物										
1	粗叶榕	2	2	2	4	2	4	100.0	5	12
2	海南罗伞树	3	4	3	2	1		83.3		
3	硬壳桂	4		3	3	3	4	83.3	2	23
4	郎伞树	2		2	1	3	1	83.3		
5	瑶山省藤	4	3	4		3		66.7		
6	香楠	3	4		4		4	66.7	2	13
7	山牡荆	4	2	2		3		66.7		10
8	木竹子	3	4		2		1	66.7	4	12
9	阴香	1		2		2	3	66.7		11
10	倒卵叶紫麻	3	4	4			4	66.7		
11	毛狗骨柴		4	2	4	3		66.7	1	17
12	笔罗子	4		4		4		50.0	1	16
13	三峡槭	3			4		4	50.0	5	10
14	腺叶桂樱	2				1	2	50.0		6
15	栲	2		3	4			50.0		11
16	硬壳柯		4			1	4	50.0		9
17	大叶新木姜子		3		2		4	50.0	1	8
18	鹅掌柴	1			1		2	50.0		6
19	狭叶猴欢喜		1			2	2	50.0		7
20	红锥	4		4				33.3	32	20
21	锐尖山香圆		1		1			33.3		4
22	桂南木莲		1		1			33.3		4
23	穗序鹅掌柴	1				2		33.3		5
24	虎皮楠	1					1	33.3	1	
25	柳叶石斑木	1				1		33.3		4
26	谷木叶冬青	1		4				33.3		4
27	红鳞蒲桃	1				2		33.3		3
28	鸭公树	5				3		33.3		7
29	华南木姜子	4				2		33.3		11
30	黄叶树	3		1	2			33.3		9
31	大叶青冈				4		4	33.3		6
32	尾叶卫矛				4		4	33.3		6
33	日本杜英	1			1			33.3		5
34	杜茎山	2			2			33.3		
35	褐叶柄果木		1			1		33.3		4
36	粗糠柴			1			1	33.3		1
37	树参		3			1		33.3		4
38	黄樟		1					16.7		2
39	柏拉木		2					16.7		
40	鼠刺		1					16.7		2
41	瑶山茶		2					16.7		
42	米槠		1					16.7		2
43	大果石笔木		1					16.7		2
44	水东哥		3					16.7		4
45	美叶柯				2			16.7		3

（续）

序号	种名	多度盖度级						频度（%）	更新（株）	
		Ⅰ	Ⅱ	Ⅲ	Ⅳ	Ⅴ	Ⅵ		幼苗	幼树
46	枫香树				2			16.7		3
47	大头茶				2			16.7		2
48	罗浮槭				1			16.7		2
49	草珊瑚				4			16.7		
50	糙叶树				1			16.7		2
51	皱叶茶					1		16.7		
52	耳柯					3		16.7		3
53	斜脉暗罗					1		16.7		2
54	茜木					1		16.7		2
55	山香圆					1		16.7		2
56	锈叶新木姜子						6	16.7	2	4
57	青榨槭						1	16.7		2
	草本层植物									
1	狭叶楼梯草	5	7	6	6	7	6	100.0		
2	板蓝	4	4	5	5	5	5	100.0		
3	红色新月蕨	4	4	4	5	4	4	100.0		
4	华南紫萁	6	6	5	2		5	83.3		
5	金毛狗脊	4	4	4		4	4	83.3		
6	建兰	4	2	2	2			66.7		
7	山姜	3	3	4		2		66.7		
8	露兜树	4	4	4	2			66.7		
9	狗脊蕨	4	2		4	2		66.7		
10	卷柏属 1 种				2	3	3	50.0		
11	凤尾蕨	2				2		33.3		
12	福建观音座莲		2			2		33.3		
13	五节芒				1	1		33.3		
14	刺子莞				2	3		33.3		
15	下延义蕨					2	2	33.3		
16	淡竹叶	2						16.7		
17	蘸草	1						16.7		
18	桫椤	2						16.7		
19	里白				4			16.7		
20	华南紫萁				5			16.7		
21	穿鞘花					1		16.7		
22	蹄盖蕨						1	16.7		
	藤本植物									
1	星毛冠盖藤	sp	sol	sol	sol	sol	sp	100.0		
2	毛蒌	sol	sol			sol	sol	66.7		
3	狮子尾		sp		sp		sp	50.0		
4	菝葜	sol			sol	sol		50.0		
5	藤黄檀	sol				sol	sol	50.0		
6	尾叶那藤	sol			sol		sol	50.0		
7	爬藤榕			sol	sol	sol		50.0		
8	山蒌			sol			sol	33.3		
9	络石			sol	sol			33.3		
10	流苏子			sol	sol			33.3		
11	绵毛千里光				sol			16.7		
12	买麻藤			sol				16.7		
13	黄独				sol			16.7		

（续）

序号	种名	多度盖度级						频度（%）	更新（株）	
		Ⅰ	Ⅱ	Ⅲ	Ⅳ	Ⅴ	Ⅵ		幼苗	幼树
14	密齿酸藤子				sol			16.7		
15	长柄地锦					sol		16.7		
16	毛叶假鹰爪					sol		16.7		
17	喙果崖豆藤						sol	16.7		
18	钩刺雀梅藤						sol	16.7		

倒卵叶紫麻 *Oreocnide obovata*　狭叶猴欢喜 *Sloanea* sp.　尾叶卫矛 *Euonymus* sp.　皱叶茶 *Camellia* sp.　卷柏属 1 种 *Selaginella* sp.　下延义蕨 *Tectaria decurrens*　藨草 *Scirpus* sp.　穿鞘花 *Amischotolype hispida*　蹄盖蕨 *Athyrium* sp.　绵毛千里光 *Senecio* sp.　黄独 *Dioscorea bulbifera*　毛叶假鹰爪 *Desmos dumosus*　喙果崖豆藤 *Callerya cochinchinensis*　钩刺雀梅藤 *Sageretia hamosa*

草本层植物生长茂盛，不但种类较多，而且若干种类数量很丰富，覆盖度达到 90% ~95%。覆盖度最大、分布最均匀的是狭叶楼梯草，次为板蓝和红色新月蕨，华南紫萁和金毛狗脊虽然出现频度没有上述 3 种高，但覆盖度也较大。

藤本植物种类尚多，但数量不太丰富，常见的星毛冠盖藤（*Pileostegia tomentella*），次为毛蒟和狮子尾等。

林木更新总的不太理想，但优势种红锥的更新还是比较良好的，从表 9-136 可知，600m^2 样地红锥有幼苗 32 株，幼树 20 株，而且它具备各级立木，因此，红锥能长期保持其优势的地位。

（5）红锥 + 米槠 - 红锥 + 越南安息香 - 红锥 - 海南罗伞树 - 淡竹叶 + 扇叶铁线蕨群落（*Castanopsis hystrix* + *Castanopsis carlesii* - *Castanopsis hystrix* + *Styrax tonkinensis* - *Castanopsis hystrix* - *Ardisia quinquegona* - *Lophatherum gracile* + *Adiantum flabellulatum* Comm.）

本群落分布于浦北县中南部海拔 200 ~250m 的丘陵台地，这是季节性雨林破坏后形成的以红锥为主的次生林，季节性雨林分布地，反复破坏后生境严重恶化的地段，可以形成南亚热带季风常绿阔叶林的次生植被。

本群落属于中龄林，乔木层已初步分化为 3 个亚层，总覆盖度达 90% 左右，组成种类尚丰富，600m^2 样地有植物 49 科、87 种。

第一亚层林木高 16m，平均胸径 24cm，覆盖度 35%。本亚层林木较少，树干通直圆满，枝下高都在 5m 以上。红锥占有明显的优势，重要值指数 158.2；次为米槠和木荷，有时木竹子也占有重要的地位。

第二亚层林木高 11m，胸径 10 ~20cm，覆盖度 60%。林木分布较均匀，树干也通直，有林木 9 种、26 株，占乔木层总株数的 20.8%。仍以红锥为优势，重要值指数 90.96；次为越南安息香和木荷，重要值指数分别为 74.83 和 36.8；其他种类还有米槠、乌榄、黄杞、华润楠和山乌桕等。

第三亚层林木高 6m 左右，胸径 3 ~10cm，覆盖度 50%，本亚层种类和株数都多，且分布均匀。仍以红锥为优势，其次为米槠和越南安息香、鹅掌柴、水石梓、海南锥、黄杞等。其他种类还有木荷、南酸枣、香皮树、柃木、棱枝冬青、华润楠、山油柑、红鳞蒲桃、黄毛五月茶、白背算盘子等。

从整个乔木层分析，红锥的株数最多，占乔木层总株数的 55%，在群落中分布普遍，在各个亚层中均占优势，因此，成为乔木层的优势种，重要值指数 72.53，排列第一；其他的种类顺序是米槠、越南安息香、木荷。

虽然乔木层郁闭度较大，但灌木层植物生长还是较繁茂，种类和数量也较多，600m^2 样地有 60 多种，且分布均匀，种类成分多为乔木的幼树和耐阴的种类。灌木层植物高 1 ~2.5m，覆盖度 75%，以海南罗伞树为优势，红锥次之，常见的有九节、山油柑、笔罗子、棱枝冬青、鹅掌柴、黄毛五月茶、蜜茱萸、山黄皮、野牡丹、银柴、大青等。

草本层植物不发达，种类和数量均不多，只见丛状分布的禾草和蕨类植物，一般高度 0.2 ~0.3m，覆盖度 20% 左右。主要见到的是淡竹叶、扇叶铁线蕨、藨草、刚莠竹、金毛耳草（*Hedyotis chrysotricha*）、芒萁、乌毛蕨、五节芒、草豆蔻、艳山姜等种类散生其中。

藤本植物种类和数量均稀少，零星分布的有买麻藤、锡叶藤、玉叶金花、牛白藤和蛇葡萄等种类。

(6)红锥－红锥－红锥－海南罗伞树－淡竹叶＋扇叶铁线蕨群落(*Castanopsis hystrix* － *Castanopsis hystrix* － *Castanopsis hystrix* － *Ardisia quinquegona* － *Lophatherum gracile* ＋ *Adiantum flabellulatum* Comm.)

本群落见于浦北县六万乡和龙门乡，海拔90～230m的丘陵台地，立地土壤为砖红壤，枯枝落叶层厚约3cm，覆盖100%，样地内无石块裸露，土层较深厚。本群落是一种萌生林，是刚开始形成第一亚层林木的中年林，红锥个体数较多，几乎形成纯林，从表9-137可知，700m^{2}样地只有林木6种、96株，其中红锥有87株，占90.6%。群落乔木层郁闭度0.7～0.9，第一亚层林木高15～16m，基径20～35cm，由于本亚层刚开始形成，所以种类和株数都较少，根据表9-137，700m^{2}样地只有2种、7株，红锥占绝对优势，有6株，另外1株为北热带季节性雨林树代表种橄榄。第二亚层林木高10～14m，基径20～30cm，本亚层株数最多，基面积最大，700m^{2}样地有3种、55株，株数占整个乔木层总株数的57.3%，基面积占整个乔木层总基面积的75.1%。红锥占绝对优势，有50株，其他5株分别为木荷和米槠所有。第三亚层林木高4～7m，基径5～30cm，有林木4种、34株，株数和基面积排第二。本亚层仍以红锥占绝对优势，有31株，其他3种都是单株出现。

表9-137　红锥－红锥－红锥－海南罗伞树－淡竹叶＋扇叶铁线蕨群落乔木层种类组成及重要值指数

(样地号：Q_4+Q_{11}，样地面积：400m^2＋300m^2，地点：浦北县，海拔：90～230m)

序号	树种	基面积(m^2)	株数	频度(%)	重要值指数
		乔木Ⅰ亚层			
1	红锥	0.308	6	28.6	241.404
2	橄榄	0.038	1	14.3	58.603
	合计	0.346	7	42.9	300.007
		乔木Ⅱ亚层			
1	红锥	2.963	50	100	252.073
2	木荷	0.038	3	28.6	24.901
3	米槠	0.037	2	28.6	23.028
	合计	3.038	55	157.1	300.002
		乔木Ⅲ亚层			
1	红锥	0.625	31	100	255.364
2	橄榄	0.028	1	14.3	17.217
3	油茶	0.01	1	14.3	14.374
4	樟	0.001	1	14.3	13.048
	合计	0.663	34	142.9	300.003
		乔木层			
1	红锥	3.896	87	100	233.542
2	橄榄	0.066	2	28.6	17.056
3	木荷	0.038	3	28.6	17.407
4	米槠	0.037	2	28.6	16.325
5	油茶	0.01	1	14.3	7.943
6	樟	0.001	1	14.3	7.726
	合计	4.048	96	214.3	299.998

从整个乔木层分析，这是一种近乎纯林已初步形成3个乔木亚层的红锥林，红锥无疑在整个乔木层中占有绝对的优势，橄榄、木荷、米槠、樟是被清除的“杂木”树种，在各层中几乎都是单株出现，重要值指数肯定是微不足道的。在乔木3个亚层中，一般成熟的林分，都是第一亚层林木基面积最大，而本群落却相反，第一亚层林木基面积最小，中层林木基面积最大，这可能是刚开始形成3个乔木亚层的群落特点。

灌木层植物种类尚多，从表9-138可知，700m^{2}样地有49种，生长茂盛，覆盖度达60%～85%。优势种为真正的灌木海南罗伞树，次为朱砂根，红锥的幼树也是灌木层的优势种，说明红锥更新良好，能长期保持在群落中的优势地位。

表 9-138　红锥－红锥－红锥－海南罗伞树－淡竹叶＋扇叶铁线蕨群落灌木层和草本层种类组成及分布情况

序号	种类	多度盖度级							频度（%）	幼苗幼树
		Ⅰ	Ⅱ	Ⅲ	Ⅳ	Ⅴ	Ⅵ	Ⅶ		
灌木层植物										
1	海南罗伞树	4	5	6	5	6	7	7	100.0	
2	红锥	4	2	4	4	4	5	4	100.0	76 株
3	朱砂根	4	2	4	2	4	4	4	100.0	
4	粗叶榕	1	2	4	2	2	1	2	100.0	
5	樟科 1 种		1	1	4	2		2	71.4	
6	鹅掌柴	1		4	4	2		2	71.4	
7	毛果算盘子	1	2			2	2	2	71.4	
8	白檀	2		2	1	2			57.1	
9	蜜茱萸	1	2		2	2			57.1	
10	山石榴	3	4	4	2				57.1	
11	木荷	3					2	2	42.9	
12	细齿叶柃	3					3	2	42.9	
13	山乌桕	1	1	2					42.9	
14	破皮叶	1	1					2	42.9	
15	大叶毛柿					3	3	4	42.9	
16	油茶					3	3	3	42.9	
17	黑面神					2	2	2	42.9	
18	栀子					2	2	2	42.9	
19	五瓣子楝树					2	2	2	42.9	
20	黄杞	1				2			28.6	
21	橄榄		1					2	28.6	
22	桃金娘	3				2			28.6	
23	米槠					3	3		28.6	
24	地桃花					2	2		28.6	
25	了哥王					2	2		28.6	
26	毛黄肉楠					2		3	28.6	
27	五叶悬钩子					2	2		28.6	
28	翅子树						1	2	28.6	
29	苦树						2	2	28.6	
30	木竹子	3							14.3	
31	野漆	2							14.3	
32	滑篱竹	3							14.3	
33	毛柿	1							14.3	
34	白栎		2						14.3	
35	小竹		2						14.3	
36	竹子				4				14.3	
37	樟				1				14.3	
38	黄牛木					3			14.3	
39	大叶紫珠					2			14.3	
40	野牡丹					2			14.3	
41	粗糠柴					2			14.3	
42	鸡骨香					2			14.3	
43	杜茎山					2			14.3	
44	算盘子						2		14.3	
45	大青						2		14.3	
46	小蜡						2		14.3	

（续）

序号	种类	多度盖度级							频度（%）	幼苗幼树
		Ⅰ	Ⅱ	Ⅲ	Ⅳ	Ⅴ	Ⅵ	Ⅶ		
47	假苹婆						2		14.3	
48	石斑木							2	14.3	
49	鼠刺							2	14.3	
草本层植物										
1	淡竹叶	3	4	4	5	4	4	4	100.0	
2	扇叶铁线蕨	3	4	4	4	4	4	3	100.0	
3	五节芒	4		1	2	2			57.1	
4	团叶鳞始蕨	2			2	2	2		57.1	
5	凤尾蕨				2	2	4	2	57.1	
6	牛筋草					4	4	4	42.9	
7	薫草	2	2			2			42.9	
8	海金莎		2		2	2			42.9	
9	芒萁	7	4						28.6	
10	石韦					2		3	28.6	
11	福建观音座莲					1			14.3	
12	山姜			1					14.3	
13	窄叶莎草	2							14.3	
14	长叶耳草	2							14.3	
藤本植物										
1	锡叶藤	5		4	4	3	4	4	85.7	
2	菝葜	4	4	2	2		2	2	85.7	
3	玉叶金花	2				2		2	42.9	
4	豆科1种	3		4	4				42.9	
5	葛					2	2	2	42.9	
6	广东蛇葡萄			2			2		28.6	
7	毛叶雀梅藤					2		2	28.6	
8	假鹰爪						4	4	28.6	
9	樟叶木防已						2	2	28.6	
10	羊角拗	1							14.3	
11	酸藤子	2							14.3	
12	梧桐科1种(藤本)	4							14.3	
13	钩吻	2							14.3	
14	豆科1种	3							14.3	
15	毛叶假鹰爪					4			14.3	
16	大叶菝契					2			14.3	
17	络石					2			14.3	
18	构棘					2			14.3	
19	买麻藤						2		14.3	

大叶毛柿 *Diospyros* sp.　五叶悬钩子 *Rubus* sp.　毛柿 *Diospyros* sp.　长叶耳草 *Hedyotis* sp.
大叶菝契 *Smilax* sp.　毛叶雀梅藤 *Sageretia thea* var. *tomentosa*

草本层植物一般覆盖度20%～30%，但个别林窗处可达60%，700m^2样地有14种。优势种为淡竹叶和扇叶铁线蕨，其他的种类数量都较少。

藤本植物种类尚多，但多数种类数量都不太丰富，数量较多的是锡叶藤和菝葜，其他种类数量都很稀少。

（7）红锥－红锥－红锥－海南罗伞树－艳山姜群落（*Castanopsis hystrix* – *Castanopsis hystrix* – *Castanopsis hystrix* – *Ardisia quinquegona* – *Alpinia zerumbet* Comm.）

该群落见于浦北县六万山玄充村海拔390m和官垌镇龙振村海拔350m的丘陵地，群落发育较好，林龄较大。乔木层总郁闭度0.9，可分成3个亚层。

第一亚层林木株数最少，占乔木层总株数10%，植株高一般为19～20m，胸径最大的为50cm多，由于植株少，覆盖度只有40%。以红锥占优势，木荷次之，马尾松排第三，有时还有黄杞、围涎树和南酸枣等。

第二亚层林木由4种树种组成，株数最多，占乔木层总株数的52%，覆盖度高达80%，是群落环境的主要建造者。本亚层林木树干通直，圆满。仍以红锥占优势，木荷次之，此外，还有笔罗子和橄榄，偶有樟和木竹子等。

第三亚层林木有6种树种，株数稍少，占乔木层总株数的38%，多数植株树干弯曲，树冠窄而不连接，覆盖度很低，只有20%。组成种类除红锥和木荷外，还有鹅掌柴、铁冬青、棱枝冬青、油茶和黄杞，偶有落叶阔叶树山乌桕。

灌木层植物比较发达，生长茂盛，分布均匀，高2m左右，覆盖度65%～85%。以海南罗伞树占优势，此外还有九节、鹅掌柴、毛果算盘子、粗叶木、五月茶、轮叶木姜子、蜜茱萸、牛耳枫等50多种。红锥的幼树也很多，每100m^{2}样地有26株，木荷的幼树也存在。在自然演替的情况下，红锥仍将继续保持其优势的地位，这就保证了此类型的稳定性。

草本层植物种类较复杂，但数量稀少，不成层，覆盖度20%以下。以艳山姜较常见，在阳光较充足的地方，还有金毛狗脊、半边旗、淡竹叶、乌毛蕨、狗脊蕨、团叶鳞始蕨、十字薹草、弓果黍、山菅等种类。

藤本植物种类稀少，有锡叶藤、鸡矢藤、藤黄檀等种类。

(8)红锥－红锥＋木荷－红锥－海南罗伞树－新月蕨群落(*Castanopsis hystrix* – *Castanopsis hystrix* + *Schima superba* – *Castanopsis hystrix* – *Ardisia quinquegona* – *Pronephrium gymnopteridifrons* Comm.)

此群落见于浦北县龙门乡打水村，海拔高度240m，张黄乡门前岭也有分布。本群落是较为典型的红锥林，破坏较少，结构完整。林木层树木分布均匀，树冠连续，覆盖度90%，可明显分为3个亚层。

第一亚层林木株数较多，一般高15～17m，最高18m，胸径多在17cm以上，树干通直，分枝高，树干显得细长，树冠连续，覆盖度80%。以红锥占优势，此外还有木荷和橄榄等。

第二亚层林木高10～14m，胸径12～16cm，株数较少，覆盖度30%。本亚层植株分布不均匀，树干还较通直，仍以红锥占优势，次优势为木荷。

第三亚层林木高4～6m，胸径3～5cm，植株细小，树冠细小而稀疏，树冠不连续，覆盖度35%。本亚层仍以红锥为优势种，木荷为次优势种，此外还有橄榄、鹅掌柴、糖胶树、竹子等种类。

灌木层植物一般高1.5～2m，覆盖度95%。以海南罗伞树占优势，覆盖度55%，红锥幼树次之，覆盖度40%，其他零星分布的有白花苦灯笼、草珊瑚、黄毛五月茶、山石榴、紫玉盘和鹅掌柴、黄杞、绒毛润楠、茜树、红鳞蒲桃、橄榄、假苹婆、鱼尾葵等幼树。

草本层植物不太成层，覆盖度20%～30%。以新月蕨为主，覆盖度10%，高度约0.2m，其他的种类有淡竹叶、黑莎草、露兜树、毛果珍珠茅和蔓生莠竹、五节芒、艳山姜、扇叶铁线蕨、鳞始蕨等。

藤本植物种类和数量都不多，出现有锡叶藤、香港瓜馥木(*Fissistigma uonicum*)、桂叶素馨(*Jasminum laurifolium* var. *brachylobum*)、抱茎菝葜、白叶藤(*Cryptolepis sinensis*)等种类和寄生植物菟丝子。

(9)红锥－红锥＋罗浮锥－红锥＋罗浮锥－海南罗伞树－芒萁群落(*Castanopsis hystrix* – *Castanopsis hystrix* + *Castanopsis fabri* – *Castanopsis hystrix* + *Castanopsis fabri* – *Ardisia quinquegona* – *Dicranopteris pedata* Comm.)

该群落见于浦北县六万山、官垌、大成的丘陵地带，面积不大。乔木层总覆盖度85%～90%，可分为3个亚层。第一亚层林木高15～22m，胸径12～30cm，覆盖度40%左右，孤立残存的马尾松高25m以上，胸径40cm。该亚层以红锥为优势，伴生有罗浮锥和笔罗子等。第二亚层林木高8～15m，胸径8～12cm，覆盖度50%，仍以红锥为优势，砍伐较轻的地段，与罗浮锥共为优势，常混生有杉木、油茶、鹅掌柴、越南安息香、山杜英、笔罗子和醉香含笑、橄榄等。第三亚层林木高4～8m，胸径4～6cm，覆盖度50%，优势种为红锥，砍伐较轻的地段则罗浮锥为次优势，伴生种有杉木、油茶、鹅掌柴、樟、越南安息香、南酸枣等。乔木层中杉木、油茶的存在，显然是人工杉木林和油茶林的遗迹，后失去抚育管理而演变成为红锥林。

灌木层植物高1～1.5m，覆盖度75%。种类组成较丰富，以海南罗伞树和红锥的幼树为优势，其他的种类有野漆、桃金娘、五月茶、满树星、九节、牛耳枫、银柴、中平树、南山花、毛果算盘子、黑面神、盐肤木、广西水锦树、荚蒾、毛菍、草珊瑚等和罗浮锥、锥、鹅掌柴、笔罗子、木荷等幼树。

草本层植物种类和数量都不多，高0.3～1m，覆盖度20%～30%。种类以芒萁数量最多，其他的种类有艳山姜、山菅、淡竹叶、铁线蕨、狗脊蕨、棕叶芦、金毛狗脊等。

藤本植物种类和数量稀少，仅见锡叶藤、买麻藤和络石等少数种类缠绕在乔木树干上，攀附在灌木层中的藤本有酸藤子、菝葜、楠藤（*Mussaenda erosa*）、东北蛇葡萄等。

（10）红锥－红锥＋樟－红锥＋樟－棱枝冬青＋海南罗伞树－五节芒＋艳山姜群落（*Castanopsis hystrix* － *Castanopsis hystrix* ＋ *Cinnamomum camphora* － *Castanopsis hystrix* ＋ *Cinnamomum camphora* － *Ilex angulata* ＋ *Ardisia quinquegona* － *Miscanthus floridulus* ＋ *Alpinia zerumbet* Comm.）

该群落见于浦北县福旺中先塘村海拔300m以下的丘陵地带，面积较大。乔木层总覆盖度80%～90%，可分为3个亚层，种类组成较简单，400m^2样地有乔木17种、69株。

第一亚层林木高15～20m，胸径20～30cm，覆盖度20%。本亚层株数不多，仅有几株红锥。

第二亚层林木高8～14m，胸径10～20cm，最大可达40cm，分布不均匀，覆盖度50%～60%。本亚层有林木5种、15株，其中红锥最多，有7株，占46.7%；其次是樟和乌榄；此外还有枫香树和马尾松。乌榄是当地季节性雨林的代表种类。

第三亚层林木高5m左右，胸径4～6cm，覆盖度30%左右。本亚层有林木17种、50株，占乔木层总株数的73%，仍以红锥、樟、乌榄为主要成分，其中还是红锥最多。其他的种类有棱枝冬青、香皮树、鹅掌柴等。

灌木层植物高0.5～1.0m，覆盖度80%左右，种类组成较多，分布较均匀。以红锥的幼树为优势，其盖度达40%，其他的种类有棱枝冬青、海南罗伞树、九节和草珊瑚等。

草本层植物以五节芒为优势，其次是艳山姜和芒萁，零星分布的种类有乌毛蕨、狗脊蕨、半边旗、金毛狗脊、扇叶铁线蕨等。

藤本植物多为木质的种类，攀援至林冠之上，主要种类有多裂黄檀（*Dalbergia rimosa*）、崖豆藤（*Millettia* sp.）、买麻藤等。

（11）红锥－香皮树－海南罗伞树＋九节－金毛狗脊＋乌毛蕨群落（*Castanopsis hystrix* － *Meliosma fordii* － *Ardisia quinquegona* ＋ *Psychotria rubra* － *Cibotium barometz* ＋ *Blechnum orientale* Comm.）

这种类型见于与北热带相邻的容县石夹水口（大容山北坡），因为本类型邻接北热带，所以在种类成分上含有若干季节性雨林的代表种类。

此群落的立地条件类型地层为燕山晚期花岗岩，土壤为森林红壤。群落已受到中度砍伐柴薪的破坏，郁闭度0.8，乔木层可分成2个亚层。第一亚层林木高15～20m，覆盖度70%，红锥为主，次为黧蒴锥和广东润楠，常见的有乌榄、木荷、破布叶、翅子树、倒卵叶山龙眼、广东山胡椒、假苹婆、小果山龙眼等，零星分布的有烟斗柯、鹿角锥和落叶阔叶树枫香树、钟花樱桃、木油桐等。第二亚层林木高8m，覆盖度80%，种类组成较为丰富，香皮树最多，次为鹅掌柴、水锦树、球花脚骨脆，常见的有破布叶、对叶榕（*Ficus hispida*）、膜叶脚骨脆（*Casearia membranacea*）等，零星出现的有凹脉柃、珊瑚树、鱼尾葵和落叶阔叶树山黄麻（*Trema tonentosa*）、山乌桕、黄牛木、钟花樱桃、贵州布荆（*Vitex kweichowensis*）等。

灌木层植物覆盖度60%，种类组成以阴生植物为主，也有一定数量的阳性种类。优势种为海南罗伞树和九节，次为水东哥，常见的有柏拉木、鸭公树、黧蒴锥、烟斗柯、华南毛柃、杜茎山、鼎湖钓樟等，偶尔见到的种类有粗叶榕、大青、巴豆、肉桂、小盘木、草珊瑚、盐肤木、粗叶悬钩子、方叶五月茶等。

草本层植物覆盖度50%，以金毛狗脊和乌毛蕨为优势，常见的有扇叶铁线蕨、淡竹叶，此外还有五节芒、狗脊蕨和芒萁等。

（12）红锥－红锥－海南罗伞树－芒萁群落（*Castanopsis hystrix* － *Castanopsis hystrix* － *Ardisia quinquegona* － *Dicranopteris pedata* Comm.）

该群落见于容县水口，该地位于南亚热带南缘，邻接北热带。群落所处海拔高度290m，立地条件类型为砂质森林红壤。群落靠近村屯，人为活动频繁，干扰大。

群落属于一种中年林，乔木层郁闭度0.6，只有2个亚层。第一亚层林木高8～12m，个别植株已达15m，胸径8～20cm，从表9-139可知，600m²样地有林木12种、54株，种类组成比较简单。以红锥占绝对优势，有37株，重要值指数180.4；其他11种多数是1或2个植株，重要值指数都很小，较多的为木荷，重要值指数为19.8。本亚层乌榄和橄榄是季节性雨林的代表种类。第二亚层林木高4～7m，胸径3～12cm，600m²样地有林木19种、68株，种数比上亚层稍多。红锥虽然仍占有明显的优势，但只有15株，重要值指数74.1，鹅掌柴和乔3有10和13株，重要值指数达到46.9和42.7，居次优势的地位。从整个乔木层分析，红锥在第一亚层和第二亚层占有绝对和明显的优势，无疑在整个乔木层中仍占有明显优势的地位，其他的种类是在护理红锥的过程中残留下来的，株数不多，重要值指数自然很小。但是这个群落，可能较长时间没有护理，对群落内的其他种类没有清除，它们很快发展起来，占有了较多的空间。例如，鹅掌柴和乔3，600m²的样地，个体数已有12和13株，重要值指数为28.3和21.6；木荷、橄榄、木竹子的个体也有5～7株之多，重要值指数为10～20。这种情况说明，再自然发展下去，有可能演变成红锥与其他树种共优的群落。

表9-139　红锥－红锥－海南罗伞树－芒萁群落乔木层种类组成及重要值指数

（样地号：33，样地面积：600m²，地点：容县水口，海拔：290m）

序号	树种	基面积(m²)	株数	频度(%)	重要值指数
		乔木Ⅰ亚层			
1	红锥	0.647	37	100	180.38
2	木荷	0.045	2	33.3	19.777
3	鹅掌柴	0.009	2	33.3	15.332
4	枫香树	0.011	3	16.7	12.125
5	罗浮锥	0.023	2	16.7	11.784
6	山枣子	0.013	2	16.7	10.566
7	橄榄	0.018	1	16.7	9.309
8	光蜡树	0.011	1	16.7	8.519
9	乌榄	0.01	1	16.7	8.295
10	木竹子	0.008	1	16.7	8.09
11	乔1	0.008	1	16.7	8.09
12	乔2	0.005	1	16.7	7.739
	合计	0.806	54	316.7	300.005
		乔木Ⅱ亚层			
1	红锥	0.12	15	83.3	74.159
2	鹅掌柴	0.049	10	100	46.941
3	乔3	0.048	13	50	42.727
4	橄榄	0.031	6	33.3	24.293
5	木荷	0.02	4	33.3	17.84
6	木竹子	0.01	4	50	17.479
7	光蜡树	0.004	2	33.3	9.873
8	罗浮锥	0.002	2	33.3	9.119
9	肉桂	0.006	2	16.7	7.512
10	乌榄	0.006	1	16.7	6.266
11	樟	0.005	1	16.7	5.843
12	乔4	0.003	1	16.7	5.145
13	乔1	0.002	1	16.7	4.871
14	格木	0.002	1	16.7	4.871
15	杨梅	0.001	1	16.7	4.647
16	乔2	0.001	1	16.7	4.647
17	枫香树	0.001	1	16.7	4.647
18	豆梨	0.001	1	16.7	4.647
19	笔罗子	0.001	1	16.7	4.473
	合计	0.315	68	600	300
		乔木层			
1	红锥	0.767	52	100	124.405
2	鹅掌柴	0.058	12	100	28.34
3	乔3	0.048	13	50	21.619

（续）

序号	树种	基面积(m^2)	株数	频度(%)	重要值指数
4	木荷	0.065	6	66.7	19.595
5	橄榄	0.049	7	50	16.77
6	木竹子	0.018	5	50	12.384
7	罗浮锥	0.025	4	33.3	9.923
8	枫香树	0.012	4	33.3	8.774
9	光蜡树	0.016	3	33.3	8.3
10	乌榄	0.016	2	33.3	7.499
11	乔 1	0.01	2	33.3	6.96
12	乔 2	0.006	2	33.3	6.644
13	山枣子	0.013	2	16.7	5.011
14	肉桂	0.006	2	16.7	4.366
15	樟	0.005	1	16.7	3.49
16	乔 4	0.003	1	16.7	3.294
17	格木	0.002	1	16.7	3.217
18	杨梅	0.001	1	16.7	3.154
19	豆梨	0.001	1	16.7	3.154
20	笔罗子	0.001	1	16.7	3.105
	合计	1.121	122	750	300.005

山枣子 *Ziziphus* sp.　　豆梨 *Pyrus calleryana*

灌木层植物种类不太丰富，数量也不多，这可能是护理红锥的过程中被清除的原因。根据表 9-140，600m^2样地有 27 种，覆盖度 15%。真正的灌木比较多的为海南罗伞树和粗叶榕；乔木的幼树矮香叶树(*Lindera* sp.)、红锥、鹅掌柴和光蜡树(*Fraxinus griffithii*)也不少。

草本层植物同样种类和数量都不多，600m^2样地只有 12 种，以芒萁、藨草(*Scirpus* sp.)和狗脊蕨较常见。

藤本植物种类和数量更为稀少，600m^2不到 10 种，种类为铁线莲(*Clematis* sp.)、酸藤子、藤黄檀和广东蛇葡萄等。

表 9-140　红锥－红锥－海南罗伞树－芒萁群落灌木层和草本层种类组成及分布情况

序号	种名	多度盖度级						频度(%)	更新(株)	
		Ⅰ	Ⅱ	Ⅲ	Ⅳ	Ⅴ	Ⅵ		幼苗	幼树
灌木层植物										
1	矮香叶树	1		3	3	1	1	83.3		10
2	粗叶榕		1	1	2	1		66.7	5	2
3	海南罗伞树			5	4		3	50.0		
4	红锥	3	3		3			50.0		8
5	鹅掌柴	3		1			3	50.0	11	5
6	木竹子		4	3		1		50.0		6
7	九节		1		2		2	50.0		
8	光蜡树		3			1	3	50.0		10
9	肉桂				3	3	1	50.0		4
10	笔罗子	1				1		33.3		2
11	柃木			4			1	33.3		
12	大叶新木姜子			1	1			33.3		3
13	灌 1		1		1			33.3		
14	广东润楠		1				1	33.3		2
15	石斑木		1				1	33.3		2
16	瓜馥木	1						16.7		
17	华南毛柃		1					16.7		
18	枫香树		1					16.7		1
19	橄榄			1				16.7		1

（续）

序号	种名	多度盖度级						频度（%）	更新（株）	
		Ⅰ	Ⅱ	Ⅲ	Ⅳ	Ⅴ	Ⅵ		幼苗	幼树
20	苦楝				3			16.7		5
21	铁冬青					1		16.7		2
22	黄牛木					1		16.7		2
23	草珊瑚					1		16.7		
24	野牡丹						1	16.7		
25	柏拉木						1	16.7		
26	毛果算盘子						1	16.7		
27	网脉山龙眼						1	16.7		1
草本层植物										
1	蔗草	sol	sol	sol			sol	66.7		
2	芒萁		sol		sol	sp		50.0		
3	狗脊蕨		sol	sol		sol		50.0		
4	山姜	sol	sol				un	50.0		
5	五节芒		sol		sol		sol	50.0		
6	铁线蕨	sol					sol	33.2		
7	淡竹叶	sol			sol			33.2		
8	乌毛蕨		sol		sol			33.2		
9	地菍		sol	sol				33.2		
10	桫椤	sol						16.7		
11	草珊瑚			sol				16.7		
12	草 1					sol		16.7		
藤本植物										
1	铁线莲					sol		16.7		
2	藤 1						sol	16.7		
3	藤 2						sol	16.7		
4	酸藤子						sol	16.7		
5	藤黄檀						sp	16.7		
6	广东蛇葡萄						sol	16.7		

铁线莲 *Clematis* sp.

（13）红锥－红锥－红锥＋鹅掌柴－海南罗伞树－金毛狗脊群落（*Castanopsis hystrix* – *Castanopsis hystrix* – *Castanopsis hystrix* + *Schefflera heptaphylla* – *Ardisia quinquegona* – *Cibotium barometz* Comm.）

该群落见于容县和联，海拔350m，立地条件类型地层为花岗岩，土壤为厚腐殖质层红壤，表土层厚达20cm，黑色疏松，枯枝落叶分解良好。

群落为一种中年林，受人为的影响较大，群落内有砍柴、挖树根等破坏现象。乔木层种类组成和个体数均较少，乔木层郁闭度只有0.5，但仍可分成3个亚层。

第一亚层林木一般高15m，个别18m，胸径16～25cm，个别64cm，从表9-141可知，600m^2样地只有2种、6株，但基面积是3个亚层中最大的。该亚层除有1株马尾松外，其余全为红锥所占，重要值指数高达253.8。第二亚层林木高8～14m，胸径10～26cm，种数和株数比上亚层稍多，600m^2样地有5种、16株。红锥有11株，重要值指数193.2，仍占有绝对的优势；新增加的种类重要的是橄榄，它是季节性雨林的代表种类，有2株，重要值指数43.3，排第二。第三亚层林木高3～7m，胸径4～14cm，600m^2样地有6种、19株，是3个亚层中种数和株数最多的1个亚层。红锥和鹅掌柴都有6株，但红锥基面积大，重要值指数97.8，排第一；鹅掌柴基面积小，重要值指数80.9，排第二。鹅掌柴是广西南部次生季节性雨林和次生林的优势种，十分常见。

灌木层植物种类和数量都较少，从表9-142可知，600m^2样地只有22种，覆盖度20%。真正的灌木比较常见的是海南罗伞树、九节和毛九节，乔木红锥的幼树也常见，其他的种类，无论是真正的灌木还是乔木的幼树都很稀少。

表 9-141 红锥－红锥－红锥＋鹅掌柴－海南罗伞树－金毛狗脊群落乔木层种类组成及重要值指数

（样地号：1145，样地面积：600m^2，地点：容县和联，海拔：350m）

序号	树种	基面积(m^2)	株数	频度(%)	重要值指数
		乔木Ⅰ亚层			
1	红锥	0.468	5	100	253.84
2	马尾松	0.049	1	25	46.17
	合计	0.517	6	125	300.01
		乔木Ⅱ亚层			
1	红锥	0.289	11	100	193.19
2	橄榄	0.031	2	50	43.3
3	马尾松	0.028	1	25	25.22
4	网脉山龙眼	0.008	1	25	19.54
5	鹅掌柴	0.005	1	25	18.75
	合计	0.361	16	225	300
		乔木Ⅲ亚层			
1	红锥	0.055	6	75	97.78
2	鹅掌柴	0.023	6	100	80.93
3	网脉山龙眼	0.031	2	50	50.27
4	杉木	0.011	3	50	40.12
5	橄榄	0.005	1	25	16.93
6	樟	0.001	1	25	13.95
	合计	0.126	19	325	299.98
		乔木层			
1	红锥	0.811	22	100	157.95
2	鹅掌柴	0.029	7	100	43.44
3	马尾松	0.077	2	50	24.36
4	网脉山龙眼	0.039	3	50	22.93
5	橄榄	0.036	3	50	22.66
6	杉木	0.011	3	50	20.21
7	樟	0.001	1	25	8.45
	合计	1.004	41	425	300

表 9-142 红锥－红锥－红锥＋鹅掌柴－海南罗伞树－金毛狗脊群落灌木层和草本层种类组成及分布情况

序号	种名	多度	序号	种名	多度
	灌木层植物		16	黑面神	sol
1	海南罗伞树	sp	17	密序野桐	sol
2	红锥	sp	18	紫玉盘	sol
3	九节	sp	19	五月茶	sol
4	毛九节	sp	20	灌3	un
5	鹅掌柴	sol	21	广东润楠	sol
6	牛耳枫	sol	22	木荷	sol
7	黄牛木	sol		草本层植物	
8	大青	sol	1	金毛狗脊	cop
9	粗叶榕	sol	2	乌毛蕨	sp
10	毛果算盘子	sol	3	五节芒	sol
11	蜜茱萸	sol	4	薰草	sol
12	毛冬青	sol	5	淡竹叶	sol
13	水锦树	sol	6	芒萁	sol
14	两面针	sol	7	铁线蕨	sol
15	刺叶桂樱	sol			

密序野桐 *Mallotus lotingensis*

草本层植物组成种类虽然不多，600m²样地只有7种，但数量还是比较丰富的，覆盖度达到50%。金毛狗脊单种占有明显的优势，其他的种类除乌毛蕨较常见外，数量都很稀少。

(14)红锥+柯-广东润楠+窄叶半枫荷-黄樟+鹅掌柴-海南罗伞树+九节-金毛狗脊+乌毛蕨群落(*Castanopsis hystrix* + *Lithocarpus glaber* - *Machilus kwangtungensis* + *Pterospermum lanceifolium* - *Cinnamomum parthenoxylon* + *Schefflera heptaphylla* - *Ardisia quinquegona* + *Psychotria rubra* - *Cibotium barometz* + *Blechnum orientale* Comm.)

此群落分布于苍梧县山心六湾田，此地位于中亚热带的南缘，与南亚热带北缘相邻接，属于过渡地带的性质，种类成分上同样表现出过渡的特点。

群落是一片残林，受到中度择伐林木的破坏，乔木层郁闭度0.8，可分成3个亚层。第一亚层林木高20m左右，胸径30~40cm，覆盖度70%，优势种为红锥，次优势为柯和黄樟，常见的为罗浮锥、锥、木荷、黄杞等，零星出现的有落叶阔叶树枫香树、南酸枣。第二亚层林木高8~15m，覆盖度70%，以广东润楠和窄叶半枫荷为主，常见的有香皮树、日本杜英、山杜英、红山梅、猴欢喜、黄杞、柯和落叶阔叶树山乌桕等。第三亚层林木高4~6m，覆盖度50%，以黄樟和鹅掌柴为优势，次为围涎树，常见的有窄叶半枫荷、红锥、亮叶猴耳环、鼎湖钓樟等，其他的种类还有橄榄、山榕和落叶阔叶树云南山楂(*Crataegus scabrifolia*)及两种竹子。

灌木层植物覆盖度50%，种类组成不少，优势种为南亚热带季风常绿阔叶林的代表种类海南罗伞树和九节，表现出过渡的性质，次为柏拉木，其他的种类有杜茎山、蜜茱萸、紫玉盘、假鹰爪、圆叶豹皮樟、红背山麻杆、白花灯笼、南方荚蒾、八角枫、细柄五月茶、凹脉柃、山榕等，种类成分有阴生的和阳性的种类，反映了群落受到破坏的特点。

草本层植物以高大的蕨类植物为主，金毛狗脊和乌毛蕨为优势，混生有一定数量的狗脊蕨，表现了过渡的特点。其他常见的种类有新月蕨、福建观音座莲、鳞毛蕨(*Dryopteris* sp.)、斜方复叶耳蕨、乌蕨、扇叶铁线蕨、芒萁、紫萁、淡竹叶、山姜、柔枝莠竹、五节芒等。

藤本植物种类和数量一般，常见的种类有藤黄檀、瓜馥木、阔叶瓜馥木(*Fissistigma chloroneurum*)、网脉崖豆藤、买麻藤，零星出现的有毛蒟、厚叶素馨、五味子(*Kadsura* sp.)、蛇泡簕等。

(15)红锥+罗浮锥-鹅掌柴-海南罗伞树+九节-金毛狗脊+乌毛蕨群落(*Castanopsis hystrix* + *Castanopsis fabri* - *Schefflera heptaphylla* - *Ardisia quinquegona* + *Psychotria rubra* - *Cibotium barometz* + *Blechnum orientale* Comm.)

此种类型在东兰红水河南岸海拔630m以下的低山丘陵比较普遍，但多数受到破坏，只是零星小片的残存；昭平桂江南岸与南亚热带北缘相邻近、海拔400m以下的低山丘陵也有分布，同样是受到破坏后零星小片的残林。在东兰，此种类型的立地条件类型地层为三叠系平而关砂页岩，土壤为山地黄壤；在昭平，地层为寒武系清溪亚群上段砂页岩，土壤为山地红壤。

由于遭到砍伐，大树保存较少，乔木层郁闭度0.7左右，只有2个亚层。第一亚层林木高15~20m，胸径30cm，覆盖度50%~70%，红锥最多，次为罗浮锥和木荷，常见的有黄杞、毛锥、黄樟，零星分布的种类有虎皮楠、黧蒴锥、臀果木和落叶阔叶树枫香树、南酸枣、重阳木等。第二亚层林木高6~12m，覆盖度50%~70%，以鹅掌柴为优势，次为华润楠、黄樟、亮叶猴耳环，常见的有越南山矾、山杜英、鸭公树，其他的种类有印度锥、木竹子、光叶石楠和落叶阔叶树野柿、白蜡树、赤杨叶等。4~6m的林木已不成层，只有零星个别植株分布。

尽管林木层遭到破坏，不少阳性种类入侵，但灌木层植物仍保持以阴生植物占优势，只不过种类较少罢了。灌木层植物高2.0m左右，覆盖度50%~80%，以海南罗伞树和九节占优势，这2种都是季风常绿阔叶林的代表种类，其他的种类有贵州桤叶树、谷木、华南毛柃、毛果算盘子、香港大沙叶、鼠刺、草珊瑚、莲座紫金牛、南烛、野牡丹、桃金娘、赤楠、大青、臭牡丹、山乌桕、粗叶榕、南方荚蒾、毛冬青、柏拉木、疏花卫矛等，其中大多数是林木层破坏后入侵的阳性种类，乔木幼树的种类尚少，有红锥、罗浮锥、黄杞、烟斗柯、痄腮树等。

草本层植物以高大的蕨类植物为主，阴生和阳性种类混生，同样表现出林木层遭到破坏所形成的景观。优势种为金毛狗脊和乌毛蕨，狗脊蕨也不少，其他的种类有芒萁、淡竹叶、蕨状薹草、扇叶铁线蕨、稀羽鳞毛蕨、弯管花(*Chasalia curviflora*)、华南紫萁、乌蕨、金发草、山姜、五节芒、黑足鳞毛蕨等。

藤本植物的种类和数量一般，常见有网脉酸藤子、当归藤、暗色菝葜、瓜馥木、藤黄檀、毛蒟、翼梗五味子、小叶买麻藤、假鹰爪、流苏子等。

(16)红锥＋红木荷－海南罗伞树＋九节－金毛狗脊＋狗脊蕨群落(*Castanopsis hystrix* + *Schima wallichii* – *Ardisia quinquegona* + *Psychotria rubra* – *Cibotium barometz* + *Woodwardia japonica* Comm.)

本群落见于广西西部德保至田东之间的四营附近，属于北热带季节性雨林垂直带谱上的类型，海拔690m。立地条件类型地层为三叠系平而关群砂页岩，土壤为山地红壤。

该群落经常受到砍伐，林木大多是萌生的小树，一般高5～6m，少数高10m左右。该群落种类组成比较混杂，有西部常见的种类；有阳性的种类和阴生的种类；并显示出过渡类型的特点。以红锥占优势，次为罗浮锥和广西西部常见的红木荷，常见的有黧蒴锥、黄杞、鹅掌柴、柔弱润楠(*Machilus gracillima*)、亮叶猴耳环、烟斗柯和落叶阔叶树枫香树，零星出现的有乌墨、山杜英、疏花卫矛、杨梅、球花脚骨脆、锈毛梭子果、腰果柯(*Lithocarpus* sp.)、艾胶算盘子和落叶阔叶树粗皮桦、亮叶桦、假木荷等。

灌木层植物生长尚茂盛，覆盖度60%，以海南罗伞树和九节占优势，常见的有毛果算盘子、华南毛柃、野梧桐、黑面神、毛八角枫、厚果崖豆藤、米珍果(*Maesa acuminatissima*)等，偶而见到的有粗叶榕、野牡丹、毛冬青、草珊瑚、毛桐、酸藤子等。

草本层植物覆盖度40%，以蕨类植物金毛狗脊和狗脊蕨为优势，常见的有乌毛蕨、扇叶铁线蕨、复叶耳蕨(*Arachniodes* sp.)等，偶尔见到的有团叶鳞始蕨、蕨、五节芒、白茅、鳞毛蕨、淡竹叶、半边旗等。

(17)红锥－木荷＋罗浮锥－樟＋黄果厚壳桂－杜茎山＋谷木叶冬青－刚莠竹＋对叶楼梯草群落(*Castanopsis hystrix* – *Schima superba* + *Castanopsis fabri* – *Cinnamomum camphora* + *Cryptocarya concinna* – *Maesa japonica* + *Ilex memecylifolia* – *Microstegium ciliatum* + *Elatostema sinense* Comm.)

本群落见于昭平七冲林区海拔200～500m的沟谷地带，个别地段海拔高度可上升到850m。七冲林区位于中亚热带的南缘，红锥林可以在环境条件比较优越的沟谷地带出现，是一种非地带性植被类型，种类成分体现出过渡的特点。群落已受到人为活动的干扰和破坏，林相比较破碎，但残存高大的红锥仍在群落中占有优势的地位，郁闭度仍较大，为0.6～0.7左右，乔木层仍可分为3个亚层。

第一亚层林木高20m以上，最高达26m，胸径30～60cm，覆盖度40%～50%。红锥占主导地位，其他还有罗浮锥、木莲、拟榕叶冬青等。由于人为的破坏，乔木上层组成种类比较少。第二亚层林木高10～18m，胸径20cm左右，覆盖度50%。该亚层以木荷和罗浮锥占优势，其他种类还有猴欢喜、木莲等。第三亚层林木高4～8m，胸径10cm左右，覆盖度40%。种类组成较多，樟、黄果厚壳桂、短梗新木姜子最多，常见的有尖叶毛柃、岭南柯、广东山胡椒、刨花润楠、尖萼川杨桐等，零星分布的种类有青皮木、越南山矾、虎皮楠等。

灌木层植物分布不均匀，覆盖度30%～75%，高2～3m。种类组成丰富，大多是乔木的幼树，如罗浮锥、琼楠(*Beilschmiedia* sp.)、黄肉楠(*Actinodaphne* sp.)、毛叶木姜子、大叶新木姜子、木荷、木莲、黄樟、木竹子、双齿山茉莉、黄杞、越南山矾、亮叶猴耳环、黄果厚壳桂、厚皮香、网脉山龙眼等。真正的灌木种类也不少，以杜茎山、谷木叶冬青、九节较多，粗叶木、牛耳枫、酒饼簕等也不少，其他还有栀子、赤楠、百两金、海南罗伞树等。

草本层植物分布不均匀，覆盖度10%～60%，以刚莠竹、对叶楼梯草、书带蕨为多，金毛狗脊、淡竹叶也有较多的分布，火炭母、福建观音座莲、紫萁等比较常见。

藤本植物种类和数量均不多，遇见的有菝葜、肖菝葜、鸡矢藤、藤黄檀、买麻藤、乌敛莓等种类。

(18)红锥－红锥－红锥－海南罗伞树－狗脊蕨群落(*Castanopsis hystrix* – *Castanopsis hystrix* – *Castanopsis hystrix* – *Ardisia quinquegona* – *Woodwardia japonica* Comm.)

该群落分布于大桂山林场北娄和清水分场，见于山坡下部或丘陵地带，零星小片。大桂山位于中亚热带的南缘，本群落是一种非地带性类植被类型，过渡性质明显。

乔木层总覆盖度85%，可分为3个亚层，800m^{2}样地有乔木21种、271株，红锥在3个亚层均占优势。上层林木高15～20m，最高26m，胸径18～30cm，最粗70cm，有林木28株，红锥占17株，其他的种类还有黄杞、鹅掌柴、烟斗柯、香皮树、网脉山龙眼等。中层林木36株，其中红锥有11株，其他的种类还有鹅掌柴、木荷、枫香树、沉水樟(*Cinnamomum micranthum*)、黄杞等。下层林木个体数显著增多，为207株，红锥有36株，虽然数量上比不上海南罗伞树83株多，但它的基面积比海南罗伞树大，所以还是居优势的地位，海南罗伞树居次优势的地位。其他较重要的种类还有鹅掌柴、罗浮柿、木荷和黄杞等。

灌木植物覆盖度50%，800m^{2}样地有33种，其中乔木的幼树有17种，真正灌木和藤本16种。红锥和黧蒴锥的幼树幼苗较多，分别有69株和58株，其他较重要的乔木幼树种类还有罗浮柿、沉水樟、鹅掌柴等，但它们的覆盖度明显不如真正的灌木覆盖度大。真正的灌木以海南罗伞树和竹(*Indosasa* sp.)为共优势，其他较重要的种类有九节、广东酒饼簕(*Atalantia kwangtungensis*)、蜜茱萸等。

草本层植物种类和数量均不多，约有10种，覆盖度5%~10%，以狗脊蕨为多，其他还有扇叶铁线蕨、金毛狗脊、淡竹叶等。

藤本植物极少见。

(19)红锥-罗浮锥-桂北木姜子-鼠刺-中华里白群落(*Castanopsis hystrix - Castanopsis fabri - Litsea subcoriacea - Itea chinensis - Diplopterytium chinensis* Comm.)

本群落见于融水县九万山林区平英、鱼西和张家湾一带，是一种非地带性类型，面积不大，零星小片，多分布于沟谷两旁。代表样地海拔680m，所在地属于中山地带，沟谷狭窄，坡度陡，多在40°以上。立地条件类型为发育于砂岩、页岩上的山地红黄壤，土层厚薄不一，一般在60~100cm之间，枯枝落叶层厚3~5cm，表土棕黑色，较疏松。

群落总覆盖度95%，组成种类丰富，600m^{2}样地有维管束植物58种，其中乔木层有39种；结构复杂，乔木层可分为3个亚层。

第一亚层林木高15~20m，胸径18~37cm，最高达28m，胸径67cm，树干通直，分枝较低，冠幅较大，树冠基本连接，覆盖度70%。本亚层有乔木7种、14株，红锥占优势，有7株，占该亚层总株数的50%，基面积较大，占该亚层总基面积的55.6%，重要值指数最高，占该层重要值指数的49.1%；其次是米槠，占本层总重要值指数的20.1%；其余的罗浮锥、香皮树、猴欢喜、华南木姜子、杨梅等均以单株出现，它们的重要值指数都很小，属于伴生种。

第二亚层林木高9~14m，胸径10~16cm，组成种类和株数虽然比上亚层增加，但植株细小，树冠互不连接，覆盖度40%。本亚层有乔木12种、26株，以罗浮锥为主，重要值指数为47.4；其次为米槠，重要值指数42.7；其他常见的种类有桂北木姜子、鹅掌柴、凯里杜鹃、贵州锥、山杜英、野漆、四川冬青和樟叶泡花树等。

第三亚层林木高4~8m，胸径4~8cm，树冠互不连接，覆盖度50%。本亚层组成种类和株数最多，计有29种、69株，以桂北木姜子和草鞋木为主，重要值指数分别为30.5和29.4；其次为鹅掌柴和凯里杜鹃，重要值指数分别为22.5和21.9；其他较常见的种类有小花红花荷、竹叶青冈、鼠刺、短梗新木姜子、网脉山龙眼、罗浮柿、厚叶冬青、尖萼川杨桐、黄杞、蜡瓣花、毛桐、厚皮香等；此外，还有绒毛润楠、黄樟、青榨槭等零星分布其中。

灌木层植物高0.5~3m，覆盖度40%。种类组成以乔木的幼树居多，尤以米槠的幼树分布最多，林窗处或林缘处常有10~16株/m^2。真正的灌木种类很少，常见有鼠刺、贵州杜鹃、柏拉木、杜茎山和荚蒾等。

草本层植物高0.2~1m，覆盖度50%。中华里白占绝对优势，覆盖度为40%，其他较常见的种类有狗脊蕨、深绿卷柏、乌毛蕨、金毛狗脊、复叶耳蕨、山姜、淡竹叶等。

藤本植物种类和数量都很稀少，只见有网脉崖豆藤、瑶山野木瓜、菝葜、藤黄檀和玉叶金花等种类攀援在灌木层中。

2. 吊皮锥林(Form. *Castanopsis kawakamii*)

吊皮锥为国家三级保护树种，在广西，以它为主的类型见于南亚热带的容县、武鸣大明山、金秀大瑶山和北热带大新，海拔100~820m的台地、丘陵和低山。在南亚热带，吊皮锥林是一种地带性植被；在北热带，它是季节性雨林垂直带谱上的类型。在中亚热带南缘与南亚热带北缘相邻接的地区，环境条件比较优越的生境，有时也有吊皮锥林的分布。吊皮锥林虽然也是广西南亚热带季风常绿阔叶林很有代表性的类型，但分布不如红锥林广泛。主要分布区为南亚热带季风气候，年平均气温21.3℃，最低月(1月)平均气温12.2℃，最高月(7月)平均气温28.2℃，≥10℃的积温7123.3℃；年平均降水量1660.2mm。立地土壤为发育在砂、页岩和花岗岩上的赤红壤或红壤，与红锥林一样，石灰岩山地未见有吊皮锥林的分布。

在广西，吊皮锥林主要有如下几种类型。

(1)吊皮锥－中华杜英－鹅掌柴－金花树＋海南罗伞树－山姜＋金毛狗脊群落(*Castanopsis kawakamii* – *Elaeocarpus chinensis* – *Schefflera heptaphylla* – *Blastus dunnianus* + *Ardisia quinquegona* – *Alpinia japonica* + *Cibotium barometz* Comm.)

本群落见于大瑶山罗香罗过冲，海拔510m，立地条件类型地层为寒武系红色砂岩，土壤为山地森林红黄壤。群落未受过砍伐破坏，但1976～1977年曾遭受大雪压顶，部分树冠损坏，林窗较多。

乔木层郁闭度0.8，可分为3个亚层。第一亚层林木高15～25m，基径14～60cm，覆盖度70%。本亚层林木树干通直圆满，树皮较光滑，枝下高较高，多在10m以上，枝条向上生长，枝叶集中于树干的2/3以上。从表9-143可知，600m²样地该层有林木12种、25株，是3个亚层中种数和株数最少的一个亚层，但植株粗大，基面积却占整个乔木层总基面积的75.8%。优势种为吊皮锥，有5株，重要值指数65.6，排列第一；吊皮锥所有的个体，树高都在21～25m，为群落中最高的乔木。本亚层比较重要的种类有刨花润楠、广东山胡椒和小果山龙眼，重要值指数分别为45.6和41.5；常见的种类有红山梅、单室茱萸和笔罗子等。第二亚层林木高8～14m，基径10～23cm，覆盖度35%。根据表9-143，本亚层有林木16种、35株，无论是种类还是株数和基面积，均居3个亚层中第二位。优势不太明显，比较占优势的是中华杜英，有4株，重要值指数41.5；次为鹧鸪花、笔罗子和鹅掌柴，重要值指数分别为39.0、38.9和31.5。本亚层种类组成比较特殊之处是含有针叶树鸡毛松和季节性雨林常见种类橄榄；鸡毛松是大瑶山区很常见的针叶树，在季风常绿阔叶林和当地出现的非地带性季节性雨林中为常见种，它似乎不是次生的针叶树种，而可能是固有的针叶成分。第三亚层林木高4～7m，基径4～8cm，覆盖度25%。本亚层有林木22种、51株，是3个亚层中种数和株数最多的1个亚层，但因植株细小，基面积只占乔木层总基面积的7.3%。本亚层优势种尚明显，从表9-143可知鹅掌柴有11株，重要值指数59.0，排列第一；次优势为鹧鸪花和笔罗子，都有6株，重要值指数分别为34.0和32.2，排列第二和第三位；常见的种类有黄果厚壳桂、橄榄和绢毛杜英等。

表9-143　吊皮锥－中华杜英－鹅掌柴－金花树＋海南罗伞树－山姜＋金毛狗脊群落乔木层种类组成及重要值指数

（样地号：瑶山91号，样地面积：30m×20m，地点：金秀罗香罗过冲，海拔：510m）

序号	树种	基面积(m²)	株数	频度(%)	重要值指数
		乔木Ⅰ亚层			
1	吊皮锥	0.522	5	66.7	65.564
2	刨花润楠	0.207	4	66.7	45.569
3	广东山胡椒	0.3	3	50	41.519
4	小果山龙眼	0.565	2	16.7	41.467
5	红山梅	0.083	2	33.3	21.75
6	单室茱萸	0.051	2	16.7	15.353
7	笔罗子	0.033	2	16.7	14.44
8	绢毛杜英	0.08	1	16.7	12.844
9	枫香树	0.053	1	16.7	11.457
10	鸭公树	0.028	1	16.7	10.201
11	华润楠	0.025	1	16.7	10.054
12	鹧鸪花	0.02	1	16.7	9.783
	合计	1.97	25	350	300.001
		乔木Ⅱ亚层			
1	中华杜英	0.089	4	50	41.53
2	鹧鸪花	0.052	5	66.7	39.049
3	笔罗子	0.051	5	66.7	38.917
4	鹅掌柴	0.032	4	66.7	31.539
5	华润楠	0.027	3	33.3	21.154
6	鼠刺	0.019	2	33.3	16.504
7	鸡毛松	0.018	2	33.3	16.343
8	单室茱萸	0.042	1	16.7	15.567

（续）

序号	树种	基面积(m^2)	株数	频度(%)	重要值指数
9	斜脉暗罗	0.015	2	33.3	15.482
10	小果山龙眼	0.026	1	16.7	12.087
11	刨花润楠	0.02	1	16.7	10.672
12	橄榄	0.015	1	16.7	9.597
13	毛锥	0.013	1	16.7	9.113
14	广东山胡椒	0.01	1	16.7	8.252
15	吊皮锥	0.005	1	16.7	7.23
16	杜英1种	0.004	1	16.7	6.961
	合计	0.438	35	516.7	299.996
乔木Ⅲ亚层					
1	鹅掌柴	0.048	11	83.3	59.028
2	鹧鸪花	0.02	6	83.3	34.036
3	笔罗子	0.016	6	83.3	32.15
4	黄果厚壳桂	0.021	2	33.3	19.963
5	橄榄	0.011	3	50	18.665
6	绢毛杜英	0.009	3	33.3	15.372
7	斜脉暗罗	0.007	2	33.3	12.374
8	中华杜英	0.006	2	33.3	11.669
9	山胡椒1种	0.005	2	33.3	11.213
10	腺叶山矾	0.003	2	33.3	10.384
11	枇杷叶山龙眼	0.01	1	16.7	9.359
12	黄杞	0.006	1	16.7	7.701
13	鸡毛松	0.005	1	16.7	7.13
14	吊皮锥	0.004	1	16.7	6.374
15	广东山胡椒	0.004	1	16.7	6.374
16	石楠	0.003	1	16.7	5.835
17	黄椿木姜子	0.003	1	16.7	5.835
18	臀果木	0.002	1	16.7	5.378
19	罗浮柿	0.002	1	16.7	5.378
20	单室茱萸	0.002	1	16.7	5.378
21	白花含笑	0.002	1	16.7	5.378
22	华润楠	0.001	1	16.7	5.005
	合计	0.189	51	700	299.978
乔木层					
1	吊皮锥	0.531	7	83.3	33.703
2	小果山龙眼	0.592	3	33.3	28.264
3	鹅掌柴	0.08	15	83.3	23.537
4	鹧鸪花	0.092	12	100	22.674
5	笔罗子	0.101	13	83.3	22.526
6	广东山胡椒	0.313	5	66.7	22.128
7	刨花润楠	0.227	5	66.7	18.814
8	中华杜英	0.095	6	66.7	14.623
9	华润楠	0.054	5	50	10.733
10	橄榄	0.026	4	66.7	10.163
11	单室茱萸	0.095	4	33.3	10.022
12	绢毛杜英	0.089	4	33.3	9.822
13	斜脉暗罗	0.022	4	50	8.599
14	红山梅	0.083	2	33.3	7.785
15	鸡毛松	0.024	3	33.3	6.388
16	黄果厚壳桂	0.021	2	33.3	5.402
17	鼠刺	0.019	2	33.3	5.311
18	山胡椒1种	0.005	2	33.3	4.764
19	腺叶山矾	0.003	2	33.3	4.704

（续）

序号	树种	基面积（m^2）	株数	频度（%）	重要值指数
20	枫香树	0.053	1	16.7	4.334
21	鸭公树	0.028	1	16.7	3.381
22	毛锥	0.013	1	16.7	2.801
23	枇杷叶山龙眼	0.01	1	16.7	2.656
24	黄杞	0.006	1	16.7	2.535
25	杜英 1 种	0.004	1	16.7	2.438
26	石楠	0.003	1	16.7	2.399
27	黄椿木姜子	0.003	1	16.7	2.399
28	臀果木	0.002	1	16.7	2.365
29	罗浮柿	0.002	1	16.7	2.365
30	白花含笑	0.002	1	16.7	2.365
	合计	2.597	111	1200	299.999

从整个乔木层分析，优势很不突出，重要值指数分配比较分散。排在前六位的吊皮锥、小果山龙眼、鹅掌柴、鹧鸪花、笔罗子和广东山胡椒，重要值指数只在 34 ~ 20 之间。因为吊皮锥、小果山龙眼和广东山胡椒，只在上层有高大的个体，而在中层和下层仅有 1 个个体；鹅掌柴、鹧鸪花、笔罗子个体数比较多，但多数是中层和下层的小树。此外，中华杜英虽然在中层重要值指数最大，但它在上层没有个体，个体数没有鹅掌柴、鹧鸪花、笔罗子多，所以在整个乔木层中仅排在第八位。其他多数的种类都是一些偶见种，重要值指数小而分散。

由于有林窗的出现，灌木层植物很发达，覆盖度在 60% ~ 80% 之间，种类组成也丰富，根据表 9-144，600m^2有 49 种。种类成分以乔木的幼树占多数，但优势种为真正的灌木海南罗伞树和金花树，常见的种类有中华杜英、笔罗子、腺叶山矾、草珊瑚、吊皮锥和鹅掌柴等。

表 9-144　吊皮锥－中华杜英－鹅掌柴－金花树＋海南罗伞树－山姜＋金毛狗脊群落灌木层和草本层种类组成及分布情况

序号	种名	多度盖度级						频度（%）	更新（株）	
		Ⅰ	Ⅱ	Ⅲ	Ⅳ	Ⅴ	Ⅵ		幼苗	幼树
	灌木层植物									
1	海南罗伞树	7	5	5	4	5	4	100.0		
2	金花树	6	5	5	5	5	4	100.0		
3	褐毛杜英	2	2	4	4	4	2	100.0	5	10
4	笔罗子	2	3	4	4	4	4	100.0	16	17
5	腺叶山矾	2	3	4	2	4	2	100.0	4	7
6	草珊瑚	4	4		4	4	2	83.3		
7	吊皮锥	5		5	3	5	4	83.3	10	34
8	鹅掌柴	5		4	2	4	4	83.3	4	7
9	单室茱萸	4	4		4	2	3	83.3	13	12
10	红鳞蒲桃	4	2	2		2	3	83.3		
11	亮叶猴耳环	2	2	1	3	2		83.3		6
12	锯叶竹节树	4	2	4		4	2	83.3	5	13
13	鹧鸪花	5	4	4			3	66.7	11	24
14	中华杜英		3	4		3	4	66.7		8
15	臀果木	2			4	4		50.0	1	14
16	黄毛五月茶	2		4			2	50.0		
17	褐叶柄果木		3		3		2	50.0		5
18	杜茎山		2		2		2	50.0		
19	轮叶木姜子				2	2	4	50.0		4
20	橄榄	2		1		2		50.0		2
21	绢毛杜英			4	4			33.3		7
22	钩锥			4		4		33.3	2	9
23	鸡毛松		2				2	33.3		2

（续）

序号	种名	多度盖度级						频度(%)	更新(株)	
		Ⅰ	Ⅱ	Ⅲ	Ⅳ	Ⅴ	Ⅵ		幼苗	幼树
24	小果山龙眼		2			2		33.3	1	1
25	日本五月茶	4					2	33.3		
26	牡荆				2		2	33.3		
27	山胡椒1种	1		4				33.3	2	5
28	大叶水榕			1			3	33.3		
29	白藤				4			16.7		
30	黄果厚壳桂						3	16.7	1	2
31	广东山胡椒				2			16.7	3	1
32	鸭公树					2		16.7		
33	虎皮楠	2						16.7		
34	肉桂		2					16.7		
35	锈叶新木姜子		2					16.7		
36	老鼠矢			2				16.7		
37	禾串树			2				16.7		
38	毛果算盘子				2			16.7		
39	蜜茱萸					2		16.7		
40	毛叶脚骨脆					2		16.7		
41	狗骨柴						2	16.7		
42	朱砂根						2	16.7		
43	木竹子						2	16.7		
44	长毛山矾						2	16.7		
45	毛锥			1				16.7		
46	茶					1		16.7		
47	乌口果					1		16.7		
48	滇粤山胡椒			1				16.7		
49	海南罗伞树	3						16.7		
草本层植物										
1	山姜	4	3	4	3	3	3	100.0		
2	金毛狗脊	3	2	3	3	3	2	100.0		
3	莎草科1种	3	2	1	1	1	1	100.0		
4	乌毛蕨		1	2	2	1	1	83.3		
5	山菅	3		1	1	1		66.7		
6	露兜树	3				2	4	50.0		
7	扇叶铁线蕨		2					16.7		
8	隐穗薹草						1	16.7		
9	三叶莎草						1	16.7		
藤本植物										
1	菝葜	cop	sol	cop	cop	cop	sol	100.0		
2	当归藤	sol	cop	cop	cop	sp	sol	100.0		
3	密齿酸藤子				cop	cop		33.3		
4	厚叶素馨		sol		cop			33.3		
5	山蒌	sol				sp		33.3		
6	杜仲藤			sol			sol	33.3		
7	藤黄檀				sol		sol	33.3		
8	假鹰爪		sol					16.7		
9	尾叶那藤		sol					16.7		
10	掌叶悬钩子		sol					16.7		
11	山莓			sol				16.7		
12	鸡眼藤					sol		16.7		

山胡椒1种 *Lindera* sp.　　三叶莎草 *Cyperus* sp.　　杜仲藤 *Urceola micrantha*　　掌叶悬钩子 *Rubus* sp.

在茂密的灌木层下，草本层植物种类和数量都较少，覆盖度11%左右，600m²样地有9种。较常见的为山姜和金毛狗脊，其他种类有乌毛蕨、山菅等。

藤本植物攀援高度不高，一般在2m左右，藤茎也细小，多数小于1cm，600m²样地有12种，数量较多的有菝葜和当归藤，局部优势的有密齿酸藤子和厚叶素馨。

林木更新尚好，从表9-144可知，600m²样地，上层林木优势种吊皮锥有幼苗10株，幼树34株，中下层林木优势种笔罗子和鹧鸪花，分别有幼苗16和11株，幼树17和24株，群落发展下去，吊皮锥、笔罗子和鹧鸪花可以保持各自的优势。

从各层的种类组成可以看出，本群落是一个很典型的季风常绿阔叶林类型。乔木层除优势种吊皮锥外，鹧鸪花、笔罗子、小果山龙眼、鹅掌柴、黄果厚壳桂、广东山胡椒、华润楠、刨花润楠、单室茱萸、鸡毛松、绢毛杜英、白花含笑和斜脉暗罗等，都是广西南亚热带季风常绿阔叶林重要的组成种类，此外，乔木层中的橄榄、红山梅、枇杷叶山龙眼等是广西南亚热带季风常绿阔叶林常见的、伴生的北热带季节性雨林种类。灌木层植物的海南罗伞树和白藤以及草本层植物的金毛狗脊和露兜树，都是广西南亚热带季风常绿阔叶林灌木层植物和草本层植物的代表种类。

(2)吊皮锥－广东山胡椒－鹧鸪花－白藤－山姜＋狗脊蕨群落(*Castanopsis kawakamii* – *Lindera kwangtungensis* – *Heynea trijuga* – *Calamus tetradactylus* – *Alpinia japonica* + *Woodwardia japonica* Comm.)

本群落见于大瑶山罗香公平山，海拔510m，立地条件类型地层为寒武系红色砂岩，土壤为山地红黄壤。土层较深厚，地表布满枯枝落叶，但分解不良，故土壤腐殖质层较薄。群落虽然保存尚完好，但林缘周围已受到严重砍伐，人为活动频繁。

乔木层郁闭度0.85，可分为3个亚层。第一亚层林木高15～22m，基径17～50cm，最粗的是白花含笑，为79cm，它是群落中最粗的林木，覆盖度70%。从表266可知，该亚层600m²样地有13种、19株，是3个亚层中种类和株数最少的一个亚层，但林木粗大，基面积最大，占整个乔木层总基面积的69.1%。优势种为吊皮锥，有3株，重要值指数56.8，排第一；白花含笑虽然只有1个个体，但它基面积最大，故重要值指数可达38.2，排列第二；常见的种类有广东山胡椒、短序润楠、鹧鸪花和红山梅等。第二亚层林木高8～14m，基径9～17cm，覆盖度45%。该亚层有林木21种、43株，是3个亚层中种数和株数最多的1个亚层，优势种不太突出，广东山胡椒稍占优势，有5株，重要值指数41.2，排列第一；笔罗子和鹅掌柴，分别有5和6株，重要值指数分别为36.6和36.1，排列第二和三位；常见的种类有中华杜英和鹧鸪花，其他的种类都是零星出现，个体数只有1～2株。第三亚层林木高5～7m，基径5～12cm，覆盖度30%。该亚层有林木17种、39株，虽然株数排第二，占乔木层总株数的38.6%，但林木细小，基面积最小，只占乔木层总基面积的7.3%。以鹧鸪花稍突出，有7株，重要值指数49.6；其他的种类重要值指数分配比较分散，排在二～五位的鹅掌柴、中华杜英、橄榄和笔罗子，株数有4～3株，重要值指数29～21；斜脉暗罗等12种，多数种类个体数只有1株，重要值指数20～7。

表9-145　吊皮锥－广东山胡椒－鹧鸪花－白藤－山姜＋狗脊蕨群落乔木层种类组成及重要值指数

(样地号：Q_{90}，样地面积：20m×30m，地点：金秀罗香公平山，海拔：510m)

序号	树种	基面积(m²)	株数	频度(%)	重要值指数
		乔木Ⅰ亚层			
1	吊皮锥	0.448	3	50	56.832
2	白花含笑	0.49	1	167	38.152
3	广东山胡椒	0.177	2	33.3	31.043
4	短序润楠	0.123	2	33.3	27.98
5	鹧鸪花	0.093	2	33.3	26.316
6	红山梅	0.063	2	33.3	24.603
7	木荷	0.113	1	16.7	16.918
8	阴香	0.066	1	16.7	14.249
9	臀果木	0.066	1	16.7	14.249
10	蓝果树	0.045	1	16.7	13.076

（续）

序号	树种	基面积(m²)	株数	频度(%)	重要值指数
11	中华杜英	0.035	1	16.7	12.478
12	绢毛杜英	0.031	1	16.7	12.297
13	橄榄	0.023	1	16.7	11.806
	合计	1.774	19	316.7	299.999
		乔木Ⅱ亚层			
1	广东山胡椒	0.13	5	50	41.171
2	笔罗子	0.07	5	83.3	36.648
3	鹅掌柴	0.069	6	66.7	36.115
4	中华杜英	0.054	4	50	26.24
5	鹧鸪花	0.038	3	50	21.42
6	薄叶青冈	0.04	2	33.3	16.702
7	阴香	0.036	2	33.3	16.055
8	锯叶竹节树	0.011	2	33.3	11.931
9	绢毛杜英	0.023	2	16.7	11.103
10	鼠刺	0.025	1	16.7	9.217
11	黄杞	0.018	1	16.7	7.937
12	野漆	0.015	1	16.7	7.562
13	斜脉暗罗	0.013	1	16.7	7.213
14	木竹子	0.013	1	16.7	7.213
15	鸭公树	0.011	1	16.7	6.89
16	黄椿木姜子	0.01	1	16.7	6.593
17	吊皮锥	0.008	1	16.7	6.321
18	金花树	0.006	1	16.7	6.075
19	白楠	0.006	1	16.7	6.075
20	黄丹木姜子	0.005	1	16.7	5.856
21	橄榄	0.004	1	16.7	5.662
	合计	0.608	43	616.7	300.001
		乔木Ⅲ亚层			
1	鹧鸪花	0.033	7	66.7	49.646
2	鹅掌柴	0.013	4	50	28.103
3	中华杜英	0.015	4	33.3	25.339
4	橄榄	0.008	3	50	22.812
5	笔罗子	0.012	3	33.3	21.338
6	斜脉暗罗	0.014	2	33.3	19.823
7	绢毛杜英	0.008	3	33.3	19.24
8	广东山胡椒	0.02	1	16.7	16.876
9	红鳞蒲桃	0.013	2	16.7	15.832
10	大果木姜子	0.007	3	16.7	15.04
11	草鞋木	0.013	1	16.7	13.226
12	单室茱萸	0.008	1	16.7	10.331
13	臀果木	0.006	1	16.7	9.534
14	红山梅	0.005	1	16.7	8.821
15	金花树	0.004	1	16.7	8.191
16	白花含笑	0.004	1	16.7	8.191
17	海南罗伞树	0.003	1	16.7	7.646
	合计	0.187	39	466.7	299.989
		乔木层			
1	广东山胡椒	0.328	8	83.3	27.617
2	吊皮锥	0.456	4	50	25.874
3	鹧鸪花	0.164	12	83.3	25.227
4	白花含笑	0.494	2	33.3	23.988
5	鹅掌柴	0.082	10	100	21.438
6	中华杜英	0.103	9	83.3	19.87

（续）

序号	树种	基面积(m^2)	株数	频度(%)	重要值指数
7	笔罗子	0.082	8	100	19.449
8	绢毛杜英	0.062	6	50	12.538
9	橄榄	0.035	5	66.7	11.86
10	阴香	0.102	3	50	11.127
11	红山梅	0.068	3	50	9.785
12	短序润楠	0.123	2	33.3	9.543
13	臀果木	0.072	2	33.3	7.577
14	斜脉暗罗	0.027	3	33.3	6.815
15	木荷	0.113	1	16.7	6.794
16	薄叶青冈	0.04	2	33.3	6.329
17	锯叶竹节树	0.011	2	33.3	5.201
18	金花树	0.01	2	33.3	5.155
19	大果木姜子	0.007	3	16.7	4.634
20	蓝果树	0.045	1	16.7	4.14
21	红鳞蒲桃	0.013	2	16.7	3.889
22	鼠刺	0.025	1	16.7	3.37
23	黄杞	0.018	1	16.7	3.067
24	野漆	0.015	1	16.7	2.978
25	草鞋木	0.013	1	16.7	2.896
26	木竹子	0.013	1	16.7	2.896
27	鸭公树	0.011	1	16.7	2.819
28	黄椿木姜子	0.01	1	16.7	2.749
29	单室茱萸	0.008	1	16.7	2.685
30	白楠	0.006	1	16.7	2.627
31	黄丹木姜子	0.005	1	16.7	2.575
32	海南罗伞树	0.003	1	16.7	2.489
	合计	2.569	101	1200	299.999

从整个乔木层分析，重要值指数分配很分散，优势很不突出，没有哪1种重要值指数达到28。吊皮锥虽然在第一亚层占优势，但也不很突出，而且在第二亚层只有1株植株，在第三亚层没有植株，在整个乔木层个体数只有4株，重要值指数仅25.9，排列第二；广东山胡椒为第二亚层优势种，在第一亚层重要值指数排第三，在第三亚层也有植株，在整个乔木层共有8株，重要值指数达到27.6，超过吊皮锥，排列第一，但因为吊皮锥在第一亚层占优势，在整个乔木层中重要值指数比广东山胡椒稍小，所以还是把本群落定为吊皮锥群落；鹧鸪花和鹅掌柴虽然株数最多，为12株和10株，但植株细小，重要值指数也不大，只有25.2和21.4，分排第三和第五位；白花含笑刚相反，只有2个植株，但其中1株是群落中最粗的林木，基面积最大，重要值指数达到24.0，排列第四位；其他的种类或因植株细小，或因植株个体数不多，故重要值指数更为不大。

灌木层植物比较发达，覆盖度60%左右，从表9-146可知，600m^2样地有37种。优势种为金花树和白藤，海南罗伞树和乔木幼树红鳞蒲桃也不少。

表9-146　吊皮锥－广东山胡椒－鹧鸪花－白藤－山姜＋狗脊蕨群落灌木层和草本层种类组成及分布情况

序号	种名	多度盖度级						频度(%)	更新(株)	
		Ⅰ	Ⅱ	Ⅲ	Ⅳ	Ⅴ	Ⅵ		幼苗	幼树
	灌木层植物									
1	金花树	2	6	10	6	6	7	100.0		
2	白藤	6	7	5	4	5	4	100.0		
3	海南罗伞树	4	6	5	5	4	2	100.0		
4	红鳞蒲桃	4	5	5	3	3	3	100.0		
5	吊皮锥	4		4	4	3	2	83.3	7	18
6	钩锥	3	4	10		4	4	83.3	26	39

（续）

<table>
<tr><th rowspan="2">序号</th><th rowspan="2">种名</th><th colspan="6">多度盖度级</th><th rowspan="2">频度（%）</th><th colspan="2">更新（株）</th></tr>
<tr><th>Ⅰ</th><th>Ⅱ</th><th>Ⅲ</th><th>Ⅳ</th><th>Ⅴ</th><th>Ⅵ</th><th>幼苗</th><th>幼树</th></tr>
<tr><td>7</td><td>鹧鸪花</td><td>4</td><td>4</td><td>5</td><td></td><td>5</td><td>3</td><td>83.3</td><td>6</td><td>23</td></tr>
<tr><td>8</td><td>草珊瑚</td><td>2</td><td>2</td><td>2</td><td></td><td>3</td><td>2</td><td>83.3</td><td></td><td></td></tr>
<tr><td>9</td><td>广东山胡椒</td><td></td><td></td><td>2</td><td>4</td><td>3</td><td>4</td><td>66.7</td><td>61</td><td>5</td></tr>
<tr><td>10</td><td>绢毛杜英</td><td>3</td><td>4</td><td>4</td><td></td><td>3</td><td></td><td>66.7</td><td></td><td>3</td></tr>
<tr><td>11</td><td>笔罗子</td><td>3</td><td>2</td><td>3</td><td></td><td>4</td><td></td><td>66.7</td><td>2</td><td>6</td></tr>
<tr><td>12</td><td>橄榄</td><td>2</td><td></td><td>2</td><td>3</td><td></td><td>2</td><td>66.7</td><td></td><td>2</td></tr>
<tr><td>13</td><td>锯叶竹节树</td><td>6</td><td>2</td><td>2</td><td>2</td><td></td><td></td><td>66.7</td><td></td><td>10</td></tr>
<tr><td>14</td><td>臀果木</td><td>2</td><td>2</td><td>5</td><td></td><td></td><td></td><td>50.0</td><td></td><td>5</td></tr>
<tr><td>15</td><td>鹅掌柴</td><td>2</td><td></td><td></td><td></td><td></td><td>2</td><td>33.3</td><td></td><td>3</td></tr>
<tr><td>16</td><td>腺叶山矾</td><td>4</td><td>2</td><td></td><td></td><td></td><td></td><td>33.3</td><td></td><td>2</td></tr>
<tr><td>17</td><td>山杜英</td><td>2</td><td></td><td>3</td><td></td><td></td><td></td><td>33.3</td><td>1</td><td>3</td></tr>
<tr><td>18</td><td>丛花厚壳桂</td><td></td><td></td><td></td><td>3</td><td></td><td>2</td><td>33.3</td><td></td><td></td></tr>
<tr><td>19</td><td>中华杜英</td><td>6</td><td></td><td></td><td></td><td></td><td></td><td>16.7</td><td></td><td>13</td></tr>
<tr><td>20</td><td>罗浮锥</td><td></td><td></td><td>5</td><td></td><td></td><td></td><td>16.7</td><td></td><td>3</td></tr>
<tr><td>21</td><td>黄丹木姜子</td><td></td><td>4</td><td></td><td></td><td></td><td></td><td>16.7</td><td>1</td><td>4</td></tr>
<tr><td>22</td><td>木竹子</td><td></td><td>4</td><td></td><td></td><td></td><td></td><td>16.7</td><td>1</td><td>5</td></tr>
<tr><td>23</td><td>黄椿木姜子</td><td>3</td><td></td><td></td><td></td><td></td><td></td><td>16.7</td><td>20</td><td></td></tr>
<tr><td>24</td><td>香楠</td><td>3</td><td></td><td></td><td></td><td></td><td></td><td>16.7</td><td></td><td></td></tr>
<tr><td>25</td><td>日本杜英</td><td></td><td></td><td>3</td><td></td><td></td><td></td><td>16.7</td><td></td><td></td></tr>
<tr><td>26</td><td>锈叶新木姜子</td><td></td><td></td><td></td><td>3</td><td></td><td></td><td>16.7</td><td></td><td></td></tr>
<tr><td>27</td><td>蜜茱萸</td><td>2</td><td></td><td></td><td></td><td></td><td></td><td>16.7</td><td></td><td></td></tr>
<tr><td>28</td><td>褐叶柄果木</td><td>2</td><td></td><td></td><td></td><td></td><td></td><td>16.7</td><td></td><td>2</td></tr>
<tr><td>29</td><td>海南木犀榄</td><td>2</td><td></td><td></td><td></td><td></td><td></td><td>16.7</td><td></td><td>2</td></tr>
<tr><td>30</td><td>牡荆</td><td></td><td>2</td><td></td><td></td><td></td><td></td><td>16.7</td><td></td><td></td></tr>
<tr><td>31</td><td>短序润楠</td><td></td><td>2</td><td></td><td></td><td></td><td></td><td>16.7</td><td></td><td></td></tr>
<tr><td>32</td><td>毛果算盘子</td><td></td><td></td><td></td><td></td><td>2</td><td></td><td>16.7</td><td></td><td></td></tr>
<tr><td>33</td><td>三花冬青</td><td></td><td></td><td></td><td></td><td>2</td><td></td><td>16.7</td><td></td><td></td></tr>
<tr><td>34</td><td>禾串树</td><td></td><td></td><td></td><td></td><td></td><td>2</td><td>16.7</td><td></td><td></td></tr>
<tr><td>35</td><td>朱砂根</td><td></td><td>1</td><td></td><td></td><td></td><td></td><td>16.7</td><td></td><td></td></tr>
<tr><td>36</td><td>薄叶红厚壳</td><td></td><td>1</td><td></td><td></td><td></td><td></td><td>16.7</td><td></td><td></td></tr>
<tr><td>37</td><td>榕属 1 种</td><td></td><td>1</td><td></td><td></td><td></td><td></td><td>16.7</td><td></td><td></td></tr>
<tr><td colspan="11">草本层植物</td></tr>
<tr><td>1</td><td>山姜</td><td>2</td><td>4</td><td>4</td><td>4</td><td>4</td><td>4</td><td>100.0</td><td></td><td></td></tr>
<tr><td>2</td><td>狗脊蕨</td><td>2</td><td>4</td><td>2</td><td>2</td><td>4</td><td>2</td><td>100.0</td><td></td><td></td></tr>
<tr><td>3</td><td>扇叶铁线蕨</td><td>2</td><td>2</td><td></td><td>2</td><td></td><td>2</td><td>66.7</td><td></td><td></td></tr>
<tr><td>4</td><td>金毛狗骨</td><td></td><td></td><td>4</td><td>4</td><td></td><td>4</td><td>50.0</td><td></td><td></td></tr>
<tr><td>5</td><td>隐穗薹草</td><td></td><td></td><td></td><td>4</td><td>1</td><td>2</td><td>50.0</td><td></td><td></td></tr>
<tr><td>6</td><td>虎克鳞盖蕨</td><td></td><td></td><td></td><td>1</td><td>1</td><td>2</td><td>50.0</td><td></td><td></td></tr>
<tr><td>7</td><td>露兜树</td><td></td><td></td><td></td><td></td><td>1</td><td>1</td><td>33.3</td><td></td><td></td></tr>
<tr><td>8</td><td>建兰</td><td>2</td><td></td><td></td><td></td><td></td><td></td><td>16.7</td><td></td><td></td></tr>
<tr><td>9</td><td>芒萁</td><td></td><td>2</td><td></td><td></td><td></td><td></td><td>16.7</td><td></td><td></td></tr>
<tr><td>10</td><td>山菅</td><td></td><td></td><td></td><td></td><td></td><td>2</td><td>16.7</td><td></td><td></td></tr>
<tr><td>11</td><td>乌毛蕨</td><td></td><td></td><td></td><td></td><td></td><td>1</td><td>16.7</td><td></td><td></td></tr>
<tr><td colspan="11">藤本植物</td></tr>
<tr><td>1</td><td>菝葜</td><td>sp</td><td>sp</td><td>sp</td><td>sp</td><td>sp</td><td>sp</td><td>100.0</td><td></td><td></td></tr>
<tr><td>2</td><td>买麻藤</td><td>sol</td><td>sp</td><td></td><td>sp</td><td>sp</td><td>sp</td><td>83.3</td><td></td><td></td></tr>
<tr><td>3</td><td>山蒌</td><td>sp</td><td>sp</td><td>sp</td><td>sp</td><td></td><td></td><td>66.7</td><td></td><td></td></tr>
<tr><td>4</td><td>藤黄檀</td><td></td><td>sp</td><td>sp</td><td>sp</td><td></td><td></td><td>50.0</td><td></td><td></td></tr>
<tr><td>5</td><td>密齿酸藤子</td><td>sp</td><td></td><td></td><td></td><td></td><td></td><td>16.7</td><td></td><td></td></tr>
</table>

海南木犀榄 *Olea hainanensis*　　薄叶红厚壳 *Calophyllum membranaceum*　　虎克鳞盖蕨 *Microlepia hookeriana*

草本层植物种类和数量都较少，600m^{2}样地只有 11 种，覆盖度 5% ~10%。比较常见的是山姜和狗脊蕨，金毛狗脊成局部的优势。

藤本植物种类和数量更为稀少，600m^{2}不到 6 种，而且藤茎细小，一般都小于 1cm。比较常见的是菝葜，次为买麻藤。

本群落更新一般，从表 9-146 可知，600m^{2}样地吊皮锥有幼苗 7 株，幼树尚多，有 18 株；乔木层中其他重要的种类，如广东山胡椒、幼苗虽然多，但幼树少；鹧鸪花有幼苗 6 株，幼树 23 株；笔罗子、中华杜英幼苗和幼树都很少；白花含笑幼苗和幼树都缺。更新最好的是钩锥，幼苗有 26 株，幼树有 39 株，但它目前还不是乔木层中的成员。

本群落虽然受到破坏，有阳性的种类入侵，原季风常绿阔叶林各层的代表种类有所减少，但基本上还是可以看出它是一个比较典型的南亚热带季风常绿阔叶林的类型。乔木层中除吊皮锥外，白花含笑、广东山胡椒、鹧鸪花、笔罗子、绢毛杜英、鹅掌柴、单室茱萸、丛花厚壳桂、锯叶竹节树、臀果木、斜脉暗罗等；灌木层和草本层的海南罗伞树、白藤、金毛狗脊等都是广西南亚热带季风常绿阔叶林有代表性的种类。乔木层中的橄榄、红山梅和灌木层中的薄叶红厚壳、褐叶柄果木，是广西南亚热带季风常绿阔叶林常见的季节性雨林种类。

(3)吊皮锥 + 罗浮锥 - 网脉山龙眼 - 苦竹 - 狗脊蕨 + 金毛狗脊群落(*Castanopsis kawakamii* + *Castanopsis fabri* - *Helicia reticulata* - *Pleioblastus* sp. - *Woodwardia japonica* + *Cibotium barometz* Comm.)

本群落见于金秀大瑶山忠良岭祖村，海拔 820m。该地已是中亚热带的南缘，所以该群落是一个非地带性类型，过渡性质明显。

群落立地条件类型为山地森林黄壤。群落已经受到比较严重的干扰和破坏，林内有不少伐桩，目前已演变成次生的中年林，乔木层只有 2 个亚层，但个别植株高度已在 15m 之上。

第一亚层林木高 8 ~16m，可分成 2 个层片，上层林片 12 ~16m，下层林片 8 ~12m，基径一般 9 ~24cm，少数 30 ~50cm，覆盖度 85%。根据表 9-147，600m^{2}样地有 20 种、84 株，平均有 14 株/100m^2，相对密度较大，基面积占整个乔木层总基面积的 78.5%。优势种为罗浮锥，有 24 株，重要值指数 61.3，排列第一位；次优势种为吊皮锥，有 10 株，虽然株数不到罗浮锥一半，但过半植株高大，基面积反而超过罗浮锥的一半，重要值指数达 56.4，排列第二位；常见的种类有木荷、日本杜英、罗浮柿和广东山胡椒等；此外，零星出现的有白花含笑、深山含笑、钩锥、米槠、黄杞等种类。第二亚层林木高 4 ~7m，基径 5 ~14cm，覆盖度 40%。从表 9-147 可知，600m^{2}有 26 种、90 株，优势种为网脉山龙眼，有 15 株，重要值指数 34.6；次优势种为罗浮锥，有 8 株，重要值指数 30.3；常见的种类很多，有深山含笑、钩锥、细齿叶柃、厚斗柯、广东山胡椒、烟斗柯、笔罗子、桃叶石楠、罗浮柿等。奇怪的是，该亚层吊皮锥没有 1 个个体。从整个乔木层分析，虽然种之间个体数相差较大，但重要值指数相差不太大，所以优势不很突出，原因是该群落正值中年林，个体多，从表 9-147 可知，600m^{2}样地有 174 株，有 29 株/100m^2，竞争剧烈，所以分化大，大小相差很大，有的种个体数多，但粗大的个体不多；有的种个体数少，但粗大的个体多。罗浮锥和吊皮锥是第一亚层林木的优势种和次优势种，仍是整个乔木层的优势种和次优势种，罗浮锥个体数最多，600m^{2}样地有 32 株，但粗大的个体不太多，重要值指数虽然排列第一，但只有 42.7；吊皮锥只有 10 株，但粗大的个体较多，重要值指数达到 36.9，排列第二；网脉山龙眼，有 15 株，个体数仅次于罗浮锥，为第二亚层优势种，但因植株细小，重要值指数只有 15.7，在整个乔木层仅列第 6；日本杜英、广东山胡椒、木荷、厚斗柯、罗浮柿、深山含笑、钩锥等为常见的种类，重要值指数排在 18 ~11 之间，其他的种类多是偶见种，个体数仅有 1 或 2 株，重要值指数在 10 以下。从整个乔木层分析，吊皮锥株数和重要值指数都不及罗浮锥，但因为吊皮锥 10 个个体中有 1 个个体高度为 16m，2 个个体为 14m，3 个个体为 13m，其余为 10 ~12m，多数植株居于第一亚层上层林片；罗浮锥没有达到 13m 的个体，多数个体居于第一亚层下层林片，因而群落向前发展，先到达林木最高层的全是吊皮锥的个体，所以还是把本群落定为吊皮锥群落。

表 9-147 吊皮锥 + 罗浮锥 – 网脉山龙眼 – 苦竹 – 狗脊蕨 + 金毛狗脊群落乔木层种类组成及重要值指数

（样地号：瑶山 79 号，样地面积：600m^2，地点：金秀忠良岭祖村，海拔：820m）

序号	树种	基面积（m^2）	株数	频度（%）	重要值指数
		乔木Ⅰ亚层			
1	罗浮锥	0.374	24	100	61.254
2	吊皮锥	0.668	10	83.3	56.352
3	木荷	0.201	8	50	26.55
4	日本杜英	0.215	7	33.3	23.584
5	罗浮柿	0.032	5	66.7	17.252
6	广东山胡椒	0.072	7	33.3	16.712
7	深山含笑	0.071	3	33.3	11.863
8	钩锥	0.069	3	33.3	11.791
9	厚斗柯	0.057	3	33.3	11.214
10	野漆	0.027	2	33.3	8.571
11	蓝果树	0.073	2	16.7	8.343
12	长花厚壳树	0.022	2	33.3	8.31
13	鹿角锥	0.045	1	16.7	5.814
14	黄杞	0.042	1	16.7	5.636
15	白花含笑	0.038	1	16.7	5.465
16	杨梅	0.028	1	16.7	4.999
17	米槠	0.02	1	16.7	4.6
18	烟斗柯	0.006	1	16.7	3.937
19	锈叶新木姜子	0.006	1	16.7	3.937
20	黄樟	0.004	1	16.7	3.815
	合计	2.071	84	683.3	299.999
		乔木Ⅱ亚层			
1	网脉山龙眼	0.064	15	66.7	34.591
2	罗浮锥	0.084	8	66.7	30.34
3	深山含笑	0.078	5	50	24.316
4	厚斗柯	0.036	6	83.3	21.417
5	细齿叶柃	0.039	5	66.7	19.013
6	广东山胡椒	0.037	5	50	17.125
7	烟斗柯	0.031	4	66.7	16.574
8	笔罗子	0.016	6	66.7	16.127
9	桃叶石楠	0.051	3	33.3	15.601
10	罗浮柿	0.03	5	33.3	14.089
11	钩锥	0.014	4	66.7	13.518
12	腺叶桂樱	0.013	4	66.7	13.352
13	三峡槭	0.01	3	33.3	8.451
14	猴欢喜	0.012	2	33.3	7.616
15	日本杜英	0.008	2	33.3	6.939
16	红鳞蒲桃	0.006	2	16.7	4.912
17	锈叶新木姜子	0.005	2	16.7	4.788
18	米槠	0.008	1	16.7	4.161
19	东方古柯	0.006	1	16.7	3.898
20	刺毛杜鹃	0.005	1	16.7	3.663
21	白花含笑	0.005	1	16.7	3.663
22	广东琼楠	0.004	1	16.7	3.455
23	蓝果树	0.003	1	16.7	3.276
24	黄丹木姜子	0.002	1	16.7	3.124
25	鼠刺	0.001	1	16.7	2.999
26	鸭公树	0.001	1	16.7	2.999
	合计	0.568	90	1000	300.004

（续）

序号	树种	基面积(m²)	株数	频度(%)	重要值指数
		乔木层			
1	罗浮锥	0.458	32	100	42.714
2	吊皮锥	0.668	10	83.3	36.872
3	日本杜英	0.223	9	50	17.099
4	广东山胡椒	0.11	12	66.7	15.709
5	木荷	0.201	8	50	15.706
6	网脉山龙眼	0.064	15	66.7	15.695
7	厚斗柯	0.094	9	83.3	14.537
8	罗浮柿	0.061	10	83.3	13.892
9	深山含笑	0.149	8	50	13.726
10	钩锥	0.083	7	66.7	11.814
11	细齿叶柃	0.039	5	66.7	8.986
12	烟斗柯	0.037	5	66.7	8.941
13	笔罗子	0.016	6	66.7	8.701
14	腺叶桂樱	0.013	4	66.7	7.432
15	蓝果树	0.076	3	33.3	6.922
16	桃叶石楠	0.051	3	33.3	5.972
17	米槠	0.028	2	33.3	4.535
18	野漆	0.027	2	33.3	4.505
19	锈叶新木姜子	0.011	3	33.3	4.484
20	三峡槭	0.01	3	33.3	4.434
21	长花厚壳树	0.022	2	33.3	4.299
22	白花含笑	0.043	2	16.7	3.943
23	猴欢喜	0.012	2	33.3	3.918
24	鹿角锥	0.045	1	16.7	3.452
25	黄杞	0.042	1	16.7	3.312
26	杨梅	0.028	1	16.7	2.812
27	红鳞蒲桃	0.006	2	16.7	2.532
28	东方古柯	0.006	1	16.7	1.979
29	刺毛杜鹃	0.005	1	16.7	1.928
30	黄樟	0.004	1	16.7	1.883
31	广东琼楠	0.004	1	16.7	1.883
32	黄丹木姜子	0.002	1	16.7	1.812
33	鼠刺	0.001	1	16.7	1.785
34	鸭公树	0.001	1	16.7	1.785
	合计	2.639	174	1433.3	300

长花厚壳树 *Ehretia longiflora*

灌木层植物比较发达，覆盖度50%～70%，从表9-148可知，600m²样地有51种。占优势的为真正的灌木苦竹，次优势也为真正的灌木赤楠，乔木幼树钩锥、网脉山龙眼、锈叶新木姜子和罗浮锥也常见。

表9-148　吊皮锥+罗浮锥-网脉山龙眼-苦竹-狗脊蕨+金毛狗脊群落灌木层和草本层种类组成及分布情况

序号	种名	多度盖度级						频度(%)	更新(株)	
		Ⅰ	Ⅱ	Ⅲ	Ⅳ	Ⅴ	Ⅵ		幼苗	幼树
					灌木层植物					
1	苦竹	5	5	5	6	5	5	100.0		
2	赤楠	4	4	4	2	3	4	100.0		
3	钩锥	4	4	4	3	4	4	100.0	21	28
4	网脉山龙眼	3	4	5	5	5	5	100.0	41	66
5	锈叶新木姜子	4	4	1	4	4	4	100.0	20	42
6	罗浮锥	3	3	4	4	2	4	100.0	4	23
7	杜茎山	3	4	3	3		3	83.3		

（续）

序号	种名	多度盖度级						频度（%）	更新（株）	
		Ⅰ	Ⅱ	Ⅲ	Ⅳ	Ⅴ	Ⅵ		幼苗	幼树
8	广东山胡椒	2		2	3	3	4	83.3	1	13
9	厚斗柯	3	3	1	3		3	83.3	2	19
10	细齿叶柃	2			3	4	5	66.7	2	7
11	瑶山茶	3	3	2	3			66.7		
12	日本五月茶	1		1	3	3		66.7	4	17
13	三花冬青	2	1		3		4	66.7		24
14	罗浮柿	3	2	1				50.0		7
15	笔罗子				3	3	4	50.0	2	22
16	广东杜鹃		4		4		3	50.0	1	14
17	黄杞				4	3	3	50.0	1	15
18	日本杜英				2	2	3	50.0		10
19	新木姜子	4	4	4				50.0	13	7
20	草珊瑚	2	4	4				50.0		
21	深山含笑	1			1		1	33.3		5
22	毛果巴豆				3	1		33.3		
23	木荷	3		2				33.3	1	5
24	刺毛杜鹃		4			2		33.3		3
25	鼠刺		2	2				33.3		5
26	鸭公树				4	4		33.3	2	12
27	红鳞蒲桃				2		1	33.3		5
28	桃叶石楠			2				16.7	1	4
29	猴欢喜	3						16.7	1	3
30	腺叶桂樱				2			16.7	1	1
31	米槠					2		16.7		3
32	黄丹木姜子				4			16.7		5
33	尖叶毛柃	1						16.7		1
34	虎皮楠	1						16.7		1
35	罗浮槭	1						16.7		2
36	南国山矾	1						16.7		2
37	大果厚皮香	1						16.7		1
38	华南木姜子	1						16.7		
39	硬壳柯			4				16.7	2	4
40	栀子			2				16.7		
41	岗柃			1				16.7		
42	光粗叶木				3			16.7		
43	小果石笔木				4			16.7	1	5
44	疏花卫矛				2			16.7		3
45	大果卫矛					1		16.7		2
46	茁山冬青				1			16.7		2
47	栲					1		16.7	1	
48	亮叶厚皮香					2		16.7		3
49	烟斗柯					2		16.7		2
50	硬壳桂						3	16.7		4
51	华南毛柃						2	16.7		3
草本层植物										
1	薹草	5	3	3	6	4	3	100.0		
2	狗脊蕨	4	4	4	4	4		83.3		
3	金毛狗脊	2	6		5	6	5	83.3		
4	山姜	2	3		3	3	3	83.3		
5	东南鳞毛蕨		2	4	3		4	66.7		
6	里白			5	4	5		50.0		

（续）

序号	种名	多度盖度级						频度	更新(株)	
		Ⅰ	Ⅱ	Ⅲ	Ⅳ	Ⅴ	Ⅵ	(%)	幼苗	幼树
7	稀羽鳞毛蕨		2	4			4	50.0		
8	双盖蕨	3		2				33.3		
9	叶底红	2			3			33.3		
10	金耳环			2	2			33.3		
11	深绿卷柏						4	16.7		
12	淡竹叶	2						16.7		
藤本植物										
1	网脉酸藤子	sol	sol	sol	sp	sp	sp	100.0		
2	菝葜	sol	sol	sol	sol	sol	sol	100.0		
3	流苏子		sol	sol	sol	sol		66.7		
4	五月瓜藤		sol		sol	sol		50.0		
5	瓜馥木	sol	sol					33.3		
6	短柱络石	sol						16.7		
7	藤黄檀			sol				16.7		
8	海南链珠藤				sol			16.7		

薹草 *Carex* sp.

草本层植物覆盖度一般30%左右，个别地段可达65%～70%，因为上层覆盖度大，草本植物枯枝不少。占优势的为薹草1种，次为狗脊蕨和金毛狗脊，透光度较大的地方，里白呈局部的优势。

藤本植物种类和数量都不多，攀援高度不高，一般在1m左右，但网脉酸藤子可达6～8m，藤茎细小，一般为1～2cm。最常见的是网脉酸藤子，次为菝葜。

本群落天然更新一般，吊皮锥没有幼苗和幼树，罗浮锥600m^{2}样地有幼苗4株，幼树23株，更新最好的是网脉山龙眼和钩锥，其他的重要种类，如日本杜英、广东山胡椒、木荷、厚斗柯、罗浮柿、深山含笑等，更新都不太理想。吊皮锥只有上层乔木，下层、灌木层和更新层都缺乏个体，这是很奇怪的现象。据有资料报道，吊皮锥果大，味甜，可食用；木材坚实耐腐，纹理美观，是良好用材树种，坚果多被啮齿类动物和鸟类觅食，自然更新困难，林中幼苗少见。《广西森林》一书介绍，吊皮锥是良好的菌材，经常被砍伐来培养香菇，中下层立木受砍伐相当严重。

本群落分布在中亚热带的南缘，是非地带性类型，过渡性质明显，例如，乔木层中除吊皮锥外，广东山胡椒、笔罗子、白花含笑、红鳞蒲桃、罗浮锥等是广西南亚热带季风常绿阔叶林常见的种类；日本杜英、米槠、钩锥、深山含笑、鹿角锥等是广西中亚热带常绿阔叶林代表种或常见的种类。草本层中狗脊蕨是广西中亚热带常绿阔叶林草本层的代表种；而金毛狗脊则是广西南亚热带季风常绿阔叶林草本层的代表种。

(4)吊皮锥－吊皮锥－显脉新木姜子－海南罗伞树－黑莎草＋金毛狗脊群落(*Castanopsis kawakamii* – *Castanopsis kawakamii* – *Neolitsea phanerophlebia* – *Ardisia quinquegona* – *Gahnia tristis* + *Cibotium barometz* Comm.)

此群落分布于武鸣县两江，海拔520m，立地条件类型地层为寒武纪砂页岩，土壤为山地红壤。土层较深厚，表层0～2cm为枯枝落叶层，2～4cm为半分解腐烂层。由于人为干扰，林内比较干燥，黑莎草比较多的地方，就是干燥的明证。

群落已遭到较为严重的破坏，上层乔木多被砍伐，中下层砍伐较轻，乔木层虽然还勉强可以分出3个亚层，但第一亚层林木已所剩无几，出现较大的林窗，但中下层尚保持较为完整，仍可反映出南亚热带季风常绿阔叶林的特征。

第一亚层林木高15～22m，胸径16～65cm，从表9-149可知，400m^{2}样地只有4株林木，覆盖度40%。吊皮锥虽然仅有1株个体，但它是群落中最粗的林木，重要值指数达到127.8，排列第一；格木个体最多，有2株，但粗度仍不及吊皮锥，重要值指数116.2，排列第二；另1株为黧蒴锥，粗度也小，重要值指数56，排列第三。本亚层虽然只有4株林木，只占乔木层总株数的4.0%，但基面积却占整个乔木层总基面积的41.3%。第二亚层林木高8～14m，胸径7～14cm，最粗45cm，覆盖度70%左右。根据表表9-149，该层有林木18种、40株，基面积比第一亚层林木稍大，占整个乔木层总基面积的47.8%。优势种仍为吊皮锥，有6株，重要值指数64.7；次优势种为格木，有6株，重要值指数44.0；常见的种类有黧蒴锥和显脉新木姜子，其他的种类几乎是单株出现，重要值指数都很小。第三亚层林木高4～7m，胸径2～9cm，覆盖度45%。从表9-149可知，该亚层有林木15种、57株，株数虽然是3个亚层中最多的1个亚层，但植株细小，基面积却是3个亚层中最小的1个亚层，只占乔木层总面积的10.9%。优势种为显脉新木姜子，有9株，重要值指数48.6；次优势种为华南桤叶树，8株，重要值指数46.6；常见的种类有白颜树、吊皮锥、格木、黄果厚壳桂和黧蒴锥，重要值指数分别为30.8、30.4、23.8、22.0和20.2。

表9-149 吊皮锥－吊皮锥－显脉新木姜－海南罗伞树－黑莎草＋金毛狗脊群落乔木层种类组成及重要值指数

（样地号：Q_5，样地面积：400m^2，地点：武鸣两江岭合村，海拔：520m）

序号	树种	基面积(m^2)	株数	频度(%)	重要值指数
		乔木Ⅰ亚层			
1	吊皮锥	0.332	1	25	127.803
2	格木	0.069	2	50	116.224
3	黧蒴锥	0.025	1	25	55.966
	合计	0.426	4	100	299.993
		乔木Ⅱ亚层			
1	吊皮锥	0.186	6	75	64.74
2	格木	0.084	6	75	44.005
3	黧蒴锥	0.057	8	50	39.587
4	显脉新木姜子	0.017	5	50	24.022
5	毛杜鹃	0.018	2	50	16.713
6	鹅掌柴	0.042	1	25	14.931
7	华润楠	0.02	1	25	10.58
8	水仙柯	0.015	1	25	9.624
9	披针叶杜英	0.011	1	25	8.795
10	西藏山茉莉	0.01	1	25	8.428
11	十齿花	0.008	1	25	8.094
12	米槠	0.005	1	25	7.52
13	黄果厚壳桂	0.005	1	25	7.52
14	茜草科1种	0.004	1	25	7.281
15	黄牛木	0.004	1	25	7.281
16	野漆	0.003	1	25	7.074
17	腺榕	0.002	1	25	6.898
18	华南桤叶树	0.002	1	25	6.898
	合计	0.493	40	625	299.992
		乔木Ⅲ亚层			
1	显脉新木姜子	0.025	9	75	48.604
2	华南桤叶树	0.025	8	75	46.64
3	白颜树	0.013	5	75	30.816
4	吊皮锥	0.01	6	75	30.367
5	格木	0.011	4	50	23.812
6	黄果厚壳桂	0.007	5	50	21.964
7	黧蒴锥	0.003	6	50	20.169
8	海南罗伞树	0.002	3	75	17.324
9	茜草科1种	0.005	3	25	12.961
10	水仙柯	0.005	2	25	11.346
11	橄榄	0.002	2	25	8.829
12	棱枝冬青	0.002	1	25	7.074
13	广东冬青	0.002	1	25	7.074
14	谷木	0.002	1	25	7.074
15	黄杞	0.001	1	25	5.955
	合计	0.112	57	700	300.011

（续）

序号	树种	基面积(m^2)	株数	频度(%)	重要值指数
		乔木层			
1	吊皮锥	0.528	13	75	70.883
2	格木	0.164	12	100	36.855
3	黧蒴锥	0.085	15	75	29.944
4	显脉新木姜子	0.042	14	75	24.768
5	华南桤叶树	0.027	9	100	20.575
6	黄果厚壳桂	0.012	6	75	13.905
7	白颜树	0.013	5	75	13.002
8	海南罗伞树	0.002	3	75	9.935
9	毛杜鹃	0.018	2	50	8.3
10	鹅掌柴	0.042	1	25	7.291
11	水仙柯	0.02	3	25	7.2
12	茜草科1种	0.008	4	25	7.055
13	华润楠	0.02	1	25	5.212
14	橄榄	0.002	2	25	4.443
15	披针叶杜英	0.011	1	25	4.359
16	西藏山茉莉	0.01	1	25	4.184
17	十齿花	0.008	1	25	4.024
18	米槠	0.005	1	25	3.75
19	黄牛木	0.004	1	25	3.636
20	野漆	0.003	1	25	3.537
21	腺榕	0.002	1	25	3.453
22	棱枝冬青	0.002	1	25	3.453
23	广东冬青	0.002	1	25	3.453
24	谷木	0.002	1	25	3.453
25	黄杞	0.001	1	25	3.331
	合计	1.032	101	1100	300.004

毛杜鹃 *Rhododendron* sp.　　腺榕 *Ficus* sp.

从整个乔木层分析，吊皮锥的优势还是比较突出的，它株数最多，植株最粗大，在上层和中层都占优势，重要值指数排列第一，仅在下层排列第四，在整个乔木层中保持优势，重要值指数达到70.9，排列第一，这是毫无疑义的；格木株数虽然比吊皮锥仅少1株，在上层和中层重要值指数都排列第二，在下层排列第五，但它植株粗度比吊皮锥差得多，在整个乔木层中虽然排列第二，重要值指数只有36.9，与吊皮锥差距较大；黧蒴锥和显脉新木姜子虽然是整个乔木层中个体数最多的两种，但植株细小，重要值指数分别为29.9和24.8，只排列第三和四位。华南桤叶树、黄果厚壳桂和白颜树为常见的种类，有一定的个体数量，但植株细小，重要值指数也不很大；其他的种类多是偶见种，植株也细小，重要值指数更为不大。该群落虽然受到比较严重的破坏，但整个乔木层的种类成分几乎都是常绿阔叶树，不过属于破坏后入侵的次生常绿阔叶树不少，例如：黧蒴锥、显脉新木姜子、毛杜鹃、鹅掌柴、广东冬青、黄杞等，而属于落叶阔叶树的只有野漆、黄牛木和华南桤叶树3种。

灌木层植物覆盖度50%，种类组成丰富，从表9-150可知，400m²样地有47种，多为乔木的幼树，但真正的灌木数量也不少，可能由于乔木层郁闭度尚大，阳性的种类已不多见。真正的灌木以海南罗伞树为优势，次为九节；乔木的幼树以黄果厚壳桂、吊皮锥和黧蒴锥数量较多，次为格木和显脉新木姜子。

草本层植物分布不均匀，多的地段覆盖度30%~50%，少的地段只有10%~20%，种类组成比较简单，从表9-150可知，400m²样地只有9种。干燥的地段，黑莎草占优势，近沟谷潮湿处金毛狗脊也不少，常见的种类有山姜、莎草1种等。

表 9-150 吊皮锥－吊皮锥－显脉新木姜子－海南罗伞树－黑莎草＋金毛狗脊群落灌木层和草本层种类组成及分布情况

序号	种名	多度盖度级				频度（%）	更新（株）	
		Ⅰ	Ⅱ	Ⅲ	Ⅳ		幼苗	幼树
				灌木层植物				
1	海南罗伞树	4	4	5	5	100.0		
2	九节	4	4	1	3	100.0		
3	黄果厚壳桂	4	4	4	4	100.0	94	153
4	吊皮锥	4	3	3	3	100.0	17	45
5	黧蒴锥	3	3	3	4	100.0	41	96
6	格木	3	3	3	2	100.0	7	15
7	显脉新木姜子	4	3	2	1	100.0	12	39
8	华南桤叶树	3	3	1	1	100.0		10
9	十齿花	3	2	1	1	100.0		12
10	谷木	3	1	1	1	100.0		10
11	疏花卫矛	1	1	1		75.0	2	
12	紫玉盘		1	1	1	75.0		
13	臀果木		1	1	1	75.0		3
14	锯叶竹节树		1	2	1	75.0	1	4
15	黄藤	2			1	50.0		
16	蜜茱萸		1		1	50.0		
17	长尾毛蕊茶			3	1	50.0		
18	大叶矮竹			1	1	50.0		
19	广州蛇根草			1	1	50.0		
20	双齿山茉莉	1		1		50.0	2	
21	朱砂根	2		1		50.0		
22	毛杜鹃	1	1			50.0		1
23	小果山龙眼	1		1		50.0	2	1
24	五月茶	1		1		50.0		
25	猴欢喜	1			2	50.0	2	4
26	石斑木	1		1		50.0		
27	网脉山龙眼	1		1		50.0	1	1
28	黄杞		1	1		50.0	1	1
29	毛果算盘子		1		1	50.0		
30	华马钱	1				25.0		
31	海棠	1				25.0	2	
32	大叶鼠刺	1				25.0	1	
33	黄牛木		1			25.0	1	
34	棱枝冬青		1			25.0		
35	簇叶新木姜子		1			25.0		
36	大果木姜子		1			25.0		
37	披针叶杜英			1		25.0		
38	水仙柯				2	25.0		3
39	膜叶海桐				1	25.0		
40	柏拉木				1	25.0		
41	西藏山茉莉				2	25.0		4
42	橄榄				1	25.0		1
43	长尾毛蕊茶	2				25.0		3
44	多花杜鹃	2				25.0		
45	白颜树	3				25.0		5
46	米槠	1				25.0	1	
47	罗浮柿	1				25.0		
				草本层植物				
1	黑莎草	4	5	2	2	100.0		
2	金毛狗脊	5		4	7	75.0		
3	山姜	3	3	2		75.0		

（续）

序号	种名	多度盖度级				频度(%)	更新(株)	
		Ⅰ	Ⅱ	Ⅲ	Ⅳ		幼苗	幼树
4	(*Carex* sp.)	2		2	2	75.0		
5	鳞毛蕨			1	1	50.0		
6	铁线蕨			1	1	50.0		
7	淡竹叶	3				25.0		
8	大芒萁	3				25.0		
9	芒萁	2				25.0		
藤本植物								
1	厚果崖豆藤	1		1	1	75.0		
2	柳叶菝葜	2		1		50.0		
3	青藤仔			1	1	50.0		
4	小叶红叶藤			1	1	50.0		
5	扁担藤	1		1		50.0		
6	白花油麻藤	1				25.0		
7	藤槐			1		25.0		
8	土茯苓				1	25.0		
9	亮叶崖豆藤				1	25.0		

华马钱 *Strychnos cathayensis*　膜叶海桐 *Pittosporum* sp.　鳞毛蕨 *Dryopteris* sp.　铁线蕨 *Adiantum* sp.
海棠 *Malus* sp.

藤本植物种类简单，400m^{2}只有9种，数量更为稀少，多数种类都是1～2个个体出现。种类有厚果崖豆藤、柳叶菝葜和青藤仔等。

群落更新比较良好，优势种吊皮锥和格木、黄果厚壳桂、黧蒴锥、显脉新木姜子等现群落的重要种类，都有一定的幼苗和幼树，尤其是黄果厚壳桂，幼苗和幼树更多。以黄果厚壳桂为优势的类型，是广西南亚热带季风常绿阔叶林一个代表类型，本群落发展下去，很可能演变成以吊皮锥和黄果厚壳桂或黄果厚壳桂和吊皮锥为主的类型。

该群落由于分布地位于南亚热带的南缘，与北热带相接，既表现出典型的南亚热带季风常绿阔叶林的本质，又带有北热带季节性雨林的特点，过渡性质明显。乔木层除吊皮锥外，黄果厚壳桂、黧蒴锥、鹅掌柴、华润楠等是广西南亚热带季风常绿阔叶林代表种或常见种；灌木层的海南罗伞树、九节、白藤和草本层的金毛狗脊是广西南亚热带季风常绿阔叶林的代表种。乔木层中的格木，是广西北热带季节性雨林代表类型格木林的种类，橄榄、白颜树是广西北热带季节性雨林重要的组成种类。

（5）吊皮锥－海南罗伞树＋九节－狗脊蕨群落（*Castanopsis kawakamii* – *Ardisia quinquegona* + *Psychotria rubra* – *Woodwardia japonica* Comm.）

本群落见于北热带大新松兰，海拔700m，是季节性雨林垂直带谱上的类型。立地条件类型地层为泥盆系砂岩和页岩，土壤为山地红壤。该群落1958年被大量砍伐，此后已封山育林，具有常绿阔叶林的一般特征，郁闭度0.9，乔木层可分成3个亚层。乔木层的吊皮锥占有明显的优势，常见的种类有黄杞、鹅掌柴、小果山龙眼、亮叶猴耳环、罗浮柿、木竹子等，零星出现的有山杜英、红木荷、楠木（*Phoebe* sp.）等。灌木层植物以海南罗伞树和九节共为优势，常见的种类有密花树、菝葜、暗色菝葜、罗浮柿、越南山矾等，零星出现的有华南桤叶树、黄杞、杨梅、野漆等。草本层植物狗脊蕨为优势，次为金毛狗脊，常见的种类有扇叶铁线蕨、乌毛蕨、草珊瑚、山姜等，零星出现的种类有大叶仙茅、黑莎草和海金沙等。

3. 公孙锥林（Form. *Castanopsis tonkinensis*）

从《中国植被》一书可知，公孙锥林主要分布于桂西南海拔700～1000m和桂中海拔500m以下的砂、页岩地区。作为个体，可见于我国广东南部、广西中部和南部、海南和云南东南部。在广西，公孙锥主要分布于南部和中部，如大新、龙州、靖西、防城、上思、容县、平南、邕宁、金秀，最北见于大桂山林区，最高海拔见于靖西，为960m，最低海拔见于邕宁，为50m。以它为主的类型，是广西南亚热带季风常绿阔叶林有代表性的群落，但面积不大，比吊皮锥林还少见。

在广西，公孙锥已调查到的有如下2种类型。

(1)公孙锥－香花枇杷－香花枇杷－海南罗伞树－狗脊蕨群落(*Castanopsis tonkinensis* – *Eriobotrya fragrans* – *Eriobotrya fragrans* – *Ardisia quinquegona* – *Woodwardia japonica* Comm.)

见于金秀大瑶山滴水，海拔440m，立地条件类型地层为花岗岩，土壤为山地红壤。土层较深厚，土壤肥沃，表土层厚15cm，枯枝较多，分布不均匀，厚度3～10cm，分解不良。

本群落为1958年砍伐后剩余的残林，靠近路边，人为活动较频繁，影响较大，林木较少，种类组成较简单，从表9-151可知，600m²样地只有植物22种、59株。但林木生长仍茂盛，郁闭度0.8，南亚热带季风常绿阔叶林的特色尚保持，乔木层可分为3个亚层。

第一亚层林木高15～24m，基径20～66cm，最粗94cm，林木通直，冠幅大，覆盖度75%，从表9-151可知，该亚层有林木5种、17株，公孙锥有8株，重要值指数127.1，排列第一位；红锥有4株，植株粗大，基面积最大，但株数不如公孙锥，重要值指数只有100.6，排列第二位；常见的种类为锥，有3株，重要值指数43.2；另外2种为单株出现。

表9-151 公孙锥－香花枇杷－香花枇杷－海南罗伞树－狗脊蕨群落乔木层种类组成及重要值指数

(样地号：瑶山64号，样地面积：20m×30m，地点：金秀滴水，海拔：440m)

序号	树种	基面积(m^2)	株数	频度(%)	重要值指数
		乔木Ⅰ亚层			
1	公孙锥	1.238	8	83.3	127.128
2	红锥	1.376	4	66.7	100.559
3	锥	0.301	3	33.3	43.155
4	罗浮柿	0.031	1	16.7	14.631
5	黄樟	0.028	1	16.7	14.528
	合计	2.975	17	216.7	300
		乔木Ⅱ亚层			
1	香花枇杷	0.11	6	50	64.226
2	锥	0.145	1	16.7	32.826
3	罗浮柿	0.073	2	33.3	32.742
4	枫香树	0.057	2	33.3	30.428
5	公孙锥	0.036	2	33.3	27.271
6	虎皮楠	0.066	1	16.7	20.863
7	西南香楠	0.045	1	16.7	17.718
8	刨花润楠	0.031	1	16.7	15.629
9	柯	0.031	1	16.7	15.629
10	黄杞	0.025	1	16.7	14.728
11	广西石楠	0.025	1	16.7	14.728
12	腺叶桂樱	0.015	1	16.7	13.208
	合计	0.662	20	283.3	299.998
		乔木Ⅲ亚层			
1	香花枇杷	0.054	5	66.7	84.078
2	西南香楠	0.011	3	50	37.415
3	锥	0.018	1	16.7	23.026
4	海南罗伞树	0.003	2	33.3	21.497
5	华南木姜子	0.009	2	16.7	20.992
6	黄丹木姜子	0.008	2	16.7	20.228
7	百日青	0.008	1	16.7	15.683
8	柯	0.008	1	16.7	15.683
9	刺叶桂樱	0.005	1	16.7	13.568
10	中华杜英	0.004	1	16.7	12.687
11	黄樟	0.003	1	16.7	11.923
12	半枫荷	0.003	1	16.7	11.923
13	木竹子	0.002	1	16.7	11.277
	合计	0.134	22	316.7	299.98

（续）

序号	树种	基面积(m^2)	株数	频度(%)	重要值指数
		乔木层			
1	公孙锥	1.274	10	83.3	63.244
2	红锥	1.376	4	66.7	53.279
3	香花枇杷	0.164	11	66.7	32.984
4	锥	0.464	5	33.3	25.783
5	西南香楠	0.056	4	50	15.763
6	罗浮柿	0.104	3	50	15.345
7	枫香树	0.057	2	33.3	9.911
8	黄樟	0.031	2	33.3	9.217
9	海南罗伞树	0.003	2	33.3	8.456
10	柯	0.039	2	16.7	6.931
11	华南木姜子	0.009	2	16.7	6.125
12	黄丹木姜子	0.008	2	16.7	6.098
13	虎皮楠	0.066	1	16.7	5.947
14	刨花润楠	0.031	1	16.7	5.028
15	黄杞	0.025	1	16.7	4.87
16	广西石楠	0.025	1	16.7	4.87
17	腺叶桂樱	0.015	1	16.7	4.603
18	百日青	0.008	1	16.7	4.403
19	刺叶桂樱	0.005	1	16.7	4.328
20	中华杜英	0.004	1	16.7	4.297
21	半枫荷	0.003	1	16.7	4.27
22	木竹子	0.002	1	16.7	4.247
	合计	3.77	59	666.7	299.999

第二亚层林木高8～14m，基径11～24cm，覆盖度35%。该亚层有林木12种、20株，优势种为香花枇杷，有6株，重要值指数64.2；锥只有1株，但它的基径43.0cm，是第二亚层林木基径最大的植株，重要值指数为32.8，排列第二位；常见的种类有罗浮柿、枫香树和公孙锥，重要值指数分别为32.7、30.4和27.3；其他7种都是单株出现，但植株尚粗大，基径多在18～29cm，个别14cm，重要值指数都在21～13之间。

第三亚层林木高4～7m，基径4～19cm，覆盖度25%。该亚层有林木13种、22株，优势种仍为香花枇杷，有5株，重要值指数84.1；其他的种类重要值指数分配比较分散，它们有的个体数稍多，但植株细小，有的只有1个个体，但植株稍大，所以重要值指数没有哪1种突出，分配比较分散。

从整个乔木层分析，公孙锥在第一亚层个体数最多，在整个乔木层个体数排第二，有10株，它的粗度又比较大，所以在整个乔木层中重要值指数排列第一，为63.2；红锥虽然只在上层有4株个体，重要值指数排列第二，但它是群落中最高大的林木，在整个乔木层中重要值指数仍能排列第二；香花枇杷在整个乔木层中个体数最多，有11株，但都是中小乔木，为中下层的优势种，而在整个乔木层中它的重要值指数为33.0，只能排列第三，符合它的性状；锥在3个亚层中是重要的常见种，在整个乔木层中个体数达到5，居第三位，故重要值指数可以排列第四位，为25.8；其他的种类，有的虽然是常绿阔叶林重要的组成种类，但因为该群落受到破坏，个体数减少，有的是一般种类，有的为偶见种，它们个体数都不多，所以它们的重要值指数都很小。

灌木层植物生长较茂盛，从表9-152可知，600m^2样地有45种，覆盖度50%左右。以乔木的幼树居多，约有39种，但覆盖度较大的是真正的灌木海南罗伞树，次为九节，这两种都是季风常绿阔叶林的代表种类；乔木的幼树较多的是红锥和黄杞，公孙锥的幼树呈局部优势，大多数的乔木幼树出现的频度都很低，只在个别小样方有出现。

表 9-152　公孙锥－香花枇杷－香花枇杷－海南罗伞树－狗脊蕨群落灌木层和草本层种类组成及分布情况

序号	种名	多度盖度级						频度(%)	更新(株)	
		Ⅰ	Ⅱ	Ⅲ	Ⅳ	Ⅴ	Ⅵ		幼苗	幼树
					灌木层植物					
1	海南罗伞树	7	6	7	5	7	5	100. 0		
2	九节	4	4	4	5	4	4	100. 0		
3	红锥	2	2	3	4	3	4	100. 0	33	36
4	黄杞	3	2	3	3	4	4	100. 0	2	36
5	山杜英	2	1	2	1	2	2	100. 0	3	14
6	蜜茱萸	3	1		1	3	2	83. 3		
7	鼠刺	2	1		2	3	4	83. 3	8	16
8	华南木姜子		2	2		3	4	66. 7	4	14
9	公孙锥			2		4	4	50. 0	17	35
10	虎皮楠		1		2		1	50. 0	1	5
11	木竹子	1		2		3		50. 0	8	9
12	假九节	4		4		4		50. 0		
13	西南香楠		2		4		1	50. 0	5	13
14	香花枇杷	2			1		1	50. 0		7
15	刨花润楠			4	2		1	50. 0	2	15
16	围涎树	1			1			33. 3		3
17	狭叶蒲桃	1	1					33. 3		3
18	岭南柿			1		1		33. 3		3
19	鹅掌柴				2	1		33. 3		3
20	密花树				2	2		33. 3		7
21	黄樟				4			16. 7	4	14
22	广西石楠	3						16. 7		3
23	刺叶桂樱			1				16. 7	1	2
24	黄丹木姜子				1			16. 7		2
25	琴叶榕	1						16. 7		
26	褐叶柄果木	1						16. 7		1
27	茶	1						16. 7		
28	木荷		1					16. 7		
29	瑶山茶		1					16. 7		
30	大叶青冈		1					16. 7	1	1
31	粗糠柴			3				16. 7		9
32	白藤			1				16. 7		
33	红鳞蒲桃			3				16. 7		11
34	桃叶石楠				1			16. 7		
35	假苹婆					3		16. 7	1	8
36	八角枫					1		16. 7		2
37	笔罗子					1		16. 7		2
38	杨桐					1		16. 7		2
39	杜茎山					2		16. 7		
40	山牡荆					2		16. 7		
41	基脉润楠						3	16. 7	1	3
42	竹叶木姜子						3	16. 7	1	3
43	九丁榕						1	16. 7		
44	三花冬青						1	16. 7		
45	白花含笑						1	16. 7		
					草本层植物					
1	狗脊蕨	5	4	5	5	4	5	100. 0		
2	扇叶铁线蕨	3	3	2	3	3	2	100. 0		
3	山姜	2	2	3	3	4	4	100. 0		
4	虎舌红		2		2	3	3	66. 7		
5	淡竹叶			2	3	3	2	66. 7		

（续）

序号	种名	多度盖度级						频度（%）	更新（株）	
		Ⅰ	Ⅱ	Ⅲ	Ⅳ	Ⅴ	Ⅵ		幼苗	幼树
6	黑莎草		1			3	2	50.0		
7	乌毛蕨			4		3	2	50.0		
8	建兰				1	2	2	50.0		
9	蜘蛛抱蛋1种	1	2					33.3		
10	箬叶竹	3						16.7		
11	山菅						2	16.7		
12	兰科1种						2	16.7		
藤本植物										
1	三叶崖爬藤		sol	sol	sol	sol	sol	83.3		
2	玉叶金花	sol			sol	sol	sol	66.7		
3	海金沙	sol	sol			sol	sol	66.7		
4	菝葜				sol	sol	sol	50.0		
5	网脉酸藤子			sol	sol			33.3		
6	薜荔	sol						16.7		
7	密齿酸藤子	sol						16.7		
8	买麻藤					sol		16.7		
9	野木瓜					sol		16.7		
10	流苏子						sol	16.7		
11	羽叶金合欢						sol	16.7		
12	藤黄檀						sol	16.7		
13	南蛇藤						sol	16.7		

草本层植物分布不均匀，种类组成较简单，600m^{2}样地只有12种，覆盖度10%～35%之间。以狗脊蕨为优势，常见的有扇叶铁线蕨和山姜。

藤本植物种类组成简单，600m^{2}只有13种，几乎所有的种类数量都很稀少，藤茎细小，攀援高度不高，出现频度不太高。比较常见的是三叶崖爬藤，玉叶金花和海金沙次之。

从表9-152可知，上层林木更新比较理想的是红锥，600m^{2}样地有幼苗33株，幼树36株；次为黄杞，有幼苗2株，幼树36株；公孙锥局部更新尚可以，有3个小样方出现幼苗幼树，但数量较大，共有幼苗17株，幼树35株，其中红锥和公孙锥是现在上层林木的优势种和次优势种，黄杞只在中层有1个体。中下层林木更新比较理想的是鼠刺和西南香楠，这两种林木都是常绿阔叶林下层的优势种或常见种，但目前它们在中下层个体不多或缺；目前的优势种香花枇杷更新很不理想，600m^{2}样地只有幼树7株，幼苗缺。

本群落虽然受到比较严重的破坏，但还可以看出是一个比较典型的南亚热带季风常绿阔叶林的类型。乔木层的公孙锥、红锥和锥都是南亚热带季风常绿阔叶林的代表种类，黄樟、刨花润楠和罗浮柿是常见的组成种类。中下层的香花枇杷和西南香楠是南亚热带季风常绿阔叶林的优势种或常见种，扁平叶针叶树百日青是南亚热带季风常绿阔叶林经常出现的种类。灌木层的海南罗伞树、白藤、九节和小叶九节是南亚热带季风常绿阔叶林灌木层的优势种或常见种。

(2)公孙锥－公孙锥－中平树－海南罗伞树群落（*Castanopsis tonkinensis* － *Castanopsis tonkiensis* － *Macaranga denticulata* － *Ardisia quinquegona* Comm.）

分布于中亚热带南缘的大桂山林区，是一种非地带性类型。它出现在该地海拔120～150m的地带，北面有海拔1000m以上的山峰为屏障，环境温暖而湿润。群落处于中年期，属残存的林片，200m^{2}样地有乔木14种、47株。上层林木高15～20m，胸径25～35cm，最高26m，最粗83cm，以公孙锥为多，有5株，此外还有红山梅1株，天料木2株和小叶青冈2株。中层林木的数量与上层相近，为10株，仍以公孙锥为优势，其他有硬壳桂、橄榄、罗浮槭等。下层林木数量增至28株，种类没有大的变化，但个体数量以中平树为多，其他较重要的有橄榄、米槠和天料木等。灌木层植物覆盖度40%左右，种类较丰富，计有32种，其中乔木幼树有15种，灌木和藤本植物17种。硬壳桂和公孙锥幼树幼苗最多，分别为93株和20株；其他乔木幼树的株数比较少，都在5株以内，较重要的有围涎树、橄榄和小叶青冈等。真正的灌木以海南罗伞树为优势，其他较重要的有九节、紫玉盘、大叶新木姜子、梅叶冬青、薄叶红厚壳、草珊瑚、和广东酒饼簕等。草本植物和藤本植物都稀少。

4. 黧蒴锥林(Form. *Castanopsis fissa*)

黧蒴锥分布于我国福建、广东、广西、江西、湖南、贵州的南部和云南的东南部。在广西，黧蒴锥全境都有分布，最高海拔见于桂中大瑶山古陈，海拔1700m，最低海拔见于桂北龙胜，海拔240m。以黧蒴锥为主的类型，也见于全广西，是壳斗科中分布最广泛的类型，但面积较大、连片分布的少见，大多数是零星小片的出现。纵观它在广西的分布情况，主要还是见于中部地带(南亚热带)，所以把它置入季风常绿阔叶林的范畴，作为南亚热带的地带性植被，而在北热带(桂南)和亚热带(桂北)出现的类型，作为一种非地带性植被类型，不同地带的黧蒴锥类型，其组成种类都有不同。黧蒴锥林的立地条件类型为红壤或赤红壤，在石灰岩山地没有分布，因此，它的分布区的连续性也受到地层的限制。

黧蒴锥是个喜光性较强的阳性树种，天然更新能力很强，在有种源的地区，在采伐迹地、丢荒地和林窗处，都能很快更新，形成次生常绿阔叶林，在幼龄阶段，由于单位面积上个体数密度很大而称为丛林，因此，它是一个阳性的次生常绿先锋树种。在未很郁闭的林分，林下幼苗幼树很多，但在郁闭度较大的林分，即使母树很多，种源来源丰富，更新也不良好。因此，它是一个不稳定的群落，在向前发展的进程中，会被更喜阴的常绿阔叶树取代，如红锥、吊皮锥、公孙锥、黄果厚壳桂等，形成原生性的常绿阔叶林。

黧蒴锥林的类型虽然很多，但它材质很次，群众不愿保护，经常砍伐除去，大多数类型受到较严重的破坏，结构很不完整，种类组成十分混杂。广西常见的有如下几种类型。

(1)黧蒴锥 - 黧蒴锥 + 鹅掌柴 - 笔罗子 - 黧蒴锥 - 多羽复叶耳蕨 + 狗脊蕨群落(*Castanopsis fissa* - *Castanopsis fissa* + *Schefflera heptaphylla* - *Meliosma rigida* - *Castanopsis fissa* - *Arachniodes amoena* + *Woodwardia japonica* Comm.)

本群落见于阳朔县兴坪镇胡家源林场，面积不大，零星小片分布，虽然是当地保存较好的森林，但亦受到不同程度的破坏，林内伐桩可见。分布地海拔380～430m，立地条件类型地层为下泥盆纪砂岩，土壤为山地红壤，枯枝落叶层厚约3～4cm，覆盖地表70%。

乔木层郁闭度尚大，为0.7～0.9，结构虽然勉强可分为3个亚层，但已受到破坏，上层林木严重减少，几乎不存在。第一亚层林木高15～17m，基径27～54cm，从表9-153可知，700m^2样地只有林木4种、7株，每100m^2平均只有1株，株数只占乔木层总株数的4.4%，但基面积尚大，占乔木层总基面积的35.1%，排列第二位。该亚层优势种为黧蒴锥，有3株，重要值指数120.9；次为褐毛杜英，有2株，重要值指数98.6；其余两种为单株出现。第二亚层林木高8～14m，基径8～34cm，700m^2样地有林木15种、62株，本亚层基面积最大，占乔木层总基面积的53.2%。优势种为黧蒴锥，有11株，重要值指数66.0；次优势种为鹅掌柴，有13株，重要值指数59.5；常见的种类为球花脚骨脆、罗浮柿和笔罗子。第三亚层林木高3～7m，基径3～12cm，700m^2样地有林木27种、89株，株数虽然占乔木层总株数的56.3%，排列第一，但植株细小，基面积只占乔木层总基面积的11.7%，排列第三位。优势种为笔罗子，有15株，重要值指数43.0；其他的种类重要值指数不很突出，比较重要的有红山梅、球花脚骨脆、鼠刺、黧蒴锥和鹅掌柴，重要值指数分别为29.2、28.8、26.4、22.8和21.7。

表9-153 黧蒴锥 - 黧蒴锥 + 鹅掌柴 - 笔罗子 - 黧蒴锥 - 多羽复叶耳蕨 + 狗脊蕨群落乔木层种类组成及重要值指数

(样地号：$Q_{110}+Q_{112}+Q_{113}$，样地面积：700m^2，地点：阳朔县兴坪胡家源林场，海拔：380～430m)

序号	树种	基面积(m^2)	株数	频度(%)	重要值指数
		乔木Ⅰ亚层			
1	黧蒴锥	0.41	3	28.6	120.914
2	褐毛杜英	0.337	2	28.6	98.583
3	黄杞	0.113	1	14.3	43.313
4	樟	0.057	1	14.3	37.193
	合计	0.918	7	85.7	300.003
		乔木Ⅱ亚层			
1	黧蒴锥	0.44	11	71.4	66.03

（续）

序号	树种	基面积(m²)	株数	频度(%)	重要值指数
2	鹅掌柴	0.351	13	57.1	59.529
3	球花脚骨脆	0.083	12	57.1	38.682
4	罗浮柿	0.117	5	28.6	23.133
5	红润楠	0.109	5	28.6	22.569
6	笔罗子	0.042	5	42.9	21.096
7	山榕	0.136	2	28.6	19.654
8	软荚红豆	0.028	1	14.3	6.983
9	山乌桕	0.025	1	14.3	6.774
10	披针叶杜英	0.003	2	14.3	6.769
11	老鸦铃	0.015	1	14.3	6.052
12	？树	0.015	1	14.3	6.052
13	红山梅	0.011	1	14.3	5.759
14	天料木	0.008	1	14.3	5.511
15	变叶榕	0.006	1	14.3	5.403
	合计	1.392	62	428.6	299.998
乔木Ⅲ亚层					
1	笔罗子	0.041	15	85.7	43.033
2	红山梅	0.073	3	14.3	29.164
3	球花脚骨脆	0.035	8	57.1	28.792
4	鼠刺	0.017	11	57.1	26.395
5	黧蒴锥	0.03	6	42.9	22.757
6	鹅掌柴	0.023	5	57.1	21.742
7	天料木	0.012	8	28.6	17.153
8	罗浮柿	0.026	2	28.6	15.011
9	细柄五月茶	0.006	4	28.6	10.666
10	变叶榕	0.003	3	28.6	8.546
11	黄棉木	0.003	4	14.3	7.452
12	红楠	0.003	3	14.3	6.45
13	光叶山矾	0.008	1	14.3	5.806
14	山榕	0.005	1	14.3	4.886
15	竹叶木姜子	0.001	2	14.3	4.848
16	毛果巴豆	0.001	2	14.3	4.764
17	烟斗柯	0.004	1	14.3	4.503
18	三花冬青	0.004	1	14.3	4.503
19	蜜茱萸	0.002	1	14.3	3.89
20	老鸦铃	0.002	1	14.3	3.89
21	光叶海桐	0.002	1	14.3	3.769
22	雷公鹅耳枥	0.002	1	14.3	3.769
23	黄丹木姜子	0.001	1	14.3	3.66
24	枫香树	0.001	1	14.3	3.66
25	杜英1种	0.001	1	14.3	3.66
26	赤楠	0.001	1	14.3	3.66
27	毛冬青	0.001	1	14.3	3.564
	合计	0.307	89	671.4	299.995
乔木层					
1	黧蒴锥	0.88	20	85.7	55.815
2	鹅掌柴	0.375	18	57.1	32.055
3	笔罗子	0.083	20	100	26.958
4	球花脚骨脆	0.118	20	57.1	23.522
5	褐毛杜英	0.337	2	28.6	17.301
6	罗浮柿	0.143	7	57.1	16.248
7	鼠刺	0.017	11	57.1	13.96
8	红楠	0.112	8	28.6	12.519

（续）

序号	树种	基面积(m^2)	株数	频度(%)	重要值指数
9	山榕	0.141	3	28.6	10.458
10	天料木	0.02	9	28.6	9.63
11	红山梅	0.084	4	14.3	7.331
12	黄杞	0.113	1	14.3	6.554
13	变叶榕	0.009	4	28.6	6.057
14	细柄五月茶	0.006	4	28.6	5.931
15	樟	0.057	1	14.3	4.408
16	黄棉木	0.003	4	14.3	4.216
17	老鸦铃	0.017	2	14.3	3.516
18	软荚红豆	0.028	1	14.3	3.304
19	山乌桕	0.025	1	14.3	3.193
20	披针叶杜英	0.003	2	14.3	2.965
21	竹叶木姜子	0.001	2	14.3	2.909
22	毛果巴豆	0.001	2	14.3	2.899
23	？树	0.015	1	14.3	2.808
24	光叶山矾	0.008	1	14.3	2.52
25	烟斗柯	0.004	1	14.3	2.367
26	三花冬青	0.004	1	14.3	2.367
27	蜜茱萸	0.002	1	14.3	2.295
28	光叶海桐	0.002	1	14.3	2.281
29	雷公鹅耳枥	0.002	1	14.3	2.281
30	黄丹木姜子	0.001	1	14.3	2.268
31	枫香树	0.001	1	14.3	2.268
32	杜英1种	0.001	1	14.3	2.268
33	赤楠	0.001	1	14.3	2.268
34	毛冬青	0.001	1	14.3	2.257
	合计	2.617	158	900	300.001

老鸦铃 *Styrax hemsleyanus*

从整个乔木层分析，黧蒴锥、鹅掌柴和笔罗子的重要值指数分别为55.8、32.1和27.0，排列第一、第二和第三位，这是正常的。因为黧蒴锥为第一和第二亚层的优势种，在第三亚层重要值指数排列第五；鹅掌柴为第二亚层的次优势种；笔罗子为第三亚层的优势种。球花脚骨脆、鼠刺、红楠和天料木个体数虽然较多，但植株细小，重要值指数不会很大；褐毛杜英植株虽然较粗大，但个体数不多，重要值指数也不会很大；其他的种类多数是偶见种，多数为单株出现，重要值指数自然很小。

本类型地处中亚热带的南缘，种类组成过渡性质明显，乔木层植物笔罗子、鹅掌柴、红山梅、天料木、球花脚骨脆等，灌木层植物红鳞蒲桃、九节、黄果厚壳桂、亮叶猴耳环等，草本层植物金毛狗脊、扇叶铁线蕨和福建观音座莲等，藤本植物买麻藤，都常见于南亚热带季风常绿阔叶林。

灌木层植物覆盖度30%～40%，从表9-154可知，700m^2样地有44种，无论是种数还是数量都是乔木的幼树居多，真正的灌木种类和数量都不多。乔木的幼树最多的是黧蒴锥，次为鹅掌柴、毛果巴豆和笔罗子；真正的灌木比较常见的有毛冬青、粗叶榕和蜜茱萸等。

草本层植物覆盖度30%～40%，700m^2样地有23种，蕨类植物居多，占16种。优势种为多羽复叶耳蕨和狗脊蕨，而金毛狗脊和骤尖楼梯草局部占优势，常见的种类有江南星蕨和艳山姜等。

藤本植物种类和数量都较多，700m^2样地有17种。数量最多的是买麻藤和网脉酸藤子，网脉酸藤子最长可达25m，茎粗3～6cm，攀援高度8m。

表 9-154　黧蒴锥－黧蒴锥＋鹅掌柴－笔罗子－黧蒴锥－多羽复叶耳蕨＋狗脊蕨群落灌木层和草本层种类组成及分布情况

序号	种类	多度盖度级							频度（%）	更新（株）	
		Ⅰ	Ⅱ	Ⅲ	Ⅳ	Ⅴ	Ⅵ	Ⅶ		幼苗	幼树
	灌木层植物										
1	黧蒴锥	4	1	3	3	5	5	5	100.0	190	208
2	鹅掌柴	3	3	1	4	1	1	3	100.0		15
3	毛果巴豆	3	3	1	3	1	2	2	100.0		
4	笔罗子	4	1	1		3	3	3	85.2	10	30
5	毛冬青	1	3	1		2	2	2	85.2		
6	粗叶榕	1		1	1	1	2	2	85.2		
7	鼠刺	1	3			1	2	4	71.4		
8	蜜茱萸	1	3	3		1		2	71.4		
9	山香圆	1	1	1	3		2		71.4		
10	杜茎山		3	1	1		2	2	71.4		
11	球花脚骨脆	3	4			1		1	57.1		11
12	长尾毛蕊茶	1	3			1		2	57.1		
13	山榕	1	1	3	3				57.1		
14	光叶海桐	1			1	1		3	57.1		
15	红鳞蒲桃		1		1			1	42.9		4
16	黄丹木姜子			1		2	2		42.9		5
17	天料木				3	1	2		42.9	9	4
18	细柄五月茶	3				1			28.6		
19	油茶				1	1			28.6		
20	黄棉木					2	2		28.6		
21	九节					2	2		28.6		
22	罗浮柿					1	3		28.6		10
23	光叶海桐			3					14.3		
24	构树			1					14.3		
25	香港大沙叶				3				14.3		
26	黄果厚壳桂				1				14.3		
27	烟斗柯					3			14.3		
28	软荚红豆					1			14.3		1
29	红山梅					1			14.3		1
30	亮叶围涎树					1			14.3		1
31	赤楠						2		14.3		
32	栲						1		14.3	2	1
33	草珊瑚							2	14.3		
34	锈叶新木姜子							3	14.3		11
35	褐毛杜英							2	14.3		
36	桃叶石楠							1	14.3		
37	变叶榕							2	14.3		
38	山鸡椒							1	14.3		
39	光叶山矾							2	14.3		
40	山桂花							1	14.3		1
41	多花杜鹃							1	14.3		
42	披针叶杜英							1	14.3		1
43	粗叶榕	1							14.3		
44	金花树	1							14.3		
	草本层植物										
1	多羽复叶耳蕨	6	5	5	7	2	3		85.2		
2	狗脊蕨	4		3	3	5	5	5	85.2		
3	江南星蕨	3	2	2	2	2	2		85.2		
4	艳山姜	3		3	2		2	3	71.4		
5	半边旗	1	2	1		2	2		71.4		

（续）

序号	种类	多度盖度级							频度(%)	更新(株)	
		Ⅰ	Ⅱ	Ⅲ	Ⅳ	Ⅴ	Ⅵ	Ⅶ		幼苗	幼树
6	倒挂铁角蕨	1	1	1			2	2	71.4		
7	骤尖楼梯草	4	5	4	2				57.1		
8	芒	2	1		1			1	57.1		
9	十字薹草			1		1	1	3	57.1		
10	金狗毛					5	5	4	42.9		
11	直立卷柏	2				2	2		42.9		
12	扇叶铁线蕨	2				2		2	42.9		
13	迷人鳞毛蕨					1	3	2	42.9		
14	铁角蕨	1	1		1				42.9		
15	福建观音座莲		1	1				28.6			
16	山菅					1		1	28.6		
17	阔鳞鳞毛蕨	3							14.3		
18	芒萁							3	14.3		
19	石韦					2			14.3		
20	海金沙	1							14.3		
21	边缘鳞盖蕨	1							14.3		
22	鸢尾		1						14.3		
23	狗尾草				1				14.3		
	藤本植物										
1	买麻藤	4	4	4	4	1	4	3	100.0		
2	网脉酸藤子	1	4	1	1	3	3	3	100.0		
3	暗色菝葜	1			1	2	2	2	71.4		
4	小绿刺	3	4	4	4				57.1		
5	土茯苓	1				2	1	1	57.1		
6	藤黄檀			1		1	2	3	57.1		
7	玉叶金花	1	1		1				42.9		
8	膜叶槌果藤	1		1	1				42.9		
9	菝葜			1	4			3	42.9		
10	鸡血藤 1 种	1	1						28.6		
11	防己科藤 1 种	1		1					28.6		
12	亮叶中南鱼藤	3					2		28.6		
13	常春藤			1					14.3		
14	亮叶崖豆藤				3				14.3		
15	无柄五层龙				1				14.3		
16	网脉崖豆藤							3	14.3		
17	节节藤	1							14.3		

直立卷柏 *Selaginella* sp.　　铁角蕨 *Asplenium* sp.

从表 9-154 可知，本类型目前林木优势种黧蒴锥、鹅掌柴和笔罗子，更新都还良好，尤其是黧蒴锥，700m^{2}样地有幼苗 190 株，幼树 208 株，因此，群落如果不受到破坏，还可以保持较长时间的稳定。

(2)黧蒴锥－栲－南天竹－狗脊群落(*Castanopsis fissa* – *Castanopsis fargesii* – *Nandina domestica* – *Woodwardia japonica* Comm.)

本群落见于富川县涝溪，立地条件类型为发育于砂页岩上的森林红壤。群落受人为影响较大，为群众砍薪之地。乔木层总覆盖度 60%～65%，只有 2 个亚层。上层林木高 16～20m，覆盖度 30%，该层林木种类和个体数都不多，以黧蒴锥为优势，次优势为木荷和鹿角锥，常见的有栲，偶尔见到的有大叶新木姜子。下层林木数量和种类比上层多，高 5～12m，覆盖度 55%，优势种为鼠刺，栲和双齿山茉莉次之，常见的种类有黧蒴锥、黄杞、光叶山矾、披针叶杜英、小果山龙眼、杨桐、单叶泡花树(*Meliosma thorelii*)等，零星分布的有柯、木竹子、栓叶安息香、竹叶木姜子、绒毛润楠、软荚红豆、疏花卫矛等。

灌木层植物发达，覆盖度 85%，以南天竹占优势，乔木的幼树黧蒴锥和栲也不少，常见的有三花冬青、黄杞、鼠刺、双齿山茉莉、披针叶杜英、柏拉木等，零星出现的有杜茎山、虎皮楠、短梗新木姜子、草珊瑚、光叶山矾等。

草本层植物不太发达，覆盖度30%，以狗脊蕨为优势，常见的有艳山姜、中华里白等，零星出现的有沿阶草、卷柏、山菅、剑叶耳草等。

藤本植物种类和数量都稀少，较常见的种类有流苏子、网脉酸藤子等，偶尔见到的有土茯苓、菝葜、海金沙等。

本群落种类组成特殊之处在于灌木层植物以南天竹占优势，这是常绿阔叶林灌木层植物很少见到的。

(3)黧蒴锥－刺毛杜鹃－广东假木荷－狗脊群落(*Castanopsis fissa* – *Rhododendron championiae* – *Craibiodendron scleranthum* var. *kwangtungense* – *Woodwardia japonica* Comm.)

本类型见于南亚热带金秀县大樟，海拔510m，立地条件类型为发育于红色砂岩上的山地红壤。地表枯枝落叶层厚约3～5cm，覆盖度75%，分解中等，表土层厚37cm，其中腐殖质层厚4cm，土壤较肥沃。

该群落曾经受过破坏，林内伐桩可见，是一个刚发展成具有2个乔木亚层的次生林，目前破坏不很严重。乔木层郁闭度0.8，第一亚层林木高8～10m，个别植株高12m，基径9～17cm，从表9-155可知，200m^{2}样地有8种、28株，株数占整个乔木层总株数的41.8%，基面积占整个乔木层总基面积的61.7%。优势种黧蒴锥有17株，重要值指数138.8，占有明显的优势；次优势种为广东假木荷，有3株，重要值指数50.1，它是桂中桂东季风常绿阔叶林常见的成分；常见的种类为黄杞，其他的种类都是单株出现。本亚层落叶阔叶树有枫香树和南酸枣2种。第二亚层林木高4～7m，基径5～12cm，200m^{2}样地有11种、39株，种数和个体数比上层多。优势种为刺毛杜鹃，有14株，重要值指数90.6；次优势种为黧蒴锥和黄杞，都有7株，重要值指数分别为53.0和46.3；其他8种重要值指数不突出，分配比较分散，在22～10之间。从整个乔木层分析，黧蒴锥株数最多，200m^{2}样地有24株，它在上层占有明显的优势，在下层排列第二，故在整个乔木层中优势仍很明显，重要值指数达到89.5；刺毛杜鹃有14株，排列第二，它是下层林木的优势种，在整个乔木层中重要值指数仍可以排列第二，为46.3；黄杞和广东假木荷，是常见的组成种类，株数分别有10株和5株，重要值指数分别为34.8和29.8，分排第三和第四位，与它们的性状相符；其他的种类属于偶见种，个体数很少，或植株细小，重要值指数自然很小。

表9-155　黧蒴锥－刺毛杜鹃－广东假木荷－狗脊蕨群落乔木层种类组成及重要值指数

（样地号：瑶山110，样地面积：10m×20m，地点：金秀大樟河旱冲山，海拔：510m）

序号	树种	基面积(m^2)	株数	频度(%)	重要值指数
		乔木Ⅰ亚层			
1	黧蒴锥	0.269	17	100	138.784
2	广东假木荷	0.09	3	100	50.13
3	黄杞	0.034	3	50	28.109
4	枫香树	0.023	1	50	18.473
5	南酸枣	0.02	1	50	17.913
6	广东山胡椒	0.011	1	50	16.014
7	绒润楠	0.01	1	50	15.624
8	罗浮柿	0.006	1	50	14.945
	合计	0.463	28	50	299.992
		乔木Ⅱ亚层			
1	刺毛杜鹃	0.119	14	100	90.582
2	黧蒴锥	0.063	7	100	53.012
3	黄杞	0.043	7	100	46.283
4	厚斗柯	0.008	2	100	21.191
5	岭南柿	0.023	2	50	19.684
6	广东假木荷	0.006	2	50	14.013
7	丁香杜鹃	0.013	1	50	13.844
8	绒润楠	0.005	1	50	10.978

（续）

序号	树种	基面积(m^2)	株数	频度(%)	重要值指数
9	枫香树	0.004	1	50	10.568
10	罗浮柿	0.002	1	50	9.913
11	赛山梅	0.002	1	50	9.913
	合计	0.288	39	750	299.984
乔木层					
1	鳖荊锥	0.331	24	100	89.495
2	刺毛杜鹃	0.119	14	100	46.267
3	黄杞	0.077	10	100	34.76
4	广东假木荷	0.096	5	100	29.814
5	枫香树	0.027	2	100	16.045
6	绒润楠	0.015	2	100	14.444
7	罗浮柿	0.008	2	100	13.618
8	厚斗柯	0.008	2	100	13.555
9	岭南柿	0.023	2	50	10.771
10	南酸枣	0.02	1	50	8.933
11	丁香杜鹃	0.013	1	50	8.023
12	广东山胡椒	0.011	1	50	7.761
13	赛山梅	0.002	1	50	6.516
	合计	0.751	67	1050	300.002

从表9-156可知，灌木层植物200m^2样地有20种，数量较丰富，覆盖度达55%～60%，但种数和覆盖度都以乔木的幼树为主，真正的灌木种类和数量都不多。乔木的幼树以广东假木荷最多，次为鳖荊锥，真正的灌木以毛石楠(*Photinia* sp.)比较常见，九管血局部占优势。

草本层植物种类和数量都稀少，200m^2样地只有6种，覆盖度10%～15%。占优势的种类为狗脊蕨和五节芒，扇叶铁线蕨局部占优势。

藤本植物种类和数量都稀少，比较常见的为岭南鸡血藤(*Millettia* sp.)和小叶买麻藤。

从表9-156可知，群落天然更新尚好，200m^2样地广东假木荷有幼苗12株，幼树27株，鳖荊锥有幼苗13株，幼树17株，说明群落目前透光度尚好，鳖荊锥还可以保持较长时间的优势。

表9-156　鳖荊锥－刺毛杜鹃－广东假木荷－狗脊蕨群落灌木层和草本层种类组成及分布情况

序号	种类	多度盖度级		频度(%)	更新(株)	
		Ⅰ	Ⅱ		幼苗	幼树
灌木层植物						
1	广东假木荷	7	6	100.0	12	27
2	鳖荊锥	4	4	100.0	13	17
3	毛石楠	2	2	100.0		
4	刺叶桂樱	1	2	100.0		
5	围涎树	1	2	100.0		
6	九管血		4	50.0		
7	刺毛杜鹃	4		50.0		
8	黄杞		3	50.0		
9	绒润楠		3	50.0	5	
10	海南罗伞树		3	50.0		
11	马银花		3	50.0		
12	厚斗柯	2		50.0		
13	栲		2	50.0		
14	岭南柿		1	50.0		
15	新木姜子	1		50.0		
16	南烛	1		50.0		
17	黄丹木姜子		1	50.0		
18	野漆		1	50.0		
19	杨梅		1	50.0		
20	亮叶围涎树		1	50.0		

（续）

序号	种类	多度盖度级		频度（%）	更新（株）	
		Ⅰ	Ⅱ		幼苗	幼树
			草本层植物			
1	狗脊蕨	4	2	100.0		
2	五节芒	2	4	100.0		
3	扇叶铁线蕨		4	50.0		
4	淡竹叶	1		50.0		
5	草珊瑚	1		50.0		
6	毛果珍珠茅	1		50.0		
			藤本植物			
1	岭南鸡血藤	sp	sol	100.0		
2	小叶买麻藤	sol	sol	100.0		
3	网脉酸藤子	sp		50.0		
4	瘤皮孔酸藤子		sp	50.0		
5	酸藤子		sp	50.0		

岭南鸡血藤 *Millettia* sp.

（4）锥＋黧蒴锥－黧蒴锥－海南罗伞树－栀子－金毛狗脊群落（*Castanopsis chinensis* + *Castanopsis fissa* – *Castanopsis fissa* – *Ardisia quinquegona* – *Gardenia jasminoides* – *Cibotium barometz* Comm.）

本群落见于浦北县六万山，海拔500m，该地属于北热带山地。立地条件类型为发育于花岗岩坡积物上的森林黄壤，枯枝落叶层较薄，厚仅1cm，但土层较深厚，腐殖质层厚4.0cm左右，腐殖质含量较高。

该林片虽然是该地保存较好的原生性较强的森林，林木高大，乔木层尚保持3个亚层的结构，但周围林地已受到严重破坏，已是一片残林，种类组成简单，个体数量减少，灌木层和草本层受到比较严重的破坏。

乔木层总郁闭度0.9，第一亚层林木一般高15～22m，最高26～28m，一般基径22～50cm，最粗76～93cm，覆盖度80%，从表9-157可知，400m^2样地有林木5种、13株。该亚层个体数最少，只占乔木层总株数的16.3%，但植株粗大，基面积占整个乔木层总基面积的75.7%，优势种为锥，只有3株，但它是该亚层最粗大的林木，基面积占该亚层总基面积的66.0%，重要值指数达122.4；次优势种为黧蒴锥，有6株，虽然个体数比锥多，但粗度不如锥，重要值指数只有104.6，排列第二；其他3种，只有1～2株，植株也不够粗大，重要值指数较小。第二亚层林木高8～14m，基径8～45cm，覆盖度60%，400m^2样地有林木8种、28株，基面积0.7086m^2，排第二。该亚层优势种为黧蒴锥，有10株，重要值指数121.6，优势明显；较重要的种类为小果山龙眼，有6株，重要值指数60.6。第三亚层林木高4～7m，基径4～10cm，覆盖度30%，400m^2样地有林木10种、39株，个体数最多，占乔木层总株数的48.8%，但植株细小，基面积只占乔木层总基面积的3.7%。优势种为海南罗伞树，有12株，重要值指数65.6，它本是灌木层植物，但高度已进入第三亚层林木的空间；次优势种为小果山龙眼，有6株，重要值指数57.5；常见的有樟科1种，重要值指数40.7；黧蒴锥在本亚层重要值指数为27.7，排列第四。从整个乔木层分析，锥植株虽然粗大，基面积最大，但它个体数少，只有3株，仅在第一亚层出现，并占优势，但在整个乔木层重要值指数只有64.0，排列第二；黧蒴锥个体数最多，有19株，在3外亚层都有出现，并在第二亚层占优势，在第一和第三亚层占次优势，在整个乔木层中，重要值指数为70.3，排列第一；小果山龙眼有14株，在3个亚层都有出现，其中在第二和第三亚层居于次优势的地位，故重要值指数可达40.8，排列第三；海南罗伞树植株虽然不少，有13株，但它植株细小，在整个乔木层重要值指数只有27.4。

表9-157　锥＋黧蒴锥－黧蒴锥－海南罗伞树－栀子－金毛狗脊群落乔木层种类组成及重要值指数

（样地号：六Q_1，样地面积：20m×20m，地点：浦北县六万山新坡，海拔：500m）

序号	树种	基面积（m^2）	株数	频度（%）	重要值指数
		乔木Ⅰ亚层			
1	锥	1.714	3	75	122.372

（续）

序号	树种	基面积(m²)	株数	频度(%)	重要值指数
2	鬣蒴锥	0.654	6	75	104.649
3	小果山龙眼	0.164	2	25	32.807
4	细子龙	0.062	1	25	21.173
5	臀果木	0.005	1	25	18.997
	合计	2.598	13	225	299.999
		乔木Ⅱ亚层			
1	鬣蒴锥	0.467	10	75	121.585
2	小果山龙眼	0.136	6	75	60.57
3	樟科1种	0.021	4	50	30.545
4	臀果木	0.022	3	50	27.085
5	鹅掌柴	0.027	2	50	24.245
6	毛黄肉楠	0.023	1	25	13.441
7	野茉莉	0.01	1	25	11.579
8	海南罗伞树	0.005	1	25	10.947
	合计	0.709	28	375	299.998
		乔木Ⅲ亚层			
1	海南罗伞树	0.024	12	75	65.623
2	小果山龙眼	0.027	6	100	57.476
3	樟科1种	0.019	6	500	40.734
4	鬣蒴锥	0.005	3	75	27.677
5	鹅掌柴	0.011	3	50	26.671
6	凹脉冬青	0.011	3	25	21.84
7	臀果木	0.014	2	25	21.497
8	桢楠?	0.007	2	25	15.636
9	山竹子科1种	0.006	1	25	12.825
10	壳斗科1种	0.003	1	25	10.048
	合计	0.127	39	475	300.026
		乔木层			
1	鬣蒴锥	1.126	19	1	70.328
2	锥	1.714	3	75	64.001
3	小果山龙眼	0.326	14	100	40.798
4	海南罗伞树	0.029	13	75	27.448
5	鹅掌柴	0.037	5	100	21.134
6	樟科1种	0.04	10	50	20.55
7	臀果木	0.041	6	50	15.581
8	凹脉冬青	0.011	3	25	7.528
9	细子龙	0.062	1	25	6.491
10	桢楠?	0.007	2	25	6.143
11	毛黄肉楠	0.023	1	25	5.359
12	野茉莉	0.01	1	25	4.975
13	山竹子科1种	0.006	1	25	4.884
14	壳斗科1种	0.003	1	25	4.781
	合计	3.434	80	725	300

灌木层植物种类尚多，从表9-158可知，400m²样地有16种，但数量稀少，一般覆盖度只有15%，个别地段有30%。比较常见的是栀子，长叶山胡椒(*Lindera* sp.)和小果山龙眼次之。原是灌木层植物优势种的海南罗伞树，由于已进入并成为第三亚层林木的优势种，在灌木层数量已不多。

表9-158　锥+鬣蒴锥－鬣蒴锥－海南罗伞树－栀子－金毛狗脊群落灌木层和草本层种类组成及分布情况

序号	种名	多度盖度级				频度(%)	更新(株)	
		Ⅰ	Ⅱ	Ⅲ	Ⅳ		幼苗	幼树
				灌木层植物				
1	栀子	2	3	2	4	100.0		
2	长叶山胡椒	3		3	4	75.0		

第八章　常绿阔叶林

（续）

序号	种名	多度盖度级				频度(%)	更新(株)	
		Ⅰ	Ⅱ	Ⅲ	Ⅳ		幼苗	幼树
3	小果山龙眼		3	3	4	75.0	12	16
4	白栎		2		2	50.0		
5	粗叶榕	3	2			50.0		
6	柏拉木		2		1	50.0		
7	蓝果树		2		4	50.0		
8	大毛柿		2			25.0		
9	构树		2			25.0		
10	毛果算盘子		2			25.0		
11	桢楠		2			25.0		
12	凹脉冬青		2			25.0		
13	鹅掌柴		2			25.0		3
14	围涎树			3		25.0		9
15	黄毛榕	1				25.0		
16	海南罗伞树		3			25.0		
草本层植物								
1	金毛狗脊	6	5	5	5	100.0		
2	卷柏	4	3	5	4	100.0		
3	扇叶铁线蕨	2	2	2		75.0		
4	蕨 1		2		3	50.0		
5	蕨 2			2		25.0		
6	蕨 3			1		25.0		
7	蕨 4				2	25.0		
8	蕨 5				3	25.0		
9	草珊瑚		2			25.0		
藤本植物								
1	山蒟	sp	sol		sp	75.0		
2	络石		sol			25.0		
3	买麻藤		sol			25.0		

大毛柿 *Diospyros* sp.　　凹脉冬青 *Ilex* sp.

草本层植物种类不多，400m^{2}样地只有 9 种，数量分布不均匀，有的地段覆盖度 25% ~30%，有的地段覆盖度 50% ~60%。金毛狗脊占有较明显的优势，次为卷柏。

藤本植物种类和数量都稀少，400m^{2}只有 3 种。

从表 9-158 看出，优势种黧蒴锥和锥更新不良，而小果山龙眼更新尚好。

(5)黧蒴锥 - 鹅掌柴 - 海南罗伞树 - 狗脊蕨 + 金毛狗脊群落(*Castanopsis fissa* - *Schefflera heptaphylla* - *Ardisia quinquegona* - *Woodwardia japonica* + *Cibotium barometz* Comm.)

本群落见于贺县、昭平一带山地，与南亚热带北缘相邻接，海拔 320 ~400m，立地条件类型为发育于花岗岩和砂页岩上的森林红壤。

群落已经受过破坏，为残存于沟谷两旁的林片，结构不完整，组成种类中多阳性的种类，其中有的是落叶成分。上层乔木 15m 左右，有的可达 20m，除黧蒴锥占优势外，常见的种类有罗浮锥、小果山龙眼、黄樟、栲、钩锥和落叶阔叶树枫香树等。下层林木黧蒴锥也很常见，其他常见的种类还有鹅掌柴和鸭公树等，零星分布的种类有小果山龙眼、栲、黄樟、罗浮锥、笔罗子、黄椿木姜子、广东冬青、米槠、广东假木荷、厚叶茜草树(*Aidia* sp.)等。

灌木层植物种类组成比较混杂，喜光和喜阴的种类，南亚热带季风常绿阔叶林和中亚热带常绿阔叶林的种类都有，乔木的幼树不少。优势种为常绿阔叶林灌木层植物的代表种海南罗伞树和杜茎山，常见的种类有黧蒴锥、黄椿木姜子、鸭公树、鹅掌柴、锈毛莓(*Rubus reflexus*)等，零星分布的种类有蜜茱萸、杖藤、露兜树、轮叶木姜子、广东冬青、罗浮柿、九节、小果山龙眼、滇粤山胡椒、红鳞蒲桃、毛果算盘子、罗浮锥、鼠刺、粗叶榕、朱砂根、广东假木荷、粗叶木、小蜡、山香圆、笔罗子、烟斗柯、五月茶、腺叶桂樱、木姜叶柯等。

草本层植物以狗脊蕨为优势，金毛狗脊和乌毛蕨也不少，常见的种类有灌木苎麻(*Bochmeria* sp.)、楼梯草等，零星分布的种类有芒萁、芒、扇叶铁线蕨、刚莠竹、宽叶莎草等。

藤本植物常见的种类有藤黄檀、亮叶崖豆藤、尖叶菝葜、买麻藤、白花酸藤子、瓜馥木、网脉崖豆藤、大百部(*Stemona tuberosa*)、网脉酸藤子、山蒟等。

(6)黧蒴锥－黄杞－海南罗伞树＋九节－乌毛蕨群落(*Castanopsis fissa* – *Engelhardia roxburghiana* – *Ardisia quinquegona* + *Psychotria rubra* – *Blechnum orientale* Comm.)

本群落见于桂平县金田林场，海拔300m，立地条件类型地层为泥盆系莲花山组砂岩泥岩，土壤为森林红壤。

本群落为受过中度择伐后的林地，不少阳性种类混生其中。林木层只能划分为2个亚层，郁闭度0.8，第一亚层林木高15m左右，覆盖度80%，黧蒴锥占优势，次为鹅掌柴和枇杷叶山龙眼，常见的种类有腺叶山矾、绢毛杜英、华润楠、厚叶琼楠、黄杞等，零星分布的种类有茶梨、红山梅等。下层林木高4~8m，覆盖度70%，以黄杞和网脉山龙眼为优势，常见的种类有山杜英、短梗新木姜子、金毛榕、围涎树、酸味子、痄腮树等，零星分布的种类有闭花木、白颜树、广东山胡椒、鼠刺、细子龙等。

灌木层植物覆盖度50%，以海南罗伞树和九节共为优势，常见的种类有黧蒴锥、集叶木姜子(*Litsea* sp.)、罗浮锥、西南粗叶木(*Lasianthus henryi*)、白藤、柏拉木、香楠、锈叶新木姜子等，零星分布的种类有红背山麻杆、蜜茱萸、露兜树、小叶卫矛(*Euonymus* sp.)等。

草本层植物覆盖度40%，以乌毛蕨为优势，次优势为金毛狗脊，常见的有山姜、鳞毛蕨、多羽复叶耳蕨等，零星分布的有芒萁、大莎草等。

藤本植物以藤槐最多，次为网脉酸藤子，常见的有藤黄檀、暗色菝葜、厚叶素馨、钩藤、瓜馥木等，零星分布的有小叶红叶藤、土茯苓、小花青藤、青藤仔、翼核果(*Ventilago leiocarpa*)等。

(7)黧蒴锥－黧蒴锥＋木荷－柃木－狗脊蕨＋金毛狗脊群落(*Castanopsis fissa* – *Castanopsis fissa* + *Schima superba* – *Eurya* sp. – *Woodwardia japonica* + *Cibotium barometz* Comm.)

此类型见于昭平七冲林区，分布范围较广，海拔800m以下的山坡、山脊都可见到。林分郁闭度0.8左右，乔木层可分为2个亚层，上层乔木高13~15m，胸径12~16cm，以黧蒴锥占明显优势，400m^{2}样地有黧蒴锥56株，树冠基本连接，其他的种类有短梗新木姜子、木竹子、黄丹木姜子、木荷等。下层林木高4~10m，胸径6~8cm，以黧蒴锥和木荷为多，较常见的种类有信宜木姜子(*Litsea* sp.)、阔瓣含笑、罗浮锥等。

灌木层植物覆盖度50%，高度2m以下，种类组成以乔木的幼树居多，真正的灌木种类较少。乔木种类的幼树主要是上层乔木种类的个体，常见的如黧蒴锥、短梗新木姜子、木竹子、木荷、罗浮锥等，此外，红锥、香皮树、丛花厚壳桂、木姜叶润楠、拟榕叶冬青、厚叶厚皮香、亮叶猴耳环、鹅掌柴、罗浮柿等也较为普遍。真正的灌木种类主要为柃木、蜜茱萸、茶、竹叶榕、金竹等。

草本层植物覆盖度30%~50%，一般高1~2.5m，以狗脊蕨和金毛狗脊为共优势，它们的覆盖度分别为20%和15%，其他常见的种类还有淡竹叶、蕨、山姜、光里白等。

藤本植物稀少，有菝葜、崖豆藤(*Millettia* sp.)、当归藤、肖菝葜、鸡矢藤、槌果藤(*Capparis* sp.)等种类，攀援高度也较低，一般在3m以下。

(8)黧蒴锥＋厚叶琼楠－滨木患－大节竹－凤丫蕨群落(*Castanopsis fissa* + *Beilschmiedia percoriacea* – *Arytera litoralis* – *Indosasa crassiflora* – *Coniogramme* sp. Comm.)

本群落见于北热带大青山主峰的半坡上，海拔800m左右，是北热带季节性雨林垂直带谱上的山地常绿阔叶林带一种类型。立地条件类型为发育于流纹岩上的森林黄壤和腐殖质土，疏松肥沃而湿润。由于地势较高，常有云雾笼罩，温度较低，空气湿度较大。这里因交通不便，行走困难，受人为破坏的程度较轻，所以现存林地较为茂密。在1个20m×25m的样方中，共有植物43种，其中乔木21种，乔木层郁闭度0.8。第一亚层林木高16m以上，种和个体数最少，只有厚叶琼楠1种、1株。第二亚层林木高8~16m，种数和个体数最多，共有15种、23株，黧蒴锥数量最多，有6株，石密3株，滨木患、山杜英、山鸡椒、八角枫各有2株，厚叶琼楠、乌口果、韶子(*Nephelium chryseum*)、大戟科2号、烟斗柯、赤杨叶、剑叶槭(*Acer lanceolatum*)、鹅掌柴和山楝各1株。第三亚层林木高4~8m，共有

9种、11株，滨木患和山榕各2株，大戟科1号、山鸡椒、烟斗柯、饭甑青冈、大花五桠果、黄果厚壳桂、茶各有1株。

根据5个2m×2m的样方调查统计，共有灌木7种，覆盖度30%，草本7种，覆盖度50%，藤本4种。灌木植物除大节竹和毛花轴榈为稀疏分布外，杜茎山、大青、九节、野牡丹和密花胡颓子（*Elaeagnus conferta*）都是单株出现；草本植物凤丫蕨相当多，平滑楼梯草（*Elatostema* sp.）、福建观音座莲、野砂仁（*Amomum* sp.）、野蕉和大叶黑桫椤（*Alsophila gigantea*）为稀疏或单株出现；藤本植物有扁担藤、翼茎白粉藤、买麻藤等4种，都是单株出现，但扁担藤和买麻藤长达十多米，攀援于乔木层树冠之上。

从5个2m×5m的样方调查统计得知，有高1.5~4m的幼树5株，其中韶子、黧蒴锥、山榕、鹅掌柴、调羹树各1株；有高0.5~1.5m幼树8株，宜昌润楠和红毛山楠（*Phoebe hungmoensis*）各2株，黧蒴锥、滨木患、石密、薄叶围涎树（*Abarema utile*）、大戟科1号和假苹婆各1株；有高0.5m以下的幼树6株，滨木患、山榕、薄叶围涎树、调羹树、山鸡椒和假苹婆各1株。

本群落位于西南部北热带季节性雨林垂直带谱上，不少种类成分带有西南部北热带季节性雨林的色彩，例如，乔木层的滨木患、石密、韶子、剑叶槭、大花五桠果；灌木层的毛花轴榈、大节竹等，都是西南北热带季节性雨林常见的成分。

（9）黧蒴锥－黧蒴锥－黧蒴锥－软弱杜茎山－狗脊蕨＋芒萁群落（*Castanopsis fissa* – *Castanopsis fissa* – *Castanopsis fissa* – *Maesa tenera* – *Woodwardia japonica* + *Dicranopteris pedata* Comm.）

该类型在桂中大平山林区分布普遍，特别是在海拔较高的山坡较为常见。样地设在海拔660m的低山中部，地表枯枝落叶层厚10cm，分解不良，林内干燥，少见苔藓。由于群落曾经受过干扰破坏，故种类组成比较混杂，阳性种类不少，其中落叶成分占有一定的比例。乔木层郁闭度0.7，分为3个亚层，从表9-159可知，400m^{2}样地内，第一亚层有林木4种、7株，黧蒴锥占有明显的优势，有4株，木荷、腺柄山矾和南酸枣各1株，其中南酸枣为落叶阔叶树。第二亚层林木有10种、41株，黧蒴锥占有明显的优势，有27株，次为木荷，有6株，其余8种为单株出现，其中枫香树为落叶阔叶树。第三亚层林木种数和株数最多，有23种、68株，仍以黧蒴锥占优势，有16株；次为阳性落叶阔叶树草鞋木，有11株；木荷和栲也不少，各有6株；其余19种，多是1~2个个体。从整个乔木层来说，无疑是黧蒴锥占优势，它的重要值指数为121.5；次为木荷，重要值指数62.1；草鞋木、栲、猴欢喜的重要值指数超过10。

表9-159　黧蒴锥－黧蒴锥－黧蒴锥－软弱杜茎山－狗脊蕨＋芒萁群落乔木层种类组成及株数统计

样地面积：4个100m^{2}样地，地点：桂平县大平山林场斜冲，海拔：660m

序号	种名	各层株数			总株数	频度（%）
		Ⅰ	Ⅱ	Ⅲ		
1	黧蒴锥	4	27	16	47	100
2	木荷	1	6	6	13	75
3	草鞋木			11	11	75
4	栲			6	6	50
5	腺柄山矾	1		3	4	50
6	猴欢喜			3	3	25
7	鹅掌柴			1	1	25
8	罗浮柿		1	1	2	50
9	黄杞			2	2	50
10	木油桐			2	2	50
11	竹叶木姜子			2	2	50
12	羊舌树			2	2	50
13	大花枇杷			2	2	50
14	红鳞蒲桃		1	1	2	25
15	密花树			2	2	25
16	黄果厚壳桂		1		1	25
17	褐叶柄果木			1	1	25
18	单毛桤叶树			1	1	25

（续）

序号	种名	各层株数			总株数	频度（%）
		Ⅰ	Ⅱ	Ⅲ		
19	广东假木荷		1		1	25
20	石果毛蕊山茶			1	1	25
21	枫香树		1		1	25
22	南酸枣	1			1	25
23	桂南柯			1	1	25
24	华润楠		1		1	25
25	广东山胡椒		1		1	25
26	栀子		1		1	25
27	香皮树			1	1	25
28	红果黄肉楠			1	1	25
29	厚壳桂			1	1	25
30	山龙眼			1	1	25
	合计	7	41	68	116	

桂南柯 *Lithocarpus phansipanensis*　　红果黄肉楠 *Actinodaphne cupularis*

灌木层植物无论是种数还是数量都以乔木的幼树居多，真正的灌木种类和数量较少。从表 9-160 可知，真正的灌木以软弱杜茎山比较常见，次为野牡丹和海南罗伞树；乔木的幼树以黧蒴锥占优势，次为草鞋木，两种都是喜光种类，石果毛蕊山茶（*Camellia mairei* var. *lapidea*）、木荷和密花树也有一定的数量。

表 9-160　黧蒴锥－黧蒴锥－黧蒴锥－软弱杜茎山－狗脊蕨＋芒萁群落灌木层和草本层种类组成及分布情况

序号	种名	多度	频度（%）	幼树（株）
	灌木层植物			
1	软弱杜茎山	sp	100	
2	野牡丹	sp	75	
3	海南罗伞树	sol	75	
4	山香圆	sol	50	
5	赤楠	sol	25	
6	柏拉木	un	25	
7	钩毛紫珠	un	25	
8	大青	un	25	
9	走马胎	un	25	
10	百日青	sol	25	
11	香楠	un	25	
12	蜜茱萸	sol	25	
13	柄果柯	un	25	
14	刺毛杜鹃	un	25	
15	华南桤叶树	sol	25	
16	黧蒴锥		100	233
17	广东假木荷		100	6
18	石果毛蕊山茶		100	47
19	木荷		100	31
20	黄杞		100	16
21	竹叶木姜子		100	12
22	密花树		100	27
23	厚壳桂		100	12
24	草鞋木		75	289
25	栲		75	9
26	鹅掌柴		75	6

（续）

序号	种名	多度	频度（%）	幼树（株）
27	山龙眼		50	20
28	黄果厚壳桂		50	4
29	腺柄山矾		50	2
30	香皮树		50	2
31	罗浮柿		25	1
32	红鳞蒲桃		25	3
33	羊舌树		25	1
34	小花红花荷		25	1
35	鸭公树		25	1
36	虎皮楠		25	1
	草本层植物			
1	狗脊蕨	sp	100	
2	芒萁	sp	100	
3	山姜	sol	100	
4	扇叶铁线蕨	sol	75	
5	黑鳞耳蕨	sol	50	
6	十字薹草	sol	50	
7	虎舌红	sol	50	
8	乌毛蕨	sol	50	
9	金毛狗脊	sol	50	
10	毛果珍珠茅	sol	50	
11	五节芒	un	25	
12	乌蔹莓	un	25	
13	耳草	un	25	
	藤本植物			
1	白藤	cop	100	
2	土茯苓	un	25	
3	抱石莲	un	25	
4	密齿酸藤子	un	25	
5	流苏子	un	25	
6	伏石蕨	un	25	

山香圆 *Turpinia* sp.　　钩毛紫珠 *Callicarpa peichieniana*　　柄果柯 *Lithocarpus longipedicellatus*

草本层植物种类和数量都较少，尤其数量，从表 9-160 可知，400m^{2}样地有 13 种。除狗脊蕨和芒萁为稀疏分布外，其余 11 种稀少或单株出现。

藤本植物以藤状灌木白藤占明显优势，分布均匀，其他的种类都是单株出现。

从表 9-160 可知，群落更新还是比较良好的，黧蒴锥幼树最多，在比较长的时间内，它还能保持在群落中的优势地位。从更新中看出，喜光的种类更新最理想，除黧蒴锥外，草鞋木更新亦较好，阳性次生常绿阔叶树木荷和黄杞也有一定数量的幼树，这都说明群落透光度尚好，郁闭度还不太大。但耐阴的常绿阔叶树种类也有了一定的更新幼树，如厚壳桂、密花树、栲、山龙眼、黄果厚壳桂等。

(10) 黧蒴锥 – 苦竹 – 卷柏群落(*Castanopsis fissa* – *Pleioblastus amarus* – *Selaginella* sp. Comm.)

群落分布于北热带十万大山东南部防城大椤口海拔 500m 以下地带，为一次生丛林，尚未出现亚层的分化。林分覆盖度很高，达 90% 以上，个体密度大，200m^{2}样地乔木层有林木 31 种、82 株，树高一般为 6 ~ 9m，个别达 12m。以黧蒴锥占优势，其个体数为 19 株，占乔木层总株数的 23. 1%；其他较重要的种类有蕈树、黄果厚壳桂、蒲桃 1 种(*Syzygium* sp.)、猴欢喜、黄杞等；仅有 1 ~ 2 株出现的种类不少，有梭子果、鱼骨木、小果冬青、岭南山竹子、银柴、锯叶竹节树、山油柑、红鳞蒲桃、长叶竹柏(*Nageia fleuryi*)、龙荔、鹊肾树、香楠等。

灌木层植物覆盖度 50%，主要由乔木的幼树组成，常见的如黧蒴锥、蒲桃 1 种、黄果厚壳桂、龙荔等，真正的灌木以苦竹为多，其他常见的有柏拉木和九节等。

草本层植物种类不多，覆盖度20%，以卷柏为优势，其他种类有山姜和紫萁等。

藤本植物少见，只见肖菝葜和狮子尾等。

本群落为北热带季节性雨林垂直带谱上的山地常绿阔叶林类型，种类组成上有北热带季节性雨林的成分，如梭子果、长叶竹柏、鹊肾树、锯叶竹节树等。

(11)黧蒴锥－杜鹃－狗脊蕨群落(*Castanopsis fissa* – *Rhododendron simsii* – *Woodwardia japonica* Comm.)

本类型是一种丛林，见于中亚热带灵川县黄屋的黄梅至西岭一带，海拔400～500m的低山中部和上部。立地条件类型为发育于砂页岩上的森林红壤，土层疏松，枯枝落叶较多，半腐殖质层厚约3cm。

乔木层总覆盖度90%，树高约8m，胸径6cm左右，树干通直，在600m^2的样地中，高出4m以上的乔木有30多种，优势种为黧蒴锥，伴生的种类有米槠、黄杞、山鸡椒、腺叶桂樱、甜槠、冬青、黄丹木姜子、罗浮柿、锈叶新木姜子、山杜英、木荷等。

灌木层植物覆度60%，一般高0.5～2m，种类组成较少，多为乔木的幼树，真正的灌木有杜鹃、鼠刺、赤楠、粗叶榕等。

由于过于荫蔽，草本层植物种类和数量都很贫乏，覆盖度仅2%～4%，高度0.5～1.5m，种类有狗脊蕨、金毛狗脊、黑莎草、淡竹叶、里白等。

藤本植物更少，只见酸藤子等小型藤本。

(12)黧蒴锥－杜茎山－金毛狗脊群落(*Castanopsis fissa* – *Maesa japonica* – *Cibotium barometz* Comm.)

本群落是一种丛林，分布于灵川县青狮潭低山中下部，海拔350m。立地条件类型为发育于砂页岩上的森林红壤，土层深厚，土体湿润，枯枝落叶较多，半腐殖质层厚约11cm。

本群落所在地为封山育林区，林木长势旺盛，平均高6m，一般胸径6cm左右，覆盖度95%，树干通直。优势种为黧蒴锥，伴生的种类有黄杞、栲、木荷、褐毛杜英、鹅掌柴等。

灌木层植物覆盖度不高，只有10%～15%，高2m左右。组成种类多为耐阴喜湿植物，如杜茎山、鼠刺、赤楠、茶和粗叶榕等。

草本层植物以耐阴喜湿植物为主，且多为蕨类植物。常见的种类有金毛狗脊、狗脊蕨、扇叶铁线蕨、毛果珍珠茅、五节芒、仙茅、山姜等。

藤本植物有亮叶中南鱼藤、链珠藤、小叶买麻藤、海金沙等。

(13)黧蒴锥－鼠刺－狗脊蕨群落(*Castanopsis fissa* – *Itea chinensis* – *Woodwardia japonica* Comm.)

本群落为一种丛林，见于灵川县九屋东源，海拔510m的低山上部。立地条件类型为发育于砂页岩上的森林红壤。

乔木层高8m，胸径6cm，覆盖度95%，林木树干通直。以黧蒴锥占绝对优势，混生的种类有栲、罗浮锥和落叶阔叶树亮叶桦、赤杨叶等。

灌木层植物覆盖度50%，高度0.5～1.5m，组成种类较丰富。乔木幼树以黧蒴锥为多，还有栲、网脉山龙眼、香皮树等；真正灌木以鼠刺为主，其他的种类有杜茎山、粗叶榕、茶、五月茶、柃木、岩木瓜等。

草本层植物覆盖度20%，以狗脊蕨为主，芒萁次之，其他还有五节芒、光里白、淡竹叶和扇叶铁线蕨等。

藤本植物数量较多，大多为小型藤本，种类有崖豆藤(*Millettia* sp.)、鸡眼藤、流苏子等。

5. 饭甑青冈林(Form. *Cyclobalanopsis fleuryi*)

饭甑青冈在我国分布于江西、福建、广东、海南、广西、贵州、云南等地。在广西全区都有分布，最低海拔230m，最高海拔可达1200m。饭甑青冈是广西常绿阔叶林比较常见的组成成员，而在季节性雨林和中山常绿落叶阔叶混交林和针阔叶混交林中不见或很少见到。并在常绿阔叶林破坏后形成的灌丛、次生林中也极少见到饭甑青冈的足迹。饭甑青冈虽然是常绿阔叶林常见的成分，但以它为主的类型很少发现。下面这个类型由于分布在北热带季节性雨林垂直带谱上的山地常绿阔叶林中，所以把它置入季风常绿阔叶林类型中。

（1）饭甑青冈－鹅掌柴－香港大沙叶－宽叶楼梯草群落（*Cyclobalanopsis fleuryi－Schefflera heptaphylla－Pavetta hongkongensis－Elatostema platyphyllum* Comm.）

本群落见于北热带大青山主峰之下，海拔800m的山坡。立地条件类型为发育于中酸性凝熔岩母质上的山地红壤。

本群落种类组成较复杂，在1个20m×33m的样地中，共出现各类主要的高等植物约78种，其中乔木有28种。乔木层郁闭度0.8～0.9，一般树高9～13m，一般胸径10～20cm，共有林木53株，以饭甑青冈、滨木患、鹅掌柴、厚叶琼楠等为优势种或代表种。乔木可分3个亚层，但第一亚层林木只有龙荔、宜昌润楠和柯3种、3株，高16m以上；第二亚层林木高8～16m，种数和株数是3个亚层中最多的一个亚层，共有20种、37株，以饭甑青冈株数最多，有5株，次为滨木患，有4株，有3株的种类为腺叶桂樱、山榕，2株的种类有山龙眼、厚叶琼楠、乌口果、石山柿4种，1株的种类有山楝、山鸡椒、剑叶槭、罗浮槭、穗花杉、锈毛梭子果、黧蒴锥、阴香、鼠刺、青冈、柯11种。第三亚层林木高4～8m，有林木13种、13株，每种各1株，种类为鹅掌柴、山楝、调羹树、银柴、穗花杉、锈毛梭子果、黄叶树、冬青1种、红毛山楠、宜昌润楠、柯、大果榕、滨木患。

根据5个2m×2m的小样方调查的灌木层、草本层和藤本植物的结果如下：

由于乔木茂密，所以灌木种类较少，覆盖度亦小，仅有疏花卫矛、香港大沙叶、白花龙船花、九节、番荔枝科1种等种类，除香港大沙叶为稀疏分布外，其他为单株出现。

草本层植物较为发达，共有11种，覆盖度50%。以宽叶楼梯草和裂叶秋海棠为优势，两种达到相当多的程度，多花黄精（*Polygonatum cyrtonema*）、细毛鸭嘴草、蜘蛛抱蛋、红麻风草、山麦冬、长序砂仁（*Amonum gagnepainii*）、下延义蕨、地耳蕨（*Quercifilix zeylanica*）、蕨1种都为零散或单株分布。

藤本植物有葛藟葡萄、粗叶悬钩子、狮子尾、马槟榔（*Capparis masaikai*）、异果崖豆藤和聚石斛（*Dendrobium lindleyi*）7种，其中狮子尾为半附生的藤本，数量都为零散或单株出现。

用5个2m×5m的小样方统计幼树的结果如下：

有高1.5～4m的一级苗4种、4株，种类是锈毛梭子果、黧蒴锥、鹅掌柴和鼠刺；高0.5～1.5m的二级苗10种、11株，除银柴有2株外，滨木患、山榕、鱼尾葵、柯、野漆、乌口果、薄叶围涎树、黄果厚壳桂、红毛山楠9种各1株；高0.5m以下的三级苗3种、13株，其中银柴5株，锈毛梭子果和滨木患各4株。从调查结果看，饭甑青冈的更新极不好，没有各级幼树，从更新情况看，很难看出将来群落的优势种是哪一个。

本群落由于是北热带季节性雨林垂直带谱上的山地常绿阔叶林类型，所以种类组成中含有北热带季节性雨林的成分，如锈毛梭子果、山楝、调羹树、滨木患、厚叶琼楠、狮子尾等，反映了过渡的性质。

6. 黄果厚壳桂林（Form. *Cryptocarya concinna*）

樟科植物是广西南亚热带季风常绿阔叶林重要的组成成分，尤其在桂中东地区，可见，以樟科植物为主的南亚热带季风常绿阔叶林，主要分布于比较湿润的地区。以樟科植物为主的南亚热带季风常绿阔叶林，乔木层以多种樟科植物共为优势，没有哪一种很突出，稍为比较突出的是厚壳桂属的种类，其中黄果厚壳桂最常见。

以黄果厚壳桂为主的季风常绿阔叶林在广西境内分布于桂中东地区，例如大明山、大瑶山及其反射弧、云开大山等地海拔800m以下的山地，为南亚热带季风常绿阔叶林的代表类型之一。桂南海拔700m以上的山地也有分布，成为季节性雨林垂直带谱上的类型；但该树种又可下延至海拔700m以下的季节性雨林或季节性雨林破坏后形成的次生林内，成为常见的成分。黄果厚壳桂林多出现于比较潮湿的地方，尤其沟谷两旁。因此，桂西少有分布。分布于低平地区的气候情况以大明山东南面的上林县城为代表。该地海拔115.5m，年平均气温20.9℃，1月平均气温11.6℃，7月平均气温28.0℃，累年极端最高气温39.7℃，累年极端最低气温－1.7℃，≥10℃的积温7048.5℃；年降水量1783.3mm，雨季6个月（4～9月），没有旱季。分布区上限海拔的气候情况以大瑶山的金秀县城为代表。该地海拔760m，年平均气温17.0℃，1月平均气温8.3℃，7月平均气温23.9℃，累年极端最高气温32.6℃，累年极端最低气温－5.6℃，≥10℃的积温5233.9℃；年降水量1828mm，雨季7个月（4～10月），基本上没有旱季。

黄果厚壳桂是喜酸性土的树种，在分布区内，黄果厚壳桂林只分布在由砂页岩、花岗岩等发育成的酸性土壤上，类型有赤红壤和红壤，碳酸盐岩发育成的土壤上没有黄果厚壳桂林的分布。

黄果厚壳桂林在广西虽然是南亚热带季风常绿阔叶林很有代表性的类型，是樟科植物种类中最常见的类型，但多为零星小片的出现，面积很小，目前调查得到的类型有如下几种。

(1)黄果厚壳桂+腺柄山矾－腺柄山矾－黄果厚壳桂－海南罗伞树+白藤－深绿卷柏群落(*Cryptocarya concinna* + *Symplocos adenopus* – *Symplocos adenopus* – *Cryptocarya concinna* – *Ardisia quinquegona* + *Calamus tetradactylus* – *Selaginella doederleinii* Comm.)

本群落见于桂中桂平县大平山林场，海拔530m。乔木层可分为3个亚层，从表9-161可知，400m²样地有林木20种、111株，种类组成的最大特点是樟科植物的种类占有明显的优势，有10种，占乔木层种数的50%，从而说明群落生境是比较潮湿的。第一亚层林木有12种、24株，株数占乔木层总株数的21.6%，株数最多的是腺柄山矾，有4株，次为黄果厚壳桂，有3株，大果木姜子、广东假木荷、硬壳桂、厚壳桂、山乌桕、刨花润楠和蓝果树各有2株，其他的种类为单株出现。本亚层落叶阔叶树有山乌桕、蓝果树和枫香树3种。第二亚层林木有12种、28株，株数占乔木层总株数的25.2%，株数最多的仍是腺柄山矾，有7株，次为黄果厚壳桂，有6株，大果木姜子有3株，其余的种类为1~2株。本亚层没有落叶阔叶树。第三亚层林木有14种、59株，株数占乔木层总株数的53.2%，株数最多的是黄果厚壳桂，有13株；次为阴香，有10株；腺柄山矾有9株，排第三；其他株数较多的还有鸭公树和丛花厚壳桂等。从整个乔木层分析，以株数计，黄果厚壳桂最多，有22株；次为腺柄山矾，有20株。以重要值指数计，腺柄山矾最大，为48.7；黄果厚壳桂次之，为40.5。造成这种情况的原因是因为黄果厚壳桂是优良用材树，中上层林木经常被砍伐，所以黄果厚壳桂上层乔木株数减少，重要值指数就不如腺柄山矾。从表9-162更新情况可以看出，400m²样地有黄果厚壳桂幼树96株，而腺柄山矾只有2株，群落演变下去，黄果厚壳桂肯定是群落的优势种，所以本群落还是属于以黄果厚壳桂为主的类型。

灌木层植物比较发达，从表9-162可知，400m²样地有23种，真正的灌木以海南罗伞树和白藤最多，乔木的幼树以黄果厚壳桂最多。

表9-161　黄果厚壳桂+腺柄山矾－腺柄山矾－黄果厚壳桂－海南罗伞树+白藤－深绿卷柏群落乔木层种类组成及株数统计

(样地面积：400m²，地点：桂平县大平山林场深冲，海拔：530m)

序号	种名	各层株数			总株数	频度(%)
		Ⅰ	Ⅱ	Ⅲ		
1	黄果厚壳桂	3	6	13	22	100
2	腺柄山矾	4	7	9	20	100
3	阴香		1	10	11	75
4	鸭公树		1	7	8	75
5	大果木姜子	2	3	2	7	75
6	丛花厚壳桂			5	5	50
7	广东假木荷	2	1	2	5	75
8	密花树		1	4	5	50
9	硬壳桂	2	2		4	50
10	罗浮柿		2	2	4	75
11	虎皮楠	1	1	1	3	50
12	薄叶润楠		2	1	3	25
13	厚壳桂	2		1	3	50
14	红鳞蒲桃		1	1	2	50
15	山乌桕	2			2	25
16	蓝果树	2			2	50
17	刨花润楠	2			2	50
18	枫香树	1			1	25
19	广东润楠	1			1	25
20	香皮树			1	1	25
	合计	24	28	59	111	

表 9-162　黄果厚壳桂＋腺柄山矾－腺柄山矾－黄果厚壳桂－海南罗伞树＋白藤－深绿卷柏群落灌木层和草本层种类组成及分布情况

序号	种名	多度	频度（%）	幼树（株）
		灌木层植物		
1	海南罗伞树	cop	100.0	
2	白藤	cop	100.0	
3	九节	sol	75.0	
4	草珊瑚	sol	75.0	
5	赤楠	sol	25.0	
6	毛果算盘子	un	25.0	
7	百日青	un	25.0	
8	黄果厚壳桂		100.0	96
9	红鳞蒲桃		100.0	24
10	香皮树		100.0	22
11	大果木姜子		100.0	16
12	鸭公树		75.0	14
13	阴香		75.0	11
14	褐叶柄果木		75.0	5
15	木竹子		50.0	4
16	木荷		50.0	3
17	虎皮楠		50.0	5
18	密花树		50.0	9
19	腺柄山矾		25.0	2
20	丛花厚壳桂		25.0	5
21	异株木犀榄		25.0	1
22	十蕊槭		25.0	1
23	网脉山龙眼		25.0	2
		草本层植物		
1	深绿卷柏	cop	100.0	
2	狗脊蕨	sp	75.0	
3	乌毛蕨	sol	75.0	
4	扇叶铁线蕨	sol	50.0	
5	刚莠竹	sol	25.0	
6	山姜	un	25.0	
		藤本植物		
1	藤黄檀	sol	100.0	
2	有刺大藤	cop	75.0	
3	细圆藤	sol	50.0	
4	异形南五味子	sol	50.0	
5	广东链株藤	sol	50.0	
6	独子藤	sol	50.0	
7	买麻藤	sol	50.0	
8	菝葜	un	25.0	
9	小叶买麻藤	un	25.0	
10	金银花	un	25.0	
11	网脉酸藤子	un	25.0	
12	翼梗五味子	un	25.0	
13	土茯苓	un	25.0	
14	瓜馥木	un	25.0	

异株木犀榄 *Olea* sp.　　十蕊槭 *Acer laurinum*

草本层植物种类少，但蕨类植物多，这亦反映了群落生境比较湿润，4 种蕨类植物中深绿卷柏最发达。

藤本植物种类不少，400m^{2}样地有 14 种，有的种类藤茎也较粗，达 10～15cm，攀援高度可达 20m 以上。出现频度最高的是藤黄檀，但数量不多，数量多且藤茎粗的是一种不知名的有刺大藤。

群落更新还是比较良好的，从表 9-162 可知，优势种黄果厚壳桂 400m^{2}有幼树 96 株，可以长久地保持它在群落中的优势地位。但腺柄山矾更新不好，400m^{2}只有幼树 2 株，发展下去，它不能保持其在群落中的优势地位。其他更新较好的种类还有红鳞蒲桃、香皮树、大果木姜子、鸭公树和阴香，将来可以成为群落的次优势种或常见种。

本群落虽然受到一些干扰破坏，但还表现出典型的南亚热带季风常绿阔叶林的特点，乔木层除黄果厚壳桂外，腺柄山矾、丛花厚壳桂、厚壳桂、硬壳桂、红鳞蒲桃、刨花润楠；灌木层的海南罗伞树、白藤都是南亚热带季风常绿阔叶林有代表性的种类。

(2)黄果厚壳桂 + 笔罗子 – 四角柃 – 尾叶山矾 – 黄果厚壳桂 – 狗脊蕨群落(*Cryptocarya concinna* + *Meliosma rigida* – *Eurya tetragonoclada* – Symlocos sp. – *Cryptocarya concinna* – *Woodwardia japonica* Comm.)

本群落见于桂平县金田林场黄茅尾站小平山，海拔 750m，立地条件类型地层为泥盆系紫红色砂岩，土壤为森林灰化红壤。群落地表有落石堆积，土层较薄，一般不超过 50cm。

群落曾经受过择伐，保存较高大的植株与恢复起来的众多中小植株共存，目前虽然受到一些干扰破坏，但林相保存仍好，林木高大，树干通直，是当地保存最好的森林。

乔木层郁闭度 0.9，可分为 3 个亚层。第一亚层林木高 22 ~ 27m，小部分 15 ~ 20m，胸径 27 ~ 46cm，从表 9-163 可知，600m^{2}样地有林木 14 种、25 株，是 3 个亚层中种数和个体数最少的一个亚层，但植株高大，株数虽然只占乔木层总株数的 14.4%，但基面积却占整个乔木层总基面积的 72.8%。本亚层以笔罗子、黄果厚壳桂和亮叶杜英为共优势，重要值指数分别为 56.8、48.7 和 47.8，黄果厚壳桂排第二位；其他 11 种重要值指数在 20 以下，分配比较分散。第二亚层林木高 8 ~ 14m，与第一亚层林木高差相差较大，胸径 8 ~ 22cm，600m^{2}样地有林木 19 种、49 株。本亚层优势种为四角柃，有 13 株，重要值指数 62.4；次优势种有亮叶杜英和笔罗子，重要值指数分别为 42.8 和 41.1；黄果厚壳桂重要值指数为 15.3，排列第四；其他较重要的种类有灰木 4 号、双齿山茉莉和杜英等。第三亚层林木高 4 ~ 7m，

表 9-163　黄果厚壳桂 + 笔罗子 – 四角柃 – 尾叶山矾 – 黄果厚壳桂 – 狗脊蕨群落乔木层种类组成及重要值指数

(样地号：Q_{11}，样地面积：600m^2，地点：桂平金田林场黄茅尾站，海拔：750m)

序号	树种	基面积(m^2)	株数	频度(%)	重要值指数
		乔木Ⅰ亚层			
1	笔罗子	0.248	5	83.3	56.833
2	黄果厚壳桂	0.44	4	33.3	48.673
3	亮叶杜英	0.409	3	50	47.775
4	小果山龙眼	0.11	2	16.7	18.561
5	双齿山茉莉	0.073	2	16.7	16.593
6	樟	0.139	1	16.7	16.043
7	木莲	0.102	1	16.7	14.112
8	冬青	0.102	1	16.7	14.112
9	小果冬青	0.096	1	16.7	13.818
10	木荷	0.066	1	16.7	12.233
11	蓝果树	0.062	1	16.7	11.998
12	广东假木荷	0.025	1	16.7	10.099
13	罗浮柿	0.018	1	16.7	9.691
14	四角柃	0.013	1	16.7	9.46
	合计	1.903	25	350	300.001
		乔木Ⅱ亚层			
1	四角柃	0.103	13	83.3	62.363
2	亮叶杜英	0.11	6	50	42.83
3	笔罗子	0.09	7	50	41.056
4	黄果厚壳桂	0.053	1	16.7	15.293
5	灰木 4 号	0.011	3	33.3	14.931
6	双齿山茉莉	0.027	3	16.7	14.532
7	杜英	0.014	2	33.3	13.404
8	虎皮楠	0.038	1	16.7	12.475

（续）

序号	树种	基面积（m^2）	株数	频度（%）	重要值指数
9	腺叶山矾	0.005	2	33.3	11.702
10	凯里杜鹃	0.009	2	16.7	9.132
11	罗浮柿	0.013	1	16.7	7.854
12	桃叶石楠	0.011	1	16.7	7.487
13	显脉新木姜子	0.01	1	16.7	7.149
14	薄叶山矾	0.01	1	16.7	7.149
15	尾叶山矾	0.008	1	16.7	6.841
16	黄丹木姜子	0.008	1	16.7	6.841
17	金叶含笑	0.006	1	16.7	6.563
18	小叶木犀榄	0.005	1	16.7	6.313
19	厚壳桂	0.004	1	16.7	6.093
	合计	0.535	49	500	300.009
乔木Ⅲ亚层					
1	尾叶山矾	0.034	17	100	45.505
2	灰木4号	0.012	12	83.3	26.463
3	腺叶山矾	0.013	9	66.7	22.872
4	四角柃	0.014	4	66.7	18.143
5	虎皮楠	0.023	1	16.7	15.583
6	黄果厚壳桂	0.004	6	66.7	14.636
7	凯里杜鹃	0.013	3	16.7	12.212
8	黄丹木姜子	0.004	4	50	11.188
9	密花树	0.005	5	33.3	11.079
10	Q-11-号	0.01	1	16.7	8
11	华南毛柃	0.003	3	33.3	7.566
12	红锥	0.004	2	33.3	7.334
13	东方古柯	0.004	2	33.3	7.108
14	三花冬青	0.003	2	33.3	6.713
15	广东润楠	0.002	2	33.3	6.172
16	五月茶	0.001	2	33.3	5.438
17	光叶山矾	0.004	1	16.7	4.75
18	绿冬青	0.002	2	16.7	4.667
19	黧蒴锥	0.002	2	16.7	4.633
20	杜英	0.002	2	16.7	4.633
21	假黄丹	0.003	1	16.7	4.163
22	天料木	0.002	1	16.7	3.667
23	水同木	0.002	1	16.7	3.667
24	木荷	0.002	1	16.7	3.453
25	黄杞	0.001	1	16.7	3.261
26	厚壳桂	0.001	1	16.7	3.261
27	闭花木	0.001	1	16.7	3.091
28	榕叶冬青	0.001	1	16.7	2.945
29	樟叶泡花树	0.001	1	16.7	2.945
30	桂南木莲	0.001	1	16.7	2.945
31	显脉新木姜子	0.001	1	16.7	2.945
32	双齿山茉莉	0	1	16.7	2.719
33	金叶含笑	0	1	16.7	2.719
34	小叶木犀榄	0	1	16.7	2.719
35	台湾冬青	0	1	16.7	2.719
36	柃木	0	1	16.7	2.719
37	谷木	0	1	16.7	2.719
38	软荚红豆	0	1	16.7	2.64
	合计	0.174	100	1083.3	299.992

（续）

序号	树种	基面积(m^2)	株数	频度(%)	重要值指数
		乔木层			
1	黄果厚壳桂	0.498	11	100	31.505
2	亮叶杜英	0.519	9	83.3	30.147
3	笔罗子	0.338	12	83.3	24.922
4	四角柃	0.13	18	100	21.435
5	尾叶山矾	0.041	18	100	18.052
6	灰木4号	0.023	15	83.3	14.613
7	腺叶山矾	0.019	11	66.7	11.113
8	双齿山茉莉	0.1	6	33.3	9.332
9	樟	0.139	1	16.7	6.899
10	黄丹木姜子	0.012	5	50	6.407
11	小果山龙眼	0.11	2	16.7	6.395
12	密花树	0.005	5	50	6.135
13	杜英	0.016	4	50	5.977
14	木荷	0.068	2	33.3	5.78
15	虎皮楠	0.061	2	33.3	5.515
16	木莲	0.102	1	16.7	5.492
17	冬青	0.102	1	16.7	5.492
18	小果冬青	0.096	1	16.7	5.279
19	凯里杜鹃	0.023	5	16.7	4.757
20	蓝果树	0.062	1	16.7	3.953
21	华南毛柃	0.003	3	33.3	3.864
22	金叶含笑	0.007	2	33.3	3.446
23	小叶木犀榄	0.005	2	33.3	3.395
24	厚壳桂	0.005	2	33.3	3.386
25	罗浮柿	0.031	2	16.7	3.355
26	红锥	0.004	2	33.3	3.341
27	东方古柯	0.004	2	33.3	3.326
28	三花冬青	0.003	2	33.3	3.299
29	广东润楠	0.002	2	33.3	3.263
30	五月茶	0.001	2	33.3	3.214
31	广东假木荷	0.025	1	167	2.569
32	显脉新木姜子	0.01	2	16.7	2.561
33	绿冬青	0.002	2	16.7	2.245
34	黧蒴锥	0.002	2	16.7	2.243
35	桃叶石楠	0.011	1	16.7	2.028
36	薄叶山矾	0.01	1	16.7	1.959
37	Q-11-号	0.01	1	16.7	1.959
38	光叶山矾	0.004	1	16.7	1.742
39	假黄丹	0.003	1	16.7	1.703
40	天料木	0.002	1	16.7	1.67
41	水同木	0.002	1	16.7	1.67
42	黄杞	0.001	1	16.7	1.643
43	闭花木	0.001	1	16.7	1.632
44	榕叶冬青	0.001	1	16.7	1.622
45	樟叶泡花树	0.001	1	16.7	1.622
46	桂南木莲	0.001	1	16.7	1.622
47	台湾冬青	0	1	16.7	1.607
48	柃木	0	1	16.7	1.607
49	谷木	0	1	16.7	1.607
50	软荚红豆	0	1	16.7	1.602
	合计	2.612	174	1633.3	300.002

冬青 *Ilex* sp.　　尾叶山矾 *Symplocos* sp.　　小叶木犀榄 *Olea* sp.

胸径 2～6cm，600m²样地有林木 38 种、100 株，株数占乔木层总株数的 57.5%，但植株细小，基面积只占乔木层总基面积的 6.7%。优势种为尾叶山矾，有 17 株，重要值指数 45.5；其他 37 种，优势不突出，重要值指数分配比较分散，较重要的种类有灰木 4 号和腺叶山矾；黄果厚壳桂在本亚层虽然株数尚多，有 6 株，但植株细小，重要值指数只有 14.6，排列第六位。从整个乔木层分析，600m²样地有林木 50 种、174 株，优势很不突出，重要值指数分配很分散，重要值指数最多的只有 31.5。虽然黄果厚壳桂只在第一亚层占有次优势的地位，在第二亚层和第三亚层不很突出，但它植株高大，而且在各层都有植株，重要值指数最大，为 31.5，排列第一；而第一亚层优势种笔罗子在第三亚层没有个体，在第一亚层和第二亚层排列第二的亮叶杜英在第三亚层也没有个体，因此在整个乔木层来说，它们的重要值指数都比黄果厚壳桂小，分别为 30.1 和 24.9，排列第二和第三位；第二亚层优势种四角柃，是中小林木，植株比较细小，在整个乔木层来说，它的重要值指数自然不会很大，为 21.4，排列第四位。

灌木层植物种类很丰富，从表 9-164 可知，600m²样地有 73 种，覆盖度 40% 左右，多为乔木的幼树，真正的灌木并不多。乔木幼树最多的是灰木 4 号和谷木，次为黄果厚壳桂、小果山龙眼和黧蒴锥。真正的灌木以扫把竹为多见，次为草珊瑚。

草本层植物种类和数量都较少，600m²样地只有 17 种，覆盖度一般 10% 左右，但个别地段有 50%。比较常见的种类为狗脊蕨和山姜，次为白背莎草和扇叶铁线蕨，局部呈优势的是锦香草。

藤本植物种类不少，600m²样地有 18 种之多，但各种的数量都不太多，比较常见的种类为省藤和流苏子。藤状灌木大喙省藤和瑶山省藤的出现，是藤本植物的特点。

群落更新比较良好，黄果厚壳桂幼苗幼树都较多，从表 9-164 可知，600m²样地有幼苗和幼树各 52 株，种群结构完整；笔罗子有幼树 21 株；但亮叶杜英和四角柃更新不理想。更新幼树最多的是灰木 4 号，次为谷木、小果山龙眼和黧蒴锥，黄丹木姜子、虎皮楠和长毛杨桐幼树也较多，这几个种类将来很可能成为乔木层重要的组成成分。

表 9-164　黄果厚壳桂 + 笔罗子 – 四角柃 – 尾叶山矾 – 黄果厚壳桂 – 狗脊蕨群落灌木层和草本层种类组成及分布情况

序号	种名	多度盖度级						频度（%）	更新（株）	
		Ⅰ	Ⅱ	Ⅲ	Ⅳ	Ⅴ	Ⅵ		幼苗	幼树
	灌木层植物									
1	灰木 4 号	4	4	6	6	5	4	100.0		231
2	谷木	4	4	3	4	4	3	100.0		77
3	黄果厚壳桂	4	4	3	3	3	2	100.0	52	52
4	小果山龙眼	4	3	3	2	4	2	100.0		55
5	黧蒴锥	3	3	4	3	3	5	100.0		57
6	扫把竹	2	3	4	2	3	2	100.0		
7	虎皮楠	3	3	3	1	1	2	100.0	1	27
8	笔罗子	2	3	2	2	2	1	100.0		21
9	草珊瑚	2	2	2	2	2	1	100.0		
10	黄丹木姜子	3	3	2	3	3	2	100.0		38
11	木荷	4	2	1	2	1		83.3		22
12	山杜英	2	1		3	3	2	83.3		24
13	双齿山茉莉		1	1	1	1	2	83.3		9
14	长毛杨桐	3	3	2		3	3	83.3		26
15	广东润楠	2	1	1		2	2	83.3		14
16	五月茶	2	1	1		1	1	83.3		6
17	烟斗柯	1	1	1		1	1	83.3		5
18	莲座紫金牛	2	2	2			2	66.7		
19	腺叶山矾		1	2	2		3	66.7		17
20	罗浮柿	2	2	1	2			66.7		10
21	亮叶猴耳环	1	2		2	1		66.7		9

（续）

序号	种名	多度盖度级						频度（%）	更新（株）	
		Ⅰ	Ⅱ	Ⅲ	Ⅳ	Ⅴ	Ⅵ		幼苗	幼树
22	灰木7号	1	1		1		1	66.7		4
23	网脉山龙眼		1	1		1	1	66.7		5
24	棱枝冬青	1	1	1			1	66.7		3
25	桃叶石楠	2	1		1			50.0		5
26	海南罗伞树	1		2	1			50.0		
27	基脉润楠	1	1	1				50.0		4
28	凯里杜鹃	2				2		33.3		6
29	鸭公树	1			2		1	50.0		5
30	九节		1	2		1		50.0		
31	锈叶新木姜子		1	1		1		50.0		5
32	华南毛柃			1	1	1		50.0		3
33	橄榄			1		3	1	50.0		9
34	密花树				1	1	1	50.0		3
35	柳叶菝葜	2		2				33.3		
36	密花树	3	1					33.3		6
37	显脉新木姜子		1		1			33.3		2
38	尾叶山矾		1	1				33.3		2
39	茜木		1			1		33.3		1
40	黄椿木姜子			1			1	33.3		2
41	树参			1		1		33.3		3
42	亮叶杜英			1		1		33.3		2
43	硬壳桂				1		1	33.3		2
44	白皮乌口树			1				16.7		1
45	黄樟			1				16.7		1
46	百日青			1				16.7		1
47	粗叶木1种				1			16.7		
48	金叶含笑				1			16.7		1
49	琼楠				1			16.7		1
50	钝叶桂				1			16.7		1
51	桂南木莲					1		16.7		1
52	杜茎山					2		16.7		
53	安达曼血桐					1		16.7		1
54	阴香					1		16.7		1
55	轮叶木姜子					1		16.7		1
56	绿冬青					1		16.7		1
57	琼楠					1		16.7		1
58	鹅掌柴					1		16.7		1
59	水仙柯					1		16.7		1
60	台湾冬青					1		16.7		1
61	华南桤叶树					1		16.7		1
62	厚壳桂						1	16.7		2
63	柏拉木						2	16.7		
64	樟叶泡花树						1	16.7		1
65	腺叶桂樱						1	16.7		
66	天料木						1	16.7		1
67	茶	1						16.7		1
68	阴香	1						16.7		1
69	越南山矾		1					16.7		1
70	四角柃	1						16.7		1
71	柃木		1					16.7		1
72	广东假木荷			1				16.7		1

（续）

序号	种名	多度盖度级						频度（%）	更新（株）	
		Ⅰ	Ⅱ	Ⅲ	Ⅳ	Ⅴ	Ⅵ		幼苗	幼树
73	毛黄肉楠		2					16.7	5	
草本层植物										
1	狗脊蕨	4	3	4	4	4	4	100.0		
2	山姜	3	4	3	4	3	2	100.0		
3	白背莎草	2	1		2	2	2	83.3		
4	扇叶铁线蕨	2	2		2	2	2	83.3		
5	锦香草			6	2			33.3		
6	卷柏			3		2		33.3		
7	莎草			1		2		33.3		
8	鳞毛蕨		1	1				33.3		
9	卢山石韦			1				16.7		
10	金毛狗脊	1			1			16.7		
11	紫萁				2			16.7		
12	瘤足蕨				2			16.7		
13	十字薹草	2						16.7		
14	多羽复叶耳蕨						2	16.7		
15	蛇足石杉				1			16.7		
16	野百合			1				16.7		
17	倒挂铁角蕨			1				16.7		
藤本植物										
1	大喙省藤	2	1	1	1	1	1	100.0		
2	流苏子	2	2	2		2	2	83.3		
3	菝葜	2		2		2	1	66.7		
4	爬藤榕		2	1		2	2	66.7		
5	香港鹰爪花		2	2	1	1		66.7		
6	无柄五层龙	1	1	1	1			66.7		
7	土茯苓		2			2	2	50.0		
8	藤黄檀			2		2	1	50.0		
9	防己藤		1	1		1		50.0		
10	瑶山省藤		2				1	33.3		
11	鸡血藤 1 种				1		1	33.3		
12	串珠子			2				16.7		
13	崖爬藤 1 种				2			16.7		
14	玉叶金花				2			16.7		
15	网脉酸藤子	2						16.7		
16	当归藤			1				16.7		
17	白叶瓜馥木			2				16.7		
18	异形南五味子	2						16.7		

琼楠 *Beilschmiedia intermedia*　野百合 *Lilium brownii*　大喙省藤 *Calamus macrorrhynchus*　防己藤 *Cocculus* sp.
串珠子 *Alyxia* sp.

本群落是一个典型的南亚热带季风常绿阔叶林类型，乔木层除黄果厚壳桂外，笔罗子、亮叶杜英、小果山龙眼、广东假木荷、厚壳桂、红锥、腺叶山矾和黧蒴锥都是南亚热带季风常绿阔叶林有代表性和常见的种类；灌木层植物中出现的季节性雨林种类橄榄，是南亚热带季风常绿阔叶林常见的成分；藤状灌木大喙省藤和瑶山省藤是南亚热带季风常绿阔叶林藤本植物的特征。

（3）黄果厚壳桂＋腺叶山矾－腺叶山矾－腺叶山矾－海南罗伞树－卷柏群落（*Cryptocarya concinna* + *Symplocos adenophylla* – *Symplocos adenophlla* – *Symplocos adenophlla* – *Ardisia quinquetona* – *Selaginella* sp. Comm.）

分布于桂中桂平县金田林场黄茅尾站，海拔 650m，立地条件类型地层为泥盆系紫红色砂页岩，土壤为森林灰化红壤，土层较薄，地表碎石块堆积很多，枯枝落叶层厚 2～3cm。

群落受人为干扰较轻，但从群落的结构和种类组成分析，过去曾经受过砍伐破坏，结构上中层林木植株偏少，种类组成上高大的次生落叶阔叶树和次生常绿阔叶树的出现就足以证明。

乔木层郁闭度0.9，可分为3个亚层。第一亚层林木高18～28m，胸径7～46cm，可见林木个体大小相差很大，从表9-165可知，300m^{2}样地有林木13种、42株，是3个亚层中株数最多、基面积最大的一个亚层，株数占乔木层总株数的45.7%，基面积占乔木层总基面积的89.4%。腺叶山矾和黄果厚壳桂为共优势，前者有13株，重要值指数54.4，后者5株，重要值指数50.3，黄果厚壳桂个体比腺叶山矾少得多，但它植株高大，基面积比腺叶山矾大得多。高大的落叶阔叶树枫香树，虽然只有2株，但重要值指数可达36.7，排列第三；而笔罗子基面积不大，但依靠较多的植株，重要值指数为32.8，排列第四。本亚层常见的种类还有粉背虎皮楠（*Daphniphyllum* sp.）和罗浮柿等。第二亚层林木高8～14m，胸径4～11cm，300m^{2}样地有林木8种、16株，是3个亚层中种类和株数最少的一个亚层，株数只占乔木层总株数的17.4%，基面积占乔木层总基面积的7.4%，排第二。本亚层优势种为腺叶山矾，有6株，重要值指数69.0；其他7种，株数都为1～2株，重要值指数在第二到第4位的有黄樟、鹅掌柴和密花树。第三亚层林木高4～7m，胸径2～4cm，300m^{2}样地有林木15种、34株，株数最多，占乔木层总株数的37.0%，但基面积最小，只占乔木层总基面积的3.2%。优势种为腺叶山矾，有8株，重要值指数80.5；黄果厚壳桂株数也不少，有6株，但植株细小，重要值指数只有39.1，与腺叶山矾相差较大；其他较重要的种类还有阴香和密花树。从整个乔木层分析，腺叶山矾株数最多，300m^{2}样地有27株，在各层重要值指数都排列第一，在整个乔木层中重要值指数排列第一，为48.8；黄果厚壳桂有12株，比腺叶山矾个体少得多，但它植株比腺叶山矾高大，重要值指数达到44.7，与腺叶山矾相差不大，排列第二。从整个乔木层分析，虽然还是腺叶山矾重要值指数最大，但是对这种现象进行深入的分析之后，这个类型还是属于黄果厚壳桂类型。从乔木第一亚层黄果厚壳桂为最粗大的林木、基面积最大的特点可知，本群落原是一个以黄果厚壳桂为主的群落，目前黄果厚壳桂个体数，尤其第二亚层林木个体数很少，只有1株，这不是由于它不适应群落环境造成的，而是由于人为原因造成的。黄果厚壳桂木材坚硬耐湿，为良好的材用树，群众经常砍伐，所以植株减少。腺叶山矾之所以重要值指数排列第一，主要靠众多的植株，腺叶山矾虽然植株高，但不粗大，第一亚层植株一般高20～23m，最高25m，但胸径一般10～13cm，最粗17～18cm，最小7～9cm。根据这个特点分析，它可能是继枫香树、木荷之后演替进去的次生常绿阔叶树种，需要一定的荫蔽条件，但亦需要一定的光照条件，目前它的植株很多，但已经开始进入衰退阶段，因为它的幼苗和幼树少，从表9-166可知，300m^{2}样地只有幼苗7株，幼树14株。而黄果厚壳桂更新很好，300m^{2}样地有幼苗14株，幼树45株，可见它适应群落的环境条件。即使乔木层没有黄果厚壳桂个体，并还是以腺叶山矾为优势，林下更新还是以黄果厚壳桂为好。例如，在本群落样地上方再作一个100m^{2}样地调查，有高26～27m腺叶山矾3株，12～13m 2株，7m 3株，而黄果厚壳桂没有个体；更新层腺叶山矾幼苗缺，幼树5株，而黄果厚壳桂有幼苗15株，幼树25株。因此，群落演变下去，黄果厚壳桂将会成为群落的优势种。

表9-165　黄果厚壳桂+腺叶山矾－腺叶山矾－腺叶山矾－海南罗伞树－卷柏群落乔木层种类组成及重要值指数

（样地号：Q_{10}，样地面积：300m^2，地点：桂平县金田林场黄茅尾站，海拔：650m）

序号	树种	基面积（m^2）	株数	频度（%）	重要值指数
		乔木Ⅰ亚层			
1	腺叶山矾	0.131	13	100	54.443
2	黄果厚壳桂	0.319	5	100	50.346
3	枫香树	0.292	2	66.7	36.663
4	笔罗子	0.099	5	100	32.829
5	粉背虎皮楠	0.116	3	66.7	25.068
6	罗浮柿	0.054	5	66.7	24.861
7	灰木4号	0.046	2	66.7	17.104
8	鹅掌柴	0.031	2	33.3	11.608
9	樟	0.045	1	33.3	10.326
10	密花树	0.038	1	33.3	9.751

（续）

序号	树种	基面积（m^2）	株数	频度（%）	重要值指数
11	钝叶桂	0.035	1	33.3	9.483
12	木荷	0.028	1	33.3	8.983
13	虎皮楠	0.023	1	33.3	8.533
	合计	1.258	42	766.7	299.998
		乔木Ⅱ亚层			
1	腺叶山矾	0.012	6	66.7	68.984
2	黄樟	0.038	1	33.3	52.696
3	鹅掌柴	0.01	2	66.7	42.289
4	密花树	0.016	2	33.3	37.561
5	黄果厚壳桂	0.011	1	33.3	27.094
6	灰木 4 号	0.01	1	33.3	25.362
7	罗浮柿	0.003	2	33.3	24.91
8	广东假木荷	0.005	1	33.3	21.069
	合计	0.104	16	333.3	299.964
		乔木Ⅲ亚层			
1	腺叶山矾	0.019	8	100	80.53
2	黄果厚壳桂	0.003	6	100	39.076
3	阴香	0.004	2	66.7	24.307
4	密花树	0.002	3	66.7	22.537
5	粉背虎皮楠	0.001	2	66.7	18.187
6	网脉山龙眼	0.003	2	33.3	17.648
7	橄榄	0.002	2	33.3	13.95
8	鹅掌柴	0.003	1	33.3	13.826
9	厚壳桂	0.001	2	33.3	13.598
10	谷木	0.002	1	33.3	11.889
11	山杜英	0.001	1	33.3	9.072
12	罗浮柿	0.001	1	33.3	9.072
13	罗卜树	0.001	1	33.3	9.072
14	百日青	0.001	1	33.3	9.072
15	笔罗子	0	1	33.3	8.191
	合计	0.045	34	733.3	300.024
		乔木层			
1	腺叶山矾	0.163	27	100	48.811
2	黄果厚壳桂	0.334	12	100	44.698
3	枫香树	0.292	2	66.7	28.186
4	粉背虎皮楠	0.118	5	100	21.684
5	笔罗子	0.099	6	100	21.485
6	罗浮柿	0.057	8	100	20.629
7	密花树	0.056	6	66.7	15.751
8	鹅掌柴	0.044	5	66.7	13.858
9	灰木 4 号	0.055	3	66.7	12.461
10	阴香	0.004	2	66.7	7.733
11	樟	0.045	1	33.3	6.935
12	黄樟	0.038	1	33.3	6.421
13	钝叶桂	0.035	1	33.3	6.181
14	木荷	0.028	1	33.3	5.734
15	虎皮楠	0.023	1	33.3	5.332
16	网脉山龙眼	0.003	2	33.3	5.034
17	橄榄	0.002	2	33.3	4.917
18	厚壳桂	0.001	2	33.3	4.906
19	广东假木荷	0.005	1	33.3	4.076
20	谷木	0.002	1	33.3	3.858
21	山杜英	0.001	1	33.3	3.769

（续）

序号	树种	基面积(m^2)	株数	频度(%)	重要值指数
22	罗卜树	0.001	1	33.3	3.769
23	百日青	0.001	1	33.3	3.769
	合计	1.407	92	1266.7	299.996

表 9-166 黄果厚壳桂＋腺叶山矾－腺叶山矾－腺叶山矾－海南罗伞树－卷柏群落灌木层和草本层种类组成及分布情况

序号	种类	多度盖度级			频度(%)	更新(株)	
		Ⅰ	Ⅱ	Ⅲ		幼苗	幼树
	灌木层植物						
1	海南罗伞树	5	6	5	100.0		
2	黄果厚壳桂	4	4	4	100.0	12	63
3	谷木	3	4	4	100.0		39
4	厚壳桂	4	4	4	100.0	14	45
5	腺叶山矾	2	3	2	100.0	7	14
6	草珊瑚	2	2	1	100.0		
7	刨花润楠	1	3	1	100.0	1	14
8	大果木姜子	2	2	2	100.0		14
9	虎皮楠	1	2	3	100.0		16
10	山杜英	1	2	2	100.0		7
11	笔罗子	1	3	1	100.0	2	8
12	百日青	2	1	1	100.0		6
13	橄榄	1	2	1	100.0		6
14	密花树	1	1	1	100.0		3
15	黄丹木姜子	2		2	66.7		6
16	灰木 4 号		1	3	66.7		15
17	阴香		2	1	66.7		4
18	亮叶猴耳环	1		2	66.7		4
19	九节	1	2		66.7		
20	鹅掌柴	1		1	66.7		2
21	小果山龙眼		1	1	66.7		2
22	野黄桂	1	1		66.7		1
23	蜜茱萸	2			33.3		
24	棱枝冬青	1			33.3		
25	琼楠	1			33.3		2
26	薄叶山矾	1			33.3		
27	果盒子	1			33.3		
28	狭叶木犀榄		1		33.3		1
29	闭花木		1		33.3		1
30	五裂槭			1	33.3		2
31	网脉山龙眼			1	33.3		1
32	钝叶桂			1	33.3		2
33	罗浮柿			1	33.3		1
34	罗浮槭			1	33.3		1
35	木荷	1			33.3		
	草本层植物						
1	卷柏	5	2	2			
2	倒挂铁角蕨	2	2	2			
3	狗脊蕨	2	1	2			
4	多羽复叶耳蕨	1		2			
5	鳞毛蕨	1	1				
6	镰叶铁角蕨	2					
7	扇叶铁线蕨			2			
8	淡竹叶		2				

（续）

序号	种类	多度盖度级			频度（%）	更新(株)	
		Ⅰ	Ⅱ	Ⅲ		幼苗	幼树
	藤本植物						
1	蚂蝗藤	1	1	1	100.0		
2	心叶蝙蝠藤	1	1	1	100.0		
3	大喙省藤	1	1	1	100.0		
4	瑶山省藤	1	2		66.7		
5	白叶瓜馥木	1		1	66.7		
6	菝葜	1	1		66.7		
7	香港鹰爪花	1	1		66.7		
8	亮叶崖豆藤	2			33.3		
9	藤构	2			33.3		
10	藤黄檀		1		33.3		
11	串珠子		1		33.3		
12	南五味子		1		33.3		
13	崖爬藤1种			1	33.3		
14	牛白藤	1			33.3		

果盒子 *Glochidion hypoleucum*　　心叶蝙蝠藤 *Passiflora* sp.

灌木层植物比较发达，覆盖度40%～60%，从表9-166可知，300m^{2}样地有35种。优势种为南亚热带季风常绿阔叶林灌木层代表种海南罗伞树，乔木的幼树不少，黄果厚壳桂、厚壳桂、谷木和虎皮楠等最常见。

草本层植物分布极不均匀，多数地段覆盖度只有1%，个别地段可达30%。卷柏呈局部优势，其他的种类还有狗脊蕨、淡竹叶、扇叶铁线蕨、倒挂铁角蕨等。

藤本植物种类尚多，300m^{2}样地有14种，其中木质种类不少，有的茎粗可达5～7cm，除记录的种类外，有的种类辨认不出来。藤本植物种类组成的特点是出现藤状灌木大喙省藤和瑶山省藤，它们是南亚热带季风常绿阔叶林灌木层代表种类。

（4）黄果厚壳桂＋广东润楠－腺叶山矾－密花树－黄丹木姜子－狗脊蕨群落（*Cryptocarya concinna* + *Machilus kwangtungensis* – *Symplocos adenophylla* – *Myrsine seguinii* – *Litsea elongata* – *Woodwardia japonica* Comm.）

本群落见于桂平县金田林场黄茅尾站斜涌，海拔800m，立地条件类型地层为泥盆系紫红色砂页岩，土壤为森林灰化红壤。本群落处于高山峡谷，日照时间短，林下植物茂密，林内环境异常潮湿。

群落由于不断地有人选择樟科大树采伐，林相已经破坏，基本上只剩下小树了。乔木层尚可分为3个亚层。第一亚层林木高20～25m，胸径30～55cm，覆盖度30%左右，以黄果厚壳桂和广东润楠为主，常见的有笔罗子、山杜英、钝叶桂、木荷、黄樟、虎皮楠，个别出现的种类有小花红花荷、红楠、青皮木、小果冬青、台湾冬青、基脉润楠等。第二亚层林木高8～15m，胸径10～23cm，覆盖度60%左右，以腺叶山矾为主，灰木4号也不少，常见的有谷木、灰木5号、大果木姜子、阴香、虎皮楠、凯里杜鹃、网脉山龙眼、黄棉木、小果山龙眼等，零星分布的种类不少，有纳槁润楠、华润楠、桂南木莲、罗浮锥、南川柯、金叶含笑、五裂槭、广东山胡椒、大花枇杷、深山含笑、罗浮槭等。第三亚层林木高4～6m，胸径8～12cm，覆盖度50%，优势不明显，种类有狭叶木犀榄、藤春、栲、水仙柯、广东杜鹃、鼠刺、百日青、越南山矾、密花树、鸭公树、四角柃、棱枝冬青等。

有的残林，第一亚层林木除常绿阔叶树外，高大的落叶阔叶树枫香树也占有一定的优势，但中下层林木仍以常绿阔叶树为主。

灌木层植物生长繁茂，覆盖度50%，种类较丰富，多为乔木的幼树。优势不明显，常见的有海南罗伞树、九节、小果山龙眼、笔罗子、虎皮楠、谷木、黄果厚壳桂、山杜英、黄丹木姜子、网脉山龙眼等，零星分布的有山血丹（*Ardisia lindleyana*）、钝叶桂、棱枝冬青、粗叶木、尖叶粗叶木、桂南木莲、基脉润楠、厚壳桂、藤春、黄樟、鸭公树、杜茎山、三花冬青、大果木姜子、腺叶桂樱、露兜树、阴香、华南桤叶树、光叶山矾、瑶山省藤、大喙省藤、青皮木、五月茶、细柄五月茶、广东山胡椒、长毛杨桐、鼠刺、灰木4号和灰木6号等。

草本层植物不如灌木层植物那样茂盛，覆盖度30%，以狗脊蕨、十字薹草和山姜常见，零星分布的有乌毛蕨、金毛狗脊、鳞毛蕨、沿阶草、卷柏、锦香草、黑桫椤等，种类组成多为蕨类植物，反映了群落潮湿的生境，而近沟谷处，金毛狗脊、乌毛蕨和黑桫椤生长很繁茂。

藤本植物四处攀援，十分发达。常见的种类有网脉酸藤子、流苏子、白叶瓜馥木、瓜馥木、藤黄檀、菝葜、爬藤榕、香港鹰爪花、当归藤、厚果崖豆藤、䓫藤子、茎花崖爬藤(*Tetrastigma cauliflorum*)、亮叶崖豆藤、白鹤藤等。

本群落为典型的季风常绿阔叶林，位于沟谷旁，水热条件优越，季节性雨林常见的乔木种类不少，例如，橄榄、红山梅、鹧鸪花、倒卵叶山龙眼、白颜树、紫荆木、香港樫木、锯叶竹节树、盾叶木等；林下，尤其近沟谷处，黑桫椤、金毛狗脊、乌毛蕨、瑶山省藤、大喙省藤、露兜树生长十分繁茂和高大，常常2~4m高不等，给人以热带雨林的景观。

(5)黄果厚壳桂-海南罗伞树-新月蕨群落(*Cryptocarya concinna* - *Ardisia quinquegona* - *Pronephrium gymnopteridifrons* Comm.)

本群落见于贺州市滑水冲保护区，该地虽然属于中亚热带，但邻接南亚热带。群落分布于该保护区龙水河谷地，海拔200~300m，是一片刚发展起来的中幼年林，群落结构比较简单，种类组成不多，林木较为矮小。除了个别零星的高大林木残存其中以外，林木层高8~10m，黄果厚壳桂占绝对优势，只有少量的猴欢喜、水同木、鹅掌柴、红锥、尖萼川杨桐、华润楠和刨花润楠等混杂其中。

灌木层植物种类较多，覆盖度50%左右，大多为上层乔木幼树所占，其中黄果厚壳桂、水同木、鹅掌柴、笔罗子、亮叶猴耳环、红锥、日本五月茶、黄棉木等最多。真正的灌木以海南罗伞树和九节为多，零星分布的种类有柏拉木、粗叶木、杜茎山、鲫鱼胆、琴叶榕、虎舌红、短柄紫珠、常山、序叶苎麻等。

草本层植物种类不少，但数量不多，覆盖度不过20%。新月蕨、福建观音座莲较多，翠云草、圣蕨、单叶新月蕨、粗喙秋海棠、宽叶楼梯草、狭翅巢蕨(*Neottopteris anthrophyoides*)、尾花细辛等喜阴湿的种类较为常见。此外，还有十字薹草、狗脊蕨、乌毛蕨、刺斗复叶耳蕨、酸模(*Rumex acetosa*)、砂仁(*Amomum villosum*)、山姜、褐鞘沿阶草(*Ophiopogon dracaenoides*)等种类。

藤本植物种类不少，常见有瓜馥木、买麻藤、山蒌、藤黄檀、土茯苓、酸藤子等种类。

(6)黄果厚壳桂+橄榄-黄果厚壳桂-黄果厚壳桂-海南罗伞树+九节-金毛狗脊群落(*Cryptocarya concinna* + *Canarium album* - *Cryptocarya concinna* - *Cryptocarya concinna* - *Ardisia quinquegona* + *Psychotria rubra* - *Cibotium barometz* Comm.)

此群落分布于贺州市大桂山林区，该林区属于中亚热带，但邻接南亚热带。在林区内，该群落见于七星冲、大碰冲、石冲、留洋冲等地，海拔200~300m，多为向南开口的谷地。在800m^{2}的样地内，乔木层林木有30余种，可分为3个亚层。第一亚层林木高15~20m，由黄果厚壳桂、硬壳桂等多种厚壳桂以及橄榄、红山梅、紫荆木等组成。第二亚层林木高8~12m，以黄果厚壳桂、硬壳桂、茜树为多。第三亚层林木高4~8m，除第一亚层和第二亚层的种类外，还有木竹子、鹅掌柴、茜草、围涎树、桃叶石楠、褐叶柄果木、香港樫木、黄杞和多种润楠等。

灌木层植物覆盖度50%左右，种类相当丰富，计有50多种，主要是乔木的幼树，其中硬壳桂和黄果厚壳桂分别有67株和23株；罴蒴锥、刨花润楠、臀果木也较多，达20~30株左右。真正的灌木亦不少，达20种以上，以海南罗伞树和九节为优势，较重要的还有朱砂根、杜茎山、栀子、毛果算盘子等。草本层植物种类和数量都稀少，覆盖度1%~5%，金毛狗脊、淡竹叶、沿阶草等种类有分布。藤本植物也不多，种类有买麻藤、小叶红叶藤和白藤等。

(7)黄果厚壳桂-海南罗伞树+九节-狗脊蕨+十字薹草群落(*Cryptocarya concinna* - *Ardisia quinquegona* + *Psychotria rubra* - *Woodwardia japonica* + *Carex cruciata* Comm.)

本群落见于昭平七冲林区，该林区属于中亚热带，但邻接南亚热带。该类型主要分布在海拔200~500m以下的山地。这类森林大多是遭受破坏后恢复起来的次生林，群落结构比较简单，组成种类不多，林木矮小。乔木层只有1个亚层，高8~10m，个别可达12m，郁闭度0.6左右，主要为黄果厚壳桂，零星分布的种类有红锥、罗浮锥、华润楠、刨花润楠和落叶阔叶树枫香树、赤杨叶和白背叶等。

灌木层植物生长繁茂，一般高2m左右，覆盖度50%，种类组成比较复杂，耐阴的种类较多，优势种不明显，大多为乔木的幼树所占，其中黄果厚壳桂、细枝柃、黄棉木、罗浮锥、香皮树、亮叶猴耳环等较多见。真正的灌木以海南罗伞树和九节最多，较常见的有柏拉木、杜茎山、牛耳枫、粗叶木、朱砂根、野牡丹等。

草本层植物高1m以下，覆盖度10%。蕨类植物较为发达，以狗脊蕨和十字薹草为多，乌毛蕨、扇叶铁线蕨、团叶铁线蕨(*Adiantum* sp.)等也较为普遍，在光照较充足的地方，芒萁、五节芒、柔枝莠竹也有较多的分布。

藤本植物种类有网脉酸藤子、藤黄檀、三叶木通、菝葜、买麻藤、忍冬、海南海金沙、广东蛇葡萄等。

(8)黄果厚壳桂＋红锥－白背叶＋亮叶猴耳环－网脉山龙眼－赤楠－宽叶楼梯草群落(*Cryptocarya concinna* ＋ *Castanopsis hystrix* － *Mallotus apelta* ＋ *Abarema lucida* － *Helicia reticulata* － *Syzygium buxifolium* － *Elatostema platyphyllum* Comm.)

本群落见于南亚热带大明山保护区海拔600m以下的沟谷地带，气候温暖湿润。立地土壤土层较深厚，但石砾多且出露面积大。乔木层郁闭度约0.8，林分高约15m，乔木层可分为3个亚层。上层组成树种除黄果厚壳桂外，还有红锥、短序润楠、大叶新木姜子、披针叶杜英和落叶阔叶树南酸枣、翻白叶树等。中层林木高约10m，常见的有亮叶猴耳环、山龙眼(*Helicia* sp.)、黄桐、黄叶树和落叶阔叶树白背叶、翻白叶树等。下层林木高4～8m，组成种类以网脉山龙眼最多，几乎占了1/2；此外，有多种榕树(*Ficus* spp.)、多种蒲桃(*Syzygium* spp.)、水东哥、土蜜树、粗叶木(*Lasianthus* sp.)、香楠(*Aidia* sp.)、鹅掌柴、鹅掌藤(*Schefflera arboricola*)等。灌木层中混生较多的乔木幼树，真正的灌木种类有赤楠、锐尖山香圆等。草本层植物以多种楼梯草为主，尤以宽叶楼梯草最茂密。其他的种类有艳山姜以及紫萁、石韦等蕨类植物。藤本植物种类繁多，扁担藤、山蒌、深裂悬钩子(*Rubus reflexus* var. *lanceolobus*)、藤黄檀等常见，有的扁担藤长达数十米；此外，几种瓜馥木等也常见。

7. 厚壳桂林(Form. *Cryptocarya chinensis*)

以厚壳桂为主的类型不如以黄果厚壳桂为主的类型那么常见，目前只发现桂平县金田林场和容县石夹水口(大容山北坡)有分布。林木层由多种樟科植物组成优势，厚壳桂是其中的1种。

(1)厚壳桂＋黄果厚壳桂＋华润楠－鹅掌柴－海南罗伞树－金毛狗脊群落(*Cryptocarya chinensis* ＋ *Cryptocarya concinna* ＋ *Machilus chinensis* － *Schefflera heptaphylla* － *Ardisia quinquegona* － *Cibotium barometz* Comm.)

分布于容县石夹水口(大容山北坡)，海拔550m。立地条件类型地层为燕山晚期花岗岩，山地山谷两旁，土壤为山地黄壤。

这是一个以樟科植物为主的类型，厚壳桂和润楠最多，郁闭度0.9。群落受过中度砍伐柴薪，根据沿沟谷记载，林木层可分为3个亚层，第一亚层林木高20～25m，覆盖度70%；第二亚层林木高8～15m，覆盖度80%；第三亚层林木高4～6m，覆盖度50%。上层林木以厚壳桂、黄果厚壳桂、华润楠、刨花润楠、广东润楠、黄樟等樟科植物共为优势，笔罗子、木竹子、黄杞、香皮树等也较多，常见的种类有红山梅、小果山龙眼、黧蒴锥、红锥、木荷、球花脚骨脆、山杜英、越南山矾、假苹婆、锈叶山龙眼(*Helicea* sp.)等，零星分布的种类有槟榔青冈、橄榄、秋枫、岭南山竹子、鹿角锥和落叶阔叶树枫香树、朴树、南酸枣等。下层林木以鹅掌柴为优势，黄果厚壳桂、围涎树、水东哥次之，常见的有金毛榕、中平树、对叶榕、红鳞蒲桃、苦树、广东润楠、肉实树、假苹婆、膜叶脚骨脆、毛叶脚骨脆等，零星分布的种类有杨梅、水锦树、石斑木、珊瑚树、顶序山龙眼、罗浮柿、鱼尾葵和落叶阔叶树赤杨叶、山乌桕等。

灌木层植物种类不少，覆盖度50%。以海南罗伞树和九节为优势，较多的有水锦树、鸭公树、柏拉木等，零星分布的有蜜茱萸、莲座紫金牛、山香圆、杜茎山、露兜树、岭南杜鹃、红紫珠、轮叶木姜子、小盘木等。

草本层植物覆盖度50%，以高大的蕨类植物为主，如金毛狗脊、乌毛蕨，较多的有山姜、淡竹叶、红色新月蕨、海芋等，零星出现的有狗脊蕨、半边旗、福建观音座莲等。

藤本植物也很发达，买麻藤最多，瓜馥木、藤黄檀、当归藤也不少，石柑子、槌果藤(*Capparis*

sp.)有分布。

（2）厚壳桂＋阴香＋琼楠－黄丹木姜子＋竹叶木姜子－白藤－金毛狗脊群落（*Cryptocarya chinensis* + *Cinnamomum burmannii* + *Beilschmiedia* sp. －*Litsea elongata* + *Litsea pseudoelongata* －*Calamus tetradactylus* －*Cibotium barometz* Comm. ）

本群落见于桂平县金田林场新村牛揽埇，海拔450m，立地条件类型地层为泥盆系莲花山组砂岩泥岩，土壤为山地森林红壤。

群落受轻度砍伐柴薪，保存仍好。群落由茂密的以樟科植物占优势组成，是桂东地区一个很有代表性的南亚热带季风常绿阔叶林群落，郁闭度0.95，林木高大，乔木层分为3个亚层。第一亚层林木高20～25m，胸径30～40cm，树冠整齐，覆盖度85%；第二亚层林木高10～15m，胸径20～25cm，覆盖度70%；第三亚层林木高4～8m，覆盖度70%。种类组成异常复杂，上中层林木以樟科的厚壳桂、黄果厚壳桂、华润楠、琼楠（*Beilschmiedia*）（2种）、阴香为优势，其他占优势的林木还有罗浮锥、香皮树、猴欢喜、笔罗子、木竹子、山杜英、枇杷叶山龙眼等，较常见的种类有黄丹木姜子、腺叶山矾、微毛山矾、鸭公树、毛锥、丛花厚壳桂、广东山胡椒等，零星出现的种类有罗浮柿、腺叶桂樱、广东冬青、锯叶竹节树、南酸枣、赤杨叶、厚叶石楠、茶梨、广东假木荷、枝花李榄（*Linociera ramiflora*）、虎皮楠、四角蒲桃（*Syzygium tetragonum*）等。小乔木的种类以黄丹木姜子和竹叶木姜子为优势，鹅掌柴和厚壳桂也不少，较多的有围涎树、网脉山龙眼、多花大沙叶（*Pavetta polyantha*）、香楠、亮叶猴耳环、日本杜英、无形叶琼楠（*Beilschmiedia* sp. ）、小叶琼楠（*Beilschmiedia* sp. ）、大沙叶（*Pavetta arenosa*）等，零星分布的种类有三花冬青、水锦树、密花树、光叶山矾、马银花、紫荆木、山榕、山牡荆、竹节树（*Carallia brachiata*）等。

灌木层植物以多刺的白藤占明显优势，覆盖度可达70%，以致其他的种类生长很少，但白藤稀少的地段，可见到以海南罗伞树和九节为优势的灌木层。其他较常见的灌木层植物还有草鞋木、黄果厚壳桂、围涎树、网脉山龙眼、柏拉木、黧蒴锥、香楠、轮叶木姜子、竹叶木姜子、郎伞树、紫荆木、西南粗叶木等，零星出现的有红背山麻杆、软皮桂、大沙叶、草珊瑚、水锦树、莲座紫金牛、露兜树、疏花卫矛、岭南杜鹃、朱砂根等。

草本层植物以高大的金毛狗脊为优势，其次为淡竹叶、山姜、宽叶楼梯草、乌毛蕨、广州蛇根草等，零星分布的有半边旗、卷柏、狗脊蕨、中华里白等。

藤本植物不算发达，常见的种类有青藤（*Illigera* sp. ）、当归藤、白叶瓜馥木、瓜馥木、买麻藤、网脉酸藤子等，零星分布的有暗色菝葜、土茯苓、广东蛇葡萄、清香藤、厚叶素馨等。

8. 华润楠林（Form. *Machilus chinensis*）

华润楠在国内分布范围较窄，只见于广东和广西。在广西，分布范围也不广，目前限见于十万大山、大瑶山、隆林县和防城港，最高海拔见于隆林县，可达1200m。华润楠是广西亚热带常绿阔叶林重要的组成种类，尤其是以樟科植物为主的南亚热带季风常绿阔叶林。目前，以它为主的类型见于桂中的大瑶山林区。

（1）华润楠－水丝梨－水丝梨－硬壳桂－楼梯草群落（*Machilus chinensis* － *Sycopsis sinensis* － *Sycopsis sinensis* － *Crytocarya chingii* － *Elatostema* sp. Comm. ）

本群落见于金秀大瑶山保护区罗运滑平横二冲，海拔740m，立地条件类型地层为寒武系红色砂岩，土壤为山地水化黄壤。土层浅薄，裸岩完全覆盖地面达100%，土壤仅见于石块缝隙之中，枯枝落叶堆积在石窝及石板表面。群落环境阴湿，裸岩表面生长有薄层苔藓。

群落是一个受过破坏后恢复起来的次生林，恢复时间已较久，目前受人为干扰较轻，保存尚好，但种类组成较简单，林木还不甚高大，虽然如此，乔木层仍可分为3个亚层。第一亚层林木高15～18m，个别落叶阔叶树可达25m，基径21～37cm，覆盖度30%。本亚层是3个亚层中种数和株数最少的一个亚层，从表9-167可知，600m^{2}样地只有8种、17株，但它植株较粗大，故基面积可达1.1909m^2，仍是3个亚层中最大的，优势种为华润楠，有5株，重要值指数91.7，占有明显的优势；次为黄叶树和深山含笑，各有4株和3株，重要值指数分别为56.9和52.4；其余5种都为单株出现，其中赤杨叶为落叶阔叶树，是群落中最高的林木。第二亚层林木高8～14m，基径13～27cm，覆盖度65%。本亚层林木植株大多倾斜或弯曲，600m^{2}样地有18种、45株，是3个亚层中种数和株数最多的1个亚层，但基面积为1.0425m^2，不及第一亚层。本亚层以水丝梨占绝对优势，有19株，重要值指数105.1；其余17种，比较重要的为阴香、黄叶树和硬壳桂，重要值指数分别为30.2、24.3和21.3。第三亚层林木高4～7m，基径5～9cm，覆盖度15%，600m²样地有林木10种、18株。本亚层林木植株细小，基面积只占乔木层总基面积的5.7%。本亚层仍以水丝梨占绝对优势，有5株，重要值指数110.7；较重要的为硬壳桂，有4株，重要值指数59.9；剩余的8种，几乎为单株出现，重要值指数都很小。从整个乔木层分析，重要值指数最大的并不是华润楠而是水丝梨，水丝梨株数最多，600m²样地有24株，在中下层占有绝对的优势，故在整个乔木层中优势仍很明显，重要值指数达到64.7；华润楠虽然在上层优势明显，但中下层没有个体，故在整个乔木层中重要值指数只有30.3，排列第二，明显不及水丝梨。但华润楠在上层占有明显的优势，而水丝梨在上层没有出现，故群落还是属于以华润楠为主的类型。

表9-167　华润楠－水丝梨－水丝梨－硬壳桂－楼梯草群落乔木层种类组成及重要值指数

（样地号：瑶山96号，样地面积：600m²，地点：金秀罗运滑平横二冲，海拔：740m）

序号	树种	基面积(m²)	株数	频度(%)	重要值指数
		乔木Ⅰ亚层			
1	华润楠	0.376	5	66.7	91.724
2	黄叶树	0.122	4	50	56.85
3	深山含笑	0.323	3	16.7	52.425
4	树参	0.11	1	16.7	22.849
5	拟赤杨	0.102	1	16.7	22.122
6	薄叶青冈	0.071	1	16.7	19.51
7	广东山胡椒	0.053	1	16.7	18.033
8	木姜子1种	0.035	1	16.7	16.483
	合计	1.191	17	216.7	299.995
		乔木Ⅱ亚层			
1	水丝梨	0.44	19	100	105.143
2	阴香	0.137	3	50	30.166
3	黄叶树	0.053	4	50	24.289
4	硬壳桂	0.057	4	33.3	21.255
5	深山含笑	0.037	2	33.3	14.867
6	八角枫	0.053	1	16.7	10.763
7	杜英	0.049	1	16.7	10.379
8	斜脉暗罗	0.028	1	16.7	8.39
9	饭甑青冈	0.028	1	16.7	8.39
10	山麻风树	0.028	1	16.7	8.39
11	黄丹木姜子	0.025	1	16.7	8.111
12	大果木姜子	0.025	1	16.7	8.111
13	耳柯	0.02	1	16.7	7.599
14	烟斗柯	0.015	1	16.7	7.147
15	褐叶柄果木	0.015	1	16.7	7.147
16	罗浮柿	0.012	1	16.7	6.848
17	青皮木	0.01	1	16.7	6.582
18	红鳞蒲桃	0.008	1	16.7	6.424
	合计	1.043	45	483.3	300.003
		乔木Ⅲ亚层			
1	水丝梨	0.092	5	33.3	110.677
2	硬壳桂	0.012	4	66.7	59.873
3	西南香楠	0.008	2	16.7	24.453
4	罗浮槭	0.005	1	16.7	16.441
5	薄叶青冈	0.005	1	16.7	16.441
6	毛狗骨柴	0.003	1	16.7	14.804
7	黄棉木	0.003	1	16.7	14.804
8	围涎树	0.002	1	16.7	14.161
9	鼠刺	0.002	1	16.7	14.161
10	大沙叶	0.002	1	16.7	14.161
	合计	0.134	18	233.3	299.975

（续）

序号	树种	基面积(m^2)	株数	频度(%)	重要值指数
		乔木层			
1	水丝梨	0.532	24	100	64.732
2	华润楠	0.376	5	66.7	30.28
3	深山含笑	0.359	5	33.3	25.508
4	黄叶树	0.175	8	50	23.501
5	硬壳桂	0.069	8	83.3	23.127
6	阴香	0.137	3	50	15.664
7	薄叶青冈	0.076	2	33.3	9.779
8	树参	0.11	1	16.7	7.956
9	拟赤杨	0.102	1	16.7	7.59
10	广东山胡椒	0.053	1	16.7	5.533
11	八角枫	0.053	1	16.7	5.533
12	杜英	0.049	1	16.7	5.364
13	西南香楠	0.008	2	16.7	4.892
14	木姜子 1 种	0.035	1	16.7	4.754
15	斜脉暗罗	0.028	1	16.7	4.488
16	饭甑青冈	0.028	1	16.7	4.488
17	山麻风树	0.028	1	16.7	4.488
18	黄丹木姜子	0.025	1	16.7	4.366
19	大果木姜子	0.025	1	16.7	4.366
20	耳柯	0.02	1	16.7	4.14
21	烟斗柯	0.015	1	16.7	3.941
22	褐叶柄果木	0.015	1	16.7	3.941
23	罗浮柿	0.012	1	16.7	3.809
24	青皮木	0.01	1	16.7	3.692
25	红鳞蒲桃	0.008	1	16.7	3.623
26	罗浮槭	0.005	1	16.7	3.503
27	毛狗骨柴	0.003	1	16.7	3.41
28	黄棉木	0.003	1	16.7	3.41
29	围涎树	0.002	1	16.7	3.374
30	鼠刺	0.002	1	16.7	3.374
31	大沙叶	0.002	1	16.7	3.374
	合计	2.368	80	816.7	300.002

灌木层植物不甚发达，分布不均匀，一般覆盖度15% ~20%，但有的地段不到10%，而有的地段可达30%，从表9-168可知，600m^2样地有31种，种类成分多为乔木的幼树，并以乔木的幼树占优势。乔木的幼树最多的为硬壳桂，次为黄棉木和西南香楠。

表 9-168　华润楠－水丝梨－水丝梨－硬壳桂－楼梯草群落灌木层和草本层种类组成及分布情况

序号	种名	多度盖度级						频度(%)	更新(株)	
		Ⅰ	Ⅱ	Ⅲ	Ⅳ	Ⅴ	Ⅵ		幼苗	幼树
				灌木层植物						
1	硬壳桂	4	4	5	4	4	4	100.0	20	63
2	西南香楠	4	2	4		4	4	83.3	3	32
3	黄棉木	4	4	2		4	4	83.3	5	32
4	红鳞蒲桃	2		2	2	3		66.7	20	63
5	树参	1	1	1		1		66.7		4
6	川桂	2		4		2		50.0	2	7
7	广西李榄	2	4			2		50.0	20	10
8	黄丹木姜子	1	1		1			50.0		3
9	围涎树		1			4		33.3	6	
10	褐叶柄果木					1	1	33.3		2

（续）

序号	种名	多度盖度级						频度（%）	更新（株）	
		Ⅰ	Ⅱ	Ⅲ	Ⅳ	Ⅴ	Ⅵ		幼苗	幼树
11	苦竹	2	4					33.3		
12	毛叶脚骨脆	2	1					33.3		3
13	黄杞	1	2					33.3		4
14	星毛鸭脚木			2	2			33.3		
15	罽蒴锥					2	1	33.3		4
16	阴香						2	16.7		2
17	耳柯			2				16.7		3
18	大果木姜子						2	16.7		2
19	斜脉暗罗			2				16.7		2
20	鹅掌柴	2						16.7		
21	桃叶珊瑚		1					16.7		
22	粗壮润楠		1					16.7		1
23	粗叶榕				2			16.7		
24	九节				1			16.7		
25	白藤					2		16.7		
26	山榕					1		16.7		
27	野锦香					4		16.7		
28	丛花厚壳桂					1		16.7		1
29	黄樟						2	16.7		2
30	细柄五月茶						1	16.7		1
31	三花冬青						1	16.7		1
	草本层植物									
1	楼梯草	6	6	4	6	6	7	100.0		
2	小花蜘蛛抱蛋	4	4	4	4	4	4	100.0		
3	麒麟尾	4	4	4	4	4	3	100.0		
4	华中铁角蕨	4	3	4	2	4	4	100.0		
5	穿鞘花	1		3	4	2		66.7		
6	绿花羊耳兰	3		3	4			50.0		
7	山姜				2	2	3	50.0		
8	桫椤		1		1	2		50.0		
9	平滑楼梯草	1		3				33.3		
10	翠云草	3					2	33.3		
11	狗脊蕨		4	4				33.3		
12	蛇根草		3		1			33.3		
13	露兜树		1				4	33.3		
14	裂叶秋海棠		1			1		33.3		
15	锦香草					4	4	33.3		
16	石仙桃					4		16.7		
17	滴水珠	1						16.7		
18	大叶莎草	2						16.7		
19	大叶兰		2					16.7		
20	天南星			1				16.7		
	藤本植物									
1	独子藤	cop	cop	cop	sol		sol	83.3		
2	菝葜	sol	sol		sol	sol	sol	83.3		
3	藤黄檀	sol	sol	sol	sol	sol		83.3		
4	狮子尾	sol		sol	sol	sol	sol	83.3		
5	当归藤	sol	sol		sp	sol	sol	83.3		
6	尾叶崖爬藤	sol		sol	sp		sol	66.7		
7	异形南五味子		sol		sol	sol	sol	66.7		
8	瓜馥木		cop	cop		sol	cop	66.7		

（续）

序号	种名	多度盖度级						频度（%）	更新（株）	
		Ⅰ	Ⅱ	Ⅲ	Ⅳ	Ⅴ	Ⅵ		幼苗	幼树
9	山蒟	cop	sol				sol	50.0		
10	粪箕笃	sol				sol		33.3		
11	冠盖藤			sol				16.7		
12	薯莨			sol				16.7		

广西李榄 *Linociera guangxiensis*　绿花羊耳兰 *Liparis* sp.　平滑楼梯草 *Elatostema* sp.　蛇根草 *Ophiorrhiza* sp.
滴水珠 *Pinellia cordata*　天南星 *Arisaema heterophyllum*

草本层植物比较发达，覆盖度 40% ~65%，600m^{2}样地有 20 种，多为喜阴湿的种类。以楼梯草为优势，次优势为小花蜘蛛抱蛋和麒麟尾，常见的为华中铁角蕨和狗脊蕨等。

藤本植物以独子藤分布普遍，数量最多，菝葜、藤黄檀、狮子尾和当归藤分布普遍，但数量不多，瓜馥木呈局部优势。

无论是上层优势种华润楠还是中下层优势种水丝梨，更新都不良好，没有幼苗和幼树。更新最理想的是硬壳桂和红鳞蒲桃，根据表 9-168，600m^{2}样地都是有幼苗 20 株，幼树 63 株；其次为黄棉木和西南香楠，前者有幼苗 5 株，幼树 32 株，后者有幼苗 3 株，幼树 32 株，但硬壳桂种群结构完整，属于进展中种群。如此看来，群落发展下去，华润楠和水丝梨都有可能被淘汰，硬壳桂有可能成为群落的优势种。

（2）华润楠 – 岭南山茉莉 – 岭南山茉莉 – 细枝柃 – 翠云草群落（*Machilus chinensis* – *Huodendron biaristatum* var. *parviflorum* – *Huodendron biaristatum* var. *parviflorum* – *Eurya loquaiana* – *Selagtinella uncinata* Comm.）

本群落见于金秀大瑶山保护区罗运滑坪，海拔 840m，立地条件类型地层为寒武系红色砂岩，土壤为山地黄壤。土层深厚，表土层厚 8cm，黑棕色，土壤较肥沃而湿润；地表枯枝落叶层厚 3 ~5cm，覆盖度 40%。

表 9-169　华润楠 – 岭南山茉莉 – 岭南山茉莉 – 细枝柃 – 翠云草群落乔木层种类组成及重要值指数

（样地号：瑶山 95 号，样地面积：600m^2，地点：金秀罗运滑坪石笼冲，海拔：840m）

序号	树种	基面积（m^2）	株数	频度（%）	重要值指数
		乔木Ⅰ亚层			
1	华润楠	0.923	7	50	93.867
2	赤杨叶	0.455	8	83.3	83.331
3	岭南山茉莉	0.083	3	50	32.709
4	黄樟	0.163	3	33.3	31.51
5	大果树参	0.062	1	16.7	12.755
6	光叶红豆	0.057	1	16.7	12.52
7	木荷	0.038	1	16.7	11.472
8	广东山胡椒	0.038	1	16.7	11.472
9	笔罗子	0.018	1	16.7	10.364
	合计	1.836	26	300	300
		乔木Ⅱ亚层			
1	岭南山茉莉	0.266	21	100	79.986
2	广东山胡椒	0.163	3	33.3	27.011
3	南烛	0.103	7	16.7	24.906
4	细枝柃	0.053	5	50	22.976
5	虎皮楠	0.072	4	33.3	19.912
6	黄樟	0.071	2	33.3	16.49
7	鼠刺	0.07	2	33.3	16.367
8	赤杨叶	0.03	2	33.3	12.514
9	华润楠	0.041	2	16.7	10.445

（续）

序号	树种	基面积(m²)	株数	频度(%)	重要值指数
10	蓝果树	0.032	1	16.7	7.874
11	罗浮槭	0.023	1	16.7	7.004
12	变叶榕	0.023	1	16.7	7.004
13	苗山冬青	0.018	1	16.7	6.521
14	阴香	0.015	1	16.7	6.301
15	网脉山龙眼	0.015	1	16.7	6.301
16	毛山矾	0.011	1	16.7	5.908
17	伞花冬青	0.011	1	16.7	5.837
18	西南香楠	0.01	1	16.7	5.735
19	山杜英	0.01	1	16.7	5.735
20	斜脉暗罗	0.004	1	16.7	5.169
	合计	1.039	59	533.3	299.997
乔木Ⅲ亚层					
1	岭南山茉莉	0.034	11	100	109.211
2	网脉山龙眼	0.013	3	50	40.159
3	青皮木	0.012	2	33.3	29.827
4	细枝柃	0.015	1	16.7	23.857
5	变叶榕	0.013	1	16.7	21.87
6	伞花冬青	0.006	1	16.7	15.392
7	赤杨叶	0.005	1	16.7	14.141
8	虎皮楠	0.004	1	16.7	13.037
9	黄棉木	0.002	1	16.7	11.27
10	罗浮柿	0.002	1	16.7	10.92
11	鸭公树	0.001	1	16.7	10.331
	合计	0.107	24	316.7	300.015
乔木层					
1	岭南山茉莉	0.383	35	100	56.495
2	华润楠	0.964	9	66.7	48.277
3	赤杨叶	0.49	11	83.3	36.138
4	黄樟	0.234	5	33.3	16.276
5	广东山胡椒	0.201	4	50	16.176
6	细枝柃	0.069	6	50	13.576
7	网脉山龙眼	0.028	4	66.7	12.303
8	南烛	0.103	7	16.7	11.801
9	虎皮楠	0.075	5	33.3	10.961
10	鼠刺	0.07	2	33.3	8.025
11	伞花冬青	0.017	2	33.3	6.249
12	青皮木	0.012	2	33.3	6.073
13	变叶榕	0.036	2	16.7	4.964
14	大果树参	0.062	1	16.7	4.905
15	光叶红豆	0.057	1	16.7	4.761
16	木荷	0.038	1	16.7	4.115
17	蓝果树	0.032	1	16.7	3.905
18	罗浮槭	0.023	1	16.7	3.602
19	苗山冬青	0.018	1	16.7	3.433
20	笔罗子	0.018	1	16.7	3.433
21	阴香	0.015	1	16.7	3.357
22	毛山矾	0.011	1	16.7	3.22
23	西南香楠	0.01	1	16.7	3.159
24	山杜英	0.01	1	16.7	3.159
25	斜脉暗罗	0.004	1	16.7	2.962
26	黄棉木	0.002	1	16.7	2.906
27	罗浮柿	0.002	1	16.7	2.894
28	鸭公树	0.001	1	16.7	2.873
	合计	2.982	109	866.7	299.999

本群落是一种次生林，但恢复年代已较久，林木尚高大，乔木层可分为3个亚层。第一亚层林木高16～20m，最高24m，基径22～35cm，最粗52cm，覆盖度70%。本亚层林木高大通直、枝下高较高，大多在10m以上，林木分布均匀，但种类组成较简单，从表9-169可知，600m^{2}样地有林木9种、26株。本亚层华润楠占有明显的优势，有7株，重要值指数93.9；落叶阔叶树赤杨叶株数最多，有8株，但粗度不如华润楠，重要值指数为83.3，排列第二；剩余的种类比较重要的为岭南山茉莉和黄樟，各有3株，重要值指数分别为32.7和31.5。第二亚层林木高8～14m，基径8～20cm，覆盖度40%。本亚层林木分布不均匀，有的地段植株很少，故显得较空旷，树干稍弯曲而向坡下倾斜，从表9-169可知，600m^{2}样地有林木20种、59株，是3个亚层中种数和株数最多的1个亚层。岭南山茉莉在本亚层占有明显的优势，有21株，重要值指数80.0；其余的种类重要值指数分配比较分散，稍突出的有广东山胡椒、南烛和细枝柃，重要值指数分别只有27.0、24.9和23.0。第三亚层林木高4～7m，基径5～10cm，覆盖度20%。本亚层是3个亚层中株数最少的一个亚层，从表9-169可知，600m^{2}有林木11种、24株，故林下很空旷。本亚层岭南山茉莉占有绝对的优势，有11株，重要值指数109.2；其余的种类重要值指数分配比较分散，除网脉山龙眼达到40.2外，还有9种重要值指数在30以下。从整个乔木层分析，岭南山茉莉、华润楠和赤杨叶为群落的优势种和次优势种，岭南山茉莉虽然在上层不占优势，但在中下层占有明显的优势，个体数最多，所以重要值指数最大，为56.5；华润楠虽然在上层占有明显的优势，但中层植株很少，下层缺乏植株，虽然植株粗大，但个体数比岭南山茉莉少得多，故重要值指数只有48.3，排列第二，但因为华润楠在上层占有明显的优势，故还是把本群落列入华润楠类型中；赤杨叶个体数比华润楠还多，但粗度不如华润楠，所以重要值指数不及华润楠，只有36.1，排列第三。其余的种类有的是常见种，有的是偶见种，所以重要值指数分配比较分散。

灌木层植物不太发达，覆盖度20%～30%，从表9-170可知，600m^{2}样地有32种。以细枝柃为优势，常见的有杜茎山；乔木的幼树不少，其中岭南山茉莉、鸭公树和网脉山龙眼最为常见。

表9-170　华润楠－岭南山茉莉－岭南山茉莉－细枝柃－翠云草群落灌木层和草本层种类组成及分布情况

序号	种名	多度盖度级						频度(%)	更新(株)	
		Ⅰ	Ⅱ	Ⅲ	Ⅳ	Ⅴ	Ⅵ		幼苗	幼树
	灌木层植物									
1	细枝柃	4	4	4	4	4	4	100.0		
2	杜茎山	4	2	2	2	2	2	100.0		
3	岭南山茉莉	4	4	4	4	4	4	100.0	14	31
4	网脉山龙眼	4	4	4	4	4	4	100.0	16	41
5	鸭公树	4	4	4	4	4	4	100.0	14	50
6	常山	2	4	2		2		66.7		
7	锈叶新木姜子	2			2	2	2	66.7		
8	西南粗叶木	2	2			2	2	66.7		
9	粗叶榕	2	1	1	2			66.7		
10	细柄五月茶	1	2			2	2	66.7		
11	枝花李榄	2	1			1	2	66.7		
12	虎皮楠			2	2	2		50.0		
13	红鳞蒲桃	2	1	2				50.0		
14	山杜英		1	1		1		50.0		2
15	野锦香	2	2					33.3		
16	黄丹木姜子			4		2		33.3	2	8
17	锐尖山香圆			1	1			33.3		
18	日本五月茶				2		2	33.3		
19	亮叶猴耳环				1		2	33.3		
20	黄杞					1	1	33.3		
21	黄棉木	1						16.7		
22	槟榔青冈		1					16.7		2
23	臀果木		2					16.7		2
24	牛矢果		1					16.7		
25	禾串树		1					16.7		

（续）

序号	种名	多度盖度级						频度(%)	更新(株)	
		Ⅰ	Ⅱ	Ⅲ	Ⅳ	Ⅴ	Ⅵ		幼苗	幼树
26	山榕		1					16.7		
27	山矾		2					16.7		
28	木竹子					1		16.7		
29	白藤						1	16.7		
30	栀子						1	16.7		
31	华润楠	2						16.7	2	1
32	罗浮槭				1			16.7		1
	草本层植物									
1	翠云草	7	7	8	6	6	7	100.0		
2	锦香草	4	4	4	4	4	4	100.0		
3	福建观音座莲	3	3	2	3	2	2	100.0		
4	楼梯草	4	4		4	3		66.7		
5	凤丫蕨	4	3		4	4		66.7		
6	肾蕨	4		3	4	4		66.7		
7	华南紫萁	3	2		3		2	66.7		
8	山姜	3	3			2		50.0		
9	狗脊蕨		2	2			3	50.0		
10	密毛野锦香					4	5	33.3		
11	戟叶圣蕨		4				4	33.3		
12	广州蛇根草	3			3			33.3		
13	金毛狗脊	3		2				33.3		
14	长茎金耳环	2						16.7		
15	桫椤				4			16.7		
16	掌叶秋海棠				3			16.7		
	藤本植物									
1	当归藤	sol		sol	sol	sol	sol	83.3		
2	瓜馥木	sol	sol	sol	cop		sp	83.3		
3	长柱络石藤	un	sol	sol			sol	66.7		
4	密齿酸藤子	sol	sol	sol			sol	66.7		
5	菝葜	sol		sol	sol	sol		66.7		
6	独子藤			sol			sol	33.3		
7	藤黄檀	sol		sol				33.3		
8	买麻藤					sol		16.7		
9	冷饭藤					sol		16.7		
10	南五味子					sol		16.7		
11	野木瓜		sol					16.7		
12	四川轮环藤		sol					16.7		

密毛野锦香 *Blastus mollissimus*　　掌叶秋海棠 *Begonia hemsleyana*　　长柱络石藤 *Trachelospermum* sp.

草本层植物比较发达，覆盖度50%～70%，600m^{2}样地有16种。以翠云草占有明显的优势，单种覆盖度可达30%～60%，次为锦香草，福建观音座莲也很常见，局部地段桫椤有较多的分布。

藤本植物不发达，600m^{2}样地有12种，多数种类数量都很稀少，但瓜馥木在局部地段分布较多，它和密齿酸藤子、当归藤等茎粗在5cm以上，攀援高15～20m，茎长30～40m，横跨多株大树。

从表9-170可以看出，本群落更新层乔木的幼树虽然较多，但除岭南山茉莉、鸭公树和网脉山龙眼外，包括上层优势种华润楠和赤杨叶在内的其余种类更新都不良好，群落发展下去，次生阳性先锋树种、落叶阔叶树赤杨叶肯定被淘汰，而华润楠的优势地位也很可能被改变。

9. 纳槁润楠林(Form. *Machilus nakao*)

以纳槁润楠为主的季风常绿阔叶林分布范围很小，主要见于桂东南的六万大山海拔400～800m之间的砂页岩山地，面积也不大。本群系是北热带季节性雨林垂直带谱上的山地常绿阔叶林的一种类型，它的形成和北热带季风气候有着密切关系，是这种气候垂直变化的产物。

纳槁润楠林的结构特点与其他常绿阔叶林相同，由于人为干扰频繁，组成比较简单。上层林木以纳槁润楠占优势，其他常见的有基脉楠、山龙眼、香皮树、木竹子等。中下层乔木种类不多，常见有鹅掌柴、黄椿木姜子、围涎树、黄毛五月茶和樟叶泡花树等。

灌木层植物以海南罗伞树、九节为多，其他还有云广粗叶木(*Lasianthus japonicus* var. *longicaudus*)、粗叶榕、西南香楠和柏拉木等。

草本层植物以乌毛蕨、金毛狗脊占优势，其他还有扇叶铁线蕨、羽裂鳞毛蕨、淡竹叶等零星分布。藤本植物不发达，常见有买麻藤、小叶红叶藤、白花油麻藤、微花藤(*Iodes cirrhosa*)和毛蒟等。

10. 野黄桂 + 刨花润楠林(Form. *Cinnamomum jensenianum* + *Machilus pauhoi*)

(1)野黄桂 + 刨花润楠 - 刨花润楠 + 野黄桂 - 褐叶柄果木 - 海南罗伞树 + 柏拉木 - 山姜 + 粽叶芦群落(*Cinnamomum jensenianum* + *Machilus pauhoi* - *Machilus pauhoi* + *Cinnamomum jensenianum* - *Mischocarpus pentapetalus* - *Ardisia quinquegona* + *Blastus cochinchinensis* - *Alpinia japonica* + *Thysanolaena latifolia* Comm.)

本群落见于桂中桂平县大平山林场小崩冲，海拔580m，立地条件类型为砂质黄壤。

群落过去曾经受过破坏，但恢复年代已较久，乔木层郁闭度0.8，可分成3个亚层。第一亚层林木高15m以上，从表9-171看，株数最多的是野黄桂和木油桐，各有5株，由于木油桐比野黄桂较粗大，故优势种为落叶阔叶树木油桐，重要值指数45.8；野黄桂为次优势种，重要值指数42.1；较重要的种类有落叶阔叶树南酸枣和常绿阔叶树木荷、刨花润楠，重要值指数分别为38.3、36.1和29.8；常见的种类有大果木姜子、鹅掌柴、山榕、香皮树、小果山龙眼、白花含笑、广东润楠和短序润楠等。

表9-171 野黄桂 + 刨花润楠 - 刨花润楠 + 野黄桂 - 柄果木 - 海南罗伞树 + 柏拉木 - 山姜 + 粽叶芦群落乔木层种类组成及株数统计

(样地面积：400m^2，地点：桂平县大平山林场小崩冲，海拔：580m)

序号	种名	各层株数			总株数	频度(%)
		Ⅰ	Ⅱ	Ⅲ		
1	野黄桂	5	11	13	29	100
2	刨花润楠	4	11	15	30	100
3	褐叶柄果木	0	4	25	27	100
4	鹅掌柴	2	3	3	8	75
5	大果木姜子	1	3	6	10	100
6	木油桐	5	2	0	7	100
7	山榕	1	2	4	7	100
8	香皮树	2	2	9	13	100
9	木荷	4	1	0	5	100
10	南酸枣	4	0	0	4	50
11	虎皮楠	0	4	0	4	75
12	红山梅	0	0	4	4	100
13	小果山龙眼	1	0	1	2	25
14	骨齿山矾	0	0	1	1	25
15	白花含笑	2	0	0	2	25
16	广东润楠	1	0	1	2	25
17	短序润楠	1	0	0	1	25
18	华润楠	2	2	0	4	75
19	黄果厚壳桂	0	1	1	2	25
20	硬壳桂	0	0	2	2	50
21	厚壳桂	0	1	0	1	25
22	丛花厚壳桂	0	0	1	1	25
23	建楠	0	1	2	3	50
24	薄叶润楠	0	0	1	1	25
25	羊舌树	0	0	2	2	25
26	棱枝冬青	0	0	1	1	25

（续）

序号	种名	各层株数			总株数	频度(%)
		Ⅰ	Ⅱ	Ⅲ		
27	毛八角枫	0	1	0	1	25
28	罗浮柿	0	0	2	2	50
29	黄毛五月茶	0	0	1	1	25
30	山杜英	1	1	0	2	25
31	山牡荆	0	0	1	1	25
32	鹧鸪花	0	0	1	1	25
33	光叶山矾	0	1	0	1	25
34	大花枇杷	0	0	1	1	25
	合计	36	51	96	183	

骨齿山矾(*Symplocos* sp.)

第二亚层林木高8～15m，从表9-171可知刨花润楠和野黄桂株数最多，故为本亚层的优势种和次优势种，其次是褐叶柄果木、鹅掌柴、虎皮楠等。

第三亚层林木高4～7m，优势种为褐叶柄果木，重要值指数75.8；次为刨花润楠和野黄桂，重要值指数分别为42.2和30.9；重要值指数超过10的还有香皮树、大果木姜子、山榕、红山梅、广东润楠等。

从整个乔木层分析，优势不太明显，野黄桂和刨花润楠重要值指数最大，其次是褐叶柄果木和木油桐。

灌木层植物高3m以下，种类组成十分丰富，从表9-172可知，400m^2样地有53种，其中乔木的幼树不少。真正的灌木以海南罗伞树和柏拉木为优势，乔木的幼树以褐叶柄果木、山榕、野黄桂和香皮树为多。

表9-172　野黄桂+刨花润楠－刨花润楠+野黄桂－柄果木－海南罗伞树+柏拉木－山姜+棕叶芦群落灌木层和草本层种类组成及分布情况

序号	种名	多度	频度(%)	幼树(株)
	灌木层植物			
1	海南罗伞树	cop	100	
2	柏拉木	cop	100	
3	竹叶木姜子	sol	100	
4	黄叶树	sol	75	
5	苦竹	cop	50	
6	子凌蒲桃	sol	50	
7	猴欢喜	sol	50	
8	茜树	sol	50	
9	猪肚木	sol	50	
10	九节	sol	50	
11	山香圆	sol	50	
12	朱砂根	un	25	
13	香楠	un	25	
14	总序山绿豆	sol	25	
15	毛叶假鹰爪	un	25	
16	粗叶榕	un	25	
17	五月茶	un	25	
18	茶	sol	25	
19	山茶属1种	sol	25	
20	羽叶金合欢	un	25	
21	野牡丹	un	25	
22	土蜜树	sol	25	
23	大叶紫珠	sol	25	
24	草鞋木	un	25	

（续）

序号	种名	多度	频度(%)	幼树(株)
25	百两金	un	25	
26	破布叶	un	25	
27	淡黄荚迷	un	25	
28	黑面神	un	25	
29	刨花润楠			2
30	野黄桂			38
31	褐叶柄果木			83
32	香皮树			32
33	山榕			42
34	山牡荆			26
35	厚壳桂			21
36	大果木姜子			10
37	鹅掌柴			6
38	黄果厚壳桂			2
39	虎皮楠			1
40	棱枝冬青			1
41	鹧鸪花			4
42	大花枇杷			1
43	华南吴朱萸			3
44	黄椿木姜子			1
45	鸭公树			4
46	短梗幌伞枫			6
47	甜槠			2
48	轮叶木姜子			1
49	羊舌树			4
50	毛黄肉楠			1
51	长柄杜英			1
52	香港木兰			1
53	毛山矾			1
		草本层植物		
1	粽叶芦	sol	75	
2	山姜	sol	75	
3	蕨 1 种	sp	75	
4	毛果珍珠茅	sol	50	
5	大叶仙茅	un	25	
6	竹叶草	sol	25	
7	蔓斑鸠菊	un	25	
8	臀果木	un	25	
9	柃木 1 种	sol	75	
10	短梗新木姜子	cop	100	
		藤本植物		
1	菝葜	sol	100	
2	瓜馥木	sol	75	
3	密齿酸藤子	sol	50	
4	白藤	sol	50	
5	土茯苓	sol	25	
6	当归藤	un	25	
7	四川轮环藤	un	25	
8	翼茎白粉藤	un	25	
9	微花藤	un	25	
10	买麻藤	un	25	

（续）

序号	种名	多度	频度(%)	幼树(株)
11	小叶买麻藤	un	25	
12	柠檬清风藤	un	25	
13	裂叶秋海棠	un	25	
14	独子藤	un	25	

子凌蒲桃 *Syzygium championii*　　总序山绿豆 *Desmodium* sp.　　华南吴萸 *Tetradium austrosinense*
竹叶草 *Oplismenus compositus*　　蔓斑鸠菊 *Vernonia* sp.　　柠檬清风藤 *Sabia limoniacea*

草本层植物种类和数量都稀少，400m^{2}样地只有10种，较常见的是蕨类和棕叶芦、山姜等。但乔木种类短梗新木姜子的幼苗不少。

藤本植物种类虽然400m^{2}有14种，但数量很稀少，稍为常见的是菝葜。

从表9-172看出，更新层有24种乔木具更新幼树，400m^{2}样地中，更新幼树最多的是褐叶柄果木，有83株；第二的是山榕，有42株；排列第三到第六位的为野黄桂、香皮树、山牡荆、厚壳桂，分别有38、32、26和21株，其余18种更新幼树都很少。上层优势种木油桐幼树缺，刨花润楠只有2株幼树，木油桐为次生阳性先锋树种，群落向常绿阔叶林更高阶段演替，它肯定被淘汰的；刨花润楠将不能保持其在群落中的优势地位，而让位于其他树种。

本群落虽然是受到破坏后恢复起来的次生季风常绿阔叶林，但亦很有代表性，乔木层中的褐叶柄果木、山榕、鹅掌柴、红山梅、小果山龙眼、白花含笑、华润楠、黄果厚壳桂、厚壳桂、丛花厚壳桂、鹧鸪花等以及灌木层中的海南罗伞树、九节、白藤等都是南亚热带季风常绿阔叶林代表性种类。

11. 金叶含笑＋公孙锥林(Form. *Michelia foveolata*＋*Castanopsis tonkinensis*)

以木兰科种类为主的南亚热带季风常绿阔叶林类型比较少见，金叶含笑林是其中的一种。

本类型分布于北热带德保县燕洞乡外要琴后山，海拔900m，立地条件类型为山地黄壤。这是一个北热带季节性雨林垂直带谱上的山地常绿阔叶林类型。这片林子可能被作为风水林而得以保存下来，林木高大，但下层已受到比较严重的破坏，灌木层和草本层种类简单，数量稀少。

外要琴后山这片林子大约有10亩，上层林木高25～27m，最高30m，胸径40～120cm，以金叶含笑为主，共有11株，其次为公孙锥，有4株，其他的种类还有红山梅、观光木、黄杞、红锥、刨花润楠、黧蒴锥、桂南木莲、蕈树、鹅掌柴、笔罗子、广东山胡椒、罗浮锥、木竹子、华润楠、白桂木(*Artocarpus hypargyreus*)、红鳞蒲桃、褐叶柄果木、木荷、围涎树、榕树、猴欢喜等。主要林木树高和胸径见表9-173。从表中看出，金叶含笑是林中最高大的林木，有6株胸径在100cm以上。小乔木的种类有野梧桐、南烛、打铁树、鱼尾葵、岭南山竹子、齿叶竹节树等。灌木层植物以合柱金莲木占有明显的优势，其他的种类还有赤楠、草珊瑚、粗叶木、疏花卫矛、瓜馥木等。草本层植物的种类有乌毛蕨、狗脊蕨、虎舌红、山姜等。

这片高大的、保存年代已经很久的季风常绿阔叶林，虽然下层，尤其灌木层和草本层受到比较严重的破坏，但上层林木保存尚好，仍是一片很有代表性的南亚热带季风常绿阔叶林。乔木层的许多组

表9-173　金叶含笑、公孙锥林主要林木树高和胸径表

序号	种名	树高(m)	胸径(cm)	序号	种名	树高(m)	胸径(cm)
1	金叶含笑	27	118.1	10	公孙锥	23	35.0
2	金叶含笑	25	121.0	11	公孙锥	24	44.6
3	金叶含笑	25	55.7	12	桂南木莲	23	75.8
4	金叶含笑	25	118.7	13	桂南木莲	23	89.8
5	金叶含笑	27	121.0	14	观光木	20	60.5
6	金叶含笑	30	100.3	15	红锥	18	19.1
7	金叶含笑	30	112.0	16	黄杞	25	83.1
8	金叶含笑	20	85.9	17	红山梅	21	49.7
9	公孙锥	25	70.0	18	红山梅	21	43.3

成种类，例如红山梅、红锥、公孙锥、黧蒴锥、鹅掌柴、笔罗子、广东山胡椒、罗浮锥、华润楠、白桂木、红鳞蒲桃、褐叶柄果木、榕树等，都是南亚热带季风常绿阔叶林代表性种类。金叶含笑虽然在广西从南到北都有分布，但它在北热带山地上能形成如此原始的林分，说明它的性质是属于季风常绿阔叶林的。这片森林很有科研价值，应当加以保护。

12. 白花含笑林(Form. *Michelia mediocris*)

白花含笑林是以木兰科种类为主的南亚热带季风常绿阔叶林的另一种类型，分布点不多，面积也不大，零星见于季风常绿阔叶林之中。

(1)白花含笑 - 岭南山茉莉 - 蕈树 - 常山 - 金毛狗脊群落(*Michelia mediocris* - *Huodendron biaristatum* var. *parviflorum* - *Altingia chinensis* - *Dichroa febrifuga* - *Cibotium barometz* Comm.)

此种群落见于大瑶山保护区长垌六寨山，海拔700m，立地条件类型地层为泥盆系莲花山组砂岩，土壤为山地森林黄壤。土层深厚，地表枯枝落叶层覆盖可达90%以上，分解尚好；表土层厚10~15cm，黑灰色，疏松多植物根系。

群落虽然受到一定的人为影响，但不严重，保存尚好。群落表面平整，乔木层有3个亚层，第一亚层林木高16~25m，基径19~85cm，林木通直，树皮光滑，树冠连续，覆盖度75%以上。本亚层是3个亚层中种数和株数最少的1个亚层，从表9-174可知，600m²样地只有12种、23株，株数占乔木层总株数的19.2%。但植株粗大，基面积占整个乔木层总基面积的70.1%，排列第一。本亚层优势不突出，白花含笑虽然重要值指数排列第一，但只有4株，重要值指数为39.7；槟榔青冈有3株，重要值指数36.7，排列第二；落叶阔叶树南酸枣虽然只有1株，但它是群落中最粗大的林木，重要值指数达22.0，排列第三；其他的种类有的植株细小，有的只有1株，所以重要值指数小，分配分散。本亚层的落叶阔叶树还有陀螺果。第二亚层林木高8~14m，基径11~25cm，林木通直，树冠呈塔形，不连续，覆盖度50%。本亚层种数组成比较丰富，株数是3个亚层中最多的一个亚层，从表9-174可知，600m²样地有29种、51株。本亚层优势不突出，重要值指数分配分散，从4到36阶梯式向上排列，其中比较突出的是岭南山茉莉，有5株，重要值指数36.6；排在二~五位的是罗浮槭、毛锥、中华杜英、香港四照花，重要值指数分别为20.1、19.6、18.5和17.5。本亚层的落叶阔叶树有银钟花、野梧桐和山桐子3种。第三亚层林木高4~7m，基径5~15cm，树干细长，冠幅稀疏，树冠不连续，覆盖度只有30%。本亚层种数与第二亚层相同，株数比第二亚层少5株，600m²样地有29种、46株。本亚层优势更不突出，重要值指数分配很分散，从5至24阶梯式向上排列，重要值指数排第一的蕈树，重要值指数只有24.3；排在二~五位的罗浮槭、密花山矾、网脉山龙眼和米槠，重要值指数分别为22.4、20.6、20.3和20.3。本亚层落叶阔叶树有陀螺果1种。从整个乔木层分析，最大的特点是各层相同出现的种类不多，种类组成丰富，个体数较多，但每种个体数差异不太大，优势很不明显，重要值指数分配很分散。由于各层优势种不相同，所以在上层占优势的白花含笑、槟榔青冈、南酸枣和第二亚层占优势的岭南山茉莉，重要值指数排在前四位，分别为26.5、21.4、14.4和15.9，成为整个乔木层重要值指数最大的种类。

表9-174 白花含笑 - 岭南山茉莉 - 蕈树 - 常山 - 金毛狗脊群落乔木层种类组成及重要值指数

(样地号：瑶山66号，样地面积：600m²，地点：金秀县长垌六寨山，海拔：700m)

序号	树种	基面积(m²)	株数	频度(%)	重要值指数
		乔木Ⅰ亚层			
1	白花含笑	0.713	4	50	39.66
2	槟榔青冈	0.759	3	33.3	36.661
3	南酸枣	0.567	1	16.7	21.984
4	笔罗子	0.169	3	16.7	18.328
5	陀螺果	0.211	2	16.7	15.299
6	桂南木莲	0.21	2	16.7	15.27
7	刨花润楠	0.187	2	33.3	14.605
8	蕈树	0.101	2	16.7	11.876

（续）

序号	树种	基面积(m^2)	株数	频度(%)	重要值指数
9	香港四照花	0.139	1	16.7	8.701
10	岭南山茉莉	0.113	1	16.7	7.923
11	鹿角锥	0.049	1	16.7	5.931
12	木荷	0.011	1	16.7	4.761
	合计	3.229	23	266.7	299.99
		乔木Ⅱ亚层			
1	岭南山茉莉	0.219	5	50	36.647
2	罗浮槭	0.057	4	50	20.135
3	毛锥	0.122	2	33.3	19.637
4	中华杜英	0.065	4	33.3	18.481
5	香港四照花	0.098	2	33.3	17.5
6	川桂	0.072	2	16.7	12.806
7	西南香楠	0.043	2	33.3	12.521
8	罗浮柿	0.031	2	33.3	11.427
9	刨花润楠	0.03	2	33.3	11.343
10	密花山矾	0.029	2	33.3	11.314
11	谷木叶冬青	0.029	2	33.3	11.286
12	银钟花	0.027	3	16.7	10.704
13	罗浮锥	0.021	2	33.3	10.553
14	猴欢喜	0.023	2	16.7	8.334
15	光叶山矾	0.042	1	16.7	8.073
16	黑柃	0.038	1	16.7	7.756
17	甜槠	0.018	1	16.7	5.929
18	野梧桐	0.018	1	16.7	5.929
19	厚皮香	0.018	1	16.7	5.929
20	蕈树	0.018	1	16.7	5.929
21	山桐子	0.015	1	16.7	5.724
22	广东冬青	0.015	1	16.7	5.724
23	褐毛杜英	0.013	1	16.7	5.534
24	耳柯	0.011	1	16.7	5.357
25	网脉山龙眼	0.01	1	16.7	5.195
26	大果木姜子	0.01	1	16.7	5.195
27	白花含笑	0.01	1	16.7	5.195
28	鼠刺	0.008	1	16.7	5.047
29	基脉润楠	0.005	1	16.7	4.793
	合计	1.113	51	700	299.997
		乔木Ⅲ亚层			
1	蕈树	0.033	3	33.3	24.27
2	罗浮槭	0.022	4	33.3	22.372
3	密花山矾	0.029	2	33.3	20.58
4	网脉山龙眼	0.01	4	50	20.336
5	米槠	0.022	3	33.3	20.287
6	三花冬青	0.008	3	50	17.36
7	厚斗柯	0.024	2	16.7	16.076
8	鼠刺	0.007	2	33.3	12.138
9	陀螺果	0.011	2	16.7	11.052
10	毛锥	0.015	1	16.7	10.632
11	白花含笑	0.006	2	16.7	9.12

（续）

序号	树种	基面积（m^2）	株数	频度（%）	重要值指数
12	山麻风树	0.011	1	16.7	9.086
13	栲	0.01	1	16.7	8.403
14	四角柃	0.005	1	16.7	6.708
15	南岭山矾	0.005	1	16.7	6.708
16	桂南木莲	0.005	1	16.7	6.708
17	谷木冬青	0.005	1	16.7	6.708
18	西南香楠	0.004	1	16.7	6.262
19	榕叶冬青	0.004	1	16.7	6.262
20	罗浮锥	0.004	1	16.7	6.262
21	华南木姜子	0.004	1	16.7	6.262
22	厚皮香	0.004	1	16.7	6.262
23	中华杜英	0.003	1	16.7	5.876
24	腺叶桂樱	0.003	1	16.7	5.876
25	基脉润楠	0.003	1	16.7	5.876
26	南国山矾	0.003	1	16.7	5.876
27	黄叶树	0.002	1	16.7	5.549
28	猴欢喜	0.002	1	16.7	5.549
29	黄棉木	0.002	1	16.7	5.549
	合计	0.264	46	633.3	300.004
			乔木层		
1	白花含笑	0.728	7	66.7	26.518
2	槟榔青冈	0.759	3	33.3	21.406
3	岭南山茉莉	0.333	6	50	15.883
4	南酸枣	0.567	1	16.7	14.371
5	罗浮槭	0.08	8	66.7	13.272
6	香港四照花	0.237	3	50	11.297
7	蕈树	0.151	6	33.3	10.725
8	刨花润楠	0.216	4	33.3	10.47
9	桂南木莲	0.215	3	33.3	9.612
10	陀螺果	0.222	4	16.7	9.371
11	毛锥	0.137	3	50	9.141
12	网脉山龙眼	0.019	5	50	8.246
13	中华杜英	0.068	5	33.3	8.087
14	笔罗子	0.169	3	16.7	7.38
15	西南香楠	0.047	3	50	7.17
16	密花山矾	0.058	4	33.3	7.037
17	罗浮锥	0.025	3	50	6.694
18	鼠刺	0.015	3	50	6.474
19	三花冬青	0.008	3	50	6.327
20	谷木冬青	0.034	3	33.3	5.677
21	猴欢喜	0.025	3	33.3	5.473
22	米槠	0.022	3	33.3	5.427
23	罗浮柿	0.031	2	33.3	4.769
24	厚皮香	0.022	2	33.3	4.573
25	川桂	0.072	2	16.7	4.458
26	银钟花	0.027	3	16.7	4.309
27	厚斗柯	0.024	2	16.7	3.408
28	鹿角锥	0.049	1	16.7	3.118
29	基脉润楠	0.008	2	16.7	3.057
30	光叶山矾	0.042	1	16.7	2.955
31	黑柃	0.038	1	16.7	2.878
32	甜槠	0.018	1	16.7	2.436
33	野梧桐	0.018	1	16.7	2.436

（续）

序号	树种	基面积(m^2)	株数	频度(%)	重要值指数
34	山桐子	0.015	1	16.7	2.387
35	广东冬青	0.015	1	16.7	2.387
36	褐毛杜英	0.013	1	16.7	2.341
37	耳柯	0.011	1	16.7	2.298
38	木荷	0.011	1	16.7	2.298
39	山麻风树	0.011	1	16.7	2.298
40	栲	0.01	1	16.7	2.259
41	大果木姜子	0.01	1	16.7	2.259
42	四角柃	0.005	1	16.7	2.162
43	南岭山矾	0.005	1	16.7	2.162
44	榕叶冬青	0.004	1	16.7	2.136
45	华南木姜子	0.004	1	16.7	2.136
46	腺叶桂樱	0.003	1	16.7	2.114
47	南国山矾	0.003	1	16.7	2.114
48	黄叶树	0.002	1	16.7	2.095
49	黄棉木	0.002	1	16.7	2.095
	合计	4.607	120	1366.7	300

灌木层植物种类丰富但数量不多，从表9-175可知，600m^2样地有61种，覆盖度20%~25%。由于灌木层植物和第三亚层林木覆盖度都不大，所以林下显得比较空旷。灌木层植物成分以乔木的幼树居多，大约有50种，常见的有笔罗子、鼠刺、网脉山龙眼、黄丹木姜子等，但占优势的为真正的灌木常山。

由于比较空旷，草本层植物很繁茂，覆盖度达70%~75%，以喜阴湿和耐阴的种类为主，其中蕨类植物占多数。占优势的为高大的金毛狗脊，次为华中瘤足蕨，林窗处里白局部占优势，狗脊蕨虽然分布不普遍，但局部地段较多，其他常见的蕨类植物还有多羽复叶耳蕨、卷柏、虎克鳞盖蕨和江南短肠蕨。非蕨类植物以毛果珍珠茅常见。

藤本植物数量不多，比较常见的种类为瓜馥木和菝葜等，有的流苏子和冷饭藤，茎粗可达10~12cm。

虽然更新层乔木的幼树很多，但没有哪一种更新比较理想。从表9-175看出，重要值指数排第一和第二位的白花含笑、槟榔青冈没有幼苗和幼树；目前幼苗和幼树稍多的笔罗子、鼠刺、网脉山龙眼、黄丹木姜子，能长成上层乔木的只有笔罗子1种，其他3种为中下层乔木。

表9-175　白花含笑-岭南山茉莉-蕈树-常山-金毛狗脊群落灌木层和草本层种类组成及分布情况

序号	种名	多度盖度级						频度(%)	更新(株)	
		Ⅰ	Ⅱ	Ⅲ	Ⅳ	Ⅴ	Ⅵ		幼苗	幼树
	灌木层植物									
1	常山	4	4	3	4	4	4	100.0		
2	笔罗子	3	3	3	3	2	1	100.0	3	10
3	鼠刺	3	3	4	4		4	83.3	6	14
4	黄丹木姜子	2	3		3	3	4	83.3	6	12
5	箬叶竹	4	4	4	4			66.7		
6	罗浮锥	4	4	3			3	66.7	1	12
7	细柄五月茶	3	3		2	2		66.7		9
8	纸叶木姜子	3	2			2	2	66.7	2	7
9	山麻风树	1	3	4			4	66.7	3	12
10	锈叶木姜子			4	4		4	50.0	4	7
11	网脉山龙眼	4			4		3	50.0	20	8
12	光叶粗叶木	3			2		2	50.0		
13	陀螺果		1	3			2	50.0	1	5
14	罗浮柿		1			3	2	50.0	1	4
15	猴欢喜	2			2		1	50.0		4
16	狗骨柴			4	1	1		50.0		3

（续）

序号	种名	多度盖度级						频度（%）	更新（株）	
		Ⅰ	Ⅱ	Ⅲ	Ⅳ	Ⅴ	Ⅵ		幼苗	幼树
17	木姜叶润楠		1		1		3	50.0	1	5
18	川桂					4	4	33.3	4	7
19	九节	4			4			33.3		
20	黄杞		4	4				33.3	4	10
21	草珊瑚			3		4		33.3		
22	锈叶新木姜子	3	4					33.3	2	5
23	黄叶树	3	2					33.3		5
24	黧蒴锥				2	3		33.3	2	3
25	榕叶冬青		3			1		33.3		2
26	粗叶榕				1		3	33.3		
27	毛锥		2	2				33.3		4
28	南国山矾		2	2				33.3		3
29	褐毛杜英	2					1	33.3	1	3
30	白藤					1	2	33.3		
31	密花山矾	1		1				33.3		2
32	虎皮楠		1			1		33.3	3	
33	三花冬青		1		1			33.3		2
34	杜茎山						4	16.7		
35	蕈树				3			16.7		3
36	红淡比	3						16.7	1	2
37	少叶黄杞	3						16.7	1	2
38	黄牛奶树		3					16.7		2
39	耳柯			3				16.7		2
40	腺叶桂樱	2						16.7		2
41	米槠					2		16.7		2
42	硬壳桂			2				16.7		2
43	谷木叶冬青	2						16.7		2
44	硬壳柯				2			16.7		2
45	木竹子			2				16.7		2
46	中南豆腐木			2				16.7		2
47	白花苦灯笼			1				16.7		1
48	光叶山矾			1				16.7		1
49	赤楠				1			16.7		
50	西南香楠					1		16.7	1	
51	狭叶木犀					1		16.7		1
52	围涎树					1		16.7		1
53	异株木犀榄					1		16.7		1
54	木荷		1					16.7		2
55	树参		1					16.7		1
56	大叶榕		1					16.7		1
57	柳叶石斑木		1					16.7	1	1
58	罗浮槭					1		16.7		1
59	岭南山茉莉						1	16.7		1
60	广东冬青	1						16.7		1
61	大果卫矛		1					16.7		1
	草本层植物									
1	金毛狗脊	7	5	5	6	5	4	100.0		
2	华中瘤足蕨	3	4	4	5	4	4	100.0		
3	毛果珍珠茅	3	2	4	3		2	83.3		
4	多羽复叶耳蕨		4	4	4	4		66.7		
5	卷柏	3	2			3	4	66.7		

（续）

序号	种名	多度盖度级						频度(%)	更新(株)	
		Ⅰ	Ⅱ	Ⅲ	Ⅳ	Ⅴ	Ⅵ		幼苗	幼树
6	山姜	2	2		2	3		66.7		
7	里白			5		5	6	50.0		
8	狗脊蕨	4	4				4	50.0		
9	蕨1种		4		4			33.3		
10	虎克鳞盖蕨				4	4		33.3		
11	江南短肠蕨	4						16.7		
12	玉竹			3				16.7		
13	山菅			1				16.7		
14	虎舌红					1		16.7		
藤本植物										
1	瓜馥木	sp	sp	sol	sp	sol		83.3		
2	菝葜	sol	sol		sol		sol	66.7		
3	细圆藤		sol	sol		sol	sol	66.7		
4	藤黄檀	sol			sol	sol		50.0		
5	三叶木通		sol	sol				33.3		
6	流苏子					sol	sol	33.3		
7	野木瓜					sol	sol	33.3		
8	毛蒟	sol						16.7		
9	尾叶崖爬藤	sol						16.7		
10	构棘			sol				16.7		
11	冷饭藤			sol				16.7		
12	鸡眼藤				sol			16.7		
13	异形南五味子					sol		16.7		
14	钻地风					sol		16.7		
15	当归藤					sol		16.7		
16	爬藤榕						sol	16.7		
17	玉叶金花						sol	16.7		
18	常春藤						sol	16.7		
19	鸡矢藤						sol	16.7		

纸叶木姜子 *Litsea* sp.　　中南豆腐木 *Premna peii*　　大叶榕 *Ficus* sp.

13. 小花红花荷林(Form. *Rhodoleia parvipetala*)

小花红花荷在国内分布于云南东南部、贵州东南部及广西西部，分布范围不广。在广西，主要见于桂西田林岑王老山、桂北九万山、桂中大瑶山和大明山及桂平大平山、桂南十万大山东南坡以及平南、百色等地，最低海拔见于九万山，230m，最高海拔见于田林浪平，1500m。以它为主的季风常绿阔叶林比较少见，仅在桂中的桂平大平山和桂北的九万山发现零星小片的林分。

(1)小花红花荷－小花红花荷－罴蒴锥－柏拉木－狗脊蕨群落(*Rhodoleia parvipetala* – *Rhodoleia parvipetala* – *Castanopsis fissa* – *Blastus cochinchinensis* – *Woodwardia japonica* Comm.)

本群落见于桂中桂平县大平山一带，海拔720m，立地条件类型为沙质红壤。表土层为半分解的枯枝落叶层，厚15cm以上，未分解的枯枝落叶层厚3～5cm，覆盖地面80%以上。

群落过去曾经受过破坏，林内有几株半腐朽的大径马尾松伐倒木，但近年保护尚好，未见有破坏的痕迹。群落郁闭度0.8左右，乔木层可分为3个亚层。第一亚层林木高15m以上，从表9-176可知，400m^{2}样地有林木5种、25株，小花红花荷占有明显的优势，有18株，比较重要的还有木荷和马尾松，分别有3株和2株。第二亚层林木高8～14m，400m^{2}样地有林木12种、23株，小花红花荷仍为优势，400m^{2}样地有7株，稍多的有腺鼠刺和黄叶树，各有3株。第三亚层林木高3～7m，是3个亚层中种数和株数最多的1个亚层，400m^{2}样地有林木23种、111株，优势明显，罴蒴锥最多，有39株；次为单毛桤叶树，有29株。乔木层落叶阔叶树，只在第三亚层有出现，除单毛桤叶树外，还有1株枫香树。

表 9-176 小花红花荷 – 小花红花荷 – 罴蒴锥 – 柏拉木 – 狗脊蕨群落乔木层种类组成及株数统计

(样地面积：400m^2，地点：桂平县大平山，海拔：720m)

序号	种名	各层株数			总株数	频度(%)
		Ⅰ	Ⅱ	Ⅲ		
1	小花红花荷	18	7	3	28	100
2	木荷	3	0	0	3	50
3	马尾松	2	0	0	2	50
4	猴欢喜	1	2	0	3	25
5	广东山胡椒	1	0	0	1	25
6	罴蒴锥	0	1	39	40	100
7	单毛桤叶树	0	0	29	29	100
8	腺鼠刺	0	3	4	7	100
9	多花杜鹃	0	0	5	5	75
10	刨花润楠	0	0	4	4	25
11	罗浮柿	0	0	4	4	25
12	黄叶树	0	3	0	3	25
13	基脉润楠	0	1	2	3	50
14	鹿角锥	0	0	3	3	50
15	羊舌树	0	0	2	2	25
16	树参	0	0	2	2	25
17	黄果厚壳桂	0	1	1	2	50
18	红果黄肉楠	0	0	2	2	25
19	虎皮楠	0	0	2	2	50
20	中华杜英	0	1	1	2	25
21	红叶树	0	0	1	1	25
22	细齿叶柃	0	0	1	1	25
23	枫香树	0	0	1	1	25
24	密花山矾	0	0	1	1	25
25	红鳞蒲桃	0	0	1	1	25
26	樟树	0	1	0	1	25
27	华润楠	0	0	1	1	25
28	鸭公树	0	0	1	1	25
29	薄叶润楠	0	1	0	1	25
30	岭南山茉莉	0	0	1	1	25
31	薄叶山矾	0	1	0	1	25
32	日本杜英	0	1	0	1	25
	合计	25	23	111	159	

灌木层植物种数较多，从表 9-177 可知，400m^{2}样地有 45 种，多为乔木的幼树。真正的灌木以柏拉木稍多，次为金竹；乔木的幼树以罴蒴锥、基脉润楠、多花杜鹃、密花树、华南桤叶树最多。

草本层植物种数和数量都较少，400m^{2}只有 10 种，狗脊蕨稍多，其他都很少。

藤本植物也不发达，400m^{2}只有 7 种，零星分布于灌木层中。

群落更新比较良好，从表 9-177 可知，优势种小花红花荷 400m^{2}样地有幼树 27 株，最理想的是罴蒴锥、基脉润楠、多花杜鹃、密花树，其次为厚壳桂、木荷等，从罴蒴锥、多花杜鹃、木荷的幼树比较多可以看出，林下的光照条件还是比较好的。

表 9-177　小花红花荷－小花红花荷－黧蒴锥－柏拉木－狗脊蕨群落灌木层和草本层种类组成及分布情况

序号	种名	多度	频度（%）	幼树（株）
	灌木层植物			
1	华南桤叶树	sp	100	
2	柏拉木	sp	75	
3	尖叶黄杨	sp	75	
4	金竹	sp	50	
5	小果山龙眼	sol	100	
6	山鸡椒	un	25	
7	扁刺锥	un	25	
8	茜树	un	25	
9	野牡丹	un	25	
10	珍珠花	un	25	
11	杜英	un	25	
12	丁香杜鹃	sol	25	
13	石斑木	un	25	
14	冬青	un	25	
15	石山榕	un	25	
16	黧蒴锥		100	95
17	基脉润楠		100	82
18	多花杜鹃		100	76
19	密花树		100	75
20	木荷		100	41
21	厚壳桂		100	47
22	小花红花荷		100	27
23	虎皮楠		100	21
24	羊舌树		75	14
25	臀果木		75	16
26	东方古柯		75	9
27	鸭公树		75	3
28	广东假木荷		50	3
29	树参		50	2
30	黔桂槭		50	4
31	锈叶新木姜子		50	3
32	红皮木姜子		50	3
33	棋子豆		25	1
34	木竹子		25	1
35	大果木姜子		25	1
36	亮叶猴耳环		25	3
37	罗浮柿		25	1
38	包槲柯		25	1
39	单毛桤叶树		25	1
40	日本杜英		25	1
41	鹿角锥		25	1
42	黄果厚壳桂		25	3
43	短梗新木姜子		25	1
44	苍叶红豆		25	2
45	光叶红豆		25	2
	草本层植物			
1	狗脊蕨	sp	100	
2	山姜	sol	75	
3	金毛狗脊	sol	50	
5	金锦香	sol	50	
6	芒萁	sol	25	

（续）

序号	种名	多度	频度(%)	幼树(株)
7	耳草	sol	25	
8	金猫尾	sol	25	
9	紫珠	un	25	
10	山菅	un	25	
	藤本植物			
1	斜叶黄檀	sol	50	
2	流苏子	sol	50	
3	菝葜	sol	50	
4	岭南来江藤	sol	25	
5	网脉酸藤子	un	25	
6	小叶买麻藤	un	25	
7	白藤	un	25	

石山榕 *Ficus* sp.　　金锦香 *Osbeckia chinensis*　　金猫尾 *Saccharum fallax*　　斜叶黄檀 *Dalbergia pinnata*
岭南来江藤 *Brandisia swinglei*

(2)小花红花荷 - 木荷 + 栲 - 深山含笑 + 桂南木莲 - 棱果花 - 中华里白群落(*Rhodoleia parvipetala* - *Schima superba* + *Castanopsis fargesii* - *Michelia maudiae* + *Manglietia conifera* - *Barthea barthei* - *Diplotery-gium chinensis* Comm.)

本群落见于桂北融水县九万山清水塘双合口，海拔600m。立地条件类型为发育于花岗岩上的黑色土壤，枯枝落叶层厚3～5cm。本群落林相保存很好，群落结构复杂，乔木层分为3个亚层。

第一亚层林木高20～30m，胸径20～46cm，枝下高15m以上，树干通直，树冠基本连接，郁闭度0.6～0.7。小花红花荷占有一定的优势，在400m^{2}样地中第一亚层林木有10种、25株，小花红花荷有9株，重要值指数98.8；其次为罗浮锥，重要值指数29.2；伴生种有蕈树、海南树参、双齿山茉莉、栓叶安息香、日本杜英等。

第二亚层林木高10～20m，胸径10～18cm，郁闭度0.4～0.5，主要树种有木荷、栲，伴生种有深山含笑、木竹子、钩锥、亮叶杨桐、木荚红豆、百日青等。

第三亚层林木高2～8m，胸径4～8cm，树木矮小，树冠不整齐，多为上层乔木的幼树，其主要的种类有深山含笑、桂南木莲、红背甜槠、黄杞、钩锥、秃蕊杜英(*Elaeocarpus gymnogynus*)、小花红花荷等。

灌木层植物覆盖度40%，主要以棱果花为主，其他种数有狭叶海桐(*Pittosporum glabratum* var. *neriifolium*)、日本粗叶木、栀子、常春卫矛、水锦树等。

草本层植物覆盖度12%，主要以中华里白为主，其他种数有镰羽瘤足蕨、华中瘤足蕨、尾叶瘤足蕨、狗脊蕨、华南紫萁、多羽复叶耳蕨、尾形复叶耳蕨(*Arachniodes* sp.)、鳞始蕨、草珊瑚等。

更新层发育良好，幼苗和幼树较多，主要有小花红花荷、木荷、钩锥、薄叶山矾、木竹子、新木姜子、桂南木莲、深山含笑、百日青等。

九万山虽然位于中亚热带地区，但北面海拔高峻，向南倾斜，海拔逐渐降低，故低海拔地区气温较高，热量条件较为丰富，尤其融水县一侧的九万山，比较喜暖的小花红花荷类型分布较广，一般见于海拔1200m以下。融水县一侧的平英、清水塘南家山、大鱼罗、三岔等地，是其主要分布区。

14. 山杜英林(Form. *Elaeocarpus sylvestris*)

杜英科种类是广西常绿阔叶林重要的组成成分，但以它为主的类型很少发现，见于桂中大明山林区的山杜英林，分布于海拔800m以下的山地，是一种季风常绿阔叶林类型，但生长在不同海拔高度上的山杜英群落，其种类组成和生长状况有所不同。

(1)山杜英 + 印度锥 - 新木姜子 + 黄果厚壳桂 - 新木姜子 + 黄毛五月茶 - 九节 - 金毛狗脊群落(*Elaeocarpus sylvestris* + *Castanopsis indica* - *Neolitsea aurata* + *Cryptocarya concinna* - *Neolitsea aurata* + *Anti-desma fordii* - *Psychotria rubra* - *Cibotium barometz* Comm.)

此群落见于武鸣县两江镇附近，大明山山麓，海拔370m，是一片分布于沟谷中的残林。在$400m^2$的样地内有林木20种、61株，平均密度为25.8株/$100m^2$，郁闭度0.7～0.9，可分为3个亚层。第一亚层林木高15～20m，胸径20～30cm，有林木7种、11株，其中山杜英有4株，它的最大胸径为37cm，是群落的建群种；其次是印度锥2株，黄果厚壳桂、格木、新木姜子、乌榄、南酸枣各1株。第二亚层林木高8～14m，有林木14种、38株，上层种数除南酸枣和乌榄外，在此层均有出现，以新木姜子最多，有13株；其次是黄果厚壳桂和山杜英，分别有5株和4株；刨花润楠、格木各有3株；其他种数只有1～2株分布，如围涎树、韶子、黄毛五月茶、秋枫、小果冬青等。第三亚层林木高4～7m，种数较多，密度较大，以新木姜子和黄毛五月茶为共优势，各有17株和12株，刨花润楠和黄果厚壳桂的数量也较多，分别有12株和4株，此外，还散生有榕叶冬青、小果冬青、黄牛木、鹅掌柴、多花卫矛、九丁榕等。

灌木层植物种数和数量较多，计有45～50种，平均密度为600.3株/$100m^2$，覆盖度55%。乔木幼树和真正的灌木种数都比较丰富，真正的灌木有九节、草珊瑚、海南罗伞树、柏拉木、粗叶木等。上层乔木树种的幼苗和幼树几乎都有分布，此外，目前尚未在乔木层出现的乔木幼树有厚斗柯、密脉柯（*Lithocarpus fordianus*）、红鳞蒲桃、假苹婆、阴香、紫荆木等，除山杜英外，上层优势种的更新大多较好，如样地中的新木姜子幼苗和幼树有236株，黄果厚壳桂514株，印度锥94株，黄毛五月茶31株等。

草本层植物发育不良，覆盖度10%～20%，以金毛狗脊较多，其他种数有扇叶铁线蕨、渐尖毛蕨、黑鳞鳞毛蕨、福建观音座莲、淡竹叶等。

藤本植物比较繁茂，主要有小叶红叶藤、崖豆藤多种、瓜馥木多种、买麻藤、玉叶金花、菝葜等。

本类型由于分布海拔较低，热量比较丰富，组成种类中有不少季节性雨林的种类出现，如格木、乌榄、紫荆木、红鳞蒲桃等。

（2）山杜英＋罗浮锥－网脉山龙眼－阔叶箬竹－中华里白群落（*Elaeocarpus sylvestris* + *Castanopsis fabri* – *Helicia reticulata* – *Indocalamus latifolius* – *Diploterygium chinensis* Comm.）

本群落见于桂中大明山东北坡西燕一侧，海拔较高，为750m。这是一片采伐原有常绿阔叶林后恢复起来的次生林，现在植株普遍矮小，树高一般在10m，个别达15m，大多数林木胸径在10cm以下，个别达20cm。$400m^2$样地内有林木15种、121株，林分覆盖度较高，达70%。乔木层分为2个亚层，上层高8～13m，优势种不明显，以山杜英个体数最多，共8株，胸径10～15cm；其次为罗浮锥，有5株，其他较重要的种类有网脉山龙眼、黄杞、鼠刺等。下层林木高4～8m，种数和株数比上层多，以网脉山龙眼占优势，山杜英和罗浮锥也居较重要的地位；其他常见的有鼠刺、黧蒴锥、上林杜鹃（*Rhododendron shufeniae*）、基脉润楠、罗浮柿等。本群落的热带成分比低海拔地区的山杜英林明显减少。

灌木层植物以阔叶箬竹占优势，高1～2m，其单种覆盖度达20%～85%，其他种类相对较少，数量也不多，较重要的有杜茎山、棱枝冬青、海南罗伞树、栀子、南山花等，乔木的幼树有黧蒴锥、网脉山龙眼、黄杞、五裂槭、新木姜子等。

草本层植物发育不良，覆盖度10%～20%，以中华里白居多，其他种类有淡竹叶、狗脊蕨等。

藤本植物不发达，种类有菝葜、鸡血藤和买麻藤等。

第六节　山顶（山脊）苔藓矮林

一、概述

无论是热带季节性雨林垂直带谱，还是常绿阔叶林垂直带谱，海拔1000m以上，常年风较大的山顶或山脊，都会出现山顶（山脊）苔藓矮林。苔藓矮林的生境除常风较大外，气温低且变化大、日照少、云雾多、湿度大，且土壤浅薄、大块岩石露头较多，生境条件十分恶劣。山顶（山脊）苔藓矮林实际上是山地常绿阔叶林或中山常绿落叶阔叶混交林和针阔混交林在山顶和山脊的环境下，自然界长期历史发育的一种特殊的群落类型。山顶(山脊)苔藓矮林的群落学特点，表现为林木低矮，乔木层只有1层(有的类型为了分析乔木层的种类组成特点，可以分为2个亚层)；树干弯曲或向坡下倾斜，几乎与地面相贴，分枝多而低；树冠浓密，平整；叶革质、中型叶或小型叶为主，多被茸毛；树干、枝条和露岩表面均布满苔藓，但亦可以见到少数类型，苔藓植物不太发达，或在旱季时枯死。山顶(山脊)苔藓矮林的另一群落学特点，就是种类组成比较简单，按层次统计，藤本植物种类最少，次为草本层植物，灌木层植物种类最多，次为乔木层林木。例如：在大瑶山圣堂山顶部海拔1970m处，调查统计一个很原始的杜鹃苔藓矮林，400m^2样地共有维管束植物39种，分属25科，其中乔木层有19种、13科；灌木层有31种、18科；草本层有6种、6科；藤本植物有1种、1科。在灵川县、阳朔县和恭城县交界的七分山顶部海拔1500m处，调查统计一个很原始的曼青冈苔藓矮林，400m^2样地共有维管束植物47种，分属28科，其中乔木层林木有25种、13科，灌木层植物有27种、15科，草本层植物有9种、7科，藤本植物有5种、5科。根据广西各地对山顶(山脊)苔藓矮林的调查，优势种种类成分多为杜鹃花科的种类(其中尤以杜鹃花属的种类为多)，其次是壳斗科的种类，山茶科、樟科、五加科的种类也常有，黄杨科也有个别种类是山顶(山脊)苔藓矮林的优势种；某些常绿针叶树的种类，例如柏科的福建柏、罗汉松科的小叶罗汉松和粗榧科的粗榧也能成为常见种甚至次优势种，有的种类，例如铁杉、南方红豆杉时有分布。某些落叶阔叶树种类，例如，杜鹃花科吊钟花属、珍珠花属，槭树科槭属，桤叶树科桤叶树属，蔷薇科花楸属、樱属，乌饭树科越桔属，安息香科安息香属，漆树科漆属，五加科吴茱萸五加属等属的一些落叶种类，在山顶(山脊)苔藓矮林，尤其中亚热带山地的山顶(山脊)苔藓矮林是常有的组成种类，但它们并不占优势。山顶(山脊)苔藓矮林种类组成的这些特点，充分反映了山顶(山脊)苔藓矮林实际上是山地常绿阔叶林或中山常绿落叶阔叶混交林和针阔叶混交林在山顶和山脊的环境下，自然界长期历史发育的一种特殊的群落类型，因此它并不是一个垂直带谱。山顶(山脊)苔藓矮林又一个群落学特点是林木植株矮小而密集，最少的有50株/100m^2左右，最多的有100株/100m^2左右。

二、主要类型

广西山顶(山脊)苔藓矮林类型不少，但详细调查的不多，目前了解的只有30个群系，40个群落。杜鹃花科的种类类型最多，共有12个群系，19个群落；其次是壳斗科，有11个群系，12个群落。

1. 变色杜鹃林(Form. *Rhododendron simiarum* var. *versicolor*)

(1)变色杜鹃 - 棱果花 - 多裔草(*Rhododendron simiarum* var. *versicolor* - *Barthea barthei* - *Polytoca digitata* Comm.)

本群落见于金秀老山16公里采育场猴子山，海拔1610m，立地条件类型为发育于砂岩上的山地森林黄棕壤。地表裸岩占40%～50%，土壤肥沃，地表枯枝落叶层厚，表土层厚20cm以上，黑色，具有弹性，但土层浅薄。

本群落基本上没有受到人为干扰破坏，保存很好。群落外表一片深绿，树干和地表布满苔藓；林木生长茂密，分枝低，形成丛生状态，因而主干不明显，多数树干弯曲。种类组成简单，200m^2样地共有维管束植物55种，分属37个科，其中乔木层21种、16科；灌木层29种、18科；草本层11种、10科；藤本植物6种、5科。种数最多的是杜鹃花科，有6种，其次是山茶科、蔷薇科和野牡丹科，有3种，2种的有樟科、木兰科、山矾科、冬青科、五加科、木犀科、薯蓣科，其余26个科都只有1种。群落结构简单，只有乔木层、灌木层和草本层3层。乔木层林木一般高3～6m，个别最高也只有8m，基径10cm左右，少数可达20～30cm，林木分布均匀而密集，树冠连接而平整，叶片多集中于枝条的顶部，覆盖度90%以上，故林内荫蔽，阳光难以透进地面。从表9-178可知，200m^2样地有林木21种、127株，变色杜鹃占有明显的优势，有24株，重要值指数72.7；重要的种类还有厚叶厚皮香和广西铁仔(*Myrsine elliptica*)，分别有26和22株，重要值指数40.8和37.0；常见的种类还有波叶红果树(*Stranvaesia davidiana* var. *undulata*)、凹叶冬青、厚叶红淡比、桃叶石楠和短梗新木姜子，重要值指数分别为19.0、14.8、13.6、13.4和12.2；其他种数多为1～2株出现。

表 9-178　变色杜鹃－棱果花－多裔草群落乔木层种类组成及重要值指数

（样地号：瑶山 1 号，样地面积：200m^2，地点：金秀县 16 公里采育场猴子山，海拔：1610m）

序号	树种	基面积(m^2)	株数	频度(%)	重要值指数
	乔木层				
1	变色杜鹃	0.421	24	100	72.73
2	厚叶厚皮香	0.126	26	100	40.822
3	广西铁仔	0.12	22	100	36.978
4	波叶红果树	0.059	8	100	19.019
5	凹叶冬青	0.015	9	100	14.803
6	厚叶红淡比	0.018	7	100	13.629
7	桃叶石楠	0.023	6	100	13.447
8	短梗新木姜子	0.012	6	100	12.156
9	日本杜英	0.012	3	100	9.749
10	光叶拟单性木兰	0.009	2	100	8.668
11	云南桤叶树	0.007	2	100	8.428
12	阔瓣含笑	0.007	2	100	8.392
13	广东杜鹃	0.023	1	50	6.391
14	五列木	0.01	2	50	5.762
15	红柄榕	0.006	1	50	4.539
16	珍珠花	0.005	1	50	4.387
17	马蹄参	0.003	1	50	4.138
18	大八角	0.003	1	50	4.138
19	扇叶槭	0.001	1	50	3.96
20	长柄鼠李	0.001	1	50	3.96
21	山矾科 1 种	0.001	1	50	3.898
	合计	0.882	127	1650	299.996

红柄榕 *Ficus* sp.　　长柄鼠李 *Rhamnus* sp.

灌木层植物比较繁茂，从表 9-179 可知，200m^{2}样地有 29 种，覆盖度 60%，真正灌木和乔木幼树同样丰富。真正灌木以棱果花和小花杜鹃为优势，次为紫金牛、滇白珠、越桔爱花（*Agapetes vaccinioides*）；乔木的幼树以厚叶厚皮香、变色杜鹃、短梗新木姜子和树参较多。

表 9-179　变色杜鹃－棱果花－多裔草群落灌木层和草本层种类组成及分布情况

序号	种类	多度盖度级		频度(%)	更新(株)	
		Ⅰ	Ⅱ		幼苗	幼树
	灌木层植物					
1	棱果花	5	4	100.0		
2	小花杜鹃	4	5	100.0		
3	紫金牛	4	4	100.0		
4	滇白珠	4	4	100.0		
5	越桔爱花	4	4	100.0		
6	短梗新木姜子	4	4	100.0		16
7	光叶拟单性木兰	4	4	100.0		7
8	树参	4	1	100.0	2	13
9	变色杜鹃	5	1	100.0	5	12
10	厚叶厚皮香	5	4	100.0	8	51
11	长柄鼠李	1	4	100.0		
12	桃叶石楠	4	1	100.0		3
13	小蜡	1	4	100.0		
14	阔瓣含笑	1	1	100.0		1
15	波叶红果树	1	1	100.0		
16	南岭山矾		5	50.0		5
17	刨花润楠		4	50.0		3
18	马蹄参		4	50.0		

（续）

序号	种类	多度盖度级		频度（%）	更新(株)	
		Ⅰ	Ⅱ		幼苗	幼树
19	窄基红褐柃	4		50.0		
20	日本女贞	3		50.0		
21	杨梅	2		50.0		
22	厚叶红淡比	1		50.0		
23	凹叶冬青	1		50.0		
24	绿冬青	1		50.0		
25	野漆	1		50.0		
26	荚蒾	1		50.0		
27	灯笼吊钟花		1	50.0		
28	鼠刺		1	50.0		
29	假卫矛		1	50.0		
	草本地被层植物					
1	藓类	7	7	100.0		
2	多裔草	5	4	100.0		
3	长穗兔儿风	3	3	100.0		
4	狗脊蕨	2	2	100.0		
5	沿阶草	2	4	100.0		
6	华东膜蕨	1	2	100.0		
7	金鸡脚假瘤蕨	1	2	100.0		
8	镰叶瘤足蕨		1	50.0		
9	地菍	1		50.0		
10	镰羽蕨		1	50.0		
11	飘拂草	1		50.0		
12	野牡丹科 1 种		1	50.0		
	层间植物					
1	藓类	soc	soc	100.0		
2	桃叶悬钩子	sol	sol	100.0		
3	娃儿藤	sol	sol	100.0		
4	薯蓣		sol	50.0		
5	广西来江藤	sol		50.0		
6	薯蓣科 1 种	sol		50.0		
7	菝葜	sol		50.0		

荚蒾 *Viburnum* sp.　假卫矛 *Microtropis cathayensis*　镰羽蕨 *Pteridium falcatum*　飘拂草 *Fimbristylis* sp.
桃叶悬钩子 *Rubus* sp.　广西来江藤 *Brandisia kwangsiensis*

草本层植物不发达，从表 9-179 可知，200m^2 样地只有 12 种，覆盖度 15% ~20%，以多裔草为优势，常见的为长穗兔儿风。但以苔藓类为主的地被层甚为发达，覆盖度达 50%。

藤本植物很不发达，200m^2 样地不到 10 种，都是零星出现。但以藓类为主的层间植物十分发达，几乎形成背景化。

在很荫蔽的条件下，林木更新表现一般，根据表 9-179，优势种变色杜鹃幼苗更新不理想，幼树尚可；厚叶厚皮香更新较理想，种群结构完整；树参在乔木层中没有出现，但更新尚可，将来有可能成为群落乔木层重要的组成种类。

2. 光枝杜鹃林(Form. *Rhododendron haofui*)

(1)光枝杜鹃 – 棱果花 – 华东膜蕨群落(*Rhododendron haofui* – *Barthea barthei* – *Hymenophyllum barbatum* Comm.)

本群落见于金秀大瑶山圣堂山顶部，海拔 1960 ~1979m，立地条件类型地层为莲花山系红色砂岩，土壤为山地森林水化黄棕壤。土层厚度厚薄不一，坡度大的地段土层浅薄，一般苔藓腐殖质层发达，厚达 50cm 以上。

山顶（山脊）苔藓矮林群落学特征之一就是树干、枝条和露岩表面均布满苔藓，但是本群落 400m^2 样地中却有 1 个 100m^2 的样地较为特殊，这个样地与其他几个样地互相靠近，立地条件类型相同，只是坡向不同。这个样地位于北坡，湿度条件较干，苔藓较少而薄，树干上的苔藓大多已干枯，出现这种情况可能与风大有关。

本群落位于山高坡陡、人类难以到达之处，所以保存很好，乔木层郁闭度 0.85 左右。分布于山顶或山脊上的林木，虽然低矮，但树干还挺直，而边坡的林木，植株大多向坡下倾斜或倒伏。种类组成简单，根据 400m^2 样地调查，有维管束植物 39 种，分属 25 科，其中乔木层有 19 种、13 科；灌木层有 31 种、18 科；草本层有 6 种、6 科；藤本植物有 1 种、1 科。种数最多的是山茶科，有 5 种；其次是杜鹃花科和山矾科，都有 4 种；樟科、桤叶树科、冬青科和木犀科各有 2 种；其余 18 科各有 1 种。乔木层林木高 4～8m，基径6～43cm，从表 9-180 可知，有林木 181 株，光枝杜鹃占有绝对的优势，有 95 株，重要值指数 116.9，局部地段几乎成为光枝杜鹃纯林；其他 18 种，重要值指数从 3～20，分配很分散，比较重要的是福建柏、云南桤叶树、小花红花荷、小叶罗汉松、珍珠花、厚叶红淡比、矮冬青等，重要值指数在 20～11 之间；剩下的 11 种，重要值指数在 10 以下。

表 9-180　光枝杜鹃－棱果花－华东膜蕨群落乔木层种类组成及重要值指数

（样地号：瑶山 47 号＋瑶山 48 号＋49 号＋50 号，样地面积：100m^2＋100m^2＋100m^2＋100m^2，
地点：金秀县大瑶山圣堂山顶，海拔：1960～1979m）

序号	树种	基面积（m^2）	株数	频度（%）	重要值指数
		乔木层			
1	光枝杜鹃	2.204	95	100	116.853
2	福建柏	0.347	6	75	19.525
3	云南桤叶树	0.138	10	100	19.168
4	小花红花荷	0.178	8	100	19.058
5	小叶罗汉松	0.289	8	50	16.654
6	珍珠花	0.175	8	50	13.843
7	厚叶红淡比	0.068	10	50	12.329
8	矮冬青	0.039	6	75	11.973
9	广西铁仔	0.126	3	50	9.867
10	凹叶冬青	0.085	4	50	9.425
11	马蹄参	0.104	2	50	8.783
12	灯笼吊钟花	0.056	4	50	8.723
13	船柄茶	0.055	4	25	6.136
14	南国山矾	0.046	4	25	5.893
15	网脉木犀	0.089	2	25	5.846
16	厚皮香	0.021	3	25	4.735
17	阔瓣含笑	0.031	2	25	4.429
18	大头茶	0.018	1	25	3.55
19	鼠刺	0.004	1	25	3.211
	合计	4.073	181	975	300

灌木层植物覆盖度 40% 左右，从表 9-181 可知，400m^2 样地有 31 种，真正的灌木和乔木幼树的数量同样丰富。前者以棱果花最多，次为苦竹，棱果花在大瑶山山顶（山脊）苔藓矮林灌木层植物中是最常见的优势种，可以视为广西山顶（山脊）苔藓矮林的特征植物；后者以光枝杜鹃、广西铁仔、厚叶红淡比、新木姜子等为常见。

草本层植物分布极不均匀，有的地段覆盖度只有 5%，而有的地段可达 40%～60%，种类组成也很不丰富，400m^2 样地不到 10 种，覆盖度 5% 的地段只有膜蕨 1 种，似乎缺乏草本层。膜蕨是山顶（山脊）苔藓矮林最常见的蕨类植物，不但可以生长在土壤上，而且可以附生在树干上。局部优势的种类有卷柏和镰叶瘤足蕨。苔藓植物地被层厚度达数十厘米以上，覆盖度几乎达 100%。

藤本植物十分贫乏，只见零星分布的菝葜。但苔藓植物挂满树干和枝条，几乎形成背景化。

从表9-181可知，林木天然更新尚好，优势种光枝杜鹃400m²样地有幼苗10株，幼树32株，但呈局部的优势，有的地段缺乏幼苗和幼树；广西铁仔、厚叶红淡比和小叶罗汉松的幼苗和幼树也不少，除广西铁仔外，其他2种也呈局部的优势，广西铁仔在乔木层数量并不多，但幼苗和幼树不少，并且分布较均匀。

表9-181　光枝杜鹃－棱果花－华东膜蕨群落灌木层和草本层种类组成及分布情况

序号	种名	多度盖度级				频度	更新(株)	
		Ⅰ	Ⅱ	Ⅲ	Ⅳ	(%)	幼苗	幼树
				灌木层植物				
1	棱果花	4	5	5	4	100.0		
2	苦竹	4	3	5	3	100.0		
3	广西铁仔	4	4	4	4	100.0	15	19
4	福建柏	2	2	3	1	100.0	14	3
5	光枝杜鹃	2		5	4	75.0	10	32
6	新木姜子	3	4		1	75.0	7	18
7	小花红花荷		2	1	4	75.0	3	17
8	厚叶红淡比	1	4		1	75.0	5	22
9	灯笼吊钟花	1		1	3	75.0		2
10	矮冬青	1	1	2		75.0	4	5
11	小叶罗汉松	3	2			50.0	31	8
12	珍珠花			3	2	50.0		
13	船柄茶	2	2			50.0	2	7
14	网脉木犀	1	2			50.0	2	5
15	凹叶冬青		1		1	50.0		2
16	山矾科(1)	1	1			50.0		2
17	马蹄参	1	1			50.0		3
18	光叶鸡屎树	1	1			50.0		
19	毛山矾	1	1			50.0	1	1
20	刺毛杜鹃			3		25.0		
21	瑶山越桔			3		25.0		
22	鼠刺	3				25.0	10	2
23	阔瓣含笑		2			25.0	3	5
24	厚皮香		2			25.0		3
25	山矾科(2)		1			25.0		2
26	大叶毛船柄茶		1			25.0	1	
27	红皮木姜子	1				25.0		2
28	贵州桤叶树	1				25.0		1
29	南国山矾	1				25.0	1	
30	云南桤叶树			1		25.0		1
31	大头茶			1		25.0		2
				草本地被层植物				
1	苔藓	9	9	6	9	100.0		
2	华东膜蕨	4	4	3	3	100.0		
3	卷柏	6	5			50.0		
4	镰叶瘤足蕨	4	3			50.0		
5	长叶薹草	2	5			50.0		
6	大车前	3	3			50.0		
7	短柄禾叶蕨			1		25.0		
				层间植物				
1	苔藓	soc	soc	cop	soc	100.0		
2	菝葜	sol	sol	sol	sol	100.0		

大车前 *Plantago major*

以光枝杜鹃为优势的山顶(山脊)苔藓矮林在大瑶山分布比较广泛，圣堂山山顶分布的光枝杜鹃山顶苔藓矮林面积较大，并且保护很好，此外，在大橙的五指山和忠良的天堂山都有分布。

大橙五指山的光枝杜鹃山顶苔藓矮林，海拔1600m，立地条件类型为山地灰化黄壤，表土层为苔藓、枯枝落叶腐殖质层，肥沃、疏松，但仅局部薄层分布于岩石上，地表均为裸岩。由于山峰前后为狭谷，比较孤立，受常风影响较大，故林木比较低矮，一般高为4m，少数6~8m，但林木繁茂，覆盖度85%。光枝杜鹃占有明显的优势，次为赤楠和凹叶冬青，常见的有五列木、小花红花荷、海南树参，零星分布的有福建柏、黄山松、银木荷、日本杜英、深山含笑、密花树、厚叶红淡比、厚皮香、金毛柯和硬壳柯等。灌木层植物以光枝杜鹃、小花杜鹃和滇白珠为主，常见的有赤楠、硬壳柯、单毛桤叶树、五列木、海南树参、小叶罗汉松、厚皮香、棱果花等，零星分布的有福建柏、波叶红果树、密花树、皱叶乌饭树(*Vaccinium* sp.)、鼠刺、瑶山船柄茶(*Hartia sinii*)、光叶山矾、日本杜英、深山含笑、大橙杜鹃、广西铁仔、南岭杜鹃、茶梨等。草本层植物不发达，覆盖度20%，莎草科的种类为主，有2种薹草、刺子莞，其他的种类还有华南龙胆(*Gentiana loureirii*)、柳叶箬、拂子茅、中华双扇蕨、多羽复叶耳蕨等。藤本植物十分贫乏，偶尔可见到菝葜和岭南莱江藤两种。

忠良天堂山的光枝杜鹃山顶苔藓矮林，海拔1570m，立地条件类型为发育于砂岩上的山地森林黄棕壤，表土层(腐殖质层)厚15cm。林木层林木一般高8m，胸径10~15cm，覆盖度70%。光枝杜鹃为优势，次优势为波叶红果树，常见的有厚叶厚皮香、华南五针松、五列木、珍珠花等，零星分布的有福建柏、银木荷、阔瓣含笑、短梗新木姜子、日本杜英、光叶拟单性木兰、树参和毛锦杜鹃等。灌木层植物生长繁茂，覆盖度95%，种类不少。以棱果花为优势种，覆盖度40%；次为华西箭竹；常见的有硬壳柯、厚叶厚皮香、短梗新木姜子、薄叶润楠、光枝杜鹃、滇白珠等；零星分布的种类不少，有日本杜英、广西铁仔、树参、五列木、福建柏、凹叶冬青、柏拉木、大八角、皱叶越桔(*Vaccinium* sp.)、显脉冬青、毛锦杜鹃、瑶山船柄茶、滇白珠等。草本层植物很不发达，覆盖度5%，膜蕨为主，偶尔可见兰科1种。藤本植物十分贫乏，只有零星分布的菝葜。

(2)光枝杜鹃+桂南木莲-匙萼柏拉木+小花杜鹃-锦香草群落(*Rhododendron haofui* + *Manglietia conifera* - *Blastus cavaleriei* + *Rhododendron minutiflorum* - *Phyllagathis cavaleriei* Comm.)

本群落见于九万山保护区杨梅坳一带，海拔1400~1550m，立地条件类型为发育于花岗岩上山地森林黄棕壤，地表岩石露头多，土少而薄，土层厚20~30cm，地表枯落物多，表土腐殖质层达5~10cm，浅灰黑色。

群落原生性较强，外貌呈深绿色，林冠较整齐，林木多为丛生生长，比较密集，树干扭曲而分枝较多，种类组成和结构比较简单，只有乔木、灌木和草本3个层次，其中以乔木层为主，草本层发育很差，苔藓植物发达。

乔木层林木高4~6m，最高也不超过8m，胸径6~16cm，最大胸径22cm，覆盖度90%。100m^{2}样地内有林木9种、49株，光枝杜鹃为主，个体数量占总株数的34.7%，胸径相对较大；其次是桂南木莲，占16.3%；榕叶冬青、马蹄参和四川大头茶等种类数量虽然不少，但胸径不大，作为伴生种在群落中仍占有较重要的地位。其他还有亮叶厚皮香、五裂槭、越桔(*Vaccinium* sp.)、长尾毛蕊茶、红淡比、耳柯、香港四照花、野黄桂、轮叶木姜子、光叶石楠、贵州桤叶树和鼠刺等，虽然数量不多，但是都是群落中常见的成分，也占有一席之地。

灌木层植物高0.5~3m，覆盖度40%。组成种类以匙叶柏拉木和小花杜鹃为主，摆竹也很常见。其他属于真正的灌木种类不多，有日本女贞、常春卫矛、鼠刺、日本粗叶木等种类，但乔木的幼树种类颇多，计有16种，多为乔木层出现过的种类。

草本层植物高不到0.5m，覆盖度20%。锦香草相对较多，其他常见的有镰叶瘤足蕨、劲枝异药花、棒叶沿阶草、间型沿阶草、宽叶沿阶草、十字薹草等种类。此外，长穗兔儿风、莕草、淡竹叶等也有分布。

藤本植物种类较多，但数量较少，且多为藤茎细小的种类，常见的有粗叶悬钩子、角裂悬钩子、小果菝葜、长柄地锦、华南忍冬、络石和扶芳藤等。偶而可见猕猴桃。而苔藓植物甚为发达，地表、岩石表面、树干、树枝乃至树叶均密被苔藓，尤其是枯腐木上附生的苔藓最多，苔藓层厚达2~3cm。

(3)光枝杜鹃-尖尾箭竹-间型沿阶草群落(*Rhododendron haofui* - *Fargesia cuspidata* - *Ophiopogon intermedius* Comm.)

本群落见于融水县元宝山，海拔1700～1900m，分布比较普遍，立地条件类型为山地森林黄棕壤。所在地地势陡险，多风多雾，生境冷凉潮湿，地表岩块出露，土层浅薄，厚40～50cm，凋落物较多，连同半分解层厚10cm以上。

调查样地设在蓝坪峰附近野人沟山脊上，海拔1810m。所在地比较偏远，人迹罕至，群落基本上没有受到干扰破坏，原生性很强。群落外貌呈暗绿色，林冠颇为整齐，总盖度95%。乔木层林木高6～8m，胸径8～16cm，最大胸径21cm，覆盖度80%，多数乔木的基干分出2～3枝主干。乔木层植株密集，200m^2样地有林木9种、108株，光枝杜鹃占绝对优势，有74株，占总株数的2/3强，按重要值指数计，占乔木层的55.4%；其他的种类红皮木姜子有7株，占总株数的6.5%，按重要值指数计占9.3%；云南桤叶树和吊钟花各有6株，占总株数的5.6%，重要值指数分别占7.8%和5.8%；此外，还有猴头杜鹃、珍珠花、大八角、灯笼吊钟花和白檀等，共计15株，占13.8%，重要值数占21.7%。乔木层的种类，杜鹃花科种类占多数。

灌木层植物高0.2～1.5m，覆盖度20%～30%，组成种类有19种，尖尾箭竹占优势，分布不均匀，覆盖度10%～20%。乔木幼树有12种，各种数量都不多，其中乔木层已有的种类占一半，主要有五裂槭、长尾毛蕊茶、冬青、三花冬青、新木姜子和碟斗青冈等。灌木有6种，金花树和伞房荚蒾常见，其余的种类有白瑞香、朱砂根、乔木茵芋等。

草本层植物稀少，高0.1～0.3m，覆盖度5%。间型沿阶草略多，其他有针毛蕨、镰羽瘤足蕨、锦香草和隐穗薹草等。

藤本植物稀少，样地内仅有小果菝葜、粗叶悬钩子、长柄地锦等种类在局部贴地蔓延。但苔藓植物发达，几乎所有树干和枝条都布满和挂满苔藓，尤其是岩石表面，苔藓生长最多，厚度常达2～3cm。

(4)光枝杜鹃－金花树－十字薹草群落(*Rhododendron haofui* – *Blastus dunnianus* – *Carex cruciata* Comm.)

本群落见于花坪保护区，调查样地设在野猪塘附近山脊，海拔1430m。群落外貌呈深绿色，林木植株密集，灌木层较明显，草本层植物稀少，群落总盖度95%。

乔木层覆盖度90%，林木高5～6m，胸径4～10cm，100m^2样地只有林木4种，但植株较多，有90株，光枝杜鹃居于绝对优势的地位，占乔木层总株数的90.6%，重要值数占73.6%。伴生种常绿阔叶树有厚叶冬青，有5株，落叶阔叶树有石灰花楸和小果珍珠花，各有2株，占的比重很小。

灌木层植物高0.5～1m，覆盖度15%。组成种类计有12种，其中灌木种类以金花树为多，高0.3～1m，覆盖度10%；尖尾箭竹有分布，但不占优势；其他的种类还有马银花、短柱柃、白簕、茵芋、红荚蒾(*Viburnum erubescens*)，乔木的幼树常见的有短梗新木姜子、木姜叶润楠、山矾、光枝杜鹃、厚叶冬青、硬壳柯、簇叶新木姜子、具柄冬青、厚皮香等。

草本层植物很不发育，株高小于0.5m，覆盖度5%。十字薹草稍多，其他的种类还有矛叶荩草(*Arthraxon lanceolatus*)、芒、淡竹叶、狗脊蕨、花葶薹草、斑叶兰等。

藤本植物更为稀少，仅见有尖叶菝葜1种。但苔藓植物发达，所有树干几乎都有苔藓附生，岩石表面生长的苔藓厚1～2cm。

3. 猫儿山杜鹃林(Form. *Rhododendron maoerense*)

(1)猫儿山杜鹃＋粗榧－粗叶悬钩子－沿阶草群落(*Rhododendron maoerense* + *Cephalotaxus sinensis* – *Rubus alceifolius* – *Ophiopogon bodinieri* Comm.)

本群落目前只见于融水县元宝山。据主峰蓝坪峰海拔2070m，一个10m×10m的样地调查，乔木层覆盖度80%，林木一般高3m，最高5m，胸径10～12cm，最粗20cm，林木没有明显的主干，多丛生，100m^2样地有立木13种、70株，其中猫儿山杜鹃、粗榧和贵州桤叶树，分别占12株、18株和15株，前者胸径比后2者粗大，而贵州桤叶树最小。其他常见的种类有楝叶吴萸6株、山胡椒4株、亮叶厚皮香和红皮木姜子各3株，2株和1株出现的种类有庐山小檗(*Berberia virgetorum*)、荚蒾、小花杜鹃、扇叶槭、吊钟花和江北十大功劳等。

灌木层植物覆盖度65%，几乎为粗叶悬钩子所占，零星出现的种类有南岭小檗、白瑞香和尖尾箭竹等。

草本层植物很不发育，零星分布的种类有沿阶草和莎草。

4. 多花杜鹃林(Form. *Rhododendron cavaleriei*)

(1)多花杜鹃－摆竹－广西薹草群落(*Rhododendron cavaleriei* – *Indosasa shibataeoides* – *Carex kwangsiensis* Comm.)

本群落见于融水县境内的九万山张家湾，海拔1170m，立地条件类型为发育于花岗岩上山地森林黄壤，表土黑色，枯枝落叶层厚3～5cm。本群落面积小，无人为干扰，成熟林，林木矮小、弯曲、分枝低，有苔藓附生在树干上，同时有藤本攀援于树干上。

乔木层林木高2～10m，郁闭度0.7～0.8，林木分布均匀，树冠连续，多花杜鹃占优势，重要值指数86.7；伴生树种有桂南木莲，重要值指数34.7；其他常见的种类有黑柃、樟叶泡花树、长毛杨桐、乔木茵芋、长尾毛蕊茶、新木姜子、苗山桂、鹿角锥、深山含笑、腺柄山矾、栓叶安息香等。

灌木层植物覆盖度40%，主要以摆竹为主，高1.5～2m，其他种类有柏拉木、疏花卫矛、粤西绣球、西南粗叶木等。

草本层植物很不发育，覆盖度5%，主要以广西薹草为主，高0.3m左右，其他种类有锦香草、疏叶卷柏(*Selaginella remotifolia*)、狗脊蕨、瘤足蕨、淡竹叶、花葶薹草等。

层间植物藤本有藤黄檀、小果菝葜、八月瓜(*Holboellia* sp.)、鞘柄菝葜等，其中藤黄檀茎粗4cm，长12m；附生在树干和树枝上的苔藓植物有带叶苔、小角鳞苔、狭边白锦藓等多种。

(2)多花杜鹃－华西箭竹－金荞麦群落(*Rhododendron cavaleriei* – *Fargesia nitida* – *Fagopyrum dibotrys* Comm.)

此群落见于猫儿山保护区的大竹山，海拔1800～1900m。乔木层林木高5m左右，林木生长稠密，郁闭度0.9。种类组成简单，乔木层除多花杜鹃优势种外，还有华中八角(*Illicium fargesii*)、芬芳安息香、虎皮楠、日本杜英、厚叶红淡比、碟斗青冈、红果山胡椒、隐脉西南山茶、越南山矾、华南桤叶树、白花龙、山漆树等。林下灌木以华西箭竹占绝对优势，此外，阔叶十大功劳也很多，甚至在某些地段覆盖了很大的面积。其他的灌木还有细枝柃、南烛等。草本层植物有金荞麦、淡竹叶、大叶薹草等，它们一般呈小块状分布，盖度不是很大，但在林窗空地有时很密集。藤本植物不太多，常见有寒莓和长柄地锦等。

5. 猴头杜鹃林(Form. *Rhododendron simiarum*)

(1)猴头杜鹃＋甜槠－摆竹－十字薹草群落(*Rhododendron simiarum* + *Castanopsis eyrei* – *Indosasa shibataeoides* – *Carex cruciata* Comm.)

本群落分布于九万山保护区久仁坡罗沟一带，海拔1300～1450m之间的中山山地的山脊。由于所在地比较偏僻，地形险峻，很少受到人为干扰破坏，群落处于原生状态。群落分布地常有岩石露头，四周陡峭，坡度60°以上。立地条件类型为发育于花岗岩上的山地森林黄壤，土层浅薄，但地表通常有一层厚达5～10cm的凋落物层覆盖，表土腐殖质层较厚，呈黑褐色。

群落外貌呈暗绿色，林冠尚较整齐，总覆盖度95%以上。林木生长较为密集，通常200m^2范围内有林木植物57～76株，胸径差异较大，最大胸径可达56cm，而最小胸径则只有3cm；植株分枝低，多数呈丛生状，然而主干仍较明显，但表现出扭曲倾斜的现象。

本群落只有乔木层和灌木层，缺少草本层。乔木层林木高4～8m，个别植株高10m，胸径4～32cm，覆盖度90%。猴头杜鹃的优势比较明显，11株/100m^2，植株胸径相对较大，重要值指数为59.6，排列第一；甜槠虽然株数不多，6株/100m^2，然而胸径相对最大，重要值指数达56.8，排列第二；短梗新木姜子的株数与猴头杜鹃相等，但植株细小，重要值指数为32.2，排列第三；石灰花楸的重要值指数为22.5，排列第四。其他种类重要值指数不高，主要有光枝杜鹃、尖萼川杨桐、南烛、日本杜英、西南山茶、美丽马醉木、亮叶杨桐、光叶石楠、榕叶冬青、四川冬青、长尾毛蕊茶和厚叶鼠刺等。偶尔可见到福建柏和罗汉松，前者高5～6m，胸径8～12cm；后者高3～4m，胸径4～5cm。

灌木层植物比较发育，高0.3～3m，覆盖度60%～70%。摆竹占绝对优势，密度为18～30株/m^2不等，覆盖度50%～60%；其他的灌木种类还有小花杜鹃、匙萼柏拉木、白瑞香、树参、南方荚蒾、圆锥绣球等。乔木的幼树不少，并多为现有群落中的种类，特别是小叶罗汉松的幼苗和幼树甚为显著，密度可达1～3株/4m^2，高0.2～0.6m。

草本层植物种类和数量都很稀少，未形成层次，偶尔可见十字薹草、狭叶沿阶草、淡竹叶等零星出现。

藤本植物也不多，仅有小果菝葜、长柄地锦、粗叶悬钩子等小型藤本植物出现在灌木层中。但苔藓植物发达，不仅地表、岩石布满苔藓，树干和树枝也有苔藓附生。

6. 凯里杜鹃林(Form. *Rhododendron westlandii*)

凯里杜鹃林在九万山地区分布较广，有一定的代表性，属典型的山顶(山脊)苔藓矮林，常见的有下面2种群落。

(1)凯里杜鹃－摆竹－阔鳞鳞毛蕨群落(*Rhododendron westlandii* – *Indosasa shibataeoides* – *Dryopteris championii* Comm.)

本群落分布于融水县境内九万山的张家湾山顶的南坡，海拔1340m，立地条件类型为山地森林黄壤，表土黑色，腐殖质层厚3～5cm。群落环境阴湿，林木生长弯曲，树冠向下倾斜，树干、枝条附生苔藓植物，是典型的山顶(山脊)矮林特征。

乔木层林木高3～10m，胸径4～16cm，树冠连续，郁闭度0.7～0.8。主要以凯里杜鹃占优势，重要值指数113.2；伴生树种有红淡比，重要值指数30.2；其他以单株出现的种类有桂南木莲、贵州桤叶树、四川冬青、苗山槭、桂北木姜子、隐脉西南山茶等。

灌木层植物覆盖度80%～95%，主要以摆竹为主，高1.5～2m，竹丛下有生长不良的柏拉木、粤西绣球。

草本层植物十分贫乏，覆盖度3%，较为常见的是阔鳞鳞毛蕨，其他种类有江南短肠蕨、瓦韦、短叶赤车等。

藤本植物也很稀少，种类有小果菝葜、南五味子和石松等。

附生在树干、树枝及生长在地表上的苔藓植物有三裂鞭苔、四齿异萼苔、大叶耳叶苔、曲尾藓、柔叶白锦藓、鳞叶凤尾藓等10多种。

(2)凯里杜鹃＋桂南木莲－摆竹－锦香草群落(*Rhododendron westlandii* + *Manglietia conifera* – *Indosasa shibataeoides* – *Phyllagathis cavaleriei* Comm.)

本群落见于融水县境内九万山的张家湾，海拔1120m，立地条件类型为山地森林黄壤，土层较厚，表土黑色，林分透光，排水良好，偏干。

乔木层林木高3～12m，胸径4～20cm，树冠连续。主要以凯里杜鹃占优势，重要值指数88.6；桂南木莲重要值指数55.9，排列第二；伴生树种有薄果猴欢喜、毛桂、桂北木姜子、樟叶泡花树、暖木、光叶石楠、虎皮楠、贵州杜鹃、长尾毛蕊茶、竹叶青冈、黑柃、腺叶桂樱、赤杨叶、钝齿尖叶桂樱等。

灌木层植物覆盖度30%～40%，以摆竹为主，高1.5～2m，其他种类有华南忍冬、八角枫、柏拉木、女贞、茜树、白花苦灯笼、铁山矾、角裂悬钩子等。

草本层植物很不发育，覆盖度7%，主要以锦香草为多，其他种类有戟叶圣蕨、镰羽瘤足蕨、长茎沿阶草、匙叶草、蛇足石杉、瘤足蕨、草珊瑚等。

藤本植物也不发达，种类有鞘柄菝葜、钩吻、显齿蛇葡萄、条叶猕猴桃等。

附生在树干、树枝及生长在地表上的苔藓植物有日本鞭苔、曲裂剪叶苔、带叶苔、曲尾藓、钝叶凤尾藓、短月藓等10多种。

7. 稀果杜鹃林(Form. *Rhododendron oligocarpum*)

(1)稀果杜鹃－尖尾箭竹－宽叶薹草群落(*Rhododendron oligocarpum* – *Fargesia cuspidata* – *Carex siderosticta* Comm.)

本群落见于融水县元宝山无名峰峰顶，海拔2080m，面积不大。立地条件类型土壤为山地森林黄棕壤，土层薄，厚约30cm，凋落物层厚而富有弹性，土壤有机质含量高。受特殊环境影响，林木丛生而较矮小，干形弯曲，高度大体一致，林冠比较整齐，表面青绿色，群落总盖度100%。

乔木层林木高4～5m，胸径6～14cm，最大胸径22cm，覆盖度70%。200m^2样地有乔木11种、91株，稀果杜鹃有45株，占乔木层总株数的一半多，重要值指数占总数300的42.2%，优势地位明显；较重要的种类为珍珠花、吊钟花和华南桤叶树，分别有13株、9株和7株，重要值指数依次占

14.1%、11.3%和6.8%；其他的种类，如大八角、灯笼吊钟花、尖叶黄杨、长尾毛蕊茶、木莲、红皮木姜子、山矾等，株数不多，有的甚至是单株出现，故它们的重要值指数占的比例均很小。

灌木层植物中，尖尾箭竹密布，高1.5～1.8m，胸径0.5～0.7cm，密度30～60株/m^2，覆盖度90%。其他的灌木种类很少，仅见有白瑞香、朱砂根零星分布；乔木幼树种类也不多，大八角和五尖槭比较常见。

在密集的竹丛下，草本层植物十分贫乏，高0.4m以下，覆盖度约5%。宽叶薹草较为常见，其他种类有短药沿阶草、镰羽瘤足蕨、十字薹草、长穗兔儿风等。

藤本植物在样内未发现，附生植物主要是苔藓，许多林木自树干到树枝均有附生，岩石表面的苔藓层最厚。

（2）稀果杜鹃－凹脉柃－短药沿阶草群落（*Rhododendron oligocarpum* – *Eurya impressinervis* – *Ophiopogon angustifoliatus* Comm.）

本群落见于融水县元宝山蓝坪峰峰顶海拔2050m的南侧边坡地段，呈小片分布，面积不大。群落低矮，酷似丛林，多数林木呈丛状生长，干枝弯曲，主干不大明显，枝叶繁茂，树冠连续，群落总盖度100%。群落成层不明显，乔木层与灌木层没有太大的区别。

乔木层林木每丛有3～5分株，植株密集，树高3～4m，丛径15～30cm，覆盖度85%。100m^2样地有乔木15种、57丛（株），其中稀果杜鹃有24丛，占总丛数的40.7%，较为显著；伴生的树种中，较多的有华南桤叶树和吊钟花，分别有5丛和4丛，占8.5%和6.8%；常见的种类有红皮木姜子和凹脉柃；其他零星分布的种类有楝叶吴茱萸、白檀、碟斗青冈、冬青、木莲、灯笼吊钟花、五尖槭、广东山胡椒和毛萼红果树等。此外，有时偶见常绿针叶树南方红豆杉亦混生其中。

灌木层植物较为稀少，凹脉柃稍多，此外，还有乔木茵芋、红皮木姜子和五尖槭等乔木幼树，多数高1.5m以下，覆盖度5%，未构成明显的层次。

草本层植物比较发育，高0.2～0.3m，覆盖度50%～60%。组成种类中短药沿阶草占绝对优势，其他常见的种类有间型沿阶草、宽叶薹草、前胡（*Peucedanum praeruptorum*）和长穗兔儿风，零星分布的还有十字薹草、扁枝石松。

藤本植物常见有粗叶悬钩子、长柄地锦和华南忍冬，贴地生长，局部有刺果毒漆藤 *Toxicodendron radicans* subsp. *hispidum*。苔藓植物发达，不仅出露的岩石表面，树干和枝条均有苔藓植物生长。

8. 大云锦杜鹃林（Form. *Rhododendron faithiae*）

（1）大云锦杜鹃－小方竹－沿阶草群落（*Rhododendron faithiae* – *Chimonobambusa convoluta* – *Ophiopogon bodinieri* Comm.）

本群落分布于桂西岑王老山保护区，通常沿山脊呈狭带状分布，面积不大。据海拔1810m的样地调查，乔木层郁闭度0.5，以大云锦杜鹃为主，平均每100m^2有大云锦杜鹃5～8株，平均高约10m，胸径10～16cm，个别胸径达25cm，其他常见的种类有甜槠、光叶水青冈、桂南木莲等。由于经常被浓雾笼罩，树干上苔藓很多。

灌木层植物覆盖度70%，以小方竹占绝对优势，其他多为零星分布于小方竹间的乔木幼树，如硬壳柯、甜槠、滇琼楠等。

草本层植物种类和数量都较少，覆盖度15%，常见有沿阶草和十字薹草等。

藤本植物极少，只见冷饭藤出现。

9. 马缨杜鹃林（Form. *Rhododendron delavayi*）

（1）马缨杜鹃－马缨杜鹃－髯毛箬竹－乌蕨群落（*Rhododendron delavayi* – *Rhododendron delavayi* – *Indocalamus barbatus* – *Sphenomeris chinensis* Comm.）

本群落见于桂西岑王老山保护区，海拔1700m以上，面积不大。据海拔1710m的样地调查，群落郁闭度0.7，在200m^2的样地内有林木12种、40株。由于本群落地处比较平缓的山顶地带，故乔木层结构比较特殊，可有2个亚层。第一亚层林木高11～14m，个别可达16m，胸径13～22cm，最大可达40cm，覆盖度40%左右。本亚层共有林木9种、22株，马缨杜鹃占了10株，成为第一亚层林木的优势种，该亚层有2株福建柏，树高约16m，胸径40cm，居上层林冠，占有较重要的地位；其他种类还有树参、小花红花荷、光叶水青冈、五裂槭和缺萼枫香树等。第二亚层林木高4～10m，胸径6～

15cm，覆盖度40%左右，共有林木6种、20株，仍以马缨杜鹃为多，其株数占该亚层总株数的一半以上，其他的种类还有拟榕叶冬青、小花红花荷、贵州桤叶树、日本杜英和腺叶桂樱，数量不多，通常只有1～2株。

灌木层植物很发达，覆盖度达90%以上，髯毛箬竹占绝对优势，其盖度可达90%～95%，零星分布其间的乔木幼树和灌木植株，高1m以下，种类不少，但数量不多，较常见的有柏拉木、日本杜英、密花树、贵州桤叶树、硬壳柯、马缨杜鹃、新木姜子、广西粗叶木(*Lasianthus kwangsiensis*)、朱砂根、南山花等，拟榕叶冬青、广西漆、小花八角枫、福建柏等也偶有分布。

草本层植物很少，覆盖度约5%，常见有乌蕨和锦香草等。

藤本植物也不多，出现有土茯苓和肖菝葜等种类。

(2)马缨杜鹃＋高山锥－马缨杜鹃－厚斗柯－浆果薹草群落(*Rhododendron delavayi* + *Castanopsis delavaryi* – *Rhododendron delavayi* – *Lithocarpus elizabethae* – *Carex baccans* Comm.)

本群落见于桂西隆林金钟山保护区，主要分布在海拔1500m的山顶或山脊处，通常沿山脊呈狭长带状分布，面积不大。调查样地设在山王背坡山顶部，面积20m×20m，海拔1610m，地表枯枝落叶层厚，具弹性。

群落外貌呈深绿色，林木生长较密集，但分枝低，形成丛生状态，林内荫蔽。乔木层林木高虽然只有8m，但可以分成2个亚层来分析。

第一亚层林木高8m左右，胸径5～29cm，树干多弯曲，分枝多，有较大的冠幅，树冠连续，郁闭度0.9。该亚层林木株数占乔木层总株数的60.2%，基面积占乔木层总基面积的86.1%。400m^2样地组成种类计有10种，马缨杜鹃株数最多，而且最大，株数占该亚层总株数的64.9%，占绝对优势，重要值指数129.9，居第一；高山锥重要值指数为43.1，居第二；其次厚斗柯、红木荷和南烛，重要值指数分别为35.9、32.3和30.5；其他的种类为晚花吊钟花、亮叶桦、黧蒴锥等。

第二亚层林木高5m左右，胸径3～19cm，林木稀少，树干细小，分枝低，树冠不成形，郁闭度0.4。该亚层林木株数占乔木层总株数的39.8%，基面积占整个乔木层基面积的13.9%。400m^2样地组成种类有11种，优势明显，马缨杜鹃重要值指数为127.5，居第一；珍珠花和黧蒴锥重要值指数为35.8和35.4，排第二和第三位；其他常见的种类有红木荷、高山锥、厚斗柯、赤杨叶、晚花吊钟花等，多为单株出现，重要值指数多在10以下。

从整个乔木层分析，马缨杜鹃数量最多，重要值指数为118.2，居第一，在各层都处于绝对优势的地位，林下也分布有大量的幼苗和幼树，说明它们是适应群落环境的，它将长期保持目前的优势地位；红木荷、高山锥、厚斗柯、珍珠花，重要值指数为31.6、31.4、30.7、26.7，在各层次都有分布，林下也分布有它们的幼苗和幼树，它们之间的位置会不断变化，但将长期保持目前的地位，与马缨杜鹃竞争；其他的种类，多为单株出现，为常见的伴生种。

灌木层植物覆盖度为30%，高度0.3～0.5m，种类较少，多为耐阴的种类，在400m^2的样地里，有7种，以上层乔木的幼树为主，常见的为厚斗柯和马缨杜鹃，其他有红木荷、珍珠花、朱砂根、黧蒴锥等。

草本层植物种类和数量都很少，覆盖度小于5%，高度0.3～0.8m，种类只有浆果薹草、狗脊蕨和芒萁。

层间植物藤本只有1种异果崖豆藤。

10. 西施花林(Form. *Rhododendron latoucheae*)

(1)西施花－华南桤叶树－狗脊蕨群落(*Rhododendron latoucheae* – *Clethra fabri* – *Woodwardia japonica* Comm.)

该群落见于桂西隆林金钟山保护区，主要分布在海拔1400m以上的山顶或山脊处，面积不大，通常沿山脊呈狭带状分布。由于山高，风大，气温低，林木生长多为弯曲和矮化。调查样地面积10m×20m，海拔1450m，地表枯枝落叶层厚，具弹性。群落外貌呈深绿色，林木分布较密集，但分枝低，形成丛生状态，主干多弯曲。叶片多密集在枝条的顶部，阳光难以透进地面，林内荫蔽，地表和树皮上都长有苔藓。

乔木层林木分布密集，分枝低，树冠连续而平整，郁闭度大，为0.9。树高多在8m左右，最高达

10m，胸径一般3～18cm。西施花占绝对优势，分布均匀，生长良好，占乔木总株数的71.0%，重要值指数为168.3，排列第一；华南桤叶树和云南波罗栎也有一定的数量，重要值指数分别为33.6和31.0，排列第二和第三位；其他常见的种类有栓皮栎、珍珠花、高山锥，数量不多。

灌木层植物覆盖度5%以下，高度0.1～0.7m，种类较少，在200m^{2}的样地里，有7种，多为乔木幼树，以华南桤叶树为优势，西施花和高山锥也较多，其他有大叶合欢和黄花倒水莲等。

草本层植物覆盖度10%，高0.1～0.8m，以狗脊蕨为优势，边缘鳞盖蕨(*Microlepia marginata*)也较多，其他种类有淡竹叶、滇黄精、芒等。

藤本植物数量较多，有玉叶金花、菝葜等。

11. 美丽马醉木林(Form. *Pieris formosa*)

(1)美丽马醉木－尖尾箭竹－十字薹草群落(*Pieris formosa* – *Fargesia cuspidata* – *Carex cruciata* Comm.)

美丽马醉木是杜鹃花科另一属植物的种类，该群落见于融水县元宝山，面积不大，一般呈小片状分布在海拔1800m以上的个别山脊。

乔木层一般高6m，最高不超过8m，胸径7～15cm，最大胸径24cm，覆盖度80%。200m^{2}样地有乔木12种、114株，其中美丽马醉木有72株，占整个乔木层总株数的57.6%，若按重要值指数计，占乔木层重要值指数的43.7%，优势很明显；碟斗青冈和腺萼马银花分别有9株和8株，占总数的7.9%和7.0%，两者的个体均较大，重要值指数分别占11.3%和10.6%，居于较为重要的地位；常见的伴生种有华南桤叶树、红皮木姜子、大八角、亮叶厚皮香等；其他零星分布的还有褐叶青冈、广东山胡椒、冬青、大果花楸和山矾等种类。乔木层中，落叶阔叶树只有2种、6株，常绿阔叶树占绝对优势。

灌木层明显，高1～2m，覆盖度80%～90%，几乎全为尖尾箭竹所占，密度为22～32株/m^2，胸径0.5～0.8cm。其他灌木和乔木幼树少见，零星分布的乔木幼树有红皮木姜子、大八角、美丽马醉木、碟斗青冈等。

由于乔木层、灌木层的覆盖度较大，草本层植物很少，尚未形成层次，只有少量的十字薹草、针毛蕨、长穗兔儿风等种类。

藤本植物更为稀少，偶有小果菝葜和粗叶悬钩子分布，它们贴地生长。苔藓植物比较发育，岩石表面和树干甚至地面都有苔藓生长，岩石表面的苔藓层厚度2cm。

12. 狭叶珍珠花林(Form. *Lyonia ovalifolia* var. *lanceolata*)

(1)狭叶珍珠花＋高山锥－狭叶珍珠花＋高山锥－红木荷－芒萁群落(*Lyonia ovalifolia* var. *lanceolata* + *Castanopsis delavaryi* – *Lyonia ovalifolia* var. *lanceolata* + *Castanopsis delavaryi* – *Schima wallichii* – *Dicranopteris pedata* Comm.)

狭叶珍珠花是杜鹃花科又另一属植物的种类为优势的山顶(山脊)苔藓矮林。本群落见于桂西隆林金钟山保护区，海拔1500～1600m山地顶部，主要分布于金钟山主峰一带，为保持较好的原生性山顶(山脊)苔藓矮林，但面积不大。代表样地在金钟山主峰到弄八间，海拔1580m，面积20m×20m，立地条件类型土壤为山地森林黄壤，岩石少，地表多枯枝落叶，腐殖质层厚。

群落外貌灰绿色，郁闭度0.9，乔木层林木高度虽然不到10m，但可以分成2个亚层来分析。

第一亚层林木高9m左右，胸径3～30cm，树干多弯曲，分枝多，有较大的冠幅，树冠连续，郁闭度0.8。该亚层林木株数占乔木层总株数的41.0%，基面积占乔木层总基面积的68.0%。狭叶珍珠花株数多，占该亚层总基面积的51.5%，重要值指数较大，为113.4，居第一；其次为高山锥和红木荷，重要值指数分别为49.44和30.4；野漆、粉叶润楠、樱桃只有少数几株出现，重要值指数在10～20之间；其他的种类有檫木、黧蒴锥、日本杜英、穗序鹅掌柴、细叶云南松等。

第二亚层林木高5m左右，胸径4～14cm，郁闭度0.6。该亚层总株数占乔木层总株数的59.0%，基面积占乔木层总基面积的32.0%。，组成种类较少，400m^{2}样地只有7种。狭叶珍珠花株数多，占该亚层总株数的62.9%，重要值指数为158.4，居第一；高山锥株数也较多，占该亚层总株数的24.7%，重要值指数71.9，排列第二；其他零星分布的种类有粉叶润楠、红木荷、黧蒴锥、华南桤叶树、樱桃等。

灌木层植物覆盖度25%，高度0.3～2m，种类少，多为乔木的幼树，以狭叶珍珠花和红木荷为优势，其他种类有高山锥、黧蒴锥、穗序鹅掌柴、朱砂根等。

草本层植物十分贫乏，覆盖度小于1%，高度0.4m，只有芒萁1种。

藤本植物虽然只有巴豆藤1种，但生长茂盛，各层都可见到。

13. 包槲柯林(Form. *Lithocarpus cleistocarpus*)

(1)包槲柯+红皮木姜子-尖尾箭竹-短药沿阶草群落(*Lithocarpus cleistocarpus* + *Litsea pedunculata* - *Fargesia cuspidata* - *Ophiopogon angustifoliatus* Comm.)

本群落见于桂北融水县元宝山蓝坪峰。据海拔1994m山脊一个30m×6m的样地调查，乔木层林木一般高6m，最高8m，胸径一般14~20cm，最粗35cm，覆盖度80%，180m²样地有林木10种、61株。株数排在前三位的是红皮木姜子、包槲柯和亮叶厚皮香，分别有27株、8株和8株，胸径最大的是包槲柯，一般为20cm，最粗35cm；其次是亮叶厚皮香，一般胸径16cm；红皮木姜子比亮叶厚皮香稍小，胸径一般为14cm。从株数和粗度综合分析，包槲柯和红皮木姜子两种共为群落的优势种，亮叶厚皮香为次优势种。常见的种类有榕叶冬青，5株，一般胸径16cm；曼青冈，3株，胸径20cm；木莲，3株。1~2株出现的种类有猫儿山杜鹃、贵州桤叶树、山矾、网脉木犀等。偶尔可见到铁杉、南方红豆杉、粗榧，甚至元宝山冷杉等常绿针叶树。

灌木层植物覆盖度100%，几乎全为尖尾箭竹所占，密不可行。在茂密的竹丛中，还可见到零星分布的上层乔木的幼树，如红皮木姜子、包槲柯、亮叶厚皮香等。

草本层植物在茂密的竹丛下，种类和数量均极少，只见到零星分布的短药沿阶草、莎草等几种。

层间植物藤本缺，但苔藓植物比较发育，树干和树枝均有附生。

(2)包槲柯+大八角-尖尾箭竹-吉祥草群落(*Lithocarpus cleistocarpus* + *Illicium majus* - *Fargesia cuspidata* - *Reineckea carnea* Comm.)

本群落分布于桂北融水县元宝山蓝坪峰部分山顶，海拔1990m。立地条件类型土壤为发育于花岗岩上的山地森林黄棕壤，地表岩石露头多，土层浅薄，厚30~50cm。

群落外貌深绿色，林冠颇为整齐，林下腐倒木、枯立木横七竖八，活立木植株比较粗大，树干弯曲且分枝较多，树干和树枝均布满苔藓，群落总盖度100%，原始林景观气氛较浓。200m²样地有林木11种、49株，其中常绿阔叶树9种、42株，落叶阔叶树2种、7株，常绿阔叶树占绝对优势。乔木层可分为2个亚层来分析。

第一亚层林木高8~9m，胸径15~30cm，覆盖度70%。本亚层有乔木4种、14株，包槲柯有7株，分布较均匀，按重要值指数计，占该亚层总值的53.9%，优势地位突出；其次为大八角，有4株，占24.7%；其余为曼青冈。第二亚层林木高4~6m，胸径7~13cm，覆盖度50%，有林木10种、35株。优势种为大八角，有11株，重要值指数占该亚层总值的23.4%；其次为红皮木姜子，有7株，占17.2%；常见的种类有大果花楸、腺萼马银花和华南桤叶树，前2种各有3株，个体稍大，后1种有4株，植株较小，重要值指数分别占11.3%、11.1%和9.7%；其他零星分布的还有三花冬青、网脉木犀和常绿针叶树粗榧，上一亚层出现的包槲柯和曼青冈，此亚层也有分布。

灌木层植物高2m以下，覆盖度90%，但组成种类不多，200m²样地只有11种。灌木层几乎全为尖尾箭竹所占，密度为20~40株/m²，胸径0.6~1cm，零星分布的有白瑞香、日本女贞、合轴荚蒾、岭南杜鹃和阔叶十大功劳。乔木幼树有大八角、包槲柯、五裂槭、红皮木姜子和白檀等。

草本层植物种类和数量都很稀少，覆盖度5%，200m²样地不到10种。吉祥草占去一大半，其他种类有间型沿阶草、十字薹草、镰羽瘤足蕨、针毛蕨和长穗兔儿风等，竹节参和羽叶参时有出现。

藤本植物以扶芳藤和长柄地锦比较常见，粗叶悬钩子、尖叶菝葜、寒莓等亦有分布，但数量不多。苔藓植物发达，几乎密布所有树干和枝条，岩石表面和腐倒木上的苔藓厚2~3cm，其他附生植物还有落蕨。

14. 榄叶柯林(Form. *Lithocarpus oleifolius*)

(1)榄叶柯+凯里杜鹃-小花杜鹃-花葶薹草群落(*Lithocarpus oleifolius* + *Rhododendron westlandii* - *Rhododendron minutiflorum* - *Carex scaposa* Comm.)

本群落分布于桂北融水县境内九万山区的文通下鱼龙，苗山岭等地海拔1250m的山脊上，风力大，土层薄，岩石裸露30%，土壤含石砾较多，属典型的山顶(山脊)苔藓矮林。

乔木层林木高2~10m，胸径4~20cm，林木密集，每亩约2000株，林冠较整齐，郁闭度0.8~

0.95，主要优势种为榄叶柯、凯里杜鹃和滑叶润楠，重要值指数分别为81.9、57.3和49.6；伴生种有四川山矾（*Symplocos setchuensis*）、五列木、南烛、长尾毛蕊茶、凹叶冬青、榕叶冬青、苗山槭、桂南木莲、野漆、贵州桤叶树等。

灌木层植物覆盖度50%，主要以小花杜鹃为优势，高0.8～1.2m。其他种类有柏拉木、鲫鱼胆、圆锥绣球、粤西绣球等。

草本层植物很不发育，覆盖度2%，以花葶薹草为主，高0.2～0.3m，其他种类有山麦冬、广西薹草、华东瘤足蕨、镰羽瘤足蕨等。

层间植物，攀援至树冠的藤本有西南野木瓜，林下攀援的种类有小果菝葜、折枝菝葜等。生长在地表、树干上的各种苔藓植物有南亚白发藓、狭边白锦藓、刺叶桧藓、多疣悬藓等约10种。

15. 耳柯林（Form. *Lithocarpus haipinii*）

（1）耳柯－小花杜鹃－锦香草群落（*Lithocarpus haipinii* – *Rhododendron minutiflorum* – *Phyllagathis cavaleriei* Comm.）

本群落分布于九万山保护区杨梅坳一带，代表样地设在白岩顶，海拔1550m。所在地岩石多，立地条件类型土壤为发育于花岗岩上的山地森林黄棕壤，土层浅薄，但地表多枯落物，分解良好，表土层腐殖质层较厚，土壤较肥沃。所在地常为云雾缭绕，生境潮湿。

群落外貌浓绿，林冠微有起伏，总覆盖度95%。群落内部较杂乱，常有枯立木和腐倒木出现。林木植株低矮而相对比较粗大，多弯曲或倾斜，分枝多。树干、枝条和部分树冠均布满苔藓。林木的种类和个体数都较多，400m^2样地有25种、110株。

乔木层林木高5～8m，胸径4～20cm，个别植株高10m，最大胸径30cm，树冠连接，覆盖度80%。耳柯具有各龄阶的植株，重要值指数最大，为78.0，占重要值指数总数的26%，居于首位；光枝杜鹃重要值指数31.1，占总数的10.4%，排列第二；四川大头茶和川桂植株胸径较小，虽然植株较多，分布又均匀，但重要值指数不大，分别为20.2和15.2，排列第三和第四位；重要值指数>10的种类还有五裂槭、深山含笑、红皮木姜子、日本杜英和榕叶冬青等，它们的种群发育亦比较完整；其他种类如马蹄参、桂南木莲、亮叶杨桐、光叶石楠、多花杜鹃、疣果花楸、心叶船柄茶、香港四照花、树参、南烛、刺叶桂樱、贵州桤叶树、吴茱萸五加、亮叶厚皮香和凹脉柃等所占的重要值指数虽小，但它们都是群落乔木层的常见种类，生长也比较正常。这些特点反映出群落处在比较稳定的状态之中。

灌木层植物高1～3m，覆盖度50%。小花杜鹃占有明显的优势，覆盖度为30%；摆竹也常见到，其他的种类还有柏拉木、疏花卫矛、粤西绣球等。乔木幼树有23种，其中3种样地内无乔木分布。

草本层植物高0.1～0.4m，覆盖度15%，以锦香草、狗脊蕨、阔鳞鳞毛蕨、镰叶瘤足蕨和十字薹草等为常见，长穗兔儿风、针毛蕨、全缘凤尾蕨和山麦冬等也时有出现。

藤本植物稀少，数量不多，以小果菝葜、防己叶菝葜、粗叶悬钩子、长柄地锦和络石等藤茎细小的种类为常见。

16. 硬壳柯林（Form. *Lithocarpus hancei*）

（1）硬壳柯＋红背甜槠－横枝竹－花葶薹草群落（*Lithocarpus hancei* + *Castanopsis neocavaleriei* – *Inosasa patens* – *Carex scaposa* Comm.）

本群落分布于罗城县境内九万山区的有钱山顶，海拔1100m，立地条件类型土壤为发育于花岗岩上的山地森林黄壤，表土黑色，腐殖质层厚3～6cm。

乔木层林木高4～7m，胸径4～10cm，郁闭度0.7～0.8，树冠连续，主要以硬壳柯为优势，重要值指数60.5；次优势为红背甜槠和黄杞，重要值指数分别为28.8和21.6；伴生种有黄牛奶树、野柿、亮叶山香圆（*Turpinia simplicifolia*）、多花杜鹃、苗山桂、桂南木莲、新木姜子、桂北木姜子、贵州杜鹃、海南树参、光叶石楠、刺叶桂樱、日本杜英、凯里杜鹃等。

灌木层植物覆盖度40%，主要以横枝竹占优势，高2m左右，伴生种有粤西绣球、日本粗叶木、百两金等。

草本层植物以花葶薹草为主，高0.2～0.3m，覆盖度4%，其他种类有丝状沿阶草、全缘凤尾蕨、狗脊蕨等。

层间植物藤本的种类有尾叶那藤、鸡眼藤、狭叶崖爬藤、鞘柄菝葜、折枝菝葜、小果菝葜和葛等。

生于树干和地表的苔藓植物有纤细剪叶苔、齿边广萼苔、双齿异萼苔、南亚白发藓、疣白发藓、爪哇白发藓等约 10 种。

17. 褐叶青冈林(Form. *Cyclobalanopsis stewardiana*)

桂北苗儿山保护区的山顶(山脊)苔藓矮林见于八角田以上一带山地，约占海拔 1800m 以上一直至山顶的范围。林木大多生长矮化，没有主干，树干分枝低而且弯曲，树冠侧展，枝干布满厚厚的苔藓。由于林龄较大，而且在这样云雾笼罩的潮湿环境下，光照弱，温度低，常风大，多枯立木，在山脊条件下林木高 4 ~6m，而山谷条件下的稍高一些，约 7 ~8m，个别大树也不过 10m 左右。虽然树冠参差不齐，但层次并不明显，郁闭度 0.9 以上，主要由常绿阔叶树和落叶阔叶树混合组成。前者以褐叶青冈、美山矾、西南山茶、大八角、树参、红皮木姜子为多，榕叶冬青、拟榕叶冬青、甜冬青、齿叶冬青、具柄冬青、三花冬青、锈叶新木姜子、碟斗青冈、硬壳柯也不少，其他还有阔瓣含笑、无腺红淡(*Cleyera pachyphylla* var. *epunctata*)、刺叶桂樱、光叶山矾、多花杜鹃、光枝杜鹃、网脉木犀、红果树、美丽马醉木等。后者多为毛序花楸、华槭、贵州桤叶树、吊钟花和吴茱萸五加等，常绿的种类多于落叶的种类。有的地方还杂有高大的铁杉。

灌木层植物高 1 ~2m，覆盖度 80% 以上，主要为箬叶竹所占，其他零星分布的以上层林木幼树为主，例如红皮木姜子、美山矾、西南山茶、大八角、褐叶青冈、树参为常见。真正的灌木常见有朱砂根、茵芋、豪猪刺(*Berberis julianae*)、桃叶珊瑚和荚蒾等。

草本层植物高 1m 以下，分布稀疏，覆盖度 10% 以下。沿阶草、十字薹草较多，零星分布的还有镰叶瘤足蕨、粗齿兔儿风、棱果花和华南鳞毛蕨等。

藤本植物无论是种数还是数量都不多，常见的种类有三叶木通、柳叶菝葜、菝葜、乌蔹莓、花椒簕、络石和乌泡(*Rubus gentilianus*)等。

18. 曼青冈林(Form. *Cyclobalanopsis oxyodon*)

(1)曼青冈 - 红皮木姜子 + 朱砂根 - 镰叶瘤足蕨群落(*Cyclobalanopsis oxyodon* - *Litsea pedunculata* + *Ardisia crenata* - *Plagiogyria distinctissima* Comm.)

本群落分布于桂东北灵川县、阳朔县和恭城县交界的七分山，顶峰海拔 1520m，立地条件类型土壤为发育于紫色砂岩上的山地森林黄棕壤。土层厚度 30 ~50cm，局部有岩石露头，表土灰黑色，厚 25cm，地表枯枝落叶层厚 3 ~4cm，有机质含量相当丰富。由于海拔高，常有云雾笼罩，空气湿度较大，环境湿润。

调查样地设在海拔 1500m 的山脊上，群落受人为的影响较少。群落外貌深绿色，其间点缀着黄色的斑点，反映不同树种的季相。林冠较整齐，林木较低矮，树干弯曲，并呈丛生状态，从树干基部到枝叶均被有苔藓，形成一种特殊的景色。

根据 400m^2 样地调查，组成种类共有维管束植物 47 种，分属 28 科，其中乔木层林木有 25 种、13 科，灌木层植物有 27 种、15 科，草本层植物有 9 种、7 科，藤本植物有 5 种、5 科。种类最多的是樟科和山茶科，各有 5 种；次为蔷薇科和冬青科，各有 3 种；壳斗科、山矾科、马鞭草科、安息香科、莎草科、百合科、绣球花科各有 2 种；其余的科只有 1 种。乔木层林木高 3 ~8m，基径 3 ~43cm，树冠连续，覆盖度 80% 左右。与杜鹃花科为主的山顶(山脊)苔藓矮林种类组成相比，相对的本群落的乔木层种类组成还是较为复杂的，从表 9-182 可知，400m^2 样地有林木 25 种，植株分布较为密集，400m^2 样地有 195 株。曼青冈优势较明显，有 21 株，重要值指数 47.2，排列第一位；其余 24 种，重要值指数分配比较分散，没有哪一种很突出，比较重要的为红皮木姜子、山矾、凹脉红淡比，重要值指数分别为 21.8、20.4、20.1；还有 21 种，重要值指数在 20 ~2 之间。

表 9-182 曼青冈 - 红皮木姜子 + 朱砂根 - 镰叶瘤足蕨群落乔木层种类组成及重要值指数

(样地号：A_7，样地面积：20m ×20m，地点：灵川县新寨乡七分山，海拔：1500m)

序号	树种	基面积(m^2)	株数	频度(%)	重要值指数
乔木 I 亚层					
1	曼青冈	0.721	21	100	47.22
2	红皮木姜子	0.067	25	100	21.796

（续）

序号	树种	基面积(m^2)	株数	频度(%)	重要值指数
3	山矾	0.192	15	75	20.395
4	凹叶红淡比	0.136	16	100	20.058
5	硬壳柯	0.141	13	100	18.748
6	广福杜鹃	0.222	7	75	17.525
7	小叶桢楠	0.132	9	100	16.319
8	半齿柃	0.043	16	100	16.17
9	大八角	0.109	8	75	13.28
10	树参	0.142	5	75	13.138
11	青皮香	0.112	5	75	11.871
12	芬芳安息香	0.08	8	50	10.524
13	深山含笑	0.084	6	50	9.668
14	厚皮香	0.036	6	75	9.201
15	显脉冬青	0.042	5	75	8.965
16	华南桤叶树	0.029	7	50	7.88
17	凹脉柃	0.011	4	75	7.12
18	小叶木姜子	0.011	7	50	7.116
19	南方荚蒾	0.007	4	75	6.975
20	细枝柃	0.013	3	25	3.636
21	红果树	0.023	1	25	3.005
22	小叶冬青	0.018	1	25	2.794
23	中华石楠	0.004	1	25	2.213
24	光叶山矾	0.004	1	25	2.213
25	腺叶桂樱	0.003	1	25	2.17
	合计	2.379	195	1625	299.999

广福杜鹃 *Rhododendron kwangfuensis*　　小叶木姜子 *Litsea* sp.　　小叶冬青 *Ilex* sp.

灌木层植物高0.4～1m，种类尚多，从表9-183可知，400m^2样地共有27种，但数量稀少，覆盖度只有6%～10%。主要种类以乔木的幼树居多，常见的有红皮木姜子和硬壳柯，其他的种类还有小叶桢楠(*Machilus* sp.)、山矾、凹脉红淡比等17种。真正的灌木以朱砂根较常见，其他的种类还有茵芋、裸花紫珠(*Callicarpa nudiflora*)和桃叶珊瑚等。

表9-183　曼青冈－红皮木姜子＋朱砂根－镰叶瘤足蕨群落灌木层和草本层种类组成及分布情况

序号	种名	多度盖度级				频度(%)
		Ⅰ	Ⅱ	Ⅲ	Ⅳ	
	灌木层植物					
1	红皮木姜子	3	4	3	3	100.0
2	硬壳柯	3	2	2	3	100.0
3	朱砂根	2	1	2	3	100.0
4	小叶桢楠	1	1	3	3	100.0
5	山矾	2	1	2	1	100.0
6	半齿柃	3	2		3	75.0
7	凹叶红淡比	3		3	1	75.0
8	茵芋	3	1	3		75.0
9	光叶山矾		2	2	1	75.0
10	树参	2	1	1		75.0
11	紫珠	1	2		1	75.0
12	短梗新木姜子	3		3		50.0
13	小叶木姜子		3		2	50.0
14	大八角		1	3		50.0
15	大叶新木姜子		3		1	50.0
16	华南桤叶树	1	1			50.0
17	芬芳安息香	1	1			50.0
18	腺叶桂樱		1	1		50.0
19	曼青冈	3				25.0

（续）

序号	种名	多度盖度级				频度(%)
		Ⅰ	Ⅱ	Ⅲ	Ⅳ	
20	凹脉柃	3				25.0
21	厚皮香	2				25.0
22	裸花紫珠	2				25.0
23	细枝柃		2			25.0
24	赤杨叶			2		25.0
25	深山含笑				1	25.0
26	清皮香	1				25.0
27	桃叶珊瑚		1			25.0
草本层植物						
1	镰叶瘤足蕨	4	4	4	4	100.0
2	林仔竹	3	3	7	3	100.0
3	小穗莎草	4	5	3	4	100.0
4	鳞毛蕨	3	3	2	3	100.0
5	沿阶草	2	3	2	3	100.0
6	长穗莎草	3	3		3	75.0
7	连药沿阶草		3	2	3	75.0
8	常山			2		25.0
9	五脉野牡丹			1		25.0
藤本植物						
1	扶芳藤	sol	sol	sol	sol	100.0
2	钻地风		un	sol	sol	75.0
3	尖叶菝葜		cop	sol		50.0
4	广东蛇葡萄			sol		25.0
5	条叶猕猴桃		un			25.0

小叶桢楠 *Machilus* sp.　紫珠 *Callicarpa* sp.　小叶木姜子 *Litsea* sp.　小穗莎草 *Carex* sp.　长穗莎草 *Carex* sp.
五脉野牡丹 *Melastoma* sp.

草本层植物种类较少，400m^{2}样地不到10种，但数量尚多，一般覆盖度25%～35%，个别地段可达50%。数量较多、而又分布均匀的是镰叶瘤足蕨和小穗莎草(*Cyperus* sp.)；林仔竹分布也均匀，多数地段数量不多，但局部地段很密集，单种覆盖度可达35%，它是一种高度不超过10cm的小竹子。

层间植物藤本种类不多，数量也较少，400m^{2}样地有5种，分布均匀的是扶芳藤，尖叶菝葜局部地段数量较多。苔藓植物发达，从树的基部到枝叶均被有苔藓，形成一种特殊的景色。

19. 黄背青冈林(Form. *Cyclobalanopsis poilanei*)

(1)黄背青冈－髯毛箬竹－锦香草群落(*Cyclobalanopsis poilanei* – *Indocalamus barbatus* – *Phyllagathis cavaleriei* Comm.)

这种类型分布于桂中大明山林区，见于望兵山微波站一带的山地，海拔1500m左右。这里是大明山天坪一带的最高点，常风特大，土层厚度浅薄。从种类组成看，它们大多数是常绿阔叶林的成分，然而从森林外貌看，却是山地苔藓矮林，所有的乔木树种低矮粗壮、弯弯曲曲，树干树枝长满了苔藓植物。乔木层林木高4～8m，以黄背青冈为优势，较多的种类，计有厚叶鼠刺、深山含笑、银木荷、拟榕叶冬青、树参、虎皮楠、桂南木莲、小花红花荷、桃叶石楠、阴香、美丽新木姜子、杜鹃多种(*Rhododendron* spp.)、谷木、黄丹木姜子、尖萼川杨桐和小叶罗汉松等种类。灌木层植物除部分乔木的幼树外，髯毛箬竹也不少，此外还有粗叶木、长毛柃、周裂秋海棠(*Begonia circumlobata*)等。草本层植物比较稀疏，以锦香草最多，还有十字薹草、山姜、瓦韦以及其他一些蕨类植物。藤本植物有长柄地锦、尾叶那藤、菝葜、悬钩子等。

20. 多脉青冈＋多种杜鹃林(Form. *Cyclobalanopsis multinervis* + *Rhododendron* spp.)

本类型见于桂北海洋山保护区，海拔1400m以上的山坡顶部或上部。其生境表现为土层浅薄，岩石裸露，坡度陡，云雾多。林分郁闭度0.9左右，林木高度不超过9m，一般不超过5～6m，种类组成以多脉青冈和杜鹃类植物如云锦杜鹃、猴头杜鹃、多花杜鹃占优势，其他的杜鹃花科植物如美丽马醉木、吊钟花、珍珠花(*Lyonia* spp.)也有不少。此外，还常见当地保护区常绿阔叶林或落叶阔叶林的一些成分，如银木荷、硬壳柯、碟斗青冈、桤叶树（*Clethra* spp.）、薄叶山矾、尖萼川杨桐、轮叶木姜子、红果树、花楸（*Sorbus* spp.）、树参、假地枫皮、槭树（*Acer* spp.）等。由于湿度大，乔木层林木大多挂有苔藓。灌木层植物比较稠密，以箬叶竹1种（*Indocalamus* sp.）为主，此外，还有短尾越桔、豪猪刺、桃叶石楠和荚蒾等。草本层植物分布稀疏，以鳞毛蕨、麦冬、碎米莎草（*Cyperus iria*）、淡竹叶等较常见。层间植物有小木通、菝葜（*Smilax* sp.）和悬钩子（*Rubus* spp.）等种类。

21. 罗浮锥林（Form. *Castanopsis fabri*）

（1）罗浮锥－摆竹－毛果珍珠茅群落（*Castanopsis fabri* – *Indosasa shibataeoides* – *Scleria levis* Comm.）

本群落见于桂北灵川县大境七分山，海拔1500m的山顶上，立地条件类型土壤为发育于砂岩上的山地森林黄棕壤。枯枝落叶层厚4cm，腐殖质层厚9cm，林内湿润，地上、树干上有地衣、苔藓类附生。

林冠外貌较整齐，绿色，树干弯曲，分枝低，枝条粗壮。乔木层林木高4～8m，胸径平均6cm，最大胸径12.5cm，总覆盖度80%。优势种为罗浮锥和小叶青冈，覆盖度分别为30%和15%，羊舌树、新木姜子、南岭山矾覆盖度各为10%。

灌木层植物覆盖度30%，以摆竹占绝对优势，覆盖度25%，其他种类还有新木姜子、罗浮锥、羊舌树、柃木等零星分布。

草本层植物十分贫乏，几乎无盖度，种类有毛果珍珠茅、狗脊蕨、复叶耳蕨等。

22. 红背甜槠林（Form. *Castanopsis neocavaleriei*）

（1）红背甜槠＋百合花杜鹃－摆竹＋棱果花－狗脊蕨群落（*Castanopsis neocavaleriei* + *Rhododendron liliiflorum* – *Indosasa shibataeoides* + *Barthea barthei* – *Woodwardia japonica* Comm.）

本群落见于桂北环江县境内九万山区的大仁江冲尾，海拔1200m的山顶处，立地条件类型土壤为山地森林黄壤，表土黑色，土体含有较多的石砾，腐殖质层厚5～10cm，枯枝落叶层厚3～5cm。环境偏干燥，树干地表生长有少量苔藓植物。

乔木层林木高3～8m，胸径4～15cm，树木矮小但较直，郁闭度0.6～0.7，优势种红背甜槠占有明显的优势，重要值指数94.9；次优势种有百合花杜鹃、碟斗青冈、小花红花荷，重要值指数分别为56.1、42.1和39.7；伴生种有四川大头茶、五列木、南烛、瑶山山矾、黄檀、贵州杜鹃、光叶石楠、桂南木莲、海南树参、黄牛奶树、桂北木姜子、黑柃等。

灌木层植物覆盖度30%～40%，主要以摆竹、棱果花占优势，高1.0～1.5m，其他种类有赤楠、吊钟花、柏拉木等。

草本层植物很不发育，覆盖度只有2%，主要以狗脊蕨为多，高0.2～0.3m，其他种类有翠云草、淡竹叶、复叶耳蕨、瓦韦等。

层间植物藤本不多，只见有藤黄檀攀援于树冠之上。附生在岩石和树干上的苔藓植物有四齿萼苔、喙叶大萼苔、大萼苔、南亚曲柄藓、卷叶湿地藓等10种。

23. 甜槠＋硬壳柯林（Form. *Castanopsis eyrei* + *Lithocarpus hancei*）

（1）甜槠＋硬壳柯－箬叶竹－镰叶瘤足蕨群落（*Castanopsis eyrei* + *Lithocarpus hancei* – *Indocalamus longiauritus* – *Plagiogyria distinctissima* Comm.）

本群落分布于桂中大明山林区，见于天坪一带的山顶地带，海拔1500m左右。根据天坪天地庙附近的样地调查，400m^2样地内有林木27种、243株，组成种类与山地常绿阔叶林没有太大区别，但该类型的林木高度明显降低，乔木层林木高度只有4～6m，郁闭度0.7～0.8。乔木层林木优势种不太明显，其中个体数量较多的有厚叶红淡比33株、硬壳柯28株、黄背青冈22株、银木荷21株、甜槠17株，虽然甜槠的个体数量少些，但它个体胸径较大，不少个体的胸径在15～20cm，最粗达32.4cm，高度在5～6m的较多；硬壳柯的重要性仅次于甜槠，因此它们应当成为群落的共优势种。此外，还有海南冬青、凹叶冬青、山鸡椒、小花红花荷、深山含笑等。

灌木层植物覆盖度50%，高度1～2m，平均密度6114株/100m^2，以箬叶竹占明显优势，其个体数为11925株/400m^2，占灌木层总个体数的48.77%。其他较重要的种类有山鸡椒（121株/400m^2）、光叶铁仔（*Myrsine* sp.）（396株/400m^2）、新木姜子（217株/400m^2）等，小叶罗汉松有零星分布。

由于上层乔木层和灌木层的覆盖度很大，草本层极不发育，覆盖度为1%～4%之间，种类只有镰叶瘤足蕨、淡竹叶、毛果珍珠茅、狗脊蕨和渐尖毛蕨等5种。

藤本植物没有发现，但树干上附生有许多苔藓植物。

24. 厚叶厚皮香林(Form. *Ternstroemia kwangtungensis*)

(1)厚叶厚皮香－华西箭竹＋棱果花－华东膜蕨群落(*Ternstroemia kwangtungensis* – *Fargesia nitida* + *Barthea barthei* – *Hymenophyllum barbatum* Comm.)

本群落见于金秀大瑶山中良天堂山山顶，海拔1579m，立地条件类型土壤为发育于砂岩上的山地森林黄棕壤，表土层厚15cm，枯枝落叶层较薄。

群落外貌深绿色，点缀着红色斑点，反映乔木层不同树种的季相，林内树干布满苔藓。根据$200m^2$样地调查，本群落共有维管束植物45种，分属27科，其中乔木层林木15科、24种，灌木层植物16科、29种，草本层植物6科、6种，藤本植物2科、2种。种数最多的是山茶科，5种；其次是冬青科和杜鹃花科，各有4种；樟科3种；壳斗科、山矾科、八角科、五加科、蔷薇科、野牡丹科等6科各有2种；其余17科，各只有1种。

乔木层林木高5～8m，基径5～58cm，覆盖度80%。从表9-184可知，$200m^2$样地有林木24种、125株，林木分布较为密集，多数林木干弯曲或倾斜，分枝较低，故基径差别很大。种数最多的是山茶科和冬青科，都有4种，优势种为厚叶厚皮香，$200m^2$样地有21株，重要值指数40.3，优势比较明显；其余23种，优势不突出，重要值指数在28～3之间，分配很分散，比较突出的是阔瓣含笑和硬壳柯，重要值指数都为28.0；常见的种类有短梗新木姜子、日本杜英、木姜叶冬青和大八角等，重要值指数在20～15之间。

表9-184　厚叶厚皮香－华西箭竹＋棱果花－华东膜蕨群落乔木层种类组成及重要值指数

(样地号：瑶山81号，样地面积：20m×10m，地点：金秀县中良乡天堂山山顶，海拔：1529m)

序号	树种	基面积(m^2)	株数	频度(%)	重要值指数
		乔木层			
1	厚叶厚皮香	0.353	21	100	40.291
2	阔瓣含笑	0.316	8	100	28.025
3	硬壳柯	0.238	13	100	28.021
4	短梗新木姜子	0.049	14	100	19.26
5	日本杜英	0.15	5	100	17.177
6	木姜叶冬青	0.09	8	100	16.518
7	大八角	0.131	4	100	15.412
8	褐叶青冈	0.172	3	50	13.912
9	凹叶冬青	0.047	6	100	12.749
10	显脉冬青	0.052	5	100	12.176
11	晚花吊钟花	0.033	6	100	12.039
12	薄叶山矾	0.042	5	100	11.701
13	船柄茶	0.019	5	100	10.505
14	五列木	0.042	4	50	8.108
15	珍珠花	0.038	4	50	7.9
16	树参	0.062	1	50	6.705
17	银木荷	0.029	3	50	6.657
18	网脉木犀	0.053	1	50	6.274
19	马蹄参	0.021	3	50	6.255
20	波叶红果树	0.008	2	50	4.777
21	鼠刺	0.01	1	50	4.06
22	云南桤叶树	0.006	1	50	3.901
23	冬青	0.006	1	50	3.901
24	厚叶红淡比	0.002	1	50	3.677
	合计	1.969	125	1800	300.002

灌木层植物种类尚多，从表9-185可知，$200m^2$样地有29种，但数量分布很不均匀，一个样地覆盖度只有30%，而另一样地覆盖度高达95%。不管哪一个样地，都以华西箭竹占绝对优势，大瑶山山

顶（山脊）苔藓矮林灌木层植物常见种和特征种棱果花数量也不少，覆盖度4% ~20%，居于次优势的地位；其他真正的灌木比较常见的还有柏拉木。乔木的幼树也不少，常见的有短梗新木姜子、厚叶厚皮香、薄叶润楠、船柄茶等。

表 9-185　厚叶厚皮香－华西箭竹＋棱果花－膜蕨群落灌木层和草本层种类组成及分布情况

序号	种类	多度盖度级		频度（%）	更新（株）	
		Ⅰ	Ⅱ		幼苗	幼树
		灌木层植物				
1	华西箭竹	8	5	100.0		
2	棱果花	5	4	100.0		
3	柏拉木	4	4	100.0		
4	短梗新木姜子	4	4	100.0	6	15
5	厚叶厚皮香	4	4	100.0	2	11
6	船柄茶	4	2	100.0	3	12
7	晚花吊钟花	4	1	100.0		11
8	硬壳柯	4	1	100.0	5	9
9	褐叶青冈	3	1	100.0	1	7
10	薄叶润楠	4		50.0	4	13
11	小花杜鹃	4		50.0	2	8
12	木姜叶润楠	3		50.0	3	3
13	网脉木犀	2		50.0	2	3
14	总状山矾	2		50.0		3
15	五列木	2		50.0		3
16	显脉冬青	2		50.0		3
17	大八角	2		50.0		4
18	红花越桔	2		50.0		3
19	阔瓣含笑	2		50.0		2
20	厚叶红淡比	2		50.0		2
21	广东杜鹃	2		50.0		2
22	木姜叶冬青	2		50.0	1	3
23	银木荷	1		50.0	1	2
24	假卫矛	1		50.0		3
25	马蹄参	1		50.0	1	3
26	广东紫珠	1		50.0		
27	树参	1		50.0	1	3
28	长毛杨桐	1		50.0		2
29	假地枫皮	1		50.0		
		草本层植物				
1	华东膜蕨	4	3	100.0		
2	镰叶瘤足蕨	2	4	100.0		
3	兰 1 种	2	2	100.0		
4	短柄禾叶蕨	2	2	100.0		
5	瓦韦	2		50.0		
6	蛇足石杉		2	50.0		
		层间植物				
1	苔藓	8	9	100.0		
2	粗叶悬钩子	sp	sp	100.0		
3	菝葜	sol	sol	100.0		

红花越桔 *Vaccinium* sp.　　广东紫珠 *Callicarpa kwangtungensis*

草本层植物种类和数量都不多，200m^{2}只有 6 种，覆盖度7% ~10%。华东膜蕨较常见，其他的种类有镰叶瘤足蕨、短柄禾叶蕨等。

层间植物藤本更为稀少，只有零星分布的粗叶悬钩子和菝葜 2 种。但苔藓植物很发达，覆盖度达70% ~80%。

25. 厚皮香林(Form. *Ternstroemia gymnanthera*)

以厚皮香为主的山顶(山脊)苔藓矮林，见于金秀大瑶山16公里采育场的中山山脊，海拔1280m，立地条件类型土壤为发育于寒武系砂页岩的山地森林黄壤，土层浅薄，地表碎石块多，但枯枝落叶也多，覆盖度80%，分解尚好。

乔木层林木高5~7m，胸径4~7cm，覆盖度70%。优势种为厚皮香，次优势种为密花树，比较常见的还有五列木、珍珠花、深山含笑、桃叶石楠、厚叶红淡比、云南桤叶树、海南树参、银木荷等，零星分布的有粗皮桦、米槠、羽脉新木姜子，个别出现的有福建柏。

灌木层植物高3m以下，生长较繁茂，覆盖度65%。以小花杜鹃为优势，次优势有棱果花、柏拉木，常见的有密花树、滇白珠、厚皮香、马蹄参、单毛桤叶树等，零星分布的有朱砂根、硬壳柯、羽脉新木姜子、银木荷、海南树参、扇叶槭、茶梨等。

草本层植物不太发达，覆盖度20%。以镰羽瘤足蕨较多，其他的种类有狗脊蕨、中华复叶耳蕨、双盖蕨、匙叶兔儿风(*Ainsliaea* sp.)、沿阶草等。

层间植物藤本极少，只见来江藤(*Brandisia hancei*) 1种，但苔藓植物发达，树干、树枝、石块面均布满苔藓。

26. 细齿叶柃林(Form. *Eurya nitida*)

(1)细齿叶柃+圆锥绣球-细齿叶柃-淡竹叶群落(*Eurya nitida* + *Hydrangea paniculata* - *Eurya nitida* - *Lophatherum gracile* Comm.)

本群落见于桂北灵川县，海拔1450~1600m，立地条件类型土壤为发育于沙岩上的薄层山地黄壤，枯枝落叶层厚4~8cm，林内石头裸露。

林冠外表较平整，绿色，局部黄红色。乔木层林木高4~8m，胸径3~12cm，覆盖度75%，树冠连接。以细齿叶柃为优势，占总覆盖度的35%；次为圆锥绣球，占总覆盖度的10%；其他还有樟科、忍冬科、杜鹃科、木兰科的一些种类。

灌木层植物高1.5~3m，生长繁茂，覆盖度87%。细齿叶柃最多，覆盖度65%；野黄桂覆盖度15%，居第二；紫楠覆盖度10%，居第三；其他的种类还有轮叶木姜子、桂南木莲、树参、桃叶石楠等。

草本层植物很不发育，覆盖度仅3%，种类有淡竹叶、山麦冬、山姜、狗脊蕨等。

层间植物藤本植物不多，种类有猕猴桃、菝葜和悬钩子等。但苔藓植物发达，树干上密生了苔藓。

27. 银木荷+五列木林(Form. *Schima argentea* + *Pentaphylax euryoides*)

(1)银木荷+五列木-箬叶竹-镰叶瘤足蕨群落(*Schima argentea* + *Pentaphylax euryoides* - *Indocalamus longiauritus* - *Plagiogyria distinctissima* Comm.)

本群落见于桂中大明山林区天坪海拔1300~1400m山地的山顶山脊地带，比较常见，据在天坪微波站附近调查，400m^{2}样地有林木33种、326株，种类组成与山地常绿阔叶林相似，但林木高度明显降低，20%左右的林木出现倾斜或断顶。乔木层林木高4~7m，郁闭度0.4~0.5，以银木荷为优势，其个体数有14株，其中胸径在20cm以上的5株，最大胸径为41.4cm；五列木的个体数最多，有65株，但其高度和胸径都较小，极少有胸径超过20cm的个体，只能成为次优势种；其他较重要的有小花红花荷、岭南青冈、甜槠、深山含笑、杜鹃多种等。

灌木层植物高度1~2m，覆盖度80%左右，生长密集，平均密度1984株/400m^2，以箬叶竹占明显的优势，其他较重要的种类主要是乔木的幼树，如银木荷、五列木等。该类型杜鹃种类较多，常见有大云锦杜鹃、多花杜鹃、猴头杜鹃、变色杜鹃、龙山杜鹃(*Rhododendron chunii*)等。

草本层植物很不发育，覆盖度只有2%~4%，种类零星见有镰叶瘤足蕨、石韦、栗蕨、复叶耳蕨等。

层间植物藤本植物极少见到，但苔藓植物发达，满布在树干之上。

(2)银木荷+五列木-箬叶竹-刺头复叶耳蕨群落(*Schima argentea* + *Pentaphylax euryoides* - *Indocalamus longiauritus* - *Arachniodes exilis* Comm.)

此种类型分布在桂中上林县龙山自然保护区，以龙头山海拔1300~1500m山顶部分较多见。乔木层林木一般高5m左右，郁闭度0.8，分枝低矮，有的林木高仅8m，可其胸径粗达30cm。银木荷和五列木占有明显的优势，其他的种类有凹叶冬青、榕叶冬青、岭南青冈、大头茶、硬壳柯、甜槠、黄丹木姜子等，偶尔可见小叶罗汉松。灌木层植物覆盖度高达80%以上，高2m左右，除优势种箬叶竹外，较重要的有银木荷、五列木、光叶石楠、红花八角、日本杜英、岭南青冈、甜槠、毛桂等乔木的幼树，真正的灌木种类不多，主要有南山花、龙山杜鹃、赤楠等。草本层植物很不发达，覆盖度不到5%，种类零星见有刺头复叶耳蕨、栗蕨、石韦等。层间植物藤本植物不多，种类有菝葜、肖菝葜和鸡矢藤等，但苔藓植物发达，树干上都布满了苔藓。

28. 海南树参+小花红花荷林(Form. *Dendropanax hainanensis*+*Rhodoleia parvipelala*)

本类型见于桂西田林岑王老山保护区，海拔1420m的山顶处。群落外表深绿色，林木生长十分密集。乔木层林木高8m左右，个别高10~12m，覆盖度90%以上。以海南树参为主，次为小花红花荷、五列木、假木荷，其他少量的有黄杞、中华杜英、大头茶、马蹄荷、变色杜鹃、短柱杜鹃、南烛、深山含笑、饭甑青冈等。

灌木层植物高1~2m，覆盖度20%，种类组成不多，以乔木的幼树居多，真正灌木以柏拉木、卫矛为多。

草本层植物高0.3~1m，只在局部地段有分布，覆盖度10%以下。种类以光里白为常见，其他还有毛果珍珠茅、十字薹草等。

29. 尖叶黄杨林(Form. *Buxus microphlla* subsp. *sinica* var. *aemulans*)

(1)尖叶黄杨-高山紫薇-短药沿阶草群落(*Buxus microphlla* subsp. *sinica* var. *aemulans* - *Lagerstroemia* sp. - *Ophiopogon angustifoliatus* Comm.)

本群落见于桂北融水县元宝山蓝坪峰南坡，海拔2015m，面积约200m^2。所在地地形险峻，坡度大于45°，常风极大；地面露出许多大小不等的岩块，岩面均覆盖厚3~5cm的苔藓。立地条件类型土壤为发育于花岗岩上的山地森林黄棕壤，覆盖很少，土层极薄，表土黑褐色，根系密布，环境湿度大。

群落种类组成简单，100m^{2}样地有维管束植物22种，其中乔灌木植物9种，草本植物8种，藤本植物5种。乔木层林木树冠多呈帚形，高度比较一致，一般高3~3.7m，基径4~9cm，多数林木从地面开始成丛生长，而灌木层植物(包括尖叶黄杨小树)亦多成丛生长，一般高1.5~2.2m，基径2~3cm，垂直空间几乎与乔木层连在一起，比较难以分开，因此合在一起统计。乔灌木层覆盖度90%，从表9-186可知，尖叶黄杨占有绝对的优势，单种覆盖度80%，共有48丛、111株，重要值指数158.5；比较重要的有高山紫薇，有7丛、45株，重要值指数45.2，排列第二位；常见的有南岭小檗和毛锦杜鹃，分别有2丛、16株和5丛、14株，重要值指数24.5和23.2；零星分布的有吊钟花、红皮木姜子和杜鹃。个别种类如大八角和长尾毛蕊茶没有统计其重要值指数。

表9-186　尖叶黄杨-高山紫薇-短药沿阶草群落乔木层种类组成及重要值指数

(样地号：元宝山8号，样地面积：100m^2，地点：融水县元宝山蓝坪峰南坡，海拔：2015m)

序号	树种	基面积(m^2)	株数	频度(%)	重要值指数
		乔木层			
1	尖叶黄杨48丛	0.372	111	100	158.469
2	高山紫薇7丛	0.032	45	100	45.205
3	南岭小蘖2丛	0.008	16	100	24.491
4	毛锦杜鹃5丛	0.007	14	100	23.212
5	吊钟花	0.006	3	100	17.222
6	红皮木姜子	0.006	1	100	16.29
7	杜鹃	0.001	1	100	15.11
	合计	0.432	191	700	300

草本层植物覆盖度60%，从表9-187可知，以短药沿阶草占有明显的优势，单种覆盖度40%，次为野古草，单种覆盖度5%。常见的种类有拟金茅和香白芷(*Ostericum citriodorum*)。

表 9-187 尖叶黄杨－高山紫薇－短药沿阶草群落灌木层和草本层种类组成及分布情况

序号	种类	多度盖度级	幼苗(株)	序号	种类	多度盖度级	幼苗(株)
灌木层植物				6	毛果珍珠茅	sol	
1	尖叶黄杨		600	7	鹤顶兰	sol	
2	红皮木姜子		40	8	肥牛菜	sol	
3	大八角	sol		层间植物			
4	长尾毛蕊茶	sol		1	苔藓	soc	
草本层植物				2	粗叶悬钩子	sol	
1	短药沿阶草	7		3	华南忍冬	sol	
2	野古草	4		4	扶芳藤	sol	
3	龙须草	3		5	流苏子	sol	
4	香白芷	3		6	三叶崖爬藤	sol	
5	轮叶沙参	sol					

轮叶沙参 *Adenophora tetraphylla*

层间植物藤本种类不多，数量也少，零星分布，种类有粗叶悬钩子、华南忍冬、流苏子、扶芳藤。但苔藓植物很发达，不仅地表、岩面有一层较厚的苔藓，而且所有乔木除幼株和嫩叶外，几乎都布满了苔藓，形成背景化。

(2)尖叶黄杨－尖尾箭竹－短药沿阶草群落(*Buxus microphlla* subsp. *sinica* var. *aemulans* – *Fargesia cuspidata* – *Ophiopogon angustifoliatus* Comm.)

本群落见于桂北融水县元宝山蓝坪峰南坡，与上一群落相邻，海拔 2010m。由于本群落地处避风较好的山麓凹位置，常风较小；而且地表岩石出露不多，土壤覆盖程度较高，土层厚 40～50cm，凋落物常常掩盖裸岩和土壤表面，表土富含腐殖质，土壤湿润肥沃，故林木生长较上一群落高大。

群落种类组成简单，100m^{2}样地有维管束植物 32 种，其中乔木层林木 14 种，灌木层植物 10 种，草本层植物 7 种，藤本植物 5 种，寄生植物 1 种。乔木层林木高 5～8m，胸径 4～33cm，郁闭度 0.9。乔木层林木有植株 56 株，从表 9-188 可知，黄杨占有明显的优势，有 22 株，重要值指数 69.2；其他 13 种重要值指数都较小，分配比较分散。重要值指数排在 30～20 之间的种类有网脉木犀、吴茱萸五加、南方红豆杉、吊钟花和长尾毛蕊茶；20～10 之间的有毛序花楸、山矾、毛锦杜鹃、贵州桤叶树、碟斗青冈、红皮木姜子；不到 10 有木莲和细枝柃 2 种。乔木层的种类，属于落叶阔叶树的有吴茱萸五加、吊钟花、毛序花楸、贵州桤叶树 5 种，常绿针叶树的有南方红豆杉 1 种。

表 9-188 尖叶黄杨－尖尾箭竹－短药沿阶草群落乔木层种类组成及重要值指数

(样地号：元宝山 9 号，样地面积：10m×10m，地点：融水县元宝山蓝坪峰南坡，海拔：2010m)

序号	树种	基面积(m^2)	株数	频度(%)	重要值指数
乔木层					
1	尖叶黄杨	0.127	22	100	69.153
2	网脉木犀	0.056	7	100	29.679
3	吴茱萸五加	0.088	1	100	24.742
4	南方红豆杉	0.07	2	100	23.255
5	吊钟花	0.051	3	100	21.652
6	长尾毛蕊茶	0.011	7	100	21.527
7	毛序花楸	0.041	2	100	18.065
8	山矾	0.026	3	100	17.178
9	毛锦杜鹃	0.025	2	100	15.125
10	贵州桤叶树	0.022	2	100	14.723
11	包槲柯	0.031	1	100	14.565
12	红皮木姜子	0.006	2	100	11.743
13	木莲	0.003	1	100	9.524
14	细枝柃	0.001	1	100	9.073
	合计	0.557	56	1400	300.002

灌木层植物高 2～2.5m，覆盖度 50%，从表 9-189 可知，几乎全为尖尾箭竹所占，其他 9 种多数为乔木的幼树，零星分布于竹丛下。

表 9-189 尖叶黄杨－尖尾箭竹－短药沿阶草群落灌木层和草本层种类组成及分布情况

序号	种类	多度盖度级	幼苗(株)	序号	种类	多度盖度级	幼苗(株)
	灌木层植物			3	锦香草	2	
1	尖叶黄杨		340	4	石韦	2	
2	尖尾箭竹	7		5	近邻槲蕨	2	
3	白瑞香	2		6	香白芷	2	
4	细枝柃	2		7	石斛 1 种	2	
5	合轴荚蒾	2			层间植物		
6	青榨槭	2		1	苔藓	cop	
7	毛锦杜鹃	2		2	凸脉越桔(寄生)	sol	
8	木莲	2		3	粗叶悬钩子	sol	
9	红皮木姜子	1		4	梨叶悬钩子	sol	
10	长尾毛蕊茶	1		5	三叶崖爬藤	sol	
	草本层植物			6	流苏子	sol	
1	短药沿阶草	5		7	扶芳藤	sol	
2	薹草 1 种	4					

石斛 1 种 *Dendrobium* sp.

草本层植物种类和数量都较稀少，覆盖度 25%。短药沿阶草较多，单种覆盖度 20%，次为薹草 1 种，单种覆盖度 5%，其他 5 种零星分布。

层间植物藤本种类和数量都稀少，偶而可见悬钩子、流苏子、扶芳藤、崖爬藤等种类。但苔藓植物发达，地面、树干、树枝都有苔藓植物附生。

从表 9-189 可知，黄杨幼苗尚多，$100m^2$ 样地有 340 株，但 0.5～3m 的幼树很少。

30. 滑叶润楠林(Form. *Machilus ichangensis* var. *leiophylla*)

(1)滑叶润楠－柏拉木－舞花姜群落(*Machilus ichangensis* var. *leiophylla* – *Blastus cochinchinensis* – *Globba racemosa* Comm.)

本群落见于九万山保护区的岩哑坳，海拔 1200m 的山顶处。地表枯枝落叶分解良好，厚度 3～5cm，表土层厚 5～10cm。

本群落为典型的山顶矮林，树冠成旗形，树枝、树冠向坡下倾斜，林木生长密集。乔木层林木高 2～8m，枝下高 1m 左右，胸径 4～20cm，郁闭度 0.7～0.8。优势种为滑叶润楠，重要值指数 47.7；伴生种有珍珠花、桂南木莲、光叶石楠、多花杜鹃、四川冬青、香粉叶、野柿、粗糠柴、黄牛奶树、穗序鹅掌柴等。

灌木层不明显，盖度约 15%，主要以柏拉木为主，其他的种类有栀子、粤西绣球、圆锥绣球、疏花卫矛等。

草本层植物很不发育，覆盖度仅 3%，主要以舞花姜为多见，其他的种类有蛇足石杉、狗脊蕨、复叶耳蕨等。

层间植物藤本种类只见藤黄檀 1 种，但苔藓植物发达，种类有三裂鞭苔、舌尖扁萼苔、叉苔、蛇苔、疣白发藓、尖叶匍灯藓等 10 种。

31. 大叶新木姜子林(Form. *Neolitsea levinei*)

(1)大叶新木姜子－箬叶竹－圣蕨丛林(*Neolitsea levinei* – *Indocalamus longiauritus* – *Dictyocline griffithii* Comm.)

该群落见于容县天堂山无泥岭，花岗岩山地，海拔 1200m。立地土壤为山地黄壤，表土黑色，地表枯枝落叶层覆盖 60%，厚度 2～4cm，分解中等。本群落沿山脊边坡分布，林木低矮，分枝很多，树干多弯曲，多向坡下倾斜。林内阴湿，枝条、树干甚至树叶上都附生有苔藓。

乔木层只有 1 层，林木一般高 3～8m，部分 9～10m，基径一般 4～9cm，部分 20～40cm，从表 9-

190 可知，600m²样地共有林木 19 种、166 株。大叶新木姜子株数最多，有 35 株，重要值指数 55.4，排列第一，占有明显的优势；次为硬壳柯、烟斗柯、山茶、薄叶山矾和腺叶桂樱，重要值指数分别为 26.8、25.2、21.6、20.1 和 19.9，排列第二～六位；常见的种类为黄丹木姜子、异株木犀榄、华南毛柃和海南树参等。

表 9-190 大叶新木姜子－箬叶竹－圣蕨丛林乔木层种类组成及重要值指数

（样地号：1170，样地面积：600m²，地点：容县天堂山无泥岭，海拔：1200m）

序号	树种	基面积(m²)	株数	频度(%)	重要值指数
		乔木Ⅰ亚层			
1	大叶新木姜子	0.83	35	83.3	55.354
2	硬壳柯	0.384	9	100	26.849
3	烟斗柯	0.343	11	83.3	25.217
4	山茶	0.135	16	83.3	21.571
5	薄叶山矾	0.09	16	83.3	20.114
6	腺叶桂樱	0.129	11	100	19.855
7	黄丹木姜子	0.053	14	83.3	17.707
8	木莲	0.466	1	16.7	17.093
9	异株木犀榄	0.108	8	83.3	15.871
10	华南毛柃	0.048	12	66.7	14.838
11	海南树参	0.183	5	50	13.433
12	鼠刺	0.08	5	50	10.136
13	山香圆	0.014	8	50	9.817
14	大花枇杷	0.081	4	50	9.544
15	肖柃	0.056	5	33.3	7.846
16	榕叶冬青	0.094	2	16.7	5.731
17	白花龙船花	0.004	2	33.3	4.361
18	网脉山龙眼	0.01	1	16.7	2.423
19	长尾毛蕊茶	0.004	1	16.7	2.241
	合计	3.11	166	1100	300.001

山茶 *Camellia* sp.

灌木层植物覆盖度几乎达 100%，从表 9-191 可知，以箬叶竹占绝对优势，覆盖度 80% 以上，高 2m，其他种类很少，稀疏分布。

表 9-191 大叶新木姜子－箬叶竹－圣蕨丛林灌木层和草本层种类组成及分布情况

序号	种名	多度	序号	种名	多度
	灌木层植物		3	西南稃草	sol
1	箬叶竹	cop³	4	苳叶 1 种	sol
2	薄叶山矾	sol	5	冷水花 1 种	sol
3	细齿叶柃	sol	6	膜蕨	sol
4	黄丹木姜子	sol	7	大叶仙茅	sol
5	黎竹	sol	8	卷柏	sol
6	常山	sol	9	赤车	sol
7	山香圆	sol	10	阔叶沿阶草	sol
8	硬壳柯	sol		藤本植物	
9	竹叶木姜子	sol	1	鸡矢藤	sol
	草本层植物		2	猕猴桃	sol
1	圣蕨	sp	3	毛蒟	sol
2	百合 1 种	sol	4	乌蔹莓	sol

百合 1 种(*Lilium* sp.)　西南稃草(*Setaria forbesiana*)　苳叶 1 种(*Phrynium* sp.)　冷水花 1 种(*Pilea* sp.)
膜蕨(*Hymenophyllum* sp.)　赤车(*Pellionia* sp.)　猕猴桃(*Actinidia* sp.)

草本层植物覆盖度约30%，以圣蕨为优势，其他种类数量很少。

藤本植物种类和数量十分稀少，600m^{2}样地只有4种，平均100m^{2}不到1种。

该群落林下几乎为箬叶竹所占，优势种和其他的乔木种类的幼苗幼树很少，群落发展下去，有可能成为箬叶竹丛。

第七节 硬叶常绿阔叶林

一、概述

硬叶常绿阔叶林作为夏干冬雨地中海气候类型的典型植被，在世界范围内是一个很重要的植被类型。它在地中海沿岸、澳大利亚西南部、北美西南部、非洲南部等地都有分布。在地中海沿岸，以冬青栎（*Quercus ilex*）和油橄榄（*Olea europaea*）为建群种；北美加利福尼亚，以禾叶栎（*Quercus agrifolia*）或密花栎（*Quercus densiflora*）为建群种；澳大利亚的西部和南部，以多种桉树（*Eucalyptus* sp.）为建群种。

我国也有硬叶常绿阔叶林，分西、东部两个分布区。西部硬叶常绿阔叶林分布区是我国硬叶常绿阔叶林主要分布区，主要分布于云南北部、四川西部和西藏东南地区，尤以金沙江流域更为集中，河谷两侧的高山中部是本类型分布的中心。组成西部硬叶常绿阔叶林分布区的主要建群种是常绿硬叶栎类（栎属 *Quercus*，大部分为高山栎组的植物）。东部分布区面积很小，零星小片见于我国中亚热带石灰岩山地的山顶（山脊），镶嵌分布在石灰岩山地常绿落叶阔叶混交林中，主要建群种是常绿硬叶乌冈栎。

这类森林的主要树种都具有硬叶、常绿、多茸毛等旱化特点，反映了所在地气候的一定季节的温暖干燥性。地中海等地区的气候是夏干冬雨，但我国西部硬叶常绿阔叶林主要分布区的气候却是夏季多雨而冬季干冷。所以，我国西部的硬叶常绿阔叶林是我国植被类型中一个十分特殊的类型。从发生起源看，它是一类古老的残遗植被，它与近代地中海沿岸的硬叶常绿阔叶林有着明显的联系。从植被发生的历史看，它可能是古地中海植被的直接衍生物，在以后新的环境中产生了新的变化，在西南季风影响下的陡峻山地和河谷形成了新的适应。

分布在我国东部以乌冈栎为建群种的常绿林，属于东亚夏雨型湿润常绿阔叶林区，没有夏干冬雨地中海气候类型的特点，与我国西部硬叶常绿阔叶林主要分布区夏季多雨而冬季干冷的气候特点也不完全相同。但王献溥先生认为，分布在东亚夏雨型湿润常绿阔叶林区内的乌冈栎林也是我国硬叶常绿阔叶林的一种类型。乌冈栎曾被订为地中海地区硬叶常绿阔叶林主要建群种冬青栎的一个变种（*Quercus ilex* var. *phillyraeoides*），属于中国—日本植物区系成分，它被认为是冬青栎在东亚的代替种，是一种硬叶常绿栎类。以乌冈栎为优势的森林只出现在局部干旱的特殊环境，是第三纪残遗的植被类型。乌冈栎林间断分布于我国和日本。在日本九州南部到本州中部、伊豆米岛地区的海岸低丘比较干旱的地方有小片的分布，被看作类似冬青栎林的硬叶林，人们称为海岸林。在我国主要见于东部中亚热带常绿阔叶林地带，零星小片分布于丘陵山地和石灰岩的山顶山脊土壤浅薄干旱的小生境。通过对乌冈栎林群落学特点的研究，王献溥先生认为这类森林和中亚热带的常绿阔叶林以及当地石灰岩常绿、落叶阔叶林相比，除了一般的植物种类有点类似（但种类较少，建群种不同）以外，无论在群落外貌和结构上都明显不同，而且在我国东部湿润亚热带地区，还找不到与它类似的类型。但是，它在外貌和结构上，却与地中海地区的冬青栎林十分相似，只是种类组成上差别很大。然而同属的植物不少，而且有些还是地理替代种。和我国西部亚热带的硬叶常绿阔叶林相比，大致也是这种情况。而与分布在日本沿太平洋丘陵的乌冈栎林相比，无论在外貌、结构和种类成分上都很相似。

为什么在我国东部湿润亚热带范围内也会出现冬雨区所特有的硬叶常绿阔叶林呢？从乌冈栎林分布区现在的气候条件来说，与冬雨区是完全不同的，虽然它所在的小环境干旱，不无近似之处，从生态因素可以找到一些线索；我国东部湿润亚热带内的乌冈栎林分布地小环境与地中区环境有点近似。

其中，历史因素起着重要的作用。乌冈栎是硬叶树种，它是在冰期前的一个温暖干旱期来到日本的，以后，由于气候变化，使它让位给了其他植被，而它的许多伴随者已灭绝，只有它在局部适宜的生境中能残存下来，和亚热带森林的许多树种混生在一起，形成这种濒临灭绝的状态。我国大陆和日本岛屿是在第三纪末期分离的，而在老第三纪的早期至中期，气候干热，干旱地区比现在要广泛得多，除了亚洲中部地区以外，还包括华中地区。所以乌冈栎和乌冈栎林的形成和发展情况，估计和日本的情况是类似的，都属于第三纪残遗的植被类型，因而在地理上呈间断分布，零星出现在局部特殊的环境中。

在广西，作为个体，乌冈栎在亚热带常绿阔叶林地带都有分布，最南见于武鸣县公益山，最东见于贺州姑婆山，最西在乐业县雅长林区有分布，碳酸盐岩山地和砂页岩以及花岗岩山地都有发现，大多见于山顶，最高海拔可达1300m。但以乌冈栎为主的类型主要见于石灰岩石山区，尤其桂北(中亚热带常绿阔叶林地带)石灰岩山地，例如环江木论喀斯特林区、海洋山保护区和灵川县三街镇翼王石达开遗址都发现有小片的乌冈栎林，阳朔一带的石灰岩山地植被保存较好，是目前广西乌冈栎林分布最集中的地方。值得引起注意的是，桂北元宝山花岗岩石山也出现零星小片的以乌冈栎为主的残林。元宝山是广西起源最古老的地区，广西生物多样性的关键地区，广西境内3个特有现象最多的地区之一，我国古老孑遗物种的中心发源地之一。元宝山是广西花岗岩石山分布最集中、面积最大的山体，它有着两种与桂北环江和灵川县三街镇翼王石达开遗址壁板山石灰岩石山相同的植被类型，除乌冈栎林外，还有华南五针松林。因此，元宝山花岗岩石山的乌冈栎林和桂北石灰岩石山的乌冈栎林的关系是很值得研究的问题。

在石灰岩石山，乌冈栎林分布的生境是异常恶劣的，几乎见到的林片都分布在山顶和山脊，立地表面多为大块岩石，土壤极少，地表水很难保存；由于在山顶，昼夜温差变化大，常风亦较大，很难保持较高的空气湿度，故生境条件十分干旱。而在元宝山花岗岩山地，乌冈栎林同样分布在一较开阔的小山脊，地表也有大块花岗岩石块出露，土壤浅薄，生境比当地的常绿阔叶林略显干燥。

广西以乌冈栎为主的类型，是否都可以归到硬叶常绿阔叶林内？前面已经分析，由于气候变化，乌冈栎林让位给了其他植被，而它的许多伴随者已灭绝，只有它在局部适宜的生境中能残存下来，和亚热带森林的许多树种混生在一起，形成这种濒临灭绝的状态。所以，有的林分，乌冈栎在群落中虽然仍有一定的优势，但它只是混生在当地的群落中，不能改变当地群落的性质。例如，木论喀斯特林区的乌冈栎林，分布在海拔1080m的山顶，裸石覆盖达100%。林木层只有1层，高2~3m之间，覆盖度60%，林木多为丛生状态。100m^2样地有林木8种、77株，以乌冈栎为主，株数占总株数的27.3%，重要值指数占300中的85.9；次为圆果化香，株数占18.2%，重要值指数63.1；罗城鹅耳枥株数占24.7%，重要值指数48.8；还有5种按重要值指数大小排列为石山鹅耳枥、青果卫矛(*Euonymus* sp.)、石山花椒、三脉叶荚蒾、白蜡树。重要值指数排列第二和第三的都是落叶阔叶树，重要值指数111.9，5种没有列出重要值指数的种类，其中有石山鹅耳枥、石山花椒和白蜡树为落叶阔叶树。也就是说，这个乌冈栎群落不是常绿阔叶林，而是常绿落叶阔叶混交林，是不能归入硬叶常绿阔叶林内的。再例如融水县元宝山花岗岩石山的乌冈栎林，100m^2样地有林木14种、45株，高4~7m，覆盖度50%~60%。乌冈栎有9株，占总株数的20%，重要值指数占总数300的18.2%；黄杞有8株，重要值指数占15.3%，居第二位；厚斗柯重要值指数占10.8%；杨梅重要值指数占8.3%；虎皮楠占7.4%；上述与乌冈栎伴生的主要种类都是常绿阔叶树，是当地常绿阔叶林常见的组成种类，它们的重要值指数比乌冈栎大得多，实质上是常绿阔叶林的一种类型，也不能归入硬叶常绿阔叶林内。

在广西，可以将以乌冈栎为优势的森林归入硬叶常绿阔叶林中的，目前调查认可的是阳朔县、灵川县和海洋山保护区部分石灰岩石山山地上分布的乌冈栎林，它们与分布在日本沿太平洋丘陵的乌冈栎林相比，无论在外貌、结构和种类成分上都很相似。

二、区系成分

广西以乌冈栎为主的硬叶常绿阔叶林的种类组成和区系成分，根据阳朔石灰岩石山山顶1000m^2样地调查，共有维管束植物98种，分属49科83属，其中双子叶植物37科67属77种，单子叶植物8科10属15种，蕨类植物5科6属6种，裸子植物缺。种属最多的是蔷薇科和大戟科，都有5属7种，依次是茜草科(5 属 5 种)、桑科(4 属 5 种)、蝶形花科(3 属 4 种)、芸香科(3 属 4 种)、兰科(3 属 4 种)、苏木科(2 属 3 种)、壳斗科(2 属 3 种)、鼠李科(3 属 3 种)、莎草科(1 属 3 种)、禾亚科(3 属 3 种)、菊科(3 属 3 种)、木犀科(2 属 3 种)，含 2 种的有大风子科、漆树科、含羞草科、忍冬科、毛茛科、水龙骨科等 7 科，只有 1 种的有棕榈科、竹亚科、紫金牛科、海桐花科、桃金娘科、瑞香科、山榄科、槭树科、榆科、马鞭草科、无患子科、金缕梅科、樟科、冬青科、卫矛科、山茱萸科、安息香科、胡桃科、紫葳科、百合科、荨麻科、青藤科、葡萄科、薯蓣科、菝葜科、卷柏科、鳞始蕨科、铁线蕨科、铁角蕨科等 27 科。

按群落的结构统计，乔木层林木有 38 种、23 科，灌木层植物 56 种、32 科，草本层植物 21 种、12 科，藤本植物 16 种、14 科，灌木层植物种类组成最丰富，次为乔木层，藤本植物种类组成最贫乏。乔木层植物含种类最多的是蔷薇科，有 5 种，依次为大戟科 4 种，桑科 3 种，壳斗科 3 种，芸香科 3 种，含 2 种的有茜草科、大风子科，只含 1 种的有紫金牛科、山榄科、桃金娘科、含羞草科、槭树科、金缕梅科、胡桃科、海桐花科、榆科、鼠李科、忍冬科、无患子科、紫葳科、冬青科、樟科、漆树科等 16 科。乔木层植物重要值指数≥10 的科，有壳斗科，重要值指数为 86.7(总数为 300.0，下同)，茜草科 30.8，蔷薇科 30.0，紫金牛科 24.4，大戟科 15.1，山榄科 13.4，桃金娘科 12.2。

乌冈栎硬叶常绿阔叶林位于山顶山脊，光照强度大，立地条件类型几乎是裸岩，十分干旱，加以受干扰严重，故区系组成中落叶的成分比较多，这是它的特点之一。

三、地理成分

广西乌冈栎林区系组成中有种子植物属 71 属，按照吴征镒教授《中国种子植物属的分布区类型》的划分，可分为 12 个类型和 6 个变型，缺中亚分布区类型和中国特有类型，地中海区、西亚至中亚分布区类型只有 1 个变型。与广西全区天然植被植物区系种子植物属的分布区类型相比，缺少中国特有类型和地中海区、西亚至中亚分布区类型，由于面积小，所含变型比广西全区植被少得多。

表 9-192　乌冈栎林种子植物属的分布区类型和变型

分布区类型和变型	属数	占总属数(%)
1. 世界分布	6	
2. 泛热带分布	19	28.2
2～2. 热带亚洲、非洲和南美洲间断	1	1.4
3. 热带亚洲和热带美洲间断分布	1	1.4
4. 旧世界热带分布	8	11.3
4～1. 热带亚洲、非洲和大洋洲间断	1	1.4
5. 热带亚洲至热带大洋洲分布	3	4.2
6. 热带亚洲至热带非洲分布	3	4.2
7. 热带亚洲分布	9	12.7
7～4. 越南(或中南半岛)至华南(或西南)	3	4.2
8. 北温带分布	7	9.9
9. 东亚和北美洲间断分布	5	7.0
10. 旧世界温带分布	1	1.4
10～1. 地中海区、西亚和东亚间断	3	4.2
11. 温带亚洲分布	1	1.4
12. 地中海区、西亚至中亚分布		
12～3. 地中海区至温带、热带亚洲、大洋洲和南美洲间断	1	1.4
14. 东亚(东喜马拉雅—日本)分布	4	5.6
14～2. 中国—日本(SJ)	1	1.4
合计	71	100.0

从分布区类型看，以泛热带分布区类型所含的属最多，次为热带亚洲(印度—马来西亚)分布区类型(表 9-193)，这与广西全区植被种子植物属的分布区类型以热带亚洲(印度—马来西亚)分布区类型多于泛热带分布区类型正好相反。

表 9-193　乌冈栎林种子植物属的分布区类型

分布区类型	属数	占总属数(%)
1. 世界分布	6	
2. 泛热带分布	20	28.2
3. 热带亚洲和热带美洲间断分布	1	1.4
4. 旧世界热带分布	9	12.7
5. 热带亚洲至热带大洋洲分布	3	4.2
6. 热带亚洲至热带非洲分布	3	4.2
7. 热带亚洲(印度—马来西亚)分布	12	16.9
8. 北温带分布	7	9.9
9. 东亚的北美洲间断分布	5	7.0
10. 旧世界温带分布	4	5.6
11. 温带亚洲分布	1	1.4
12. 地中海区、西亚至中亚分布	1	1.4
14. 东亚(东喜马拉雅—日本)分布	5	7.0
合计	71	100.0

从分布区类型(大类)看，热带分布区的类型多于温带分布区的类型，并含有地中海区、西亚至中亚分布区类型的种子植物属(表 9-194)。与广西全区植被种子植物属的分布区类型相比，基本相似，但广西全区热带分布区类型的比例比乌冈栎林大，并含有中国特有类型。

表 9-194　乌冈栎林种子植物属的分布区类型(大类)

分布区类型(大类)	属数	占总属数(%)
1. 世界分布	6	
2. 热带分布	48	67.6
3. 温带分布	22	31.0
4. 地中海区、西亚至中亚分布	1	1.4
合计	71	100.0

上述表 9-192，表 9-193，表 9-194 中所占总属数(%)均不包括世界属。

四、群落结构

广西乌冈栎林的结构，保护较好的森林可分为 4 层，其中乔木层有 2 个亚层，加上灌木层和草本层，第一亚层林木高 6~9m，第二亚层林木高 3~5.5m。但由于生境条件十分恶劣，有的林片乔木只有 1 层，林木高 2~3m，成为山顶矮林。由于人为的砍伐，目前见到的乌冈栎林，林木不少呈丛生状。

五、主要群落

广西石灰岩石山的植被受破坏比较严重，目前发现的乌冈栎林类型不多，主要有 2 个群落。

(1)乌冈栎－乌冈栎－石山棕－细叶莎草群落(*Quercus phillyraeoides* - *Quercus phillyraeoides* - *Guihaia argyrata* - *Cyperus* sp. Comm.)

本群落见于阳朔县葡萄乡和白沙镇一带石灰岩石山，海拔 220~350m，立地条件类型几乎是大块岩石裸露的山顶山脊，土壤为棕色或黑色石灰土，仅分布于石隙石缝中，表面多枯枝落叶，土壤含腐殖质丰富。

群落保存尚好，但由于生境条件十分恶劣，林木生长得不太高大，并由于人为的砍伐，尤其乌冈栎等材用价值高的种类受砍伐较严重，很多林木植株多呈丛生状，故林木植株基径相差悬殊。乔木层郁闭度 0.8，有 2 个亚层，第一亚层林木高 6~9m，基径 4~45cm，覆盖度 60%。第一亚层林木种类组成不太丰富，但个体数尚多，从表 9-195 可知，1000m^{2}样地有林木 20 种、129 株。乌冈栎占有明显的优势，有 50 株，重要值指数 112.8；与它伴生的种类，鱼骨木最为重要，有 14 株，重要值指数 42.1。鱼骨木也是石灰岩石山生境恶劣的山顶经常见到的种类，有乌冈栎为优势的群落，一般都有鱼骨木出现，但鱼骨木成优势的群落，并不一定有乌冈栎出现。其他与乌冈栎伴生的种类，重要值指数分配比较分散，较为常见的有打铁树和铁榄，与鱼骨木一样都有 14 株，但植株多为单生树，基径不如鱼骨木，故重要值指数只有 21.0 和 20.6；重要值指数在 10～20 之间的还有亮叶槭（*Acer lucidum*）、假光叶石楠（*Photinia* sp.）和山槐；其余 14 种，重要值指数都 <10。本亚层常绿阔叶树和落叶阔叶树各有 10 种，但常绿阔叶树有 108 株，占该亚层株数 83.7%，重要值指数 239.7，占总数 300 的 79.9%，常绿阔叶树占有绝对的优势。第二亚层林木高 3～5.5m，基径 3～40cm，覆盖度 40%。第二亚层林木种类组成和株数比第一亚层多，从表 9-195 可知，1000m^2样地有 33 种、184 株。优势种仍为乌冈栎，有 20 株，重要值指数 61.4；与它伴生的种类比较重要的有打铁树，有 31 株，个体数比乌冈栎多，但多为单生树，基径比乌冈栎小得多，故重要值指数只有 34.6；较为常见的种类有五瓣子楝树、小叶石楠和假光叶石楠，重要值指数分别为 22.3、19.0 和 18.5。本亚层常绿阔叶树有 17 种，落叶阔叶树有 16 种，常绿阔叶树有 132 株，占该亚层总株数 71.7%，重要值指数 219.2，占总数 300 的 73.1%，常绿阔叶树占有绝对的优势。从整个乔木层分析，共有组成种类 38 种，乌冈栎在第一亚层占有明显的优势，在第二亚层优势也较明显，所以在整个乔木层优势同样很突出，个体数最多，有 70 株，重要值指数最大，达到 83.7；其余 37 种，包括鱼骨木在内，重要值指数分散，没有哪一种很突出。鱼骨木虽然在第一亚层重要值指数较大，排列第二位，但在第二亚层重要值指数只有 11.7，排列第七位，故在整个乔木层中虽然还能保持第二位，但重要值指数只有 29.6；打铁树、假光叶石楠、铁榄、五瓣子楝树以及落叶阔叶树小叶石楠，虽然有较多的个体数，但基径比较小，故重要值指数也不大。整个乔木层常绿阔叶树和落叶阔叶树各有 19 种，常绿阔叶树有 240 株，占乔木层总株数的 76.7%，重要值指数 226.9，占总数 300 的 75.6%，常绿阔叶树占有绝对的优势，是一个以乌冈栎为建群种的硬叶常绿阔叶林。

表 9-195　乌冈栎－乌冈栎－石山棕－细叶莎草群落乔木层种类组成及重要值指数

（样地号：Q_{98}、Q_{102}、Q_{103}、Q_{105}、Q_{75}，样地面积：200m^2＋200m^2＋200m^2＋100m^2＋300m^2，
地点：阳朔县葡萄、白沙，海拔：220～350m）

序号	树种	基面积(m^2)	株数	频度(%)	重要值指数
		乔木Ⅰ亚层			
1	乌冈栎	2.6	50	100	112.767
2	鱼骨木	0.941	14	60	42.142
3	打铁树	0.121	14	40	20.966
4	铁榄	0.191	14	30	20.558
5	亮叶槭	0.276	4	30	14.618
6	假光叶石楠	0.136	5	40	14.317
7	山槐	0.079	5	40	13.094
8	化香树	0.112	2	20	7.691
9	黄梨木	0.077	2	20	6.967
10	紫葳科 1 种	0.033	3	20	6.801
11	朴树	0.027	2	20	5.905
12	白饭树	0.019	2	20	5.733
13	小叶石楠	0.004	2	20	5.404
14	假黄皮	0.007	3	10	4.362
15	檵木	0.013	2	10	3.71
16	青冈	0.038	1	10	3.468
17	鸡桑	0.033	1	10	3.362
18	麻栎	0.003	1	10	2.722
19	光叶海桐	0.003	1	10	2.722
20	圆叶乌桕	0.001	1	10	2.689
	合计	4.715	129	530	299.999
		乔木Ⅱ亚层			
1	乌冈栎	0.535	20	70	61.424
2	打铁树	0.105	31	80	34.62
3	五瓣子楝树	0.068	18	60	22.292
4	小叶石楠	0.047	15	60	19.024
5	假光叶石楠	0.133	6	40	18.546

（续）

序号	树种	基面积(m^2)	株数	频度(%)	重要值指数
6	山桂花	0.047	12	30	13.831
7	鱼骨木	0.033	8	40	11.726
8	檵木	0.025	10	30	10.966
9	毛果巴豆	0.022	8	30	9.624
10	铁榄	0.071	3	20	9.598
11	光叶海桐	0.02	4	40	8.551
12	铜钱树	0.007	6	30	7.384
13	樟叶荚蒾	0.015	7	20	7.339
14	朴树	0.012	4	30	6.725
15	白饭树	0.021	4	20	6.235
16	山槐	0.013	3	30	6.201
17	假黄皮	0.012	3	30	6.159
18	毛果巴豆	0.008	2	20	4.126
19	化香树	0.006	2	20	3.942
20	齿叶黄皮	0.005	4	10	3.773
21	临桂石楠	0.023	1	10	3.524
22	构树	0.015	1	10	2.948
23	九里香	0.01	1	10	2.483
24	亮叶槭	0.002	2	10	2.452
25	野樱桃	0.004	1	10	2.037
26	圆叶乌桕	0.001	1	10	1.833
27	矮小天仙果	0.001	1	10	1.833
28	刺叶冬青	0.001	1	10	1.833
29	香叶树	0.001	1	10	1.81
30	黄连木	0.001	1	10	1.81
31	火棘	0.001	1	10	1.79
32	白皮乌口树	0.001	1	10	1.79
33	长叶柞木	0	1	10	1.773
	合计	1.268	184	840	300.001
		乔木层			
1	乌冈栎	3.135	70	100	83.694
2	鱼骨木	0.975	22	70	29.57
3	打铁树	0.226	45	70	24.397
4	假光叶石楠	0.27	11	70	14.275
5	铁榄	0.262	17	40	13.374
6	五瓣子楝树	0.068	18	60	12.245
7	小叶石楠	0.051	17	60	11.642
8	山槐	0.091	8	60	9.441
9	亮叶槭	0.278	6	30	9.248
10	山桂花	0.047	12	30	7.305
11	檵木	0.038	12	30	7.143
12	化香树	0.118	4	40	6.815
13	光叶海桐	0.023	5	50	6.451
14	朴树	0.04	6	40	6.154
15	假黄皮	0.019	6	40	5.809
16	毛果巴豆	0.022	8	30	5.596
17	铜钱树	0.007	6	30	4.712
18	白饭树	0.041	6	20	4.381
19	樟叶荚蒾	0.015	7	20	4.267
20	黄梨木	0.077	2	20	3.719
21	紫葳科 1 种	0.033	3	20	3.297
22	毛果巴豆	0.008	2	20	2.564
23	圆叶乌桕	0.003	2	20	2.467

（续）

序号	树种	基面积(m^2)	株数	频度(%)	重要值指数
24	齿叶黄皮	0.005	4	10	2.257
25	青冈	0.038	1	10	1.848
26	鸡桑	0.033	1	10	1.764
27	桂林石楠	0.023	1	10	1.592
28	构树	0.015	1	10	1.47
29	九里香	0.01	1	10	1.371
30	野樱桃	0.004	1	10	1.277
31	麻栎	0.003	1	10	1.26
32	矮小天仙果	0.001	1	10	1.233
33	刺叶冬青	0.001	1	10	1.233
34	香叶树	0.001	1	10	1.228
35	黄连木	0.001	1	10	1.228
36	火棘	0.001	1	10	1.224
37	白皮乌口树	0.001	1	10	1.224
38	长叶柞木	0	1	10	1.221
	合计	5.983	313	1120	299.999

野樱桃 *Cerasus* sp.

灌木层植物一般覆盖度可达45%左右，个别地段只有10%左右，从表9-196可知，1000m^2样地种类组成有56种，其中乔木的幼树种类不少，而且种类成分比较混杂，干扰后入侵进去的阳性种类不少。乔木幼树以打铁树、光叶海桐较常见，鱼骨木、五瓣子楝树、乌冈栎也不少；真正灌木以石山棕、雀梅藤、红背山麻杆为主，箬叶竹呈局部优势。

草本层植物很不发达，种类和数量都比较稀少，从表9-196可知，1000m^2样地只有21种，100m^2样地只有1～2种，覆盖度有的地段只有1%～2%，最大覆盖度也不过10%左右。多数种类耐旱性十分强，以细叶莎草、宽叶凹脉莎草、山麦冬、槲蕨比较常见。

藤本植物种类和数量都不丰富，1000m^2只有17种，但有的种类，如柘，茎粗可达6.5cm，攀援高度达12m。普遍见到、数量较多的种类是龙须藤，其他的种类多为零星分布。

从表9-196看出，乌冈栎更新很好，有实生苗，也有萌生苗，因此，它能长期保持在群落中的优势地位；重要伴生种鱼骨木，更新也不错，实生苗和萌生苗都有，所以，它能长期作为乌冈栎重要的伴生种类。

表9-196　乌冈栎－乌冈栎－石山棕－细叶莎草群落灌木层和草本层种类组成及分布情况

序号	种名	多度盖度级										频度(%)	更新(株)	
		Ⅰ	Ⅱ	Ⅲ	Ⅳ	Ⅴ	Ⅵ	Ⅶ	Ⅷ	Ⅸ	Ⅹ		幼苗	幼树
	灌木层植物													
1	打铁树	3	3	3	3	1	2	4	1	2	3	100.0		2
2	光叶海桐	2	2	1	3	3	2	2	3	3	3	100.0		
3	石山棕	2	1	1	3	1	1		3	4	4	90.0		
4	鱼骨木		2	3	3	1	3	2	3	3	3	90.0	1454	95
5	五瓣子楝树	3	3	3	3	3			4	4	3	80.0		
6	山槐	1	1		2		1	3	1	2	1	80.0	17	6
7	乌冈栎		1	4	4		2	3	3	4	4	80.0	214	230
8	雀梅藤		1	1	1	3	2	3	3		3	80.0		
9	红背山麻杆			1	2	3	1	3	4	3	3	80.0		
10	假光叶石楠		1	1	1	2	1		2	3	4	80.0		
11	白瑞香	3	2	1	2	3	3	3				70.0		
12	小叶石楠	2	2		1	3	3			3	3	70.0		
13	假黄皮		1	1	1	3	3		2		3	70.0		
14	冻绿		1	1	1	1		2	1	2		70.0		
15	白皮乌口树			1		3	4	1	1	1		60.0		
16	樟叶荚蒾				1	1	3		3	4	4	60.0		

（续）

序号	种名	多度盖度级										频度（%）	更新（株）	
		Ⅰ	Ⅱ	Ⅲ	Ⅳ	Ⅴ	Ⅵ	Ⅶ	Ⅷ	Ⅸ	Ⅹ		幼苗	幼树
17	青冈	1	1	1	1			3				50.0	11	11
18	九里香		2					4	4	3	4	50.0		
19	美丽胡枝子			1	2	1	2				2	50.0		
20	毛果巴豆					3		2	3	2	4	50.0		
21	箬叶竹	7	5	3	4			5				50.0		
22	铁榄	1	2	3	3							40.0	27	16
23	亮叶槭	1	3	2	2							40.0	2	1
24	铜钱树			1				3	1		1	40.0		
25	毛果巴豆	1		1			2					30.0		
26	山桂花			1	3	3						30.0		
27	圆叶乌桕			1				1		1		30.0	4	
28	红脉野樱				1	1	1					30.0		
29	凹叶女贞					3	5		3			30.0		
30	黄连木					2		2		1		30.0	6	1
31	火棘						1		1		1	30.0		
32	朴树							2	2	1		30.0	3	5
33	黄荆								2	1	1	30.0		
34	黄梨木			2	1		3					30.0	4	12
35	檵木		2			3						20.0		
36	矮小天仙果			2				1				20.0		
37	蛇根草			2	2							20.0		
38	构树			1	2							20.0		
39	长叶柞木						1			2		20.0		
40	齿叶黄皮							4		3		20.0		
41	梗花椒								2		1	20.0		
42	齿叶黄皮	3	3									20.0		
43	香叶树	2	2									20.0	7	1
44	刺叶冬青	1	2									20.0		
45	粗糠柴	1						1				20.0		
46	枇杷	1	1									20.0		
47	皂荚	1										10.0	1	
48	长叶卫矛	1										10.0		
49	南酸枣				1							10.0		
50	鸡仔木						1					10.0		
51	光皮梾木							1				10.0		
52	化香树								1			10.0		
53	白花龙								1			10.0		
54	小蜡									3		10.0		
55	鸡桑										3	10.0		
56	斜叶榕										1	10.0		
	草本层植物													
1	细叶莎草	4	3			4	4	1	4	5	4	80.0		
2	山麦冬	1	3	1	1	4	3	4				70.0		
3	宽叶凹脉莎草			1	1	1		1	3	3	3	70.0		
4	墨兰			1	1	1	1		1	2	1	70.0		
5	江南卷柏			1	1	3	1		1	2	1	70.0		
6	槲蕨				1	3	3	3	3	2	3	70.0		
7	建兰			1	1	1			3	2	1	60.0		
8	石油菜				1			1	2	1	2	50.0		
9	扭鞘香茅					4	1	1	3		2	50.0		
10	乌蕨		1				1		1	1		40.0		

（续）

序号	种名	多度盖度级										频度（%）	更新（株）	
		Ⅰ	Ⅱ	Ⅲ	Ⅳ	Ⅴ	Ⅵ	Ⅶ	Ⅷ	Ⅸ	Ⅹ		幼苗	幼树
11	鞭叶铁线蕨				1				1	2	1	40.0		
12	华中铁角蕨				1				2	2		30.0		
13	绿花羊耳兰				1				1		1	30.0		
14	千里光					1			2			20.0		
15	宽叶莎草						3			3		20.0		
16	拟加拿大蓬				1							10.0		
17	淡竹叶					1						10.0		
18	江南星蕨						1					10.0		
19	硬秆子草										4	10.0		
20	马兰										1	10.0		
21	美花石斛					2						10.0		
	藤本植物													
1	龙须藤	1	2	1	2	4	5	1	4	3	4	100.0		
2	小花青藤			1		1	1	1	2	1	3	70.0		
3	亮叶素馨			1	2	4	4		2		3	60.0		
4	小木通		2	1	1	1		2				50.0		
5	鸡矢藤			2	1			1			1	40.0		
6	马肠薯蓣			2				1	1		2	40.0		
7	柱果铁线莲					2	1	1				30.0		
8	鸡血藤						1			1	1	30.0		
9	柘	1	1									20.0		
10	石岩枫			2		2						20.0		
11	羽叶金合欢			2		1						20.0		
12	亮叶中南鱼藤		3									10.0		
13	土茯苓		2									10.0		
14	尖叶龙须藤					4						10.0		
15	忍冬									1		10.0		
16	藤茶									1		10.0		
17	崖豆藤1种	1										10.0		

红脉野樱 *Laurocerasus* sp.　梗花椒 *Zanthoxylum stipitatum*　长叶卫矛 *Euonymus tsoi*　墨兰 *Cymbidium sinense*
绿花羊耳兰 *Liparis chloroxantha*　美花石斛 *Dendrobium loddigesii*　柱果铁线莲 *Clematis uncinata*
尖叶龙须藤 *Bauhinia* sp.　藤茶 *Ampelopsis cantoniensis* var. *grossedentata*

（2）乌冈栎－齿叶黄皮＋红背山麻杆－白茅群落（*Quercus phillyraeoides* － *Clausena dunniana* － *Alchornea trewioides* － *Imperata cylindrica* Comm.）

本群落见于桂北海洋山保护区部分石灰岩石山，海拔一般在500m以下。立地条件类型恶劣，大部分岩石裸露，土层浅薄。群落结构简单，乔木仅1层，高4～8m，组成种类以乌冈栎占绝对优势，伴生种类有落叶阔叶树圆果化香、山槐、香合欢和常绿阔叶树铁榄、密花树等。灌木层植物覆盖度30%，分布不均匀，主要种类有齿叶黄皮、红背山麻杆、尖果栾（*Koelreuteria bipinnata* var. *apiculata*）、革叶槭、海桐花等。草本层植物不多，高度在0.5m以下，主要种类为耐旱的白矛以及签草（*Carex doniana*）、铁角蕨（*Asplenium* sp.）等。层间植物有龙须藤和亮叶崖豆藤等。

本群落在外貌和结构上与周边的常绿阔叶林有明显的区别，表现为树冠稀疏，主要组成种类树干弯曲，分枝多面密集，大多呈萌生状小乔木。树叶革质坚硬，中型叶偏小，叶面常光滑而叶背一般都有棕色或灰色短绒毛。形态结构特征与典型的硬叶常绿阔叶林基本一致。

植物名录中名、拉丁名对照表

（按笔画顺序排列）

一画

一枝黄花 *Solidago decurrens*

一点红 *Emilia sonchifolia*

二画

丁香杜鹃 *Rhododendron farrerae*

七叶一枝花 *Paris polyphylla*

七星莲 *Viola diffusa*

九丁榕 *Ficus nervosa*

九节 *Psychotria rubra*

九节属 *Psychotria*

九管血 *Ardisia brevicaulis*

了哥王 *Wikstroemia indica*

二花珍珠茅 *Scleria biflora*

二裂叶柃 *Eurya distichophylla*

人面子 *Dracontomelon duperreanum*

人面子属 *Dracontomelon*

八角 *Illicium verum*

八角枫 *Alangium chinense*

八角枫属 *Alangium*

八角莲 *Dysosma versipellis*

八角属 *Illicium*

八宝树 *Duabanga grandiflora*

八宝树属 *Duabanga*

十万大山润楠 *Machilus shiwandashanica*

十字薹草 *Carex cruciata*

十齿花 *Dipentodon sinicus*

十蕊槭 *Acer laurinum*

三画

万年青 *Rohdea japonica*

万寿竹 *Disporum cantoniense*

三叉蕨 *Tectaria subtriphylla*

三叶木通 *Akebia trifoliata*

三叶罗伞 *Brassaiopsis tripteris*

三叶崖爬藤 *Tetrastigma hemsleyanum*

三尖杉 *Cephalotaxus fortunei*

三尖杉属 *Cephalotaxus*

三花冬青 *Ilex triflora*

三花假卫矛 *Microtropis triflora*

三角车 *Rinorea bengalensis*

三角车属 *Rinorea*

三角瓣花属 *Prismatomeris*

三角鳞毛蕨 *Dryopteris subtriangularis*

三宝木属 *Trigonostemon*

三枝九叶草 *Epimedium sagittatum*

三峡槭 *Acer wilsonii*

三脉叶荚蒾 *Viburnum triplinerve*

三脉紫菀 *Aster ageratoides*

上林杜鹃 *Rhododendron shufeniae*

上思瓜馥木 *Fissistigma shangtzeense*

上思青冈 *Cyclobalanopsis delicatula*

上思梭罗树 *Reevesia shangszeensis*

上思粗叶木 *Lasianthus tsiangii*

下龙新木姜子 *Neolitsea alongensis*

下延叉蕨 *Tectaria decurrens*

千斤拔 *Flemingia prostrata*

千里光 *Senecio scandens*

千里香 *Murraya paniculata*

千金榆 *Carpinus cordata*

卫矛属 *Euonymus*

叉叶苏铁 *Cycas bifida*

叉孢苏铁 *Cycas segmentifida*

土坛树 *Alangium salviifolium*

土连翘 *Hymenodictyon flaccidum*

土茯苓 *Smilax glabra*

土蜜树 *Bridelia tomentosa*

土蜜树属 *Bridelia*

大八角 *Illicium majus*

大云锦杜鹃 *Rhododendron faithiae*

大车前 *Plantago major*

大叶土蜜树 *Bridelia retusa*

大叶毛船柄茶 *Hartia villosa* var. *grandifolia*

大叶水榕 *Ficus glaberrima*

大叶风吹楠 *Horsfieldia kingii*

大叶仙茅 *Curculigo capitulata*

大叶合欢 *Archidendron turgidum*

大叶竹节树 *Carallia garciniaefolia*

大叶赤杨叶 *Alniphyllum fortunei var. megaphyllum*
大叶鸡爪茶 *Rubus henryi* var. *sozostylus*
大叶罗芙木 *Rauvolfia latifrons*
大叶金牛 *Polygala latouchei*
大叶钓樟 *Lindera prattii*
大叶青冈 *Cyclobalanopsis jenseniana*
大叶柯 *Lithocarpus megalophyllus*
大叶栎 *Quercus griffithii*
大叶荨麻 *Urtica* sp.
大叶桂樱 *Laurocerasus zippeliana*
大叶蚊母树 *Distylium macrophyllum*
大叶稀子蕨 *Monachosorum subdigitatum*
大叶紫珠 *Callicarpa macrophylla*
大叶黑桫椤 *Alsophila gigantea*
大叶新木姜子 *Neolitsea levinei*
大叶鼠刺 *Itea macrophylla*
大头茶 *Polyspora axillaris*
大头茶属 *Polyspora*
大节竹 *Indosasa crassiflora*
大百部 *Stemona tuberose*
大羽黔蕨 *Phanerophlebiopsis kweichowensis*
大肉实树 *Sarcosperma arboreum*
大芒萁 *Dicranopteris ampla*
大血藤 *Sargentodoxa cuneata*
大血藤属 *Sargentodoxa*
大沙叶 *Pavetta arenosa*
大花五桠果 *Dillenia turbinata*
大花枇杷 *Eriobotrya cavaleriei*
大果卫矛 *Euonymus myrianthus*
大果马蹄荷 *Exbucklandia tonkinensis*
大果木姜子 *Litsea lancilimba*
大果木莲 *Manglietia grandis*
大果冬青 *Ilex macrocarpa*
大果石笔木 *Tutcheria spectabilis*
大果花楸 *Sorbus megalocarpa*
大果厚皮香 *Ternstroemia insignis*
大果树参 *Dendropanax chevalieri*
大果菝葜 *Smilax megacarpa*
大果榉 *Zelkova sinica*
大果榕 *Ficus auriculata*
大苗山柯 *Lithocarpus damiaoshanicus*
大苞半蒴苣苔 *Hemiboea magnibracteata*
大苞赤瓟 *Thladiantha cordifolia*
大苞鸭跖草 *Commelina paludosa*
大苞藤黄 *Garcinia bracteata*
大青 *Clerodendrum cyrtophyllum*
大青树 *Ficus hookeriana*
大齿马铃苣苔 *Oreocharis magnidens*
大盖球子草 *Peliosanthes macrostegia*
大绿竹 *Bambusa grandis*
大野芋 *Colocasia gigantea*
大喙省藤 *Calamus macrorrhynchus*
大萼杨桐 *Adinandra glischroloma* var. *macrocepala*
大新樟 *Neocinnamomum* sp.
大橙杜鹃 *Rhododendron dachengense*
女贞 *Ligustrum lucidum*
女贞属 *Ligustrum*
子农鼠刺 *Itea kwangsiensis*
子凌蒲桃 *Syzygium championii*
子楝树属 *Decaspermum*
小飞蓬 *Erigeron canadensis*
小方竹 *Chimonobambusa convoluta*
小木通 *Clematis armandii*
小叶三点金 *Codariocalyx microphyllus*
小叶大节竹 *Indosasa parvifolia*
小叶乌药 *Lindera aggregata var. playfairii*
小叶五月茶 *Antidesma montanum var. microphyllum*
小叶石楠 *Photinia parvifolia*
小叶买麻藤 *Gnetum parvifolium*
小叶红叶藤 *Rourea microphylla*
小叶红光树 *Knema globularia*
小叶爬崖香 *Piper sintenense*
小叶罗汉松 *Podocarpus wangii*
小叶青冈 *Cyclobalanopsis myrsinifolia*
小叶厚皮香 *Ternstroemia microphylla*
小叶假糙苏 *Paraphlomis javanica* var. *coronata*
小叶楼梯草 *Elatostema parvum*
小叶膜蕨 *Hymenophyllum oxyodon*
小亨氏栎 *Quercoidites microhnriei*
小亨氏栎属 *Quercoidites*
小花八角枫 *Alangium faberi*
小花红花荷 *Rhodoleia parvipetala*
小花杜鹃 *Rhododendron minutiflorum*
小花青藤 *Illigera parviflora*
小花梾木 *Cornus parviflora*
小花蜘蛛抱蛋 *Aspidistra minutiflora*
小芸木 *Micromelum integerrimum*
小构树 *Broussonetia kazinoki*
小果山龙眼 *Helicia cochinchinensis*
小果冬青 *Ilex micrococca*
小果石笔木 *Tutcheriamicrocarpa*
小果厚壳桂 *Crytocarya austrokweichouensis*
小果珍珠花 *Lyonia ovalifolia* var. *elliptica*
小果绒毛漆 *Toxicodendron wallichii* var. *microcarpum*

中名	拉丁名
小果菝葜	*Smilax davidiana*
小果微花藤	*Iodes vitiginea*
小果蔷薇	*Rosa cymosa*
小果路蕨	*Mecodium microsorum*
小柱悬钩子	*Rubus columellaris*
小籽海红豆	*Adenanthera pavonina* var. *microsperma*
小草海桐	*Scaevola hainanensis*
小盘木	*Microdesmis caseariifolia*
小绿刺	*Capparis urophylla*
小黄皮	*Clausena emarginata*
小紫金牛	*Ardisia chinensis*
小萼素馨	*Jasminum microcalyx*
小黑桫椤	*Alsophila metteniana*
小颖羊茅	*Festuca parvigluma*
小蜡	*Ligustrum sinense*
山乌桕	*Sapium discolor*
山石榴	*Catunaregam spinosa*
山龙眼	*Helicia formosana*
山龙眼属	*Helicia*
山地五月茶	*Antidesma montanum*
山芝麻	*Helicteres angustifolia*
山血丹	*Ardisia lindleyana*
山杜英	*Elaeocarpus sylvestris*
山牡荆	*Vitex quinata*
山鸡椒	*Litsea cubeba*
山麦冬	*Liriope spicata*
山油柑	*Acronychia pedunculata*
山矾	*Symplocos sumuntia*
山矾属	*Symplocos*
山茉莉属	*Huodendron*
山姜	*Alpinia japonica*
山姜属	*Alpinia*
山柑属	*Capparis*
山柳属	*Clethra*
山柿	*Diospyros japonica*
山胡椒	*Lindera glauca*
山胡椒属	*Lindera*
山茱萸属	*Cornus*
山茶属	*Camellia*
山蚂蝗	*Desmodium caudatum*
山香圆	*Turpinia montana*
山核桃	*Carya cathayensis*
山核桃属	*Carya*
山桂花	*Bennettiodendron leprosipes*
山桂花属	*Bennettiodendron*
山桐子	*Idesia polycarpa*
山莓	*Rubus corchorifolius*
山菅	*Dianella ensifolia*
山菅属	*Dianella*
山麻风树	*Turpinia pomifera* var. *minor*
山麻杆	*Alchornea davidii*
山麻杆属	*Alchornea*
山黄麻	*Trema tomentosa*
山椤	*Aglaia elaeagnoidea*
山焦	*Mitrephora maingayi*
山葛薯	*Dioscorea chingii*
山楝	*Aphanamixis polystachya*
山楝属	*Aphanamixis*
山榄叶柿	*Diospyros siderophylla*
山槐	*Albizia kalkora*
山蒟	*Piper hancei*
山蒲桃	*Syzygium levinei*
山榕	*Ficus heterophylla*
山槟榔属	*Pinanga*
山漆树	*Toxicodendron sylvestre*
山樱花	*Cerasus serrulata*
川杨桐	*Adinandra bockiana*
川钓樟	*Lindera pulcherrima* var. *hemsleyana*
川桂	*Cinnamomum wilsonii*
川黔润楠	*Machilus chuanchienense*
干旱毛蕨	*Cyclosorus aridus*
干花豆	*Fordia cauliflora*
干果木	*Xerospermum bonii*
干果木属	*Xerospermum*
广东万年青	*Aglaonema modestum*
广东大青	*Clerodendrum kwangtungense*
广东山胡椒	*Lindera kwangtungensis*
广东木瓜红	*Rehderodendron kwangtungense*
广东冬青	*Ilex kwangtungensis*
广东杜鹃	*Rhododendron kwangtungense*
广东润楠	*Machilus kwangtungensis*
广东酒饼簕	*Atalantia kwangtungensis*
广东假木荷	*Craibiodendron scleranthum* var. *kwangtungense*
广东船柄茶	*Hartia kwangtungensis*
广东蛇葡萄	*Ampelopsis cantoniensis*
广东琼楠	*Beilschmiedia fordii*
广东紫珠	*Callicarpa kwangtungensis*
广东新木姜子	*Neolitsea kwangtungensis*
广东箣柊	*Scolopia saeva*
广州蛇根草	*Ophiorrhiza cantoniensis*
广竹	*Pseudosasa longiligula*
广西山矾	*Symplocos kwangsiensis*
广西山茉莉	*Huodeendron tomentosum* var. *guangxiense*
广西乌口树	*Tarenna lanceolata*

广西木犀榄 *Olea guangxiensis*
广西毛冬青 *Ilex pubescens* var. *kwangsiensis*
广西水锦树 *Wendlandia aberrans*
广西玉叶金花 *Mussaenda kwangsiensis*
广西石楠 *Photinia kwangsiensis*
广西吊石苣苔 *Lysionotus kwangsiensis*
广西同心结 *Parsonsia goniostemon*
广西冷水花 *Pilea microcardia*
广西李榄 *Linociera guangxiensis*
广西杜鹃 *Rhododendron kwangsiense*
广西来江藤 *Brandisia kwangsiensis*
广西牡荆 *Vitex kwangsiensis*
广西沿阶草 *Ophiopogon kwangsiensis*
广西薹草 *Carex kwangsiensis*
广西青梅 *Vatica guangxiensis*
广西绣线菊 *Spiraea kwangsiensis*
广西铁仔 *Myrsine elliptica*
广西密花树 *Myrsine kwangsiensis*
广西崖爬藤 *Tetrastigma kwangsiense*
广西粗叶木 *Lasianthus kwangsiensis*
广西蛇根草 *Ophiorrhiza kwangsiensis*
广西棕竹(丝状棕竹) *Rhapis filiformis*
广西紫麻 *Oreocnide kwangsiensis*
广西越桔 *Vaccinium sinicum*
广西漆 *Toxicodendron kwangsiensis*
广西樗树 *Ailanthus guangxiensis*
广西澄广花 *Orophea anceps*
广西醉魂藤 *Heterostemma tsoongii*
广防已 *Aristolochia fangchi*
广序假卫矛 *Microtropis petelotii*
广福杜鹃 *Rhododendron kwangfuense*
弓果黍 *Cyrtococcum patens*
弓果藤 *Toxocarpus wightianus*
飞龙掌血 *Toddalia asiatica*
飞机草 *Chromolaena odoratum*
飞蛾槭 *Acer oblongum*
马兰 *Kalimeris indica*
马甲子 *Paliurus ramosissimus*
马甲子属 *Paliurus*
马甲菝葜 *Smilax lanceifolia*
马尾松 *Pinus massoniana*
马尾树 *Rhoiptelea chiliantha*
马肠薯蓣 *Dioscorea simulans*
马桑绣球 *Hydrangea aspera*
马桑属 *Coriaria*
马莲鞍 *Streptocaulon juventas*
马银花 *Rhododendron ovatum*
马槟榔 *Capparis masaikai*
马缨丹 *Lantana camara*
马缨杜鹃 *Rhododendron delavayi*
马蹄竹 *Bambusa lapidea*
马蹄参 *Diplopanax stachyanthus*
马蹄参属 *Diplopanax*
马蹄荷 *Exbucklandia populnea*
马蹄荷属 *Exbucklandia*

四画

中平树 *Macaranga denticulata*
中华卫矛 *Euonymus nitidus*
中华大节竹 *Indosasa sinica*
中华双扇蕨 *Dipteris chinensis*
中华石楠 *Photinia beauverdiana*
中华安息香 *Styrax chinensis*
中华杜英 *Elaeocarpus chinensis*
中华里白 *Diplopterygium chinensis*
中华剑蕨 *Loxogramme chinensis*
中华复叶耳蕨 *Arachniodes chinensis*
中华结缕草 *Zoysia sinica*
中华短肠蕨 *Allantodia chinensis*
中华野独活 *Miliusa sinensis*
中华锥花 *Gomphostemma chinense*
中华槭 *Acer sinense*
中国无忧花 *Saraca dives*
中国旌节花 *Stachyurus chinensis*
中南豆腐木 *Premna peii*
中南鱼藤 *Derris fordii*
乌口果 *Elaeocarpus decurvatus*
乌冈栎 *Quercus phillyraeoides*
乌毛蕨 *Blechnum orientale*
乌毛蕨属 *Blechnum*
乌材 *Diospyros eriantha*
乌泡 *Rubus gentilianus*
乌桕 *Sapium sebiferum*
乌桕属 *Sapium*
乌榄 *Canarium pimela*
乌蔹莓 *Cayratia japonica*
乌墨 *Syzygium cumini*
乌蕨 *Sphenomeris chinensis*
乌檀 *Nauclea officinalis*
乌檀属 *Nauclea*
书带蕨 *Haplopteris flexuosa*
云山青冈 *Cyclobalanopsis sessilifolia*
云广粗叶木 *Lasianthus japonicus* subsp. *longicaudus*
云杉属 *Picea*
云和新木姜子 *Neolitsea aurata var. paraciculata*

云实	*Caesalpinia decapetala*
云实属	*Caesalpinia*
云南山楂	*Crataegus scabrifolia*
云南石仙桃	*Pholidota yunnanensis*
云南肖菝葜	*Heterosmilax yunnanensis*
云南油杉	*Keteleeria evelyniana*
云南波罗栎	*Quercus yunnanensis*
云南桤叶树	*Clethra delavayi*
云南银柴	*Aporusa yunnanensis*
云南樟	*Cinnamomum glanduliferum*
五月瓜藤	*Holboellia angustifolia*
五月茶	*Antidesma bunius*
五月茶属	*Antidesma*
五节芒	*Miscanthus floridulus*
五列木	*Pentaphylax euryoides*
五列木属	*Pentaphylax*
五尖槭	*Acer maximowiczii*
五味子属	*Schisandra*
五桠果叶木姜子	*Litsea dilleniifolia*
五桠果属	*Dillenia*
五裂槭	*Acer oliverianum*
五瓣子楝树	*Decaspermum parviflorum*
元宝山冷杉	*Abies yuanbaoshanensis*
公孙锥	*Castanopsis tonkinensis*
六月雪	*Serissa japonica*
六籽苏铁	*Cycas sexseminifera*
六棱菊	*Laggera alata*
凤丫蕨	*Coniogramme japonica*
凤丫蕨属	*Coniogramme*
凤尾蕨	*Pteris cretica* var. *intermedia*
凤尾蕨属	*Pteris*
分叉露兜	*Pandanus urophyllus*
化香树	*Platycarya strobilacea*
化香树属	*Platycarya*
友水龙骨	*Polypodiodes amoena*
双花假卫矛	*Microtropis biflora*
双齿山茉莉	*Huodendron biaristatum*
双盖蕨	*Diplazium donianum*
双穗飘拂草	*Fimbristylis subbispicata*
天门冬	*Asparagus cochinchinensis*
天南星	*Arisaema heterophyllum*
天香藤	*Albizia corniculata*
天料木	*Homalium cochinchinense*
天料木属	*Homalium*
孔药花	*Porandra ramosa*
孔雀润楠	*Machilus phoenicis*
少叶黄杞	*Engelhardia fenzelii*
少年红	*Ardisia alyxiaefolia*
少花吊钟花	*Enkianthus pauciflorus*
少花桂	*Cinnamomum pauciflorum*
少花海桐	*Pittosporum pauciflorum*
巴东栎	*Quercus engleriana*
巴豆	*Croton tiglium*
巴豆属	*Croton*
巴豆藤	*Craspedolobium schochii*
巴戟天	*Morinda officinalis*
开口箭	*Campylandra chinensis*
心叶毛蕊茶	*Camellia cordifolia*
心叶青藤	*Illigera cordata*
心叶船柄茶	*Hartia cordifolia*
心托冷水花	*Pilea cordistipulata*
文山润楠	*Machilus wenshanensis*
方叶五月茶	*Antidesma ghaesembilla*
方竹	*Chimonobambusa quadrangularis*
方榄	*Canarium bengalense*
无忧花属	*Saraca*
无柄五层龙	*Salacia sessiliflora*
无根藤	*Cassytha filiformis*
无患子	*Sapindus saponaria*
无盖鳞毛蕨	*Dryopteris scottii*
无腺红淡	*Cleyera pachyphylla* var. *epunctata*
日本女贞	*Ligustrum japonicum*
日本五月茶	*Antidesma japonicum*
日本水龙骨	*Polypodiodes niponica*
日本杜英	*Elaeocarpus japonicus*
日本求米草	*Oplismenus undulatifolius* var. *japonicus*
日本粗叶木	*Lasianthus japonicus*
日本薯蓣	*Dioscorea japonica*
木奶果	*Baccaurea ramiflora*
木奶果属	*Baccaurea*
木瓜红	*Rehderodendron macrocarpum*
木瓜红属	*Rehderodendron*
木竹子	*Garcinia multiflora*
木防己	*Cocculus orbiculatus*
木油桐	*Vernicia montana*
木姜子叶水锦树	*Wendlandia litseifolia*
木姜子属	*Litsea*
木姜叶柯	*Lithocarpus litseifolius*
木姜润楠	*Machilus litseifolia*
木荚红豆	*Ormosia xylocarpa*
木荷属	*Schima*
木莓	*Rubus swinhoei*
木莲	*Manglietia fordiana*
木莲属	*Manglietia*

木波罗	*Artocarpus heterophyllus*
木麻黄	*Casuarina equisetifolia*
木麻黄属	*Casuarina*
木棉	*Bombax ceiba*
木棉属	*Bombax*
木犀假卫矛	*Microtropis osmanthoides*
木犀属	*Osmanthus*
木犀榄	*Olea* sp.
木犀榄属	*Olea*
木榄	*Bruguiera gymnorrhiza*
木榄属	*Bruguiera*
木蓝属	*Indigofera*
木槿属	*Hibiscus*
木蝴蝶	*Oroxylum indicum*
毛叶九节	*Psychotria rubra* var. *pilosa*
毛八角枫	*Alangium kurzii*
毛女贞	*Ligustrum groffiae*
毛山矾	*Symplocos groffii*
毛凤仙花	*Impatiens lasiophyton*
毛冬青	*Ilex pubescens*
毛叶木姜子	*Litsea mollis*
毛叶青冈	*Cyclobalanopsis kerrii*
毛叶铁榄	*Sinosideroxylon pedunculatum* var. *pubifolium*
毛叶假鹰爪.	*Desmos dumosus*
毛叶脚骨脆	*Casearia velutina*
毛叶雀梅藤	*Sageretia thea* var. *tomentosa*
毛叶黄杞	*Engelhardia spicata* var. *colebrookeana*
毛叶琼楠	*Beilschmiedia mollifolia*
毛叶新木姜子	*Neolitsea velutina*
毛竹	*Phyllostachys edulis*
毛过山龙	*Rhaphidophora hookeri*
毛序花楸	*Sorbus keissleri*
毛秆野古草	*Arundinella hirta*
毛杨梅	*Myrica esculenta*
毛花连蕊茶	*Camellia fraterna*
毛花轴榈	*Licuala dasyantha*
毛鸡矢藤	*Paederia scandens* var. *tomentosa*
毛果巴豆	*Croton lachynocarpus*
毛果柃	*Eurya trichocarpa*
毛果柯	*Lithocarpus pseudovestitus*
毛果珍珠茅	*Scleria levis*
毛果算盘子	*Glochidion eriocarpum*
毛果翼核果	*Ventilago calyculata*
毛枝青冈	*Cyclobalanopsis hefleriana*
毛狗骨柴	*Diplospora fruticosa*
毛苗山冬青	*Ilex chingiana* var. *puberula*
毛轴蕨	*Pteridium revolutum*
毛桂	*Cinnamomum appelianum*
毛桐	*Mallotus barbatus*
毛排钱草	*Phyllodium elegans*
毛球兰	*Hoya villosa*
毛脚金星蕨	*Parathelypteris hirsutipes*
毛菍	*Melastoma sanguineum*
毛银柴	*Aporusa villosa*
毛黄肉楠	*Actinodaphne pilosa*
毛萼红果树	*Stranvaesia amphidoxa*
毛葡萄	*Vitis heyneana*
毛颖草属	*Alloteropsis*
毛蒟	*Piper hongkongense*
毛锥	*Castanopsis fordii*
毛棉杜鹃	*Rhododendron moulmainense*
毛颖草	*Alloteropsis semialata*
毛鼠刺	*Itea indochinensis*
毛蕨属	*Cyclosorus*
水东哥	*Saurauia tristyla*
水丝梨	*Sycopsis sinensis*
水丝梨属	*Sycopsis*
水仙柯	*Lithocarpus naiadarum*
水石榕	*Elaeocarpus hainanensis*
水同木	*Ficus fistulosa*
水团花	*Adina pilulifera*
水团花属	*Adina*
水红木	*Viburnum cylindricum*
水苎麻	*Boehmeria macrophylla*
水松	*Glyptostrobus pensilis*
水松属	*Glyptostrobus*
水青冈	*Fagus longipetiolata*
水青冈属	*Fagus*
水柳	*Homonoia riparia*
水翁蒲桃	*Syzygium nervosum*
水黄皮	*Pongamia pinnata*
水黄皮属	*Pongamia*
水锦树	*Wendlandia uvariifolia*
水锦树属	*Wendlandia*
水蔗草	*Apluda mutica*
水蕨属	*Ceratopteris*
火炭母	*Polygonum chinensis*
火绳树	*Eriolaena spectabilis*
火麻树	*Dendrocnide urentissima*
火棘	*Pyracantha fortuneana*
火棘属	*Pyracantha*
火筒树	*Leea indica*
牛奶菜	*Marsdenia sinensis*
牛白藤	*Hedyotis hedyotidea*

牛矢果 *Osmanthus matsumuranus*
牛耳枫 *Daphniphyllum calycinum*
牛至属 *Origanum*
牛尾草 *Isodon ternifolius*
牛筋草 *Eleusine indica*
牛筋藤 *Malaisia scandens*
牛蹄豆属 *Archidendron*
牛藤果 *Parvatia brunoniana* subsp. *elliptica*
王瓜 *Trichosanthes cucumeroides*
瓦山锥 *Castanopsis ceratacantha*
瓦韦 *Lepisorus thunbergianus*
见血封喉 *Antiaris toxicaria*
见血封喉属 *Antiaris*
车前 *Plantago asiatica*
车筒竹 *Bambusa sinospinosa*
长毛山矾 *Symplocos dolichotricha*
长毛杨桐 *Adinandra glischroloma* var. *jubata*
长毛柃 *Eurya patentipila*
长毛籽远志 *Polygala wattersii*
长叶竹柏 *Nageia fleuryi*
长叶冻绿 *Rhamnus crenata*
长叶薹草 *Carex hattoriana*
长叶柞木 *Xylosma longifolia*
长叶铁角蕨 *Asplenium prolongatum*
长叶菝葜 *Smilax lanceifolia* var. *lanceolata*
长叶野桐 *Mallotus esquirolii*
长节耳草 *Hedyotis uncinella*
长托菝葜 *Smilax ferox*
长尾毛蕊茶 *Camellia caudata*
长序虎皮楠 *Daphniphyllum longeracemosum*
长序砂仁 *Amomum gagnepainii*
长花厚壳树 *Ehretia longiflora*
长苞铁杉 *Tsuga longibracteata*
长茎羊耳蒜 *Liparis viridiflora*
长茎沿阶草 *Ophiopogon chingii*
长茎金耳环 *Asarum longerhizomatosum*
长柄山龙眼 *Helicia longipetiolata*
长柄地锦 *Parthenocissus feddei*
长柄杜英 *Elaeocarpus petiolatus*
长柄润楠 *Machilus longipedicellata*
长圆叶鼠刺 *Itea chinensis* var. *oblonga*
长喙木兰属 *Lirianthe*
长萼堇菜 *Viola inconspicua*
长蕊杜鹃 *Rhododendron stamineum*
长檐苣苔属 *Dolicholoma*
长穗兔儿风 *Ainsliaea henryi*
长穗越桔 *Vaccinium dunnianum*
长瓣马铃苣苔 *Oreocharis auricula*
长鳞耳蕨 *Polystichum longipaleatum*
风吹楠 *Horsfieldia amygdalina*
风吹楠属 *Horsfieldia*

五画

丛花厚壳桂 *Cryptocarya densiflora*
平叶酸藤子 *Embelia undulata*
东方水锦树 *Wendlandia tinctoria* subsp. *orientalis*
东方古柯 *Erythroxylum sinense*
东方枫香树 *Liquidambar orientalis*
东北蛇葡萄 *Ampelopsis glandulosa* var. *brevipedunculata*
东兴金花茶 *Camellia indochinensis* var. *tunghinensis*
东京桐 *Deutzianthus tonkinensis*
东京桐属 *Deutzianthus*
东南野桐 *Mallotus lianus*
丝状沿阶草 *Ophiopogon filiformis*
乐东拟单性木兰 *Parakmeria lotungensis*
乐昌含笑 *Michelia chapaensis*
仙人掌 *Opuntia stricta* var. *dillenii*
仙茅 *Curculigo orchioides*
仪花 *Lysidice rhodostegia*
仪花属 *Lysidice*
兰属 *Cymbidium*
冬杧 *Mangifera hiemalis*
冬青 *Ilex chinensis*
冬青栎 *Quercus ilex*
冬青属 *Ilex*
凸脉越桔 *Vaccinium supracostatum*
凹叶女贞 *Ligustrum retusum*
凹叶冬青 *Ilex championii*
凹脉红淡比 *Cleyera incornuta*
凹脉柃 *Eurya impressinervis*
凹萼清风藤 *Sabia emarginata*
包槲柯 *Lithocarpus cleistocarpus*
半边旗 *Pteris semipinnata*
半枫荷 *Semiliquidambar cathayensis*
半齿柃 *Eurya semiserrulata*
半蒴苣苔 *Hemiboea subcapitata*
古钩藤 *Cryptolepis buchananii*
台湾山柚属 *Champereia*
台湾毛楤木 *Aralia decaisneana*
台湾冬青 *Ilex formosana*
台湾枇杷 *Eriobotrya deflexa*
台湾相思 *Acacia confusa*
台湾旋蒴苣苔 *Boea swinhoii*
台湾榕 *Ficus formosana*
叶下珠属 *Phyllanthus*

叶底红	*Bredia fordii*
叶轮木属	*Ostodes*
四子海桐	*Pittosporum tonkinense*
四川大头茶	*Polyspora speciosa*
四川山矾	*Symplocos setchuensis*
四川冬青	*Ilex szechwanensis*
四川轮环藤	*Cyclea sutchuenensis*
四川新木姜子	*Neolitsea sutchuanensis*
四药门花属	*Tetrathyrium*
四角柃	*Eurya tetragonoclada*
四角蒲桃	*Syzygium tetragonum*
四脉金茅	*Eulalia quadrinervis*
四瓣米仔兰	*Aglaia lawii*
圣蕨	*Dictyocline griffithii*
对叶楼梯草	*Elatostema sinense*
对叶榕	*Ficus hispida*
尼泊尔水东哥	*Saurauia napaulensis*
尼泊尔桤木	*Alnus nepalensis*
尼泊尔野桐	*Mallotus nepalensis*
平叶密花树	*Myrsine faberi*
平伐清风藤	*Sabia dielsii*
平肋书带蕨	*Haplopteris fudzinoi*
打铁树	*Myrsine linearis*
玉叶金花	*Mussaenda pubescens*
玉叶金花属	*Mussaenda*
玉竹	*Polygonatum odoratum*
瓜馥木	*Fissistigma oldhamii*
瓜馥木属	*Fissistigma*
甘蔗属	*Saccharum*
白子菜	*Gynura divaricata*
白毛长叶紫珠	*Callicarpa longifolia* var. *floccosa*
白叶瓜馥木	*Fissitigma glaucescens*
白叶藤	*Cryptolepis sinensis*
白头婆	*Eupatorium japonicum*
白皮乌口树	*Tarenna depauperata*
白及	*Bletilla striata*
白花龙	*Styrax faberi*
白花龙船花	*Ixora henryi*
白花灯笼	*Clerodendrum fortunatum*
白花羊蹄甲	*Bauhinia acuminata*
白花含笑	*Michelia mediocris*
白花油麻藤	*Mucuna birdwoodiana*
白花苦灯笼	*Tarenna mollissima*
白花柳叶箬	*Isachne albens*
白花蛇舌草	*Hedyotis diffusa*
白花酸藤子	*Embelia ribes*
白豆杉	*Pseudotaxus chienii*
白辛树	*Pterostyrax psilophyllus*
白辛树属	*Pterostyrax*
白刺花	*Sophora davidii*
白茅	*Imperata cylindrica*
白茅属	*Imperata*
白栎	*Quercus fabri*
白树	*Suregada glomerulata*
白背叶	*Mallotus apelta*
白背算盘子	*Glochidion wrightii*
白桂木	*Artocarpus hypargyreus*
白蜡树	*Fraxinus chinensis*
白楠	*Phoebe neurantha*
白楸	*Mallotus paniculatus*
白瑞香	*Daphne papyracea*
白颜树	*Gironniera subaequalis*
白颜树属	*Gironniera*
白鹤藤	*Argyreia acuta*
白檀	*Symplocos paniculata*
白簕	*Eleutherococcus trifoliatus*
白藤	*Calamus tetradactylus*
矛叶荩草	*Arthraxon lanceolatus*
矢竹属	*Pseudosasa*
石上莲	*Oreocharis benthamii* var. *reticulata*
石山吴萸	*Tetradium calcicola*
石山花椒	*Zanthoxylum calcicola*
石山松	*Pinus calcarea*
石山柿	*Diospyros saxatilis*
石山棕	*Guihaia argyrata*
石山棕属	*Guihaia*
石韦	*Pyrrosia lingua*
石灰花楸	*Sorbus folgneri*
石芒草	*Arundinella nepalensis*
石豆兰属	*Bulbophyllum*
石松	*Lycopodium japonicum*
石松属	*Lycopodium*
石果毛蕊山茶	*Camellia mairei* var. *lapidea*
石油菜	*Pilea cavaleriei*
石柑子	*Pothos chinensis*
石笔木属	*Tutcheria*
石莲姜槲蕨	*Drynaris propinqua*
石密	*Alphonsea mollis*
石斛属	*Dendrobium*
石斑木	*Rhaphiolepis indica*
石楠	*Photinia serratifolia*
石楠属	*Photinia*
石榴属	*Punica*
石蕨	*Pyrrosia angustissima*

禾叶栎	*Quercus agrifolia*
禾串树	*Bridelia balansae*
艾纳香	*Blumea balsamifera*
艾纳香属	*Blumea*
艾胶算盘子	*Glochidion lanceolarium*
节肢蕨属	*Arthromeris*
边生短肠蕨	*Allantodia contermina*
边果鳞毛蕨	*Dryopteris marginata*
边缘鳞盖蕨	*Microlepia marginata*
龙山杜鹃	*Rhododendron chunii*
龙头节肢蕨	*Arthromeris lungtauensis*
龙血树属	*Dracaena*
龙芽草	*Agrimonia pilosa*
龙荔	*Dimocarpus confinis*
龙须藤	*Bauhinia championii*
龙眼	*Dimocarpus longan*
龙眼属	*Dimocarpus*
龙船花	*Ixora chinensis*
龙葵	*Solanum nigrum*
北江十大功劳	*Mahonia fordii*
北江荛花	*Wikstroemia monnula*
扛竹	*Sinobambusa henryi*
六画	
阳桃	*Averrhoa carambola*
乔木茵芋	*Skimmia arborescens*
买麻藤	*Gnetum montanum*
买麻藤属	*Gnetum*
交让木	*Daphniphyllum macropodum*
任豆	*Zenia insignis*
仿栗	*Sloanea hemsleyana*
伊桐属	*Itoa*
伏石蕨	*Lemmaphyllum microphyllum*
伞序臭黄荆	*Premna serratifolia*
伞花木	*Eurycorymbus cavaleriei*
伞花木属	*Eurycorymbus*
伞花冬青	*Ilex godajam*
伞房花耳草	*Hedyotis corymbosa*
伞房刺子莞	*Rhynchospora corymbosa*
伞房荚蒾	*Viburnum corymbiflorum*
光叶山矾	*Symplocos lancifolia*
光叶山黄麻	*Trema cannabina*
光叶水青冈	*Fagus lucida*
光叶石楠	*Photinia glabra*
光叶合欢	*Albizia lucidior*
光叶红豆	*Ormosia glaberrima*
光叶拟单性木兰	*Parakmeria nitida*
光叶海桐	*Pittosporum glabratum*
光叶榕	*Ficus laevis*
光叶槭	*Acer laevigatum*
光皮梾木	*Cornus wilsoniana*
光石韦	*Pyrrosia calvata*
光里白	*Diplopterygium laevissimum*
光枝杜鹃	*Rhododendron haofui*
光枝楠	*Phoebe neuranthoides*
光高粱	*Sorghum nitidum*
光粗叶木	*Lasianthus glaberrima*
光蜡树	*Fraxinus griffithii*
光蹄盖蕨	*Athyrium otophorum*
全缘凤尾蕨	*Pteris insignis*
全缘网蕨	*Dictyodroma formosanum*
刚竹属	*Phyllostachys*
刚莠竹	*Microstegium ciliatum*
华马钱	*Strychnos cathayensis*
华中八角	*Illicium fargesii*
华中铁角蕨	*Asplenium sarelii*
华中瘤足蕨	*Plagiogyria euphlebia*
华中蹄盖蕨	*Athyrium wardii*
华木荷	*Schima sinensis*
华东膜蕨	*Hymenophyllum barbatum*
华东瘤足蕨	*Plagiogyria japonica*
华西花楸	*Sorbus wilsoniana*
华西箭竹	*Fargesia nitida*
华南云实	*Caesalpinia crista*
华南五针松	*Pinus kwangtungensis*
华南木姜子	*Litsea greenmaniana*
华南毛柃	*Eurya ciliata*
华南毛蕨	*Cyclosorus parasiticus*
华南半蒴苣苔	*Hemiboea follicularis*
华南龙胆	*Gentiana loueirii*
华南舌蕨	*Elaphoglossum yoshinagae*
华南吴萸	*Tetradium austrosinense*
华南忍冬	*Lonicera confusa*
华南皂荚	*Gleditsia fera*
华南赤车	*Pellionia grijsii*
华南青皮木	*Schoepfia chinensis*
华南复叶耳蕨	*Arachniodes festina*
华南桂	*Cinnamomum austrosinense*
华南桤叶树	*Clethra fabri*
华南桦	*Betula austrosinesis*
华南紫萁	*Osmunda vachellii*
华南鳞毛蕨	*Dryopteris tenuicula*
华南鳞盖蕨	*Microlepia hancei*
华润楠	*Machilus chinensis*
华幌伞枫	*Heteropanax chinensis*

华腺萼木	*Mycetia sinensis*
华擂鼓艻	*Mapania sinensis*
印度血桐	*Macaranga indica*
印度锥	*Castanopsis indica*
合丝肖菝葜	*Heterosmilax gaudichaudiana*
合欢属	*Albizia*
合柱金莲木	*Sauvagesia rhodoleuca*
合轴荚蒾	*Viburnum sympodiale*
吉祥草	*Reineckea carnea*
吊丝竹	*Dendrocalamus minor*
吊皮锥	*Castanopsis kawakamii*
吊石苣苔	*Lysionotus pauciflorus*
吊钟花	*Enkianthus quinqueflorus*
吊钟花属	*Enkianthus*
团叶鳞始蕨	*Lindsaea orbiculata*
团羽铁线蕨	*Adiantum capillus – junonis*
团花	*Neolamarckia cadamba*
地耳草	*Hypericum japonicum*
地耳蕨	*Quercifilix zeylanica*
地果	*Ficus tikoua*
地枫皮	*Illicium difengpi*
地胆草	*Elephantopus scaber*
地胆旋蒴苣苔	*Boea philippensis*
地桃花	*Urena lobata*
地菍	*Melastoma dodecandrum*
地锦属	*Parthenocissus*
多叶猴耳环	*Abarema multifoliolata*
多头花楼梯草	*Elatostema sessile* var. *polycephalum*
多羽复叶耳蕨	*Arachniodes amoena*
多花大沙叶	*Pavetta polyantha*
多花山矾	*Symplocos ramosissima*
多花勾儿茶	*Berchemia floribunda*
多花白头树	*Garuga floribunda* var. *gamblei*
多花杜鹃	*Rhododendron cavaleriei*
多花梣	*Fraxinus floribunda*
多花脆兰	*Acampe rigida*
多花黄精	*Polygonatum cyrtonema*
多齿山茶	*Camellia polyodonta*
多脉青冈	*Cyclobalanopsis multinervis*
多脉柃	*Eurya polyneura*
多脉润楠	*Machilus multinervia*
多脉船柄茶	*Hartia multinerva*
多裂黄檀	*Dalbergia rimosa*
多裔草	*Polytoca digitata*
夹竹桃属	*Nerium*
守宫木属	*Sauropus*
安达曼血桐	*Macaranga andamanica*
安息香属	*Styrax*
尖叶木	*Urophyllum chinense*
尖叶木犀榄	*Olea cuspidata*
尖叶木蓝	*Indigofera zollingeriana*
尖叶毛柃	*Eurya acuminatissima*
尖叶唐松草	*Thalictrum acutifolium*
尖叶粗叶木	*Lasianthus acuminatissimus*
尖叶菝葜	*Smilax arisanensis*
尖叶黄肉楠	*Actinodaphne acuminata*
尖叶黄杨	*Buxus microphylla* subsp. *sinica* var. *aemulans*
尖尾蚊母树	*Distylium cuspidatum*
尖尾锥	*Castanopsis cuspidata*
尖尾箭竹	*Fargesia cuspidata*
尖果栾	*Koelreuteria bipinnata* var. *apiculata*
尖萼川杨桐	*Adinandra bockiana* var. *acutifolia*
尖萼毛柃	*Eurya acutisepala*
尖萼厚皮香	*Ternstroemia luteoflora*
异片苣苔属	*Allostigma*
异叶地锦	*Parthenocissus dalzielii*
异叶榕	*Ficus heteromorpha*
异羽复叶耳蕨	*Arachniodes simplicior*
异色泡花树	*Meliosma myriantha* var. *discolor*
异形南五味子	*Kadsura heteroclita*
异果崖豆藤	*Callerya dielsiana* var. *herterocarpa*
异株木犀榄	*Olea dioica*
异裂短肠蕨	*Allantodia laxifrons*
当归藤	*Embelia parviflora*
托叶楼梯草	*Elatostema nasutum*
曲江远志	*Polygala koi*
曲枝假蓝	*Strobilanthes dalzielii*
曲轴海金沙	*Lygodium flexuosum*
有芒鸭嘴草	*Ischaemum aristatum*
有柄石韦	*Pyrrosia petiolosa*
朱砂根	*Ardisia crenata*
朴树	*Celtis sinensis*
朴属	*Celtis*
江南山梗菜	*Lobelia davidii*
江南卷柏	*Selaginella moellendorffii*
江南油杉	*Keteleeria fortunei* var. *cyclolepis*
江南桤木	*Alnus trabeculosa*
江南短肠蕨	*Allantodia metteniana*
江南越桔	*Vaccinium mandarinorum*
灯台树	*Cornus controversa*
灯笼吊钟花	*Enkianthus chinensis*
灰毛杜英	*Elaeocarpus limitaneus*
灰毛牡荆	*Vitex canescens*
灰毛浆果楝	*Cipadessa baccifera*

灰毛崖豆藤 *Callerya cinerea*
灰岩棒柄花 *Cleidion bracteosum*
灰背栎 *Quercus senescens*
灰绿耳蕨 *Polystichum anomalum*
百日青 *Podocarpus nerrifolius*
百合花杜鹃 *Rhododendron liliiflorum*
百色猴欢喜 *Sloanea chingiana*
百两金 *Ardisia crispa*
竹叶木姜子 *Litsea pseudoelongata*
竹叶木荷 *Schima bambusifolia*
竹叶兰 *Arundina graminifolia*
竹叶花椒 *Zanthoxylum armatum*
竹叶青冈 *Cyclobalanopsis neglecta*
竹叶草 *Oplismenus compositus*
竹叶榕 *Ficus stenophylla*
竹节参 *Panax japonicus*
竹节树 *Carallia brachiata*
竹节树属 *Carallia*
竹节草 *Chrysopogon aciculatus*
竹节草属 *Chrysopogon*
米仔兰 *Aglaia odorata*
米仔兰属 *Aglaia*
米扬噎 *Streblus tonkinensis*
米念芭 *Tirpitzia ovoidea*
米珍果 *Maesa acuminatissima*
米碎花 *Eurya chinensis*
米槠 *Castanopsis carlesii*
红山梅 *Artocarpus styracifolius*
红木荷 *Schima wallichii*
红毛山楠 *Phoebe hungmoensis*
红毛猕猴桃 *Actinidia rufotricha*
红皮木姜子 *Litsea pedunculata*
红光树属 *Knema*
红色新月蕨 *Pronephrium lakhimpurense*
红花八角 *Illicium dunnianum*
红花木莲 *Manglietia insignis*
红花荷属 *Rhodoleia*
红豆杉 *Taxus wallichiana* var. *chinensis*
红豆杉属 *Taxus*
红豆树属 *Ormosia*
红豆蔻 *Alpinia galanga* var. *pyramidata*
红果山胡椒 *Lindera erythrocarpa*
红果树 *Stranvaesia davidiana*
红果黄肉楠 *Actinodaphne cupularis*
红果樫木 *Dysoxylum gotadhora*
红枝崖爬藤 *Tetrastigma erubescens*
红枝蒲桃 *Syzygium rhederianum*
红泡刺藤 *Rubus niveus*
红厚壳属 *Calophyllum*
红树 *Rhizophora apiculata*
红树属 *Rhizophora*
红背山麻杆 *Alchornea trewioides*
红背甜槠 *Castanopsis neocavaleriei*
红茴香 *Illicium henryi*
红荚蒾 *Viburnum erubescens*
红海榄 *Rhizophora stylosa*
红淡比 *Cleyera japonica*
红盖鳞毛蕨 *Dryopteris erythrosora*
红麻风草 *Laportea violacea*
红紫珠 *Callicarpa rubella*
红椿 *Toona ciliata*
红楠 *Machilus thunbergii*
红滩杜鹃 *Rhododendron chihsinianum*
红锥 *Castanopsis hystrix*
红鳞蒲桃 *Syzygium hancei*
纤花耳草 *Hedyotis angustifolia*
网脉山龙眼 *Helicia reticulata*
网脉木犀 *Osmanthus reticulatus*
网脉核果木 *Drypetes perreticulata*
网脉崖豆藤 *Callerya reticulata*
网脉琼楠 *Beilschmiedia tsangii*
网脉紫薇 *Lagerstroemia suprareticulata*
网脉酸藤子 *Embelia rudis*
羊耳蒜属 *Liparis*
羊耳菊 *Inula cappa*
羊舌树 *Symplocos glauca*
羊角拗 *Strophanthus divaricatus*
羊角藤 *Morinda umbellata*
羊蹄甲属 *Bauhinia*
羊茅属 *Festuca*
羽叶白头树 *Garuga pinnata*
羽叶参 *Panax japonica* var. *bipinnatifidus*
羽叶金合欢 *Acacia pennata*
羽叶蛇葡萄 *Ampelopsis chaffanjonii*
羽叶楸 *Stereospermum colais*
羽叶楸属 *Stereospermum*
羽裂短肠蕨 *Allantodia pinnatifidopinnata*
羽状地黄莲 *Munronia pinnata*
羽脉新木姜子 *Neolitsea pinninervis*
羽裂星蕨 *Microsorum insigne*
羽裂海金沙 *Lygodium polystachyum*
羽裂鳞毛蕨 *Dryopteris intergriloba*
老虎刺 *Pterolobium punctatum*
老虎刺属 *Pterolobium*

老鹳铃 *Styrax hemsleyana*
老鼠矢 *Symplocos stellaris*
老鼠芳 *Spinifex littoreus*
老鼠拉冬瓜 *Zehneria indica*
老鼠簕 *Acanthus ilicifolius*
老鼠簕属 *Acanthus*
耳叶悬钩子 *Rubus latoauriculatus*
耳形瘤足蕨 *Plagiogyria stenoptera*
耳柯 *Lithocarpus haipinii*
肉实树 *Sarcosperma laurinum*
肉实树属 *Sarcosperma*
肉桂 *Cinnamomum cassia*
舌蕨 *Elaphoglossum conforme*
芒 *Miscanthus sinensis*
芒齿骨碎补 *Davallia sp.*
芒萁 *Dicranopteris pedata*
芒属 *Miscanthus*
血桐属 *Macaranga*
西南山茶 *Camellia pitardii*
西南垂序菊 *Prenanthes henryi*
西南绣球 *Hydrangea davidii*
西南粗叶木 *Lasianthus henryi*
西南菝葜 *Smilax biumbellata*
西南野木瓜 *Stauntonia cavalerieana*
西南稃草 *Setaria forbesiana*
西南槐树 *Sophora prazeri* var. *mairei*
西南栎 *Quercus yuii*
西施花 *Rhododendron latoucheae*
西桦 *Betula alnoides*
西域青荚叶 *Helwingia himalaica*
西藏山茉莉 *Huodendron tibeticum*
观光木属 *Tsoongiodendron*
闭花木 *Cleistanthus sumatranus*
闭花木属 *Cleistanthus*
闭鞘姜 *Costus speciosus*
防已叶菝葜 *Smilax menispermoidea*
阴生沿阶草 *Ophiopogon umbraticola*
阴地蕨 *Botrychium ternatum*
阴香 *Cinnamomum burmannii*

七画

两广石山棕 *Guihaia grossefibrosa*
两广野桐 *Mallotus barbatus* var. *croizatianus*
两广瘤足蕨 *Plagiogyria liankwangensis*
两面针 *Zanthoxylum nitidum*
伯乐树 *Bretschneidera sinensis*
伯乐树属 *Bretschneidera*
余甘子 *Phyllanthus emblica*
冷杉属 *Abies*
冷饭藤 *Kadsura oblongifolia*
冻绿 *Rhamnus utilis*
刨花润楠 *Machilus pauhoi*
劲枝异药花 *Fordiophyton strictum*
劲直刺桐 *Erythrina stricta*
卤地菊 *Wedelia prostrata*
君迁子 *Diospyros lotus*
含笑花 *Michelia figo*
含笑属 *Michelia*
吴茱萸五加 *Gamblea ciliate* subsp. *evodiifolia*
吻兰 *Collabium chinense*
围涎树 *Abarema clypearia*
壳菜果 *Mytilaria laosensis*
壳菜果属 *Mytilaria*
尾叶冬青 *Ilex wilsonii*
尾叶那藤 *Stauntonia obovatifoliola* subsp. *urophylla*
尾叶崖爬藤 *Tetrastigma caudatum*
尾叶樱桃 *Cerasus dielsiana*
尾叶瘤足蕨 *Plagiogyria grandis*
尾花细辛 *Asarum caudigerum*
岗松 *Baeckea frutescens*
岗松属 *Baeckea*
序叶苎麻 *Boehmeria clidemioides* var. *diffusa*
庐山小檗 *Berberia virgetorum*
庐山石楠 *Photinia villosa* var. *sinica*
庐山香料科 *Teucrium pernyi*
忍冬 *Lonicera japonica*
扭肚藤 *Jasminum elongatum*
扭鞘香茅 *Cymbopogon tortilis*
扶芳藤 *Euonymus fortunei*
折枝菝葜 *Smilax lanceifolia* var. *elongata*
折柄茶属 *Hartia*
拟单性木兰属 *Parakmeria*
拟金茅 *Eulaliopsis binata*
拟金草 *Hedyotis consanguinea*
拟钝齿冬青 *Ilex subcrenata*
拟榕叶冬青 *Ilex subficoidea*
杉木 *Cunninghamia lanceolata*
杉木属 *Cunninghamia*
杖藤 *Calamus rhabdocladus*
杜仲藤 *Urceola micrantha*
杜英 *Elaeocarpus decipiens*
杜英属 *Elaeocarpus*
杜茎山 *Maesa japonica*
杜茎山属 *Maesa*
杜鹃 *Rhododendron simsii*

杜鹃花属	*Rhododendron*
条叶猕猴桃	*Actinidia fortunatii*
来江藤	*Brandisia hancei*
杧果	*Mangifera indica*
杨桐	*Adinandra millettii*
杨桐属	*Adinandra*
杨梅	*Myrica rubra*
杨梅蚊母树	*Distylium myricoides*
杨梅属	*Myrica*
杨属	*Populus*
求米草	*Oplismenus undulatifolius*
沈氏十大功劳	*Mahonia shenii*
沉水樟	*Cinnamomum micranthum*
沙叶铁线莲	*Clematis meyeniana* var. *granulata*
沙田柚	*Citrus maxima* var. *shatian*
沙梨	*Pyrus pyrifolia*
灵香草	*Lysimachia foenum – graecum*
牡荆	*Vitex negundo* var. *cannabifolia*
牡荆属	*Vitex*
皂合欢	*Albizia saponaria*
皂荚	*Gleditsia sinensis*
秀丽楤木	*Aralia debilis*
秀丽锥	*Castanopsis jucunda*
秀柱花	*Eustigma oblongifolium*
秃柄锦香草	*Phyllagathis nudipes*
秃蕊杜英	*Elaeocarpus gymnogynus*
秃瓣杜英	*Elaeocarpus glabripetalus*
纳槁润楠	*Machilus nakao*
纸叶琼楠	*Beilschmiedia pergamentacea*
绞股蓝	*Gynostemma pentaphyllum*
肖榄属	*Platea*
芬芳安息香	*Styrax odoratissimus*
芭蕉属	*Musa*
花叶山姜	*Alpinia pumila*
花叶开唇兰	*Anoectochilus roxburghii*
花椒	*Zanthoxylum bungeanum*
花椒属	*Zanthoxylum*
花椒簕	*Zanthoxylum scandens*
花葶薹草	*Carex scaposa*
花楸属	*Sorbus*
花榈木	*Ormosia henryi*
芳槁润楠	*Machilus suaveolens*
苇谷草属	*Pentanema*
苍叶红豆	*Ormosia semicastrata* f. *pallida*
苏木	*Caesalpinia sappan*
苏铁属	*Cycas*
苏铁蕨	*Brainea insignis*
角叶槭	*Acer sycopseoides*
角果木属	*Ceriops*
角裂悬钩子	*Rubus lobophyllus*
谷木	*Memecylon ligustrifolium*
谷木叶冬青	*Ilex memecylifolia*
豆梨	*Pyrus calleryana*
豆腐柴	*Premna microphylla*
豆蔻属	*Amomum*
赤车	*Pellionia radicans*
赤杨叶	*Alniphyllum fortunei*
赤杨叶属	*Alniphyllum*
赤苍藤	*Erythropalum scandens*
赤楠	*Syzygium buxifolium*
走马胎	*Ardisia gigantifolia*
辛果漆	*Drimycarpus racemosus*
辛果漆属	*Drimycarpus*
连药沿阶草	*Ophiopogon bockianus*
连蕊茶	*Camellia cuspidata*
里白	*Diplopterygium glaucum*
里白属	*Diplopterygium*
针毛蕨	*Macrothelypteris oligophlebia*
间型沿阶草	*Ophiopogon intermedius*
陀螺果	*Melliodendron xylocarpum*
陀螺果属	*Melliodendron*
陆均松属	*Dacrydium*
陈氏耳蕨	*Polystichum chunii*
饭甑青冈	*Cyclobalanopsis fleuryi*
驳骨九节	*Psychotria prainii*
鸡毛松	*Dacrycarpus imbricatus* var. *patulus*
鸡仔木	*Sinoadina racemosa*
鸡矢藤	*Paederia scandens*
鸡血藤属	*Millettia*
鸡尾木	*Excoecaria venenata*
鸡骨香	*Croton crassifolius*
鸡桑	*Morus australis*
鸡眼藤	*Morinda parvifolia*
麦穗茅根	*Perotis hordeiformis*
八画	
乳源榕	*Ficus ruyuanensis*
兔耳兰	*Cymbidium lancifolium*
兖州卷柏	*Selaginella involcens*
具柄冬青	*Ilex pedunculosa*
凯里杜鹃	*Rhododrndron westlandii*
刺子莞	*Rhynchospora rubra*
刺毛杜鹃	*Rhododendron championiae*
刺叶冬青	*Ilex hylonoma* var. *glabra*
刺叶桂樱	*Laurocerasus spinulosa*

刺头复叶耳蕨 *Arachniodes exilis*
刺芒野古草 *Arundinella setosa*
刺果毒漆藤 *Toxicodendron radicans* subsp. *hispidum*
刺通草 *Trevesia palmata*
刺葵 *Phoenix loureiroi*
刺楸 *Kalopanax septemlobus*
单毛桤叶树 *Clethra bodinieri*
单叶双盖蕨 *Diplazium subsinuatum*
单叶豆 *Ellipanthus glabrifolius*
单叶豆属 *Ellipanthus*
单叶泡花树 *Meliosma thorelii*
单叶新月蕨 *Pronephrium simplex*
单叶蔓荆 *Vitex rotundifolia*
单耳柃 *Eurya weissiae*
单花红丝线 *Lycianthes lysimachioides*
单枝竹 *Bonia amplexicaulis*
单室茱萸 *Mastixia pentandra* subsp. *cambodiana*
单室茱萸属 *Mastixia*
单穗鱼尾葵 *Caryota monostachya*
卷柏 *Selaginella tamariscina*
周裂秋海棠 *Begonia circumlobata*
咀签 *Gouania leptostachya*
坡垒属 *Hopea*
夜香牛 *Vernonia cinerea*
奇羽鳞毛蕨 *Dryopteris sieboldii*
孟加拉野古草 *Arundinella bengalensis*
定心藤 *Mappianthus iodoides*
宜昌木姜子 *Litsea ichangensis*
宜昌润楠 *Machilus ichangensis*
宝铎草 *Disporum sessile*
岩木瓜 *Ficus tsiangii*
岩生厚壳桂 *Cryptocarya calcicola*
岩生鹅耳枥 *Carpinus rupestris*
岩生翠柏 *Calocedrus rupestris*
岩柃 *Eurya saxicola*
岩樟 *Cinnamomum saxatile*
岭南山竹子 *Garcinia oblongifolia*
岭南山茉莉 *Huodendron biaristatum* var. *parviflorum*
岭南杜鹃 *Rhododendron mariae*
岭南青冈 *Cyclobalanopsis championii*
岭南柯 *Lithocarpus brevicaudatus*
岭南柿 *Diospyros tutcheri*
岭南来江藤 *Brandisia swinglei*
岭南铁角蕨 *Asplenium sampsonii*
岭南槭 *Acer tutcheri*
巫山新木姜子 *Neolitsea wushanica*
建兰 *Cymbidium ensifolium*
建润楠 *Machilus oreophila*
披针叶乌口树 *Tarenna lancilimba*
披针叶杜英 *Elaeocarpus lanceaefolius*
披针叶柃 *Eurya lanciformis*
披针叶胡颓子 *Elaeagnus lanceolata*
披针叶粗叶木 *Lasianthus lancilimbus*
披针叶紫珠 *Callicarpa longifolia* var. *lanceolaria*
披针新月蕨 *Pronephrium penangianum*
抱石莲 *Lepidogrammitis drymoglossoides*
抱茎菝葜 *Smilax ocreata*
拂子茅 *Calamagrostis epigeios*
昆栏树属 *Trochodendron*
杭子梢 *Campylotropis macrocarpa*
松属 *Pinus*
板蓝 *Strobilanthes cusia*
构树 *Broussonetia papyrifera*
构棘 *Maclura cochinchinensis*
枇杷 *Eriobotrya japonica*
枇杷叶山龙眼 *Helicia obovatifolia* var. *mixta*
枇杷属 *Eriobotrya*
林仔竹 *Semiarundinaria scabriflora*
林地小檗 *Berberis nemorosa*
果盒子 *Glochidion hypoleucum*
枝花李榄 *Linociera ramiflora*
枫杨 *Pterocarya stenoptera*
枫杨属 *Pterocarya*
枫香树 *Liquidambar formosana*
枫香属 *Liquidambar*
欧白英 *Solanum dulcamara*
油杉 *Keteleeria fortunei*
油杉属 *Keteleeria*
油柿 *Diospyros oleifera*
油茶 *Camellia oleifera*
油桐 *Vernicia fordii*
油桐属 *Vernicia*
油橄榄 *Olea europaea*
沿阶草 *Ophiopogon bodinieri*
沿阶草属 *Ophiopogon*
泡叶龙船花 *Ixora nienkui*
泡竹 *Pseudostachyum polymorphum*
泡花树属 *Meliosma*
波叶红果树 *Stranvaesia davidiana* var. *undulata*
泥椎柯 *Lithocarpus fenestratus*
泽泻虾脊兰 *Calanthe alismaefolia*
爬树龙 *Rhaphidophora decursiva*
爬藤榕 *Ficus sarmentosa* var. *impressa*
狗尾草 *Setaria viridis*

狗骨柴	*Diplospora dubia*
狗脊蕨	*Woodwardia japonica*
狗脊蕨属	*Woodwardia*
环江越桔	*Vaccinium huanjiangense*
画眉草	*Eragrostis pilosa*
直序五膜草	*Pentaphragma spicatum*
知风草	*Eragrostis ferruginea*
线柱苣苔	*Rhynchotechum ellipticum*
线蕨	*Colysis elliptica*
线蕨属	*Colysis*
细子龙	*Amesiodendron chinense*
细子龙属	*Amesiodendron*
细毛鸭嘴草	*Ischaemum ciliare*
细叶云南松	*Pinus yunnanensis* var. *tenuifolia*
细叶石斛	*Dendrobium hancockii*
细叶亚婆潮	*Hedyotia auricularia* var. *mina*
细叶谷木	*Memecylon scutellatum*
细叶青冈	*Cyclobalanopsis gracilis*
细枝柃	*Eurya loquaiana*
细齿叶柃	*Eurya nitida*
细柄五月茶	*Antidesma filipes*
细柄草	*Capillipedium parviflorum*
细柄草属	*Capillipedium*
细圆藤	*Pericampylus glaucus*
细棕竹	*Rhapis gracilis*
罗汉松	*Podocarpus macrophyllus*
罗汉松属	*Podocarpus*
罗伞	*Brassaiopsis glomerulata*
罗城鹅耳枥	*Carpinus luochengensis*
罗浮柿	*Diospyros morrisiana*
罗浮粗叶木	*Lasianthus fordii*
罗浮短肠蕨	*Allantodia metteniana*
罗浮锥	*Castanopsis fabri*
罗浮槭	*Acer fabri*
肥牛树	*Cephalomappa sinensis*
肥牛树属	*Cephalomappa*
肥荚红豆	*Ormosia fordiana*
肾叶天胡荽	*Hydrocotyle wilfordii*
肾蕨	*Nephrolepis cordifolia*
薹草属	*Carex*
苗山冬青	*Ilex chingiana*
苗山桂	*Cinnamomum miaoshanense*
苗山槭	*Acer miaoshanicum*
苘麻叶扁担杆	*Grewia abutilifolia*
苞子草	*Themeda caudata*
苞叶木	*Rhamnella rubrinervis*
苦水花	*Pilea peploides*
苦竹	*Pleioblastus amarus*
苦枥木	*Fraxinus insularis*
苦郎树	*Clerodendrum inerme*
苦树	*Picrasma quassioides*
苦荬菜	*Ixeris polycephala*
苦梓含笑	*Michelia balansae*
苦槛蓝	*Myoporum bontioides*
苦槠	*Castanopsis sclerphylla*
苹婆	*Sterculia monosperma*
茅栗	*Castanea seguinii*
茅莓	*Rubus parvifolius*
茎花山柚	*Champereia manillana* var. *longistaminea*
茎花赤才	*Lepisanthes cauliflora*
茎花崖爬藤	*Tetrastigma cauliflorum*
虎皮楠	*Daphniphyllum oldhami*
虎皮楠属	*Daphniphyllum*
虎舌红	*Ardisia mamillata*
虎克鳞盖蕨	*Microlepia hookeriana*
虎刺	*Damnacanthus indicus*
贯众	*Cyrtomium fortunei*
轮叶木姜子	*Litsea verticillata*
轮叶沙参	*Adenophora tetraphylla*
软皮桂	*Cinnamomum liangii*
软刺卫矛	*Euonymus aculeatus*
软枣猕猴桃	*Actinidia arguta*
软荚红豆	*Ormosia semicastrata*
软弱杜茎山	*Maesa tenera*
郎伞树	*Ardisia hanceana*
金毛耳草	*Hedyotis chrysotricha*
金毛狗脊	*Cibotium barometz*
金毛狗属	*Cibotium*
金毛柯	*Lithocarpus chrysocomus*
金毛裸蕨属	*Gymnopteris*
金毛榕	*Ficus fulva*
金丝李	*Garcinia paucinervis*
金丝草	*Pogonatherum crinitum*
金丝桃	*Hypericum monogynum*
金发草	*Pogonatherum paniceum*
金叶子属	*Craibiodendron*
金叶含笑	*Michelia foveolata*
金叶柃	*Eurya obtusifolia* + var. *aurea*
金竹	*Phyllostachys sulphurea*
金耳环	*Asarum insigne*
金秀杜鹃	*Rhododendron jinxiuense*
金花树	*Blastus dunnianus*
金花茶	*Camellia petelotii*
金鸡脚假瘤蕨	*Phymatopteris hastata*

金茅	*Eulalia speciosa*
金星蕨	*Parathelypteris glanduligera*
金荞麦	*Fagopyrum dibotrys*
金粉蕨属	*Onychium*
金莲木	*Ochna integerrima*
金钱吊乌龟	*Stephania cephalantha*
金猫尾	*Saccharum fallax*
金缕梅属	*Hamamelis*
金腺荚蒾	*Viburnum chunii*
金锦香	*Osbeckia chinensis*
金樱子	*Rosa laevigata*
金橘	*Fortunella margarita*
金橘属	*Fortunella*
钗子股	*Luisia morsei*
青冈	*Cyclobalanopsis glauca*
青冈属	*Cyclobalanopsis*
青牛胆	*Tinospora sagittata*
青皮木	*Schoepfia jasminodora*
青皮竹	*Bambusa textilis*
青杨梅	*Myrica adenophora*
青果榕	*Ficus variegata* var. *chlorocarpa*
青茶香	*Ilex hanceana*
青荚叶	*Helwingia japonica*
青香茅	*Cymbopogon mekongensis*
青钱柳	*Cyclocarya paliurus*
青梅属	*Vatica*
青榨槭	*Acer davidii*
青篱柴	*Tirpitzia sinensis*
青篱柴属	*Tirpitzia*
青檀	*Pteroceltis tatarinowii*
青檀属	*Pteroceltis*
青藤仔	*Jasminum nervosum*
顶果树	*Acrocarpus fraxinifolius*
鱼尾葵	*Caryota ochlandra*
鱼尾葵属	*Caryota*
鱼骨木	*Canthium dicoccum*
鱼骨木属	*Canthium*
鱼篮柯	*Lithocarpus cyrtocarpus*
鱼藤	*Derris trifoliata*
鱼藤属	*Derris*
鱼鳞蕨	*Acrophorus paleolatus*
鸢尾	*Iris tectorum*
齿叶冬青	*Ilex crenata*
齿叶红淡比	*Cleyera lipingensis*
齿叶黄皮	*Clausena dunniana*
齿头鳞毛蕨	*Dryopteris labordei*
齿果铁角蕨	*Asplenium cheilosorum*
齿缘吊钟花	*Enkianthus serrulatus*
齿萼唇柱苣苔	*Chirita verecunda*
九画	
临桂绣球	*Hydrangea linkweiensis*
临桂钻地风	*Schizophragma choufenianum*
亮叶山香圆	*Turpinia simplicifolia*
亮叶中南鱼藤	*Derris fordii* var. *lucida*
亮叶杨桐	*Adinandra mitida*
亮叶厚皮香	*Ternstroemia nitida*
亮叶桦	*Betula luminifera*
亮叶素馨	*Jasminum seguinii*
亮叶崖豆藤	*Callerya nitida*
亮叶猴耳环	*Abarema lucida*
亮叶槭	*Acer lucidum*
信宜木姜子	*Litsea* sp.
信宜润楠	*Machilus wangchiana*
酸藤子属	*Embelia*
冠盖绣球	*Hydrangea anomala*
冠盖藤	*Pileostegia viburnoides*
前胡	*Peucedanum praeruptorum*
剑叶凤尾蕨	*Pteris ensiformis*
剑叶龙血树	*Dracaena cochinchinensis*
剑叶虾脊兰	*Calanthe davidii*
剑叶铁角蕨	*Asplenium ensiforme*
剑叶紫金牛	*Ardisia ensifolia*
剑叶槭	*Acer lanceolatum*
南山花	*Prismatomeris connata*
南川柯	*Lithocarpus rosthornii*
南五味子	*Kadsura longipedunculata*
南天竹	*Nandina domestica*
南方红豆杉	*Taxus wallichiana* var. *mairei*
南方荚蒾	*Viburnum fordiae*
南宁锥	*Castanopsis amabilis*
南亚松	*Pinus latteri*
南亚新木姜子	*Neolitsea zeylanica*
南国山矾	*Symplocos austrosinensis*
南岭小檗	*Berberis impedita*
南岭山矾	*Symplocos pendula* var. *hirtistylis*
南岭杜鹃	*Rhododendron levinei*
南岭柞木	*Xylosma controversa*
南岭槭	*Acer metcalfii*
南洋杉属	*Araucaria*
南烛	*Vaccinium bracteatum*
南蛇藤	*Celastrus orbiculatus*
南蛇藤属	*Celastrus*
南酸枣	*Choerospondias axillaris*
厘竹	*Pseudosasa* sp.

厚斗柯　*Lithocarpus elizabethae*
厚叶山矾　*Symplocos crassilimba*
厚叶双盖蕨　*Diplazium crassiusculum*
厚叶冬青　*Ilex elmerrilliana*
厚叶石楠　*Photinia crassifolia*
厚叶红淡比　*Cleyera pachyphylla*
厚叶厚皮香　*Ternstroemia kwangtungensis*
厚叶素馨　*Jasminum pentaneurum*
厚叶琼楠　*Beilschmiedia percoriacea*
厚叶鼠刺　*Itea coriacea*
厚皮树　*Lannea coromandelica*
厚皮香　*Ternstroemia gymnanthera*
厚皮香属　*Ternstroemia*
厚壳树　*Ehretia acuminata*
厚壳桂　*Cryptocarya chinensis*
厚壳桂属　*Cryptocarya*
厚果崖豆藤　*Millettia pachycarpa*
厚绒荚蒾　*Viburnum inopinatum*
厚缘青冈　*Cyclobalanopsis thorelii*
厚藤　*Ipomoea pes - caprae*
变叶裸实　*Gymnosporia diversifolia*
变叶榕　*Ficus variolosa*
变异鳞毛蕨　*Dryopteris varia*
变色山槟榔　*Pinanga discolor*
变色马兜铃　*Aristolochia versicolor*
变色杜鹃　*Rhododendron simiarum* var. *versicolor*
响叶杨　*Populus adenopoda*
垫状卷柏　*Selaginella pulvinata*
复叶耳蕨属　*Arachniodes*
威灵仙　*Clematis chinensis*
娃儿藤　*Tylophora ovata*
庭藤　*Indigofera decora*
弯尾冬青　*Ilex cyrtura*
弯柄假复叶耳蕨　*Acrorumohra diffracta*
弯蒴杜鹃　*Rhododendron henryi*
弯管花　*Chasalia curviflora*
弯蕊开口箭　*Campylandra wattii*
思茅锥　*Castanopsis ferox*
思簩竹　*Schizostachyum pseudolima*
总状山矾　*Symplocos botryantha*
扁花茎沿阶草　*Ophiopogon planiscapus*
扁担杆　*Grewia biloba*
扁担藤　*Tetrastigma planicaule*
扁枝石松　*Diphasiastrum complanatum*
扁桃　*Mangifera persiciformis*
星毛冠盖藤　*Pileostegia tomentella*
星毛鸭脚木　*Schefflera minutistellata*
春兰　*Cymbidium goeringii*
显齿蛇葡萄　*Ampelopsis grossedentata*
显脉冬青　*Ilex editicostata*
显脉杜英　*Elaeocarpus dubius*
显脉金花茶　*Camellia euphlebia*
显脉新木姜子　*Neolitsea phanerophlebia*
枳椇　*Hovenia acerba*
柃木属　*Eurya*
柄果木属　*Mischocarpus*
柄果柯　*Lithocarpus longipedicellatus*
柄果海桐　*Pittosporum podocarpum*
柄翅果　*Burretiodendron esquirolii*
柄翅果属　*Burretiodendron*
柊叶　*Phrynium rheedei*
柏拉木　*Blastus cochinchinensis*
柏拉木属　*Blastus*
柑橘　*Citrus reticulate*
柑橘属　*Citrus*
柔毛油杉　*Keteleeria pubescens*
柔枝莠竹　*Microstegium vimineum*
柔软石韦　*Pyrrosia porosa*
柔弱润楠　*Machilus gracillima*
柘　*Maclura tricuspidata*
柚　*Citrus maxima*
柞木　*Xylosma congesta*
柠檬清风藤　*Sabia limoniacea*
柯　*Lithocarpus glaber*
柯属　*Lithocarpus*
柱果铁线莲　*Clematis uncinata*
柱果猕猴桃　*Actinidia cylindrica*
柳叶石斑木　*Rhaphiolepis salicifolia*
柳叶剑蕨　*Loxogramme salicifolium*
柳叶润楠　*Machilus salicina*
柳叶菜　*Epilobium hirsutum*
柳桉属　*Parashorea*
柳属　*Salix*
柿属　*Diospyros*
栀子　*Gardenia jasminoides*
栀子皮　*Itoa orientalis*
栎子青冈　*Cyclobalanopsis blakei*
栎属　*Quercus*
树参　*Dendropanax dentigerus*
树参属　*Dendropanax*
歪叶榕　*Ficus cyrtophylla*
毒八角　*Illicium taxicum*
济新乌桕　*Sapium chihsinianum*
独子藤　*Celastrus monospermus*

独蒜兰	*Pleione bulbocodioides*
狭叶木犀	*Osmanthus attenuatus*
狭叶含笑	*Michelia angustioblonga*
狭叶坡垒	*Hopea chinensis*
狭叶沿阶草	*Ophiopogon stenophyllus*
狭叶南五味子	*Kadsura angustifolia*
狭叶珍珠花	*Lyonia ovalifolia* var. *lanceolata*
狭叶桃叶珊瑚	*Aucuba chiensis* var. *angusta*
狭叶海桐	*Pittosporum glabratum* var. *neriifolium*
狭叶润楠	*Machilus rehderi*
狭叶崖爬藤	*Tetrastigma serrulatum*
狭叶黄檀	*Dalbergia stenophylla*
狭叶链珠藤	*Alyxia schlechteri*
狭叶楼梯草	*Elatostema lineolatum*
狭叶蒲桃	*Syzygium tsoongii*
狭翅铁角蕨	*Asplenium wrightii*
狭翅巢蕨	*Neottopteris antrophyoides*
狭鳞鳞毛蕨	*Dryopteris stenolepis*
狮子尾	*Rhaphidophora hongkongensis*
珊瑚树	*Viburnum odoratissimum*
珍珠花	*Lyonia ovalifolia*
珍珠花属	*Lyonia*
珍珠榕	*Ficus sarmentosa* var. *henryi*
疣果花楸	*Sorbus corymbifera*
相思子	*Abrus precatorius*
盾叶唐松草	*Thalictrum ichangense*
盾蕨	*Neolepisorus ovatus*
省藤属	*Calamus*
矩鳞油杉	*Keteleeria fortunei* var. *oblanga*
砂仁	*Amomum villosum*
秋枫	*Bischofia javanica*
秋茄树	*Kandelia obovata*
秋茄树属	*Kandelia*
穿心柃	*Eurya amplexifolia*
穿鞘花	*Amischotolype hispida*
类芦	*Neyraudia reynaudiana*
类芦属	*Neyraudia*
绒毛山胡椒	*Lindera nacusua*
绒毛赤竹	*Sasa tomentosa*
绒毛润楠	*Machilus velutina*
络石	*Trachelospermum jasminoides*
美山矾	*Symplocos decora*
美叶柯	*Lithocarpus calohyllus*
美丽马醉木	*Pieris formosa*
美丽线蕨	*Colysis* sp.
美丽胡枝子	*Lespedeza formosa*
美丽猕猴桃	*Actinidia melliana*
美丽藤蕨	*Lomariopsis spectabilis*
美花石斛	*Dendrobium loddigesii*
美脉杜英	*Elaeocarpus varunua*
美脉花楸	*Sorbus caloneura*
美脉粗叶木	*Lasianthus lancifolius*
美脉琼楠	*Beilschmiedia delicata*
胡枝子	*Lespedeza bicolor*
胡桃	*Juglans regia*
胡桃属	*Juglans*
胡桃楸	*Juglans mandshurica*
胡颓子	*Elaeagnus pungens*
茜树	*Aidia cochinchinensis*
茜树属	*Aidia*
茜草	*Rubia cordifolia*
茜草属	*Rubia*
茳芏	*Cyperus malaccensis*
茵芋	*Skimmia reevesiana*
茶	*Camellia sinensis*
茶叶雀梅藤	*Sageretia camelliifolia*
茶条木	*Delavaya toxocarpa*
茶条木属	*Delavaya*
茶条灰木	*Symplocos ernestii*
茶竿竹	*Pseudosasa amabilis*
茶梨	*Anneslea fragrans*
茸毛木蓝	*Indigofera stachyodes*
茸荚红豆	*Ormosia pachycarpa*
草豆蔻	*Alpinia hainanensis*
草珊瑚	*Sarcandra glabra*
草珊瑚属	*Sarcandra*
草鞋木	*Macaranga henryi*
荔枝	*Litchi chinensis*
荔波桑	*Morus liboensis*
荚蒾	*Viburnum dilatatum*
荚蒾属	*Viburnum*
荩草	*Arthraxon hispidus*
荩草属	*Arthraxon*
虾子花	*Woodfordia fruticosa*
虾脊兰属	*Calanthe*
蚂蟥七	*Chirita fimbrisepala*
贵州八角莲	*Dysosma majorensis*
贵州布荆	*Vitex kweichowensis*
贵州杜鹃	*Rhododendron guizhouense*
贵州桤叶树	*Clethra kaipoensis*
贵州悬竹	*Ampelocalamus calcareus*
贵州琼楠	*Beilschmiedia kweichowensis*
贵州锥	*Castanopsis kweichowensis*
贵州榕	*Ficus guizhouensis*

轴脉蕨属 *Ctenitopsis*
迷人鳞毛蕨 *Dryopteris decipiens*
重阳木属 *Bischofia*
钝叶桂 *Cinnamomum bejolghota*
钝齿尖叶桂樱 *Laurocerasus undulata* f. *microbotrys*
钝药野木瓜 *Stauntonia obovata*
钟花樱桃 *Cerasus campanulata*
钩毛紫珠 *Callicarpa peichieniana*
钩吻 *Gelsemium elegans*
钩刺雀梅藤 *Sageretia hamosa*
钩枝藤 *Ancistrocladus tectorius*
钩枝藤属 *Ancistrocladus*
钩锥 *Castanopsis tibetana*
钩藤 *Uncaria rhynchophylla*
闽楠 *Phoebe bournei*
革叶铁榄 *Sinosideroxylon wightianum*
革叶猕猴桃 *Actinidia rubricaulis* var. *coriacea*
革叶槭 *Acer coriaceifolium*
须叶藤 *Flagellaria indica*
香子含笑 *Michelia gioi*
香木莲 *Manglietia aromatica*
香丝草 *Conyza bonariensis*
香白芷 *Ostericum citriodorum*
香皮树 *Meliosma fordii*
香合欢 *Albizia odoratissima*
香花枇杷 *Eriobotrya fragrans*
香附子 *Cyperus rotundus*
香果树 *Emmenopterys henryi*
香茅属 *Cymbopogon*
香粉叶 *Lindera pulcherrima* var. *attenuata*
香港大沙叶 *Pavetta hongkongensis*
香港木兰 *Lirianthe championii*
香港四照花 *Cornus hongkongensis*
香港瓜馥木 *Fissistigma uonicum*
香港新木姜子 *Neolitsea cambodiana* var. *glabra*
香港算盘子 *Glochidion zeylanicum*
香港樫木 *Dysoxylum hongkongense*
香港鹰爪花 *Artabotrys hongkongensis*
香椿 *Toona sinensis*
香椿属 *Toona*
香楠 *Aidia canthioides*
香槐 *Cladrastis wilsonii*
香槐属 *Cladrastis*
骨排蕨 *Lepidogrammitis rostrata*
鬼针草 *Bidens pilosa*
鸦胆子属 *Brucea*
鸦椿卫矛 *Euonymus euscaphis*

十画

倒吊笔 *Wrightia pubescens*
倒吊笔属 *Wrightia*
倒卵叶山龙眼 *Helicia obovatifolia*
倒卵叶紫麻 *Oreocnide obovata*
倒挂铁角蕨 *Asplenium normale*
凌霄 *Campsis grandiflora*
圆叶乌桕 *Sapium rotundifolium*
圆叶舌蕨 *Elaphoglossum sinii*
圆叶豺皮樟 *Litsea rotundifolia* var. *oblongifolia*
圆叶舞草 *Codariocalyx gyroides*
圆果化香 *Platycarya longipes*
圆果苣苔属 *Gyrogyne*
圆果罗伞 *Ardisia depressa*
圆果算盘子 *Glochidion sphaerogynum*
圆籽荷 *Apterosperma oblata*
圆籽荷属 *Apterosperma*
圆盖阴石蕨 *Humata tyermannii*
圆锥绣球 *Hydrangea paniculata*
圆锥菝葜 *Smilax bracteata*
套鞘薹草 *Carex maubertiana*
宽叶沿阶草 *Ophiopogon platyphyllus*
宽叶薹草 *Carex siderosticta*
宽叶楼梯草 *Elatostema platyphyllum*
射干 *Belamcanda chinensis*
扇叶铁线蕨 *Adiantum flabellulatum*
扇叶槭 *Acer flabellatum*
晚花吊钟花 *Enkianthus serotinus*
栓叶安息香 *Styrax suberifolius*
栓皮栎 *Quercus variabilis*
栗 *Castanea mollissima*
栗属 *Castanea*
栗蕨 *Histiopteris incisa*
栲 *Castanopsis fargesii*
核果木属 *Drypetes*
格木 *Erythrophleum fordii*
格木属 *Erythrophleum*
栽秧泡 *Rubus ellipticus* var. *obcordatus*
桂丁香 *Luculia intermedia*
桂木 *Artocarpus nitidus* subsp. *lingnanensis*
桂火绳 *Eriolaena kwangsiensis*
桂北木姜子 *Litsea subcoriacea*
桂叶素馨 *Jasminum laurifolium* var. *brachylobum*
桂竹 *Phyllostachys reticulata*
桂花 *Osmanthus fragrans*
桂单竹 *Bambusa guangxiensis*
桂林槭 *Acer kweilinense*

桂南木莲 *Manglietia conifera*
桂南柯 *Lithocarpus phansipanensis*
桂党参 *Campanumoea javanica*
桂野桐 *Mallotus conspurcatus*
桂楠 *Phoebe kwangsiensis*
桃叶石楠 *Photinia prunifolia*
桃叶珊瑚 *Aucuba chinensis*
桃金娘 *Rhodomyrtus tomentosa*
桃金娘属 *Rhodomyrtus*
桃属 *Amygdalus*
桄榔 *Arenga westerhoutii*
桄榔属 *Arenga*
桉树 *Eucalyptus* sp.
桐叶千金藤 *Stephania japonica* var. *discolor*
桐棉 *Thespesia populnea*
桤木属 *Alnus*
桦木属 *Betula*
梣属 *Fraxinus*
梧桐 *Firmiana simplex*
梨叶悬钩子 *Rubus pirifolius*
梨序楼梯草 *Elatostema ficoides*
梨属 *Pyrus*
流苏子 *Coptosapelta diffusa*
流苏萼越桔 *Vaccinium fimbricalyx*
浆果薹草 *Carex baccans*
浆果楝属 *Cipadessa*
海红豆 *Adenanthera pavonina*
海芋 *Alocasia odora*
海芒果属 *Cerbera*
海芒果 *Cerbera manghas*
海金沙 *Lygodium japonicum*
海南大风子 *Hydnocarpus hainanensis*
海南山龙眼 *Helicia hainanensis*
海南五针松 *Pinus fenzeliana*
海南木犀榄 *Olea hainanensis*
海南冬青 *Ilex hainanensis*
海南买麻藤 *Gnetum hainanense*
海南杨桐 *Adinandra hainanensis*
海南罗伞树 *Ardisia quinquegona*
海南厚壳桂 *Cryptocarya hainanensis*
海南柿 *Diospyros hainanensis*
海南树参 *Dendropanax hainanensis*
海南海金沙 *Lygodium circinnatum*
海南菜豆树 *Radermachera hainanensis*
海南链珠藤 *Alyxia odorata*
海南椴 *Diplodiscus trichisperma*
海南椴属 *Diplodiscus*
海南锥 *Castanopsis hainanensis*
海南槽裂木 *Pertusadina hainanensis*
海南椌木 *Dysoxylum mollissimum*
海桐花属 *Pittosporum*
海桑 *Sonneratia caseolaris*
海桑科 *Sonneratiaceae*
海榄雌 *Avicennia marina*
海榄雌属 *Avicennia*
海漆 *Excoecaria agallocha*
海漆属 *Excoecaria*
润楠属 *Machilus*
烟斗柯 *Lithocarpus corneus*
珠仔树 *Symplocos racemosa*
瓶蕨 *Vandenboschia auriculata*
痄腮树 *Heliciopsis terminalis*
皱叶狗尾草 *Setaria plicata*
皱叶雀梅藤 *Sageretia rugosa*
皱果南蛇藤 *Celastrus tonkinensis*
皱柄冬青 *Ilex kengii*
盐肤木 *Rhus chinensis*
破布叶 *Microcos paniculata*
积雪草 *Centella asiatica*
窄叶天料木 *Homalium sabiifolium*
窄叶半枫荷 *Pterospermum lanceifolium*
窄基红褐柃 *Eurya rubiginosa* var. *attenuata*
窄瓣鹿药 *Maianthemum tatsienense*
笔罗子 *Meliosma rigida*
笔管竹 *Bambusa* sp.
笔管榕 *Ficus subpisocarpa*
粉叶润楠 *Machilus glaucifolia*
粉防己 *Stephania tetrandra*
粉单竹 *Bambusa chungii*
粉苹婆 *Sterculia euosma*
粉背菝葜 *Smilax hypoglauca*
粉背雷公藤 *Tripterygium hypoglaucum*
粉背蕨属 *Aleuritopteris*
粉叶栒子 *Cotoneaster glaucophyllus*
粉绿藤 *Pachygone sinica*
素馨属 *Jasminum*
绢毛马铃苣苔 *Oreocharis sericea*
绢毛杜英 *Elaeocarpus nitentifolius*
绢毛飘拂草 *Fimbristylis sericea*
缺萼枫香树 *Liquidambar acalycina*
翅子树属 *Pterospermum*
翅柃 *Eurya alata*
翅荚木属 *Zenia*
翅荚香槐 *Cladrastis platycarpa*

胭脂	*Artocarpus tonkinensis*
胶藤	*Urceola* sp.
臭茉莉	*Clerodendrum chinense* var. *simplex*
臭根子草	*Bothriochloa bladhii*
艳山姜	*Alpinia zerumbet*
莎草属	*Cyperus*
莠竹属	*Microstegium*
莲沱兔儿风	*Ainsliaea ramosa*
莲座紫金牛	*Ardisia primulifolia*
蚊母树属	*Distylium*
蚌壳蕨属	*Dicksonia*
蚬木	*Excentrodendron tonkinensis*
蚬木属	*Excentrodendron*
蚬壳花椒	*Zanthoxylum dissitum*
调羹树	*Heliciopsis lobata*
豹皮樟	*Litsea rotundifolia*
资源冷杉	*Abies beshanzuensis* var. *ziyuanensis*
赶山鞭	*Hypericum attenuatum*
通脱木	*Tetrapanax papyrifer*
酒饼簕	*Atalantia buxifolia*
钱氏鳞始蕨	*Lindsaea chienii*
钻地风	*Schizophragma integrifolium*
铁山矾	*Symplocos pseudobarberina*
铁木属	*Ostrya*
铁冬青	*Ilex rotunda*
铁包金	*Berchemia lineata*
铁杉	*Tsuga chinensis*
铁杉属	*Tsuga*
铁角蕨	*Asplenium trichomanes*
铁角蕨属	*Asplenium*
铁线子	*Manilkara hexandra*
铁线蕨	*Adiantum capillus - veneris*
铁线蕨属	*Adiantum*
铁榄	*Sinosideroxylon pedunculatum*
铁榄属	*Sinosideroxylon*
高山紫薇	*Lagerstroemia* sp.
高山锥	*Castanopsis delavayi*
高山榕	*Ficus altissima*
高良姜	*Alpinia officinarum*
高粱泡	*Rubus lambertianus*
鸭公树	*Neolitsea chui*
鸭嘴草属	*Ischaemum*
十一画	
假九节	*Psychotria tutcheri*
假卫矛	*Microtropis cathayensis*
假山毛榉属	*Nothofagus*
假山龙眼	*Heliciopsis henryi*
假山龙眼属	*Heliciopsis*
假木豆	*Dendrolobium triangulare*
假木豆属	*Dendrolobium*
假木荷	*Craibiodendron stellatum*
假毛竹	*Phyllostachys kwangsiensis*
假东风草	*Blumea riparia*
假玉桂	*Celtis timorensis*
假地枫皮	*Illicium jiadifengpi*
假江南短肠蕨	*Allantodia yaoshanensis*
假杨桐	*Eurya subintegra*
假肥牛树	*Cleistanthus petelotii*
假苹婆	*Sterculia lanceolata*
假柿木姜子	*Litsea monopetala*
假桂乌口树	*Tarenna attenuata*
假桂钓樟	*Lindera tonkinensis*
假雀肾树	*Streblus indicus*
假黄皮	*Clausena excavata*
假朝天罐	*Osbeckia crinita*
假蒟	*Piper sarmentosum*
假蹄盖蕨	*Athyriopsis japonica*
假鹰爪	*Desmos chinensis*
偏瓣花	*Plagiopetalum esquirolii*
剪刀股	*Ixeris japonica*
匙叶草	*Latouchea fokienensis*
匙萼柏拉木	*Blastus cavaleriei*
基脉润楠	*Machilus decursinervis*
婆婆针	*Bidens bipinnata*
寄生藤	*Dendrotrophe varians*
密毛野锦香	*Blastus mollissimus*
密序野桐	*Mallotus lotingensis*
密花山矾	*Symplocos congesta*
密花栎	*Quercus densiflora*
密花树	*Myrsine seguinii*
密花美登木	*Maytenus confertiflorus*
密花胡颓子	*Elaeagnus conferta*
密花核果木	*Drypetes congestiflora*
密花假卫矛	*Microtropis gracilipes*
密齿酸藤子	*Embelia vestita*
密脉柯	*Lithocarpus fordianus*
崇澍蕨	*Chieniopteris harlandii*
崖爬藤	*Tetrastigma obtectum*
常山	*Dichroa febrifuga*
常春藤	*Hedera sinensis*
常绿榆	*Ulmus lanceifolia*
弹斗锥	*Castanopsis traninhensis*
悬钩子属	*Rubus*
悬铃木属	*Platanus*

排钱草 *Phyllodium pulchellum*
接骨木 *Sambucus williamsii*
斜方复叶耳蕨 *Arachniodes rhomboidea*
斜叶黄檀 *Dalbergia pinnata*
斜叶榕 *Ficus tinctoria* subsp. *gibbosa*
斜羽凤尾蕨 *Pteris oshimensis*
斜脉暗罗 *Polyalthia plagioneura*
旋覆花属 *Inula*
曼青冈 *Cyclobalanopsis oxyodon*
望天树 *Parashorea chinensis*
桫椤 *Alsophila spinulosa*
梅 *Armeniaca mume*
梅叶冬青 *Ilex asprella*
梗花华西龙头草 *Meehania fargesii* var. *pedunculata*
梗花椒 *Zanthoxylum stipitatum*
梭子果 *Eberhardtia tonkinensis*
梭子果属 *Eberhardtia*
梭罗树 *Reevesia pubescens*
淡竹叶 *Lophatherum gracile*
淡竹叶属 *Lophatherum*
淡黄荚蒾 *Viburnum lutescens*
深山含笑 *Michelia maudiae*
深绿卷柏 *Selaginella doederleinii*
深裂悬钩子 *Rubus reflexus* var. *lanceolobus*
清风藤 *Sabia japonica*
清香木 *Pistacia weinmannifolia*
清香藤 *Jasminum lancedarium*
渐尖毛蕨 *Cyclosorus acuminatus*
焕镛木 *Woonyoungia septentrionalis*
焕镛木属 *Woonyoungia*
猕猴桃属 *Actinidia*
猪血木 *Euryodendron excelsum*
猪血木属 *Euryodendron*
猪肚木 *Canthium horridum*
猪鬣凤尾蕨 *Pteris actiniopteroides*
猫儿山杜鹃 *Rhododendron maoerense*
球子复叶耳蕨 *Arachniodes sphaerosora*
球花脚骨脆 *Casearia glomerata*
甜冬青 *Ilex suaveolens*
甜叶算盘子 *Glochidion philippicum*
甜槠 *Castanopsis eyrei*
甜橙 *Citrus sinensis*
粗毛杨桐 *Adinandra hirta*
粗丝木 *Gomphandra tetrandra*
粗叶木 *Lasianthus chinensis*
粗叶木属 *Lasianthus*
粗叶地桃花 *Urena lobata* var. *glauca*
粗叶悬钩子 *Rubus alceifolius*
粗叶榕 *Ficus hirta*
粗壮润楠 *Machilus robusta*
粗齿冷水花 *Pilea sinofasciata*
粗齿兔儿风 *Ainsliaea grossedentata*
粗柄槭 *Acer tonkinense*
粗喙秋海棠 *Begonia longifolia*
粗棕竹 *Rhapis robusta*
粗榧 *Cephalotaxus sinensis*
粗糠柴 *Mallotus philippinensis*
粘木 *Ixonanthes reticulata*
绵毛葡萄 *Vitis retordii*
绵柯 *Lithocarpus henryi*
绸缎藤 *Bauhinia hypochrysa*
绿冬青 *Ilex viridis*
绿叶五味子 *Schisandra arisanensis* subsp. *viridis*
绿叶润楠 *Machilus viridis*
绿花羊耳蒜 *Liparis chloroxantha*
绿萼连蕊茶 *Camellia viridicalyx*
脚骨脆属 *Casearia*
船柄茶 *Hartia sinensis*
船梨榕 *Ficus pyriformis*
菅草属 *Themeda*
菊三七 *Gynura japonica*
菜豆树属 *Radermachera*
菜蕨 *Callipteris esculenta*
菝葜 *Smilax china*
菝葜属 *Smilax*
菟丝子 *Cuscuta chinensis*
菠萝密属 *Artocarpus*
菰腺忍冬 *Lonicera hypoglauca*
菲律宾朴 *Celtis philippensis*
萝芙木 *Rarvolfia verticillata*
蛇足石杉 *Huperzia serrata*
蛇泡筋 *Rubus cochinchinensis*
蛇根草属 *Ophiorrhiza*
蛇葡萄属 *Ampelopsis*
野木瓜 *Stauntonia chinensis*
野古草属 *Arundinella*
野生荔枝 *Litchi chinensis* var. *euspontanea*
野百合 *Lilium brownii*
野牡丹 *Melastoma malabathricum*
野牡丹属 *Melastoma*
野茉莉 *Styrax japonicus*
野柿 *Diospyros kaki* var. *silvestris*
野独活 *Miliusa chunii*
野独活属 *Miliusa*

野茼蒿	*Crassocephalum crepidioides*
野鸦椿	*Euscaphis japonica*
野桐	*Mallotus tenuifolius*
野桐属	*Mallotus*
野梧桐	*Mallotus japonicus*
野黄桂	*Cinnamomum jensenianum*
野雉尾金粉蕨	*Onychium japonicum*
野漆	*Toxicodendron succedaneum*
野蕉	*Musa balbisiana*
铜锤玉带草	*Lobelia angulata*
银木荷	*Schima argentea*
银叶安息香	*Styrax argentifolius*
银叶树	*Heritiera littoralis*
银叶树属	*Heritiera*
银杉	*Cathaya argyrophylla*
银杉属	*Cathaya*
银杏	*Ginkgo biloba*
银杏属	*Ginkgo*
银带虾脊兰	*Calanthe argenteo - striata*
银钟花	*Halesia macgregorii*
银钟花属	*Halesia*
银柴	*Aporusa dioica*
银柴属	*Aporusa*
银珠	*Peltophorum tonkinensis*
银鹊树	*Tapiscia sinensis*
银瓣崖豆藤	*Millettia argyraea*
隐脉西南山茶	*Camellia pitardii* var. *cryptoneura*
隐穗薹草	*Carex cryptostachys*
雀梅藤	*Sageretia thea*
雀梅藤属	*Sageretia*
雀稗	*Paspalum thunbergii*
雪下红	*Ardisia villosa*
雪松属	*Cedrus*
雪峰山崖豆藤	*Callerya dielsiana* var. *solida*
鹿角锥	*Castanopsis lamontii*
鹿藿	*Rhynchosia volubilis*
麻叶绣线菊	*Spiraea cantoniensis*
麻竹	*Dendrocalamus latiflorus*
麻栎	*Quercus acutissima*
麻黄属	*Ephedra*
麻楝	*Chukrasia tabularis*
麻楝属	*Chukrasia*
黄山松	*Pinus taiwanensis*
黄丹木姜子	*Litsea elongata*
黄毛五月茶	*Antidesma fordii*
黄毛豆腐柴	*Premna fulva*
黄毛青冈	*Cyclobalanopsis delavayi*
黄毛粗叶木	*Lasianthus rhinocerotis* subsp. *pedunculatus*
黄牛木	*Cratoxylum cochinchinense*
黄牛木属	*Cratoxylum*
黄牛奶树	*Symplocos cochinchinensis* var. *laurina*
黄叶树	*Xanthophyllum hainanensis*
黄叶树属	*Xanthophyllum*
黄皮	*Clausena lansium*
黄杉	*Pseudotsuga sinensis*
黄杞	*Engelhardia roxburghiana*
黄杞属	*Engelhardtia*
黄杨	*Buxus microphylla* subsp. *sinica* var. *microphylla*
黄杨冬青	*Ilex buxoides*
黄杨叶芒毛苣苔	*Aeschynanthus buxifolius*
黄杨属	*Buxus*
黄花倒水莲	*Polygala fallax*
黄连木	*Pistacia chinensis*
黄连木属	*Pistacia*
黄果厚壳桂	*Cryptocarya concinna*
黄枝油杉	*Keteleeria davidiana* var. *calcarea*
黄枝润楠	*Machilus versicolora*
黄茅	*Heteropogon contotus*
黄茅属	*Heteropogon*
黄金茅属	*Eulalia*
黄独	*Dioscorea bulbifera*
黄背青冈	*Cyclobalanopsis poilanei*
黄背草	*Themeda triandra*
黄背越桔	*Vaccinium iteophyllum*
黄药	*Premna cavaleriei*
黄桐	*Endospermum chinense*
黄桐属	*Endospermum*
黄梨木	*Boniodendron minus*
黄梨木属	*Boniodendron*
黄麻叶扁担杆	*Grewia henryi*
黄棉木	*Metadina trichotoma*
黄棉木属	*Metadina*
黄葛树	*Ficus virens*
黄椿木姜子	*Litsea variabilia*
黄鼠李	*Rhamnus fulvotincta*
黄槿	*Hibiscus tiliaceus*
黄樟	*Cinnamomum parthenoxylon*
黄檀	*Dalbergia hupeana*
黄檀属	*Dalbergia*
黄藤	*Daemonorops margaritae*
黄藤属	*Daemonorops*

十二画

割舌树	*Walsura robusta*
割舌树属	*Walsura*

喙果皂帽花	*Dasymaschalon rostratum*
喙果崖豆藤	*Callerya cochinchinensis*
喙顶红豆	*Ormosia apiculata*
喙核桃	*Annamocarya sinensis*
喜树	*Camptotheca acuminata*
喜树属	*Camptotheca*
寒兰	*Cymbidium kanran*
寒莓	*Rubus buergeri*
戟叶圣蕨	*Dictyocline sagittifolia*
掌叶木	*Handeliodendron bodinieri*
掌叶木属	*Handeliodendron*
掌叶秋海棠	*Begonia hemsleyana*
散斑竹根七	*Disporopsis aspersa*
斑叶兰	*Goodyera schlechtendaliana*
斑鸠菊	*Vernonia esculenta*
斑茅	*Saccharum arundinaceum*
朝天罐	*Osbeckia opipara*
棋子豆	*Archidendron robinsonii*
棒凤仙	*Impatiens claviger*
棒叶沿阶草	*Ophiopogon clavatus*
棒柄花	*Cleidion brevipetiolatum*
棒柄花属	*Cleidion*
棕竹	*Rhapis excelsa*
棕竹属	*Rhapis*
棕榈	*Trachycarpus fortunei*
棚竹	*Indosasa longispicata*
棠叶悬钩子	*Rubus malifolius*
棱果花	*Barthea barthei*
棱果花属	*Barthea*
棱果海桐	*Pittosporum trigonocarpum*
棱枝冬青	*Ilex angulata*
椭圆叶木蓝	*Indigofera cassoides*
椰子	*Cocos nucifera*
楮头红	*Sarcopyramis nepalensis*
榔榆	*Ulmus parvifolia*
港油麻藤	*Mucuna championii*
港柯	*Lithocarpus harlandii*
滑叶润楠	*Machilus ichangensis* var. *leiophlla*
猴头杜鹃	*Rhododendron simiarum*
猴欢喜	*Sloanea sinensis*
猴欢喜属	*Sloanea*
猴耳环属	*Abarema*
琴叶榕	*Ficus pandurata*
琼楠	*Beilschmiedia intermedia*
琼楠属	*Beilschmiedia*
番石榴	*Psidium guajava*
疏叶卷柏	*Selaginella remotifolia*
疏羽凸轴蕨	*Metathelypteris laxa*
疏花卫矛	*Euonymus laxiflorus*
疏花沿阶草	*Ophiopogon sparsiflorus*
疏松卷柏	*Selaginella effusa*
短丝木犀	*Osmanthus serrulatus*
短叶岗松	*Baeckea frutescens* var. *brachyphylla*
短叶赤车	*Pellionia brevifolia*
短叶茳芏	*Cyperus malaccensis* subsp. *monophyllus*
短叶黄杉	*Pseudotsuga brevifolia*
短尾越桔	*Vaccinium carlesii*
短尾鹅耳枥	*Carpinus londoniana*
短序荚蒾	*Viburnum brachybotryum*
短序润楠	*Machilus breviflora*
短刺米槠	*Castanopsis carlesii* var. *spinulosa*
短柄禾叶蕨	*Grammitis dorsipila*
短柄紫珠	*Callicarpa brevipes*
短柱肖菝葜	*Heterosmilax septemnervia*
短柱柃	*Eurya brevistyla*
短柱络石	*Trachelospermum brevistylum*
短脉杜鹃	*Rhododendron brevinerve*
短药沿阶草	*Ophiopogon angustifoliatus*
短梗大参	*Macropanax rosthornii*
短梗幌伞枫	*Heteropanax brevipedicellatus*
短梗新木姜子	*Neolitsea brevipes*
短萼黄连	*Coptis chinensis* var. *brevisepala*
硬毛山香圆	*Turpinia affinis*
硬毛石笔木	*Tutcheria hirta*
硬叶兜兰	*Paphiopedilum micranthum*
硬壳柯	*Lithocarpus hancei*
硬壳桂	*Cryptocarya chingii*
硬秆子草	*Capillipedium assimile*
稀羽鳞毛蕨	*Dryopteris sparsa*
稀果杜鹃	*Rhododendron oligocarpum*
筋藤	*Alyxia levinei*
筐条菝葜	*Smilax corbularia*
粤瓦韦	*Lepisorus obscurevenulosus*
粤西绣球	*Hydrangea kwangsiensis*
粪箕笃	*Stephania longa*
紫玉盘	*Uvaria macrophylla*
紫玉盘柯	*Lithocarpus uvariifolius*
紫竹	*Phyllostachys nigra*
紫花苣苔	*Loxostigma griffithii*
紫花络石	*Trachelospermum axillare*
紫花堇菜	*Viola grypoceras*
紫茎	*Stewardia sinensis*
紫茎属	*Stewardia*
紫金牛	*Ardisia japonica*

紫金牛属	*Ardisia*
紫柄蕨	*Pseudophegopteris pyrrhorachis*
紫柄蹄盖蕨	*Athyrium kenzosatakei*
紫背天葵	*Begonia fimbristipula*
紫脉鹅耳枥	*Carpinus purpurinervis*
紫荆木	*Madhuca pasquieri*
紫荆木属	*Madhuca*
紫珠	*Callicarpa bodinieri*
紫弹树	*Celtis biondii*
紫萁	*Osmunda japonica*
紫萁属	*Osmunda*
紫麻	*Oreocnide frutescens*
紫楠	*Phoebe sheareri*
腋毛泡花树	*Meliosma rhoifolia* + var. *barbulata*
落叶松属	*Larix*
落羽松属	*Taxodium*
落萼叶下珠	*Phyllanthus flexuosus*
葛	*Pueraria montana* var. *lobata*
葛藟葡萄	*Vitis flexuosa*
董棕	*Caryota obtusa*
葫芦茶	*Tadehagi triquetrum*
裂叶秋海棠	*Begonia palmata*
裂叶铁线莲	*Clematis parviloba*
裂果卫矛	*Euonymus dielsianus*
裂果漆	*Toxicodendron griffithii*
裂果薯	*Schizocapsa plantaginea*
裂稃草	*Schizachyrium brevifolium*
裂稃草属	*Schizachyrium*
裂檐苣苔属	*Schistolobos*
越南山矾	*Symplocos cochinchinensis*
越南山香圆	*Turpinia cochinchinensis*
越南叶下株	*Phyllanthus cochinchinensis*
越南安息香	*Styrax tonkinensis*
越南油茶	*Camellia drupifera*
越南槐	*Sophora tonkinensis*
越桔属	*Vaccinium*
越桔爱花	*Agapetes vaccinioides*
链珠藤	*Alyxia sinensis*
锈毛红厚壳	*Calophyllum retusum*
锈毛罗伞	*Brassaiopsis ferruginea*
锈毛络石	*Trachelospermum dunnii*
锈毛莓	*Rubus reflexus*
锈毛蚊母树	*Distylium ferruginea*
锈毛梭子果	*Eberhardtia aurata*
锈叶新木姜子	*Neolitsea cambodiana*
锈鳞飘拂草	*Fimbristylis ferrugineae*
锐尖山香圆	*Turpinia arguta*
锐齿桂樱	*Laurocerasus phaeosticta* f. *ciliospinosa*
阔叶十大功劳	*Mahonia bealei*
阔叶山麦冬	*Liriope muscari*
阔叶瓜馥木	*Fissistigma chloroneurum*
阔叶肖榄	*Platea latifolia*
阔叶假排草	*Lysimachia petelotii*
阔柱黄杨	*Buxus latistyla*
阔荚合欢	*Albizia lebbeck*
阔瓣含笑	*Michelia cavaleriei* var. *platypetala*
阔鳞鳞毛蕨	*Dryopteris championii*
鹅耳枥属	*Carpinus*
鹅绒藤属	*Cynanchum*
鹅掌柴	*Schefflera heptaphylla*
鹅掌柴属	*Schefflera*
鹅掌楸	*Liriodendron chinense*
鹅掌楸属	*Liriodendron*
鹅掌藤	*Schefflera arboricola*
黑风藤	*Fissistigma polyanthum*
黑边铁角蕨	*Asplenium speluncae*
黑老虎	*Kadsura coccinea*
黑足鳞毛蕨	*Dryopteris fuscipes*
黑嘴蒲桃	*Syzygium bullockii*
黑柃	*Eurya macartneyi*
黑面神	*Breynia fruticosa*
黑面神属	*Breynia*
黑莎草	*Gahnia tristis*
黑鳞耳蕨	*Polystichum makinoi*
黑鳞剑蕨	*Loxogramme assimilis*
黑鳞珍珠茅	*Scleria hookeriana*
十三画	
鼎湖钓樟	*Lindera chunii*
幌伞枫	*Heteropanax fragrans*
微毛山矾	*Symplocos wikstroemiifolia*
微毛柃	*Eurya hebeclados*
微花藤	*Iodes cirrhosa*
摆竹	*Indosasa shibataeoides*
新月蕨	*Pronephrium gymnopteridifrons*
新木姜子	*Neolitsea aurata*
新木姜子属	*Neolitsea*
新宁新木姜子	*Neolitsea shingningensis*
暖木	*Meliosma veitchiorum*
暗色菝葜	*Smilax lanceifolia* var. *opaca*
暗罗属	*Polyalthia*
椴树属	*Tilia*
楔叶豆梨	*Pyrus calleryana* var. *koehnei*
楝	*Melia azedarach*
楝叶吴萸	*Tetradium glabrifolium*

楝属	*Melia*
楠木属	*Phoebe*
楠藤	*Mussaenda erosa*
楹树	*Albizia chinensis*
楼梯草属	*Elatostema*
榄叶柯	*Lithocarpus oleifolius*
榄李	*Lumnitzera racemosa*
榄李属	*Lumnitzera*
榆属	*Ulmus*
榉树属	*Zelkova*
滇白珠	*Gaultheria leucocarpa* var. *yunnanensis*
滇边南蛇藤	*Celastrus hookeri*
滇刺枣	*Ziziphus mauritiana*
滇青冈	*Cyclobalanopsis glaucoides*
滇润楠	*Machilus yunnanensis*
滇黄精	*Polygonatum kingianum*
滇琼楠	*Beilschmiedia yunnanensis*
滇粤山胡椒	*Lindera metcalfiana*
滇新樟	*Neocinnamomum caudatum*
滇鼠刺	*Itea yunnanensis*
滇黔水锦树	*Wendlandia uvariifolia* subsp. *dunniana*
滇黔黄檀	*Dalbergia yunnanensis*
满山红	*Rhododendron mariesii*
满树星	*Ilex aculeolata*
滨木患	*Arytera litoralis*
瑞木	*Corylopsis multiflora*
矮小天仙果	*Ficus erecta*
矮冬青	*Ilex lohfauensis*
矮桃	*Lysimachia clethroides*
矮棕竹	*Rhapis humilis*
矮短紫金牛	*Ardisia pedalis*
矮裸柱草	*Gymnostachyum subrosulatum*
钱氏鳞始蕨	*Lindsaea chienii*
碎米莎草	*Cyperus iria*
碗蕨	*Dennstaedtia scabra*
福建观音座莲	*Angiopteris fokiensis*
福建青冈	*Cyclobalanopsis chungii*
福建柏	*Fokienia hodginsii*
福建柏属	*Fokienia*
签草	*Carex doniana*
腺毛泡花树	*Meliosma glandulosa*
腺叶山矾	*Symplocos adenophylla*
腺叶桂樱	*Laurocerasus phaeosticta*
腺边山矾	*Symplocos punctato – martinata*
腺柄山矾	*Symplocos adenopus*
腺缘山矾	*Symplocos glandulifera*
腺萼马银花	*Rhododendron bachii*
腺鼠刺	*Itea glutinosa*
蒙自合欢	*Albizia bracteata*
蒜头果	*Malania oleifera*
蒲桃属	*Syzygium*
蓝子木	*Margaritaria indica*
蓝子木属	*Margaritaria*
蓝果树	*Nyssa sinensis*
蓝果树属	*Nyssa*
蜈蚣草	*Eremochloa ciliaris*
蜈蚣草	*Pteris vittata*
蜈蚣草属	*Eremochloa*
裸花紫珠	*Callicarpa nudiflora*
赪桐	*Clerodendrum japonicum*
锡叶藤	*Tetracera sarmentosa*
锡金粗叶木	*Lasianthus sikkimensis*
锥	*Castanopsis chinensis*
锥属	*Castanopsis*
锦香草	*Phyllagathis cavaleriei*
锦香草属	*Phyllagathis*
锯叶合耳菊	*Synotis nagensium*
锯叶竹节树	*Carallia diplopetala*
雷公鹅耳枥	*Carpinus viminea*
雷公橘	*Capparis membranifolia*
雷公藤	*Tripterygium wilfordii*
雾水葛	*Pouzolzia zeylanica*
鹊肾树	*Streblus asper*
鼠妇草	*Eragrostis atrovirens*
鼠尾粟	*Sporobolus fertilis*
鼠李属	*Rhamnus*
鼠刺	*Itea chinensis*
鼠刺叶柯	*Lithocarpus iteaphyllus*
鼠刺属	*Itea*
十四画	
嘉榄属	*Garuga*
截叶铁扫帚	*Lespedeza cuneata*
截果柯	*Lithocarpus truncatus*
榕叶冬青	*Ilex ficoidea*
榕树	*Ficus microcarpa*
榕属	*Ficus*
榛属	*Corylus*
榼藤子	*Entada phaseoloides*
槟榔	*Areca catechu*
槟榔青	*Spondias pinnata*
槟榔青冈	*Cyclobalanopsis bella*
槭属	*Acer*
滴水珠	*Pinellia cordata*
漆属	*Toxicodendron*

瑶山丁公藤 *Erycibe sinii*
瑶山山矾 *Symplocos yaoshanensis*
瑶山山黑豆 *Dumasia nitida*
瑶山云实 *Caesalpinia yaoshanensis*
瑶山凤尾蕨 *Pteris yaoshanensis*
瑶山毛药花 *Bostrychanthera yaoshanensis*
瑶山瓦韦 *Lepisorus kuchenensis*
瑶山长蒴苣苔 *Didymocarpus verecundus*
瑶山杜鹃 *Rhododendron yaoshanicum*
瑶山苣苔 *Dayaoshania cotinifolia*
瑶山苣苔属 *Dayaoshania*
瑶山省藤 *Calamus melanochrous*
瑶山轴脉蕨 *Ctenitopsis sinii*
瑶山润楠 *Machilus yaoshanensis*
瑶山梭罗树 *Reevesia glaucophylla*
瑶山船柄茶 *Hartia sinii*
瑶山野木瓜 *Stauntonia yaoshanensis*
瑶山稀子蕨 *Monachosorum elegans*
瑶山越桔 *Vaccinium yaoshanicum*
碟斗青冈 *Cyclobalanopsis disciformis*
算盘子 *Glochidion puberum*
算盘子属 *Glochidion*
箬叶竹 *Indocalamus longiauritus*
粽叶狗尾草 *Setaria palmifolia*
粽叶芦 *Thysanolaena latifolia*
翠云草 *Selaginella uncinata*
翠柏属 *Calocedrus*
聚石斛 *Dendrobium lindleyi*
聚锥水冬哥 *Saurauia thysiflora*
膜叶脚骨脆 *Casearia membranacea*
膜叶槌果藤 *Capparis membranacea*
舞花姜 *Globba racemosa*
舞草 *Codariocalyx motorius*
蓼属 *Polygonum*
蔓胡颓子 *Elaeagnus glabra*
蜘蛛抱蛋 *Aspidistra elatior*
蜜茱萸 *Melicope pteleifolia*
蜡烛果 *Aegiceras corniculatum*
蜡烛果属 *Aegiceras*
蜡瓣花 *Corylopsis sinensis*
蜡瓣花属 *Corylopsis*
褐毛四照花 *Cornus hongkongensis* subsp. *ferruginea*
褐毛杜英 *Elaeocarpus duclouxii*
褐毛金茅 *Eulalia phaeothris*
褐叶线蕨 *Colysis wrighii*
褐叶青冈 *Cyclobalanopsis stewardiana*
褐叶柄果木 *Mischocarpus pentapetalus*
褐果薹草 *Carex brunnea*
褐苞薯蓣 *Dioscorea persimilis*
褐鞘沿阶草 *Ophiopogon dracaenoides*
豪猪刺 *Berberis julianae*
赛山梅 *Styrax confusus*
酸模 *Rumex acetosa*
酸藤子 *Embelia laeta*
韶子 *Nephelium chryseum*
韶子属 *Nephelium*

十五画

墨兰 *Cymbidium sinense*
德保苏铁 *Cycas debaoensis*
撑篙竹 *Bambusa pervariabilis*
槲栎 *Quercus aliena*
槲树 *Quercus dentata*
槲蕨 *Drynaria roosii*
樟 *Cinnamomum camphora*
樟叶木防己 *Cocculus laurifolius*
樟叶泡花树 *Meliosma squamulata*
樟叶荚蒾 *Viburnum cinnamomifolium*
樟叶越桔 *Vaccinium dunalianum*
樟属 *Cinnamomum*
横枝竹 *Indosasa patens*
桎木属 *Dysoxylum*
樱叶厚皮香 *Ternstroemia prunifolia*
樱桃 *Cerasus pseudocerasus*
樱属 *Cerasus*
橄榄 *Canarium album*
橄榄属 *Canarium*
潺槁木姜子 *Litsea glutinosa*
澄广花属 *Orophea*
澜沧梨藤竹 *Melocalamus arrectus*
瘤皮孔酸藤子 *Embelia scandens*
瘤足蕨 *Plagiogyria adnata*
瘤足蕨属 *Plagiogyria*
膝柄木 *Bhesa robusta*
膝柄木属 *Bhesa*
蕈树 *Altingia chinensis*
蕈树属 *Altingia*
蕨 *Pteridium aquilinum* var. *latiusculum*
蕨状薹草 *Carex filicina*
蝴蝶藤 *Passiflora papilio*
醉香含笑 *Michelia macclurei*
髯毛箬竹 *Indocalamus barbatus*
髯丝蛛毛苣苔 *Paraboea martinii*
鲫鱼胆 *Maesa perlarius*
鹤顶兰 *Phaius tankervilliae*

植物名录拉丁名、中名对照表

（按字母顺序排列）

A

Abarema	猴耳环属
Abarema clypearia	围涎树
Abarema lucida	亮叶猴耳环
Abarema multifoliolata	多叶猴耳环
Abarema utile	薄叶围涎树
Abies	冷杉属
Abies beshanzuensis var. *ziyuanensis*	资源冷杉
Abies yuanbaoshanensis	元宝山冷杉
Abrus precatorius	相思子
Acacia confusa	台湾相思
Acacia pennata	羽叶金合欢
Acampe rigida	多花脆兰
Acanthus	老鼠簕属
Acanthus ilicifolius	老鼠簕
Acer	槭属
Acer chingii	黔桂槭
Acer coriaceifolium	革叶槭
Acer davidii	青榨槭
Acer fabri	罗浮槭
Acer flabellatum	扇叶槭
Acer kweilinense	桂林槭
Acer laevigatum	光叶槭
Acer lanceolatum	剑叶槭
Acer laurinum	十蕊槭
Acer lucidum	亮叶槭
Acer maximowiczii	五尖槭
Acer metcalfii	南岭槭
Acer miaoshanicum	苗山槭
Acer oblongum	飞蛾槭
Acer oliverianum	五裂槭
Acer sinense	中华槭
Acer sycopseoides	角叶槭
Acer tonkinense	粗柄槭
Acer tutcheri	岭南槭
Acer wilsonii	三峡槭
Acrocarpus fraxinifolius	顶果树
Acronychia pedunculata	山油柑
Acrophorus paleolatus	鱼鳞蕨
Acrorumohra diffracta	弯柄假复叶耳蕨
Actinidia	猕猴桃属
Actinidia arguta	软枣猕猴桃
Actinidia cylindrica	柱果猕猴桃
Actinidia fortunatii	条叶猕猴桃
Actinidia fulvicoma var. *hirsuta*	糙毛猕猴桃
Actinidia melliana	美丽猕猴桃
Actinidia rubricaulis var. *coriacea*	革叶猕猴桃
Actinidia rufotricha	红毛猕猴桃
Actinodaphne acuminata	尖叶黄肉楠
Actinodaphne cupularis	红果黄肉楠
Actinodaphne pilosa	毛黄肉楠
Adenanthera pavonina	海红豆
Adenanthera pavonina var. *microsperma*	小籽海红豆
Adenophora tetraphylla	轮叶沙参
Adiantum	铁线蕨属
Adiantum capillus - junonis	团羽铁线蕨
Adiantum capillus - veneris	铁线蕨
Adiantum caudatum	鞭叶铁线蕨
Adiantum flabellulatum	扇叶铁线蕨
Adina	水团花属
Adina pilulifera	水团花
Adinandra	杨桐属
Adinandra bockiana	川杨桐
Adinandra bockiana var. *acutifolia*	尖萼川杨桐
Adinandra glischroloma var. *jubata*	长毛杨桐
Adinandra glischroloma var. *macrocepala*	大萼杨桐
Adinandra hainanensis	海南杨桐
Adinandra hirta	粗毛杨桐
Adinandra millettii	杨桐
Adinandra mitida	亮叶杨桐
Aegiceras	蜡烛果属
Aegiceras corniculatum	蜡烛果
Aeschynanthus buxifolius	黄杨叶芒毛苣苔
Agapetes vaccinioides	越桔爱花
Aglaia	米仔兰属
Aglaia elaeagnoidea	山椤

Aglaia lawii	四瓣米仔兰
Aglaia odorata	米仔兰
Aglaonema modestum	广东万年青
Agrimonia pilosa	龙芽草
Aidia	茜树属
Aidia canthioides	香楠
Aidia cochinchinensis	茜树
Ailanthus guangxiensis	广西樗树
Ainsliaea grossedentata	粗齿兔儿风
Ainsliaea henryi	长穗兔儿风
Ainsliaea ramosa	莲沱兔儿风
Akebia trifoliata	三叶木通
Alangium	八角枫属
Alangium chinense	八角枫
Alangium faberi	小花八角枫
Alangium kurzii	毛八角枫
Alangium salviifolium	土坛树
Albizia	合欢属
Albizia bracteata	蒙自合欢
Albizia chinensis	楹树
Albizia corniculata	天香藤
Albizia kalkora	山槐
Albizia lebbeck	阔荚合欢
Albizia lucidior	光叶合欢
Albizia odoratissima	香合欢
Albizia saponaria	皂合欢
Alchornea	山麻杆属
Alchornea davidii	山麻杆
Alchornea trewioides	红背山麻杆
Aleuritopteris	粉背蕨属
Allantodia chinensis	中华短肠蕨
Allantodia contermina	边生短肠蕨
Allantodia laxifrons	异裂短肠蕨
Allantodia metteniana	江南短肠蕨
Allantodia metteniana	罗浮短肠蕨
Allantodia pinnatifidopinnata	羽裂短肠蕨
Allantodia yaoshanensis	假江南短肠蕨
Allostigma	异片苣苔属
Alloteropsis	毛颖草属
Alloteropsis semialata	毛颖草
Alniphyllum	赤杨叶属
Alniphyllum fortunei	赤杨叶
Alniphyllum fortunei var. *megaphyllum*	大叶赤杨叶
Alnus	桤木属
Alnus nepalensis	尼泊尔桤木
Alnus trabeculosa	江南桤木
Alocasia odora	海芋
Alphonsea	藤春属
Alphonsea mollis	石密
Alphonsea monogyna	藤春
Alpinia	山姜属
Alpinia galanga var. *pyramidata*	红豆蔻
Alpinia hainanensis	草豆蔻
Alpinia japonica	山姜
Alpinia officinarum	高良姜
Alpinia pumila	花叶山姜
Alpinia zerumbet	艳山姜
Alsophila gigantea	大叶黑桫椤
Alsophila metteniana	小黑桫椤
Alsophila spinulosa	桫椤
Altingia	蕈树属
Altingia chinensis	蕈树
Alyxia levinei	筋藤
Alyxia odorata	海南链珠藤
Alyxia schlechteri	狭叶链珠藤
Alyxia sinensis	链珠藤
Amentotaxus argotaenia	穗花杉
Amesiodendron	细子龙属
Amesiodendron chinense	细子龙
Amischotolype hispida	穿鞘花
Amomum	豆蔻属
Amomum gagnepainii	长序砂仁
Amomum villosum	砂仁
Amorphophallus konjac	魔芋
Ampelocalamus calcareus	贵州悬竹
Ampelopsis	蛇葡萄属
Ampelopsis cantoniensis	广东蛇葡萄
Ampelopsis cantoniensis var. *grossedentata*	藤茶
Ampelopsis chaffanjonii	羽叶蛇葡萄
Ampelopsis glandulosa var. *brevipedunculata*	东北蛇葡萄
Ampelopsis grossedentata	显齿蛇葡萄
Amygdalus	桃属
Ancistrocladus	钩枝藤属
Ancistrocladus tectorius	钩枝藤
Angiopteris fokiensis	福建观音座莲
Annamocarya sinensis	喙核桃
Anneslea fragrans	茶梨
Anoectochilus roxburghii	花叶开唇兰
Antiaris	见血封喉属
Antiaris toxicaria	见血封喉
Antidesma	五月茶属
Antidesma bunius	五月茶
Antidesma filipes	细柄五月茶
Antidesma fordii	黄毛五月茶

Antidesma ghaesembilla	方叶五月茶
Antidesma japonicum	日本五月茶
Antidesma montanum	山地五月茶
Antidesma montanum var. *microphyllum*	小叶五月茶
Aphanamixis	山楝属
Aphanamixis polystachya	山楝
Aphananthe aspera	糙叶树
Apluda mutica	水蔗草
Aporusa	银柴属
Aporusa dioica	银柴
Aporusa villosa	毛银柴
Aporusa yunnanensis	云南银柴
Apterosperma	圆籽荷属
Apterosperma oblata	圆籽荷
Arachniodes	复叶耳蕨属
Arachniodes amoena	多羽复叶耳蕨
Arachniodes chinensis	中华复叶耳蕨
Arachniodes exilis	刺头复叶耳蕨
Arachniodes festina	华南复叶耳蕨
Arachniodes rhomboidea	斜方复叶耳蕨
Arachniodes simplicior	异羽复叶耳蕨
Arachniodes sphaerosora	球子复叶耳蕨
Aralia debilis	秀丽楤木
Aralia decaisneana	台湾毛楤木
Araucaria	南洋杉属
Archidendron	牛蹄豆属
Archidendron robinsonii	棋子豆
Archidendron turgidum	大叶合欢
Ardisia	紫金牛属
Ardisia alyxiaefolia	少年红
Ardisia brevicaulis	九管血
Ardisia chinensis	小紫金牛
Ardisia crenata	朱砂根
Ardisia crispa	百两金
Ardisia depressa	圆果罗伞
Ardisia ensifolia	剑叶紫金牛
Ardisia gigantifolia	走马胎
Ardisia hanceana	郎伞树
Ardisia japonica	紫金牛
Ardisia lindleyana	山血丹
Ardisia mamillata	虎舌红
Ardisia pedalis	矮短紫金牛
Ardisia primulifolia	莲座紫金牛
Ardisia quinquegona	海南罗伞树
Ardisia villosa	雪下红
Areca catechu	槟榔
Arenga	桄榔属
Arenga westerhoutii	桄榔
Argyreia acuta	白鹤藤
Arisaema heterophyllum	天南星
Aristolochia fangchi	广防己
Aristolochia versicolor	变色马兜铃
Armeniaca mume	梅
Artabotrys hexapetalus	鹰爪花
Artabotrys hongkongensis	香港鹰爪花
Arthraxon	荩草属
Arthraxon hispidus	荩草
Arthraxon lanceolatus	矛叶荩草
Arthromeris	节肢蕨属
Arthromeris lungtauensis	龙头节肢蕨
Artocarpus	菠萝密属
Artocarpus heterophyllus	木波罗
Artocarpus hypargyreus	白桂木
Artocarpus nitidus subsp. *lingnanensis*	桂木
Artocarpus styracifolius	红山梅
Artocarpus tonkinensis	胭脂
Arundina graminifolia	竹叶兰
Arundinella	野古草属
Arundinella bengalensis	孟加拉野古草
Arundinella hirta	毛杆野古草
Arundinella nepalensis	石芒草
Arundinella setosa	刺芒野古草
Arytera litoralis	滨木患
Asarum caudigerum	尾花细辛
Asarum insigne	金耳环
Asarum longerhizomatosum	长茎金耳环
Asparagus cochinchinensis	天门冬
Aspidistra elatior	蜘蛛抱蛋
Aspidistra minutiflora	小花蜘蛛抱蛋
Asplenium	铁角蕨属
Asplenium cheilosorum	齿果铁角蕨
Asplenium ensiforme	剑叶铁角蕨
Asplenium falcatum	镰叶铁角蕨
Asplenium normale	倒挂铁角蕨
Asplenium prolongatum	长叶铁角蕨
Asplenium sampsonii	岭南铁角蕨
Asplenium sarelii	华中铁角蕨
Asplenium speluncae	黑边铁角蕨
Asplenium trichomanes	铁角蕨
Asplenium wrightii	狭翅铁角蕨
Aster ageratoides	三脉紫菀
Atalantia buxifolia	酒饼簕
Atalantia kwangtungensis	广东酒饼簕
Athyriopsis japonica	假蹄盖蕨

Athyrium kenzosatakei	紫柄蹄盖蕨
Athyrium otophorum	光蹄盖蕨
Athyrium wardii	华中蹄盖蕨
Aucuba chiensis var. *angusta*	狭叶桃叶珊瑚
Aucuba chinensis	桃叶珊瑚
Averrhoa carambola	阳桃
Avicennia	海榄雌属
Avicennia marina	海榄雌
B	
Baccaurea	木奶果属
Baccaurea ramiflora	木奶果
Baeckea	岗松属
Baeckea frutescens	岗松
Baeckea frutescens var. *brachyphylla*	短叶岗松
Bambusa	簕竹属
Bambusa blumeana	簕竹
Bambusa chungii	粉单竹
Bambusa grandis	大绿竹
Bambusa guangxiensis	桂单竹
Bambusa lapidea	马蹄竹
Bambusa pervariabilis	撑篙竹
Bambusa sinospinosa	车筒竹
Bambusa sp.	笔管竹
Bambusa textilis	青皮竹
Barthea	棱果花属
Barthea barthei	棱果花
Bauhinia	羊蹄甲属
Bauhinia acuminata	白花羊蹄甲
Bauhinia championii	龙须藤
Bauhinia hypochrysa	绸缎藤
Begonia circumlobata	周裂秋海棠
Begonia fimbristipula	紫背天葵
Begonia hemsleyana	掌叶秋海棠
Begonia longifolia	粗喙秋海棠
Begonia palmata	裂叶秋海棠
Beilschmiedia	琼楠属
Beilschmiedia delicata	美脉琼楠
Beilschmiedia fordii	广东琼楠
Beilschmiedia intermedia	琼楠
Beilschmiedia kweichowensis	贵州琼楠
Beilschmiedia mollifolia	毛叶琼楠
Beilschmiedia percoriacea	厚叶琼楠
Beilschmiedia pergamentacea	纸叶琼楠
Beilschmiedia tsangii	网脉琼楠
Beilschmiedia yunnanensis	滇琼楠
Belamcanda chinensis	射干
Bennettiodendron	山桂花属
Bennettiodendron leprosipes	山桂花
Berberia virgetorum	庐山小檗
Berberis impedita	南岭小檗
Berberis julianae	豪猪刺
Berberis nemorosa	林地小檗
Berchemia floribunda	多花勾儿茶
Berchemia lineata	铁包金
Betula	桦木属
Betula alnoides	西桦
Betula austrosinesis	华南桦
Betula luminifera	亮叶桦
Betula utilis	糙皮桦
Bhesa	膝柄木属
Bhesa robusta	膝柄木
Bidens bipinnata	婆婆针
Bidens pilosa	鬼针草
Bischofia	重阳木属
Bischofia javanica	秋枫
Blastus	柏拉木属
Blastus cavaleriei	匙萼柏拉木
Blastus cochinchinensis	柏拉木
Blastus dunnianus	金花树
Blastus mollissimus	密毛野锦香
Blechnum	乌毛蕨属
Blechnum orientale	乌毛蕨
Bletilla striata	白及
Blumea	艾纳香属
Blumea balsamifera	艾纳香
Blumea riparia	假东风草
Boea philippensis	地胆旋蒴苣苔
Boea swinhoii	台湾旋蒴苣苔
Boehmeria clidemioides var. *diffusa*	序叶苎麻
Boehmeria macrophylla	水苎麻
Bombax	木棉属
Bombax ceiba	木棉
Bonia amplexicaulis	单枝竹
Boniodendron	黄梨木属
Boniodendron minus	黄梨木
Bostrychanthera yaoshanensis	瑶山毛药花
Bothriochloa bladhii	臭根子草
Botrychium ternatum	阴地蕨
Bowringia callicarpa	藤槐
Brainea insignis	苏铁蕨
Brandisia hancei	来江藤
Brandisia kwangsiensis	广西来江藤
Brandisia swinglei	岭南来江藤
Brassaiopsis ferruginea	锈毛罗伞

Brassaiopsis glomerulata	罗伞
Brassaiopsis tripteris	三叶罗伞
Bredia fordii	叶底红
Bretschneidera sinensis	伯乐树
Bretschneidera	伯乐树属
Breynia	黑面神属
Breynia fruticosa	黑面神
Bridelia	土蜜树属
Bridelia balansae	禾串树
Bridelia retusa	大叶土蜜树
Bridelia tomentosa	土蜜树
Broussonetia kazinoki	小构树
Broussonetia papyrifera	构树
Brucea	鸦胆子属
Bruguiera	木榄属
Bruguiera gymnorrhiza	木榄
Bulbophyllum	石豆兰属
Burretiodendron	柄翅果属
Burretiodendron esquirolii	柄翅果
Buxus	黄杨属
Buxus latistyla	阔柱黄杨
Buxus microphylla subsp. *sinica* var. *aemulans*	尖叶黄杨
Buxus microphylla subsp. *sinica* var. *microphylla*	黄杨
C	
Cacalia subglabra	蟹甲菊
Caesalpinia	云实属
Caesalpinia crista	华南云实
Caesalpinia decapetala	云实
Caesalpinia sappan	苏木
Caesalpinia yaoshanensis	瑶山云实
Calamagrostis epigeios	拂子茅
Calamus	省藤属
Calamus macrorrhynchus	大喙省藤
Calamus melanochrous	瑶山省藤
Calamus rhabdocladus	杖藤
Calamus tetradactylus	白藤
Calanthe	虾脊兰属
Calanthe alismaefolia	泽泻虾脊兰
Calanthe argenteo – striata	银带虾脊兰
Calanthe davidii	剑叶虾脊兰
Callerya cinerea	灰毛崖豆藤
Callerya cochinchinensis	喙果崖豆藤
Callerya dielsiana var. *herterocarpa*	异果崖豆藤
Callerya dielsiana var. *solida*	雪峰山崖豆藤
Callerya nitida	亮叶崖豆藤
Callerya reticulata	网脉崖豆藤
Callicarpa bodinieri	紫珠
Callicarpa brevipes	短柄紫珠
Callicarpa kwangtungensis	广东紫珠
Callicarpa longifolia var. *floccosa*	白毛长叶紫珠
Callicarpa longifolia var. *lanceolaria*	披针叶紫珠
Callicarpa macrophylla	大叶紫珠
Callicarpa nudiflora	裸花紫珠
Callicarpa peichieniana	钩毛紫珠
Callicarpa rubella	红紫珠
Callipteris esculenta	菜蕨
Calocedrus	翠柏属
Calocedrus rupestris	岩生翠柏
Calophyllum	红厚壳属
Calophyllum membranaceum	薄叶红厚壳
Calophyllum retusum	锈毛红厚壳
Camellia	山茶属
Camellia caudata	长尾毛蕊茶
Camellia cordifolia	心叶毛蕊茶
Camellia cuspidata	连蕊茶
Camellia drupifera	越南油茶
Camellia euphlebia	显脉金花茶
Camellia fraterna	毛花连蕊茶
Camellia indochinensis var. *tunghinensis*	东兴金花茶
Camellia mairei var. *lapidea*	石果毛蕊山茶
Camellia oleifera	油茶
Camellia petelotii	金花茶
Camellia pitardii	西南山茶
Camellia pitardii var. *cryptoneura*	隐脉西南山茶
Camellia polyodonta	多齿山茶
Camellia sinensis	茶
Camellia viridicalyx	绿萼连蕊茶
Campanumoea javanica	桂党参
Campsis grandiflora	凌霄
Camptotheca	喜树属
Camptotheca acuminata	喜树
Campylandra chinensis	开口箭
Campylandra wattii	弯蕊开口箭
Campylotropis macrocarpa	杭子梢
Canarium	橄榄属
Canarium album	橄榄
Canarium bengalense	方榄
Canarium pimela	乌榄
Canthium	鱼骨木属
Canthium dicoccum	鱼骨木
Canthium horridum	猪肚木
Capillipedium	细柄草属

Capillipedium assimile	硬秆子草
Capillipedium parviflorum	细柄草
Capparis	山柑属
Capparis masaikai	马槟榔
Capparis membranacea	膜叶槌果藤
Capparis membranifolia	雷公橘
Capparis urophylla	小绿刺
Carallia	竹节树属
Carallia brachiata	竹节树
Carallia diplopetala	锯叶竹节树
Carallia garciniaefolia	大叶竹节树
Carex	薹草属
Carex bacceans	浆果薹草
Carex brunnea	褐果薹草
Carex cruciata	十字薹草
Carex cryptostachys	隐穗薹草
Carex doniana	签草
Carex filicina	蕨状薹草
Carex hattoriana	长叶薹草
Carex kwangsiensis	广西薹草
Carex maubertiana	套鞘薹草
Carex scaposa	花莛薹草
Carex siderosticta	宽叶薹草
Carpinus	鹅耳枥属
Carpinus cordata	千金榆
Carpinus londoniana	短尾鹅耳枥
Carpinus luochengensis	罗城鹅耳枥
Carpinus purpurinervis	紫脉鹅耳枥
Carpinus rupestris	岩生鹅耳枥
Carpinus viminea	雷公鹅耳枥
Carya	山核桃属
Carya cathayensis	山核桃
Caryota	鱼尾葵属
Caryota monostachya	单穗鱼尾葵
Caryota obtusa	董棕
Caryota ochlandra	鱼尾葵
Casearia	脚骨脆属
Casearia glomerata	球花脚骨脆
Casearia membranacea	膜叶脚骨脆
Casearia velutina	毛叶脚骨脆
Cassytha filiformis	无根藤
Castanea	栗属
Castanea mollissima	栗
Castanea seguinii	茅栗
Castanopsis	锥属
Castanopsis amabilis	南宁锥
Castanopsis carlesii	米槠
Castanopsis carlesii var. *spinulosa*	短刺米槠
Castanopsis ceratacantha	瓦山锥
Castanopsis chinensis	锥
Castanopsis cuspidata	尖尾锥
Castanopsis delavayi	高山锥
Castanopsis eyrei	甜槠
Castanopsis fabri	罗浮锥
Castanopsis fargesii	栲
Castanopsis ferox	思茅锥
Castanopsis fissa	黧蒴锥
Castanopsis fordii	毛锥
Castanopsis hainanensis	海南锥
Castanopsis hystrix	红锥
Castanopsis indica	印度锥
Castanopsis jucunda	秀丽锥
Castanopsis kawakamii	吊皮锥
Castanopsis kweichowensis	贵州锥
Castanopsis lamontii	鹿角锥
Castanopsis neocavaleriei	红背甜槠
Castanopsis sclerphylla	苦槠
Castanopsis tibetana	钩锥
Castanopsis tonkinensis	公孙锥
Castanopsis traninhensis	弹斗锥
Casuarina	木麻黄属
Casuarina equisetifolia	木麻黄
Cathaya	银杉属
Cathaya argyrophylla	银杉
Catunaregam spinosa	山石榴
Cayratia japonica	乌蔹莓
Cedrus	雪松属
Celastrus	南蛇藤属
Celastrus hookeri	滇边南蛇藤
Celastrus monospermus	独子藤
Celastrus orbiculatus	南蛇藤
Celastrus tonkinensis	皱果南蛇藤
Celtis	朴属
Celtis biondii	紫弹树
Celtis philippensis	菲律宾朴
Celtis sinensis	朴树
Celtis timorensis	假玉桂
Centella asiatica	积雪草
Cephalomappa	肥牛树属
Cephalomappa sinensis	肥牛树
Cephalotaxus	三尖杉属
Cephalotaxus fortunei	三尖杉
Cephalotaxus oliveri	篦子三尖杉
Cephalotaxus sinensis	粗榧

Cerasus	樱属
Cerasus campanulata	钟花樱桃
Cerasus dielsiana	尾叶樱桃
Cerasus pseudocerasus	樱桃
Cerasus serrulata	山樱花
Ceratopteris	水蕨属
Cerbera	海芒果属
Cerbera manghas	海芒果
Ceriops	角果木属
Champereia	台湾山柚属
Champereia manillana var. *longistaminea*	茎花山柚
Chasalia curviflora	弯管花
Chieniopteris harlandii	崇澍蕨
Chimonobambusa convoluta	小方竹
Chimonobambusa quadrangularis	方竹
Chirita fimbrisepala	蚂蟥七
Chirita verecunda	齿萼唇柱苣苔
Choerospondias axillaris	南酸枣
Chromolaena odoratum	飞机草
Chrysopogon	竹节草属
Chrysopogon aciculatus	竹节草
Chukrasia	麻楝属
Chukrasia tabularis	麻楝
Cibotium	金毛狗属
Cibotium barometz	金毛狗脊
Cinnamomum	樟属
Cinnamomum appelianum	毛桂
Cinnamomum austrosinense	华南桂
Cinnamomum bejolghota	钝叶桂
Cinnamomum burmannii	阴香
Cinnamomum camphora	樟
Cinnamomum cassia	肉桂
Cinnamomum glanduliferu	云南樟
Cinnamomum jensenianum	野黄桂
Cinnamomum liangii	软皮桂
Cinnamomum miaoshanense	苗山桂
Cinnamomum micranthum	沉水樟
Cinnamomum parthenoxylon	黄樟
Cinnamomum pauciflorum	少花桂
Cinnamomum saxatile	岩樟
Cinnamomum wilsonii	川桂
Cipadessa	浆果楝属
Cipadessa baccifera	灰毛浆果楝
Cissus pteroclada	翼茎白粉藤
Citrus	柑橘属
Citrus maxima	柚
Citrus maxima var. *shatian*	沙田柚
Citrus reticulate	柑橘
Citrus sinensis	甜橙
Cladrastis	香槐属
Cladrastis platycarpa	翅荚香槐
Cladrastis wilsonii	香槐
Clausena dunniana	齿叶黄皮
Clausena emarginata	小黄皮
Clausena excavata	假黄皮
Clausena lansium	黄皮
Cleidion	棒柄花属
Cleidion bracteosum	灰岩棒柄花
Cleidion brevipetiolatum	棒柄花
Cleistanthus	闭花木属
Cleistanthus petelotii	假肥牛树
Cleistanthus sumatranus	闭花木
Clematis armandii	小木通
Clematis chinensis	威灵仙
Clematis meyeniana var. *granulata*	沙叶铁线莲
Clematis parviloba	裂叶铁线莲
Clematis uncinata	柱果铁线莲
Clematoclethra scandens	藤山柳
Clerodendrum chinense var. *simplex*	臭茉莉
Clerodendrum cyrtophyllum	大青
Clerodendrum fortunatum	白花灯笼
Clerodendrum inerme	苦郎树
Clerodendrum japonicum	赪桐
Clerodendrum kwangtungense	广东大青
Clethra	山柳属
Clethra bodinieri	单毛桤叶树
Clethra delavayi	云南桤叶树
Clethra fabri	华南桤叶树
Clethra kaipoensis	贵州桤叶树
Cleyera incornuta	凹脉红淡比
Cleyera japonica	红淡比
Cleyera lipingensis	齿叶红淡比
Cleyera pachyphylla	厚叶红淡比
Cleyera pachyphylla var. *epunctata*	无腺红淡
Cocculus laurifolius	樟叶木防己
Cocculus orbiculatus	木防己
Cocos nucifera	椰子
Codariocalyx gyroides	圆叶舞草
Codariocalyx microphyllus	小叶三点金
Codariocalyx motorius	舞草
Collabium chinense	吻兰
Colocasia gigantea	大野芋
Colysis	线蕨属
Colysis elliptica	线蕨

Colysis sp.	美丽线蕨
Colysis wrighii	褐叶线蕨
Commelina paludosa	大苞鸭跖草
Coniogramme	凤丫蕨属
Coniogramme japonica	凤丫蕨
Conyza bonariensis	香丝草
Coptis chinensis var. *brevisepala*	短萼黄连
Coptosapelta diffusa	流苏子
Coriaria	马桑属
Cornus	山茱萸属
Cornus controversa	灯台树
Cornus hongkongensis	香港四照花
Cornus hongkongensis subsp. *ferruginea*	褐毛四照花
Cornus parviflora	小花梾木
Cornus wilsoniana	光皮梾木
Corylopsis	蜡瓣花属
Corylopsis multiflora	瑞木
Corylopsis sinensis	蜡瓣花
Corylus	榛属
Costus speciosus	闭鞘姜
Cotoneaster glaucophyllus	粉叶栒子
Craibiodendron	金叶子属
Craibiodendron scleranthum var. *kwangtungense*	广东假木荷
Craibiodendron stellatum	假木荷
Craspedolobium schochii	巴豆藤
Crassocephalum crepidioides	野茼蒿
Crataegus scabrifolia	云南山楂
Cratoxylum	黄牛木属
Cratoxylum cochinchinense	黄牛木
Croton	巴豆属
Croton crassifolius	鸡骨香
Croton lachynocarpus	毛果巴豆
Croton tiglium	巴豆
Cryptocarya	厚壳桂属
Cryptocarya calcicola	岩生厚壳桂
Cryptocarya chinensis	厚壳桂
Cryptocarya chingii	硬壳桂
Cryptocarya concinna	黄果厚壳桂
Cryptocarya densiflora	丛花厚壳桂
Cryptocarya hainanensis	海南厚壳桂
Cryptolepis buchananii	古钩藤
Cryptolepis sinensis	白叶藤
Cryptocarya austrokeichouensis	小果厚壳桂
Ctenitopsis	轴脉蕨属
Ctenitopsis sinii	瑶山轴脉蕨
Cunninghamia	杉木属
Cunninghamia lanceolata	杉木
Curculigo capitulata	大叶仙茅
Curculigo orchioides	仙茅
Cuscuta chinensis	菟丝子
Cycas	苏铁属
Cycas bifida	叉叶苏铁
Cycas debaoensis	德保苏铁
Cycas segmentifida	叉孢苏铁
Cycas sexseminifera	六籽苏铁
Cyclea insularis subsp. *guangxiensis*	黔桂轮环藤
Cyclea sutchuenensis	四川轮环藤
Cyclobalanopsis	青冈属
Cyclobalanopsis bella	槟榔青冈
Cyclobalanopsis blakei	栎子青冈
Cyclobalanopsis championii	岭南青冈
Cyclobalanopsis chungii	福建青冈
Cyclobalanopsis delavayi	黄毛青冈
Cyclobalanopsis delicatula	上思青冈
Cyclobalanopsis disciformis	碟斗青冈
Cyclobalanopsis fleuryi	饭甑青冈
Cyclobalanopsis glauca	青冈
Cyclobalanopsis glaucoides	滇青冈
Cyclobalanopsis gracilis	细叶青冈
Cyclobalanopsis hefleriana	毛枝青冈
Cyclobalanopsis jenseniana	大叶青冈
Cyclobalanopsis kerrii	毛叶青冈
Cyclobalanopsis multinervis	多脉青冈
Cyclobalanopsis myrsinifolia	小叶青冈
Cyclobalanopsis neglecta	竹叶青冈
Cyclobalanopsis oxyodon	曼青冈
Cyclobalanopsis poilanei	黄背青冈
Cyclobalanopsis sessilifolia	云山青冈
Cyclobalanopsis stewardiana	褐叶青冈
Cyclobalanopsis thorelii	厚缘青冈
Cyclocarya paliurus	青钱柳
Cyclosorus	毛蕨属
Cyclosorus acuminatus	渐尖毛蕨
Cyclosorus aridus	干旱毛蕨
Cyclosorus parasiticus	华南毛蕨
Cymbidium	兰属
Cymbidium ensifolium	建兰
Cymbidium goeringii	春兰
Cymbidium kanran	寒兰
Cymbidium lancifolium	兔耳兰
Cymbidium sinense	墨兰
Cymbopogon	香茅属
Cymbopogon goeringii	橘草
Cymbopogon mekongensis	青香茅

Cymbopogon tortilis	扭鞘香茅
Cynanchum	鹅绒藤属
Cyperus	莎草属
Cyperus iria	碎米莎草
Cyperus malaccensis	茳芏
Cyperus malaccensis subsp. *monophyllus*	短叶茳芏
Cyperus rotundus	香附子
Cyrtococcum patens	弓果黍
Cyrtomium balansae	镰羽贯众
Cyrtomium fortunei	贯众
D	
Dacrycarpus imbricatus var. *patulus*	鸡毛松
Dacrydium	陆均松属
Daemonorops	黄藤属
Daemonorops margaritae	黄藤
Dalbergia	黄檀属
Dalbergia cavaleriei	黔黄檀
Dalbergia hancei	藤黄檀
Dalbergia hupeana	黄檀
Dalbergia pinnata	斜叶黄檀
Dalbergia rimosa	多裂黄檀
Dalbergia stenophylla	狭叶黄檀
Dalbergia yunnanensis	滇黔黄檀
Damnacanthus indicus	虎刺
Daphne papyracea	白瑞香
Daphniphyllum	虎皮楠属
Daphniphyllum calycinum	牛耳枫
Daphniphyllum longeracemosum	长序虎皮楠
Daphniphyllum macropodum	交让木
Daphniphyllum oldhami	虎皮楠
Dapsilanthus disjunctus	薄果草
Dasymaschalon rostratum	喙果皂帽花
Davallia sp.	芒齿骨碎补
Dayaoshania	瑶山苣苔属
Dayaoshania cotinifolia	瑶山苣苔
Decaspermum	子楝树属
Decaspermum parviflorum	五瓣子楝树
Delavaya	茶条木属
Delavaya toxocarpa	茶条木
Dendrobium	石斛属
Dendrobium hancockii	细叶石槲
Dendrobium lindleyi	聚石斛
Dendrobium loddigesii	美花石斛
Dendrocalamus latiflorus	麻竹
Dendrocalamus minor	吊丝竹
Dendrocalamus tsiangii	黔竹
Dendrocnide urentissima	火麻树
Dendrolobium	假木豆属
Dendrolobium triangulare	假木豆
Dendropanax	树参属
Dendropanax chevalieri	大果树参
Dendropanax dentigerus	树参
Dendropanax hainanensis	海南树参
Dendrotrophe varians	寄生藤
Dennstaedtia scabra	碗蕨
Derris	鱼藤属
Derris fordii	中南鱼藤
Derris fordii var. *lucida*	亮叶中南鱼藤
Derris trifoliata	鱼藤
Desmodium caudatum	山蚂蝗
Desmodium heterocarpon var. *strigosum*	糙毛假地豆
Desmos chinensis	假鹰爪
Desmos dumosus	毛叶假鹰爪
Deutzianthus	东京桐属
Deutzianthus tonkinensis	东京桐
Dianella	山菅属
Dianella ensifolia	山菅
Dichroa febrifuga	常山
Dicksonia	蚌壳蕨属
Dicranopteris ampla	大芒萁
Dicranopteris pedata	芒萁
Dictyocline griffithii	圣蕨
Dictyocline sagittifolia	戟叶圣蕨
Dictyodroma formosanum	全缘网蕨
Didymocarpus verecundus	瑶山长蒴苣苔
Dillenia	五桠果属
Dillenia turbinata	大花五桠果
Dimocarpus	龙眼属
Dimocarpus confinis	龙荔
Dimocarpus longan	龙眼
Dioscorea bulbifera	黄独
Dioscorea chingii	山葛薯
Dioscorea cirrhosa	薯莨
Dioscorea japonica	日本薯蓣
Dioscorea persimilis	褐苞薯蓣
Dioscorea simulans	马肠薯蓣
Diospyros	柿属
Diospyros eriantha	乌材
Diospyros hainanensis	海南柿
Diospyros japonica	山柿
Diospyros kaki var. *silvestris*	野柿
Diospyros lotus	君迁子
Diospyros morrisiana	罗浮柿
Diospyros oleifera	油柿

Diospyros saxatilis 石山柿
Diospyros siderophylla 山榄叶柿
Diospyros tutcheri 岭南柿
Dipentodon sinicus 十齿花
Diphasiastrum complanatum 扁枝石松
Diplazium crassiusculum 厚叶双盖蕨
Diplazium donianum 双盖蕨
Diplazium subsinuatum 单叶双盖蕨
Diplodiscus 海南椴属
Diplodiscus trichisperma 海南椴
Diplopanax 马蹄参属
Diplopanax stachyanthus 马蹄参
Diplopterygium 里白属
Diplopterygium chinensis 中华里白
Diplopterygium glaucum 里白
Diplopterygium laevissimum 光里白
Diplospora dubia 狗骨柴
Diplospora fruticosa 毛狗骨柴
Dipteris chinensis 中华双扇蕨
Disporopsis aspersa 散斑竹根七
Disporum cantoniense 万寿竹
Disporum sessile 宝铎草
Distylium 蚊母树属
Distylium cuspidatum 尖尾蚊母树
Distylium elaeagnoides 鳞毛蚊母树
Distylium ferruginea 锈毛蚊母树
Distylium macrophyllum 大叶蚊母树
Distylium myricoides 杨梅蚊母树
Dolicholoma 长檐苣苔属
Dracaena 龙血树属
Dracaena cochinchinensis 剑叶龙血树
Dracontomelon 人面子属
Dracontomelon duperreanum 人面子
Drimycarpus 辛果漆属
Drimycarpus racemosus 辛果漆
Drynaria roosii 槲蕨
Drynaris propinqua 石莲姜槲蕨
Dryopteris 鳞毛蕨属
Dryopteris championii 阔鳞鳞毛蕨
Dryopteris decipiens 迷人鳞毛蕨
Dryopteris erythrosora 红盖鳞毛蕨
Dryopteris fuscipes 黑足鳞毛蕨
Dryopteris intergriloba 羽裂鳞毛蕨
Dryopteris labordei 齿头鳞毛蕨
Dryopteris marginata 边果鳞毛蕨
Dryopteris scottii 无盖鳞毛蕨
Dryopteris sieboldii 奇羽鳞毛蕨
Dryopteris sparsa 稀羽鳞毛蕨
Dryopteris stenolepis 狭鳞鳞毛蕨
Dryopteris subtriangularis 三角鳞毛蕨
Dryopteris tenuicula 华南鳞毛蕨
Dryopteris varia 变异鳞毛蕨
Drypetes 核果木属
Drypetes congestiflora 密花核果木
Drypetes perreticulata 网脉核果木
Duabanga 八宝树属
Duabanga grandiflora 八宝树
Dumasia nitida 瑶山山黑豆
Dysosma majorensis 贵州八角莲
Dysosma versipellis 八角莲
Dysoxylum 樫木属
Dysoxylum gotadhora 红果樫木
Dysoxylum hongkongense 香港樫木
Dysoxylum mollissimum 海南樫木

E

Eberhardtia 梭子果属
Eberhardtia aurata 锈毛梭子果
Eberhardtia tonkinensis 梭子果
Ehretia acuminata 厚壳树
Ehretia longiflora 长花厚壳树
Elaeagnus conferta 密花胡颓子
Elaeagnus glabra 蔓胡颓子
Elaeagnus lanceolata 披针叶胡颓子
Elaeagnus pungens 胡颓子
Elaeocarpus 杜英属
Elaeocarpus chinensis 中华杜英
Elaeocarpus decipiens 杜英
Elaeocarpus decurvatus 乌口果
Elaeocarpus dubius 显脉杜英
Elaeocarpus duclouxii 褐毛杜英
Elaeocarpus glabripetalus 秃瓣杜英
Elaeocarpus gymnogynus 秃蕊杜英
Elaeocarpus hainanensis 水石榕
Elaeocarpus japonicus 日本杜英
Elaeocarpus lanceaefolius 披针叶杜英
Elaeocarpus limitaneus 灰毛杜英
Elaeocarpus nitentifolius 绢毛杜英
Elaeocarpus petiolatus 长柄杜英
Elaeocarpus sylvestris 山杜英
Elaeocarpus varunua 美脉杜英
Elaphoglossum conforme 舌蕨
Elaphoglossum sinii 圆叶舌蕨
Elaphoglossum yoshinagae 华南舌蕨
Elatostema 楼梯草属

Elatostema cuspidatum	骤尖楼梯草
Elatostema ficoides	梨序楼梯草
Elatostema lineolatum	狭叶楼梯草
Elatostema nasutum	托叶楼梯草
Elatostema parvum	小叶楼梯草
Elatostema platyphyllum	宽叶楼梯草
Elatostema sessile var. *polycephalum*	多头花楼梯草
Elatostema sinense	对叶楼梯草
Elephantopus scaber	地胆草
Eleusine indica	牛筋草
Eleutherococcus trifoliatus	白簕
Ellipanthus	单叶豆属
Ellipanthus glabrifolius	单叶豆
Embelia	酸藤子属
Embelia laeta	酸藤子
Embelia parviflora	当归藤
Embelia ribes	白花酸藤子
Embelia rudis	网脉酸藤子
Embelia scandens	瘤皮孔酸藤子
Embelia undulata	平叶酸藤子
Embelia vestita	密齿酸藤子
Emilia sonchifolia	一点红
Emmenopterys henryi	香果树
Endospermum	黄桐属
Endospermum chinense	黄桐
Engelhardia spicata var. *colebrookeana*	毛叶黄杞
Engelhardia	黄杞属
Engelhardia fenzelii	少叶黄杞
Engelhardia roxburghiana	黄杞
Enkianthus	吊钟花属
Enkianthus chinensis	灯笼吊钟花
Enkianthus pauciflorus	少花吊钟花
Enkianthus quinqueflorus	吊钟花
Enkianthus serotinus	晚花吊钟花
Enkianthus serrulatus	齿缘吊钟花
Entada phaseoloides	榼藤子
Ephedra	麻黄属
Epilobium hirsutum	柳叶菜
Epimedium sagittatum	三枝九叶草
Epipremnum	麒麟叶属
Epipremnum pinnatum	麒麟尾
Eragrostis atrovirens	鼠妇草
Eragrostis ferruginea	知风草
Eragrostis pilosa	画眉草
Eremochloa	蜈蚣草属
Eremochloa ciliaris	蜈蚣草
Eriachne	鹧鸪草属
Eriachne pallescens	鹧鸪草
Erigeron canadensis	小飞蓬
Eriobotrya	枇杷属
Eriobotrya cavaleriei	大花枇杷
Eriobotrya deflexa	台湾枇杷
Eriobotrya fragrans	香花枇杷
Eriobotrya japonica	枇杷
Eriolaena kwangsiensis	桂火绳
Eriolaena spectabilis	火绳树
Erycibe sinii	瑶山丁公藤
Erythrina stricta	劲直刺桐
Erythropalum scandens	赤苍藤
Erythrophleum	格木属
Erythrophleum fordii	格木
Erythroxylum sinense	东方古柯
Eucalyptus sp.	桉树
Eulalia	黄金茅属
Eulalia phaeothris	褐毛金茅
Eulalia quadrinervis	四脉金茅
Eulalia speciosa	金茅
Eulaliopsis binata	拟金茅
Euonymus	卫矛属
Euonymus aculeatus	软刺卫矛
Euonymus dielsianus	裂果卫矛
Euonymus euscaphis	鸦椿卫矛
Euonymus fortunei	扶芳藤
Euonymus laxiflorus	疏花卫矛
Euonymus myrianthus	大果卫矛
Euonymus nitidus	中华卫矛
Eupatorium japonicum	白头婆
Eurya	柃木属
Eurya acuminatissima	尖叶毛柃
Eurya acutisepala	尖萼毛柃
Eurya alata	翅柃
Eurya amplexifolia	穿心柃
Eurya brevistyla	短柱柃
Eurya chinensis	米碎花
Eurya ciliata	华南毛柃
Eurya distichophylla	二裂叶柃
Eurya hebeclados	微毛柃
Eurya impressinervis	凹脉柃
Eurya lanciformis	披针叶柃
Eurya loquaiana	细枝柃
Eurya macartneyi	黑柃
Eurya nitida	细齿叶柃
Eurya obtusifolia + var. *aurea*	金叶柃
Eurya patentipila	长毛柃

Eurya polyneura	多脉柃
Eurya rubiginosa var. *attenuata*	窄基红褐柃
Eurya saxicola	岩柃
Eurya semiserrulata	半齿柃
Eurya subintegra	假杨桐
Eurya tetragonoclada	四角柃
Eurya trichocarpa	毛果柃
Eurya weissiae	单耳柃
Eurycorymbus	伞花木属
Eurycorymbus cavaleriei	伞花木
Euryodendron	猪血木属
Euryodendron excelsum	猪血木
Euscaphis japonica	野鸦椿
Eustigma oblongifolium	秀柱花
Exbucklandia	马蹄荷属
Exbucklandia populnea	马蹄荷
Exbucklandia tonkinensis	大果马蹄荷
Excentrodendron	蚬木属
Excentrodendron tonkinensis	蚬木
Excoecaria	海漆属
Excoecaria agallocha	海漆
Excoecaria venenata	鸡尾木
F	
Fagopyrum dibotrys	金荞麦
Fagus	水青冈属
Fagus longipetiolata	水青冈
Fagus lucida	光叶水青冈
Fargesia cuspidata	尖尾箭竹
Fargesia nitida	华西箭竹
Festuca	羊茅属
Festuca parvigluma	小颖羊茅
Ficus	榕属
Ficus altissima	高山榕
Ficus auriculata	大果榕
Ficus cyrtophylla	歪叶榕
Ficus erecta	矮小天仙果
Ficus fistulosa	水同木
Ficus formosana	台湾榕
Ficus fulva	金毛榕
Ficus glaberrima	大叶水榕
Ficus guizhouensis	贵州榕
Ficus heteromorpha	异叶榕
Ficus heterophylla	山榕
Ficus hirta	粗叶榕
Ficus hispida	对叶榕
Ficus hookeriana	大青树
Ficus laevis	光叶榕
Ficus microcarpa	榕树
Ficus nervosa	九丁榕
Ficus pandurata	琴叶榕
Ficus pumila	薜荔
Ficus pyriformis	船梨榕
Ficus ruyuanensis	乳源榕
Ficus sarmentosa var. *henryi*	珍珠榕
Ficus sarmentosa var. *impressa*	爬藤榕
Ficus stenophylla	竹叶榕
Ficus subpisocarpa	笔管榕
Ficus tikoua	地果
Ficus tinctoria subsp. *gibbosa*	斜叶榕
Ficus tsiangii	岩木瓜
Ficus variegata var. *chlorocarpa*	青果榕
Ficus variolosa	变叶榕
Ficus virens	黄葛树
Fimbristylis ferrugineae	锈鳞飘拂草
Fimbristylis sericea	绢毛飘拂草
Fimbristylis subbispicata	双穗飘拂草
Firmiana simplex	梧桐
Fissistigma	瓜馥木属
Fissistigma chloroneurum	阔叶瓜馥木
Fissistigma oldhamii	瓜馥木
Fissistigma polyanthum	黑风藤
Fissistigma shangtzeense	上思瓜馥木
Fissistigma uonicum	香港瓜馥木
Fissitigma glaucescens	白叶瓜馥木
Flagellaria indica	须叶藤
Flemingia prostrata	千斤拔
Fokienia	福建柏属
Fokienia hodginsii	福建柏
Fordia cauliflora	干花豆
Fordiophyton strictum	劲枝异药花
Fortunella	金橘属
Fortunella margarita	金橘
Fraxinus	梣属
Fraxinus chinensis	白蜡树
Fraxinus floribunda	多花梣
Fraxinus griffithii	光蜡树
Fraxinus insularis	苦枥木
G	
Gahnia tristis	黑莎草
Gamblea ciliate var. *evodiifolia*	吴茱萸五加
Garcinia	藤黄属
Garcinia bracteata	大苞藤黄
Garcinia multiflora	木竹子
Garcinia oblongifolia	岭南山竹子

Garcinia paucinervis	金丝李
Gardenia jasminoides	栀子
Garuga	嘉榄属
Garuga floribunda var. *gamblei*	多花白头树
Garuga pinnata	羽叶白头树
Gaultheria leucocarpa var. *yunnanensis*	滇白珠
Gelsemium elegans	钩吻
Gentiana loueirii	华南龙胆
Ginkgo	银杏属
Ginkgo biloba	银杏
Gironniera	白颜树属
Gironniera subaequalis	白颜树
Gleditsia fera	华南皂荚
Gleditsia sinensis	皂荚
Globba racemosa	舞花姜
Glochidion	算盘子属
Glochidion eriocarpum	毛果算盘子
Glochidion hypoleucum	果盒子
Glochidion lanceolarium	艾胶算盘子
Glochidion philippicum	甜叶算盘子
Glochidion puberum	算盘子
Glochidion sphaerogynum	圆果算盘子
Glochidion wrightii	白背算盘子
Glochidion zeylanicum	香港算盘子
Glyptostrobus	水松属
Glyptostrobus pensilis	水松
Gnetum	买麻藤属
Gnetum hainanense	海南买麻藤
Gnetum montanum	买麻藤
Gnetum parvifolium	小叶买麻藤
Gomphandra tetrandra	粗丝木
Gomphostemma chinense	中华锥花
Goodyera schlechtendaliana	斑叶兰
Gouania leptostachya	咀签
Grammitis dorsipila	短柄禾叶蕨
Grewia abutilifolia	苘麻叶扁担杆
Grewia biloba	扁担杆
Grewia henryi	黄麻叶扁担杆
Guihaia	石山棕属
Guihaia argyrata	石山棕
Guihaia grossefibrosa	两广石山棕
Gymnopteris	金毛裸蕨属
Gymnosporia diversifolia	变叶裸实
Gymnostachyum subrosulatum	矮裸柱草
Gynostemma pentaphyllum	绞股兰
Gynura divaricata	白子菜
Gynura japonica	菊三七
Gyrogyne	圆果苣苔属

H

Halesia	银钟花属
Halesia macgregorii	银钟花
Hamamelis	金缕梅属
Handeliodendron	掌叶木属
Handeliodendron bodinieri	掌叶木
Haplopteris flexuosa	书带蕨
Haplopteris fudzinoi	平肋书带蕨
Hartia	折柄茶属
Hartia cordifolia	心叶船柄茶
Hartia kwangtungensis	广东船柄茶
Hartia multinerva	多脉船柄茶
Hartia sinensis	船柄茶
Hartia sinii	瑶山船柄茶
Hartia villosa var. *grandifolia*	大叶毛船柄茶
Hedera sinensis	常春藤
Hedyotia auricularia var. *mina*	细叶亚婆潮
Hedyotis angustifolia	纤花耳草
Hedyotis chrysotricha	金毛耳草
Hedyotis consanguinea	拟金草
Hedyotis corymbosa	伞房花耳草
Hedyotis diffusa	白花蛇舌草
Hedyotis hedyotidea	牛白藤
Hedyotis uncinella	长节耳草
Helicia	山龙眼属
Helicia cochinchinensis	小果山龙眼
Helicia formosana	山龙眼
Helicia hainanensis	海南山龙眼
Helicia longipetiolata	长柄山龙眼
Helicia obovatifolia	倒卵叶山龙眼
Helicia obovatifolia var. *mixta*	枇杷叶山龙眼
Helicia reticulata	网脉山龙眼
Heliciopsis	假山龙眼属
Heliciopsis henryi	假山龙眼
Heliciopsis lobata	调羹树
Heliciopsis terminalis	痄腮树
Helicteres angustifolia	山芝麻
Helwingia himalaica	西域青荚叶
Helwingia japonica	青荚叶
Hemiboea follicularis	华南半蒴苣苔
Hemiboea magnibracteata	大苞半蒴苣苔
Hemiboea subcapitata	半蒴苣苔
Heritiera	银叶树属
Heritiera littoralis	银叶树
Heteropanax brevipedicellatus	短梗幌伞枫
Heteropanax chinensis	华幌伞枫

Heteropanax fragrans	幌伞枫
Heteropogon	黄茅属
Heteropogon contotus	黄茅
Heterosmilax gaudichaudiana	合丝肖菝葜
Heterosmilax septemnervia	短柱肖菝葜
Heterosmilax yunnanensis	云南肖菝葜
Heterostemma tsoongii	广西醉魂藤
Heynea	鹧鸪花属
Heynea trijuga	鹧鸪花
Hibiscus	木槿属
Hibiscus tiliaceus	黄槿
Histiopteris incisa	栗蕨
Holboellia angustifolia	五月瓜藤
Homalium	天料木属
Homalium cochinchinense	天料木
Homalium sabiifolium	窄叶天料木
Homonoia riparia	水柳
Hopea	坡垒属
Hopea chinensis	狭叶坡垒
Horsfieldia	风吹楠属
Horsfieldia amygdalina	风吹楠
Horsfieldia kingii	大叶风吹楠
Hovenia acerba	枳椇
Hoya villosa	毛球兰
Humata tyermannii	圆盖阴石蕨
Huodeendron tomentosum var. *guangxiense*	广西山茉莉
Huodendron	山茉莉属
Huodendron biaristatum	双齿山茉莉
Huodendron biaristatum var. *parviflorum*	岭南山茉莉
Huodendron tibeticum	西藏山茉莉
Huperzia serrata	蛇足石杉
Hydnocarpus hainanensis	海南大风子
Hydrangea anomala	冠盖绣球
Hydrangea aspera	马桑绣球
Hydrangea davidii	西南绣球
Hydrangea kwangsiensis	粤西绣球
Hydrangea linkweiensis	临桂绣球
Hydrangea paniculata	圆锥绣球
Hydrocotyle wilfordii	肾叶天胡荽
Hymenodictyon flaccidum	土连翘
Hymenophyllum oxyodon	小叶膜蕨
Hymenophyllum barbatum	华东膜蕨
Hypericum attenuatum	赶山鞭
Hypericum japonicum	地耳草
Hypericum monogynum	金丝桃
I	
Idesia polycarpa	山桐子
Ilex	冬青属
Ilex aculeolata	满树星
Ilex angulata	棱枝冬青
Ilex asprella	梅叶冬青
Ilex buxoides	黄杨冬青
Ilex championii	凹叶冬青
Ilex chinensis	冬青
Ilex chingiana	苗山冬青
Ilex chingiana var. *puberula*	毛苗山冬青
Ilex crenata	齿叶冬青
Ilex cyrtura	弯尾冬青
Ilex editicostata	显脉冬青
Ilex elmerrilliana	厚叶冬青
Ilex ficoidea	榕叶冬青
Ilex formosana	台湾冬青
Ilex godajam	伞花冬青
Ilex hainanensis	海南冬青
Ilex hanceana	青茶香
Ilex hylonoma var. *glabra*	刺叶冬青
Ilex kengii	皱柄冬青
Ilex kwangtungensis	广东冬青
Ilex lohfauensis	矮冬青
Ilex macrocarpa	大果冬青
Ilex memecylifolia	谷木叶冬青
Ilex micrococca	小果冬青
Ilex pedunculosa	具柄冬青
Ilex pubescens	毛冬青
Ilex pubescens var. *kwangsiensis*	广西毛冬青
Ilex rotunda	铁冬青
Ilex suaveolens	甜冬青
Ilex subcrenata	拟钝齿冬青
Ilex subficoidea	拟榕叶冬青
Ilex szechwanensis	四川冬青
Ilex triflora	三花冬青
Ilex viridis	绿冬青
Ilex wilsonii	尾叶冬青
Illicium	八角属
Illicium difengpi	地枫皮
Illicium dunnianum	红花八角
Illicium fargesii	华中八角
Illicium henryi	红茴香
Illicium jiadifengpi	假地枫皮
Illicium majus	大八角
Illicium taxicum	毒八角
Illicium verum	八角
Illigera cordata	心叶青藤
Illigera parviflora	小花青藤

Impatiens claviger	棒凤仙
Impatiens lasiophyton	毛凤仙花
Imperata	白茅属
Imperata cylindrica	白茅
Indigofera	木蓝属
Indigofera cassoides	椭圆叶木蓝
Indigofera decora	庭藤
Indigofera stachyodes	茸毛木蓝
Indigofera zollingeriana	尖叶木蓝
Indocalamus barbatus	髯毛箬竹
Indocalamus longiauritus	箬叶竹
Indosasa crassiflora	大节竹
Indosasa longispicata	棚竹
Indosasa parvifolia	小叶大节竹
Indosasa patens	横枝竹
Indosasa shibataeoides	摆竹
Indosasa sinica	中华大节竹
Inula	旋覆花属
Inula cappa	羊耳菊
Iodes cirrhosa	微花藤
Iodes vitiginea	小果微花藤
Ipomoea pes – caprae	厚藤
Iris tectorum	鸢尾
Isachne albens	白花柳叶箬
Ischaemum	鸭嘴草属
Ischaemum aristatum	有芒鸭嘴草
Ischaemum ciliare	细毛鸭嘴草
Isodon ternifolius	牛尾草
Itea	鼠刺属
Itea chinensis	鼠刺
Itea chinensis var. *oblonga*	长圆叶鼠刺
Itea coriacea	厚叶鼠刺
Itea glutinosa	腺鼠刺
Itea indochinensis	毛鼠刺
Itea kwangsiensis	子农鼠刺
Itea macrophylla	大叶鼠刺
Itea yunnanensis	滇鼠刺
Itoa	伊桐属
Itoa orientalis	栀子皮
Ixeris japonica	剪刀股
Ixeris polycephala	苦荬菜
Ixonanthes reticulata	粘木
Ixora chinensis	龙船花
Ixora henryi	白花龙船花
Ixora nienkui	泡叶龙船花
J	
Jasminum	素馨属
Jasminum elongatum	扭肚藤
Jasminum lanceolarium	清香藤
Jasminum laurifolium var. *brachylobum*	桂叶素馨
Jasminum microcalyx	小萼素馨
Jasminum nervosum	青藤仔
Jasminum pentaneurum	厚叶素馨
Jasminum seguinii	亮叶素馨
Juglans	胡桃属
Juglans mandshurica	胡桃楸
Juglans regia	胡桃
K	
Kadsura angustifolia	狭叶南五味子
Kadsura coccinea	黑老虎
Kadsura heteroclita	异形南五味子
Kadsura longipedunculata	南五味子
Kadsura oblongifolia	冷饭藤
Kalimeris indica	马兰
Kalopanax septemlobus	刺楸
Kandelia	秋茄树属
Kandelia obovata	秋茄树
Keteleeria	油杉属
Keteleeria davidiana var. *calcarea*	黄枝油杉
Keteleeria evelyniana	云南油杉
Keteleeria fortunei	油杉
Keteleeria fortunei var. *cyclolepis*	江南油杉
Keteleeria fortunei var. *oblanga*	矩鳞油杉
Keteleeria pubescens	柔毛油杉
Knema	红光树属
Knema globularia	小叶红光树
Koelreuteria bipinnata var. *apiculata*	尖果栾
L	
Lagerstroemia sp.	高山紫薇
Lagerstroemia suprareticulata	网脉紫薇
Laggera alata	六棱菊
Lannea coromandelica	厚皮树
Lantana camara	马缨丹
Laportea violacea	红麻风草
Larix	落叶松属
Lasianthus	粗叶木属
Lasianthus acuminatissimus	尖叶粗叶木
Lasianthus chinensis	粗叶木
Lasianthus fordii	罗浮粗叶木
Lasianthus glaberrima	光粗叶木
Lasianthus henryi	西南粗叶木
Lasianthus japonicus	日本粗叶木
Lasianthus japonicus subsp. *longicaudus*	云广粗叶木
Lasianthus kwangsiensis	广西粗叶木

Lasianthus lancifolius	美脉粗叶木
Lasianthus lancilimbus	披针叶粗叶木
Lasianthus rhinocerotis subsp. *pedunculatus*	黄毛粗叶木
Lasianthus sikkimensis	锡金粗叶木
Lasianthus tsiangii	上思粗叶木
Latouchea fokienensis	匙叶草
Laurocerasus phaeosticta	腺叶桂樱
Laurocerasus phaeosticta f. *ciliospinosa*	锐齿桂樱
Laurocerasus spinulosa	刺叶桂樱
Laurocerasus undulata f. *microbotrys*	钝齿尖叶桂樱
Laurocerasus zippeliana	大叶桂樱
Leea indica	火筒树
Lemmaphyllum microphyllum	伏石蕨
Lepidogrammitis drymoglossoides	抱石莲
Lepidogrammitis rostrata	骨排蕨
Lepisanthes cauliflora	茎花赤才
Lepisorus kuchenensis	瑶山瓦韦
Lepisorus obscurevenulosus	粤瓦韦
Lepisorus thunbergianus	瓦韦
Lespedeza bicolor	胡枝子
Lespedeza cuneata	截叶铁扫帚
Lespedeza formosa	美丽胡枝子
Licuala dasyantha	毛花轴榈
Ligustrum	女贞属
Ligustrum groffiae	毛女贞
Ligustrum japonicum	日本女贞
Ligustrum lucidum	女贞
Ligustrum retusum	凹叶女贞
Ligustrum sinense	小蜡
Lilium brownii	野百合
Lindera	山胡椒属
Lindera aggregata var. *playfairii*	小叶乌药
Lindera chunii	鼎湖钓樟
Lindera erythrocarpa	红果山胡椒
Lindera glauca	山胡椒
Lindera kwangtungensis	广东山胡椒
Lindera metcalfiana	滇粤山胡椒
Lindera nacusua	绒毛山胡椒
Lindera prattii	大叶钓樟
Lindera pulcherrima var. *hemsleyan*	川钓樟
Lindera pulcherrima var. *attenuata*	香粉叶
Lindera tonkinensis	假桂钓樟
Lindsaea	鳞始蕨属
Lindsaea chienii	钱氏鳞始蕨
Lindsaea odorata	鳞始蕨
Lindsaea orbiculata	团叶鳞始蕨
Linociera guangxiensis	广西李榄
Linociera ramiflora	枝花李榄
Liparis	羊耳蒜属
Liparis chloroxantha	绿花羊耳蒜
Liparis viridiflora	长茎羊耳蒜
Liquidambar	枫香属
Liquidambar acalycina	缺萼枫香树
Liquidambar formosana	枫香树
Liquidambar orientalis	东方枫香树
Lirianthe	长喙木兰属
Lirianthe championii	香港木兰
Liriodendron	鹅掌楸属
Liriodendron chinense	鹅掌楸
Liriope muscari	阔叶山麦冬
Liriope spicata	山麦冬
Litchi chinensis	荔枝
Litchi chinensis var. *euspontanea*	野生荔枝
Lithocarpus	柯属
Lithocarpus brevicaudatus	岭南柯
Lithocarpus calohyllus	美叶柯
Lithocarpus chrysocomus	金毛柯
Lithocarpus cleistocarpus	包槲柯
Lithocarpus corneus	烟斗柯
Lithocarpus cyrtocarpus	鱼篮柯
Lithocarpus damiaoshanicus	大苗山柯
Lithocarpus elizabethae	厚斗柯
Lithocarpus fenestratus	泥椎柯
Lithocarpus fordianus	密脉柯
Lithocarpus glaber	柯
Lithocarpus haipinii	耳柯
Lithocarpus hancei	硬壳柯
Lithocarpus harlandii	港柯
Lithocarpus henryi	绵柯
Lithocarpus iteaphyllus	鼠刺叶柯
Lithocarpus litseifolius	木姜叶柯
Lithocarpus longipedicellatus	柄果柯
Lithocarpus megalophyllus	大叶柯
Lithocarpus naiadarum	水仙柯
Lithocarpus oleifolius	榄叶柯
Lithocarpus phansipanensis	桂南柯
Lithocarpus pseudovestitus	毛果柯
Lithocarpus rosthornii	南川柯
Lithocarpus truncatus	截果柯
Lithocarpus uvariifolius	紫玉盘柯
Litsea	木姜子属
Litsea cubeba	山鸡椒
Litsea dilleniifolia	五桠果叶木姜子
Litsea elongata	黄丹木姜子

Litsea glutinosa	潺槁木姜子
Litsea greenmaniana	华南木姜子
Litsea ichangensis	宜昌木姜子
Litsea lancilimba	大果木姜子
Litsea mollis	毛叶木姜子
Litsea monopetala	假柿木姜子
Litsea pedunculata	红皮木姜子
Litsea pseudoelongata	竹叶木姜子
Litsea rotundifolia	豹皮樟
Litsea rotundifolia var. *oblongifolia*	圆叶豺皮樟
Litsea sp.	信宜木姜子
Litsea subcoriacea	桂北木姜子
Litsea variabilia	黄椿木姜子
Litsea verticillata	轮叶木姜子
Lobelia angulata	铜锤玉带草
Lobelia davidii	江南山梗菜
Lomariopsis spectabilis	美丽藤蕨
Lonicera confusa	华南忍冬
Lonicera hypoglauca	菰腺忍冬
Lonicera japonica	忍冬
Lophatherum	淡竹叶属
Lophatherum gracile	淡竹叶
Loropetalum	檵木属
Loropetalum chinense	檵木
Loxogramme assimilis	黑鳞剑蕨
Loxogramme chinensis	中华剑蕨
Loxogramme salicifolium	柳叶剑蕨
Loxostigma griffithii	紫花苣苔
Luculia intermedia	桂丁香
Luisia morsei	钗子股
Lumnitzera	榄李属
Lumnitzera racemosa	榄李
Lycianthes lysimachioides	单花红丝线
Lycopodiastrum casuarinoides	藤石松
Lycopodium	石松属
Lycopodium japonicum	石松
Lygodium circinnatum	海南海金沙
Lygodium flexuosum	曲轴海金沙
Lygodium japonicum	海金沙
Lygodium polystachyum	羽裂海金沙
Lyonia	珍珠花属
Lyonia ovalifolia	珍珠花
Lyonia ovalifolia var. *lanceolata*	狭叶珍珠花
Lyonia ovalifolia var. *elliptica*	小果珍珠花
Lysidice	龙眼参属
Lysidice rhodostegia	仪花
Lysimachia clethroides	矮桃
Lysimachia foenum - graecum	灵香草
Lysimachia petelotii	阔叶假排草
Lysionotus kwangsiensis	广西吊石苣苔
Lysionotus pauciflorus	吊石苣苔
M	
Macaranga	血桐属
Macaranga andamanica	安达曼血桐
Macaranga denticulata	中平树
Macaranga henryi	草鞋木
Macaranga indica	印度血桐
Machilus	润楠属
Machilus breviflora	短序润楠
Machilus chienkweiensis	黔桂润楠
Machilus chinensis	华润楠
Machilus chuanchienensis	川黔润楠
Machilus decursinervis	基脉润楠
Machilus glaucifolia	粉叶润楠
Machilus gracillima	柔弱润楠
Machilus ichangensis	宜昌润楠
Machilus ichangensis var. *leiophlla*	滑叶润楠
Machilus kwangtungensis	广东润楠
Machilus leptophylla	薄叶润楠
Machilus litseifolia	木姜润楠
Machilus longipedicellata	长柄润楠
Machilus multinervia	多脉润楠
Machilus nakao	纳槁润楠
Machilus oreophila	建润楠
Machilus pauhoi	刨花润楠
Machilus phoenicis	孔雀润楠
Machilus rehderi	狭叶润楠
Machilus robusta	粗壮润楠
Machilus salicina	柳叶润楠
Machilus shiwandashanica	十万大山润楠
Machilus suaveolens	芳稿润楠
Machilus thunbergii	红楠
Machilus velutina	绒毛润楠
Machilus versicolora	黄枝润楠
Machilus viridis	绿叶润楠
Machilus wangchiana	信宜润楠
Machilus wenshanensis	文山润楠
Machilus yaoshanensis	瑶山润楠
Machilus yunnanensis	滇润楠
Maclura cochinchinensis	构棘
Maclura tricuspidata	柘
Macropanax rosthornii	短梗大参
Macrothelypteris oligophlebia	针毛蕨
Madhuca	紫荆木属

Madhuca pasquieri 紫荆木
Maesa 杜茎山属
Maesa acuminatissima 米珍果
Maesa japonica 杜茎山
Maesa perlarius 鲫鱼胆
Maesa tenera 软弱杜茎山
Mahonia bealei 阔叶十大功劳
Mahonia fordii 北江十大功劳
Mahonia shenii 沈氏十大功劳
Maianthemum tatsienense 窄瓣鹿药
Malaisia scandens 牛筋藤
Malania oleifera 蒜头果
Mallotus 野桐属
Mallotus apelta 白背叶
Mallotus barbatus 毛桐
Mallotus barbatus var. croizatianus 两广野桐
Mallotus conspurcatus 桂野桐
Mallotus esquirolii 长叶野桐
Mallotus japonicus 野梧桐
Mallotus lianus 东南野桐
Mallotus lotingensis 密序野桐
Mallotus nepalensis 尼泊尔野桐
Mallotus paniculatus 白楸
Mallotus philippinensis 粗糠柴
Mallotus tenuifolius 野桐
Mangifera hiemalis 冬杧
Mangifera indica 杧果
Mangifera persiciformis 扁桃
Manglietia 木莲属
Manglietia aromatica 香木莲
Manglietia conifera 桂南木莲
Manglietia fordiana 木莲
Manglietia grandis 大果木莲
Manglietia insignis 红花木莲
Manilkara hexandra 铁线子
Mapania sinensis 华擂鼓艻
Mappianthus iodoides 定心藤
Margaritaria 蓝子木属
Margaritaria indica 蓝子木
Marsdenia sinensis 牛奶菜
Mastixia 单室茱萸属
Mastixia pentandra subsp. cambodiana 单室茱萸
Maytenus confertiflorus 密花美登木
Mecodium badium 蕗蕨
Mecodium microsorum 小果蕗蕨
Meehania fargesii var. pedunculata 梗花华西龙头草
Melastoma 野牡丹属
Melastoma dodecandrum 地菍
Melastoma malabathricum 野牡丹
Melastoma sanguineum 毛菍
Melia 楝属
Melia azedarach 楝
Melicope pteleifolia 蜜茱萸
Meliosma 泡花树属
Meliosma fordii 香皮树
Meliosma glandulosa 腺毛泡花树
Meliosma myriantha var. discolor 异色泡花树
Meliosma rhoifolia + var. barbulata 腋毛泡花树
Meliosma rigida 笔罗子
Meliosma squamulata 樟叶泡花树
Meliosma thorelii 单叶泡花树
Meliosma veitchiorum 暖木
Melliodendron 陀螺果属
Melliodendron xylocarpum 陀螺果
Melocalamus arrectus 澜沧梨藤竹
Memecylon ligustrifolium 谷木
Memecylon scutellatum 细叶谷木
Metadina 黄棉木属
Metadina trichotoma 黄棉木
Metathelypteris laxa 疏羽凸轴蕨
Michelia 含笑属
Michelia angustioblonga 狭叶含笑
Michelia balansae 苦梓含笑
Michelia cavaleriei var. platypetala 阔瓣含笑
Michelia chapaensis 乐昌含笑
Michelia figo 含笑花
Michelia foveolata 金叶含笑
Michelia gioi 香子含笑
Michelia macclurei 醉香含笑
Michelia maudiae 深山含笑
Michelia mediocris 白花含笑
Microcos paniculata 破布叶
Microdesmis caseariifolia 小盘木
Microlepia 鳞盖蕨属
Microlepia hancei 华南鳞盖蕨
Microlepia hookeriana 虎克鳞盖蕨
Microlepia marginata 边缘鳞盖蕨
Micromelum integerrimum 小芸木
Microsorum insigne 羽裂星蕨
Microstegium 莠竹属
Microstegium ciliatum 刚莠竹
Microstegium vimineum 柔枝莠竹
Microtropis biflora 双花假卫矛
Microtropis cathayensis 假卫矛

Microtropis gracilipes	密花假卫矛
Microtropis osmanthoides	木犀假卫矛
Microtropis petelotii	广序假卫矛
Microtropis triflora	三花假卫矛
Miliusa	野独活属
Miliusa chunii	野独活
Miliusa sinensis	中华野独活
Millettia	鸡血藤属
Millettia argyraea	银瓣崖豆藤
Millettia pachycarpa	厚果崖豆藤
Miscanthus	芒属
Miscanthus floridulus	五节芒
Miscanthus sinensis	芒
Mischocarpus	柄果木属
Mischocarpus pentapetalus	褐叶柄果木
Mitrephora maingayi	山焦
Monachosorum elegans	瑶山稀子蕨
Monachosorum subdigitatum	大叶稀子蕨
Morinda officinalis	巴戟天
Morinda parvifolia	鸡眼藤
Morinda umbellata	羊角藤
Morus australis	鸡桑
Morus liboensis	荔波桑
Mucuna birdwoodiana	白花油麻藤
Mucuna championii	港油麻藤
Munronia pinnata	羽状地黄莲
Murraya paniculata	千里香
Musa	芭蕉属
Musa balbisiana	野蕉
Mussaenda	玉叶金花属
Mussaenda erosa	楠藤
Mussaenda kwangsiensis	广西玉叶金花
Mussaenda pubescens	玉叶金花
Mycetia sinensis	华腺萼木
Myoporum bontioides	苦槛蓝
Myrica	杨梅属
Myrica adenophora	青杨梅
Myrica esculenta	毛杨梅
Myrica rubra	杨梅
Myrsine elliptica	广西铁仔
Myrsine faberi	平叶密花树
Myrsine kwangsiensis	广西密花树
Myrsine linearis	打铁树
Myrsine seguinii	密花树
Mytilaria	壳菜果属
Mytilaria laosensis	壳菜果

N

Nageia fleuryi	长叶竹柏
Nandina domestica	南天竹
Nauclea	乌檀属
Nauclea officinalis	乌檀
Neocinnamomum caudatum	滇新樟
Neocinnamomum sp.	大新樟
Neolamarckia cadamba	团花
Neolepisorus ovatus	盾蕨
Neolitsea	新木姜子属
Neolitsea alongensis	下龙新木姜子
Neolitsea aurata	新木姜子
Neolitsea aurata var. *paraciculata*	云和新木姜子
Neolitsea brevipes	短梗新木姜子
Neolitsea cambodiana	锈叶新木姜子
Neolitsea cambodiana var. *glabra*	香港新木姜子
Neolitsea chui	鸭公树
Neolitsea confertifolia	簇叶新木姜子
Neolitsea kwangtungensis	广东新木姜子
Neolitsea levinei	大叶新木姜子
Neolitsea phanerophlebia	显脉新木姜子
Neolitsea pinninervis	羽脉新木姜子
Neolitsea shingningensis	新宁新木姜子
Neolitsea sutchuanensis	四川新木姜子
Neolitsea velutina	毛叶新木姜子
Neolitsea wushanica	巫山新木姜子
Neolitsea zeylanica	南亚新木姜子
Neottopteris antrophyoides	狭翅巢蕨
Nephelium	韶子属
Nephelium chryseum	韶子
Nephrolepis cordifolia	肾蕨
Nerium	夹竹桃属
Neyraudia	类芦属
Neyraudia reynaudiana	类芦
Nothofagus	假山毛榉属
Nyssa	蓝果树属
Nyssa sinensis	蓝果树

O

Ochna integerrima	金莲木
Olea	木犀榄属
Olea cuspidata	尖叶木犀榄
Olea dioica	异株木犀榄
Olea europaea	油橄榄
Olea guangxiensis	广西木犀榄
Olea hainanensis	海南木犀榄
Olea sp.	木犀榄
Onychium	金粉蕨属

Onychium japonicum	野雉尾金粉蕨
Ophiopogon	沿阶草属
Ophiopogon angustifoliatus	短药沿阶草
Ophiopogon bockianus	连药沿阶草
Ophiopogon bodinieri	沿阶草
Ophiopogon chingii	长茎沿阶草
Ophiopogon clavatus	棒叶沿阶草
Ophiopogon dracaenoides	褐鞘沿阶草
Ophiopogon filiformis	丝状沿阶草
Ophiopogon intermedius	间型沿阶草
Ophiopogon kwangsiensis	广西沿阶草
Ophiopogon planiscapus	扁花茎沿阶草
Ophiopogon platyphyllus	宽叶沿阶草
Ophiopogon sparsiflorus	疏花沿阶草
Ophiopogon stenophyllus	狭叶沿阶草
Ophiopogon umbraticola	阴生沿阶草
Ophiorrhiza	蛇根草属
Ophiorrhiza cantoniensis	广州蛇根草
Ophiorrhiza kwangsiensis	广西蛇根草
Oplismenus compositus	竹叶草
Oplismenus undulatifolius	求米草
Oplismenus undulatifolius var. *japonicus*	日本求米草
Opuntia stricta var. *dillenii*	仙人掌
Oreocharis auricula	长瓣马铃苣苔
Oreocharis benthamii var. *reticulata*	石上莲
Oreocharis magnidens	大齿马铃苣苔
Oreocharis sericea	绢毛马铃苣苔
Oreocnide frutescens	紫麻
Oreocnide kwangsiensis	广西紫麻
Oreocnide obovata	倒卵叶紫麻
Origanum	牛至属
Ormosia	红豆树属
Ormosia apiculata	喙顶红豆
Ormosia fordiana	肥荚红豆
Ormosia glaberrima	光叶红豆
Ormosia henryi	花榈木
Ormosia pachycarpa	茸荚红豆
Ormosia semicastrata	软荚红豆
Ormosia semicastrata f. pallida	苍叶红豆
Ormosia xylocarpa	木荚红豆
Orophea	澄广花属
Orophea anceps	广西澄广花
Oroxylum indicum	木蝴蝶
Osbeckia chinensis	金锦香
Osbeckia crinita	假朝天罐
Osbeckia opipara	朝天罐
Osmanthus	木犀属
Osmanthus attenuatus	狭叶木犀
Osmanthus fragrans	桂花
Osmanthus matsumuranus	牛矢果
Osmanthus reticulatus	网脉木犀
Osmanthus serrulatus	短丝木犀
Osmunda	紫萁属
Osmunda japonica	紫萁
Osmunda vachellii	华南紫萁
Ostericum citriodorum	香白芷
Ostodes	叶轮木属
Ostrya	铁木属
Ottochloa nodosa	露籽草

P

Pachygone sinica	粉绿藤
Paederia scandens	鸡矢藤
Paederia scandens var. *tomentosa*	毛鸡矢藤
Paliurus	马甲子属
Paliurus ramosissimus	马甲子
Panax japonica var. *bipinnatifidus*	羽叶参
Panax japonicus	竹节参
Pandanus	露兜树属
Pandanus tectorius	露兜树
Pandanus urophyllus	分叉露兜
Paphiopedilum micranthum	硬叶蒐兰
Paraboea martinii	髯丝蛛毛苣苔
Parakmeria	拟单性木兰属
Parakmeria lotungensis	乐东拟单性木兰
Parakmeria mitida	光叶拟单性木兰
Paraphlomis javanica var. *coronata*	小叶假糙苏
Parashorea	柳桉属
Parashorea chinensis	望天树
Parathelypteris glanduligera	金星蕨
Parathelypteris hirsutipes	毛脚金星蕨
Paris polyphylla	七叶一枝花
Parsonsia goniostemon	广西同心结
Parthenocissus	地锦属
Parthenocissus dalzielii	异叶地锦
Parthenocissus feddei	长柄地锦
Parvatia brunoniana + subsp. *elliptica*	牛藤果
Paspalum thunbergii	雀稗
Passiflora papilio	蝴蝶藤
Pavetta arenosa	大沙叶
Pavetta hongkongensis	香港大沙叶
Pavetta polyantha	多花大沙叶
Peliosanthes macrostegia	大盖球子草
Pellionia brevifolia	短叶赤车
Pellionia grijsii	华南赤车

Pellionia radicans	赤车
Peltophorum tonkinensis	银珠
Pentanema	苇谷草属
Pentaphragma spicatum	直序五膜草
Pentaphylax	五列木属
Pentaphylax euryoides	五列木
Pericampylus glaucus	细圆藤
Perotis hordeiformis	麦穗茅根
Pertusadina hainanensis	海南槽裂木
Peucedanum praeruptorum	前胡
Phaius tankervilliae	鹤顶兰
Phanerophlebiopsis kweichowensis	大羽黔蕨
Phoebe	楠木属
Phoebe bournei	闽楠
Phoebe hungmoensis	红毛山楠
Phoebe kwangsiensis	桂楠
Phoebe neurantha	白楠
Phoebe neuranthoides	光枝楠
Phoebe sheareri	紫楠
Phoenix loureiroi	刺葵
Pholidota yunnanensis	云南石仙桃
Photinia	石楠属
Photinia beauverdiana	中华石楠
Photinia crassifolia	厚叶石楠
Photinia glabra	光叶石楠
Photinia kwangsiensis	广西石楠
Photinia parvifolia	小叶石楠
Photinia prunifolia	桃叶石楠
Photinia serratifolia	石楠
Photinia villosa var. *sinica*	庐山石楠
Phrynium rheedei	柊叶
Phyllagathis	锦香草属
Phyllagathis cavaleriei	锦香草
Phyllagathis nudipes	秃柄锦香草
Phyllanthus	叶下珠属
Phyllanthus cochinchinensis	越南叶下株
Phyllanthus emblica	余甘子
Phyllanthus flexuosus	落萼叶下珠
Phyllodium elegans	毛排钱草
Phyllodium pulchellum	排钱草
Phyllostachys	刚竹属
Phyllostachys edulis	毛竹
Phyllostachys kwangsiensis	假毛竹
Phyllostachys nigra	紫竹
Phyllostachys reticulata	桂竹
Phyllostachys sulphurea	金竹
Phymatopteris hastata	金鸡脚假瘤蕨
Picea	云杉属
Picrasma quassioides	苦树
Pieris formosa	美丽马醉木
Pilea cavaleriei	石油菜
Pilea cordistipulata	心托冷水花
Pilea microcardia	广西冷水花
Pilea peploides	苦水花
Pilea sinofasciata	粗齿冷水花
Pileostegia tomentella	星毛冠盖藤
Pileostegia viburnoides	冠盖藤
Pinanga	山槟榔属
Pinanga discolor	变色山槟榔
Pinanga sinii	燕尾山槟榔
Pinellia cordata	滴水珠
Pinus	松属
Pinus calcarea	石山松
Pinus fenzeliana	海南五针松
Pinus kwangtungensis	华南五针松
Pinus latteri	南亚松
Pinus massoniana	马尾松
Pinus taiwanensis	黄山松
Pinus yunnanensis var. *tenuifolia*	细叶云南松
Piper hancei	山蒟
Piper hongkongense	毛蒟
Piper sarmentosum	假蒟
Piper sintenense	小叶爬崖香
Pistacia	黄连木属
Pistacia chinensis	黄连木
Pistacia weinmannifolia	清香木
Pittosporum	海桐花属
Pittosporum glabratum	光叶海桐
Pittosporum glabratum var. *neriifolium*	狭叶海桐
Pittosporum pauciflorum	少花海桐
Pittosporum podocarpum	柄果海桐
Pittosporum tonkinense	四子海桐
Pittosporum trigonocarpum	棱果海桐
Plagiogyria	瘤足蕨属
Plagiogyria adnata	瘤足蕨
Plagiogyria distinctissima	镰叶瘤足蕨
Plagiogyria euphlebia	华中瘤足蕨
Plagiogyria falcata	镰羽瘤足蕨
Plagiogyria grandis	尾叶瘤足蕨
Plagiogyria japonica	华东瘤足蕨
Plagiogyria liankwangensis	两广瘤足蕨
Plagiogyria stenoptera	耳形瘤足蕨
Plagiopetalum esquirolii	偏瓣花
Plantago asiatica	车前

Plantago major 大车前
Platanus 悬铃木属
Platea 肖榄属
Platea latifolia 阔叶肖榄
Platycarya 化香树属
Platycarya longipes 圆果化香
Platycarya strobilacea 化香树
Pleioblastus amarus 苦竹
Pleione bulbocodioides 独蒜兰
Podocarpus 罗汉松属
Podocarpus macrophyllus 罗汉松
Podocarpus nerrifolius 百日青
Podocarpus wangii 小叶罗汉松
Pogonatherum crinitum 金丝草
Pogonatherum paniceum 金发草
Polyalthia 暗罗属
Polyalthia plagioneura 斜脉暗罗
Polygala fallax 黄花倒水莲
Polygala koi 曲江远志
Polygala latouchei 大叶金牛
Polygala wattersii 长毛籽远志
Polygonatum cyrtonema 多花黄精
Polygonatum kingianum 滇黄精
Polygonatum odoratum 玉竹
Polygonum 蓼属
Polygonum chinensis 火炭母
Polypodiodes amoena 友水龙骨
Polypodiodes niponica 日本水龙骨
Polyspora 大头茶属
Polyspora axillaris 大头茶
Polyspora speciosa 四川大头茶
Polystichum anomalum 灰绿耳蕨
Polystichum chunii 陈氏耳蕨
Polystichum longipaleatum 长鳞耳蕨
Polystichum makinoi 黑鳞耳蕨
Polytoca digitata 多裔草
Pongamia 水黄皮属
Pongamia pinnata 水黄皮
Populus 杨属
Populus adenopoda 响叶杨
Porandra ramosa 孔药花
Pothos chinensis 石柑子
Pouzolzia zeylanica 雾水葛
Premna cavaleriei 黄药
Premna fulva 黄毛豆腐柴
Premna microphylla 豆腐柴
Premna peii 中南豆腐木
Premna serratifolia 伞序臭黄荆
Prenanthes henryi 西南垂序菊
Prismatomeris 三角瓣花属
Prismatomeris connata 南山花
Pronephrium gymnopteridifrons 新月蕨
Pronephrium lakhimpurense 红色新月蕨
Pronephrium penangianum 披针新月蕨
Pronephrium simplex 单叶新月蕨
Pseudophegopteris pyrrhorachis 紫柄蕨
Pseudosasa 矢竹属
Pseudosasa amabilis 茶竿竹
Pseudosasa longiligula 广竹
Pseudosasa sp. 厘竹
Pseudostachyum polymorphum 泡竹
Pseudotaxus chienii 白豆杉
Pseudotsuga brevifolia 短叶黄杉
Pseudotsuga sinensis 黄杉
Psidium guajava 番石榴
Psychotria 九节属
Psychotria prainii 驳骨九节
Psychotria rubra 九节
Psychotria rubra var. *pilosa* 毛叶九节
Psychotria tutcheri 假九节
Pteridium aquilinum var. *latiusculum* 蕨
Pteridium falcatum 镰羽蕨
Pteridium revolutum 毛轴蕨
Pteris 凤尾蕨属
Pteris actiniopteroides 猪鬣凤尾蕨
Pteris cretica var. *intermedia* 凤尾蕨
Pteris ensiformis 剑叶凤尾蕨
Pteris insignis 全缘凤尾蕨
Pteris oshimensis 斜羽凤尾蕨
Pteris semipinnata 半边旗
Pteris vittata 蜈蚣草
Pteris yaoshanensis 瑶山凤尾蕨
Pterocarya 枫杨属
Pterocarya stenoptera 枫杨
Pteroceltis 青檀属
Pteroceltis tatarinowii 青檀
Pterolobium 老虎刺属
Pterolobium punctatum 老虎刺
Pterospermum 翅子树属
Pterospermum heterophyllum 翻白叶树
Pterospermum lanceifolium 窄叶半枫荷
Pterostyrax 白辛树属
Pterostyrax psilophyllus 白辛树
Pueraria montana var. *lobata* 葛

Punica	石榴属
Pygeum topengii	臀果木
Pyracantha	火棘属
Pyracantha fortuneana	火棘
Pyrrosia angustissima	石蕨
Pyrrosia calvata	光石韦
Pyrrosia lingua	石韦
Pyrrosia petiolosa	有柄石韦
Pyrrosia porosa	柔软石韦
Pyrus	梨属
Pyrus calleryana	豆梨
Pyrus calleryana var. *koehnei*	楔叶豆梨
Pyrus pyrifolia	沙梨
Q	
Quercifilix zeylanica	地耳蕨
Quercoidites	小亨氏栎属
Quercoidites microhnriei	小亨氏栎
Quercus	栎属
Quercus acutissima	麻栎
Quercus agrifolia	禾叶栎
Quercus aliena	槲栎
Quercus densiflora	密花栎
Quercus dentata	槲树
Quercus engleriana	巴东栎
Quercus fabri	白栎
Quercus griffithii	大叶栎
Quercus ilex	冬青栎
Quercus phillyraeoides	乌冈栎
Quercus senescens	灰背栎
Quercus variabilis	栓皮栎
Quercus yuii	西南槲栎
Quercus yunnanensis	云南波罗栎
R	
Radermachera	菜豆树属
Radermachera hainanensis	海南菜豆树
Rarvolfia verticillata	萝芙木
Rauvolfia latifrons	大叶罗芙木
Reevesia glaucophylla	瑶山梭罗树
Reevesia pubescens	梭罗树
Reevesia shangszeensis	上思梭罗树
Rehderodendron	木瓜红属
Rehderodendron kwangtungense	广东木瓜红
Rehderodendron macrocarpum	木瓜红
Reineckea carnea	吉祥草
Rhamnella rubrinervis	苞叶木
Rhamnus	鼠李属
Rhamnus crenata	长叶冻绿
Rhamnus fulvotincta	黄鼠李
Rhamnus utilis	冻绿
Rhaphidophora decursiva	爬树龙
Rhaphidophora hongkongensis	狮子尾
Rhaphidophora hookeri	毛过山龙
Rhaphiolepis indica	石斑木
Rhaphiolepis salicifolia	柳叶石斑木
Rhapis	棕竹属
Rhapis excelsa	棕竹
Rhapis filiformis	广西棕竹(丝状棕竹)
Rhapis gracilis	细棕竹
Rhapis humilis	矮棕竹
Rhapis robusta	粗棕竹
Rhizophora	红树属
Rhizophora apiculata	红树
Rhizophora stylosa	红海榄
Rhododendron	杜鹃花属
Rhododendron bachii	腺萼马银花
Rhododendron brevinerve	短脉杜鹃
Rhododendron cavaleriei	多花杜鹃
Rhododendron championiae	刺毛杜鹃
Rhododendron chihsinianum	红滩杜鹃
Rhododendron chunii	龙山杜鹃
Rhododendron dachengense	大橙杜鹃
Rhododendron delavayi	马缨杜鹃
Rhododendron faithiae	大云锦杜鹃
Rhododendron farrerae	丁香杜鹃
Rhododendron guizhouense	贵州杜鹃
Rhododendron haofui	光枝杜鹃
Rhododendron henryi	弯蒴杜鹃
Rhododendron jinxiuense	金秀杜鹃
Rhododendron kwangfuense	广福杜鹃
Rhododendron kwangsiense	广西杜鹃
Rhododendron kwangtungense	广东杜鹃
Rhododendron latoucheae	西施花
Rhododendron levinei	南岭杜鹃
Rhododendron liliiflorum	百合花杜鹃
Rhododendron maoerense	猫儿山杜鹃
Rhododendron mariae	岭南杜鹃
Rhododendron mariesii	满山红
Rhododendron minutiflorum	小花杜鹃
Rhododendron moulmainense	毛棉杜鹃
Rhododendron oligocarpum	稀果杜鹃
Rhododendron ovatum	马银花
Rhododendron shufeniae	上林杜鹃
Rhododendron simiarum	猴头杜鹃
Rhododendron simiarum var. *versicolor*	变色杜鹃

Rhododendron simsii 杜鹃
Rhododendron stamineum 长蕊杜鹃
Rhododendron yaoshanicum 瑶山杜鹃
Rhododrndron westlandii 凯里杜鹃
Rhodoleia 红花荷属
Rhodoleia parvipetala 小花红花荷
Rhodomyrtus 桃金娘属
Rhodomyrtus tomentosa 桃金娘
Rhoiptelea chiliantha 马尾树
Rhus chinensis 盐肤木
Rhynchosia volubilis 鹿藿
Rhynchospora corymbosa 伞房刺子莞
Rhynchospora rubra 刺子莞
Rhynchotechum ellipticum 线柱苣苔
Rinorea 三角车属
Rinorea bengalensis 三角车
Rohdea japonica 万年青
Rosa cymosa 小果蔷薇
Rosa laevigata 金樱子
Rourea microphylla 小叶红叶藤
Rubia 茜草属
Rubia cordifolia 茜草
Rubus 悬钩子属
Rubus alceifolius 粗叶悬钩子
Rubus buergeri 寒莓
Rubus cochinchinensis 蛇泡筋
Rubus columellaris 小柱悬钩子
Rubus corchorifolius 山莓
Rubus ellipticus var. *obcordatus* 栽秧泡
Rubus gentilianus 乌泡
Rubus lambertianus 高粱泡
Rubus latoauriculatus 耳叶悬钩子
Rubus lobophyllus 角裂悬钩子
Rubus malifolius 棠叶悬钩子
Rubus niveus 红泡刺藤
Rubus parvifolius 茅莓
Rubus pirifolius 梨叶悬钩子
Rubus reflexus 锈毛莓
Rubus reflexus var. *lanceolobus* 深裂悬钩子
Rubus henryi var. *sozostylu* 大叶鸡爪茶
Rubus swinboei 木莓
Rumex acetosa 酸模

S

Sabia dielsii 平伐清风藤
Sabia emarginata 凹萼清风藤
Sabia fasciculata 簇花清风藤
Sabia japonica 清风藤
Sabia limoniacea 柠檬清风藤
Saccharum 甘蔗属
Saccharum arundinaceum 斑茅
Saccharum fallax 金猫尾
Sageretia 雀梅藤属
Sageretia camelliifolia 茶叶雀梅藤
Sageretia hamosa 钩刺雀梅藤
Sageretia rugosa 皱叶雀梅藤
Sageretia thea 雀梅藤
Sageretia thea var. *tomentosa* 毛叶雀梅藤
Salacia sessiliflora 无柄五层龙
Salix 柳属
Sambucus williamsii 接骨木
Sapindus saponaria 无患子
Sapium 乌桕属
Sapium chihsinianum 济新乌桕
Sapium discolor 山乌桕
Sapium rotundifolium 圆叶乌桕
Sapium sebiferum 乌桕
Saraca 无忧花属
Saraca dives 中国无忧花
Sarcandra 草珊瑚属
Sarcandra glabra 草珊瑚
Sarcopyramis nepalensis 楮头红
Sarcosperma 肉实树属
Sarcosperma arboreum 大肉实树
Sarcosperma laurinum 肉实树
Sargentodoxa 大血藤属
Sargentodoxa cuneata 大血藤
Sasa tomentosa 绒毛赤竹
Sassafras 檫木属
Sassafras tzumu 檫木
Saurauia napaulensis 尼泊尔水东哥
Saurauia thysiflora 聚锥水冬哥
Saurauia tristyla 水东哥
Sauropus 守宫木属
Sauvagesia rhodoleuca 合柱金莲木
Scaevola hainanensis 小草海桐
Schefflera 鹅掌柴属
Schefflera arboricola 鹅掌藤
Schefflera delavayi 穗序鹅掌柴
Schefflera minutistellata 星毛鸭脚木
Schefflera heptaphylla 鹅掌柴
Schima 木荷属
Schima argentea 银木荷
Schima bambusifolia 竹叶木荷
Schima sinensis 华木荷

拉丁名	中名
Schima wallichii	红木荷
Schisandra	五味子属
Schisandra arisanensis subsp. *viridis*	绿叶五味子
Schisandra henryi	翼梗五味子
Schistolobos	裂檐苣苔属
Schizachyrium	裂稃草属
Schizachyrium brevifolium	裂稃草
Schizocapsa plantaginea	裂果薯
Schizophragma choufenianum	临桂钻地风
Schizophragma integrifolium	钻地风
Schizostachyum pseudolima	思簩竹
Schoepfia chinensis	华南青皮木
Schoepfia jasminodora	青皮木
Scirpus	藨草属
Scleria biflora	二花珍珠茅
Scleria hookeriana	黑鳞珍珠茅
Scleria levis	毛果珍珠茅
Scolopia saeva	广东箣柊
Selaginella delicatula	薄叶卷柏
Selaginella doederleinii	深绿卷柏
Selaginella involcens	兖州卷柏
Selaginella moellendorffii	江南卷柏
Selaginella pulvinata	垫状卷柏
Selaginella remotifolia	疏叶卷柏
Selaginella tamariscina	卷柏
Selaginella uncinata	翠云草
Selaginella effusa	疏松卷柏
Semiarundinaria sceabriflora	林仔竹
Semiliquidambar cathayensis	半枫荷
Senecio scandens	千里光
Serissa japonica	六月雪
Setaria forbesiana	西南稃草
Setaria palmifolia	粽叶狗尾草
Setaria plicata	皱叶狗尾草
Setaria viridis	狗尾草
Sinoadina racemosa	鸡仔木
Sinobambusa henryi	扛竹
Sinosideroxylon	铁榄属
Sinaideroxylon pedumculatumm var. *pubifolium*	毛叶铁榄
Sinosideroxylon pedunculatum	铁榄
Sinosideroxylon wightianum	革叶铁榄
Skimmia arborescens	乔木茵芋
Skimmia reevesiana	茵芋
Sloanea	猴欢喜属
Sloanea chingiana	百色猴欢喜
Sloanea hemsleyana	仿栗
Sloanea leptocarpa	薄果猴欢喜
Sloanea sinensis	猴欢喜
Smilax	菝葜属
Smilax arisanensis	尖叶菝葜
Smilax biumbellata	西南菝葜
Smilax bracteata	圆锥菝葜
Smilax china	菝葜
Smilax corbularia	筐条菝葜
Smilax davidiana	小果菝葜
Smilax ferox	长托菝葜
Smilax glabra	土茯苓
Smilax hypoglauca	粉背菝葜
Smilax lanceifolia	马甲菝葜
Smilax lanceifolia var. *elongata*	折枝菝葜
Smilax lanceifolia var. *lanceolata*	长叶菝葜
Smilax lanceifolia var. *opaca*	暗色菝葜
Smilax megacarpa	大果菝葜
Smilax menispermoidea	防己叶菝葜
Smilax ocreata	抱茎菝葜
Smilax stans	鞘柄菝葜
Solanum dulcamara	欧白英
Solanum nigrum	龙葵
Solidago decurrens	一枝黄花
Sonneratia caseolaris	海桑
Sonneratiaceae	海桑科
Sophora davidii	白刺花
Sophora prazeri var. *mairei*	西南槐树
Sophora tonkinensis	越南槐
Sorbus	花楸属
Sorbus caloneura	美脉花楸
Sorbus corymbifera	疣果花楸
Sorbus folgneri	石灰花楸
Sorbus keissleri	毛序花楸
Sorbus megalocarpa	大果花楸
Sorbus wilsoniana	华西花楸
Sorghum nitidum	光高粱
Sphenomeris chinensis	乌蕨
Spinifex littoreus	老鼠艻
Spiraea cantoniensis	麻叶绣线菊
Spiraea kwangsiensis	广西绣线菊
Spondias pinnata	槟榔青
Sporobolus fertilis	鼠尾粟
Stachyurus chinensis	中国旌节花
Stauntonia cavalerieana	西南野木瓜
Stauntonia chinensis	野木瓜
Stauntonia obovata	钝药野木瓜
Stauntonia obovatifoliola subsp. *urophylla*	尾叶那藤
Stauntonia yaoshanensis	瑶山野木瓜

Stemona tuberose	大百部
Stephania cephalantha	金钱吊乌龟
Stephania japonica var. *discolor*	桐叶千金藤
Stephania longa	粪箕笃
Stephania tetrandra	粉防己
Sterculia euosma	粉苹婆
Sterculia lanceolata	假苹婆
Sterculia monosperma	苹婆
Stereospermum	羽叶楸属
Stereospermum colais	羽叶楸
Stewardia	紫茎属
Stewardia sinensis	紫茎
Stranvaesia amphidoxa	毛萼红果树
Stranvaesia davidiana	红果树
Stranvaesia davidiana var. *undulata*	波叶红果树
Streblus asper	鹊肾树
Streblus indicus	假雀肾树
Streblus tonkinensis	米扬噎
Streptocaulon juventas	马莲鞍
Strobilanthes cusia	板蓝
Strobilanthes dalzielii	曲枝假蓝
Strophanthus divaricatus	羊角拗
Strychnos cathayensis	华马钱
Styrax	安息香属
Styrax argentifolius	银叶安息香
Styrax chinensis	中华安息香
Styrax confusus	赛山梅
Styrax faberi	白花龙
Styrax hemsleyana	老鹳铃
Styrax japonicus	野茉莉
Styrax odoratissimus	芬芳安息香
Styrax suberifolius	栓叶安息香
Styrax tonkinensis	越南安息香
Suregada glomerulata	白树
Sycopsis	水丝梨属
Sycopsis sinensis	水丝梨
Symplocos	山矾属
Symplocos adenophylla	腺叶山矾
Symplocos adenopus	腺柄山矾
Symplocos anomala	薄叶山矾
Symplocos austrosinensis	南国山矾
Symplocos botryantha	总状山矾
Symplocos cochinchinensis	越南山矾
Symplocos cochinchinensis var. *laurina*	黄牛奶树
Symplocos congesta	密花山矾
Symplocos crassilimba	厚叶山矾
Symplocos decora	美山矾
Symplocos dolichotricha	长毛山矾
Symplocos ernestii	茶条灰木
Symplocos glandulifera	腺缘山矾
Symplocos glauca	羊舌树
Symplocos groffii	毛山矾
Symplocos kwangsiensis	广西山矾
Symplocos lancifolia	光叶山矾
Symplocos paniculata	白檀
Symplocos pendula var. *hirtistylis*	南岭山矾
Symplocos pseudobarberina	铁山矾
Symplocos punctato – martinata	腺边山矾
Symplocos racemosa	珠仔树
Symplocos ramosissima	多花山矾
Symplocos setchuensis	四川山矾
Symplocos stellaris	老鼠矢
Symplocos sumuntia	山矾
Symplocos wikstroemiifolia	微毛山矾
Symplocos yaoshanensis	瑶山山矾
Synotis nagensium	锯叶合耳菊
Syzygium	蒲桃属
Syzygium bullockii	黑嘴蒲桃
Syzygium buxifolium	赤楠
Syzygium championii	子凌蒲桃
Syzygium cumini	乌墨
Syzygium hancei	红鳞蒲桃
Syzygium levinei	山蒲桃
Syzygium nervosum	水翁蒲桃
Syzygium rhederianum	红枝蒲桃
Syzygium tetragonum	四角蒲桃
Syzygium tsoongii	狭叶蒲桃

T

Tadehagi triquetrum	葫芦茶
Tapiscia	瘿椒树属
Tapiscia sinensis	银鹊树
Tarenna attenuata	假桂乌口树
Tarenna depauperata	白皮乌口树
Tarenna lanceolata	广西乌口树
Tarenna lancilimba	披针叶乌口树
Tarenna mollissima	白花苦灯笼
Taxodium	落羽松属
Taxus	红豆杉属
Taxus wallichiana var. *chinensis*	红豆杉
Taxus wallichiana var. *mairei*	南方红豆杉
Tectaria decurrens	下延叉蕨
Tectaria subtriphylla	三叉蕨
Ternstroemia	厚皮香属
Ternstroemia gymnanthera	厚皮香

Ternstroemia insignis	大果厚皮香
Ternstroemia luteoflora	尖萼厚皮香
Ternstroemia microphylla	小叶厚皮香
Ternstroemia nitida	亮叶厚皮香
Ternstroemia prunifolia	樱叶厚皮香
Ternstroemia kwangtungensis	厚叶厚皮香
Tetracera sarmentosa	锡叶藤
Tetradium austrosinense	华南吴萸
Tetradium calcicola	石山吴萸
Tetradium glabrifolium	楝叶吴萸
Tetrapanax papyrifer	通脱木
Tetrastigma cauliflorum	茎花崖爬藤
Tetrastigma erubescens	红枝崖爬藤
Tetrastigma hemsleyanum	三叶崖爬藤
Tetrastigma kwangsiense	广西崖爬藤
Tetrastigma obtectum	崖爬藤
Tetrastigma planicaule	扁担藤
Tetrastigma serrulatum	狭叶崖爬藤
Tetrastigma caudatum	尾叶崖爬藤
Tetrathyrium	四药门花属
Teucrium pernyi	庐山香料科
Thalictrum acutifolium	尖叶唐松草
Thalictrum ichangense	盾叶唐松草
Themeda	菅草属
Themeda caudata	苞子草
Themesa triandra	黄背草
Thespesia populnea	桐棉
Thladiantha cordifolia	大苞赤瓟
Thysanolaena latifolia	粽叶芦
Tilia	椴树属
Tinospora sagittata	青牛胆
Tirpitzia	青篱柴属
Tirpitzia ovoidea	米念芭
Tirpitzia sinensis	青篱柴
Toddalia asiatica	飞龙掌血
Toona	香椿属
Toona ciliata	红椿
Toona sinensis	香椿
Toxicodendron	漆属
Toxicodendron griffithii	裂果漆
Toxicodendron kwangsiensis	广西漆
Toxicodendron radicans subsp. *hispidum*	刺果毒漆藤
Toxicodendron succedaneum	野漆
Toxicodendron sylvestre	山漆树
Toxicodendron wallichii var. *microcarpum*	小果绒毛漆
Toxocarpus wightianus	弓果藤
Trachelospermum axillare	紫花络石
Trachelospermum brevistylum	短柱络石
Trachelospermum dunnii	锈毛络石
Trachelospermum jasminoides	络石
Trachycarpus fortunei	棕榈
Trema cannabina	光叶山黄麻
Trema tomentosa	山黄麻
Trevesia palmata	刺通草
Trichosanthes cucumeroides	王瓜
Trigonostemon	三宝木属
Tripterygium hypoglaucum	粉背雷公藤
Tripterygium wilfordii	雷公藤
Trochodendron	昆栏树属
Tsoongiodendron	观光木属
Tsuga	铁杉属
Tsuga chinensis	铁杉
Tsuga longibracteata	长苞铁杉
Turpinia affinis	硬毛山香圆
Turpinia arguta	锐尖山香圆
Turpinia cochinchinensis	越南山香圆
Turpiniamontana	山香圆
Turpinia pomifera var. *minor*	山麻风树
Turpinia simplicifolia	亮叶山香圆
Tutcheria	石笔木属
Tutcheria greeniae	薄瓣石笔木
Tutcheria hirta	硬毛石笔木
Tutcheria microcarpa	小果石笔木
Tutcheria spectabilis	大果石笔木
Tylophora ovata	娃儿藤

U

Ulmus	榆属
Ulmus lanceifolia	常绿榆
Ulmus parvifolia	榔榆
Uncaria rhynchophylla	钩藤
Urceola micrantha	杜仲藤
Urceola sp.	胶藤
Urena lobata	地桃花
Urena lobata var. *glauca*	粗叶地桃花
Urophyllum chinense	尖叶木
Urtica sp.	大叶荨麻
Uvaria macrophylla	紫玉盘

V

Vaccinium	越桔属
Vaccinium bracteatum	南烛
Vaccinium carlesii	短尾越桔
Vaccinium dunalianum	樟叶越桔
Vaccinium dunnianum	长穗越桔
Vaccinium fimbricalyx	流苏萼越桔

Vaccinium huanjiangense	环江越桔
Vaccinium iteophyllum	黄背越桔
Vaccinium mandarinorum	江南越桔
Vaccinium sinicum	广西越桔
Vaccinium supracostatum	凸脉越桔
Vaccinium yaoshanicum	瑶山越桔
Vandenboschia auriculata	瓶蕨
Vatica	青梅属
Vatica guangxiensis	广西青梅
Ventilago calyculata	毛果翼核果
Ventilago leiocarpa	翼核果
Vernicia	油桐属
Vernicia fordii	油桐
Vernicia montana	木油桐
Vernonia aspera	糙叶斑鸠菊
Vernonia cinerea	夜香牛
Vernonia esculenta	斑鸠菊
Viburnum	荚蒾属
Viburnum brachybotryum	短序荚蒾
Viburnum chunii	金腺荚蒾
Viburnum cinnamomifolium	樟叶荚蒾
Viburnum corymbiflorum	伞房荚蒾
Viburnum cylindricum	水红木
Viburnum dilatatum	荚蒾
Viburnum erubescens	红荚蒾
Viburnum fordiae	南方荚蒾
Viburnum inopinatum	厚绒荚蒾
Viburnum lutescens	淡黄荚蒾
Viburnum odoratissimum	珊瑚树
Viburnum sympodiale	合轴荚蒾
Viburnum triplinerve	三脉叶荚蒾
Viola diffusa	七星莲
Viola grypoceras	紫花堇菜
Viola inconspicua	长萼堇菜
Vitex	牡荆属
Vitex canescens	灰毛牡荆
Vitex kwangsiensis	广西牡荆
Vitex kweichowensis	贵州布荆
Vitex negundo var. *cannabifolia*	牡荆
Vitex quinata	山牡荆
Vitex rotundifolia	单叶蔓荆
Vitis flexuosa	葛藟葡萄
Vitis heyneana	毛葡萄
Vitis retordii	绵毛葡萄

W

Walsura	割舌树属
Walsura robusta	割舌树
Wedelia prostrata	卤地菊
Wendlandia	水锦树属
Wendlandia aberrans	广西水锦树
Wendlandia litseifolia	木姜子叶水锦树
Wendlandia tinctoria subsp. *orientalis*	东方水锦树
Wendlandia uvariifolia subsp. *dunniana*	滇黔水锦树
Wendlandia uvariifolia	水锦树
Wikstroemia indica	了哥王
Wikstroemia monnula	北江荛花
Woodfordia fruticosa	虾子花
Woodwardia	狗脊蕨属
Woodwardia japonica	狗脊蕨
Woonyoungia	焕镛木属
Woonyoungia septentrionalis	焕镛木
Wrightia	倒吊笔属
Wrightia pubescens	倒吊笔

X

Xanthophyllum	黄叶树属
Xanthophyllum hainanensis	黄叶树
Xerospermum	干果木属
Xerospermum bonii	干果木
Xylosma congesta	柞木
Xylosma controversa	南岭柞木
Xylosma longifolia	长叶柞木

Z

Zanthoxylum	花椒属
Zanthoxylum armatum	竹叶花椒
Zanthoxylum avicennae	簕档花椒
Zanthoxylum bungeanum	花椒
Zanthoxylum calcicola	石山花椒
Zanthoxylum dissitum	蚬壳花椒
Zanthoxylum nitidum	两面针
Zanthoxylum scandens	花椒簕
Zanthoxylum stipitatum	梗花椒
Zehneria indica	老鼠拉冬瓜
Zelkova	榉树属
Zelkova sinica	大果榉
Zenia	翅荚木属
Zenia insignis	任豆
Ziziphus mauritiana	滇刺枣
Zoysia sinica	中华结缕草

参考文献

《广西森林》编委会. 广西森林[M]. 北京：中国林业出版社，2001.

陈灵芝. 中国的生物多样性[M]. 北京：科学出版社，1993.

陈维田. 广西“邕宁群”划分和对比的初步探讨[J]. 广西地质科技情报，第一集，1979.

大瑶山自然资源综合考察队. 广西大瑶山自然资源考察[M]. 上海：学林出版社，1988.

邓世宗. 龙胜里骆林区不同林分气候要素的初步分析[J]. 广西农学院学报，1983(2)：59－74.

方瑞征，白佩瑜，黄广宾，韦毅刚. 滇黔桂热带亚热带(滇黔桂地区和北部湾地区)种子植物区系研究[J]. 云南植物研究，1995(增刊Ⅶ).

方瑞征，等. 滇黔桂热带亚热带(滇黔桂地区和北部湾地区)种子植物区系研究[J]. 云南植物研究(增刊Ⅶ)，1995.

广西地质局. 广西地质图说明书(1:50 万)，1976.

广西海岸带和海涂资源综合调查领导小组. 广西海岸带和海涂资源综合调查报告第七卷(植被和林业)，1986.

广西海岛资源综合调查植被专业调查组. 广西海岛资源综合调查植被资源调查报告，1992.

广西海洋开发保护管理委员会. 广西海岛资源综合调查报告[M]. 南宁：广西科学技术出版社，1996.

广西花坪林区综合考察队. 广西花坪林区综合考察报告[M]. 济南：山东科技出版社，1986.

广西科学院石山课题组. 广西石山地区生态重建工程技术可行性研究[M]. 南宁：广西科技出版社，1994.

广西林业勘测设计院，广西上思县林业局，广西防城港市防城区林业局. 广西十万大山自然保护区综合科学考察报告(成果鉴定打印本)，2002.

广西林业勘测设计院. 广西大桂山林区资源考察报告(成果鉴定打印本)，2004.

广西林业勘测设计院. 广西大哄豹自然保护区资源考察报告(成果鉴定打印本)，2004.

广西林业勘测设计院. 广西大王岭自然保护区资源考察报告(成果鉴定打印本)，2003.

广西林业勘测设计院. 广西黄连山自然保护区资源考察报告(成果鉴定打印本)，2003.

广西林业勘测设计院. 广西老虎跳保护区资源考察报告(成果鉴定打印本)，2003.

广西林业勘测设计院. 广西上林县龙山自然保护区资源考察报告(成果鉴定打印本)，2002.

广西林业勘测设计院. 广西王子山自然保护区资源考察报告(成果鉴定打印本)，2003.

广西林业勘测设计院. 广西武鸣三十六弄—陇均林区资源考察报告(成果鉴定打印本)，2003.

广西林业勘测设计院. 广西昭平七冲林区资源考察报告(成果鉴定打印本)，2002.

广西林业勘测设计院. 广西昭平七冲林区资源考察报告(成果鉴定打印本)，2004.

广西林业勘测设计院. 广西大桂山林区资源考察报告(成果鉴定打印本). 2004.

广西林业勘测设计院. 广西龙滩自然保护区综合科学考察报告(成果鉴定打印本). 2003.

广西林业勘测设计院. 广西雅长兰科植物自然保护区资源考察报告(成果鉴定打印本)，2004.

广西农学院林学分院，中国科学院植物研究所，广西林业勘测设计院，贺县林业局. 广西贺县滑水冲保护区生物资源考察资料汇编(铅印本)，1985.

广西农学院林学分院林学系，中国科学院植物研究所生态室，广西植物研究所. 植物生态学研究报告集(第一集)：蚬木的生态与营林问题[M]. 北京：科学出版社，1978.

广西农学院林学分院植物生态进修班灵川植被调查队. 灵川县植被调查报告(成果鉴定油印本)，1984.

广西农学院林学分院植物生态进修班浦北植被调查队. 浦北县植被调查报告(油印本). 1984.

广西农业地理编写组. 广西农业地理[M]. 南宁：广西人民出版社，1980.

广西弄岗自然保护区综合考察队. 广西弄岗自然保护区综合考察报告(植被)[J]. 广西植物，1988(增刊一).

广西气象局. 广西农业气候区划(讨论稿)，1965.

广西森林编辑委员会. 广西森林[M]. 北京：中国林业出版社，2001.

广西石油勘探开发指挥部. 广西石油地质与勘探论文集(1969—1979)，1979.

广西植物研究所，广西林业勘测设计院，广西环境科研所. 广西金花茶种质资源的考察及其地理分布规律的初步研究(成果鉴定铅印本)，1985.

广西植物研究所．广西邦亮东部黑冠长臂猴自然保护区植被资源考察报告(成果鉴定打印本)，2010.

广西植物研究所．龙滩水库区植被抽样调查报告(油印本)，1987.

广西壮族自治区海岸带和海涂资源综合调查领导小组．广西壮族自治区海岸带和海涂资源综合调查报告，第一卷(综合报告)，1986.

广西壮族自治区海岸带和海涂资源综合调查领导小组．广西壮族自治区海岸带和海涂资源综合调查报告，第七卷(植被和林业)，1986.

广西壮族自治区林业局．广西崇左白头叶猴自然保护区综合科学考察报告(成果鉴定打印本)，2005.

广西壮族自治区气象局．广西气候资料(1951－1980)，1982.

广西壮族自治区中国科学院广西植物研究所．广西花坪国家级自然保护区综合科学考察报告(成果鉴定打印本)，2009.

桂平县大平山综合考察队．桂平县大平山自然保护区综合考察报告——植被(成果鉴定油印本)，1982.

国家林业局中南林业调查规划设计院，广西猫儿山自然保护区管理处．广西猫儿山漓江源自然保护区综合考察报告(成果鉴定打印本)，2000.

国家林业局中南林业调查规划设计院，广西海洋山自然保护区管理处．广西海洋山自然保护区科学考察报告(成果鉴定打印本).

国家林业局中南林业调查规划设计院，广西金钟山自然保护区管理处．广西金钟山黑颈长尾雉苏铁自然保护区综合科学考察(成果鉴定打印本)，2006.

国家林业局中南林业调查规划设计院，广西青狮潭自然保护区管理处．广西青狮潭自然保护区科学考察报告(成果鉴定打印本)，2003.

黄宪刚，等．猫儿山铁杉种群结构和动态的初步研究[J]．广西师范大学学报(自然科学版)，2000，18(2)：155－160.

黄正福，梁木源．人参的引种试验[J]．广西植物，1981(3)：1－3，34－39.

李振宇，等．广西九万山植物资源考察报告[M]．北京：中国林业出版社，1993.

李治基，等．广西森林[M]．北京：中国林业出版社，2001.

梁盛业．珍稀频危植物——膝柄木[J]．植物杂志，1992(3)：5－5.

毛宗铮．我国特有植物银杉的资源、分布及其环境[J]．广西植物，1989，9(1)：1－11.

莫新礼，等．广西大瑶山的银杉研究[J]．广西植物，1992，12(3)：254－268.

宁世江，等．广西银竹老山资源冷杉种群退化机制初探[J]．广西植物，2005，25(4)：289－294.

宁世江，等．生物多样性关键地区——广西九万山自然保护区科学考察集[M]．北京：科学出版社，2010.

宁世江，等．生物多样性关键地区——广西元宝山科学考察研究[M]．南宁：广西科学技术出版社，2009.

宁世江，等．资源冷杉现状及保护措施研究[J]．广西植物，2005，25(3)：197－200.

宁世江．广西海岛首次发现中国新分布树种——锈毛红厚壳[J]．广西植物，1993，13(1)：94.

宁世江，等．广西沿海西部山心、巫头和万尾岛植被类型初步研究[J]．广西植物，1996，16(1)：35－47.

欧祖兰，等．元宝山冷杉群落特点的研究[J]．广西植物，2002，22(5)：339－407.

彭宏祥，等．广西野生荔枝资源的研究及其保护对策[J]．资源开发，2005，21(1)：57－58.

四川植被协作组．四川植被[M]．成都：四川人民出版社，1980.

苏志尧，张宏达．广西植物区系属的地理成分分析[J]．广西植物，1994，14(1)：3－10.

苏宗明，莫新礼．我国金花茶组植物的地理分布[J]．广西植物，1988，8(1)：75－81.

苏宗明．广西天然植被类型分类系统[J]．广西植物，1998，18(3)：242－244.

苏宗明．广西植被植物区系研究[J]．广西植物，1997，17(1)：60－68.

苏宗明．广西植物生态学发展回顾及展望[J]．广西植物，1995，15(3)：270－271.

苏宗明．广西植被的自然环境条件对广西植被的影响[J]．广西科学，1998，5(1)：51－57.

苏宗明，等．广西元宝山南方红豆杉群落特征的研究[J]．广西植物，2000，20(1)：1－10.

覃海宁，刘演．广西植物名录[M]．北京：科学出版社，2010.

谭伟福，等．岑王老山自然保护区生物多样性保护研究[M]．北京：中国环境科学出版社，2005.

谭伟福，等．广西十万大山自然保护区生物多样性及其保护体系[M]．北京：中国环境科学出版社，2005.

王献溥，等．广西兴安苗儿山保护区铁杉与阔叶树混交林的主要类型及其合理利用的方向[J]．广西植物，1990，

10(2).

王献溥，李信贤．广西兴安苗儿山保护区的植被[J]．广西植物，1986(6)：1-2，79-91.

王献溥．广西龙胜县里骆林区的植被概况[J]．广西农学院学报，1984.(1)：75-85.

温远光，和太平，谭伟福．广西热带和亚热带山地植物多样性及群落特征[M]．北京：气象出版社，2004.

吴征镒．中国种子植物属的分布区类型[J]．云南植物研究，1991(增刊Ⅵ).

吴征镒．论中国植物区系的分区问题[J]．云南植物研究，1979，1(1)：1-20.

吴作基．北部湾涠洲岛晚第三纪的孢粉组合特征及其地层意义(摘要)[J]．南海海洋集刊，第一集，1980.

谢道同．广西近代植物学文献辑录[J]．广西植物，1987(3)：229-237.

许兆然．中国南部和西南部石灰岩植物区系的研究[J]．广西植物，1993(增刊Ⅵ).

阳吉昌，熊松．桂林甑皮岩洞穴遗址古植物初探[J]．广西植物，1985，5(1).

云南植被编写组．云南植被[M]．北京：科学出版社，1987.

郑慧莹．植物群落生态学进展及其在我国发展战略的设想[M]//马世骏．中国生态学发展战略研究(第一集)．北京：中国经济出版社，1991.

郑颖吾．木伦喀斯特林区概论[M]．北京：科学出版社，1999.

中国国土经济学研究会．各省市自治区自然资源和经济优势(内部发行)，1982.

中国科学院《中国自然地理》编委会．中国自然地理(土壤地理)[M]．北京：科学出版社，1981.

中国科学院红水河综合考察队．广西红水河南岸与右江上游的植被(初稿)，1958.

中国科学院华南热带生物资源综合考察队．广西侗族自治区十万大山地区和西南部综合考察报告(自然条件部分)[M]．北京：科学出版社，1963.

中国科学院华南热带资源综考队，广州地理研究所．广西地貌区划(内部)，1963.

中国科学院中国植物志编辑委员会．中国植物志[M]．北京：科学出版社，1988.

中国林业科学研究院广西大青山实验局．广西大青山实验局植被调查报告[J]．青山基地科技，1981(1).

中国植被编辑委员会．中国植被[M]．北京：科学出版社，1980.

致　谢

《广西植被》(第一卷)虽然由我们整理编写，但不少资料(包括内部资料)是引用和参考有关单位和他人的成果，因此《广西植被》一书实际上是致力于广西植被调查研究有关单位专家的集体成果，是对那些已经去世、致力于广西植被调查研究的老一辈专家的纪念，特别是广西植物研究所原所长钟济新教授和原广西农学院林学分院李治基教授。对广西植被调查研究作出了重要贡献的专家还有中国科学院植物研究所王献溥研究员。此外，参加广西植被调查队组织调查的有关单位和同事，对广西植被调查研究的贡献同样是功不可没，他们是广西植物研究所金代钧、赵天林、袁瑞中、王育生、刘寿养、黎焕琦、叶栋、王化永、张本能、陈照宙、梁健英、覃民府、覃浩富、黄启斌；中国科学院植物研究所胡舜士、何妙光、刘永安、汤锡珂、王绍庆、夏民生；中国科学院华南植物研究所陈树培、黄毓文；贵州生物研究所刘民生；广西科学技术委员会陈家庸、谭文忠、叶宗球；广西林业科学研究所院戴启惠、李春荣；广西师范大学周忠勤；广西农学院林学系65级学生。由于广西植被调查队距今已有半个多世纪，时间跨度长，有的同事可能遗漏了，在此深表歉意！

《广西植被》(第一卷)编写过程中，广西植物研究所和生态与环境研究中心的领导给予了大力支持。本书的校对工作，广西植物研究所生态与环境研究中心的徐广平、向悟生、文淑均、王斌、周爱萍、周翠鸣、黄甫昭、郭屹立等为《广西植被》(第一卷)的顺利出版付出了辛勤的劳动，在此一并表示深切的感谢。

本书的编写和出版得到国家科技部基础性研究专项课题(2013FY111600－3)、广西自然科学基金重大专项(2010GXNSFE013003)、国家自然科学基金项目(30069005)的资助。中国林业出版社于界芬老师及其同事给予我们莫大的鼓励和支持，是他们无私的帮助，使我们的成果得以顺利出版。衷心感谢中国工程院金鉴明院士百忙之中欣然为本书作序！感谢所有为本书出版付出劳动的人们！

编著者

2014年6月